LEHRBUCH DER ENTWICKLUNGSGESCHICHTE DES MENSCHEN

VON

DR. H. K. CORNING

O. Ö. PROFESSOR DER ANATOMIE UND VORSTEHER DER ANATOMISCHEN ANSTALT IN BASEL

ZWEITE AUFLAGE

MIT 694 ABBILDUNGEN, DAVON 100 FARBIG

MÜNCHEN · VERLAG VON J. F. BERGMANN · 1925

ISBN 978-3-642-89610-1
DOI 10.1007/978-3-642-91467-6

ISBN 978-3-642-91467-6 (eBook)

GEWIDMET

MEINEM VATER

9. Juni 1921.

Vorrede zur ersten Auflage.

Das Erscheinen des vorliegenden Lehrbuches wurde durch den Ausbruch des Weltkrieges verhindert. Text und Abbildungen lagen im Juli 1914 druckfertig vor. Während des Krieges wurden einige Kapitel umgearbeitet, zahlreiche weitere Abbildungen angefertigt, einzelne Abschnitte angefügt.

Das Buch ist in erster Linie für den Mediziner bestimmt, denn es umfaßt vor allem die Entwicklungsgeschichte des Menschen. Vergleichende, auch entwicklungsmechanische Betrachtungen sollen das Verständnis fördern sowie das Interesse des Lesers anregen.

Die Zahl der Abbildungen ist eine ziemlich beträchtliche. Sie wurden sämtlich von Herrn Kunstmaler Dreßler in Riehen in Strichmanier für Zinkotypie ausgeführt. Mein bester Dank gebührt Herrn Dreßler für die Gewissenhaftigkeit und Sorgfalt, welche er während mehrjähriger Tätigkeit bewiesen hat, ferner den Herren cand. med. Arnold Rauber und Karl Stiner, welche die Korrekturen gelesen haben.

Herrn Prof. Hedinger danke ich für manche Anregung und Unterstützung, sowie auch denjenigen Mitgliedern der Basler medizinischen Gesellschaft, welche die Freundlichkeit hatten, mich mit Material von menschlichen Embryonen zu versehen.

Basel, 10. August 1921.

H. K. Corning.

Vorrede zur zweiten Auflage.

Das Erscheinen der zweiten Auflage hat eine nicht unbeträchtliche, auf die Ungunst der Zeiten zurückzuführende Verzögerung erfahren. Sie weist vielfache Ergänzungen und Veränderungen auf, auch ist die Zahl der Abbildungen gestiegen; einige Abbildungen der ersten Auflage wurden durch neue ersetzt. Ich war auf Kürzung und Klärung des Ausdruckes bedacht.

Die Abbildungen hat Herr Kunstmaler Dreßler geliefert, dem ich meinen besten Dank ausspreche.

Ich bin Herrn Prof. E. Ludwig für seine sorgfältige Revision des Textes sowie für zahlreiche auf Änderungen oder Ergänzungen hinzielende Vorschläge sehr verpflichtet. Mein wärmster Dank gebührt auch Herrn J. Klingler, der mit seltener Hingabe die Korrekturen gelesen, und Frau Dr. E. Stettler in Bern, welche das Register geliefert hat, endlich dem Verleger, welcher meinen Wünschen bereitwilligst entgegen kam.

Basel, 27. Juli 1925.

H. K. Corning.

Inhalts-Verzeichnis.

Inhalts-Verzeichnis.

XI

Einleitung.

Die Entwicklungsgeschichte umfaßt die Entstehung eines tierischen Wesens aus einem Keime oder einer Anlage. Das oft gebrauchte Synonym Embryologie deutet darauf hin, daß wir das Schwergewicht der Darstellung auf die Differenzierung eines Keimes bis zur Herstellung eines dem fertigen Wesen in seiner Form und seinen Organen annähernd ähnlichen Gebildes zu legen haben. Allerdings ist damit die Entwicklung des betreffenden Tieres noch keineswegs abgeschlossen, indem sich, auch wenn wir von der Massenzunahme absehen, noch in späterer Zeit manche Prozesse histogenetischer, auch formbildender Art abspielen, welche wir nur schwer oder gar nicht von den in der Embryologie zusammengefaßten Vorgängen scheiden können. So schließt die Entwicklungsgeschichte des Menschen, wie man sie gewöhnlich versteht, die Schilderung der Entwicklung des Keimes in sich, welche mit der Geburt einen gewissen Abschluß findet, für manche Organe sogar bedeutend früher ein Ende nimmt. Das gilt z. B. von der Leber- oder der Darmentwicklung, während bei der Bildung der Niere oder gar des Nervensystems Entwicklungsvorgänge sich z. T. erst postnatal abspielen. Die obere Grenze des Zeitraumes, welche wir zusammenfassend als Entwicklung bezeichnen, ist demnach, besonders auch für den Menschen, eine mehr oder weniger willkürliche.

Die Geburt bildet zwar beim Menschen einen in mehreren Beziehungen beachtenswerten Markstein in der Entwicklung. Vor allem wird das junge Wesen nunmehr den Einflüssen der Außenwelt in weit höherem Grade ausgesetzt, als dies zur Zeit der Entwicklung innerhalb des mütterlichen Leibes der Fall war. Diese Einflüsse bilden also vor allem Faktoren, mit welchen wir bei der Untersuchung der postfetalen Entwicklung zu rechnen haben, obgleich ihre Wirkung auf den Keim auch während der Entwicklung in utero gewiß nicht ganz auszuschließen ist. Auch in mehr indirekter Weise kommt postnatal der Einfluß der Außenwelt zur Geltung, indem nicht bloß die Funktion der Organe, z. T. durch Reize, welche von der Außenwelt her einwirken, angeregt, sondern auch vielfach die Form der Organe bestimmt wird. Zwar ist auch hierin kein prinzipieller Unterschied zwischen der fetalen und der postfetalen Entwicklung zu erblicken, ist doch mit manchen Organen schon von Anfang an, bei anderen noch innerhalb der fetalen Entwicklungsperiode, eine Funktion verknüpft. (Kontraktion des Herzens. — Sekretion des Harnes u. dgl.)

Aus der tierischen Entwicklung ist es leicht, Beispiele dafür anzuführen, daß auch nach der Geburt oder bei eierlegenden Tieren nach dem Auskriechen aus dem Ei gewisse Entwicklungsprozesse sich abspielen, welche in die Schilderung der Entwicklung mit einbezogen werden müssen. So vollzieht sich bei Reptilien die volle Ausbildung der bleibenden Niere (Nachniere) erst im Laufe des ersten Lebensjahres (Schreiner), und eine Schilderung der Entwicklung des Exkretionssystems, welche bloß die vor dem Ausschlüpfen aus dem Ei zum Ablaufe kommenden Prozesse berücksichtigte, wäre eine recht unvollkommene. Dasselbe gilt in noch höherem Maße vom Skeletsystem der Wirbeltiere, das seine Vollendung viel später erreicht als irgend ein anderes Organsystem, beim Menschen zum Teil erst gegen das 22. bis 23. Lebensjahr. Auch die Ausbildung der Markscheiden in den Nervenfasern erfolgt erst spät, ebenso der definitive Aufbau der Keimdrüsen und die Reifung der Geschlechtsprodukte. Wir müssen also auch hier die Grenzen für unsere Schilderung weiter stecken als bei anderen, schon früher ihre definitive Ausgestaltung gewinnenden Organen und Geweben.

Die Entwicklungsgeschichte des Einzelwesens behandelt also, kurz gesagt, die Differenzierung des Keimes bis zur Herausbildung seiner wichtigsten Organe; sie behandelt jedoch nicht alle am Organismus bis zur Reife desselben auftretenden Prozesse oder dehnt bloß ausnahmsweise (Skelet, Spermiogenese) ihre Betrachtungen bis zu diesem Zeitpunkte aus.

Definition der Entwicklung. Was verstehen wir überhaupt unter Entwicklung? Wenn wir einen Keim, etwa das befruchtete Hühnerei, in seiner Umbildung bis zum Ausschlüpfen des Hühnchens untersuchen, so sehen wir diesen Prozeß unter einer immer weitergehenden Komplikation oder Differenzierung der Anlage ablaufen. Abgesehen von der Eischale und der Eiweißhülle besteht das Hühnerei aus dem gelben Dotter und einer kleinen weißlichen Scheibe von Bildungsplasma, welche den Embryo liefert. In einem etwas späteren Stadium sind aus dem Bildungsplasma blattartige, den Dotter allmählich umwachsende Zellkomplexe, die Keimblätter, entstanden, welche wir als Primitivorgane auffassen dürfen. Diese liefern wieder bestimmte Organe des reifen Fetus: so entstehen aus dem äußeren Keimblatte das Zentralnervensystem und die perzipierenden Zellen der Sinnesorgane, aus dem mittleren Keimblatte die serösen Häute, das Skelet und die Muskulatur. Das anscheinend gleichförmige, homogene Protoplasma des befruchteten Eies läßt zunächst einen Zellhaufen hervorgehen, dann ordnet sich dieser, unter steter Zunahme der Zahl der Zellen zu Keimblättern, von denen sich, als eine weitere Stufe der Differenzierung, die Organanlagen ableiten lassen. Bei diesen können wir nachweisen, daß die einfachsten Zustände auch die frühesten sind, während mit dem Fortgange der Entwicklung die Komplikation wächst.

Diese schon von K. E. von Baer vertretene Ansicht war für Herbert Spencer die Veranlassung zur Aufstellung einer umfassenden Definition der Entwicklung überhaupt als der Umwandlung eines ursprünglich relativ homogenen Gebildes in ein relativ heterogenes Gebilde, wobei die Definition sich nicht bloß auf die Entwicklung des tierischen oder pflanzlichen Einzelwesens beschränkte, sondern auch die phylogenetische Entwicklung, ja sogar auch Vorgänge der anorganischen Welt umfaßte. Freilich ist die Spencersche Definition, ein Grundsatz seiner synthetischen Philosophie, noch eines Wortes der Erklärung und der Einschränkung bedürftig, welche ihren Wert wesentlich herabsetzt. Allerdings erscheint uns das Bildungsplasma eines Eies zunächst homogen. Aber alle neueren Erfahrungen weisen darauf hin, daß schon zu dieser Zeit die Komplikation im Aufbaue des so gleichartig (homogen) erscheinenden Bildungsplasmas eine sehr große sein muß. Welcher Art dieselbe ist, ob chemisch oder strukturell, können wir vorläufig nicht bestimmen. Aber sowohl die Verfolgung der späteren Entwicklungsvorgänge als auch Tatsachen aus der Vererbungslehre, weisen darauf hin, daß schon im Bildungsplasma des befruchteten, vielleicht auch des unbefruchteten Eies, bestimmte Bezirke als Organanlagen oder auch als die von W. His sen. sogenannten organbildenden Bezirke anzusehen sind (s. das Kapitel über die Topik des Eies). Das Bildungsplasma des Hühnereies ist also keinesfalls eine homogene Masse, sondern besitzt eine Komplikation, wie sie vielleicht keiner anderen Zelle des Organismus zukommt. Die Spencersche Definition bedarf also einer schon von Spencer angebrachten starken Einschränkung besonders im Hinblick auf die seit ihrer ersten Aufstellung bekannt gewordenen Tatsachen über die Konstitution des Protoplasmas.

Die Aufgabe der Entwicklungsgeschichte ist zunächst eine rein deskriptive, nämlich die möglichst klare und vollständige Schilderung der Formenreihe, welche von dem befruchteten Eie zum reifen Fetus, ja sogar bis zum fertigen Individuum hinüberführt.

Wir können diese Aufgabe als die Darstellung der formalen Genese des Individuums und seiner Organe bezeichnen. Es handelt sich dabei um die Feststellung, wann z. B. die Zellen entstehen, aus welchen sich der Darmkanal und die großen Darmdrüsen bilden, in welcher Weise diese Bildung im einzelnen vor sich geht, wann die Anlagen von Leber und Pankreas auftreten, wie diese sich weiterhin zu einander verhalten, resp. in ihrer Entwicklung beeinflussen und dgl. mehr. Der volle Inhalt einer Wissenschaft wird jedoch durch die reine Beschreibung nicht erschöpft, indem der Drang nach Erforschung der Kausalität der Vorgänge zu höherer Erkenntnis führen muß. Deshalb verlangen wir auch, der kausalen Genese der Entwicklungsvorgänge näher zu treten, indem wir zu erfahren suchen, welche Ursachen der Bildung und dem Wachstum etwa des Darmrohres zugrunde liegen, welche Anregung zu einer bestimmten Zeit das Auftreten der Leberanlage an einer bestimmten Stelle der ventralen Darmwand hervorruft usw. Schon K. F. Wolff hat in seiner Theoria generationis dem Verlangen nach einer kausalen Erklärung der Entwicklungsvorgänge Ausdruck gegeben. Er sagte: „Nur derjenige erklärt in der Tat die Entwicklung organischer Körper, der aus den von ihnen vertretenen Prinzipien und Gesetzen die Teile des Körpers und die Art ihrer Zusammensetzung ableitet, d. h. derjenige, welcher einen genügenden Entstehungsgrund des Körpers anzugeben weiß. Die Ursachen der Entwicklung, nicht aber diese selbst, erklärt derjenige, welcher die Wege der Natur noch weiter verfolgt, seine Prinzipien aus anderen herausschält oder auf allgemeine Naturgesetze zurückführt oder diese aus jenen Prinzipien selbst ableitet. Da in einer Theorie der organischen Entwicklung die wahren Ursachen der organischen Körper abzuhandeln sind, so wird dieselbe gleichzeitig die philosophische Erkenntnis derselben geben, wird daher als eine Wissenschaft der organischen Körper zu definieren sein." Die Ergründung der kausalen Genese der Entwicklungsvorgänge konnte jedoch erst dann eine einigermaßen genügende Unterlage erhalten, als es möglich wurde, das Experiment in den Dienst der Forschung zu stellen. Durch die so erzielte Variation der Entwicklungsbedingungen gelang es, allerdings zunächst recht unvollkommen, festzustellen, welche Zustände außerhalb oder innerhalb des Keimes die Entwicklung beherrschen oder anregen. Man spricht sogar geradezu von formativen Reizen in der Entwicklungsgeschichte (Herbst), die teils von der Außenwelt auf den Organismus einwirken, teils von einem Organe, das bereits in Bildung begriffen ist, auf die Nachbarschaft oder durch innere Sekretion auf die Ferne ausgeübt werden. So ist z. B. die Bildung der Augenlinse auf einen vom auswachsenden primitiven Augenbecher ausgehenden Reiz zurückgeführt worden, welcher eine bestimmte Stelle des Ectoderms trifft. Bei Larven von Rana fusca, Rana arvalis, Salamandra maculata fand Babák, daß Sauerstoffmangel in hohem Grade das Wachstum der äußeren Kiemen steigert und dadurch eine ausgiebige Vergrößerung der respiratorischen Oberfläche hervorruft, die dagegen stark reduziert wird, wenn die Tiere in einem Medium leben, welches Sauerstoff im Überschuß enthält. In diesen Fällen findet eine Beeinflussung der Entwicklung, ja die Anregung zur Organentwicklung einerseits, zur weiteren Ausgestaltung des Organs andererseits durch Faktoren statt, welche von außen her auf die Anlage einwirken.

Die auf das Kausale gerichtete Forschung wird oft als Entwicklungsmechanik bezeichnet. Obgleich dabei manches verknüpft wird, das zunächst nicht mit einer kausalen Forschung in Zusammenhang steht, so hat die Bezeichnung doch ihre Gültigkeit bewahrt, indem die von ihr gekennzeichnete Richtung den Hauptwert nicht sowohl auf den Ablauf der Entwicklungsprozesse legt, als auf die Kräfte, welche gestaltend oder modifizierend darauf einwirken. Diese Richtung darf wohl augenblicklich am meisten Interesse beanspruchen und ist vielleicht in erster Linie berufen, für manche die praktische Medizin besonders beschäftigende Fragen die Antwort zu geben. Gehören doch zu den Faktoren, welche die Entwicklung in hohem Grade beeinflussen, auch chemische Prozesse und chemische Verbindungen zu jeder Zeit der Entwicklung, die unter anormalen Verhältnissen auch sicher zu Mißbildungen des Keimes Veranlassung geben können. So hat Stockard durch die Behandlung von Knochenfischeiern mit Chemikalien die verschiedensten Mißbildungen erhalten, unter anderem auch durch Zusatz von $MgCl_2$ zum Seewasser Cyklopenbildungen, d. h. mehr oder weniger weitgehende Verschmelzungen der beiden Augenanlagen, einhergehend mit schweren Störungen in der Entwicklung des Gehirns. Daß auch Toxine (Tuberkulose, Syphilis) in ähnlicher Weise Störungen in der Entwicklung gewisser Organe oder Organsysteme beim Menschen hervorrufen können, liegt auf der Hand — ja, wir dürfen uns wohl die Frage vorlegen, ob die von Pohl bei Mischlingen histologisch untersuchte absolute oder relative Unfruchtbarkeit nicht auf chemische Beeinflussung der Keimdrüsen zurückzuführen ist, welche von der Blutmischung bei Bastarden ausgeht.

Wir gelangen so zu Vorstellungen, welche direkt zu den die Pathologen und die Praktiker beschäftigenden Fragen hinüberführen und die Bedeutung der Entwicklungsgeschichte in einem neuen Lichte erscheinen lassen. Wir dürfen wohl sagen, daß die Entwicklung im allgemeinen von zwei Faktoren abhängt, nämlich erstens von den Qualitäten der im Befruchtungsakte sich vereinigenden Geschlechtszellen und zweitens von der Umgebung, in welcher sich der Embryo befindet, richtiger gesagt von den Bedingungen, unter welchen seine Entwicklung zum Ablaufe kommt. Heredität und Milieu sind die beiden Faktoren, welche in ihrer Bedeutung für die Entwicklung oft schwer gegen einander abzuwägen sind. Wie wichtig die strukturellen Fehler im Organismus sind, geht daraus hervor, daß nach Stockard gegen 23 % der Todesfälle vor oder bald nach der Geburt auf solche Fehler zurückzuführen sind. Wie weit dieselben ihre Entstehung einer Schädigung der elterlichen Keimzellen verdanken, ist natürlich schwer festzustellen, aber Versuche mit verschiedenen Giften an Säugetieren haben es wahrscheinlich gemacht, daß eine solche Schädigung in vielen Fällen anzunehmen sei, beim Menschen auch durch Toxine (z. B. Einwirkung des Syphilisgiftes auf den Keim in utero). Unsere Kenntnisse sind hier noch in den Anfängen begriffen.

Gewisse Strukturverhältnisse oder Strukturvariationen bergen demnach, zu welcher Zeit der Entwicklung sie auch immer auftreten mögen, den Keim zu mehr oder weniger weitgehender Erkrankung in sich. Schon diese Tatsache verleiht der Forschung nach der Kausalität entwicklungsgeschichtlicher Vorgänge ein ganz besonderes Interesse. So hat in neuerer Zeit M. Böhm die numerische Variation des Rumpfskeletes in Beziehung gebracht zu Deformitäten der Wirbelsäule (Skoliosen). Zwar sei die Skoliose nicht die notwendige Folge einer solchen Variation, aber sie kommt nach Böhm am häufigsten, wenn nicht ausschließlich, bei solchen Zuständen vor. Derartige Entwicklungsstörungen können auch relativ spät auftreten, ja sie umfassen sogar auch Vorgänge, die nicht mehr der Embryologie angehören, sondern als postfetale Prozesse zusammengefaßt werden.

Alle diese Erscheinungen leiten zu den Mißbildungen über, einem großen und besonders auch durch seine experimentelle Bearbeitung neuerdings ausgebauten Kapitel (Teratologie). Als Mißbildung bezeichnen wir jede von der Norm abweichende Bildung, mit welcher in der Regel für den Organismus eine, wenn auch geringgradige, Benachteiligung infolge einer Funktionsstörung verbunden ist. Diese Einschränkung ist zwar nicht in allen Fällen angebracht, denn es kommen auch typische Mißbildungen vor, bei denen von einer Einschränkung der Funktion keine Rede sein kann, z. B. bei geringen Graden der Polydaktylie u. a. m. So erhalten wir Bildungen im Bereiche der Nasen- und Mundhöhle, Verhältnisse der Größe des Augenabstandes, der Höhe des Gaumens usw., die geradezu eine Reihe Übergänge bilden von Formen mit ganz normaler Funktion bis zu solchen, bei denen wir eine hochgradige Funktionsstörung eines oder mehrerer Organe konstatieren. Eine solche Reihe führt z. B. von der als Cyklopie bezeichneten Mißbildung, bei welcher beide Augenanlagen durch ein einziges median gelegenes Auge ersetzt werden, zu Formen, bei denen bloß der Augenabstand verringert, der Gaumen hoch, das Gesicht schmal und hoch ist. Von diesen setzt sich die Reihe weiter fort zu

Formen, bei denen der Augenabstand beträchtlicher wird, ja das Gesicht sogar eine abnorme Breite gewinnt. Das letzte Merkmal läßt sich ganz wohl als eine Hemmungsbildung auffassen, indem ursprünglich bei menschlichen Embryonen von 2—3 Monaten der Augenabstand ein sehr beträchtlicher und die Breite des Gesichtes, besonders der Nase, relativ größer ist als später.

Solche Anomalien höheren oder geringeren Grades können sich, solange sie das Leben des Individuums nicht bedrohen, vererben; sie werden unter gewissen Umständen (Inzucht in abgelegenen Gegenden; s. Polydaktylie) auf die Nachkommen übergehen oder geradezu zur Bildung einer mit dem betreffenden Merkmale behafteten Rasse (pathologische Rasse) führen, wie sie mehrfach sowohl bei Tieren als beim Menschen beschrieben worden sind (schwanzlose Hunde- und Katzenrassen, polydaktyle Rassen, Rassen von Hühnern und Enten mit Hirnmißbildungen [Haubenenten] und dgl. mehr).

Embryologie und Phylogenie.

Im Jahre 1828 hat K. E. v. Baer in seiner Entwicklungsgeschichte der Tiere weitgehende Betrachtungen über die Vergleichung embryonaler Stadien mit fertigen Zuständen angestellt. Dabei besprach er die schon früher geäußerte Ansicht, „daß die höheren Tierformen in den einzelnen Stufen der Entwicklung des Individuums, vom ersten Entstehen an bis zur erlangten Ausbildung, den bleibenden Formen in der Tierreihe entsprechen und daß das höher organisierte Tier in seiner individuellen Ausbildung dem Wesentlichen nach die unter ihm stehenden bleibenden Stufen durchläuft, so daß die periodischen Verschiedenheiten des Individuums sich auf die Verschiedenheiten der bleibenden Tierformen zurückführen lassen". Diese Ansicht, welche K. E. v. Baer nicht zuerst aufgestellt, wohl aber vertieft und begründet hat, besagt im wesentlichen, daß die Entwicklung höherer Formen Stufen durchläuft, die bei niederen Formen als bleibende nachzuweisen sind. So finden wir z. B. bei den Embryonen lungenatmender Wirbeltiere auf einer gewissen Entwicklungsstufe einen Kiemenapparat angelegt, der bei Fischen und wasserlebenden Amphibien zur vollendeten Ausbildung gelangt, dagegen bei allen Amnioten schon während des Embryonallebens eine Rückbildung, resp. eine Ausbildung nach anderer Richtung und im Sinne anderer Funktionen erfährt. Ein weiteres Beispiel: Das Herz besteht bei Säugetieren aus vier vollständig von einander getrennten Abschnitten, bei Fischen dagegen aus einem einheitlichen Ventrikel und zwei unvollständig von einander getrennten Vorhöfen. Auf einem gewissen Entwicklungsstadium besitzt jedoch auch der Säugetierembryo ein Herz, das sich in bezug auf die Trennung der einzelnen Abschnitte auf derselben Stufe der Ausbildung befindet wie das fertige Fischherz.

Solche Tatsachen werfen ein Licht auf die Verwandtschaft der Tiere untereinander, auf die Entwicklung der Tierstämme oder die Phylogenie. Wenn wir die Evolutionslehre annehmen, d. h. der Ansicht beipflichten, daß zwischen den Tierformen in dem Sinne Verwandtschaften bestehen, daß von den niederen Formen an eine stets weitergehende Differenzierung Platz greift, so können wir recht wohl in den Stadien, welche während der Einzelentwicklung auftreten, eine kurze Rekapitulation der Stammesgeschichte erblicken, allerdings eine solche mit vielen Lücken. Diese Annahme, welche von Haeckel als biogenetisches Grundgesetz formuliert wurde, ist eigentlich schon implicite in dem oben zitierten Satze von K. E. v. Baer enthalten, wenn wir auch daran zweifeln dürfen, ob v. Baer wirklich ein Anhänger der Descendenztheorie im späteren Sinne gewesen sei. Die Ontogenie ist nach Haeckel eine kurze Rekapitulation der Phylogenie, so lautet in seiner knappsten Form das biogenetische Grundgesetz.

Von diesem Standpunkte aus betrachtet, erweckt die vergleichende Embryologie ein ganz besonderes Interesse. Dasselbe ist gesteigert worden, nachdem Darwin (1859) dem Descendenzgedanken neue Grundlagen geschaffen hatte. Die Pflege dieser Richtung embryologischer Forschung nahm in den 70—90er Jahren des letzten Jahrhunderts einen großen Aufschwung und beherrschte während langer Zeit die Literatur unseres Gegenstandes. Erst mit der Ausbildung der auf experimenteller Grundlage beruhenden Entwicklungsmechanik entstand eine parallele, aber der ersteren durchaus nicht feindlich gegenüberstehende Richtung der Forschung.

Die vergleichende Entwicklungsgeschichte hat jedoch nicht bloß auf die Verwandtschaften der Tiere selbst, sondern nicht minder auf die Ausbildung der Organe in der phylogenetischen Reihe ein helles Licht geworfen. Bei der ontogenetischen Differenzierung eines Organs haben wir den einfachsten und ursprünglichsten Bau in der frühen Anlage zu erblicken. So stellt sich die Leber der Amnioten auf einer gewissen Entwicklungsstufe als eine Ausstülpung der ventralen Wand des Mitteldarmes dar. Eine Komplikation erfährt das Organ infolge der Bildung von röhrenförmig auswachsenden, untereinander in Verbindung tretenden Epithelsprossen. Dazu kommt eine Durchwachsung dieser Masse von seiten des Bindegewebes und der benachbarten Gefäße, endlich die Abgrenzung des Organs durch eine Kapsel, die Bildung einer Gallenblase usw. Wenn wir nun sehen, daß auch in der Tierreihe die Leber ähnliche Ausbildungsstufen aufweist, so wird die Annahme einer Homologie dieser Organe, die schon durch die Vergleichung der fertigen Formen nahegelegt wurde, vollends zur Gewißheit. Oder nehmen wir ein anderes Beispiel: Im ersten und zweiten Schlundbogen, Streifen der seitlichen Wandung des Kiemendarmes, welche durch die Mundöffnung und die beiden ersten Schlundspalten begrenzt werden, entwickeln sich Knorpelspangen, welche bei Selachiern zum zahntragenden Mandibularbogen und zum Hyoidbogen werden. Solche Knorpelbogen treten auch bei Säugetieren auf, doch bildet hier bloß ein Teil des Mandibularbogens die Grundlage des ihm aufgelagerten knöchernen Unterkiefers, während sich der dorsale Abschnitt des Bogens in die beiden größeren Gehörknöchelchen (Hammer und Amboß) gliedert. Der zweite Bogen (Hyoidbogen) liefert vielleicht einen Teil des Stapes und wird in seiner ventralen Strecke zum Proc. styloides, zum Lig. stylohyoideum und zum kleinen Horne des Os hyoides. Die Homologie dieser Bildungen mit dem knorpeligen Mandibular- und Hyoidbogen der Selachier ist keineswegs aus der vergleichenden Anatomie ohne weiteres ersichtlich; erst durch die Zusammenstellung einer langen Reihe wird es möglich, denselben Schluß zu ziehen, der sich aus der vergleichenden Entwicklungsgeschichte sofort ergibt.

Freilich dürfen wir auch nach dieser Richtung hin in der Wertschätzung der Entwicklungsgeschichte nicht zu weit gehen. Nicht überall, wo wir eine Ähnlichkeit in der Organbildung oder in der Organentwicklung erkennen, dürfen wir ohne weiteres auf verwandtschaftliche Beziehungen schließen. So ist es sehr gewagt, die Einbettung des Eies in die Mucosa des Säugetieruterus und die Bildung und Form des Mutterkuchens als ein Kriterium für die Verwandtschaft der Formen zu benutzen. Hier haben wir es häufig mit Konvergenzerscheinungen zu tun, d. h. mit dem Auftreten derselben Strukturverhältnisse bei weit von einander entfernten Formen. So sehen wir, um einen für die Entwicklung des Keimes überaus wichtigen Faktor anzuführen, den Dotter bei den verschiedenen Eiern sehr verschieden stark ausgebildet, ohne daß wir etwa berechtigt wären, die dotterreichen Formen (z. B. Selachier, Vögel, Reptilien) als besonders nahe untereinander verwandt hinzustellen, ebensowenig aber auch diejenigen Formen, bei denen sich der Dotter durch seine geringe Ausbildung oder aber durch seine gleichmäßige Verteilung in den Zellen des Keimes auszeichnet. Beispiele dieser Art ließen sich in großer Zahl anführen; wir werden Gelegenheit haben, bei der Besprechung der Organentwicklung nochmals auf diesen Gegenstand zurückzukommen.

Die Einteilung des in der Embryologie zu behandelnden Stoffes ist eine einfache. Die Entwicklung nimmt ihren Ausgang bei allen Wirbeltieren von einem durch das Zusammentreffen einer reifen männlichen und einer reifen weiblichen Geschlechtszelle (Spermium und Eizelle) entstandenen befruchteten Keime aus. Es wird sich folglich zunächst darum handeln, die reifen männlichen und weiblichen Geschlechtszellen in bezug auf ihre Entstehung und ihren Bau näher kennen zu lernen, sodann den Vorgang der Befruchtung, d. h. der Vereinigung der männlichen und weiblichen Geschlechtszelle, welche den Anfang der Entwicklung eines neuen Organismus darstellt. Diese Verhältnisse werden als Progenie zusammengefaßt und einem Abschnitte, den wir als Metagenie bezeichnen und welcher die Schilderung der Differenzierung des Keimes umfaßt, gegenübergestellt. In bezug auf die letztere unterscheiden wir zunächst die Differenzierung des Keimes bis zum Auftreten spezieller Organanlagen als allgemeine Entwicklungsgeschichte und rechnen hierher auch alle jene Vorgänge, die mit der Ernährung und dem Gaswechsel des Keimes während des fetalen Lebens im Zusammenhang stehen, besonders die Einbettung des Eies in die Mucosa uteri und die Bildung eines die Beziehungen zwischen Mutter und Kind vermittelnden Organs, des Mutterkuchens. In einem zweiten Abschnitte der Metagenie fassen wir als spezielle Entwicklungsgeschichte die Entwicklung der Organe zusammen und zwar in derselben Reihenfolge, wie sie auch der descriptiven Anatomie zugrunde gelegt wird, indem wir mit der Osteologie beginnen, sodann die Myologie, Angiologie, Splanchnologie, Neurologie und Lehre von den Sinnesorganen folgen lassen. In kleineren Exkursen sollen Fragen von prinzipieller Wichtigkeit behandelt werden.

Literatur.

Einleitung.

Baer, C. E. von, Über Entwicklungsgeschichte d. Tiere. 1828—1837. — *Herbst, C.*, Formative Reize in der tierischen Ontogenese. Leipzig 1901. — *Hertwig, O.*, Allgemeine Biologie, IV. Aufl. 1912. – *Keibel, Fr.*, Das biogenetische Grundgesetz und die Caenogenese. *Bonnet* und *Merkels* Ergebnisse VII. 1897. — *Maas, O.*, Entwicklungsmechanik. Wiesbaden 1903. — *Russell, E. S.*, Form and Function. London 1916. — *Thompson, D'Arcy W.*, Growth and Form. London 1917 — *Willey, Arthur*, Convergence in evolution. London 1911. — *Wilson, E. B.*, The cell in development and inheritance. Columbia biol. series. Vol. IV. 1899. — *Wolff, K. F.*, Theoria generationis. Übersetzt von Samassa. Leipzig 1896.

Vermehrung der tierischen Organismen.

Geschlechtsprodukte. Zeugung. Allgemeines.

· Am weitesten verbreitet findet sich im Tierreiche die Vermehrung der Organismen durch die Vereinigung von Geschlechtszellen oder Gameten, die von verschiedengeschlechtlichen Individuen herstammen. Die Gameten sind hoch differenzierte Zellen, welche sich durch eine Anzahl Merkmale von den übrigen Zellen des Organismus unterscheiden. Letztere werden ihnen als somatische Zellen gegenübergestellt. Die durch die Vereinigung der Gameten bewirkte geschlechtliche Zeugung (Amphimixis von Weismann) kommt bei Wirbeltieren unter natürlichen Bedingungen ausschließlich vor.

Abgesehen von dieser findet bei manchen Wirbellosen auch eine ungeschlechtliche Fortpflanzung statt, bei welcher sich Produkte eines und desselben Individuums zu neuen Organismen entwickeln. Als solche Produkte sind Sprossen oder Knospen aufzufassen, die später entweder von dem elterlichen Organismus selbständig werden oder, mit demselben in Verbindung bleibend, einen Stock (Cormus) herstellen. Eine andere Form der ungeschlechtlichen Fortpflanzung ist die Sporenbildung, bei welcher der ganze elterliche Organismus in eine große Zahl von kleinen Körpern zerfällt, wovon jeder sich zu einem neuen Individuum entwickelt. Auch die ungeschlechtliche Vermehrung, welche als Jungfernzeugung oder Parthenogenese bezeichnet wird, ist hier anzuführen; bei ihr entwickeln sich die von einem weiblichen Organismus gelieferten Geschlechtsprodukte (Eier) ohne Hinzutreten von männlichen Geschlechtsprodukten. Das Vorkommen von Parthenogenese bei Wirbeltieren, insbesondere bei Amphibien, ist wiederholt behauptet worden, doch wird jetzt allgemein angenommen, daß bei Wirbeltieren immer nur die geschlechtliche Zeugung vorkommt, welche, wie gesagt, in der als Befruchtungsakt stattfindenden Vereinigung eines männlichen und weiblichen Gameten besteht. Die Gameten entstammen auch immer den Keimdrüsen (Hoden und Ovarien) verschiedengeschlechtlicher Individuen, indem es sehr fraglich ist, ob der bei einigen Wirbeltieren normal vorkommende Hermaphroditismus, z. B. einiger Labraxarten, eine Einschränkung dieser Angabe erheischt (s. Hermaphroditismus), denn es ist noch keineswegs erwiesen, daß diese Formen, deren Keimdrüsen sowohl Hoden- als Ovarialgewebe enthalten, wirklich zugleich reife Eier und Spermien liefern. Noch weniger ist jedoch anzunehmen, daß solche Geschlechtsprodukte sich in einem Befruchtungsakte vereinigen können.

Die Geschlechtsprodukte und ihre Entstehung.

Die beiderlei Geschlechtsprodukte der Wirbeltiere unterscheiden sich durch Strukturdifferenzen, die auch ihrer Rolle entsprechen. Die Eizellen sind durchwegs größer und weniger zahlreich als die Spermien; ferner werden sie im ganzen in um so geringerer Zahl geliefert, als das betreffende Wesen in der Tierreihe höher steht. Darin liegt auch eine gewisse Ökonomie für den elterlichen Organismus, indem die Leistung, welche demselben durch die Abgabe einer Anzahl von Eiern zugemutet wird, beträchtlich größer ist, als diejenige bei der Erzeugung einer gleichen Zahl von Spermien. Wir sehen nämlich, daß die Masse des Eies um ein Vielfaches diejenige des Spermiums übertrifft, sogar auch in jenen Fällen (Fischen, Amphibien), in denen die Eier, etwa mit dem Vogelei verglichen, nur eine mäßige Größe aufweisen. Dem entspricht aber auch die Tatsache, daß die reifen Eier, wenigstens der niedern Formen, fast ausnahmslos der Befruchtung unterliegen, indem sogar Polyspermie (Eindringen mehrerer Spermien in ein und dasselbe Ei) als normaler Befund bei einigen Formen (Selachier nach Rückert) angetroffen wird.

Auf der andern Seite scheint die Menge von Chromatin in jeder reifen Geschlechtszelle, sei sie männlich oder weiblich, dieselbe zu sein, und zwar beträgt sie regelmäßig die Hälfte desjenigen der übrigen (somatischen) Zellen des Körpers. Diese als Chromatinreduktion bezeichnete Herabsetzung des Chromatingehaltes der Gameten stellt ein Hauptmerkmal der Reife der Geschlechtsprodukte dar, denn erst nachdem dieselbe erfolgt ist, kann die Vereinigung der beiden Gameten und damit der Beginn der Entwicklung eines neuen Organismus erfolgen. Das Ei stellt mit seinem größeren Protoplasmagehalte, im Vergleiche mit dem Spermium, gewissermaßen den Boden dar, auf welchem sich die ersten Entwicklungsvorgänge abspielen, denn es enthält als aufgespeichertes Nährmaterial für den Embryo Dottermassen, welche bei manchen Eiern (Vögel und Reptilien) ungeheuer stark ausgebildet sind und allmählich im Laufe der Entwicklung von dem Embryo assimiliert werden. Bei andern Eiern wird dieselbe Rolle für die Ernährung des Keimes von dem mütterlichen Organismus übernommen, indem die in utero sich entwickelnden Eier durch Ausscheidungen der Uterusschleimhaut oder durch Blutergüsse in die Umgebung des Eies, endlich bei vielen Formen auch durch eine innige Verbindung der Uteruswandung mit dem Ei Nahrungsmaterial erhalten. Eine derartige Verbindung wird in ihrer höchsten Form durch die Placentarbildungen mancher Säugetiere, insbesondere der Primaten, dargestellt.

Wir betrachten zunächst die Geschlechtsprodukte für sich, um erst später auf Grund der Kenntnis ihrer Entwicklung und Struktur einen Vergleich zwischen dem reifen Ei und dem Spermium anzustellen.

Sperma. (Samen.)

Die Spermien sind die wichtigsten Bestandteile des Samens oder Spermas, welches beim Copulationsakte der Säugetiere in die Scheide entleert wird. Das Sperma ist eine gelatinöse, schwach alkalisch reagierende Flüssigkeit, welche sich aus dem Sekrete der Hodenkanälchen mit den Spermien, ferner, diesem beigemischt, dem Sekrete der Prostata, des Nebenhodens, der Glandulae bulbourethrales (Cowperi), der Samenblasen und der kleinen Gland. urethrales (Littrésche Drüsen) zusammensetzt. Die Samenflüssigkeit enthält: 1. 90% Wasser, 2. chemische Bestandteile, davon besonders nennenswert eine Base, das Spermin, 3. geformte Bestandteile, in erster Linie die Spermien, welche von den Hodenkanälchen geliefert werden, dann Lymphocyten, ferner die Hodenzellen, große, runde Zellen mit oder ohne Kern, endlich Amyloidkörner aus der Prostata und sogenannte Sperminkristalle von verschiedener Größe. Die Herkunft aller dieser einzelnen Elemente ist, abgesehen von den Spermien, nicht über allen Zweifel erhaben; besonders gilt dies von den Hodenzellen, die vielleicht aus dem Nebenhoden stammen, wahrscheinlich aber auch aus dem Ductus deferens, der Harnröhrenschleimhaut, der Prostata und den Samenblasen. Die Sperminkristalle stammen sicher aus dem Prostatasekrete, welches überhaupt das Vehikel für die Spermien zu liefern scheint.

1. Die Spermien.

Die Spermien sind im frischen Samen in großen Mengen vorhanden und befinden sich in lebhafter Bewegung, die mit der Abkühlung des Spermas abnimmt. Auch beeinflussen in dieser Hinsicht Änderungen der Reaktion des umgebenden Mediums die Spermien ungünstig, so daß sie absterben oder wenigstens eine Beeinträchtigung ihrer Beweglichkeit erleiden. Die Spermien (von Leuwenhoeck 1677 entdeckt) lassen bei

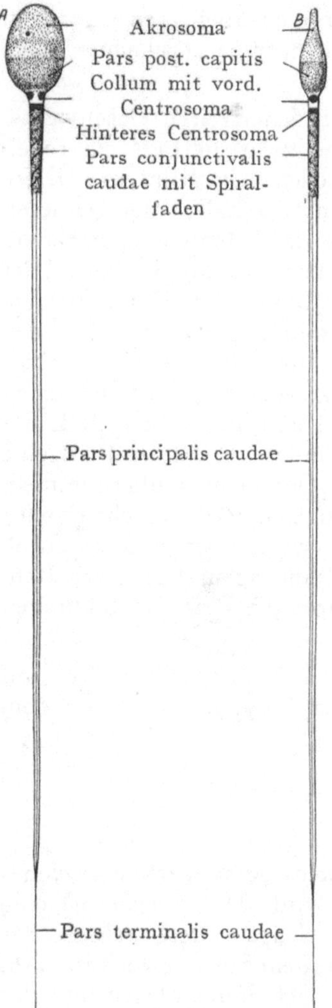

allen Wirbeltieren bestimmte Teile unterscheiden, welche allerdings in den einzelnen Klassen eine wechselnde Ausbildung zeigen, aber immer wiederkehren und auch in ihrer Struktur eine gewisse Übereinstimmung bei den verschiedenen Formen zeigen. Wir unterscheiden (Fig. 1) schon am frischen Spermium einen massigen, mit Kernfarbstoffen sich intensiv tingierenden Abschnitt als Kopf von dem fadenförmigen, rasche peitschende Bewegungen ausführenden Schwanze; zwischen Kopf und Schwanz ist ein dritter, kurzer, stark lichtbrechender Abschnitt, der Hals, eingeschaltet. Neuerdings wurde eine weitgehende Komplikation im Baue der Spermien aufgedeckt, die jedoch an den lebenden Spermien nicht deutlich zu erkennen ist, auch sehen wir manche Modifikation derselben bei den verschiedenen Klassen. Wir beschränken uns auf die Schilderung des Baues der menschlichen Spermien. Dieselben sind, wie die Spermien der Säugetiere überhaupt, sehr klein, denn die Gesamtlänge eines menschlichen Spermiums beträgt bloß 55 μ (Minot); der Kopf ist oval und vorn stark abgeplattet und hat eine Länge von 3,0—5,2 μ, eine Breite von 2,9—3,6 μ und eine Dicke von 1—2 μ; seine Längsachse bildet die direkte Fortsetzung des Schwanzes. Bei der Ansicht von der Seite (Fig. 1 B) zeigt der Kopf etwa die Form einer Birne, deren Stiel nach vorn gerichtet ist, bei vielen Tieren ist sogar der vordere schmale Teil spießartig ausgezogen und stellt das sogenannte Akrosoma dar (Salamandra maculata), welches wahrscheinlich eine Rolle beim Eindringen des Spermium in das Ei spielt. Außerdem ist der vordere Abschnitt des Kopfes (Fig. 1) stärker lichtbrechend; auch färbt er sich mit gewissen Farbmischungen (Romanowskysche Färbung) anders als der hintere Abschnitt. Wir werden bei der Besprechung der Spermiogenese sehen, daß diese beiden Abschnitte des Kopfes sich auch in bezug auf ihre Herkunft von einander unterscheiden.

Auf den Kopf folgt der Hals, an welchem wir eine unmittelbar dem Kopfe angrenzende stärker lichtbrechende Scheibe, das vordere Centrosoma, eine gleiche Scheibe an der Grenze gegen den Schwanz, das hintere Centrosoma, und eine zwischen beiden Centrosomen eingeschaltete Zwischenmasse, die Massa intermedia, unterscheiden. Der Schwanz zerfällt in einen vordern Abschnitt, das Verbindungsstück (Pars conjunctivalis von Waldeyer) und einen hinteren Abschnitt, das Hauptstück (Pars principalis), auf den ein kurzes Endstück, die Pars terminalis folgt. Der Schwanz wird von dem feinen Achsenfaden oder Hauptfaden durchzogen, um welchen sich im Verbindungsstück ein

Spiralfaden windet. Letzterer wird von einer hellen Protoplasmaschicht umgeben und diese nach außen wieder von einer gekörnten Schicht (in Fig. 1 allein dargestellt), die auf das Verbindungsstück beschränkt ist, während die helle Schicht sich als Hülle des Achsenfadens auf die Pars principalis fortsetzt. Die Pars terminalis entbehrt jedoch dieser Hülle, indem hier der Hauptfaden eine Strecke weit frei zu Tage tritt.

Was die chemische Zusammensetzung der Spermien anbelangt, so wurde von Miescher in Lachsspermien ein sehr hoher Gehalt an Nuklein nachgewiesen, das im wesentlichen den Kopf des Spermiums bildet, aber auch im Schwanze vorkommt. Die Nukleinsäure ist an eine Base, das Protamin, gebunden.

2. Biologie der Spermien.

Diese außerordentliche Komplikation des Baues steht in erster Linie damit im Zusammenhang, daß die Spermien auf ihre Beweglichkeit angewiesen sind, um bei Säugetieren relativ weite Strecken im Innern des weiblichen Genitaltractus zurückzulegen, bei vielen im Wasser lebenden Formen dagegen die nach außen entleerten Eier aufzusuchen und zu befruchten. Die Bedeutung der Struktureinzelheiten ist größtenteils noch unbekannt, doch steht es fest, daß der Achsenfaden und wohl auch der Spiralfaden mit Geißelfäden zu vergleichen sind, wie überhaupt der Schwanz ein Lokomotionsorgan darstellt, das, vielleicht infolge seiner hohen Differenzierung, keine weitere Rolle nach dem Eintritt des Spermiums in das Ei spielt. Vielmehr bilden bloß der Hals und der Kopf des Spermiums den vom Vater an die Entwicklung des neuen Organismus gelieferten Beitrag, während der ganze Schwanz bei der Befruchtung (s. unten) durch eine nach dem Eindringen von Kopf und Hals in das Ei aus der peripheren Protoplasmaschicht des letztern sich bildende Membran (Dotterhaut) von der Aufnahme in das Ei ausgeschlossen wird. Das vordere Centrosoma spielt bei der Befruchtung eine wichtige Rolle, indem es im Ei, besonders wenn das Centrosoma des letzteren fehlt, das Zentrum der Protoplasmastrahlung bildet, welche bei den ersten Kernteilungen auftritt (s. Furchung).

Die Spermien sind in alkalischen Medien von großer Widerstandsfähigkeit, während sie in sauren rasch zugrunde gehen. Ihre Lebensdauer ist unter günstigen Bedingungen eine sehr beträchtliche, so finden wir sie bei Fledermäusen in der Scheide und im Uterus in lebensfähigem Zustande von der im Herbste erfolgenden Begattung an bis zur Ovulation und Befruchtung im Frühjahr. Auch bei Hühnern genügt eine einzige Begattung, um auf Monate hinaus die Befruchtung der in den Eileitern abwärts wandernden Eier zu sichern. Beim menschlichen Weibe sind noch geraume Zeit nach der Begattung Spermien in der Scheide, dem Uterus und den Tuben nachgewiesen worden; in der Scheide noch nach 8—10 Tagen, in der Cervix uteri nach 5—7 Tagen. Da die Befruchtung des Eies in der Tube stattfindet, so müssen die Spermien infolge ihrer aktiven Beweglichkeit, entgegen dem Flimmerstrome des Uterusepithels, imstande sein, einen relativ weiten Weg zurückzulegen. Experimentell ist dagegen nachgewiesen worden, daß Tusche, welche in die Bauchhöhle des Kaninchens eingespritzt wurde durch die Tuben und den Uterus bis in die Scheide gelangt. Daß die Spermien durch die Tuben, ja durch das Ostium abdominale tubae bis auf das Bauchfell vordringen können, ist mehrfach beobachtet worden; so fand Dührssen sogar noch drei Wochen nach der letzten Kohabitation lebende Spermien in den Tuben. Wie lange dieselben brauchen, um diesen relativ weiten Weg zurückzulegen, ist natürlich nicht genau festzustellen (siehe unten), ebensowenig kann auch die Frist post cohabitationem bestimmt werden, innerhalb welcher die Befruchtung eines Eies möglich ist, doch ist es nach Beobachtungen an Säugetieren wahrscheinlich, daß sie etwa 5—8 Tage beträgt.

Ungünstig wirkt für die Fortbewegung der Spermien, ja für ihre Lebensfähigkeit überhaupt, das längere Verweilen in dem sauer reagierenden Scheidensekret, während dagegen die Schleimhaut des Uterus infolge der alkalischen Reaktion ihres Sekretes in beiden Beziehungen günstige Bedingungen darbietet. Wahrscheinlich erreicht der Same bei der Kohabitation die Portio vaginalis cervicis, wo die Spermien, indem sie am Orificium externum uteri in den Canalis cervicis eindringen, ihre Wanderung aufwärts antreten. Die Fortbewegung erfolgt wohl in der Hauptsache durch die peitschende Bewegung des Schwanzes. Die Geschwindigkeit beträgt nach Hensen ca. 2,6 mm pro Minute, und es ist berechnet worden, daß ein Spermium in $^5/_4$ Stunden den Weg vom Orificium uteri externum bis zum Ostium abdominale tubae zurücklegen könnte; tatsächlich wird diese Zeit wohl immer beträchtlich überschritten, indem das Spermium selten den kürzesten Weg einschlagen dürfte.

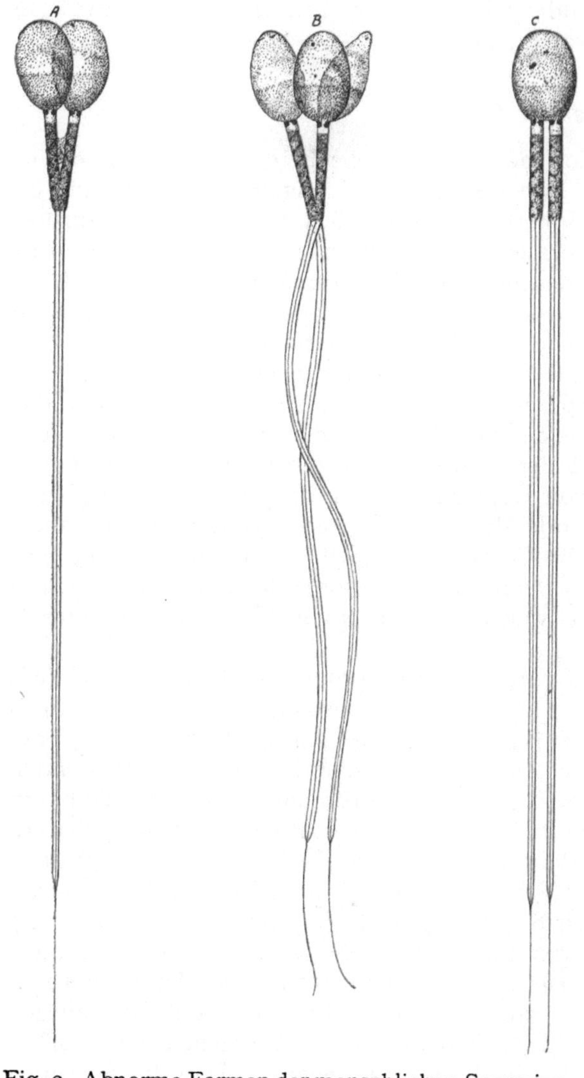

Abnorme Formen der Spermien sind in neuerer Zeit von verschiedenen Beobachtern beschrieben worden; sie besitzen vielleicht eine gewisse Bedeutung, denn es ist immerhin möglich, daß sie eine Befruchtung bewirken und zur Entstehung von Mißbildungen Anlaß geben. Hierher gehören die in Fig. 2 dargestellten Doppel- und Dreifachbildungen menschlicher Spermien. Bei der Doppelbildung A läßt sich die Spaltung bis in die caudale Strecke des Zwischenstückes verfolgen; das dreiköpfige Spermium B besitzt zwei Schwänze und zwei Verbindungsstücke, die am Übergang in das Hauptstück miteinander verschmolzen sind. In Fig. C ist ein einköpfiges Spermium mit zwei Schwänzen dargestellt. Solche Bildungen sind wohl zweifellos auf eine unvollständige Trennung der Spermien bei der Spermiogenese zurückzuführen und zeigen eine gewisse Analogie mit Doppelbildungen, die in manchen Ovarien in großer Zahl vorkommen (siehe unten Doppeleier). Riesenspermien sind bei einigen Tieren (Bombinator igneus) von Broman als regelmäßiger Befund nachgewiesen worden, auch hie und da beim Menschen. Er hat Kopflängen bis zu 10,0 μ beobachtet, also ist ein bedeutender Überschuß von Chromatin vorhanden.

Fig. 2. Abnorme Formen der menschlichen Spermien.
Nach G. Retzius, Biol. Unters. N. F. X. 1902 und J. Bromann, Anat. Anz. XXI. 1902.

Ob diese Riesenspermien eine Befruchtung bewirken können, läßt sich nicht entscheiden, doch scheint die Mehrzahl derselben zu degenerieren. Die Möglichkeit, daß zweiköpfige Spermien die Bildung von Zwillingen desselben Geschlechtes aus einem Ei veranlassen können, ist in Erwägung gezogen worden, ohne daß sich jedoch bestimmte Angaben darüber machen ließen (siehe die Doppelbildungen).

3. Spermiogenese.

Die in den Hodenkanälchen stattfindende Bildung der Spermien, welche in der Herstellung reifer Spermien gipfelt, ist ein sehr komplizierter Vorgang, der sich jedoch, wie wir später sehen werden, mit der Bildung und Reifung der Eizellen in Parallele stellen läßt. Die Entwicklung und Reifung der beiden Geschlechtsprodukte lassen sich in ihrem morphologischen Ablaufe jetzt sehr genau übersehen. Daneben spielen wahrscheinlich auch chemische Vorgänge eine vorläufig nicht näher zu präzisierende Rolle.

Mit dem Zusammentreffen und der Vereinigung eines reifen Spermiums und einer reifen Eizelle im Befruchtungsvorgange beginnt ein neuer Organismus seine Entwicklung. Den reifen Geschlechtszellen oder Gameten stehen andere Geschlechtszellen gegenüber, welche, auch wenn ihnen die Möglichkeit zur Vereinigung geboten wird, als Bildner eines neuen Organismus versagen; sie sind eben unreif. Die Merkmale der Reife wurden früher in physikalisch-chemischen Änderungen des Zellplasmas, resp. des Kernes gesucht, doch sind wir jetzt in der Lage, bestimmte morphologische Änderungen, die in übereinstimmender Weise sowohl beim Spermium als beim Ovum, ablaufen, als Zeichen der Reife zu erkennen. Dieselben bilden den Schluß einer langen Entwicklung, die wir als Spermiogenese, resp. Oogenese bezeichnen.

Die Bildung reifer Spermien, die imstande sind, reife Eizellen zu befruchten und so zur Entwicklung anzuregen, beginnt beim Menschen erst mit der Pubertät. Diese tritt, individuell etwas variierend, in Europa kaum vor dem 13.—14. Jahre ein (s. auch Menstruation). Bei normaler Gesundheit kann die Spermiogenese bis ins Greisenalter vor sich gehen, im Gegensatze zur Oogenese, deren Beginn mit der durch das Auftreten der Menses beim menschlichen Weibe markierten Pubertät zusammenfällt (13.—15. Lebensjahr), um mit dem Aufhören der Menstruation (Menopause) gegen das 50. Lebensjahr ein Ende zu nehmen. Eine sogenannte Frühreife kann bei beiden Geschlechtern vorkommen und beschränkt sich in vielen Fällen nicht auf die Ausbildung der inneren oder äußeren Geschlechtsorgane, sondern betrifft die Formgestaltung des ganzen Körpers. Kußmaul gibt an, daß die Pubertät bei Knaben schon im Laufe des zweiten, bei Mädchen im achten Lebensjahr eintreten kann, auch ist die somatische Entwicklung in solchen Fällen oft geradezu eine präzipitierte, so daß ein von Kußmaul beobachteter frühreifer Knabe schon mit 12 Jahren eine Länge von 180 cm besaß. Diese Fälle sind natürlich nicht mit der Frühreife zu verwechseln, welche normalerweise in tropischen Gegenden besonders beim weiblichen Geschlechte auftritt. So beginnt die Menstruation bei den australischen Ureinwohnern im 8., in Südpersien im 9. Jahre und hat ihre Ursache in den klimatischen Verhältnissen

Die Hoden liefern in den Spermien ein zelliges, hochorganisiertes Produkt, nicht ein flüssiges oder halbflüssiges Sekret wie andere Drüsen. Die epitheliale Wandung des Hodenkanälchens steht deshalb nach dem Eintritt der Pubertät in lebhafter Proliferation unter steter Abgabe von Spermien in die Lichtung des Kanälchens.

Die Herkunft der die Hodenkanälchen auskleidenden Epithelzellen geht in letzter Linie auf das Epithel zurück, welches die in früheren Entwicklungsstadien einheitliche Coelomhöhle auskleidet. In diesem Coelomepithel zeichnen sich schon sehr früh eine Anzahl von Zellen (Ursamenzellen, Archispermiocyten resp. Archioocyten) durch ihre Größe aus und werden allmählich in Wucherungen des Coelomepithels eingeschlossen, welche in das Innere der beiderseits von dem Abgang des Mesenteriums gelegenen Keimleisten einwachsen. Aus diesen entwickeln sich weiterhin die Hoden resp. die Ovarien. Von den Archispermiocyten leiten sich nun durch den als Spermiogenese bezeichneten Prozeß die reifen Spermien ab. Beim männlichen Geschlechte liegen diese Ursamenzellen in der Wandung der Hodenkanälchen, nachdem sich die letztern durch Aushöhlung der ursprünglich soliden, vom Coelom abstammenden Zellbalken gebildet haben. Schon im 5.—6. Monate der fetalen Entwicklung wird ein weiteres

Nachrücken von Coelomepithel mit Archispermiocyten durch die Bildung der derben, den Hoden überziehenden Albuginea testis unmöglich gemacht; folglich dürfen wir da wohl annehmen, daß die Archispermiocyten nur in beschränkter Zahl im Hoden vorhanden sind. Sie stellen die Ahnenzellen der Spermien dar. Außerdem finden wir in den Hodenkanälchen noch gewöhnliche, ziemlich hohe, zylindrische Epithelzellen (Fig. 3). Die Archispermiocyten zeichnen sich durch ihre Größe aus und besitzen zwei Centrosomen. Auf dieser Stufe der Ausbildung verharren die Hodenkanälchen bis zur Pubertät.

Bei der Verfolgung der nunmehr eintretenden Spermiogenese sind zwei Vorgänge auseinander zu halten. Erstens vermehren sich die Archispermiocyten durch indirekte Teilung und liefern eine große Zahl von Zellen, welche sich unter besonderen Umwandlungen zu Spermien differenzieren. Zweitens stammen aus dem übrigen Epithel der Hodenkanälchen große protoplasmareiche Zellen, die sich gewissermaßen zu Wirten der späteren Stadien der in Spermien sich umwandelnden Zellen ausbilden. Sie liefern dann für diese letzteren bis zu ihrer vollendeten Reife einen Schutz und einen Nährboden; es sind dies die Fußzellen oder Sertolischen Zellen. Das eigentümliche Verhältnis zwischen den Fußzellen und den Endstadien der Spermiogenese können wir geradezu als eine Symbiose von zwei in ihrer Struktur und ihrem Schicksal gänzlich verschiedenen Zellkategorien auffassen.

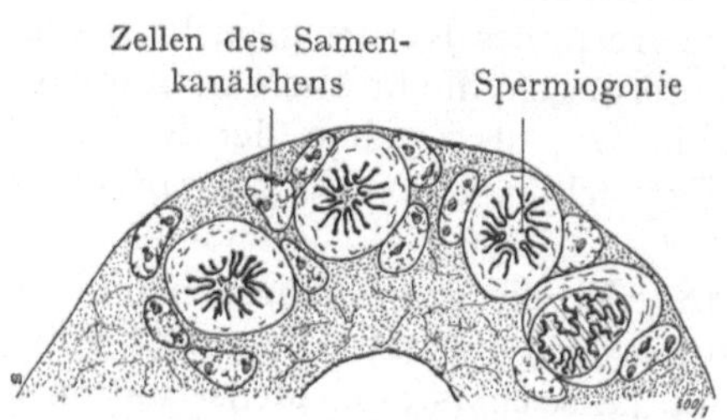

Fig. 3. Querschnitt durch das Samenkanälchen einer neugeborenen Maus. Nach Fr. Hermann, Arch. f. mikr. Anat. 34. 1889.

Die Bildung der Spermien geht also beim Eintritt der Pubertät von den in die Wandung der Hodenkanälchen eingelagerten Archispermiocyten aus (Fig. 4). Dieselben teilen sich mitotisch und liefern eine zweite Generation von Zellen (Spermiogonien), die sich durch ihre geringe Größe, ferner durch die Anordnung ihres Chromatins von den Archispermiocyten unterscheiden. Die Spermiogonien rücken gegen das Lumen der Hodenkanälchen vor, während die Archispermiocyten, mehr wandständig gelegen, immer neue Spermiogonien bilden. Sie spielen auch, solange überhaupt die Bildung von Spermien vor sich geht, die Rolle von Stammzellen.

Die Spermiogonien vermehren sich gleichfalls durch sehr rasch aufeinander folgende Teilungen (Fig. 4 E), indem sie immer wieder ihresgleichen bilden. Der Vorgang wird zusammenfassend als Periode der Proliferation gekennzeichnet. Diese erreicht ihren Abschluß in der Bildung von Zellen, welche vorläufig ungeteilt bleiben, dagegen unter eigentümlicher Veränderung ihrer Kerne beträchtlich an Umfang zunehmen. Dieser auf die Proliferationsperiode folgende Abschnitt der Spermiogenese wird als Wachstumsperiode bezeichnet; als Endprodukt derselben treffen wir Zellen an, die sich, unter Ausschluß der Zellteilung, zunächst durch ihre Größe von den Spermiogonien unterscheiden. Es sind dies die Spermiocyten erster Ordnung (Fig. 4 D), die, abgesehen von ihrer Größe, ganz besonders in der Ausbildung ihres Chromatins höchst eigenartige Verhältnisse aufweisen. Dasselbe zerfällt in Körner, welche mit dem Wachstum der Zelle an Größe zunehmen und von denen jedes schließlich in vier Körner, die sog. Vierergruppe des Chromatins, zerfällt. Später verschmelzen diese Vierergruppen wieder untereinander zu einer Chromatinschleife; sie sind als ein vorübergehendes aber sehr auffälliges Stadium in der Neuordnung des Chromatins des Spermiocyten aufzufassen. Die zu beträchtlicher Größe herangewachsenen Spermiocyten erster Ordnung zerfallen nun durch die sog. erste Reifeteilung (Äquationsteilung) in die Spermiocyten zweiter Ordnung und diese wieder durch eine rasch erfolgende zweite Reifungsteilung (Reduktionsteilung) in die Spermiocyten dritter Ordnung (Spermiden). Das Ergebnis dieses Prozesses ist folgendes: jeder Spermiocyt erster Ordnung liefert durch rasch aufeinander folgende Teilungen 4 Spermiden, die nunmehr keine weiteren Teilungen eingehen, sondern als die letzte Generation der von den Archispermiocyten abstammenden Samenzellen unter eigentümlichen Vorgängen am Kern und am Zellprotoplasma sich zu reifen Spermien umwandeln. Bei der zweiten Reifeteilung (siehe unten die Besprechung

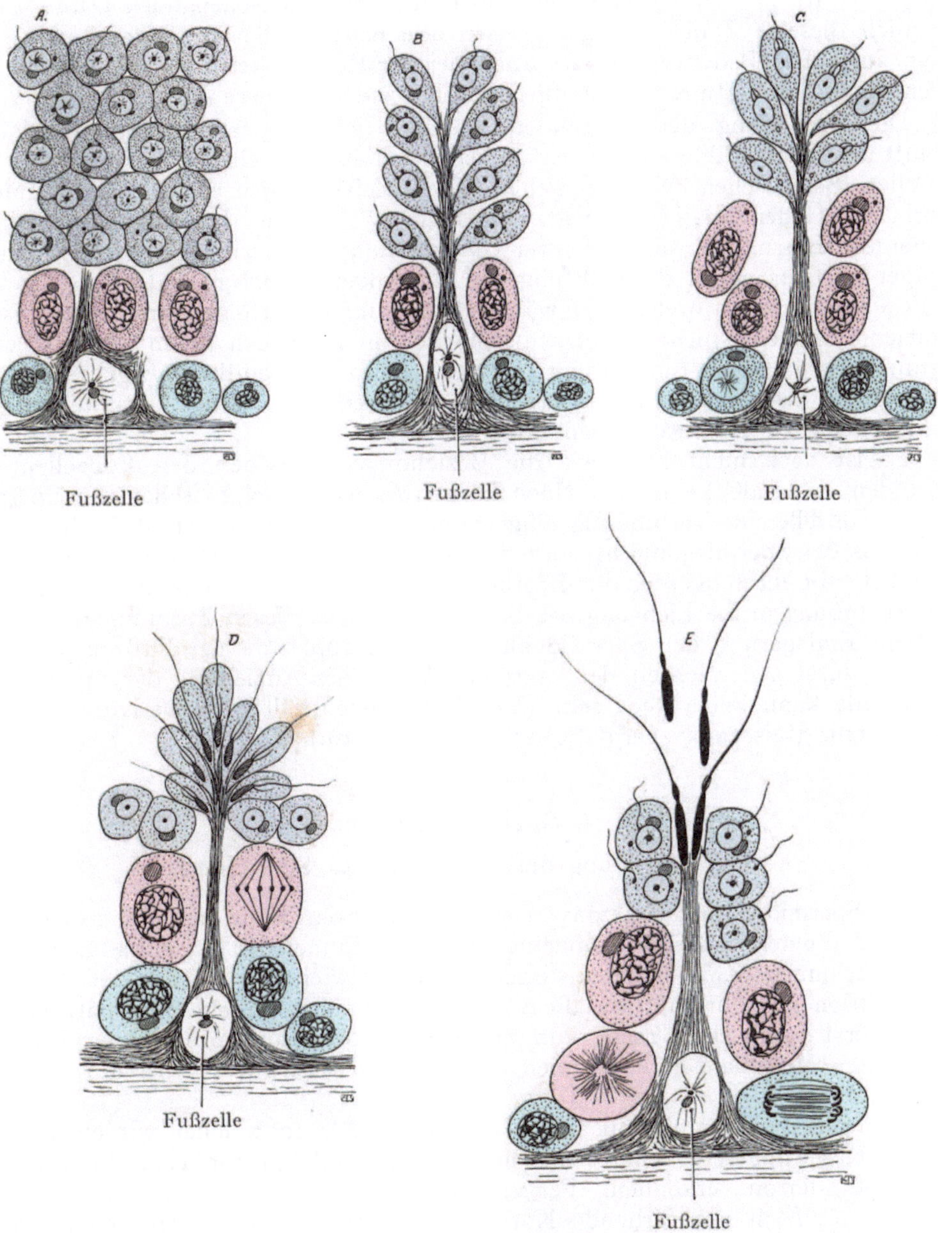

Fig. 4. Spermiogenese.

Teilweise nach Waldeyer in O. Hertwigs Handb. der Entwicklungslehre, 1. Band. 1906.

Spermiogonien	blau.
Spermiocyten 1. und 2. Ordnung	rot.
Spermiden	violett.
Spermien	schwarz.

der Eireifung), welche rasch auf die erste Reifeteilung folgt, erfahren die Chromatinmenge oder richtiger gesagt die einzelnen Chromatinmassen oder Chromosomen, welche in den Kernen der nunmehrigen Spermiden enthalten sind, eine Reduktion auf die Hälfte. So finden wir in den Spermiden von Salamandra maculata nach der zweiten Reifeteilung anstatt 24 Chromosomen bloß noch 12, beim Menschen nach Duesberg wahrscheinlich dieselbe Zahl. Dagegen weisen alle Körperzellen des Menschen 24 Chromosomen auf. Die Bedeutung dieser auch bei der Reifung des Eies erfolgenden Chromosomen- und Chromatinreduktion findet unten eine genauere Besprechung.

Die Umbildung der Spermiden zu den reifen Spermien (Spermiohistogenese) verläuft unter dem Bilde einer eigentümlichen Symbiose, welche die Spermiden mit den Fußzellen (Sertolischen Zellen) eingehen. Diese Zellen zeigen eine breite, der Membrana propria des Hodenkanälchens ansitzende Basis, welche den Kern enthält, während ein weicher die Spermiden während ihrer Umwandlung in Spermien aufnehmender keulenförmiger Fortsatz gegen die Lichtung des Hodenkanälchens gerichtet ist (Fig. 4 B—E). Da die Veränderungen, welche sich während der nunmehr erfolgenden Spermiohistogenese abspielen, wohl eine nicht unbeträchtliche Zeit in Anspruch nehmen, so ist es selbstverständlich, daß eine Einrichtung, welche den in Umwandlung begriffenen aus dem Zellverbande ausgeschiedenen Spermiden gewissermaßen eine Unterkunft gewährt, von der höchsten Bedeutung sein muß.

Es ist noch nicht klar, wie die Beziehungen zwischen den Fußzellen und den Spermiden zustande kommen. Nach Bugnion ist schon zwischen der Spermiogonie und der Fußzelle eine Verbindung eingetreten, welche dazu führt, daß alle Spermiden, welche aus der Spermiogonie hervorgehen und in ihrer Gesamtheit ein Spermienbüschel darstellen, mit ihren Köpfen im Protoplasma derselben Fußzelle stecken und erst bei ihrer Abstoßung in die Lichtung des Samenkanälchens diesen Zusammenhang verlieren. Die tiefe Einlagerung der Spermidenköpfe im Protoplasma der Fußzellen erfolgt wohl teilweise durch Auswachsen der letzteren. Von einer Anziehung der Spermiden durch die Fußzelle kann keine Rede sein. Jede Fußzelle enthält bloß Derivate einer einzigen Spermiogonie (faisceaux spermatiques von Bugnion).

4. Spermiohistogenese.

(Ausbildung der Spermiden zu Spermien.)

Die Spermiden sind weit davon entfernt in ihrem Baue mit den reifen Spermien, welche sich von den Fußzellen losmachen und in das Lumen der Hodenkanälchen gelangen, übereinzustimmen. Zwar besitzen sie schon ein sehr wichtiges Zeichen der Reife, nämlich die Reduktion des Chromatins, allein sie stellen noch rundliche oder polygonale Zellen dar, die erst durch einen recht komplizierten Umwandlungsprozeß den Schwanz und die üblichen Merkmale der Spermien erhalten. Dieser Prozeß wird durch die Fig. 5 veranschaulicht.

Wir gehen von einer Spermide aus (Fig. 5 A), in welcher wir einen Kern und eine dem Kerne angeschlossene, sich von dem übrigen Zellprotoplasma different färbende Masse, das Idiozom, erkennen. Ferner sind mehrere gegen die Zelloberfläche emporgerückte, spezifisch sich färbende Körnchen vorhanden (die Centrosomen); von einem derselben geht ein feiner, zum Teil aus der Spermide herausdringender Faden oder eine Geißel hervor, der spätere Achsenfaden des Spermiums.

Bei der Weiterentwicklung (Fig. 5 B, C) wird ein Teil des Idiosoma ausgestoßen, um im Cytoplasma unterzugehen (Idiozomrest); ein Teil bleibt jedoch mit dem Kern in Berührung, spitzt sich zu und bildet weiterhin (D. E. F.) den als Akrosoma bezeichneten Teil des Spermiumkopfes. Die Centrosomen legen sich dem Akrosoma gegenüber dem Kerne an, während das Chromatin des letzteren eingedickt wird,

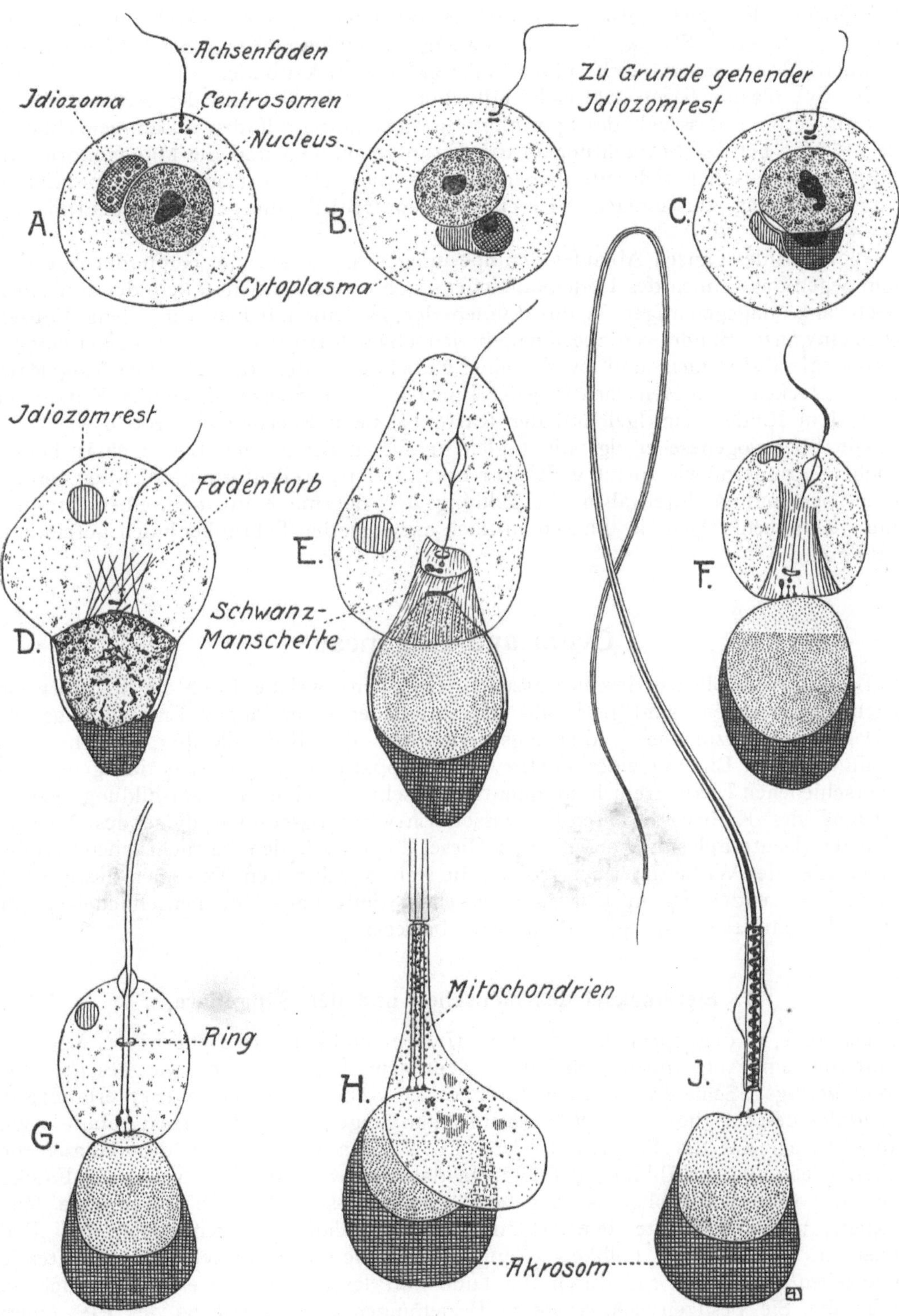

Fig. 5. Spermiogenese beim Meerschweinchen.
Nach Meves, Arch. f. micr. Anat. 54. 1899.

um eine mehr oder weniger solide Masse darzustellen. Um die Abgangsstelle des Achsenfadens bildet sich vorübergehend eine aus feinen Fasern bestehende Hülle, die sich in eine die erste Strecke des Achsenfadens umschleiernde sog. Schwanzmanschette umwandelt. Diese scheint sich später vollständig zurückzubilden.

Im Cytoplasma liegen zahlreiche Mitochondrien, die sich um den Achsenfaden zu einem im Verbindungsstück des Spermiums gelegenen Spiralfaden zusammenschließen. Letzteres wird bei der Befruchtung in das Ei aufgenommen und die Mitochondrien des Spermiums vermischen sich mit denjenigen des Eies, eine Tatsache, der im Hinblick auf die Vererbung von einigen Autoren (Meves, Held) eine gewisse Bedeutung beigelegt wird.

Während des ganzen Ablaufes der Spermiogenese stecken die Köpfe der Spermien in dem gegen das Lumen des Hodenkanälchens sich erstreckenden Zelleib der Fußzellen; die Schwänze dagegen ragen in das Lumen der Hodenkanälchen vor. Jede Fußzelle trägt so ein ganzes Bündel von Spermien, die jedoch nach Bugnion alle von einer einzigen Spermiogonie abstammen, und zwar in einer ganz bestimmten, für jedes Tier festgelegten Zahl. So stecken beim Menschen in jeder Fußzelle 8—16 Spermien, bei der Katze, dem Hunde, dem Rinde, dem Igel und der Ratte 16, beim Sperling 80—100 usw.

Die Spermiogenese erfolgt nicht gleichmäßig in der ganzen Länge eines Hodenkanälchens, sondern, wie zuerst v. Ebner erkannt hat, wellenförmig, d. h. es befindet sich in bestimmten Intervallen die Bildung der Spermien auf demselben Stadium. Genau genommen folgen die Phasen in flach ansteigenden Schraubenlinien aufeinander (Cl. Regaud).

Ovum und Oogenese.

Die reifen weiblichen Geschlechtszellen (Gameten), welche durch die Spermien eine Befruchtung erfahren, sind gleichfalls als Endglieder einer langen Entwicklungsreihe, der Oogenese, aufzufassen. Allerdings fehlt hier die Komplikation, welche beim Spermium in der Bildung eines Fortbewegungsapparates gegeben ist, dagegen ist bei den verschiedenen Eiern, freilich in quantitativ sehr verschiedener Ausbildung, ein der Ernährung des Embryos während gewisser Entwicklungsstadien dienendes Material, der Dotter (Deuteroplasma), angehäuft. Dieser liegt auch den beträchtlichen Größenunterschieden der Wirbeltiereier zugrunde, die sich zwischen den Extremen des ca. $1\frac{1}{5}$ l Flüssigkeit fassenden Straußeneies auf der einen Seite und dem menschlichen Ei mit 0,2 mm Durchmesser auf der andern Seite bewegen.

1. Eierstocksei des Menschen und der Säugetiere.

Das reife, in dem sprungbereiten Graafschen Follikel enthaltene Ei des Menschen ist mit bloßem Auge noch sichtbar, indem sein Durchmesser, wie gesagt, etwa 0,2 mm beträgt. Seine Entdeckung durch C. E. v. Baer im Jahre 1827 erlaubte die Anwendung des für die andern Wirbeltiere schon lange geltenden Satzes: „omne vivum ex ovo", auch auf die Säugetiere. Das Ei wird in dem Innern des Graafschen Follikels (siehe für die Bildung des letztern das Urogenitalsystem), von dem Follikelepithel des Cumulus proligerus umgeben, gegen dasselbe jedoch durch eine feine, homogene, radiär gestreifte Membran, die Zona pellucida abgegrenzt (Fig. 6). Beim Platzen des Graafschen Follikels gelangen auch die der Zona pellucida anhaftenden Follikelzellen der Corona radiata in die Tube und lösen sich hier erst allmählich von dem Ei ab. Sie besitzen sehr wichtige Beziehungen zur Oberfläche des Eies (zuerst von Retzius genauer beschrieben), indem sie die Zona pellucida um die Eizelle herum abscheiden, auch gehen von ihnen feine Basalfortsätze aus, welche die Zona pellucida durchsetzen (Fig. 7), deren Radiärstreifung hervorrufen und unmittelbar auf der äußern Oberfläche des Eies mit kegelförmigen Verbreiterungen enden. Diese gehen ineinander über und bilden so eine unmittelbar der Eizelle angrenzende, vielleicht auch mit dieser verschmelzende Protoplasmaschicht. Die erste Andeutung der Zona pellucida wird durch eine von den Follikelzellen ausgehende Abscheidung eines feinen Faserfilzes, des perizonalen Fasernetzes, hergestellt, welche durch eine weitere mit der Größenzunahme des Eies Schritt haltende Faserbildung verstärkt wird. Auch die innern Follikelzellen und ihre Fortsätze teilen sich weiterhin. Dabei stehen sie jedoch untereinander in Verbindung und stellen ein Syncytium dar, welches zweifellos einen hohen Wert für den Stoffwechsel des Eies besitzt. Dieser geht in erster Linie durch die Vermittlung der Follikelzellen vor sich; vielleicht ließe sich hierin eine gewisse Analogie mit den Einrichtungen erblicken, welche in den Fußzellen der Hodenkanälchen für den Schutz und die Ernährung der heranreifenden Spermien geboten werden. In beiden Fällen sind es Zellen der nächsten Nachbarschaft der Geschlechtszellen, deren Protoplasma diese besondere, die Ernährung der Spermien resp. der Eier vermittelnde Rolle übernimmt.

Im menschlichen Ei unterscheiden wir eine äußere Schicht feinkörnigen Protoplasmas von einer innern mehr grobkörnigen Schicht, die auch eine gewisse Menge von Deuteroplasma in Form von Dotterplättchen enthält. Hier tritt, allerdings in sehr beschränktem Umfange, ein Unterschied zwischen dem Bildungsplasma (Protoplasma) und dem Nahrungsplasma (Deuteroplasma) zu Tage. Bei Eiern, die frei nach außen abgelegt werden, ist dieser Unterschied viel schärfer ausgeprägt, indem hier oft

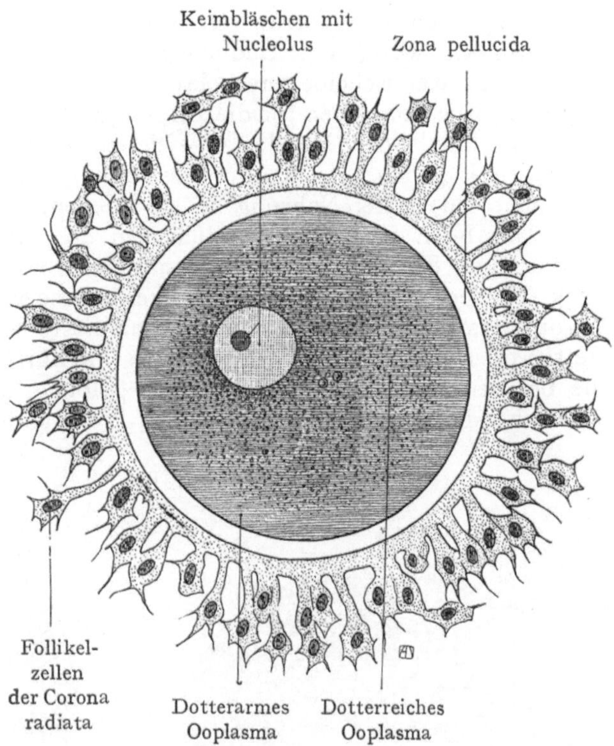

Fig. 6. Menschliches Eierstocksei.
Nach Waldeyer, aus Hertwigs Handb. d. Entw.-Gesch.

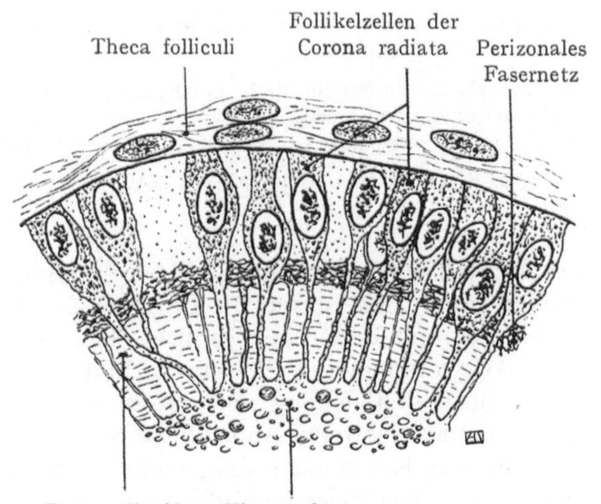

Fig. 7. Randpartie eines Eifollikels des Kaninchens.

Bildung eines perizonalen Fasernetzes. Eindringen von Fortsätzen der Follikelzellen der Zona radiata durch die Zona pellucida bis aufs Ei.

Nach Retzius, Hygiea, Stockholm. 1889.

ein ganz ungeheurer Vorrat von Nahrungsplasma dem Ei mit auf den Entwicklungsweg gegeben wird , das Bildungsplasma dagegen nur als eine im Vergleich damit
sehr kleine Keimscheibe erscheint (siehe unten das Vogelei). Solche nach außen
abgelegte Eier sind eben für die Bildung und Ernährung des Embryos einzig und allein
auf den Inhalt der Eizelle angewiesen, während die kleinen Säugetiereier in der
günstigen Lage sind, nach ihrer Festsetzung im Uterus in den mütterlichen Geweben
eine neue Quelle der Nahrung zu erschließen.

Der Kern oder das Keimbläschen des menschlichen Eies liegt in der äußeren,
feinkörnigen Schicht des Protoplasmas und enthält gewöhnlich neben einer als Keim-
fleck (Nucleolus) bezeichneten größeren Masse von Chromatin auch eine Anzahl kleiner
Chromatinstränge. Das Deuteroplasma besteht aus verschiedenen Eiweißkörpern und
Fetten oder fettähnlichen Substanzen; seine Färbung verdankt es gewissen Lipochromen,
die bei den Eiern der meisten Tiere gelblich, ausnahmsweise bei einigen Amphibien
weißlich oder grünlich sind. Von den Eiern anderer Säugetiere zeichnen sich diejenigen

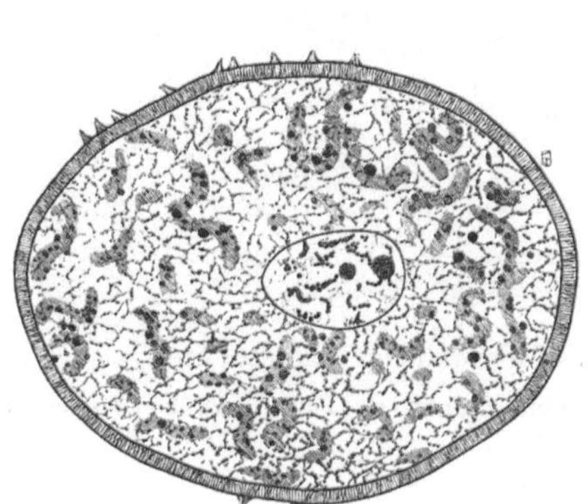

Fig. 8.   Unreifes Eierstocksei des
Kaninchens.

Im Protoplasma ein Mitomgeflecht mit hellen
Paramitomräumen, dazwischen Deutero-
plasmamassen.

Nach G. Retzius, Biol. Unters. N. F. XV.
1910.

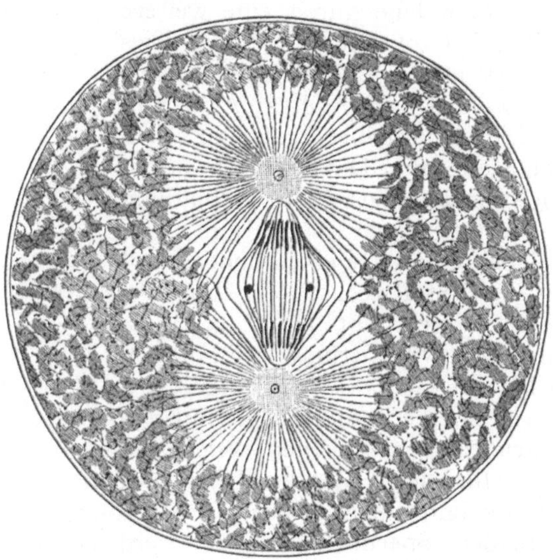

Fig. 9.   Schnitt durch ein in Teilung begriffenes
befruchtetes Ei von Porechinus miliaris. Mitomgeflecht mit Einschlüssen von Deuteroplasma.

Nach G. Retzius, Ibid.

der Beuteltiere durch eine größere, halbmondförmige Masse von Dotter aus. Bei den
Monotremen (siehe unten die Besprechung des Sauropsideneies) ist der Dotter noch weit
mächtiger und bildet den größten Teil des Eies.

Was die feineren Strukturverhältnisse des Eies anbelangt, so sind in neuerer Zeit
durch die Untersuchung von dotterarmen Eiern (Säugetiereier, auch Eier von Wirbellosen) bemerkenswerte Aufschlüsse gewonnen worden. In Fig. 8 ist ein unreifes Eierstocksei des Kaninchens dargestellt. Der Zellkörper wird von einem Geflechte dunkel
gefärbter, stellenweise Verdickungen aufweisender Fäden, den Mitomfäden, durchzogen,
welche durch helle Räume, die Paramitomräume, voneinander getrennt sind. Diese
werden von der weichen, halbflüssigen Paramitom- oder Interfilarsubstanz angefüllt.
Bei Eiern, die der Reife entgegengehen, finden wir zunächst in der Nähe des Kernes,
dann aber auch im übrigen Zellkörper, Deuteroplasmastränge (in Fig. 8 schraffiert)
oder Balken, welche von den Fäden des Mitomgeflechtes umsponnen werden.

Die Protoplasmastrahlungen im Ei, welche während der Befruchtung, dann aber
auch im Beginne der Furchung auftreten (Fig. 9) und das Ei mehr oder weniger weit

durchsetzen, gehen von den als dynamische Zentren für das Protoplasma beschriebenen, in der Nähe des Kernes gelegenen Centrosomen aus. Sie bestehen aus Mitomfäden und verlaufen zur Peripherie des Eies. Bei der Bildung der Strahlen ordnen sich nämlich die Fasern des Mitomgeflechtes radiär zu den beiden Centrosomen des sich teilenden Eies, um, je nach der Menge der dieser Anordnung hindernd in den Weg tretenden Dotterbalken, in größerer oder geringerer Entfernung von den Centrosomen, peripher in das Mitomgeflecht überzugehen.

Das im Graafschen Follikel eingeschlossene Ei kommt hier nicht zur Reife, indem bei Säugetieren die zweite Reifeteilung erst nach oder gleichzeitig mit dem Eindringen des Spermiums erfolgt.

2. Verschiedene Typen von Wirbeltiereiern.

Das Ei der Säugetiere gehört zu den kleinsten und dotterärmsten Wirbeltiereiern überhaupt, doch liegen Gründe für die Annahme vor, daß es sich phylogenetisch von großen dotterreichen Eiern herleitet, wie wir sie unter den Säugetieren bei den Monotremen, dann aber besonders bei den Vögeln und Reptilien antreffen.

Als typisches Beispiel eines dotterreichen Eies wird gewöhnlich das leicht zu beschaffende Hühnerei beschrieben. Dasselbe wächst im Ovarium infolge der massenhaften Dotterbildung zu beträchtlicher Größe heran und wird, nachdem die Befruchtung in der Tube erfolgt ist, durch die peristaltischen Bewegungen der muskulösen Eileiterwandung nach unten befördert. Dabei erhält es Hüllen, welche, abgesehen von der unmittelbar nach dem Eindringen des Spermiums entstehenden Dotterhaut oder Dottermembran (siehe Befruchtung), durch Sekrete des Genitalkanales geliefert werden. Die sogenannten Eiweißdrüsen des Eileiters scheiden das den Dotter umgebende Eiweiß aus und andere Drüsen (Kalkdrüsen) den Kalk, welcher die Eischale bildet. Von diesen Hüllen umgeben, wird das Ei nach außen abgelegt.

Wir unterscheiden am reifen Eierstocksei des Huhnes, wie schon am Säugetierei, das Protoplasma (Bildungsplasma) und das Deuteroplasma (Nahrungsplasma oder Dotter). Das Protoplasma, welches spezifisch leichter ist als das Deuteroplasma, bildet am animalen Pole die kleine weißliche Keimscheibe (Discus proligerus), während das mächtige Deuteroplasma die ganze übrige Masse des Eies darstellt und sich bis zu dem der Keimscheibe entgegengesetzten vegetativen Pole erstreckt. Da das Protoplasma spezifisch leichter ist als das Deuteroplasma, so wird sich das Ei immer mit dem animalen Pole nach oben einstellen. Ferner sehen wir, daß die Bildung des Embryos von der Keimscheibe ausgeht, während die träge Dottermasse erst allmählich durch die verdauende Wirkung der die Embryonalanlage zusammensetzenden Zellen umgewandelt und zum Aufbau der Anlage verwandt wird. Der Dotter des Hühnereies stellt keine gleichartige homogene Masse dar, vielmehr können wir einen feinkörnigen weißen Dotter von einem grobkörnigen unterscheiden. Der weiße Dotter ist in geringerer Menge vorhanden (Fig. 10), zunächst unter der Keimscheibe als eine Masse, welche sich gegen das Zentrum des Eies erstreckt und hier kolbenförmig zur sogenannten Latebra anschwillt. Außerdem bildet er eine oberflächliche Schicht und dünne, konzentrisch um die Latebra angeordnete Schichten, die mit dickeren Schichten gelben Dotters abwechseln. Der weiße Dotter enthält mehr Wasser, Proteide und Extraktivstoffe und weniger Fette und Phosphate, als der gelbe Dotter. Die Bedeutung der beiden Dotterarten ist unbekannt, doch scheint ihr Schicksal dasselbe zu sein: nämlich nach Bearbeitung durch das den Dotter umwachsende innere Keimblatt (Entoderm) dem Keime zugeführt und zum weiteren Aufbau desselben verwertet zu werden.

Die Hüllen des Hühnereies lassen sich unterscheiden in 1. die Eiweißhülle, 2. die Schalenhaut und 3. die Kalkschale (Fig. 10). Die Eiweißhülle wird von den Eiweißdrüsen der obern Strecke des Genitaltractus geliefert. Sie bildet mehrere Schichten, welche

successive um den Dotter abgelagert werden und von denen sich die innerste in zwei
verdichtete und spiralig gewundene Stränge fortsetzt, die Chalazen oder Hagelschnüre
($\chi\alpha\lambda\acute{\alpha}\zeta\omega$, Hagel machen), welche ihre Form der spiraligen Drehung des Eies bei
seiner Wanderung nach unten im Ovidukt verdanken. Sie gelangen am stumpfen, resp.
am spitzen Pole der Eischale zur Insertion. Die Schalenhaut besteht aus zwei Schichten
von verfilzten Fasern, zwischen denen sich am stumpfen Pole des Eies die sogenannte
Luftkammer befindet. Die Kalkschale setzt sich zum größten Teile aus Kalksalzen zusammen, denen nur spärlich ($2\,^0/_0$) organische Substanzen beigemengt sind; sie ist hochgradig porös, denn sie wird von einfachen oder verzweigten Kanälen durchsetzt, die dem
Sauerstoffe der Luft freien Zutritt zum Keime gestatten. Auf diese Weise geht der Gasaustausch ungehindert vor sich. Werden die Kanäle der Kalkschale etwa durch Be-
streichen mit Firnis verlegt, so erfährt die Entwicklung des Embryos eine im Verhältnis

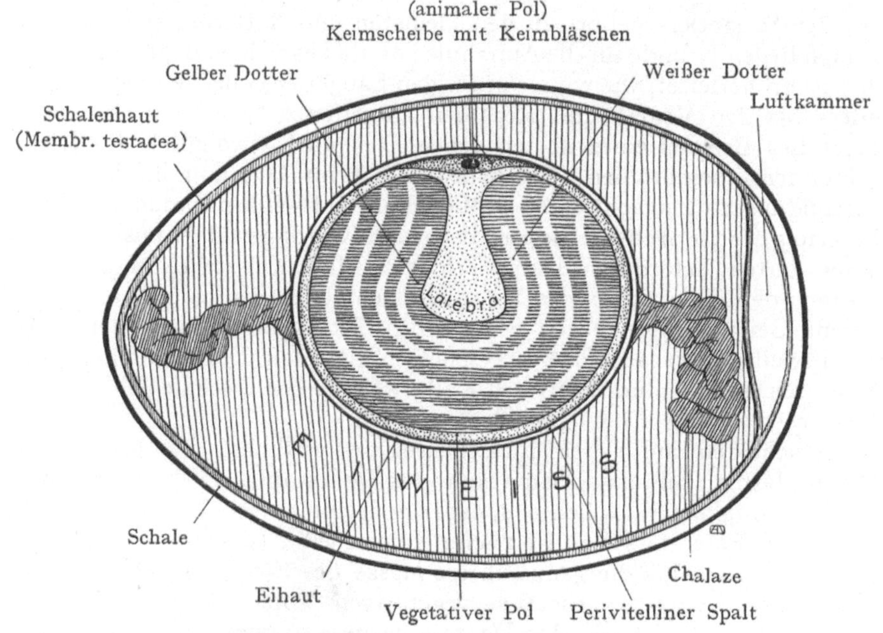

Fig. 10.   Hühnerei in der Schale.

zur Ausdehnung der überfirnißten Fläche mehr oder weniger weitgehende Störung
(Versuche von Gerlach).

Wenn die Eier der Vögel und Reptilien als Beispiel einer extremen Entwicklung des
Dotters gelten dürfen, so sehen wir bei Amphibieneiern teils einen Dotterreichtum, der
demjenigen der Vogeleier kaum nachsteht (z. B. bei den Blindwühlen, den Cäciliern),
teils aber eine beträchtliche Reduktion des Dotters (Frösche), die jedoch lange nicht so
weit geht wie bei den Eiern der Säugetiere. Der Unterschied gegenüber dem Vogelei
ist jedoch bloß ein quantitativer, denn auch bei Amphibieneiern befindet sich das Bildungsplasma, allerdings nicht als Keimscheibe scharf abgegrenzt, hauptsächlich am animalen
Pole, während der übrige Teil des Eies von dem Dotter gebildet wird. Im Ovarium
liefern die Follikelzellen eine Hülle, und weitere Hüllen werden, wie beim Vogelei, durch
das Sekret der Eileiterdrüsen während der Wanderung des Eies nach unten gebildet.
Dieses umgibt die Eier unserer einheimischen Frösche und Kröten, quillt nach dem
Austritt derselben in das Wasser und bildet die Gallertmasse, welche den Laich umschließt, die Larven schützt und denselben nach ihrem Ausschlüpfen zunächst wohl auch
als Nahrung dient.

Eier, wie diejenigen der Amphibien und Vögel, bei denen sich das Protoplasma am animalen, das Deuteroplasma am vegetativen Pole anhäuft, bezeichnet man (Fig. 11 B) als telolecithale Eier, solche dagegen, bei denen spärliche Dottermassen gleichmäßig verteilt sind (Fig. 11 A), als isolecithale Eier (Säugetiereier). Ein dritter Modus der Verteilung des Dotters im Ei ist in Fig. 11 C dargestellt; hier ist der Dotter im Zentrum des Eies angehäuft, umgeben von einer Schicht Bildungsplasmas (centrolecithale Eier). Dieser Verteilungsmodus findet sich bloß bei einigen Wirbellosen (Arthropoden), fällt also für unsere Betrachtung weg.

Die Kenntnis der Anordnung des Dotters bei den verschiedenen Eiern ist für die Vergleichung ihrer Entwicklung von großer Bedeutung. Der Dotter ist eine träge Masse, welche den vom Bildungsplasma ausgehenden Entwicklungsvorgängen gewissermaßen einen passiven Widerstand entgegensetzt. Wir sehen deshalb viele Entwicklungsvorgänge bei Eiern mit reichlichem Dotter scheinbar in anderer Weise ablaufen, als bei solchen mit spärlichem Dotter; derartige Unterschiede werden bloß durch die Berücksichtigung des Dotters verständlich. Bei Annahme eines in seinen Grundzügen für alle Wirbeltiere übereinstimmenden Entwicklungsmodus muß selbstverständlich eine Erklärung des so ver-

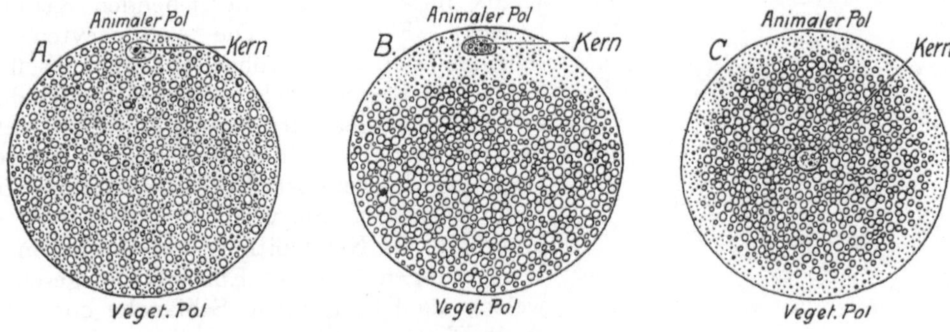

Fig. 11. Darstellung der 3 Typen der Dotterverteilung.
A. Gleichmäßig verteilter Dotter (isolecithal).
B. Polständiger Dotter (telolecithal).
C. Zentralständiger Dotter (centrolecithal).

schiedenen Dotterreichtums der Eier gesucht werden. C. Rabl hat die Ansicht ausgesprochen, daß die Eier im Laufe der Phylogenese mehrmals ihren Dottergehalt gewechselt haben. So treffen wir z. B. bei Selachiern telolecithale Eier mit großem Dotter an, bei Amphibien im allgemeinen eine gewisse Reduktion des Dotters, bei Vögeln und Reptilien durchwegs eine große Dottermasse, sowie auch bei den niedrigsten Säugetieren, den Monotremen, dagegen bei den übrigen Säugetieren einen kleinen Dotter. Die Theorie verdient, wenigstens als Arbeitshypothese, Beachtung; wir werden bei der Schilderung der Furchung und der Keimblattbildung nochmals auf ihre Bedeutung zurückkommen.

Die Zahl der Eier ist in den verschiedenen Wirbeltierklassen außerordentlich verschieden. Im ganzen steht sie, abgesehen von den Säugetieren, im umgekehrten Verhältnisse zu der Größe der betreffenden Eier. Eier mit großem Dotter, wie die Selachiereier und diejenigen der Vögel und Reptilien, werden in weit geringerer Zahl geliefert, als solche mit kleinem Dotter, wie die Eier der Knochenfische und gewisser Amphibien. Es ist ja ohne weiteres klar, daß die Bildung eines Eies mit großem Dotter eine weit größere Anforderung an den mütterlichen Organismus stellt, als die Bildung eines kleinen, dotterarmen Eies. Dies mag wenigstens für die meisten Fälle zutreffen, obgleich Ausnahmen vorkommen, wo die Bildung der Geschlechtsprodukte bei beiden Geschlechtern infolge der Einschmelzung des Körpereiweißes eine Schwächung des Organismus, ja sogar den Tod zur

Folge hat. So gehen die Petromyzonten, welche erst bei der Metamorphose aus Ammocoeten (Larven) zu geschlechtsreifen Tieren werden, nach der Bildung der Geschlechtsprodukte sämtlich zugrunde. Während das Larvalleben der Ammocoeten vier Jahre dauert, beträgt das Leben der in Petromyzonten sich umwandelnden (metamorphosierten) Tiere nach dem Beginne der Metamorphose kaum mehr als 9 Monate und nach der Erlangung der Geschlechtsreife bloß etwa 8 Wochen.

Beim menschlichen Weibe kommt bloß ein verschwindend kleiner Teil der im Ovarium enthaltenen Eier zur Reife; so hat man berechnet, daß im Eierstocke des Fetus ca. 50000 Eier angelegt werden, von denen jedoch bloß ca. 400 die Reife erlangen. Bei jeder Menstruation gelangt in der Regel bloß ein einziges Ei in die Tube, um hier der Möglichkeit der Befruchtung zu begegnen.

3. Oogenese.

Wir gehen auch hier, wie bei der Spermiogenese, von einer Stammzelle, dem Archioocyten Waldeyers aus, welche in dem Coelomepithel liegt, besonders in demjenigen Abschnitte, welcher die auf beiden Seiten der Radix mesenterii sich herziehenden Keimleisten bedeckt (Fig. 12). Die Archioocyten unterscheiden sich sehr frühzeitig von den übrigen Zellen des Keimepithels, ja die Ansicht, daß sie besonders in der Struktur ihrer Kerne während des ganzen Lebens den somatischen Zellen des Organismus gegenüberzustellen seien, findet immer mehr Vertreter. Sie vermehren sich wohl schon innerhalb des Keimepithels und werden in solide Wucherungen dieses Epithels eingeschlossen, welche als Pflügersche Schläuche oder Stränge in die Tiefe des Stroma ovarii eindringen. Diese lösen sich von ihrem Mutterboden, dem Keimepithel ab und bilden das Follikelepithel, welches die Ureier in den sog. Primärfollikeln einschließt. Die in die Tiefe der Keimleiste verlagerten Archioocyten (Ureier) werden nunmehr als Oogonien bezeichnet, ein Name, der von einigen Autoren (z. B. Fürbringer) auch auf die im Keimepithel

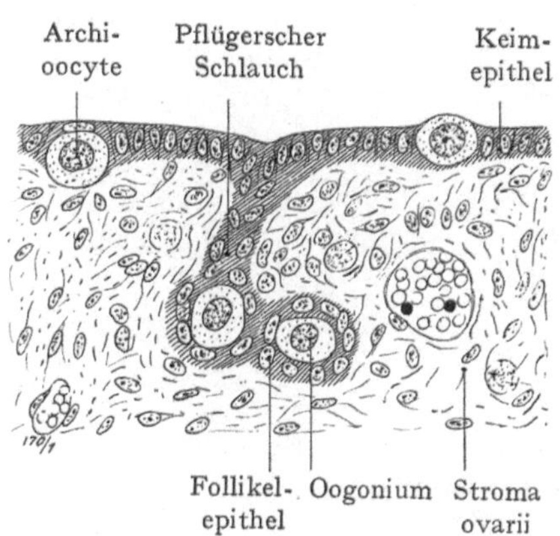

Fig. 12. Schnitt durch die Rinde des Eierstocks eines menschlichen Embryos aus dem 4. Monate.

Nach L. Szymonowicz, Lehrb. d. Histol. 1901.

befindlichen Archioocyten angewandt wird. Nach der Ansicht Waldeyers ist nicht bloß bei der Geburt die Bildung der Pflügerschen Schläuche abgeschlossen, sondern die in den Primärfollikeln eingeschlossenen Oogonien sollen sich schon in eine weitere Stufe der weiblichen Geschlechtszellen, in die Oocyten umgewandelt haben.

Bei dem Fortgang der Oogenese haben wir in ähnlicher Weise wie bei der Spermiogenese zu unterscheiden zwischen der Differenzierung der Eizelle selbst und der Entstehung anderer Zellen (Follikelzellen), welche die Eizelle umgeben und für die Ernährung und den Stoffwechsel derselben sorgen. Wir können in der Ausbildung des reifen Eies, ähnlich wie bei der Spermiogenese, drei Perioden unterscheiden, und zwar erstens (siehe unten den Vergleich der Ei- und Samenbildung) eine Periode der Proliferation, die sich zum Teil innerhalb des Keimepithels abspielt, zum Teil jedoch auch nachdem die Oogonien mit den Pflügerschen Schläuchen in die Tiefe der Keimleiste verlagert worden sind. Darauf folgt zweitens eine Periode des Wachstums, während welcher es bei vielen Tieren zu einer ganz ungeheuren Vermehrung des Volumens der Zellen kommt, verbunden mit charakteristischen Veränderungen in der Struktur des Kernes. Den Abschluß der Oogenese bildet, wie bei der Spermiogenese, eine Periode der Reifung.

Die Analogie mit der Spermiogenese ist jedoch eine viel engere als man zunächst annehmen möchte. Sie ist hauptsächlich durch die Arbeiten von O. Hertwig und Boveri klargelegt worden. Bei den Säugetieren, ja bei Wirbeltieren überhaupt, ist die Oogenese nicht so klar zu übersehen, und vor allem tritt ihre prinzipielle Übereinstimmung mit der Spermiogenese nicht so deutlich hervor wie bei einigen Wirbellosen. Prinzipiell außerordentlich wichtige Erkenntnisse sind durch die Untersuchung der Spermio- und Oogenese des Pferdespulwurms (Ascaris megalocephala) gewonnen worden, die es nunmehr gestatten, den Vergleich zwischen den beiden Prozessen bis ins einzelne durchzuführen.

Wenn wir von den im Keimepithelverbande liegenden Geschlechtszellen der Wirbeltiere ausgehen, so läßt sich zunächst nicht bestimmen, ob sie Spermiogonien oder Oogonien darstellen. Gewiß sind sehr frühzeitig Unterschiede zwischen den Keimzellen beider Geschlechter vorhanden, allein sie entziehen sich vorläufig der Feststellung durch die uns zur Verfügung stehenden Mittel. Sobald der Archioocyt in die Tiefe des Eierstockes verlagert wird, beginnt er Beziehungen zu den Follikelzellen einzugehen, welche erst in viel späterer Zeit zur Herstellung des Graafschen Follikels führen. Die im Primitivfollikel eingeschlossenen Zellen (Oogonien) vermehren sich und zwar durch rasch aufeinander folgende Teilungen. Solche können noch in relativ später Zeit erfolgen und führen nicht selten dazu, daß in ein und demselben Graafschen Follikel zwei, ja sogar drei Eizellen eingeschlossen sind. Diese Periode der Teilung entspricht der Proliferationsperiode in der Spermiogenese. Bei manchen Würmern erfolgt die Vermehrung der Oogonien in einem besonderen als Proliferationszone bezeichneten Abschnitte des Eierstockes, auf welchen eine Wachstumszone folgt. In dieser kommt die Vermehrung der nunmehr als Oocyten erster Ordnung bezeichneten Zellen zum Stillstande, dagegen nimmt ihr Volumen zu, um demjenigen fast gleich zu kommen, welches die reifen Eier bei der Befruchtung aufweisen. Diese an Größe zunehmenden Oocyten erster Ordnung lassen sich ungezwungen mit den Spermiocyten erster Ordnung vergleichen. Nachdem sie nun die im Vergleiche mit den Oogonien oft ungeheure Volumzunahme erfahren haben, treten sie in die dritte Periode (Reifungsperiode) ein. In dieser vollziehen sich zwei rasch aufeinander folgende Zellteilungen, deren Produkte jedoch, ganz anders wie bei der Spermiogenese, an Größe sehr ungleich sind. Die eine der beiden aus der ersten Reifeteilung hervorgegangenen Zellen (Oocyt zweiter Ordnung) steht an Größe dem Oocyten erster Ordnung kaum nach, während die zweite Zelle zwar die gleiche Menge Chromatin in ihrem Kerne enthält, wie die größere Zelle, dagegen nur eine minimale Masse von Protoplasma bei der Teilung mitnimmt. Sie wird als erste Polzelle oder als Polocyt bezeichnet. Sehr rasch, noch bevor das Chromatin des Kernes sich aus dem Kern- und Zellsafte ergänzen kann, erfolgt die zweite Reifeteilung, bei der die große Zelle eine zweite Polzelle liefert, wieder unter Mitgabe einer sehr geringen Menge von Protoplasma. Gleichzeitig findet auch eine Teilung der ersten Polzelle statt, so daß nach Ablauf der zweiten Reifeteilung vier Zellen aus jedem Oocyten erster Ordnung hervorgegangen sind. Dieselben zeichnen sich nunmehr alle dadurch aus, daß ihre Kerne bloß die Hälfte der Chromatinmenge enthalten, welche wir in den Kernen der Oocyten erster und zweiter Ordnung sowie aller somatischen Zellen des Organismus finden. Wie bei der Spermiogenese ist demnach die zweite Reifeteilung in bezug auf das Chromatin als eine Reduktionsteilung oder eine inäquale Teilung aufzufassen. Die Oocyten dritter Ordnung und die Polzellen unterscheiden sich jedoch durch ihre Größe und ihre Bestimmung von den Spermiocyten dritter Ordnung (den Spermiden). Denn von diesen vier Zellen erweist sich bloß die große (das Ovum) als befruchtungsfähig, während die drei Polzellen, abgesehen vielleicht von pathologischen Bildungen, infolge ihres Mangels an Zellprotoplasma unfähig sind, der Befruchtung zu unterliegen oder wenigstens einen normalen Entwicklungsgang anzutreten.

Das Ovum, welches aus der Reduktionsteilung hervorgeht, zeigt, soweit wir das zu erkennen vermögen, denselben Bau wie unmittelbar vor der Befruchtung. Das will zwar nicht heißen, daß Veränderungen, welche der Umbildung der Spermide in das Spermium entsprechen, fehlen, doch müssen wir eben berücksichtigen, daß dem Ei bei der Befruchtung eine mehr passive Rolle zukommt, während das Spermium erst nach der Ausbildung des komplizierten Bewegungsapparates in den Stand gesetzt wird, das Ei aufzusuchen und die Befruchtung zu vollführen.

Vergleich der Spermiogenese mit der Oogenese.

Bei diesem Vergleiche können wir von den Schemata der Figg. 13 u. 14 ausgehen. In beiden Figuren haben wir als Ausgangspunkt die als Archispermiocyten und Archi-

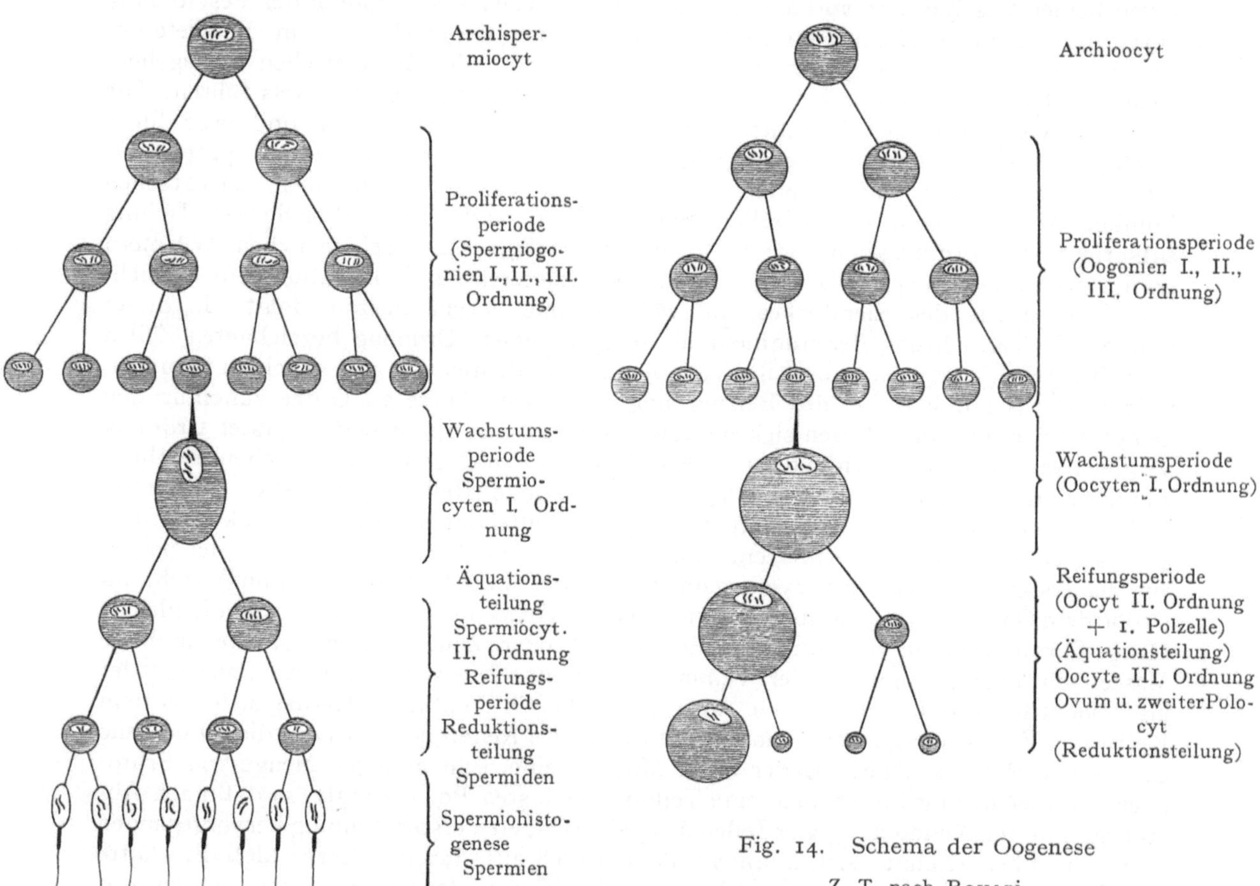

Fig. 13. Schema der Spermiogenese. Nach Boveri, Spermiogenese.

Fig. 14. Schema der Oogenese Z. T. nach Boveri.

oocyten innerhalb des Keimepithels gelegenen Urgeschlechtszellen. Diese treten, in die Keimleiste eingesenkt, eine Proliferationsperiode an, welche die Spermiogonien resp. Oogonien erster, zweiter, dritter Ordnung usw. liefert. Darauf folgt die Wachstumsperiode, in welcher die Spermiogonie resp. Oogonie letzter Ordnung an Größe zunimmt, ohne weitere Teilungen einzugehen. Diese Größenzunahme ist bei den Oogonien eine viel beträchtlichere als bei den Spermiogonien; beruht doch zum Teil die besondere Rolle der Eizelle darauf, daß sie für die Ernährung des Keimes, wenigstens in der frühesten Zeit der Entwicklung, aufzukommen hat und infolgedessen mit einer größeren Protoplasmamasse ausgestattet sein muß. Am Schlusse der Wachstumsperiode folgen rasch aufeinander die beiden Reifeteilungen, aus denen die Spermiocyten resp. Oocyten zweiter und dritter Ordnung hervorgehen. Bei der ersten Reifeteilung erhalten beide Spermiocyten resp. Oocyten zweiter Ordnung gleichviel Chromatin in ihren Kernen (Äquationsteilung); bei der zweiten Reifeteilung wird dagegen das Chromatin der Kerne nicht ergänzt, so daß auf jeden Spermiocyten resp. Oocyten dritter Ordnung bloß die Hälfte des Chromatins entfällt, welches bei der vorhergehenden Zellgeneration im Kerne enthalten war (Reduktionsteilung). Diese Reduktionsteilung wird in den Figuren durch eine Herabsetzung der Zahl der Chromosomen von 4 auf 2 angedeutet.

Die aus den Spermiocyten zweiter Ordnung hervorgehenden Spermiden wandeln sich nun alle während der Spermiohistogenese (siehe oben) zu reifen Spermien um; von den vier Endprodukten der Reifeteilung des Eies dagegen sind drei (die Polocyten) infolge der geringen Menge von Protoplasma als rudimentäre Zellen aufzufassen, denen keine weitere Bedeutung zukommt. Dagegen stellt die vierte eine Zelle mit umfangreichem Zelleibe dar, die reife Eizelle.

Besprechung der Vorgänge bei der Reifung der Geschlechtsprodukte.

Wir haben gesehen, daß bei der Reifung des Ovums eine Reduktion des Chromatins in dem Kerne eintritt. Durch die Vereinigung eines reifen Ovums und eines reifen Spermiums im Befruchtungsvorgange wird jedoch der ursprüngliche Chromatingehalt der Zellen der elterlichen Organismen wieder hergestellt (Summation des Chromatins bei der Befruchtung). Die Reduktionsteilung wird durch einige Eigentümlichkeiten ausgezeichnet, die wir näher ins Auge fassen müssen. Wir sehen den Vorgang bei Ascaris megalocephala in Fig. 15 schematisch dargestellt. Der Kern des unreifen Eies (A) liegt zentral; er ist weit größer als der Kern des reifen Eies. Mit dem Beginne der Reifeteilung rückt der Kern, in welchem sich das Chromatin in Gestalt von vier kurzen Stäbchen oder Schleifen angeordnet hat, gegen die Oberfläche des Eies empor, indem gleichzeitig die Kernmembran verschwindet. Bei der ersten Reifeteilung (B und C) kommen die Chromosomenstäbchen zur Längsteilung, so daß auf jede der beiden Tochterzellen wieder vier Chromosomen entfallen. Die eine dieser beiden Zellen besitzt fast die ursprüngliche Größe, die andere ist dagegen sehr klein, denn sie erhält bei der Teilung nur eine minimale Masse von Zellprotoplasma als Umhüllung ihres Kernes. Die Bezeichnung als äquale Teilung bezieht sich wohlverstanden nur auf das Chromatin, von dem beide Zellen dieselbe Zahl von Chromatinschleifen erhalten, wie ihre Mutterzelle sie besaß. Der Polocyt erster Ordnung geht nun bei Ascaris megalocephala keine weitere Teilung ein, dagegen zerfällt die Eizelle wieder in einen Polocyten zweiter Ordnung und in das reife Ovum. Bei dieser zweiten Teilung (Reduktionsteilung) unterbleibt nun die Längsspaltung der Chromosomen und die Zahl derselben in den Tochterzellen wird dadurch vermindert, daß ihrer zwei in den Polocyten übertreten, während die beiden andern in der Eizelle zurückbleiben. Wenn der erste Polocyt sich außerdem in derselben Weise teilt, so erhalten wir vier Zellen mit Chromatinreduktion, von denen drei Polocyten zweiter Ordnung darstellen, während wir in der vierten Zelle das reife Ovum zu erblicken haben. Die Polocyten werden jetzt wohl allgemein als Abortiveier aufgefaßt, denen die zur Weiterentwicklung nötige Protoplasmamasse fehlt. Daß sie jedoch in einzelnen Fällen (etwas Derartiges glaubt man bei einer Fledermausart beobachtet zu haben) befruchtet werden können, ist nicht absolut auszuschließen, auch ist diese Möglichkeit neuerdings zur Erklärung gewisser Mißbildungen (Embryome) herangezogen worden.

Bei Säugetieren wird der zweite Polocyt erst nach dem Eintritt des Spermiums aus dem Ei ausgestoßen (Corner).

Genau dieselben Vorgänge spielen sich während der Reifeperiode der Spermien ab, jedoch mit dem bedeutsamen Unterschiede, daß keine Abortivzellen gebildet werden, sondern alle vier durch die letzte Reifeteilung (Reduktionsteilung) gelieferten Zellen zu funktionsfähigen reifen Spermien werden. Bei diesen ist eben, anders als beim reifen Ei, der Besitz einer größeren Menge von Protoplasma als Bedingung der Funktionsfähigkeit nicht erforderlich. Im Gegenteil, beim Spermium ist das Protoplasma hauptsächlich im Schwanze vorhanden, welcher bei der Befruchtung überhaupt keine weitere Rolle spielt, indem er durch die Bildung der Dotterhaut vom Eindringen in das Ei abgehalten wird. Folglich sehen wir auch sämtliche Spermiden sich zu reifen Spermien ausbilden.

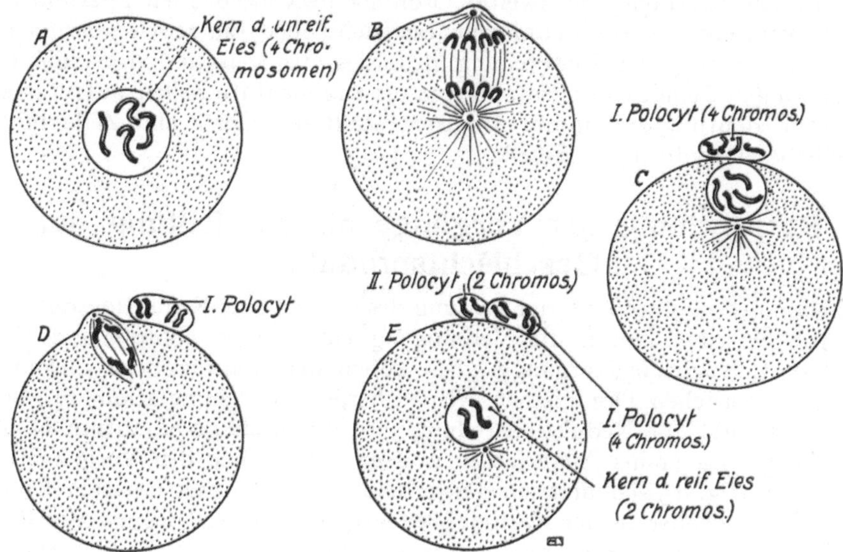

Fig. 15. Schema der Reifeteilungen und der Bildung der Polocyten bei Ascaris megalocephala bivalens.

Die somatischen Zellen besitzen 4 Chromosomen; vor der Befruchtung muß eine Reduktion auf die Hälfte stattfinden.

Mit Benutzung einer Abbildung von M. Fürbringer in Gegenbaur - Fürbringers Lehrb. d. Anat. I. 1909.

Die Bedeutung des Reduktionsvorganges lag, sobald der Prozeß bei beiden Geschlechtern nachgewiesen worden war, klar zu Tage. Die Zahl der Chromatinschleifen (Chromosomen) ist für jede Zelle eines gegebenen Organismus dieselbe, so beträgt sie beim Menschen vielleicht 12, bei Salamandra maculata 24. Wenn die Reduktion der Chromatinschleifen bei der Reifung der Geschlechtszellen nicht stattfände, so müßte sich im befruchteten Ei die doppelte Zahl von Chromosomen finden, wie in jeder Zelle der elterlichen Organismen, und da nun bei der Weiterentwicklung die Zahl der Chromosomen konstant bleibt, so müßte der neue Organismus überhaupt in seinen Zellen zweimal so viel Chromosomen aufweisen als seine Eltern. Diese Progression müßte sich weiterhin ins Ungemessene steigern, so daß in der zweiten Generation die Zahl der Chromosomen das Vierfache, in der dritten das Achtfache betragen würde. Daß der Zahl der Chromosomen eine gewisse Bedeutung zukommt, schließen wir aus ihrer Konstanz bei allen Zellen derselben Tierart, deshalb sind wir auch wohl zur Annahme berechtigt, daß eine Erhöhung dieser Zahl nicht ohne Störung für die Entwicklung stattfinden kann. Infolge des Reduktionsvorganges erhält dagegen jedes befruchtete Ei genau wieder die Chromosomenzahl, welche die Zellen sowohl des mütterlichen als des väterlichen Organismus kennzeichnet. Recht interessant ist die Tatsache, daß bei der ungeschlechtlichen Fortpflanzung (Parthenogenese) mancher Wirbellosen die Reduktionsteilung der unbefruchtet sich entwickelnden Eier ausbleibt oder, wenn sie stattfindet, doch dadurch rückgängig wird, daß die beiden Kerne der Tochterzellen wieder miteinander verschmelzen. Würde hier die Reduktion des Chromatins wirklich stattfinden, so müßte der neue Organismus seine Entwicklung mit einer verminderten Zahl von Chromosomen antreten.

Bildung des Dotters. Veränderungen am Chromatin der Keimzellen.

Es sollen an dieser Stelle anhangweise einige Vorgänge erörtert werden, deren Besprechung sich in die zusammenhängende Schilderung der Spermio- und Oogenese nicht gut einfügen ließ.

Während der Wachstumsperiode gehen in der Eizelle Strukturveränderungen vor, die teils zu der mehr oder weniger starken Entwicklung des Dotters in Beziehung stehen, teils im Kerne ablaufen und hier zu einer eigentümlichen, bisher bloß in der Wachstumsperiode nachgewiesenen Anordnung des Chromatins führen, die vielleicht mit der Dotterbildung zusammenhängt, aber in neuerer Zeit vielfach zur Erklärung des Vererbungsvorganges (T. H. Morgan) eine allerdings nicht unangefochtene (Stieve) Verwertung gefunden hat.

Bei den verschiedensten Eiern wurde eine starke Zunahme des Chromatins während der Wachstumsperiode nachgewiesen und darauffolgend wieder eine Abnahme desselben. Bei Selachiern hat Rückert im Chromatingerüste der Oocyten sog. Doppelchromosomen beschrieben, welche sogar das achttausendfache Volumen der Chromosomen einer somatischen Zelle erreichen. Ferner hat Carlier beim Igelei ein Wachstum des Chromatins bis auf das 125 fache nachgewiesen. Man muß sich eben vorstellen, daß trotz der Ausschaltung der Kern- und Zellteilung oder vielleicht gerade infolgedessen das Chromatin sich weiterbildet und ein Chromatinvorrat, der für viele Kernteilungen ausgereicht hätte, sich in dem Oocyten anhäuft. Abgesehen von der Massenzunahme des Chromatins erregt auch sein Schicksal unser Interesse, denn nach Lubosch sollen Abspaltungsprodukte der Nukleinsäure, d. h. Stoffwechselprodukte des Kernes, in das Ooplasma austreten, um sich hier an der Bildung des Dotters zu beteiligen. Daß daneben auch eine Umwandlung des von der Zelle assimilierten Nahrungsmaterials im Dotter stattfindet, muß gleichfalls als wahrscheinlich bezeichnet werden.

Neben dem Wachstum des Oocyten zeigt aber auch die Anordnung des Chromatins Eigentümlichkeiten, die bei den verschiedenen Eiern mehr oder weniger übereinstimmen, also wohl eine allgemeine Bedeutung besitzen dürften.

Analoge Prozesse lassen sich auch bei der Spermiogenese verfolgen, wo sie während der Wachstumsperiode der Spermiocyten viel rascher zum Ablauf kommen als während der Oogenese, da die Oocyten sehr langsam wachsen. In Fig. 16 sind diese Veränderungen an den Spermiocyten des Axolotls dargestellt. Dabei bilden die Chromosomen zunächst Fäden, die sich paarweise (Fig. 16. 4) zusammenlegen, sodann miteinander verschmelzen, indem sie eine eigentümliche Orientierung gegen den einen Pol des Eies aufweisen (Fig. 16. 6). Bei diesem als Synapsis bezeichneten Vorgange erfährt also die Zahl der Chromosomen eine Reduktion auf die Hälfte, womit häufig die Annahme verknüpft wird, daß das eine der zur Vereinigung kommenden Chromosomen dem väterlichen, das andere dem mütterlichen Organismus entstammt, ferner daß zwischen den zur Vereinigung kommenden Chromosomen ein Austausch von Substanzen zustande kommt. Sodann trennen sich die durch den Vorgang der Synapsis (Conjugation der Chromosomen)

gebildeten Chromosomen wieder der Länge nach und dann erfolgen die beiden Reifeteilungen.

Es sind hier jedenfalls noch manche Rätsel zu lösen; vorläufig muß davor
gewarnt werden, die bisher bekannt gewordenen Tatsachen zum Unterbau weitgehender
Hypothesen zu verwerten.

Eine andere Frage ist die, ob während der Oogenese und Spermiogenese, insbesondere
während der Reifung der Geschlechtsprodukte, die Chromosomen als selbständige Gebilde

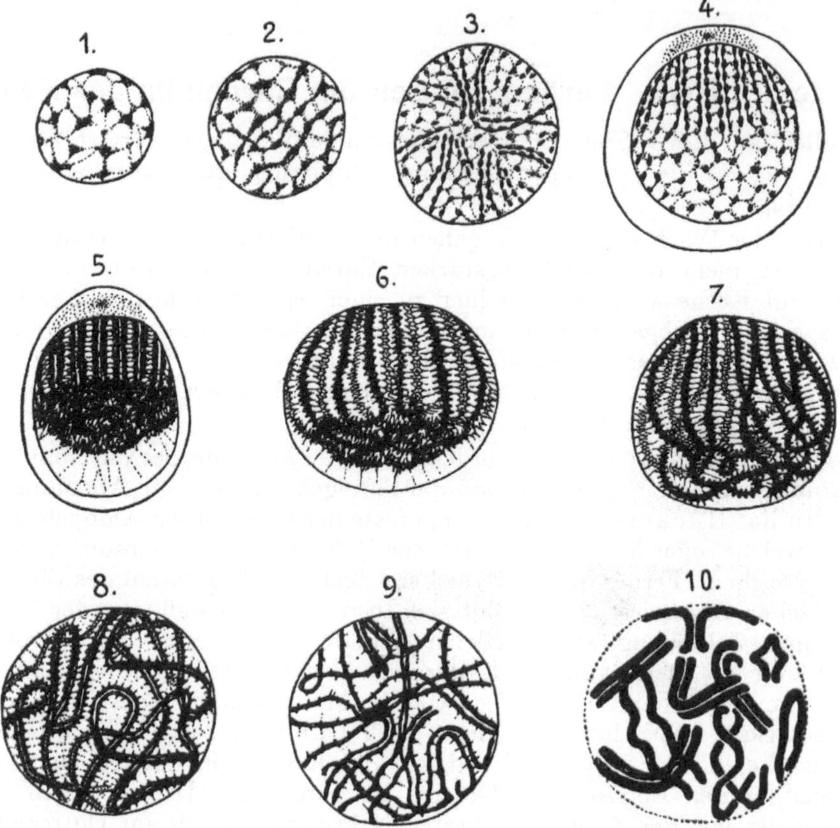

Fig. 16. Chromatinveränderungen in den Kernen der Spermiocyten beim Axolotl.
Nach J. W. Jenkinson, Vertebrate Embryology. 1913. Fig. 33.
1. Kern eines jungen Spermiocyten. 2. Frühes leptogenes Stadium. 3. Übergang zum Synaptenstadium
(Synapsis). 4. Synapten mit Doppelfäden. 5. Contractionsstadium. 6. 7. Pachyten 9. Spätes Diploten-
stadium. 10. Heterotypische Doppelchromosomen.

(Chromatineinhciten) erhalten bleiben, mit welchen man bestimmte Vorstellungen über
Vererbung, Lokalisation einzelner Organanlagen usw. verknüpfen könnte. Es wäre dies
die zuerst von Weismann postulierte Kontinuität der Chromosomen. Die Tatsache,
daß sich das Chromatin in einem gewissen Stadium in rundliche Massen auflöst,
scheint die Annahme einer solchen Kontinuität zu widerlegen, andererseits
sprechen dafür Angaben von Rückert über Selachiereier. Derselbe fand, daß
„distinkte Chromosomen in der ganzen Zeit, da die Ureier zur definitiven Größe heran-
wachsen, erkennbar sind, obgleich sie (die Chromosomen) an Masse enorm zunehmen,
auch teilweise ihre Färbbarkeit verlieren. Wenn die Eier sich ihrer definitiven Größe
nähern, so verkürzen sich die Chromosomen, schrumpfen auf einen Zehntel ihrer ursprünglichen maximalen Länge zusammen, werden wieder intensiv färbbar und wandeln sich

in feine, scharf gezogene Fäden um, welche zuletzt zu gedrungenen Stäbchen zusammen-
schrumpfen und einen engen Knäuel im Zentrum des Keimbläschens (Kernes) bilden".
Was die Annahme einer Chromosomenpersistenz in den Spermien anbelangt, so hat wohl
v. Ebner Recht, wenn er sagt „die Befunde sprechen dagegen, daß unverändertes Ahnen-
plasma in Form von Chromatinkörnchen oder Chromosomen bis in die reifen Spermien
gelangt, wohl verpackt und gegen äußere Einflüsse bewahrt". Die Frage ist, wie so manche
andere, welche die Anordnung und die Rolle des Chromatins betrifft, noch offen.
Auch wird sie in dem verschiedensten Sinne beantwortet, bald verneinend, bald bejahend
und in letzterem Falle auch mit der Annahme verknüpft, daß die Chromosomen bis in
die feinsten Einzelheiten ihres Baues eine gesetzmäßige Struktur aufweisen, welche während
der gesamten Oogenese erhalten bleibt.

Von einigen Forschern wird auch das Verhalten des Oozentrums (Centrosoma)
und der Sphäre des Eies in Beziehung zur Dotterbildung gebracht. Dieser Apparat,
welcher bei der Zellteilung eine bedeutsame Rolle für die Herstellung der Protoplasmastrahlung übernimmt, scheint nach neueren Beobachtungen an den verschiedensten
Eiern beim Eintritt der Reife eine Veränderung zu erleiden, indem das Centrosoma überhaupt verschwindet, dagegen der dasselbe umgebende Hof, die Sphäre, als sog. Balbiani-
scher Dotterkern bestehen bleibt. Sie scheint dem Idiosom der Spermide zu entsprechen,
aus welchem das Akrosoma des Spermiums hervorgeht (Fig. 5).

Bildung mehrerer Eier in einem Follikel.

In der Regel kommt in jedem Follikel bloß eine einzige Eizelle mit ihrem
Kerne vor. Ausnahmen sind beim Menschen nichts Seltenes, ja man hat Fälle

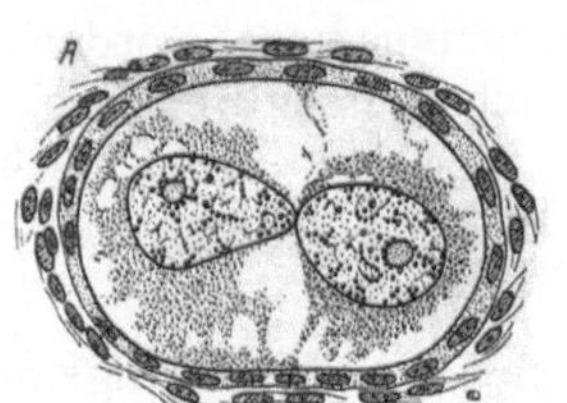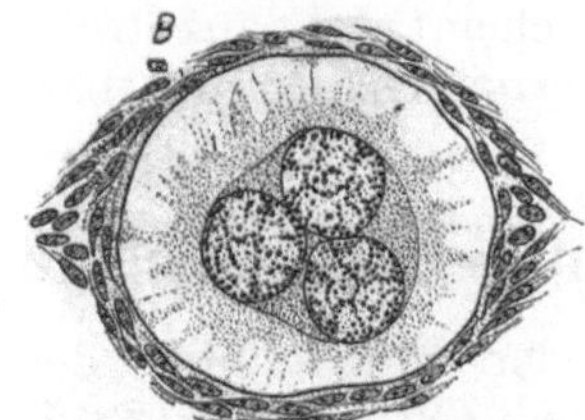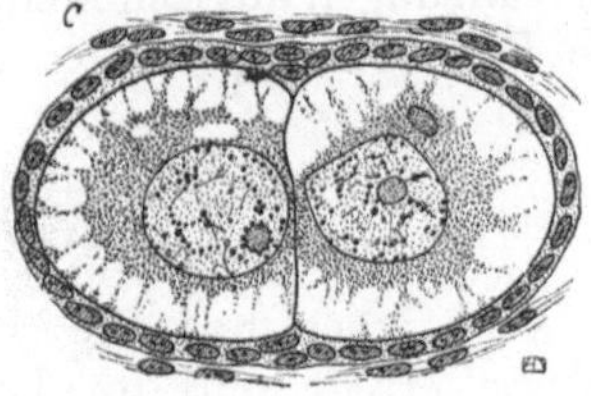

Fig. 17. 2- und 3 kernige Eizellen.
Nach H. Rabl, Arch. f. mikr. Anat. 54. 1899.

beschrieben, bei welchen sich zwei- bis dreikernige Eizellen, auch bis zu 12 getrennte
Eier, in ein und demselben Follikel vorfanden (H. Rabl u. a.). Solche Bilder mehr-
kerniger Eizellen bietet die Fig. 17 A—C. Der Befund ist deshalb besonders interessant, weil er den Gedanken nahelegt, daß mehrkernige Eizellen bei der Entstehung
von Zwillingen oder überhaupt von Doppelbildungen eine Rolle spielen könnten. In
dem von H. Rabl beschriebenen Falle muß man wohl die Häufigkeit der Bildung von
Doppeleiern geradezu als eine Variation des betreffenden Individuums auffassen.
F. Immermann hat einen ähnlichen Fall bei einem Huhne beschrieben, welches bloß
Eier mit zwei Dottern legte, die von einer gemeinsamen Dotterhaut umgeben oder auch
vollständig voneinander getrennt waren. Vielleicht werfen diese Tatsachen ein Licht
auf die Gründe der Häufigkeit von Zwillingsgeburten (zweieiigen Zwillingen) bei manchen
Frauen. Dagegen muß hervorgehoben werden, daß bei den Gürteltieren mit physiologischer Polyembryonie (bei Tatusia hybrida 8 bis 12 Embryonen) zweikernige Eizellen
nicht häufiger vorkommen als bei anderen Formen.

Bildung der Geschlechtsprodukte bei Mischlingen.

Es ist von alters her bekannt, daß bei Mischlingen die Fortpflanzung häufig gar nicht oder doch nur in einem gewissen Prozentsatze der Fälle erfolgt. Die Untersuchung der Spermio- und Oogenese solcher Mischlingsformen durch Poll hat die Lösung des Rätsels gebracht. Es handelt sich, kurz gesagt, um eine mehr oder weniger weitgehende Hemmung der Spermio- oder Oogenese, welche bald auf der einen, bald auf der andern Stufe stehen bleibt.

Bei einer Anzahl von Mischlingen erweisen sich Hoden und Ovarien sowohl in ihrem mikroskopischen als in ihrem makroskopischen Baue als vollständig normal; es werden reife Spermien und Eier gebildet, folglich sind die Mischlinge fruchtbar. Bei einer andern Reihe dagegen zeigen die Keimdrüsen Veränderungen, die sich durch eine Reduktion, manchmal aber auch durch eine Vergrößerung oder Schwellung der Drüsen kundgeben und mit einer Störung in der Entwicklung der Geschlechtsprodukte verknüpft sind. Besonders deutlich läßt sich dies am Hoden verfolgen. Bei einigen Formen kommt es zur Bildung von reifen Spermien, allein in geringerer Zahl als der Norm entsprechen würde. Solche Tiere können fruchtbar sein, jedoch darf man nicht mit Bestimmtheit darauf rechnen. Sie bilden gewissermaßen einen Übergang von den normal fruchtbaren Mischlingen zu solchen, bei denen überhaupt keine reifen Spermien geliefert werden, sondern die Spermiogenese eine Hemmung erfährt und auf einer gewissen Stufe stehen bleibt. Hier handelt es sich um absolut unfruchtbare Formen. Die Hemmung der Spermiogenese tritt in sehr verschiedenen Stadien ein, so gibt es Mischlinge, bei denen die Bildung der Spermiocyten zweiter Ordnung fehlt. Hier fällt die Hemmung in die Reifeperiode, bei andern dagegen in die Proliferationsperiode, indem bloß noch Spermiogonien geliefert werden und die Umwandlung dieser in Spermiocyten ausbleibt. Der Grund für diese auffallende Störung ist uns nicht bekannt. Eine Anwendung der Erfahrungen auf den Menschen scheint nicht zuzutreffen, wenigstens liegen vorderhand keine Beobachtungen über eine verminderte Fruchtbarkeit nach Rassenkreuzung vor.

Bestimmung des Geschlechtes.

Von jeher hat die Frage der Bestimmung des Geschlechtes das allgemeine Interesse erregt und im Laufe der Zeit eine große Literatur hervorgerufen. Allein erst im neunzehnten Jahrhundert wurde auf Grund eines größeren statistischen Materials, in Verbindung mit zahlreichen embryologischen Beobachtungen, zum Teil auch unter Anstellung von Experimenten an verschiedenen Tieren, besonders an Wirbellosen, gearbeitet. Die Forschungen haben noch zu keinem endgültigen Abschlusse geführt, jedoch sind wir jetzt in der Lage, die Fragestellung genauer zu präzisieren und viele Annahmen und Schlüsse älterer Forscher, welche der Kritik nicht Stand gehalten haben, aus dem Wege zu räumen.

Eine auffällige Tatsache ist zunächst das Zahlenverhältnis der beiden Geschlechter; beim Menschen wie bei den Tieren überwiegt die Zahl der männlichen Geburten. Wenn wir dieselbe, bezogen auf hundert als Zahl der weiblichen Geburten, als den Index der männlichen Geburten bezeichnen, so finden wir, daß in Europa der mittlere Index 106,3, dagegen in Australien 121—125 beträgt. Zu diesem Zahlenverhältnis scheint die Tatsache, daß später die Zahl der weiblichen Individuen diejenige der männlichen überwiegt, in einem Widerspruche zu stehen, dieser wurde jedoch gelöst, als man erkannte, daß die Sterblichkeit der Knaben größer ist, als diejenige der Mädchen. Sogar in der Fetalzeit ist die Sterblichkeit im männlichen Geschlechte größer als im weiblichen, d. h. die männlichen Totgeburten und Aborte sind häufiger als die weiblichen.

Wie wird nun das Verhältnis der Geschlechter bestimmt? Das ist das Rätsel, um dessen Lösung sich viele Forscher bemüht haben. Man kann sich zunächst in bezug auf die Zeit der Geschlechtsbestimmung folgende Möglichkeiten denken: 1. die Bestimmung erfolgt vor der Befruchtung (progame Geschlechtsbestimmung), 2. während der Befruchtung (syngame Geschlechtsbestimmung) oder 3. nach der Befruchtung (metagame Geschlechtsbestimmung). Für die dritte Möglichkeit, die metagame Geschlechtsbestimmung, sind keine ernstlichen Argumente ins Feld geführt worden, so daß wir unsere Betrachtungen auf die beiden andern Möglichkeiten beschränken können. In neuerer Zeit neigt die Mehrzahl der Forscher der Annahme einer progamen Geschlechtsbestimmung zu, wobei die maßgebende Rolle bald den Eiern, bald den Spermien zugewiesen wird. O. Schultze hat sogar die Ansicht ausgesprochen, das Problem der Geschlechtsbildung sei geradezu in demjenigen der Oogenese enthalten. Für die Unterscheidung von männlichen und weiblichen Eiern, d. h. von Eiern, aus denen sich männliche oder weibliche Individuen entwickeln, hat man bei den Säugetieren die Gleichgeschlechtlichkeit der eineiigen Zwillinge angeführt. Ein höchst eigentümlicher Fall dieser Art ist die Entwicklung gewisser Ameisenfresser, wo aus jedem befruchteten Ei bis 12 gleichgeschlechtliche Embryonen hervorgehen (siehe Doppelbildungen). Auch wird darauf hingewiesen, daß bei einer Nemertine (Dinophilis apatris) Eiarten vorkommen, von denen sich die größeren zu Weibchen, die kleineren zu Männchen entwickeln. Bei einigen andern Wirbellosen ist ähnliches beobachtet worden. Auch die Erscheinung der Parthenogenese kann nach Lenhossék in demselben Sinne gedeutet werden; so gibt es Formen (gewisse Insekten), bei denen während Generationen die parthenogenetisch zur Entwicklung kommenden Eier nur Weibchen liefern, dann aber auf einmal Männchen. Hier ist der Einfluß eines Spermiums ausgeschlossen, so daß die Annahme, das Geschlecht werde schon im Ei bestimmt, sehr nahe liegt. Wie weit man berechtigt ist, auf Grund dieser Tatsachen Analogieschlüsse zu ziehen und ähnliches bei den Wirbeltieren anzunehmen, läßt sich natürlich nicht sagen.

In neuerer Zeit wurde von verschiedenen Forschern bei Insektenarten ein accessorisches Chromosom (Sex chromosome von Wilson) nachgewiesen, das eine wirkliche Differenz der Spermien oder der Eier unter sich hervorrufen soll. Beim Vorkommen des accessorischen Chromosoms wird die Chromosomenzahl der betreffenden Gameten unpaar. Infolge des Zusammentreffens solcher Gameten entstehen männliche, infolge des Zusammentreffens der Gameten mit einer paarigen Zahl von Chromosomen dagegen weibliche Individuen. Das Vorkommen des accessorischen Chromosoms ist auch für andere Formen, neuerdings sogar auch für Säugetiere, behauptet worden. Sollte die obige zuerst von Mc Clung, Wilson u. a. aufgestellte Ansicht zutreffen, so hätten wir damit einen wichtigen Schritt in der Erkenntnis der geschlechtsbestimmenden Ursachen getan. Wir dürfen uns vielleicht der Hoffnung hingeben, daß auf diesem Wege manche mit der Vererbung von normalen und pathologischen Eigenschaften im Zusammenhang stehende Fragen ihre Lösung finden werden. In diesem Falle würden wir also progame Differenzen in den männlichen und weiblichen Gameten als die wahren Ursachen für die Bestimmung des Geschlechtes anzusehen haben, welches demnach bei der Befruchtung, also syngam, bloß festgelegt wird.

Es sei noch die Ansicht von C. Rabl erwähnt, nach welcher die zweite Reifeteilung bei Ascaris megalocephala so erfolgen soll, daß entweder alle männlichen oder alle weiblichen Chromosomen an das zweite Richtungskörperchen abgegeben werden, so daß also im Ei selbst entweder nur die weiblichen oder nur die männlichen Chromosomen zurückbleiben. Es sollen also rein männliche oder weibliche Eier entstehen; dasselbe gelte von den Spermien (C. Rabl). Die zweite Richtungsteilung sei etwas ganz anderes als die erste; die Reifung des Eies bestehe nicht bloß in einer Reduktion des Chromatins, sondern auch in einer Beschränkung desselben auf eine Qualität, entweder männlich oder weiblich.

Eine Anzahl von Umständen sind hervorgehoben worden, welche die Geschlechtsbestimmungen beeinflussen sollen, so unter anderem die Nahrung, die Temperatur, auch das Alter der Eltern u. dgl. Etwas Sicheres läßt sich darüber nicht aussagen.

Literatur. Geschlechtszellen; Oo- und Spermiogenese.

van Beneden, Éd., Recherches sur la maturation de l'oeuf. Arch. de biol. IV. 1883. — *Bugnion, E.*, La signification des faisceaux spermatiques. Bibliogr. anat. 16. 1907. 19—66. — *Broman, Ivar*, Über atypische Spermien, speziell beim Menschen, und ihre mögliche Bedeutung. Anat. Anz. 21. 1902. 497—531. — *Derselbe*, Über Bau und Entwicklung von physiologisch vorkommenden atypischen Spermien. Anat. Hefte 18. 1912. 509—547. —*Corner, G. W.*, Maturation of the ovum in the Swine. Anat. Rec. V. 1920.—*Fernandez, M.*, Beitrag zur Embryologie der Gürteltiere. 1. Zur Keimblätterinversion und spezifischen Polyembryonie der Mulita (Tatusia hybrida). Morph. Jahrb. 39. 1909. 303—333. — *Hertwig, O.*, Vergleich der Ei- und Samenbildung bei Nematoden. Arch. f. mikr. Anat. 36. 1890. 1—138. — *Hertwig, R.*, Eireifung und Befruchtung in *O. Hertwigs* Handb. der Entwicklungslehre I. 1. 1906. — *Kußmaul, A.*, Über geschlechtliche Frühreife. Würzburger med. Zeitschr. 3. 1862. 321—360. — *Lenhossék, M. v.*, Das Problem der geschlechtsbestimmenden Ursachen. Jena, Fischer 1903. — *Loeb, J.*, Die chemische Entwicklungserregung des tierischen Eies. (Künstliche Parthenogenese.) Berlin, Springer 1909. — *Lubosch, W.*, Über die Eireifung der Metazoen, insbesondere über die Rolle der Nucleolarsubstanz und die Erscheinungen der Dotterbildung. *Bonnet-Merkels* Ergebn. XI. 1901. 709—783. — *Derselbe*, Über die Eireifung der Metazoen. Ref. über die von 1902—1912 erschienene Literatur in *Bonnet-Merkels* Ergebn. 21. 1914. 244—326. — *Meves, Fr.*, Über Struktur und Histogenese der Samenfäden des Meerschweinchens. Arch. f. mikr. Anat. 54. 1899. 329—402. —*Miescher, Fr.*, Die Spermatozoen einiger Wirbeltiere in *Mieschers* histochem.-physiolog. Arbeiten, herausgegeben von *W. His*, II. Bd. 1897. 55—107. — *Mjassojedeff, S. W.*, Zur Frage über die Struktur des Eifollikels. Arch. f. mikr. Anat. 97. 1923. 72—135. — *Moenckhaus, W. G.*, The chromatin in the development of hybrids. Amer. J. of Anat. 3. 1904. 29—54. —*Oppel, A.*, Ref. über die parthenogenetische Entwicklung der Froscheier. Arch. f. Entw.-Mech. 32. 1911. — *Patterson, J. Th.*, Early development of the Hens egg (physiol. Polyspermie). Morph. Journ. 21. 1910. — *Rabl, H.*, Mehrkernige Eizellen und mehreiige Follikel. Arch. f. mikr. Anat. 54. 1899. 421—440. — *Retzius, G.*, Vom Baue des Eierstockseies. Hygiea, Festband, Stockholm 1889. — *Derselbe*, Über den Bau des Eies der Echinodermen im befruchteten und unbefruchteten Zustande usw. 9. Der Eibau bei den Wirbeltieren. Biol. Untersuch. N. F. 15. 1910. 1—54. — *Derselbe*, Zur Kenntnis der Hüllen, besonders des Follikelepithels, an den Eiern der Wirbeltiere. Biol. Untersuch. N. T. XVII. 1912. 1—52. — *Riddle, Oscar*, On the formation and significance of the white and yellow yolk of Ova. Journ. of Morph. 22. 1911. 455—485. — *Rückert, J.*, Die erste Entwicklung des Eies der Elasmobranchier. Festschr. f. *Kupffer*. 1899. —*Derselbe*, Über die Befruchtung bei Elasmobranchiern. Verh. der anat. Ges. Vers. in München 1891. — *Derselbe*, Über Polyspermie. Anat. Anz. 37. 1910. 161—181 (Lit.). Erg. Bd. 3. Anat. Anz. 6. 1891. — *Schultze, O.*, Die Frage nach den geschlechtsbestimmenden Ursachen. Arch. f. mikr. Anat. 63. 1904. 197—257. — *Stieve, H.*, Die Entwicklung der Keimzellen des Grottenolms. II. Teil: Die Wachstumsperiode der Oocyte. Arch. f. mikr. Anat. 95. 1—202. — *Derselbe*, Über experimentelle, durch veränderte äußere Bedingungen hervorgerufene Rückbildungsvorgänge am Eierstock des Haushuhns. Arch. f. Entw.-Mech. 44. 1918.

Befruchtung.

Die Anregung zur Entwicklung eines neuen Organismus erfolgt bei allen Chordaten durch die Vereinigung zweier Geschlechtszellen (Gameten), eines reifen Spermiums und eines reifen Ovums, im Befruchtungsakte (Copulatio seu fecundatio). Dabei erweist sich das Spermium als der aktive Gamet, welcher durch seinen Schwanz fortbewegt das Ovum erreicht und in dasselbe eindringt. Man nimmt an, daß die beiden Gameten einer Anziehung, vielleicht chemischer Natur, zueinander folgen, deren eigentliches Wesen uns jedoch unbekannt ist.

Die Möglichkeit, den Prozeß an den kleinen Eiern mancher Wirbellosen direkt zu beobachten, hat zuerst O. Hertwig zur Erkennung der morphologischen Vorgänge bei der Befruchtung geführt. Sie bestehen darin, daß zunächst der Kopf des Spermiums in das Ei eindringt, während der Schwanz durch die am ganzen Umfange des Eies blitzschnell erfolgende Bildung einer verdichteten äußern Schicht von Protoplasma, der Dotterhaut, von einer Beteiligung am Befruchtungsvorgange ausgeschlossen wird. Der Spermakopf (Spermakern) wandert auf den Kern des reifen Ovums (Eikern) zu und aus der Verschmelzung dieser beiden in ihrem Chromatingehalte reduzierten Kerne geht der Furchungskern hervor, welcher gleiche Mengen väterlichen und mütterlichen Chromatins enthält. Der so entstandene Kern bildet bei seiner in der Furchung erfolgenden Teilung den Ausgangspunkt für die Entwicklung des neuen Organismus. Neben den morphologischen Vorgängen spielen sich, vielleicht durch diese angeregt, wohl auch chemische Prozesse ab, deren Kenntnis uns in neuerer Zeit durch die experimentellen Untersuchungen Loebs wesentlich näher gebracht worden ist.

Morphologische Vorgänge bei der Befruchtung.

Dieselben werden dem Leser leicht schematisiert in Fig. 18 vorgeführt, etwa so, wie sie sich an den der direkten Beobachtung zugänglichen, durchsichtigen Seeigeleiern, welche O. Hertwig (1875) zuerst als Untersuchungsobjekte benutzt hat, abspielen. Wenn den in einer Uhrschale liegenden Eiern Same zugesetzt wird, so beginnt ein höchst eigentümlicher und, wie es scheint, auf einer gegenseitigen Attraktion der Geschlechtsprodukte beruhender Vorgang. Die Spermien umschwärmen die Eier, von denen jedes ein Spermium aufnimmt, indem es ihm eine hügelige Vorwölbung seiner Oberfläche, den Empfängnishügel, entgegensendet. In diesen dringt der Kopf des Spermiums ein (Fig. 18 A). Blitzschnell bildet sich sodann als eine Verdichtung der oberflächlichen Schicht des Eies die Dotterhaut aus, welche alle übrigen das Ei umschwärmenden Spermien sowie auch den nunmehr überflüssig gewordenen Schwanz des eingedrungenen Spermiums vom Eintritte in das Ei abhält. Das Eindringen des Spermiums in das Ei kann zwar beim Seeigelei an jeder Stelle der Eioberfläche stattfinden, bei Eiern mit starkem Dotter dagegen, z. B. beim Vogel- oder Reptilienei, nur an dem die kleine Scheibe von Bildungsplasma tragenden animalen Pole. Die Ursache der Entstehung der Dotterhaut ist in dem

gewissermaßen als Reiz wirkenden Eintritt des Spermiumkopfes zu erblicken. Wir werden
sehen, daß auch gewisse chemische Reize, ohne die Anwesenheit von Spermien, nicht
bloß die Bildung einer Dotterhaut, sondern sogar auch den Beginn der Entwicklung
auslösen können (künstliche Parthenogenese von Loeb). Anormalerweise können bei
vielen Formen mehrere Spermien in ein und dasselbe Ei eindringen (pathologische Polyspermie), vorausgesetzt, daß die betreffenden Eier gewisse Schädigungen erlitten haben.

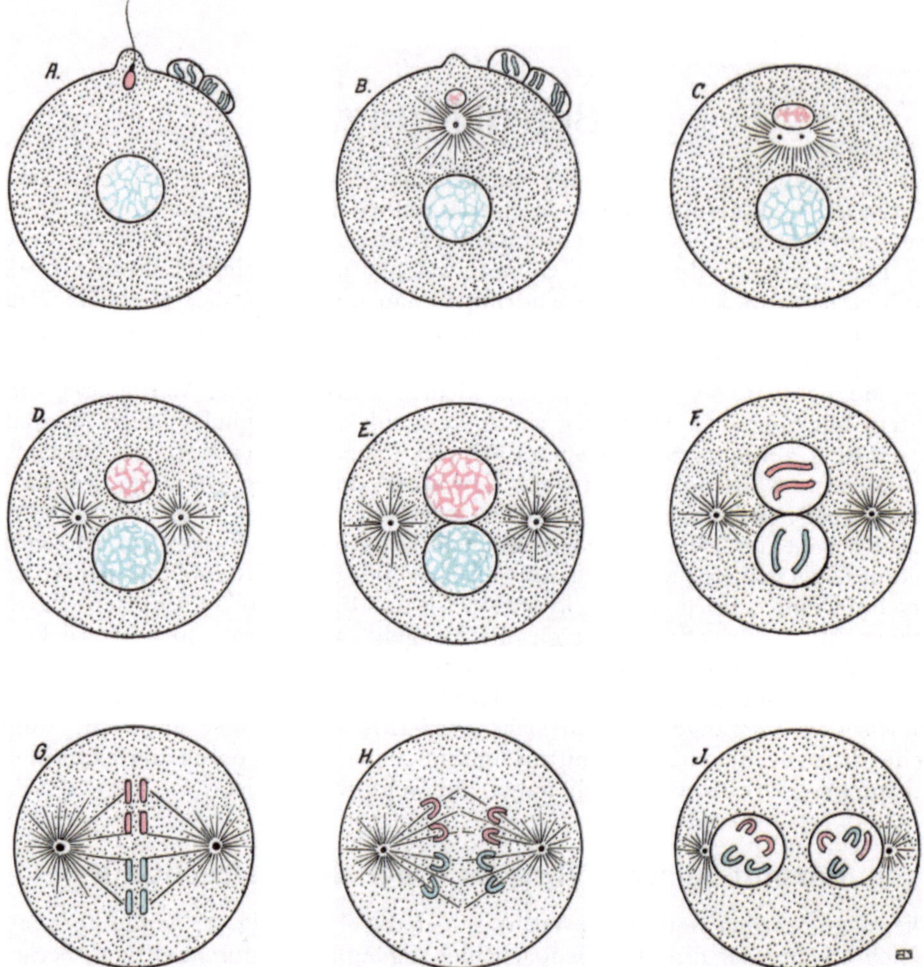

Fig. 18. Schematische Darstellung der Befruchtung.
Nach Boveri, aus Bryce in Quains Textbook of Anat. 1908.

Die Polyspermie führt in solchen Fällen häufig zu Entwicklungsstörungen verschiedener
Art. Im Gegensatze dazu finden wir bei einigen Eiern eine normale Polyspermie
(Selachier-, Vogel- und Reptilieneier), bei welcher mehrere Spermien in ein normales,
reifes Ei eindringen, ohne daß es zu Entwicklungsstörungen kommt (siehe Polyspermie).
    Einmal in das Ei eingedrungen, zeigt das Spermiumköpfchen eine Auflockerung
seines Chromatins (Fig. 18 C und D) und schließlich die Bildung von Chromatinschleifen.
Der Spermiumkopf wandelt sich mit andern Worten zu einem durch eine Membran begrenzten Kerne, dem Spermakerne um, welcher ursprünglich sehr klein, allmählich durch

Aufnahme von Kernsaft aus dem umgebenden Ooplasma zunimmt und schließlich dem Kerne des Ovums, dem Eikern, an Größe gleichkommt. Dem Spermakerne schließt sich ein Centrosoma an, um welches eine Protoplasmastrahlung entsteht. Das Centrosoma liegt ursprünglich im Halse des Spermiums, dreht sich aber um den Spermakern und liegt sodann zwischen Sperma- und Eikern. Das Centrosoma des Ovums dagegen scheint sich während der Reifungsperiode zurückzubilden. Die beiden im befruchteten Ovum enthaltenen Kerne wandern nun aufeinander zu, bis sie zur Berührung kommen. Das dem Spermakerne angehörige Centrosoma dagegen teilt sich, sodann rücken die beiden Hälften senkrecht zur Verbindungslinie der beiden Kerne auseinander, um jede für sich, zum Mittelpunkte einer neuen Protoplasmastrahlung zu werden. Bei den Seeigeleiern verschmelzen beide Kerne zum Furchungskerne, von welchem die erste Furchungsteilung ausgeht. Bei andern Formen, so z. B. bei dem oft untersuchten Pferdespulwurm (Ascaris megalocephala), werden zwar die beiden Kernmembranen aufgelöst oder vielmehr durch eine gemeinsame Kernmembran ersetzt, aber trotzdem sind die väterlichen und mütterlichen Chromosomen im Furchungskerne noch voneinander getrennt (Fig. 18 F). Diese Trennung bleibt noch während und sogar nach der ersten Furchungsteilung bestehen, welche das befruchtete Ei in die beiden ersten Furchungszellen (Blastomeren) zerlegt. Dabei teilen sich nämlich die Chromosomen der Länge nach (siehe Furchung) und die beiden Tochterkerne erhalten auf diese Weise gleich viele Chromatinschleifen väterlicher und mütterlicher Herkunft. Der Vorgang, welchem gewiß eine prinzipielle Bedeutung zukommt, wird in Fig. 18 G—J veranschaulicht. In J, wo die erste Kernteilung abgeschlossen ist, besitzt jeder Tochterkern vier Chromosomen, d. h. dieselbe Zahl wie in den Zellen des väterlichen und mütterlichen Organismus. Zwei dieser Chromosomen sind väterlicher, zwei dagegen mütterlicher Herkunft. Sehr deutlich läßt sich diese Tatsache bei der Kreuzung zweier Teleostier, Fundulus heteroclitus und Menidia notata, beobachten (Moenckhaus). Die dabei entstehenden Bastarde entwickeln sich zum Teil bis in relativ späte Stadien. Die Chromosomen von Fundulus stellen lange und gerade, diejenigen von Menidia dagegen kurze und gebogene Stäbchen dar, die leicht voneinander zu unterscheiden sind. Auch bleiben beide Chromosomentypen, wenigstens während der ersten und zweiten Furchungsteilung, vielleicht auch noch bei weiteren Teilungen, in ihrer charakteristischen Form erhalten. Der Schluß wird uns nahe gelegt, daß, wie bei der Befruchtung gleich große Mengen väterlichen und mütterlichen Chromatins zusammentreffen, so auch während der ganzen embryonalen Entwicklung, ja vielleicht auch beim fertigen Organismus, in jeder Zelle das Chromatin zu gleichen Teilen von den beiden Eltern abstammt. Von Held wird neuerdings Gewicht darauf gelegt, daß auch gewisse Bestandteile des Spermiummittelstückes, ja sogar des Schwanzes in das Ei gelangen und sich in Form von Mitochondrien mit den Mitochondrien des Eies vermischen. Nach Held besteht das Wesen der Befruchtung nicht nur in der Verschmelzung eines männlichen und weiblichen Kernes, sondern auch in einer Vermischung der aus dem Spermium und dem Ei stammenden Mitochondrien.

Bei den verschiedenen Wirbeltieren läuft die Befruchtung in der geschilderten Weise ab und sogar bei Eiern mit großem Dotter läßt sich der Vorgang in Übereinstimmung mit dem Schema der Fig. 18 verfolgen. Von Säugetieren ist bei der Maus die Befruchtung von Sobotta in neuerer Zeit sehr genau untersucht worden und verdient im Hinblick auf den Menschen eine kurze Erwähnung.

Die Polocyten sind bei Säugetieren von relativ beträchtlicher Größe. Für die Maus wurde von Sobotta die Bildung eines einzigen Polocyten beobachtet, während andere Formen, in Übereinstimmung mit Fig. 15, 3 Polocyten aufweisen. Man muß eben annehmen, daß bei der Maus schon durch die Bildung eines einzigen Polocyten diejenige Reduktion der Chromosomen bewirkt wird, welche die Vorbedingung zur Befruchtung bildet. Bei dieser, welche in der obersten Strecke des Oviduktes erfolgt, dringen Kopf und Mittelstück des Spermiums an einem Empfängnishügel in das Ei ein. Sodann bildet sich der Spermakern mit seiner Strahlung, der auf den Eikern zuwandert; die beiden Kerne können miteinander verschmelzen oder auch getrennt bleiben bis die erste Furchungsteilung durch die Teilung des Centrosomas und die Bildung einer Spindel ihren Anfang genommen hat.

Ort und Bedingungen der Befruchtung.

Die Befruchtung erfolgt bei Säugetieren entweder sofort nach dem Bersten des Graafschen Follikels während des Übertrittes des Eies in die Tube, oder doch wenigstens in der obern Strecke der letzteren. Eier, welche unbefruchtet die Tube durchwandern und in den Uterus gelangen, unterliegen hier niemals, selbst wenn lebende Spermien im Uterus vorhanden sind, der Befruchtung. Bischoff hat bei Hündinnen, die gleich nach der Brunstzeit begattet wurden, den Nachweis geliefert, daß niemals eine Befruchtung im Uterus vorkommt. Wahrscheinlich werden die Eier durch allzulanges Verweilen im Tubensekrete geschädigt. In der Tube erfolgen auch die ersten Furchungsteilungen des Eies, nach welchen es als ein Zellhaufen in den Uterus eintritt, um sich alsdann in der Uterusschleimhaut festzusetzen.

Bei der Kohabitation gelangt das Sperma wahrscheinlich in den Fornix vaginae, gegen welchen der äußere Muttermund gerichtet ist. Sodann dringen die Spermien durch den Canalis cervicis in den Uterus vor, wo sie im alkalischen Sekrete der Uterusdrüsen, entgegen der Flimmerbewegung des Uterusepithels, gegen das Ostium uterinum tubae hinauf wandern. Ihre Fortbewegung ist eine relativ rasche, denn sie beträgt nach Hensen 1,2—2,7 mm per Minute. Man hat unter Zugrundelegung dieser Angabe ausgerechnet, daß die Spermien zur Durchwanderung des Uterus und der Tuben mindestens $1\frac{1}{2}$ Stunden benötigen.

Bedeutung des Befruchtungsprozesses.

Bei verschiedenen Wirbellosen scheint die Befruchtung nicht unbedingt zur Erhaltung der Art notwendig zu sein. Immerhin ist es bemerkenswert, daß bei vielen Formen die parthenogenetisch sich entwickelnden Generationen mit solchen abwechseln, bei denen eine Befruchtung stattfindet, ferner daß bei den wesentlich durch Teilung sich vermehrenden einzelligen Wesen, den Protozoen, von Zeit zu Zeit eine Konjugation von je zwei Individuen stattfinden muß, und ein Ausbleiben derselben eine Degeneration des Stammes zur Folge hat.

Auch bei den höheren Formen ist das Wesentliche der Befruchtung in der Verbindung (Konjugation oder Amphimixis) zweier Zellen zu erblicken, die sich durch bestimmte Merkmale voneinander unterscheiden. Mit der Befruchtung ist, wie das oft hervorgehoben wurde, für das Ei ein Reiz verbunden, welcher die Entwicklung eines neuen Organismus auslöst. Man muß freilich bei der Untersuchung des Wesens der Befruchtung zwischen diesem Reize, der bis zum gewissen Grade auf andere Weise (mechanisch oder chemisch) ersetzt werden kann, und den Vorgängen der Verbindung mütterlicher und väterlicher Elemente, welche in dem Kerne der befruchteten Eizelle stattfindet (Amphimixis) unterscheiden. Diese Verbindung ist für den Charakter, die Lebensfähigkeit, überhaupt für die normale Entwicklung des neuen Organismus von der allergrößten Bedeutung. Schon in den Jahren 1851—1854 hat aber Newport darauf hingewiesen, daß ganz unabhängig von einer Conjugation von Ei- und Spermakern, das Eindringen des Spermiums in das Ei einen Reiz setzt, der von wesentlicher Bedeutung für das chemische und physikalische Verhalten des Eiprotoplasmas sei. Bischoff hatte im Jahre 1847 von einer katalytischen Wirkung des Spermiums auf das Ei gesprochen.

Was den durch das Eindringen des Spermiums ausgelösten Reiz anbelangt, so haben einige Autoren angenommen, daß derselbe vom Centrosoma des Spermiums ausgehe.

Tatsächlich scheint in vielen Fällen der reifen Eizelle ein Centrosoma zu fehlen und letztere bedarf, wie man sich ausgedrückt hat, eines neuen kinetischen Centrums, das die Teilung anregen kann. Dieses Gebilde soll ihr in Gestalt des Centrosomas des Spermakernes zugeführt werden. Boveri hat sogar nachgewiesen, daß bei Seeigeleiern auch dann eine Entwicklung angeregt wird, wenn bloß das Centrosoma des Spermiums in das Ei eindringt. Andererseits konnte er auch kernlose Protoplasmastückchen von Seeigeleiern durch Zusatz von Samen zur Entwicklung, ja sogar zur Bildung von Larven bringen. Es scheint deshalb bei einigen Eiern weder der Ei- noch der Spermakern bei der Auslösung des Entwicklungsreizes unentbehrlich zu sein. Experimente mit chemischen Veränderungen des Milieus bei im Wasser sich entwickelnden Eiern haben gezeigt, daß auch gewisse chemische Reize den Entwicklungsvorgang anregen können (künstliche Parthenogenese von Loeb). So wurden Seeigeleier durch Zusatz von Magnesiumchlorid ($MgCl_2$)zum Seewasser zu einer Entwicklung veranlaßt, welche mit der Bildung von normalen Larven ihren Abschluß fand. Auch mittels mechanischer Reize läßt sich bei einigen Eiern dasselbe erreichen. So hat in neuerer Zeit Bataillon durch bloßen Anstich von reifen Froscheiern mittels Nadeln eine Entwicklung veranlaßt, welche zur Bildung von freischwimmenden Larven, ja sogar bis über die Metamorphose hinaus führte. Wir kommen nach Berücksichtigung aller dieser Tatsachen zu dem Schlusse, daß in der Auslösung der Entwicklung durch einen mechanischen oder chemischen Reiz eine Funktion der Befruchtung, allein nicht die einzige, liege, indem der Einfluß, welcher durch die Amphimixis, d. h. durch die Verschmelzung mütterlicher und väterlicher Elemente im befruchteten Ei ausgeübt wird, sich viel weiter erstreckt und dauernd auf die Ausgestaltung und Umbildung der Spezies einwirkt. Neuerdings ist J. Loeb mit seinen Schülern dieser Ansicht entgegengetreten. Er meint, man habe bisher bei der Untersuchung der Befruchtung, ja des ganzen Entwicklungsprozesses, ein allzugroßes Gewicht auf die morphologische Seite des Prozesses gelegt, unter Vernachlässigung der dabei stattfindenden chemischen Vorgänge. Die Entwicklung des tierischen Eies ist nach Loeb ein chemischer Prozeß, der wesentlich auf Oxydation beruht, unter Synthese von Kernstoffen und Cytoplasma. Loeb hat in großem Maßstabe die Entwicklung verschiedener Echinodermeneier durch chemische Reize angefacht und auf diesem Wege (experimentelle Parthenogenese) sogar auch Larven in jüngeren Stadien erhalten. Bei Chaetopterus behandelte er die Eier mit Kaliumhydroxyd (KOH) und Säuren, Seesterneier dagegen mit Säuren. Sehr interessant sind auch seine Beobachtungen über die Bildung der Befruchtungsmembran (Dotterhaut). Dieselbe entsteht normalerweise sofort nach dem Eindringen des Spermiumkopfes in das Ei. Loeb konnte nun die Bildung der Membran bei Seeigeleiern auch ohne Zusatz von Samen durch die Behandlung der Eier mittels Fettsäuren veranlassen, und solche Eier entwickelten sich sogar weiter, wenn sie in Seewasser gebracht wurden, dessen osmotischer Druck durch Zusatz eines Salzes um $60^0/_0$ erhöht wurde. Loeb faßt die Bildung der Befruchtungsmembran als den Beginn einer Degeneration oder Cytolyse auf, welche die Entwicklung des Eies anregen soll. Alle Substanzen mit cytolytischer Eigenschaft (gewisse Glykoside, das Blut einiger Würmer, auch erhöhte Temperaturen) rufen die Bildung einer Befruchtungsmembran hervor.

Loeb wirft nun die Frage auf, ob nicht ein vom eindringenden Spermium an das Ei abgegebenes Cytolysin die Bildung der Dotterhaut veranlasse, deren allzuweit gehendes Übergreifen in tiefere Schichten des Ooplasmas durch eine zweite, gleichfalls vom Spermium abgegebene Substanz verhindert werde. Die Bildung der Dotterhaut wird demnach von Loeb auch bei dem normalen Befruchtungsvorgange als eine oberflächliche Cytolyse des Ovums aufgefaßt. Ferner erblickt er das Wesen des Befruchtungsprozesses weniger in der Vereinigung des Samen- und Eikerns, als darin, daß von dem eindringenden Spermium Substanzen an das Ei abgegeben werden, welche die mit der Entwicklung verknüpften chemischen Prozesse anregen. Die Wirkung soll also eine katalytische sein, d. h. eine solche, welche chemische Prozesse, die ohne ihre Mitwirkung bloß langsam ablaufen würden, beschleunigt. Die Befruchtungstheorie von Loeb ist demnach eine chemisch-physikalische. Gegen Loeb hat O. Hertwig hervorgehoben, daß die chemisch-physikalischen Vorgänge, die zweifellos bei der Befruchtung stattfinden, durchaus nicht den ganzen Prozeß oder das Wesentliche desselben ausmachen. Im Gegenteil, es soll gerade die Vereinigung zweier getrennt geschlechtlicher Zellen, der Gameten in der Amphimixis, sowohl morphologisch als physiologisch, das Wesentliche des Befruchtungsprozesses darstellen. Er schließt mit dem Ausspruche „alle außerdem noch beobachteten Vorgänge sind sekundärer Art oder mehr untergeordnete Begleiterscheinungen"

Polyspermie.

Die Polyspermie kann ein normaler oder ein anormaler Vorgang sein. Als Norm erfolgt sie nach Rückert bei Selachiern, Vögeln und Reptilien. Bei der Taube dringen 12—24, beim Huhn 5—6 oder mehr Spermien in das Ei ein (Patterson). Ihre Kerne unterliegen zum Teil einem Zerfalle oder einer Fragmentierung, zum Teil bleiben sie aber auch aktiv und vermehren sich, jedoch ohne einen Einfluß auf die Entwicklung des Eies zu gewinnen. Beim Selachierei werden die überzähligen Spermakerne gewissermaßen aus der Keimscheibe ausgetrieben, indem der aus der Vereinigung eines einzigen begünstigten Spermakernes mit einem Eikern hervorgegangene Furchungskern dieselben gegen die Peripherie zurückdrängt. Niemals erfolgt· bei normaler Polyspermie eine Vereinigung des Eikernes mit mehreren Spermakernen. Auch bei dotterreichen Eiern der Wirbellosen (Insekten) findet eine physiologische Polyspermie statt.

Bei typisch meroblastischen Eiern (telolecithalen Eiern) mit verlangsamter Abgrenzung der Blastomeren kann Polyspermie vollständig unschädlich sein, weil das Abstoßungsvermögen der Centrosomen und ihrer Sphären zunächst eine pathologische Kernvereinigung verhindert, sodann die überzähligen Spermakerne aus dem Furchungsgebiete verdrängt werden. Bei holoblastischen aber dotterreichen Eiern (Frosch) kann die Polyspermie pathologisch wirken, doch braucht dies nicht der Fall zu sein. Bei dotterarmen kleinen Eiern (Säugetiere) kommt nach Rückert Polyspermie überhaupt nicht vor.

Literatur. Befruchtung.

Bataillon, E., Le problème de la fécondation circonscrit par l'impregnation sans amphimixie et la parthénogénèse traumatique. Arch. de Zool. exp. et gén. 5 série t. VI. 105—135. 1910. — *van Beneden, Éd.,* Recherches sur la maturation de l'oeuf, la fécondation etc. Arch. de biol. IV. 1883. — *Bonnet, R.,* Gibt es bei Wirbeltieren Parthenogenese? Ref. in *Bonnet-Merkels* Ergebn. 9. 1900. — *Brachet, A.,* Étude sur les localisations germinales et leur potentialité réelle dans l'oeuf parthénogénétique de Rana fusca. Arch. de biol. 26. 1911. 331—361. — *Conklin, E. G.,* The individuality of the germ nuclei during the cleavage of the egg of Crepidula. Biol. Bull. II. 1901. 257—265. — *Held, H.,* Über den Vorgang der Befruchtung bei Ascaris megalocephala. Verh. d. Anat. Ges. München. Erg. Heft z. Anat. Anz. 41. 1912. 242—248. — *Hertwig, O.,* Beiträge zur Kenntnis der Bildung, Befruchtung und Teilung des tierischen Eies. Morph. Jb. I. 1875. — *Jenkinson, J. W.,* Observations on the Maturation and Fertilization of the egg of the axolotl. Quart. J. of micr. Sc. 48. 1904. — *Loeb, J.,* Die chemische Entwicklungserregung des tierischen Eies (künstliche Parthenogenese). 56 Textfig. Berlin, Springer 1909. — *Meves, Fr.,* Die Plastosomentheorie und die Vererbung. Arch. f. mikr. Anat. 92. 1918. 41—136. — *Moenkhaus, W. J.,* The Development of the Hybrids between Fundulus heteroclitus und Menidia notata. Amer. J. of Anat. III. 1904. 29—57. — *Newport, G.,* On the Impregnation of the ovum in the Amphibia. Philos. Transact. 1851, 1852, 1853. — *Oppel, A.,* Künstliche Parthenogenese durch Anstich von Froscheiern. Arch. f. Entw.-Mech. 32. 1911. — *Patterson, J. Th.,* Early development of the hens egg. Journ. of Morph. 21. 1910. 101—134. — *Rabl, C.,* Édouard van Beneden und der gegenwärtige Stand der wichtigsten von ihm behandelten Probleme. Arch. f. mikr. Anat. 88. 1915. 111—139. — *Sobotta, J.,* Über den Mechanismus der Aufnahme der Eier der Säugetiere in den Eileiter usw. nach Untersuchungen an Nagetieren. Anat. Hefte 54. 1916. 361—442. — *Tornier, G.,* Über die Art, wie äußere Einflüsse den Aufbau des Tieres abändern. Verh. d. deutschen Zool. Ges. 1911. — *Vejdowský, F.,* Neue Untersuchungen über Reifung und Befruchtung. 9. Taf. Prag. 1907.

Metagonie.

Besprechung der Entwicklungsvorgänge und der Entwicklungsperioden im allgemeinen.

Die Entwicklung eines Organismus beginnt mit der Befruchtung, vielleicht richtiger gesagt mit den Vorbereitungen zur ersten Kern- oder Furchungsteilung des durch die Vereinigung der Gameten hergestellten befruchteten Eies, der Zygote. Wir können also der Progonie, welche die Struktur, Entstehung und Reifung der Gameten sowie ihren Zusammentritt im Befruchtungsprozesse zur Bildung der Zygote umfaßt, die Metagonie gegenüberstellen, welche die Entwicklung des Keimes, die Differenzierung der Embryonalanlage, die Organbildung und die Herstellung der äußern Körperform behandelt. Die Metagonie können wir wieder, allerdings etwas gezwungen, in Perioden einteilen, bei denen einzelne Entwicklungsprozesse, gewissermaßen als Merkmale derselben, unser Interesse hauptsächlich in Anspruch nehmen und so der Periode einen bestimmten Charakter verleihen. Auf diese Weise erhalten wir eine zwar schematische aber durchaus notwendige Einteilung des zu behandelnden Stoffes, von welcher wir eine kurze Übersicht geben. In der ersten dieser Perioden, derjenigen der Furchung oder Segmentation, wird der Keim durch Teilungsvorgänge, die sich zunächst am Kerne (Kernteilung), dann am Ooplasma abspielen, in zwei Zellen, dann durch immer weiter gehende Teilungen in 4, 8, 16 Zellen zerlegt, so daß schließlich als Endprodukt des Furchungsprozesses ein Zellhaufen, die Blastula entsteht, welche häufig eine kleine Höhle, die Furchungshöhle oder das Blastocoel einschließt.

Die nun folgende Periode der Gastrulation zeichnet sich dadurch aus, daß an der Oberfläche der Blastula eine Einstülpung entsteht, welche in ihrer einfachsten und ursprünglichsten Form, beim Amphioxus, das Bläschen in eine Larve umwandelt mit einer äußeren und einer inneren Zellschicht, dem primitiven Ectoderm und Entoderm. Diese Larve, die Gastrula, hat eine gewisse Ähnlichkeit mit einem Vexierbecher. An den beiden dieselbe zusammensetzenden Epithelschichten, den primitiven Keimblättern, greift schon eine gewisse Differenzierung Platz, welche mit der Rolle der innern Schicht, des Entoderms als Aufnehmer der Nahrung, der äußern Schicht, des Ectoderms als äußere Abgrenzung der Larve, zusammenhängt. Eine solche einfache, ursprüngliche Form finden wir, wie gesagt, bloß bei dem dotterarmen Ei des niedrigen Chordaten, des Amphioxus. Bei den Wirbeltieren fällt dagegen die Form der Gastrula, je nach den Hindernissen, die in der Bildung einer größeren Dottermasse dem Einstülpungsprozeß entgegentreten, verschieden aus, doch fehlt dieser in keinem Falle. Die Keime aller Wirbeltiere gehen durch das Gastrulationsstadium hindurch (E. Haeckel), und auch der menschliche Keim bildet keine Ausnahme. Auf die Gastrulation folgt ein zur Bildung des mittleren Keimblattes (Mesoderm) führender Prozeß. Dieses Keimblatt bildet sich als Ausstülpung oder Wucherung der Wandung der Gastralhöhle oder auch der als Urmund bezeichneten Öffnung derselben und schiebt sich zwischen die beiden bereits gebildeten primitiven Keimblätter (Ectoderm und Entoderm) ein. Der Prozeß hängt so enge mit der Gastrulation zusammen, daß er am besten mit ihr in einer Periode der Gastrulation und Mesodermbildung zusammengefaßt wird.

Mit der Unterscheidung der Keimblätter treten demnach an die Stelle der Blastula drei Zellkomplexe, deren weitere Bestimmung beim Aufbau des Embryos uns genau bekannt ist und von welchen wir nunmehr bestimmte Organanlagen ableiten können. Es steht nämlich fest, daß die drei Keimblätter im weiteren Gange der Entwicklung ganz bestimmte Organe liefern; so gehen aus dem Ectoderm das Nervensystem, die Sinnesorgane und die Epidermis hervor, aus dem Entoderm das Epithel des Darmrohres sowie die großen Darmdrüsen, aus dem Mesoderm das Skelet, die Muskulatur und das Urogenitalsystem. Besonders früh tritt am Mesoderm eine Differenzierung auf, die zum Teil der Entstehung einzelner Organanlagen vorausgeht und zur Bildung der großen als Coelom bezeichneten Körperhöhle, des Blutes, sowie einzelner Segmente (Metamere) führt. Indem wir diese fundamentalen Differenzierungsvorgänge der Keimblätter zusammenfassen, beschreiben wir sie in einem besonderen Abschnitte. Gleichzeitig, zum Teil auch infolge dieser Differenzierung, gehen Veränderungen in der Form des Embryos vor sich, die sich noch in die folgende Periode der Organentwicklung hineinziehen und beim Menschen etwa im dritten Fetalmonate einen gewissen Abschluß erhalten mit der Herstellung einer Form, die, abgesehen von den Proportionen, nicht allzusehr von derjenigen des Neugeborenen abweicht. Wir behandeln diese Ausbildung der äußern Körperform gleichfalls in einem besonderen Abschnitte, welcher auch noch Hinweise auf die frühe Differenzierung des Ectoderms, besonders aber auch des Entoderms enthalten wird. Die Organogenese endlich wird auch häufig als spezielle Entwicklungsgeschichte allen übrigen Entwicklungsvorgängen, die man als allgemeine Entwicklungsgeschichte zusammenfaßt, gegenübergestellt.

Zur allgemeinen Entwicklungsgeschichte rechnen wir auch die Bildung aller jener Einrichtungen, welche bei Säugetieren eine Verbindung zwischen Mutter und Frucht herstellen und der Ernährung und dem Stoffwechsel der Frucht dienen (Bildung der Eihüllen, Einbettung des Eies in die Uterusschleimhaut, Bildung der Placenta usw.).

Wir werden uns an folgende Einteilung des Stoffes halten:

Progonie { Geschlechtsprodukte, Spermio- und Oogenese.
Befruchtung.

Metagonie

Allgemeine Entwicklungsgeschichte {
Furchung.
Gastrulation und Keimblätterbildung.
Erste Differenzierungsvorgänge an den Keimblättern.
Bildung der äußeren Körperform.
Eihüllen und Placenta.

Spezielle Entwicklungsgeschichte { Bildung der Organe.

Furchung.

Als Endprodukt der Furchung haben wir einen Zellhaufen oder ein Zellbläschen (Blastula) beschrieben. Der Vorgang selbst zeigt, wenigstens in seinem Beginne, gewisse Regelmäßigkeiten, die wohl zur späteren Gestaltung des Keimes in Beziehung stehen. So soll die bei der ersten Furchungsteilung auftretende, die erste Furchungszelle trennende Teilungsebene schon der Medianebene des Körpers entsprechen. Wir können die Furchung als eine immer weiter gehende Kern- und Zellteilung definieren, die im befruchteten Ei beginnt und ihren Abschluß mit der Bildung der Blastula erreicht. Das befruchtete Ei, welches diese Teilungen eingeht, zeigt in der Ausbildung größerer oder geringerer Mengen von Dotter eine Eigentümlichkeit, durch welche der Ablauf der Furchung erheblich beeinflußt wird, doch bleibt der eigentliche Charakter des Prozesses unverändert.

Indirekte Kern- und Zellteilung.

(Karyokinesis.)

Das Wesen der Zellteilung erblicken wir in der Teilung des Kernes, ja es kommt nicht selten vor, daß nach derselben die Teilung des Zelleibes unterbleibt und wir bei immer weiteren Kernteilungen ein Zellaggregat erhalten, in welchem eine Anzahl Kerne von einer gemeinsamen Protoplasmamasse umgeben sind. Solche Bildungen bezeichnen wir als Syncytien; dieselben kommen sowohl bei der normalen Entwicklung als auch beim Erwachsenen unter normalen und pathologischen Bedingungen vor.

Die Kernteilung kann eine direkte (amitotische) oder eine indirekte (mitotische) sein. Bei der direkten Kernteilung zerfällt der Kern ohne weiteres in zwei oder mehr Tochterkerne, welche unregelmäßig geformte, sehr verschieden große Chromatinmassen enthalten. Diese ergänzen sich durch Aufnahme und Verarbeitung von Material aus dem Zellprotoplasma zu ganzen Kernen, die abermals einer direkten Teilung unterliegen. Ein solcher Modus der Kernteilung, welcher bis in die 70iger Jahre des letzten Jahrhunderts für die typische Vermehrungsweise der Kerne galt, kommt im ganzen selten vor; jedenfalls spielt er bloß eine geringe Rolle beim Aufbau des Embryos, indem er wahrscheinlich auf Kerne beschränkt ist, welche bei dotterreichen Eiern in den oberflächlichen Schichten des Dotters ein Syncytium bilden (Dotterkerne oder Merocyten) und bei der Verflüssigung und Verarbeitung des Dotters mitwirken. Aus diesem Grunde kann eine Besprechung der direkten Kernteilung unterbleiben.

In der überwiegenden Mehrzahl der Fälle haben wir es bei der Vermehrung der Zellen mit der indirekten oder mitotischen Kernteilung zu tun. Diese erweist sich als ein recht komplizierter unter Umordnung des Chromatins und gleichmäßiger Spaltung der Chromatinmassen zum Ablauf kommender Prozeß. Als Ausgangsstadium jeder indirekten Kernteilung haben wir den sog. ruhenden Zellkern ins Auge zu fassen (Fig. 19 A). Diese Bezeichnung hat bloß insofern eine Berechtigung, als wir an einem solchen Kerne keine Zeichen einer beginnenden Teilung bemerken, dagegen sind während der Ruheperiode die chemischen Umsetzungen sowohl im Kern als im Zellplasma keineswegs sistiert, ja, es ist nicht unwahrscheinlich, daß solche Umsetzungen gerade während dieser Zeit als Vorbereitung zu einer Zellteilung besonders lebhaft sind. Wahrscheinlich führen dieselben zu einer starken Vermehrung der bei diesem Prozesse wesentlich beteiligten Chromatinmassen.

Der Kern der ruhenden Zelle ist gewöhnlich durch eine Kernmembran, welche jedoch den Beziehungen zwischen Kern und Zellplasma kein Hindernis entgegensetzt, von letzterem getrennt. Im Zell- oder Cytoplasma haben wir die Fasern des Mitomnetzes (Fig. 8), die in den Schemata der Fig. 19 nicht berücksichtigt sind, und dazwischen die Paramitommasse mit Einschlüssen (Granula), welche sich beim Ovum als Dotterplättchen darstellen. Im Cytoplasma, also außerhalb der Kernmembran, liegt als kinetisches Zentrum das Centrosoma, welchem bei der Kern- und Zellteilung eine sehr wichtige Rolle für die Anordnung, nicht bloß der Mitomfäden, sondern auch der Bestandteile des Kernes zukommt. In der ruhenden Zelle geht von dem Centrosoma eine kaum bemerkbare feine Protoplasmastrahlung aus; sie nimmt aber sofort beim Beginne der Teilung eine viel größere Ausdehnung an. Im Bereiche eines das Centrosoma umgebenden Hofes (Sphäre) fehlt die Strahlung. Die Centrosomen sind häufig auch bei ruhenden Kernen verdoppelt, jedenfalls teilt sich ein einfaches Centrosoma immer vor dem Beginne der Zellteilung (Fig. 19 A).

Im Zellkerne finden wir als Grundlage, wie im Cytoplasma, ein Gerüst von Fasern, welche infolge ihrer geringen Affinität zu Kernfarbstoffen, als achromatische Fäden (auch Lininfäden) bezeichnet werden. Sie werden von dem Kernsafte durchtränkt. Eine chemisch ganz verschiedene, in Form von Schollen oder Strängen zwischen den Lininfäden gelagerte, auch an diese sich anschließende, mit Kernfarbstoffen intensiv färbbare Substanz wird als Chromatin bezeichnet. Größere, mehr rundliche, besonders im Ruhezustande des Kernes sich bildende chromatinähnliche, vielleicht als Vorstufen des Chromatins aufzufassende Massen, sind die sog. Nucleoli, welche während der Zellteilung gänzlich verschwinden. Vielleicht werden sie aus dem Kerne in das Zellprotoplasma ausgestoßen.

Das Liningerüst stimmt in seiner chemischen Zusammensetzung mit dem Mitomgerüste überein, auch gehen beide Arten von Fäden die Bildung der Strahlungen ein, welche ihren Mittelpunkt in den Centrosomen besitzen. Ferner scheint sich der Kernsaft nicht von dem in den Maschen des Mitomnetzes ausgebreiteten Zellsafte (Paramitom) zu unterscheiden. Das Chromatin und die Nucleolen bilden die für den Kern charakteristischen Substanzen. Während der Ruheperiode des Kernes findet zweifellos eine Neubildung von Chromatin und chromatinähnlichen Substanzen statt, wozu das Material teils aus dem Kernsafte teils aber auch aus dem Zellsafte stammt, der leicht durch die Zellmembran in den Kern diffundieren kann.

Die indirekte Kernteilung ist in den Figg. 19 B—J dargestellt. Abgesehen von der Teilung der Centrosomen wird der Beginn des Prozesses dadurch gekennzeichnet, daß das Chromatin, welches während der Ruhe des Kernes eine starke Vermehrung erfahren hat, sich zu einem langen, gleichmäßig dicken, knäuelartig gewundenen Faden zusammenlegt (Knäuelstadium der Mutterzelle oder Spirem, von τὸ σπείρημα, der Knäuel). Die beiden Centrosomen, von denen jedes seine eigene Protoplasmastrahlung besitzt, beginnen nunmehr gegen die beiden Pole des länglich oval gewordenen Zellkernes auseinander zu rücken (siehe Fig. 19 C). Das Spirem zerfällt nun in eine für jede Tierart konstante Zahl von gleich langen und gleich dicken Stäbchen oder Schleifen. Die Form derselben ist jedoch im einzelnen bei den verschiedenen Tierklassen eine verschiedene. Weiterhin werden die Grenzen des Kernes gegen die Zelle hin, offenbar infolge der Rückbildung der Kernmembran, undeutlich (D und E). Die Lininfäden des Kernes, die in den Figg. 19 A—E, um das Bild einfacher zu gestalten, nicht dargestellt wurden, beginnen sich nun, wie schon die Protoplasmastrahlung des Zellplasmas, auf die Centrosomen einzustellen, so daß zwei Strahlenfiguren zustande kommen, die sich teils in das Cytoplasma, teils zwischen die Chromatinschleifen des Kernes erstrecken und höchst wahrscheinlich auch einzelne ihrer Fäden zur Befestigung an die Chromosomen schicken. Diese den Kern durchsetzenden Fasern der Strahlung, zwischen denen die Chromosomen liegen, bilden in ihrer Gesamtheit die achromatische Spindel (Fig. 19F).

Unterdessen erfahren die Chromosomen wichtige Veränderungen (Figg. 19 E und F), denen für die Verteilung des Chromatins auf die beiden Tochterkerne eine große

Bedeutung zukommt. Jede Chromatinschleife teilt sich nämlich der Länge nach in
zwei gleich lange und gleich dicke Schleifen. Diese Tochterchromosomen bleiben

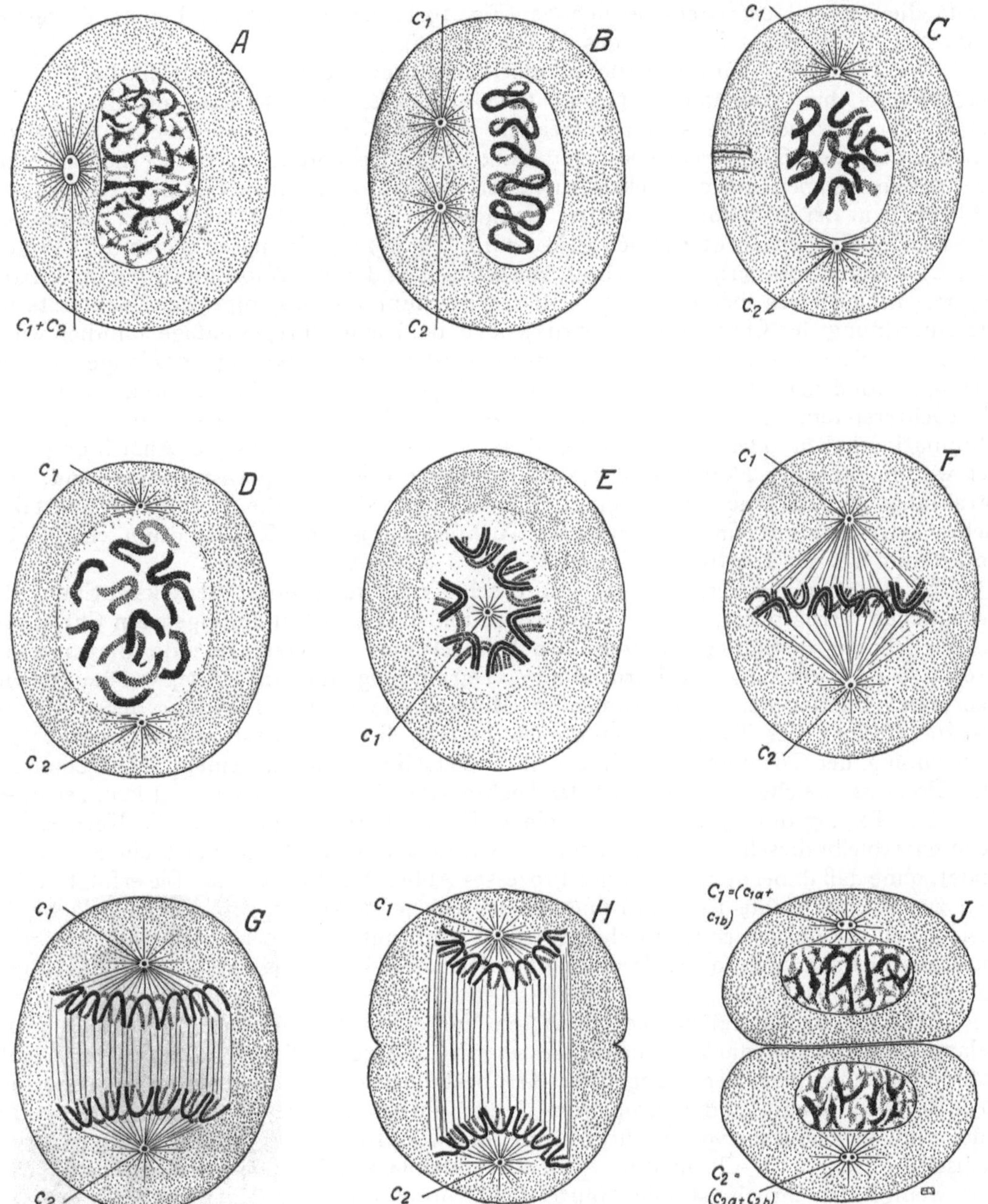

Fig. 19. Halbschematische Darstellung der indirekten Kernteilung. (Karyokinese.)

zu Paaren vorläufig noch miteinander in Kontakt, rücken jedoch später auseinander,
um in gesetzmäßiger Weise die eine in den einen, die andere in den andern Tochterkern
einzutreten. Zur Zeit der Bildung der Tochterchromosomen (E und F) liegen die Chromatinschleifen in der Äquatorialebene der Kernspindel, während die Umbiegungsstellen

der Schleifen gegen die von einem Centrosoma zum andern verlaufende Achse der Spindel gerichtet sind. Dagegen liegen die freien Enden der Schleifen nach außen. Von einem Pole der Spindel aus betrachtet, bilden folglich die Chromatinschleifen eine strahlige Figur, die wir als Mutterstern bezeichnen (Fig. 19 E von einem Pole, Fig. 19 F von der Seite aus dargestelltes Stadium des Muttersternes).

Die Tochterchromosomen rücken nun nach ihrer Trennung gegen die beiden Pole der Spindel hin auseinander (Figg. 19 G—H). Es ist fraglich, ob den an die Enden der Chromosomen sich ansetzenden achromatischen Fäden eine Rolle bei der Verlagerung der Tochterchromosomen zukommt; jedenfalls werden die zwischen beiden Centrosomen sich erstreckenden Fäden der achromatischen Spindel gedehnt, und schließlich in der Äquatorialebene der Spindel zerrissen, so daß die letzte Verbindung zwischen den beiden Tochterkernen gelöst wird (Fig. 19 H). In diesen zeigen die Chromosomen, vom Centrosoma aus betrachtet, zunächst noch dieselbe Anordnung wie im Muttersterne, infolgedessen bezeichnen wir dieses Stadium als dasjenige der Tochtersterne; die Anordnung der Chromosomen wird jedoch bald eine unregelmäßige (ähnlich wie in Fig. 19 C). Sodann verbinden sie sich untereinander zur Herstellung eines langen knäuelförmig gewundenen Chromatinfadens, der im Gegensatze zum Mutterspirem (Fig. 19 B) als Tochterspirem bezeichnet wird. Dieses zerfällt schließlich in einzelne unregelmäßige Chromatinschollen oder Körner, kurz das Chromatin zeigt dieselbe Anordnung, von der wir im ruhenden Kerne bei der Verfolgung der Kernteilung ausgegangen sind. Die Strahlung im Zellkerne verschwindet, das Liningerüst und die Kernmembran stellen sich wieder her, mit einem Worte, der Tochterkern ist ins Ruhestadium eingetreten und damit hat die Kernteilung ihren Abschluß erreicht.

Wir können die Vorgänge der indirekten Kernteilung, unter Berücksichtigung der bezüglichen Verhältnisse, in drei Perioden einteilen. Die Veränderungen am Chromatin bis zur Bildung distinkter Chromosomen kennzeichnen die erste Periode, diejenige der Prophase (Vorbereitung zur Kernteilung). Darauf folgt die Anaphase, welche von der deutlichen Bildung der Chromosomen im Mutterkerne bis zur Trennung derselben und bis zur Bildung der Tochterchromosomen reicht; die Metaphase endlich umfaßt die Umordnung der Tochterchromosomen, ihre Verschmelzung zu einem Tochterspirem, kurz Prozesse, welche den Übergang der Tochterkerne in den Ruhezustand kennzeichnen.

Die Teilung des Cytoplasmas ist ein viel einfacherer Vorgang als die Kernteilung, auch unterbleibt dieselbe, wie oben bemerkt wurde, sehr häufig, indem sich ein Syncytium bildet, ohne daß dabei dem Wesen des Prozesses Abbruch getan würde. Sie erfolgt, indem sich zuerst eine leichte Einschnürung bildet, welche senkrecht von der Oberfläche der Zelle gegen die Achse der Kernteilungsspindel vordringt (Fig. 19 H), um schließlich ganz durchzuschneiden und so die Trennung der Tochterzellen voneinander zum Abschlusse zu bringen.

Was die Bedeutung des komplizierten Vorganges der indirekten Kernteilung anbelangt, so läßt sich darüber nichts Bestimmtes aussagen; das Resultat ist eine vollständig gleichmäßige Verteilung aller Kernbestandteile auf die beiden Tochterzellen. Jede derselben erhält, da die Chromosomen schon im Stadium des Muttersternes gespalten sind, eine gleiche Zahl von Tochterchromosomen von derselben Länge und vermutlich demselben Gehalt an Chromatin. Jede Tochterzelle erhält auch ein Centrosom und, was weniger wesentlich ist, die Hälfte des Protoplasmas der Mutterzelle.

Furchung.

Die Furchung ist ein Prozeß, welcher besonders in der Teilung des Zelleibes, je nach der Menge und Verteilung des im Ei aufgespeicherten Reservematerials, Modifikationen erfährt. Der Ablauf des Vorganges wird deshalb sowohl äußerlich als innerlich verschieden ausfallen, je nachdem es sich um ein Ei mit geringen oder um ein solches mit großen Dottermassen handelt, denn der Dotter wirkt als träge Masse der Teilung des Zelleibes entgegen, während die Teilung des Kernes in weit geringerem Grade davon beeinflußt wird. Wir können nun, entsprechend den verschiedenen Typen der Eier (Fig. 11), auch verschiedene Typen der Furchung unterscheiden. Wir schildern einzelne derselben, so die Furchung des Amphioxuseies und des Froscheies, welche dabei vollständig in einzelne Zellen zerlegt werden (holoblastischer Typus der Furchung), sodann die Furchung des Hühnereies, bei welcher bloß die kleine Keimscheibe am animalen Pole der Furchung unterliegt (Ei mit partieller, discoidaler Furchung). Endlich schließen wir die Beschreibung der Furchung eines Säugetiereies an, welches gleichfalls dem holoblastischen Typus angehört, aber Eigentümlichkeiten zeigt, welche darauf hinweisen, daß die Säugetiere von Formen abstammen, welche, ähnlich wie die Monotremen, dotterreiche Eier besäßen.

A. Furchung des Amphioxuseies.
(Holoblastischer Typus.)

Bei der Reifung des Amphioxuseies werden die Polocyten an einer Stelle des Eies ausgestoßen, welche bei den im Wasser befindlichen Eiern nach oben hin eingestellt

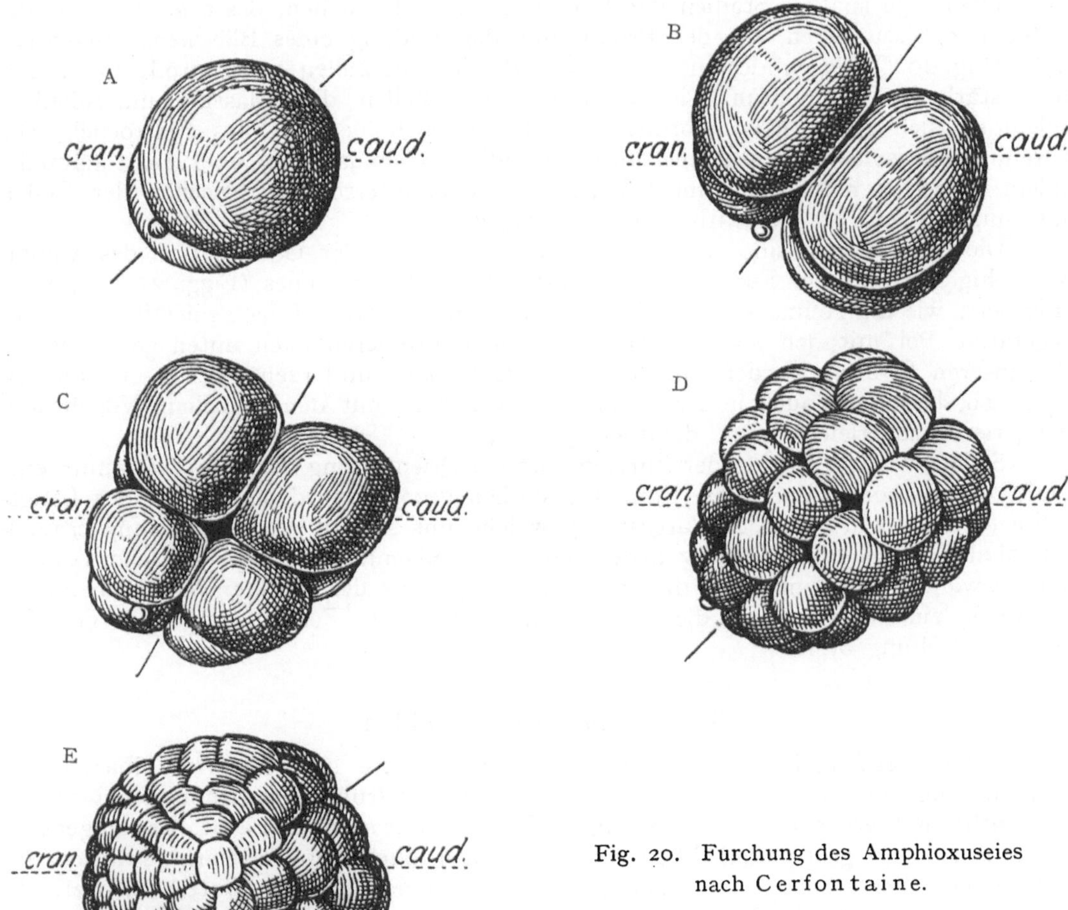

Fig. 20. Furchung des Amphioxuseies nach Cerfontaine.

ist, also dem animalen Pole (Fig. 20) des Eies entspricht. Wahrscheinlich dringt
(Angabe von Cerfontaine) das Spermium in der Nähe des vegetativen Poles in das
Ei ein; die Verbindungslinie der beiden Pole stellt die Achse des Eies dar; dieselbe ist
auf den Abbildungen sowohl der Furchung als auch der Gastrulation voll ausgezogen
worden.

Bei der ersten Teilung wird das Ei durch eine vom animalen zum vegetativen
Pole ziehende Meridionalebene in zwei gleich große Teile zerlegt (Fig. 20 A). Diese
werden durch eine zweite Meridionalebene halbiert, so daß vier gleich große Quadranten entstehen (Fig. 20 B). Durch das Auftreten einer Äquatorialebene, welche
dem animalen Pole näher liegt als dem vegetativen, erfolgt die Zerlegung dieser vier
Furchungszellen oder Blastomeren in acht Zellen, welche durch das Auftreten neuer
Äquatorial- oder Meridionalebenen weiter zerfallen. Schon mit dem Durchschneiden
der ersten Äquatorialebene läßt sich ein gewisser Größenunterschied der Blastomeren
erkennen, indem die vier gegen den animalen Pol hin gelegenen (Mikromeren) kleiner
sind als die vier anderen (Makromeren). Ferner können wir bis zur Bildung der ersten
Äquatorialebene eine gewisse Regelmäßigkeit in der Form und Anordnung der Zellen
erkennen, später wird jedoch die Richtung der die Zerklüftung bewirkenden Ebenen
unregelmäßiger; dieselben lassen sich nicht mehr als Meridional- und Äquatorialebenen
beschreiben. Je spätere Stadien der Furchung wir untersuchen, desto geringer ist die
Größe der Blastomeren, bis der Prozeß mit der Bildung eines Bläschens (Blastula),
endet (Fig. 20 E), gegen dessen vegetativen Pol hin die Zellen etwas größer sind und
auch stärkere Dottereinschlüsse aufweisen. Die Zellen der Blastula umschließen,
indem sie sich epithelartig anordnen, die Furchungshöhle oder das Blastocoel. Die
Furchung ist also beim Amphioxus eine vollständige (holoblastische), aber leicht inäquale,
indem immerhin nicht ganz unbeträchtliche Größenunterschiede zwischen den Zellen
am animalen und am vegetativen Pole bestehen.

Die Abbildungen sind, ebensowenig wie diejenigen der Gastrulation des Amphioxus (Fig. 27) und der Furchung und Gastrulation des Frosches (Figg. 21 u. 33), so
orientiert, wie die Keime sich im Wasser, der Schwerkraft zufolge, einstellen, wo der
vegetative Pol mit den stärker dotterhaltigen Makromeren nach unten gerichtet ist.
Bei unseren Figuren ist der vegetative Pol nach oben und rechts gerichtet, um den
Vergleich, besonders auch in der Bildung der Gastrula, mit den Reptilien, Vögeln und
Säugetieren zu erleichtern (s. die Figg. 39 u. 42).

Schon vor dem Beginn der Furchung ist die Orientierung des Eies bestimmt; eine
Linie, die horizontal durch die Furchungsstadien gezogen wird, entspricht der Längsachse (in der Figur punktiert dargestellt), welche uns sowohl die Orientierung cranial-
caudal als auch diejenige dorsal-ventral angibt. Im allgemeinen entspricht beim Amphioxus sowie bei den Amphibien die erste Furchungsebene der späteren Medianebene des
Embryos; eine Feststellung, die wahrscheinlich für alle Formen innerhalb gewisser
Grenzen Geltung besitzt.

B. Furchung bei Amphibien.

Der Unterschied in der Größe der Furchungsprodukte ist beim Amphibienei weit
beträchtlicher als beim Ei des Amphioxus. Wir haben früher das Amphibienei zu den
telolecithalen Eiern gerechnet; bei einigen Eiern nimmt sogar der Dotter so ungeheuer
zu, daß sie eine große Ähnlichkeit mit den Vogel- oder Reptilieneiern gewinnen, bei
welchen eine kleine Scheibe von Bildungsplasma einem mächtigen Dotter aufsitzt. Bei
unsern einheimischen Amphibien ist jedoch der Dottergehalt nicht genügend, um eine
Durchfurchung des Eies zu verhindern, dagegen sind die Größenunterschiede der die
Blastula zusammensetzenden Zellen viel beträchtlicher als beim Amphioxusei. Als Beispiel ist die Furchung des Froscheies in den Figg. 21 A—F dargestellt. Dasselbe zeigt in

seiner oberen Hemisphäre eine schwarze Pigmentierung, während unten der weißliche Dotter zu erkennen ist. Die erste, in meridionaler Richtung durchgehende Teilungsebene (Fig. 21 A) trennt das Ei in zwei gleich große und symmetrische Hälften; durch das Auftreten einer zweiten, senkrecht zur ersten stehenden, gleichfalls meri-

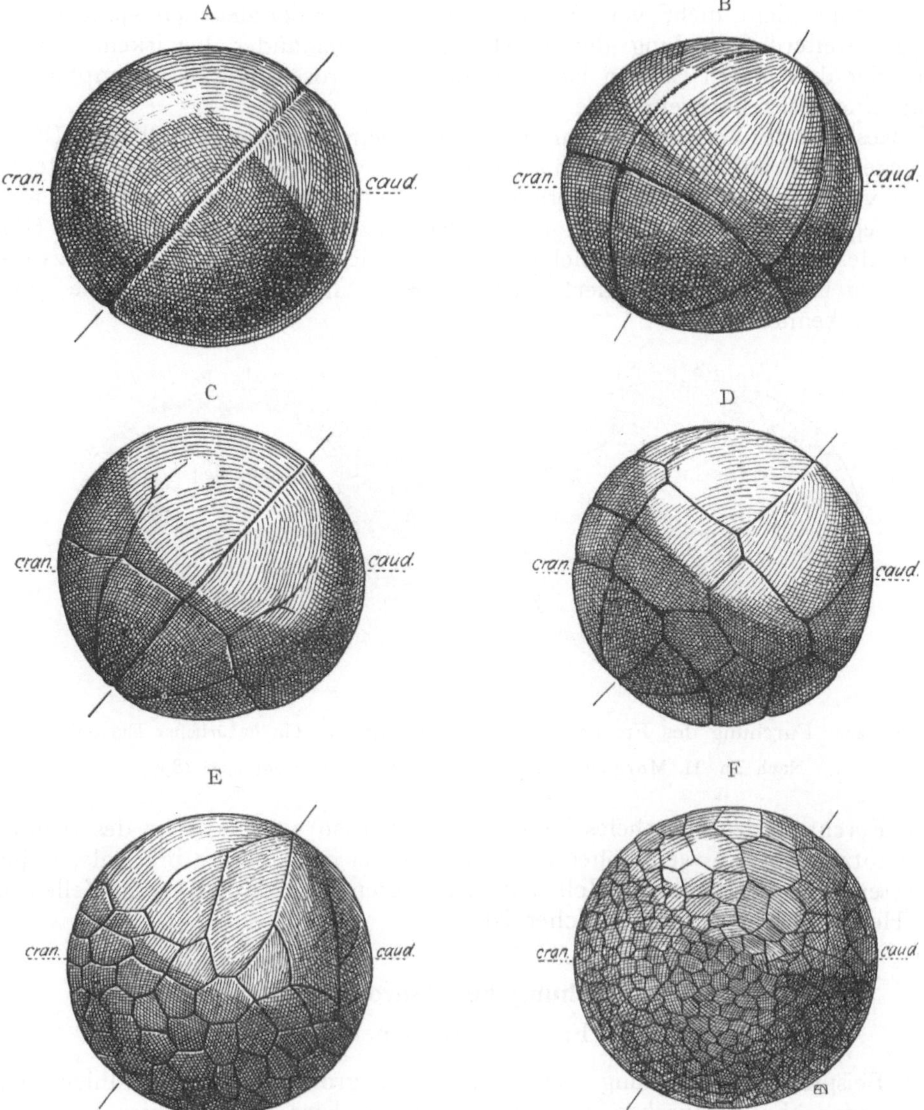

Fig. 21. Furchung des Froscheies
Nach Morgan.

dionalen Teilungsebene erhalten wir vier Blastomeren von derselben Größe. Jede derselben zeigt eine gegen den vegetativen Pol hin zunehmende Dottermasse, während das Bildungsplasma gegen den animalen Pol in größerer Menge vorhanden ist, ohne jedoch zwischen den Dotterplättchen des übrigen Teiles der Blastomeren ganz zu fehlen. Eine dritte Teilungsebene verläuft, wie beim Amphioxusei, äquatorial (Fig. 21 B) und zwar dem animalen Pole näher als dem vegetativen, so daß unsere vier Blastomeren nunmehr in acht Zellen zerlegt werden, von denen wir vier gegen den animalen Pol gelegene Mikromeren von vier gegen den vegetativen Pol hin gelegenen Makromeren unterscheiden. Mit dem weiteren Verlaufe der Furchung steigert sich bei den später auftretenden Ebenen eine schon beim Durchschneiden der ersten Äquatorialebene bemerkbare leichte Unregelmäßigkeit des Verlaufes, so daß wir dann überhaupt nicht mehr von Äquatorial- und Meridionalebenen sprechen dürfen, welche die weitere Scheidung der Blastomeren voneinander bewirken. Nach dem Auftreten der drei ersten Ebenen ist demnach beim Frosch- wie beim Amphioxusei die Furchung eine recht unregelmäßige.

Als Resultat des Vorganges erhalten wir auch beim Froschei eine Blastula (Fig. 21 F), welche gegen den animalen Pol hin kleinere, reichlich pigmentierte, dotterärmere, gegen den vegetativen Pol hin größere Zellen mit starken Dottereinschlüssen aufweist. Auch hier begrenzen die Zellen eine Höhle, die Blastulahöhle oder das Blastocoel (Fig. 22); die Zellen des animalen Poles, welche die Decke der Höhle bilden, sind zwei- oder mehrschichtig und stark pigmentiert, auch lassen sie an der Oberfläche eine epitheliale Anordnung erkennen.

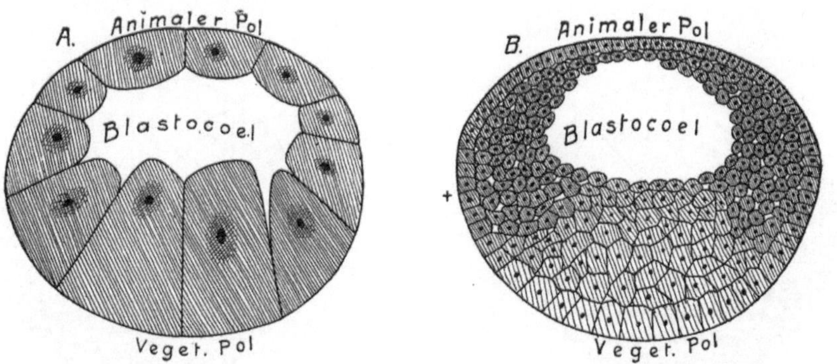

Fig. 22. Furchung des Froscheies. Blastulastadium. (In natürlicher Einstellung.)
Nach Th. H. Morgan. The Development of the Frogs egg. 1897.

Die Furchung des Froscheies ist demnach, ebenso wie diejenige des Amphioxus· eies, eine totale, aber in weit höherem Grade als bei diesem eine inäquale, indem der Größenunterschied der kleineren Zellen in der oberen und der größeren Zellen in der unteren Hemisphäre viel beträchtlicher ist.

C. Furchung bei Sauropsiden.

(Partielle discoidale Furchung bei einem telolecithalen Ei.)

Als Beispiel der Furchung eines Eies mit großem Dotter wählen wir das Hühnerei, ganz ähnlich furchen sich aber auch die Eier der Selachier, der Reptilien und der niedersten Säugetiere, der Monotremen. Beim Hühnerei ist das Bildungsplasma auf die kleine Keimscheibe beschränkt, welche am animalen Pole des Eies dem mächtigen Dotter aufruht. Das erste äußerlich sichtbare Zeichen der Furchung besteht in der Bildung einer seichten Furche, welche sich allmählich vertieft (Fig. 23A). Diese erste Teilungsfurche tritt zunächst im Zentrum auf und dehnt sich gegen den Rand der Keimscheibe aus, indem sie dieselbe in zwei Hälften teilt; sie entspricht der ersten Meridionalfurche des Froscheies, doch vermag sie nicht auf größere Entfernung über die Keimscheibe hinaus in die träge Dottermasse vorzudringen, so daß eine Zerlegung des ganzen Eies, wie sie noch bei der Furchung des Froscheies beobachtet wird, beim Vogelei ausbleibt. In rechtem Winkel zu dieser ersten Furche bildet sich eine zweite, welche der zweiten Meridionalfurche des Frosch- und Amphioxuseies entspricht (Fig. 23 B). So wird die Keimscheibe mehr oder weniger vollständig in vier Quadranten geteilt; sodann entsteht eine Furche, welche annähernd parallel mit dem Rande der Keimscheibe verläuft und die Quadranten wieder teilt, so daß acht Zellen vorliegen. Diese dritte, meist etwas unregelmäßig verlaufende Furche dürfte der ersten Äquatorialfurche des Froscheies entsprechen (Fig. 21 B). Durch weitere Furchen werden die an der Oberfläche sichtbaren, sowie auch die tiefer gelegenen Zellen, immer weiter zerklüftet, so daß im Zentrum der Keimscheibe eine größere Anzahl kleinerer Zellen (Blastomeren) entsteht, auf welche gegen die Peripherie hin größere Zellen folgen, indem hier die Zerklüftung des Protoplasmas an der

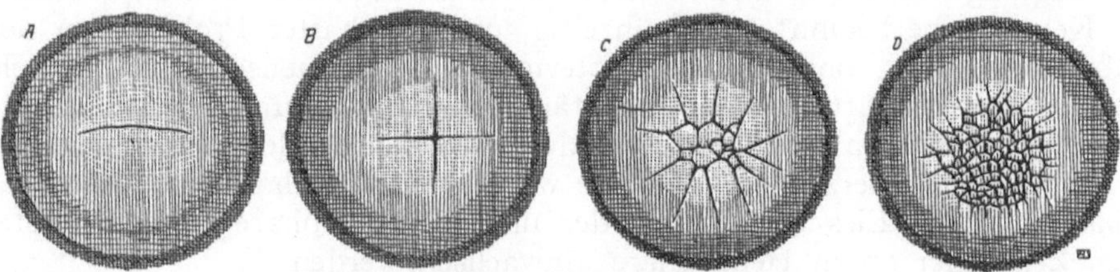

Fig. 23. Furchung des Hühnereies.
A, B, C, nach Kölliker, Entw.-Gesch. des Menschen. II. Aufl. 1879. D nach M. Duval, Atlas de l'embryol. du poulet. 1888.
Vergr. ca. 16 mal.

Grenze gegen den Dotter hin langsamer fortschreitet und relativ spät zur Abgrenzung der Zellen führt (Fig. 23 D). Die Zerklüftung der Keimscheibe soll nach Duval an einer Stelle ihrer Peripherie rascher vor sich gehen, und von hier aus erfolgen nach demselben Autor die ersten zur Gastrulation und Keimblattbildung führenden Prozesse (siehe Gastrulation

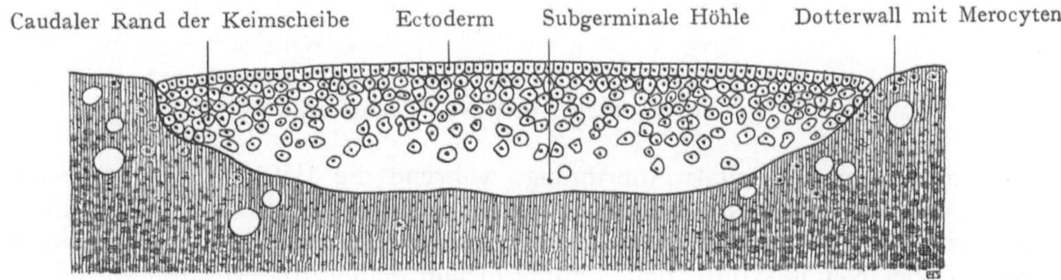

Fig. 24. Medianschnitt durch die Keimscheibe des Hühnchens vor der Bildung des primitiven Entoderms.
Nach Duval. Vergr. 40/1.

und Keimblattbildung). Eine solche Keimscheibe zeigt auf einem Längsschnitte das in Fig. 24 wiedergegebene Bild. Die oberflächliche Zellschicht hat sich zum primitiven Ectoderm epithelial angeordnet, darunter liegen ungeordnete, rundliche oder polygonale Zellen, welche durch eine mit eiweißhaltiger Flüssigkeit angefüllte Höhle (subgerminale Höhle) von dem Dotter getrennt werden. Im Dotter bemerken wir die Dotterkerne oder Merocyten, über deren Herkunft die letzte Entscheidung noch nicht gefällt ist. Während einige Autoren sie mit großer Wahrscheinlichkeit von einem auf den Dotter übergreifenden Furchungsprozeß ableiten, sehen andere in ihnen Spermakerne, welche infolge einer normalen Polyspermie (s. pag. 40) in das Ei gelangen. Sie spielen eine gewisse Rolle bei der Verflüssigung und Resorption des Dotters, im übrigen geht ihnen jede Bedeutung für den Aufbau des Embryos ab. Solche Merocyten finden sich auch bei Knochenfischeiern; wie neuerdings Kopsch nachgewiesen hat, sind sie hier

mit Sicherheit von den Zellen der Keimscheibe abzuleiten. Beim Hühnchen vermehren
sie sich stark und werden kurz vor dem Ausschlüpfen mitsamt dem Dotterreste in
das Innere des Darmkanals aufgenommen, um hier der Verdauung zu unterliegen und
für die Ernährung des Embryos Verwendung zu finden. Die Merocyten würden kaum
Erwähnung verdienen, wenn ihnen nicht die von W. His sen. in den siebziger Jahren
des letzten Jahrhunderts aufgestellte Parablasttheorie eine Beteiligung am Aufbaue des
Embryos zugeschrieben hätte, welche sich auf die Bildung des Stützgewebes erstrecken
sollte. Diese Theorie hat nicht bloß in der Entwicklungsgeschichte, sondern auch in der
Pathologie eine gewisse Rolle gespielt, doch ist sie jetzt allgemein aufgegeben, nachdem
man das endgültige Schicksal dieser Kerne sowie des Dotters überhaupt erkannt hat.

Die Keimscheibe beginnt sehr frühzeitig, unter lebhafter Proliferation der Randzellen, über die träge, ungefurchte Dottermasse auszuwachsen, welche schließlich
(siehe unten die Keimblätterbildung) vollständig von ihnen umschlossen wird. Etwas
Ähnliches findet auch beim Froschei statt, indem, wie man sich leicht durch Untersuchung
der Oberflächenbilder überzeugen kann, die weißlichen dotterhaltigen Zellen (bei natürlicher Einstellung des Eies im Wasser) der untern Hemisphäre durch die stark pigmentierten Zellen der obern Hemisphäre umwachsen werden.

Gleichzeitig mit dem Auswachsen der Keimscheibe geht auch eine Umordnung
der dieselbe zusammensetzenden Zellen vor sich (Fig. 25); die oberflächliche Schicht

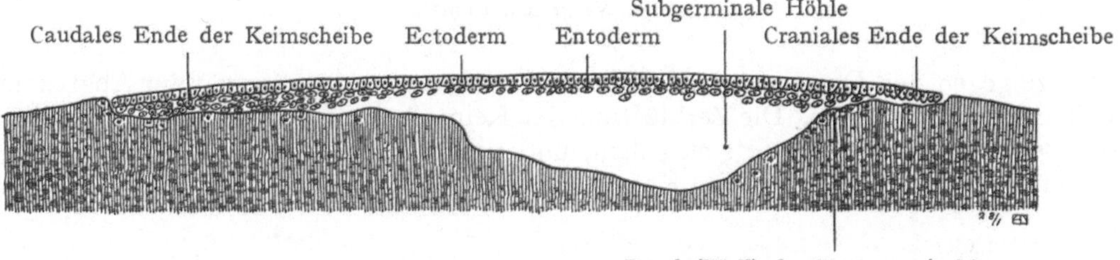

Fig. 25. Keimscheibe des Hühnchens nach Bildung des Entoderms.
Medianschnitt nach Duval. Vergr. 28/1.

zeigt eine deutlich epitheliale Anordnung, während die tiefer gelegenen Zellen, etwa
entsprechend dem Zentrum der Keimscheibe, eine einfache Schicht, das primitive Entoderm herstellen. Die Keimscheibe besteht nunmehr in ihrem zentralen Bezirke aus zwei
Schichten oder Keimblättern, dem Ectoderm und dem Entoderm, die an den über den
Dotter vorwachsenden Rändern der Keimscheibe, also dort, wo das lebhafteste Wachstum
stattfindet, ineinander übergehen. Unter der Keimscheibe befindet sich eine ziemlich
große, subgerminale Höhle, die in ihrer Ausdehnung mit dem Auswachsen der Keimscheibe über den Dotter sowie mit der Verflüssigung der oberflächlichen Schichten desselben Schritt hält. Das caudale Ende der Keimscheibe weist eine beträchtliche Verdickung auf, von welcher weitere Bildungen, insbesondere die Anlage des mittleren
Keimblattes, ihren Ausgang nehmen.

D. Furchung des Säugetiereies.

Wie schon früher hervorgehoben wurde, müssen wir die Säugetiere von Formen
ableiten, deren große dotterreiche Eier wie bei den Monotremen eine partielle discoidale
Furchung durchmachen, unter Bildung einer scharf vom Dotter sich abgrenzenden
Keimscheibe. Diese umwächst, ganz wie beim Vogelei, den Dotter. Auch in der
Weiterentwicklung schließen sich diese Formen den Vögeln und Reptilien an.

Bei allen bisher untersuchten Eiern placentaler Säugetiere ist die Furchung eine
totale, fast als äquale zu bezeichnende, indem der Größenunterschied zwischen den

Furchungszellen noch geringer ausfällt, als beim Ei des Amphioxus. Das Ei wird zunächst durch eine Meridionalfurche in zwei Blastomeren geteilt (Fig. 26 A), die durch eine zweite Meridionalfurche abermals geteilt werden, so daß wir vier Quadranten erhalten (Fig. 26 B). Aus diesen geht durch weitere Teilung ein von Zellen begrenztes Bläschen hervor (Fig. 26C, D, E), das wir zunächst mit dem Blastulastadium des Amphioxuseies vergleichen können, allerdings mit dem Unterschiede, daß der Zellhaufen bei Säugetieren solide ist und erst nachträglich ein rasch an Größe zunehmendes Lumen (Blastocoel) aufweist. Im Schnittbilde unterscheiden wir an diesem soliden Endprodukte der Furchung eine äußere Schicht von helleren Zellen, welche eine zentrale Masse von dunkleren Zellen einschließt. Die äußere Schicht plattet sich weiterhin ab, um das primitive Ectoderm zu bilden, welches bei der Entstehung des Blastocoels mit den dunkleren zentralen Zellen eine Strecke weit im Zusammenhang bleibt (Fig. 45 B und C), im übrigen durch das Blastocoel von ihnen getrennt wird. In dieser Höhle befindet sich eine aus dem Eileiter aufgenommene Flüssigkeit. Auf einem solchen Stadium beginnt die Gastrulaeinstülpung und die Bildung des mittleren Keimblattes. Die ursprünglich zentral gelegenen Zellen bilden nunmehr am oberen Pol des Bläschens eine undurchsichtige Scheibe, den sog. Embryonalschild oder Embryonalknoten, welcher allein den Embryo liefert, während den übrigen Zellen des Bläschens, dem Trophoblasten, zunächst bloß die Rolle zukommt, durch die

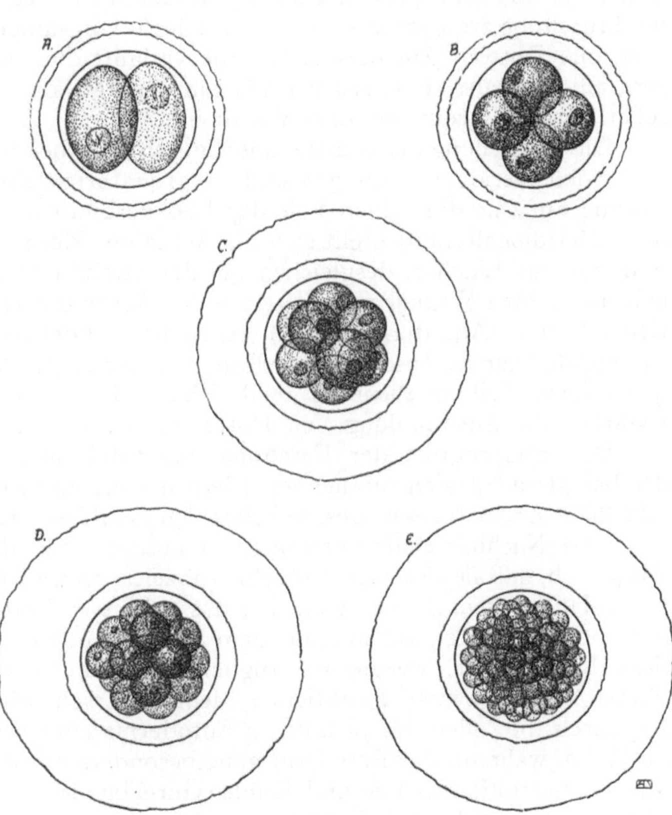

Fig. 26. Furchung des Hundeeies.

Frei nach Bischoff. Entwicklungsgeschichte des Hundeeies. Braunschweig 1845.

Bildung solider, in die mütterlichen Gewebe eindringenden Fortsätze, die Festsetzung des Eies in der mütterlichen Schleimhaut zu bewirken (siehe Bildung der Eihüllen).

Die Befruchtung des Säugetiereies findet entweder gleich bei seinem Übertritte in den Eileiter oder doch bald darauf, in allen Fällen vor seinem Eintritte in den Uterus, statt. Da die Dottermenge, welche das reife Ei mit auf seinen Entwicklungsweg erhält, nur eine äußerst geringe ist, auch in vielen Fällen, wie beim Menschen, gänzlich fehlt, so muß die Nahrungsaufnahme von außen her bald nach dem Beginne der Furchung einsetzen, sonst wäre das rasche Wachstum der Keimblase unerklärlich.

Im Beginne der Furchung wird das Ei noch von der Zona pellucida und der innern Schicht des Follikelepithels umgeben, bald jedoch verschwinden beide Hüllen, wahrscheinlich infolge der verdauenden Wirkung des Eileitersekretes. Bei einigen Säugetieren erhält das Ei auch noch eine seinem Schutze dienende Gallerthülle.

E. Die inneren Furchungsvorgänge.

Die Furchung läuft unter dem Bilde der indirekten Kern- und Zellteilung ab, allerdings bei den verschiedenen Eiern stark beeinflußt durch die Massenentfaltung und Verteilung des Dotters. Je größer der Dotter, desto schwieriger wird die den Centrosomen als den kinetischen Zentren des Eies zugewiesene Aufgabe, die Masse des Cytoplasmas in die Protoplasmastrahlung einzureihen, desto unvollständiger fällt auch die Durchfurchung des ganzen Eies aus, und desto langsamer schneiden die Trennungsfurchen durch den Dotter. Aus diesem Grunde verläuft die Furchung auch bei holoblastischen Eiern am animalen Pole rascher als am vegetativen, wo dementsprechend die Zellen größer sind (Makromeren und Mikromeren).

Die Einstellung der Kernteilungsfiguren zeigt bei den drei ersten Furchungsteilungen (die beiden Meridionalteilungen und die Äquatorialteilung) eine gewisse Regelmäßigkeit in bezug auf eine die beiden Pole des Eies verbindende Linie, die sog. Eiachse. Bei der ersten Meridionalteilung stellt sich die Achse der Kernteilungsspindel horizontal ein, also senkrecht zur Eiachse, desgleichen bei der zweiten Meridionalteilung, wobei sie jedoch auch im rechten Winkel zum Verlaufe der Achse der ersten Kernspindel steht. Bei der dritten Teilung (Äquatorialteilung) stehen die Spindeln der Kernteilungsfiguren senkrecht, d. h. parallel zur Eiachse. Ferner liegen in der Regel die Spindeln beim Auftreten einer äquatorialen Teilungsebene in telolecithalen Eiern dem animalen Pole um so näher, je stärker die Ansammlung von Dotter in der untern Hemisphäre des Eies ist.

Das Endprodukt der Furchung bei total sich furchenden Eiern, die Blastula oder bei discoidal sich furchenden Eiern die Keimscheibe, läßt sich als ein Organismus einfachster Art auffassen, dessen Zellen den Einflüssen sowohl der äußeren Umgebung als auch ihrer Nachbarschaft untereinander ausgesetzt sind. Auf diese Einflüsse antworten sie dadurch, daß sie sich zum Teil sehr frühzeitig epithelial anordnen; so sehen wir (Fig. 25) an der Hühnerkeimscheibe zunächst das primitive Ectoderm, sodann, mit der weiteren Ausbreitung der Keimscheibe auf dem Dotter, auch das primitive Entoderm entstehen. Diese Keimblätter, welche wir füglich als Primitivorgane bezeichnen können, übernehmen schon gewisse Funktionen, denn wahrscheinlich erfolgt schon in sehr früher Zeit durch die Zellen des primitiven Entoderms eine Aufnahme verflüssigten Dotters in den Keim, während das Ectoderm ganz besonders mit der für jede Entwicklung unerläßlichen Sauerstoffaufnahme und Kohlensäureabgabe betraut ist. Was die Beziehung der Zellen untereinander anbelangt, so machen sich dieselben gleichfalls sehr frühe geltend, indem schon auf dem Zweiteilungsstadium die eine Zelle die Form ihrer Nachbarin beeinflußt.

F. Rhythmus der Furchung.

Die Furchung ist keine gleichmäßige, d. h. nach einem gewissen Stadium ist die Geschwindigkeit, mit der sich die verschiedenen Zellen oder Zellgruppen des Keimes teilen, eine verschiedene. Wir können bei gewissen Keimen geradezu von einem verschiedenen Teilungsrhythmus von Zellen und Zellgruppen nicht bloß während der Furchung, sondern auch späterhin sprechen. So sehen wir z. B. an der Keimscheibe der Cephalopoden (Watase) gewisse Zellen in rascherer Teilung begriffen als andere. Ferner befinden sich in gewissen Zellterritorien oder Bezirken alle Zellen auf demselben Kernteilungsstadium. Lillie hat für die Entwicklung der Organe darauf hingewiesen, daß der Teilungsrhythmus der die betreffende Organanlage zusammensetzenden Zellen in einem geraden Verhältnis steht zu der Zeit, da die Organe zu funktionieren beginnen; je früher dieser Zeitpunkt, desto rascher der Teilungsrhythmus der Zellen. Jedenfalls wird derselbe durch die Beschaffenheit der Zellen sehr wesentlich beeinflußt, durch ihre chemische Zusammensetzung, ihre Struktur usw. (s. im Anhang den Abschnitt Lokalisationen im Ei), die wohl sehr frühzeitig in den einzelnen Furchungszellen oder in Gruppen derselben auftreten, so daß sich eine Zelle, aus deren Nachkommen Entodermzellen entstehen, wesentlich von einer Zelle unterscheiden dürfte, welche Nervenzellen liefert.

Bemerkungen über den Wert der einzelnen Furchungszellen.

Es wurde oben die Ansicht erwähnt, daß bereits bei der Bildung der ersten Furchungsebene des Froscheies eine Beziehung zwischen dieser und der Medianebene der Larve bestehe. Schon im Jahre 1851 wurde von G. Newport auf Grund von experimentellen Untersuchungen eine diesbezügliche Angabe gemacht. Newport fixierte Froscheier im Stadium der Zweiteilung und ließ dieselben sich entwickeln, bis mit dem Auftreten der Medullarwülste die Längsachse des Körpers festzustellen war. Er fand, daß die erste Furchungsebene mit der Medianebene der Larve übereinstimmt. Man hat selbstverständlich daraus den Schluß gezogen, daß die eine Blastomere die rechte, die andere die linke Körperhälfte liefern müsse. Untersuchungen von Kopsch haben gezeigt, daß diese Annahme tatsächlich beim Froschei in vielen Fällen zutrifft, obgleich Ausnahmen häufig vorkommen. Eine Verallgemeinerung der Befunde für andere Wirbeltiereier ist jedoch vorläufig nicht möglich. Cornelia Clapp hat für einen Knochenfisch festgestellt, daß die erste Furchungsebene sehr oft mit der Medianebene übereinstimmt, aber auch bis 90⁰ von ihr abweichen kann. Auch sind die Beobachtungen von M. Duval (1884), welche die Identität der ersten Furchungsebene beim Hühnerei mit der Medianebene beweisen sollten, in neuerer Zeit beanstandet worden. Über die Bestimmung der beiden ersten Blastomeren beim Aufbau des Embryos suchte sich Roux durch Experimente an Froscheiern im Zweiteilungsstadium Gewißheit zu verschaffen. Er zerstörte die eine Blastomere mehr oder weniger vollständig mittels einer glühenden Nadel und erhielt bei der Weiterentwicklung der unverletzten Blastomere eine sog. Hemiblastula, die sich zu einer Hemigastrula und schließlich zu einem Hemiembryo lateralis entwickelte, d. h. zu einem Embryo, der einseitige mehr oder weniger schwere Defekte aufwies. So besaß derselbe bloß eine halbe Medullarplatte, ferner eine Chorda dorsalis und ein Darmrohr von geringer Größe. Andere Versuche mit vierzelligen Furchungsstadien ergaben, je nach der Zahl der zerstörten Blastomeren (1—3), mehr oder weniger vollständige Larven. Auf Grund dieser Beobachtungen vertrat Roux die Ansicht, „daß die Entwicklung der Froschgastrula und des Embryos eine Mosaikarbeit sei, und zwar aus mindestens vier vertikalen sich selbständig entwickelnden Stücken entstehe".

Allerdings finden bei Embryonen aus Eiern, bei denen eine Blastomere im Zweiteilungsstadium zerstört wurde, auf die Regeneration der fehlenden Hälfte hinzielende Prozesse statt, die Roux als Postgeneration bezeichnete. Dabei wird die übrigbleibende Dottermasse der angestochenen Blastomere „zellig" organisiert, entweder von dem intakt gebliebenen Kerne der verletzten Blastomere aus, oder von den Zellen des aus der andern unverletzten Blastomere sich entwickelnden Hemiembryos. So erfolgt eine je nach dem Grade der Verletzung mehr oder weniger vollständige Ergänzung. O. Hertwig hat nun die Rouxschen Versuche wiederholt, gelangte jedoch zu andern Resultaten, die er in einer der Rouxschen entgegengesetzten Theorie zusammenfaßte. Hertwig erhielt neben Embryonen mit einer Spina bifida, d. h. einer dorsalen Spaltung des zentralen Nervensystems und des Wirbelkanals, auch solche, die sich nach Zerstörung einer Blastomere des Zweiteilungsstadiums aus der unverletzten Blastomere zu ganzen aber abnorm kleinen Embryonen entwickelten. Hertwig zog daraus den Schluß, daß den beiden ersten Blastomeren eine gewisse Selbständigkeit innewohnt, so daß sie, wenn sie voneinander getrennt werden, imstande seien, einen vollständigen, wenn auch kleineren Embryo zu bilden. Vielleicht ist die Annahme gestattet, daß die Schlüsse Rouxs und Hertwigs sich nicht so unvermittelt gegenüberstehen, wie es zuerst den Anschein hat, sondern die beiden Blastomeren, solange sie im Zellverbande miteinander verbleiben, sich gegenseitig in ihrer Entwicklung beeinflussen können, um eine rechte oder linke Körperhälfte herzustellen, während sie, vollständig voneinander getrennt und folglich selbständig geworden, imstande sind, jede für sich einen ganzen Embryo zu bilden. Ob Schlüsse, die an einer einzigen Form gewonnen wurden, eine Anwendung auch auf andere Formen finden dürfen, ist gewiß fraglich, doch muß in diesem Zusammenhange erwähnt werden, daß durch Schütteln von Amphioxuseiern, die sich auf dem Zwei- bis Vierteilungsstadium befanden, eine Isolierung der Blastomeren erzielt wurde und daß aus jeder einzelnen solchen Blastomere ein kleiner, aber im übrigen normaler Embryo sich entwickelte. Ähnliches wird von den Eiern von Hydromedusen, Ascidien und Echinodermen berichtet; die im Zweizellenstadium voneinander getrennten Blastomeren des Ctenophoreneies bilden dagegen immer bloß Hemiembryonen. Ein Verhalten des Eies, bei welchem die ersten Furchungszellen imstande sind, voneinander getrennt, jede für sich, einen ganzen Embryo zu bilden, wird als Totipotenz bezeichnet; diese geht bei den verschiedenen Formen verschieden weit; so kann noch im Vierteilungsstadium jede isolierte Blastomere eines Echinus- oder eines Amphioxuseies einen ganzen Embryo liefern, ja sogar im Achtteilungsstadium vermag jede isolierte Blastomere noch eine Gastrula zu bilden. Diese aus isolierten Blastomeren entstandenen Bildungen sind jedoch immer abnorm klein, auch ist die Zahl der sie zusammensetzenden Zellen, verglichen mit normalen Larven, eine reduzierte. Bei einem Embryo, welcher aus einer der ersten Furchungszellen entstand, betrug die Zahl der Zellen bloß die Hälfte, bei einem Embryo, welcher aus einer Blastomere des Vierteilungsstadiums gezüchtet wurde, bloß ein Viertel der Zellen eines normalen Embryos. Diese wenigen Angaben mögen dem Leser eine Vorstellung von den zahlreichen Fragen geben, welche sich an den Furchungsvorgang knüpfen. Es ist an dieser Stelle nicht möglich, näher auf die Theorien einzugehen, welche die beobachteten Tatsachen in einen geordneten Zusammenhang zu bringen suchen, doch ist hervorzuheben, daß möglicherweise die Lehre von der Totipotenz der Furchungszellen für die Erklärung der Entstehung eineiiger Zwillinge sowie der so verschiedenartigen Doppelbildungen von Bedeutung ist. Wir werden auf diesen Punkt später ausführlich zurückkommen (siehe das Kapitel über die eineiigen Zwillinge und die Doppelbildungen).

Die Furchung ist kein Prozeß mit phylogenetischer Bedeutung, d. h. es läßt sich aus der Art und Weise seines Ablaufes kein Schluß tun auf die Verwandtschaft der verschiedenen Tierformen untereinander. Ihre Bedeutung liegt vielmehr darin, daß sie den Blastomeren gestattet, die Größe der dem betreffenden Tiere eigenen Zellen anzunehmen. Wir können mit Brachet das Ei als eine Zelle auffassen, dessen Leib hypertrophisch ist; durch die Furchung wird ein normales Verhältnis zwischen dem Kern und dem Protoplasma der aus dem befruchteten Ei hervorgehenden Zellen hergestellt. Die Furchung ist demnach als eine bloße Zerlegung des befruchteten Eies aufzufassen, nicht etwa als eine Differenzierung; die Bestimmung der einzelnen Teile des Keimes ist schon im befruchteten Ei gegeben; sie erfährt während des Furchungsprozesses keine Änderung.

Literatur über Furchung.

van Beneden, Éd., La maturation de l'oeuf, la fécondation et les premières phases du développement embryonnaire des mammifères. Bull. acad. roy. de Belgique. Ser. 2. t. 40. 1875. — *Brachet, A.*, L'oeuf et les facteurs de l'ontogénèse. Paris 1917. — *Conklin, E. G.*, Protoplasmic movement as a factor of differentiation. Biol. Lectures Woods Holl. 1898. 69—92. — *Derselbe*, Karyokinesis and Cytokinesis in the maturation, fertilization and cleavage of Crepidula and other Gasteropods. A. N. Sc. Philadelphia. XII. 1902. — *Duval, M.*, Sur la formation du blastoderme dans l'oeuf d'oiseau. Ann. Sc. nat. de zool. Ser. 6. t. 18. 1884. — *Grönroos, H.*, Zur Entwicklungsgeschichte des Erdsalamanders. I. Fortpflanzung (Ovarialei, Furchung, Blastula). Anat. Hefte 6. 155—242. 4 Taf. 1895. 53. 415—444. 1898. — *Hertwig, R.*, Der Furchungsprozeß; in *O. Hertwigs* Handb. d. Entwicklungslehre. I. 1. 1906. — *Hertwig, O.*, Über einige durch Zentrifugalkraft in der Entwicklung des Froscheies hervorgerufene Veränderungen. Arch. f. mikr. Anat. 53. 1898. 415—444. — *Kopsch, Fr.*, Die Entstehung des Dottersackentoblasten und die Furchung bei der Forelle. Arch. f. mikr. Anat. 78. 1911. 618—659. — *Kornfeld, W.*, Über den Teilungsrhythmus. Anat. Hefte 50. 1922. 526—592. — *Marchand, F.*, Über Reizung und Reizbarkeit. Arch. f. Entwicklungsmech. 51. 1922. 256—283. — *Peter, K.*, Betrachtung über die Furchung und die Dotterverarbeitung bei den Wirbeltieren. Zeitschr. f. Anat. u. Entwicklungsgesch. 63. 1922. 492—537. — *D'Arcy Thompson*, Form and growth. London 1916. p. 156, 339. — *Rückert, J.*, Die erste Entwicklung des Eies der Elasmobranchier. Festschr. f. *Kupffer.* 1899. 581—704. — *Sobotta, J.*, Die Furchung des Wirbeltiereies. Ref. in *Bonnet-Merkels* Ergebn. 6. 1897. 493—593. — *Derselbe*, Beitrag zur Furchung des Eies der Säugetiere mit besonderer Berücksichtigung der Frage der Determination der Furchung. I. Die Furchung des Eies der Maus. Zeitschr. f. Anat. u. Entw.-Gesch. 72. 1924. 94—116. — *Taube, E,,* Beitrag zur Entwicklung der Euphausiden. I. Zeitschr. f. wissensch. Zool. 92. 1909. 427—464. — *Watase*, S., Studies on cephalopods. J. of Morph. 4. 1891. 247—302.

Gastrulation und Keimblätterbildung.

Von Vorgängen, die sich, abgesehen von ihrer Beeinflussung durch die Menge des Dotters, bei allen Wirbeltieren in wesentlich derselben Weise abspielen, haben wir die Befruchtung und die Furchung kennen gelernt. Diese führt, je nachdem sie eine totale (Amphioxus, Frosch, Säugetiere) oder partielle (Vögel, Reptilien, Selachier) ist, zur Bildung eines das Blastocoel umschließenden Bläschens (der Blastula) oder einer Keimscheibe, unter welcher sich die dem Blastocoel zu vergleichende, von verflüssigtem Dotter angefüllte subgerminale Höhle (Cavum subgerminativum) befindet. Die fundamentale Übereinstimmung in der Entwicklung der Wirbeltiere erstreckt sich, nachdem schon in der Blastula resp. der Keimscheibe das primitive Ectoderm und Entoderm entstanden sind, noch weiter; ja, wir sind jetzt in der Lage zu behaupten, daß sie auch die Bildung des mittleren Keimblattes und die erste Anlage der Organe umfaßt, allerdings bei den verschiedenen Wirbeltiereiern durch den jeweiligen Grad der Ausbildung des Dotters beeinflußt.

Mit dem Abschlusse der Furchung und der Herstellung der Blastula resp. der Keimscheibe tritt die Embryonalanlage in einen dritten Entwicklungsabschnitt ein, der dadurch gekennzeichnet wird, daß der Keim von einer bestimmten Stelle seiner Oberfläche aus eine Einstülpung oder Invagination erfährt (Gastrulation), an welche sich die Bildung des Mesoderms durch seitliches Auswachsen von den Lippen der Invaginationsöffnung (Urmund = Prostoma) resp. von den Wandungen der Höhle (Urdarm = Archenteron) aus anschließt. Nach Ablauf dieses Prozesses finden wir in der Larve drei Keimblätter, das Entoderm, das Mesoderm und das Ectoderm.

Auch die Gastrulation und die sich daran anschließende Mesodermbildung unterliegen, wie jetzt wohl allgemein zugegeben wird, einer Modifikation, je nach der Menge des Dotters, denn je beträchtlicher dieser ist, desto größere Schwierigkeiten setzen sich der Invagination des Keimes und dem Auswachsen des Mesoderms von dem Prostoma sowie von der Wandung des Urdarmes aus entgegen. Den vollständigsten und am klarsten zu übersehenden Gastrulationsprozeß finden wir folglich bei den kleinen, dotterarmen, total und fast äqual sich furchenden Eiern des Amphioxus. Auch ist hier die Mesodermbildung von einer Einfachheit, welche wir bei den höheren Formen vermissen und die uns geradezu als Schema für die Mesodermbildung überhaupt gelten darf. Schwieriger verständlich sind dagegen die Vorgänge bei den ziemlich dotterreichen Eiern unserer einheimischen Amphibien, noch schwieriger bei den telolecithalen Eiern der Sauropsiden sowie bei den Eiern der Säugetiere, die sich ja höchstwahrscheinlich von Formen mit sehr dotterreichen Eiern ableiten (Monotremen). Bei den drei zuletzt genannten Klassen wird die Einstülpung auch häufig durch eine solide, von der Oberfläche des Keimes ausgehende Einwucherung ersetzt, welche erst dann in ihrer wahren Bedeutung erkannt wurde, als man zur Einsicht gelangte, daß die Gastrulation einen Prozeß darstellt, welcher bei allen Wirbeltieren der Differenzierung des Keimes in die drei Keimblätter (Ectoderm, Entoderm und Mesoderm) vorausgeht.

Es ist das große und bleibende Verdienst von E. Haeckel, die Bedeutung dieser Tatsache erkannt und zur Grundlage seiner Gastraeatheorie gemacht zu haben. Die Überzeugung, daß in diesem Prozesse ein Entwicklungsstadium jedes Wirbeltieres gegeben sei, ist seit Haeckels Arbeiten durch Untersuchungen an den verschiedensten Klassen über allen Zweifel erhoben worden. Die Gastrulation verbindet als ein gemeinsamer Entwicklungsvorgang sozusagen alle Klassen der Wirbeltiere untereinander, vom Amphioxus bis zum Menschen hinauf. Sie ist in dieser Hinsicht nur noch mit der Befruchtung und der Furchung zu vergleichen, auch erhält sie eine sehr hohe Bedeutung dadurch, daß sie im Zusammenhange mit der Mesodermbildung stehend, die früheste Organisation des Keimes in die drei aus Zellaggregaten bestehenden Keimblätter oder Primitivorgane herstellt. Der Zusammenhang zwischen Gastrulation und Mesodermbildung ist ein so inniger, daß er von einigen Autoren durch die Bezeichnung der Invagination, wenigstens bei den höheren Formen, als Mesodermsäckchen, in den Vordergrund gestellt wurde (O. Hertwig).

Wir schildern den Verlauf der Gastrulation bei den Keimen verschiedener Formen, indem es nur auf diese Weise möglich wird, sowohl das Gemeinsame des Vorganges in der Entwicklungsgeschichte der Wirbeltiere zu erkennen, als auch die Bedeutung der Modifikationen zu verstehen, welche derselbe infolge der Ausbildung größerer Dottermassen erfährt.

Gastrulation beim Amphioxus.

Die Bildung der Gastrula geht von dem in Fig. 27a dargestellten Endstadium der Furchung, der Blastula, aus. Diese stellt ein Bläschen dar, dessen Wandung aus ein-

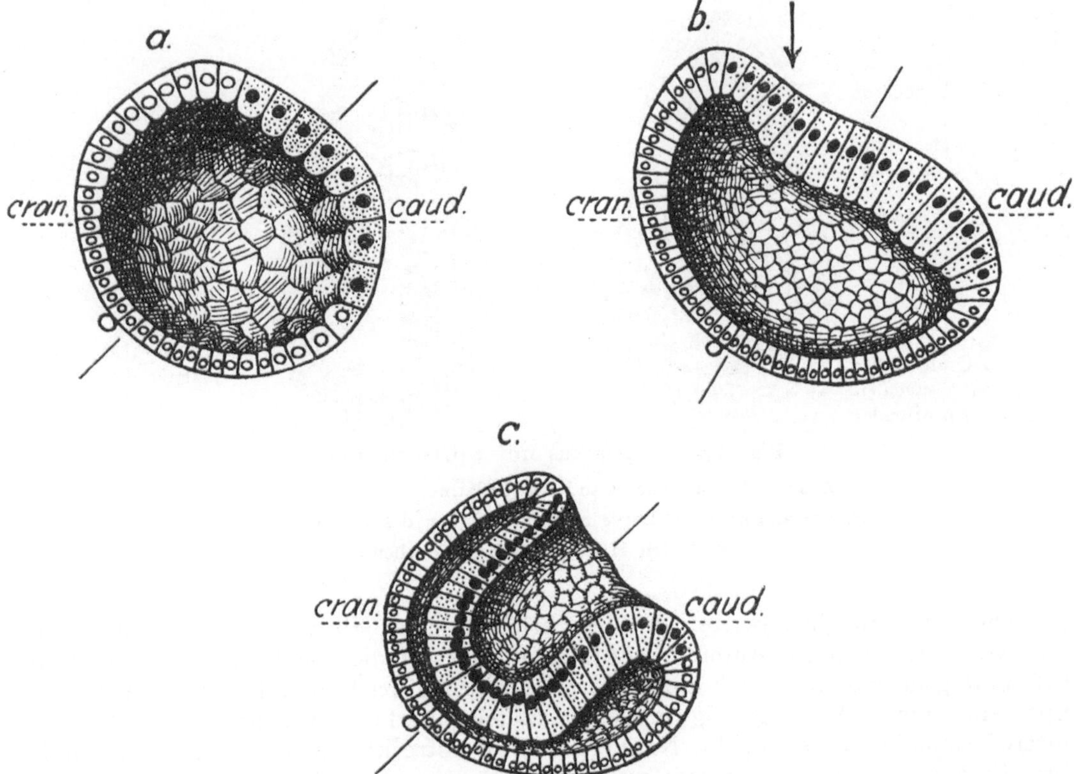

Fig. 27. Blastula und Gastrula des Amphioxus.
Nach Cerfontaine.

schichtigem, ziemlich hohem Epithel besteht. Ein Abschnitt wird von Zellen gebildet, die infolge reichlicher Einschlüsse von Dotterplättchen spezifisch schwerer sind und sich infolgedessen stets nach unten einstellen. Eine absolut äquale Furchung findet demgemäß beim Amphioxusei nicht statt. Für die Orientierung der Figuren gilt das auf Seite 46 für die Furchungsbilder Gesagte.

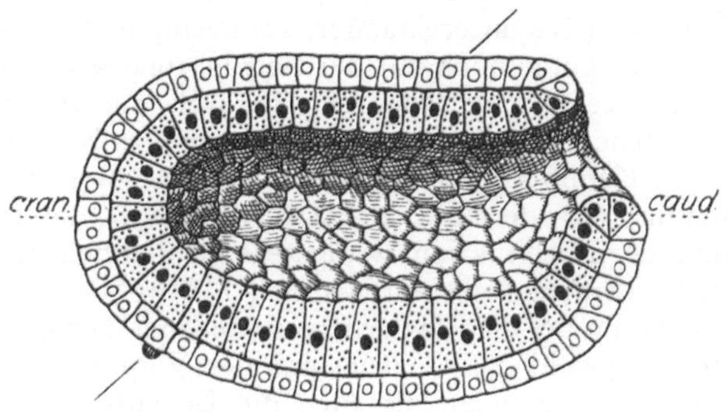

Die stärker dotterhaltigen Zellen stülpen sich nun ein, und zwar so, daß wir zunächst einen seichten Becher oder eine Schale erhalten, die an Tiefe gewinnt; dabei wird die Furchungshöhle bis auf einen Spalt reduziert. Die Öffnung des Bechers wird infolgedessen enger (Fig. 27c); sie stellt den Urmund oder das Prostoma dar, welches in den von den eingestülpten Zellen, dem primitiven Entoderme, begrenzten Raum, den Urdarm oder das Archenteron hineinführt. Diese Einzelheiten

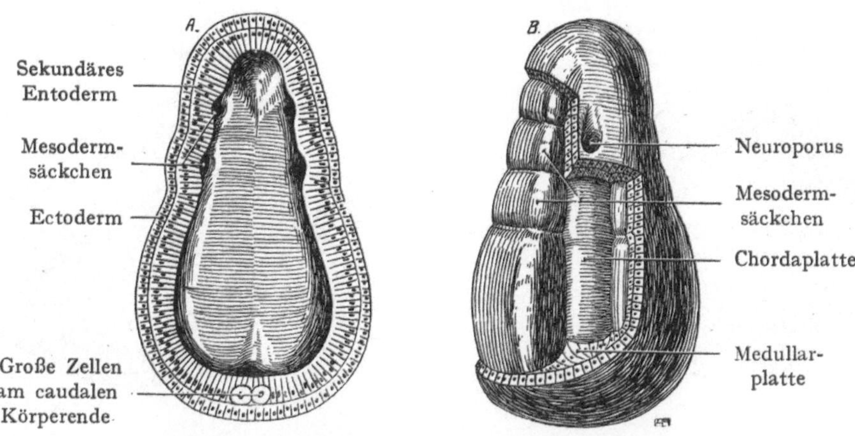

Fig. 28. Gastrulation des Amphioxus.
Medianschnitt eines späteren Stadiums.

Nach Cerfontaine,

werden bei dem Längenwachstum der Larve (Fig. 28) noch deutlicher. Die äußere Zellschicht, die auch einen Besatz mit Wimpern oder Flimmerhaaren aufweist, ist das primitive Ectoderm, welches am Urmunde in das primitive Entoderm übergeht.

Fig. 29. Amphioxus mit 2 Ursegmenten.
A. Ansicht der dorsalen Wand des Urdarms.
B. Dorsalansicht der Larve nach Entfernung des Ectoderms.
Nach den Hatschekschen Modellen.

Diese ursprünglich weite Öffnung erleidet eine allmähliche Einengung, und zwar wird von einigen Autoren, darunter in erster Linie von Hatschek, dann von O. Hertwig angenommen, daß die vordere Begrenzung des Urmundes (vordere Urmundlippe) eine lineare Verwachsung in der Medianebene erfährt, welche allmählich auf die hintere Urmundlippe weiter geht. Nach Hatschek erstreckt sich der Urmund ursprünglich über die ganze Region, in der wir später den Rücken ausgebildet finden; er soll sich in cranio-caudaler Richtung schließen, indem als letzter Rest noch lange eine kleine auf die dorsale Fläche des Embryos gerückte Öffnung, der Neuroporus übrig bleibt, über

dessen Bedeutung für das Längenwachstum des Embryos wir später noch Ausführ-
licheres mitteilen werden. Andere Autoren treten für einen konzentrischen Verschluß
der Öffnung ein (C. Rabl, u. a.). An der schlauchförmigen, aus den beiden primitiven
Keimblättern bestehenden Gastrula mit bereits stark verengtem Urmunde beginnt die
Bildung des mittleren Keimblattes, des Mesoderms. Bei diesem Vorgange entstehen an
der dorsalen Wandung des Urdarms (Fig. 29 A und B) paarige Ausbuchtungen oder
Divertikel (Coelomdivertikel), die cranial beginnen und sich bei dem Längenwachstum
der Larve in caudaler Richtung weiter erstrecken. Zwischen denselben bildet sich median
an der dorsalen Wand des Urdarmes ein drittes unpaares Divertikel oder vielmehr eine
ventral gegen den Urdarm sehende Rinne, welche gleichfalls, allmählich caudalwärts
weitergreifend, sich in der ganzen Ausdehnung der Larve hinzieht. Es ist dies das
Chordadivertikel (Fig. 30 A).

Damit ist die erste Anlage sowohl des Mesoderms als des Achsenskeletes gegeben,
des erstern in den Mesodermdivertikeln, des letztern im Chordadivertikel. Die Mesodermdivertikel erfahren nun bei der weiteren Entwicklung eine Zerlegung in einzelne in

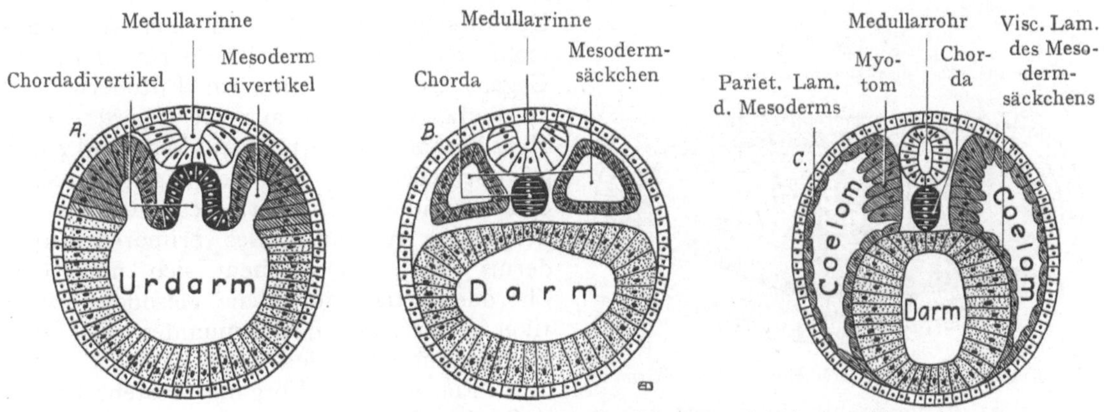

Fig. 30. Entwicklung des Mesoderms auf Querschnitten durch Amphioxuslarven.
Nach den Modellen von Hatschek.
Sekundäres Entoderm punktiert.

cranio-caudaler Richtung aufeinanderfolgende paarige Säckchen, und zwar durch
Falten, welche von der lateralen Wand des Divertikels aus vorwachsen. Der Prozeß
schreitet gleichfalls in cranial-caudaler Richtung fort, d. h. die dem Urmunde zunächst
gelegene Strecke des Mesodermdivertikels wird zuletzt in einzelne Säckchen zerlegt.
Diese, ursprünglich mit dem Urdarm in Verbindung stehend, lösen sich nun von
ihrem Mutterboden ab und stellen dann aufeinanderfolgende, paarige Bläschen dar, die
auf beiden Seiten des sich gleichfalls vom Urdarm abschnürenden Chordadivertikels
liegen (Fig. 30 B). Auf diese Weise kommt an Stelle des Chordadivertikels ein Chordarohr
zustande, welches aber bald durch die Wucherung seiner Wandung zu der soliden Chorda
dorsalis wird. Die Loslösung und Differenzierung des Chordadivertikels geht gleichfalls
in caudaler Richtung weiter. Folglich sind caudal sowohl die Mesodermdivertikel
als auch die Chordarinne noch vorhanden, während wir cranial die vom Entoderm
abgelösten Mesodermsäckchen resp. median ein Chordarohr finden. Die Mesodermdivertikel liefern auf einem solchen Stadium successive neue Mesodermsäckchen, die
sich den bereits gebildeten caudalwärts anschließen. Wir sehen also, daß die Differenzierung der Embryonalanlage des Amphioxus in cranio-caudaler Richtung fortschreitet, ein Satz, der, wie später besonders zu betonen ist, auch für alle Wirbeltiere
gilt. Wir können hier noch eine zweite Regel erwähnen, welche auf das frühembryonale
Wachstum der Embryonen Bezug hat. Wir sehen nämlich, daß neues Material vom

caudalen Körperende aus in Form indifferenter Zellen geliefert wird, solange hier der
Urmund oder der Neuroporus als Rest desselben vorhanden ist.

In der Zerlegung der Mesodermdivertikel in einzelne Säckchen finden wir die erste
Andeutung eines bei der Weiterentwicklung wenigstens in zwei Keimblättern (dem
Ectoderm und dem Mesoderm) stattfindenden, im dritten Keimblatte, dem Entoderm,
vielleicht nicht ganz fehlenden Vorganges, den wir als Metamerie oder Segmentierung
bezeichnen. Dabei tritt, um so deutlicher, je primitiver die untersuchte Form ist, eine
Zerlegung des Rumpfes in einzelne transversale Abschnitte auf, welche beim Amphioxus je zwei paarige und symmetrisch angeordnete Mesodermsäckchen mit entsprechenden Spinalnerven umfassen. Im folgenden Kapitel wird es unsere Aufgabe sein, im Zusammenhange mit den ersten Differenzierungsvorgängen am Mesoderm, den Begriff der
Metamerie, welche bei allen Wirbeltieren nicht bloß im Skelete, sondern auch in den
Weichteilen den Aufbau des Körpers beherrscht, genauer zu analysieren.

Nach der Ablösung der Mesodermsäckchen und des Chordadivertikels von dem
die Wandung des Urdarmes darstellenden primitiven Entoderm (Fig. 30 B) schließt
sich dieses wieder zusammen, um eine kleinere Höhle, die Darmhöhle, abzugrenzen.

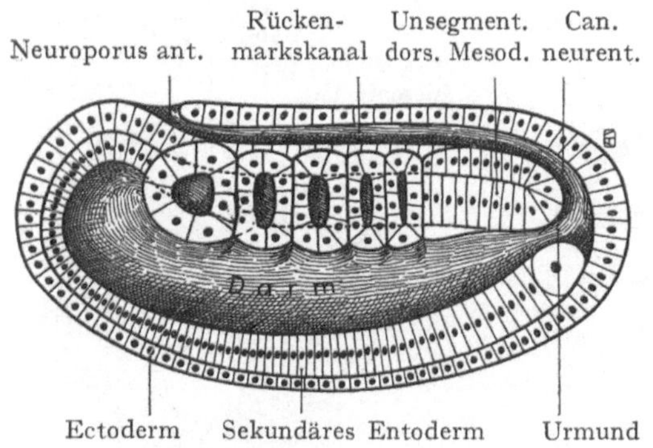

Fig. 31.   Längsschnitt durch eine Amphioxuslarve mit 5 Ursegmenten.

Nach Hatschek.

Das dieselbe begrenzende Epithel stellt nunmehr das sekundäre Entoderm dar, im
Gegensatze zum primitiven Entoderm der
Gastrula, von dem aus die Chorda- und
Mesodermanlagen entstehen. Während einer
gewissen Zeit der Entwicklung geht aber
das sekundäre Entoderm caudalwärts in
denjenigen Abschnitt des primären Entoderms über, aus welchem sich noch das
Chordadivertikel sowie die Mesodermdivertikel in der Nähe des Urmundes resp. des
Neuroporus zu bilden haben.

Ein weiterer Vorgang besteht darin,
daß die Mesodermsäckchen, welche in
Fig. 30 B auf beiden Seiten der Chorda
dorsalis liegen, ventralwärts zwischen dem
Ectoderm und dem sekundären Entoderm

auszuwachsen beginnen. Die Höhle der Säckchen gewinnt auf diese Weise eine
beträchtliche Ausdehnung und stellt das Coelom oder die Körperhöhle dar, welche
folglich als ein abgesackter Teil des Urdarms aufzufassen ist. Die Mesodermsäckchen
wachsen ventralwärts vor, bis sie unterhalb des Darmes miteinander zur Berührung
kommen. (Fig. 30 c.) Zunächst sind sie in der Höhe des Darmes voneinander getrennt,
bald bilden sich jedoch die Scheidewände zwischen den einzelnen Säckchen zurück und dieselben treten in Längs- und Querrichtung miteinander in Verbindung. So kommt es
zur Bildung eines in der ganzen Ausdehnung des Darmes sich erstreckenden einheitlichen Raumes, welcher später das Coelom oder die Körperhöhle im engeren Sinne darstellt. Diese steht zunächst mit dem Hohlraum der dorsal gelegenen Mesodermsäckchen in
Verbindung, doch löst sie sich später, indem sich die dorsalen segmentierten Abschnitte
des Mesoderms von dem ventralen unsegmentierten aber ursprünglich auch aus Segmenten hervorgegangenen Mesoderm selbständig machen. Diese beim Amphioxus leicht
erkennbaren dorsalen Abschnitte bezeichnen wir als Ursegmente oder Somiten (Fig. 31).
Sie finden sich bei allen Chordaten in derselben Ausbildung, allerdings bei den verschiedenen Klassen mit einzelnen Modifikationen, welche sich besonders in ihrer
weiteren Differenzierung ausprägen. Diese geht, wie die Bildung des mittleren Keimblattes überhaupt, in cranio-caudaler Richtung vor sich, bis zu einem Stadium, in
welchem die für den Erwachsenen charakteristische Zahl von Ursegmenten erreicht ist.

Der indifferente Charakter des die Mesodermsäckchen liefernden primitiven Entoderms bleibt caudal, in der Umgebung des Urmundes, so lange erhalten, bis sämtliche Ursegmente abgegrenzt sind.

Während des Längenwachstums der Larve erfolgen auch am Ectoderm Änderungen. Dieses bildet über dem Chordadivertikel eine nach oben leicht konkave, aus höheren Epithelzellen bestehende Platte (Medullarrinne), deren Ränder sich weiterhin zusammenschließen, um (Fig. 30 C) das Medullarrohr herzustellen. Über dasselbe erstreckt sich wieder das Ectoderm als einheitliches Blatt. Die Bildung des Rohres erfolgt caudal bis über die Stelle hinaus, wo am Urmunde das Ectoderm in das primitive Entoderm übergeht. Diese Stelle, welche den Urmund umfaßt, wird demnach in das Medullarrohr aufgenommen und stellt nunmehr eine Verbindung zwischen diesem und dem Darmrohr dar, welche mit dem Längenwachstum der Larve gleichfalls in die Länge gezogen wird, aber doch noch immer dem Urmunde oder doch wenigstens einem Teile desselben entspricht. Sie wird als Canalis neurentericus bezeichnet. Ihre Bedeutung für das Längenwachstum der Embryonalanlage ist eine sehr große, indem ihre Begrenzung durch Zellen gebildet wird, welche noch immer die Eigenschaften des primitiven Entoderms besitzen und sowohl Mesoderm als Chorda zu liefern imstande sind.

Wenn wir uns nunmehr von den einfachen fast schematischen Vorgängen beim Amphioxus der Betrachtung der Gastrulation und der Mesodermbildung bei Wirbeltieren zuwenden, so finden wir einerseits Übereinstimmungen, andererseits aber auch Unterschiede. Bei vielen Formen (z. B. Amphibien und Petromyzonten) erfolgt eine Invagination des Keimes von der Oberfläche aus, die wir ohne weiteres mit der Gastrulation beim Amphioxus vergleichen können. Von der Wandung dieser Einstülpung aus und nach beiden Seiten derselben bilden sich die zwischen Entoderm und Ectoderm auswachsenden Mesodermmassen. Der Urmund oder auch bloß ein Teil desselben wird gleichfalls, wie beim Amphioxus, in das Medullarrohr aufgenommen, um den Canalis neurentericus zu bilden, welcher auch hier eine caudale Wachstumszone des Körpers darstellt. Auf der andern Seite liegen jedoch Differenzen vor (Reptilien, Vögel). So kann die Einstülpung teilweise oder ganz durch eine solide, von der Oberfläche des Keimes ausgehende Einwucherung ersetzt werden, auch tritt das Mesoderm nicht in Form einer Ausstülpung des Urdarmes auf, sondern als eine solide Wucherung der Wandung desselben, in welcher sich erst nachträglich ein spaltförmiges Lumen, das Coelom, bildet. Der Canalis neurentericus kann bloß durch die Pigmentierung von strangförmig angeordneten Zellen angedeutet sein. Allein diese Differenzen treten zurück gegenüber den fundamentalen Übereinstimmungen, welche uns berechtigen, in der Bildung der Gastrula und des Mesoderms beim Amphioxus den · Grundtypus für die Vorgänge bei Wirbeltieren zu erblicken.

Zum Verständnis der Gastrulation und der Mesodermbildung bei Säugetieren ist es wieder unbedingt notwendig von ihnen eine Brücke zu den einfachen Zuständen beim Amphioxus zu schlagen. Dazu dient die Untersuchung der Gastrulation und der Mesodermbildung bei drei andern Formen, nämlich bei unsern einheimischen Amphibien, bei Reptilien und bei Vögeln.

Gastrulation bei Amphibien.

Das Endprodukt des totalen, aber inäqualen Furchungsprozesses beim Frosch erblicken wir in dem Bläschen (Schnittbild Fig. 22, Oberflächenbild Fig. 21 F) mit zwei- oder mehrfach geschichteten, stark pigmentierten Zellen in der oberen und einer Masse von größeren, dotterhaltigen, unpigmentierten Zellen in der unteren Hemisphäre. Die ersteren bilden bei der natürlichen Einstellung des Keimes im Wasser die Decke, die letzteren den Boden der Furchungshöhle.

In den Figuren 33 A—F, welche den Vorgang der Gastrulation des Frosches erläutern sollen, sind die Eier so eingestellt, wie in den Figuren der Amphioxus- und Frosch-
furchung, nämlich so, daß die Achse, welche ursprünglich den animalen mit dem
vegetativen Pole verband, schräg, die craniocaudale Achse horizontal verläuft, wobei
das craniale Ende des Keimes links liegt.

Die pigmentierten Zellen der Blastula beginnen nun im weiteren Verlaufe der
Entwicklung die größeren, dotterhaltigen, in der natürlichen Lage der Keime im Wasser
sich nach unten einstellenden Zellen zu umwachsen (Fig. 33 A). Gleichzeitig entsteht
an einer bestimmten Stelle zwischen den pigmentierten und den unpigmentierten
Zellen eine Einsenkung oder Einbuchtung der oberflächlichen Schicht (Fig. 33 B), welche

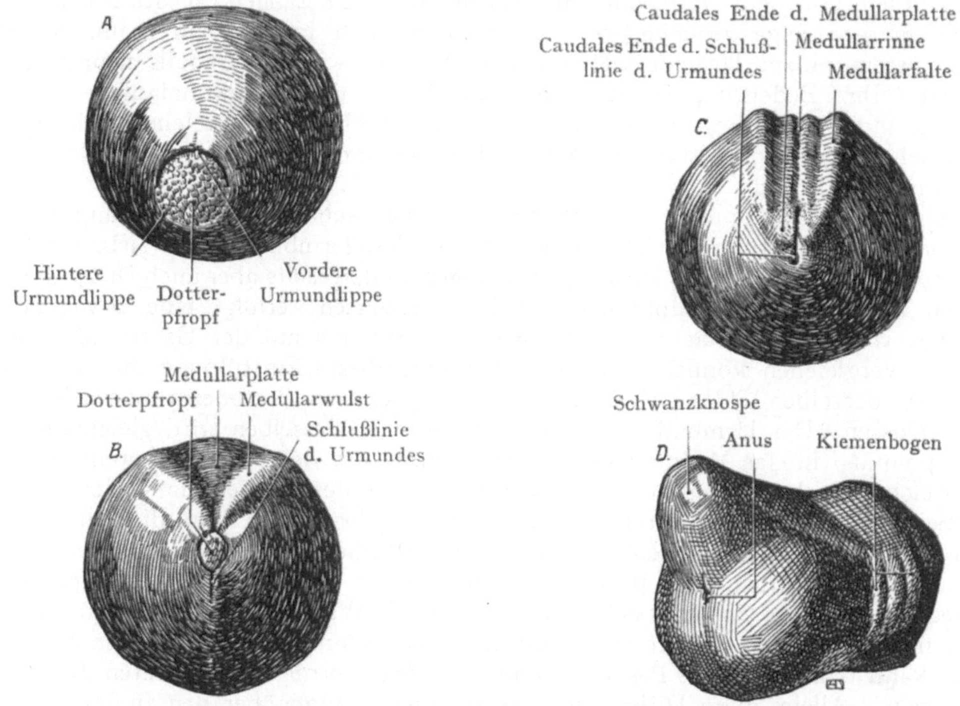

Fig. 32. Gastrulation des Frosches. Oberflächenbilder.

sich im Bereich einer, von der Oberfläche betrachtet, halbmondförmigen Linie vollzieht
(Fig. 32 A). Dieselbe stellt die vordere Urmundlippe dar (Fig. 33 C), die Einsenkung, deren
Boden durch die dotterreichen Zellen gebildet wird, den Urdarm. Da die pigmentierten
Zellen gleichmäßig vorwachsen, so bilden sie, mit der als Halbmond sich darstellenden
vorderen Urmundlippe einen Kreis, in welchem die bei Rana temporaria weißen stark
dotterhaltigen Zellen an der Oberfläche des Keimes sichtbar werden.

Dieses Feld, der Dotterpfropf, auch Rusconische After genannt, wird weiterhin
eingeengt; die Ränder schließen sich zusammen zu einer linienförmigen Naht (Fig. 32 C)
welche später sowohl zum Wachstum der Schwanzknospe als auch zur Bildung des
Anus Beziehungen aufweist.

Die Zellen der Decke des Urdarms bilden ein hohes Cylinderepithel, das median
zur Chorda, weiter lateralwärts zum Mesoderm sich umwandelt (s. unten Bildung des
Mesoderms). Cranial von der vorderen Urmundlippe bildet eine zunächst schmale Zone
der oberflächlichen Zellen die erste Anlage der Medullarplatte, aus welcher das ganze
centrale und periphere Nervensystem hervorgeht. (In den Figg. 33 A—F punktiert.) Die

Platte wird durch die bei der weiteren Entwicklung erfolgende Verschiebung der vorderen Urmundlippe in caudaler Richtung vergrößert.

Wir haben zum Schlusse eine Gastrula vor uns, die sich mit der Amphioxusgastrula vergleichen läßt. Allerdings ist die Invagination nicht von derjenigen Stelle

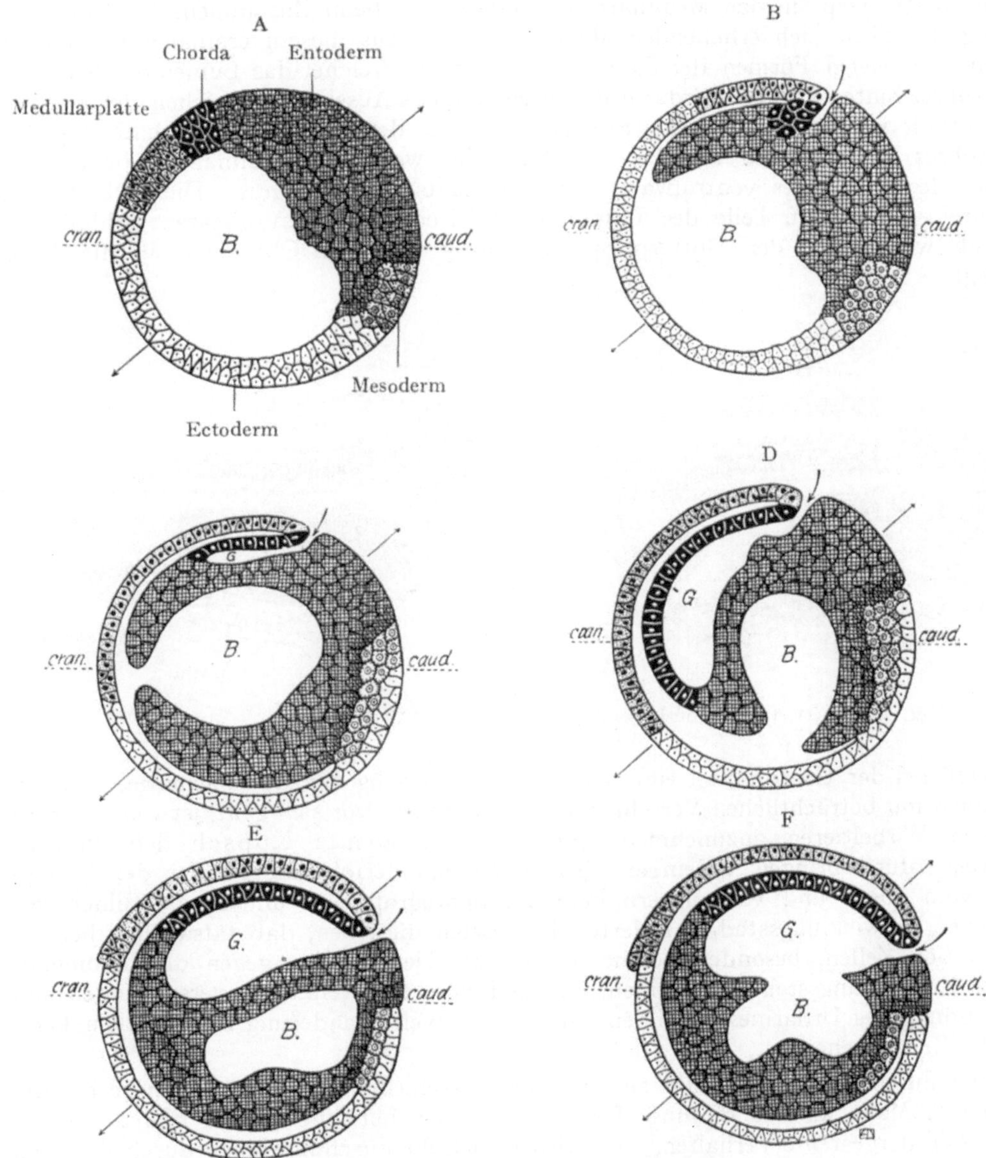

Fig. 33. Gastrulation des Froscheies.
Medianschnitte, zum Teil schematisiert.

aus erfolgt, an welcher die Dotterzellen am massigsten entwickelt sind und die dem untern vegetativen Pole der Amphioxuslarve entspricht, sondern an der Grenze zwischen diesen Zellen und den kleinen pigmentierten Zellen der obern Hemisphäre des Eies.

In den obenstehenden Bildern der Fig. 33 wird durch weiteres Vorwachsen der pigmentierten Zellen das Dotterfeld noch weiter eingeengt, ferner ist zwischen

dem Urdarm und der stark zurückgedrängten Furchungshöhle eine weite Verbindung
entstanden. Der Vorgang ist prinzipiell von Wichtigkeit, denn er findet sich mit
einigen Abänderungen bei Reptilien, Vögeln und Säugetieren wieder. Der Urmund
schließt sich nun in der Weise, daß eine lineare, median eingestellte Naht zustande
kommt, wie sie in Fig. 32 C dargestellt ist. Diese wird teilweise in den Bereich der
Medullarplatte resp. in das Medullarrohr, einbezogen, beim Zusammenschluß der zur
Bildung desselben sich erhebenden Medullarwülste. Aus diesem cranialen Abschnitte
entsteht bei vielen Formen der Canalis neurentericus, welcher das Lumen des Rückenmarksrohres hinten mit dem Urdarm durch sekundäres Auseinanderweichen der Ränder
der Nahtlinie in Verbindung setzt (Fig. 34, 35). Aus der caudalen, außerhalb des Medullarrohres verbleibenden Strecke der Nahtlinie, welche sich allmählich beim Auswachsen des Schwanzes ventralwärts verlagert, entsteht der Anus. Dieser läßt sich
also direkt aus einem Teile des Urmundes ableiten. Mit dem linearen Schluß des
letzteren wird auch der Dotterpfropf endgültig von der Oberfläche in die Tiefe
gedrängt.

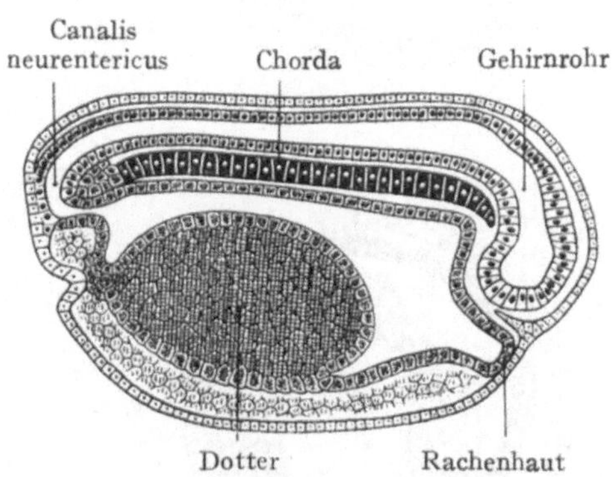
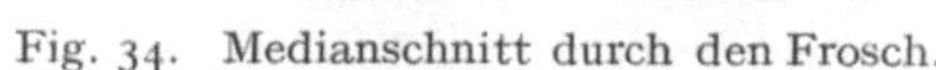

Fig. 34. Medianschnitt durch den Frosch.

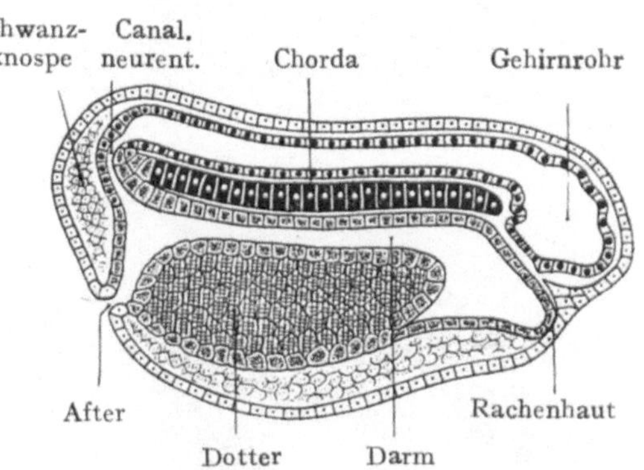

Fig. 35. Medianschnitt — Froschembryo.

Daß bei der Gastrulation eine wirkliche Einstülpung der Oberfläche des Keimes,
verbunden mit beträchtlichen Verschiebungen von Zellen, vor sich geht, ist wohl a priori
bei allen Wirbeltieren anzunehmen. Beim Frosch konnte Kopsch den direkten
Nachweis dafür erbringen, indem er lebende, aufeinanderfolgende Stadien der Gastrulation vom obern und vom untern Pole aus photographierte und so die Bilder verschiedener Entwicklungsstadien fixierte. Es zeigten dieselben, daß tatsächlich bei der
Invagination Zellen, besonders solche der untern Hemisphäre, gegen die halbmondförmige Einstülpungsstelle hinströmen, um im Innern des Keimes zu verschwinden und
die Wandung des Urdarmes zu bilden. An der aktiven Wanderung dieser Zellen kann
kein Zweifel bestehen.

Die Furchungshöhle scheint sich bei den verschiedenen Amphibien in recht verschiedenem Maße an der Bildung des Urdarmes zu beteiligen; bald finden wir das
in Fig. 33 F dargestellte Verhalten, bald wird jedoch die Furchungshöhle durch den sich
ausdehnenden Urdarm zur Seite gedrängt und zu einem Spalte reduziert, ohne daß
eine Verbindung beider Höhlen erfolgt. Möglicherweise lassen sich diese Verhältnisse
durch die Annahme eines Unterschiedes in dem zeitigen Ablaufe der Gastrulation
erklären. Als Endstadium derselben sehen wir beim Frosche (Figg. 34, 35) eine längliche Larve vor uns (vgl. das Oberflächenbild Fig. 32 D), an deren hinterem Ende der
Canalis neurentericus eine Verbindung zwischen Darm und Medullarrohr herstellt,
während der außerhalb desselben verbleibende Abschnitt der nahtförmigen Schlußlinie des Urmundes sich sekundär wieder öffnet und die bleibende Verbindung des

Enddarmes nach außen schafft. Der Anus bildet sich überhaupt bei allen Wirbeltieren (siehe Entwicklung des Anus) aus der caudalen Strecke der Nahtlinie des Urmundes.

Entwicklung des Mesoderms bei Amphibien.

Die erste Anlage des mittleren Keimblattes entsteht bei Amphibien sehr frühzeitig,
wird aber in ihrer Entfaltung durch die immerhin beträchtlichen Dottermassen der
unteren Hemisphäre stark beeinflußt. Mit dem Zusammenschluß der Urmundlippen,
in Form einer Nahtlinie (siehe das Oberflächenbild der Fig. 32 C), beginnt auch die
Mesodermbildung, welche sowohl von der dorsalen Wandung des Urdarmes als auch
von den sich in der Medianebene zusammenlegenden Lippen des Urmundes ausgeht
und zwar in Form einer zwischen dem primitiven Entoderm und dem Ectoderm vorwachsenden platten Zellmasse (Fig. 36), in welche sich nach O. Hertwig bei einigen

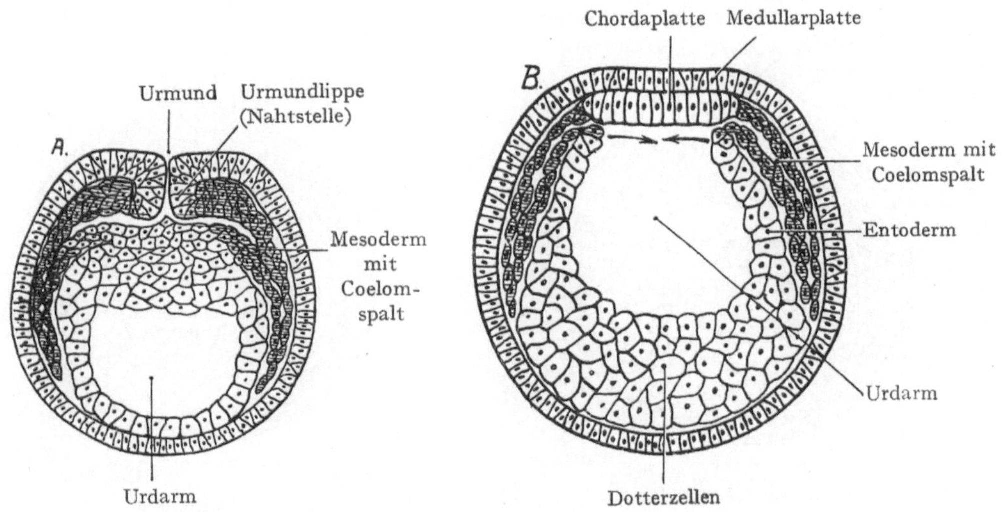

Fig. 36. Bildung des Mesoderms bei Amphibien.
Querschnitte durch frühe Keime.

Amphibien ein feiner, dem Coelomdivertikel des Amphioxus entsprechender Spalt hineinzieht. Im Bereiche des Urdarmes werden die seitlich auswachsenden Mesodermplatten durch eine mediane Strecke der Urdarmwandung voneinander getrennt, die
aus hohen Cylinderepithelzellen besteht und indem sie sich einrollt, zunächst die Chordarinne, dann nach der Ablösung von dem primitiven Entoderm, den Chordakanal herstellt. Dieser wird alsdann infolge der Wucherung von Zellen der Wandung zum soliden
Stabe der Chorda dorsalis. Bei der weitern Entwicklung lösen sich auch die Mesodermplatten von ihrem Mutterboden ab und bilden, indem sie ventralwärts auswachsen, eine
von dem Coelomspalt durchsetzte Schicht, welche seitlich die Wandung der nunmehr
als Darm anzusprechenden Höhle von dem Ectoderm trennt. In anderer Weise als beim
Amphioxus wird hier bloß der dorsale Abschnitt des Mesoderms in einzelne Metamere
(Ursegmente oder Somiten) zerlegt und zwar erst nachdem das Mesoderm den Darm
ventral zu umwachsen begonnen hat. Der ventrale Teil des Mesoderms, welcher beim
Amphioxus metamer angelegt wird, dann durch nachträgliche Rückbildung der Scheidewände den großen Coelomraum herstellt, läßt bei Amphibien, wie bei Wirbeltieren überhaupt, die Einteilung in einzelne Metamere vermissen. Er stellt von vornherein einen
unsegmentierten Abschnitt des Mesoderms dar, in welchen das Coelom sich allmählich

weiter ausdehnt, um schließlich eine große einheitliche Höhle darzustellen. Die Ursegmente stehen durch kurze, gleichfalls segmentale Zwischenstücke mit dem unsegmentierten ventralen Mesoderm in Zusammenhang. Die Segmentierung des dorsalen Mesoderms erfolgt, wie beim Amphioxus, in cranial-caudaler Richtung. Fassen wir die für
Amphibien geschilderten Verhältnisse zusammen, so finden wir auch hier eine Invagination und zwar der dotterreichen Zellen der untern Hälfte der Blastula, doch werden
dieselben infolge der größeren Dottermassen nicht dirckt vom vegetativen Pole aus
eingestülpt, sondern die Einstülpungslinie ist gegen den animalen Pol hin an die
Grenze gegen die kleineren pigmentierten Zellen der obern Hemisphäre verschoben.
Dagegen erfährt der Urdarm bei vielen Amphibien eine beträchtliche Erweiterung, indem
er in die Furchungshöhle durchbricht und diese ihm gewissermaßen einen vordern
Abschnitt anfügt. Auf diese Weise wird, besonders bei sehr dotterreichen Formen,
ein nicht unbeträchtlicher Teil des primitiven Entoderms direkt aus den Zellen, welche

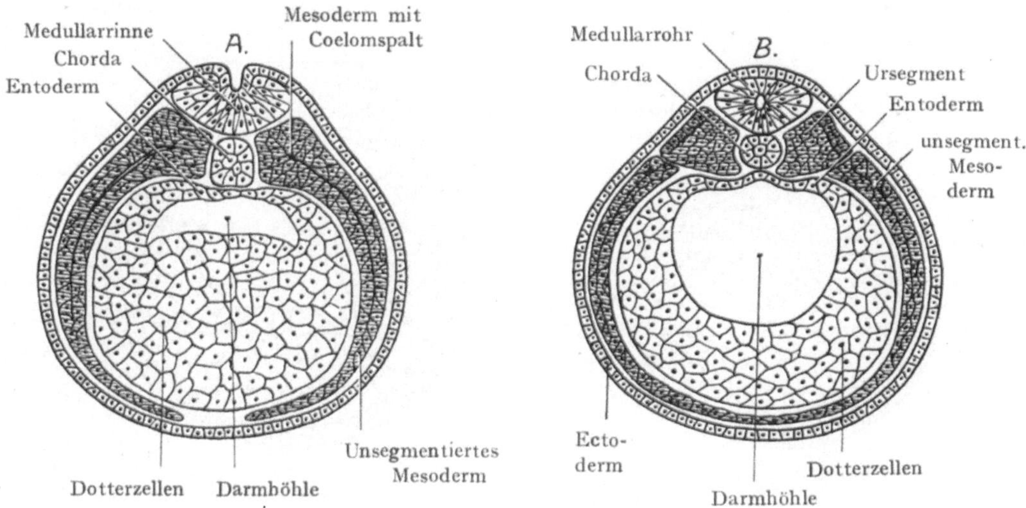

Fig. 37. Bildung des Mesoderms bei Amphibien.
Querschnitte durch Keime vor und nach Abschnürung des Medullarrohres.

die Furchungshöhle begrenzen, gebildet. Bei Gymnophionen, deren Dotterreichtum
fast denjenigen der Vögel oder Reptilien erreicht, scheint sogar der größte Teil des
Entoderms aus den Dotterzellen, welche die Furchungshöhle begrenzen, hervorzu-
gehen (Brauer). Das Mesoderm entsteht bei Amphibien durch das Auswachsen
solider Zellmassen aus den Wandungen der Invaginationshöhle oder aus den Rändern
des nahtartig sich schließenden Urmundes; median bildet ein Teil der dorsalen Wandung
des Urdarms die Chorda dorsalis. Bloß der dorsale Teil der auswachsenden Mesodermplatten erfährt eine Trennung in Metamere (Ursegmente), während das ventrale Mesoderm unsegmentiert bleibt und durch die Ausbildung eines Coelomspaltes in zwei Lamellen
zerlegt wird, von denen sich die eine, die viscerale Lamelle des unsegmentierten Mesoderms, dem Entoderm, die andere, die parietale Lamelle, dem Ectoderm anlegt. Das
ventrale unsegmentierte Mesoderm hängt mittelst der Zwischenstücke mit dem dorsalen,
segmentierten Mesoderm zusammen.

Gastrulation bei Reptilien.

Die Bildung der Invagination bei Reptilien knüpft sich ziemlich ungezwungen, einerseits an die Gastrulation bei Amphibien, andererseits an diejenige der Vögel und Säugetiere. Besonders fällt die Ähnlichkeit mit der Gastrulation und Mesodermbildung bei den Eiern gewisser Amphibien (Gymnophionen) auf, deren Dotterreichtum der totalen Furchung des Eies hindernd in den Weg tritt, so daß wir, ganz wie bei Reptilien und Vögeln, als Endstadium des Vorganges eine Keimscheibe mit einer großen, dieselbe tragenden, ungefurchten Dottermasse erhalten. Bei Reptilien bildet sich die Invagination innerhalb der Keimscheibe aber nicht in deren Mitte, sondern exzentrisch. Die oberflächliche Schicht zeigt sehr frühzeitig eine epitheliale Anordnung ihrer Zellen; mit dem Auswachsen der Keimscheibe über den Dotter erhalten die mehr im Zentrum derselben gelegenen Zellen den Charakter eines hohen, zylindrischen Epithels. Dieser Bezirk grenzt sich ziemlich deutlich gegen den peripheren Teil der Keimscheibe ab und

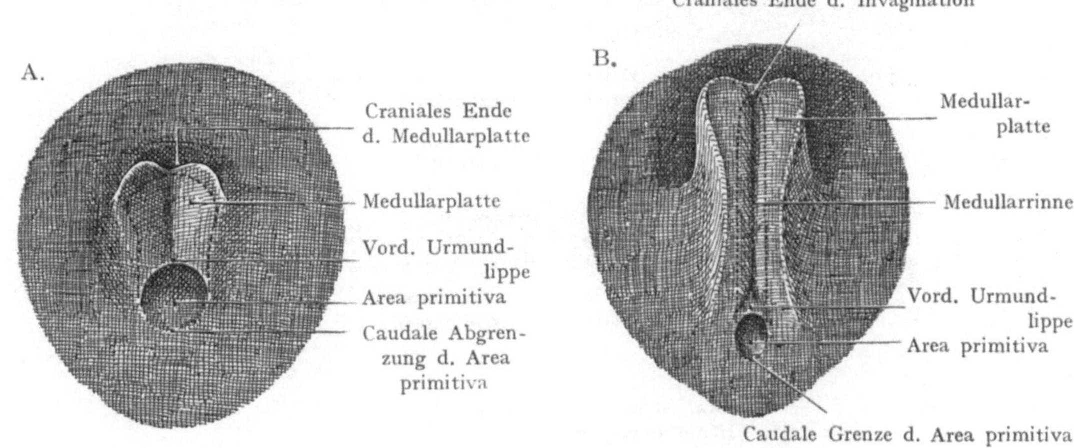

Fig. 38. Schema der Bildung des Urdarms bei Reptilien.
(Die Grenze ist punktiert angegeben.)

bildet einen weißlichen Flecken, den sog. Embryonalschild. An einer Stelle der Begrenzung des Embryonalschildes tritt ein undurchsichtiger Knoten auf, der im Vergleiche mit dem übrigen Embryonalschilde leicht vorspringt; es ist dies die Primitivplatte oder Area primitiva (Fig. 38). Hier erfolgt eine Einstülpung der oberflächlichen Schicht der Keimscheibe, welche also noch innerhalb des Embryonalschildes, jedoch in deren Peripherie liegt. Die Einstülpung erstreckt sich unter den oberflächlichen Zellen des Embryonalschildes gegen das Zentrum desselben hin. Die Invaginationsöffnung (Urmund) grenzt sich dabei durch eine scharfe vordere und eine weniger scharfe hintere Lippe ab. Bei einigen Formen zieht sich der Urdarm unter dem ganzen Embryonalschilde hin (Gecko und Schildkröten); bei andern dagegen (Lacerta) wird eine größere Strecke der Einstülpung durch eine solide Wucherung dargestellt, die von dem cranialen Ende des Sackes ausgeht. Die Richtung der Einstülpung stimmt mit der Körperachse überein. Auch sehen wir (Figg. 38, 39), daß sich die Höhle unter einem großen Teil der Medullarplatte, welche sich zur Bildung des Medullarrohres einzukrümmen beginnt, hinzieht. Der Vorgang ist um so ursprünglicher, je weiter cranialwärts das Lumen des Urdarmes reicht. Bei der Reduktion desselben, verbunden mit einem teilweisen Ersatze durch eine solide Zellmasse, wie wir sie bei Lacerta finden, wird diese als Kopffortsatz des Urdarmes bezeichnet, auch sind wir tatsächlich berechtigt, sie als einen Ersatz für den Urdarm anzusehen, indem sie dieselben Gebilde (Chorda und

Mesoderm) liefert wie dieser. Die Ausdehnung des Urdarmes ist also in frühen Stadien bei den einzelnen Formen eine sehr verschiedene, am beträchtlichsten wohl gerade bei Schildkröten und Platydactylus (Gecko).

Die vordere Urmundlippe bildet (Fig. 39) eine scharfe Begrenzung des Einganges in den Urdarm, und an ihr geht das hohe Ectoderm, das im ganzen Bereiche des Embryonalschildes ausgebildet ist und in der medianen Partie desselben die Medullarplatte herstellt, in die dorsale, aus hohem Cylinderepithel gebildete Wand des Urdarmes über. Dagegen wird die ventrale Wand von relativ niedrigen Zellen hergestellt, die ziemlich unvermittelt am Urmunde in die Zellen der Primitivplatte (Area primitiva) übergehen (Fig. 39 A). Unter dem ganzen Embryonalschild zieht sich nun das schon sehr frühzeitig aus den Zellen der

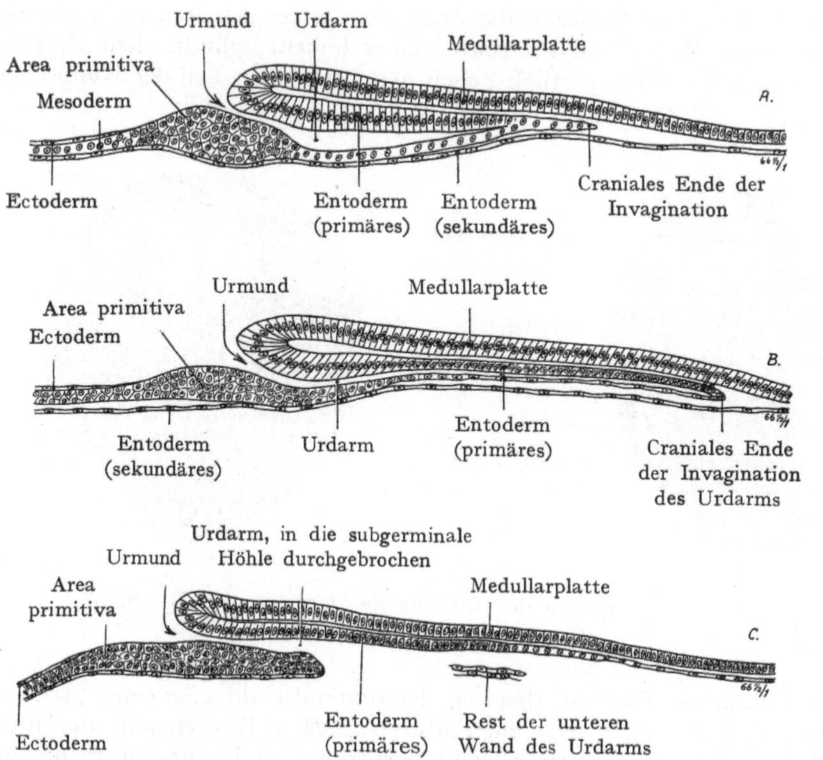

Fig. 39. Längsschnitte durch drei Stadien der Gastrulation eines Reptils (Gecko). Nach Will. Zool. Jahrb. VI. 1893. Abt. f. Morph.

Keimscheibe entstehende sekundäre Entoderm hin, welches, aus stark abgeplatteten Zellen bestehend, die unter der Keimscheibe sich erstreckende, etwa mit der Furchungshöhle zu vergleichende, subgerminale Höhle nach oben hin begrenzt. Ebenso wie bei einigen Amphibien die Gastralhöhle in die Furchungshöhle durchbricht, erfolgt auch bei Reptilien ein Durchbruch des Urdarms in die subgerminale Höhle (Fig. 39 C), bei welchem sowohl die untere Wand des Urdarms als auch das derselben anliegende sekundäre Entoderm eine Rückbildung erfahren. Dann führt bloß noch ein kurzer Kanal vom Urmunde aus in die mit verflüssigtem Dotter angefüllte, weithin unter der Keimscheibe sich erstreckende subgerminale Höhle.

Auch hier wirft sich, wie bei Amphibien, die Frage auf, wieweit sich die Zellen des sekundären Entoderms an der Bildung des spätern Entoderms beteiligen, nachdem sich die Chorda und die Mesodermplatten (siehe unten) von der dorsalen Wandung des Urdarmes abgelöst haben. Einige Autoren, so z. B. O. Hertwig, nehmen an, daß fast das

ganze spätere Entoderm, sowohl im Bereich der Embryonalanlage als auch des Dottersackes, aus dem sekundären Entoderm hervorgehe, andere beschränken jedoch die Rolle
desselben auf die Bildung des den Dotter umwachsenden Entoderms, welches als Dotterentoderm die innerste Schicht des Dottersackes herstellt (s. unten).

Bei den Gymnophionen, deren dotterreiche Eier sich partiell und discoidal furchen,
verläuft die Gastrulation ganz ähnlich wie bei Reptilien, was uns als Beweis dafür
gelten darf, daß bei diesem Prozesse keine prinzipiellen Unterschiede zwischen den
verschiedenen Formen vorhanden sind. Auch bei Gymnophionen bricht der Urdarm,
und zwar ziemlich frühzeitig, in die subgerminale (Furchungs-)Höhle durch, indem so,
wie auch bei anderen Amphibien, der eigentlichen Gastralhöhle ein sehr beträchtlicher
Abschnitt angefügt wird.

Mesodermbildung bei Reptilien.

Was die Bildung des Mesoderms bei Reptilien anbelangt, so geht von der Area
primitiva nach allen Richtungen eine Wucherung von Mesodermzellen aus, welche dem
vom Urmunde auswachsenden Mesoderm der Amphibien (auch als peristomales Meso-

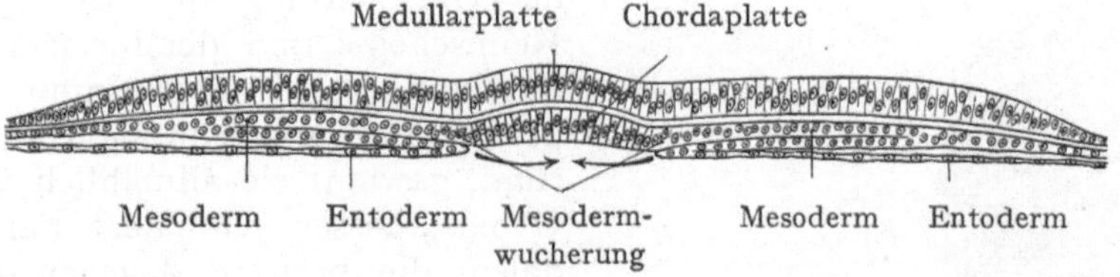

Fig. 40. Querschnitt eines Reptilienkeimes (Gecko) zur Veranschaulichung der Bildung des
Mesoderms.
Nach Will. Zool. Jahrb. VI. 1893. Abt. f. Morph.

derm bezeichnet) entspricht. Mit der Entstehung der Invagination geht die Bildung des
Mesoderms auch auf die dorsale Wand des Urdarms über. Wir sehen hier wieder
eine mittlere Platte von Zellen, die sich durch ihre beträchtliche Höhe auszeichnen und
sicher die Chorda dorsalis, vielleicht auch einen Teil des späteren Entoderms liefern
(embryonales Entoderm). Lateral von dieser Platte gehen die beiden Mesodermplatten
ab, in welche sich bei einigen Formen ein feiner, von Will bei Gecko nachgewiesener
Coelomspalt hineinzieht. Dieser stellt eine Ausbuchtung des Urdarmes dar und ist demgemäß mit den in Fig. 30 auf beiden Seiten des Chordadivertikels befindlichen Mesodermdivertikeln des Amphioxus zu vergleichen. In einem Querschnittbilde vom Gecko
(Fig. 40) sieht man, wie sich der Urdarm mit der subgerminalen Höhle in Verbindung
gesetzt hat, doch hängt noch das Mesoderm beiderseits mit der Chordaplatte und dem
Entoderm zusammen. Bei denjenigen Formen, die einen soliden, von der Wandung des
Urdarmes axial und cranialwärts abgehenden Kopffortsatz besitzen (Lacerta) findet im
Bereiche desselben die Bildung des Mesoderms durch seitliches Auswachsen solider Zell-
massen statt und auch die Chorda bildet sich von vornherein ohne Lumen. In allen
Fällen weichen jedoch später die Zellen der Mesodermplatten auseinander zur Begrenzung eines Coelomspaltes, den wir selbstverständlich ohne weiteres mit dem Coelom
des Amphioxus und der Amphibien vergleichen dürfen. Die Bildung des Coeloms beginnt
im cranialen Teile der Anlage und schreitet allmählich caudal- und lateralwärts fort.
Das gleiche gilt übrigens auch von der Bildung der Ursegmente und der Zwischenstücke.

Gastrulation bei Vögeln.

Die Erkenntnis der Bedeutung der Gastrulation für die Bildung der Keimblätter, insbesondere des Mesoderms, ist dadurch verzögert worden, daß von den Embryologen lange Zeit hindurch das leicht zu beschaffende Material der Hühnereier bevorzugt wurde, indem es geradezu als das klassische Objekt für entwicklungsgeschichtliche Untersuchungen galt. Viel klarer verläuft die Gastrulation und Mesodermbildung bei der Ente. Wir sind folglich jetzt in der Lage, diese Bildungen bei Vögeln auf dieselben prinzipiellen Vorgänge zurückzuführen, die wir bei Amphioxus, Amphibien und Reptilien kennen gelernt haben. Dabei gewinnen wir aber auch die Erkenntnis, daß die anscheinend so verschiedenartigen, bei der Säugetierentwicklung sich abspielenden Vorgänge mit Leichtigkeit durch den Vergleich mit Vögeln und Reptilien zu erklären sind.

Am günstigsten für die Untersuchung sind wie gesagt die Wasservögel, z. B. die Ente. Hier wird das Endstadium der Furchung wie bei den Reptilien durch eine Keimscheibe, welche einer großen Dottermasse aufruht, dargestellt. Das Zentrum der Keimscheibe bildet, entsprechend der mit verflüssigtem Dotter angefüllten subgerminalen Höhle, eine etwas hellere Zone, die Area pellucida, während die periphere undurchsichtige Partie als Area opaca bezeichnet wird. Mit der Umwachsung des Dotters durch die Keimscheibe und der fortschreitenden Verflüssigung des Dotters nimmt auch die Area pellucida an Ausdehnung zu. Ursprünglich rund, gewinnt sie allmählich die Form eines Ovoids, dessen schmälere Partie dem caudalen, die breitere dagegen dem cranialen Ende der Embryonalanlage entspricht.

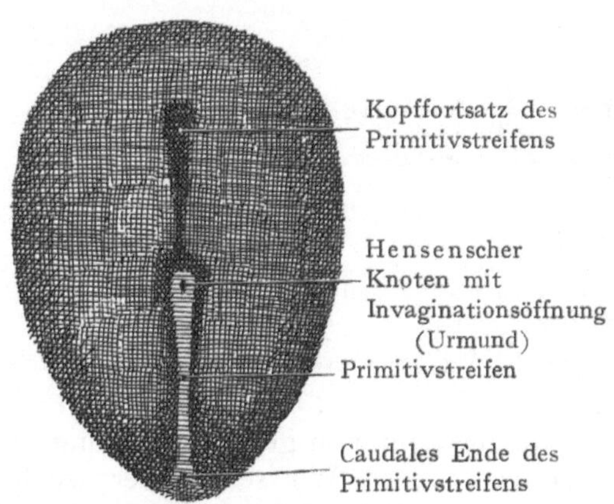

Fig. 41. Schema der Bildung des Primitivstreifens und seines Kopffortsatzes bei der Ente.

Den ersten beträchtlichen Fortschritt in der Entwicklung, welcher sich im Oberflächenbilde darbietet, sehen wir im Auftreten einer linearen axialen Verdickung der caudalen Partie der Area pellucida. Dies ist der Primitivstreifen, welcher bei Flächenpräparaten in durchfallendem Lichte als ein feiner weißlicher Streifen oder Faden (daher von den ältern Autoren auch als Achsenfaden bezeichnet) zu erkennen ist. Die ersten Anfänge dieser Bildung sind bei Vögeln in der 8.—14. Stunde der Bebrütung zu bemerken (s. die Bilder der Entenkeimscheiben im Kapitel Nervensystem). Der Primitivstreifen (Fig. 41) verläuft im allgemeinen in der Längsachse der birnförmigen Anlage, zeigt jedoch an seinem caudalen Ende nicht selten Knickungen, die auf gewisse Unregelmäßigkeiten der Bildung zurückzuführen sind, ohne daß man ihnen jedoch in der Regel für die weitere Entwicklung des Embryos eine Bedeutung zusprechen dürfte. Kaum bei zwei Keimscheiben derselben Größe ist der Primitivstreifen genau in derselben Weise ausgebildet. Bei der Oberflächenansicht (bei auffallendem Lichte) entspricht ihm eine Rinne, die Primitivrinne, welche von zwei Falten, den Primitivfalten, begrenzt wird.

Der Primitivstreifen endet vorn mit einer knopfförmigen Verdickung, dem Hensenschen Knoten, wo die Primitivfalten ineinander übergehen und folglich die Primitivrinne fehlt. Hier liegt auch bei einigen Formen, z. B. bei der Ente, überhaupt wohl bei den meisten Wasservögeln, die Öffnung eines kurzen, blind endenden Kanals, der cranialwärts, bei dem in Fig. 41 u. 42 dargestellten Stadium (Flächenbild und Medianschnitt) zwischen dem sekundären Entoderm und dem Ectoderm vor dem Hensenschen

Knoten vordringt und als Fortsetzung einen soliden, gleichfalls axial verlaufenden Strang, den Kopffortsatz des Primitivstreifens, aufweist. Die Einstülpung entspricht dem Urmund bei Reptilien (Fig. 39) und das ganze Bild hat eine auffallende Ähnlichkeit mit den Verhältnissen, die wir bei Reptilien (Lacerta) mit reduziertem Urdarm antreffen. Die Ähnlichkeit gewinnt noch dadurch, daß von diesem soliden, axialen Strange aus die Bildung sowohl der Chorda dorsalis, als des Mesoderms erfolgt. Der Kopffortsatz des Primitivstreifens, welcher sich an den Hensenschen Knoten, resp. an die Invagination anschließt, ist auch (Fig. 42) bei der Untersuchung des Präparates

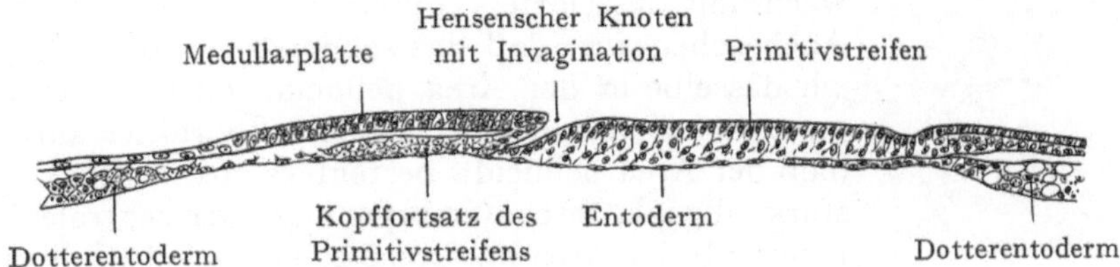

Fig. 42. Schematischer Medianschnitt durch eine Vogelkeimscheibe.

in durchfallendem Lichte gewissermaßen als eine weniger deutlich hervortretende Fortsetzung des Primitivstreifens in cranialer Richtung zu erkennen, mit dem Unterschiede natürlich, daß er keine Reliefverhältnisse auf der Oberfläche der Keimscheibe hervorruft, indem die Primitivfalten am Hensenschen Knoten ein Ende nehmen.

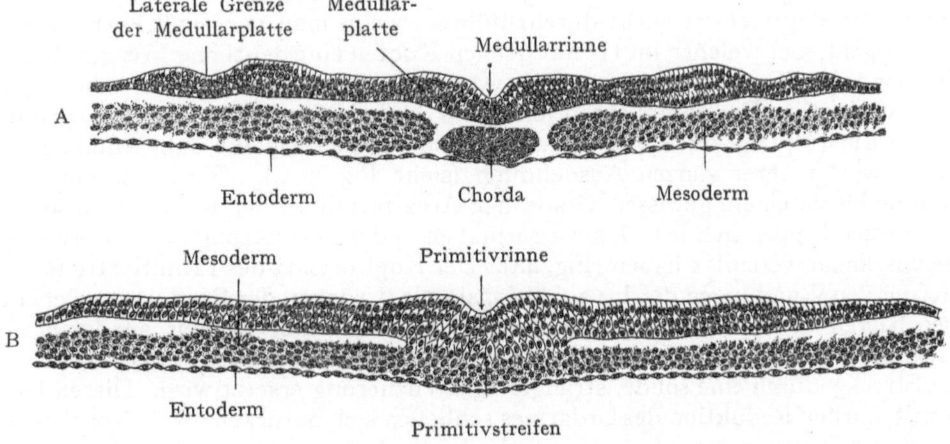

Fig. 43. Zwei Querschnitte durch eine Hühnchenkeimscheibe mit einem Segmente.
A. Durch die vordere Strecke der Medullarplatte.
B. Durch die Primitivrinne.

Noch größer wird die Ähnlichkeit mit der Gastrula der Reptilien beim Vergleiche von Querschnitten. In Fig. 43 B, die einen Querschnitt durch den Primitivstreifen nach der Bildung des Mesoderms darstellt, sehen wir, daß der Primitivstreifen durch eine lebhafte Wucherung der Ectodermzellen entsteht, indem die Zellen ihren epithelialen Charakter aufgeben, ohne zunächst ihren Zusammenhang mit dem Ectoderm zu verlieren. Dagegen bleiben diese Zellen vorläufig noch von dem sekundären Entoderm getrennt, welches, in der ganzen Ausdehnung der Keimscheibe ausgebildet, diese gegen die subgerminale Höhle abgrenzt. Ein Schnitt durch den Hensenschen Knoten dagegen zeigt da, wo die Invagination von der Oberfläche ausgeht, eine

Verschmelzung des Ectoderms mit dem sekundären Entoderm. Der Kopffortsatz des Primitivstreifens ist, wie die Figur zeigt, sowohl vom Ectoderm als auch vom sekundären Entoderm unabhängig. Der Zusammenhang des Ectoderms mit dem sekundären Entoderm, welchen wir zuerst am Hensenschen Knoten antreffen, erstreckt sich bei der Weiterentwicklung caudalwärts am Primitivstreifen weiter fort. Der Kopffortsatz zieht als eine selbständige Bildung vom Hensenschen Knoten aus cranialwärts.

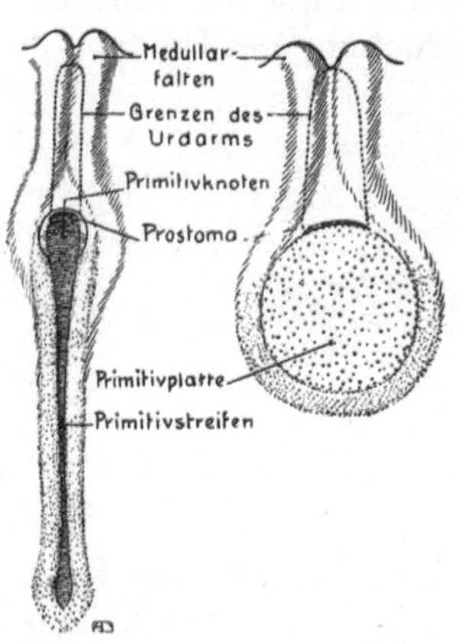

Fig. 44. Vergleich der Gastrulation beim Vogel (links) und Reptil (rechts).

Unterdessen gewinnt die Area pellucida an Ausdehnung, indem die Verflüssigung des Dotters und auch die Vergrößerung der subgerminalen Höhle mit der nunmehr beginnenden Umwachsung des Dotters durch die Keimscheibe Schritt hält. Auch sehen wir, daß das sekundäre Entoderm, je nachdem wir dasselbe in der Area pellucida oder in der Area opaca untersuchen, einen verschiedenen Charakter aufweist. Innerhalb der Area pellucida besteht es aus niedrigen, sogar auch stark abgeplatteten (embryonales oder zentrales Entoderm), innerhalb der Area opaca dagegen aus hohen, blasigen, zylindrischen Zellen, die mit Dotter angefüllt sind (peripheres oder Dotterentoderm). Aus diesem letztern geht später die Bildung der mit der Dotterresorption betrauten innern Schicht des Dottersackes hervor (siehe die Bildung der Eihüllen), während die Zellen des embryonalen oder zentralen Entoderms die Mucosa des Darmes und die großen Darmdrüsen liefern.

Der Vergleich der geschilderten Verhältnisse mit der Gastrulation der Reptilien ist leicht durchzuführen, wenn man von einer Form, wie z. B. der Ente, ausgeht, bei welcher im Hensenschen Knoten eine deutliche Invagination und nicht bloß eine den Kopffortsatz des Primitivstreifens herstellende solide Wucherung auftritt. Die Invagination (Prostoma) entspricht dann der bei Reptilien von der Area primitiva ausgehenden Einstülpung, auch bricht sie genau so wie diese in die subgerminale Höhle durch und zwar in ihrer ganzen Ausdehnung (siehe Fig. 39 C). Ferner entspricht die Primitivrinne bis zu einem gewissen Grade der Area primitiva der Reptilien, also einem Urmunde, dessen Lippen sich jedoch gewissermaßen in der Fortsetzung der späteren Achse des Embryos linear vereinigt haben (Fig. 44). Der Kopffortsatz des Primitivstreifens entspricht ferner den Wandungen der Invaginationshöhle (Urdarm) der Reptilien, welcher sich bei diesen Tieren in seiner primitivsten Ausbildung (Platydactylus) bis an das craniale Ende der Embryonalanlage erstreckt, bei andern Reptilien dagegen (Lacerta) in seiner cranialen Strecke durch eine solide, strangartige Wucherung ersetzt wird. Diesen letzten Formen mit starker Reduktion des Urdarmes schließen sich naturgemäß die Vögel an. Das Treffende dieser Deutungen wird auch, wie wir gleich sehen werden, durch die Vorgänge der Mesodermbildung bestätigt. Dieses entsteht erstens vom Primitivstreifen, d. h. den vereinigten Urmundrändern, zweitens vom Kopffortsatze des Primitivstreifens, welcher den Urdarm darstellt und wächst ganz wie bei Reptilien seitlich zwischen Ectoderm und sekundärem Entoderm aus. Bei der Ente wird das craniale Ende des Primitivstreifens mit der alsdann als Canalis neurentericus zu bezeichnenden Öffnung der Invagination in das Medullarrohr aufgenommen, während sich im Bereiche des caudalen, außerhalb des Rückenmarksrohres verbleibenden Abschnittes, der Anus bildet. Auch hierin stimmt die Entwicklung der Vögel, Reptilien und Amphibien überein.

Mesodermbildung bei Vögeln.

Das Mesoderm wächst vom Primitivstreifen (peristomales Mesoderm), sowie vom Kopffortsatze desselben (gastrales Mesoderm) nach beiden Seiten hin aus. An Keimscheiben, welche vom Dotter abgelöst, im durchfallenden Lichte untersucht werden, sehen wir in frühen Stadien, vor der Bildung des Kopffortsatzes, bloß vom Primitivstreifen, später aber auch vom Kopffortsatze die zunächst soliden Mesodermplatten ausgehen. Sie wachsen mit zackigem peripherem Rande zwischen das sekundäre Entoderm und Ectoderm gegen die Peripherie der Keimscheibe vor. Das Coelom bildet sich in derselben Weise wie bei Reptilien erst nachträglich und zwar zunächst in der cranialen Partie des Keimes (craniales Coelom), dann caudalwärts weiter fortschreitend auch in der übrigen Anlage. Eine in größerer Ausdehnung sich erstreckende Invagination (Urdarm) ist bisher bei keinem Vogel nachgewiesen worden, demnach geht die Bildung des gastralen Mesoderms sowie der Chorda dorsalis von dem soliden Kopffortsatze des Primitivstreifens aus, welcher axial die Chorda dorsalis, lateral davon die Mesodermplatten oder Mesodermflügel liefert.

Diese Vorgänge lassen sich besonders deutlich an Querschnitten (Fig. 43) verfolgen. Das vom Kopffortsatze auswachsende Mesoderm hält mit der Ausbreitung des Keimes auf dem Dotter Schritt und löst sich nach einiger Zeit von dem Kopffortsatze ab, welcher bereits die Anlage der Chorda dorsalis sowie auch einen kleinen an der Bildung des Entoderms teilnehmenden Abschnitt abgegeben hat. Die Segmentierung des Mesoderms verläuft bei Vögeln in derselben Weise wie bei Reptilien, unter Bildung der Ursegmente und der Zwischenstücke sowie des unsegmentierten ventralen Mesoderms. Diese Differenzierung verläuft, wie auch die bereits besprochene Bildung des Coeloms, in cranio-caudaler Richtung.

Gastrulation und Keimblätterbildung bei Säugetieren.

Das Verständnis der Vorgänge bei Säugetieren stößt aus einem doppelten Grunde auf größere Schwierigkeiten als bei Vögeln. Erstens ist bei fast allen Säugetieren der Dotter hochgradig reduziert, und zweitens werden durch die Festsetzung des Eies im Uterus Komplikationen geschaffen, welche die frühesten Entwicklungsvorgänge des Keimes beeinflussen. Bei der niedersten Säugerform, den Monotremen, ist die Reduktion des Dotters nicht erfolgt, auch vollzieht sich die Gastrulation und die Keimblätterbildung ganz ebenso wie bei Reptilien, indem eine Invagination der Keimscheibe auftritt, welche cranialwärts in einen Kopffortsatz übergeht und nach unten in eine subgerminale Höhle durchbricht. Dagegen erhalten wir bei den Eiern aller übrigen bisher untersuchten Säugetiere als Schlußresultat der Furchung einen Zellhaufen, an welchem wir eine äußere, mehr oder weniger epithelial angeordnete Schicht kubischer Zellen von einer zentralen Masse polygonaler, dunkler gefärbter Zellen unterscheiden können (Fig. 45 A). Diese stellen die eigentliche Embryonalanlage (Embryonalknoten) dar, während die äußere Schicht (Trophoblast, auch fetaler Ectoblast genannt) hauptsächlich bei der Festsetzung des Eies in der Uterusschleimhaut eine Rolle spielt und zwar in erster Linie bei denjenigen Formen, die eine engere Verbindung zwischen dem Ei und der Uterusschleimhaut aufweisen. Zwischen dem Trophoblasten und dem Embryonalknoten bildet sich alsbald eine zunächst spaltförmige aber rasch an Ausdehnung gewinnende Höhle (Fig. 45 B, C), die wir wohl mit der Furchungshöhle der niedern Formen (Amphibien) oder der subgerminalen Höhle der Reptilien und Vögel vergleichen dürfen. Auf diese Weise wird aus dem ursprünglich soliden Zellhaufen ein Bläschen, dessen äußere Zellen sich abplatten, während die Zellen des Embryonalknotens sich an dem einen Pole als eine flache Scheibe ausbreiten. Die Blase füllt sich mit einer aus den Uterusdrüsen abgeschiedenen eiweißhaltigen Flüssigkeit. Die Zellen der äußeren Schicht beschränken sich bei der Weiterentwicklung darauf, erstens das Ei nach außenhin abzugrenzen, zweitens bei der Einbettung des Eies in die Uterusschleimhaut sehr lebhaft zu proliferieren, was auch damit in Zusammenhang steht, daß sie während längerer Zeit dazu bestimmt sind, Nahrungsmaterial teils aus dem mütterlichen Blute, teils aus eingeschmolzenem mütterlichem Gewebe (Embryotrophe) aufzunehmen.

Die zur Bildung des Embryos führenden Vorgänge beschränken sich demnach auf den Embryonalknoten. Wir müssen denselben mit der Keimscheibe der Reptilien und

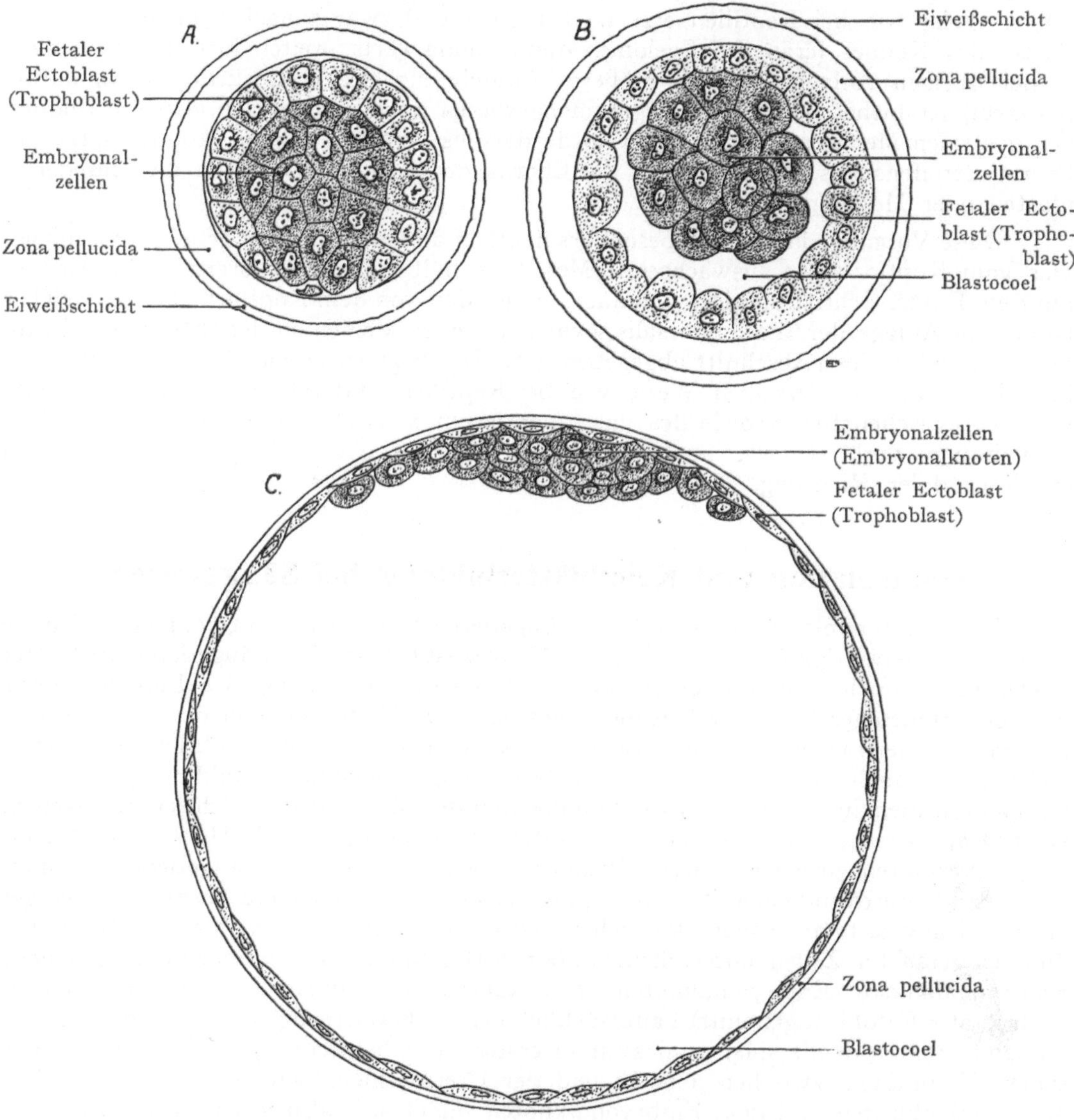

Fig. 45. Entwicklung des Kanincheneies.
Nach Éd. van Beneden. Arch. de Biol. I. 1880.
A. Stadium nach Ablauf der Furchung.
B. Bildung der Blastulahöhle.
C. Beginnende Bildung des Embryonalschildes.

Vögel vergleichen und untersuchen, wie die entsprechenden Entwicklungsvorgänge sich mit den früher von diesen Klassen geschilderten vergleichen lassen. Freilich sind wir hier, da uns die Kenntnis der fortlaufenden Entwicklung des menschlichen Eies in frühen Stadien fehlt, auf Analogieschlüsse aus der Beobachtung der tierischen Entwicklung angewiesen. Sehr wertvoll sind die Angaben Bonnets über die frühe Entwicklung des Hundeeies. Hier nimmt die Eiblase frühzeitig beträchtlich an Umfang zu (Fig. 46) und zeigt feine zottenartige Auswüchse des Trophoblasten, die bei der Festsetzung des Eies in die Uterusschleimhaut einwachsen. Am animalen Pole bilden die Zellen des Embryonalknotens eine weißliche Scheibe, die sich von der sonst durchsichtigen Keimblase deutlich abhebt. Die Veränderungen, welche wir bei der Betrachtung des

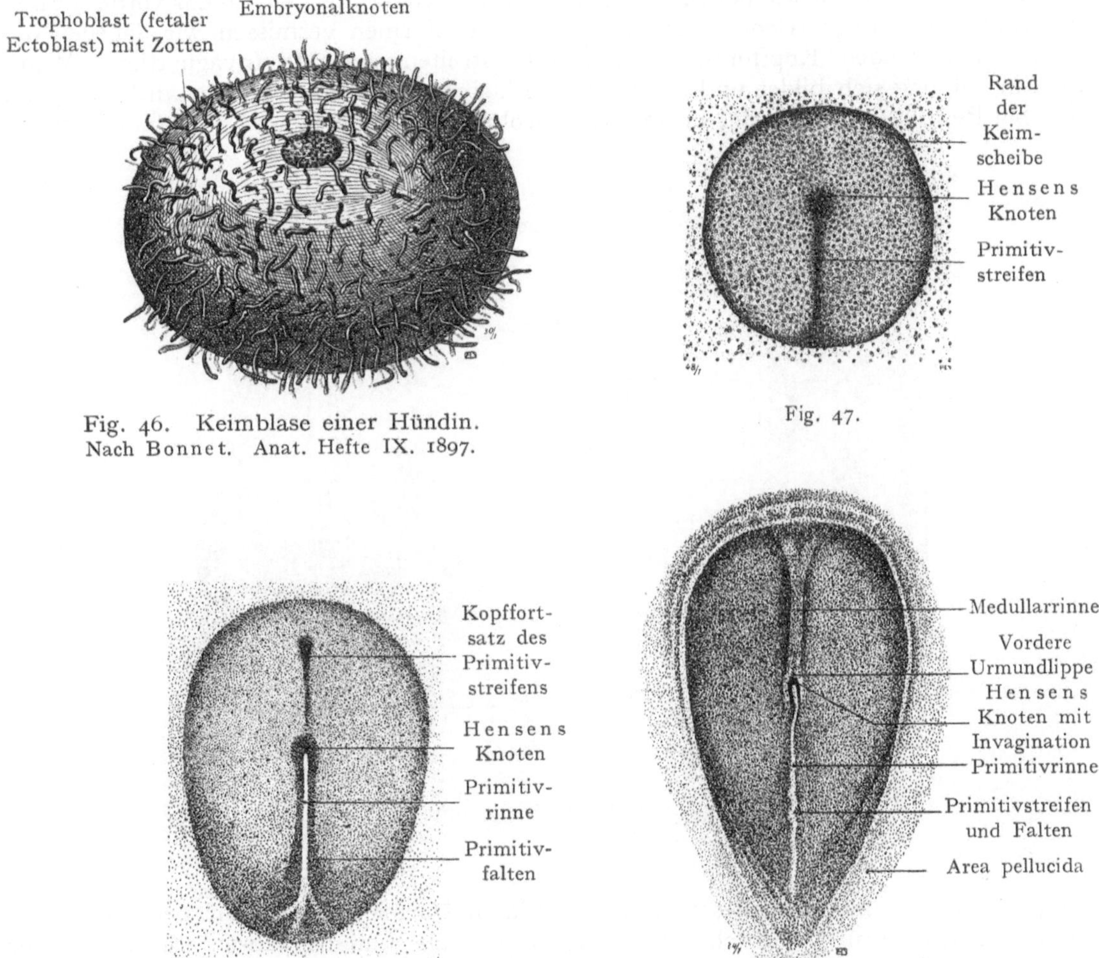

Fig. 46. Keimblase einer Hündin. Nach Bonnet. Anat. Hefte IX. 1897.

Fig. 47.

Fig. 48.

Fig. 49.

Fig. 47 u. 49. Keimscheiben vom Hunde und 48 Kaninchen. Hund nach Bonnet; Kaninchen nach Van Beneden.

Embryonalknotens im durchfallenden Lichte erkennen, sind in Fig. 47—51 dargestellt. In Fig. 47 ist ein vom Rande der Keimscheibe ausgehender Primitivstreifen zu sehen, der in einen Hensenschen Knoten übergeht. In Fig. 48 folgt das Bild einer Kaninchenkeimscheibe, in welcher vom Hensenschen Knoten aus der Kopffortsatz des Primitivstreifens sich cranialwärts erstreckt. Hier ist der Primitivstreifen ganz wie bei Vögeln ausgebildet, indem bei der Betrachtung von der Oberfläche eine Primitivrinne von zwei Primitivfalten begrenzt wird. Auch zeigt das caudale Ende des Primitivstreifens dieselben Unregelmäßigkeiten wie beim Vogel. In einem dritten Bilde (Fig. 49) sehen wir

eine Hundekeimscheibe vor uns mit einem sehr langen, in einen Hensenschen Knoten
übergehenden Primitivstreifen. Hier befindet sich auch die Öffnung einer Einstülpung,
welche sich eine kurze Strecke weit in den Kopffortsatz des Primitivstreifens hineinzieht,
um dann, ganz wie bei Reptilien und gewissen Vögeln (Ente), unter Rückbildung ihrer
untern Wand eine Verbindung mit dem Blastocoel zu erhalten. Diese Einstülpung ist
bei verschiedenen Säugetieren nachgewiesen worden. In besonders großer Ausdehnung
findet man sie bei der Fledermaus und beim Menschen, bei denen es fast den Anschein
hat, als ob sie, ähnlich wie bei einigen Reptilien (Platydactylus), bis an das vordere Ende
der Embryonalanlage reichen würde. Bei andern Formen vermissen wir dagegen die
durch den soliden Kopffortsatz des Primitivstreifens ersetzte Invagination. Wenn
die Einstülpung sich bildet und secundär ins Blastocoel durchbricht, so wird sie, ganz
wie bei Reptilien und Vögeln, in das Nervenrohr aufgenommen und stellt auf gewissen

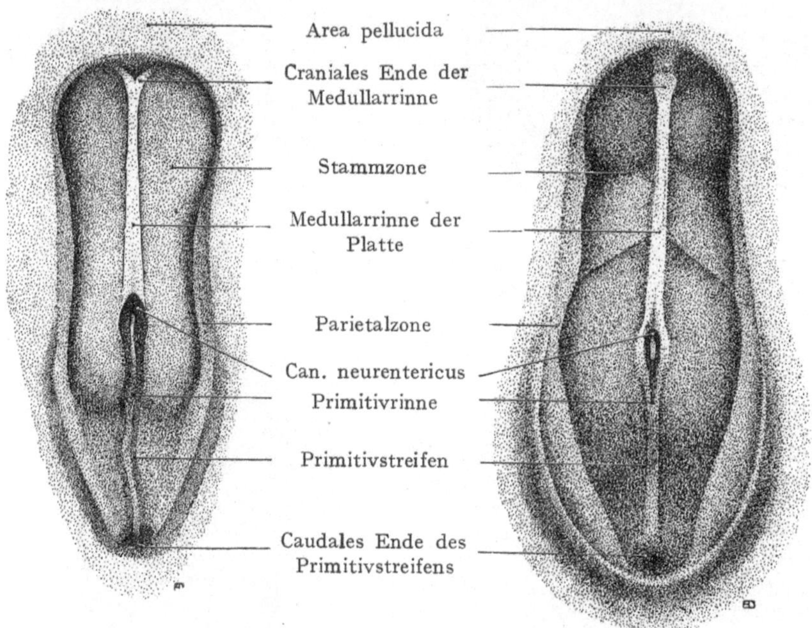

Fig. 50—51. Keimscheiben vom Hunde.
(Nach Bonnet.)

Stadien eine Verbindung dieses Rohres mit dem Darme dar, die wir bei den früher
besprochenen Formen (Frosch, Reptilien, Ente) als Canalis neurentericus erwähnt
haben. Der hintere, von der Aufnahme in das Medullarrohr ausgeschlossene Abschnitt
des Primitivstreifens steht zur Bildung des Anus in Beziehung.

Wenn wir nun diese Vorgänge an Schnittpräparaten untersuchen, so finden wir,
daß sich die Embryonalanlage des Hundes, entsprechend Fig. 45, aus zwei Schichten
zusammensetzt, nämlich aus einer äußeren aus hohen zylindrischen Epithelzellen bestehenden und einer innern, die von platten Zellen gebildet wird. Die äußere Schicht
geht ohne scharfe Grenze in die Zellen des Trophoblasten über; sie stellt das Ectoderm dar, während die tiefe Zellschicht mit dem sekundären Entoderm der Vögel
und Reptilien vergleichbar ist. Tatsächlich wächst diese Schicht weiter aus, um, am
entgegengesetzten Pole der Keimblase sich zusammenschließend, den vom Entoderm
begrenzten Dottersack (Saccus vitellinus) herzustellen.

Alsdann haben wir folgende Schichten zu unterscheiden: 1. das Ectoderm im Bereiche der Embryonalanlage, welches übergeht in 2. das übrige als Trophoblast bezeichnete

Ectoderm der Keimblase. Letzteres spielt keine weitere Rolle beim Aufbaue des Embryos; dagegen besorgt es die Festsetzung des Eies in der Uterusschleimhaut sowie in früher Zeit die Resorption von Nahrungsmaterial. 3. Das Entoderm, welches sich als tiefe Schicht des Embryonalknotens anlegt, durch Auswachsen den Dottersack herstellt, und wie eine Anzahl von Autoren (Bonnet) behaupten, einen beträchtlichen Anteil an der Bildung des embryonalen Entoderms nimmt. Von anderer Seite (Sobotta) wird dies in Abrede gestellt, und angenommen, daß sich das ganze embryonale Entoderm von der Wandung der Invagination aus bildet. 4. Das Mesoderm wächst sowohl vom Primitivstreifen als von dessen Kopffortsatze seitlich aus.

Bei den Primaten, insbesondere beim Menschen, schließt sich das Entoderm der untern Schicht der Keimblase bei seinem Auswachsen zur Bildung des Dottersackes nicht unmittelbar dem rasch sich ausdehnenden Trophoblasten an. Zwischen beiden Schichten bleibt ein mit der Vergrößerung der Keimblase zunehmender Raum übrig, in welchen das gerade bei Primaten sehr frühzeitig sich entfaltende Mesoderm hineinwächst. In schematischer Form geben die Figg. 52 A—C diese Verhältnisse wieder; sie stellen mehr

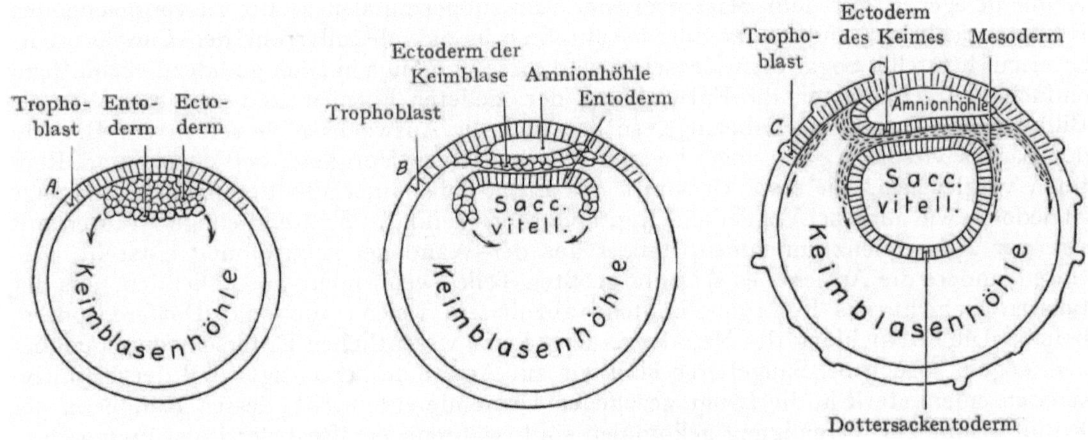

Fig. 52. Schema der Entwicklung der Nabelblase (Saccus vitellinus) und des Amnions beim Menschen. (Hypothetische Stadien.)

oder weniger hypothetische Stadien der menschlichen Entwicklung dar, während welchen die Bildung des Dottersackes sowie die erste Entstehung einer Eihülle, des Amnions abläuft. In Fig. 52 A sehen wir eine weite, vom Trophoblasten begrenzte Keimblasenhöhle (Blastocoel), mit einem Embryonalknoten, dessen tiefste Schicht als Dotterentoderm in der Richtung der Pfeile auszuwachsen beginnt. In Fig. 52 C hat dieser Vorgang zur Bildung des Saccus vitellinus geführt, doch schließt sich dieser nicht unmittelbar dem Trophoblasten an, sondern zwischen beiden befindet sich ein weiter Raum, welcher im richtigen Verhältnisse zum Dottersacke gezeichnet noch viel größer ausfallen müßte. Derselbe wird von den sehr frühzeitig aus der Embryonalanlage vorwachsenden Massen des außerembryonalen Mesoderms ausgefüllt, in welchem sich das weite, von Zellbalken durchzogene außerembryonale Coelom bildet (von vielen Autoren auch als Magma reticulare bezeichnet). Dieses erfährt dann mit der fortschreitenden Ausdehnung der Fruchtblase eine immer weiter gehende Reduktion (siehe Eihäute). Der Saccus vitellinus erscheint also bei Primaten von vornherein als ein unansehnliches Gebilde, besonders im Vergleiche mit dem viel stärker wachsenden, die äußere Wand der Keimblase darstellenden Trophoblasten. Auch nimmt er, insbesondere beim Menschen, keine weitere Entfaltung, sondern bildet sich zum Teil zurück, nachdem seine Wandungen in frühen Stadien eine wichtige Rolle als Stätte der Blutbildung gespielt haben.

Diese Eigentümlichkeiten der Primatenentwicklung stehen ohne Zweifel im Zusammenhang mit dem frühzeitigen Eindringen des Eies in die Uterusschleimhaut und der dadurch gebotenen Möglichkeit der Nahrungsbeschaffung, die mit der Fläche der resorbierenden Zellschicht wächst und so die ursprünglich dem Dottersack zukommende Rolle übernimmt. Später erfährt das außerembryonale Coelom eine sehr weitgehende Reduktion, indem der mit Flüssigkeit immer stärker sich füllende, den Embryo einhüllende Amnionsack, den vom außerembryonalen Coelom eingenommenen Raum für sich beansprucht und so denselben zum Schwunde bringt (s. Entwicklung der Eihüllen).

Wie haben wir nun diese Vorgänge an der Säugetierkeimblase im Lichte der bei anderen Formen gewonnenen Erkenntnis zu beurteilen? Zunächst erblicken wir in der Bildung des Primitivstreifens und seines Kopffortsatzes analoge Vorgänge, wie wir sie bei der Ente gefunden haben. Wir sehen wieder am cranialen Ende des Primitivstreifens den Hensenschen Knoten sowie eine Invagination, welche in einen unter dem Keime gelegenen mit dem Blastocoel oder dem subgerminalen Spalte zu vergleichenden Raum durchbricht und später durch Aufnahme in das Medullarrohr den Canalis neurentericus herstellt. Sogar beim Menschen sind diese Vorgänge in einer geradezu verblüffend einfachen Anlehnung an die Entwicklung der niederen Formen zu verfolgen. Was die Bildung des Entoderms anbelangt, so läßt sich ein Auswachsen desselben zur Bildung des Saccus vitellinus ganz ungezwungen mit demselben Vorgange bei Vögeln und Reptilien vergleichen. Die erste Herkunft des Entoderms innerhalb der Embryonalanlage ist jedoch, wie auch bei Vögeln und Reptilien, noch unklar. Während einige Autoren mit strenger Konsequenz annehmen, daß es aus der Wand der Ausstülpung entsteht, vertreten andere die Ansicht, es sei zum größten Teile, wenn nicht ausschließlich, aus der tiefsten Schicht des Embryonalknotens abzuleiten, welche auch das Dotterentoderm liefert. Die Entwicklung des Mesoderms zeigt keine wesentlichen Unterschiede gegenüber den Vögeln. Auch bei Säugetieren sind wir zur Annahme berechtigt, daß der Primitivstreifen einem stark in die Länge gezogenen Urmunde entspricht, dessen Ränder in der Primitivrinne zur Vereinigung gekommen sind, während ein Rest der Einstülpung resp. des Urdarms in der Invagination und dem cranialwärts sich anschließenden Kopffortsatze des Primitivstreifens zu erblicken ist.

Rückblick auf die Gastrulation und Mesodermbildung.

Die geschilderten, bei den verschiedenen Klassen der Wirbeltiere bis zu einem gewissen Grade in Einklang gebrachten Vorgänge der Gastrulation und Mesodermbildung zeigen als Resultat die Entstehung von drei, den Keim zusammensetzenden Keimblättern, dem Ectoderm, dem Entoderm und dem Mesoderm. Der Keim erhält damit eine weit höhere Organisation als sie das Bläschen oder der Zellhaufen besitzt, welche das Endstadium der Furchung darstellen. Die Keimblätter sind Primitivorgane, mit denen sich gewisse Funktionen verknüpfen. So bildet z. B. das Ectoderm den Abschluß gegen die Außenwelt. Die Zellen des Entoderms beteiligen sich sehr frühzeitig bei Formen mit großem Dotter an der Verarbeitung des Dotters und der Verwertung desselben für den Aufbau des Embryos. Auch bildet diese frühe Organisation des Keimes den Ausgangspunkt für die Bildung der weit höher differenzierten Organe, welche wir von bestimmten Abschnitten der Keimblätter ableiten.

Wir mußten aus didaktischen Gründen zwischen der Invagination und der zum Teil gleichzeitig stattfindenden Mesodermbildung unterscheiden. Auch haben wir, wie schon für die Furchung, erkannt, daß durch die dem Ei beigegebene Dottermenge die Gastrulation, dann aber auch die Mesodermbildung, in ihrem Ablaufe beeinflußt wurden. Trotzdem war es uns möglich, eine grundsätzliche Übereinstimmung in dem Ablaufe dieser wichtigen Entwicklungsvorgänge bei den verschiedenen Formen nachzuweisen, auf welche wir an dieser Stelle noch kurz zurückkommen.

Die Gegend des Urmundes bei Amphibien, der Area primitiva bei Reptilien, des Primitivstreifens bei Vögeln und Säugetieren, stellt eine Wachstumszone für die Embryonalanlage dar, welche so lange Material liefert, bis alle Bausteine derselben, z. B. die volle Zahl der Mesodermsegmente, geliefert sind. Solange also unveränderte Teile des Urmundes in der caudalen Partie der Anlage vorhanden sind, bilden sie neue Zellen, die sich den bereits gebildeten Teilen der Anlage caudal anschließen; so entstehen Mesodermzellen, Zellen der Chorda dorsalis, und Zellen des Entoderms. Der Canalis neurentericus, welcher später bei vielen Formen eine Verbindung zwischen dem Rückenmarksrohre und dem Darme herstellt, bildet mit seiner Wandung eine solche Wucherungszone. Auch fehlt dieselbe denjenigen Formen nicht, bei denen der Canalis neurentericus bloß durch einen soliden Strang von Epithelzellen ersetzt wird. Über die Rolle desselben sagt Kopsch: „nach der Bildung des Canalis neurentericus wird die Verlängerung des Embryos bedingt durch die am Canalis neurentericus gelegenen Zellen, die sich vermehren. Diese Wucherungszone bleibt bestehen, bis der Körper seine definitive Zahl von Ursegmenten erhalten hat, auch ist es wahrscheinlich, daß die Zellen des Wachstumszentrums keine gleichmäßige Masse bilden, sondern daß man für einzelne der von ihren Wachstumszentren gebildeten Organe bestimmte Regionen in der Seitenwand des Canalis neurentericus als Bildungsstätte bezeichnen kann."

Die Ursache für das Auswachsen des Mesoderms ist ebensowenig festzustellen, wie für Wachstumsvorgänge überhaupt. Man könnte jedoch, wie für die Gastrulaeinstülpung, annehmen, daß sie etwas durch den Aufbau der betreffenden Zellen notwendig Gegebenes sei, doch ist damit wenig gewonnen. Der Vorgang selbst kann als Zellgleiten bezeichnet werden und findet eine Analogie in dem Auswachsen des Ectoderms über den Dotter bei Amphibien und Reptilien, sowie in dem Zusammenschluß des Entoderms zur Herstellung des Dottersackes bei Säugetieren (s. Fig. 52).

Was die früheste Differenzierung des Mesoderms anbelangt, so vollzieht sie sich prinzipiell in derselben Weise beim Amphioxus und bei den Wirbeltieren. Die dorsale (oder auch mediale) Partie des Mesoderms unterliegt in einem großen Teile der Anlage, welcher dem späteren Rumpfe entspricht, einer Gliederung in einzelne Ursegmente (Metamere), denen mit der weiteren Entwicklung des Embryos bestimmte Abschnitte des Zentralnervensystems und der peripheren Nerven (Spinalnerven), der Anlagen des Exkretionsapparates, vielleicht auch des Entoderms entsprechen. Der ventrale resp. laterale Teil des Mesoderms bleibt unsegmentiert und wird durch die stärkere Ausbildung des Coeloms in eine parietale und eine viscerale Lamelle zerlegt. Die segmentalen Zwischenstücke setzen die Ursegmente sowie die von ihnen eingeschlossenen Coelomabschnitte mit dem unsegmentierten Mesoderm und dem peripheren Coelom in Verbindung. Von diesen drei Abschnitten des Mesoderms haben wir bei der Betrachtung der weitern Differenzierungsvorgänge des Keimblattes auszugehen (siehe folgendes Kapitel). Die Segmentierung des Mesoderms geht bei allen Wirbeltieren in cranio-caudaler Richtung vor sich und zwar so lange, als neue Mesodermzellen vom Canalis neurentericus aus geliefert werden. Bemerkenswert ist es jedoch, daß im cranialsten Teile der Anlage die Segmentierung unterbleibt oder zu unterbleiben scheint, indem hier der Kopf ein in bezug auf die Segmentierung des Mesoderms ganz eigenartiges Gebilde darstellt.

Bemerkungen über die Bildung des Entoderms und die Bedeutung der Gastrulation.

Unsere Kenntnisse über den Gastrulationsvorgang haben in den letzten 20—25 Jahren durch eine Reihe von experimentellen Untersuchungen eine sehr wesentliche Erweiterung erfahren, so daß uns nunmehr nicht bloß der Ablauf, sondern auch die Bedeutung des Prozesses in einem neuen Lichte erscheint. Dagegen hat die Untersuchung der Bildung der Invagination in ihren Beziehungen zur Entodermbildung manches gebracht, das bei den höheren Formen nicht recht mit den einfachen schematischen Vorgängen beim Amphioxus in Einklang zu bringen ist. Diese Tatsachen haben einzelne Forscher zur Aufstellung einer Theorie veranlaßt, nach welcher die Gastrulation „in zwei Zeiten" zum Ablauf kommen soll (Keibel, O. Hertwig). Dabei wird angenommen, daß die Invagination bei den höheren Formen (Sauropsiden und Säugetiere) bloß die Chorda und das Mesoderm liefert. Sie wurde deshalb von O. Hertwig geradezu als Mesodermsäckchen bezeichnet, während das Entoderm, sowohl der Embryonalanlage als des Dottersackes, sich vor der Entstehung der Invagination vom Keimscheibenrande aus oder aus der tiefsten Schicht der Keimscheibe bilden soll. Das Punctum saliens in der Auffassung der Entodermbildung liegt in der Feststellung des Anteiles, welchen die Decke der Furchungshöhle (Blastocoel), resp. des subgerminalen Spaltes, an der Herstellung dieses Keimblattes nimmt. Schon bei Amphibien sahen wir (Fig. 33 F) einen Durchbruch der Invagination (Urdarm) in die Furchungshöhle erfolgen, deren Deckschicht sich dann unmittelbar an die Zellen der Wandung der Gastralhöhle anschließt, um diese zu vervollständigen. Mit der Zunahme des Dotters scheint dieser Prozeß bei Amphibien bedeutende Fortschritte zu machen. So hat Grönroos für den Erdsalamander (Salamandra maculata) angegeben, daß „die primitive Darmhöhle sich aus einer kleinen Gastrulaeinstülpung und einem großen Hohlraume zusammensetzt, der ein Umwandlungsprodukt der Furchungshöhle darstellt". Dasselbe fand Brauer bei den dotterreichen Gymnophionen in noch höherem Grade ausgebildet, wo die Verhältnisse geradezu einen Übergang zu denjenigen bilden, welche wir bei Reptilien, Vögeln und Säugetieren antreffen. Hier ist die Einstülpung bei vielen, vielleicht bei den meisten Formen stark reduziert und überall bricht sie sehr frühzeitig in die subgerminale Höhle durch. Von der Wandung der Invagination, resp. von einer an ihre Stelle tretenden soliden axialen Zellmasse wird die Chorda dorsalis und das Mesoderm gebildet. Allerdings herrscht, wie wir schon hervorgehoben haben, keine Übereinstimmung unter den Autoren in bezug auf die Frage, ob sich die Wandung des Blastocoels an der Bildung dieser Wucherungen beteiligt, denn in neuerer Zeit hat Bonnet beim Hunde sowohl das vordere Ende der Chorda dorsalis als auch das Mesoderm des Kopfes von der Wandung des Blastocoels und nicht von den Zellen der Invagination oder ihres soliden Kopffortsatzes abgeleitet. Keibel widerspricht dieser Annahme, indem er behauptet, daß der Kopffortsatz des Primitivstreifens bei Säugetieren sowohl das ganze Mesoderm als auch die gesamte Chorda dorsalis liefere. Was endlich die Entstehung des später in die Embryonalanlage eingeschlossenen, das Darmepithel und die großen Darmdrüsen bildenden embryonalen Entoderms anbelangt, so haben wir hier bereits die beiden Meinungen erwähnt. Die von Sobotta und C. Rabl vertretene Ansicht leitet das ganze embryonale Entoderm von der Invagination ab, während diejenige von O. Hertwig und Bonnet dahin lautet, daß die Invagination für die Bildung des embryonalen Entoderms überhaupt nicht in Betracht komme, sondern sowohl das embryonale Entoderm als das außerembryonale Dottersackentoderm bei Amnioten von der Decke des subgerminalen Spaltes, resp. des Blastocoels aus entstehen. Ob der von O. Hertwig als „Gastrulation in zwei Zeiten" bezeichnete Vorgang überhaupt noch als Gastrulation aufgefaßt werden dürfe, ist aber, wie C. Rabl hervorhebt, mehr als fraglich. O. Hertwig nimmt dabei an, daß zuerst durch eine Einwucherung von dem Rande der Keimscheibe aus (bei Sauropsiden) das Entoderm und erst später durch eine Invagination der Oberfläche des Keimes die Zellmasse gebildet werde, aus welcher das Mesoderm und die Chorda hervorgehen. Hertwig bezeichnet ganz logisch diese Invagination als Mesodermsäckchen und stellt die strenge Homologie desselben mit dem Urdarm des Amphioxus in Abrede.

Was die Bildung der untern Schicht der Keimscheibe resp. des Embryonalknotens anbelangt, so neigt man jetzt ziemlich allgemein der Annahme zu, daß sie nicht ausschließlich, vielleicht überhaupt nicht, durch Umordnung der Zellen der tiefern Schicht der Embryonalanlage zu einem einfachen Blatte (Delamination), sondern durch das Auswachsen von einer Stelle am caudalen Ende der Embryonalanlage aus erfolge (Invagination). Diese Stelle würde der Area primitiva der Reptilien, dem Hensenschen Knoten der Vögel und Säugetiere entsprechen. Sie bildet nach O. Hertwig schon in sehr frühen Stadien der Entwicklung „ein Wachstumszentrum, welches im weitern Verlaufe der Entwicklung an Ausdehnung und Dicke immer mehr zunimmt. Im Anschlusse daran reihen sich die untern Zellen der Keimscheibe zum Entoderm aneinander". Die Bildung des Entoderms bei Vögeln ist kürzlich von J. Th. Patterson bei der Taube untersucht worden. Er fand, daß nach Ablauf der Furchung von einer Stelle der Keimscheibe, welche später dem caudalen Ende der Embryonalanlage entspricht, eine unter der Keimscheibe nach vorn sich erstreckende Zellwucherung ausgeht. Der Keimscheibenrand schlägt sich geradezu nach innen um und zwar in einer Linie, welche von Patterson als vordere Urmundlippe gedeutet wird. Diese das Entoderm darstellende Zellschicht soll sich allmählich in cranialer Richtung ausdehnen, bis die ganze Keimscheibe zweiblättrig geworden ist. An derselben Stelle nun, von welcher die Bildung des Entoderms ausging, erfolgt auch die Bildung des Primitivstreifens; sie entspricht also später der Area primitiva, resp. dem Hensenschen Knoten, welcher ja noch in später Zeit, nachdem die hier sich öffnende Invagination als Canalis neurentericus in das Nervenrohr aufgenommen wurde, ein Wachstumszentrum darstellt. Dementsprechend liefert derselbe auch später noch Zellen indifferenten Charakters.

Die in den obigen Bemerkungen kurz berührten Gegensätze lassen sich vorderhand nicht aus der Welt schaffen. Trotzdem bleibt die Tatsache, daß bei allen Wirbeltieren ein Invaginationsprozeß am Keime die Einleitung zur Keimblattbildung darstellt, auch wenn er vielleicht nicht, wie bei der Amphioxusgastrula, in vollem Umfange die Bildung aller drei Keimblätter übernimmt. Wenn man dagegen den Standpunkt vertritt, daß eine strenge Vergleichung der bei Amnioten stattfindenden Invagination mit der Gastrula des Amphioxus durchführbar sei, so müßte man wohl dem Einfluß der großen Dottermassen, gerade bei diesen Formen, vielleicht schon bei einigen Amphibien, eine viel weitergehende Rolle zuschreiben, als wir das getan haben. Weitere Untersuchungen, besonders bei Amphibien, werden möglicherweise hier Klarheit schaffen.

Wir haben von der Furchung gesagt, daß diese eine einfache Zerklüftung des vorhandenen und im befruchteten Ei in einer gewissen Anordnung gelagerten Materials darstelle. Wahrscheinlich sind die aus der Furchung hervorgegangenen Zellen schon in bestimmten Zellkomplexen, vielleicht auch Organanlagen, zusammengelagert; sie werden durch den Gastrulationsprozeß in eine Lage gebracht, in welcher ihre weitere Entfaltung vor sich gehen kann. Die Gastrulation bewirkt also eine Umlagerung der durch den Furchungsprozeß in einzelne Zellen zerlegten Teile des Keimes (E. Martini); sie stellt nicht einen Differenzierungsprozeß dar. Für den Gastrulationsprozeß wie für die Furchung ist es fraglich, ob ihnen eine phylogenetische Bedeutung zukommt.

Gastrulationstheorie.

Von gewissen Mißbildungen ausgehend, die sich durch Verletzung der Urmundlippen auch experimentell erzeugen lassen, hat O. Hertwig eine Theorie der Gastrulation
aufgestellt, die, obgleich nicht allgemein angenommen, doch manche Anregung gegeben
hat, da sie einer einheitlichen Auffassung der Bildung aller Embryonen aus dem Schluß-
stadium der Furchung (Blastula oder Keimscheibe) den Weg weist. O. Hertwig ging bei
seinen Experimenten von Froscheiern aus, welche durch mehrtägigen Aufenthalt in einer
feuchten Glaskammer eine Schädigung erlitten hatten. Dieselben wurden alsdann künstlich
befruchtet und entwickelten sich zu Larven, welche verschiedene Mißbildungen zeigten,
am häufigsten eine Spina bifida, d. h. eine bis auf den Darm gehende Spaltung des
Rückens, durch welche ein Dotterpfropf an die Oberfläche tritt. Hertwig betrachtet
nun diese Bildung als entstanden infolge einer Hemmung im Verschlusse des Urmundes.
Er stützt seine Annahme auf direkte Beobachtungen an Froscheiern, die während der
Gastrulation zwischen Glasplatten so fixiert waren, daß man die Form und Lage-
veränderungen des Urmundes, vom ersten Auftreten desselben, bis zu seinem linearen
Verschlusse verfolgen konnte. Dabei zeigte sich, daß der vordere Rand (Lippe) des sichelförmigen Urmundes über den weißen Dotter wandert, indem sich die Linie der Invagination seitlich ausdehnt und schließlich zur Abgrenzung der kreisförmigen Fläche führt,
welche in Fig. 32 A zu erkennen ist. Bei der weitergehenden Verengerung des Urmundes
erhalten wir schließlich geradezu eine Nahtlinie, deren vordere Strecke in das Rückenmark aufgenommen wird, deren hintere Strecke jedoch außerhalb des Medullarrohres
verbleibt, beim Auswachsen des Schwanzes ventralwärts verlagert wird und schließlich infolge eines sekundären Durchbruches den Anus liefert. Zwischen der Stelle der
Eioberfläche, an welcher die vordere Urmundlippe zuerst auftritt und der Stelle, an
welcher später diese Urmundnaht zu liegen kommt, bildet sich die Medullarplatte aus.
Aus dieser Tatsache ergibt sich nun, daß der Urmund bei seinem ersten Auftreten in der
Nähe des cranialen, bei seinem vollständigen Zusammenschlusse jedoch am caudalen
Ende der Embryonalanlage liegen muß. Er durchwandert gewissermaßen, indem er
sich zusammenschließt, die ganze spätere Rückengegend des Embryos in cranio-
caudaler Richtung. Wenn er jedoch in dieser Wanderung stehen bleibt oder sich
mangelhaft schließt, so erhalten wir nach Hertwig einen Spalt in der dorsalen Medianlinie, durch welchen ein Dotterpfropf von dem Darme aus bis an die dorsale Oberfläche
der Larve vordringen kann. Nach O. Hertwig erfolgt also der Schluß des Urmundes in
einer der späteren dorsalen Medianlinie des Körpers entsprechenden Richtung. Etwas
Ähnliches hat Hatschek schon früher aus der Beobachtung der Entwicklung des Amphioxus geschlossen, was neuerdings von Cerfontaine bestätigt wurde. Auch bei dieser
Form soll der Rücken dadurch gebildet werden, daß der ursprünglich sehr weite Urmund
sich in caudaler Richtung verschiebt, indem er sich allmählich linear schließt. Es würde
aus diesen Beobachtungen hervorgehen, daß der Urmund in bezug auf seine Form und
Lage einem steten Wechsel unterliegt. Folglich wäre die Invagination auf verschiedenen
Entwicklungsstufen nicht identisch, indem sie, wie Hertwig sagt, „nur verschiedene
Strecken eines durch Wachstum am hintern Ende sich in demselben Maße ergänzenden
und erneuernden Organs darstellt, als es nach Form durch Verwachsung und Organ-
differenzierung aufgebraucht wird".

Wenn man alle Stufen der Entwicklung durchgeht, so erkennt man nach O. Hertwig, daß der Urmund die ganze Strecke von dem cranialen Ende der Chorda bis zum
caudalen Ende der Embryonalanlage durchwandert. Es würde sich daraus auch die
Tatsache, die wir für alle Formen bestätigt gefunden haben, erklären, daß die Differenzierung der Embryonalanlage cranial ihren Anfang nimmt und in caudaler Richtung weiter
fortschreitet. Genaueres über die Hertwigsche Gastrulationstheorie muß in der Original-
arbeit oder in der klaren und kurzen Zusammenfassung, die er in seinem Lehrbuche der

Entwicklungsgeschichte gegeben hat, nachgelesen werden. Dagegen dürften einige Bemerkungen über ihre Anwendung auf Vögel und Säugetiere Platz finden, besonders im Hinblick auf die spätere Darstellung der Topik und des Wachstums der Embryonalanlage. Für Säugetiere sprach Keibel schon vor längerer Zeit die Ansicht aus, daß sich der Primitivstreifen ursprünglich unter die craniale Partie der Embryonalanlage ausgedehnt habe und erst mit der fortschreitenden Entwicklung in caudaler Richtung eine Ergänzung erfahre, indem er successive von vorn nach hinten zum Aufbau des Embryos verbraucht werde. Der Primitivstreifen würde sich also allmählich in einen Kopffortsatz umwandeln. Diese durch das Studium von Schnittserien für Säugetiere begründete Ansicht erhielt eine wertvolle Stütze durch Versuche von Kopsch an Hühnerkeimscheiben. Kopsch hat in einem Stadium vor der Anlage der Medullarplatte mittels Elektroden, die in bestimmtem Abstande voneinander sich befanden, drei Stellen markiert, die dem cranialen Ende, der Mitte und dem caudalen Ende des Primitivstreifens entsprachen. Bei der weitern Entwicklung, die nach der Bildung von 12 Ursegmentpaaren unterbrochen wurde, lag der vordere Punkt im Bereiche des Vorderhirnbläschens, der hintere Punkt in der Mitte des stark verkürzten Primitivstreifens, der mittlere Punkt etwas seitlich von der Medianebene in der Höhe des 5.—7. Ursegmentes, an einer Stelle, die der späteren Halsgegend entsprach. Auf Grund dieses Befundes gelangte auch Kopsch zur Ansicht, daß das im Primitivstreifen und in der Nachbarschaft desselben gelegene Material allmählich in die Bildung der Embryonalanlage aufgehe und zwar fortschreitend von vorn nach hinten. Er sagt: „Der Primitivstreifen und das seitlich von ihm liegende Material ist seiner prospektiven Bedeutung nach Embryo. Dieses wird erst sichtbar durch die (im wesentlichen in caudaler Richtung) fortschreitende Differenzierung des Primitivstreifenmaterials. Bei fortschreitender Entwicklung wird die prospektive Bedeutung desjenigen Gebildes, welches wir descriptiv als Primitivstreifen bezeichnen, immer mehr eingeschränkt. Der Embryo entsteht, mit Ausnahme des vordersten Teiles des Kopfes, durch Umwandlung des Primitivstreifens." Die spezielle Anwendung dieser Sätze werden wir sowohl in dem Kapitel über das Längenwachstum des Embryos als in demjenigen über die Entstehung der Spalt- und Doppelbildungen vornehmen und an jener Stelle auch die Einwände berücksichtigen, welche gegen ihre allgemeine Gültigkeit erhoben worden sind.

Literatur über Gastrulation und Mesodermbildung.

Assheton, R., The geometrical relation of the nuclei in an invaginatory gastrula. Arch. f. Entw.-Mech. 29. 1910. — *Derselbe,* Gastrulation in Birds Quart. J. micr. Sc. 58. 1913. — *Derselbe,* Growth in Length. Cambridge 1916. — *van Beneden, Éd.,* Recherches sur l'embryologie des mammifères. I. La formation des feuillets chez le lapin. Arch. de biol. I. 1880. — *Derselbe,* Recherches sur les premiers stades du développement du murin (Vespertilio murinus). Anat. Anz. 16. 1899. — *Derselbe,* Recherches sur l'embryologie des mammifères. 2. De la ligne primitive, du prolongement céphalique et de la notochorde etc. chez le lapin et chez le murin. 14 Taf. Arch. de biol. 27. 1912. 191—303. — *Bonnet, R.,* Beiträge zur Embryologie des Hundes. Anat. Hefte IX. 1897. XVI. 1901. — *Brauer, Aug.,* Beiträge zur Kenntnis der Entwicklungsgeschichte und der Anatomie der Gymnophionen. Zool. Jahrb. Anat. Abt. X. 1897 und XII. 1899. — *Delmans, H. C.,* On the relation of the Anus to the Blastopore and on the origin of the tail in vertebrates. Kon. Akad. d. Wet. te Amsterdam. XIX. 1917. — *Eckstein, F.,* Beiträge zur Kenntnis der Furchung und Gastrulation der Tritonen. Zeitschr. f. Morph. u. Anthrop. 16. 1914. 405—448. — *Fuchs, H.,* Bemerkungen über die Gastrulation der mesolecithalen Chordateneier usw. Z. f. Morph. u. Anthrop. XVIII. 1914. 629—670.
Grönroos, H., Die Gastrula und die primitive Darmhöhle des Erdsalamanders (Salamandra maculata). Anat. Anz. XIV. 1898. 456—463. — *Hatschek, B.,* Über den gegenwärtigen Stand der Keimblättertheorie. Verh. d. deutschen zool. Ges. in Göttingen 1893. Publ. Leipzig 1894. — *Derselbe,* Studien über Entwicklung des Amphioxus. 9 Taf. Arbeiten des zool. Inst. zu Wien IV. 1881, auch Separat Wien 1881. — *Hertwig, O.,*

Urmund und Spina bifida. Arch. f. mikr. Anat. 39. 1892. — *Derselbe*, Die Lehre von den Keimblättern; in *O. Hertwigs* Handb. der Entwicklungslehre I. 1. 1906. — *Keibel, Fr.*, Die Gastrulation und die Keimblattbildung der Wirbeltiere. Ergebn. d. Anat. u. Entw.-Gesch. v. *Bonnet-Merkel* X. 1900. Publ. 1901. — *Kopsch, Fr.*, Gemeinsame Entwicklungsformen bei Wirbeltieren und Wirbellosen. Verh. d. anat. Ges. Suppl.-Bd. Anat. Anz. 14. 1898. — *Derselbe*, Experimentelle Untersuchungen aus Primitivstreifen des Hühnchens und an Scylliumembryonen. Ibid. — *Derselbe*, Beiträge zur Gastrulation beim Axolotl und beim Froschei. Verh. d. Anat. Ges. Erg.-Bd. Anat. Anz. 10. 1895. — *Derselbe*, Über das Verhältnis der embryonalen Achsen zu den 3 ersten Furchungsebenen beim Frosch. Internat. Monatsschr. f. Anat. u. Physiol. XVII. 1900. — *Derselbe*, Zellbewegungen während des Gastrulationsprozesses an den Eiern vom Axolotl und vom braunen Grasfrosch. Sitz.-Ber. d. Ges. naturf. Freunde zu Berlin 1895. 21—30. — *Derselbe*, Gastrulation und Embryobildung bei den Chordaten. I. Die morphologische Bedeutung des Keimhautrandes und der Embryobildung bei der Forelle. Thieme, Leipzig 1904. — *Lange, Dan de*, Mitteilungen über die Entwicklungsgeschichte des japanischen Riesensalamanders. Anat. Anz. 42. 1912. — *Lillie, F. R.*, The development of the chick. New-York 1908. — *Morgan, T. H.*, Die Entwicklung des Frosches. Übersetzt von *Solger*. Leipzig 1904. — *Patterson, J. F.*, Gastrulation in the pigeons egg. Journ. of Morph. 20. 1916. — *Rabl, C.*, Theorie des Mesoderm. Morph. Jahrb. XV, 1889 u. XIX. 1892. Sep. mit Vorwort, Leipzig 1896. — *Derselbe*, Édouard van Beneden. Arch. f. mikr. Anat. 88. 1915. — *Rauber, A.*, Primitivstreifen und Neurula der Wirbeltiere. Leipzig 1877. — *Rhumbler, L.*, Zur Mechanik des Gastrulationsvorganges, insbesondere der Invagination. Arch. f. Entwicklungsmechanik. 14. 1902. 440—476. — *Rückert, J,*. Über den Urmund und die zu ihm in Beziehung stehenden Entwicklungsvorgänge im hinteren Abschnitte der Selachierembryonen. Morph. Jb. 53. 53. 1924. 165—210. — *Schauinsland, H.*, Beiträge zur Entwicklungsgeschichte und Anatomie der Wirbeltiere. Zoologica, Heft 39. Stuttgart 1903. — *Sobotta, J.*, Die Entwicklung des Eies der Maus, vom Schlusse der Furchungsperiode bis zum Auftreten der Amnionfalten. Arch. f. mikr. Anat. 61. 1902. — *Will, L.*, Beitrag zur Entwicklungsgeschichte der Reptilien. 1. Die Anlage der Keimblätter bei Gecko (Platydactylus facetanus). Zool. Jahrb. Abt. Anat. VI. 1893. — *Wilson, T. J.* and *Hill, J. P.*, Observations on the development of Ornithorhynchus paradoxus. Philos. Transact. Ser. B. Vol. 199. 1904.

Frühe Differenzierungsvorgänge an den Keimblättern.

Wir haben im letzten Kapitel die Embryonalanlage bis zu einem Stadium verfolgt, in welchem die drei Keimblätter als Primitivorgane sich entfaltet hatten. Im Mesoderm sind auch schon im Bereiche des Rumpfes die Vorgänge der Differenzierung eines dorsalen segmentierten von einem ventralen unsegmentierten Abschnitte eingeleitet. Die Segmente hängen mittels der gleichfalls segmentalen Zwischenstücke mit dem unsegmentierten peripheren Mesoderm zusammen. Sowohl im dorsalen wie im ventralen Mesoderm sehen wir ein Lumen, welches ursprünglich auf Ausbuchtungen des Urdarms (Amphioxus) zurückzuführen ist, bei den Amnioten jedoch durchwegs sekundär entsteht, indem Spalten in den soliden Mesodermplatten auftreten, welche untereinander in Verbindung treten, um das vom unsegmentierten Mesoderm begrenzte Coelom (die gemeinsame Körperhöhle) zu bilden. Erst später bemerken wir auch an dem die Anlage des Nervensystems herstellenden Abschnitte des Ectoderms eine Segmentierung, die am Rumpfe in der ersten Anlage der Spinalnerven und der Spinalganglien gegeben ist. Dem außerembryonalen Entoderm fehlt die Segmentierung gänzlich; beim embryonalen Entoderm sind ihre Spuren jedenfalls sehr undeutlich.

In einem späteren Kapitel werden wir das Wachstum der Anlage behandeln; vorläufig haben wir die Umbildung der Keimblätter zu schildern, welche zur Entstehung der Gewebe, resp. der Organanlagen im engeren Sinne führen. In besonders ausgedehntem Maße und sehr frühzeitig erfolgt diese Differenzierung im Bereiche des Mesoderms, eine Tatsache, die wohl damit zusammenhängt, daß von diesem Keimblatte aus die verschiedensten Organe entstehen, während sich sowohl das innere als das äußere Keimblatt in dieser Beziehung viel einheitlicher verhalten, insofern sie mit wenigen Ausnahmen bloß epitheliale Bildungen herstellen.

Das Ectoderm liefert 1. das Zentralnervensystem, 2. das periphere Nervensystem, 3. die Epidermis und ihre Abkömmlinge, nämlich die Hautdrüsen, die Haar- und Nagelbildungen, 4. die perzipierenden Elemente der Sinnesorgane. Das Entoderm bildet 1. das Darmepithel, 2. sämtliche Darmdrüsen, 3. die Glandula thyreoidea, die Thymus und die Epithelkörperchen. Im großen und ganzen darf demnach behauptet werden, daß beide Keimblätter bei ihren Umwandlungen den Charakter epithelialer Formationen in hohem Grade wahren. Sogar das zentrale Nervensystem, das durch die Einrollung der Medullarplatte entsteht, stellt sich bei einigen niederen Formen (z. B. Petromyzon) zeitlebens, bei höheren, z. B. beim Menschen, noch im zweiten Fetalmonate als eine epitheliale Formation dar. Ganz anders verhält sich dagegen das Mesoderm. Dasselbe liefert 1. das ganze Skelet, 2. das geformte und ungeformte Stützgewebe, also alle Membranen, ferner das lockere Fett- und Bindegewebe sowie das adenoide Bindegewebe; 3. das Blut- und Lymphgefäßsystem, 4. die gesamte quergestreifte Muskulatur und mit wenig Ausnahmen (M. sphincter und

dilatator iridis) auch die glatte Muskulatur, 5. das Corium, 6. das Urogenitalsystem,
7. die Darmmuskulatur und 8. sämtliche serösen Häute. Im epithelialen Verbande verbleiben von allen diesen Organen bloß die Zellen des Exkretionssystems und der serösen
Häute, während die übrigen aus dem Mesoderm stammenden Gewebe eine weitgehende
Differenzierung nach den verschiedensten Richtungen erfahren.

Differenzierung des Mesoderms.

Schon in der Zerlegung des Mesoderms in das dorsale segmentierte und das ventrale
unsegmentierte Mesoderm, zu dem die segmentierten Zwischenstücke hinzukommen,
haben wir eine topische Differenzierung des mittleren Keimblattes zu erblicken, indem bei

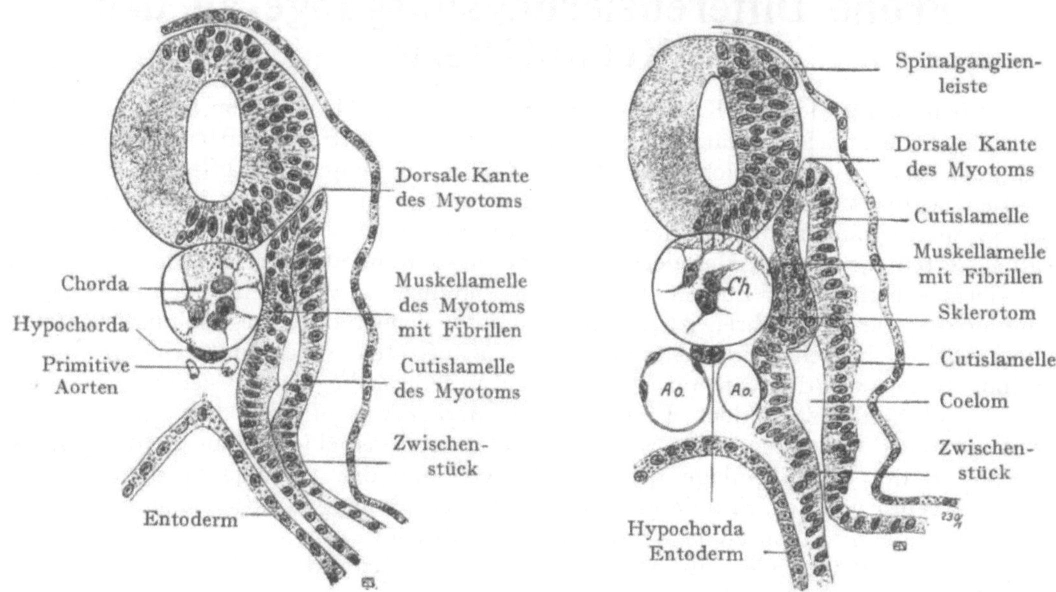

Fig. 53. Schnitt durch das Vorderende des Rumpfes eines Pristiurusembryos mit 26 bis 27 Ursegmenten.

Fig. 54. Schnitt durch das Vorderende des Rumpfes eines Pristiurusembryos mit 34 bis 35 Ursegmenten. Bildung des Sklerotoms und der Muskellamelle des Myotoms.

Nach C. Rabl, Theorie des Mesoderms. Morph. Jahrb. XV. 1889.

der weitern Entwicklung diese drei Abschnitte ganz bestimmte, zum Teil segmentale
Organe liefern. So entsteht aus einem bestimmten Abschnitte der Wandung der Ursegmente die quergestreifte Rumpf- und Extremitätenmuskulatur, aus einem andern
das axiale Rumpfskelet (die Wirbelsäule, vielleicht auch die Rippen), aus einem dritten
das subkutane Gewebe der dorsalen Partie des Rumpfes. Die Zwischenstücke bilden
das gesamte Exkretionssystem. Das unsegmentierte Mesoderm stellt die Serosa her,
welche die großen Körperhöhlen begrenzt und die Eingeweide überzieht, das viscerale
Blatt liefert außerdem die Darmmuskulatur, während das parietale Blatt das Cutis-
gewebe der ventralen Partie des Rumpfes, das Skelet und das Bindegewebe der
Extremitäten einschließlich des Schulter- und Beckengürtels hervorgehen läßt. Daneben
liefert, besonders in frühen Entwicklungsstadien, das viscerale Blatt in ausgedehntem
Maße Gefäßanlagen und Blutzellen und zwar sowohl im Bereiche des Dottersackes als
auch innerhalb der Embryonalanlage selbst.

Wir untersuchen diese Umwandlungen des Mesoderms zunächst an Querschnitten
von Selachierembryonen, da sie sich hier in einfacher, fast schematischer Weise voll-

ziehen. Die Embryonen liegen bei den in Betracht kommenden Stadien nicht mehr flach auf dem Dotter ausgebreitet, sondern haben sich, infolge von Wachstumsvorgängen, vom Dotter abgeschnürt, mit welchem jedoch der Darm je nach dem Grade der Entwicklung in verschieden weiter Verbindung steht. Querschnittsbilder von zwei aufeinander folgenden Stadien, sind in den Figg. 53 und 54 dargestellt. Wir sehen an ihnen das vom Ektoderm abgeschnürte Medullarrohr, unter demselben die Chorda dorsalis, welche schon im ersten Stadium (Fig. 53) aus typischen Chordazellen besteht, ventral davon die noch paarigen Aorten, welche an das zum Teil schon vom Dottersacke abgeschnürte Darmepithel angrenzen. Seitlich vom Nervenrohr, der Chorda dorsalis und dem Entoderm liegt das Mesoderm, welches in seiner ganzen Ausdehnung ein ziemlich weites Coelom einschließt.

Differenzierung des dorsalen Mesoderms.

Das dorsale Mesoderm wird in großer Ausdehnung in Ursegmente (Somiten, früher auch Urwirbel genannt) zerlegt, welche bloß dem am weitesten cranial liegenden Abschnitte desselben, welcher später in die Bildung des Kopfes eingeht, fehlen. Beim Menschen entstehen ca. 38—41 Somiten, doch sind dabei drei bis vier mitgerechnet, welche in die Bildung des Occiputs eingehen (siehe die Entwicklung des Schädels und der Muskulatur). Abgesehen von diesen entspricht die Zahl der Somiten derjenigen der zur Ausbildung kommenden Wirbel. So finden wir beim Menschen 7 Hals-, 12 Thorakal-, 5 Lumbal-, 5 Sakralsomiten und 5—8 Somiten, welche den rudimentären Steißbeinwirbeln entsprechen. Die Abgrenzung der Somiten beginnt beim Menschen etwa in der dritten Embryonalwoche; ihre Wandung besteht aus hohen zylindrischen Zellen, welche den in jedem Somiten eingeschlossenen Abschnitt des Coeloms begrenzen. Nach der Bildung des Medullarrohres und dem Beginne der Abschnürung des Embryos vom Dottersacke liegt der Somit lateral und dorsal dem Ectoderm, medial dem Medullarrohr direkt an, während er ventralwärts mittels des gleichfalls segmentalen Zwischenstückes (Ursegmentstiel) mit dem unsegmentierten ventralen Mesoderm in Verbindung steht.

Die Differenzierungsvorgänge in der Wandung eines Somiten lassen sich an den Figg. 53 und 54 verfolgen. Die früheste Veränderung besteht in dem Auftreten von Fibrillen in den Zellen der medialen Wand zunächst an der Basis, später auch in dem übrigen Protoplasma der Zellen (Fig. 53). Die am frühesten eine solche fibrilläre Differenzierung ihres Protoplasmas aufweisenden Zellen liegen in der Höhe der Chorda dorsalis; später ergreift die Fibrillenbildung in dorsaler und ventraler Richtung weitere Zellen. Diese stellen, indem sie noch im Epithelverbande verharren, die erste Anlage der quergestreiften Rumpf- und Extremitätenmuskulatur des betreffenden Segmentes dar; in ihrer Gesamtheit bilden sie die Muskellamelle des Myotoms.

Auf einem folgenden Stadium (Fig. 54) zeigt die mediale Wand des Somiten an der ventralen Grenze der Muskellamelle eine medial- und dorsalwärts, zwischen der Muskellamelle einerseits, der Chorda dorsalis und dem Medullarrohr andererseits vorwachsende Zellwucherung, in welche ein feiner Spalt aus dem Coelom hineinführt. Diese Wucherung ist das Sklerotom, der in dasselbe hinaufführende Spalt, welcher oft durch eine kleine Einbuchtung ersetzt wird, das Sklerotomdivertikel. Dasselbe fehlt bei den meisten andern Formen, indem das Sklerotom eine solide Zellmasse darstellt, welche sich jedoch phylogenetisch ohne Zweifel von einer Ausbuchtung der medialen Somitenwand ableitet. Aus dem Sklerotom bildet sich Stützgewebe, welches die Chorda dorsalis umgibt und der Wirbelsäule, also dem axialen Skelete, bei seiner Entstehung zugrunde liegt.

Unterdessen verlieren die Wandungen des Somiten unterhalb des Abganges des Sklerotomdivertikels ihre Verbindung mit dem Zwischenstück, dagegen schließen sie sich hier zusammen, um einen Sack, das Myotom, abzugrenzen. Von diesem löst sich nun das Sklerotom ab, welches die Chorda dorsalis und später das Medullarrohr dorsal umwächst, um die Grundlage für die Bildung der Wirbelkörper und der Wirbelbogen herzustellen. In Fig. 54 ist die Trennung des Myotoms von dem Zwischenstücke noch nicht vollzogen, auch stehen die Sklerotomzellen noch mit ihrem Mutterboden im Zusammenhange. Der Zustand entspricht ungefähr dem ersten der beiden Bilder (Figg. 55 und 56), in welchen diese Vorgänge schematisch zusammengefaßt sind, während in Fig. 56 das Myotom sich ventral geschlossen hat und gewissermaßen als ein Bläschen, das, in transversaler Richtung etwas abgeplattet, eine mediale und eine laterale Wandung, eine dorsale und eine ventrale Kante aufweist, an die Stelle des Somiten getreten ist.

Während in der medialen Wand (Muskellamelle des Myotoms) die Zellen, trotz der Bildung kontraktiler Fibrillen, im ursprünglichen Epithelverbande verharren, ändern diejenigen der lateralen Wand (der Cutislamelle des Myotoms) ihren Charakter; indem ihr

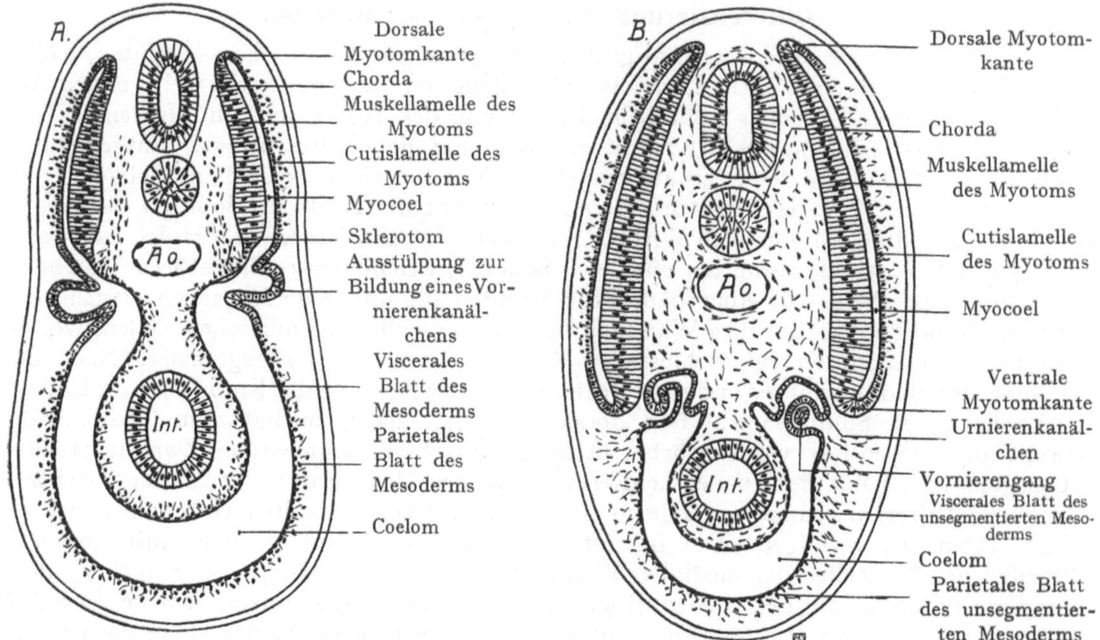

Fig. 55. Schema der Differenzierung des Mesoderms bei Selachiern.　　　Fig. 56. Schema der Differenzierung des Mesoderms bei Selachiern.

Nach van Wijhe, aus Hertwigs Lehrb. d. Entw.-Gesch.

Zusammenhang sich lockert, bilden sie Fortsätze aus und nehmen, unter lebhafter Vermehrung, die Form verzweigter Bindegewebszellen (Mesenchymzellen) an. Auch breiten sie sich unter dem Ectoderm aus und stellen das Corium der dorsalen Hälfte des Rumpfes her, welches der Epidermis zur Grundlage dient. Trotz der fortschreitenden Umbildung der medialen Wand des Myotoms in Muskelepithelzellen und der lateralen Wand in Mesenchymzellen, bleibt an der dorsalen resp. ventralen Kante des Myotoms, dort wo die beiden Wandungen ineinander übergehen, eine Epithelstrecke bestehen, deren Zellen noch einen indifferenten Charakter aufweisen und eine dorsal- und ventralwärts sich vorschiebende Wachstumszone darstellen. Dieses Auswachsen des Myotoms wird aber auch von einer Umwandlung der dorsal und ventral neugelieferten Zellen in Muskelepithelzellen resp. in Cutiszellen begleitet, und zwar erfolgt dieser Vorgang so lange, bis die Myotomkanten von beiden Seiten her, dorsal und ventral, in der Medianebene aufeinanderstoßen. Die Auflösung der Cutislamelle beginnt übrigens in derselben Höhe, wie die Bildung der Muskelfibrillen in der Muskellamelle, auch schreitet sie, wie diese, in dorsaler und ventraler Richtung fort.

Was die feineren Vorgänge bei der Umwandlung der Muskelepithelzellen in die quergestreiften Muskelfasern anbelangt, so ist erwähnt worden, daß die Fibrillenbildung zuerst an der Basis der Zelle auftritt, um allmählich gegen die dem Myocoel zugewandte freie Fläche fortzuschreiten. Die von Fibrillen durchsetzten Zellen wachsen alsdann in der Längsrichtung des Körpers zu bandartigen Gebilden aus, wobei unter fortwährenden Kernteilungen das Protoplasma stark zunimmt, jedoch ohne daß Zellgrenzen in demselben sich ausbilden. Auf diese Weise entsteht aus jeder Muskelepithelzelle ein Syncytium mit einer fibrillären Differenzierung des Protoplasmas, welche zunächst in der Peripherie der Faser durchgeführt ist und allmählich auf das Zentrum derselben übergreift. Bei den höheren Formen scheint sich die Bildung der Muskelfasern in derselben Weise zu vollziehen, doch sind die Einzelheiten wegen der dem Materiale anhaftenden technischen Schwierigkeiten der Untersuchung weniger zugänglich als bei Selachiern.

Die Zellen des Sklerotoms umwachsen, nachdem sie sich von ihrem Mutterboden frei gemacht haben (Fig. 56), sowohl die Chorda dorsalis, als auch das Rückenmarksrohr, und liefern: erstens die Hüllen des Rückenmarks, zweitens die Anlagen der Wirbelkörper und der Wirbelbogen. Lateralwärts führt das Wachstum der Sklerotomzellen (in den Querschnittsfiguren nicht darzustellen) zwischen den Myotomen zur Bildung von bindegewebigen Scheidewänden, den Myosepten. In diesen entstehen die Rippen, vielleicht auch das Sternum, so daß wir also in letzter Linie für das ganze Achsenskelet einen einheitlichen Ursprung aus den Sklerotomen annehmen dürfen.

Der im Myotom eingeschlossene Abschnitt des Coeloms, das Myocoel, erfährt mit der Differenzierung der Muskellamelle eine Einschränkung und verschwindet später gänzlich. Die ventralen Myotomkanten liefern bei Selachiern in einem gewissen Bereiche des Rumpfes während ihres Vorwachsens seitlich abgehende sekundäre Sprossen oder Knospen, welche in die Extremitätenanlagen eindringen. Bei Amnioten erfolgt dagegen die Bildung der Extremitätenmuskulatur wahrscheinlich ausschließlich durch die Ablösung einzelner Zellen des Myotoms, welche in die zunächst als Hautfalte oder Leiste sich darstellende Anlage (Extremitätenleiste) der Extremität einwachsen.

Mit den Zellen der Muskellamelle verbinden sich in sehr früher Zeit motorische Fasern eines Spinalnerven, die von den noch epithelial angeordneten Zellen des Nervenrohres auswachsen. Wahrscheinlich erfolgt diese Verbindung in dem Zeitpunkte, da die Muskellamelle fast direkt der lateralen Wand des Medullarrohres anliegt und die Fortsätze der Nervenzellen unmittelbar mit der Basis der Muskelepithelzellen in Kontakt treten können.

Bei Selachiern hat die Cutislamelle des Myotoms keinen Anteil an der Bildung der Rumpfmuskulatur, der Myosepten oder der Rippen (C. Rabl).

Umbildung der Ursegmentstiele. (Zwischenstücke.)

Die Differenzierung der Ursegmentstiele, d. h. der segmentalen Verbindungen zwischen den Ursegmenten und dem ventralen unsegmentierten Mesoderm, führt zur Bildung des Exkretionssystems, und zwar ausschließlich von diesen streng begrenzten Abschnitten des Mesoderms aus. Nach der Ablösung der Myotome wird auch bei den Ursegmentstielen die Kontinuität der Wandung durch den Zusammenschluß des Epithels wiederhergestellt (Fig. 56), dagegen bleibt die Verbindung mit dem ventralen unsegmentierten Mesoderm und dessen Coelom weiter bestehen. Die Ursegmentstiele bilden bei einigen primitiven Formen (z. B. den Myxinoiden), indem sie unter Wahrung der Verbindung mit dem Coelom auswachsen, die Kanälchen des Exkretionssystems (Pronephros). Diese erhalten durch die Entstehung einer Längsverbindung zwischen ihren blind auswachsenden Enden einen Ausführungsgang, den Vornierengang, welcher zunächst in den dem Urogenitalsystem und dem Enddarm gemeinsamen Raum, die Kloake, ausmündet. Diejenigen Ursegmentstiele im Bereiche des unmittelbar auf das Cranium folgenden Teiles der Anlage sowie auch des Schwanzes, welche sich nicht an der Herstellung des Exkretionssystems beteiligen, unterliegen der Rückbildung. Bei den höheren Formen entsteht infolge einer weiteren Umbildung eine zweite Generation von Exkretionskanälchen, die wir als Urnierenkanälchen oder Kanälchen des Mesonephros bezeichnen. Diese werden bei den Amnioten durch eine dritte Generation von Exkretionskanälchen abgelöst, welche die Nachniere oder den Metanephros herstellen. Die Entwicklung dieser drei Systeme wird durch ihre Bezeichnung als Pronephros, Mesonephros und Metanephros sowohl in bezug auf die zeitliche, wie auf die örtliche Aufeinanderfolge gekennzeichnet. So bilden sich am frühesten und auch aus mehr cranial gelegenen Ursegmentstielen die Kanälchen des Pronephros, sodann aus caudalwärts folgenden Ursegmentstielen in etwas späterer Zeit diejenigen des Mesonephros, am spätesten sowie auch am weitesten caudal, bei einer Anzahl von Formen (Reptilien) erst nach dem Ausschlüpfen aus dem Ei, die Kanälchen des Metanephros (siehe die Entwicklung des Urogenitalsystems).

Umbildung des unsegmentierten Mesoderms.

Das unsegmentierte Mesoderm zerfällt in das viscerale und das parietale Blatt, welche bei Amnioten die primitive Körperhöhle oder das embryonale Coelom innerhalb sowie das periphere oder außerembryonale Coelom außerhalb der Embryonalanlage begrenzen. Bloß beim Amphioxus entsteht das Coelom in Form von paarigen Ausbuchtungen des Urdarmes, welche später eine sekundäre Segmentation erfahren und in ihren ventralen Abschnitten zu einer großen, das Darmrohr in seiner ganzen Länge umgebenden Höhle verschmelzen (siehe Entwicklung des Mesoderms beim Amphioxus). Bei allen Wirbeltieren dagegen entsteht das Coelom infolge einer Spaltung der beiderseits von der Chordarinne auswachsenden, zunächst soliden Mesodermplatten. Auf diese Weise erhalten wir das parietale, dem Ectoderm anliegende und das viscerale in Kontakt mit dem Entoderm stehende Blatt. Infolge der weiteren Ausdehnung des Spaltes entsteht der große zunächst einheitliche Raum des embryonalen Coeloms, den wir später in die Peritonaealhöhle, die Pleurahöhle und die Pericardialhöhle zerfallen sehen. Das frühzeitig sehr stark ausgebildete außerembryonale Coelom (Fig. 55) wird bei Säugetieren infolge der Entwicklung der Eihüllen und des Wachstums des Embryos später wieder eingeschränkt. Die Coelomabschnitte im dorsalen Mesoderm (Myocoel) sowie in den Ursegmentstielen, fallen für unsere Betrachtung fort. Jene verschwinden mit der Umbildung der Muskel- und der Cutislamelle des Myotoms, diese bleiben als Lumen der Exkretionskanälchen bestehen. Die Coelomspalten treten bei Amnioten zuerst im unsegmentierten Mesoderm gegen die Peripherie der Keimscheibe auf, also außerhalb der eigentlichen Embryonalanlage. Der Bildungsmodus läßt sich sehr klar beim Hühnchen überblicken, wo sich zunächst einzelne Spalten im Mesoderm zeigen, die zu immer größeren Hohlräumen verschmelzen. Auch bei einem menschlichen Embryo mit 7 Ursegmenten wurde die Bildung des Coeloms genau festgestellt. Dasselbe gewinnt sehr frühzeitig in der cranialen Partie der Anlage eine beträchtliche Entfaltung, die bei der weiteren Entwicklung, unter Bildung neuen Materials vom Primitivstreifen aus, Fortschritte macht. Die Bildung des Coeloms erfolgt demnach, wie die Differenzierung der Embryonalanlage überhaupt, in der Richtung von vorn nach hinten.

Was das außerembryonale Coelom (Exococlom) anbelangt, so nimmt es bei den Primaten schon sehr früh einen unverhältnismäßig großen Teil der Fruchtblase für sich in Anspruch. Dieses Verhalten wird in Fig. 57 veranschaulicht, wo es in dem ganzen Raume angetroffen wird, der einerseits von der Embryonalanlage selbst, seinem Amnion und seinem Dottersacke, andererseits von der inneren Fläche des die Fruchtblase nach außen abschließenden Trophoblasten begrenzt wird. In Wirklichkeit ist bei Primaten das Mißverhältnis zwischen dem Keime und dem außerembryonalen

Coelom viel beträchtlicher, als daß man es in einem Schema von mäßiger Größe darstellen könnte.

Im Bereiche des außerembryonalen Coeloms der Primaten stehen beide Blätter des Mesoderms durch zahlreiche Zellbalken untereinander in Zusammenhang (Fig. 57). Wir haben hier eine Bildung vor uns, welche von den älteren Autoren als Magma reticulare bezeichnet wurde und für gewisse frühe Stadien geradezu charakteristisch ist. Sie entsteht wohl dadurch, daß bei der raschen Vergrößerung der Keimblase die einzelnen im außer-embryonalen Mesoderm auftretenden Spalten nicht zur Verschmelzung kommen, sondern durch Bindegewebslamellen voneinander getrennt bleiben. Nicht unmöglich ist es, daß diese Bildungen während der frühen Stadien der Fruchtblase auch eine gewisse mechanische Rolle spielen.

Beide Blätter des unsegmentierten Mesoderms bestehen in frühen Entwicklungsstadien aus einer einfachen Schicht von ziemlich niedrigen Epithelzellen. Sehr bald beginnen jedoch einzelne Zellen den Epithelverband zu verlassen, ohne daß dieser, wie es bei der Cutislamelle des Myotoms der Fall ist, sich vollständig auflösen würde. Die austretenden Zellen bilden Fortsätze, auch lockert sich ihr Zusammenhang; sie stellen Mesenchymzellen dar, wie solche auch von der Cutislamelle des Myotoms abgegeben werden. Die aus dem parietalen Blatte des unsegmentierten Mesoderms im Bereiche der Embryonalanlage

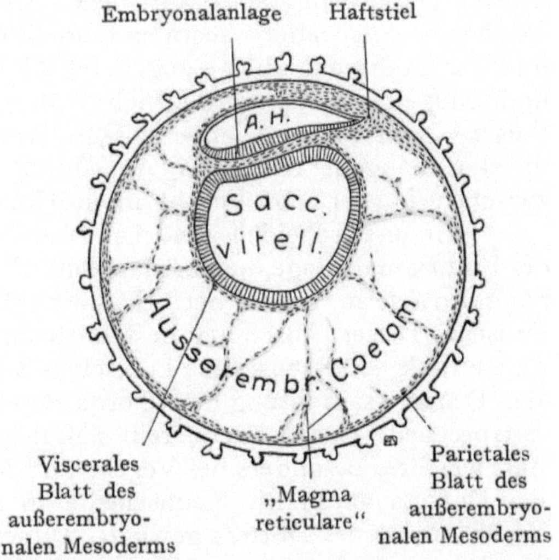

Fig. 57. Schema des menschlichen Eies bei starker Ausbildung des außerembryonalen Coeloms.

austretenden Zellen bilden das Corium der ventralen Partie des Rumpfes. Die Zellen, welche dem visceralen Blatte entstammen, bilden einerseits die Submucosa, die Muscularis mucosae und die Darmmuskulatur, andererseits, außerhalb der Embryonalanlage, im Anschluß an das Dottersackentoderm, die Anlagen zahlreicher Blutgefäße und Blutzellen. Diese letzteren gelangen in die Embryonalanlage und zwar dadurch, daß die auf dem Dottersacke sich bildenden Gefäße mit Gefäßanlagen innerhalb des Embryos in Verbindung treten, so mit den beiden primitiven Aorten. Auch aus Zellen des parietalen Blattes bilden sich Blutgefäße, sowohl innerhalb als außerhalb der Embryonalanlage, überhaupt scheint diese Fähigkeit, Blutzellen und Gefäßendothel zu bilden, allen Mesenchymzellen zuzukommen, aus welcher Quelle sie auch immer stammen mögen. Aus dem visceralen Blatte des unsegmentierten Mesoderms bildet sich die Darmmuskulatur, indem die austretenden Mesenchymzellen sich nach Abschnürung des Darmrohres von dem Dottersacke zu einer Schicht spindelförmiger glatter Muskelzellen zusammenlegen.

Aus den im Epithelialverbande verbleibenden Zellen der beiden Blätter des unsegmentierten Mesoderms entsteht innerhalb der Embryonalanlage, unter starker Abplattung, das Endothel der in früher Zeit einheitlichen serösen Höhle des embryonalen Coeloms, an dessen Stelle später durch die Ausbildung von Scheidewänden die drei serösen Höhlen des Körpers (Pericardialhöhle, Pleurahöhle und Peritonaealhöhle) treten.

Bildung des Dottersackentoderms und des Blutes.

Die Bildung der Blutgefäße und der Blutzellen erfolgt am frühesten im visceralen Blatte des Mesoderms, welches die Höhle des außerembryonalen Coeloms von dem später das Dottersackentoderm liefernden Abschnitte des inneren Keimblattes trennt. Diese Tatsache findet ihre Erklärung darin, daß dem Entoderm bei dotterreichen Keimen, wie wir solche wohl bei den Vorfahren der Säugetiere anzunehmen berechtigt sind, sehr frühzeitig die Aufgabe zufällt, den Dotter zu einem Nahrungsmateriale umzuwandeln, welches von den in der visceralen Lamelle des Mesoderms gebildeten Gefäßen aufgenommen und der Embryonalanlage zugeführt wird. Außerdem dient dieses bei Vögeln, Reptilien und Säugetieren außerordentlich früh entstehende Gefäßnetz zweifellos dem Gasaustausche, und zwar so lange, bis andere Einrichtungen dafür eintreten, welche bei den meisten Säugetieren in der Ausbildung einer mehr oder weniger· innigen Verbindung zwischen Mutter und Frucht ihren Höhepunkt erreichen.

Wir unterscheiden zunächst zwei Abschnitte des Entoderms. Der eine liegt unter der Embryonalanlage, etwa entsprechend der Area pellucida, und wird deshalb als embryonales Entoderm bezeichnet. Dasselbe bildet das Epithel des Darmrohres und seiner Drüsen. Dieser Abschnitt besteht beim Hühnchen, solange der Keim flach auf dem Dotter ausgebreitet ist, aus kubischen Zellen, die in ihrer flächenhaften Ausdehnung in der Transversalrichtung der Chorda dorsalis, den Ursegmenten und den Ursegmentstielen entsprechen. Ganz anders stellt sich dagegen das periphere, außerembryonale Entoderm dar, welches, besonders bei Vögeln und Reptilien, mit der fortschreitenden Umwachsung des Dotters durch die Keimscheibe an Ausdehnung sowie auch an Bedeutung für die Verarbeitung des Dotters gewinnt. Dieses Dotterentoderm besteht aus hohen, zahlreiche Vacuolen und Dottereinschlüsse aufweisenden Zellen (siehe Eihäute), die offenbar auf die angrenzende Dotterschicht verdauend einwirken und den Dotter aufnehmen. Auf der andern Seite stehen sie in inniger Beziehung zu den ihnen direkt anliegenden Gefäßen aus dem visceralen Blatte des unsegmentierten Mesoderms, welche das verarbeitete Nahrungsmaterial der Embryonalanlage zuführen.

Auch bei Säugetieren beginnt die Blutbildung auf dem Dottersacke und tritt erst später in der Embryonalanlage selbst auf. Ganz besonders scheint aber gerade beim Menschen das viscerale Blatt des außerembryonalen Coeloms im Bereiche des Dottersackes die früheste Bildungsstätte der Blutzellen zu sein (siehe Entwicklung des Blutes); von hier aus gelangen sie, nachdem sich das Gefäßnetz auf dem Dottersacke mit den Gefäßen der Embryonalanlage verbunden hat, in letztere. Diese Bildungsweise der Blutzellen ist beim Hühnchen bis zum 6. Tage der Bebrütung die einzige; dabei vermehren sich auf diesen Stadien die in das Blut abgegebenen Blutzellen sehr lebhaft durch indirekte Kernteilung. Später erfolgt auch innerhalb der Embryonalanlage an den verschiedensten Stellen die Bildung von Blutzellen, so in der Leber, der Milz, den Lymphdrüsen und dem Knochenmark und zwar ist sie überall an Zellen vom Charakter des Mesenchymgewebes oder lockeren Bindegewebes geknüpft. Diese besitzen also während einer sehr langen Zeit, vielleicht auch noch beim Erwachsenen, den ursprünglichen Charakter indifferenter Zellen, die sich zu Stützgewebe oder Gefäßendothel oder Blutzellen ausbilden können.

Begriff und Bedeutung des Mesenchyms.

In neuerer Zeit werden Zellen als Mesenchym zusammengefaßt, welche den Epithelverband des Mesoderms verlassen, ohne sich zunächst zu höher differenzierten Geweben, wie Knorpel, Knochen, oder glatten Muskelzellen umzuwandeln. Die Zellen des Mesenchyms bilden Fortsätze, welche untereinander in Verbindung treten, so daß man häufig die Bezeichnung als gleichbedeutend mit lockerem Bindegewebe gebraucht. Allein es umfaßt in seiner ursprünglichsten Bedeutung Zellen von mehr indifferentem Charakter, die, weithin im Organismus verbreitet, imstande sind, bald in die verschiedensten Modifikationen des Stützgewebes (geformtes und ungeformtes Bindegewebe, Knorpel, Knochen usw.) überzugehen, bald Gefäßendothel, glatte Muskulatur, Blutzellen, Fettzellen oder Zellen des Knochenmarks usw. zu liefern. Die Zellen des Mesenchyms stammen aus verschiedenen Abschnitten des mittleren Keimblattes; so werden sie von der Cutislamelle des Myotoms, dann auch vom Sklerotom, endlich aber in großen Mengen von beiden Blättern des unsegmentierten Mesoderms abgegeben. Es tritt infolge seiner weiten Verbreitung zu einer großen Anzahl von Organen in enge Beziehung. So umgibt es die Muskeln, ebenso die Anlagen der verschiedensten Drüsen, indem es das Endo- und das Perimysium, ferner das bindegewebige Gerüst, einerseits der echten Drüsen, andererseits der Lymphdrüsen (adenoides Gewebe) bildet. An einigen Stellen scheint es, wenigstens in bezug auf die Bildung der Blutzellen, seinen ursprünglich indifferenten Charakter auch nach der Geburt zu wahren, indem eine Bildung von Blutzellen noch sehr lange, ja sogar unter pathologischen Bedingungen noch beim Erwachsenen, in der Leber, dem Knochenmark, und der Milz stattfinden kann (siehe die Entwicklung des Zirkulationsapparates).

Differenzierungsvorgänge am äußeren Keimblatt (Ectoderm).

Die Differenzierungsvorgänge am Ectoderm führen sehr früh zu einer Unterscheidung von zwei Abschnitten desselben. Der eine, welcher die dorsomediane Region der Embryonalanlage einnimmt, zeichnet sich durch die Höhe seiner Epithelzellen aus; er stellt die Medullarplatte dar, aus welcher das gesamte zentrale und periphere Nervensystem hervorgeht. Der übrige Teil des Ectoderms weist zunächst niedrigere Zellen auf, welche die Embryonalanlage nach außen hin abschließen und sozusagen eine primitive Epidermis darstellen. Diese liefert jedoch, abgesehen von der eigentlichen Epidermis und den Epidermoidealgebilden wie die Haare und die Hautdrüsen, auch Zellen, welche sich zu den perzipierenden Elementen der Sinnesorgane (mit Ausnahme des Auges) umbilden.

Das hohe, einschichtige Cylinderepithel der Medullarplatte grenzt sich ziemlich scharf gegen die niedrigen Ectodermzellen der Peripherie des Keimes ab. Die Form der Platte ist bei den verschiedenen Klassen sowie je nach dem untersuchten Entwicklungsstadium verschieden. Aber gerade für den menschlichen Embryo wird häufig für gewisse frühe Stadien eine Schuhsohlenform (s. Fig. 58) beschrieben, bei welcher der Absatz caudal liegt. Immer ist die vordere Partie der Platte bedeutend verbreitert, wahrscheinlich in Zusammenhang mit der frühen Abgrenzung der Augenanlagen.

Die Medullarplatte zeigt jedoch nicht von vornherein diese Form, vielmehr gilt auch hier die schon früher aufgestellte Regel, daß sich die Embryonalanlage in der Richtung von vorn nach hinten differenziert, so daß der vordere breitere Teil der Platte zuerst entsteht, um sich erst allmählich im Zusammenhang mit den Umwandlungsvorgängen am Primitivstreifen in caudaler Richtung zu ergänzen. Sehr früh bemerken wir eine mediane Rinne, die Medullarrinne, welche die ganze Platte durchzieht und dieselbe in zwei symmetrische Hälften teilt.

Die Medullarplatte umschließt caudal diejenige Strecke des Primitivstreifens, welche die Öffnung der Invagination an der Oberfläche des Keimes (Neuroporus) aufweist und die weiterhin, wie schon früher dargelegt wurde, beim Zusammenschluß der Ränder der Medullarplatte zum Nervenrohre in das letztere aufgenommen wird. Dagegen wird die caudale Strecke des Primitivstreifens, welche außerhalb des Medullarrohres verbleibt, ventral verlagert und liefert teils den Anus, teils das Ostium urogenitale primitivum. Beide Abschnitte des Primitivstreifens sind an dem Oberflächenbilde eines menschlichen Keimes vor der Bildung der Somiten (Fig. 58) leicht zu erkennen.

Die Medullarplatte verwandelt sich in das Medullarrohr, indem ihre Ränder sich erheben und dorsalwärts vorwachsen bis sie zur Berührung untereinander und schließlich zur Vereinigung kommen. Am vorderen Ende der Platte bleibt eine Zeitlang eine Öffnung bestehen (Neuroporus anterior) und auch caudal, dort wo die Invaginationsöffnung in das Nervenrohr aufgenommen wird, ist beim menschlichen Embryo mit 7—8 Somiten das Rückenmarksrohr noch offen (Neuroporus posterior).

Literatur über die ersten Differenzierungsvorgänge an den Keimblättern.

van Beneden, Éd., Untersuchungen über die Keimblätterbildung, den Chordakanal und die Gastrulation bei Säugetieren (Kaninchen und Fledermaus). Anat. Anz. 3. 1888. 709—714. — *Derselbe,* Recherches sur l'embryologie des mammifères. La formation des feuillets chez le lapin. Arch. de biol. 1. 1880. — *Derselbe,* Recherches sur les premiers stades du développement du murin (Vespertilio murinus). Anat. Anz. 16. 1899. — *Derselbe,* Recherches sur l'embryologie des mammifères. II. De la ligne primitive, du prolongement céphalique de la notochorde et du mésoblaste chez le lapin et chez le murin. 14 Taf. Arch. de biol. t. 16. 1912. Fasc. II. 191—401. — *Bonnet, R.,* Beiträge zur Embryologie des Hundes. Anat. Hefte 9. 1897. Fortsetzung 16. 1899.— *Brachet, A.,* Die Entwicklung der großen Körperhöhlen und ihre Trennung voneinander. *Bonnet-Merkels* Ergebn. 7. 1897. — *Dandy, W. E.,* A human embryo with 7 pairs of somites, measuring about 2 mm in length. Amer. J. of Anat. 10. 1910. — *Dantschakoff, Wera,* Untersuchungen über die Entwicklung von Blut- und Bindegewebe bei Vögeln. Das lockere Bindegewebe des Hühnchens im fetalen Leben. Arch. f. mikr. Anat. 73. 1909. 117—181. — *Éternod, A. C. F.,* Il y a un canal notochordal dans l'embryon humain. Anat. Anz. 16. 1899. 131—143. — *Fischel, Alfr.,* Über die Differenzierungsweise der Keimblätter. Arch. f. Entw.-Mech. 30. 1910. — *Hatschek, B.,* Über den gegenwärtigen Stand der Keimblättertheorie. Verh. d. deutschen zool. Ges. 1893. Leipzig 1894. — *Hertwig, O.,* Die Lehre von den Keimblättern in *O. Hertwigs* Handb. der Entwicklungslehre. I. 1. 1906. — *Mall, F. P.,* Die Entwicklung des Coeloms und des Zwerchfells. *Keibel-Mall,* Handb. d. Entwicklungsgesch. d. Menschen. I. 1910. 527—552. — *Marchand, F.,* Über die Beziehungen der pathologischen Anatomie zur Entwicklungsgeschichte, besonders zur Keimblattheorie. Verh. d. deutschen path. Ges. II. 1899. 38—107. — *Mollier, S.,* Blutbildung in der embryonalen Leber des Menschen und der Säugetiere. Arch. f. mikr. Anat. 74. 1909. 474—524. — *Derselbe,* Über den Bau der kapillaren Milzvenen. Ibid. 76, 1911. 608—657. — *Maurer, Fr.,* Die Elemente der Rumpfmuskulatur bei Cyklostomen und höheren Wirbeltieren. 5 Taf. Morph. Jb. 21. 473—619. 1894. — *Rabl, C.,* Theorie des Mesoderms. I. Morph. Jb. 15. 1889. 113—252. — *Derselbe,* Homologie und Eigenart. Verh. d. deutschen path. Ges. II. 1899. — *Sunier, A. L. J.,* Les premiers stades de la différentiation interne du myotome et de la formation des éléments sclérodermatiques chez les Acraniens, les Sélaciens et les Téléostiens. 6 Taf. Proefschrift. Leiden. 1911.

Vorgänge bei der Abschnürung des Embryos und der Bildung der äußeren Körperform.

Abschnürung der scheibenförmigen Embryonalanlage vom Saccus vitellinus (Vesicula umbilicalis).

Bei der Besprechung der Furchung und Gastrulation haben wir gesehen, daß diese Vorgänge durch die Menge des Dotters eine in den einzelnen Klassen sehr verschieden starke Beeinflussung erfahren. Bei verhältnismäßig dotterarmen Eiern, wie denjenigen unserer einheimischen Amphibien, wird der Dotter frühzeitig von den stark pigmentierten Zellen der oberen Hemisphäre umwachsen und in die Embryonalanlage aufgenommen, um von da an einen integrierenden Bestandteil derselben darzustellen. Ganz anders verläuft die Entwicklung der dotterreichen Eier (Selachier, Reptilien, Vögel), denn hier sitzt die aus der Furchung hervorgegangene Keimscheibe der großen ungefurchten Dottermasse auf, so daß wir auch nach dem Ablaufe der Gastrulation und der Keimblätterbildung eine scheibenförmige Anlage vor uns sehen. Diese ist gegen den Dotter, den sie bei der Weiterentwicklung allmählich umwächst, scharf abgegrenzt, wobei sich jedoch der Embryo von den peripheren, den Dotter umschließenden Abschnitten der drei Keimblätter durch eine ringförmige Einschnürung absetzt. Wir können also bei diesen Formen, ganz anders wie z. B. bei Amphibien oder bei Formen mit mäßig stark entwickeltem Dotter (Knochenfischen) einen embryonalen von einem außerembryonalen Abschnitte der Keimscheibe unterscheiden. Die Formentwicklung ist demnach bei den dotterarmen Eiern mit totaler Furchung (Amphibien) und den dotterreichen Eiern mit partieller Furchung (Sauropsiden) verschieden. Diesen letzteren schließen sich die Eier der Säugetiere an. Während bei Amphibien die Dotterzellen sehr frühe in das Innere der Embryonalanlage gelangen, und an deren ventralem Umfange häufig noch eine Zeitlang nach dem Auskriechen eine deutliche Wölbung hervorrufen (Fig. 32 D), so erfolgt bei den Eiern mit großem Dotter eine langsame Umwachsung desselben durch die Zellen der Keimscheibe und gleichzeitig eine Abschnürung der Embryonalanlage vom Dotter. Dieser wird alsdann von einem mit dem Darmrohre des Embryos in Verbindung stehenden Dottersacke eingeschlossen. Schon mit dem Beginne der Abschnürung können wir also bei solchen Eiern einen embryonalen und einen außerembryonalen Bezirk unterscheiden, von denen letzterer an der Bildung der äußeren Körperform nicht weiter teilnimmt, dagegen Embryonalhüllen und Anhänge des Embryos liefert, die beim Ausschlüpfen resp. bei der Geburt des Fetus abgestoßen werden. Der Dottersack wird bald, wie bei Sauropsiden, in den Fetus aufgenommen, bald teilt er, wie bei Säugetieren, das Schicksal der Eihüllen, indem er seiner eigentlichen Rolle als Anhangsgebilde der

Embryonalanlage bis zum Ende treu bleibt. Die Abschnürung des Embryos vom Dottersacke führt zur Trennung des in frühen Stadien bei flach ausgebreiteter Embryonalanlage einheitlichen, vom Entoderm begrenzten Raumes, einerseits in das Darmrohr, andererseits in den Dottersack. Die zunächst noch sehr weite Verbindung dieser beiden Räume erfährt bei der fortschreitenden Abschnürung des Embryos eine immer weitergehende Verengung und zieht sich beim Menschen in einen Kanal, den Ductus omphaloentericus aus, welcher den Raum des Dottersackes mit dem Darmrohr des Embryos in Verbindung setzt. Der Übergang von Dotter in das Darmrohr durch diesen Gang ist jedoch so gut wie ausgeschlossen, so daß der Embryo bei allen Formen mit großem Dotter zur Resorption desselben auf die Gefäße angewiesen ist, welche sich in dem das Dotterentoderm überziehenden visceralen Blatte des Mesoderms ausbilden (siehe Eihüllen). Hierin besteht auch, wie bereits erwähnt wurde, ein wichtiger Unterschied gegenüber denjenigen Formen (Amphibien), bei welchen die Dotterzellen vollständig in die Embryonalanlage eingeschlossen werden, um direkt dem Verdauungsprozesse zu unterliegen.

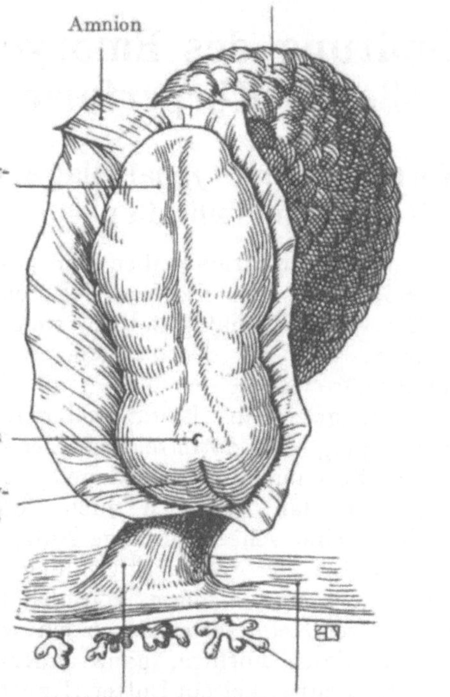

Wir beschreiben die Abschnürung und Formbildung des menschlichen Embryos an Hand von Abbildungen der verschiedenen Stadien. In Fig. 58 ist eine im Zusammenhang mit dem Dottersacke stehende Embryonalanlage dargestellt, bei welcher der Abschnürungsvorgang soeben begonnen hat. Diese Anlage wird häufig als schuhsohlenförmig beschrieben, die Medullarplatte erhebt sich besonders in ihrer cranialen breiteren Partie zu zwei durch eine ziemlich tiefe Medullarrinne voneinander getrennten Medullarwülsten. Am caudalen Ende der Anlage bemerken wir die Öffnung eines in den Saccus vitellinus führenden Canalis neurentericus (Neuroporus), von welchem nach hinten der Primitivstreifen ausgeht. Die Embryonalanlage ist durch einen kurzen sog. Haftstiel (siehe Entwicklung der Eihäute) mit der Peripherie der Fruchtblase verbunden.

Fig. 58. Menschlicher Keim von 2 mm Länge. Nach Graf von Spee (aus Kollmanns Lehrb. d. Entw.-Gesch.).

Besonders in der cranialen Partie der Anlage bemerken wir eine dieselbe umziehende Furche, die von His als Grenzfurche bezeichnet wurde. Außerhalb derselben erhebt sich das den Embryo dorsal bedeckende Amnion, dessen Schnittlinie ringsum zu verfolgen ist. Die Bildung der Grenzfurche beginnt am cranialen Ende der Anlage und schreitet auf beiden Seiten in caudaler Richtung fort. Cranial beginnt auch schon in diesem Stadium die zur Entstehung des Darmrohres führende Abschnürung des embryonalen Entoderms vom peripheren Dottersackentoderm. Wir sehen dieselbe cranial in Form einer leichten Einbuchtung auftreten, während seitlich bloß eine der Grenzfurche entsprechende Einsenkung die Linie andeutet, von welcher aus die Abschnürung erfolgt. Caudal fehlt auch diese, indem hier die sohlenförmige Anlage ohne Abgrenzung in die Wandung des Dottersackes übergeht.

Ein beträchtlicher Fortschritt in der Entwicklung läßt sich bei dem in Fig. 59 dargestellten Embryo mit 6 Somiten erkennen. Hier ist die Abschnürung vom Saccus vitellinus viel weiter gediehen und hat auch schon zur Bildung eines allseitig abgegrenzten cranialen Darmabschnittes geführt, während ein solcher caudaler Abschnitt kaum angedeutet ist (siehe auch den Sagittalschnitt des folgenden Stadiums in Fig. 62). Der übrige Teil des Entoderms ist noch flach ausgebreitet und geht, abgesehen von der durch die Grenzfurche bewirkten leichten Einsenkung, ohne scharfe Grenze in das Dotterentoderm über. Die craniale Partie der Medullarplatte ist auch hier verbreitert, ferner sind die Medullarwülste höher, ohne sich jedoch in der Medianebene zum Abschlusse eines Rohres zu begegnen. Am caudalen Ende der Anlage bemerkt man wieder zwischen den Medullarwülsten den Neuroporus als äußere Öffnung des Canalis neurentericus und von ihm ausgehend einen schon teilweise ventralwärts abgebogenen Primitivstreifen.

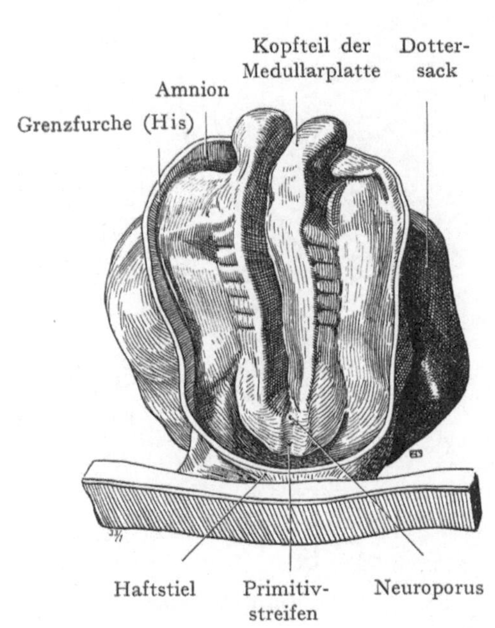

Fig. 59. Menschlicher Embryo mit 6 Somiten. Nach Kroemer, Keibels Normentafeln VIII. Taf. 3.

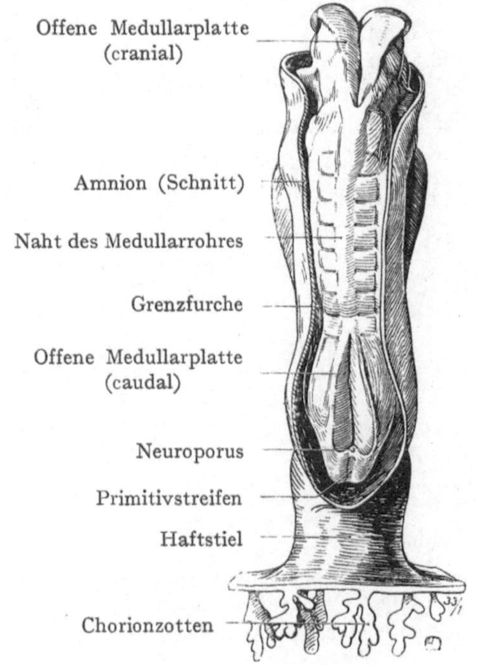

Fig. 60. Menschlicher Embryo von 2,11 mm Länge und 8 Somiten. Nach Éternod, Anat. Anz. XVI, 1899.

Die Abhebung der Embryonalanlage vom Dottersacke macht nunmehr weitere Fortschritte. In Fig. 60 und 61 sehen wir einen Embryo mit acht Somiten in dorsaler und ventraler Ansicht dargestellt. Besonders bei dieser letzteren erkennen wir an der Schnittlinie des abgetrennten Dottersackes, wie weit die Abschnürung der Embryonalanlage gediehen ist. Ein cranialer und ein caudaler (punktiert angegeben) Darmabschnitt (oft unrichtig als Kopf- und Schwanzdarm bezeichnet) sind hier vorhanden. In dieselben führt von dem noch mit dem Dottersacke gemeinsamen Raume je eine Öffnung, die craniale und die caudale Darmpforte. Jenseits der beträchtlich vertieften Grenzfurche erhebt sich eine den Embryo einschließende Membran, das Amnion. Der Primitivstreifen ist noch steiler gestellt als beim Embryo mit sechs Somiten (Fig. 59), auch liegt schon eine beträchtliche Strecke desselben am ventralen Umfange des Caudalendes der Anlage. Die Öffnung des Canalis neurentericus liegt noch frei zutage, obgleich

sich bei diesem Embryo die Medullarwülste in größerer Ausdehnung dorsal zur Bildung
des Nervenrohres vereinigt haben, ein Vorgang, welcher zuerst in der unmittelbar vor
dem ersten Somiten gelegenen, annähernd dem spätern Mittelhirn oder der Grenze desselben gegen das Hinterhirn entsprechenden Gegend erfolgt. Diese Verschmelzung der
Medullarwülste dehnt sich sowohl in cranialer als in caudaler Richtung weiter aus,
cranialwärts allerdings langsamer, vielleicht deshalb, weil hier die Medullarplatte, entsprechend der späteren Entfaltung der Großhirnhemisphären, schon auf diesen frühen
Stadien sehr breit ist. Cranial wie caudal bleibt jedoch eine kurze Strecke des Rohres
offen und die allmählich sich verkleinernde vordere Öffnung, welche man oft auch als

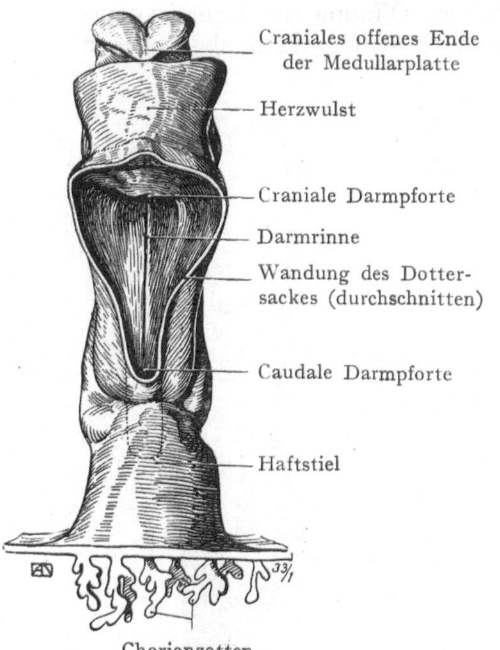

Fig. 61. Menschlicher Embryo mit 8 Somiten,
2,11 mm Länge. Ventrale Ansicht.
Nach dem Modell von Éternod, Anat. Anz. XVI,
1899.

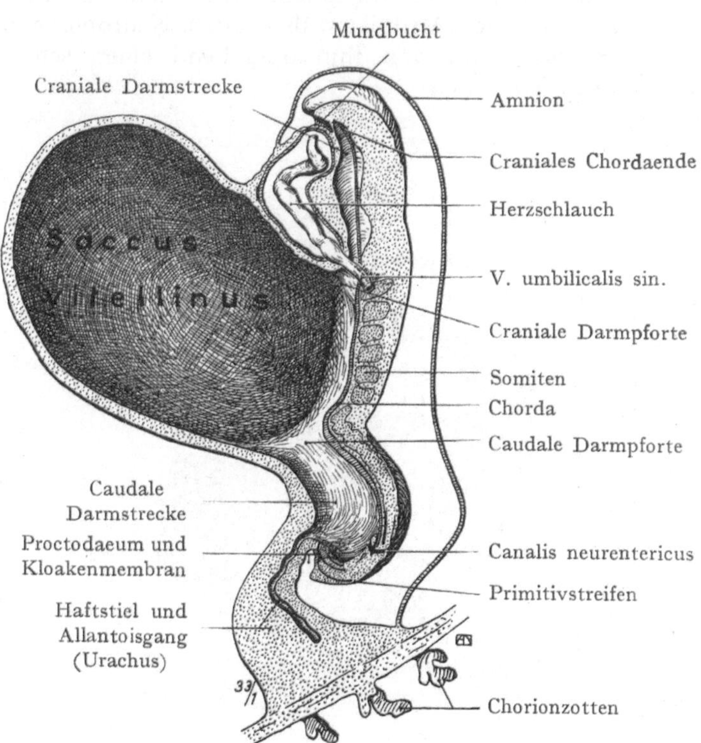

Fig. 62. Derselbe Embryo. Medianschnitt.

Neuroporus anterior bezeichnet, schließt sich erst bei Embryonen mit 23 Somiten, die
hintere Öffnung etwas später (Keibel).

In Fig. 62 ist ein Medianschnitt durch den Embryo dargestellt, der einige Verhältnisse noch klarer veranschaulicht. Vor allem erkennt man die Ausdehnung der
bereits abgeschnürten cranialen und caudalen Strecken des Darmes, ferner die Lage der
cranialen und der caudalen Darmpforte. Ventral von dem cranialen Darmabschnitte ist
ein in der ventralen Ansicht stark vorspringender Wulst zu sehen, welcher den auf
diesem Stadium S-förmig gewundenen Herzschlauch und einen denselben umgebenden
Coelomabschnitt, die spätere Pericardialhöhle, einschließt. Diesen Wulst bezeichnen
wir als Herzwulst. Er liegt auf diesem Stadium sehr weit cranial. Der craniale Abschnitt des Darmes nähert sich mit seinem vordern blinden Ende einer bei der Abschnürung des Kopfes in ventraler Richtung entstehenden Einbuchtung, der Mundbucht.
Dieselbe wird von dem cranialen Ende des Darmes durch eine dünne, aus Entoderm und Ectodermzellen bestehende epitheliale Platte, der Rachenhaut, getrennt.
Am dorsalen Ansatze derselben endet ein in der ganzen Ausdehnung der Embryonal-

anlage bis zum Canalis neurentericus ausgebildeter Stab, die Chorda dorsalis. Die caudale Darmpforte führt in einen kurzen, mit dem cranialen Abschnitte des Darmes verglichen, relativ weiten Darmabschnitt. Von demselben geht ein blind endigender Gang, der Allantoisgang, ab, welcher sich in den die Embryonalanlage mit der Wandung der Fruchtblase verbindenden Haftstiel hineinzieht. Der Primitivstreifen verläuft vom Canalis neurentericus an caudalwärts, um in eine verdickte, sagittal eingestellte Epithelplatte überzugehen, welche die Abgangstelle des Allantoisganges vom Darm erreicht. Diese Platte ist die bereits oben erwähnte Kloakenmembran (Membrana cloacae), welche, ebenso wie die Rachenhaut, dazu bestimmt ist, einzureißen und eine Öffnung des Darmes nach außen zu schaffen. Allerdings entstehen nach dem Durchbruche der Membran zwei Öffnungen, nämlich einerseits das Ostium urogenitale primitivum, als Öffnung des Sinus urogenitalis, andererseits der After, als Öffnung des Enddarms. Man faßt jetzt wohl ziemlich allgemein die Membrana cloacae als eine Bildung der caudalen Strecke des Primitivstreifens auf (siehe Entwicklung des Anus).

Ein weiterer Fortschritt in der Abschnürung des Embryos vom Dottersacke sowie in der Bildung der äußeren Körperform eines Embryos mit 15 Somiten läßt sich in Fig. 63 erkennen. Die Medullarplatte ist in viel weiterer Ausdehnung als bei dem Embryo mit acht Somiten zum Medullarrohre geschlossen, zeigt aber immer noch eine vordere und eine hintere Öffnung. Die Verbindung mit dem Dottersacke ist beträchtlich eingeengt, infolgedessen haben die cranialen und die caudalen, in den Darmpforten sich öffnenden Strecken des Darmes an Länge zugenommen.

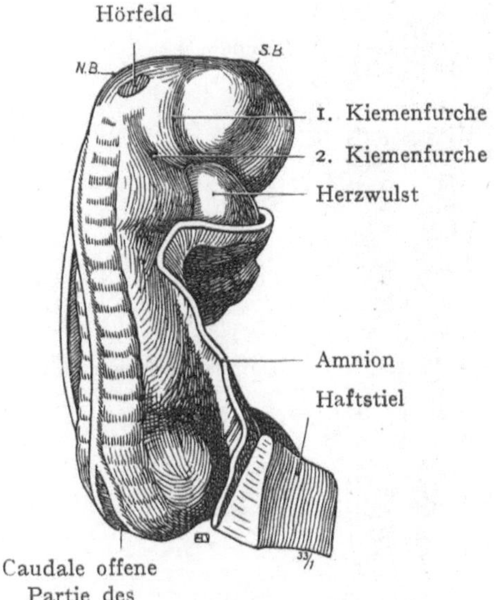

Fig. 63. Menschlicher Embryo mit 15 Somiten (Pfannenstiel III). Nach einem Modell von Elze. Fr. Keibel, Normentafeln VIII.

Auch auf der Zwischenstrecke, in welcher die Darmrinne breit in den Dottersack übergeht, hat sich die weitere Abschnürung des Darmrohres durch das tiefere Einschneiden der Grenzfurche auf beiden Seiten vorbereitet. Der vordere, beim Embryo mit acht Somiten stark verbreitete und ventral abgebogene Teil der Medullarplatte hat nach ihrem Zusammenschlusse zum Hirnrohre diese Abbiegung noch stärker ausgeprägt und zwar nicht ganz gleichmäßig, indem dieselbe hauptsächlich an zwei Punkten stattfindet, von denen der caudale (N.B.), die Nackenbeuge, im Bereiche der späteren Medulla oblongata liegt, während der craniale (S.B.), im Bereiche des späteren Mittelhirnes gelegene, als Scheitelbeuge bezeichnet wird. Ventral vom Kopfe sehen wir wieder den Herzwulst, der sich caudalwärts bis zur vordern Darmpforte erstreckt und die Anlage des Herzens sowie das dieselbe umgebende Coelom einschließt. Zu demjenigen Abschnitte des Darmes, welcher vorn in der Rachenhaut einen Abschluß erhält, stehen Furchen in Beziehung, welche dorsal vom Herzwulst in die seitliche Fläche des Kopfes einschneiden; es sind dies die Kiemenfurchen, von denen im vorliegenden Stadium die beiden ersten ausgebildet sind. Ihnen entsprechend entstehen vom Darm aus die Schlundtaschen, lateralwärts gerichtete Ausbuchtungen, deren Epithel (Entoderm) mit dem Epithel der Kiemenfurchen (Ectoderm) zur Bildung von epithelialen Platten in Berührung tritt, die durchbrechen können, um als Kiemenspalten eine Verbindung nach außen zu schaffen. Beim

Menschen scheint dieser Durchbruch überhaupt nicht stattzufinden oder dann nur ganz ausnahmsweise im Bereiche der ersten oder zweiten Kiemenfurche. Die von den Kiemenfurchen begrenzten Abschnitte der seitlichen Wandung des Kopf- oder Kiemendarmes werden als Kiemenbogen bezeichnet. Die mit den Kiemenbogen und Kiemenspalten der niedern Formen verknüpfte respiratorische Funktion, welche sich in der Ausbildung der Kiemenfäden und Kiemenblättchen ausprägt, ist bei Amnioten nicht mehr vorhanden. Dagegen geht der Apparat in die Bildung des Halses ein, in dessen Gestaltung er bedeutungsvolle Spuren zurückläßt.

Auf diesem Stadium und auch noch in späterer Zeit, nachdem die Verbindung des Darmes mit dem Dottersacke sich auf einen engen Gang (Ductus omphaloentericus) beschränkt hat, stellt der Darm ein cranial und caudal blind endigendes Rohr dar, welches bei der fortschreitenden Abschnürung der Embryonalanlage vom embryonalen Coelom umgeben wird. Dieses geht an einer kreisförmigen Stelle der ventralen Fläche der Embryonalanlage in das außerembryonale, den Dottersack umgebende Coelom über, welche wir als Dottersacknabel bezeichnen (Fig. 64). Über die Bildung des embryonalen Coeloms ist schon im letzten Kapitel einiges gesagt worden; in diesem Zusammenhange genüge es, hervorzuheben, daß das ursprünglich auch den Kiemendarm umgebende Coelom durch das Auftreten der Kiemenfurchen und der Schlundtaschen in einzelne Abschnitte (Kiemenbogencoelom) zerlegt wird, welche durch Differenzierung ihrer Wandung die Kiemenbogenmuskulatur liefern. Diese entsteht also auf einem ganz andern Boden als die aus einer Umwandlung der Muskellamelle des Myotoms hervorgegangene Rumpfmuskulatur. Während man die Kiemenbogenmuskulatur mit der Darmmuskulatur, die ja gleichfalls aus dem unsegmentierten Mesoderm entsteht, zusammenstellen und als splanchnische Muskulatur bezeichnen kann, wird man ihr die Rumpfmuskulatur als somatische Muskulatur gegenüberstellen. Das Coelom umgibt die übrige Strecke des Darmes, welcher durch eine in seiner ganzen Länge abgehende dorsale Peritonaealduplikatur (primitives Mesenterium dorsale) an die dorsale Bauchwand befestigt wird. Der Verlauf des Darmes, die Verbindung desselben mit dem Dottersacke und sein Einschluß in das Coelom sind in Fig. 64 bei leichter Streckung eines ursprünglich gegen die Bauchfläche abgebogenen Embryos von 2,4 mm Länge dargestellt. Während der dorsale Teil des Kopfcoeloms in die Abschnitte des Kiemenbogencoeloms zerlegt wird, umgibt der ventrale Abschnitt als Pleuroperitonaealhöhle das Herz und tritt mit demselben eine Wanderung in caudaler Richtung an, indem er zunächst caudalwärts seine Verbindung mit dem übrigen Coelom beibehält.

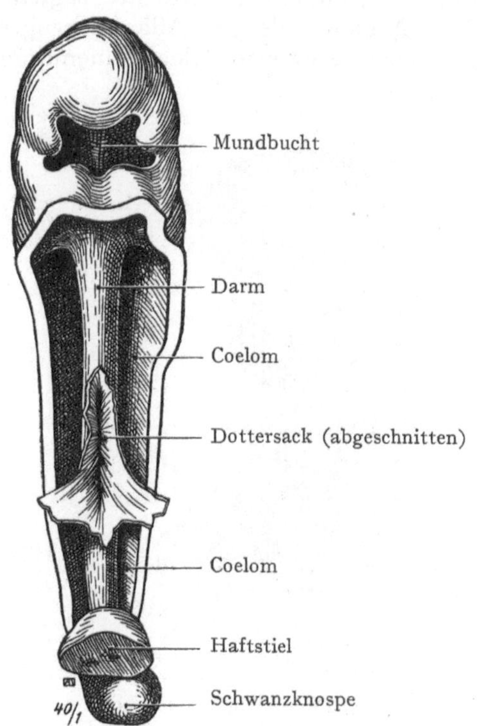

Fig. 64. Menschlicher Embryo von 2,4 mm Länge, gestreckt, Herz und Dottersack entfernt. Haftstiel durchschnitten.
Nach His, Menschl. Embryonen 1885.

Embryonen aus dem zweiten Monate.

Bei der weitern Ausbildung der Körperform wirken, abgesehen von der zunehmenden Abschnürung des Embryos von dem Dottersacke, die in der Ausbildung des engen Ductus omphaloentericus gipfelt, noch eine Anzahl anderer Momente mit. Am Kopfe, welcher im Wachstum dem übrigen Körper vorauseilt, sehen wir das äußere Relief, einerseits durch die zunehmende Massenentfaltung der Wandung der drei Hirnbläschen sowie der Augen, andererseits infolge der Umbildung der durch die Kiemenfurchen außen begrenzten seitlichen Abschnitte des Kopfes, der Schlundbogen, bestimmt. Durch Wachstumsvorgänge in der Umgebung der Mundbucht erfolgt in der Form von Fortsätzen die Bildung derjenigen Teile, welche später dem Gesichte zugrunde liegen und bei der weitern Entwicklung beträchtliche Änderungen erfahren. Ein solcher Fortsatz ist in der Fig. 65 (Oberkieferfortsatz) dargestellt. Ein drittes Moment, welches für die Formgestaltung des Kopfes wesentlich in Betracht kommt, haben wir in der raschen Ver-

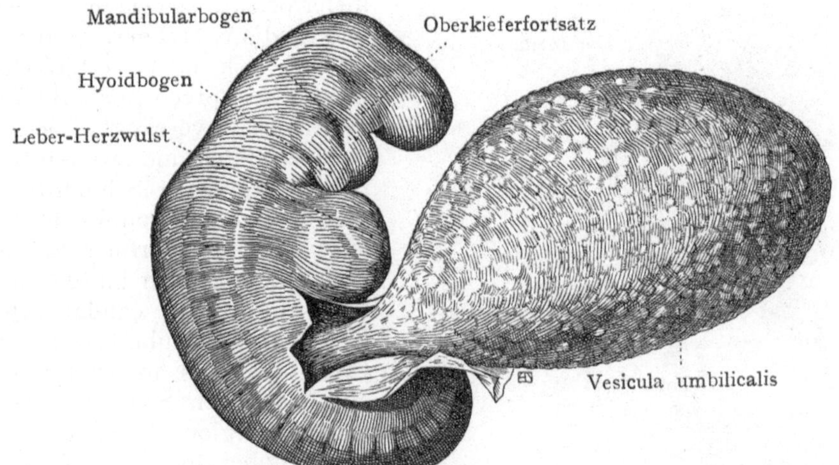

Fig. 65. Menschlicher Embryo mit 3 Kiemenfurchen.
Basler Sammlung.

größerung des zunächst ventral vom Kopfe angelegten Herzschlauches zu erblicken, welcher sich, wie früher gesagt wurde, in caudaler Richtung zu verschieben beginnt. Dieser Vorgang beeinflußt die Form der vordern Partie des Rumpfes. Dazu kommt, in demselben Sinne wirkend, die rasch wachsende Leberanlage, welche mit dem Herzwulst zusammengenommen, auf gewissen Stadien der Entwicklung bei menschlichen Embryonen, das Relief der ventralen Fläche bestimmt (Fig. 65), solange nicht der Darm durch sein Längenwachstum einen größeren Abschnitt der Bauchhöhle für sich in Anspruch nimmt. Ein weiteres Moment bildet das Auftreten der Extremitätenanlagen, ferner Änderungen am caudalen Körperende, welche bei der weitern Beschreibung Berücksichtigung finden werden. Bei den Embryonen aus dem zweiten Monate machen alle diese Momente ihren Einfluß geltend.

Wir gehen von dem in Fig. 65 dargestellten Embryo aus, der bei der Konservierung etwas gestreckt wurde, so daß die spiralige Krümmung, die besonders an etwas jüngeren Embryonen überaus deutlich zutage tritt, hier nicht zu sehen ist. Dafür treten einige Einzelheiten desto klarer hervor.

Die Abschnürung von der Nabelblase ist hier so weit gediehen, daß der Zusammenhang mit dem embryonalen Darm nur noch durch den engen Ductus omphaloentericus

vermittelt wird. Dieser geht am Bauchnabel vom Embryo ab; hier wurde das
Amnion, welches sich dorsal auf den Embryo überschlägt, abgeschnitten. Der Bauchnabel darf nicht mit dem Dottersacknabel verwechselt werden, welcher denselben umschließt und die Linie darstellt, an der das embryonale Coelom in frühen Stadien in
das außerembryonale Coelom übergeht. Caudal vom Bauchnabel geht der Haftstiel,
von vielen früheren Autoren (His) auch als Bauchstiel bezeichnet, vom Embryo ab,
um denselben mit der Peripherie der Keimblase in Verbindung zu setzen. Am Kopfe sind
die Scheitel- und die Nackenkrümmung gut ausgebildet. In seiner vordern Partie erfährt
der Kopf durch die seitlich sich vorwölbenden Ausbuchtungen des Vorderhirnbläschens,
welche die primitiven Augenblasen herstellen, eine Verbreiterung. Der seitliche Umfang
des Kopfes zeigt drei Kiemenfurchen. Von den durch dieselben abgegrenzten Schlundbogen unterscheiden wir den ersten, an die Mundbucht anstoßenden, als Mandibularbogen;

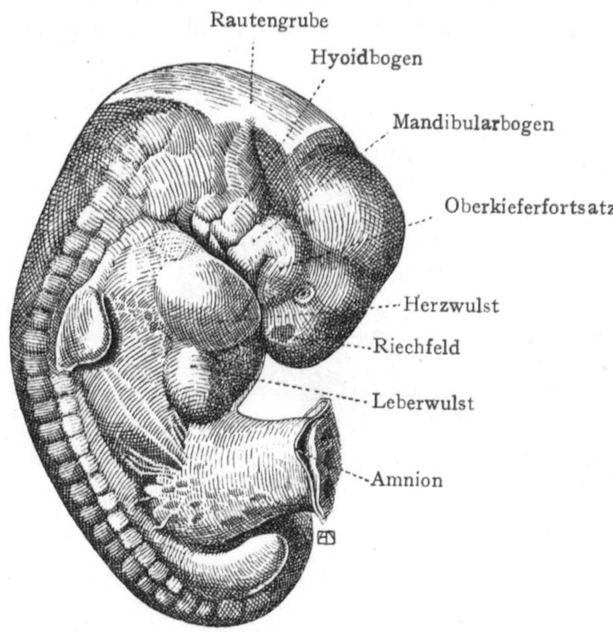

Fig. 66. Menschlicher Embryo. Vergr. 10 X.

derselbe bildet auch einen nach oben gegen die Augenanlage hin auswachsenden Fortsatz, den Ober-
kieferfortsatz, sowie einen ventral-
und medianwärts gerichteten Wulst,
welcher sich als Unterkieferfortsatz
mit der entsprechenden Bildung der
andern Seite vereinigt. Der zweite,
von der ersten und zweiten Kiemenfurche begrenzte Schlundbogen ist
der Hyoidbogen, von welchem später
eine als Opercularfortsatz bezeichnete Bildung nach hinten auswachsend die weiter caudal gelegenen
Kiemenfurchen überlagert, um sich
ganz besonders an der Bildung der
oberflächlichen Schichten der spätern Halsregion zu beteiligen. Man
denke dabei an die Entfaltung des
Platysma myoides, welches bis unter
die Clavicula reicht und sich von
der Muskulatur des Hyoidbogens
ableitet. Ein dritter Bogen endlich,
der erste Kiemenbogen oder Bran-
chialbogen, wird von der zweiten und dritten Kiemenfurche abgegrenzt; dieser und die
caudalwärts folgenden Bogen entsprechen den bei Fischen mit Kiemenblättchen besetzten Kiemenbogen, während der Hyoidbogen bloß bei einzelnen Formen Kiemenblättchen trägt (Spritzlochkieme), die in eine erste, reduzierte, von dem Hyoid-
und dem Mandibularbogen begrenzte Kiemenspalte (Spritzloch) hineinragen.

Die Kiemenbogenregion wird später in die Bildung des auf frühen Stadien überhaupt nicht vorhandenen Halses einbezogen, indem dabei Verschiebungen stattfinden,
welche dieser Region den Charakter einer Übergangsgegend zwischen Kopf und Rumpf
verleihen. So kann der Kehlkopf mit seiner Muskulatur von den Kiemenbogen und der
Kiemenmuskulatur abgeleitet werden, während die vordere lange Halsmuskulatur den
Cervikalmyotomen entstammt. Auch die Halswirbel, die sich jedoch durch das Fehlen
von Rippen als ein besonderer Abschnitt des Achsenskeletes kennzeichnen, sind als
Gebilde des Rumpfes aufzufassen. Bei niederen Vertebraten (Fischen) fehlt der Hals
vollständig, indem der rippentragende Abschnitt der Halswirbelsäule sich dem Schädel
caudalwärts unmittelbar anschließt. Aber auch hier erstreckt sich der Kiemenkorb
nicht selten in caudaler Richtung über die Schädelregion hinaus in den Bereich des

Rumpfes. Für die Säugetiere ist eben das Vorkommen von 6—7 rippenlosen Wirbeln zwischen Occiput und Thorax geradezu charakteristisch, auch verschieben sich in diesem Abschnitte sowohl Weich- als Hartgebilde, die eigentlich dem Kopfe angehören, in caudaler Richtung.

Eine Mundhöhle fehlt im vorliegenden Stadium, dagegen sehen wir am ventralen Umfange des schon ziemlich stark abgebogenen Kopfes eine Einsenkung, die Mundbucht, welche von verschiedenen Wülsten oder Fortsätzen umgeben wird. Ein solcher Fortsatz, der Stirnfortsatz, wächst gerade nach unten aus, um die Mundhöhle von vorn her zu begrenzen und sich in ansehnlicher Breite zwischen den Augenanlagen auszudehnen, welche lateral am Kopfe als rundliche Vorwölbungen zu bemerken sind (**Fig.** 64). Die seitliche Begrenzung der Mundbucht wird durch die vom Mandibular-

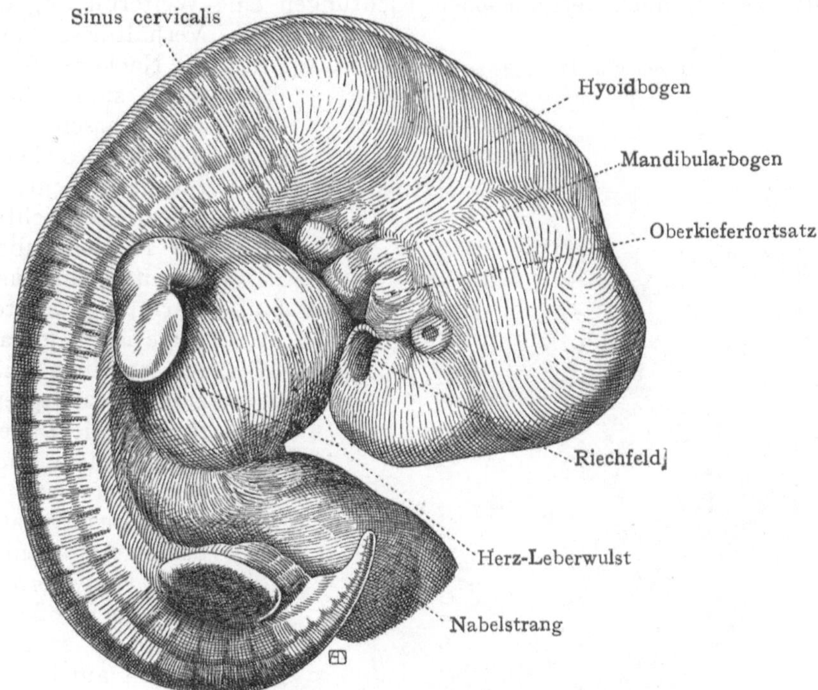

Fig. 67. Menschlicher Embryo. Vergr. 10×.

bogen gegen die Augenanlage hinaufwachsenden Oberkieferfortsätze, die untere durch die beiden in der Medianebene zur Vereinigung kommenden Unterkieferfortsätze gebildet. Der Boden der Mundbucht wird von der Rachenhaut hergestellt, deren Einreißen den Kiemendarm mit einem demselben gewissermaßen vorn angefügten Abschnitte, der primitiven Mundhöhle, in Verbindung setzt. Diese wird durch das flächenhafte Auswachsen der erwähnten Fortsätze gebildet. Sie fehlt noch auf diesem Stadium, wo bloß die von den Fortsätzen umgebene Mundbucht vorhanden ist. Fast unmittelbar stößt von hinten her an den Mandibularbogen der Herzwulst, welcher sich als eine Vorwölbung am ventralen Umfange des Embryos bis gegen den Abgang des Ductus omphaloentericus erstreckt. Später auftretend als der Herzwulst und caudal von demselben liegt der Leberwulst, welcher das Relief des ventralen Rumpfumfanges fast bis zur Geburt beherrscht, indem die Darmschlingen erst sehr spät, zum Teil erst nach der Geburt, ihre volle Entfaltung erlangen und eine Vorwölbung der unteren Bauchregion hervorrufen. Im Bereiche des Rumpfes können wir eine dorsale Zone, welche sich durch die segmental angeordneten Myotome auszeichnet, als Stammzone, von einer ventralen, der Parietalzone, unterscheiden, in welcher die Segmentierung fehlt. An dieser zieht sich eine leistenförmige Erhebung, die Extremitätenleiste oder Wolffsche Leiste, in größerer Ausdehnung hin. Dieselbe gewinnt etwas später (Fig. 66) an zwei Stellen, gegenüber den untern Cervikalmyotomen und den untern Lumbalmyotomen, eine beträchtlichere Entfaltung und stellt hier die schaufelförmigen Anlagen der Extremitäten dar. In der Zwischenstrecke bildet sich die Leiste frühzeitig zurück. Die Extremitätenanlagen bestehen, abgesehen von ihrem ectodermalen Überzuge, aus einer Masse von dicht zusammengedrängten, dem unsegmentierten Mesoderm der Parietalzone entstammenden Mesenchymzellen, welche sowohl das Extremitätenskelet als auch die Extremitätenmuskulatur herstellt.

In Fig. 67 ist ein menschlicher Embryo von der Mitte des zweiten Monates dargestellt, welcher nach verschiedenen Richtungen eine Weiterbildung der geschilderten Verhältnisse aufweist. Sowohl die Nacken- als die Scheitelkrümmung sind schärfer ausgeprägt, auch lassen sich einzelne Abschnitte des Gehirnes teils in der Flächenansicht, teils bei durchfallendem Lichte erkennen, so die Rautengrube und das die Scheitelkrümmung hervorrufende stark vorgewölbte Mittelhirn. Das Auge ist gleichfalls deutlicher zu sehen, auch scheint sich eine Pupille abgegrenzt zu haben; freilich liegt der Bulbus ganz oberflächlich, indem die Bildung der Lider noch nicht erfolgt ist. Der Stirnfortsatz, welcher die beiden Augenanlagen bei der Ansicht von vorne trennt, besitzt eine viel größere relative Breite als später, so daß die Augen weit seitlich am Kopfe liegen. Unterhalb des Auges sehen wir ein schon im vorhergehenden Stadium angedeutetes Feld des Stirnfortsatzes in schärferer Abgrenzung; es handelt sich um das

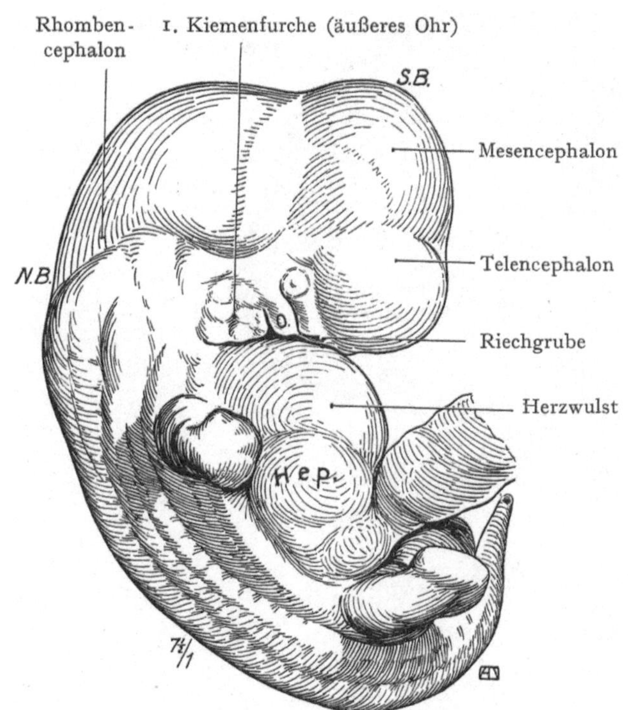

Fig. 68. Menschlicher Embryo.

Riechfeld, welches sich teils durch eigenes Wachstum, teils durch die wulstartige Erhebung seines Randes zum Riechgrübchen vertieft. Aus dem hohen, zylindrischen Epithel des Riechfeldes geht das Riechepithel hervor (siehe Nasenentwicklung). Durch die Abgrenzung der beiden Riechfelder erfährt der ursprünglich einheitliche Stirnfortsatz eine Gliederung in drei Massen, von denen die mittlere den medialen Stirnfortsatz, die zwei seitlichen die lateralen Stirn- oder Nasenfortsätze darstellen. Im Gegensatze zu diesen bilden die medialen Nasenfortsätze bloß Teile des mittleren Stirnfortsatzes, welche medial die Riechgruben begrenzen. Alle diese Fortsätze spielen eine ausschlaggebende Rolle bei der Bildung des Gesichtes, der Nase und des Mundes. Von den Schlundbogen sehen wir bei diesem Embryo den Mandibularbogen, dessen Oberkieferfortsatz bis an das Auge sowie an den lateralen Stirnfortsatz heranreicht und den Hyoidbogen, welcher von dem Mandibularbogen durch die erste Kiemenfurche abgegrenzt wird. In der Umgebung der ersten Kiemenfurche entstehen (Fig. 68) mehrere Höcker, aus denen die Ohrmuschel hervorgeht. Bis an den ventralen Umfang reicht der Herzwulst, an welchen sich caudalwärts bis zum Bauchnabel ein zweiter Wulst, der Leberwulst, anschließt. Der Embryo ist, von der Nackenbeuge an, ziemlich gleichmäßig gekrümmt, auch besitzt er einen deutlichen Schwanz. Die Extremitätenanlagen sind schaufelförmig, die vordere etwas höher als die hintere und in der Zwischenstrecke ist keine Spur einer Extremitätenleiste zu bemerken. Der Dottersacknabel ist auf diesem Stadium nicht mehr nachzuweisen, indem eine vollständige Trennung zwischen dem embryonalen und dem außerembryonalen Coelom erfolgt ist. Dagegen haben sich der Dottergang und der Haftstiel zusammengelegt und werden durch das beide Gebilde gemeinsam umziehende Amnion zur Nabelschnur vereinigt, welche vom Bauchnabel des Fetus breit abgeht, um denselben mit dem Chorion frondosum zu verbinden.

Die Fig. 68 stellt einen Embryo dar, dessen Alter sich auf ca. 8—9 Wochen bestimmen läßt. Mit dem soeben beschriebenen Stadium verglichen, sind die Änderungen in der äußeren Form, besonders im Bereiche des Kopfes, recht beträchtliche. Das rasche Wachstum des Gehirnes führt schon in diesem, weit mehr jedoch in den folgenden Stadien zu einer fast ungebührlich erscheinenden Vergrößerung des Kopfes im Vergleich zum Rumpfe. Die Nacken- und Scheitelkrümmungen sind ebenso stark, wie beim Embryo der Fig. 67. Der Vorderkopf bildet infolge der Entfaltung des später das Pallium darstellenden Abschnittes des Endhirnes (Telencephalon) eine starke Vorwölbung. Noch stärker ist jedoch auf diesem Stadium das Mittelhirnbläschen ausgebildet (Mesencephalon), dessen höchster Punkt der Scheitelkrümmung entspricht. Die Augen liegen noch immer weit lateral, ebenso auch die Riechgruben; ferner sehen wir von dem untern Umfange des Auges eine seichte Rinne zur Riechgrube verlaufen, die hinten durch den Oberkieferfortsatz (O) begrenzt wird. Es ist die Tränennasenfurche, von welcher aus eine Epitheleinsenkung die Anlage der Tränenableitungswege herstellt. Die erste, von dem Mandibular- und dem Hyoidbogen begrenzte Kiemenfurche wird von 6—7, auf den dorsalen Abschnitt sowohl des Mandibular- als des Hyoidbogens verteilten Höckern umgeben, aus denen sich die Ohrmuschel bildet. Das Labyrinthbläschen ist nunmehr in die Tiefe gerückt und trägt nicht mehr zur Herstellung des Reliefs der seitlichen Kopfgegend bei. Die folgenden Kiemenfurchen sind verschwunden, indem sie durch den vom Hyoidbogen ausgehenden Opercularfortsatz (mit dem Kiemendeckel der Fische zu vergleichen) überwachsen wurden. Dabei liefert dieser Fortsatz ventral die oberflächlichen Schichten des Halses (siehe die Bildung der Kiemenfisteln). Auch hier sind sowohl der Herzwulst, welcher sich dem ventralwärts stark abgebogenen Kopfe anlegt, als auch der kleinere Leberwulst (Hep.) stark ausgebildet. Der Schwanz ist ziemlich lang. Im Bereiche der Stammzone bemerkt man hie und da sehr deutlich die Abgrenzung der Myotome gegeneinander.

Die freien Extremitäten sind auf diesem Stadium beträchtlich in die Länge gewachsen, auch können wir einzelne Abschnitte an ihnen unterscheiden. Beide Extremitätenpaare gehen fast rechtwinklig vom Rumpfe ab, um sich demselben jedoch bei ihrer medianwärts gerichteten Abbiegung anzuschließen. Wir können an ihnen eine mediale Beugefläche von einer lateralen Streckfläche unterscheiden, ferner einen cranialen und einen caudalen Rand. Beide Anlagen gehen mit einer breiteren Partie vom Rumpf ab; in dieser entsteht der Schulter- resp. der Beckengürtel. Die Anlage endet mit einer Platte (Hand- und Fußplatte), welche an der vordern Extremität fünf die Finger andeutenden Einkerbungen aufweist, während dieselben an der Fußplatte noch vermißt werden.

Embryonen aus dem dritten Monate und später.

In Figg. 69 und 70 ist die Profil- und die Frontalansicht eines Fetus am Ende des zweiten Monats dargestellt. Die Ähnlichkeit mit dem reifen Fetus ist schon eine auffallende, obgleich die Proportionen der einzelnen Körperabschnitte noch weit von denjenigen des neugeborenen Kindes und in noch höherem Grade von denen des Erwachsenen abweichen. Während die Masse des Kopfes derjenigen des Rumpfes fast gleichkommt, sind die Extremitäten noch relativ klein. Die Nacken- und Scheitelkrümmungen sind scharf ausgeprägt, die Augen-Nasenrinne läßt sich nicht mehr nachweisen. Obgleich

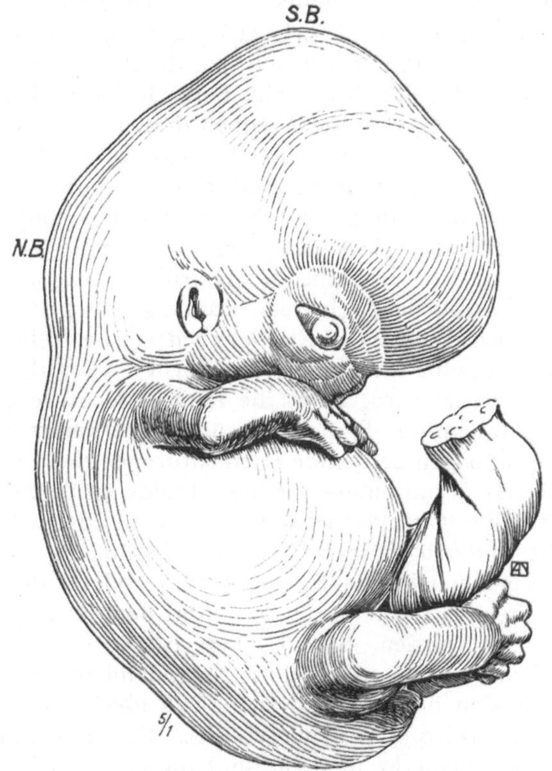
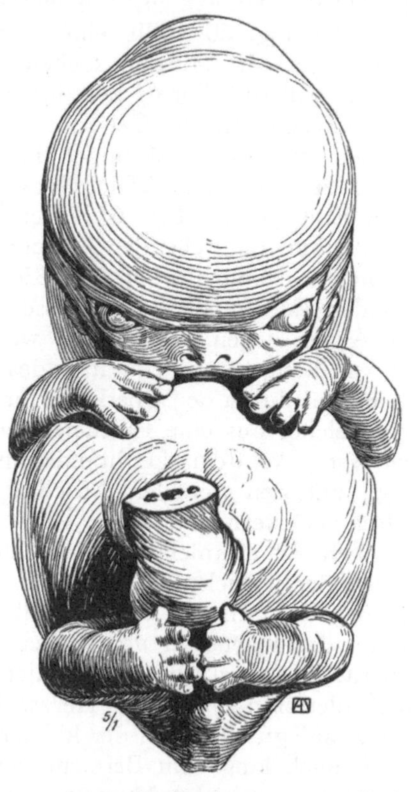

<table>
<tr><td>Fig. 69. Menschl. Embryo, 2 cm Scheitel-Steiß-
länge. Seitenansicht.
Basler Sammlung.</td><td>Fig. 70. Menschl. Embryo, 2 cm Steiß-
Scheitel-Länge. Ventralansicht.
Basler Sammlung.</td></tr>
</table>

das Auge noch offen zutage liegt, hat doch die Bildung der Lider in Form von wulstartigen Erhebungen der Umgebung begonnen. Die Anlage der äußeren Nase setzt sich deutlich von der über ihr gelegenen, sehr starken Stirnwölbung ab, welche auf das stärkere Wachstum der Großhirnhemisphären zurückzuführen ist. Die Höcker, welche bei den Embryonen der Figg. 67 u. 68 die erste Kiemenfurche umgaben, haben sich zur Bildung der Ohrmuschel vereinigt. Der Rumpf hat infolge der mächtigen Entfaltung der den Darm von vorn her fast vollständig bedeckenden Leber eine starke Zunahme erfahren. Der Nabel ist groß, die Nabelschnur dick und kurz.

Die freien Extremitäten sind beträchtlich in die Länge gewachsen, auch zeigen sie eine deutliche Gliederung in drei Abschnitte. Ihre Stellung gegen den Rumpf ist eine für die mittleren Entwicklungsstadien höchst charakteristische. Die vorderen

Extremitäten liegen der Brustwölbung unmittelbar an, die Hände reichen jedoch mit ihren gespreizten kurzen Fingern nicht bis an die Medianebene heran, dagegen stoßen sie vorn unmittelbar an die Nase. Der Kopf ist noch immer stark ventralwärts abgebogen, und von dem allerdings noch sehr kurzen Halse ist nichts zu bemerken. Die medial gewandten Plantarflächen der Füße kommen caudal von der Nabelschnur nicht zur Berührung, sondern es stoßen bloß die Spitzen der Zehen aneinander. Die Füße befinden sich in derselben Pronationsstellung, die wir bei Kindern während des ersten Lebensjahres so häufig antreffen. Sie entspricht auch vollständig der Stellung der Hände, indem sowohl der Daumen als die große Zehe, d. h. die radiale resp. die tibiale Kante der Hand- oder Fußanlage cranial gerichtet sind. Auch gehen wir später von dieser Stellung bei der Besprechung der Segmentierung der Extremitäten aus. Sie tritt uns übrigens noch deutlicher in der Frontalansicht desselben Embryos (Fig. 70)

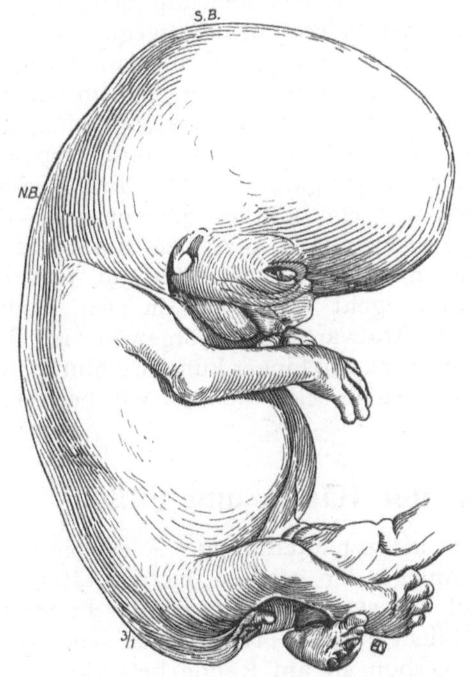

Fig. 71. Menschlicher Embryo, 2,8 cm Steiß-Scheitel-Länge.
Basler Sammlung.

Fig. 72. Menschlicher Embryo, 8,2 cm Länge.
Basler Sammlung.

entgegen. Der Schwanz, welcher früher (Fig. 68) eine beträchtliche Länge hatte, ist nunmehr stark reduziert, denn wir sehen bloß noch einen Höcker, der die hintere Grenze des Rumpfes angibt und gegen den allerdings noch sehr kurzen Damm steil abfällt. Außerdem ist bei der Frontalansicht der große Abstand der Augen und die breite kurze Nase bemerkenswert.

Bei dem in der Profilansicht dargestellten, etwas älteren Stadium der Fig. 71 hat sich der mächtige Kopf kaum von der Brust abgehoben. Im Gegensatze zu der starken Stirnwölbung ist der eigentliche Gesichtsteil des Kopfes im Wachstum zurückgeblieben. Die Nase ist gedrungen und kurz, die Augen werden teilweise von den Lidanlagen bedeckt und die Ohrmuscheln stehen als gewölbte Platten vom Kopfe ab. Die Extremitäten sind bedeutend in die Länge gewachsen und greifen, indem sie sich kreuzen, von beiden Seiten her über die Medianebene hinüber. Die

Zehenspitzen sind folglich nicht mehr wie bei dem Embryo der Fig. 70 in Berührung miteinander, doch wahren die Füße bei ihrer Überkreuzung die charakteristische extreme Pronationsstellung. Scheitel- und Nackenkrümmung sind nicht mehr so scharf ausgeprägt wie bei dem früher geschilderten Embryo. An der ventralen Fläche des Rumpfes folgt auf eine weniger stark gewölbte Partie der Brust caudalwärts eine bis zum Nabel reichende Strecke, die infolge der starken Volumentfaltung der Leber stark vorgewölbt ist. Die später sehr beträchtliche Strecke der ventralen Bauchwandung unterhalb des Nabels ist kurz; sie bedeckt die Dünndarmschlingen, welche allmählich während der späteren Fetalmonate, zum Teil erst nach der Geburt, der Leber das Übergewicht in der Bauchhöhle streitig machen. Ein kleiner Schwanzhöcker ist vorhanden, aber kein freier Schwanz.

Der in Fig. 72 dargestellte Fetus läßt sich, wenn man von seinen Proportionen absieht, leicht mit dem reifen Fetus vergleichen. Er ist bei der Konservierung gestreckt worden; in den Eihüllen wies er eine stärkere, ventralwärts gehende Beugung auf. Die Nackenkrümmung wurde bei der Streckung fast vollkommen ausgeglichen. Am Gesichte beachten wir wieder die geringe Höhe desselben von dem Kinn bis zur Nasenwurzel, verglichen mit der Stirnwölbung. Dieses Verhältnis bleibt übrigens im wesentlichen erhalten, bis die in relativ später Zeit der postfetalen Entwicklung erfolgende volle Entfaltung des Oberkieferkörpers den Abstand zwischen dem Munde resp. der Oberlippe und der Nasenwurzel vergrößert. Während der ganzen fetalen Entwicklung und noch längere Zeit darüber hinaus sehen wir ein starkes Übergewicht des Hirnteiles über den Gesichtsteil, welches dem Gesichte einen infantilen, um nicht zu sagen fetalen Typus verleiht. Die Ohrmuschel hat auf diesem Stadium fast die fertige Form angenommen. Der noch kurze Hals geht allmählich in den Rumpf über, welcher, besonders in seiner untern Partie, ventralwärts stark vorgewölbt ist. Die Extremitäten sind von beträchtlicher Länge und gekreuzt, die Finger kurz und plump, mit starken Verdickungen der Endglieder. Von einem Steißhöcker können wir bei dieser Profilansicht nichts mehr erkennen.

Entwicklung der äußeren Form der Hände und Füße.

Wir haben gesehen, daß die Extremitäten als schaufelförmige Auswüchse der Wolffschen Leiste entstehen. Dabei hat die Anlage der vordern Extremitäten vor derjenigen der hintern einen Vorsprung, so daß wir zu einer Zeit, da die Fußplatte noch mit einem vollständig glatten Rande abschließt, an der Handplatte schon eine Andeutung der Trennung der Finger durch Einkerbungen am Rande bemerken.

Bei dem in Fig. 67 dargestellten Embryo ist die Strecke der Wolffschen Leiste zwischen den Extremitätenanlagen vollständig zurückgebildet, die mediale Beugefläche der Anlagen geht mit ziemlich scharfem Rande in die laterale Streckfläche über. Auf einem folgenden Stadium (Fig. 68) bildet sich eine terminale, plattenförmige Verbreiterung der Anlage, welche Hand und Fuß hervorgehen läßt, während die mehr rundliche, die Platte mit dem Rumpfe verbindende Strecke zum Ober- und Vorderarme resp. zum Ober- und Unterschenkel wird. Diese Abschnitte setzen sich winklig im Ellbogen resp. im Knie gegeneinander ab. Die weitere Ausbildung der Hand- und Fußplatte ist in den Figg. 73—77 dargestellt. In Fig. 73 (Hand und Fuß eines 15 mm langen Embryos) sehen wir an der dorsalen (Streck-)Fläche der Handplatte fünf längliche Wülste als früheste Andeutung der Finger abgegrenzt sowie, ihren Intervallen entsprechend, leichte Einkerbungen am Rande der Platte. Diese Bildungen fehlen dagegen der Fußplatte und finden sich erst bei der in Fig. 74 B dargestellten Fußplatte eines 19 mm langen Embryos, während sich die Wülste an der entsprechenden Handplatte hier noch deutlicher ausgebildet haben, ohne daß durch tieferes Einschneiden der Einkerbungen die einzelnen Finger etwa voneinander getrennt wären. In Fig. 75 A sehen wir schon die fertige Hand vor uns, allerdings in sehr plumper Form, doch ist der Daumen den andern Fingern gegenüber bereits im Wachstum zurückgeblieben. Durch tieferes Einschneiden der Furchen erfolgt die Trennung der Strahlen voneinander; als Andeutung einer Hemmung im Ablaufe dieses Vorganges können wir die manchmal sehr beträchtlich ausgebildeten, zwischen den Basen der ersten Phalangen ausgespannten Hautfalten (Schwimmhäute) auffassen.

Im 3., 4. und 5. Monat erfolgt die eigentliche Ausbildung der Form von Hand und Fuß. Bei Embryonen von 25 mm Länge (Figg. 76 und 77) sind beide im Verhältnis zu ihrer Länge sehr breit, sie haben etwas Gedrungenes in ihrer Form. Zunächst bilden Hand und Fuß eine direkte Fortsetzung der Längsachse des Vorderarmes resp. des Unterschenkels. Dabei befindet sich der Fuß nicht, wie später, in einer winkligen Stellung zum Unterschenkel, sondern in äußerster Plantarflexion.

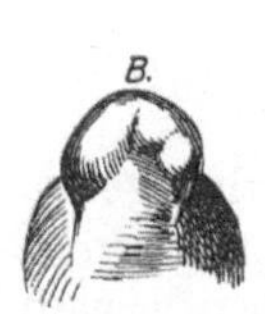

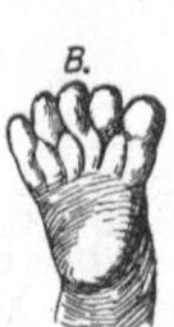

Fig. 73. Rechte Hand und rechter Fuß eines 15 mm langen Embryo hum. Dorsalansicht.

Fig. 74. Rechte Hand und rechter Fuß eines 19 mm langen Embryo hum. Dorsalansicht.

Fig. 75. Rechte Hand und rechter Fuß eines 23 mm langen Embryo hum. Volaransicht.

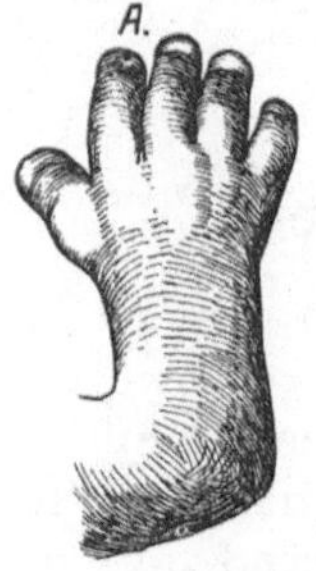
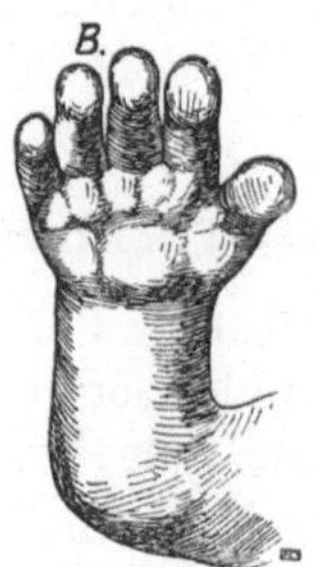
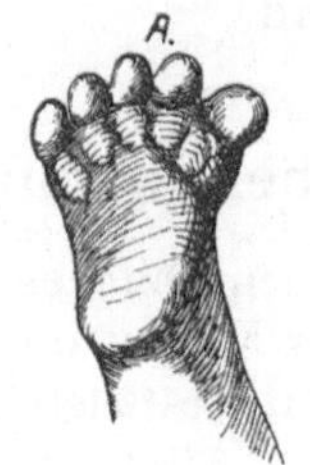
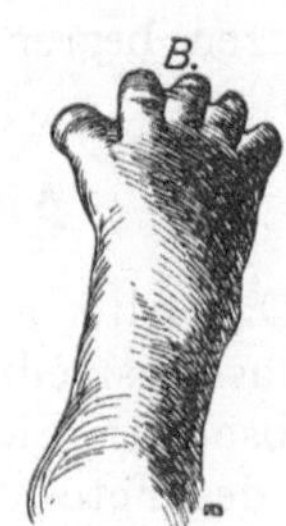

Fig. 76. Rechte Hand eines 25 mm langen Embryo hum.

Fig. 77. Rechter Fuß eines 25 mm langen Embryo hum.

Nach G. Retzius, Biol. Unters. N. F. XI. 2.

Bald setzt sich jedoch die Hand durch einen querverlaufenden volaren Wulst vom Vorderarme, der Fuß durch einen ebensolchen plantaren Wulst, dem später der Calcaneus zugrunde liegt, vom Unterschenkel ab. Die volare resp. plantare Fläche von Hand und Fuß vertieft sich und zeigt Wülste und Furchen, von denen jene später größtenteils verschwinden. Besonders deutlich sind diese Bildungen an den Händen und Füßen eines 25 mm langen Embryos, wo sie teils rundliche, teils ovale, in der distalen Metacarpal- resp. Metatarsalgegend gelegene Polster darstellen. Es sind dies an der Hand die distalen, den Zwischenräumen der knorpligen Skeletanlage entsprechenden Metacarpalballen, welche in der Vierzahl vorkommen und mit den Tastballen der Affen und Halbaffen zu vergleichen sind, beim Erwachsenen jedoch meistens vermißt werden und nur ganz ausnahmsweise in derselben Ausbildung wie beim Fetus vorkommen. Ihre Rückbildung beginnt nämlich schon im vierten Fetalmonat und ist gewöhnlich bei der Geburt abgeschlossen. Die Finger sind, wie auch die ganze Hand, in frühen Stadien sehr kurz und gedrungen, auch zeigen die Enden der Finger starke volare Auftreibungen, die Fingerballen. Am dorsalen Umfange der

Endglieder der Finger macht sich als eine quere Erhebung, der Vornagel, bemerkbar, auf welchen in beträchtlich späteren Stadien (4.—5. Monat) die Bildung des Nagels folgt.

Die Entwicklung des Fußes verläuft prinzipiell in derselben Weise wie diejenige der Hand. Die erste Andeutung der Zehenbildung findet sich bei dem Embryo von 19 mm. Der Vorgang ist genau derselbe wie bei der Bildung der Finger, mit dem Unterschiede natürlich, daß die Zehen bedeutend kürzer bleiben und die terminale Partie des Fußes durch ihre Breitenentfaltung noch mehr auffällt als die der Hand. Auch an der Planta pedis finden sich (Fig. 77) in der distalen Metatarsalgegend Tastballen. Der Fersenhöcker grenzt den Fuß gegen den Unterschenkel ab. Darauf folgt distal eine plantare, gegen die Metatarsalballen sich hinziehende Aushöhlung des Fußes an der tibialen Seite. Der Fuß ist stark plantarwärts flektiert und die große Zehe abduziert; überhaupt sind die Zehen stark gespreizt und erhöhen dadurch den Eindruck der Breite. Im vierten bis fünften Monat bilden sich auch am Fuße die Tastballen zurück.

Entwicklung des Gesichtes.

Die Entwicklung des Gesichtes kann erst im Zusammenhange mit der Entwicklung der Mundhöhle und des Geruchsorganes eingehend besprochen werden, denn es entsteht durch die Ausbildung und die Vereinigung der oben erwähnten die Mundbucht umgebenden Fortsätze. Abgesehen von der Stirn, auf deren frühzeitig auftretende Wölbung mehrmals hingewiesen wurde, sehen wir den Gesichtsteil sekundär entstehen, indem die in ihm eingeschlossene primitive Mundhöhle, aus welcher sowohl die sekundäre Mundhöhle als auch ein Teil der Nasenhöhle hervorgeht, von diesen Fortsätzen begrenzt wird.

Altersbestimmung menschlicher Embryonen.

Das Alter eines menschlichen Embryos ist, selbst in Fällen, wo genaue Angaben über das Ausbleiben der Menses oder über den Zeitpunkt der Begattung vorliegen, nicht mit absoluter Sicherheit festzustellen. Wenn solche Angaben fehlen, muß von der Größe des Fetus auf das Alter desselben geschlossen werden, wobei man natürlich den Vergleich mit solchen Feten anstellt, deren Alter, wenigstens annähernd, aus den Angaben über das Aufhören der Menstruation usw. bestimmt werden kann. Bei der Vornahme solcher Messungen muß nun berücksichtigt werden, daß Embryonen ganz früher Stadien wie der in Fig. 58 dargestellte, gestreckt sind. Nach dem Auftreten der Krümmung (Fig. 65) nähern sich dagegen das caudale und das craniale Ende des Embryos, so daß die Messung der geraden Verbindungslinie dieser beiden Punkte jeden Wert für die Bestimmung des betreffenden Entwicklungsstadiums verliert. Andererseits ist die Messung längs der Rückenlinie des Embryos schwer, ja sogar in vielen Fällen, wegen der spiraligen Krümmung des Embryos, überhaupt nicht ausführbar. Wir sind deshalb bei solchen Embryonen darauf angewiesen, die Entfernung der stark vorspringenden Nackenkrümmung von dem gegenüberliegenden, am andern Ende des Körpers befindlichen Steißhöcker zu messen. In einer Linie, die wir als Nackensteißlinie bezeichnen, wird die Nackensteißlänge des Embryos gemessen; später nimmt die Krümmung des Embryos wieder ab, dann bildet nicht mehr die Nackenkrümmung, sondern die Scheitelkrümmung den stärksten Vorsprung am Kopfe, dessen Abstand vom Steißhöcker in der Scheitelsteißlinie gemessen, als Scheitelsteißlänge bezeichnet wird.

Wenn Angaben über die Menstruation vorliegen, so kommt man am besten mit der Annahme aus, daß die Befruchtung in das Ende der letzten Menstruation falle oder in die ersten 8 Tage nach ihrem Schlusse. „Die Dauer der Schwangerschaft wird zu 280 Tagen berechnet, wenn man sie vom ersten Tage der letzten Menstruationsperiode berechnet, und zu 269 Tagen, wenn man sie von der befruchtenden Begattung an rechnet" (Mall in Keibel-Malls Handbuch).

Soll das Alter aus Längenmessungen erschlossen werden, so kann man folgende Angaben benutzen (Mall ebenda):

Ende des 1. Monats Scheitelsteißlänge 0,25 cm
,, ,, 2. ,, ,, 2,5 ,,
,, ,, 3. ,, ,, 6,8 ,,
,, ,, 4. ,, ,, 12,1 ,,
,, ,, 5. ,, ,, 16,7 ,,
,, ,, 6. ,, ,, 21,0 ,,
,, ,, 7. ,, ,, 24,5 ,,
,, ,, 8. ,, ,, 28,4 ,,
,, ,, 9. ,, ,, 31,6 ,,
,, ,, 10. ,, ,, 33,6 ,,

Im allgemeinen hat man früher das Alter der jüngsten Embryonen unterschätzt; so braucht das befruchtete Ei zur Durchwanderung der Tube mindestens drei bis vier, vielleicht sogar fünf bis sechs Tage, während welchen die Furchung sowie die Bildung des Embryonalknotens und der Trophoblasthülle stattfindet. Das ganz frühe, aber doch schon in der Uterusschleimhaut eingenistete Peterssche Ei ist demnach nicht, wie Peters angibt, drei bis vier Tage, sondern mindestens sechs bis sieben, vielleicht sogar zwölf bis vierzehn Tage alt.

Am besten hält man sich, nach Aufnahme der Maße, an den Vergleich mit den möglichst genau bestimmten, von Keibel in seinen Normentafeln abgebildeten Embryonen. Allerdings ist bei den jüngeren Stadien mit der Tatsache zu rechnen, daß sich Embryonen desselben Alters nicht notwendigerweise genau auf derselben Stufe der Entwicklung befinden müssen; im Gegenteil, es können Unterschiede, z. B. in der Zahl der Ursegmente, in dem Grade der Ausbildung von Auge und Gehirn usw., recht beträchtlich sein und dazu beitragen, die Unsicherheit der Altersbestimmung zu erhöhen. Über das Wachstum des Fetus läßt sich kurz sagen, daß das relative Wachstum bei allen Formen, von der Furchung an bis zur Geburt, stetig abnimmt. Im Laufe des ersten Monats der fetalen Entwicklung soll das menschliche Ei nach Jackson ca. 10 000fach an Größe zunehmen. Dann sinkt aber das relative Wachstum sehr rasch, so daß schon im zweiten Monate der Kopf des Embryos sein relatives Maximum erreicht, indem er zu dieser Zeit ca. $45\,^0/_0$ des totalen Körpergewichtes beträgt, während das Verhältnis bei der Geburt auf ca. $26\,^0/_0$ gesunken ist.

Literatur. Altersbestimmung menschlicher Embryonen.

Großer, O., Altersbestimmung junger menschlicher Embryonen, Ovulations- und Menstruationstermin. Anat. Anz. 47. 1914. — *Mall, F. P.,* Note on the Collection of human embryos in the anatomical Laboratory of the Johns Hopkins University. Johns Hopkins Hosp. Rep. 14. — *Derselbe,* Die Altersbestimmung von menschlichen Embryonen und Feten, in *Keibel-Mall,* Handb. d. Entw.-Gesch. d. Menschen. I. 1910. 185—207. — *Derselbe,* On the age of human embryos. Amer. J. of Anat. 23. 1918. 398—422. — *Streeter, G. L.,* Weight, sitting height, headsize, footlength and menstrual age of the human embryo. Publ. Carnegie Inst. of Washington 274. 143—170. — *Triepel, A.,* Altersbestimmungen menschlicher Embryonen. Anat. Anz. 48. 1915.

Anhang

zum Kapitel über die Entwicklung der äußeren Körperform.

Bildung der Mund- und Afteröffnung. Schlundbogen und Kiemendarm.

Im Anschlusse an die Schilderung der Abschnürung der Anlage vom Dottersacke sind eine Reihe von Vorgängen zu besprechen, welche sich zum Teil an die Bildung der äußeren Körperform anknüpfen, zum Teil eigentlich schon in die spezielle Embryologie gehören. Dieselben betreffen die Abschnürung des Darmrohres, die Gliederung desselben in einzelne größere Abschnitte und vor allem die Bildung der beiden Öffnungen, von denen die eine den Darm cranial mit der Mundbucht, die andere caudal mit der viel seichteren Afterbucht in Verbindung setzt. Die Besprechung der Entstehung der Analöffnung führt uns wieder zur Betrachtung der Formgestaltung des caudalen Körperendes zurück.

Wir haben bei der Besprechung der Gastrulation gesehen, daß der Primitivstreifen infolge der Erhebung der hinteren Strecke der Medullarwülste in zwei Abschnitte zerfällt, von denen der craniale mit der Invaginationsöffnung als Canalis neurentericus in das Medullarrohr aufgenommen wird und eine Verbindung zwischen diesem und der caudalen Strecke des Darmrohres herstellt. Dagegen verbleibt die caudale Strecke des Primitivstreifens außerhalb des Medullarrohres (s. Fig. 60) und wird bei der allmählichen Abhebung der caudalen Partie der Anlage an die ventrale Fläche derselben verlagert. Das weitere Schicksal der beiden Abschnitte ist schon erwähnt worden; der vordere bildet eine Wachstumszone, während der hintere, ventralwärts verlagerte, zum Teil wenigstens, eine epitheliale Membran, die Kloakenmembran herstellt, deren Durchbruch die Öffnung des Sinus urogenitalis und des Afters schafft. Die Rolle der cranialen Strecke, insbesondere auch der Wandung des Canalis neurentericus als Wucherungszone, läßt sich besonders deutlich in Fällen erkennen, bei denen sie auf einer gewissen Entwicklungsstufe eine Hemmung erfahren hat. Infolgedessen unterbleibt caudal die Bildung einer größeren oder geringeren Partie des Körpers. Ein sehr lehrreicher derartiger Fall wurde von Eckardt beschrieben, bei welchem (es handelte sich um ein fast ausgetragenes Kalb) der Kopf, der Hals, die vordere Partie des Thorax und die vorderen Extremitäten gut ausgebildet waren, während die Lendenwirbelsäule, das Becken und die hinteren Extremitäten mit den zugehörigen Muskeln vollständig fehlten. Bei dieser Bildung (Hemitherium anterius) hatte die Lieferung weiteren Materials von seiten des Primitivstreifens eine Störung erfahren, während das bereits gelieferte sich zu den normal ausgebildeten cranialen Teilen des Tieres differenzierte.

Die Entwicklungsvorgänge in der Embryonalanlage sind nicht an jeder Stelle gleich intensiv. Die Ungleichheit erklärt die Bildung des Körperreliefs, die Abschnürung der Anlage vom Dottersacke usw. Wenn wir von diesem Vorgange sprechen, so meinen wir also damit nicht das aktive Einwachsen einer Furche, sondern das ungleichmäßige Wachstum einer gewissen Zone um den Embryo herum, durch welches eine Grenzfurche (His) entsteht.

Die erste Folge der Abschnürung des Embryos vom Dottersacke ist die Umbildung des Entoderms, welches sich unter der Embryonalanlage ausbreitet, in das vom Coelom umgebene epitheliale Darmrohr. Diese Abschnürung führt zunächst zur Herstellung einer cranialen und einer caudalen Darmbucht, welche mittels der cranialen und caudalen

Darmpforte mit der gegen den Dottersack noch weit offen stehenden Zwischenstrecke des Darmrohres in Verbindung stehen. Auf dieser Strecke stellt nun das Entoderm der Embryonalanlage eine Rinne, die Darmrinne, dar. Die beiden Darmbuchten verlängern sich mit der fortschreitenden Abschnürung (Fig. 62) und dem Längenwachstum des Darmes, bis schließlich bloß noch eine enge, als Ductus omphaloentericus sich ausziehende Verbindung zwischen Darm und Dottersack übrig bleibt. Die craniale Darmbucht tritt mit der Mundbucht, die caudale mit einer ähnlichen Einbuchtung des Ectoderms, der Afterbucht in Beziehung. An diesen beiden Stellen wird der Abschluß des Darmlumens nach außen durch zwei epitheliale Membranen hergestellt, vorn durch die Rachenmembran, hinten durch die aus der caudalen Strecke des Primitivstreifens entstehende Kloakenmembran. Diesen Epithelmembranen fehlt eine festere Grundlage von mesodermalen Zellen; sie bilden sich in relativ frühen Stadien zurück, um vorn die Verbindung zwischen dem Kiemendarme und der Mundbucht, hinten den After zu liefern. Der Kopf- oder Kiemendarm, an dessen cranialem Ende der Durchbruch stattfindet, zeigt als seitliche Ausbuchtungen die Schlundtaschen, durch deren Zusammentreffen mit den von außen sich bildenden Kiemenfurchen die beim Menschen entweder gar nicht oder nur in beschränktem Umfange zum Durchbruche kommenden Kiemenspalten entstehen. Die von je zwei Kiemenfurchen begrenzten Streifen der lateralen Wandung des Kopfes, die Schlundbogen, enthalten Gebilde, welche, wenigstens in frühen Entwicklungsstadien, mit einer gewissen Regelmäßigkeit in jedem Schlundbogen wiederkehren. Wir könnten geneigt sein, diese Tatsache zur Aufstellung einer Analogie zwischen den im Rumpfe auftretenden metameren Gebilden, den Myotomen, Sklerotomen, Spinalnerven und Gefäßen mit den im Schlundbogen enthaltenen Gebilden aufzustellen. Es wäre dies unrichtig, denn die Entwicklung der Schlundbogengebilde vollzieht sich auf ganz andere Weise als diejenige der metameren Gebilde des Rumpfes; ein direkter Vergleich ist unzulässig. Es kommt dies auch in der Bezeichnung einzelner, im Bereiche der seitlichen Kiemenregion sich wiederholender Abschnitte zur Geltung. Man spricht hier von einer Branchiomerie, die streng zu unterscheiden ist von der im Bereich des Rumpfes auftretenden Metamerie. Jeder Schlundbogen enthält also eine Anzahl von Gebilden, welche sich in den einzelnen Bogen wiederholen. Von diesen ist erstens ein knorpliger Stab zu erwähnen, der dorsal mit dem Schädel in gelenkige Verbindung tritt, ventral dagegen in einem die Schlundbogen verbindenden Längsstreifen, dem Interbranchialfelde, mit andern längs verlaufenden, die Copula zusammensetzenden Knorpelstücken verbunden ist. Dieses knorplige Skelet stellt mit der Copula den Kiemenkorb dar (s. diesen). Zweitens enthält jeder Schlundbogen einen Coelomabschnitt (Kiemenbogencoelom), was darauf hinweist, daß auch der Kiemendarm ursprünglich vom Coelom umgeben war; dieses erfährt durch das Einschneiden der Kiemenfurchen und der Schlundtaschen eine Zerlegung in einzelne Abschnitte. Bei Selachiern sind dieselben sehr deutlich ausgeprägt, bei Säugetieren werden sie dagegen bloß durch solide Zellmassen dargestellt, doch ist ihre Bestimmung in beiden Fällen dieselbe, denn sie liefern die Schlundbogenmuskulatur. Bei Selachiern, überhaupt bei allen Formen, bei denen das erwachsene Tier einen mächtigen Kiemenapparat zeigt, dient diese Muskulatur zur Bewegung der Kiemenbogen gegeneinander oder gegen den Kopf. Bei höheren Formen, deren Kiemenapparat, nach Verlust seiner respiratorischen Funktion, mannigfache Umwandlungen erfahren hat, tritt die Kiemenmuskulatur in den Dienst anderer Organe. Sie breitet sich z. B. als mimische Gesichtsmuskulatur auf das Gesicht aus oder dient zur Bewegung des Unterkiefers, der Gehörknöchelchen usw. Drittens finden wir in jedem Schlundbogen einen Hirnnerven oder Zweige eines solchen, welche teils die Muskulatur, teils die Haut resp. Schleimhaut des betreffenden Bogens versorgen. Endlich enthält jeder Schlundbogen auch einen Gefäß- oder Aortenbogen, welcher aus dem im Interbranchialfelde nach vorn verlaufenden Truncus arteriosus

entspringt und im Schlundbogen dorsalwärts verläuft, um in die Aorta dorsalis überzugehen. Die Aortenbogen werden bei denjenigen Wirbeltieren, welche durch Kiemen
atmen, durch einen respiratorischen Kapillarkreislauf unterbrochen, der unmittelbar
unter dem Epithel liegt und den Gasaustausch mit dem Wasser vermittelt. Luftatmenden Formen dagegen fehlt dieser respiratorische Kapillarkreislauf und die Aortenbogen erfahren zum Teil mannigfaltige Rückbildung, zum Teil auch eine weitere
Ausbildung und stellen dann in letzterem Falle bestimmte Abschnitte des arteriellen
Gefäßsystems dar. Das Epithel des Kiemendarmes, besonders dasjenige des Schlunddarmes, zeichnet sich ganz besonders auch dadurch aus, daß es die Anlagen einer
Anzahl von epithelialen Gebilden liefert, welche später alle den Charakter von Blut-
drüsen aufweisen. Von diesen nennen wir 1. die Glandula thyreoidea, 2. die
Thymus, 3. die Epithelkörperchen, 4. das ultimobranchiale Körperchen. Bei Säugetieren verschieben sich diese Gebilde in caudaler Richtung, indem sie sich von
ihrem Mutterboden entfernen und später am Halse, ja sogar im Thorax angetroffen
werden.

Bildung der Eihüllen.

Die außerordentlich verschiedenen Bedingungen, unter welchen die Eier der Wirbeltiere sich entwickeln, lassen sich ziemlich ungezwungen in zwei Kategorien unterbringen. In der einen Reihe der Fälle erfolgt die Entwicklung nach stattgefundener Befruchtung im Mutterleibe, und zwar bei den höheren Formen in einem scharf abgegrenzten, durch Eigentümlichkeiten der Schleimhaut und der Muscularis ausgezeichneten Abschnitte des Genitaltractus, dem Uterus. Hier stellen sich mehr oder weniger innige Beziehungen des Eies zur Schleimhaut her, und zwar nicht bloß bei den Säugetieren, sondern auch in Andeutungen schon bei einzelnen Reptilien. Das Ei kann sich aber auch anderswo festsetzen; so finden sich am Rücken einiger Froscharten Taschen, in denen sich die Eier einlagern. Ganz eigentümlich sind die ausführlich von Roethlisberger beschriebenen Verhältnisse bei Anablaps tetrophthalmus, einem Knochenfische, bei welchem die befruchteten Eier sich innerhalb des Follikelepithels des Eierstockes entwickeln, und zwar nach frühzeitiger Rückbildung des Dottersackes auf Kosten des Epithels. In der zweiten Reihe der Fälle wird das Ei in das umgebende Medium abgelegt, wo es seine weitere Entwicklung durchmacht, entweder ganz unabhängig von der Mutter oder häufig, so bei Vögeln, durch eine Brutpflege geschützt und begünstigt. Die Befruchtung ist bald eine innere, im Genitaltractus der Mutter erfolgende (bei allen Amnioten), bald eine äußere, die nach der Ablage des Eies ins umgebende Medium stattfindet, wie bei den Fischen und den meisten Amphibien. Alle Eier erhalten Hüllen, entweder primäre vom Ei selbst gebildete (z. B. die Dotterhaut) oder sekundäre von den Follikelzellen, welche das Ei im Ovarium umgeben (z. B. die Zona pellucida). Dazu kommen häufig noch Hüllen, welche durch Ausscheidung der Drüsen der mütterlichen Schleimhaut während der Ausstoßung des Eies geliefert werden, so z. B. die Eiweißhülle und die Kalkschale des Hühnereies, die Keratinhülle vieler Selachiereier, die Gallerthülle der Frosch- und Kröteneier. Diese als tertiäre Hüllen zusammengefaßten Bildungen kommen bei niederen Formen in einer geradezu erstaunlichen Mannigfaltigkeit vor, welche wohl in der Verschiedenheit der auf den Keim einwirkenden äußeren Lebensbedingungen ihre Erklärung findet. Zunächst wohl als Schutzvorrichtung aufzufassen sind sie jedoch zum Teil, wie die Gallerthülle des Froscheies und die Eiweißhülle des Hühnereies, nicht ohne Wert für die Ernährung des Embryos oder auch der Larve nach ihrem Ausschlüpfen. Das Hühnereiweiß wird in den späteren Entwicklungsstadien vollständig in das Innere des Embryos aufgenommen und findet, ebenso wie der Dotter, beim Aufbau desselben Verwendung.

Als Schutzvorrichtung sind die Eischalen aufzufassen, welche bald infolge der Einlagerung von Kalksalzen eine härtere Konsistenz erlangen (Vogel- und viele Schildkröteneier), bald lederartig sind (Eidechsen, Schlangen) oder auch aus Hornsubstanz bestehen (Selachier). Die Form solcher Eier kann sehr verschieden sein, so sehen wir bei manchen Selachiern lange, fadenförmige Fortsätze der Eischale, die zur Befestigung der Eier an Seetang dienen. Von ganz besonderem Interesse sind für uns diejenigen Eihüllen, welche vom Ei selbst gebildet werden. Mit Ausnahme der Dotterhaut, welche als ein Produkt des Ooplasmas bei der Befruchtung auftritt (siehe Befruchtung), entstehen diese Hüllen erst während und nach der Gastrulation. Eine solche Hülle ist das bei Reptilien, Vögeln und Säugetieren (Amnioten) auftretende Amnion (die Schafhaut). Die Anlage dieser den Eiern der Fische und Amphibien (Anamnier) fehlenden Bildung sehen wir bei Reptilien, Vögeln und einer Anzahl von Säugetieren, jedoch nicht bei den Primaten, in Form von Falten der äußeren Schicht des Keimes, lateral von der die Abschnürung vom Dottersack markierenden Furche. Diese Faltenbildungen wachsen über die Embryonalanlage vor, begegnen sich und hüllen den Embryo in einen mit Flüssigkeit gefüllten Sack, den Amnionsack. Auch in dieser Bildung erblicken wir zunächst eine Schutzvorrichtung, indem der Embryo gewissermaßen in ein Wasserkissen eingeschlossen und so gegen Erschütterungen gesichert wird. Bei Säugetieren gewinnt die Bildung der Amnionfalten dadurch eine weitere Bedeutung, daß mit dem äußern Blatt derselben (der serösen Hülle) der schon bei Sauropsiden mächtig entwickelte Harnsack oder die Allantois sich verbindet. Es ist dies eine vom Enddarm ausgehende, in das außerembryonale Coelom hineinwachsende, sackartige Bildung, die infolge des Gefäßreichtumes ihrer äußeren, dem äußern Blatte der Amnionfalte (seröse Hülle) sich anlagernden Schicht, dem Gasaustausch des Embryos durch die Eischale hindurch dient. Bei Säugetieren spielt die Allantois auf andere Weise dieselbe Rolle. Sie sendet nämlich gefäßhaltige Wucherungen in das äußere seröse Blatt der Amnionfalte hinein, welche, in die Mucosa uteri einwachsend, eine neue Quelle für die Ernährung des Fetus eröffnen sowie auch eine Einrichtung für den Gasaustausch zwischen den Gefäßen des Keimes und der Mutter herstellen. Infolge dieser Zustände wird der noch bei Monotremen sehr mächtige Dottervorrat überflüssig, und tatsächlich fehlt derselbe den übrigen Säugetieren fast gänzlich oder ist doch stark reduziert. Wir erhalten so durch Vermittlung der Eihüllen und der Allantois neue Einrichtungen, die zunächst zu einer mehr oder weniger weitgehenden Durchwachsung mütterlichen und fetalen Gewebes führen, ja sogar bei einer Anzahl von Formen,

Fig. 78. Embryo von Scyllium catulus mit Dottersack.

an deren Spitze der Mensch steht, zur Bildung eines besonderen, die Beziehungen zwischen Mutter und Keim vermittelnden Organs, der Placenta oder des Mutterkuchens.

Bei der Entstehung der Verbindung des Embryos mit dem mütterlichen Organismus spielt also auch der Dotter eine ausschlaggebende Rolle. Je größer derselbe und je vollkommener die Einrichtungen, die seine Verarbeitung und Verwertung für den Organismus sichern, desto lockerer ist auch die Verbindung des Eies mit der Schleimhaut des mütterlichen Genitaltractus. Bei Anamniern, wie unter den Amnioten auch bei den Sauropsiden, sehen wir die den Dotter aufnehmende Fläche des Dotterentoderms durch Falten, welche in die Dottermasse eindringen, stark vergrößert. Auch die Gefäßbildung entspricht in ihrer Dichtigkeit diesen Verhältnissen und das Ganze stellt sich als ein Dotterorgan (H. Virchow) dar, welches allen Formen mit großem Dotter eigen ist, so z. B. Klassen, welche so weit voneinander entfernt sind wie die Selachier und die Sauropsiden. Das Dotterorgan besteht in spätern Stadien aus der Wandung des Dottersackes mit seinem resorbierenden Epithel, seinem Überzug durch das viscerale Blatt des Mesoderms mit dessen Gefäßen und der eingeschlossenen Dottermasse.

Der Dotter wird bei Formen, bei denen er stark entwickelt ist, von den Zellen der Embryonalanlage, dem Entoderm und dem visceralen Blatte des außerembryonalen Mesoderms zur Bildung des Dottersackes umwachsen; dabei schnürt dieser sich bis auf den engen Ductus omphaloentericus von der Embryonalanlage ab. Eine Form, bei welcher diese Abschnürung schon sehr weit gediehen ist, sehen wir in Fig. 78 vor uns; der hier abgebildete Selachierembryo besitzt noch einen großen Dottersack, dessen Inhalt bis zum Ausschlüpfen aus dem Ei zum größten Teil in den Darm aufgenommen wird. Ähnliches gilt auch für Reptilien und Vögel, während bei Säugetieren die Rolle des Dottersackes zwar größer ist, als oft angenommen wird, dagegen nicht im entferntesten an die Bedeutung heranreicht, die ihm bei Sauropsiden zukommt. Er dient oft nur in frühen Entwicklungsstadien als Stätte für die außerembryonale Blutbildung, um später bloß noch ein rudimentäres Anhangsgebilde darzustellen, das bei Primaten als kleines Bläschen (Vesicula umbilicalis) dem Mutterkuchen, fern vom Embryo, anhaftet und nach der Geburt des reifen Fetus in der Nachgeburt ausgestoßen wird.

Eihüllen der Sauropsiden.

1. Bildung des Amnions.

Unsere Schilderung der Entwicklung des Amnions geht von einem Stadium der Ente aus, bei welchem der Embryo noch flach ausgebreitet dem Dotter aufliegt.

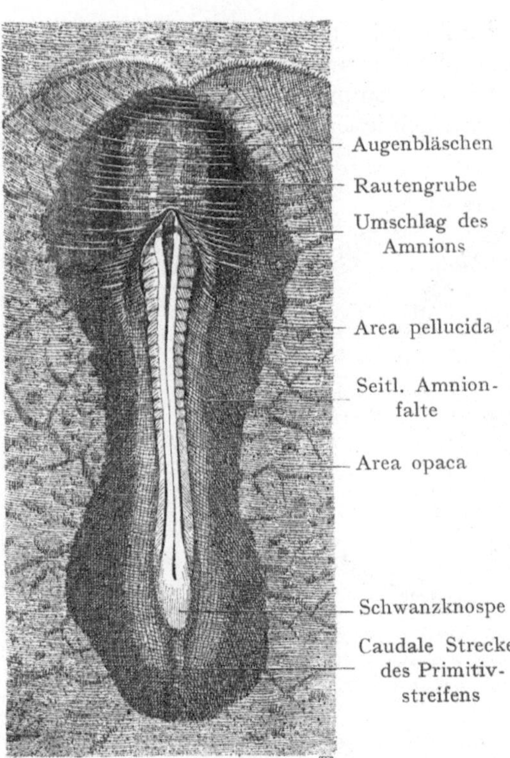

Fig. 79. Entenembryo mit 17 Ursegmenten. Ansicht bei auffallendem Lichte. Beginnende Bildung der Kopfkappe des Amnions.

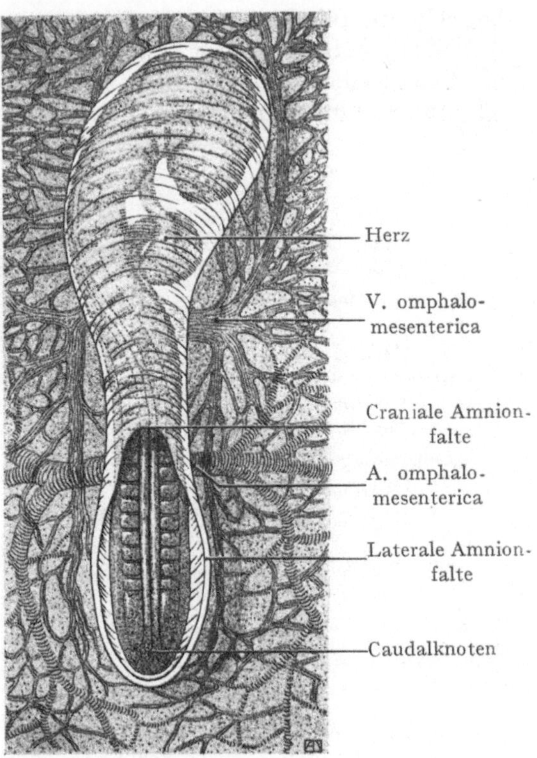

Fig. 80. Entenembryo im Amnion. Die caudale Partie ist noch nicht vom Amnion bedeckt. Ansicht bei auffallendem Lichte.

(Fig. 79). Das Medullarrohr ist in seiner größten Ausdehnung geschlossen. Die craniale
Partie der Embryonalanlage wird, etwa bis zur Höhe des ersten Somiten, von einer
Falte bedeckt, welche sich jenseits der bei der Abschnürung des Embryos von der
Keimscheibe entstehenden Grenzfurche erhebt. Diese als Kopfkappe der Amnionfalte

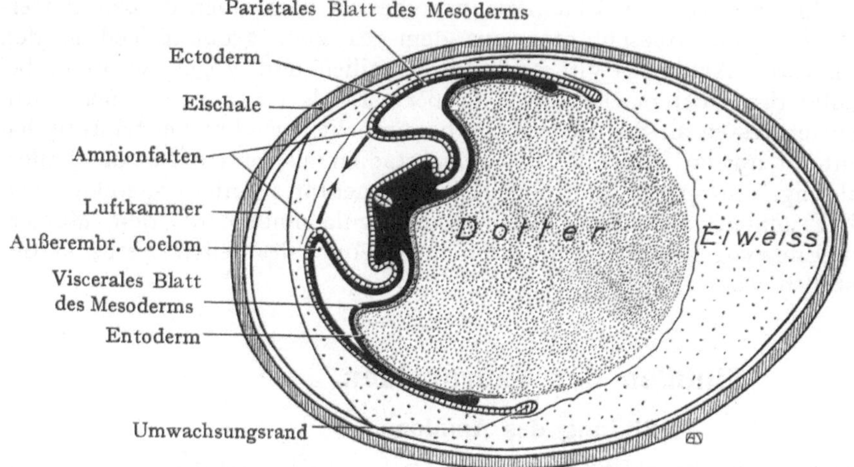

Fig. 81. Schema I. Anlage der Amnionfalten beim Hühnchen.
Nach M. Duval.

bezeichnete Bildung tritt in frühen Stadien cranial von der Embryonalanlage (vor
derselben) auf, geht dann allmählich seitlich und caudalwärts weiter, um schließlich
als Schwanzkappe auch über die caudale Partie des Embryos vorzuwachsen. Diese
allmählich den ganzen Embryo umziehenden Falten schließen sich dorsal vom Embryo

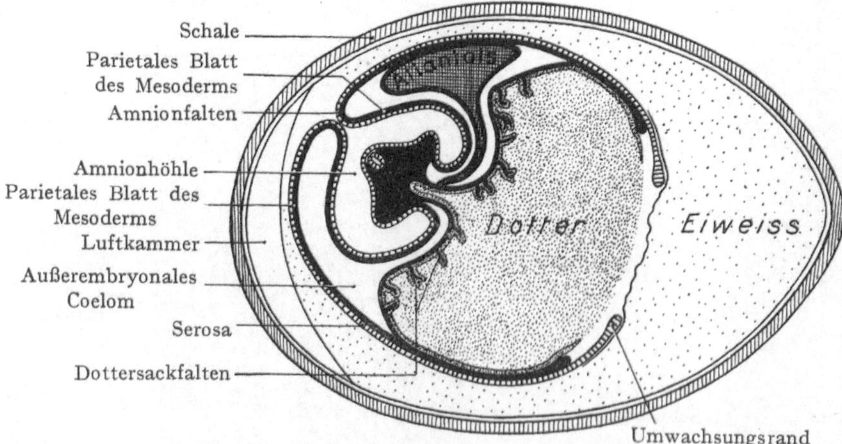

Fig. 82. Schema II. Die Amnionfalten haben sich über der Embryonalanlage vereinigt. Die Allantois stellt ein gestieltes in das außerembryonale Coelom vorwachsendes Bläschen dar.

zusammen und kommen hier zur Vereinigung, um auf diese Weise den Embryo vollständig zu bedecken. Bei der Ente, dem Hühnchen und vielen andern Formen ist das
Vorwachsen der Amnionfalten kein gleichmäßiges, indem die Bildung der Kopfkappe viel
rascher fortschreitet als diejenige der lateralen Amnionfalten oder sogar der Schwanz-

kappe. Dies erkennen wir schon in Fig. 79, noch deutlicher jedoch in Fig. 80. Hier ist die caudale Partie der Embryonalanlage noch vom Amnion unbedeckt, obgleich dieselbe von den Amnionfalten vollständig eingerahmt wird. Hier bleibt eine Zeitlang eine Öffnung bestehen, die sich zuletzt schließt, um dadurch den Amnionsack herzustellen. Der Verschluß erfolgt in der sog. Amnionnaht.

Die Bildung des Amnions beginnt bei den verschiedenen Sauropsiden bald früher, bald später. Die Erhebung der Kopfkappe kann in einem Zeitpunkte erfolgen, da sich die Mesodermblätter bei ihrem Vorwachsen in cranialer Richtung noch nicht vor der Embryonalanlage vereinigt haben. In solchen Fällen besteht die Amnionfalte aus zwei Keimblättern, dem Ectoderm und dem Entoderm. Erst später wächst zwischen denselben das periphere Mesoderm ein, so daß dann die Falte aus dem Ectoderm und dem parietalen Blatte des Mesoderms besteht, indem sich das Entoderm aus derselben zurückzieht. Diese früheste aus Entoderm und Ectoderm bestehende Falte wird als Proamnion bezeichnet. Sie tritt bei einer Anzahl von Formen zu einer Zeit auf, da eine Mesodermbildung vor dem Kopfe noch nicht stattgefunden hat, während

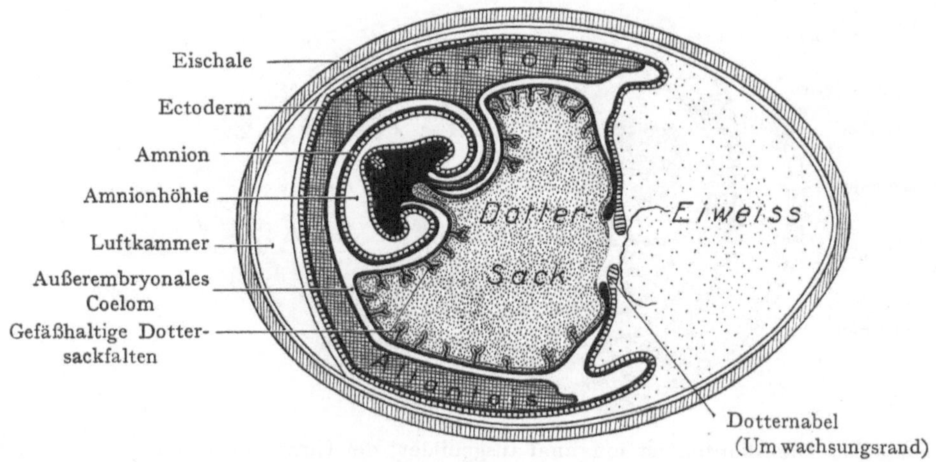

Fig. 83. Schema III. Die Allantois ist stark ausgewachsen, der Dotter fast ganz umwachsen.

sie bei denjenigen Formen, die an dieser Stelle eine Mesodermbildung aufweisen, fehlt und durch die mesodermhaltige Amnionfalte ersetzt wird. Die Untersuchung von Quer- und Längsschnitten verschafft uns die klarste Anschauung über die Schichten, welche in die Bildung der Amnionfalten eingehen. Die Figg. 81—84 sind vier Schemata der Entwicklung der Eihüllen beim Huhn. In Fig. 81 sehen wir, wie sich die Amnionfalten zu beiden Seiten der bereits in der Abschnürung vom Dottersacke begriffenen Embryonalanlage erheben. Zu dieser Zeit hat die Umwachsung des Dotters durch die drei Keimblätter schon beträchtliche Fortschritte gemacht und auch das außerembryonale Coelom kann bis in eine gewisse Entfernung vom Embryo aus gegen die Peripherie der Keimscheibe hin verfolgt werden. Die Amnionfalten bestehen sowohl aus Ectoderm wie aus einer Strecke des parietalen Blattes des außerembryonalen Mesoderms; demnach enthalten sie eine beträchtliche Ausbuchtung des außerembryonalen Coeloms. In Fig. 82 ist ein weiteres Stadium der Amnionbildung dargestellt, in welchem die vorwachsenden Amnionfalten zur Berührung gekommen sind. Hier ist die Umwachsung des Dotters beträchtlich weiter gediehen, ebenso die Abschnürung der Embryonalanlage, während die Allantois als eine birnenförmige Ausbuchtung des End- oder Kloakendarmes in das außerembryonale Coelom vorgewachsen

ist. In dem auf Fig. 83 dargestellten Stadium ist die Scheidewand zwischen den
beiden dorsal vom Embryo zur Berührung gekommenen Amnionfalten gefallen, folglich
gehen die in denselben enthaltenen Coelomausbuchtungen dorsal vom Embryo ineinander
über und der Embryo wird, je weiter der Prozeß der Abschnürung vom Dottersacke
geht (siehe das folgende Bild), um so vollständiger von einem dem innern Blatte
der Amnionfalten entsprechenden Sacke, dem Amnionsacke, umschlossen. Die Amnionfalten liefern also nach ihrer Verschmelzung zwei Hüllen für den Embryo, von
denen die äußere, als seröse Hülle oder amniogenes Chorion, dem äußeren Blatte der
Amnionfalte entspricht, während das innere Blatt das Amnion oder den Amnionsack
darstellt. Beide Hüllen bestehen aus einer Ectodermschicht und einer dem parietalen
Blatte des Mesoderms entstammenden Mesodermschicht. Die Serosa wird durch den in
die Amnionfalten sich vorbuchtenden Abschnitt des außerembryonalen Coeloms vom
Amnion getrennt. Das Amnion begrenzt mit dem Ectoderm des Embryos einen bei
der Weiterentwicklung rasch sich ausdehnenden Raum, die Amnionhöhle, deren
epitheliale Wandung die den Embryo umgebende Amnionflüssigkeit, den Liquor amnii,

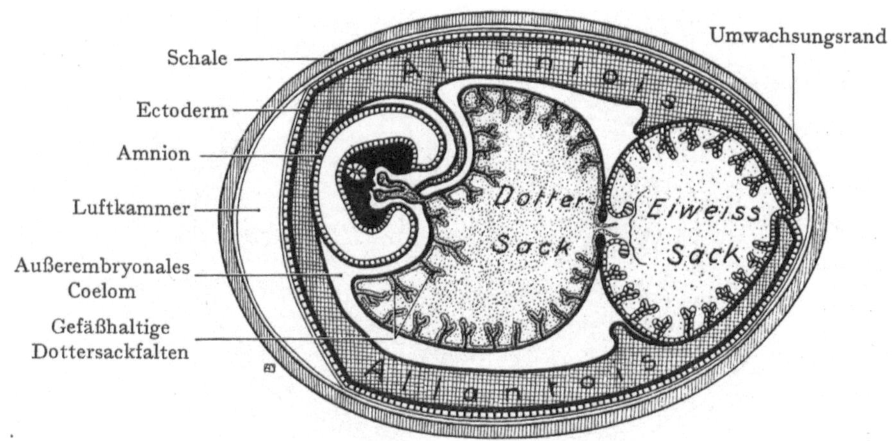

Fig. 8.4. Schema IV. Die Allantois ist maximal ausgebildet; der Umwachsungsrand hat auch die
Eiweißmasse eingeschlossen.

absondert. Je weiter die Abschnürung des Embryos vom Dottersacke gedeiht, desto
größer wird auch der um den Embryo sich herumlegende Amnionsack. Nur am Abgange des Ductus omphaloentericus erhält sich die Verbindung des Embryos mit dem
Dottersacke. Der Zweck der ganzen Einrichtung ist leicht zu verstehen, denn dadurch,
daß der Embryo gewissermaßen in einem Wasserkissen aufgehängt ist, entgeht er
manchen Schädlichkeiten, denen er während der Brutpflege oder der freien Entwicklung ohne mütterliche Aufsicht wohl ausgesetzt wäre. Diese Schutzeinrichtung
wird noch dadurch vervollständigt, daß sich der Embryo mit seinem Amnionsacke in
den zum Teil schon sehr frühe verflüssigten Dotter einsenkt, so daß bei der Ansicht
von oben her nur ein kleiner Teil des Amnionsackes sichtbar bleibt. Wie O. Hertwig
bemerkt, ist es wohl möglich, daß dieser letztere Vorgang phylogenetisch zur Bildung
der Amnionfalten geführt hat, „indem sich nun die Teile, die bei den Fischen zum Hautdottersack werden, als Amnionfalten rings um die kleine Embryonalanlage herum-
schlagen und sie um so vollkommener einhüllen, je tiefer sie in den Dotter einsinkt".
Mit der zunehmenden Abschnürung des Embryos wird also die Stelle, an welcher das
die Amnionhöhle begrenzende, dem Ectoderm entstammende Epithel des Amnionsackes
in das Ectoderm des Embryos übergeht, immer kleiner. Wir bezeichnen diese allmählich
sich einengende Stelle als Hautnabel.

Im Bereiche des dem Ectoderm des Amnions zugrunde liegenden parietalen Blattes des Mesoderms treten allmählich zahlreiche glatte Muskelzellen auf, welche rhythmische Kontraktionen ausführen und abwechselnd eine Zunahme oder Abnahme des Druckes innerhalb der Amnionhöhle bewirken. Auch findet dabei eine Bewegung des Embryos in toto statt, die allerdings auch bei Embryonen der Anamnier nicht fehlt. Sie kommt jedoch hier auf andere Weise zustande, nämlich infolge Kontraktion der Rumpfmuskulatur (Selachier).

Die seröse Hülle bildet den äußern Abschluß des außerembryonalen Coeloms, welches sich (Fig. 84) allmählich mit der Umwachsung des Dotters bis zum vegetativen Pole des Eies ausdehnt, ja sogar noch darüber hinauswächst, um die an diesem Pole zusammengedrängte Eiweißmasse zu umschließen.

2. Umwachsung des Dotters durch die Keimblätter und Bildung des Dottersackes.

Der mächtige Dotter des Sauropsideneies wird nur zum kleinsten Teile direkt von den Zellen der Keimscheibe verarbeitet und ohne Vermittlung der Blutgefäße zum Aufbau des Organismus verwendet. Während der Furchung und der Bildung der Keimblätter erfolgt zwar eine Verflüssigung des Dotters unmittelbar unter der Keimscheibe, welche wohl auf einen von den Zellen derselben ausgehenden Verdauungsprozeß zurückzuführen ist. So entsteht hier eine zentrale, dem verflüssigten Dotter entsprechende, mehr durchsichtige Zone, die Area pellucida, welche von einer peripheren undurchsichtigen Zone, der Area opaca, umgeben ist. In ihrem Bereiche ist eben die Verflüssigung des Dotters noch nicht erfolgt. Bei der Abschnürung des Embryos und der damit einhergehenden Einschränkung der Verbindung des Dottersackes mit dem Darm muß jedoch diese direkte Beeinflussung und Verarbeitung des Dotters durch das Dotterentoderm, welche ohne Vermittlung von Gefäßen stattfindet, ein Ende nehmen. Bei der weitergehenden Umwachsung durch die Keimblätter findet in dem visceralen Blatte des Mesoderms, welches sich dem Dotterentoderm anlegt, eine Gefäßbildung statt. An dem so gebildeten, den Dotter enthaltenden Sacke machen wir nun die Unterscheidung zwischen einem äußeren Hautdottersacke, welcher aus dem Ectoderm und dem parietalen Blatte des Mesoderms besteht, und einem innern Sacke, dem Darmdottersacke, welcher sich aus dem Dotterentoderm und dem visceralen Blatte des Mesoderms zusammensetzt. Beide Säcke gehen am Umwachsungsrande der Keimscheibe ineinander über, während sie sonst überall durch das außerembryonale Coelom voneinander getrennt sind. Der Hautdottersack stellt (Fig. 84) die unmittelbare Fortsetzung der serösen Hülle dar, wie auch das außerembryonale Coelom in die Coelomausbuchtungen der Amnionfalten übergeht. Für die Verarbeitung und Verwertung des Dotters kommt ausschließlich der Darmdottersack in Betracht. Seine innere Wandung, welche von den hohen blasigen Zellen des Dottersackentoderms gebildet wird, erhält von dem visceralen Blatte des Mesoderms, in welchem sehr frühzeitig Blutgefäße auftreten, eine Unterlage. Diese stellen ein Blutgefäßnetz her, welches am Rande der Keimscheibe mit einer Vena terminalis abschließt. Schließlich breitet sich das Gefäßnetz im ganzen Bereiche des Darmdottersackes aus. In frühen Entwicklungsstadien, insbesondere vor der Bildung der Allantois, besitzt dieser Dottersackkreislauf auch eine Bedeutung für die Respiration, d. h. für den Gasaustausch zwischen der Keimscheibe und der Luft durch die poröse Eischale hindurch. Später wird diese Funktion an die gefäßhaltige, dem serösen Blatte sich anschließende Wand der Allantois (s. unten) abgegeben. Die Dotterresorption spielt von Anfang an eine große Rolle und ist zweifellos für das frühe Auftreten des außerembryonalen Gefäßsystems zu einer Zeit, da sich Gefäße innerhalb der

Embryonalanlage nur spärlich gebildet haben, verantwortlich zu machen. Die Ver-
größerung˙der resorbierenden Oberfläche des Darmdottersackes durch gefäßhaltige, in
den Dotter vordringende Fortsätze, hält mit der fortschreitenden, eine immer gesteigerte Verarbeitung und Assimilation des Dotters verlangenden Massenzunahme
des Embryos Schritt.

3. Entwicklung der Allantois.

Zu den beiden geschilderten Vorgängen, einerseits der Bildung des Amnions und
der serösen Hülle, andererseits der Umwachsung des Dotters und der Differenzierung

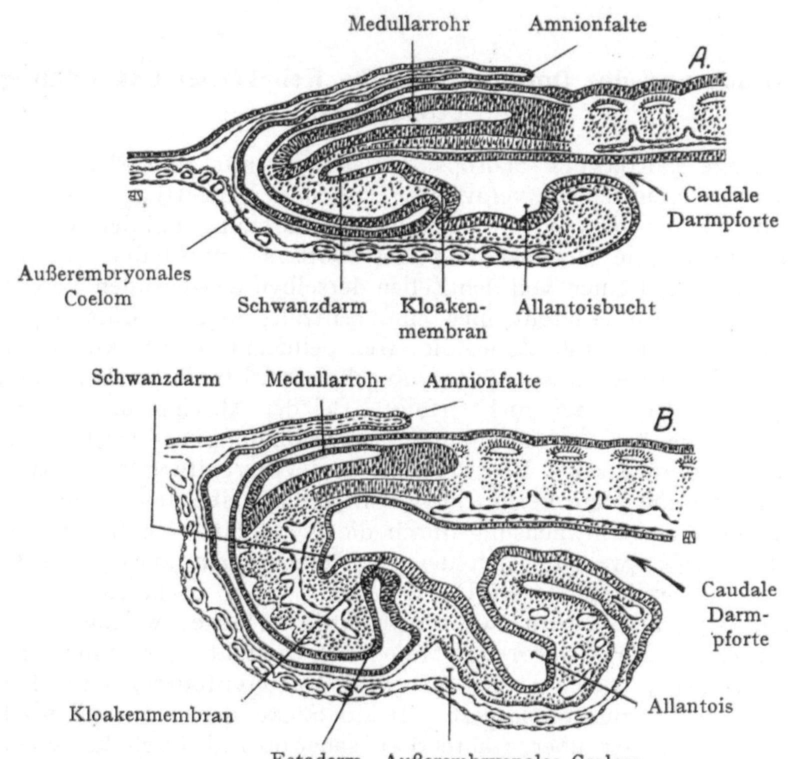

des Dottersackes, kommt bei Sauropsiden noch ein Drittes hinzu, nämlich die
Entwicklung des Harnsackes, der Allantois. Dieselbe ist beim Hühnchen am Ende des
dritten Tages der Bebrütung als eine in das außerembryonale Coelom hineinragende
Vorstülpung des Endabschnittes des Darmes wahrzunehmen. Dabei wird das aus-
gestülpte Entoderm von dem ihm anliegenden visceralen Blatte des Mesoderms überzogen. Die allererste Anlage der Allantois ist übrigens auf einem noch früheren
Stadium zu sehen, bevor die caudale Amnionfalte auftritt.

Die Bildung der Ausstülpung wird durch die Figg. 85 und 86 veranschaulicht,
welche Sagittalschnitte durch das caudale Körperende zweier Hühnerembryonen darstellen. In Fig. 85 sehen wir den später obliterierenden Schwanzdarm, darüber das
Medullarrohr. Proximal vom Schwanzdarm kommen Entoderm und Ectoderm fast
zur Berührung. Dies ist die Stelle der epithelialen Kloakenmembran. Weiter proximal

zeigt sich eine leichte Ausbuchtung der ventralen Darmwandung, die Allantoisbucht, welche eine Vorwölbung in das außerembryonale Coelom hervorruft. In Fig. 86 ist die Ausbuchtung beträchtlich tiefer und hat einen deutlichen Überzug von dem visceralen **Blatte** des Mesoderms erhalten, in welchem eine Anzahl von Gefäßquerschnitten als erste Andeutung des später so mächtigen Gefäßnetzes der Allantois zu erkennen sind. Caudal von dem Abgange der Allantoisausstülpung folgt die Kloakenmembran sowie der auf diesem Stadium bereits etwas reduzierte Schwanzdarm.

Das zunächst als Allantoishöcker in das außerembryonale Coelom hineinragende Gebilde vergrößert sich rasch zu einem birnförmigen, dann zu einem langgestielten Bläschen, dessen Stiel als Urachus die Verbindung zwischen der Kloake und dem Bläschen aufrecht erhält (Fig. 82). Dabei wächst es in dem außerembryonalen Coelom weiter, nicht bloß dorsal von der Embryonalanlage, sondern auch um den ganzen Darmdottersack herum. Ja die Entfaltung der Allantois ist beim Hühnchen noch viel beträchtlicher, denn die Ausdehnung der den Dotter umwachsenden Keimblätter macht keineswegs am vegetativen Pole Halt, sondern geht auf die hier zusammengedrängte, allmählich stärker eingedickte Eiweißhülle des Eies über. Sie bildet dabei gefäßhaltige Fortsätze (Fig. 84), welche in die Eiweißmasse eindringen und dieselbe allmählich zur Resorption bringen, ein Vorgang, den wir entfernt mit der Ausbildung des Dottersackes vergleichen können.

Die Allantois füllt so schließlich das ganze außerembryonale Coelom aus (Fig. 84), indem ihr mesodermaler Überzug außen dem parietalen, innen dem visceralen Blatte des Mesoderms zunächst enge anliegt, um später mit denselben zu verwachsen. Dabei gewinnt sie infolge des Gefäßreichtums ihrer Wandung eine neue, von der ursprünglichen weit entfernte Funktion. Das Gefäßnetz, welches sehr frühe in der äußern, der Serosa zugekehrten Wand auftritt, nimmt mit dem weitern Auswachsen der Allantois eine immer stärkere Entfaltung. In dieselbe treten die aus der caudalen Strecke der Aorta entspringenden Aa. umbilicales ein, welche vor der Bildung der hintern Extremitäten die weitaus mächtigsten Äste der Aorta, ja geradezu deren Fortsetzung bilden. Die Venen der Allantoiswandung sammeln sich zur V. umbilicalis. Auf diese Weise wird die äußere Wand des Bläschens in eine gefäßreiche Membran umgewandelt, welche bloß durch das Ectoderm (resp. die seröse Hülle) und das darunter befindliche parietale Blatt des Mesoderms von der Kalkschale getrennt werden. Die poröse Beschaffenheit der letzteren setzt dem Gasaustausche mit der Luft kein Hindernis entgegen. So wird die Allantois bei Sauropsiden zum Respirationsorgane des Embryos.

Die ursprüngliche Funktion der Allantois, welche darin bestand, den von den Exkretionsorganen während der Embryonalentwicklung sezernierten Harn aufzunehmen, erfährt eine weitgehende Beschränkung, indem sich aus einem Teile der Kloake ein neuer Harnbehälter, die Harnblase, bildet, in welche die Ausführgänge des Exkretionssystems einmünden. An der Allantois selbst wird die respiratorische Funktion gesteigert, indem sich die Höhle der Blase reduziert und das in der äußern Wand vorhandene Gefäßnetz immer dichter wird, so daß man sie oft geradezu als Gefäßblatt der Allantois bezeichnet hat. In der innern Wand bilden dagegen glatte Muskelzellen das Muskelblatt der Allantois, welches mit dem Amnion sowie mit dem Darmdottersacke verschmilzt (Bonnet). Die Allantois stellt also ein merkwürdiges Beispiel für den Funktionswechsel eines Organs dar, indem der für die Aufnahme des Harnes bestimmte Sack später nicht bloß den Gasaustausch des Embryos vermittelt, sondern sogar auch bei der Resorption der Eiweißhülle eine Rolle spielt.

4. Weitere Entwicklung und Schicksal der Eihüllen bei den Vögeln.

Das Amnion, welches bei seiner ersten Entstehung den Embryo eng umschloß, wird bald durch das Amnionwasser ausgedehnt. Die Amnionhöhle nimmt bis in die spätern Stadien der Entwicklung zu, erfährt aber dann wieder eine Abnahme, so daß, unmittelbar vor dem Ausschlüpfen, das Hühnchen den größten Teil derselben ausfüllt. Die Bildung der glatten Muskelzellen beginnt am sechsten Tage der Bebrütung und erstreckt sich allmählich über das ganze Amnion, in welchem peristaltische Bewegungen auftreten. Der Dottersack nimmt in den letzten Tagen der Entwicklung infolge der Resorption des Dotters an Umfang stark ab; am 19. Tage wird er vollständig in den Embryo aufgenommen und unterliegt hier der Verdauung. Bei diesem Prozesse wirkt in erster Linie auch die Muskulatur mit, welche sich in der innern, mit der Dottersackwand verwachsenen Wandung der Allantois bildet. Auch spielt die Muskulatur des Amnions und der Allantois bei der Einbeziehung des Dottersackes in die Embryonalanlage eine Rolle, indem sie den Dottersack geradezu in den Embryo hineinpreßt. Sodann schließt sich der Bauchnabel und die Verdauung des Dottersackes geht nunmehr innerhalb des Embryos so rasch vor sich, daß sein Gewicht während der ersten 6 Tage nach dem Ausschlüpfen von 5,34 g bis 0,05 g abnimmt (H. Virchow).

Ausschlüpfen des Hühnchens. Als eine Vorbereitung dazu ist die am 14. Tage der Entwicklung erfolgende Einstellung des Embryos mit dem Kopfe gegen die am stumpfen Pole des Eies befindliche Luftkammer aufzufassen. Vom 17. Tage an beginnt das Amnionwasser abzunehmen, und am 20. Tage ist die Aufnahme des Dottersackes in den Embryo vollendet. Das Hühnchen durchbricht nun mit seinem Schnabel die Eimembranen und beginnt die in der Eikammer enthaltene Luft einzuatmen. Eine Zeitlang besteht auch der durch die Allantois vermittelte Gasaustausch weiter, doch muß derselbe mit dem allmählichen Eintrocknen der Allantois ein Ende nehmen und alsdann erfolgt, gewöhnlich am 21. Tage der Bebrütung, der Durchbruch der Eischale und das Auskriechen des Hühnchens.

5. Rückblick auf die Entwicklung der Eihüllen bei den Sauropsiden.

Wir hatten es dabei mit Vorgängen zu tun, die, so kompliziert sie auch erscheinen mögen, doch ausschließlich durch Umformung des Keimes innerhalb der Eischale erfolgen und deshalb auch einheitliche Gebilde liefern, die sämtlich embryonaler Herkunft sind. So lassen sie die Mannigfaltigkeit der Einrichtungen vermissen, die wir bei den verschiedenen Säugetieren infolge der mehr oder weniger innigen Verbindung von mütterlichen und fetalen Geweben antreffen. Diese Gleichartigkeit in der Entwicklung der Eihüllen der Sauropsiden ist sehr auffällig. Allerdings sehen wir dabei von den zum Teil recht beträchtlichen zeitlichen Differenzen in dem Auftreten des Amnions ab. So kann sich dieses in Form des Proamnions außerordentlich früh, ja sogar vor der Abgrenzung der Ursegmente bei einzelnen Formen (Sphenodon) bilden, ein Verhalten, das wir übrigens auch bei einzelnen Säugetieren antreffen.

Trotz der nicht ganz übereinstimmenden Art und Weise der Entstehung der Eihüllen bei den Sauropsiden und den Säugetieren, muß man doch bei letzteren von den Sauropsiden ausgehen, indem die niedersten Säugetiere, die Monotremen, ähnliche Zustände zeigen wie die Vögel und Reptilien und so eine Brücke zu den zum Teil höchst komplizierten Verhältnissen bei den höheren Säugetieren herstellen. Auch hier spielt wieder der Dottergehalt des Eies eine wichtige Rolle, indem erst mit seinem Schwunde das Ei der Säugetiere in eine nähere Beziehung zur Uterusschleimhaut tritt, welche bei den höheren Formen das Ei einschließt und zur Ausbildung eines besonderen, die Ernährung und den Gasaustausch des Embryos übernehmenden Organs, der Placenta oder des Mutterkuchens beiträgt.

Die Entwicklung der Eihüllen der Säugetiere.

Die Übereinstimmung in bezug auf die Bildung der Eihüllen zwischen Sauropsiden und Säugetieren ist zum Teil eine sehr weitgehende. Andererseits bilden sich jedoch wieder neue Einrichtungen, die nicht, wie bei Sauropsiden, auf das Ei beschränkt bleiben, sondern von der Schleimhaut des das Ei aufnehmenden Genitalschlauches ausgehen. Die Monotonie, um nicht zu sagen das Schematische in der Bildung der Eihüllen, welche wir bei Sauropsiden antreffen, wird bei Säugern vermißt und ohne Zweifel ist der Grund dafür in der neuen Funktion der Eihüllen zu suchen, welche neben der alten und ursprünglichen Rolle, bis zu einem gewissen Grade einen Schutz für den Embryo zu gewähren, sowie die Respiration des Keimes zu sichern, nunmehr auch diejenige übernehmen, in den verschiedensten Modifikationen die Verbindung mit der Schleimhaut des Uterus herzustellen.

Im ganzen bilden sich die Eihüllen zunächst in ähnlicher Weise wie bei Sauropsiden, und zwar ist diese Übereinstimmung wieder am größten bei den Monotremen, welche noch einen recht beträchtlichen Dotter besitzen, obgleich derselbe, verglichen mit demjenigen des Sauropsideneies, ohne Zweifel schon eine Reduktion erfahren hat. Beim Monotremenei halten sich noch Allantois und Dottersack das Gleichgewicht, indem erstere gegen das Ende der Entwicklung mit mehr als der Hälfte der Eioberfläche in Kontakt tritt, doch fehlt eine Entfaltung wie bei Vögeln, wo sie in noch größerer Ausdehnung den Dottersack überwächst. Der Dottersack reicht, gleichfalls in späteren Stadien, bis an die Oberfläche, um sich hier mit der Serosa zu verbinden. Wahrscheinlich teilen sich bei Monotremen Dottersack und Allantois in die respiratorische Funktion, die bei Vögeln in ganz frühen Stadien dem Dottersacke zukam, um später ganz auf die Allantois überzugehen.

Im allgemeinen finden wir bei Säugetieren einen steten Rückgang des Dottersackes an Größe und Bedeutung. Zwar erlangt er bei einigen Formen (wie z. B. bei Huftieren) eine beträchtliche Entfaltung, doch übernimmt er nicht, soweit wir sehen können, eine entsprechende Rolle bei der Entwicklung, indem allen Säugetieren nicht bloß die hohe Differenzierung der Wand fehlt, welche das Organ bei Sauropsiden in den Stand setzte, die mächtige Dottermasse zu bewältigen, sondern der Dotter selbst scheint bei den meisten Formen zu fehlen. Trotzdem spielt der Dottersack in den frühen Stadien insofern eine wichtige Rolle, als in der mesodermalen Schicht seiner Wandung die ersten Gefäße auftreten und vor allem die Bildung der roten Blutkörperchen in größerem Umfange vor sich geht. Wenn der Dottersack, wie bei Primaten, im Wachstum zurückbleibt, so wird er als Nabelbläschen oder Vesicula umbilicalis bezeichnet. Im Grunde genommen sind die Beziehungen, welche es zur Keimscheibe resp. zur Embryonalanlage eingeht, dieselben wie bei den Sauropsiden, denn es findet, bei vielen Säugetieren sehr frühzeitig, eine Umwachsung des Dottersackes durch das Mesoderm statt, welches das bei den Primaten besonders umfangreiche außerembryonale Coelom herstellt.

Wir haben (siehe Gastrulation und Keimblätterbildung) den Säugetierkeim am Ende der Furchung als ein Bläschen vor uns gesehen, an dessen oberem Pole der Embryonalknoten einen Zellhaufen darstellt, während der übrige Teil der Wandung aus einer doppelten Zellschicht besteht, von der jedoch die äußere (die Raubersche Deckschicht) keine weitere Rolle spielt. Die Höhle des Bläschens ist mit eiweißhaltiger Flüssigkeit angefüllt, welche aus dem Sekrete der Uterusdrüsen stammt, oder, wenn das Ei in die Mucosa uteri eindringt, direkt von dieser, infolge Zerfalls ihrer Elemente zu einer breiartigen

Masse (Embryotrophe) geliefert wird. Wir haben verfolgt, wie die Zellen des Embryonalknotens sich in zwei Schichten anordnen, von denen die tiefere als primitives Entoderm auszuwachsen beginnt, allerdings nicht in direktem Anschlusse an die Zellen der Wandung des Bläschens, indem sich bei Primaten sehr früh das Mesoderm mit dem mächtig entwickelten außerembryonalen Coelom einschiebt (Fig. 52C). Die äußere Schicht der Blase, welche bald als Trophoblast, bald als fetaler Ectoblast bezeichnet wird, spielt bei jenen Formen, deren Eier sich in der Uterusschleimhaut festsetzen, eine außerordentlich wichtige Rolle, indem von ihr aus unregelmäßige, zottige Auswüchse in die Uterusschleimhaut einwachsen, dieselbe zum Teil angreifen, auch die Blutgefäße eröffnen, kurz weitgehende Zerstörungen an der Mucosa uteri hervorrufen, welche die Bildung eines der Ernährung des Eies auf frühen Stadien dienenden Gewebebreies (Embryotrophe) veranlassen.

1. Amnion.

Auch bei Säugetieren findet sich wieder der einfache Typus der Amnionbildung, den wir bei Vögeln und Reptilien festgestellt haben, und zwar in Form von über dem Embryo zur Vereinigung kommenden Falten. Dieselben treten in der Regel sehr früh auf; häufig kommt die Bildung eines aus Ectoderm und Entoderm bestehenden Proamnions vor, in welches ein Coelomspalt erst sekundär mit dem Einwachsen des Mesoderms vordringt. Doch zeigen sich in dieser Beziehung bei den einzelnen Klassen sehr große Unterschiede, indem bei einigen von vornherein eine aus Ectoderm und Mesoderm bestehende Amnionfalte auftritt, während bei anderen, z. B. bei Didelphys virginiana (Selenka) ein Proamnion fast den ganzen Embryo einhüllt. Durch Faltenbildungen entsteht das Amnion, z. B. beim Kaninchen und beim Hunde.

Eine Anzahl von Säugetieren dagegen (Fledermaus, Primaten) zeigen andere Verhältnisse, indem hier die Zellen des Embryonalknotens auseinanderweichen, um einen Spalt zu begrenzen, welcher, rasch sich vergrößernd, die Amnionhöhle herstellt (Bildung des Amnions durch Dehiscenz). Diese Vorgänge sind von Éd. van Beneden für die Fledermaus untersucht worden; sie besitzen deshalb ein ganz besonderes Interesse, weil es fast sicher ist, daß beim Menschen, wie bei den Primaten überhaupt, das Amnion in dieser Weise entsteht. Die Figg. 87 A—C stellen Schnitte durch drei Keime der Fledermaus in verschiedenen Stadien der Entwicklung dar. In Fig. 87A

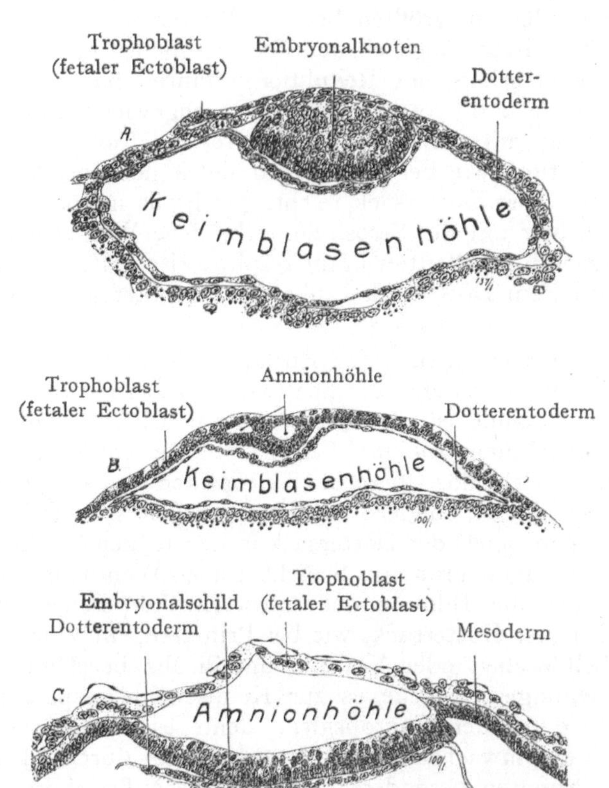

Fig. 87. Frühe Entwicklungsstadien von Vespertilio murinus.
Nach Éd. van Beneden, Anat. Anz. XVI. 1899.

hat sich in der ganzen Ausdehnung der Fruchtblase das primitive Entoderm gebildet, welches hier der äußern Schicht der Fruchtblase, dem Trophoblasten, enge anliegt. Der Embryonalknoten ist sehr groß; in demselben machen sich weiterhin (Fig. 87 B) zwei Hohlräume bemerkbar, welche durch ihre Verschmelzung die Amnionhöhle herstellen. Die Zellen der untern Wandung der Höhle (Fig. 87 C) bilden das Ectoderm der Medullarplatte, die darunter liegende Schicht das embryonale Entoderm, welches in das Dottersackentoderm übergeht. Die Zellen des Amnions sind auf diesem Stadium kaum von denen des Trophoblasten zu unterscheiden und die Bildung des Mesoderms hat überhaupt noch nicht begonnen.

Es darf darauf hingewiesen werden, daß es Übergangsformen gibt, welche die beiden Entstehungsarten miteinander verbinden. So sehen wir beim Reh- und beim Schafei wie bei demjenigen der Fledermaus (Éd. van Beneden) und der Maus (Sobotta) eine Höhle in den Zellen des Embryonalknotens auftreten, welche sich jedoch bei den beiden erstgenannten Formen nach außen öffnet, so daß das Ectoderm der Medullarplatte offen zutage tritt. Nach dem Durchbruch dieser durch Dehiscenz entstandenen Höhle vervollständigt sich das Amnion sekundär durch Faltenbildung. Die Bildung des Amnions beim menschlichen Ei ist nicht direkt beobachtet worden, doch dürfen wir mit großer Wahrscheinlichkeit annehmen, daß sie in ähnlicher Weise wie bei Fledermäusen erfolgt und schon in sehr früher Zeit abgeschlossen ist.

2. Allantois.

Die Allantois entsteht bei vielen Säugetieren ähnlich wie bei den Sauropsiden, d. h. als eine Ausstülpung der Kloake, welche, von dem visceralen Blatte des Mesoderms überzogen, in das geräumige außerembryonale Coelom hineinwächst. Sie legt sich in sehr verschiedener Ausdehnung dem parietalen Blatte des Mesoderms an, welches mit der die Fruchtblase außen abschließenden Zellschicht, dem Trophoblasten, verbunden ist. Diese entspricht also, in bezug auf die Allantois, der serösen Hülle des Sauropsideneies. Bei einigen Beuteltieren bleibt die Allantoisblase sehr klein und kommt überhaupt nicht in Kontakt mit der serösen Hülle. Im Gegensatz dazu gewinnt sie aber bei anderen Formen, z. B. bei den Carnivoren und den Wiederkäuern, eine sehr große Ausdehnung, während wieder andere, z. B. der Maulwurf, ein Verhalten zeigen, das in der Mitte zwischen beiden Extremen liegt.

Ganz anders entwickelt sich dagegen die Allantois bei den Primaten und höchstwahrscheinlich auch beim Menschen. Hier bleibt der Embryo caudal durch den sog. Haftstiel (Fig 90) mit der serösen Hülle und dem Trophoblasten in Verbindung. Der Haftstiel besteht aus Mesoderm, in welchem die Bildung des außerembryonalen Coeloms unterblieben ist; seine Entstehung ist aus den Schemata Figg. 88 bis 93 zu erkennen. Wir sehen hier, wie eine solide Schicht von Mesoderm sich zwischen dem Amnion und dem die Fruchtblase außen abschließenden Trophoblasten einzuschieben beginnt. Diese Schicht wächst in der Richtung von vorn nach hinten und wird durch einen Coelomspalt, welcher das außerembryonale Coelom darstellt, ausgehöhlt (Fig. 90). Indem nun am caudalen Ende des Embryos die Bildung des Coelomspaltes unterbleibt, erhält sich hier eine die Embryonalanlage mit der äußern Schicht der Keimblase in Verbindung setzende Mesodermbrücke, der Haftstiel, in welche sich eine spitz zulaufende Ausbuchtung der Amnionhöhle hineinzieht. Bei den Primaten unterbleibt die Bildung einer bläschenförmigen Allantois, dagegen entstehen diejenigen Gefäße (Aa. umbilicales und V. umbilicalis), welche bei Sauropsiden das dichte respiratorische Gefäßnetz in der äußeren Wand der bläschenförmigen Allantois unmittelbar unter der serösen Hülle herstellen, bei den höheren Formen in analoger Weise. Diesen Gefäßen wird bei den Primaten durch den Haftstiel eine Brücke geboten, auf welcher

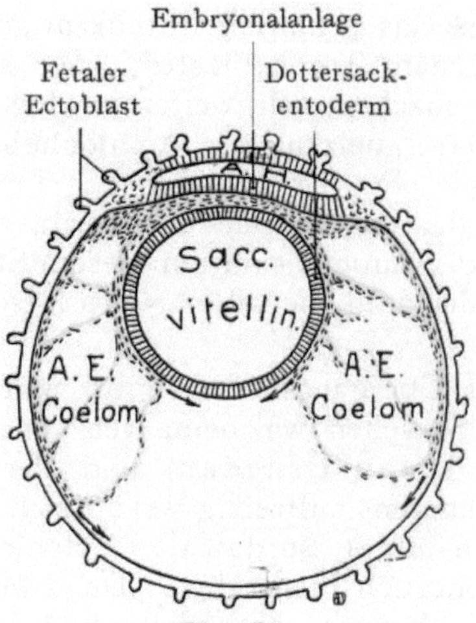

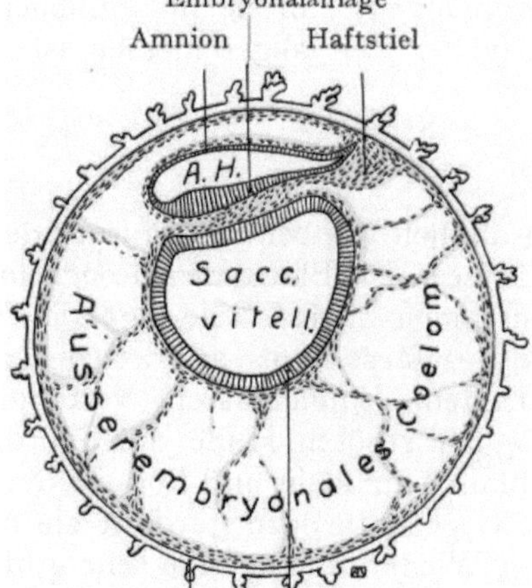

Embryonalanlage
Fetaler Ectoblast
Dottersack-entoderm
A.H.
Sacc. vitellin.
A.E. Coelom
A.E. Coelom

Fig. 88.

Embryonalanlage
Fetaler Ectoblast
Dottersack-entoderm
A.H.
Sacc. vitell.
Ausserembr. Coelom

Fig. 89.

Embryonalanlage
Amnion
Haftstiel
A.H.
Sacc. vitell.
Ausserembryonales Coelom
Fetaler Ectoblast
Dottersack-entoderm

A. H. = Amnionhöhle.

Fig. 90.

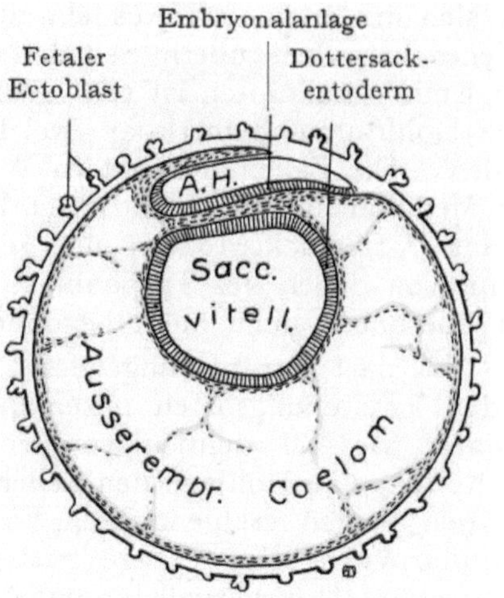

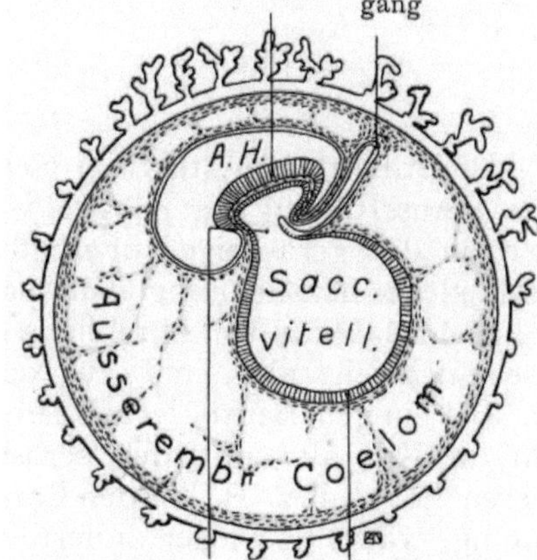

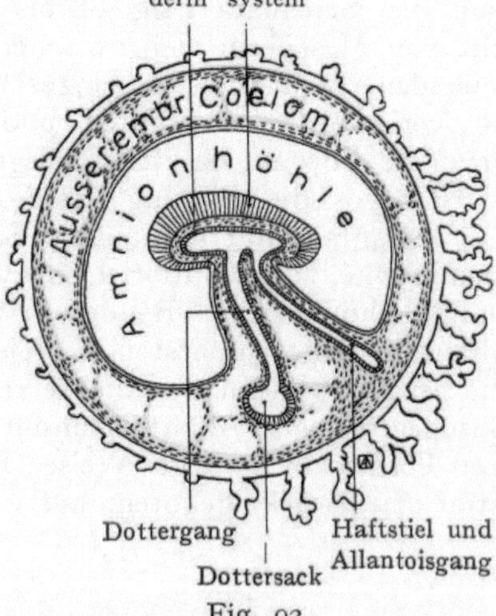

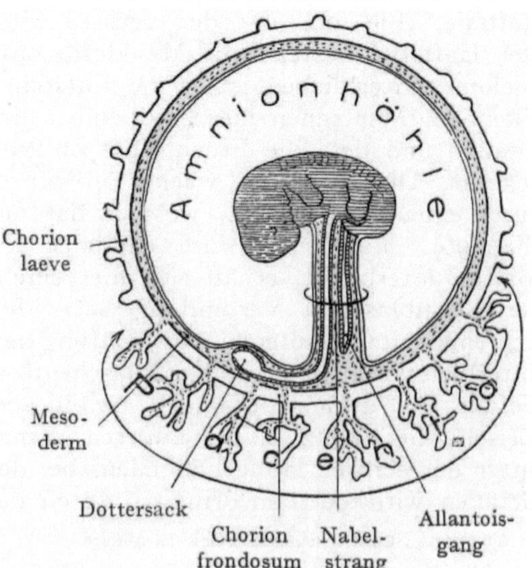

Embryo-nalanlage
Haftstiel u. Allantois-gang
A.H.
Sacc. vitell.
Ausserembr. Coelom
Öffnung des Dottersackes in den Darm
Dottersack-entoderm

Fig. 91.

Ento-derm
Nerven-system
Ausserembr. Coelom
Amnionhöhle
Dottergang
Dottersack
Haftstiel und Allantoisgang

Fig. 92.

Amnionhöhle
Chorion laeve
Placenta
Meso-derm
Dottersack
Chorion frondosum
Nabel-strang
Allantois-gang

Fig. 93.

sie von dem Embryo zu dem unter dem Trophoblasten sich ausbreitenden parietalen Blatte des außerembryonalen Mesoderms gelangen, um hier ihre Verbreitung zu nehmen und neue Einrichtungen zu schaffen, die in der Herstellung einer engeren Verbindung zwischen Fruchtblase und Uterusschleimhaut gipfeln. An Stelle der bläschenförmigen Allantois sehen wir bei den Primaten einen engen Gang, den Allantoisgang, von der Kloake aus in den Haftstiel abgehen (Fig. 91), welcher mit den Allantoisgefäßen peripherwärts verläuft. Die genauere Besprechung dieser für die Placentarbildung wichtigen Verhältnisse wird unten erfolgen.

Die respiratorische Funktion der Allantois, wie wir sie bei Sauropsiden aus-gebildet sehen, geht also bei Primaten an Gefäße über, welche im Haftstiel zur Ober-fläche der Fruchtblase gelangen und hier ein respiratorisches Gefäßnetz herstellen. Allerdings erfolgt hier der Gasaustausch nicht mehr mit der äußern Luft, sondern mit dem Blute der Mutter, welches bis dicht an die Gefäße des Allantoiskreislaufes heran-kommt, indem sich bloß eine Epithelschicht dazwischen einschiebt.

3. Saccus vitellinus (Vesicula umbilicalis des Menschen).

Das Dottersackentoderm entsteht dadurch, daß die untere Schicht des Embryonal-knotens auswächst, um an dem entgegengesetzten Pole des Eies zusammenzutreffen und die epitheliale Wandung des Dottersackes herzustellen, an welche sich nach außen hin das viscerale Blatt des außerembryonalen Mesoderms anschließt. In Fig. 88, wo für die Primaten das außerordentlich frühe Auswachsen des Mesoderms und die Bildung eines mächtigen außerembryonalen Coeloms veranschaulicht wird, ist das Dottersack-entoderm schon von der äußern Schicht der Fruchtblase, dem Trophoblasten, getrennt worden, dagegen schließt sich bei andern Formen, deren Mesodermentwicklung sozusagen weniger stürmisch abläuft, das Dottersackentoderm dem Trophoblasten unmittelbar an und wird erst durch das dazwischen vorwachsende Mesoderm davon abgedrängt.

In allen Fällen scheint der Dottersack der Säugetiere nur in geringem Grade Nah-rung für den Embryo aufzuspeichern und mittels des Dottersackkreislaufes an denselben abzugeben. Die Bedeutung des Gebildes kommt bei Säugetieren jedenfalls hauptsächlich in den frühen Stadien der Entwicklung zur Geltung, und in diesem Zusammenhange wäre nochmals auf die Bedeutung des Mesoderms der Dottersackwandung für die Bildung des Blutes und der außerembryonalen Gefäße beim menschlichen Ei hinzuweisen (siehe Blutbildung). Bei einigen Säugetieren erlangt der Dottersack eine nicht unbeträchtliche Größe sowie eine gewisse Bedeutung für die Implantation des Eies in die Uterusschleim-haut, ferner auch späterhin für die Nahrungsaufnahme aus derselben. Beim Pferde wird die Umwachsung des Dottersackes durch das außerembryonale Coelom erst relativ spät vollendet, so daß ein bei der Weiterentwicklung allerdings immer mehr eingeengter Abschnitt der Dottersackwandung imstande ist, eine Verbindung mit der Mucosa uteri her-zustellen, welche wir geradezu als eine Dottersackplacenta bezeichnen könnten. Dieselbe wird später durch eine von der Allantois aus entstehende Verbindung (Allantoisplacenta) abgelöst. Solche Verhältnisse haben auch eine gewisse praktische Bedeutung, indem sie die in der Übergangszeit zwischen der Rückbildung der Dottersackplacenta und der Ausbildung der Allantoisplacenta beim Pferde sehr häufig vorkommenden Fehl-geburten erklären (Ewart). Bei andern Säugetieren (Raubtieren) erfährt der Dotter-sack ein mächtiges Wachstum, wobei er sich der serösen Hülle in größerer Ausdehnung anlegt; auch bei den Wiederkäuern ist sein Längenwachstum ein sehr beträchtliches, und eine ganz ungeheure Ausdehnung gewinnt er bei den Beuteltieren, wo er den Embryo mitsamt dem Amnionsacke fast vollständig einhüllt. Bei Beuteltieren treten engere Beziehungen zwischen der Mucosa uteri und dem Dottersacke auf, indem gefäßreiche Falten des letzteren sich in Vertiefungen der Mucosa uteri einlagern, auch sogar unter

Vermittlung der serösen Hülle. Auch hier entsteht, wenigstens vorübergehend, eine Dottersackplacenta, welche an die oben erwähnte Bildung beim Pferde erinnert. Überhaupt ist das Vorkommen einer Dottersackplacenta in frühen Stadien der Entwicklung sehr weit verbreitet, vielleicht sogar ursprünglicher als die Allantoisplacenta; ja sie findet sich schon bei Anamniern, wie das berühmte Beispiel des glatten Haies des Aristoteles (Mustelus laevis) beweist, dessen Dottersackplacenta von Aristoteles beschrieben und von Johannes Müller 1842 wieder entdeckt wurde (siehe unten).

4. Seröse Hülle.

Die seröse Hülle spielt bei den meisten Säugetieren eine bedeutsame Rolle. Sie leitet sich aus der äußern Schicht der Fruchtblase ab, welche bei vielen Säugetieren während der Einbettung des Eies in die Uterusschleimhaut eine Hauptrolle spielt, indem sie solide Massen rasch wachsender und wuchernder Zellen in die Umgebung des Eies aussendet, welche die mütterlichen Gewebe angreifen und in eine für die Aufnahme in das Ei geeignete Nahrung (Embryotrophe, Bonnet) umwandeln. Wir haben für diese Schicht den Namen Trophoblast oder fetaler Ectoblast beibehalten. Solche Vorgänge spielen sich frühzeitig ab; mit der Anlagerung der im Haftstiel zur serösen Hülle gelangenden Allantoisgefäße beginnt für diese eine neue Tätigkeit. Sie sendet nunmehr gefäßhaltige Zotten aus, die Chorionzotten, in deren aus dem parietalen Blatte des Mesoderms stammenden Membrana propria sich feine Verzweigungen der Allantoisgefäße verbreiten. Die Chorionzotten sind streng zu unterscheiden von den viel früher auftretenden soliden Auswüchsen des Trophoblasten, welche durch sie ersetzt werden. Auf die Chorionzotten ist vor allem die Herstellung einer mehr oder weniger innigen Verbindung zwischen Mutter und Frucht zurückzuführen. Die seröse Hülle mit ihrer bindegewebigen, gefäßhaltigen, aus dem Mesoderm stammenden Membrana propria wird nunmehr als Chorion bezeichnet. Im Hinblick auf die Zeit seines Auftretens ist der Trophoblast von einigen Autoren auch als Prochorion bezeichnet worden.

Ausbildung der Beziehungen zwischen Mutter und Frucht bei Säugetieren.

Die Säugetiere sind dadurch ausgezeichnet, daß sich in der Mehrzahl der Fälle die Beziehungen zwischen der Mucosa uteri und der Fruchtblase mehr oder weniger innig gestalten. Nur bei den aplacentalen Beuteltieren liegt die äußere Schicht der Fruchtblase, welche die seröse Hülle darstellt, dem Schleimhautepithel des Uterus direkt an, indem das Chorion dieser Formen keine Erhebungen oder Zottenbildungen zeigt, sondern glatt bleibt (Achoria). Bei allen andern Formen dagegen vergrößert sich die Oberfläche des Chorions durch die Bildung der gefäßhaltigen Zotten, welche sich entweder in entsprechende Vertiefungen der mütterlichen Schleimhaut einlagern, oder, indem die Fruchtblase vollständig in die Schleimhaut eingeschlossen wird, eine noch innigere Verbindung mit dieser eingehen. Der Zweck dieser Einrichtung ist natürlich der, erstens die Aufnahme von Nahrungsmaterial von seiten des Embryos, zweitens den Gasaustausch, d. h. die Respiration des Fetus zu ermöglichen. Die erste Aufgabe, welche bei der geringen Größe der meisten Säugetiereier und dem stark reduzierten Dotter sehr wichtig ist, wird sowohl bei den verschiedenen Formen als auch in verschiedenen Stadien ein und derselben Form auf eine von zwei Arten gelöst. Erstens kann das Nährmaterial für die Fruchtblase in Form eines Sekrets der Mucosa uteri geliefert werden, auch dadurch, daß mütterliches Gewebe zerfällt und einen Brei herstellt, dem sich noch aus der Mucosa uteri auswandernde Leukocyten sowie rote Blutkörperchen beigesellen. Dieser Brei, von Bonnet als Embryotrophe bezeichnet, wird, durch den Trophoblasten verarbeitet, in das Innere der Fruchtblase aufgenommen und in etwas spätern Stadien wohl auch an die Blutgefäße der Allantois oder bei einigen Formen an diejenigen des Dottersackes weiter abgegeben. Oder zweitens kann das Nahrungsmaterial direkt aus dem kreisenden mütterlichen Blute stammen, sodann wird von einer Hämotrophe gesprochen, die der Embryotrophe gegenübergestellt wird. Das Nahrungsmaterial wird hier, nachdem es wohl durch das Chorionepithel eine gewisse Bearbeitung erfahren hat, in die Allantoisgefäße aufgenommen und gelangt in den Kreislauf des Embryos. Für die Ernährung desselben kommt also in frühen Entwicklungsstadien die ganze äußere Oberfläche der Fruchtblase in Betracht. Wenn sich dagegen später bei vielen Formen engere Beziehungen zwischen der Mucosa uteri und der Fruchtblase herstellen, so sind es dann bloß gewisse Abschnitte des Chorions, welche infolge der Ausbildung von Zotten tätig sind, im übrigen bleibt das Chorion glatt oder zeigt nur rudimentäre Zottenbildungen. Wir unterscheiden demnach einen zottentragenden Teil des Chorions, das Chorion frondosum, von einem mehr oder weniger glatten Abschnitte, dem Chorion laeve.

Diesen Verhältnissen entsprechend stellt man eine placentale Ernährung des Fetus einer paraplacentalen (Strahl) gegenüber, je nachdem die Verbindung der Fruchtblase mit den mütterlichen Geweben in der Bildung einer besonderen Placenta gipfelt oder aus anderen Abschnitten der embryonalen Anhangsgebilde besteht. Während die paraplacentale Ernährung sich als ausschließlicher Modus bei der Mehrzahl der Beuteltiere findet, so sehen wir, je höher wir in der Tierreihe aufsteigen, desto mehr die placentale Ernährung überwiegen, welche auf der Ausbildung von immer vollkommeneren Placentareinrichtungen beruht. Dieselben erreichen bei den Primaten ihren Höhepunkt.

Eine kurze Übersicht über die auf Grund dieser Verhältnisse zu unterscheidenden Möglichkeiten der Ernährung der Säugetierfruchtblase ist für das Verständnis des Aufbaues der Primatenplacenta von dem größten Interesse. Wir unterscheiden dabei nach Grosser folgende Typen der fetalen Ernährung:

1. Placentale Ernährung.

I. Das Ei kann frei im Uterus liegen, d. h. sowohl Chorion als Uterusepithel sind intakt, doch passen feine Chorionzotten in entsprechende Vertiefungen des Uterusepithels hinein. Dieses liefert ein Sekret, welches von dem Chorionepithel resorbiert wird. Solche Placentarbildungen werden als Placentae epitheliochoriales bezeichnet. Eine solche ist in Fig. 94 A vom Schwein dargestellt.

2. In einer zweiten Reihe von Fällen (Fig. 94 B) geht das Uterusepithel im Bereiche der Berührung mit dem Chorionepithel zugrunde, was zur Folge hat, daß dieses in unmittelbaren Kontakt mit dem Bindegewebe der Mucosa uteri kommt; solche Placenten werden als Placentae syndesmochoriales bezeichnet, allerdings insofern nicht ganz zutreffend, als das Uterusepithel bloß von der Spitze der zwischen den Chorionzotten hinaufragenden Abschnitte der Mucosa verschwindet, während es in der Tiefe der Schleimhautfalten nicht bloß erhalten bleibt, sondern auch fortfährt, eine Embryotrophe zu liefern. Bei dieser Placentarform ist demnach eine gemischte Ernährungsweise anzunehmen, indem das Chorionepithel bei Schwund des Uterusepithels Gewebsflüssigkeit oder Blut direkt aus der Tunica propria resorbiert, während es dort, wo das Uterusepithel noch erhalten ist, die von demselben abgesonderte Embryotrophe aufnimmt. Eine solche Placentarbildung finden wir bei Wiederkäuern.

3. Der in 2. angebahnte Prozeß des Schwundes des Uterusepithels im Bereiche der Anlagerung des Chorionepithels kann noch weitergehen, so daß von den mütterlichen Scheidewänden gegen die Fruchtblase hin bloß noch das Gefäßendothel übrig bleibt, welches dem Chorionepithel direkt anliegt (Placenta endotheliochorialis). Die mütter-

lichen und fetalen Gewebe durchdringen sich in hohem Grade (Fig. 94C). Die Hämotrophe gewinnt infolgedessen eine höhere Bedeutung, obgleich auch die Embryotrophe
neben ihr vorkommt. So sind Blutextravasate zur Embryotrophe zu rechnen, die wir
z. B. bei der Hundeplacenta in großer Ausdehnung als grüner Saum und als grüne

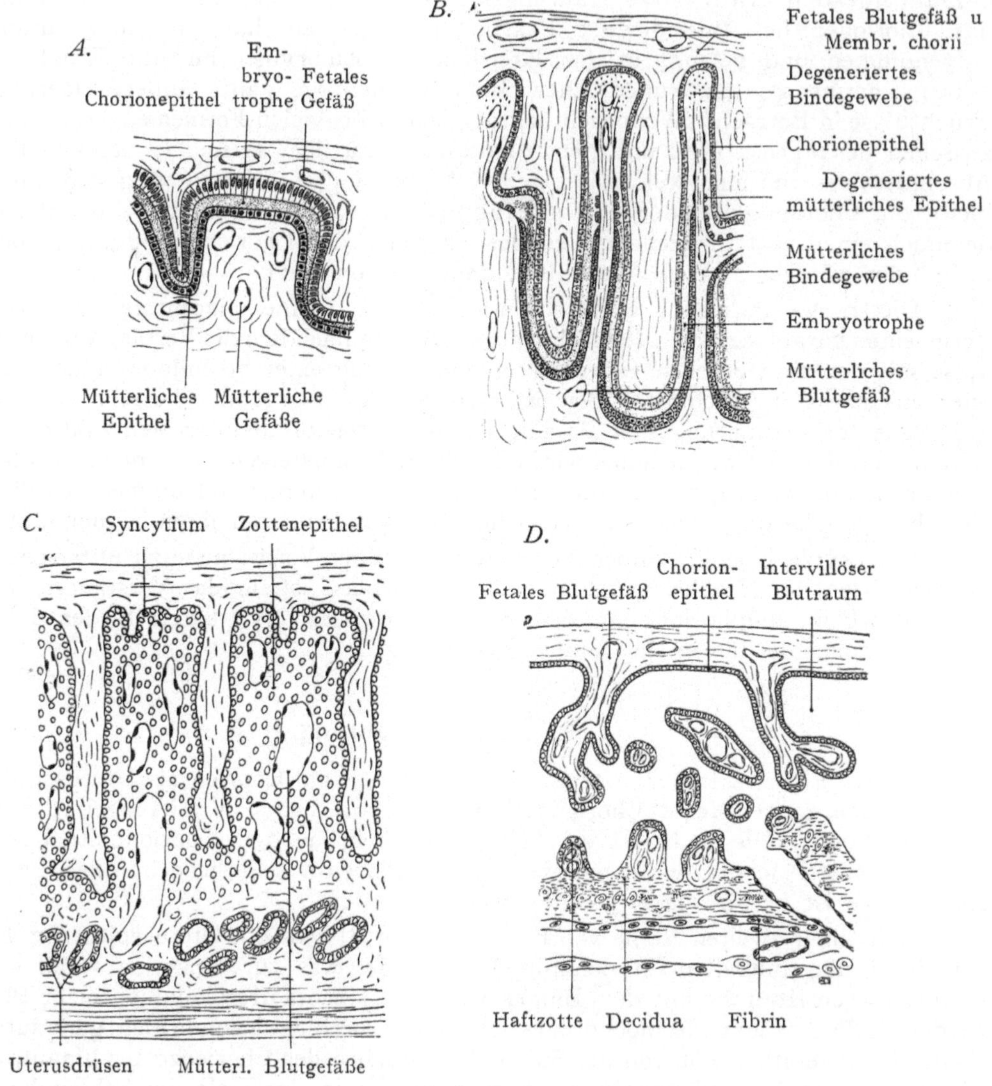

Fig. 94. Schemata der Placentarbildungen.
Nach Grosser.

A. Epitheliochoriale Placenta (Schwein).   C. Endotheliochoriale Placenta (Katze).
B. Syndesmochoriale Placenta (Wiederkäuer).   D. Placenta haemochorialis (Mensch).

Inseln der Placenta vorfinden. Auch wird in Zerfall begriffenes Uterusepithel von dem
Chorionepithel resorbiert und verarbeitet.

4. In eine vierte Kategorie gehören alle jene Placentarbildungen, bei welchen
sämtliche Scheidewände der Mucosa uteri gegen die Frucht gefallen sind, sogar das
noch bei der Placenta endotheliochorialis bestehende Gefäßendothel, so daß die Chorion-

zotten direkt in Bluträume hineinhängen, welche Lakunen der mütterlichen Schleimhaut darstellen (Fig. 94 D).

Wir bezeichnen diese Bildungen als Placentae haemochoriales, denn bei ihnen spielt die Embryotrophe in späteren Stadien überhaupt keine Rolle mehr. Je nach dem Verhalten der Blutgefäße kann man zwei Formen unterscheiden. Entweder bilden die mütterlichen Bluträume enge, verzweigte Kanäle (Labyrinthplacenta) oder sie stellen einen einzigen großen Raum her, welcher durch die Membrana chorii, gleichsam wie durch einen Deckel, geschlossen wird (Topfplacenta). In diesen Blutraum hängen die Chorionzotten hinein. In der Placenta des Menschen haben wir eine solche Topfplacenta vor uns.

Während bei den Labyrinthplacenten, wie sie die Nager (z. B. das Kaninchen) aufweisen, auch später noch eine allerdings sehr beschränkte Bildung und Resorption von Embryotrophe stattfindet, so fehlt eine solche gänzlich in den späteren Stadien der Bildung der Topfplacenta. Für eine genaue Darstellung aller dieser Verhältnisse sei auf das Werk von Grosser über die Anatomie der Placenta sowie auf das betreffende von Strahl bearbeitete Kapitel in Hertwigs Handbuch der Entwicklungsgeschichte verwiesen.

2. Paraplacentale Ernährung.

Sie ist ausschließlich eine embryotrophische, die bei vielen Formen durch den von der Placentarbildung nicht in Anspruch genommenen Umfang der Fruchtblase vermittelt wird. Wenn der Dottersack stark im Wachstum zurückbleibt, so wird diese Vermittlung durch das Chorion mit der Allantois übernommen, in anderen Fällen kann, bei beträchtlicher Größenentfaltung des Dottersackes, auch dieser als resorbierendes Organ funktionieren. Im ersten Falle nimmt das Chorion laeve, d. h. die glatte Fläche der Membrana chorii, welche, z. B. bei Wiederkäuern, zwischen den zahlreichen, an der Oberfläche des Chorions sich erhebenden Zottenbüscheln übrig bleibt, die Embryotrophe auf (Fig. 95). Bei Carnivoren, bei denen sich eine gürtelförmige Placenta findet, bleiben solche glatte Flächen des Chorions an beiden Enden der ovalen Fruchtblase bestehen (Fig. 96 von einer Hundeplacenta). An dieselbe grenzen vollständig intakte Uterusdrüsen an, welche die Embryotrophe absondern. Auf die Mannigfaltigkeit dieser Einrichtungen kann natürlich bloß hingewiesen werden. Im zweiten Falle spielt die vom Mesoderm nicht überwachsene Wand des Dottersacks dieselbe Rolle wie im ersten das Chorion laeve. Solche Zustände finden wir beim Ei der Nager, indem sich der Dottersack in höchst eigentümlicher Weise gegen das Uteruslumen wendet und Embryotrophe aufnimmt, welche teils aus zerfallenen Zellen der Uterusschleimhaut, teils aus dem Sekrete der Uterusdrüsen besteht.

Im Hinblick auf die Art und Weise, wie die Ernährung des Fetus erfolgt, läßt sich nach Grosser eine Reihe aufstellen, welche von Formen mit ausschließlich embryotrophischer Ernährung (Schwein) über andere, wie die Wiederkäuer, Raubtiere und Nagetiere, bei denen die embryotrophische Ernährung, verglichen mit der hämotrophischen, in den Hintergrund tritt, zu Formen wie die Primaten führt, bei denen, abgesehen von den frühen Entwicklungsstadien, eine rein hämotrophische Ernährung stattfindet. Diesen Verhältnissen entspricht auch eine zunehmende Komplikation der Placentarbildungen, indem besonders die Gewebe der mütterlichen Schleimhaut eine Reduktion erfahren, welche, durch die auswachsenden Chorionzotten verursacht, damit abschließt, daß die Chorionzotten bis in die Bluträume der Mucosa vordringen. Eine genaue Schilderung der Histologie der einzelnen Placentarformen kann hier nicht gegeben werden, doch dürfte es angebracht sein, einiges über das Verhalten der Uterusschleimhaut bei den verschiedenen Formen sowie über die makroskopischen Merkmale der einzelnen Placentarbildungen zu sagen.

Verhalten der Uterusschleimhaut.

Die Uterusschleimhaut zeigt bei vielen Säugetieren tiefgehende, oft an eine Brunstperiode sich anschließende Veränderungen, welche mit der Ovulation in einem kausalen Zusammenhange stehen. Die Schleimhaut wird dabei blutreich und ödematös, ferner kommen bei einigen Formen (bei Affen nach Heape) sogar Blutungen vor, welche sich entweder auf die Mucosa beschränken, oder auch das Uterusepithel durchbrechen und in das Lumen des Uterus austreten. In diesem Falle geht die Blutung mit einer Ablösung des Uterusepithels einher, welches sich später regeneriert. Der Vorgang hat eine große Ähnlichkeit mit der Menstruation des menschlichen Weibes. Auch hier haben wir es mit einer Vermehrung der Uterusdrüsen, mit einer Schwellung der Schleimhaut, mit kapillaren Blutungen und einer weitgehenden Ablösung und nachfolgenden Regeneration des Epithels zu tun. Alle diese Vorgänge sind wohl als Vorbereitungen zur Aufnahme des befruchteten Eies aufzufassen; bei fehlender Befruchtung erfolgt die Rückkehr zur Norm (siehe Menstruation). Mit dem Eintritt der Befruchtung und der Festsetzung des Eies im Uterus geht aber, ganz besonders bei den Primaten, eine gesteigerte Wucherung der Schleimhaut einher, und zwar sowohl desjenigen Abschnittes, an welchem sich das Ei festsetzt, als auch der ganzen übrigen Uterusschleimhaut. Die gewucherte Schleimhaut, welche von der bei der Brunst resp. der Menstruation erfolgenden Bildung zu unterscheiden ist, unterliegt mit der fortschreitenden Entwicklung und Ausdehnung der Fruchtblase weiteren Veränderungen, zum Teil regressiver Art. Bei der Geburt des Fetus wird sie nun zusammen mit den Eihüllen ausgestoßen, indem bloß in unmittelbarem Anschlusse an die Muscularis uteri noch Reste unveränderten Uterusepithels erhalten bleiben, von denen die Bildung einer kontinuierlichen Epithelschicht mit neuen Uterusdrüsen ausgeht. Die ausgestoßene Haut ist die Decidua und von ihr wurden die Säugetiere, bei denen sie zur Bildung und bei der Geburt zur Ausstoßung gelangt (z. B. Raubtiere, Primaten) als Deciduaten bezeichnet. Als Adeciduata unterscheiden wir diejenigen Säugetiere, bei denen keine Decidua gebildet wird, sondern bei der Geburt eine glatte Scheidung zwischen fetalen und mütterlichen Geweben ohne Verletzung auf der einen oder andern Seite erfolgt (Beispiel: die Huftiere).

Äußere Formen der Placentarbildungen.

Das von den Allantoisgefäßen aus vaskularisierte Chorion (Allantoischorion) beteiligt sich bei den einzelnen Formen in sehr verschiedenem Grade an den Placentarbildungen, ganz abgesehen davon, daß auch der Dottersack mit dem Chorion eine Verbindung eingeht und durch Abgabe von Gefäßen gleichfalls zu Zottenbildungen des Chorions Veranlassung geben kann, die eine Art Placentarbildung (Dottersackplacenta, siehe oben) herstellen. Daraus ergibt sich auch eine große Mannigfaltigkeit in der äußeren Form der Placentarbildung (wir berücksichtigen bloß die Allantoisplacenta), ganz abgesehen von ihrem histologischen Aufbaue.

Bei der einfachsten und wohl auch ursprünglichsten Form bildet das Chorion in seiner ganzen Ausdehnung vaskularisierte Fortsätze, die in entsprechende Vertiefungen der Uterusschleimhaut eingelassen sind (Semiplacenta diffusa). Eine solche Placenta diffusa finden wir z. B. beim Pferde und beim Schweine. Hier können die Erhebungen des Allantoischorions wulst- oder zottenförmig sein, auch zeigen sie recht erhebliche Unterschiede in bezug auf ihre Anordnung. Beim Pferde entstehen die Zotten relativ spät, in der 8. bis 9. Fetalwoche, indem, wie oben erwähnt wurde, bis zu diesem Zeitpunkte die Verbindung der Uterusschleimhaut mit der Fruchtblase durch eine Verwachsung mit dem Dottersacke gesichert wird, jedoch weniger ausgiebig als durch die später auftretende Zottenbildung des Allantoischorions.

Eine andere Form der Placenta (Semiplacenta multiplex) sehen wir bei Wiederkäuern (Fig. 95). Hier wächst die Fruchtblase in kurzer Zeit sehr stark in die Länge; nach B o n n e t während einer gewissen Periode sogar 1 cm in der Stunde! Dabei wird die Nabelblase fadenförmig ausgezogen und schwindet später gänzlich. Die auf dem Chorion entstehenden gefäßhaltigen Zotten gruppieren sich an mehreren Stellen zu dichteren Ansammlungen, welche mit entsprechenden Stellen der Uterusschleimhaut zur Bildung einer Placenta multiplex in Verbindung treten. Die Zottenbüschel oder Komplexe bezeichnet man, soweit sie von der Fruchtblase geliefert werden, als Cotyledonen;

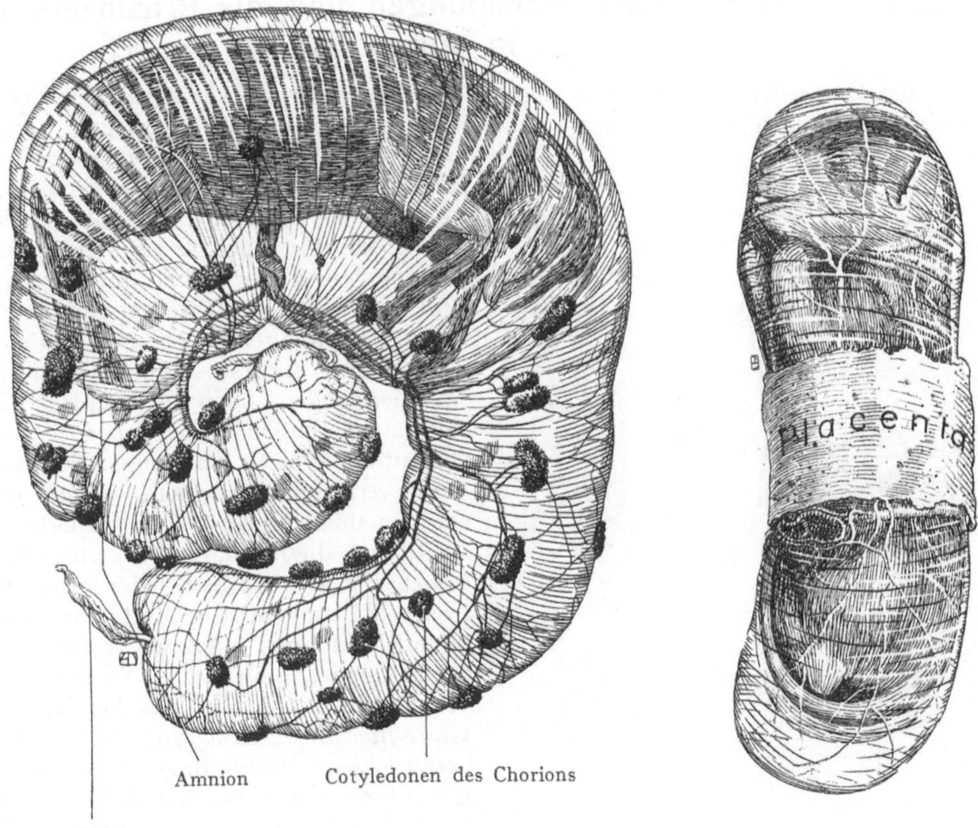

Fig. 95. Fruchtblase des Schafes.
Nach O. S c h u l t z e , Grundriß der Entwicklungsgeschichte des Menschen 1897.

Fig. 96. Fruchtblase eines Hundes mit gürtelförmiger Placenta.

diese bilden mit der Uterusschleimhaut zusammen die sog. Placentome. Zwischen den Cotyledonen ist das Chorion glatt und nimmt Embryotrophe auf, während die Placentome teils auf Embryotrophe, teils auf Hämotrophe angewiesen sind. An den Enden der schlauchförmigen Fruchtblase fehlt die Bildung von Zotten am Chorion, ja dieses degeneriert hier und stellt dann nur noch zwei stark geschrumpfte Anhänge der Fruchtblase dar.

Als weiteres Beispiel einer Placenta ist in Fig. 96 die gürtelförmige Placenta der Carnivoren dargestellt (Placenta zonaria), welche die Mitte der ovalen Fruchtblase umgibt, dagegen die beiden Enden freiläßt. Diese Placentarform zeigt in ihrem Aufbau das Bild der Placenta endotheliochorialis (siehe Fig. 94C).

Eine weite Verbreitung besitzt eine vierte Placentarform, die Placenta discoides oder scheibenförmige Placenta, welche den Nagern, Insektivoren, Affen und Menschen eigen ist. Eine gleichartige Struktur wird zwar ebensowenig bei der Placenta discoides wie bei andern Formen der Placenten angetroffen, so spielt z. B. beim Kaninchen die Nabelblase noch eine bedeutende Rolle für die Aufnahme der Embryotrophe, während diese bei einigen andern Formen, abgesehen von den frühesten Entwicklungsperioden, überhaupt nicht gebildet wird.

Allgemeines über die Placentarbildungen und die Ernährung des Fetus in utero.

Bei der Darstellung der Entwicklung der Eihüllen und der verschiedenen Formen der Placentarbildungen bei Säugetieren müssen wir uns zwei Fragen vorlegen, nämlich erstens, ob eine Verbindung zwischen Mutter und Frucht erst bei Säugetieren auftritt und zweitens, ob die Struktur und Form der Placenta und der Eihautbildung einer Art überhaupt geeignet sind, ein Licht auf ihre verwandtschaftlichen Beziehungen zu anderen Formen zu werfen. Was die erste Frage anbelangt, so sind bei einigen Haien und Reptilien Einrichtungen beschrieben worden, welche wir mit den Placentarbildungen der Säugetiere vergleichen können, jedoch nicht etwa in dem Sinne, als ob sie eine Vorstufe von diesen darstellen würden; im Gegenteile es fehlt hier jeder phylogenetische Zusammenhang und wir dürfen solche Bildungen bloß als Konvergenzerscheinungen beurteilen. So finden wir bei einer Art von Mustelus laevis, einem Haifische, die zuerst von Aristoteles beschriebene Verbindung zwischen den intrauterin sich entwickelnden Eiern und der Schleimhaut des Genitalkanals. Dieselbe wird durch Falten der sehr gefäßreichen Wandung des Dottersackes hergestellt, welche in entsprechende Vertiefungen der ebenso gefäßreichen Mucosa des Genitaltractus hineinpassen (Fig. 97). Eine höchst eigentümliche

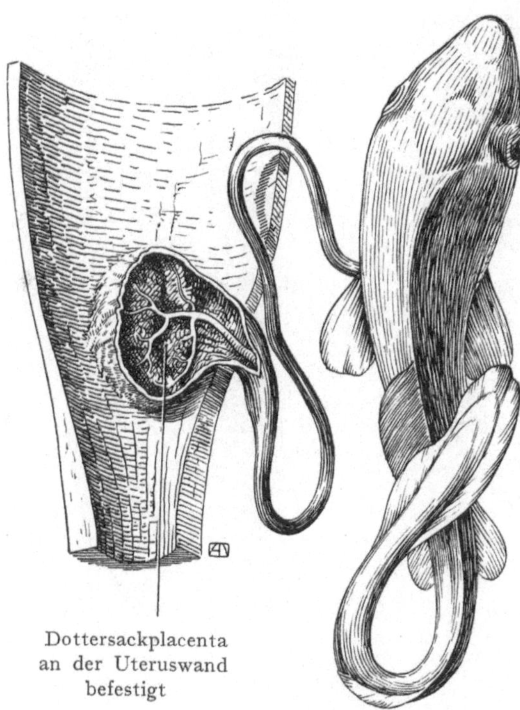

Dottersackplacenta
an der Uteruswand
befestigt

Fig. 97. Dottersackplacenta vom Hai des Aristoteles (Mustelus laevis var.).
Nach Joh. Müller, Der glatte Hai des Aristoteles. Abh. d. Akad. d. Wiss. in Berlin 1842.

Form der intrauterinen Ernährung findet sich bei Salamandra atra (Alpensalamander), indem eine große Anzahl (40 bis 60) Eier in den Eileiter eintreten, um bis auf die beiden untersten zu zerfallen und diesen zur Nahrung zu dienen. Der Nahrungsbrei wird per os aufgenommen, doch findet wahrscheinlich in weitgehendem Maße eine Resorption auch durch die äußern Kiemenfäden der Larven statt, welche im Hinblick auf diese Funktion geradezu mit den Chorionzotten verglichen worden sind. Dabei besteht die Embryotrophe nicht bloß aus Zerfallsprodukten der dem Untergang geweihten Larven, sondern auch aus zerfallenem Uterusepithel sowie aus roten und weißen Blutkörperchen, welche von der Mucosa uteri geliefert werden. Die roten Blutkörperchen sollen den Embryonen den nötigen Sauerstoff liefern. Als drittes Beispiel können die von Giacomini bei einem Reptil (Seps chalcides) beschriebenen Bildungen angeführt werden. Die Eier dieses Tieres entwickeln sich im Eileiter, wo sie einzeln von Schleimhautwucherungen eingeschlossen werden. An beiden Polen des Eies entstehen Chorionzotten, die sowohl von der Allantois als vom Dottersacke aus vaskularisiert werden und sich in Vertiefungen der Schleimhaut einfügen; sie stellen auf diese Weise eine von der Allantois und in geringerem Grade auch vom Dottersacke ausgehende Placentarbildung her, deren Ähnlichkeit mit den Einrichtungen bei Säugetieren nicht zu verkennen ist.

Was die oben aufgeworfene Frage nach dem Werte der Placentarbildungen für die Feststellung der Verwandtschaft der Tierformen anbelangt, so muß in dieser Hinsicht zur größten Vorsicht gemahnt werden, denn wir sehen, daß auch bei offenbar ganz nahe verwandten Tieren veränderte Lebensbedingungen, vielleicht als formbildende Reize, die Gestaltung der Eihüllen oder der Placenta beeinflussen. Weitgehende Schlüsse dürften überhaupt bloß auf Grund der Untersuchung eines größeren Materials, besonders von jüngeren Stadien, gezogen werden.

Bildung der Eihüllen und der Placenta des Menschen.

Die Darstellung der Entwicklung der Eihüllen und der Placenta des Menschen stößt auf große Schwierigkeiten, die in dem Materiale selbst begründet sind. Für die Kenntnis der ganz frühen Stadien, sowohl der Bildung der Eihüllen als auch der Einbettung des Eies in die Uterusschleimhaut, müssen wir uns vielfach mit Analogieschlüssen begnügen, welche auf der Untersuchung der Säugetierentwicklung beruhen. Für diejenigen Stadien, in denen das Allantoischorion (die Membrana chorii) sich bildet, fließt das Material etwas reichlicher, obgleich manches als pathologisch ausgeschaltet werden muß und große Lücken vorhanden sind. Für spätere Stadien ist das Material natürlich leichter zu erlangen, allein gerade in der Placentarstruktur bleibt manche Frage noch ungelöst. In bezug auf die Menstruation, die Einbettung des menschlichen Eies und die Bildung der Decidua haben unsere Anschauungen während der letzten 15 Jahre besonders starke Umwandlungen erfahren.

Menstruation.

Zwei untereinander zusammenhängende Prozesse, die Menstruation und die Ovulation spielen sich periodisch während des Geschlechtslebens des Weibes ab. Während der Menstruation greifen weitgehende Veränderungen an der Uterusschleimhaut Platz; als Ovulation wird ein Vorgang bezeichnet, bei welchem das Ei aus dem geplatzten Graafschen Follikel in den Eileiter gelangt, um dann nach erfolgter Befruchtung abwärts zu wandern, und sich in der Uterusschleimhaut festzusetzen (Implantation des Eies).

Als Menstruation fassen wir beim menschlichen Weibe Vorgänge zusammen, welche sich äußerlich dadurch kennzeichnen, daß periodisch, und zwar in Intervallen von ca. vier Wochen, ein Abgang von teils flüssigem, teils geronnenem Blute, gemischt mit abgestoßenen Zellen des Uterusepithels, aus den Genitalien erfolgt. Die Prozesse, welche dieser Erscheinung zugrunde liegen, spielen sich innerhalb der

Uterusschleimhaut ab, allein sie beschränken sich durchaus nicht auf die Zeit (4—5 Tage), während der die Blutung aus den Genitalien stattfindet. Es geht vielmehr die Mucosa uteri des menschlichen Weibes fortwährend periodische (zyklische) Änderungen ein, so daß nach der neueren Auffassung ein Ruhezustand derselben nur auf kurze Zeit, vielleicht überhaupt nicht, vorkommt.

Als einleitender Vorgang läßt sich, etwa 10 Tage vor dem Beginn der menstruellen Blutung, eine Schwellung und Verdickung der Uterusschleimhaut auf das 2—3fache erkennen, welche mit einer entsprechenden Verlängerung der Drüsenschläuche einhergeht.

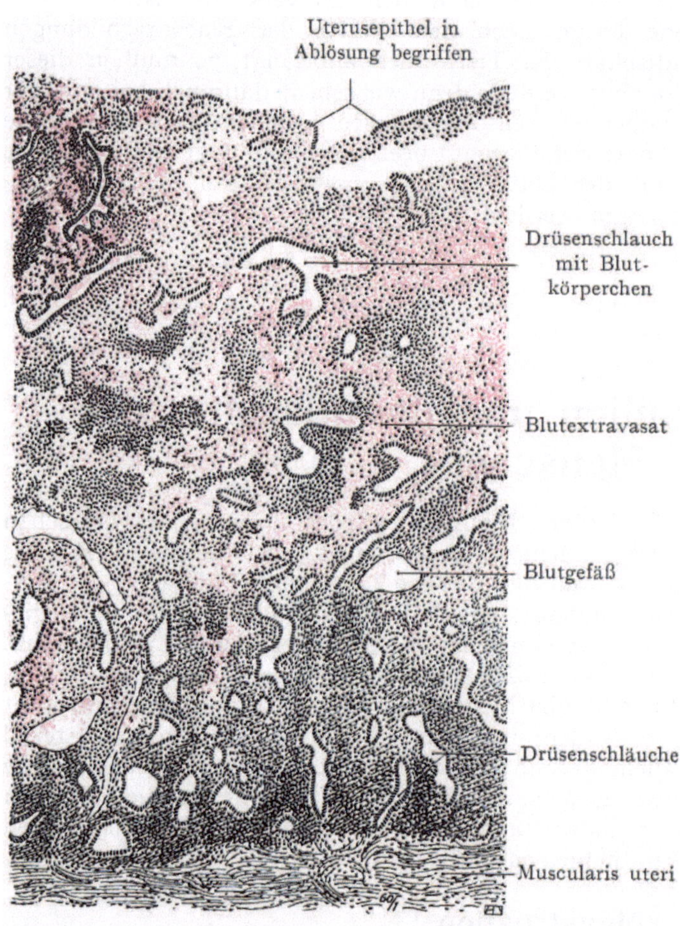

Fig. 98. Uterusschleimhaut am 2. Tage der Menstruation. Nach einem Präparate von Dr. Ruppanner.

Die Membrana propria wird blutreicher, stärker durchfeuchtet und von zahlreichen kleinen Blutergüssen durchsetzt, welche zum Teil das Epithel durchbrechen und so ihren Weg in die Uterushöhle nehmen. Die Menstruation steht nunmehr auf ihrer Höhe. Dabei gehen auch größere Strecken des Epithels zugrunde oder werden in das Uteruslumen abgestoßen, aber von einer allgemeinen Ablösung desselben, wie oft behauptet wurde, kann keine Rede sein. Die Fig. 98 gibt ein Bild der Veränderungen in der Schleimhaut am zweiten Tage der Menstruation; die Tunica propria ist von zahlreichen Blutergüssen durchsetzt, ja rote Blutkörperchen sind sogar in die Uterusdrüsen eingedrungen. Das Uterusepithel ist bloß noch teilweise erhalten, dagegen sind die Drüsenschläuche stark vergrößert. Mit dem Aufhören der Blutungen erfolgt auch eine Regeneration des Uterusepithels, die Schleimhaut verliert ihren ödematösen Charakter und wird niedriger, auch tritt in der Membrana propria eine Neubildung von Zellen auf. Es folgt ein wahrscheinlich sehr kurzes Ruhestadium, sodann ein neuer Zyklus der geschilderten Erscheinungen.

Das erste Auftreten der Menstruation beim Weibe bekundet den Eintritt der Geschlechtsreife, welche annähernd vom 15.—50. Jahre dauert. Ganz ausnahmsweise werden Fälle von Frühreife beobachtet, bei denen die Menstruation schon im Laufe des ersten Lebensjahres, unter Bildung anderweitiger Zeichen der Geschlechtsreife, wie Schamhaare, ausgebildete Mammae, reife Eier in den Graafschen Follikeln usw. auftritt.

Die Menstruation steht ohne Zweifel in enger Beziehung zu den Eierstöcken, so daß geradezu der Satz gelten muß: ohne normal funktionierenden Eierstock keine

Menstruation. Denn dieselbe ist in ihrem normalen Ablaufe an die Bildung und Ausstoßung reifer Eier gebunden. Beim Fehlen der Ovarien oder bei Erkrankung derselben unterbleibt die Menstruation gänzlich oder erfährt wenigstens eine Störung, während auch bei mangelhaft gebildetem Uterus die Menstruation oft ungestört vor sich gehen kann. Wahrscheinlich wird sie durch die Abgabe eines Sekretes (innere Sekretion) des Ovarialgewebes in das Blut erzeugt. Vielleicht wird das Sekret in rhythmischer Weise vom Ovarium ausgeschieden. L. Loeb konnte Veränderungen der Schleimhaut, welche er als Bildung einer Decidua auffaßte, bei niedern Säugetieren experimentell erzeugen, indem er nach der Ovulation tiefe Einschnitte in die Uterusschleimhaut machte. Dagegen verhinderte die vorhergehende Exstirpation der Ovarien die Bildung einer Decidua; es müssen also beide Faktoren, die innere Sekretion der Ovarien und der durch die Verwundung gesetzte Reiz zusammenwirken, um die Bildung der Decidua zu veranlassen. Über die Bedeutung der Menstruation ist vollständige Klarheit noch nicht geschaffen worden, doch scheint ein ganz zwingender Konnex zwischen Menstruation und Schwangerschaft zu fehlen, denn es sind Schwangerschaften bei Frauen und sogar bei Kindern beobachtet worden, bei denen keine Menstruation auftrat. Auch kommen nicht selten während der Laktation Schwangerschaften vor, also zu einer Zeit, wo die Menstruation entweder ausbleibt oder nur mangelhaft erfolgt. Jedenfalls ist man bei normalem Verlaufe der Menstruation zur Annahme berechtigt, daß auch die Eierstöcke normal fungieren.

Für die Implantation des Eies kommt vor allem der prämenstruelle Abschnitt des Zyklus in Betracht, in welchem die Schleimhaut allerdings ödematös gedunsen, aber noch nicht von Blut durchsetzt ist; mit großer Wahrscheinlichkeit implantiert sich das Ei in die Schleimhaut einige Tage vor dem Beginne der menstruellen Blutung, welche durch ihr Ausbleiben das erste Zeichen der Schwangerschaft darstellt. Für die Befruchtung, Tubenwanderung und Implantation des Eies müssen wir etwa 11—14 Tage rechnen, so daß der Beginn der Schwangerschaft in vielen Fällen um diese Zeitdauer vor dem Termin für die ausbleibende Menstruation anzusetzen ist.

Ovulation.

Die Ovulation, d. h. die Ausstoßung des im sprungreifen Graafschen Follikel eingeschlossenen reifen Eies ist wohl, wie die Menstruation, ein periodischer Prozeß. Der Graafsche Follikel, welcher außen durch die aus dem Stroma ovarii stammende Theca folliculi abgeschlossen wird, zeigt in seinem Innern zunächst die Follikelzellen, welche in größerer Zahl den das Ei unmittelbar umhüllenden Cumulus oophorus bilden und die mit dem Liquor folliculi angefüllte Follikelhöhle begrenzen. Das reife menschliche Ei, 1827 von K. E. von Baer entdeckt, besitzt einen Durchmesser von 0,2 mm, ist also noch mit bloßem Auge erkennbar. Das Schicksal des beträchtlich vergrößerten Graafschen Follikels (es werden Durchmesser von 15—22 mm angegeben) kann verschieden sein. Entweder platzt der Follikel und das von einer Schicht Follikelzellen umgebene Ei wird in die Tube aufgenommen und beginnt seine Wanderung nach unten, oder er öffnet sich überhaupt nicht, sondern fällt der Rückbildung (Atresie) anheim. Wir haben uns hier bloß mit dem ersteren Vorgange, dem Sprunge eines reifen Follikels, zu beschäftigen.

Das Ei wird mit der Zunahme des Liquor folliculi von der Wand des Follikels abgelöst und gelangt beim Bersten desselben in die Peritonaealhöhle, um unter normalen Bedingungen sofort von der Tuba uterina aufgenommen zu werden. Dabei bedeckt wohl die Ampulla tubae infolge eines durch die Berstung des Follikels ausgelösten Reflexes den Eierstock derart, daß derselbe von den Fimbrien geradezu umklammert wird und das Ei direkt in die Tube gelangt. Die Fig. 99 stellt einen solchen Befund bei einem 19jährigen Mädchen dar. Einmal in der Tube, wandert das Ei, wohl hauptsächlich infolge der Kontraktion der Tubenmuskulatur, unterstützt durch die gegen das Ostium uterinum tubae gerichtete Flimmerbewegung des Epithels, abwärts und macht, nachdem die Befruchtung auf dem Eierstock oder innerhalb der obersten Strecke der Tube erfolgt ist, die ersten Entwicklungsvorgänge durch, um, vermutlich als Fruchtblase, in den Uterus einzutreten.

Abnormerweise kommt die Überleitung eines Eies in die Tube von dem Ovarium der andern Seite vor (äußere Überwanderung). Praktisch wichtig sind jene Fälle, in denen das Ei überhaupt nicht in die Tube eintritt, vielleicht deshalb, weil der Mechanismus der Umklammerung des Ovariums durch die Tube versagt, sondern sich nach erfolgter Befruchtung in der Bauchhöhle festsetzt. So entstehen die allerdings sehr seltenen Abdominal- resp. Ovarialschwangerschaften.

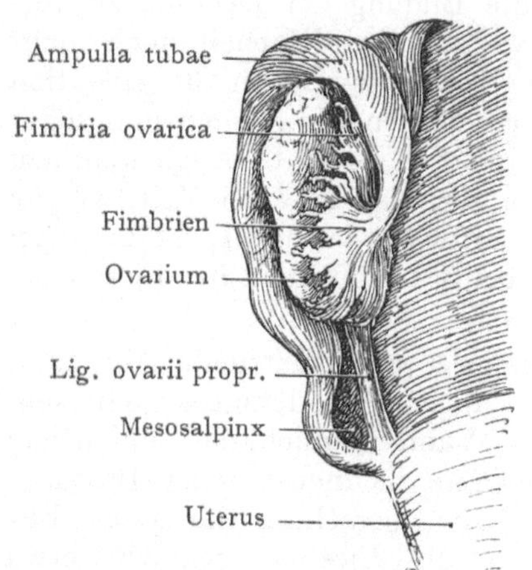

Fig. 99. Rechtes Ovarium mit einer Uterushälfte und der Tubenschlinge. Nach Kollmann, Atlas der Embryologie. Jena 1906.

Die Frage, ob die Ovulation mit der Menstruation zusammenfalle, ist in verneinendem Sinne zu beantworten (Inkongruenz von Ovulation und Menstruation), doch ist über das Zeitverhältnis der beiden Vorgänge noch keine Einigung erzielt worden. Sehr wahrscheinlich läßt sich die Follikelreifung und Berstung mit dem Proliferationsstadium, die Entwicklung des Corpus luteum mit dem Höhestadium der Schleimhautumwandlung, die beginnende Rückbildung des Corpus luteum mit der Menstruation in zeitlichen und kausalen Zusammenhang bringen.

Bei den meisten Säugetieren, vielleicht bei allen, mit Ausnahme der Primaten und des Menschen, gelangt das Ei beim Platzen des Follikels in eine mehr oder weniger von der Bauchhöhle abgeschlossene, den Eierstock aufnehmende Ovarialtasche, aus welcher es in die Tube übertritt. Bei einer Anzahl von Formen ist die Ovarialtasche zeitlebens vollständig gegen die Peritonaealhöhle abgeschlossen (Sorex, Talpa), bei anderen steht sie mit der Bauchhöhle entweder durch eine enge Öffnung (Hund, Igel) oder durch eine weitere Öffnung in Verbindung (Huftiere, Meerschweinchen). Im letzten Falle hat Sobotta nachgewiesen, daß die Tasche sich während der Brunst- und Ovulationsperiode vollständig gegen die Bauchhöhle abschließt.

Entstehung des Corpus luteum. Atresie des Graafschen Follikels.

Das Schicksal der im Eierstock zurückbleibenden Teile eines geborstenen Graafschen Follikels ist verschieden, je nachdem eine Befruchtung des ausgestoßenen Eies erfolgt oder nicht. Im ersten Falle wandeln sich die Reste zu einem noch während der ersten Monate der Schwangerschaft an Größe zunehmenden Gebilde, dem Corpus luteum verum um, das eine regelmäßige, durch Wucherung der Follikelzellen und Bildung der sog. Luteinzellen gekennzeichnete Struktur aufweist. Im zweiten Falle unterliegen die Zellen einer rasch zum Ablauf kommenden Rückbildung; es entsteht ein Corpus luteum spurium, aus welchem das stark geschrumpfte, aus Narbengewebe bestehende Corpus albicans hervorgeht. Die Bildung des Corpus luteum nimmt ihren Ausgang von den bei der Ausstoßung des Eies an der Theca folliculi haftengebliebenen Follikelzellen, welche stark wuchern, zu blasigen Zellen werden und im Innern des Follikels eine eigentümlich gekräuselte Schicht (Luteinzellen) herstellen. Gleichzeitig wird der Bluterguß in den Follikel zum Teil resorbiert, zum Teil durch eindringende Bindegewebszellen organisiert. Später degenerieren die Luteinzellen, das Gebilde schrumpft und wird durch narbiges Gewebe ersetzt. Das Corpus luteum verum (graviditatis) bleibt während der ganzen Dauer der Schwangerschaft bestehen, während das Corpus luteum spurium (menstruationis) sich schon im Verlaufe weniger Monate zurückbildet. Die überwiegende Mehrzahl der Follikel wird übrigens gar nicht sprungreif, sondern geht einen Rückbildungsprozeß (Atresie) ein, der auf verschiedenen Stufen der Ausbildung des Follikels beginnen kann. Dabei degenerieren die Follikelzellen, ferner zerfällt der Kern der Eizelle und Leukocyten dringen in das Innere der Follikelhöhle ein, um die Zerfallsprodukte fortzuschaffen.

Das Follikelepithel spielt nicht bloß während der Zeit, da es das Ei umschließt, eine Rolle für die Ernährung desselben (Fig. 7), sondern es setzt nach seiner Umwandlung in die Luteinzellen diese Tätigkeit für das befruchtete, in der Tube und im Uterus sich weiter entwickelnde Ei fort, indem diese Sekrete an das Blut abgeben, welche die vielleicht schon auf Einflüsse der Follikelzellen zurückzuführende Proliferation der Uterusschleimhaut noch weiter anregen und so die Einbettung des Eies in die Schleimhaut begünstigen. Es erfolgt die Bildung der Decidua (s. unten). Dagegen geht das Ei, im Falle die Befruchtung ausbleibt, zugrunde, das Corpus luteum bildet sich zurück (Corpus luteum spurium), auch die Uterusschleimhaut erfährt eine Degeneration, und es fängt der ganze Prozeß unter dem Einfluß eines neuen, zur Berstung sich anschickenden Follikels von neuem an (Novak).

Ort der Befruchtung. Abwärtswanderung des Eies in der Tube.

Die Befruchtung erfolgt entweder auf der Oberfläche des Ovariums beim Übertritt des Eies in die Tube oder doch in der obersten Strecke der Tube selbst. Nach Beob-

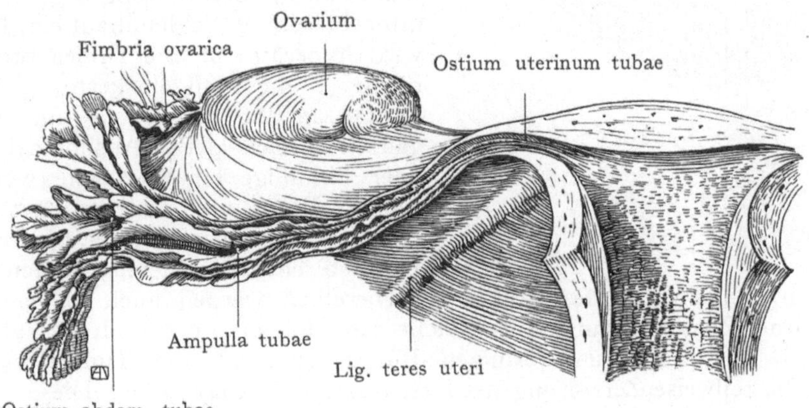

Fig. 100. Falten in der Tuba uterina.
Nach G. Richard, Anatomie des trompes de l'utérus chez la femme. Thèse de Paris 1851.

achtungen an Tieren ist die Zeit, welche das Ei braucht, um die Tube des menschlichen Weibes zu durchwandern, auf 8—10 Tage anzusetzen (Grosser). Die zahlreichen Falten, welche die Tube, besonders ihre Pars ampullaris, auszeichnen und von denen man zunächst annehmen möchte, daß sie oft ein Hindernis für die Fortbewegung des Eies darstellen, sind wohl in dieser Hinsicht normalerweise ohne Bedeutung, doch ist es nicht ausgeschlossen, daß sie beim Vorhandensein von Verklebungen das Ei aufhalten und so zur Bildung einer Tubarschwangerschaft Veranlassung geben könnten. Auch die accessorischen Mündungen der Pars ampullaris tubae in die Bauchhöhle (siehe Urogenitalsystem) sind, ob mit Recht sei dahingestellt, für die Entstehung von

Abdominalschwangerschaften verantwortlich gemacht worden. Die Figg. 100 und 101
veranschaulichen die in Frage kommenden Strukturverhältnisse der Tube, besonders
die zahlreichen Längsfalten, die auf dem Querschnitte ein fast unentwirrbares Bild
darbieten.

Das Ei dringt also, nachdem es mit größter Wahrscheinlichkeit schon innerhalb
des Eileiters die Stadien bis zur Bildung eines Bläschens durchlaufen hat, in den
Uterus ein, um sich hier in der Schleimhaut festzusetzen und auf diese Weise die
Gewebe der Mutter für seine weitere Entwicklung in Anspruch zu nehmen.

Über den Mechanismus der Aufnahme des Eies in die Tube und das Wandern
desselben bis in den Uterus gehen die Ansichten noch auseinander. Sobotta meint,
daß nach der Aufnahme in die Tube, welche er einer Saugwirkung der letzteren zu-
schreibt, die Weiterbeförderung durch die Kontraktion der Tubenmuskulatur erfolge;
die Flimmerbewegung des Epithels spiele bloß eine geringe, vielleicht, wie bei der
Fortbewegung der Spermien, gar keine Rolle. Dagegen hält Grosser die Flimmerbewegung
für das Hauptbeförderungsmittel.

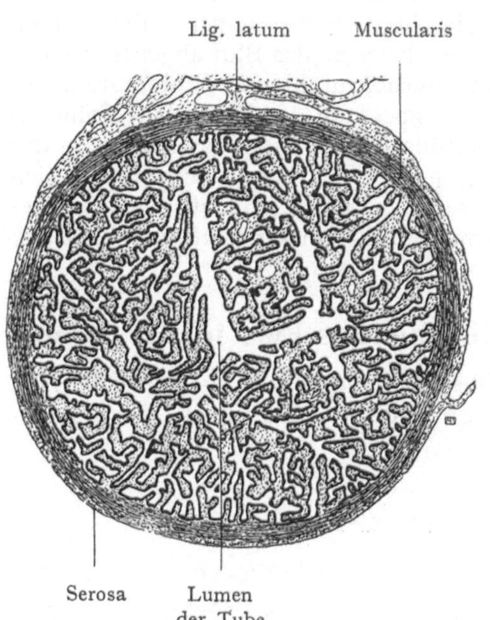

Entwicklung der Decidua.

Beim Eindringen des einen Zellhaufen oder ein Bläschen darstellenden Eies in
den Uterus setzen Prozesse, die schon im Anschluß an die Befruchtung begonnen hatten,
intensiver in der Schleimhaut ein. Der Uterus wird hyperämisch, die Tunica propria saftreicher, die aufgelockerte Schleimhaut nimmt an Mächtigkeit zu und bildet im
ganzen Bereiche der Uterushöhle die Decidua oder hinfällige Haut, welche weiterhin in
engste Beziehung zur Fruchtblase tritt. Die Veränderungen, welche die Bildung der
Decidua charakterisieren, laufen zunächst an der ganzen Schleimhaut des Uterus ab. Dieselben werden auch als eine Weiterentwicklung jener Zustände aufgefaßt, welche den Höhepunkt der Menstruation kennzeichnen, noch bevor die punktförmigen Blutaustritte in die Tunica propria der
Mucosa und die teilweise Zerstörung des Uterusepithels erfolgt sind. Diese unterbleibt
bei der Bildung der Decidua.

In den beiden ersten Wochen der Schwangerschaft ändert die Schleimhaut, trotz
der Anschwellung der Tunica propria ihren Charakter nicht, doch nimmt sie gegen das
Uteruslumen ein mehr oder weniger runzeliges Relief an. Die Veränderungen derselben machen fast immer am Orificium uteri internum Halt.

Schon frühe lassen sich an Schnitten der Decidua zwei Schichten unterscheiden,
eine innere, das Stratum compactum, welche die Uterushöhle begrenzt und gerade
verlaufende Drüsenschläuche aufweist und eine äußere, das Stratum spongiosum,
welche an der Muscularis uteri mit gewucherten, zum Teil erweiterten Drüsenschläuchen
und einer stark reduzierten Tunica propria abschließt (Fig. 102). Von der dritten
Woche der Schwangerschaft an bilden sich zahlreiche Zellen der Tunica propria im
Bereiche beider Schichten zu den eigentümlichen Deciduazellen um, rundliche oder
auch spindelförmige Gebilde ohne Fortsätze (Fig. 103). Ihre Rolle ist unbekannt, doch

dürfte es im Hinblick auf ihre Zahl und ihre frühzeitige Entstehung nicht wohl angehen, sie mit Pfannenstiel ohne weiteres für degenerierende Zellen zu erklären. Die Deciduazellen sind bläschenförmig, hell, zum Teil von beträchtlicher Größe und machen, trotz ihrer bindegewebigen Herkunft, den Eindruck von Epithelzellen. Sie finden sich hauptsächlich im Stratum compactum, ohne jedoch im Stratum spongiosum zu fehlen. Die ganze Schicht, in welcher sich Deciduazellen bilden, löst sich nach der Geburt des Kindes von der Uteruswandung ab und wird mit der Nachgeburt ausgestoßen.

Die mit dem Eintritt der Schwangerschaft erfolgenden Veränderungen der Schleimhaut steigern sich bis zum vierten Monate, nehmen dagegen infolge des durch die Größenzunahme des Eies bewirkten Druckes von diesem Zeitpunkte an ab, indem sie zuerst eine Hemmung, später jedoch eine Rückbildung erfahren. Die Schleimhaut erreicht eine maximale Dicke von 7—10 mm (Straßmann). Während dieses Prozesses machen sich weitgehende Verände-

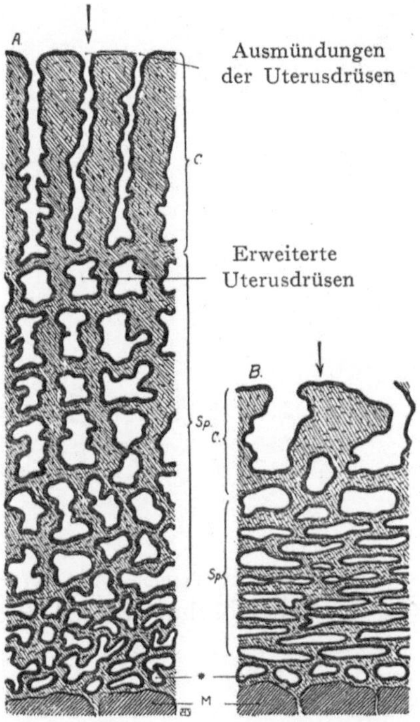

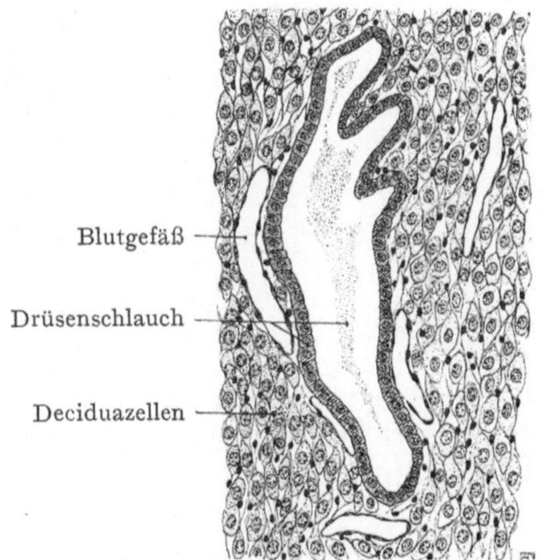

Fig. 102. Schemata der Decidua parietalis.
A. Am Beginn der Gravidität. B. Im 3.—4. Monat.
C. Compacta. Sp. Spongiosa. M. Muscularis uteri.
Nach Kundrat und Engelmann.

Fig. 103. Deciduazellen und Decidua parietalis
im 3. Monate.
Nach O. Grosser, Vergleichende Anatomie und
Entwicklungsgeschichte der Placenta 1909.

rungen sowohl an den Drüsen als auch an der Tunica propria und den aus dieser hervorgegangenen Deciduazellen bemerkbar. Das Oberflächenepithel wird abgeplattet und erfährt schließlich eine gänzliche Resorption. Auch die Epithelien der Drüsen erleiden dasselbe Schicksal, die Räume des Stratum spongiosum werden spaltförmig und stehen mit ihrem Längsdurchmesser parallel zur Muscularis uteri (Fig. 102 B). Bloß im Anschluß an diese finden sich noch Reste der Epithelzellen, welche ursprünglich die Wandung dieser Räume herstellten, und von diesen geht nach der Geburt unter Ausstoßung der Decidua die Neubildung des Uterusepithels aus (siehe unten das Schicksal der Decidua).

Wir unterscheiden an der Decidua (Fig. 104) erstens einen Abschnitt, welcher eine Durchwachsung von seiten der fetalen Gewebe erfährt und in die Bildung der Placenta eingeht (Decidua basalis); zweitens einen Abschnitt, welcher die implantierte Fruchtblase

bedeckt (Decidua capsularis), drittens einen aus der übrigen Strecke der Uterusschleimhaut hervorgegangenen Abschnitt (Decidua parietalis), welcher zunächst durch das
spaltförmige Uteruslumen von der Decidua capsularis getrennt wird, später jedoch

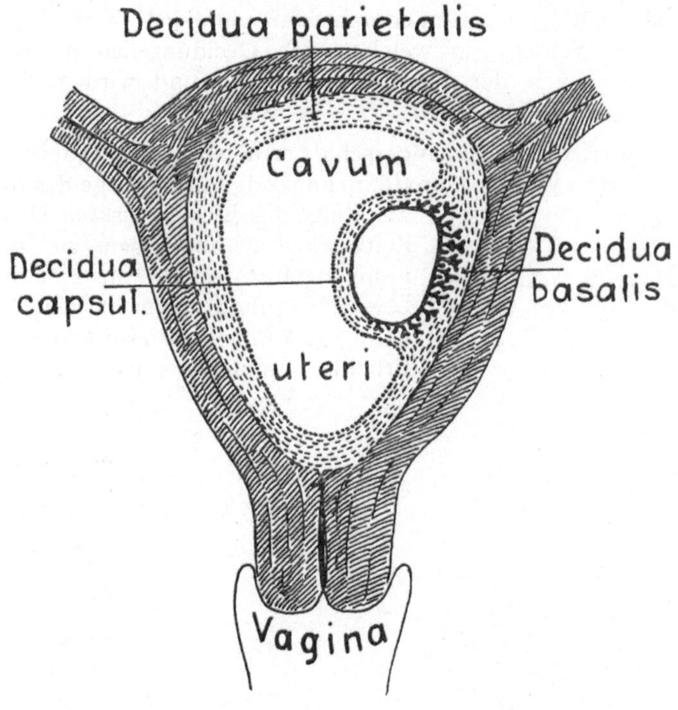

Fig. 104. Schema der Bildung der Decidua.

infolge der Vergrößerung der Fruchtblase mit dieser in Kontakt tritt. Wir werden
später bei der Beschreibung der Placenta das Schicksal der drei Abschnitte der Decidua
verfolgen.

Herstellung einer Verbindung zwischen dem Ei und der Uteruswandung.

Die Beziehungen des Eies zur Schleimhaut nehmen ihren Beginn mit dem Eintritte desselben in den Uterus im Stadium der Fruchtblase, vielleicht bloß eines soliden Zellhaufens. Die Untersuchung einiger junger und gut konservierter, allerdings in die Mucosa uteri bereits eingeschlossener menschlicher Fruchtblasen und der Vergleich derselben mit der Entwicklung bei Tieren hat während der letzten 20 Jahre eine vollständige Umwälzung und Klärung unserer Anschauungen über die Implantation des menschlichen Eies in die Uterusschleimhaut herbeigeführt. Wir unterscheiden, um den Stoff in didaktischer Hinsicht zu gliedern, drei allerdings nicht scharf abzugrenzende Perioden in der Ausbildung der Verbindung zwischen Mutter und Frucht. In der ersten Periode, derjenigen der Implantation des Eies oder der einfachen Symbiose, gelangt die Fruchtblase infolge einer Einwirkung ihrer oberflächlichen Zellschicht, des Trophoblasten, die man als eine verdauende oder lytische bezeichnen kann, in die Tiefe der Schleimhaut, um hier vollständig von den Zellen der Tunica propria eingeschlossen zu werden. In einer zweiten Periode steigert sich die verdauende Wirkung der Trophoblastzellen ganz ungeheuer, indem diese etwa nach Art der Zellen einer bösartigen Neubildung in die fortwährend an Mächtigkeit und Saftreichtum zunehmende Schleimhaut hineinwachsen, um unter Zerstörung der mütterlichen Gewebe eine Embryotrophe für die rasch wachsende Fruchtblase herzustellen. Eine festere Verbindung der Fruchtblase mit der Schleimhaut fehlt noch in diesem Entwicklungsabschnitte, den wir als Periode der Bildung der Embryotrophe bezeichnen. In einer dritten Periode endlich tritt die Wirkung der Trophoblastzellen zurück, im Vergleiche mit der Rolle der gefäßhaltigen, in die Decidua basalis einwachsenden Zotten des Allantoischorions. Diese, mit der Geburt des Kindes abschließende Periode bezeichnen wir als diejenige der Placentarbildung, in welcher ein aus mütterlichem und fetalem Gewebe aufgebautes, die Beziehung zwischen Mutter und Frucht vermittelndes Organ entsteht. Besonders während der zweiten Periode bilden sich die Eihüllen (Amnion, Allantois), ferner grenzt sich der Dottersack von der Embryonalanlage ab.

I. Periode der Implantation des Eies (der einfachen Symbiose).

Leider fehlen uns noch immer die frühen Stadien menschlicher Entwicklung, während welcher die Fruchtblase ihre ersten Beziehungen zur Mucosa uteri eingeht. Folglich sind wir auf Analogieschlüsse angewiesen, die wir aus der Beobachtung tierischer Entwicklung ziehen, doch läßt die Untersuchung einiger menschlicher Eier aus dem Anfange der zweiten Periode keinen Zweifel darüber bestehen, daß diese Schlüsse berechtigt sind und die Implantation des menschlichen Eies in derselben Weise erfolgt wie diejenige gewisser Säugetiereier. Sehr wertvoll ist eine Untersuchung von Graf

Spee über die Implantation des Meerschweincheneies; die Verhältnisse sind in den
Figg. 105—107 zur Darstellung gebracht. In allen drei Figuren bildet das Ei noch einen
soliden Zellhaufen, an welchem wir jedoch eine äußere, mehr epithelial angeordnete

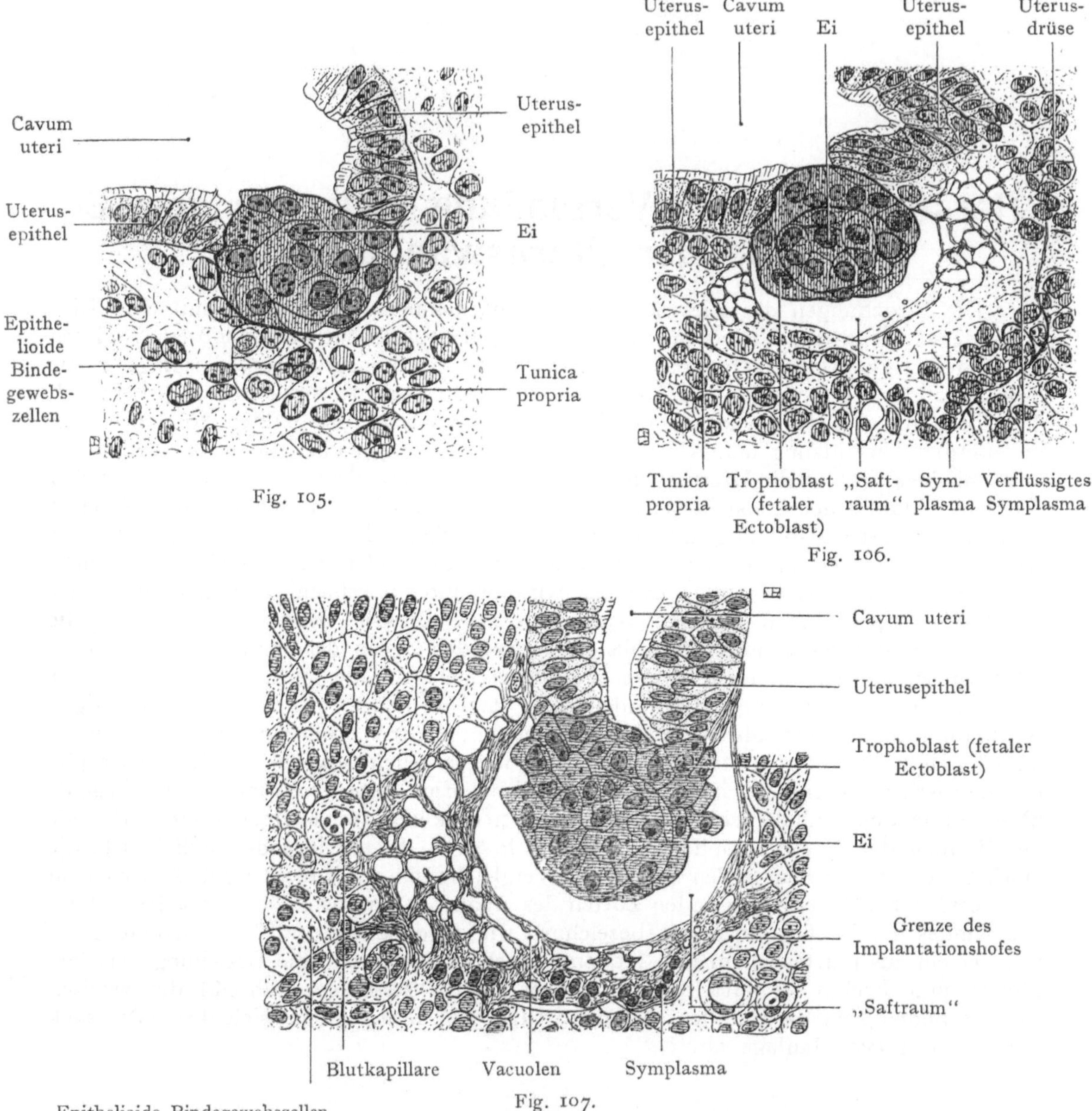

Fig. 105.

Fig. 106.

Fig. 107.

Figg. 105—107. Implantation des Meerschweincheneies in utero.
Nach Graf Spee, Z. f. Morph. u. Anthrop. III. 1901.

Schicht von einer zentralen Masse polygonaler Zellen unterscheiden können. In Fig. 105
ist das Uterusepithel im Bereiche der Anlagerung des Eies geschwunden und dieses grenzt
mit dem größten Teile seines Umfanges direkt an die Zellen der Tunica propria, welche
gewisse, auf diese enge Nachbarschaft zurückzuführende Veränderungen aufweist. Dieselben bestehen darin, daß die Zellen unter Vergrößerung ihrer Kerne eine epithelartige

Form annehmen, welche entfernt an diejenige der Deciduazellen erinnert. Den Bezirk, innerhalb dessen dieser Einfluß des Eies auf die Zellen der Tunica propria sich geltend macht, bezeichnet Graf Spee als Implantationshof, doch ist die Grenze desselben gegen den intakten Teil der Tunica propria keine scharfe, vielmehr müssen wir eine Übergangszone unterscheiden, innerhalb welcher die Bindegewebszellen dicht zusammenliegen, jedoch kleiner sind als im eigentlichen Implantationshofe. In diesem entsteht nun (Fig. 106) durch Zerfall der Zellen eine körnig-faserige Masse, die an einzelnen Stellen verflüssigt ist. Sie enthält Zellkerne, doch werden Zellgrenzen vermißt. Eine solche offenkundig in Degeneration und Zerfall begriffene Zellmasse bezeichnet Bonnet als Symplasma. Sie ist von andern Zellaggregaten zu unterscheiden, die während der Entwicklung der Placenta, besonders auch in frühen Stadien derselben, in größerer Ausdehnung auftreten, aber im Gegensatze zum Symplasma aus lebensfähigen, mit einer außerordentlichen Wachstumsenergie begabten Zellen bestehen. Solche Zellaggregate bezeichnet Bonnet als Syncytien, wenn sie aus ursprünglich getrennten Zellen entstehen, an denen später die Scheidewände gefallen sind (Chorionepithel), dagegen als Plasmodien, wenn sie von einer einzigen Zelle abstammen, deren Kernteilung nicht mit einer Teilung der Protoplasmamasse des Zelleibes einhergeht (Riesenzellen des Knochenmarks).

Das Symplasma des Implantationshofes zerfällt, indem zunächst Vacuolen auftreten (Fig. 107), die zusammenfließen, um einen das Ei umgebenden, mit verflüssigten Massen (wohl einer Emulsion) angefüllten Raum, den sog. Saftraum, herzustellen. Diese Emulsion stellt eine Embryotrophe dar, welche von dem Ei aufgenommen wird. An der Peripherie des Symplasmas unterliegen, entsprechend der Vergrößerung der weiter in die Schleimhaut einsinkenden Fruchtblase, immer neue Bezirke der Tunica propria einer Erweichung und einem Zerfall und werden ihrerseits mit der fortschreitenden Verflüssigung und Resorption der bereits gebildeten Embryotrophe in neues Nahrungsmaterial für das Ei umgewandelt. In einem spätern Stadium hört nun die Einbeziehung weiterer Zellen in das Symplasma auf, welches sich vollständig in Embryotrophe umwandelt, so daß das Ei frei in einen von Bindegewebszellen ausgekleideten, mit der emulsionsartigen Embryotrophe angefüllten Saftraum zu liegen kommt. Gleichzeitig grenzt sich auch der Implantationshof schärfer von der Umgebung ab, indem ein feiner Spalt entsteht, welcher die epithelartigen Bindegewebszellen des Implantationshofes von den spindelförmigen Zellen der Tunica propria trennt. Doch wird diese Grenze von Kapillaren, welche sich in den Spalt vorwölben, überschritten. ,,Als Ganzes erscheint der Bau der Wand, so wie der einer granulierenden Wundfläche, aus Gefäßröhrchen, die mit kleinen Bindegewebszellen besetzt sind. Der Vorgang läßt sich vollständig mit der Heilung einer Wunde durch Granulationsgewebe vergleichen. In der Tat erfolgt auch eine Ausfüllung des das Ei umgebenden Spaltes. Es werden zunächst die Buchten geglättet, dann durch weitere Wucherungen von Granulationsgewebe der Spalt geschlossen" (Graf von Spee). Folglich spielen sich bei der Implantation des Eies zweierlei Prozesse nacheinander ab.

1. Die Implantation erfolgt, unter Zerstörung des Uterusepithels und der Tunica propria durch Einwirkung von seiten des Eies und Bildung eines Implantationshofes.

2. Außerhalb des Implantationshofes bildet sich ein Granulationsgewebe, das weitere Zerstörungen des Uterusgewebes hintanhält oder einschränkt.

Was den Zeitpunkt der Implantation des menschlichen Eies nach dem Austritt aus dem Graafschen Follikel anbelangt, so ist es selbstverständlich nicht möglich, ganz genaue Angaben zu machen. Wenn wir jedoch die Verhältnisse bei Tieren, sowie die Daten über die jüngsten bis jetzt untersuchten menschlichen Eier berücksichtigen, so dürfen wir mit größter Wahrscheinlichkeit annehmen, daß die Implantation am 6. bis 8. Tage nach der Befruchtung stattfindet (Pfannenstiel), und daß die Fruchtblase zu dieser Zeit einen Durchmesser von etwa 1 mm aufweist. Die Einwirkung des Eies auf die mütterliche Schleimhaut wird gewöhnlich als eine verdauende oder lytische bezeichnet, wie wir sie übrigens an verschiedenen andern Zellen des sich entwickelnden Organismus beobachten. Es sei z. B. an die resorbierende Rolle der den Knochen in gewissen Stadien ihrer Entwicklung aufgelagerten Osteoklasten erinnert. Ein anderer Vergleich weist auf die verdauende Wirkung hin, den die Zellen gewisser Geschwülste auf ihre Umgebung ausüben. So hat W. Schäffer derartige Veränderungen an Muskelfasern in der Nähe von Geschwülsten beschrieben, welche zur Zerklüftung der Fasern, ferner zu körniger, wachs- oder fettartiger Degeneration, auch zur Vacuolenbildung usw. führen und gewiß nicht ausschließlich auf Rechnung des von der Geschwulst ausgeübten Druckes zu setzen sind, sondern auf eine verdauende Wirkung der Geschwulstzellen hinweisen.

Vor allem sind es die Zellen der äußern Schicht der Fruchtblase (des Trophoblasten), welche diese sozusagen aggressive Rolle gegenüber der Uterusschleimhaut spielen. In der zweiten Periode, welche sich durch die Ausbildung einer größeren Menge Embryotrophe auszeichnet, sehen wir diese Funktion der Trophoblastzellen dadurch gesteigert, daß sie sich stark vermehren und, ganz ähnlich wie die Zellen einer malignen Neubildung, etwa eines Carcinoms, in die Schleimhaut einwuchern, indem sie immer neue Zonen derselben in den Bereich ihrer Tätigkeit ziehen.

II. Periode der Bildung der Embryotrophe infolge der Wucherung der Trophoblastzellen.

Durch diese immer weiter gesteigerten Vorgänge wird eine Nahrungsmenge geschaffen, deren Resorption das rasche Wachstum der Fruchtblase ermöglicht. Wie wichtig dieser Ernährungsmodus ist, kann man aus der Tatsache ersehen, daß beim Menschen die Bildung einer circumscripten Placenta erst im dritten Monate der Fetalentwicklung, bei der Maus erst nach der Mitte der Schwangerschaft erfolgt. Bei der Spärlichkeit des bisher genau untersuchten einwandfreien menschlichen Materials sehen wir uns auch hier gezwungen, manche Lücke durch Vermutungen zu überbrücken, deren Berechtigung wir der Untersuchung der tierischen Entwicklung entnehmen. Trotzdem sind wir jedoch jetzt in der Lage, die prinzipiell wichtigsten Vorgänge, insbesondere auch die rasche Ausbildung und das weitgehende Auswachsen des Trophoblasten an menschlichem Materiale zu verfolgen.

Die Fig. 108 bringt diese Vorgänge in schematischer Form zur Anschauung. Nach dem Eindringen des Eies in die Schleimhaut bildet sich als Abschluß der im Uterusepithel entstandenen Lücke ein von roten und weißen Blutkörperchen durchsetztes Gerinnsel, welches wir mit Bonnet als Schlußcoagulum bezeichnen. Der Trophoblast, welcher die Fruchtblase nach außen abschließt, ist noch glatt, aber seine Wirkung auf die anliegenden, strotzend gefüllten Blutgefäße der Tunica propria der Uterusschleimhaut hat zur Eröffnung derselben und zur Bildung eines das Ei umgebenden Blutextravasates geführt (Fig. 108A.). Der Prozeß steigert sich mit dem weitern Vorwachsen der Trophoblastbalken in die Umgebung. Das Blutextravasat bildet einen wesentlichen Teil der Embryotrophe und ganz besonders sind es die roten Blutkörperchen, welche dabei eine wichtige Rolle spielen, indem sie dem Ei Eisen liefern. Im zweiten Schema (Fig. 108 B) sehen wir wie die Wirkung des Trophoblasten weitergeht, indem er auch Drüsen eröffnet, in die Drüsenlumina hineinwuchert, ferner einzelne Blutgefäße umwächst und unter Vernichtung des Endothels einschließt. So erhalten wir Bluträume, welche einerseits mit den mütterlichen Blutgefäßen in Verbindung stehen, andererseits direkt von fetalen Zellen begrenzt werden; es ist dies ein Prozeß, welcher auf den Typus der früher besprochenen hämochorialen Placenta hinweist (Fig. 94D). Vielleicht bilden die von Trophoblastzellen begrenzten Bluträume eine Vorstufe des in der reifen Placenta weithin sich ausdehnenden intervillösen Blutraumes.

Das Ei hängt auf diesen Stadien nur locker mit seiner Umgebung zusammen; es schwimmt geradezu in dem zum Teil flüssigen, zum Teil halbflüssigen Gewebsdetritus, der Embryotrophe. Wenn solche Fruchtblasen ausgestoßen werden, so zeigen

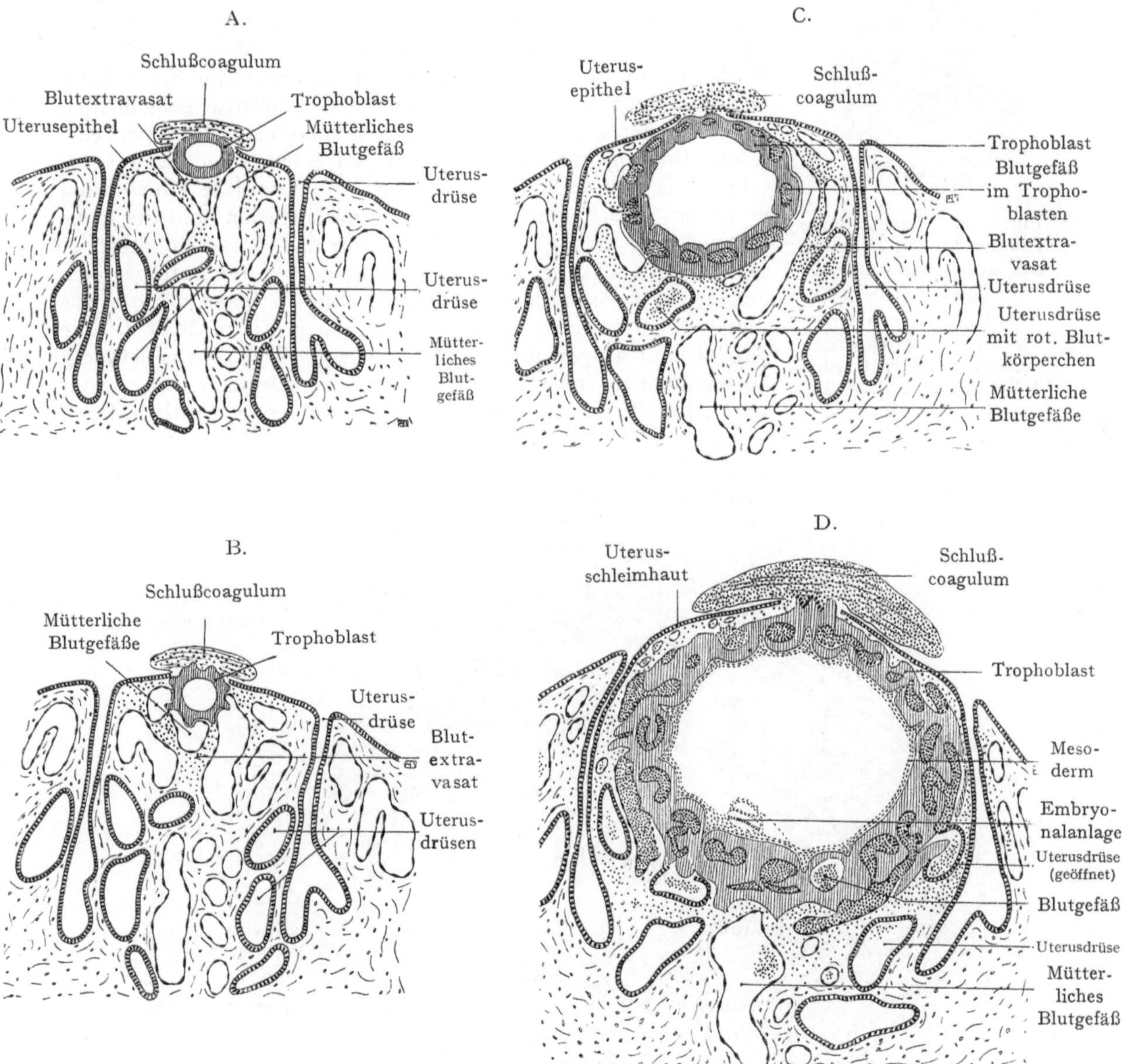

Fig. 108.   Einbettung des menschlichen Eies in die Uterusschleimhaut.
Nach Peters, Einbettung des menschlichen Eies.   Wien 1899.

sie an ihrer Oberfläche eine große Menge feiner, unregelmäßig verästelter Zotten, welche nichts anderes sind als die in die Umgebung des Eies vorwachsenden Trophoblastbalken. In etwas späterer Zeit ist dann allerdings die Zottenbildung keine ganz gleichmäßige mehr, denn während sie hier am Äquator des Eies und an der der Muscularis uteri zugewandten Fläche desselben sehr dicht ist, wird sie im übrigen Bereiche der Ober-

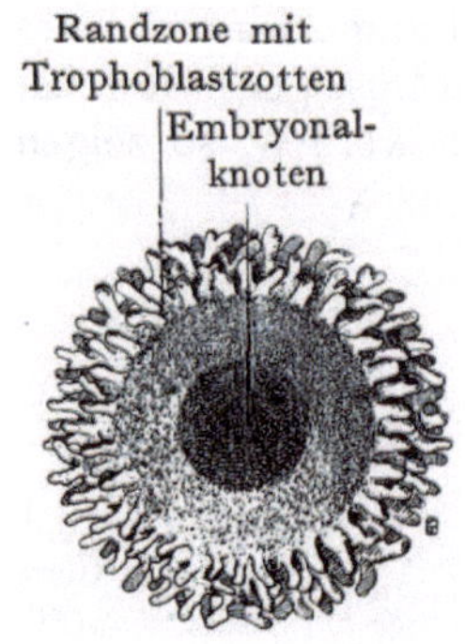

Fig. 109.   Menschliche
Frucht, 12—13 Tage alt,
aus der Decidua heraus-
genommen.

Nach C. B. Reichert, Be-
schreibung einer frühzeitigen
menschlichen Frucht. Abh.
d. Kgl. Akad. d. Wiss. Berlin 1873.

fläche kürzer und spärlicher. Ein solches von Reichert be-
schriebenes Ei ist in Fig. 109 dargestellt.

In den letzten 20 Jahren sind eine Anzahl früher
menschlicher Fruchtblasen beschrieben worden (Peters,
Jung, Bryce-Teacher, Herzog u. a.), welche die Ausbildung der Trophoblastwucherungen und deren destruktive
Wirkung auf ihrem Höhepunkte zeigen, bevor die Entstehung
von gefäßhaltigen, in die Bildung der Placenta eingehenden
Chorionzotten begonnen hat. Wir besprechen noch kurz eine
solche Bildung, und zwar das im Jahre 1899 von Peters beschriebene menschliche Ei, welches eine förmliche Umwälzung
in unsern Anschauungen über die Implantation und die frühe
Entwicklung der Fruchtblase hervorrief. Dasselbe mißt in
der innern Lichtung 1,6 auf 0,9 mm; sein Alter beträgt nach
der neueren Annahme mindestens 14—16 Tage (das etwas
jüngere von Bryce-Teacher beschriebene Ei wurde $16\frac{1}{2}$ Tage
post coitum ausgestoßen). Das Ei liegt (Fig. 110) vollständig
innerhalb der spongiösen Schicht der Decidua; an seiner
Eintrittsstelle in dieselbe wird das fehlende Epithel durch

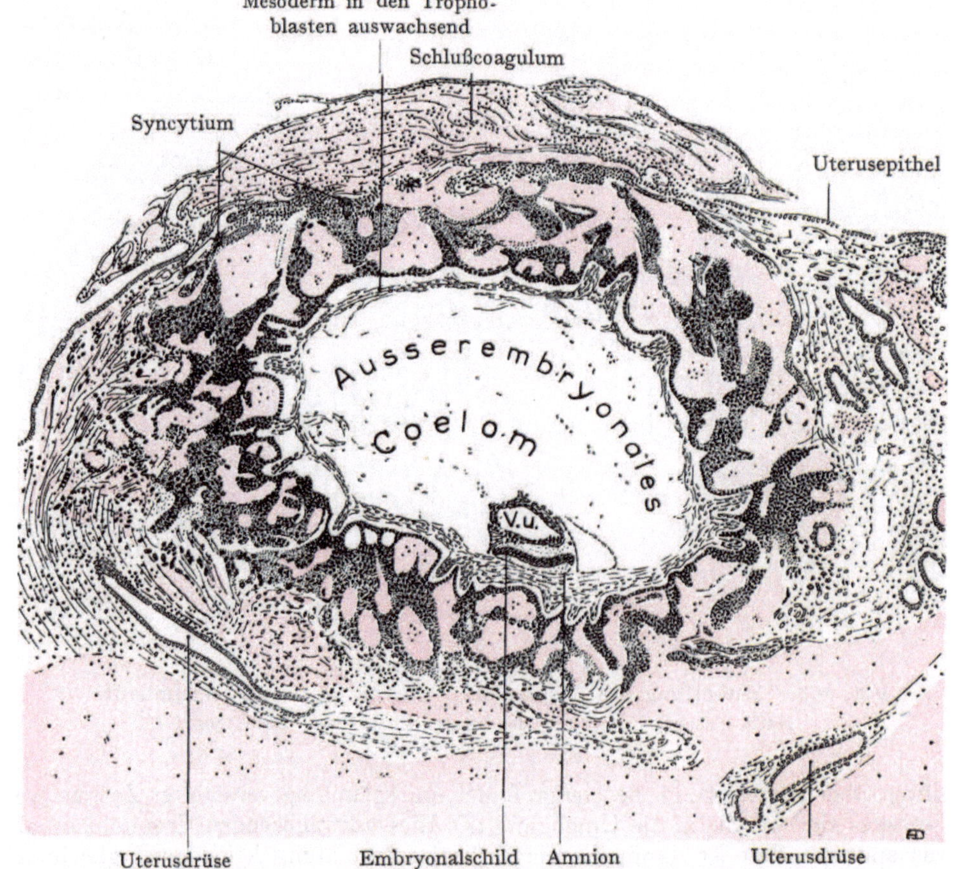

Fig. 110. Durchschnitt durch das Peterssche Ei.
Nach Peters, Über die Einbettung des menschlichen Eies. Leipzig 1899

das Schlußcoagulum ersetzt. Der Trophoblast bildet eine die Fruchtblase außen abschließende, ca. 0,5 mm dicke Schicht von sich dunkel färbenden Zellen, welche hie und da Zellgrenzen vermissen lassen und so ein Syncytium oder auch ein Plasmodium im Sinne Bonnets darstellen. Diese Zellmassen werden von kleinen oder größeren Blutlakunen und Blutextravasaten durchsetzt, welche der ganzen Bildung geradezu den Charakter eines spongiösen Gewebes verleihen. Von den Blutlakunen reichen einige sehr weit gegen die innerste, den eigentlichen Abschluß der Fruchtblase bildende Schicht des Trophoblasten heran, welche an das stark gefäßhaltige (Allantoisgefäße) parietale Blatt des außerembryonalen Mesoderms angrenzt. Diese Schicht gibt auch an einzelnen Stellen Fortsätze in die Trophoblastmassen ab, welche die ersten Andeutungen der später in der Placenta zu so mächtiger Entfaltung gelangenden gefäßhaltigen Chorionzotten darstellen. In der Peripherie dagegen stoßen die mit einer ungeheuren Wachstumsenergie begabten Trophoblastzellen strahlenförmig in die Umgebung des Eies vor, welche teils jetzt schon eine Embryotrophe darstellt, teils dazu bestimmt ist, in eine solche umgewandelt zu werden. Der Trophoblast führt hier gewissermaßen mit den Elementen der Decidua basalis einen Kampf, bei welchem

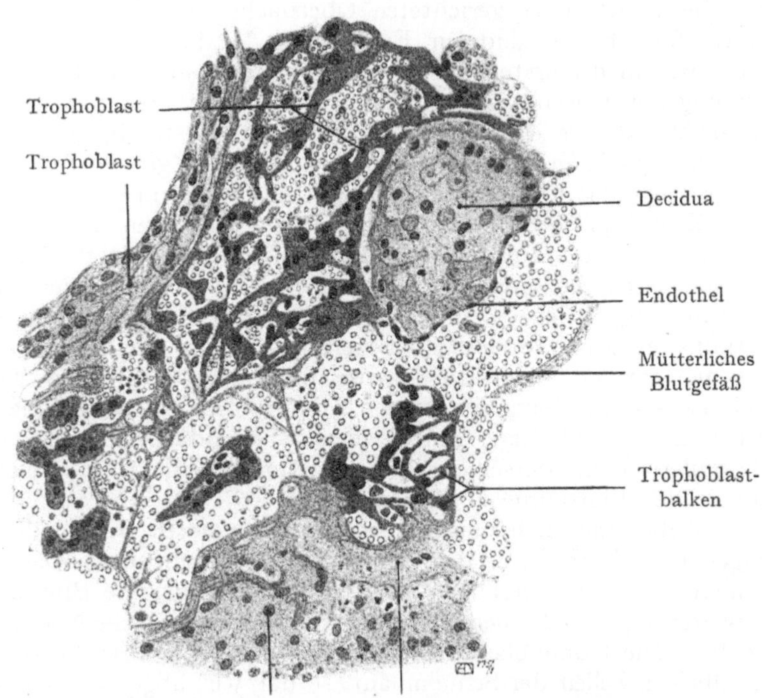

Fig. 111. Teil der Wandung des von Teacher und J. Bryce beschriebenen menschlichen Eies.

der Sieg jedoch nicht immer auf seiner Seite steht, indem häufig auch Massen fetaler Zellen angetroffen werden, welche unterlegen sind und Zeichen der Degeneration aufweisen. Diese periphere Zone, innerhalb welcher die Trophoblastzellen ihre schon im Beginne der Implantation erkennbare Beeinflussung der mütterlichen Gewebe fortsetzen, bezeichnen wir als Umlagerungszone. Das Bild, welches dieselbe darbietet (Fig. 111, von dem etwas jüngern Ei von Bryce-Teacher), ist sehr schwer verständlich. Wir sehen Zellbalken vor uns, welche zweifellos vom Trophoblasten abstammen, allerdings aber durch ihre verschiedene Färbbarkeit andeuten, daß sie nicht auf derselben Stufe der Vitalität stehen, sondern zum Teil schon in Degeneration begriffen sind. Ferner finden wir eigentümlich umgewandelte, zum Teil auch schon abgestorbene (nekrotische) Inseln von Deciduagewebe, welche eine große Ähnlichkeit mit dem von Graf von Spee beim Meerschweinchen beschriebenen Symplasma besitzen. Endlich haben wir auch Blutgefäße und zahlreiche Blutextravasate. Wahrscheinlich beginnt schon auf diesem Stadium die Bildung von Fibrin, welches beim weiteren Auf- und Umbau der Placenta eine Rolle spielt. Die Trophoblastzellen bilden bei all' diesen Vorgängen häufig, wenn nicht in der Regel, ein Syncytium. Im Gegensatze zum Symplasma ist aber gerade bei solchen Zellverbänden die Wachstumsenergie der Zellen eine besonders intensive, auch vermissen wir an ihnen jene Zeichen der Degeneration oder des Zerfalles, welche oft für das Symplasma charakteristisch sind.

Die Struktur der Umlagerungszone ist nach diesem Stadium in der ganzen Peripherie der Fruchtblase dieselbe, also auch in demjenigen Abschnitte, welcher gegen das Cavum uteri gerichtet ist. Wir bezeichnen diesen Teil, im Gegensatze zu der Decidua basalis und der Decidua parietalis, als Decidua capsularis. Dieselbe wird mit der Ausdehnung der Fruchtblase und der damit einhergehenden Spannung beträchtlich dünner, infolgedessen bilden sich auch hier die Trophoblastbalken zurück, während an der gegen die Muscularis uteri gerichteten Oberfläche der Fruchtblase der Prozeß ungehindert weiter fortschreitet und zur Entstehung der Placenta führt. „Die Decidua capsularis spielt nur in der ersten Zeit der Schwangerschaft eine Rolle, indem sie das Ei bis zur Bildung der Placenta zu befestigen und zu ernähren hat. Von dem Zeitpunkte an (4. bis 6. Monat), wo das Ei das Uteruslumen vollständig ausfüllt, schwindet die Decidua capsularis vollständig. Im vierten Monat ist ein großer Teil verschwunden, im sechsten Monat liegt das Chorion der Decidua parietalis direkt an" (Pfannenstiel).

Zwei Punkte bedürfen noch einer eingehenderen Besprechung, nämlich die Bildung erstens des Syncytiums, zweitens der von den Trophoblastbalken durchzogenen Bluträume, welche, indem sie untereinander in Verbindung treten, den sog. primären intervillösen Blutraum herstellen. Beim Petersschen Ei ist die allgemeine Ausbildung eines Syncytiums in den Trophoblastwucherungen noch nicht nachzuweisen, wohl finden wir dagegen einzelne syncytiale Massen, die unzweifelhaft vom Trophoblasten abstammen. Bei etwas weiter fortgeschrittenen Fruchtblasen, die schon die Bildung deutlicher mesoderm- und gefäßhaltiger Zotten zeigen (Sekundärzotten oder Villi choriales), finden wir als äußern Belag derselben ein sehr schönes Syncytium, welches unmittelbar mit dem Inhalt der Bluträume in Kontakt tritt.

Außerordentlich überraschend ist der vom Beginn der Implantation an vorhandene ungeheure Blutreichtum der Umgebung der Fruchtblase. Das Eindringen des Eies in die Schleimhaut wirkt geradezu als Reiz, auf welchen die Blutgefäße nicht bloß durch die Erweiterung ihres Lumens, sondern wohl auch durch die Neubildung von Kapillaren antworten. Die Trophoblastzellen verschonen ebensowenig die Wandung der Blutgefäße wie die übrigen Zellen der Schleimhaut, so daß wir, abgesehen von der mit der Vergrößerung der Fruchtblase stets wachsenden Hyperämie, auch noch einen Erguß von Blut (Hämorrhagie) finden. Wenn nun Blutgefäße von Trophoblastbalken umwachsen werden, so verlieren sie ihre Wandung vollständig, so daß das Blut direkt mit den Trophoblastzellen oder dem Syncytium in Berührung kommt. Dieses hat mit den Gefäßendothelien die Fähigkeit gemein, die Gerinnung des Blutes zu verhindern, und dasselbe läßt sich von dem die sekundären Chorionzotten überziehenden Syncytium sagen. Die von den Trophoblastzellen umschlossenen Bluträume hängen weithin untereinander zusammen (Fig. 108 D), ferner stehen sie noch immer in Verbindung mit den Arterien und Venen der Decidua, so daß eine Zirkulation in geschlossenen Räumen stattfindet, die durch die Trophoblastzellen hindurch in enger Beziehung zur Fruchtblase stehen. Diesen Blutraum bezeichnen wir als den primären intervillösen Raum. Derselbe geht mit der Ausbildung der sekundären mesoderm- und gefäßhaltigen Zotten in den sekundären intervillösen Blutraum der Placenta über, der eine weit größere Ausdehnung gewinnt und mit dem primären intervillösen Raum die Eigentümlichkeit teilt, daß er von einer Zellschicht begrenzt wird, welche die Gerinnung des Blutes verhindert.

Wir können demnach in der Ausbildung der Beziehungen zwischen den Blutgefäßen der Decidua basalis und der Fruchtblase drei Perioden unterscheiden. In der ersten bildet sich in der Umgebung der Fruchtblase ein Bluterguß, welcher einen Beitrag zur Embryotrophe darstellt. In der zweiten werden Blutgefäße unter Vernichtung ihres Endothels, aber unter gleichzeitiger Wahrung des Zusammenhanges mit den Arterien und Venen der Decidua von Trophoblastzellen, die teilweise syncytialen Charakter aufweisen, umwachsen. In einer dritten Periode erweitert sich dieser Blutraum, in welchen nunmehr die sekundären mesoderm- und gefäßhaltigen Chorionzotten hineinhängen, zu einem größeren, in der ganzen Ausdehnung der Verbindung zwischen Fruchtblase und Decidua basalis ausgebildeten sekundären intervillösen Blutraum. Schon mit der Bildung des primären intervillösen Raumes tritt die Hämotrophe für das menschliche Ei in den Vordergrund.

Sehr lehrreich für die Kenntnis der Ernährung des Eies während der frühen Entwicklungsstadien sind die Untersuchungen von Sobotta und G. Burckhard über die Implantation des Mäuseeies. Beide Autoren stimmen damit überein, daß die Bildung einer eigentlichen Placenta bei der Maus erst gegen die Mitte der Gravidität beginnt (beim menschlichen Ei im dritten Monat). Eine wichtige Rolle spielt dabei das Blutextravasat, welches Hämoglobin an die Fruchtblase abgibt, und zwar zunächst in den durch das Wachstum des Eies in höchst eigentümlicher Weise eingestülpten Dottersack, welcher bei der Maus geradezu die Rolle des Trophoblasten übernimmt.

Wir können uns jetzt schon eine ungefähre Vorstellung über den Modus der Ernährung der menschlichen Fruchtblase in frühen Stadien bilden. Solange ein geschlossener intervillöser Blutraum noch nicht entstanden ist, erfolgt noch immer ein Abbau der mütterlichen Gewebe und die Bildung der Embryotrophe, welche von den Zellen der äußeren Schicht der Fruchtblase resorbiert wird. Mit der Bildung des intervillösen Raumes tritt in dieser Hinsicht eine Änderung ein, denn nunmehr haben wir es mit einer Hämotrophe zu tun, welche entweder durch die Trophoblastzellen oder durch die später an ihre Stelle tretenden gefäßhaltigen Chorionzotten aufgenommen wird. Diese sind im Hinblick auf die ihnen zukommende Rolle geradezu mit Dünndarmzotten verglichen worden. Das Eisen entstammt den roten Blutkörperchen des intervillösen Raumes und kann durch die Berlinerblaureaktion in Gestalt feiner blauer Körnchen in den Chorionzotten nachgewiesen werden. Auch in bezug auf die Fettresorption besteht die Analogie mit den Dünndarmzotten zu Rechte, denn das Fett wird von beiden Bildungen in verseiftem Zustande aufgenommen; man findet dasselbe an der basalen Seite des Chorionepithels wieder in Fettropfen zurückverwandelt (Hofbauer).

Bildung der Eihüllen.

Die Bildung der Eihüllen beginnt sehr früh in der zweiten Periode und ist in der Hauptsache schon vollendet, bevor die circumscripte Placentarbildung auftritt. Diese frühe Anlage des Amnions und des Dottersackes sowie des embryonalen und vor allem auch des außerembryonalen Mesoderms scheint eine Eigentümlichkeit der Primaten zu sein. So sehen wir schon auf dem Stadium des Petersschen Eies das Amnion angelegt, die Umwachsung des Dottersackes und die Bildung des außerembryonalen Mesoderms und Coeloms weit fortgeschritten.

Amnion.

Die ersten Anfänge der Amnionbildung sind beim Menschen nicht bekannt, doch sind wir auf Grund der Untersuchung von etwas ältern Stadien zur Annahme berechtigt, daß dieselbe in ähnlicher Weise vor sich geht wie bei der Fledermaus (Fig. 87), nämlich durch eine Dehiscenz der Zellen des Embryonalknotens, wobei aus mehreren Spalten die Amnionhöhle gebildet wird. Die Zellen der untern Wand der Höhle werden zum Ectoderm des Embryos, u. a. auch zur Medullarplatte, während die Zellen der obern Wand das Amnion herstellen. Die weitere Ausbildung läßt sich an der Reihe der schematischen Figg. 88—93 verfolgen, die der Besprechung der Mesodermentwicklung zugrunde gelegt wurden.· Dasselbe entsteht beim Menschen außerordentlich früh und wächst rasch als außerembryonales Mesoderm über die Grenzen der Embryonalanlage, zwischen dem Trophoblasten und dem Dottersackentoderm, hinaus. Zwischen den beiden durch das Magma reticulare verbundenen Blättern des Mesoderms bildet sich gleichfalls in sehr früher Zeit, das außerembryonale Coelom (Figg. 88 und 89). Das Mesoderm wächst auch zwischen dem Amnion und dem Trophoblasten vor; auch hier bildet sich Coelom, so daß die ursprünglich breite Verbindung des Amnions mit dem Trophoblasten eingeschränkt wird (Fig. 90), und zwar von vorn nach hinten. Schließlich steht die Embryonalanlage bloß noch an ihrem caudalen Ende mittels der soliden, zum parietalen Blatte des Mesoderms verlaufenden Mesodermbrücke des Haftstiels mit diesem in Zusammenhang. Der Haftstiel erweist sich später als Träger der Allantoisgefäße und des Allantoisganges (Urachus), der nicht bis an die Peripherie der Fruchtblase heranreicht (Fig. 91), während sich die Gefäße in dem parietalen Blatte des außerembryonalen Mesoderms verbreiten, welches sich dem Trophoblasten innen anschließt, um später das Zottenstroma der Chorionzotten zu liefern.

    Die Amnionhöhle füllt sich mit der Amnionflüssigkeit und vergrößert sich rasch (siehe die Schemata) auf Kosten des außerembryonalen Coeloms, welches immer mehr eingeengt wird und ferner (Fig. 93) auch dadurch, daß sich die beiden Mesodermblätter aneinander legen und schließlich gänzlich verschwinden. Die maximale Ausbildung der Amnionhöhle und der Amnionflüssigkeit fällt etwa in den sechsten Schwangerschaftsmonat, um dann weiterhin beträchtlich abzunehmen, indem der Fetus einen immer größern Teil der Fruchtblase ausfüllt.

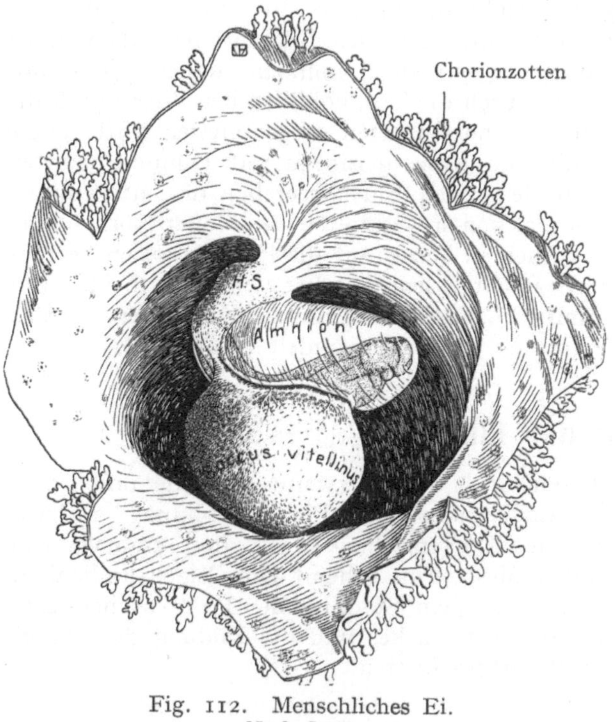

Fig. 112. Menschliches Ei.
Nach Coste.
H. S. = Haftstiel.

Allantois.

    Eine bläschenförmige, frei in das außerembryonale Coelom vorwachsende Allantois vermissen wir beim Menschen. Hier haben wir es bloß mit dem Allantoisgange zu tun, an welchen sich die gleichfalls im Haftstiel enthaltenen Allantoisgefäße (Aa. und V. umbilicales) anschließen (Fig. 93). Dieser Gang kann höchstens mit dem Stiele des bei Sauropsiden beschriebenen Bläschens verglichen werden. Sein peripherer Abschnitt ist noch eine Zeitlang in der Nabelschnur nachzuweisen, während sein zentraler Abschnitt den später von der Harnblase bis zum Nabel reichenden Urachus liefert. Die Allantois hat eben bei Primaten ihre ursprüngliche Rolle als Harnsack aufgegeben, während das dem Gasaustausche und der Ernährung dienende dichte Gefäßnetz ihrer äußern Wand nicht bloß erhalten bleibt, sondern sich in engem Zusammenhange mit der Placenta einer weitern Ausbildung erfreut. Das Gefäßnetz ist mit der Herstellung der mesodermhaltigen Sekundärzotten (Chorionzotten) verknüpft.

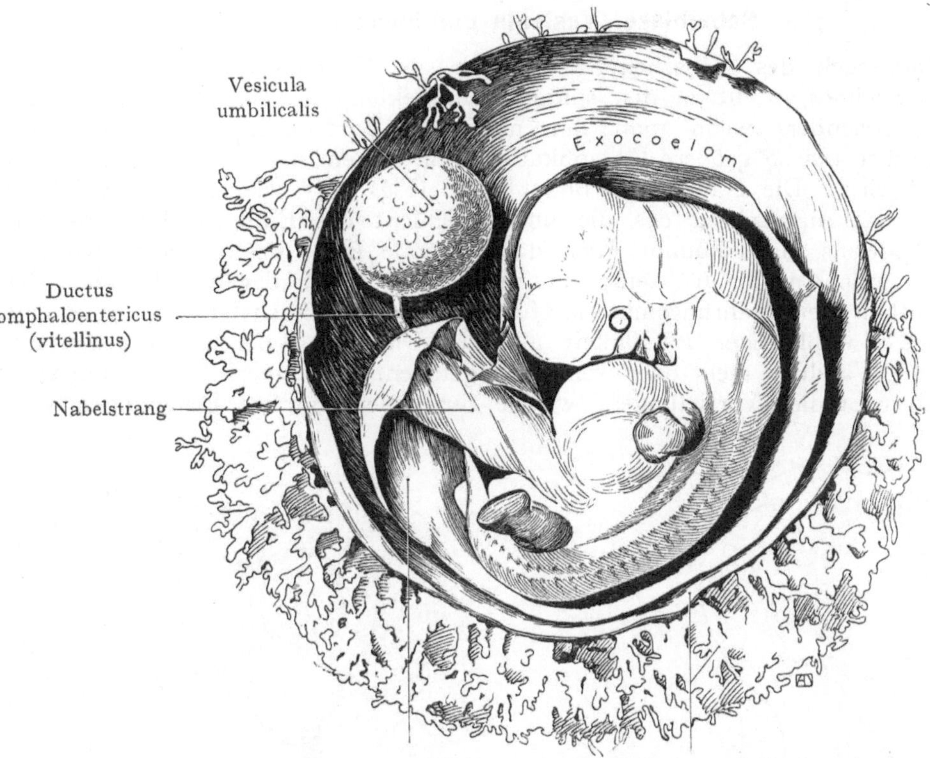

Fig. 113. Menschlicher Embryo in den Eihüllen.
Präparat der Basler Sammlung.

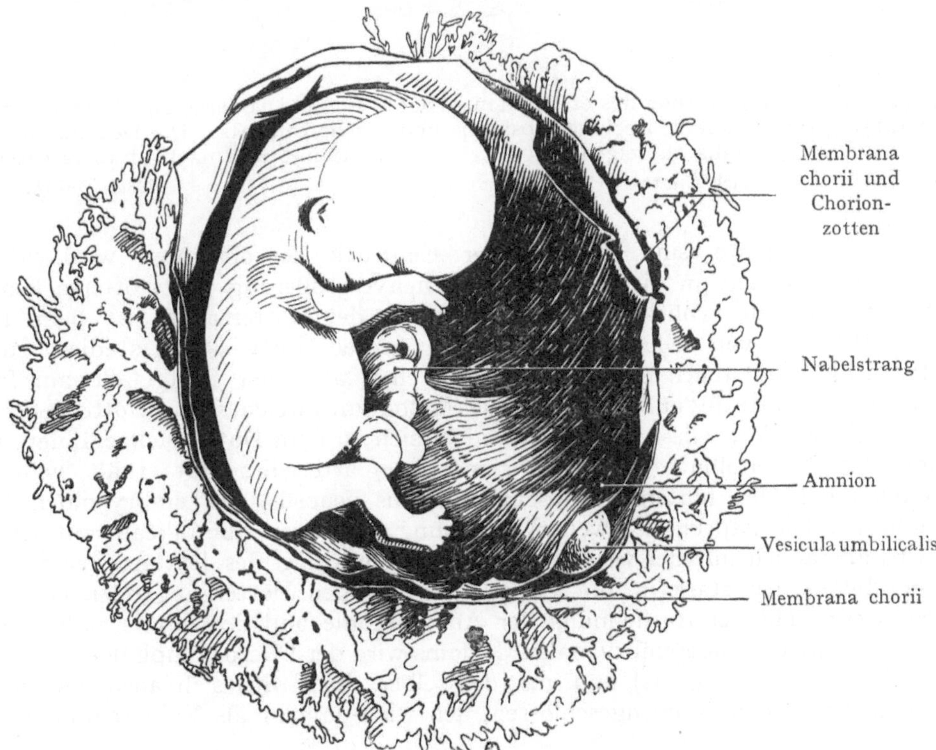

Fig. 114. Menschlicher Embryo vom 3. Monate in den Eihäuten.
Präparat der Basler Sammlung.

Nabelblase (Vesicula umbilicalis).

Der Dottersack des Menschen, gewöhnlich als Nabelbläschen oder Vesicula umbilicalis bezeichnet, stellt in den spätern Entwicklungsstadien ein rudimentäres Gebilde dar, besonders wenn man ihn mit dem Dottersacke der Sauropsiden vergleicht, welcher um so größere Komplikationen in seinem Baue aufweist, je später er untersucht wird. Die Nabelblase bildet sich (Fig. 52), wie schon geschildert wurde, durch das Auswachsen des die untere Schicht des Embryonalknotens darstellenden Entoderms, dazu kommt noch das viscerale Blatt des außerembryonalen Mesoderms, in welchem sehr frühzeitig Blutinseln und Gefäßanlagen auftreten. Der Dottersack enthält kein Nahrungsmaterial für den Embryo, höchstens nimmt er eine gewisse Menge eiweißhaltiger Flüssigkeit aus der Umgebung der Fruchtblase auf, später ist seine Wandung mehr oder weniger eingefallen. Die innere Fläche desselben zeigt in frühen Stadien Vertiefungen, welche durch leistenartige Erhebungen von-

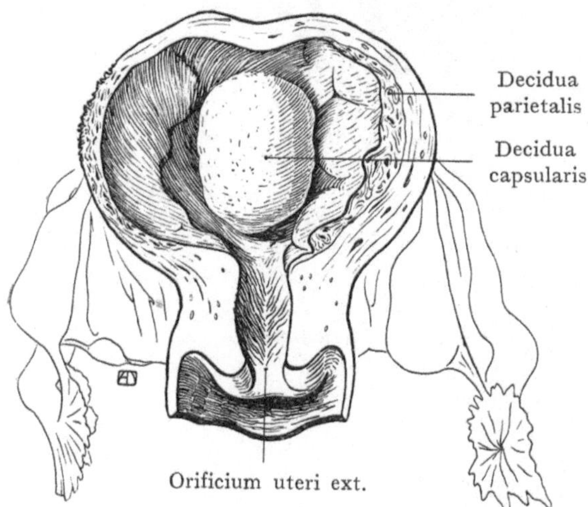

Fig. 115. Uterus gegen Ende des ersten Monats der Gravidität, geöffnet, um die Decidua capsularis und parietalis zu zeigen.
Nach Coste.

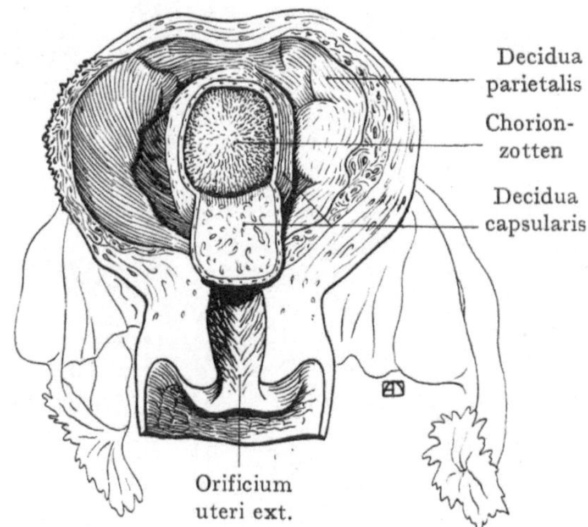

Fig. 116. Uterus am Ende des ersten Schwangerschaftmonats. Die Decidua capsularis ist durchtrennt und nach abwärts geschlagen worden.
Nach Coste.

einander getrennt sind, so daß der Eindruck hervorgerufen wird, als sei hierin noch ein Anklang an die starke Oberflächenvergrößerung des Dottersackentoderms bei Sauropsiden zu erblicken. Die Hauptrolle des Dottersackes ist beim Menschen in der Bildung von Blutzellen während früher Entwicklungsstadien zu erblicken. Tatsächlich entstehen sowohl Blutkörperchen als auch Blutgefäße am frühesten im visceralen Blatte des außerembryonalen Mesoderms, welches dem Dottersackentoderm zur Grundlage dient. Diese Anlagen wandeln sich zu dem Dottersackgefäßnetz um, welches aus den Aa. vitellinae (omphalomesentericae) arterielles Blut erhält, während die Vv. vitellinae in den hintersten Abschnitt (Sinus venosus) des embryonalen Herzens einmünden. Die ursprünglich weite Verbindung der Vesicula umbilicalis mit dem Darmrohre wird allmählich mit der weitergehenden Abschnürung des letzteren eingeengt (Fig. 93) und bildet den stark in die Länge ausgezogenen Dottergang oder Ductus omphaloentericus. Mit der Ausdehnung der Amnionhöhle und der damit einhergehenden Einschränkung des außerembryonalen Coeloms wird der Ductus omphaloentericus dem Haftstiele genähert (Fig. 92) und mit demselben durch das sich ausdehnende Amnion zu einem Strange zusammengeschlossen, den wir nunmehr als Nabelschnur oder Funiculus umbilicalis bezeichnen. Dieser zunächst sehr kurze aber dicke Strang umfaßt folgende, in dem weichen, gallertartigen Bindegewebe, der Whartonschen Sulze, eingehüllte Gebilde: 1. den Allantoisgang mit den Allantoisgefäßen (Aa. umbilicales und der V. umbilicalis), 2. den Dottergang mit den Dottersackgefäßen (Aa. vitellinae und Vv. vitellinae). Das Nabelbläschen dagegen liegt zwischen den infolge der Obliteration des außerembryonalen Coeloms einander genäherten beiden Schichten des Mesoderms einerseits und dem Amnion andererseits (Fig. 93), wo wir es bei der Beschreibung der Placenta wieder antreffen werden.

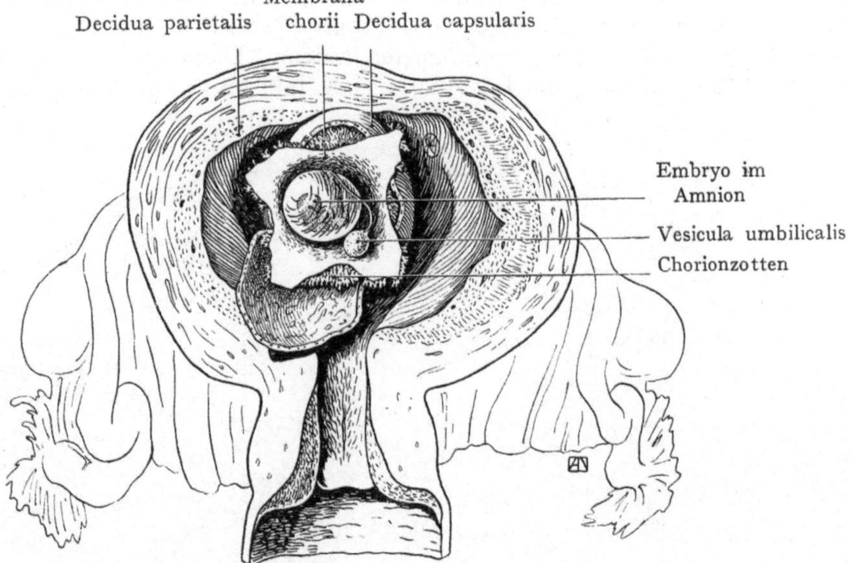

Fig. 117. Uterus am 40. Tage der Gravidität, geöffnet, um den Embryo im Amnionsacke zu zeigen. Nach Coste.

In spätern Entwicklungsstadien zeigt die Vesicula umbilicalis in ihrer Wandung deutliche Zeichen der Degeneration. Bei der Geburt besteht diese nur noch aus einer bindegewebigen Membran, welche kalkhaltige Massen mit Resten von Epithel einschließt. Dabei sind die Blutgefäße vollständig zurückgebildet. B. S. Schultze hat nachgewiesen, daß sich trotzdem das Nabelbläschen regelmäßig bis zur Geburt des Kindes erhält, und meist am Rande der Placenta angetroffen wird (Fig. 125).

Erste Bildung der Sekundärzotten (Chorionzotten).

Die soliden, vom Trophoblasten aus gebildeten Primärzotten, welche im Kampfe mit den Zellen der Decidua die Embryotrophe für die Fruchtblase herstellen, werden durch die Sekundärzotten oder Chorionzotten abgelöst. Dieselben besitzen eine höhere Organisation, indem sie von embryonalem Bindegewebe (Zottenstroma) umhüllte Gefäßschlingen enthalten, die von einem in frühen Stadien zweischichtigen, in letzter Linie aus dem Trophoblasten stammenden Epithel überzogen werden. Wir sehen also eine echte Zotte vor uns, die wir sowohl in morphologischer als auch in physiologischer Hinsicht mit einer Dünndarmzotte vergleichen dürfen. Die bindegewebige Grundlage wird von dem parietalen Blatte des außerembryonalen Mesoderms geliefert, welches sich unter der das Ei nach außen abschließenden Schicht, dem Trophoblasten, ausbreitet. Diese Mesodermschicht beginnt schon beim Petersschen Ei (Fig. 110) an einzelnen Stellen vorzuwuchern und den Trophoblasten auszustülpen. Der Prozeß ist wohl nicht so aufzu-

fassen, daß die bereits gebildeten Primärzotten etwa durch die Mesodermwucherungen eine
bindegewebige Achse erhalten, sondern es bilden sich neue, von vornherein mesodermhaltige Zotten, während die soliden Primärzotten sich in der das Ei umgebenden
Embryotrophe auflösen. Diese Sekundärzotten erhalten ihre Gefäße aus einem Netz,
welches in dem parietalen Blatte des außerembryonalen Mesoderms entsteht und am
Haftstiel mit den längs des Allantoisganges verlaufenden Allantoisgefäßen, den Aa.
umbilicales und der V. umbilicalis, in Verbindung tritt. Mit andern Worten, trotz des
Fehlens der eigentlichen Allantoisblase entsteht im parietalen Blatte des Mesoderms
ein dem Allantoisgefäßnetz des Hühnchens entsprechendes Netz, und davon ausgehende
Gefäßschlingen verlaufen in die von Trophoblastzellen überzogenen peripher auswachsenden Sekundär- oder Chorionzotten hinein. Diese treten teils, wie die Primärzotten, zur Tunica propria der Decidua basalis, teils und zwar in sehr ausgiebigem Maße,

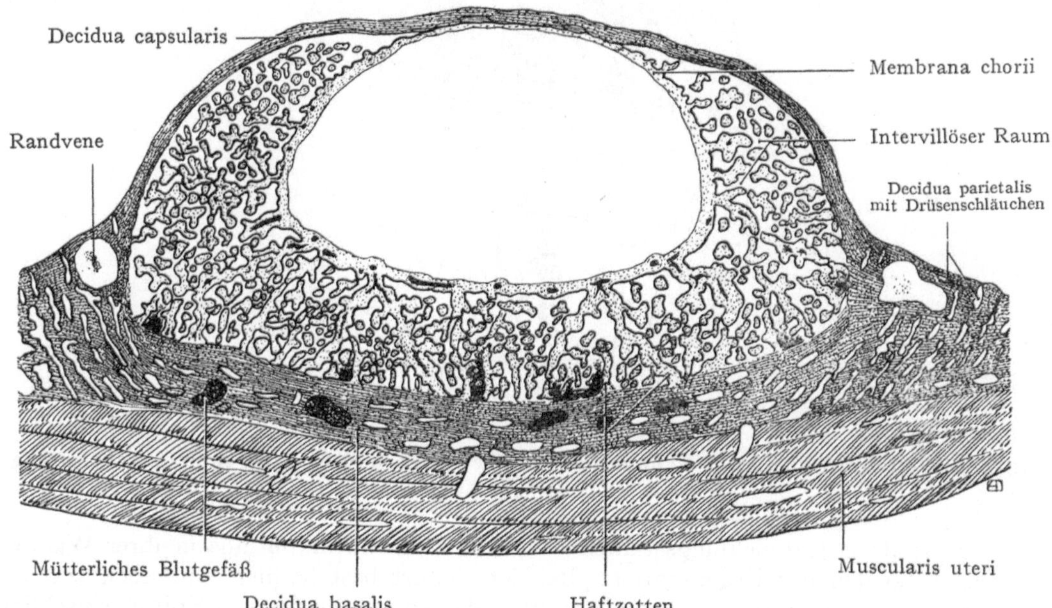

Fig. 118. Menschliches Ei von 2 Monaten, in der Decidua eingebettet.

zum primären Blutraume in Beziehung. Die äußere Schicht des Epithels der Chorionzotten wird durch ein später genauer zu schilderndes Syncytium dargestellt, welches bei
der Bildung der Placenta und besonders bei den daran sich anknüpfenden Veränderungen der Decidua dieselbe Rolle spielt wie die Zellen des ursprünglichen Trophoblasten, indem es die Gerinnung des Blutes verhindert, histolytisch auf die Elemente
der Decidua einwirkt und so den Boden für eine immer weiter gehende Ausbreitung
des intervillösen Blutraumes vorbereitet. Außerdem resorbiert und verarbeitet es die
aus dem zirkulierenden Blute des intervillösen Blutraumes aufgenommene Hämotrophe.

　　Die Chorionzotten erheben sich zunächst im ganzen Umfange der Fruchtblase,
deren äußerer Abschluß durch den Trophoblasten und das parietale Blatt des
außerembryonalen Mesoderms hergestellt wird, welche wir als Membrana chorii zusammenfassen (Fig. 118). Bald tritt jedoch in der Ausbildung der Chorionzotten eine
Ungleichheit auf, indem diejenigen, welche von dem gegen die Decidua capsularis sehenden
Umfange der Chorionmembran abgehen, an Wachstum zurückbleiben, um schließlich
ganz zu veröden, während die Chorionzotten am übrigen Umfange der Membrana chorii
gegen die Decidua basalis hin stark auswachsen, sich verzweigen und in die Bildung

der Placenta eingehen. Diese Strecke der Chorionmembran entspricht teilweise dem in frühen Stadien sehr breiten Ansatze des Haftstieles. Den zottentragenden Ab-
schnitt des Chorions bezeichnen wir als Chorion frondosum, dem wir einen glatten, höchstens mit einigen rudimentären Zotten besetzten, gegen das Uteruslumen gerichteten Abschnitt als Chorion laeve gegenüberstellen. In Fig. 118 ist ein Durchschnitt durch eine menschliche Fruchtblase aus dem Ende des zweiten Monats wiedergegeben, welcher eine weitgehende Rückbildung der Chorionzotten an der mit der Decidua capsularis verbundenen Strecke der Membrana chorii zeigt, während die Ausbildung der Zotten gegen die Decidua basalis hin sehr stark geworden ist. Hier hängen dieselben zum Teil in den intervillösen Raum hinein, zum Teil dringen sie in die Decidua basalis vor, indem sie mit

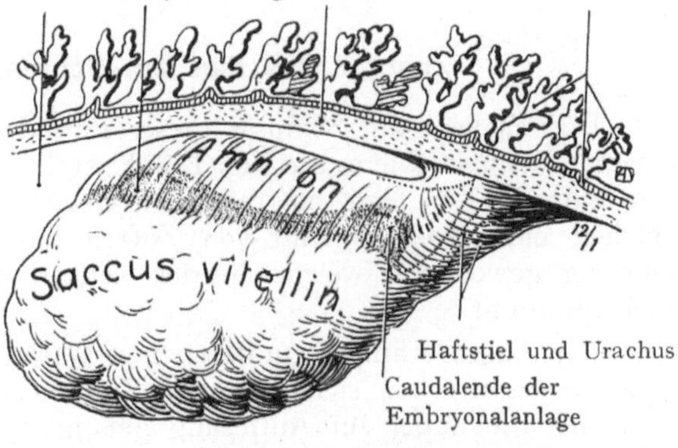

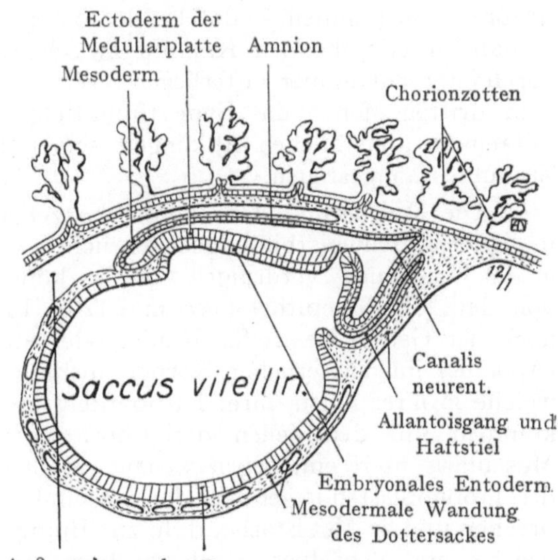

Fig. 119. Frühe menschliche Keimblase.
Nach einer Rekonstruktion von Éternod. Anat. Anz.
XV. 1898.

derselben verwachsen. Wir unterscheiden jetzt schon jene als freie Zotten von diesen, die mit dem Gewebe der Decidua verbunden sind und als Haftzotten bezeichnet werden.

Eine frühe menschliche Keimblase ist in den Figg. 119 und 120 dargestellt und soll am Schlusse der Schilderung der Eihüllen noch besprochen werden, um so mehr, als der Embryo (von Éternod) eines der frühesten in allen Einzelheiten genau und musterhaft untersuchten Stadien darstellt. Wir erkennen in Fig. 119 durch das Amnion hindurch die Umrisse der Embryonalanlage, die ventral mit dem Saccus vitellinus zusammenhängt und sich von diesem als eine sohlenförmige Scheibe abzuschnüren begonnen hat. Der von dem visceralen Blatte des außerembryonalen Mesoderms überzogene Saccus vitellinus zeigt eine höckerige Oberfläche. Der Haftstiel geht ziemlich breit vom caudalen Ende der Anlage aus und in demselben erkennen wir (punktiert angegeben) sowohl den Allantoisgang als auch einen später sich rückbildenden Amnionzipfel, welcher bei einigen Autoren zu der Vorstellung Anlaß gegeben hat,

Fig. 120. Medianschnitt durch die menschliche
Frucht der Fig. 119.
Nach Éternod.

das Amnion bilde sich, wie beim Hühnchen so auch beim Menschen in Gestalt von Falten, welche jedoch erst am caudalen Ende der Anlage zur Verwachsung kommen.
In Fig. 120 ist ein Sagittalschnitt durch den Keim dargestellt, der etwa mit der schematischen Fig. 91 zu vergleichen wäre. Das Ectoderm der Medullarplatte geht im Canalis neurentericus in das Entoderm über, folglich verbindet der Kanal die Amnion-

höhle hinten mit der Darmrinne, welche sich ihrerseits weit in das Nabelbläschen öffnet.
Von dem caudalen Ende der Darmrinne aus erstreckt sich der Allantoisgang in den Haftstiel hinauf und in dem vom visceralen Blatte des Mesoderms gebildeten Überzuge des
Dottersackes sehen wir die Querschnitte der Dottersackgefäße. Von der Chorionmembran
erheben sich zahlreiche verzweigte, leicht schematisch dargestellte Zotten.

Zustand des Eies am Schlusse der zweiten Periode.

Das Ei liegt am Schlusse dieser Periode noch relativ locker in der Decidua eingebettet, etwa so, wie es die Fig. 118 darstellt, wo allerdings die Haftzotten des Chorions
sich zum Teil in den mütterlichen Geweben verankert haben. Der Blutraum, in
welchen eine große Anzahl von Zotten hineinhängen, hat schon eine starke Ausdehnung gewonnen, welche in der dritten Periode, während der Placentarbildung,
noch zunimmt.

Die Angriffe auf die mütterlichen Gewebe, welche mit der Implantation des Eies
begannen, erstrecken sich in dieser Periode weiter in die Umgebung der Fruchtblase.
Inwiefern die dabei zur Auflösung gelangten Gewebe auch noch später als Embryotrophe Verwendung finden, läßt sich nicht genau angeben, jedoch scheint die
Annahme wohl gerechtfertigt, daß diese noch eine Zeitlang neben der Hämotrophe, die
später das Übergewicht erlangt, fortbesteht. Die massenhafte Bildung der in ihrer
Funktion noch rätselhaften Deciduazellen ist wahrscheinlich auf einen von dem Syncytium der Fruchtblase ausgeübten Reiz zurückzuführen, welcher die Zellen der Membrana propria der Uterusschleimhaut zur Proliferation anregt. Auch wird eine Einschmelzung von Zellen des Syncytiums innerhalb der Umlagerungszone von einigen
Autoren angenommen, so daß bei dem noch immer bestehenden, erst in der dritten Periode
allmählich erlöschenden Kampfe zwischen den fetalen und mütterlichen Zellen diese
durchaus nicht immer unterliegen. Wir werden später (siehe Placenta) sehen, daß nach
dem dritten Monat das Syncytium tiefgreifende Veränderungen erfährt, die offenbar
mit einem allmählichen Abklingen seiner Funktion als aggressives fetales Gewebe in
Zusammenhang stehen.

Die Wucherung der Trophoblastzellen ist oben mit dem Wachstum der Zellen
maligner Geschwulstbildungen verglichen worden, welche unter Zerstörung der Gewebe
in die Umgebung vordringen. Ja, es können auch später maligne Chorionepitheliome
von dem Chorionepithel (also in letzter Linie vom Trophoblasten) ausgehen und sich
nach der Geburt des reifen Kindes oder auch nach frühzeitiger Ausstoßung der Frucht
(Abortus) im mütterlichen Körper ausbreiten. Diese Geschwülste bestehen aus Zellen,
welche in ihrer Form, ihrer Färbbarkeit und ihrer intensiven Vermehrungsfähigkeit vollkommen mit den Zellen der Chorionzotten übereinstimmen. Sie wachsen in die
Muscularis uteri ein, gegen welche sie sich ebenso aggressiv verhalten wie die Zellen
des Trophoblasten gegenüber der Schleimhaut, auch können sie in die Blutbahnen durchbrechen und zu Metastasen, d. h. zur Bildung neuer Herde in entfernten Organen führen,
welche aus denselben rasch wachsenden und verheerend auf ihre Umgebung einwirkenden Zellen bestehen.

III. Periode. Ausbildung der Placenta.

Diese Periode kennzeichnet sich dadurch, daß die von dem fetalen Gewebe ausgehende Zerstörung der Decidua basalis eine immer weitergehende Einschränkung
erfährt. An Stelle der schon mit der Bildung der ersten Chorionzotten in den Hintergrund gedrängten Embryotrophe tritt bald ausschließlich die Hämotrophe, für welche
durch die Ausbildung eines besondern Organs, der Placenta, eine auch für den Gas-

austausch des Fetus immer vollkommenere Einrichtung hergestellt wird. Gleichzeitig tritt eine bedeutende, zum Teil bis zur Atrophie gesteigerte Reduktion an allen drei Abschnitten der Decidua auf. Wir unterscheiden an der Placenta vor allem einen fetalen und einen mütterlichen Anteil, beide voneinander getrennt durch den intervillösen Raum, welchen sie begrenzen. Der fetale Anteil wird durch die Chorionzotten dargestellt, der mütterliche bildet sich aus der Decidua basalis.

Gehen wir nun bei der näheren Betrachtung dieser Verhältnisse von dem in Fig. 118 dargestellten Schnitte durch eine menschliche Fruchtblase im zweiten Monate aus. Hier hat die Decidua capsularis schon eine beträchtliche Rückbildung erfahren, ebenso der angrenzende, ursprünglich mit Zotten besetzte Abschnitt der Membrana chorii. Es ist dies das Chorion laeve, welches bloß etwa einem Fünftel der Oberfläche der Fruchtblase entspricht, während die übrigen vier Fünftel das mit stark verzweigten Zotten besetzte Chorion frondosum darstellen.

Fig. 121. Chorionbäumchen, Ende des 2. Monats.

Diese Verzweigungen bilden sich nun immer weiter aus, um schließlich in der reifen Placenta eine ganz ungeheure Entfaltung zu gewinnen und so die resorbierende Oberfläche des die Zotten überkleidenden Epithels stark zu vergrößern. Schon im vorliegenden Stadium bilden die Chorionzotten kleine Bäumchen mit einer außerordentlich dichten Verzweigung der Äste, wie ein solches nach einem Zupfpräparate in Fig. 121 dargestellt ist. Die Chorionzotten bestehen aus dem die Gefäßschlingen tragenden Zottenstroma und dem eigenartigen Chorionepithel. Dieses weist bei allen Zotten in frühen Entwicklungszeiten zwei Schichten auf (Fig. 122), von denen die innere (Grundschicht oder Langhanssche Schicht), dem Zottenstroma angrenzende, aus kubischem Epithel mit deutlichen Zellgrenzen besteht, während

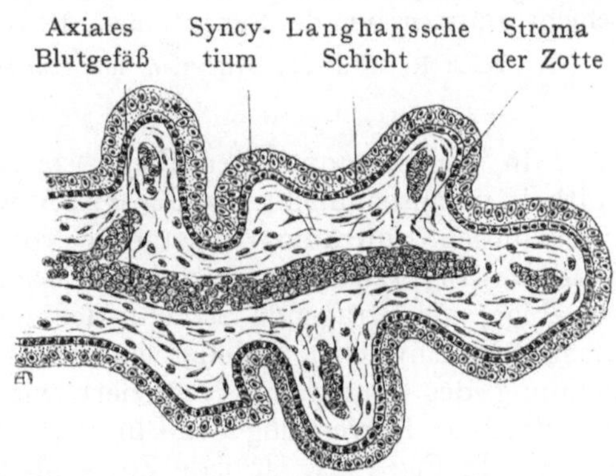

Fig. 122. Chorionzotte des Menschen aus dem 2. Monate.

die äußere Schicht (die Deckschicht oder das Syncytium) die Zellgrenzen vermissen läßt. Das Syncytium zeigt zum Teil spitz auswachsende Fortsätze, welche lebhaft an die rasch wuchernden dünnen Zellbalken des Trophoblasten am Anfange der zweiten Periode erinnern und wohl auch eine ähnliche Rolle gegenüber ihrer Nachbarschaft spielen (Fig. 123 B). Man hat den Zellen des Syncytiums auch eine amöboide Beweglichkeit zugeschrieben, indem man sich zwar auf Schnittbilder stützte, die ebensogut eine Deutung im Sinne einer Zellproliferation zulassen.

11*

Indirekte Kernteilungen finden im Syncytium überhaupt nicht, direkte auch nur in sehr beschränktem Umfange statt, so daß es sich wahrscheinlich durch Aufnahme von Zellen aus der Grundschicht ergänzt, in welcher eine Karyokinese häufig beobachtet wird (Fig. 123 A). An den Zellen des Syncytiums bemerken wir, wie bei Drüsenzellen, einen feinen Bürstenbesatz, ferner sowohl Vacuolen als Einschlüsse, welche wohl auf die Aufnahme von Embryotrophe hinweisen.

Wir haben das ganze Zottenepithel von der äußeren Schicht der Fruchtblase abgeleitet, welche den Trophoblasten der frühen Stadien liefert. Die Mehrzahl der Autoren teilt diese Ansicht, vereinzelt wurde die Meinung geäußert, daß die Deckschicht von mütterlichem Gewebe abstamme, und zwar entweder von Deciduazellen oder von den Zellen der mütterlichen Blutgefäße (Pfannenstiel). Die Ansicht, daß die Deckschicht durch eine Umwandlung des Uterusepithels entstehe, ist jetzt allgemein aufgegeben.

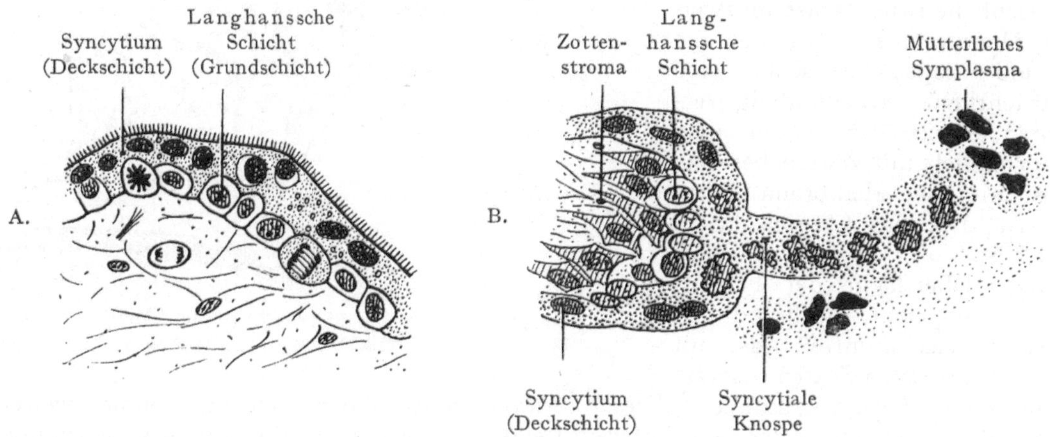

Fig. 123. A. Teil eines Querschnittes durch eine Chorionzotte, 2. Monat. Mitosen in der Grundschicht, Bürstensaum des Syncytiums. B. Knospe vom Syncytium einer Zottenkuppe ausgehend.

Nach R. Bonnet, Syncytien und Plasmodien. Monatsschr. f. Geb. u. Gyn. XVIII. 1903.

In den schematischen Figg. 124 A—C wird die Entwicklungsweise des Chorionepithels veranschaulicht. In Fig. 124 A werden mütterliche Blutgefäße als Vorläufer des intervillösen Blutraums vollständig vom Trophoblasten umschlossen, sodann folgt ein Stadium (Fig. 124 B), in welchem die Chorionzotten sich dadurch bilden, daß die bindegewebige, gefäßtragende Schicht des parietalen Blattes des Mesoderms in den Trophoblasten hineinwächst, welcher einerseits durch diese Bildung, andererseits infolge Ausdehnung des Blutraumes reduziert wird bis auf den doppelten Zellüberzug der die unmittelbare Begrenzung des Blutraumes bildenden Membrana chorii und der Chorionzotten. In Fig. 124 C ist jede Zotte als Haftzotte, d. h. in Verbindung mit der Decidua basalis dargestellt. Die mütterlichen Blutgefäße, und zwar sowohl die Venen als die Arterien, stehen mit dem intervillösen Blutraume in Verbindung.

Die Bedeutung und die Funktion der syncytialen Deckschicht ist nicht genau bekannt. Nach Bonnet wirkt sie histolytisch „indem sie die mütterlichen, durch das Ödem und die Blutungen in die Schleimhaut geschwächten Gewebe, mögen sie vorher zu Symplasma umgewandelt sein oder nicht und ebenso das Blut in den Hämorrhagien und dem Detritus zerstört. Außerdem muß sie aber noch exkretorische Funktionen haben und die Stoffwechselprodukte des Embryos an die mütterliche Placenta abgeben". Wir können noch hinzufügen, daß die Sauerstoffaufnahme und die Kohlensäureabgabe durch sie hindurchgeht. Die Grundschicht schwindet im Laufe der Schwangerschaft, während das Syncytium, allerdings vielfach stark abgeplattet, bestehen bleibt. Zwar

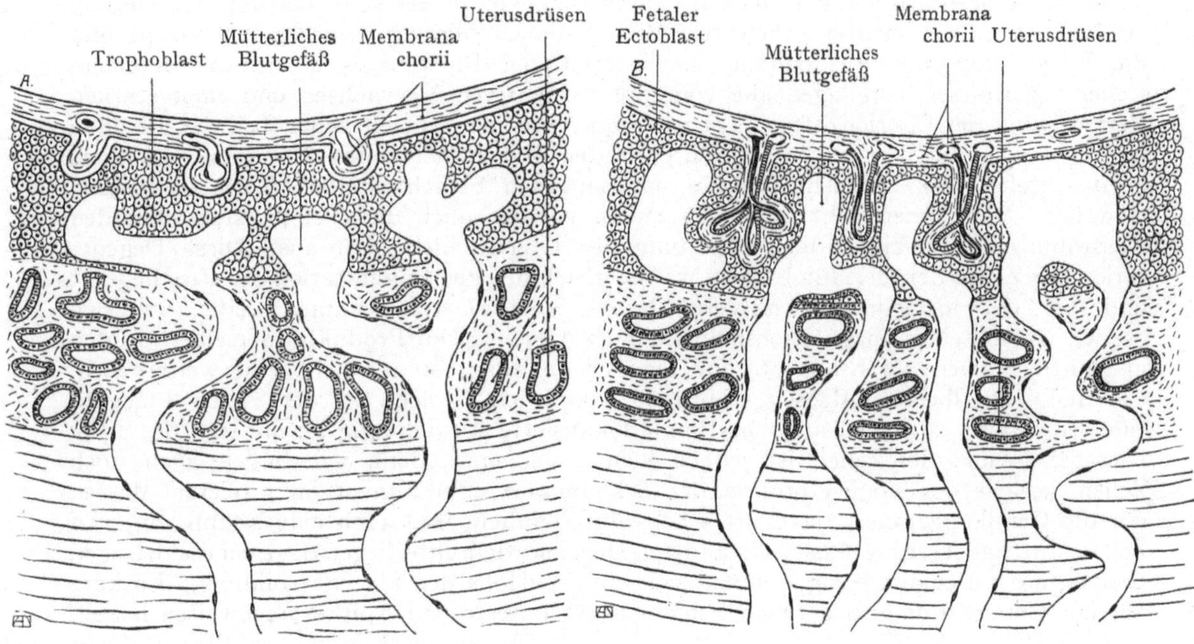

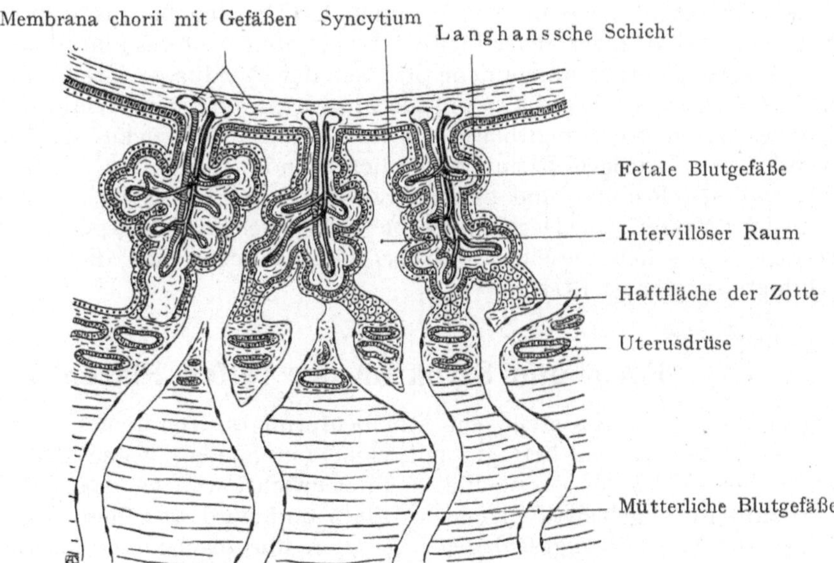

Fig. 124 A—C.   Schemata der Entwicklung der Chorionzotten.

zeigt es gegen das Ende der Schwangerschaft starke Zeichen der Degeneration, ja es kann auch teilweise fehlen, indem es durch Streifen von Placentarfibrin (Fibrinoid) ersetzt wird.

Die Decidua basalis und der mütterliche Anteil an der Placenta.

Wenn wir in der Herstellung der Chorionzotten den Hauptbeitrag der Fruchtblase zur Placentarbildung erblicken, so müssen wir andererseits bei der Schilderung des von seiten der Mutter gelieferten Anteils die Umbildung der Decidua basalis und die Entstehung und Ausdehnung des intervillösen Blutraumes in den Vordergrund stellen. Bei diesen Vorgängen, die von einem intensiven Auswachsen und einer starken Verzweigung der Chorionzotten begleitet sind, wird ein beträchtlicher Teil der Decidua basalis aufgebraucht. Dessenungeachtet finden wir in der reifen Placenta, besonders in den tiefen, der Uterusmuskulatur angrenzenden Schichten noch Reste decidualen Gewebes. Von diesen geht auch tatsächlich bei der nach der Geburt stattfindenden Ausstoßung der Decidua die Neubildung der Uterusschleimhaut aus. Diese Degeneration der Zellen der Decidua basalis, welche gleich mit der Implantation des Eies beginnt und bei der fortschreitenden Vergrößerung der Placenta immer weiter um sich greift, ist als eine Coagulationsnekrose aufzufassen. Die Produkte derselben finden in frühen Stadien als Embryotrophe eine Verwendung, später geht eine weitere Umwandlung in fibrinöse Massen (Fibrinoid) vor sich, welche in der reifen Placenta eine sehr weite, zum Teil auch bestimmt lokalisierte Ausdehnung gewinnen (Fig. 132). Dieser Schwund der Zellen ist jedoch kein allgemeiner, denn wir finden auch noch Zellen, welche der Tunica propria der Schleimhaut entstammen, in größeren Massen um die Gefäße gruppiert, ja es ist sehr wahrscheinlich, daß auch eine Neubildung von Zellen stattfindet. Einer fast vollständigen Degeneration unterliegen dagegen die drüsigen Elemente der Decidua basalis, indem sich auf der Höhe der Placentarbildung, also kurz vor der Geburt, nur in den tiefen Schichten noch Reste von Epithel nachweisen lassen. Die Blutgefäße der Decidua basalis zeigen gleichfalls bei der Bildung der Placenta sehr starke Veränderungen, denn bloß die Arterien bleiben noch bestehen, während die Venen und der ganze Kapillarkreislauf infolge der Ausdehnung des intervillösen Blutraumes in diesem aufgehen. Daß die Ausdehnung der Decidua basalis während des Verlaufes der Schwangerschaft nicht gleich bleibt, ist wohl ohne weiteres klar, denn mit dem Wachstum der Placenta werden immer neue Strecken der Decidua parietalis in sie hineinbezogen. Selbstverständlich erfährt dabei die Decidua capsularis eine Vergrößerung, aber auch infolge des durch die Fruchtblase auf sie ausgeübten Druckes eine unter gänzlichem Schwunde aller drüsigen Elemente einhergehende Reduktion. Bei der Ausdehnung des intervillösen Raumes und dem Schwunde der Decidua basalis bleiben doch noch beträchtliche Massen von Deciduagewebe übrig, welche sich gegen die Membrana chorii erstrecken; wir sehen dieselben bei der reifen Placenta als die sog. Septa placentae ausgebildet (siehe Fig. 131).

Form und Struktur der reifen Placenta.

Die reife Placenta stellt ein scheibenförmiges, rundliches Gebilde dar, dessen Durchmesser 15—20 cm beträgt, mit einer maximalen, gegen den Rand allmählich abnehmenden Dicke von 3 cm und einem Gewichte von ca. 500 g. Die dem Inneren der Fruchtblase zugekehrte Fläche ist glatt und wird von dem leicht ablösbaren, in Fig. 125 zum Teil zurückgeschlagenen Amnion überzogen; hier inseriert sich auch die Nabelschnur, welche die Verbindung mit dem Fetus herstellt. In derselben sind die vom Embryo zur Placenta oder umgekehrt verlaufenden Gefäßstämme (Aa. umbilicales und V. umbilicalis) enthalten, welche sich in der mit dem Amnion bloß locker verbundenen Membrana chorii verzweigen. In einiger Entfernung von der Ansatzstelle der Nabelschnur, ja sogar oft erst am Rande der Placenta, läßt sich fast immer (unter 150 Fällen nach B. S. Schultze 146 mal) das Nabelbläschen nachweisen. Die äußere, von der Uteruswandung losgelöste Fläche ist unregelmäßig lappig, mit tiefen, die Lappen trennenden Furchen, in welche sich bei der in situ befindlichen Placenta die aus mütterlichem Gewebe bestehenden Septa placentae hineinziehen. Die einzelnen Lappen werden auch als Cotyledonen bezeichnet; auf ihrer Oberfläche (Fig. 126) sieht man die Mündungen von Uterusgefäßen, welche aus dem intervillösen Raume der Placenta das Blut ableiten und bei der Lösung der Placenta durchtrennt wurden. Eine dünne, der Uterusfläche anhaftende Schicht der Decidua ist die Basalplatte, von welcher die zwischen den Cotyledonen gegen die Membrana chorii hinaufreichenden Septa

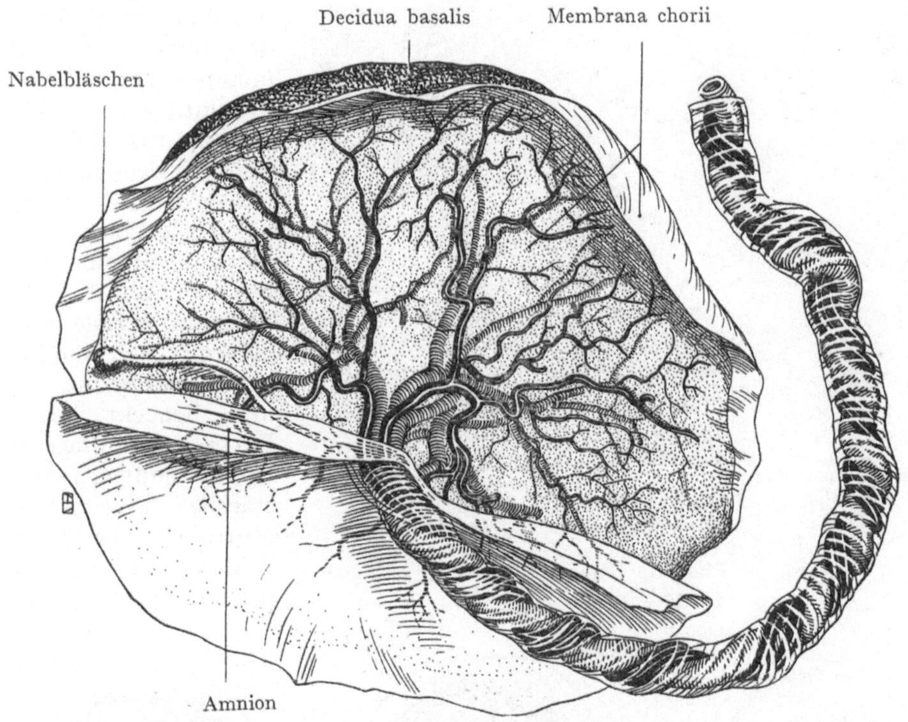

Fig. 125. Typische Placenta mit Nabelbläschen. Das Amnion überzieht den Nabelstrang und einen Teil der inneren Fläche der Placenta.
Nach Hyrtl.

placentae abgehen. Die Einteilung in Cotyledonen ist übrigens an der in situ untersuchten Placenta nicht nachzuweisen; sie entsteht erst nach der Lösung derselben von der Uteruswand und dem dadurch bewirkten Herausreißen der Septa placentae.

Am Rande der Placenta zieht sich eine streckenweise unterbrochene Vene, der Randsinus (oder die Randvene) der Placenta hin. Derselbe steht einerseits mit dem intervillösen Raume in ausgiebiger Verbindung, andererseits nimmt er auch Venen aus der Decidua parietalis auf. Dieser Randsinus ist eigentlich ein lakunärer Venenraum, d. h. es fehlen ihm alle Schichten der Venenwandung bis auf das Endothel; auch sind Blutungen aus ihm deshalb äußerst gefährlich, weil ein Stillstand derselben durch Kontraktion der Wandung nicht erfolgen kann.

Am Rande der Placenta setzt sich eine Haut an, zu deren Bildung folgende Schichten beitragen: 1. das Amnion, 2. das Chorion laeve, 3. die Decidua capsularis, 4. die Decidua parietalis. Alle diese Schichten sind stark verdünnt, unter teilweiser Degeneration der Zellen in ihrer Struktur verändert und untereinander verschmolzen (siehe unten das Schicksal der Decidua capsularis und parietalis während der Gravidität).

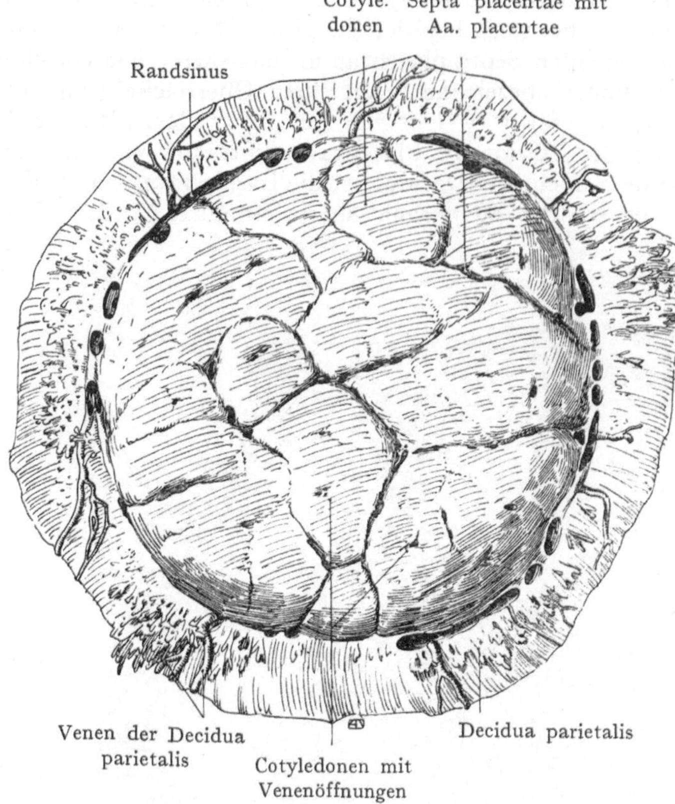

Fig. 126. Menschliche Placenta von der decidualen Fläche aus gesehen.

Insertion der Placenta. Sie erfolgt in der Mehrzahl der Fälle an der vordern oder hintern Wand des Uteruskörpers, weniger häufig am Fundus. Der Ort der Insertion ist für den Verlauf der Geburt belanglos, vorausgesetzt, daß die reife Placenta nicht zur Bedeckung des inneren Muttermundes herabreicht (sog. Placenta praevia, s. unten). In Fig. 127 sind drei Varianten der Insertion der Placenta dargestellt, in A eine Insertion am Fundus uteri, in B eine Insertion, bei welcher der Rand der Placenta gerade noch den innern Muttermund bedeckt (Placenta praevia lateralis); in C bedeckt die zentrale Partie der Placenta den innern Muttermund vollständig (Placenta praevia centralis). Die Ursache der Bildung einer Placenta praevia ist nicht bekannt;

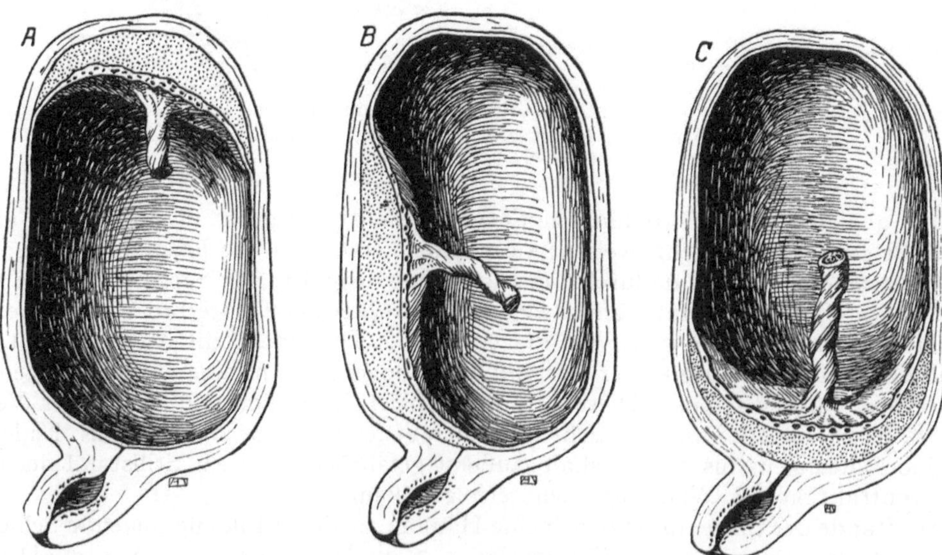

Fig. 127. Varietäten im Sitze der Placenta.
Nach E. Bumm. A. Hoher Sitz am Fundus uteri. B. Tiefer Sitz, auf den inneren Muttermund übergreifend. C. Placenta praevia.

ihre große praktische Bedeutung beruht darauf, daß bei der der Austreibung des Kindes vorausgehenden Erweiterung des innern Muttermundes die Placenta einreißt und aus dem eröffneten intervillösen Raume eine Blutung erfolgt, welche das Leben sowohl der Mutter als des Kindes gefährdet. Dieselbe kann erst dann zum Stillstande gebracht werden, wenn nach Wendung des Kindes auf den Steiß und Herunterholen eines Beines eine Kompression der Placenta an dem noch nicht völlig verstrichenen Muttermunde möglich wird. Aus diesem Grunde sind operative Eingriffe, welche die Extraktion des Kindes bezwecken, bei Placenta praevia durchaus angezeigt.

Abnorme Formen der Placenta. Nicht selten finden wir Abweichungen von der als typisch beschriebenen Scheibenform der Placenta. Solche Placenten sind in Figg. 128—130 dargestellt, wobei zu bemerken ist, daß die Funktion des Organes durchaus nicht unter seiner von der Norm abweichenden Gestaltung zu leiden braucht. Dagegen verdienen diese Zustände eine gewisse Beachtung von seiten des Praktikers, weil bei der Lösung der Placenta nach der Geburt Reste solcher Bildungen im Uterus zurückbleiben können. In Fig. 128 sehen wir eine Placenta (Hauptplacenta) mit einem kleinen, aus Placentargewebe bestehenden Anhange, einer Nebenplacenta oder Placenta succenturiata. In Fig. 129 ist die Placenta in zwei fast vollständig voneinander getrennte Hälften geteilt, deren Zusammenhang bloß durch die Eihäute vermittelt wird (Placenta dimidiata). Die Verbindung zwischen Haupt- und Nebenplacenten kann durch Placentargewebe oder durch

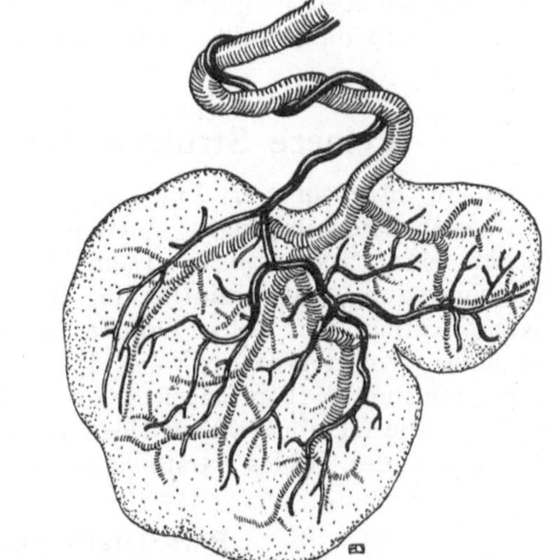

Fig. 128.

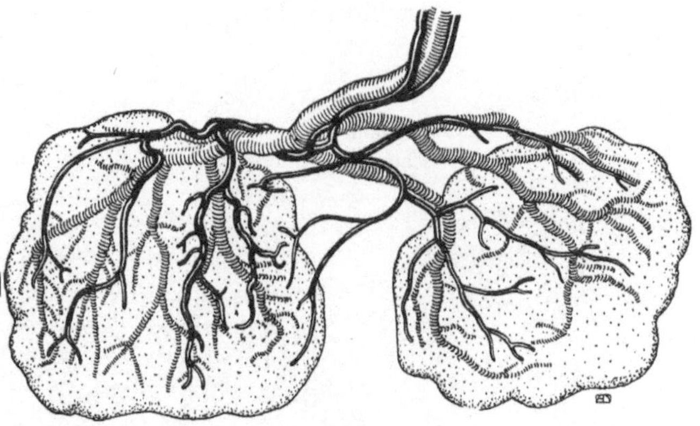

Fig. 129.

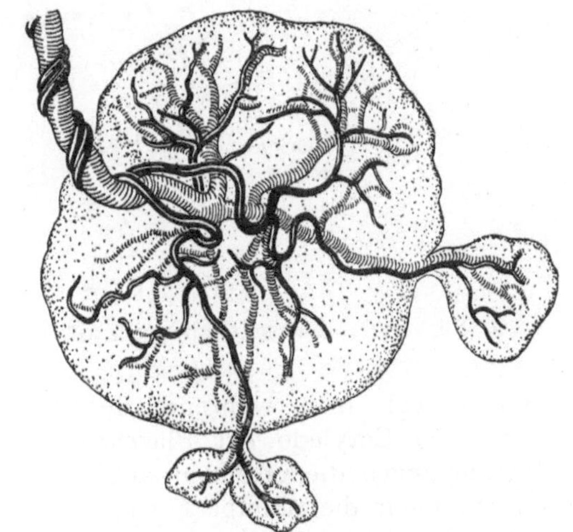

Fig. 130.

Figg. 128—130. Abnorme Formen der Placenta. Nach J. Hyrtl, Die Blutgefäße d. menschl. Nachgeburt. Wien 1870.

eine Brücke von Gefäßen hergestellt sein. Ein schöner Fall von Placentae succenturiatae ist in Fig. 130 dargestellt. Solche Bildungen werden bei 1—2% aller Placenten angetroffen.

Feinere Struktur der reifen Placenta.

Die feinere Struktur der Placenta ist außerordentlich kompliziert, zum Teil auch, trotz vieler Untersuchungen, noch nicht aufgeklärt. Wir unterscheiden an der reifen Placenta eine Pars fetalis und eine Pars materna, welche infolge ihrer gegenseitigen Durchdringung und Beeinflussung im Verlaufe der Schwangerschaft die hochgradige Komplikation des reifen Organs herbeiführen. Das Verhalten beider Teile zueinander haben wir in präziser Form durch die bei der Klassifikation der Placenta angewandte Bezeichnung Topfplacenta ausgedrückt; die Reste der Decidua basalis bilden den Topf, die Membrana chorii den Deckel, von welchem aus die Chorionzotten in den das Lumen des Topfes darstellenden intervillösen Blutraum herabhängen.

Pars fetalis placentae.

Dieselbe besteht aus der Membrana chorii und den Chorionbäumchen, welche in das Blut des intervillösen Raumes eintauchen. Die Zahl dieser Bäumchen wird

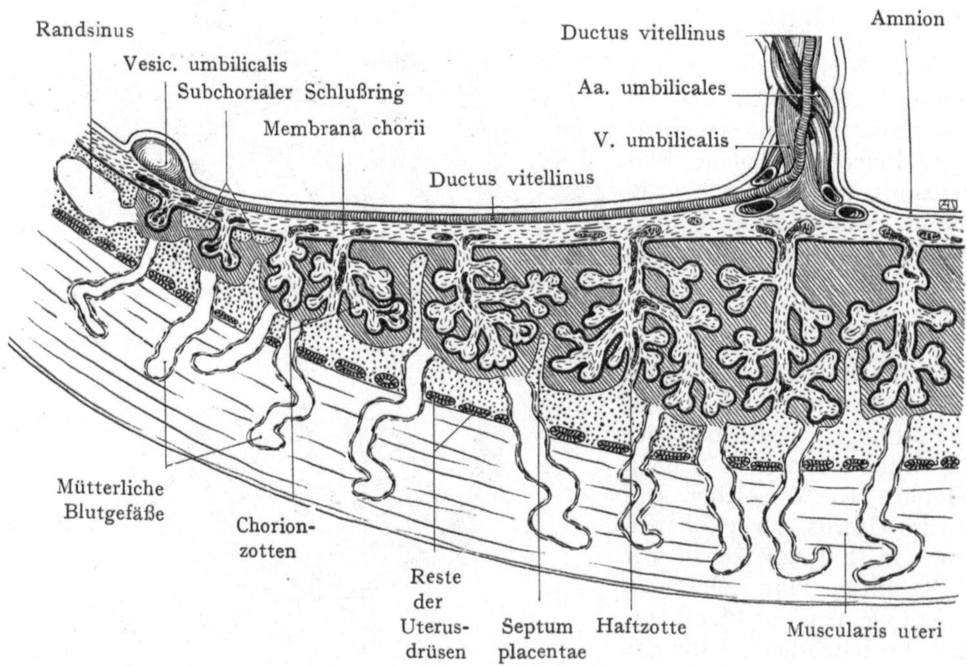

Fig. 131. Schematischer Schnitt durch die menschliche Placenta.

wahrscheinlich sehr früh während der Placentarentwicklung festgelegt; gewöhnlich scheint jeder Cotyledo der Placenta ein Zottenstamm zu entsprechen, der mit seinen Verzweigungen die Cotyledo ausfüllt. Die Chorionzotten zeigen bei der reifen Placenta nicht mehr die plumpe Form, die wir in frühern Stadien antrafen (Fig. 121), vielmehr sind sie in die Länge gezogen, legen sich nach den verschiedensten Richtungen um und erzeugen so das geradezu verwirrende Bild, welches der Durchschnitt einer reifen Placenta unter dem Mikroskope darbietet. Eine Anzahl von Zotten verankern als Haftzotten das Chorionbäumchen an die Decidua basalis, während die übrigen als freie Zotten in dem Blute des intervillösen Raumes hin und her flottieren. Die Cotyledonen werden bei der in situ befindlichen Placenta (Fig. 131) durch die Septa placentae voneinander getrennt; diese stellen Reste der Decidua dar, welche bei der Aushöhlung derselben durch den intervillösen Raum übrig geblieben sind, ohne jedoch die Membrana chorii zu erreichen.

Das Chorionepithel zeigt in der reifen Placenta Veränderungen, die zum Teil regressiver Art sind. Die Grundschicht geht bis auf einzelne Zellen verloren, das Syncytium bleibt dagegen teilweise erhalten, allerdings unter starker Abplattung der Zellen oder auch unter Bildung knotenartiger Verdickungen, teils schwindet es und wird durch eine Fibrinoidschicht ersetzt (Fig. 132).

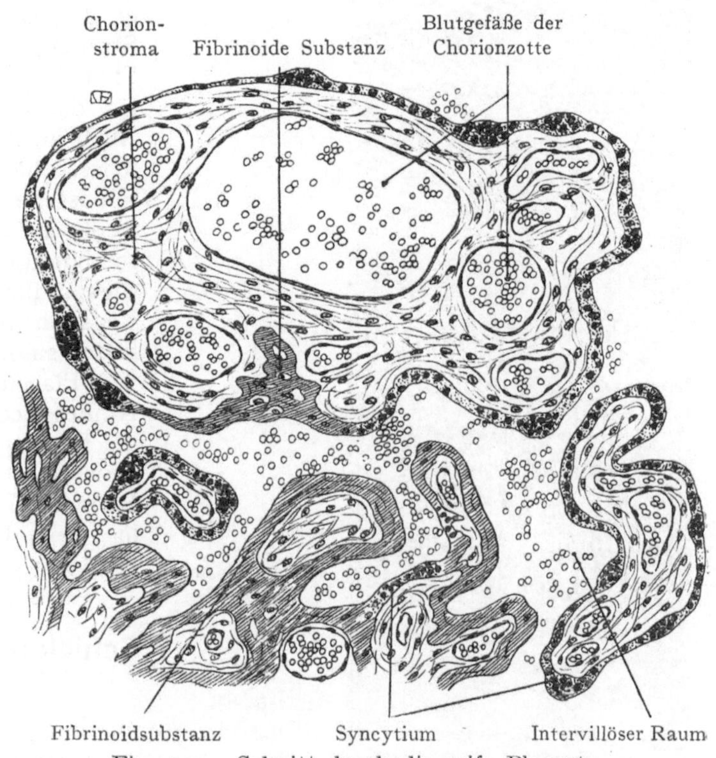

Fig. 132. Schnitt durch die reife Placenta. Nach Stöhr.

Pars materna placentae.

An der Pars materna placentae spielen sich in noch viel höherem Grade als an der Pars fetalis regressive Prozesse ab. In der reifen Placenta finden wir als Rest der ursprünglich so mächtigen Decidua basalis bloß noch einen relativ schmalen Gewebsstreifen, welcher einerseits der Muscularis uteri anliegt, andererseits die Septa placentae gegen die Membrana chorii hin abgibt. Diese enthalten (Fig. 131) die Arterien, welche sich in den intervillösen Raum öffnen. Den Rest der Decidua basalis der reifen Placenta bezeichnen wir als Basalplatte; sie geht aus dem Stratum compactum der Decidua hervor, während das Stratum spongiosum eine dünne, der Muscularis uteri angrenzende Schicht liefert, die bloß spärliche Drüsenreste enthält. Die Septa placentae reichen in der zentralen Partie der Placenta nicht bis an die Membrana chorii heran, dagegen ist dies am Rande der Placenta der Fall, wo das Deciduagewebe unter der Membrana chorii eine schmale, als subchorialer Schlußring bezeichnete Zone bildet, die Waldeyer auch als Decidua subchorialis anführt.

Die Basalplatte weist mancherlei Zeichen der Degeneration auf, welche bei der reifen Placenta das Endstadium des mit dem ersten Eindringen des Trophoblasten in die Uterusschleimhaut einsetzenden Prozesses darstellen (Fig. 133). Wir finden hier in weiter Ausdehnung Vorgänge der Fibrin- oder Fibrinoidbildung, welche, wenigstens teilweise, eine die Elemente der Decidua basalis befallende Koagulationsnekrose darstellen. Solche Fibrinoidmassen (kanalisiertes Fibrin von Langhans) treffen wir mehr oder weniger in der ganzen Placenta an, jedoch, wie bereits erwähnt,

Fig. 133. Durchschnitt durch die Placenta und
die Uteruswandung.
Fibrinoide Substanz rot.

mit einer gewissen Regelmäßigkeit im
intervillösen Raume unmittelbar unterhalb der Membrana chorii, sodann auch
in der Basalplatte als Nitabuchschen
Streifen, ferner auch stellenweise auf den
Chorionzotten, gewissermaßen als Ersatz
für das verloren gegangene Syncytium.
Auch in den Septa placentae sind Fibrinmassen häufig nachzuweisen. Größere geschlossene Massen dieser Substanz, sog.
weiße Infarkte, sind sicher auf Gerinn-
selbildungen im intervillösen Raume zurückzuführen; obgleich dieselben keineswegs als pathologische Bildungen aufzufassen sind, können sie doch die Funktion
der Placenta und die Gesundheit des
Kindes beeinträchtigen. Übrigens fängt
die Bildung von Fibrin sehr frühe an, indem sich schon während der zweiten
Periode Fibrinstreifen und Fibrinmassen
in der Umlagerungszone nachweisen
lassen.

Schicksal der Decidua parietalis.

Sie erlangt im 3.—4. Monate ihre
maximale Ausbildung und zeigt, durchsetzt von zahlreichen Deciduazellen, eine
Dicke bis zu 1 Zentimeter; alsdann erfährt sie, wohl hauptsächlich infolge des
durch die Zunahme des Amnionwassers
auf sie ausgeübten Druckes, eine immer
weitergehende Reduktion. Die Mündungen der Drüsen verschwinden und

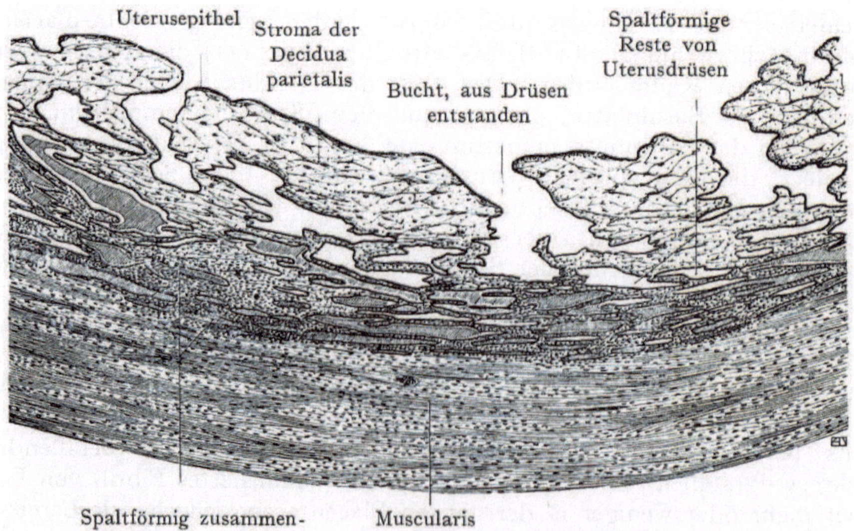

Fig. 134. Decidua parietalis im 5. Monate der Gravidität.

diese wandeln sich (Fig. 134) in weite, buchtige Räume um. Die Räume der Spongiosa werden zu parallel mit der Muscularis uteri verlaufenden Spalten, welche allmählich, unter Anfüllung mit geronnener Flüssigkeit, ihr Epithel einbüßen. Bloß in der unmittelbar der Muscularis uteri angrenzenden Schicht ist noch unversehrtes Epithel vorhanden, von welchem nach der Ablösung und Ausstoßung der Decidua die Regeneration der Uterusschleimhaut ausgeht. Bei der fortschreitenden Ausdehnung der Fruchtblase verklebt vom 6. Monate an die Decidua parietalis mit der Decidua capsularis unter Bildung einer die Drüsenreste überhaupt entbehrenden Haut (Fig. 135), die unter Zurücklassung der äußeren, der Muscularis uteri anhaftenden Schicht nach der Geburt zusammen mit der Placenta ausgestoßen wird.

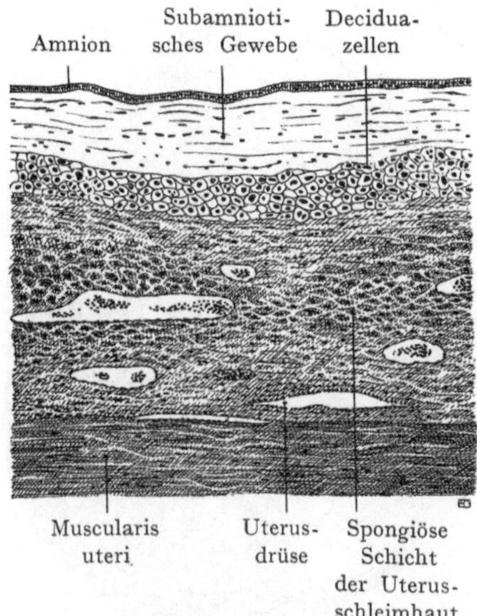

Fig. 135. Längsschnitt durch die Uteruswand. Decidua parietalis im 8. Monate. Nach Moraller und Hoehl, Atlas der normalen Histologie der weiblichen Geschlechtsorgane. Leipzig 1910.

Verhalten der Decidua bei Frühgeburten (Aborten).

Bei Frühgeburten werden häufig, sogar noch in späten Stadien, die Decidua parietalis und basalis im Zusammenhang ausgestoßen, so daß wir auf diese Weise oft geradezu einen Ausguß der Uterushöhle erhalten. Solche Bildungen sind in den Figg. 136 und 137 dargestellt. Man be-

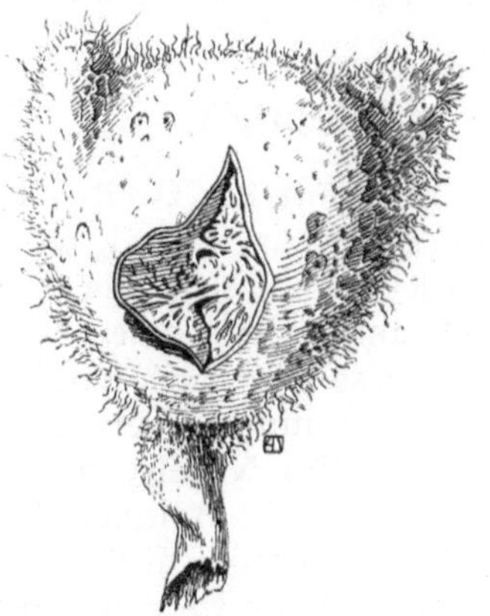

Fig. 136. Ausgestoßene Decidua parietalis und basalis, von der Placentarfläche aus betrachtet und geöffnet, um die Chorionzotten zu zeigen, sowie deren Verbindung mit der Decidua basalis.
Nach Coste.

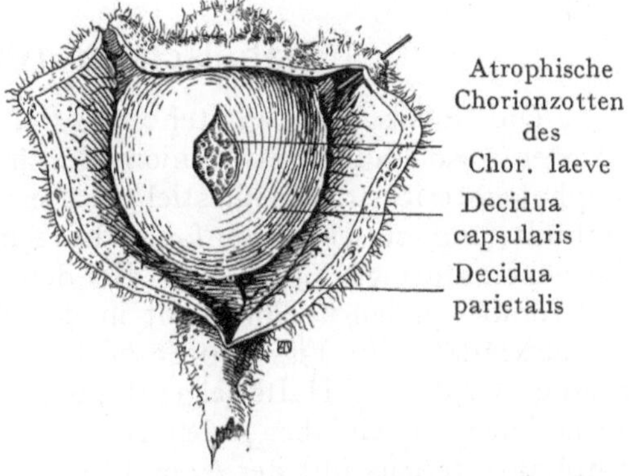

Fig. 137. Menschliche Abortbildung, geöffnet, um die atrophischen Chorionzotten des Chorion laeve zu zeigen.
Nach Coste.

achte die rauhe Oberfläche, welche auf eine unregelmäßige, nicht in einer glatten Fläche erfolgende Lösung von dem zurückbleibenden Teile der Schleimhaut hinweist. In Fig. 136 ist eine solche birnförmige Masse dargestellt, von der Seite der Decidua basalis aus eröffnet, so daß man unmittelbar auf die Zotten des Chorion frondosum stößt. In Fig. 137 ist die Ansicht von der andern Seite nach Durchtrennung sowohl der Decidua parietalis als der Decidua capsularis dargestellt. Der Raum zwischen

diesen beiden Abschnitten der Decidua stellt das Uteruslumen dar; in dem durch
die Decidua capsularis geführten Fensterschnitte bemerkt man die atrophischen
Zotten des Chorion laeve. Eine viel spätere Bildung aus dem Ende des 7. Monats ist in Fig. 138 wiedergegeben. Hier sind die miteinander verschmolzenen, auch stark verdünnten Schichten der Decidua parietalis und capsularis mehr oder weniger durchsichtig, so daß die Umrisse des Fetus deutlich erkennbar sind. Die Placenta schließt sich diesen beiden Schichten zur Vervollständigung der Fruchtblase an.

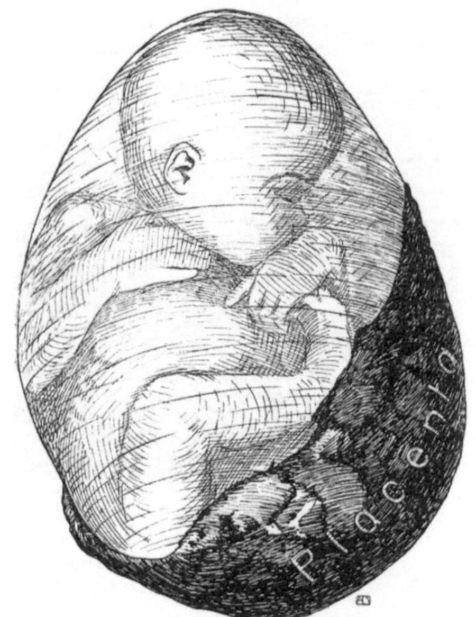

Fig. 138. Abortbildung, Ende des
7. Monats.

Fruchtwasser (Amnionwasser).

Im Beginne seiner Bildung klar und durchsichtig, wird es später infolge der Beimischung von abgestoßenen Haaren, Epidermisschüppchen usw. trübe. Die Angaben über seine Menge bei der Geburt gehen weit auseinander und schwanken zwischen 680 und 1870 g. Es enthält Eiweiß, lösliche anorganische Salze, Extraktivstoffe und unlösliche organische Stoffe und ist als ein Sekret der dem Ektoderm entstammenden Amnionzellen, nicht etwa als ein Transsudat aufzufassen, obgleich es nach einigen Autoren nicht unwahrscheinlich ist, daß es, besonders unter pathologischen Verhältnissen, eine Vermehrung durch Transsudation aus dem intervillösen Raume erfahren kann.

Nabelschnur (Funiculus umbilicalis).

Die Nabelschnur entsteht dadurch, daß schon im Laufe des zweiten Fetalmonats mit der Ausdehnung des Amnions durch die Zunahme der Amnionflüssigkeit der Ductus omphaloentericus dem Haftstiel genähert wird und diese Gebilde schließlich vom Amnion umhüllt und zu einem anfangs kurzen Strange zusammengeschlossen werden (siehe die Schemata Figg. 92 u. 93). Bei dem Zusammenschlusse wird auch ein Abschnitt des außerembryonalen Coeloms mit in die Nabelschnur aufgenommen, welcher jedoch bald verschwindet. (In Fig. 139 dargestellt.) Wir finden also im Nabelstrang ganz früher Stadien 1. die im Haftstiel enthaltenen Gebilde, d. h. den Allantoisgang mit den sich anschließenden Gefäßen, den Aa. umbilicales und der V. umbilicalis, 2. den Ductus omphaloentericus mit der A. und V. vitellina. Alle diese Gebilde werden von dem eigentümlichen, als Whartonsche Sulze bezeichneten Gewebe der Nabelschnur umgeben. Der Amnionüberzug der Nabelschnur geht am Hautnabel in das embryonale Ectoderm über.

Mit der weitern Entwicklung wächst nun die Nabelschnur beträchtlich in die Länge und bildet die sog. Knoten, ferner auch Schlingen oder Schleifen. Im 3. Monate verschwindet der Allantoisgang bis auf einige kleine Reste, doch finden wir noch den Ductus omphaloentericus (Fig. 139), die Aa. umbilicales und die weite V. umbilicalis, sowie einen Coelomspalt, welcher später verschwindet. Die Nabelschnur des reifen Fetus (Fig. 140) hat eine Länge von ca. 50 cm; sie ist meist in der Richtung des Uhrzeigers, also links, gewunden, doch kommt in 25 % der Fälle auch eine Drehung nach rechts vor. Die Zahl der Spiraltouren ist außerordentlich verschieden, indem sie nach Hyrtl von 0—36 variiert, ohne in einem bestimmten Verhältnis zur Länge der Nabelschnur zu stehen.

Diese kann übrigens auch sehr verschieden sein, denn Hyrtl fand Längen von 36—96 cm. Von einiger Bedeutung sind die Knoten der Nabelschnur, besonders die wahren Knoten, welche als eine wirkliche Schlingenbildung zu einer Kompression der Nabelschnur- gefäße führen können. Sie entstehen gelegentlich sowohl während der Schwangerschaft

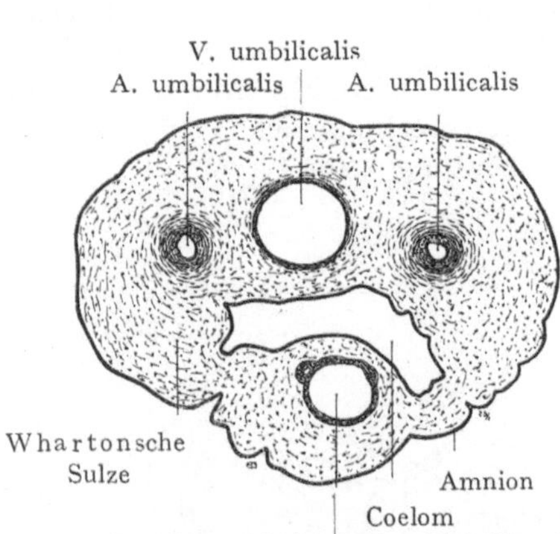

Fig. 139. Nabelschnur, menschlicher Embryo im 3. Monate.

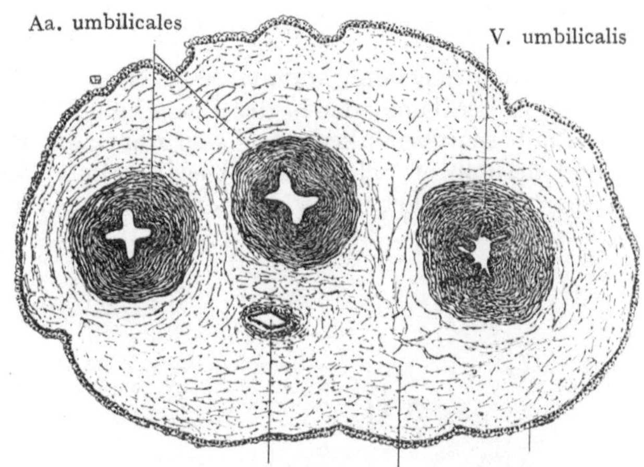

Fig. 140. Querschnitt durch die Nabelschnur eines ausgetragenen menschlichen Fetus.

als auch im Verlaufe der Geburt. Die sog. falschen Knoten, welche häufig beobachtet werden, beruhen wohl (Fig. 141) auf einem allzu starken Längenwachstum einer A. umbilicalis, die auf eine gewisse Strecke hin in Spiraltouren sich windet und so eine lokale Verdickung der Nabelschnur erzeugt. Diese Bildung ist jedoch ohne praktische Bedeutung. Die Gefäße der Nabel- schnur zeichnen sich durch die Stärke ihrer Wandungen aus. Reste des Allantoisganges sind nur ganz ausnahmsweise in der Nabelschnur des reifen Fetus noch nachzuweisen und dasselbe gilt von dem Ductus omphaloentericus und seinen Ge- fäßen.

Die Stelle der Insertion der Nabelschnur an der Placenta kann recht verschieden sein. Eine mehr oder weniger zentrale Insertion kommt bloß in $16\,^0/_0$ der Fälle vor, eine exzentrische in $54\,^0/_0$, eine marginale, d. h. eine dem Rande der Placenta genäherte, in $19\,^0/_0$. In $11\,^0/_0$ der Fälle geht die Insertion

Fig. 141. Falsche Knoten der Nabelschnur.
Nach J. Hyrtl, Die Blutgefäße der menschlichen Nabelschnur. Wien 1870.

A. Mehrfach gedrehte, rechtwinklig abstehende Schleifen an den Nabelarterien. B. Falscher Knoten (Nodus arteriosus) der Nabelschnur.

sogar über den Rand der Placenta hinaus, und findet (Insertio velamentosa) an den Eihäuten selbst, nämlich am Amnion und am Chorion statt.

Abnorme Implantation des Eies außerhalb des Uterus.

(Graviditas extrauterina.)

Abnormerweise kommt es zu einer Implantation des Eies außerhalb des Uterus, z. B. in der Tube oder in der Bauchhöhle. Solche Fälle von Extrauteringravidität sind deshalb sehr bemerkenswert, weil dabei die Bildung einer echten Placenta unterbleibt und deshalb oft schon im dritten Fetalmonate eine Unterbrechung der Gravidität mit einer für das Leben der Mutter äußerst gefährlichen Blutung erfolgt.

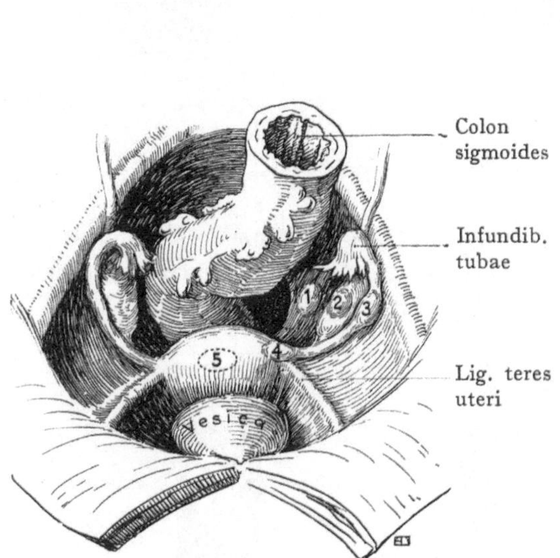

Fig. 142. Schematische Darstellung der Orte, an denen das menschliche Ei sich festsetzen kann. 1. Graviditas peritonaealis. 2. Graviditas ovarica. 3. Graviditas tubaria. 4. Graviditas tubouterina. 5. Graviditas uterina.

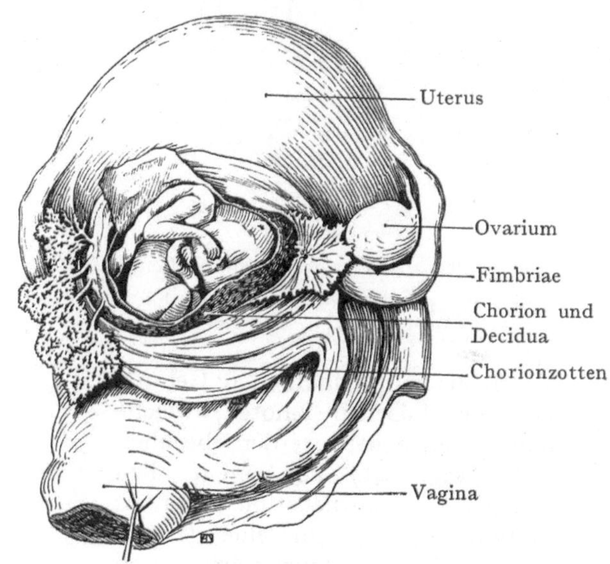

Fig. 143. Graviditas abdominalis in nächster Nähe des Ostium abdominale tubae in der Excavatio recto-uterina.
Nach Coste.

Wir können hier drei Möglichkeiten unterscheiden (Fig. 142): 1. Das Ei kann sich in der Tube festsetzen, möglicherweise, indem es sich in einem Tubendivertikel fängt. Auf diesen Fall wird durch die Bezeichnung 3 hingewiesen. (4 ist ein besonderer Fall, die Graviditas tubouterina). 2. Das Ei kann sich am Ovarium festsetzen (2); sodann haben wir den äußerst seltenen Fall einer Ovarialschwangerschaft. 3. Das Ei kann sich am Peritonaeum festsetzen (1); sodann entsteht eine Graviditas peritonaealis. Wahrscheinlich entwickelt sich jedoch diese aus der Graviditas tubaria, indem eine Implantation des Eies auf der Fimbria ovarica erfolgt, welche beim Wachstum der Fruchtblase auf das benachbarte Peritonaeum übergeht (Fig. 143).

Deciduaartige Bildungen entstehen in allen drei Fällen und ermöglichen die Ernährung des Eies bis zum Stadium, in welchem eine Placentarbildung auftreten sollte. Vielleicht darf in diesem Zusammenhange auch an die Beobachtungen von Schmorl und Lindenthal erinnert werden, die auch bei normaler intrauteriner Implantation des Eies deciduaartige Wucherungen am Peritonaealüberzuge des Uterus und der Eierstöcke nachgewiesen haben.

Bei solchen atypischen Implantationen der Fruchtblase kann sich diese bis in den dritten Fetalmonat hinein entwickeln, dann besteht jedoch die dringende Gefahr des Berstens der Fruchtblase und einer daran sich anschließenden Verblutung der Mutter in die Bauchhöhle.

Placentarbildung und Eihüllen bei Zwillings- und Drillingsschwangerschaften.

Die Zwillingsschwangerschaft ist nichts Seltenes, denn Zwillinge kommen einmal auf 87 Geburten vor. Drillinge wurden dagegen bloß einmal auf 7103 und Vierlinge

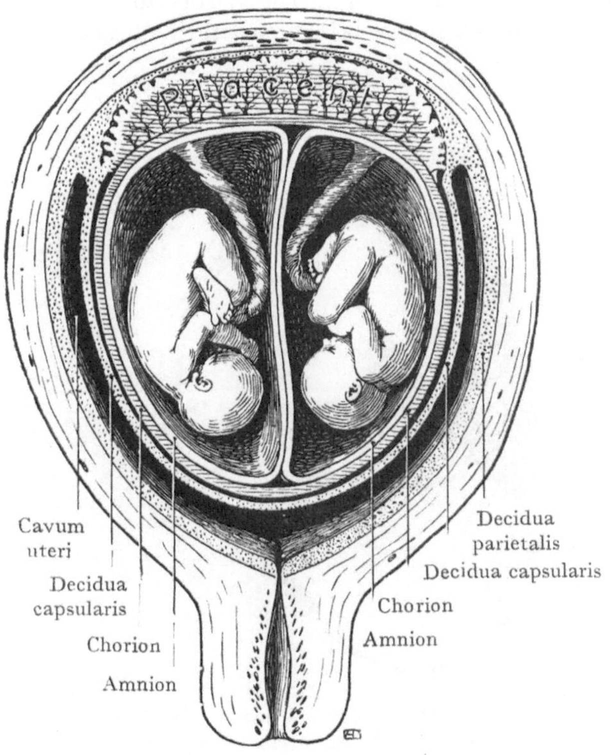

Fig. 144. Eineiige Zwillinge in utero.
Schema nach E. Bumm.
Amnion doppelt, Chorion, Decidua capsularis, Placenta gemeinsam.

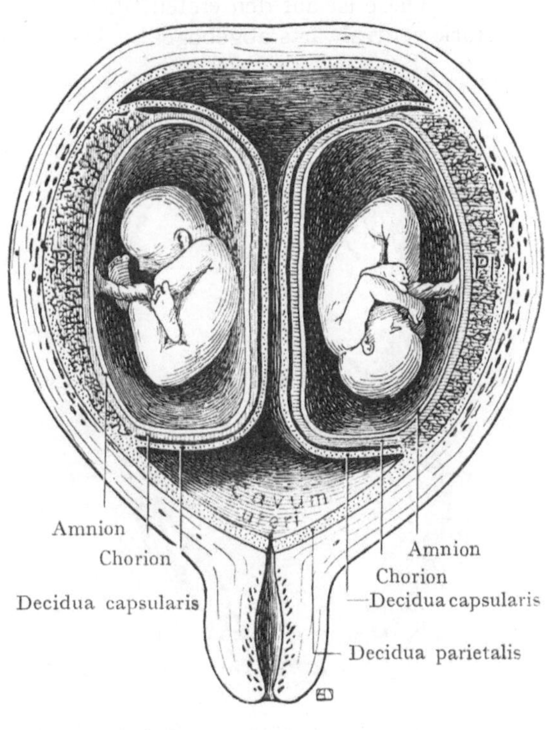

Fig. 145. Zweieiige Zwillinge in utero.
Schema nach E. Bumm, Lehrbuch der Geburtshilfe.
Amnion, Chorion, Placenta doppelt. Jedes Ei hat eine besondere Decidua capsularis gebildet.

einmal auf 757 000 Geburten beobachtet. In einem Falle wurden sogar Sechslinge beobachtet. Was die Zwillingsschwangerschaften anbelangt, so sind dieselben entweder auf die gleichzeitige Befruchtung von zwei Eiern zurückzuführen, die möglicherweise aus demselben Graafschen Follikel stammen (zweieiige Zwillinge) oder es handelt sich um ein einziges Ei, in welchem es zur Bildung von zwei Embryonen kommt (eineiige Zwillinge). Bei zweieiigen Zwillingen sind immer alle Eihäute getrennt und ebenso die beiden Placenten, im Falle die Fruchtblasen sich in genügender Entfernung voneinander implantiert haben (Fig. 145). Dagegen können die beiden Placenten, wenn die Implantationsstellen benachbart waren, zu einer großen einheitlichen Placenta verschmelzen. Bei eineiigen Zwillingen findet sich immer eine einfache Placenta (Fig. 144), ebenso ist auch das Chorion immer ein gemeinsames, während das Amnion in den meisten Fällen getrennt ist und nur bei nächster Nachbarschaft der Embryonen eine einheitliche Um-hüllung für diese bildet. Die eineiigen Zwillinge stellen einen Übergang zu den Doppel-bildungen dar (siehe diese). Höchst merkwürdige Verhältnisse sind in neuerer Zeit bei den Gürteltieren nachgewiesen worden. Bei einer Form (Tatusia hybrida) entwickeln sich sämtliche Embryonen eines Wurfes aus einem einzigen befruchteten Ei. Die Em-bryonen (6—10) sind in ein gemeinsames Chorion eingeschlossen, während sich getrennte Amnien finden (siehe Doppelbildungen).

Lage des Fetus in utero.

Diese ist auf den ersten Blick höchst auffällig (Figg. 146—147). Die Wirbelsäule ist stark ventralwärts abgebogen. „Das Kinn ist auf die Brust gesenkt, die Oberarme liegen

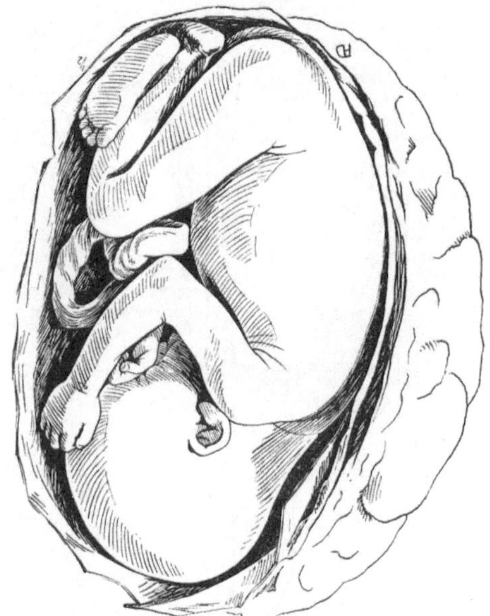

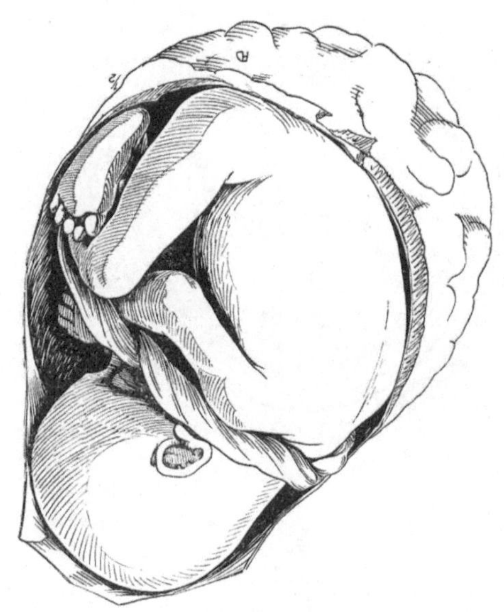

Fig. 146. Fetus vom 5. Monate. Haltung in utero.

Fig. 147. Fetus vom 6. Monate. Haltung in utero. Der Nabelstrang schlägt sich um den Hals des Fetus.

der Brust seitlich an, die Ellenbogen sind gebeugt und die Unterarme liegen gekreuzt oder nebeneinander auf der Brust. Die Beine sind im Hüft- und Kniegelenk gebeugt, die Füße in Dorsalflexion, meist die Fußsohlen einander zugekehrt, die Fersen stehen am tiefsten, die Oberschenkel berühren den Bauch, auch sind die Beine oft gekreuzt. Die Nabelschnur liegt gewöhnlich in mehr oder weniger großen Schlingen in dem freien Raume zwischen Armen und Beinen, also vor dem oberen Teil des Bauches" (Goenner in Winckels Handbuch der Geburtshilfe). Diese als typisch zu bezeichnende Haltung verknüpft sich sehr häufig mit einer Einstellung des Kopfes nach unten (Schädel-lage), doch treffen wir auch Steißlagen oder gar Querlagen an. Übrigens ändert der Fetus bis in die letzten Monate der Schwangerschaft vielfach seine Lage. Die genauere Besprechung dieser praktisch wichtigen Verhältnisse gehört in die Lehrbücher der Geburtshilfe.

Verhalten der Eihüllen und der Placenta während der Geburt.

Wir übergehen die Schilderung des Geburtsvorganges, um noch kurz das Schicksal der Eihüllen sowie die nach der Geburt erfolgende Regeneration der Uterusschleimhaut zu erwähnen.

Bei der Geburt erweitert sich unter Kontraktion der Uterusmuskulatur der Cervixkanal, indem die Fuchtblase gegen denselben angedrängt, ja sogar durch ihn in die Scheide vorgestülpt wird. Das Amnion und das Chorion reißen ein, das Fruchtwasser wird durch die Scheide nach außen entleert. Darauf erfolgt die Austreibung des Kindes, während die von der Uteruswandung allmählich losgelöste Placenta mit der Decidua parietalis, dem Amnion und der Nabelschnur nachträglich unter fortgesetzter Wehentätigkeit des Uterus ausgestoßen werden (Nachgeburt). Sodann stellt die ganze Innenfläche des Uterus eine große Wundfläche mit zahlreichen Öffnungen von Blutgefäßen dar. Durch die nach der Entleerung des Uterus sofort einsetzende tonische Kontraktion der Uterusmuskulatur werden diese Öffnungen geschlossen, so daß eine Blutung aus denselben unterbleibt.

Ein Teil des, nach der Geburt, der Muscularis uteri noch anhaftenden Gewebes wird, da es an den degenerativen Prozessen der Decidua teilgenommen hat, nachträglich in dem als Lochien (Wochenfluß) bezeichneten Ausfluß aus dem Uterus entfernt. Das in der tiefsten Schicht, unmittelbar der Muscularis uteri anhaftende Drüsenepithel stellt durch seine Wucherung schon am zweiten Tage nach der Geburt eine kontinuierliche Epitheldecke her, von welcher aus die Bildung der Uterusdrüsen stattfindet, während das zunächst spärliche Gewebe der Tunica propria gleichfalls lebhaft wuchert, so daß bis zur dritten Woche post partum die normale Struktur der Uterusschleimhaut wieder vorhanden ist.

Literatur über die Bildung der Eihüllen, der Placenta usw.

Allgemeines.

Bayer, H., Vorlesungen über allgemeine Geburtshilfe, I. Bd. Straßburg 1893. — *Großer, O.,* Vergleichende Anatomie und Entwicklungsgeschichte der Eihäute und Placenta. Wien 1909. — *Derselbe,* Die Entwicklung der Eihäute und Placenta in *Keibel-Malls* Handb. d. Entw.-Gesch. des Menschen I. 1910. 97—184. — *Roethlisberger, N.,* Entwicklungsgeschichte von Anableps tetrophthalmus. Inaug.-Diss. Zürich 1921. *Schultze, O.,* Grundriß der Entwicklungsgeschichte des Menschen. Leipzig 1897. — *Strahl, H.,* Embryonalhüllen der Säuger und Placenta in *Hertwigs* Handb. d. Entw.-Lehre. I. Bd. 1. Teil, 2. Hälfte. 1906.

Eihüllen der Sauropsiden usw.

Gasser, E., Beiträge zur Entwicklungsgeschichte der Allantois, der *Müller*schen Gänge und des Afters. 1874. — *Müller, Joh.,* Der glatte Hai des Aristoteles. Verh. kgl. Akad. d. Wiss. Berlin 1840, erschienen Berlin 1842. — *Schauinsland, H.,* Beiträge zur Entwicklungsgeschichte der Wirbeltiere II. Beiträge zur Entwicklungsgeschichte der Eihäute der Sauropsiden. Bibl. Zool. 1902. — *Derselbe,* Die Entwicklung der Eihäute der Reptilien und Vögel in *O. Hertwigs* Handb. d. Entw.-Lehre. I. Bd., 1. Teil, 1. Hälfte. 1906. — *Semon, R.,* Entstehung und Bedeutung der embryonalen Hüllen und Anhangsorgane der Wirbeltiere. Comptes rend. des séances du 3ième congrès intern. de zool. Leyden 1895, Publ. 1896. — *Virchow, Hans,* Der Dottersack des Huhnes in Beitr. z. wiss. Med. 1892. Festschrift für *R. Virchows* 70. Geburtstag. 1891. — *Völtzow, A.,* Beiträge zur Entwicklungsgeschichte der Reptilien. IV. Keimblätter, Dottersack und erste Anlage des Blutes und der Gefäße bei Crocodilus madagascarensis. Abh. d. Senckenbergschen naturf. Ges. 26 Frankfurt a. M. 1901.

Eihüllen der Säugetiere.

Bonnet, R, Beiträge zur Entwicklung der Wiederkäuer. Arch. f. Anat. und Entw.-Gesch. 1889. *Derselbe,* Beiträge zur Embryologie des Hundes. I. Anat. Hefte 9. 1897. — *van Beneden, Éd.,* Recherches sur les premiers stades du développement du murin. Anat. Anz. XVI. 1899. 305—334. — *Ewart, J. C.,* A critical period in the development of the horse. London, Black 1897. — *Fernandez, Miguel,* Beiträge zur Embryologie der Gürteltiere. I. Zur Keimblätterinversion und spezifischen Polyembryonie der Mulita (Tatusia hybrida). Morph. Jahrb. 39. 1909. — *Derselbe,* Die Entwicklung der Mulita. Revista del Museo de la Plata. t. XXI. 1915. — *Semon, R.*, Über die Eihüllen und den Kreislauf der Amnioten. Verh. d. deutschen zool. Ges. 1894. — *Derselbe*, Die Embryonalhüllen der Monotremen und Marsupialier. Zool. Forschungen in Australien. Bd. II. Jena 1895.

Bildung der Decidua und Einbettung des Eies.

Bonnet, R., Über Embryotrophe. Deutsche med. Wochenschr. 1899, Nr. 45. — *Burckhard, G.*, Die Implantation des Eies der Maus in der Uterusschleimhaut und die Umbildung derselben zur Decidua. Arch. f. mikr. Anat. 57. 1901. — *Großer, O.*, Die Wege der fetalen Ernährung innerhalb der Säugetierreihe. Sammlung anat.-phys. Vortr. v *Gaupp*, Heft III. — *Hubrecht, A. A. W.*, Die Säugetierontogenese in ihrer Bedeutung für die Phylogenie der Wirbeltiere. Jena, Fischer 1909. — *Kolster, R.*, Über die Zusammensetzung der Embryotrophe der Wirbeltiere. *Bonnet* und *Merkels* Ergebn. 16. 1906. 794—842. — *Schaeffer, Wilh.*, Über die histologischen Veränderungen der quergestreiften Muskelfasern in der Peripherie von Geschwülsten. Virch. Arch. 110. 1887. — *Selenka*, Studien über die Entwicklung der Tiere. Menschenaffen 1900 und 1903. — *Sobotta, J.*, Die Entwicklung des Eies der Maus. I. Teil: Die Keimblase. Arch. f. mikr. Anat. 78. 1911. 271—352. — *v. Spee, F. Graf*, Die Implantation des Meerschweincheneies in die Uterusschleimhaut. 7. Taf. Zeitschr. f. Morph. u. Anthrop. III. 1901. — *Strahl, H.*, Der Uterus post partum. *Bonnet* und *Merkels* Ergebn. 15. 1906. — *Wormser, E.*, Die Regeneration der Uterusschleimhaut nach der Geburt. Arch. f. Gynäkol. 69. 1903.

Menstruation. Corpus luteum usw.

Großer, O., Die Aufgaben der Eileiter der Säugetiere. Anat. Anz. 50. 1917/18. 489—510. — *Derselbe*, Ovulation und Implantation und die Funktion der Tube beim Menschen. Arch. f. Gynäkol. 110. 1919. — *Heape, W.*, The sexual season of mammals and the relation of the prooestrum to menstruation. Quart. Journ. of micr. Sc. 44. 1906. — *Kreis, O.*, Die Entwicklung und Rückbildung des Corpus luteum beim Menschen. Arch. f. Gynäkol. 58, auch Basler I.-D. — *Kußmaul, A.*, Über geschlechtliche Frühreife in: Würzburger med. Zeitschr. 3. 1862. 321—360. — *Lenz, J.*, Vorzeitige Menstruation, Geschlechtsreife und Entwicklung (Menstruatio, Pubertas et Evolutio praecox) mit besonderer Berücksichtigung der Skeletentwicklung. Arch. f. Gynäkol. 99. 1913. 67—144. — *Novak, J.*, Die Beziehungen zwischen Ovulation und Menstruation usw. Biol. Zentralbl. 41. 1921. 1—35. — *Sobotta, J.*, Über den Mechanismus der Aufnahme der Eier der Säugetiere in den Eileiter usw. Anat. Hefte. 54. 1916. 361—442.

Chorionzotten.

Bonnet, R., Über Syncytien, Plasmodien und Symplasma in der Placenta der Säugetiere und des Menschen. Monatschr. f. Geburtshilfe u. Gynäkol. 18. 1903. — *Derselbe*, Embryologie des Hundes. Zweite Fortsetzung: Anat. Hefte 20. — *Goldmann, Edwin*, Neue Untersuchungen über die äußere und innere Sekretion des gesunden und kranken Organismus im Lichte der vitalen Färbung. Beitr. z. klin. Chir. 78. 1912; auch separat erschienen Tübingen ·1912. — *Langhans, Th.*, Syncytium und Zellschicht. Beitr. z. Geburtsh. u. Gynäkol. V. 1901. — *Pfannenstiel, J.*, in *F. v. Winckels* Handb. d. Geburtsh. I. Wiesbaden 1903. — *Selenka, E.*, Studien über Entwicklungsgeschichte der Tiere. Die Menschenaffen. 1900.

Junge menschliche Eier.

Bryce-Teacher, Contribution to the study of the early development and imbedding of the human ovum. I. An early ovum imbedded in the decidua. Glasgow 1908. — *Eternod, A. C. F.*, L'oeuf humain, implantation et gestation, trophoderme et placenta. Geneve 1909. — *Großer, O.*, Zur Kenntnis der Trophoblastschale bei jungen menschlichen Eiern. Zeitschr. f. Anat. u. Entwicklungsgesch. 66. 1922. 179—198. — *Herzog, Max*, A contribution to our knowledge of the earliest known stages of placentation and embryonic development in man. Amer. J. of Anat. 9. 1909. — *Jung, Th.*, Beiträge zur frühesten Eieinbettung beim menschlichen Weibe. Berlin, Karger 1908. — *Marchand, F.*, Einige Beobachtungen an jungen menschlichen Eiern. Verh. anat. Ges. Vers. in Halle 1902. Erg. Band. Anat. Anz. 21. 172—184. — *Peters, H.*, Über die Einbettung des menschlichen Eies und das früheste bisher bekannte menschliche Placentationsstadium. Leipzig und Wien 1899.

Placenta und Nabelschnur.

Hyrtl, J., Die Blutgefäße der menschlichen Nachgeburt. Wien 1870. — *Derselbe*, Über die Bulbi der Placentararterien. Denkschr. d. k. k. Akad. d. Wiss. Wien XXIX. — *Webster, H.* Human placentation. Chicago 1901.

Skelet.

Das Skelet baut sich aus dem in bezug auf die Stützfunktion hoch differenzierten Knochen- und Knorpelgewebe auf. Dazu kommen, besonders als Teile der die Knochen gegeneinander absetzenden Gelenke, noch Membranen (Gelenkkapseln und Hilfsbänder), überhaupt geformtes Bindegewebe hinzu, und endlich, als Hülle der Knochen und Träger der in dieselben eindringenden Gefäße, das Periost mit seiner dem Knochen angrenzenden, für die Erhaltung und Regeneration desselben so außerordentlich wichtigen innersten Schicht von Osteoblasten. Beim erwachsenen Menschen überwiegt der Anteil des Knochengewebes an der Bildung des Skeletes, je weiter wir jedoch in der Ontogenese oder der Phylogenese zurückgehen, desto größer erweist sich die Rolle des Knorpels. Schließlich finden wir bei den niederen Formen (Selachier) bloß knorpelige Skeletteile. Das Knorpelgewebe entsteht aus dichter sich zusammenschließenden, stark proliferierenden Mesenchymzellen, welche zunächst die knorpeligen Skeletteile gewissermaßen vorbilden und deshalb auch häufig als Vorknorpelgewebe bezeichnet werden. Doch sei bemerkt, daß dieses Gewebe nicht bloß den Knorpel, sondern auch den Bandapparat der Gelenke sowie das Perichondrium liefert. Es ist deshalb wohl zweckmäßiger, von einem vorknorpeligen membranösen Stadium der Skeletbildung zu sprechen, welches sogar noch sehr spät an einzelnen Stellen, z. B. in den Schädelnähten, bestehen bleibt, solange die hier zusammenstoßenden platten Schädelknochen noch in flächenhaftem Wachstum begriffen sind.

Diesen während der Ontogenese ablaufenden Vorgängen entsprechen aber auch die Stadien der phylogenetischen Entwicklung, denn je weiter wir im Wirbeltierstamme hinuntersteigen, desto ausgedehnter ist die Rolle, welche der Knorpel und das geformte Bindegewebe beim Aufbau des Skeletes spielen, indem die Entfaltung von Knochengewebe zurücktritt, ja bei vielen Formen (Selachier, Cyklostomen) ganz fehlt. Zwar erhält hier sehr häufig, z. B. bei Selachiern, der Knorpel eine größere Festigkeit durch die Einlagerung von Kalksalzen, welche in bestimmter Richtung, je nach der mechanischen Inanspruchnahme des Skeletteiles, angeordnet sind (Lubosch). Allein damit ist noch keine Differenzierung im histologischen Sinne gegeben, sondern sozusagen bloß ein Surrogat, welches dem Knorpel in gewisser Ausdehnung eine größere Resistenz verleiht, jedoch nicht als histologische Differenzierung mit dem Ersatze desselben durch das leistungsfähigere Knochengewebe zu vergleichen ist.

Den Mutterboden für die Bildung des Skeletes erblicken wir ausschließlich im Mesenchym, d. h. in jenen zunächst indifferenten, aus verschiedenen Bezirken des Mesoderms stammenden, locker zusammengefügten Zellen, welche eine Differenzierung nach den verschiedensten Richtungen erfahren, indem sie, abgesehen vom Skelete, noch glatte Muskulatur, Membranen und Fascien, ferner Gefäßendothel sowie rote und weiße Blutkörperchen zu liefern imstande sind. Die erste als membranöses Stadium zu bezeichnende Bildung des Skeletes erfolgt zu einer Zeit, da diese Differenzierung des Mesenchyms noch nicht zum Abschluß gekommen ist; es ist überhaupt fraglich, ob nicht manche Zellen des sog. lockeren Bindegewebes diese Indifferenz noch in später Zeit wahren, indem sie dieselbe durch die Erzeugung von Gefäßendothel sowie von roten und weißen Blutkörperchen bekunden. Das Mesenchym stellt keine einheitliche, von einer einzigen Stelle des mittleren Keimblattes ausgehende Anlage dar, welche, etwa wie die Myotome, durch weiteres Auswachsen eine Verbreitung erfahren würde. Wenn wir bei dem in Figg. 148 und 149 gegebenen Versuche, die Herkunft des Mesenchyms schematisch darzustellen, uns zunächst auf den Rumpf beschränken, so erkennen wir (Fig. 148), daß hier an vier Stellen Mesenchym entsteht. Wir haben

I. das Mesenchym, das durch die Auflösung der Cutislamelle des Myotoms entsteht und später die Cutis der dorsalen Partie des Rumpfes liefert. Dieselbe kommt für die Skeletbildung der höheren Formen überhaupt nicht in Betracht, wohl liefert sie aber bei niederen Formen Elemente des Hautskeletes; II. die Zellen des Sklerotoms, welche bei ihrer segmentalen Entstehung von den Somiten aus zunächst die Chorda dorsalis und das Rückenmark umgeben, indem sie zwischen dem Myotom und dem lateralen Umfange des Medullarrohres dorsalwärts vordringen, um dieses zu umschließen. Sie liefern das axiale Skelet, d. h. die Wirbelsäule mit den Rippen, ferner zum Teil den hintern, von der Chorda durchzogenen Abschnitt des Schädels, welcher sich sekundär dem bei niederen Formen allein auftretenden vordern Abschnitte anschließt. III. Mesenchym wird in großer Ausdehnung auch von der parietalen Lamelle des unsegmentierten Mesoderms geliefert, und zwar im Bereiche der ventralen Partie des Körpers (IIIa und b); diese Zellen bilden die Grundlage der Extremitätenplatten, auch liefern sie das Extremitätenskelet mit Brust- und Beckengürtel. In diese Mesenchymmassen wachsen die

Myotome ventralwärts zur Bildung der Bauchmuskulatur vor (siehe Muskelentwicklung). Wieweit die unter IIIb zusammengefaßte Mesenchymmasse an der Bildung des Brustbeines und der Rippen teilnimmt, läßt sich nicht genau angeben. IV. Eine vierte Quelle von Mesenchym sehen wir endlich in der visceralen Lamelle des unsegmentierten Mesoderms, welche den Darm einschließt und die Mesenterien liefert; sie bildet im Bereiche des Rumpfes die Submucosa, besitzt hier folglich keine Bedeutung für die Skeletbildung, während sie am Kopfe die knorpeligen Kiemenbogen liefert.

Was das Mesenchym im Bereiche des Kopfes anbelangt (Fig. 149), so stammt bloß derjenige Abschnitt der Pars basilaris ossis occipitalis, welcher vom N. hypoglossus durchsetzt wird, von echten segmentalen Sklerotomen ab. Das in früheren Entwicklungsstadien im Bereiche des Kopfes sich ausdehnende Coelom wird dagegen infolge der Bildung von Schlundspalten in einzelne als Schlundbogencoelom bezeichnete Ab-

schnitte zerlegt, deren Wandung teils Mesenchym, teils Schlund- oder Kiemenbogenmuskulatur liefert. Auch hier können wir demnach Mesenchym unterscheiden, das
sowohl aus der visceralen als auch aus der parietalen Lamelle des unsegmentierten,
durch die Entstehung der Schlundspalten in einzelne Abschnitte zerlegten ventralen
Mesoderms abzuleiten wäre. Aus demselben bilden sich die knorpeligen Kiemenbogen,
überhaupt das Kiemenbogenskelet, von dem die erwachsenen Säugetiere allerdings bloß
spärliche Reste in den Gehörknöchelchen, dem Proc. styloides ossis temporalis, dem
Zungenbeine und den Kehlkopfknorpeln bewahren. Wahrscheinlich entsteht aber auf
derselben Grundlage, d. h. aus Mesenchym, welches dem unsegmentierten Mesoderm
entstammt, aber durch die Schlundspalten keine Einteilung in Schlundbogen erfährt
(Branchiomerie), der weitaus größte Teil des Schädels, abgesehen immer von den aus
den vordersten Sklerotomen stammenden Teilen des Os occipitale.

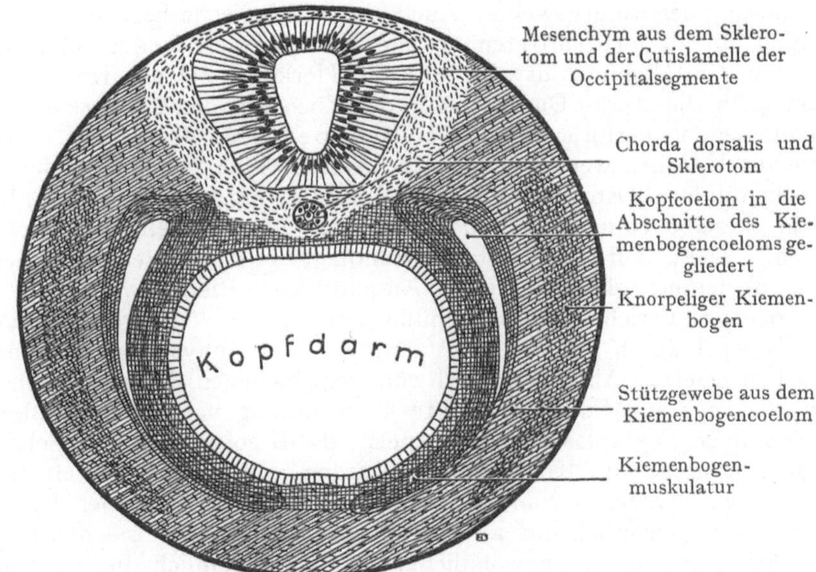

Fig. 149. Schema der Bildungsstätten des Mesenchyms im Kopfe.

Diese Übersicht ergibt, daß Skeletteile aus Mesenchym sehr verschiedener Herkunft
entstehen; ja wir können sogar größere Komplexe von Skeletteilen unterscheiden, die
sich bis zu einem gewissen Grade durch ihre Herkunft aus verschiedenen Mesenchym-
abschnitten auszeichnen. Es sind dies: 1. das Achsenskelet mit seinen Anhängen, also
die Wirbelsäule, die Rippen und das Sternum. 2. Das Extremitätenskelet mit Schulter-
und Beckengürtel, 3. das Cranium mit den Visceralbogen.

Bemerkungen über Knochenbildung und Knochenwachstum im allgemeinen.

Die Bildung des bei den Säugetieren das Skelet fast ausschließlich herstellenden
Knochengewebes geht von Mesenchymzellen aus, welche sich als Stützgewebe differenzieren. Diese Knochenbildner oder Osteoblasten scheiden Knochensubstanz aus,
in welcher, ebenso wie um die Fasern des Bindegewebes, eine Ablagerung von Kalksalzen stattfindet. In die Knochengrundsubstanz werden die Osteoblasten als Knochenzellen eingeschlossen; sie ist demnach als eine Interzellularsubstanz aufzufassen, die
ebenso von den Osteoblasten ausgeschieden wird, wie die Knorpelgrundsubstanz von

den Knorpelzellen. Die Osteoblasten umgeben sich also mit Knochengrundsubstanz, dabei vergrößert sich ihre Oberfläche durch die Bildung feiner verzweigter in die Kanälchen der Knochengrundsubstanz eingeschlossener Fortsätze. Die Bindegewebszelle ist somit im fertigen Knochen zu einer Knochenzelle (Osteocyt) geworden. Dieselbe kann, da sie von der starren Knochensubstanz umgeben ist, keine weitere Teilung eingehen, dagegen wird durch neue Osteoblasten für die Bildung immer neuer Schichten von Knochen gesorgt, welche sich den bereits gebildeten anschließen.

Wir haben es also hier mit einer direkten Bildung von Knochen im Bindegewebe zu tun (Verknöcherung auf bindegewebiger Grundlage). Ein solcher Vorgang spielt sich in weiter Ausdehnung in der Haut niederer Wirbeltiere (Knochenfische) ab, wo er zur Bildung großer Knochenplatten führen kann. Aber auch an andern Stellen sowie bei den höheren Formen, trägt er in hervorragendem Maße zur Bildung des Skeletes bei; so entsteht ein großer Teil der platten Schädelknochen des Menschen infolge direkter Verknöcherung des Bindegewebes. Auch als pathologische Erscheinung kann eine Knochenbildung überall dort auftreten, wo sich Bindegewebe findet (Knochenbildungen in den Muskeln, cen Meningen usw.). Auf die Herkunft solcher Knochen vom Bindegewebe weist auch die starke Durchsetzung derselben mit den als verkalkte Bindegewebsfasern aufzufassenden perforierenden oder Sharpeyschen Fasern hin. Als eine zweite Kategorie von Knochen werden diejenigen angeführt, bei denen die gleichfalls bindegewebigen Knochenbildner (Osteoblasten) eine knorpelig vorgebildete Skeletanlage ersetzen, indem sie in dieselbe eindringen und Knochengewebe an Stelle des schwindenden Knorpels setzen. Diese auf knorpeliger Grundlage entstehenden Knochen (Ersatzknochen, Gaupp) nehmen gleichfalls ihren Ausgang vom Bindegewebe, und zwar von der den Knorpel als Perichondrium umhüllenden Schicht. Bei diesem Vorgange wird eben der Knorpel durch den leistungsfähigeren, also physiologisch höher zu bewertenden Knochen ersetzt. Allerdings wird von verschiedenen Autoren auch eine in beschränktem Umfange stattfindende direkte Umwandlung von Knorpelzellen in Knochenzellen angenommen (Metaplasie des Knorpels); dabei sollen die Knorpelzellen Fortsätze aussenden, während die Knorpelgrundsubstanz von Kalksalzen infiltriert wird und sich in Knochensubstanz umwandelt. Diese Metaplasie des Knorpels kommt bei den höheren Formen wahrscheinlich nur ausnahmsweise vor, obgleich sie nicht ganz auszuschließen ist. Der jedenfalls weit gewöhnlichere Vorgang, nämlich die Knochenbildung von dem Perichondrium aus, knüpft sich wieder an die in starker Vermehrung begriffenen Osteoblasten. Diese nehmen einen knorpelig vorgebildeten Skeletteil, etwa die Anlage des Humerus oder irgend eines andern Röhrenknochens, auf zwei verschiedenen Wegen in Angriff, so daß auch zwei verschiedene Typen der Ossifikation unterschieden werden müssen, welche bei der Entstehung des Knochens zusammenwirken. Bei der ersten, der enchondralen Ossifikation, dringen zunächst eine Anzahl Gefäße konzentrisch in den Knorpel vor (Vaskularisierung des Knorpels); der letztere wird aufgelöst und durch osteoblastisches Gewebe ersetzt, dessen Bildung von den mit den Gefäßen ins Innere des Knorpels eindringenden Bindegewebszellen ausgeht. Diese Knochenbildung scheint im Zentrum des Knorpels ihren Anfang zu nehmen, und zwar finden sich typisch bei jedem Röhrenknochen (Fig. 150) drei derartige Kerne: einer in der Mitte (Diaphysenkern) und in der Regel mindestens einer an jedem Ende des Knochens (Epiphysenkerne). Bei dem zweiten Typus der Ossifikation dagegen bildet die innerste Schicht des Perichondriums eine Reihe von Zellen, welche als Osteoblasten eine dem Knorpel unmittelbar anliegende Knochenschicht herstellen. Auf die Bildung dieser Schicht folgt die Ablagerung immer neuer Knochenschichten von seiten der Osteoblasten, so daß der Knorpel auf diese Weise von außen her durch ein Knochenrohr eingeschlossen wird, welches bei der weiteren Ausdehnung des enchondral gebildeten Diaphysenkernes mit diesem in Berührung kommt und schließlich in ihn übergeht (Fig. 150). Diesen Typus der Knochenbildung bezeichnen wir als perichondrale oder periostale Ossifikation. Auf die Entstehung einer ersten Schicht des perichondralen Knochens folgt diejenige einer zweiten, dann einer dritten usw., kurz der perichondrale Knochen entsteht durch Apposition immer neuer Schichten an die bereits gebildeten. So wächst der Knochen in die Dicke, bis er seinen normalen Durchmesser erreicht hat.

Die enchondrale Verknöcherung, welche mitten im Knorpel ihren Anfang nimmt, geht (Fig. 150) weiter, bis die Kerne bloß durch eine dünne Knorpelschicht (Epiphysenfuge) voneinander getrennt sind. Außerdem bleibt an beiden Enden eine Knorpelschicht übrig, welche beim Erwachsenen als elastischer Überzug der in einem Gelenke zusammenstoßenden Knochenenden den einzigen Rest der ursprünglich knorpeligen Anlage des Skeletteiles darstellt. Die Epiphysenfuge liefert nun durch Proliferation der Knorpelzellen immer neue Knorpelschichten, welche successive durch die von den Epiphysenkernen und dem Diaphysenkern fortschreitende Verknöcherung in Angriff genommen

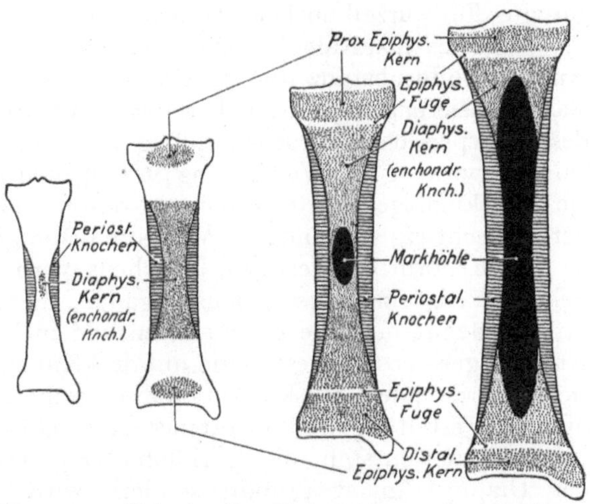

Fig. 150. Schema der Entwicklung eines Röhrenknochens und der Bildung der Markhöhle.
Punktiert: enchondral entstehender Knochen.
Schraffiert: perichondral entstehender Knochen.
Schwarz: Markhöhle.
Weiß: Knorpel.

und durch Knochengewebe ersetzt werden. So erfolgt das Längswachstum des Knochens, wie man experimentell durch Einschlagen von Elfenbeinstiften in die Epiphysen wachsender Knochen nachweisen kann. Tatsächlich finden wir (Fig. 151), daß der Abstand zweier in die Diaphyse eines wachsenden Knochens eingeschlagener Stifte sich gleich bleibt, während zwei in die Epiphysen eingeschlagene Stifte voneinander wegrücken (Experimente von Flourens). Daß übrigens das Längenwachstum eines Knochens auf der Proliferation der Knorpelzellen der Epiphysenfuge beruht sowie auf ihrem successiven Ersatze durch Knochengewebe, läßt sich auch aus dem Stillstande des Längswachstums nach Zerstörung der knorpeligen Epiphysenfuge schließen.

Die Ursache der Bildung von Epiphysenkernen ist nicht klar. Sie kommen zuerst bei einigen Reptilien vor, während sie bei Vögeln fast gänzlich fehlen. Wahrscheinlich sind gewisse Epiphysenkerne infolge von Zug, andere infolge von Druck entstanden; vielleicht trifft auch die Vermutung J. C. Ewarts zu, daß selbständig verknöchernde Epiphysen bloß dort auftreten, wo während des Knochenwachstums eine größere Resistenzfähigkeit gegen Druck oder Zug als sie der Knorpel bieten kann erlangt werden soll.

Die Zahl der Knochenkerne in einem gegebenen Knochen kann vermehrt sein; entweder ver-

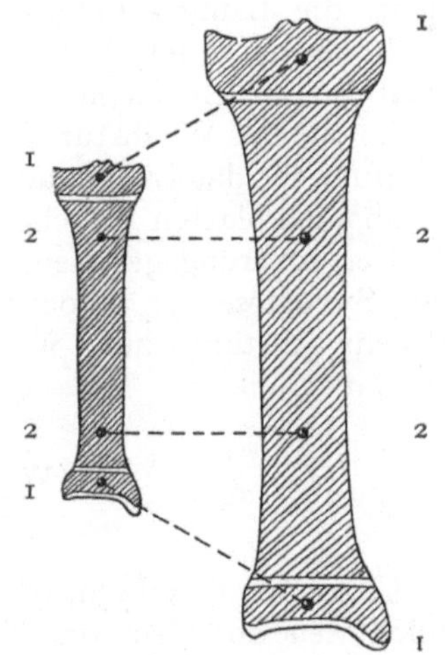

Fig. 151. Schema zur Veranschaulichung des Längenwachstums eines Röhrenknochens.

1, 1. Stifte, welche in die Epiphyse des wachsenden Knochens eingeschlagen werden, rücken beim Längenwachstum auseinander. 2, 2 Stifte, welche in die Diaphyse eingeschlagen werden, ändern ihre Entfernung voneinander nicht.

schmelzen dieselben zur Herstellung eines einheitlichen Knochens oder es bilden sich mehrere Knocheneinheiten aus, die durch Nähte voneinander getrennt sind (z. B. ein Os zygomaticum bipartitum). So kommen auch geteilte Patellae (Odermatt) oder geteilte Fußwurzelknochen (Gruber) vor.

Der enchondrale Knochen bildet sich stets unter ausgedehnter Verkalkung der Knorpelgrundsubstanz, die gleichzeitig mit dem Vordringen der Gefäße, d. h. mit der Vaskularisierung des Knorpels erfolgt. Auf die bei Selachiern stattfindende Verkalkung des Knorpels ohne Knochenbildung ist oben hingewiesen worden; hier scheint es, daß eine Zugwirkung der Verkalkung vorangehen muß, so daß letztere nach Lubosch „als ein zweckmäßiges Mittel erscheint, dessen sich die Knorpelzellen bedienen, um die in der Zugrichtung verminderte Widerstandsfähigkeit der Interzellularsubstanz zu steigern".

Die Form des fertigen Knochens wird durch verschiedene Momente beeinflußt. Sehr wichtig sind Resorptionsvorgänge, die an den in Bildung begriffenen Knochen in ausgedehntem Maße Platz greifen und in Verbindung mit der Apposition von neuem Knochengewebe formgestaltend auf den Knochen einwirken. Dem Zuge der am Knochen sich inserierenden Muskulatur kommt sicherlich nach der Geburt eine Bedeutung für die Formgestaltung des Skeletteiles zu. Durch Resorption des zentralen Teiles des Diaphysenkernes entsteht die Markhöhle (Fig. 150), auch entwickelt sich die Spongiosa in der Diaphyse nicht primär, sondern wird durch Resorption des perichondral entstandenen Knochens gewissermaßen herausgemeißelt. Die Spongiosa der Epiphysen, die in der Hauptsache enchondral gebildet wird, hat jedoch keine kompakte Vorstufe. Die trajektorellen Strukturen entwickeln sich erst nach der Geburt. „Die Knochenform wird vererbt, die Architektur der Spongiosa dagegen nicht" (Triepel).

Die Bildung der auf bindegewebiger Grundlage entstehenden Knochen, wie z. B. der platten Knochen des Schädeldaches, geht gewöhnlich radiär von bestimmten Stellen aus, welche für die Knochen der Schädeldecke den Tubera frontalia und parietalia entsprechen. Zuerst entstehen einzelne radiär angeordnete Knochenbalken, welche untereinander in Zusammenhang treten; sodann bildet sich eine kompakte äußere und innere Schicht, die Lamina externa und interna, welche die spongiös angeordneten Balken der Diploë einschließen. Diese platten Knochen (Ossa plana) werden während ihres Wachstums durch einen immer schmäleren Membranstreifen voneinander getrennt, welchem für das Wachstum dieser Knochen etwa dieselbe Rolle zukommt, wie der Epiphysenfuge für das Längswachstum der Röhrenknochen. Solange Bindegewebe zwischen benachbarten platten Knochen vorhanden ist, solange ist auch die Matrix für ihre flächenhafte Vergrößerung gegeben, sobald jedoch diese Bindegewebsschicht, etwa durch frühzeitige Synostose der Knochenränder, verloren geht, tritt eine Hemmung des weiteren Knochenwachstums auf, welche die verschiedensten pathologischen Zustände hervorrufen kann.

Entwicklung des Achsenskeletes.

Wirbelsäule.

Unter dem Achsenskelete verstehen wir die Wirbelsäule mit ihren Anhängen, nämlich den dorsalen, das Rückenmark einschließenden Bogen, den ventralen Bogen und den Rippen, welche teilweise im Sternum einen ventralen Abschluß erhalten.

Die Grundlage für die Bildung des Achsenskeletes erblicken wir in der Chorda dorsalis, welche als eine Abschnürung der dorsalen Wand des Urdarmes in dessen ganzer Ausdehnung auftritt.

Die Chorda dorsalis ist demnach ein epitheliales Gebilde, dessen unter starkem Turgor stehende Zellen durch die Ausbildung der Scheide eine Stützfunktion erhalten. Sie dürften, obgleich sie aus dem primitiven Entoderm der Wandung des Urdarms stammen, mit den Zellen des blasigen Bindegewebes verglichen werden. Die basalen, unmittelbar an die Chordascheide angrenzenden Zellen sind kleiner und während einer gewissen Zeit in Vermehrung begriffen. Die zentralen Zellen sind groß, blasig, und besitzen einen starken Zellturgor. Das Chorda-gewebe ist als ein mehrschichtiges Epithel auf-zufassen.

Die Chordascheide wird von vielen Autoren (Ebner) als eine homogene, von den angrenzenden Chordazellen abgeschiedene Basalmembran ange-sehen, welche fibrilläre Struktur annimmt. Später wachsen Zellen des angrenzenden Mesenchyms in sie hinein. Held leitet die Chordascheide von feinen Bindegewebsfibrillen her, welche sich sehr frühzeitig der peripheren Schicht der Chordazellen anlagern sollen. In bezug auf die nachträgliche Einwande-rung von Bindegewebszellen in die Chordascheide vergleicht Held die letztere mit dem Glaskörper.

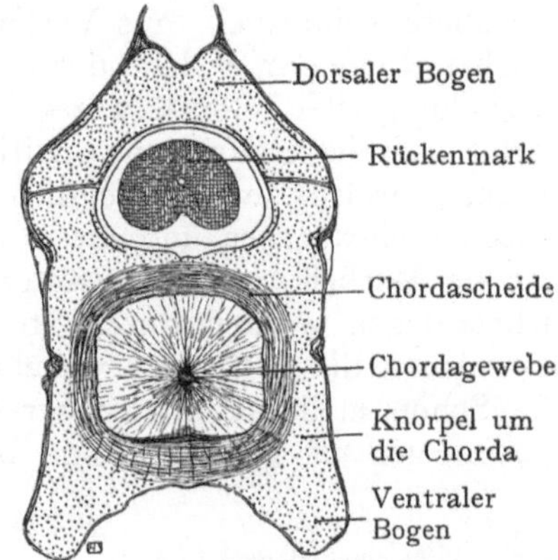

Fig. 152. Wirbel und Chorda dorsalis von Heptanchus.

Nach der Bildung ihrer Scheide stellt also die Chorda einen elastischen Stab dar, um welchen, von den Zellen der Sklerotome ausgehend, die Bildung der knorpeligen Wirbelanlagen erfolgt. Dabei zerfällt jedes Sklerotom in eine vordere und eine hintere Hälfte (Fig. 153). Zur Bildung eines Wirbels vereinigt sich nun die hintere Hälfte eines Sklerotoms mit der vorderen Hälfte eines caudalwärts darauf folgenden; so entsteht der Wirbelkörper zunächst als ein die Chorda umgebender Ring. Die Anlage ist

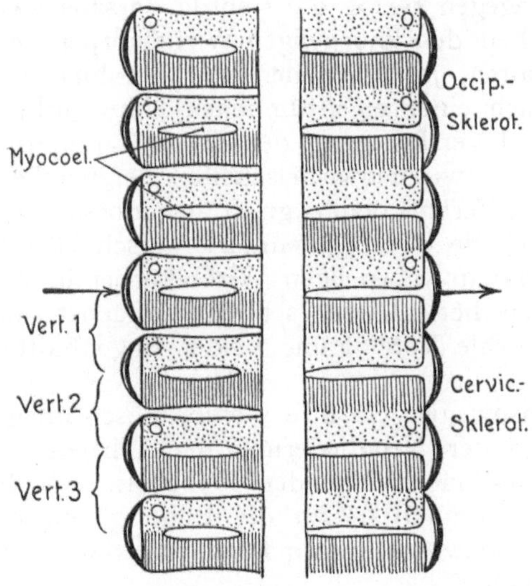

Fig. 153. „Neugliederung" der Wirbelsäule. Links Sklerotome mit Myotomen, in ihrer ursprüng-lichen segmentalen Anordnung; rechts Verhältnisse der Wirbelsäule. Craniale Hälften der Sklerotome punktiert. Caudale Hälften der Sklerotome gestrichelt. Pfeile geben die Grenze zwischen Occiput und Hals an.

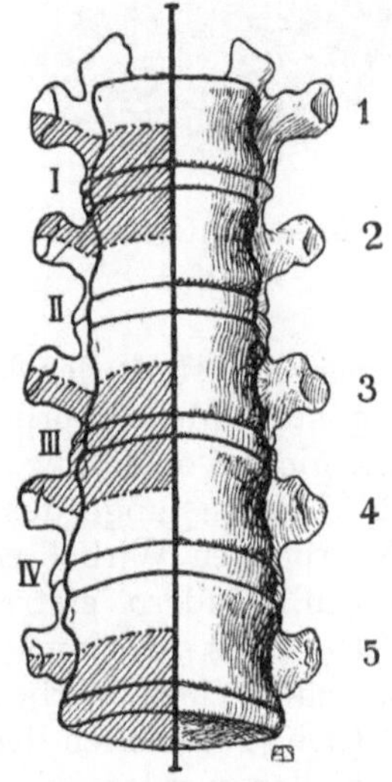

Fig. 154. Wirbelsäule von vorn. Zur Veran-schaulichung der Neugliederung der Wirbel-säule.
Nach J. Kollmann.

auf diesem Stadium noch vollkommen membranös. Dieser Vorgang ist von v. Ebner als Neugliederung der Wirbelsäule bezeichnet worden; die Bedeutung desselben ist klar, denn dadurch wird den Myotomen, welche sich ursprünglich ebenso weit ausdehnten wie die ihnen entsprechenden Sklerotome, gestattet, sich nach ihrer Umwandlung in Muskelfasern an je zwei in einem Intervertebralgelenke voneinander abgesetzten Wirbeln zu inserieren und dieselben gegeneinander zu bewegen. Die Verhältnisse werden in den Figg. 153 und 154 veranschaulicht.

Diese primitiven, aus Vorknorpelgewebe bestehenden Wirbelanlagen stellen also zunächst Ringe dar, welche mit einer untern, hypochordalen Spange die Chorda dorsalis ventral umgreifen, dorsal dagegen in einer epichordalen Spange zwischen Medulla und Chorda dorsalis eindringen. Seitlich stehen sie mit Membranen (Myosepten) in Verbindung, welche wahrscheinlich von den Sklerotomen abstammen, zwischen die Myotome einwachsen und diese voneinander trennen. Dorsalwärts geht von den Anlagen der Wirbelkörper ein zweiter Ring aus, welcher das Medullarrohr einschließt. Die Wirbelanlagen werden durch Streifen weniger dichten Gewebes voneinander getrennt, aus welchen die Ligg. intervertebralia und Ligg. flava entstehen.

Schon in der cranialen Strecke der membranösen Wirbelsäule menschlicher Embryonen von ca. 15 mm Länge beginnt die Umwandlung in Knorpel, die in cranio-caudaler Richtung fortschreitet. Sie beschränkt sich zunächst auf die Umgebung der Chorda dorsalis und stellt hier den die Chorda einengenden knorpeligen Wirbelkörper her. Diese Einengung der Chorda führt dazu, daß sie sich innerhalb des knorpeligen Wirbelkörpers zurückbildet und schon vom dritten Monate an beim Menschen bloß noch einen dünnen, im Schwunde begriffenen Strang darstellt. Dagegen bleibt die Chorda dorsalis zwischen den knorpeligen Wirbelkörpern erhalten, ja ihre Zellen wuchern hier, um nach einer eigentümlichen Umwandlung und Verflüssigung den Nucleus pulposus der Zwischenwirbelscheibe herzustellen. Die Verknorpelung greift auch dorsalwärts auf die das Rückenmark umschließende Membran über und stellt den kontinuierlich mit dem knorpeligen Wirbelkörper in Zusammenhang stehenden knorpeligen Wirbelbogen her. Dieser schließt zunächst das Rückenmark nicht vollständig ein, denn die dorsale Vereinigung beider Bogenhälften bleibt noch ziemlich lange aus.

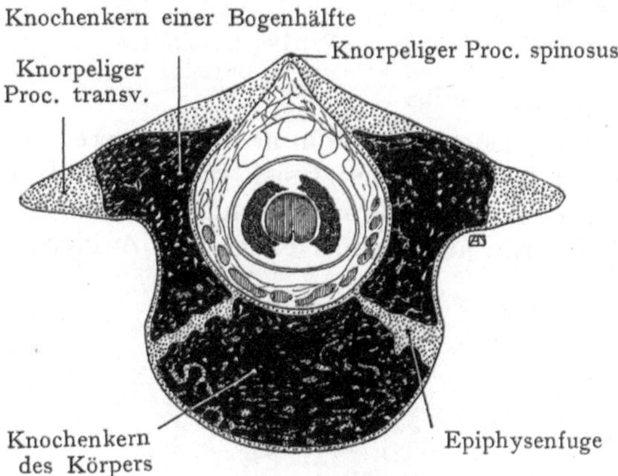

Fig. 155. Querschnitt eines Lendenwirbels. 1jähriges Kind.

Die knorpeligen Wirbel entsprechen, ebensowenig wie ihre membranöse Anlage, den Myotomen, sondern erstrecken sich infolge der Neugliederung der Wirbelsäule, von der Mitte eines Myotoms bis zur Mitte des nächstfolgenden Myotoms. Ob die Zusammensetzung eines Wirbels aus zwei Sklerotomhälften für die Bildung der sog. Halbwirbel (siehe Anomalien der Wirbelsäule) verantwortlich zu machen ist, kann nicht sicher entschieden werden, ist aber wahrscheinlich.

Die Bildung der knorpeligen Wirbelsäule läuft etwa in der vierten bis siebenten Fetalwoche ab, wenigstens erlangen während dieser Zeit die knorpeligen Wirbelkörper ihre der Verknöcherung vorausgehende Ausgestaltung, während die dorsalen Bogen am Ende dieser Zeit noch weit offen stehen und sich erst im Laufe des vierten Monates dorsal zusammenschließen. Bloß bei den Anlagen der unteren Sakral- sowie der Steißwirbel bleiben die dorsalen Bogen rudimentär oder fehlen gänzlich.

Die Verknöcherung der Wirbelsäule beginnt am Ende des zweiten oder am Anfange des dritten Fetalmonates, und zwar von drei Knochenkernen aus, von denen einer den Wirbelkörper und die beiden anderen je eine Bogenhälfte liefern (Fig. 155). Die Kerne für die Wirbelkörper treten zuerst, etwa in der zehnten Woche, in den unteren

Thorakalwirbeln auf, und im fünften Fetalmonate besitzen alle, mit Ausnahme der Steißwirbel, ihre Knochenkerne. Die Kerne der Bogenhälften entstehen schon während der
siebenten Fetalwoche in den beiden ersten Halswirbeln und bald auch in caudalwärts gehender Reihenfolge in den übrigen Wirbeln. Die Proc. articulares und die Proc. transversi
ossifizieren von den Bogenhälften aus, auch liefern diese Kerne einen nicht unbeträchtlichen Teil des Körpers in der Nachbarschaft des Ansatzes der Bogenhälften (Fig. 155).

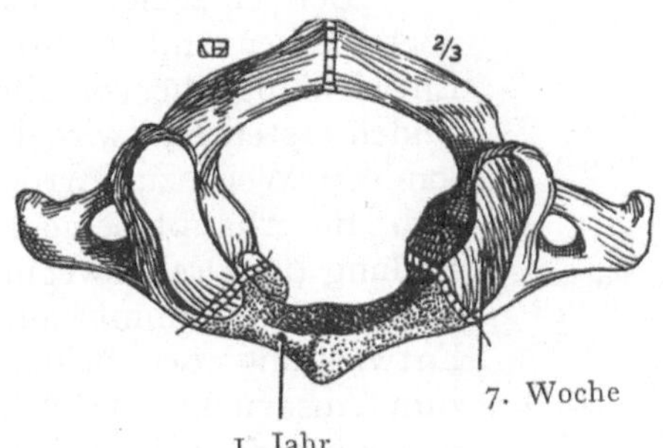

Fig. 156. Atlas mit Angabe der
Knochenkerne.

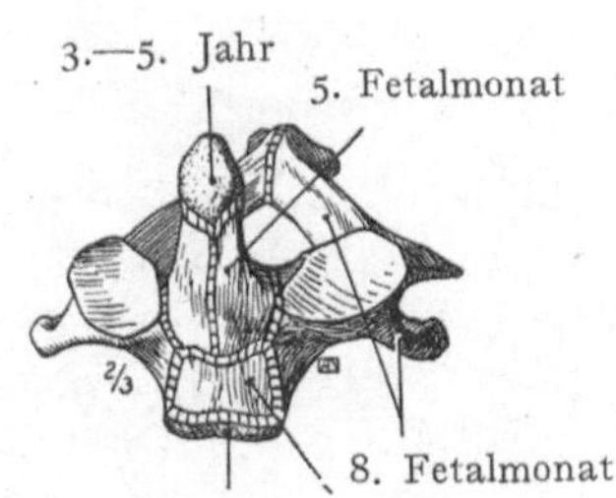

Fig. 157. Epistropheus mit Angabe der Knochenkerne.

Gegen den fünfzehnten Lebensmonat stoßen die knöchernen Bogenhälften dorsal vom
Rückenmark aufeinander, um den Abschluß des Wirbelkanals zu vollenden. In der
Sakralgegend geht die Ossifikation langsamer vor sich, indem der Wirbelkanal in den
drei obersten Sakralwirbeln erst gegen das 7. bis 11. Lebensjahr einen dorsalen Abschluß erhält.

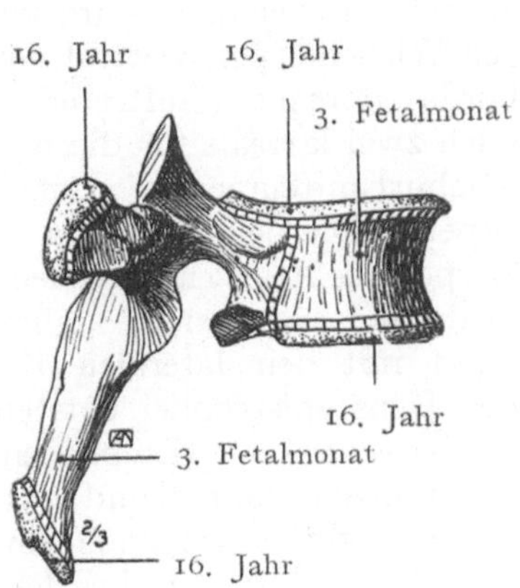

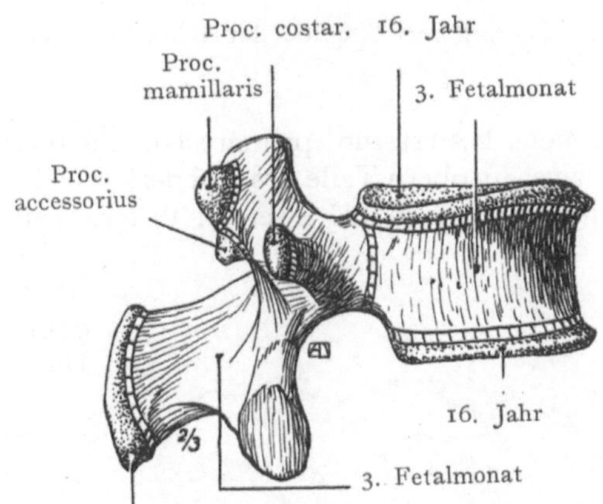

Fig. 159. Lendenwirbel mit Angabe der
Knochenkerne.

Gegen die Pubertät hin treten in den Wirbeln sekundäre Knochenkerne auf (Epiphysenkerne). In den Thorakal-, Lumbal- und Sakralwirbeln bilden sich Epiphysenkerne, an den knorpeligen Enden der Proc. spinosi und der Proc. transversi, ferner an den
Artikulationsflächen für die Tubercula costarum. Am Wirbelkörper selbst entstehen
spät zwei platte Epiphysenkerne, ein oberer und ein unterer. Alle diese accessorischen
oder Epiphysenkerne sind normalerweise bis gegen das 21.—25. Jahr mit den drei Haupt-
kernen verschmolzen.

In den vordern Spangen der Proc. transversi des sechsten und siebenten Hals-
wirbels kommen sekundäre Knochenkerne vor, welche ausnahmsweise selbständig bleiben

und mehr oder weniger weit sich entwickelnde Anlagen von Halsrippen darstellen. Die Proc. mamillares der Lumbalwirbel, die den Proc. transversi der Thorakalwirbel entsprechen, entstehen aus besonderen Knochenkernen, andererseits kann der Proc. lateralis des ersten Lumbalwirbels selbständig werden und als Proc. costarius eine in ihrer Länge sehr variable Lendenrippe darstellen.

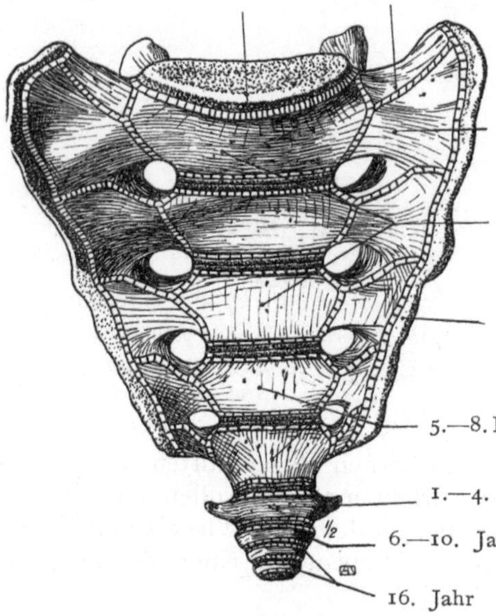

Fig. 160. Sacrum mit Angabe der Knochenkerne.

Bei einzelnen Wirbeln sind noch Eigentümlichkeiten in der Entwicklung hervorzuheben. Die beiden ersten Halswirbel sind in besonderer Weise zur Artikulation mit dem Hinterhauptsbeine und zur Herstellung der Drehbewegung differenziert; dies kommt auch in der Entwicklung der beiden Knochen zum Ausdrucke. Dem Atlas fehlt sein Körper, welcher als Dens mit dem Körper des Epistropheus verschmilzt (Figg. 156 und 157). Die Massae laterales und der Arcus posterior entstehen aus seitlichen Kernen, die den Kernen der Bogenhälften anderer Wirbel entsprechen. Der Arcus anterior entsteht aus 1 bis 2 Knochenkernen, welche im Laufe des ersten Lebensjahres im knorpeligen Wirbelkörper, ventral von der Chorda dorsalis, auftreten. Der Epistropheus besitzt fünf primäre Knochenkerne, nämlich zwei laterale für die dorsalen Bogen, zwei im obern Teile des Körpers, welche vor der Geburt miteinander verschmelzen und schließlich einen bis zwei im untern Teile des Körpers. Die beiden oberen Kerne, welche dem Körper des Atlas entsprechen, verschmelzen im dritten bis vierten Jahre mit dem untern und mit den lateralen Kernen. Die Spitze des Dens epistrophei entsteht als ein besonderer Knochenkern (Epiphysenkern) im dritten bis fünften Jahre, und zur Zeit der Pubertät bildet sich auch noch ein Epiphysenkern an der untern Fläche des Epistropheuskörpers.

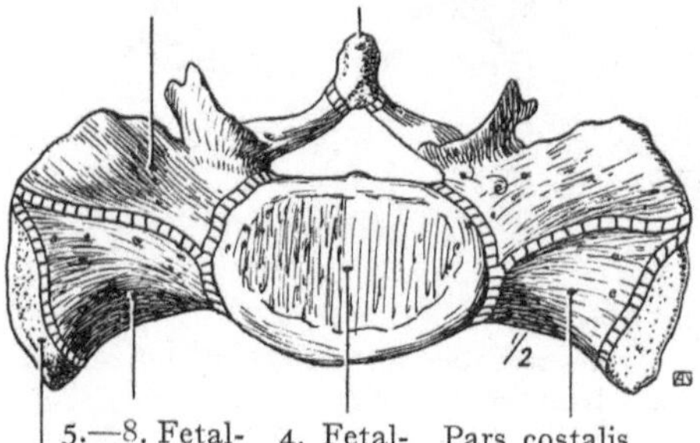

Das Sacrum stellt einen aus fünf Wirbeln entstandenen Knochenkomplex dar, welcher an den beiden ersten Wirbeln eine starke Verbreiterung zur Verbindung mit dem Hüftbein aufweist, während die einzelnen Komponenten vom dritten Sakralwirbel angefangen eine caudalwärts immer weitergehende Reduktion

Fig. 161. Sakralwirbel mit Angabe der Knochenkerne.

erfahren. In jedem Sakralwirbel treten drei Knochenkerne auf, die den drei primären Knochenkernen der übrigen Wirbel entsprechen; aus ihnen entstehen die Körper und die Bogenhälften der Sakralwirbel. Erst im siebenten bis zehnten Jahre wird der Wirbelkanal in den drei obern Sakralwirbeln dorsal abgeschlossen. Die dorsale Partie der Pars lateralis entwickelt sich aus dem Knochenkerne der betreffenden Bogenhälfte, die ventrale aus einem besondern Kerne, welcher einer Rippenanlage entspricht (Pars costaria). Diese ist also nicht bloß mit einer Thorakalrippe, sondern auch mit den vordern Spangen der Proc. transversi der Halsrippen sowie mit dem nicht selten als Lendenrippe selbständig werdenden Processus lateralis des ersten Lendenwirbels zu vergleichen. Die vordern Knochenkerne in den Partes laterales ossis sacri treten im sechsten bis zehnten Monate in der Regel bloß in den drei ersten Sakralwirbeln auf und vereinigen sich im zweiten bis fünften Jahre mit den Kernen der beiden Bogenhälften. Diese verbinden sich früher untereinander als die Körper der Sakralwirbel, die erst im 18. Jahre miteinander verschmelzen. Die Verbindung zwischen dem ersten und zweiten Sakralwirbelkörper ist sogar erst im 25. Jahre vollendet. Zwei dünne Epiphysenblättchen, welche als Belag der durch die Partes laterales gebotenen Artikulationsfläche mit dem Os ilei auftreten, vervollständigen die Ossifikation.

Varietäten der Wirbelsäule.

Die Varietäten der Wirbelsäule besitzen nach zwei Richtungen hin Interesse, erstens im Hinblick auf das Problem der Segmentierung des Rumpfes, zweitens in praktischer Hinsicht, seitdem sich die Erkenntnis Bahn gebrochen hat, daß Variationen der Wirbelsäule manchen pathologischen Erscheinungen, sowohl an der Wirbelsäule selbst, als auch an den unteren Extremitäten, zugrunde liegen.

Die Variation der Wirbelsäule kann sich nach zwei Richtungen hin geltend machen:

1. Sie betrifft die Zahl der Wirbel, welche den einzelnen Abschnitten angehören, mit anderen Worten, die Grenzen, die wir zwischen den einzelnen Abschnitten annehmen, schwanken mehr oder weniger.

2. Sie betrifft die Form einzelner Wirbel.

Im ersten Falle kann die Gesamtzahl der Wirbel der Norm entsprechen und die Variation besteht darin, daß in einem Abschnitte die Zahl auf Kosten eines an eren Abschnittes vermehrt ist; so könnten wir etwa bei der Gesamtzahl von 33 Wirbeln 11 Brust-, 8 Cervikal-, 6 Lumbal-, 5 Sakral- und 3 Caudalwirbel finden. Oder die Gesamtzahl der Wirbel ist vermehrt und damit wird einzelnen Abschnitten eine Zahl von Wirbeln zugewiesen, die ihnen unter gewöhnlichen Verhältnissen nicht zukommt. Über die Kausalität der Bildungen sind wir im einen wie im andern Falle vollständig im Dunkeln.

1. Variation der Zahl der Wirbel.

Eine Vermehrung der Wirbelzahl tritt in sehr verschiedener Weise auf. Die Gesamtzahl kann eine Vermehrung erfahren, alsdann wird der eine oder der andere Abschnitt mehr Wirbel aufweisen, als ihm normalerweise zukommen. In solchen Fällen ist daran zu denken, daß entweder der Vorgang der Segmentierung des Mesoderms sich über die Norm hinaus fortsetzt oder Caudalwirbel, unter Zurückweichen des Beckenansatzes, sich als sakrale Wirbel ausbilden, ein eigentlich sakraler Wirbel den Typus eines Lumbalwirbels annimmt usw. Welche Ursache den Abschluß der Segmentierung in einem bestimmten Entwicklungsstadium herbeiführt, warum z. B. beim Menschen bloß ca. 34—36 Segmente angelegt werden, während bei Schlangen eine weit größere Zahl auftritt, ist uns nicht bekannt. Eine andere Annahme, welche die erhöhte Zahl erklären würde, ist diejenige einer Interkalation von Wirbeln, für welche einige Autoren (z. B. G. Baur) eintreten. Man leitet dieselbe von einer Spaltung der Sklerotome ab, so daß wir annehmen müßten, es würde sich nicht etwa die caudale Hälfte eines Sklerotoms mit der cranialen des nächstfolgenden zur Anlage eines Wirbelkörpers vereinigen, sondern die beiden Hälften blieben auf beiden Seiten getrennt und aus denselben würden sich auch getrennte Ganzwirbel entwickeln. Leider ist die Feststellung der Nervenverhältnisse, welche ohne weiteres diese Frage aufklären würde, in solchen

Fällen entweder gar nicht oder nur sehr unvollkommen durchgeführt worden, so daß die Erklärung einer Wirbelvermehrung durch Interkalation vorläufig kaum mehr als den Wert einer Vermutung beanspruchen kann. Endlich wäre noch an die Möglichkeit zu denken, daß in der Ausbildung der Knochenkerne im knorpelig angelegten Wirbelkörper Anomalien auftreten könnten, welche zur mehr oder weniger vollständigen Trennung zweier Wirbelkörper voneinander führen könnten.

Es ist bemerkenswert, daß an den Grenzen zwischen zwei Abschnitten die Wirbel oft einen mehr oder weniger ausgeprägten Übergangscharakter zeigen, indem z. B. der letzte Lendenwirbel den Charakter eines Sakralwirbels zur Schau trägt oder auf den letzten Brustwirbel ein Wirbel folgt, welcher etwa auf einer Seite, die Ausbildung einer Rippe oder eines kurzen rippenartigen Anhanges aufweist. Solchen Bildungen wird, besonders wenn sie asymmetrisch vorkommen, von den Orthopäden eine gewisse Bedeutung in praktischer Hinsicht zuerkannt. Dasselbe sehen wir ziemlich häufig am 7. Halswirbel, wo die vordere Spange des Querfortsatzes sich als Halsrippe einerseits oder beiderseits frei machen kann. Dieselbe ist außerordentlich verschieden ausgebildet, bald als kurzer Stummel, bald länger, dann häufig in bindegewebigem oder auch knorpeligem Zusammenhange mit dem Sternum (für diese und andere Anomalien s. Le Double).

Das Vorkommen von Übergangswirbeln bedingt fast immer eine mehr oder weniger weitgehende Asymmetrie der benachbarten Strecke der Wirbelsäule oder der letzteren in ihrer Gesamtheit. Stieve macht darauf aufmerksam, daß ein lumbosacraler Übergangswirbel auch dann, wenn der Körper desselben ganz symmetrisch gebaut ist, in der Mehrzahl der Fälle eine Asymmetrie des Beckens zur Folge hat; fast immer steht die Darmbeinschaufel auf der Seite des Wirbels mit Kreuzbeincharakter höher und häufig ist auch eine beträchtliche Skoliose vorhanden. Böhm hat an einer großen Zahl von Wirbelsäulen die Verknüpfung von Skoliosen mit lumbosacralen Übergangswirbeln nachgewiesen (s. Fig. 162).

Eine weitere, auch in bezug auf praktische Fragen nicht unwichtige Anomalie besteht in mehr oder weniger regelmäßigen knöchernen Verbindungen (Synostosen) einzelner Wirbelkörper oder seltener auch einzelner Wirbelbogen. Es ist wohl anzunehmen, daß dieselben noch relativ spät auftreten können. Von Kollmann wurden Fälle beschrieben, bei denen an der unteren Fläche des Os occipitale entweder eine mehr oder weniger weit fortgeschrittene Assimilation des Atlas mit dem Os occipitale vorhanden war oder auch, bei voller Selbständigkeit des Atlas, eine verschieden weitgehende Demarkation eines Wirbelkörpers mit Massae laterales, Tuberculum anterius und Arcus posterior an der unteren Fläche des Occipitale. Hier haben wir es mit einer Bildung zu tun, welche dem Atlas in hohem Grade ähnelt. Bei der Assimilation desselben haben wir uns zu denken, daß der Prozeß, durch welchen die Sklerotome von 4 Occipitalwirbeln in die Bildung der Pars basilaris ossis occipitalis hinein-

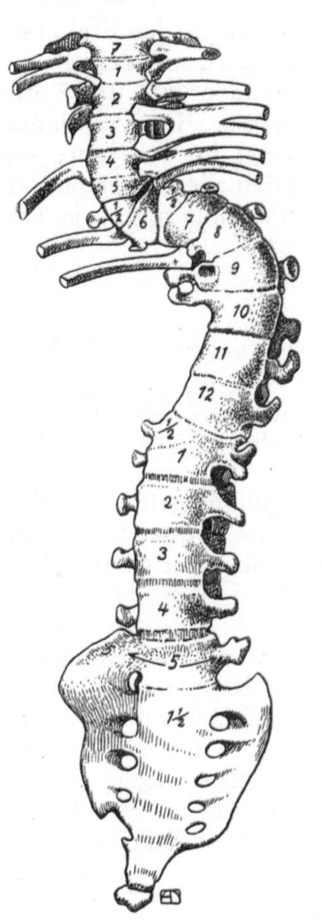

Fig. 162. Wirbelsäule mit eingeschalteten keilförmigen Wirbeln (Wirbelrudimenten) und seitlicher Verkrümmung. (Skoliose.) Nach Rokitansky, Beitr. z. Kenntn. d. Rückgratsverkrümmungen und der damit zusammentreffenden Abweichungen des Brustkorbes und des Beckens. Med. Jahrbuch. Wien 1839.

bezogen werden, sich noch um ein weiteres Segment in caudaler Richtung ausgedehnt hat; treten dagegen vor dem Atlas noch Andeutungen eines weiteren Wirbels auf (Manifestation eines Occipitalwirbels nach Kollmann), so sind wir wohl zur Annahme berechtigt, daß das letzte der Occipitalsklerotome (postotisches Sklerotom) sich bis zu einem gewissen, allerdings sehr verschiedenen Grade selbständig gemacht und im Sinne einer Wirbelbildung weiterentwickelt hat. An einem von mir beobachteten Falle war der Atlas geteilt und bloß die rechte Hälfte mit der Schädelbasis verbunden (Fig. 163). Das For. occipitale magnum war von der mit dem Os occipitale synostotisch verbundenen Hälfte stark eingeengt.

H. Hayek hat nachgewiesen, daß ein vor dem Atlas gelegener Wirbel bei den verschiedensten Säugetieren angelegt wird (sog. Proatlas == dem caudalsten Occipitalwirbel). Aus seinem Körper bildet sich die Spitze des Dens epistrophei. Die Anlage des dorsalen Bogens kann sich selbständig weiterentwickeln, dasselbe gilt von dem übrigen Teil der Anlage; sodann haben wir es mit einer „Manifestation" eines Occipitalwirbels nach Kollmann zu tun.

A   B

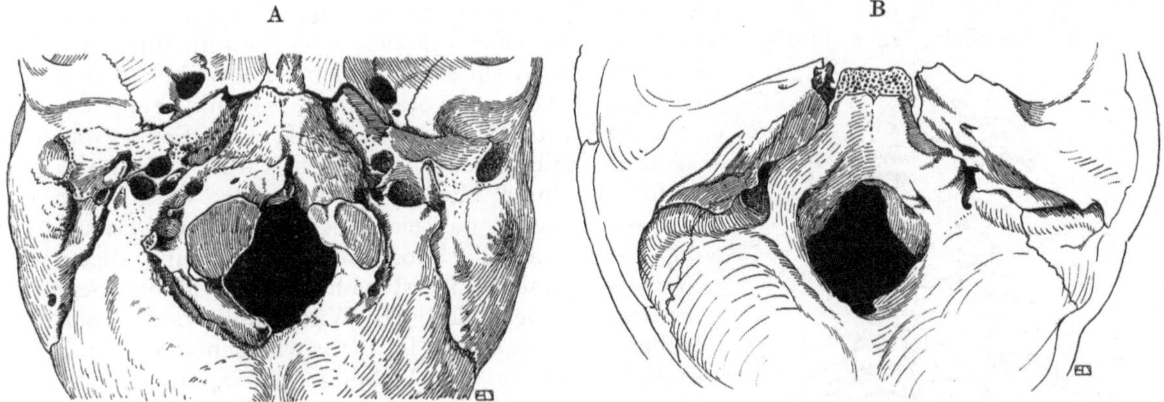

Fig. 163. Verwachsung der rechten Atlashälfte mit der Pars basilaris ossis occipitalis. Bedeutende Einengung des For. occipitale magnum.
Schädel der Basler Sammlung.   A. Ansicht von unten.   B. Ansicht von oben.

Nach der Auffassung von L. Bolk soll überhaupt die intersegmentale Grenze zwischen Os occipitale und Halswirbelsäule beim Menschen eine schwankende sein, ja es sei nicht ausgeschlossen, daß der Schädel caudalwärts im Vorrücken begriffen sei. Ich bin jedoch der Ansicht, daß die Erscheinungen mehr innerhalb der Grenzen der normalen Variationsbreite liegen, welche übrigens für die verschiedenen Formen eine sehr beträchtliche sein kann. So schwankt bei den verschiedenen Formen von Bradypus (Bateson) die Zahl der Halswirbel zwischen 6 und 10. Sehr selten, wenn überhaupt, kommen beim Menschen 8 Cervikalwirbel vor, dagegen ist in einem Falle (Klippel und Feil) ein gänzliches Fehlen von Cervikalwirbeln berichtet worden; es fanden sich 4 Lumbalwirbel, 8 mit Rippen versehene Thorakalwirbel und eine gemeinsame, cranialwärts bis zum Os occipitale sich erstreckende Knochenmasse mit vier Rippenpaaren, offenbar hervorgegangen aus vier Thorakalwirbeln. Nicht selten bleibt die Vereinigung der beiden Hälften eines oder mehrerer Wirbelbogen zur Herstellung der Processus spinosi aus, so daß sich der knöcherne Wirbelkanal dorsalwärts öffnet. Sehr häufig sind solche Zustände mit der Bildung von Plattfüßen verknüpft, und zwar ist für diese weniger die Mißbildung der Wirbel als die damit verbundene Unregelmäßigkeit im Verschlusse des Rückenmarkkanals und in der Ausbildung der grauen Substanz des Rückenmarkes verantwortlich zu machen

(s. Spina bifida). So werden z. B. die Kerne für die an den M. tibialis ant. gehenden
Nervenfasern in ihrer Entstehung gehemmt, so daß die tonische Kontraktion des
Muskels in Wegfall kommt und damit auch die Erhaltung einer normalen Fußwölbung.

Sehr variabel ist die Form und Zahl der Steißwirbel. In $^3/_4$ der Fälle wird das
Steißbein nach Rosenberg aus sechs Wirbelanlagen gebildet, von denen in der Regel
die beiden caudalen frühzeitig miteinander verschmelzen, so daß später bloß Reste
von vier Caudalwirbeln nachzuweisen sind. Im Falle die beiden letzten Wirbel sich
ausbilden, erhält das menschliche Steißbein eine nicht unbeträchtliche Länge.

Die Krümmungen der Wirbelsäule beginnen sich schon im vierten Monate aus-
zuprägen, und zwar gleichzeitig mit dem Auftreten der Ossifikation. Die drei
Biegungen der Wirbelsäule, die Curvatura cervicalis, thoracalis und lumbalis sind
schon bei der Geburt bis zu einem gewissen Grade ausgeprägt, die Curvatura sacralis
ist eben angedeutet. Mit dem aufrechten Gange nimmt die Stärke der Krümmungen
rasch zu.

2. Variation der Form der Wirbel.

Eine weitere, praktisch besonders bemerkenswerte Anomalie besteht in der Bildung
von Halbwirbeln, sehr häufig zusammen mit einer Skoliose des betreffenden Abschnittes der Wirbelsäule. Solche Halbwirbel können
ein- oder beidseitig vorkommen, so sind Fälle beschrieben worden, bei denen auf einer Seite zwei,
ja drei Halbwirbel ausgebildet waren; sie über-
trafen in ihrer Masse die einfachen Wirbel der
anderen Seite, so daß eine Biegung der Wirbelsäule
die Folge war (Fig. 164). Die Entstehung dieser
Wirbelkörperspaltung ist wohl in die Zeit der Segmentierung der häutigen Wirbelsäule oder noch
früher zu verlegen; es ist nicht wahrscheinlich, daß
es sich um eine Verschiebung oder Spaltung von
Knochenkernen handelt. Daß Skoliosen (seitliche
Verkrümmungen der Wirbelsäule) sehr häufig damit
zusammenhängen, ist neuerdings von F. Oehlecker
nachgewiesen worden; er fand unter 30 Fällen von
Skoliose fast durchwegs „entweder nur einen halb-
entwickelten Wirbel oder verschmolzene Wirbelteile,
die als Keile in die übrigen Wirbel eingeschoben
sind und so eine Knickung der Wirbelsäule be-
dingen. Durch Röntgenaufnahmen hat es sich heraus-
gestellt, daß die Varietäten an der Wirbelsäule
weit häufiger sind, als man bisher angenommen hat.

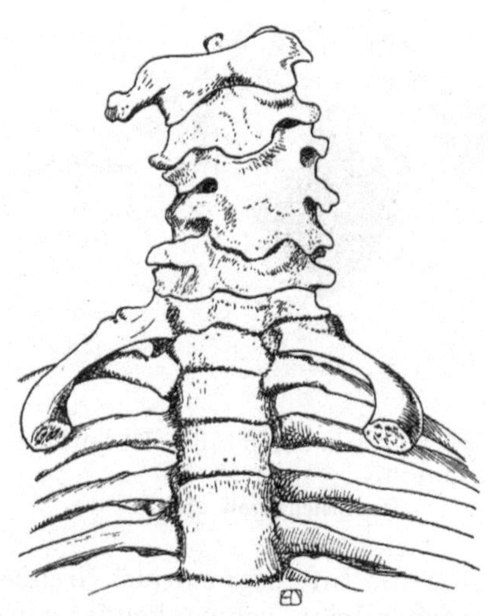
Fig. 164. Anomalie der menschlichen
Wirbelsäule.
Nach J. C. Brash, J. of Anat. and Physiol.
49. 1915.

Solche Befunde sind: halbe Wirbel, Übergangswirbel, Keilwirbel, Wirbelrudimente,
überzählige Rippen, Verschmelzungen oder mangelhafte Ausbildung der Massae laterales
des Kreuzbeins usw." Dieselben kommen nach Hyrtl nicht nur beim Menschen
(Fig. 165), sondern auch bei Tieren vor (Fig. 166). Besonders häufig dürften asymmetrische Bildungen an den Lendenwirbeln 4 und 5 oder an dem Sacralwirbel 1 für
die Entstehung von Skoliosen Bedeutung haben. Die Bedeutung sowohl der Halbwirbel
als auch der asymmetrischen Übergangswirbe für die Ausbildung einer Asymmetrie an
der gesamten Wirbelsäule oder des Beckens geht in sehr auffälliger Weise aus den
Figg. 162 und 167 hervor. Bei dem in Fig 162 abgebildeten Falle sind drei Halbwirbel vorhanden, welche eine beträchtliche Skoliose veranlaßt haben; in Fig. 167
hatte ein lumbosacraler Assimilationswirbel eine starke Asymmetrie des Beckens
zur Folge.

Im Gegensatze zu diesen anormalen Bildungen kommt es bei einer Anzahl von Fischen und Reptilien auch normalerweise im Schwanzabschnitte der Wirbelsäule zur Bildung von „Halbwirbeln". Hier entspricht (Hyrtl) die Querteilungsebene entweder

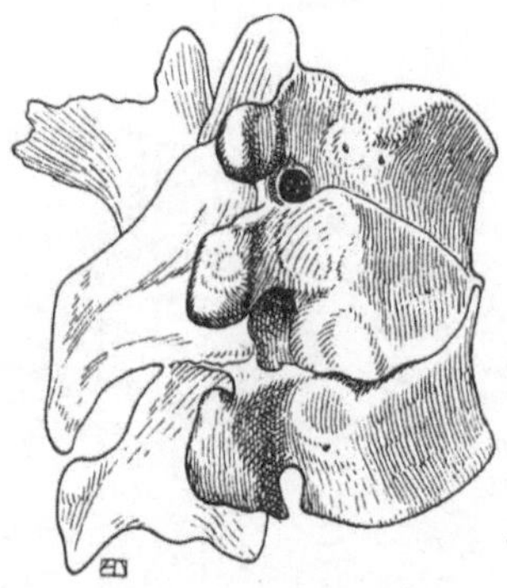

Fig. 165. Fehlen der linken Hälfte eines Thorakalwirbels. Ansicht von rechts.
Nach L. R. W. Reid, J. of Anat. and Physiol. XXI 1887. 76—78.

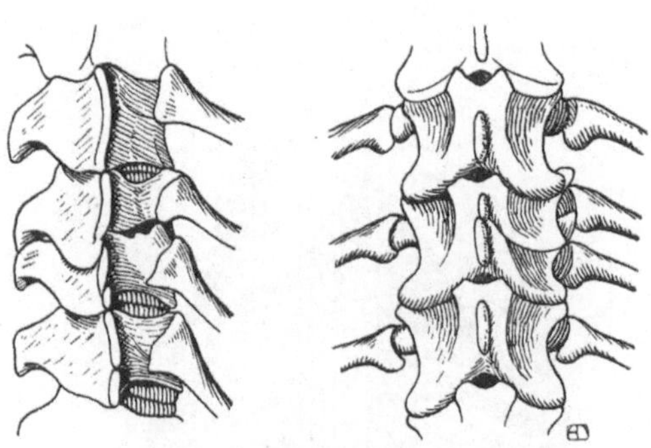

Fig. 166. Teilung eines Schlangenwirbels.
Nach Bateson, Materials for the Study of Variation. 1894.

der Mitte des Wirbels oder der Vereinigung von vorderem und mittlerem Drittel, wo die Querfortsätze abgehen. Hinter der Mitte des Wirbels kommt die Querteilung überhaupt nie vor. Häufig nehmen beide Hälften an der Bildung des Querfortsatzes teil, der craniale Abschnitt bildet den oberen Bogen mit dem Dornfortsatze. Solche Wirbel finden sich bei verschiedenen Lacertiliern.

Nach neueren Untersuchungen sind diese Zustände auf eine ungleiche Ausbildung der beiden Sklerotomhälften zurückzuführen. Bei anderen Formen ist die Ausbildung der beiden Hälften eine mehr gleichmäßige (H. Männer). Die Schwanzwirbel der Lacertilier wachsen, wesentlich auf Kosten der hinteren Bogenanlage, sehr stark in die Länge. Auch bei verschiedenen Selachiern finden wir im Schwanzabschnitte der Wirbelsäule Doppelwirbel. Hier ist die Monospondylie das Ursprüngliche, die Diplospondylie das Sekundäre. Zwei dorsale Bogen entstehen durch die Teilung des ursprünglich einheitlichen Bogens.

Unregelmäßigkeiten in der Segmentierung kommen nicht bloß bei Wirbeltieren vor.

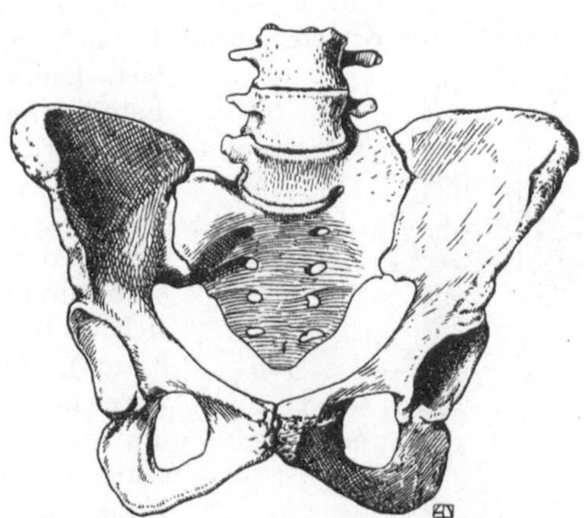

Fig. 167. Asymmetrisches Assimilationsbecken eines 30jährigen Weibes.
Das Sacrum hat 5 volle und einen lumbosakralen Assimilationswirbel.
Aus Braus und Kolisko, Die pathologischen Beckenformen. I. 1904. Fig. 66.

Bei Polychäten sind Anomalien in der oberflächlich zutage tretenden Segmentierung des Körpers beobachtet worden; es kommt hier sowohl eine Spaltung der Segmente als auch eine Intercalation von halben Segmenten vor, so daß Bilder entstehen, die wir mit den oben geschilderten von der menschlichen Wirbelsäule ohne weiteres vergleichen dürfen. Ähnliches hat Krizenečky bei Arthropoden gesehen, wo einzelne Segmente gekreuzt oder untereinander verbunden sein können.

Entwicklung der Rippen, des Sternums und des Brustkorbes.

Die Rippen entwickeln sich unabhängig von den Anlagen der Wirbel als Knorpelspangen in den Septa intermuscularia, die sich wahrscheinlich (R a b l gibt es für

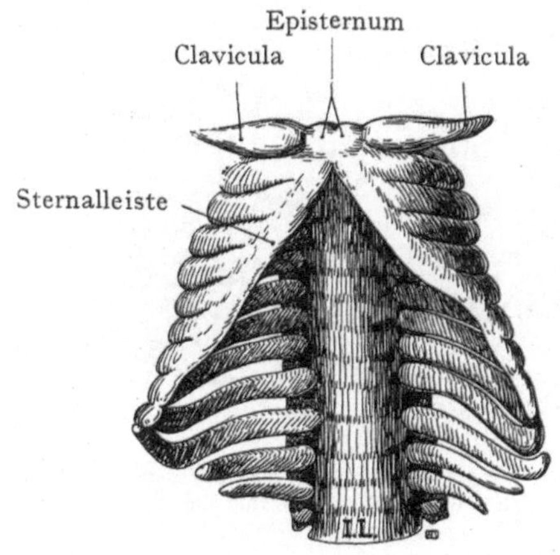

Fig. 168. Thorax eines menschlichen Embryos von 15 mm Scheitel-Steiß-Länge.
Nach Charlotte Müller, Morph. Jb. 35. 1906.

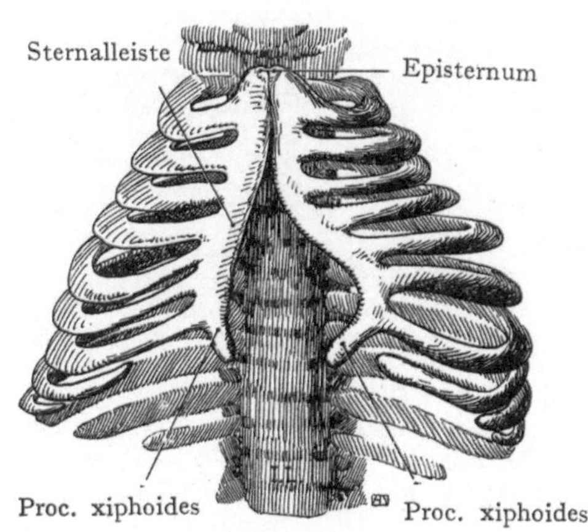

Fig. 169. Thorax eines 23 mm langen
menschlichen Embryos.
Nach Charlotte Müller, ibid.

Selachier bestimmt an) aus Sklerotomzellen bilden. Die Bildung der knorpeligen Anlagen,
wie später der Knochenkerne, beginnt dorsal und schreitet in ventraler Richtung weiter

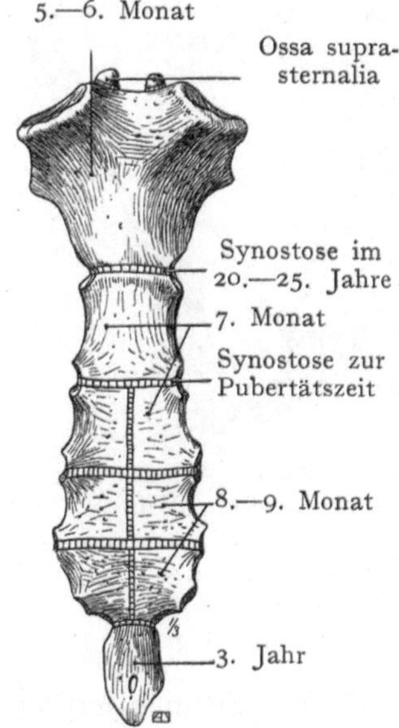

Fig. 170. Brustbein mit Angabe der Knochenkerne.

fort. Die Verknöcherung beginnt schon in der sechsten
Fetalwoche in der Rippenspange und erst im 8. bis
16. Jahre treten drei accessorische Kerne auf (zwei für
das Tuberculum und einer für das Rippenköpfchen).

Die Entwicklung des Brustbeins ist enge mit derjenigen der Rippen verknüpft. Die letzteren bilden nämlich
schon im knorpeligen Stadium, indem ihre ventralen Enden
sich vereinigen, beiderseits einen Knorpelstreifen (Sternalleisten), die allmählich in cranio-caudaler Richtung im
Bereiche der sieben oberen Rippen median verschmelzen,
um so das knorpelige Sternum herzustellen. In Fig. 168
sehen wir eine Verschmelzung der Sternalleisten in der
Höhe des ersten Rippenpaares, während sie caudalwärts
weit auseinander stehen. In Fig. 169 ist gleichfalls eine
Verschmelzung in der Höhe des ersten Rippenpaares
erfolgt, ferner haben sich die Sternalleisten, entsprechend
den ventralen Enden der drei obersten Rippenpaare, bedeutend genähert. In diesem Stadium liegt das Herz
noch unmittelbar unter den Hautdecken, ein Zustand, der
als Hemmungsbildung des Sternums (Fissura sterni) auch
beim Erwachsenen vorkommen kann. Bei derselben ist,
je nach dem Grade der Entwicklungshemmung, die
direkte Anlagerung des Pericards an die Hautdecken eine
mehr oder weniger weitgehende.

Die Bildung von Knochenkernen im Sternum beginnt im sechsten Fetalmonate
im Manubrium, dann folgt eine Anzahl bald paariger, bald unpaariger Kerne im
Corpus sterni (Fig. 170); dazu kommt schließlich noch ein Kern im Proc. xiphoides.

Diese verschiedenen Kerne verschmelzen in oft unregelmäßiger Weise miteinander, so daß häufig schon beim reifen Fetus die ursprünglich paarige und segmentale Anordnung derselben nicht mehr zu erkennen ist.

Variationen und Anomalien der Rippen und des Sternums.

Variationen in der Zahl und Form der Rippen sind oft beschrieben worden. Relativ häufig kommen Variationen der Zahl vor; so kann dieselbe auf elf sinken oder sogar bis vierzehn steigen. Solche überzählige Rippen können sich am letzten Hals- und an den beiden oberen Lendenwirbeln ansetzen. Eine praktische Bedeutung kommt den Halsrippen zu, welche vom siebenten Halswirbel aus in verschiedener Länge ventralwärts ziehen, manchmal das Sternum erreichen, oft jedoch bloß durch einen bindegewebigen Strang mit demselben in Zusammenhang stehen (Fig. 171 links). Der Plexus brachialis zieht über eine etwas längere Halsrippe hinweg und kann durch den Druck einer auf der Schulter getragenen Last eine Schädigung erleiden, welche zur Resektion der Halsrippe auffordert. Die Lendenwirbel besitzen, ähnlich wie die beiden letzten Halswirbel, Rippenanlagen in den Proc. laterales, welche ihre Selbständigkeit in der Regel aufgeben, indem sie sich mit den Wirbelkörpern vereinigen. Man hat auch selbständige Proc. laterales an den vier oberen Lendenwirbeln beobachtet (Cruveilhier), jedoch ist man bloß dann, wenn sie die durchschnittliche Länge der Proc. laterales übertreffen, berechtigt, sie als Lendenrippen zu bezeichnen.

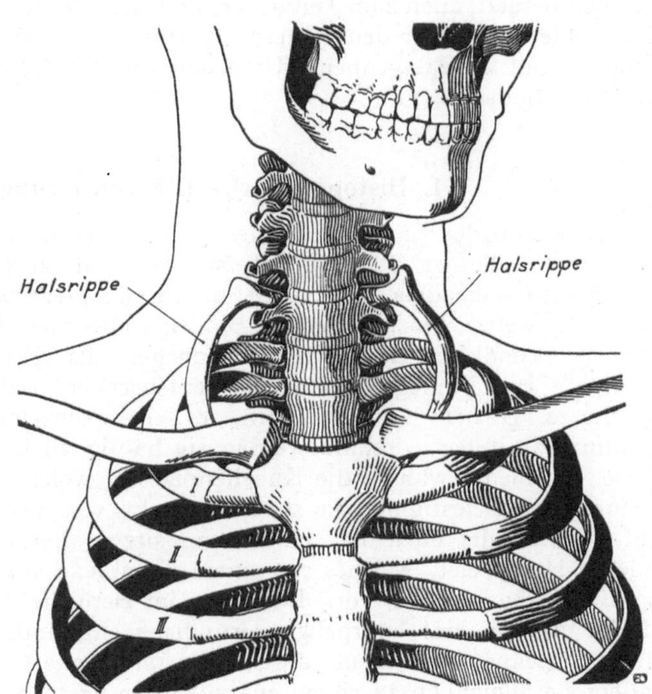

Fig. 171. Darstellung der Bildung von Halsrippen. Rechts erreicht die Halsrippe das Sternum, links wird sie bloß durch ein sehniges Band mit demselben verbunden. Kombiniert nach Abbildungen von Luschka, Denkschr. d. k. k. Akad. d. Wiss. in Wien, math.-phys. Kl. XVI. 1859 und W. Gruber, Mém. de l'acad. imp. de Sc. de St. Petersbourg. XIII. 1869.

In bezug auf alle diese Befunde stehen sich zwei Ansichten gegenüber: nach derjenigen von A. Fischel liegen sie innerhalb der normalen numerischen Variationsbreite der Wirbelsäule, E. Rosenberg dagegen möchte sie als Änderungen mit prospektiver Bedeutung in phylogenetischer Hinsicht deuten.

Entwicklung des Kopfskeletes.

Der Funktion nach können wir am Kopfskelete drei Abschnitte unterscheiden, nämlich:

1. eine Hirnkapsel,
2. paarige Kapseln für die Sinnesorgane (Auge, Gehör- und Geruchsorgan), welche sich der Hirnkapsel anschließen,

3. das Kiemenskelet, welches den Kiemen- oder Kopfdarm umgreift, demselben zur Stütze dient und in seiner ursprünglichsten Ausbildung (z. B. bei Selachiern) gelenkige Verbindungen mit der Schädelbasis eingeht.

Wir haben es also zunächst mit einem von Knochen resp. Knorpeln gebildeten Hohlraume, der Hirnkapsel, zu tun. An diese schließen sich vorn und lateral die paarigen Kapseln für die höheren Sinnesorgane an, welche bei vielen Formen vollständig in die Wandung der Hirnkapsel aufgenommen werden. Dazu kommen in dritter Linie die Bogen des Kiemenskeletes, die bei den niederen, wasserlebenden Formen mit Kiemenstrahlen besetzt, auch zum Teil (Ober- und Unterkiefer) als zahntragende Skeletabschnitte ausgebildet sind, bei den höheren Formen auch als Gehörknöchelchen, als Larynxknorpel und als Zungenbein (Ursprung für die Zungen- und Rachenmuskulatur) Verwendung finden.

1. Histogenetische Differenzierung des Schädels.

Auch in der Entwicklung des Schädels können wir ein häutiges, ein knorpeliges und ein knöchernes Stadium unterscheiden. In ausgedehntem Maße bilden sich Teile des Säugetierschädels direkt auf bindegewebiger Grundlage, ohne Vermittlung von Knorpelgewebe. Es sind dies die Bindegewebs- oder Belegknochen, denen die auf knorpeliger Grundlage entstehenden Knochen als Primordialknochen gegenübergestellt werden. Die Bindegewebsknochen entsprechen wahrscheinlich den Knochenplatten, welche, z. B. bei den Teleostiern, in sehr wechselnder Ausdehnung dem knorpeligen Cranium aufliegen; deshalb werden sie häufig auch als Deckknochen bezeichnet. Bei diesen Formen gewähren die Knochenplatten, welche in der Cutis entstehen, den Hautzähnen eine Befestigung, ja sie sind direkt von der Verschmelzung der Basalplatten, auf welchen die einzelnen Hautzähne sitzen, herzuleiten (s. Zahnentwicklung). Ein solches Hautskelet, welches aus einem Komplexe von Knochenplatten besteht, kommt z. B. bei Panzerwelsen vor. Besonders im Bereiche des Kopfes befindet sich das Hautskelet mit den auf knorpeliger Grundlage entstandenen Skeletteilen in Kontakt und diese Beziehungen bleiben während der phylogenetischen Entwicklung weiter bestehen, indem sie allmählich zu einem ausgedehnten Ersatze der auf knorpeliger Grundlage entstehenden Schädelknochen durch Bindegewebsknochen führen. Am deutlichsten ist ihre Rolle dort ersichtlich, wo der dem Bindegewebs- oder Belegknochen zugrunde liegende Knorpelteil noch eine Zeitlang erhalten bleibt, wie das z. B. beim Meckelschen Knorpel des Unterkiefers (dem knorpeligen Mandibularbogen) der Fall ist, der schließlich durch Belegknochen vollständig ersetzt wird, ohne einen nennenswerten Beitrag zur Bildung des Unterkiefers zu liefern.

Der Schädel ist, soweit er das Gehirn und die Sinnesorgane einschließt, ein starres Gebilde, dessen einzelne Komponenten nicht gegeneinander beweglich sind. In hohem Grade beweglich sind dagegen die ventralen, den Kopfdarm umgreifenden Teile des Kiemenskelets. Besonders der erste Bogen, der bei den Knorpelfischen als Mandibularbogen die untere Zahnreihe trägt, ist gelenkig mit der Schädelbasis verbunden; auch der zweite oder Hyoidbogen ist einer starken Verschiebung fähig. Im Bereiche des Kopfes ist bei den höheren Formen die Ausbildung einer Muskulatur überflüssig, soweit sie nicht für die Bewegung des Bulbus oculi, der Gehörknöchelchen (Mm. stapedius und tensor tympani) oder auch als mimische Gesichtsmuskulatur in Betracht kommt. Eine viel höhere Ausbildung zeigt dagegen die Muskulatur des Kiemenkorbes bei den wasserlebenden Tieren mit Kiemenatmung, während sie bei den Amnioten nur noch als Kaumuskulatur, als Pharynx-, Larynxmuskulatur und als Muskulatur der Gehörknöchelchen nachweisbar ist.

2. Entwicklung des Gehirnschädels und der Sinneskapseln.

Die Chorda dorsalis, welche der ersten Anlage der Wirbelsäule zugrunde liegt, re ht ursprünglich nach vorn bis an die Rachenhaut heran. Sie zeigt in Stadien mit ausgebildeter Kopfkrümmung eine Knickung, die dem späteren Türkensattel entspricht. Dr vordere Teil der Chorda, jenseits der Knickungsstelle, bildet sich aber alsbald zuück, und ihr vorderes Ende erreicht nur noch die Lehne des Türkensattels. Später wird durch das Auswachsen des Stirnfortsatzes sowie des vor der Sella turcica gelegenen

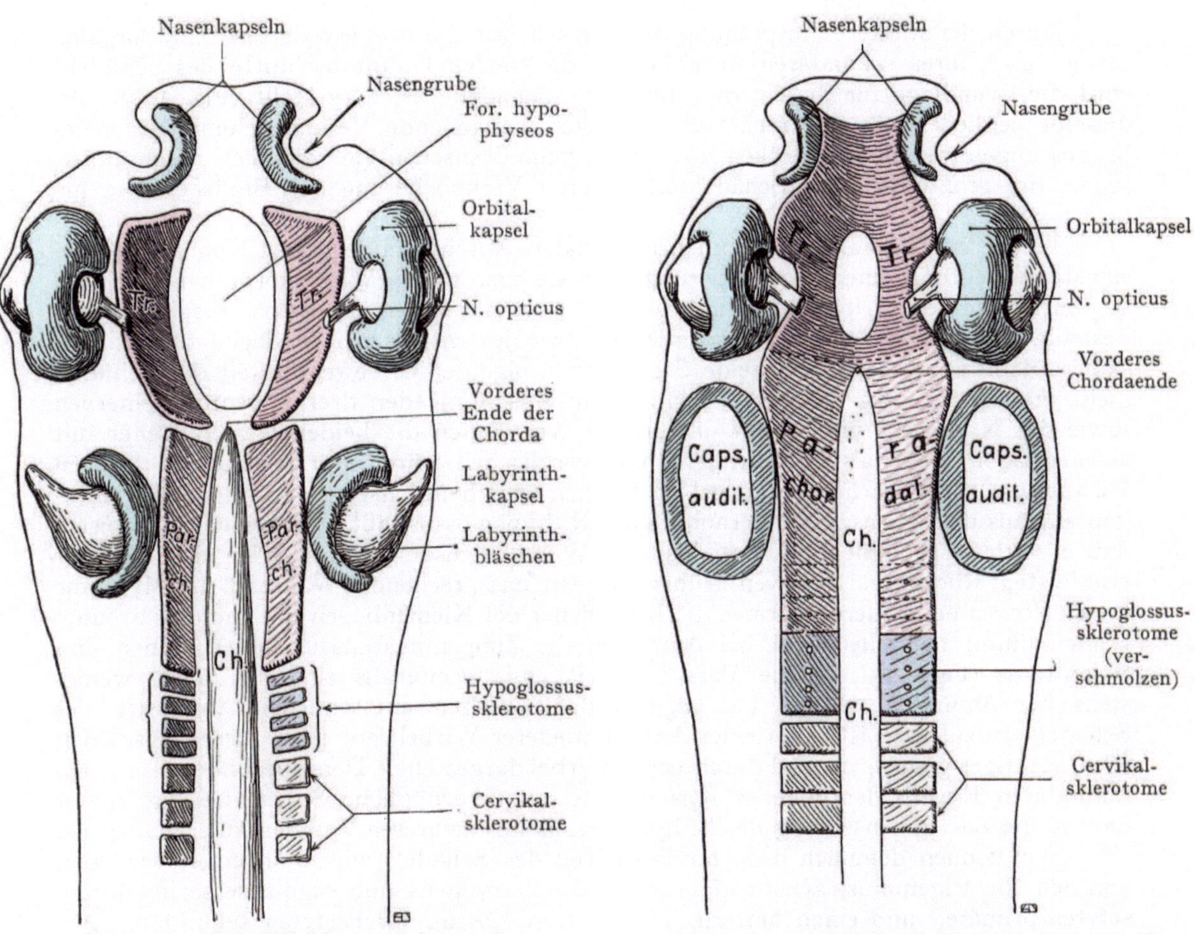

<table>
<tr><td>

Fig. 172. Schädelbildung, Schema I.
Tr. = Trabekel. Par. ch. = Parachordalknorpel.
Ch. = Chorda dorsalis.

</td><td>

Fig. 173. Schädelentwicklung, Schema II.
Tr. = Trabekel Parachordal. = Parachordalia.
Ch. = Chorda dorsalis.

</td></tr>
</table>

Abschnittes des Schädels (prächordaler Schädelabschnitt) ein Raum für die Aufnahme der Großhirnhemisphären geschaffen.

Tatsächlich treten die ersten Anfänge der Schädelbildung in der Umgebung der Knickungsstelle der Chorda dorsalis sowie caudalwärts von dieser Stelle auf beiden Seiten derselben auf. Diese Anlage und die aus ihr hervorgehenden Schädelknochen bezeichnen wir als den chordalen Teil des Schädels, im Gegensatze zu dem weiter vorn sich entwickelnden prächordalen Teile. Man vergleiche die Figg. 172 und 173, welche diese Verhältnisse veranschaulichen.

Als erste Anlage des knorpeligen Schädels treten also bei allen Wirbeltieren zunächst auf beiden Seiten der Chorda dorsalis zwei Knorpelplatten auf, die Parachordalplatten oder Parachordalia (Fig. 172). An diese schließen sich vorn zwei weitere Knorpelspangen an, die Trabeculae oder Rathkeschen Schädelbalken, welche an der Knickungsstelle der Chorda eine für den Durchtritt der ectodermalen Hypophysisanlage bestimmte Öffnung umgrenzen. Sie bilden die Grundlage des prächordalen Schädelabschnittes, an welchen sich vorn und seitlich die Nasen- und Augenkapseln zur Aufnahme der Riechsäcke und der Augen anschließen. Aus den Parachordalia entsteht dagegen der chordale Abschnitt des Schädels, welchem sich seitlich die zur Aufnahme der membranösen Labyrinthe dienenden Labyrinthkapseln (Capsulae auditivae) anlagern.

Durch die stärkere Ausprägung der Kapseln für die drei erwähnten Sinnesorgane, sowie durch ihren sekundären Anschluß an die beiden Hauptabschnitte des Schädels, wird die Grundlage für diesen, die knorpelige Schädelbasis, hergestellt (Fig. 173). An dieselbe schließt sich eine mehr oder weniger weitgehende Verknorpelung der membranös angelegten Schädeldecken an; sie ist beim Menschen eine ziemlich beschränkte, indem der größte Teil der Schädeldecke durch Verknöcherung des Bindegewebes geliefert wird.

Weder im chordalen noch im prächordalen Abschnitte zeigt der Knorpel die geringste Andeutung einer Segmentierung, wie sie uns in den Wirbelkörpern und Bogen so deutlich entgegentritt. Dessenungeachtet lag es nahe, den chordalen Abschnitt eben deshalb, weil ihm die Chorda zugrunde liegt, wenigstens als ein Analogon der Wirbelsäule aufzufassen, bei dem einzelne Segmente infolge der Unbeweglichkeit des Schädels nicht zur Abgrenzung gekommen sind. Mit Ausnahme der drei Augenmuskelnerven sowie des N. opticus und des N. olfactorius, von denen die beiden letzteren eher mit eigenen Lobi cerebri als mit Hirnnerven zu vergleichen wären, durchsetzen alle übrigen Hirnnerven die Parachordalknorpel oder gehen zwischen denselben und den Labyrinthkapseln aus dem Hirnschädel heraus. Vom N. hypoglossus läßt sich genau nachweisen, daß er sich ursprünglich aus drei bis vier Wurzeln zusammensetzt, den drei bis vier cranialsten Rückenmarksnerven früher Stadien entsprechend. Während die Myotome dieser Nerven bei niederen Formen die Rückzieher der Kiemenbogen (Retractores arcuum branchialium) herstellen und bei Amnioten die Zungenmuskulatur bilden, gehen ihre Sklerotome (Fig. 173), in die Pars basilaris ossis occipitalis ein, das also, wenigstens bei Amnioten, als ein auf segmentalen Anlagen entstandener Abschnitt des Schädels aufzufassen ist. Bei einer Anzahl niederer Wirbeltiere fehlt dieser Abschnitt, oder, richtiger gesagt, er wird durch echte Wirbel dargestellt. Derselbe bildet also einen sekundären Erwerb der höheren Formen, dessen ursprüngliche Segmentierung später bloß in der Zusammensetzung des N. hypoglossus aus mehreren Wurzeln zu erkennen ist.

Wir können demnach den chordalen Teil des Schädels wieder in einen vorderen, von den Nn. trigeminus, acustico-facialis, glossopharyngeus und vago-accessorius durchsetzten primären und einen hintern, vom N. hypoglossus durchsetzten sekundären Abschnitt gliedern (Fig. 173).

Die einzelnen Knorpelteile gehen ineinander über, um nach der Verbindung mit den Nasen-, Augen- und Labyrinthkapseln die knorpelige Schädelbasis herzustellen, den wesentlichsten Bestandteil des Primordialcraniums. Dieses ist beim Menschen im Beginne des zweiten Fetalmonates schon gut ausgebildet und erhält eine dorsale Ergänzung durch die membranöse Schädeldecke, welche durch Ossifikation des Bindegewebes die platten Knochen des Schädeldaches liefert. Die Bildung des knorpeligen Primordialcraniums, welche beim Menschen im zweiten Fetalmonate beginnt, erlangt ihre volle Entfaltung erst gegen das Ende des dritten Monates; von da an erfolgt allmählich ein Ersatz des Knorpels durch Knochen. Ein Stadium, in welchem die Verknöcherung, hauptsächlich die Entstehung der Bindegewebsknochen, schon beträchtliche Fortschritte gemacht hat, sehen wir in den Figg. 174, 175, 176 von einem Fetus von 8 cm Länge veranschaulicht.

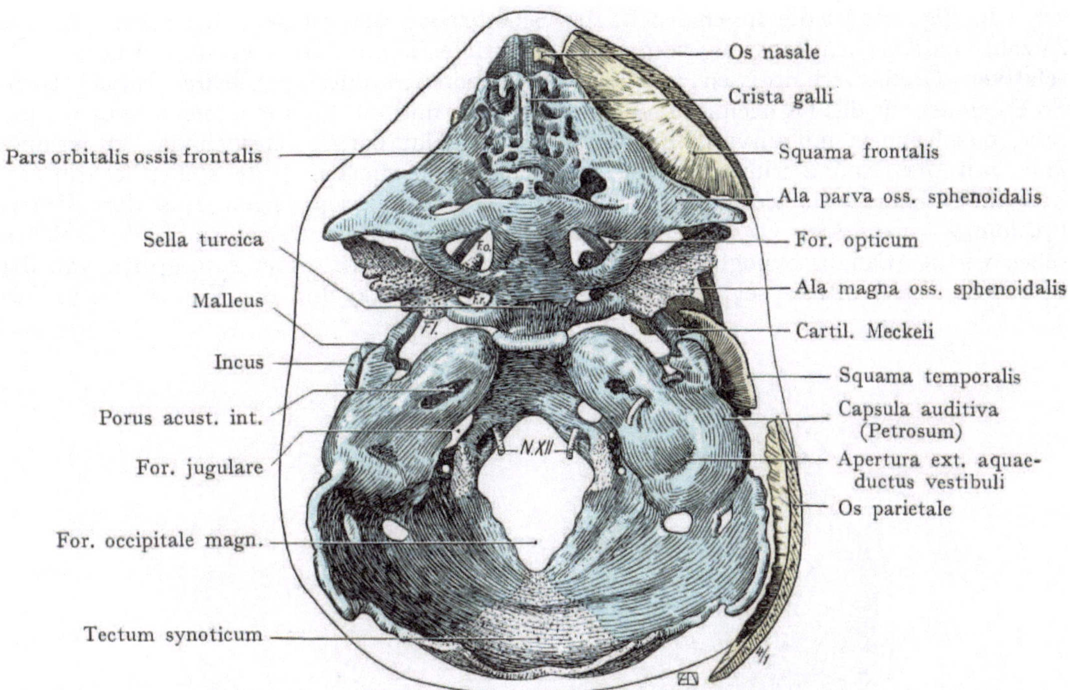

Fig. 174. Innere Ansicht der Schädelbasis eines Fetus von 8 cm.
Nach dem Modell von O. Hertwig.

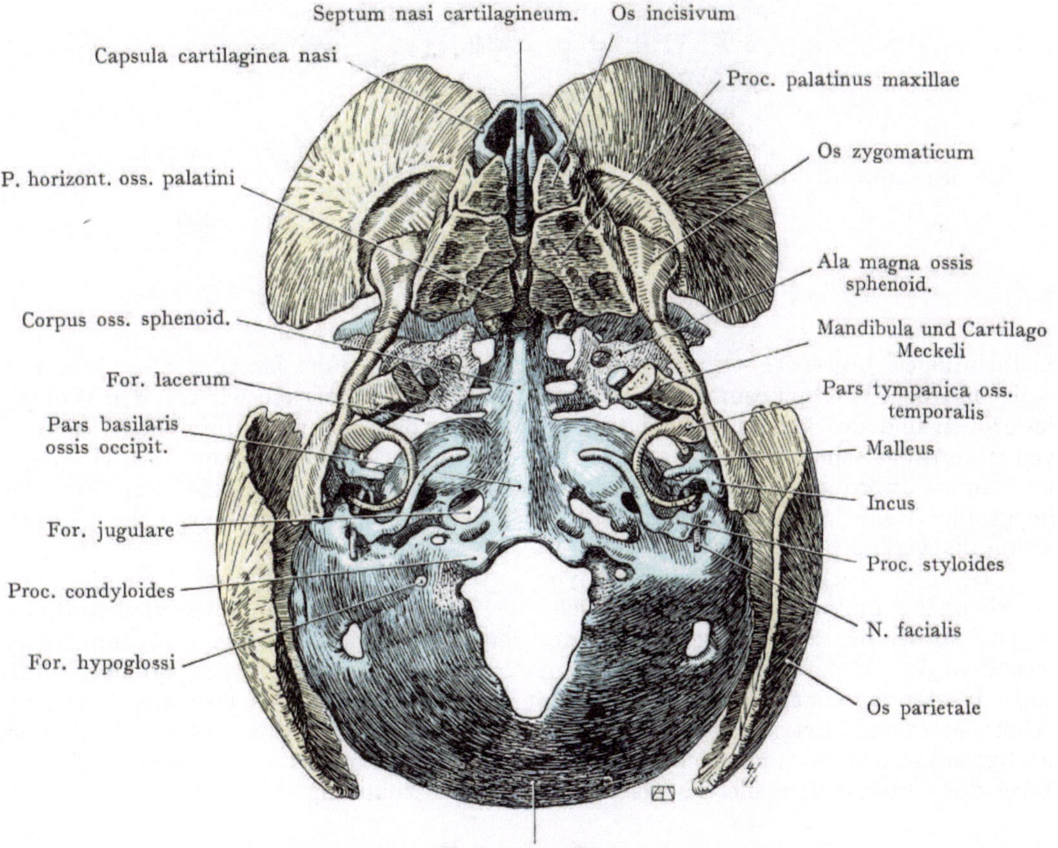

Fig. 175. Untere Ansicht der Schädelbasis eines Fetus von 8 cm.
Nach dem Modell von O. Hertwig.

In Fig. 174 ist die Innenansicht der Schädelbasis dargestellt. Hier sehen wir eine Anzahl von Knochen knorpelig vorgebildet, allerdings in plumperer Form und in anderen relativen Größenverhältnissen als beim Neugeborenen oder gar beim Erwachsenen. So erkennen wir das Os occipitale, die Pars petrosa und die Pars mastoidea ossis temporalis, das Keilbein mit unverhältnismäßig großen Alae parvae, endlich das Os ethmoidale mit der Lamina cribrosa. Alle knorpelig präformierten Teile stehen kontinuierlich untereinander in Zusammenhang, denn Knorpelmassen zeigen bloß dort Unterbrechungen, wo später Öffnungen in der Schädelbasis nachzuweisen sind. Von solchen sehen wir den Canalis hypoglossi (N. XII), das For. jugulare, dann eine große, von der Spitze der Labyrinthkapsel (Pars petrosa ossis temporalis) und der Wurzel des großen

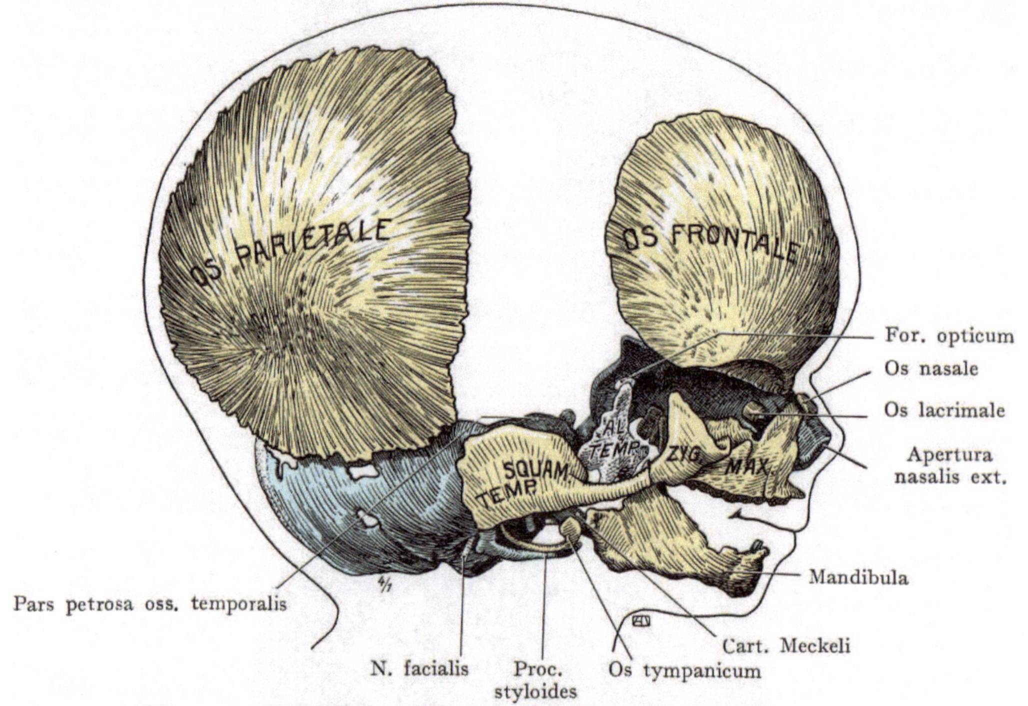

Fig. 176. Schädel eines Fetus von 8 cm. Seitenansicht.
Nach dem Modell von O. Hertwig.

Keilbeinflügels begrenzte Öffnung, welche dem späteren For. lacerum plus dem For. ovale und dem For. spinosum entspricht (F. l.). Ferner bemerken wir von den Wurzeln des großen und des kleinen Keilbeinflügels begrenzt das For. rotundum (F. r.); endlich weiter vorn das sehr große For. opticum (F. o.). Im Os ethmoidale sind die Öffnungen der Lamina cribrosa zu sehen. Vom Primordialschädel sind auf diesem Stadium bloß die großen Keilbeinflügel, ferner ein kleiner Teil der Pars lateralis sowie der Squama occipitalis verknöchert.

Bei der Ansicht der Schädelbasis von unten (Fig. 175) sind diese Teile gleichfalls zu erkennen, umfangreicher sind jedoch die in der Entwicklung begriffenen Bindegewebsknochen der Schädeldecke. Von der Seite her betrachtet (Fig. 176), imponieren besonders das Os parietale und die Squama frontalis, dann folgen die Squama temporalis, das Os zygomaticum, die Maxilla mit ihrem Proc. palatinus und die Mandibula, welche letztere als Belegknochen des knorpeligen Mandibularbogens entsteht. Von unten her treten mit dem noch gänzlich knorpeligen Os ethmoidale das Os incisivum, der Vomer, sowie die vertikale Lamelle des Os palatinum in Verbindung.

Beachtenswert sind endlich noch die großen Lücken, welche zwischen den knöchernen Teilen des Schädels klaffen, besonders zwischen den Anlagen der Knochen, welche später die Schädeldecke zusammensetzen. Dieselben werden von Membranen ausgefüllt, auf deren Kosten die Vergrößerung dieser Bindegewebsknochen erfolgt. Was von diesen Membranen bei der Geburt noch übrig bleibt, stellt die Fontanellen dar (s. den Schädel des Neugeborenen).

3. Reste des Primordialschädels beim Erwachsenen.

Bei den verschiedenen Klassen der Wirbeltiere bildet sich der knorpelige Primordialschädel in sehr verschiedenem Grade aus, wie er auch in recht verschiedener Ausdehnung dem fertigen Schädel zugrunde liegt. So nimmt er bei einigen Knochenfischen eine starke Entfaltung, während er bei andern Vertretern dieser Klasse durch die Knochenbildung fast ganz verdrängt wird. Bei Säugetieren entsteht in frühen Entwicklungsstadien ein knorpeliger Primordialschädel, doch bleiben durchwegs bloß kleine Strecken als Reste desselben im fertigen Schädel übrig. Beim Menschen beschränken sich diese auf die Knorpel der äußeren Nase (Cartilagines alares) sowie auf die knorpelige Nasenscheidewand (Cartilago septi nasi).

4. Verknöcherung des Schädels im einzelnen.

Von den Schädelknochen unterscheiden wir, wie gesagt, die auf rein bindegewebiger Grundlage entstehenden Bindegewebsknochen von solchen, die aus Knochenkernen im knorpeligen Primordialcranium entstehen. Unter diesen stellen wir zunächst diejenigen zusammen, deren Hauptanlagen in den Parachordalia und den Trabekeln auftreten. Hierher gehören das Os occipitale, das Os sphenoidale und das Os ethmoidale, deren Zusammengehörigkeit schon von den älteren Anatomen durch die Bezeichnung als Os tripartitum hervorgehoben wurde. Die Pars basilaris ossis occipitalis und die hintere Partie des Corpus ossis sphenoidalis entsprechen annähernd dem chordalen Abschnitte der Schädelbasis, die vordere Partie des Corpus ossis sphenoidalis

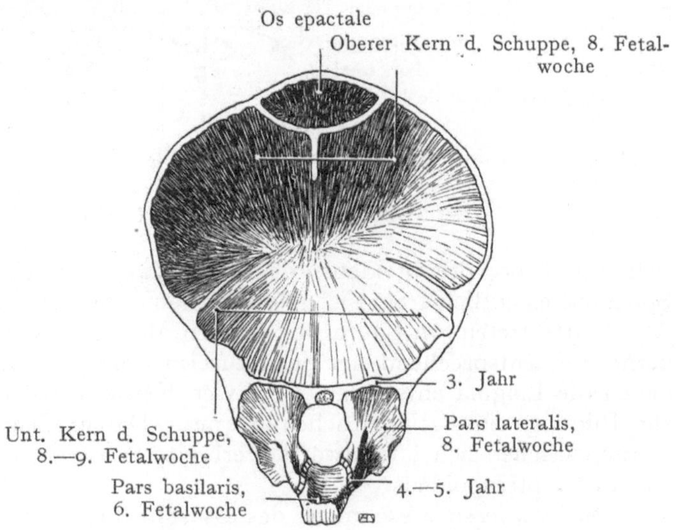

Fig. 177. Os occipitale mit Knochenkernen.

und das Os ethmoidale dem prächordalen Abschnitte. Lateral schließt sich die aus der knorpeligen Schädelbasis hervorgegangene, die Gehörkapsel darstellende Pars petrosa ossis temporalis mit der Pars mastoidea an (Fig. 174), während die beiden andern Abschnitte des Os temporale (die Squama und die Pars tympanica) als Bindegewebsknochen entstehen.

Os occipitale. Der größte Teil des Knochens entsteht durch Verknöcherung des Primordialcraniums, indem bloß die Spitze der Squama occipitalis sich als Bindegewebsknochen anfügt. In der Pars basilaris bilden sich in der sechsten Fetalwoche zwei bald miteinander verschmelzende Knochenkerne (Fig. 177). Am Anfange des

dritten Monats treten in den Partes laterales und in dem untern Teile der Squama
Knochenkerne auf, und zwar je einer für jede Pars lateralis und zwei bald untereinander
verschmelzende Kerne für die untere Partie der Squama, die bis zur Höhe der Pro-
tuberantia occipitalis externa und der Linea nuchae suprema reichen. Oberhalb dieser
Linie wird die Squama aus zwei sehr früh miteinander verschmelzenden Kernen hergestellt, die auf bindegewebiger Grundlage entstehen. Noch vor der Geburt findet
eine ausgedehnte Verschmelzung dieses obern Abschnittes der Squama mit dem
untern Abschnitte statt, doch wird das ursprüngliche Verhalten noch eine Zeitlang
durch einen tiefen Einschnitt am Margo parietalis angedeutet. Bis zum 5.—6. Jahre
bleiben die vier auf knorpeliger Grundlage auftretenden Kerne durch Knorpelfugen
voneinander getrennt (Fig. 177). Ein kleiner, zeitweise selbständiger Knochenkern (Os
Kerckringi) wird zuweilen am hintern Umfange des Foramen occipitale magnum angetroffen.

Os sphenoidale. Am Körper dieses später einheitlichen Knochens unterscheiden
wir (Fig. 178) einen mit den Alae parvae in Zusammenhang stehenden vorderen Abschnitt
von einem hinteren Abschnitte, welcher die Alae magnae abgibt. Nach unten erstreckt

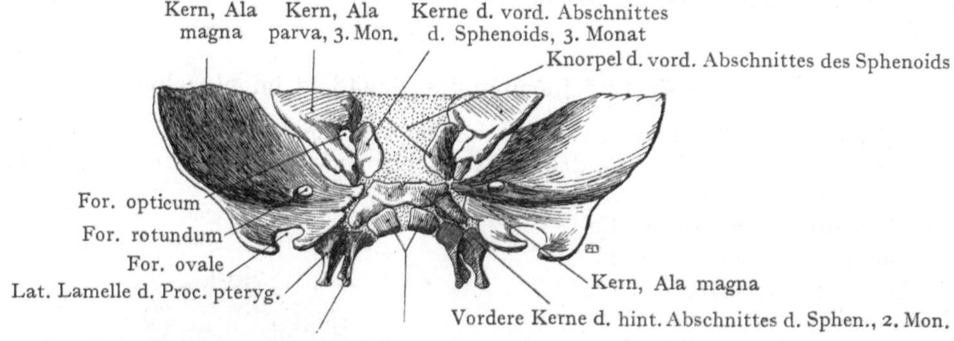

Fig. 178. Os sphenoidale, 5. Monat.
Zum Teil nach Poirier-Charpy, Osteologie. p. 425.

sich der Proc. pterygoideus, dessen mediale Lamelle als Bindegewebsknochen dem
Sphenoid eigentlich fremd ist und sich demselben erst sekundär anschließt. Im hintern
Abschnitte treten im Laufe des zweiten Monates zwei bald sich vereinigende Knochenkerne auf, entsprechend der Sella turcica; zu diesen kommen zwei seitliche Kerne, aus
denen die Lingula entsteht. Diese vier Kerne verschmelzen schon im sechsten Monate
zur Bildung eines einheitlichen Kernes. Die großen Flügel entstehen aus je einem
Kerne, welcher sich lateralwärts verbreitert; derselbe liefert auch die laterale Lamelle
des Proc. pterygoideus.

Im vorderen Abschnitte des Os sphenoidale entstehen in der Mitte des dritten
Monates, lateral vom For. opticum, zwei Knochenkerne, entsprechend den Alae
parvae, und etwas später (im dritten Monate) zwei weitere zur Verschmelzung
kommende Kerne im Körper. Vor der Geburt sind auch die Körper der beiden
Abschnitte des Sphenoids oben knöchern miteinander verbunden, doch erhält sich
unten die Knorpelfuge, oft als eine ziemlich ansehnliche Masse, bis gegen das
13. Lebensjahr. Für das Längenwachstum der Schädelbasis ist nach Virchow die
Knorpelwucherung in der Synchondrosis sphenobasilaris von der allergrößten Bedeutung.

Os ethmoidale. Die knorpelige Anlage des Knochens schließt sich als Fortsetzung
des prächordalen Schädelabschnittes dem Os sphenoidale an. Wir unterscheiden am
Knorpel wie am späteren Knochen eine Lamina cribrosa von seitlichen Teilen, welche
die Nasenmuscheln tragen. Eine senkrecht als Crista galli nach oben in die Schädel-

höhle vorspringende Platte (Fig. 174) setzt sich nach unten in das Septum nasi cartilagineum fort.

Die Knochenbildung tritt im 5. Monate zuerst in den Seitenteilen auf, aus denen sich erst nach der Geburt durch Aushöhlung von den beiden obern Nasengängen aus die Cellulae ethmoidales entwickeln. Darauf verknöchern die beiden untern Muscheln, während bei der Geburt und noch bis in die zweite Hälfte des ersten Lebensjahres hinein die Crista galli und die Lamina perpendicularis knorpelig bleiben.

Os temporale. Eine wesentliche Vervollständigung der Schädelbasis wird durch die Ossifikation der knorpelig vorgebildeten Pars petrosa und Pars mastoidea ossis temporalis geliefert. Die Squama entsteht als Bindegewebsknochen, desgleichen die Pars tympanica. Die beiden letztgenannten Knochenabschnitte grenzen lateral das Cavum tympani ab, welches infolgedessen erst sekundär in die Wandung des Schädels aufgenommen wird.

Die Ossifikation der Pars petrosa beginnt im 5. Monate mit der Bildung von mehreren Kernen, die jedoch schon im 6. Monate in weitgehendem Maße miteinander verschmelzen. Die einzelnen Kerne bilden bestimmte Teile der Pars petrosa, die mit den das Labyrinth umschließenden, jedoch voneinander getrennten Knochen niederer Wirbeltiere (Epioticum, Präoticum, Postoticum usw. der Fische) verglichen werden. Ein Kern tritt zwischen der Fenestra vestibuli und der Fenestra cochleae auf, etwa entsprechend dem späteren Promontorium, und bildet einen beträchtlichen Teil der Wandung des Vestibulums, der Cochlea, des Paries labyrinthicus und jugularis cavi tympani. Ein zweiter Kern bildet an der höchsten Stelle des Canalis semicircularis sup. die Eminentia arcuata, die Decke des Vestibulums und der Cochlea sowie auch einen Teil des Paries labyrinthicus. Der Paries tegmentalis wird von einem besonderen Knochenkerne geliefert, welcher sich lateral mit der Squama temporalis verbindet. Diese stellt folglich nur einen kleinen Teil des Paries tegmentalis her. Ein hinterer am Canalis semicircularis post. liegender Kern bildet die Pars mastoidea. Der Proc. styloides stammt vom zweiten knorpeligen Schlundbogen (Hyoidbogen), und zwar von dessen dorsaler, mit der Basis cranii verbundenen Strecke. Er ossifiziert von zwei Kernen aus.

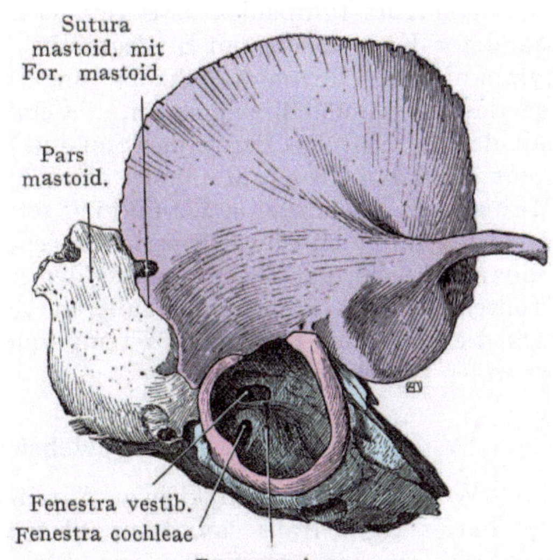

Fig. 179. Felsenbein des Neugeborenen von außen gesehen.

In inniger Beziehung zum Paries labyrinthicus steht der Nervus facialis. Beim Neugeborenen wird er vollständig in diese Wandung eingeschlossen und verläßt den Canalis facialis erst am Foramen stylomastoideum. In frühen Entwicklungsstadien (s. Gehörorgan) durchsetzt der Nerv die knorpelige Pars petrosa, um von der Stelle an, wo später das Ganglion geniculi liegt und der Nerv sich nach hinten und unten wendet, außerhalb des knorpeligen Primordialcraniums zu verlaufen. Zunächst geht er an der lateralen Wand des Labyrinthes, welche vor der Bildung der Pars tympanica ossis temporalis und der Squama temporalis oberflächlich liegt, um sich weiterhin dem obern Teile des Hyoidbogens, dem späteren Proc. styloides anzulegen. Der Einschluß des Nerven in den Canalis facialis ist ein sekundärer Vorgang, wie das sowohl die Entwicklungsgeschichte als die vergleichende Anatomie beweisen.

Die Squama temporalis entsteht am Ende des zweiten Monates aus einem Kerne, welcher der Wurzel des Proc. zygomaticus entspricht. Nach vorn bildet er diesen letztern, medial die Facies articularis und das Tuberculum articulare, oben die eigentliche, an der Bildung der seitlichen Schädelwandung teilnehmende Squama. Medianwärts verbindet sich die Anlage mit dem obern Kerne der Pars petrosa zur Herstellung des Paries tegmentalis cavi tympani, an dem die ursprüngliche Verbindungslinie der beiden Knochen noch lange als die praktisch nicht unwichtige Sutura petrosquamosa nachweisbar ist. Der Knochenkern der Squama bildet ferner, indem er sich nach hinten und unten (Fig. 179) zwischen die Pars tympanica und die Pars petrosa ausdehnt, den vordern obern Teil des Proc. mastoides, welcher an der Begrenzung sowohl des Cavum tympani als des Antrum tympanicum teilnimmt. Dieser Abschnitt der Squama vervollständigt oben die Pars tympanica zum Annulus tympanicus und bildet später einen Teil des Meatus acusticus externus.

Die Pars tympanica ossis temporalis entsteht im dritten Monate als ein unvollständiger Knochenring im Bindegewebe, lateral von den am Paries labyrinthicus cavi tympani dem Primordialschädel angelagerten Gehörknöchelchen. In diesen Ring ist das Trommelfell eingelassen. Sein vorderes, etwas aufgetriebenes Ende bildet mit der horizontalen Partie der Squama die Fissura petrotympanica (Glaseri). In diese zieht sich der Proc. ant. mallei (Folii), welcher ursprünglich den Hammer mit dem Meckelschen Knorpel in Verbindung setzte (siehe Visceralskelct). Hinten verbindet sich der Ring mit dem abwärts verlaufenden, in die Pars mastoidea übergehenden Teil der Squama. Nach der Geburt wächst der Annulus tympanicus in die Fläche aus, um den größten Teil des knöchernen äußeren Gchörganges zu bilden. Bei der Geburt lassen sich die einzelnen Teile des Os temporale oft noch deutlich abgrenzen oder sogar voneinander trennen.

5. Bindegewebsknochen des Schädels.

Wenn wir von dem kleinen Anteil der Squama ossis temporalis an der Bildung des Paries tegmentalis cavi tympani sowie von einem Teile der Partes orbitales ossis frontalis absehen, so finden wir den ganzen übrigen Schädelgrund knorpelig vor-

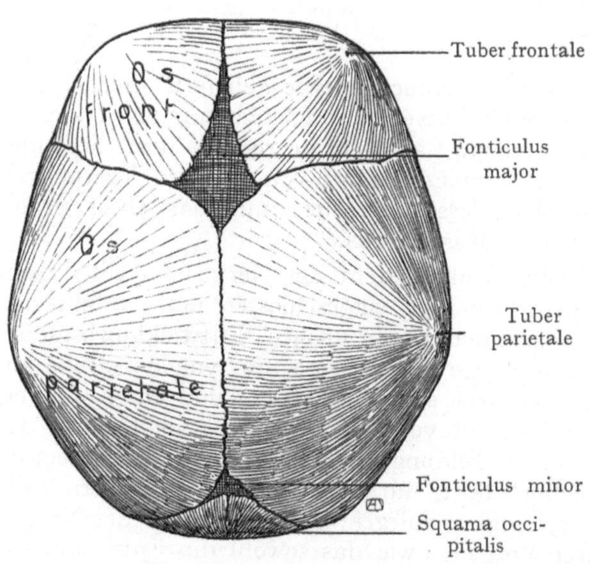

Fig. 180. Schädeldach eines neugeborenen Kindes. ²/₃.

gebildet. Dagegen besteht der große Knochenkomplex des Schädeldaches, wenigstens beim Menschen, ausschließlich aus Bindegewebsknochen; hierher rechnen wir die Squama frontalis, die beiden Ossa parietalia und die obere Partie der Squama occipitalis sowie den größten Teil der Squama temporalis. Es bilden sich im Bindegewebe des membranösen Craniums zunächst radiär angeordnete Knochenbalken, die, untereinander in Verbindung treten und durch weiteres Übergreifen der Ossifikation in radiärer Richtung eine Vergrößerung des Knochens bewirken. Eine oberflächliche und eine tiefe kompakte Knochenschicht (Lamina externa und interna) grenzen die netzartig angeordneten Knochenbalken der Diploë ab.

Das Os frontale entsteht (Fig. 180) aus zwei in der 6. Woche auftretenden Kernen, welche zuerst in der Gegend der Tubera frontalia sichtbar werden und je eine Hälfte des Knochens bilden. Diese sind beim Neugeborenen noch getrennt, indem die Trennungslinie, welche später der Sutura frontalis entspricht, sich in der Regel erst im 8. Jahre schließt. Die Sinus frontales beginnen sich im ersten Lebensjahre als Ausbuchtungen der Nasenhöhle vom mittleren Nasengange aus zu bilden, gewinnen jedoch erst gegen die Zeit der Pubertät eine beträchtlichere Entfaltung. Das Os parietale entwickelt sich von zwei am Ende des zweiten Monates auftretenden Kernen aus, welche bald zu einem einheitlichen Kerne untereinander verschmelzen.

Als Reste des membranösen Craniums bleiben zur Zeit der Geburt zwischen den platten Schädelknochen die Fontanellen (Fonticuli) übrig (Figg. 180 und 181). Vorn liegt zwischen den Ossa parietalia und den beiden Hälften der Squama frontalis die große Fontanelle (Fonticulus major); hinten zwischen den Ossa parietalia und der oberen Partie der Squama occipitalis die kleine Fontanelle (Fonticulus minor). Eine dritte Fontanelle (Fonticulus mastoideus) wird durch den Angulus mastoideus, die Pars mastoidea ossis temporalis und die Squama occipitalis, endlich der Fonticulus sphenoidalis durch das Os frontale, die Ala magna ossis sphenoidalis und den Angulus sphenoidalis ossis parietalis begrenzt. Die Fontanellen nehmen durch die auf ihre Kosten stattfindende Vergrößerung der angrenzenden Knochenteile ab und verschwinden schließlich gänzlich; die große Fontanelle schließt sich im dritten Jahre, die kleine schon im 3.—6. Lebensmonate, der Fonticulus sphenoidalis im dritten, der Fonticulus mastoideus in der ersten Hälfte des zweiten Jahres. Typische Nahtverbindungen der platten Schädelknochen sehen wir zum Teil schon im Verlaufe des vierten Jahres auftreten.

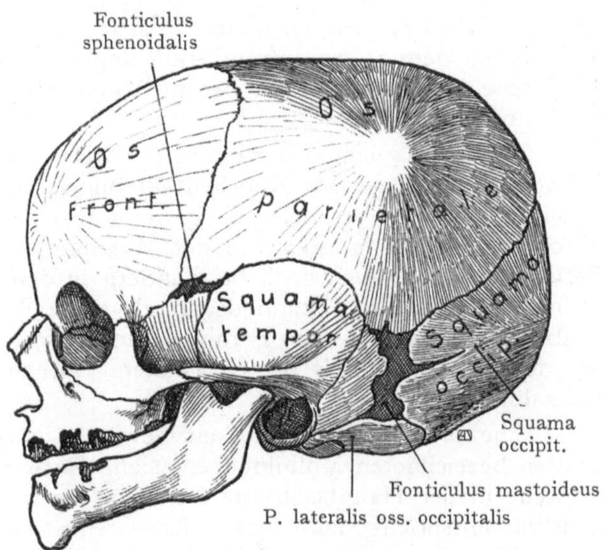

Fig. 181. Schädel eines neugeborenen Kindes von der Seite.

Die Ossifikation schreitet von den Grenzen der platten Knochen aus nicht ganz regelmäßig weiter; so kommt es häufig zur Bildung kleiner accessorischer Knochenkerne, welche gewissermaßen als Vorstöße der Ossifikationsgrenze aufzufassen sind und später entweder mit den platten Knochen verschmelzen oder auch als Schaltknochen (Ossa suturarum) ihre Selbständigkeit wahren.

6. Knochen des Gesichtes.

Hierher gehören eine Anzahl von Knochen, welche, auf bindegewebiger Grundlage entstehend, an der Bildung der Orbita (Pars orbitalis ossis frontalis, Os lacrimale) und der Nasenhöhle (Ossa nasalia, Maxillae, Ossa palatina) teilnehmen. Dort, wo sie an die Oberfläche treten, liegen sie den Weichteilen des Gesichtes zugrunde. Dem größten dieser Knochen, der Maxilla, kommt auch der bedeutendste Einfluß auf die Gesichtsbildung zu; er ist nach Henke „der zentrale Knochen des Gesichtes und auch derjenige, dessen Wachstum späterhin am beträchtlichsten ist".

Maxilla. Der Knochen entsteht aus sechs Kernen, von denen einer schon im zweiten Fetalmonate auftritt. Gegen den vierten Fetalmonat verschmelzen fünf Kerne untereinander, dagegen bleibt der Kern, aus welchem der die oberen Schneidezähne tragende Abschnitt entsteht, auch weiterhin getrennt, auch ist er als ein nur sekundär mit dem Oberkiefer in Verbindung tretender Knochen (Os praemaxillare) aufzufassen. Die Maxillae liegen zunächst lateral von der knorpeligen Nasenkapsel (Fig. 176); erst später, nachdem laterale Teile der knorpeligen Nasenkapsel sich zurückgebildet haben, erlangen auch jene Beziehungen zur Nasenhöhle, die sie lateral teilweise begrenzen. Die Höhe der Knochen ist zunächst eine geringe (Fig. 176), indem fast der ganze Abschnitt, den wir später als Körper des Oberkiefers bezeichnen, fehlt, so daß der die Zahnsäckchen enthaltende, sehr früh sich ausbildende Proc. alveolaris fast unmittelbar dem Sulcus infraorbitalis angrenzt. Erst im vierten Monate nach der Geburt stellt eine seichte Grube an der medialen Fläche des Knochens die erste Anlage des Sinus maxillaris dar.

Os incisivum seu praemaxillare (Zwischenkiefer). Die beiden die oberen Schneidezähne tragenden Knochenteile bilden durch ihre mediane Verschmelzung das Os incisivum, welches bei vielen Säugetieren fast bis zur Herstellung des fertigen Zustandes durch die Sutura incisiva von der Maxilla getrennt wird. Beim reifen menschlichen Fetus, manchmal auch noch bei Kindern in den ersten Lebensjahren, läßt sich dieselbe noch nachweisen und kann sogar als seltene Anomalie beim Erwachsenen erhalten bleiben. Sie verläuft vom Foramen incisivum aus schräg lateralwärts und nach vorn, um den Proc. alveolaris des Oberkiefers zwischen dem zweiten Schneidezahn und dem Eckzahn zu durchsetzen.

Eine praktische Wichtigkeit gewinnen diese Verhältnisse bei den als Gaumenspalten bezeichneten Mißbildungen (siehe Entwicklung des Mundes). Das Os incisivum entsteht in der Hauptsache im Bereiche des mittleren Stirnfortsatzes, und die Sutura incisiva entspricht dann etwa der Grenze desselben gegen den Oberkieferfortsatz, da wo die, je nach dem Grade der Ausbildung als Hasenscharte (Beschränkung auf die Oberlippe) oder Gaumenscharte (Übergreifen auf den Gaumen) bezeichnete Spaltbildung auftritt. Bei doppelseitiger Gaumenspalte bleiben beide Suturae incisivae offen; sodann kommt eine spaltförmige Verbindung zwischen Mund- und Nasenhöhle zustande, die sich auch beiderseitig neben der Medianebene nach rückwärts auf den harten oder sogar auf den weichen Gaumen ausdehnen kann. In seltenen vorläufig nicht zu erklärenden Fällen durchsetzt der Spalt das Os incisivum selbst, geht also zwischen dem ersten und zweiten Schneidezahn hindurch.

Das Os zygomaticum entsteht wahrscheinlich aus drei Zentren, die am Ende des zweiten Fetalmonates auftreten und im fünften Fetalmonate untereinander verschmelzen. Eine Andeutung dieses Verhaltens erblicken wir in der bisweilen vorkommenden Teilung des Knochens in zwei Hälften (Os zygomaticum bipartitum).

Das Os nasale entwickelt sich als richtiger Belegknochen auf der knorpeligen Nasenkapsel, welche im Bereiche des Knochens zum Schwunde kommt (Fig. 176). Das Os lacrimale entsteht lateral auf der knorpeligen Nasenkapsel aus einem einzigen Knochenkern; der Vomer gegen das Ende des zweiten Monats aus zwei bilateral symmetrischen Kernen, welche das Septum cartilagineum nasi zwischen sich fassen. Dieses wird zurückgebildet, so daß die beiden Knochenkerne zum Kontakt und schließlich zur Verschmelzung kommen.

Das Os palatinum entsteht aus einem Kerne, welcher dem durch die Pars horizontalis und Pars perpendicularis gebildeten Winkel entspricht. Es muß hier hervorgehoben werden, daß bei allen Gesichtsknochen die Zahl der Kerne vermehrt sein kann, indem wir es mit einer nicht unbeträchtlichen Variationsbreite zu tun haben.

¡7. Reste des Primordialcraniums und Herkunft der Schädelknochen.

Vom Standpunkte der vergleichenden Embryologie aus betrachtet, zeigt das knorpelige Primordialcranium des Menschen, auch auf der Höhe seiner Ausbildung, eine beträchtliche Reduktion. So sehen wir z. B. am Primordialcranium des Maulwurfs (Eugen Fischer) auch Teile der seitlichen Schädelwandung knorpelig vorgebildet. Zwar schwinden auch hier größere Strecken des Knorpelcraniums, ohne Knochenkerne zu bilden, wenn Bindegewebsknochen sich ihnen auflagern. Diese atrophierenden Teile des knorpeligen Craniums kommen auch beim Menschen vor, und A. von Kölliker zählt als solche auf: 1. den Knorpel unter dem Nasenbein, 2. einen Teil der vorderen Schädelgrube, entsprechend den Partes orbitales ossis frontalis, wo der Knorpel, ohne daß etwa Knochenkerne in ihm auftreten, durch den Bindegewebsknochen, der sich ihm auflagert, ersetzt wird, 3. Teile der knorpeligen Conchae nasales, 4. den Meckel-schen Knorpel (den knorpeligen Mandibularbogen), welcher zum größten Teile ohne Bildung von Knochen verschwindet (siehe Unterkiefer), 5. die Strecke des Hyoidbogens zwischen dem Proc. styloides und dem kleinen Horne des Os hyoides, welche sich in das Ligamentum stylohyoideum umwandelt.

8. Das Visceralskelet.

Bei niederen Wirbeltieren, so bei Selachiern, sind die knorpeligen Schlundbogen des Kiemenskeletes mächtig ausgebildet (Fig. 182). Zwar haben die beiden ersten Bogen

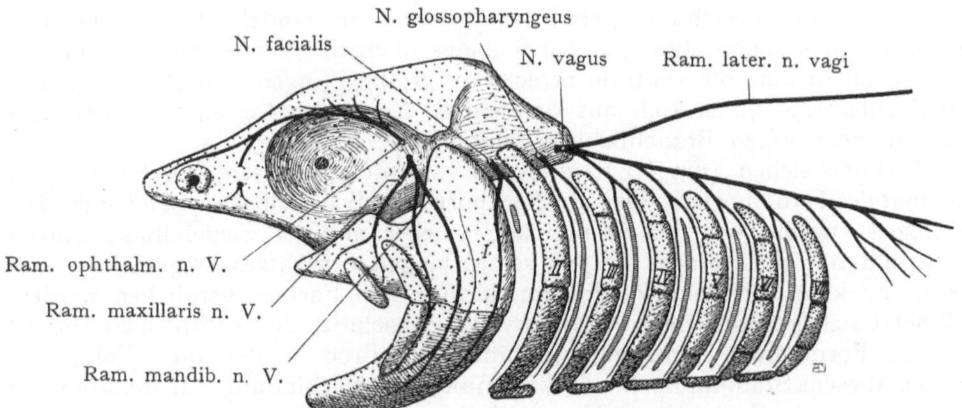

Fig. 182. Schema eines Selachierschädels.
Nach Wiedersheim.
I Mandibularbogen.
II Hyoidbogen
III—VII Kiemenbogen.

(Mandibular- und Hyoidbogen) schon eine Differenzierung erfahren, welche sie der ursprünglichen Funktion als Träger der Kiemenstrahlen entfremdet. Der Mandibularbogen trägt die Zähne; auf ihm bildet sich als Belegknochen der Unterkiefer der höheren Formen. Er gliedert sich vielfach in zwei Abschnitte, einen oberen, das Palatoquadratum, welches nach vorn einen dem Schädel angeschlossenen Fortsatz aussendet, und einen unteren, die Mandibula, welche mit dem Quadratum artikuliert (Fig. 182). Der zweite knorpelige Schlundbogen (Hyoidbogen) zeigt schon deutliche Beziehungen zum Kiemenapparate, indem von ihm wie von den folgenden Schlundbogen (Branchialbogen) die den Kiemenplatten zugrunde liegenden Kiemenstrahlen ausgehen. Der Spalt zwischen Mandibular- und Hyoidbogen ist bei diesen Formen bedeutend reduziert, indem bloß der dorsale Abschnitt desselben in Form eines die seitliche Wand des Kopfdarmes in nächster Nähe des Labyrinthes durchsetzenden Ganges (Spritzloch) erhalten bleibt, der bei einigen Formen seine ursprüngliche Funktion durch den Besitz der rudimentären Spritzlochkieme kundgibt. Bei den Rochen erlangt das Spritzloch Beziehungen zum Gehörapparate und übernimmt die Funktion eines die Erschütterungen des umgebenden Mediums zum Labyrinthe weiterleitenden Apparates. Der Hyoidbogen erfährt gleichfalls eine Gliederung in einen dorsalen Abschnitt (Hyomandibulare), welcher sich mit der Schädelbasis, in der Nähe der Labyrinthkapsel aber auch mit dem Palatoquadratum verbindet, und einen ventralen Abschnitt, welcher den eigentlichen Hyoidbogen darstellt. Ventral werden die beiden Hyoidbogen durch ein medianes Knorpelstück, die Copula, verbunden, welche sich als eine Verknüpfung der ventralen Enden der Branchialbogen nach hinten fortsetzt. Diese, die Träger der Kiemenstrahlen, sind in der Fünfzahl vorhanden und zerfallen, wie die beiden ersten Bogen, in einzelne Stücke; ihre dorsalen Enden sind mit der Wirbelsäule gelenkig verbunden, ihre ventralen Enden dagegen mit der Copula.

Beim Menschen sind der Mandibularbogen, der Hyoidbogen und der erste Branchialbogen knorpelig angelegt. Der Mandibularbogen liefert die beiden größeren Gehörknöchelchen (Hammer und Amboß) sowie den im dritten Fetalmonate noch durch den Proc. ant. mallei (Folii) mit dem Hammer in Verbindung stehenden Meckelschen Knorpel, welcher dem als Bindegewebsknochen entstehenden Unterkiefer zur Grundlage dient. Aus dem oberen Teile des Hyoidbogens bildet sich erstens der Stapes und zweitens der Reichertsche Knorpel, welcher sich teils in den mit der unteren Fläche des Os petrosum verschmolzenen Proc. styloides umwandelt, teils in das Lig. stylohyoideum und das kleine Horn des Zungenbeins übergeht. Vom ersten Branchialbogen (Fig. 183) bleibt bloß die ventrale Strecke als großes Zungenbeinhorn übrig. Der Körper des Zungenbeins bildet sich aus demjenigen Teile der Copula, welcher dem Hyoidbogen und dem ersten Branchialbogen zukommt.

Die Gehörknöchelchen (Fig. 183) entstehen aus den obersten Abschnitten des Mandibular- und des Hyoidbogens. Der an die knorpelige Schädelbasis anstoßende Teil des ersten Bogens trennt sich als Amboß ab, welcher mit der Schädelbasis mittels seines kurzen und mit dem Stapes mittels seines langen Fortsatzes in gelenkige Verbindung tritt. Er kann mit dem Quadratum der niederen Formen verglichen werden. Der Amboß setzt sich gelenkig gegen einen zweiten Abschnitt des knorpeligen Bogens ab, welcher die Form eines Hammers annimmt. Der Proc. mallei ant. (Folii) desselben stellt auf diesem Stadium noch eine kontinuierliche Verbindung mit dem übrigen ventralen Abschnitte des knorpeligen Mandibularbogens (Meckelscher Knorpel) dar. Auf diesem haben Bindegewebsknochen einen plump geformten Unterkiefer hergestellt (Fig. 176). Diese Verbindung verläuft durch die Fissura petrotympanica (Glaseri) aus der Paukenhöhle nach vorn und abwärts. Mit der Ausbildung des Bindegewebsknochens beginnt auch der Schwund des Meckelschen Knorpels, welcher sich nur in geringem Grade an der Bildung des Unterkiefers beteiligt (s. unten).

Der Amboß und der Hammer ossifizieren je von einem einzigen Knochenkerne aus, der im zweiten Monate auftritt. Schon zu dieser Zeit bildet sich auf dem Proc. ant. mallei ein kleiner Bindegewebsknochen, der später mit dem Knochenkerne des Hammers verschmilzt.

Die Mandibula ist ein Bindegewebsknochen, welcher am lateralen Umfange des Meckelschen Knorpels auftritt und zunächst bloß den Proc. alveolaris des Unterkiefers herstellt. An einzelnen Stellen bilden sich auch ohne Zusammenhang mit dem Meckelschen Knorpel, so im Proc. condyloides, im Proc. coronoides und im Angulus mandibulae neue Knorpelmassen, welche durch Knochengewebe ersetzt werden. Übrigens treten solche accessorische Knorpelkerne auch im Anschluß an andere Bindegewebsknochen des Schädels auf (Gaupp), doch bilden sie sich in der Regel zurück, indem sie durch den auflagernden Bindegewebsknochen überflüssig werden. Die ventralen Abschnitte beider Meckelscher Knorpel, die in der Medianebene zusammenstoßen, werden gleichfalls durch Knochen ersetzt.

Der Stapes trennt sich von der oberen, der Schädelbasis anliegenden Strecke des knorpeligen Hyoidbogens (Reichertscher Knorpel) ab. Durch den Ring desselben verläuft die beim Menschen später sich rückbildende, aus der A. carotis interna entspringende A. stapedia, welche bei vielen Tieren erhalten bleibt und einen beträchtlichen Teil des Verzweigungsgebietes der A. carotis ext. übernimmt. Die Verbindung der Stapesplatte mit der lateralen Wand des Labyrinthes in der Fenestra vestibuli dürfte der ursprünglichen Artikulationsstelle des Hyoidbogens mit der Schädelbasis entsprechen; möglicherweise ist die Entstehung der Fenestra vestibuli auf Druckatrophie zurückzuführen. Eine weitere Strecke des Hyoidbogens liefert den Proc. styloides, von welchem das Lig. stylohyoideum zum kleinen Horne des Os hyoides verläuft. Der Stapes ossifiziert etwas später als die beiden anderen Gehörknöchelchen von einem Kerne, der in der Basis liegt. Ein besonderer Kern liefert den Proc. styloides, ein weiterer das Cornu minus ossis hyoidei.

Der erste Branchialbogen bleibt bloß in seinem ventralen, zum Teil das Corpus und das Cornu majus

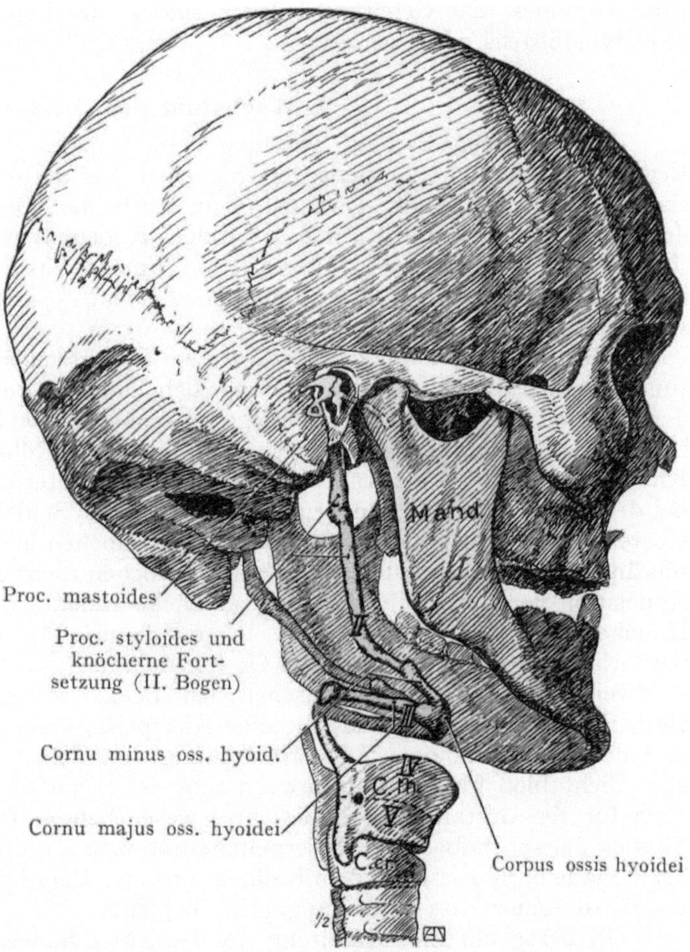

Fig. 183. Schädel mit doppelseitiger knöcherner Verbindung zwischen dem Cornu minus ossis hyoidei und dem Proc. styloides.

Mit Benützung einer Abbildung von Th. Dwight, Annals of Surgery. 1907. Angabe des Kiemenskeletes mittels Zahlen (I—V).

ossis hyoidei darstellenden Abschnitte erhalten, der von einem eigenen Kerne aus ossifiziert wird. Im Corpus ossis hyoidei treten 1—2 Knochenkerne auf. Was die folgenden Branchialbogen anbelangt, so entstehen sie als solche beim Menschen sicher nicht in der Form knorpeliger Bogen, dagegen sind wir wohl zur Annahme berechtigt, daß die Lamina cartilaginis thyreoideae aus dem vierten und fünften Branchialbogen entsteht (Fig. 183), indem ein allfälliges als Varietät vorkommendes Foramen thyreoidcum die ursprüngliche Trennungslinie andeutet (siehe auch Nervensystem). Einige Autoren leiten auch den Cricoidknorpel von einem Branchialbogen ab. Die Fig. 183 veranschaulicht diese Verhältnisse. Der Hyoidbogen, welcher in der Regel durch die

Ausbildung des Lig. stylohyoideum eine Unterbrechung erfährt, wird hier durch eine Reihe von gelenkig untereinander verbundenen Knochenstücken dargestellt, so daß wir von einer vollständigen Ausbildung des Hyoidbogens beim Erwachsenen als Varietät sprechen dürfen. Wahrscheinlich liegt dieser Tatsache ein übermäßiges Wachstum des knorpeligen Hyoidbogens zugrunde (T. Dwight). Übergänge zum gewöhnlichen Verhalten erblicken wir in einem sehr langen, manchmal in zwei Abschnitte gegliederten Proc. styloides. Die Gehörknöchelchen sind in der Figur als Teile des Mandibular- und des Hyoidbogens zu erkennen.

9. Wachstum des Schädels.

Ein Hauptunterschied zwischen dem Schädel des Kindes und demjenigen des Erwachsenen besteht in dem verschiedenen Verhältnis der Hirnkapsel zum Gesichtsskelet (Henke). Noch geraume Zeit nach der Geburt überwiegt das Wachstum der die Gehirnkapsel zusammensetzenden Knochen, während die Entfaltung der Gesichtsknochen zurückbleibt. Nach Froriep ist das Verhältnis des Gesichtsschädels zum Hirnschädel beim Neugeborenen I : 8, beim 5 jährigen Kinde I : 4, beim Erwachsenen I : 2.

Wir treffen, wie schon erwähnt wurde, verschiedene Arten des Knochenwachstums am Schädel an, je nachdem es sich um die knorpelig präformierten Knochen der Schädelbasis oder um die Bindegewebsknochen der Schädeldecke und des Gesichtes handelt. Bei jenen ist es, ähnlich wie bei den Röhrenknochen, der zwischen den Knochenkernen liegende Knorpel, welcher neues Material für die Knochenbildung liefert, bei den platten Schädelknochen die angrenzende Schicht von Bindegewebe, auf deren Kosten, solange die Nähte offen bleiben, der Knochen in die Fläche wächst. Natürlich beschränkt sich das Wachstum der platten Knochen nicht auf die Ränder, indem sie durch Apposition von der Fläche aus auch an Dicke zunehmen. Für das Längenwachstum der Knochen der Schädelbasis kommt in erster Linie die Knorpelfuge zwischen der Pars basilaris ossis occipitalis und dem Os sphenoidale (Synchondrosis sphenobasilaris), dann in zweiter Linie diejenige zwischen den beiden Abschnitten des Os sphenoidale in Betracht. Eine Zeitlang besteht eine Knorpelfuge auch zwischen dem Os sphenoidale und dem Os ethmoidale. Die Neubildung von Zellen in diesen Knorpelfugen kommt aber nicht bloß für das Längenwachstum der Schädelbasis, sondern nach R. Virchow auch für die Gestaltung des Gesichtes wesentlich in Betracht. Eine frühzeitige Ossifikation der sphenobasilaren Knorpelfuge hat nach Virchow eine Abknickung (Kyphose) der Schädelbasis zwischen dem Keilbein und der Pars basilaris ossis occipitalis zur Folge und wird immer von einer Prognathie begleitet.

In bezug auf die Gestaltung des Gesichtsschädels spielt übrigens das Wachstum des Oberkiefers die Hauptrolle, denn derselbe bildet, indem er sich von seiner ersten Anlage aus medianwärts ausdehnt, den zentralen Teil des Gesichtes und, jedenfalls, besonders nach seiner Verwachsung mit dem Os incisivum, den größten Knochen desselben. Sehr beachtenswert ist die Bemerkung Henkes: „Der Oberkiefer ist überhaupt derjenige Teil unseres Körpers, den wir am unfertigsten mit auf die Welt bringen, der sich nach allen Seiten hin erst nach der Geburt ausdehnt und, da er im Mittelpunkte des ganzen Gesichtes steht, müssen sich rings um ihn her alle Knochen auseinandertreiben.“ Auch hier erfolgt das Knochenwachstum durch Apposition, teils von den Rändern, teils von der Fläche, allerdings verbunden mit Resorptionsvorgängen, welche allmählich zur Bildung des Sinus maxillaris führen.

10. Wirbeltheorie des Schädels.

Die Wirbeltheorie des Schädels, wie sie 1806 von Oken und schon 1786 von Goethe aufgestellt wurde, nahm eine Zerlegung des Schädels in einzelne mit Wirbeln vergleichbare Abschnitte oder Knochenkomplexe an, jedoch ohne die für die Beurteilung so ungemein wichtige Entwicklungsgeschichte der Komponenten zu berücksichtigen. So unterschied Oken einen Occipital-, einen Parietal-, einen Sphenoidal- und einen Ethmoidalwirbel, deren Körper er in der Pars basilaris ossis occipitalis, den beiden Abschnitten des Sphenoidkörpers und dem Ethmoid erblickte, während er die dorsalen Bogen in den entsprechenden Abschnitten des Schädeldaches suchte, d. h. in der Squama occipitalis, den Ossa parietalia und der Squama frontalis. In dieser Form wird die Okensche Schädeltheorie noch von Sappey (1876) in seiner Traité d'anatomie humaine dargestellt.

Das Willkürliche, ja Phantastische, das der Okenschen Schädeltheorie anhaftet, ist für uns ohne weiteres ersichtlich. Allein sie kam einem Bedürfnis jener Zeit entgegen, als man, von der Naturphilosophie ausgehend, das Bestreben hatte, mittels der Vergleichung die anatomischen Einzelheiten in ihrer Bedeutung zu erfassen und sich zu höherer Erkenntnis aufzuschwingen. Der Widerspruch, welcher sich, allerdings erst 50 Jahre später, erhob, ging von der Untersuchung der Entwicklung der einzelnen einen „Schädelwirbel" zusammensetzenden Knochen aus, um zu zeigen, daß der Vergleich derselben mit Wirbeln im Sinne Okens und Goethes überhaupt nicht aufrecht zu erhalten sei.

Huxley war der erste, welcher in seinen Untersuchungen über die Morphologie und Entwicklung des Schädels (1858) als Kritiker auftrat. Gegenbaur hat dann 1872 in seinen Untersuchungen über das Kopfskelet der Selachier zuerst den Unterschied zwischen dem chordalen und dem prächordalen Abschnitte des Schädels aufgestellt und für den ersteren die Homologie seines Bildungsmaterials mit demjenigen der Wirbelsäule festgestellt, jedoch unter Verwerfung der Annahme, daß sich dasselbe im Bereiche des chordalen Schädelabschnittes jemals in einzelne Wirbel gliedere. Wie viele Segmente dieser Abschnitt des Schädels umfasse, lasse sich höchstens aus dem Verhalten der denselben durchsetzenden Nerven erschließen. Von Gegenbaur werden für Selachier neun solche Segmente angenommen, die sich jedoch in keiner Weise mit Wirbelkörpern, geschweige denn mit ganzen Wirbeln, vergleichen lassen. Im prächordalen Abschnitte des Schädels fehlt jede Andeutung einer Zusammensetzung aus einzelnen Segmenten.

Ein weiterer Fortschritt in der Erkenntnis des Schädelaufbaues erfolgte durch die Untersuchung des N. hypoglossus, seiner Muskulatur und der zugehörigen Sklerotome. Froriep und Beck haben bei Säugetieren nachgewiesen, daß wenigstens der vom N. hypoglossus durchbohrte Teil des Os occipitale sich von vier echten Somiten ableiten läßt, indem der N. hypoglossus einem Komplexe von vier Spinalnerven entspricht, deren zugehörige Sklerotome in die Bildung der Pars basilaris und der Partes laterales ossis occipitalis eingehen, während die Myotome die Hypoglossusmuskulatur (Zungenmuskulatur) und wahrscheinlich auch die vordere lange Halsmuskulatur liefern. Die Vergleichung mit niederen Formen lehrt, daß bei diesen die Hypoglossussegmente, getrennt vom Kopfe, als vordere Halssegmente bestehen bleiben, deren Muskelderivate in den Bereich des Kiemenkorbes vorwachsen, um hier die Retractores arcuum branchialium zu bilden. Solche Zustände finden wir bei Selachiern und Amphibien. Bei Amnioten schließen sich die Sklerotome dieser Segmente sekundär dem Schädel an und werden dann von dem ursprünglich durch den Zusammenschluß von vier Spinalnerven entstehenden N. hypoglossus durchsetzt.

Die Wirbeltheorie des Schädels ist demnach durch eine Theorie ersetzt worden, welche im Bereiche des chordalen Schädelabschnittes, wenigstens der hinteren Strecke desselben, eine Zusammensetzung aus Derivaten echter Somiten feststellt, jedoch keine Homologie der Hirnnerven (ausgenommen der N. hypoglossus) mit den Spinalnerven anerkennt. Diese Angaben stellen kurz das Ergebnis der zahlreichen Untersuchungen dar, welche eine Erklärung der Morphologie des Schädels anstrebten.

Entwicklung des Extremitätenskeletes.

Im Oberflächenbilde untersucht stellen die frühesten Extremitätenanlagen stummelartige Fortsätze des Rumpfes dar, welche dort abgehen, wo die Parietalplatten an die dorsalen Mesodermsegmente grenzen. Diese Anlagen sitzen auf den sog. Extremitäten- oder Wolffschen Leisten, welche sich in der ganzen Ausdehnung des Rumpfes hinziehen. Bei Formen, wie den Rochen, deren Extremitäten (Flossen) eine weite Ausdehnung nehmen, verwandelt sich eine längere Strecke der Leiste in die Extremitätenanlage. Bei Säugetieren dagegen beschränken sich diese Anlagen beiderseits auf zwei kurze Strecken, die einerseits den letzten vier Cervikal-, andererseits den letzten Thorakal- sowie den Lumbal- und Sacralmyotomen entsprechen. Die Strecke der Wolffschen Leiste zwischen der vordern und hintern Extremitätenanlage bildet sich gänzlich zurück.

Beide Extremitätenanlagen lassen mit fortschreitender Entwicklung zwei Abschnitte erkennen, von denen der proximale breitere Abschnitt die Schulter- resp. Hüftgegend bildet, während der schmälere distale, an seinem Ende als Hand- oder Fuß- platte schaufelförmig verbreitert, die freie Extremität darstellt. Dabei wendet sich die eine Fläche der schaufelförmigen Platte dem Leibe des Embryos zu (ventrale oder Beuge- fläche), die andere sieht lateral- und dorsalwärts (dorsale oder Streckfläche).

Sodann bildet sich innerhalb der freien Extremität eine dem Ellenbogen resp. dem Knie entsprechende Abknickung, ferner entstehen an der Hand- resp. Fußplatte Ein- kerbungen, welche fünf Vorsprünge am Rande der Platte, die ersten Andeutungen der Finger resp. der Zehen begrenzen. Die Gliederung der Extremität in einzelne Abschnitte tritt schon im Laufe des zweiten Monates auf; damit geht ein Unterschied in der Stellung der vordern und hintern Extremität zum Rumpfe einher, welcher in der Folge immer deutlicher hervortritt. Beide Extremitäten rotieren sich nämlich um ihre Längsachse, aber in verschiedener Richtung. Im Stadium der schaufelförmigen Anlage sieht die Beugefläche beider Anlagen gegen den Körper, die Streckfläche lateralwärts. Bei der Drehung wendet sich nun die Streckseite der vordern Extremität cranial-, diejenige der hintern Extremität caudalwärts. Die Ursache dieser in relativ früher Zeit statt- findenden Drehung ist unklar; sie läßt sich beim Erwachsenen an dem spiraligen Verlaufe des N. radialis um den Humerus, welcher mit der Bildung des Sulcus n. radialis ver- knüpft ist, erkennen. Zum Vergleiche müssen die Extremitäten in die frühe fetale Lage zurückgebracht werden, dann entsprechen sich Radius und Tibia, Ulna und Fibula.

Das Material für die Bildung der Extremitäten stammt aus den Seitenplatten, und zwar entsteht zunächst eine mit Mesenchym gefüllte Ectodermfalte, welche das Skelet der Extremität sowie die Blutgefäße liefert. Was die Muskulatur anbelangt, so wächst sie, z. B. bei Selachiern, in Gestalt der Muskelknospen (s. Muskelentwicklung) von den Myotomen aus in die Extremitätenanlage hinein, während es für Amnioten noch zweifelhaft ist, ob sie durch die Ablösung einzelner Myotomzellen entsteht oder direkt aus den Zellen der Seitenplatten gebildet wird. Ebenso wachsen auch die motori- schen und sensiblen Nerven in die Anlagen hinein.

Das Skelet entwickelt sich nun in der Achse der Anlage aus einer Verdichtung des Mesenchyms, welches eine zusammenhängende ungegliederte Masse darstellt. Die- selbe wird dorsal und ventral von zwei in die Streck- resp. Beugemuskulatur sich um- wandelnde Zellmassen umgeben. Sehr schön lassen sich diese Verhältnisse in der Selachier- flosse erkennen, wo sich die in die Flossenanlage eindringenden, von den Myotomen abgegebenen Muskelknospen sekundär in Streck- und Beugemuskelknospen teilen, an denen die histologische Umwandlung in quergestreifte Muskulatur mit der größten Genauigkeit zu verfolgen ist.

Die mesodermale Anlage ist für die Ausbildung der Extremität maßgebend, nicht der ectodermale Überzug. Die erstere kann verpflanzt werden und bildet dann in vielen Fällen eine Extremität. Die Extremitätenanlage ist nach Harrison nicht scharf gegen die Umgebung abgegrenzt, etwa wie ein Stein in einem Mosaik, sondern die Intensität des Wachstumsprozesses nimmt allmählich von dem Zentrum gegen 'die Peripherie der flächenhaft ausgebreiteten Anlage ab.

1. Entwicklung der oberen Extremität.

Die erste Anlage derselben tritt in der vierten Fetalwoche als eine leichte Anschwellung der cranialen Strecke der Wolffschen Leiste auf, entsprechend den vier untern Cervikalsegmenten und dem ersten Thorakalsegmente. Zu dieser Zeit fehlt in der Anlage jede Differenzierung der in lebhafter Wucherung begriffenen Mesenchymzellen.

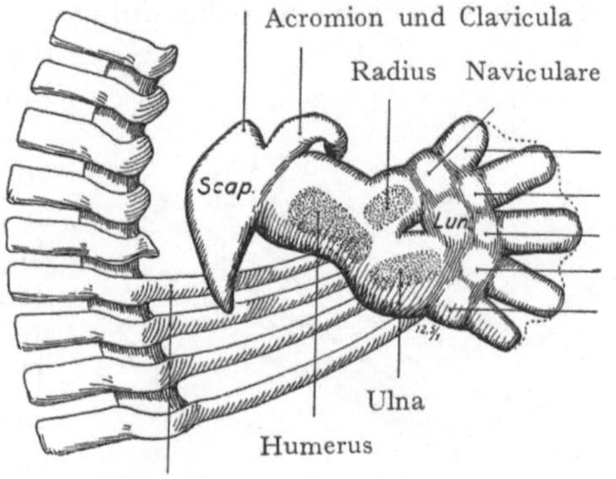

Es verdichtet sich das Gewebe in der Achse der Anlage, um das Skelet, die Gelenkkapseln und Bänder zu bilden, welche von den Anlagen der Streck- und Beugemuskulatur eingeschlossen werden. Diese Skeletanlage beginnt sich im Laufe der sechsten Woche in Knorpel umzuwandeln, ein Vorgang, der am Ende der siebenten Woche vollendet ist, indem nun alle Skeletteile, mit Ausnahme der dritten Phalangen, knorpelig vorgebildet sind. Im vorknorpeligen Stadium (Fig. 184) ist es unmöglich, eine scharfe Abgrenzung der einzelnen, mehr oder weniger ineinander übergehenden Skeletteile

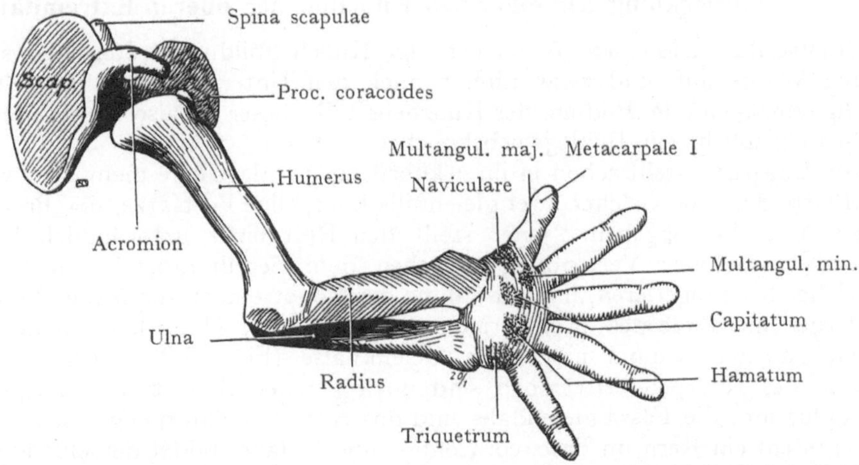

Fig. 184. Entwicklung der oberen Extremität eines menschlichen Embryos von 10,5 mm (5 Wochen). Vorknorpeliges Stadium.
Nach W. H. Lewis, Amer. J. of Anat. I. 1901/02.

Fig. 185. Entwicklung der oberen Extremität. Embryo 16 mm. Zum Teil noch vorknorpelig. Nach W. H. Lewis, Amer. J. of Anat. I. 1901/02.

durchzuführen. Die noch vorknorpelige Scapula mit ihrem nach oben und ventralwärts abgehenden Acromion ist leicht zu erkennen, auch die Clavicula, welche mit dem Acromion in Zusammenhang steht. Die Anlage des Humerus geht direkt in diejenige der Scapula über, doch besitzt sie bereits, ebenso wie die Ulna und der Radius, einen Knorpelkern. In der Hand ist kein Knorpel nachweisbar, dagegen Verdichtungszentren, die den Ossa carpalia entsprechen.

In einem etwas späteren Stadium (Fig. 185) hat sich die Anlage in caudaler Richtung verschoben. Die Scapula besteht zum größten Teile aus Knorpel, das Acromion und der mächtige Proc. coracoides hängen kontinuierlich mit ihr zusammen, und das Perichondrium des nunmehr knorpeligen Humerus geht in das Perichondrium der Scapula über. Aus diesem Gewebe entwickelt sich die Kapsel des Schultergelenkes, und in demselben tritt der Gelenkspalt auf. Ähnliche Beziehungen finden sich zwischen dem distalen Ende des Humerus und den proximalen Enden von Radius und Ulna, auch zwischen den distalen Enden dieser beiden Knochenanlagen und einer Gewebsmasse, in welcher die knorpeligen Anlagen der Carpalknochen eingebettet sind.

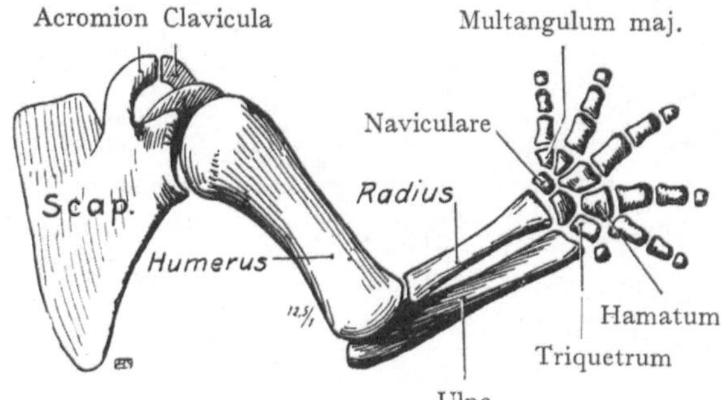

Fig. 186. Anlage des Skeletes der oberen Extremität.
Fetus von 20 mm Länge (7 Wochen).
Nach W. H. Lewis, Amer. J. of Anat. I. 1901/02. 144—183.

In einem dritten Stadium (Fig. 186) ist die Extremität noch weiter in caudaler Richtung verschoben; der Angulus superior scapulae entspricht dem siebenten Cervikalwirbel, der Angulus inf. steht in der Höhe des fünften Thorakalwirbels. Die Clavicula ist zum Teil knöchern; die Scapula hat das Maximum ihrer knorpeligen Ausbildung erreicht. Die Bildung der Höhle des Schultergelenkes hat soeben begonnen; die Form des Humerus ist schon annähernd dieselbe wie später, was auch von den übrigen Knochenanlagen gilt. Die Ossa carpalia sind alle knorpelig angelegt, ebenso die Metacarpalia und die beiden proximalen Reihen der Phalangen.

2. Entwicklung der einzelnen Knochen der oberen Extremität.

Clavicula. Die ersten Anzeichen der Knochenbildung treten hier schon in der siebenten Woche auf, und zwar nimmt nach den Untersuchungen Gegenbaurs die knorpelige Anlage an der Bildung des Knochens teil; dieser ist also nicht, oder wenigstens nicht ausschließlich, ein Bindegewebsknochen.

Die Scapula stellt schon in ihrer knorpeligen Anlage eine mehr oder weniger dreieckige Platte dar, von welcher zwei gleichfalls knorpelige Fortsätze, der Proc. coracoides und das Acromion abgehen. Jener stellt den Rest einer ursprünglich bei Reptilien bestehenden ventralen Verbindung zwischen dem Schultergürtel und dem Sternum dar, welcher bei Säugetieren, mit Ausnahme der Monotremen, durch die Clavicula ersetzt wird. Gegen das Ende des zweiten Monats entsteht der Hauptkern in der dreieckigen Knorpelplatte der Scapula nahe dem Gelenkhalse (Fig. 187), welcher allmählich an die Stelle des Knorpels tritt, doch sind noch bei der Geburt der Margo vertebralis, der Angulus inf., die Fossa glenoidalis und das Acromion knorpelig. Schon im zweiten Jahre entsteht ein Kern im Proc. coracoides; im 10. Jahre bildet derselbe auch noch den obern Teil der Fossa glenoidalis, erst gegen die Pubertät tritt auch im Acromion ein Kern auf, ferner entstehen accessorische Kerne im Margo vertebralis und im Angulus inf. scapulae.

Humerus. Der im zweiten Monate auftretende Diaphysenkern stellt bei der Geburt in der Regel den einzigen Knochenkern des Humerus dar, indem nur in ca. 20%

der Fälle auch ein kleiner Kern im Kopfe angetroffen wird, der jedoch meistens erst im Verlaufe der ersten sechs Lebensmonate auftritt. Weitere Kerne für das Tuberculum majus im 2.—3. Jahre und für das Tuberculum minus im 4.—5. Jahre bilden mit dem Kerne im Kopfe eine Epiphyse, welche gegen das 25. Lebensjahr mit der Diaphyse verschmilzt. Am distalen Ende treten mehrere Kerne auf, im 2.—3. Jahre ein solcher im Capitulum, welcher auch einen Teil der Trochlea bildet, dann im 11.—12. Jahre ein Kern für die mediale Hälfte der Trochlea, ferner Kerne für die Epicondylen. Diese untern Kerne (mit Ausnahme desjenigen für den Epicondylus medialis) bilden

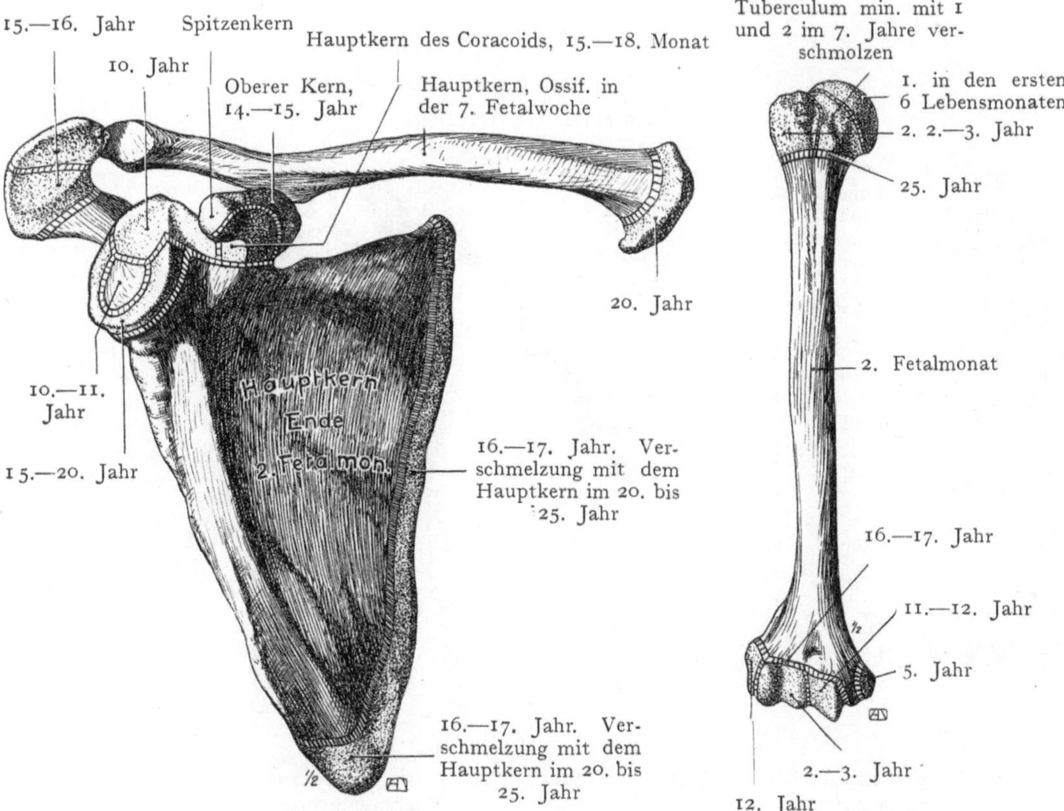

Fig. 187. Schulterblatt und Clavicula zur Veranschaulichung der Bildung der Knochenkerne.

Fig. 188. Humerus mit Angabe der Knochenkerne.

eine Epiphyse, die gegen das 16.—17. Jahr mit der Diaphyse verschmilzt. Ausnahmsweise entsteht ein Proc. supracondyloideus von der Diaphyse aus.

Ulna und Radius. Der Diaphysenkern tritt bei beiden Knochen gegen die Mitte des zweiten Fetalmonates auf; auch beim Neugeborenen sind die Enden der Knochen noch vollständig knorpelig. Im Olecranon bildet sich im zehnten Jahre ein gegen das sechzehnte Jahr mit der Diaphyse verschmelzender Epiphysenkern; von einem platten, im sechsten Jahre auftretenden Epiphysenkerne aus verknöchert das distale Ende der Ulna und der Proc. styloides ulnae. Im 2.—3. Jahre tritt im distalen, im 5. bis 7. Jahre im proximalen Ende des Radius ein Kern auf, und dieser verschmilzt zwischen dem 18.—20. Jahre mit der Diaphyse.

Ossa carpalia. Sie sind bei der Geburt sämtliche noch knorpelig; nur ausnahmsweise kommt im Os capitatum und hamatum je ein Knochenkern vor. Die Reihenfolge im Auftreten der Kerne ist in der Fig. 190 angegeben. In den seltenen Fällen, in denen ein Os centrale vorkommt, liegt die knorpelige Anlage desselben zwischen dem Naviculare, dem Multangulum majus und dem Capitatum, doch verschmilzt sie in der Regel schon sehr früh mit der knorpeligen Anlage des Naviculare.

Ossa metacarpalia. Ihre Ossifikation beginnt, wie diejenige der Carpalia, relativ früh. Die Diaphysenkerne des 2.—5. Metacarpalknochens treten in dieser Reihenfolge während der 9.—10. Fetalwoche auf, etwas später entsteht der Diaphysenkern des ersten Metacarpalknochens. Die Basen des 2.—5. Metacarpalknochens verknöchern von den Diaphysenkernen aus. Die distalen Epiphysenkerne treten im 3. Jahre auf.

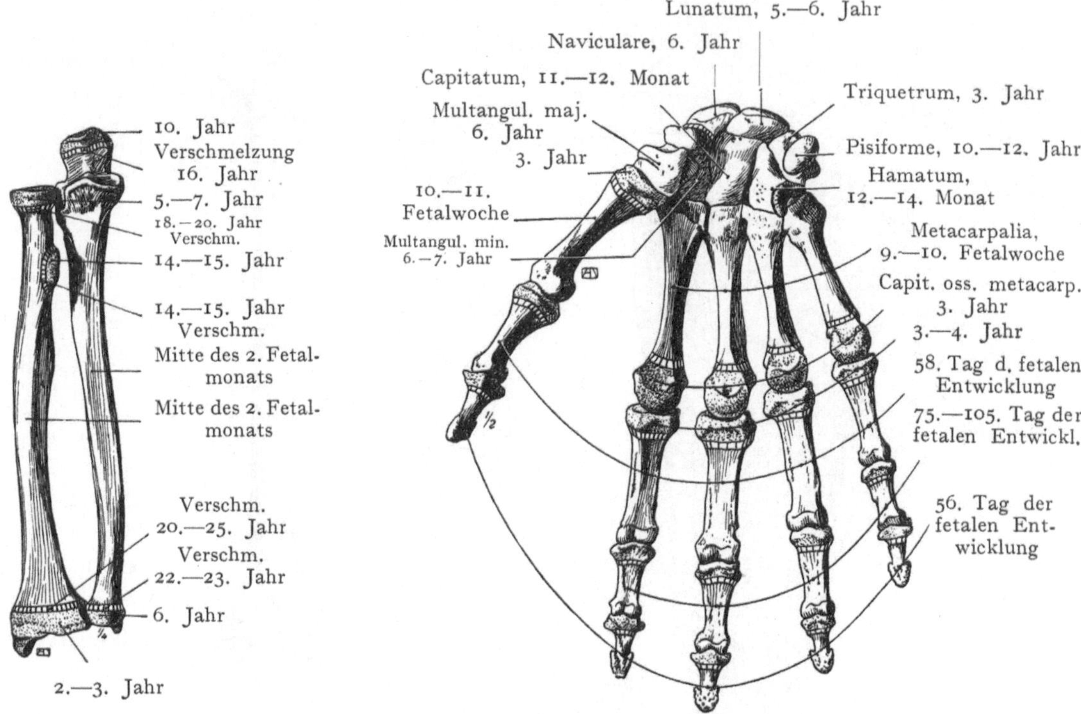

Fig. 189. Vorderarmknochen mit Knochenkernen.

Fig. 190. Handskelet, Volaransicht zur Veranschaulichung der Verknöcherung.

Phalangen. Die Diaphysenkerne bilden sich in der neunten Fetalwoche; die distalen Epiphysen verknöchern von der Diaphyse aus und in den proximalen Epiphysen (Basen) treten im 3.—4. Jahre eigene Knochenkerne auf. Die Ossifikation der Endphalangen beginnt sehr früh (nach Mall schon mit 56 Tagen), dann folgen die Grundphalangen mit 58 Tagen und mit 75 Tagen, also erst im dritten Monate, die Mittelphalangen.

3. Entwicklung der unteren Extremität.

Die Differenzierung des in der Extremitätenanlage enthaltenen Mesenchyms beginnt in der fünften Woche mit der Bildung einer verdichteten Gewebsmasse, welche das Acetabulum und den Kopf des Femurs hervorgehen läßt (Bardeen). In Fig. 191 sind die Verhältnisse bei einem menschlichen Embryo von 11 mm Länge dargestellt, wo die Anlage in der Hauptsache aus dicht gedrängten Mesenchymzellen besteht, in denen jedoch an einzelnen Stellen die Umwandlung in Knorpel begonnen hat. Die Anlage ist eine einheitliche, auch hat sie noch keine Beziehungen zur Sakralwirbel-

säule erlangt, vielmehr liegt ihr proximales Ende, in welchem wir die vorknorpelige
Anlage des Os ilium und des Os pubis erblicken, in der Höhe der beiden letzten Lumbalwirbel und des ersten Sakralwirbels.

In diesem Teile der Anlage haben wir zwei Knorpelkerne. Distal stellt ein Knorpelstab die Anlage des Femurs dar, welchem sich die knorpeligen Anlagen der Tibia und der Fibula anschließen. Dann folgt die verbreiterte, durch vier Einkerbungen ausgezeichnete Fußplatte, in welcher die Knorpelbildung an mehreren Stellen begonnen hat.

Bei einem Embryo von 14 mm Länge (Fig. 192) ist die Anlage caudalwärts gerückt und die dem Os ilium entsprechende Platte hat sich mit den seitlichen Teilen der drei ersten Sakralwirbel verbunden. Das knorpelige Femur verbreitert sich distalwärts. Die knorpeligen Anlagen von Tibia und Fibula erreichen nicht ganz das distale Femurende, dagegen fassen sie distal schon den knorpeligen Talus zwischen sich. Der Größenunterschied zwischen Tibia und Fibula ist weniger beträchtlich als später. Die Ossa tarsalia sind sämtlich knorpelig angelegt; wir erkennen außer dem Talus noch den Calcaneus, das Naviculare, die drei Cuneiformia und das Cuboideum.

Auf der Höhe seiner Entwicklung befindet sich das knorpelige Extremitätenskelet bei einem Embryo von 20 mm Länge (Fig. 193); hier zeigen auch die einzelnen Gebilde schon eine große Ähnlichkeit mit den fertigen Knochen. Das Os ilium hat Beziehungen zu den Partes laterales der drei ersten Sakralwirbel, eine Incisura ischiadica major ist vorhanden, und von der Knorpelplatte gehen zwei durch einen Einschnitt voneinander getrennte ventrale Fortsätze, die Anlagen des Os pubis und des

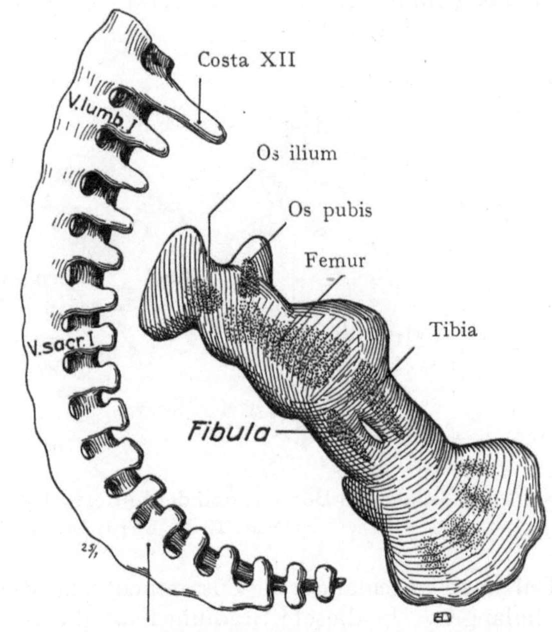

Fig. 191. Anlage des Beckens und der hinteren
Extremität eines menschlichen Embryos von 11 mm,
z. T. vorknorpelig. Knorpel punktiert.
Nach Bardeen, Amer. J. of Anat. IV. 1905.

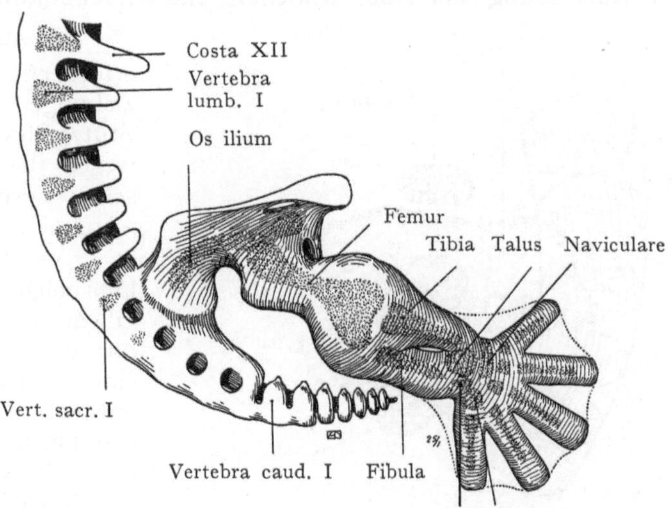

Fig. 192. Anlage des Beckens und der hinteren Extremität.
Menschlicher Embryo von 14 mm. Knorpelkerne punktiert.
Nach Bardeen, Amer. J. of Anat. IV. 1905.

Os ischii ab, welche später, nach ihrer Verbindung in der Symphyse, das Foramen obturatum begrenzen. Dort, wo die beiden Spangen in die Platte des Os ilium übergehen,
bildet sich das Acetabulum. Am Femur sehen wir nunmehr den Kopf und den Trochanter

major, während das distale Ende stark verbreitert ist und mit dem gleichfalls verbreiterten proximalen Ende der Tibia in Kontakt tritt; dagegen reicht die Fibula nicht mehr bis an das Femur heran. Die Ossa tarsalia sind sämtlich knorpelig angelegt, ferner, zum

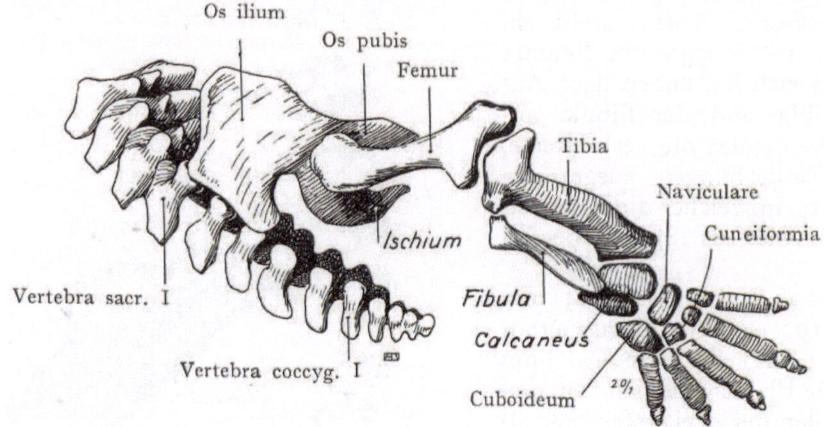

Fig. 193. Anlage des Beckens und der hinteren Extremität eines menschlichen Embryos von 20 mm. Nach C. R. Bardeen, Amer. J. of Anat. IV. 1905.

Teil noch miteinander in Zusammenhang stehend, auch die Ossa metatarsalia und die Phalangen. In diesem Stadium fehlt die Knochenbildung noch gänzlich; zwar beginnt sie nach Mall am 42. Tage bei Embryonen von 18 mm Länge mit einem Kerne im Femurschafte, doch müssen wir ohne Zweifel eine gewisse zeitliche Variation in der Bildung desselben annehmen.

4. Ausbildung einzelner Knochen und Knochenkomplexe der unteren Extremität.

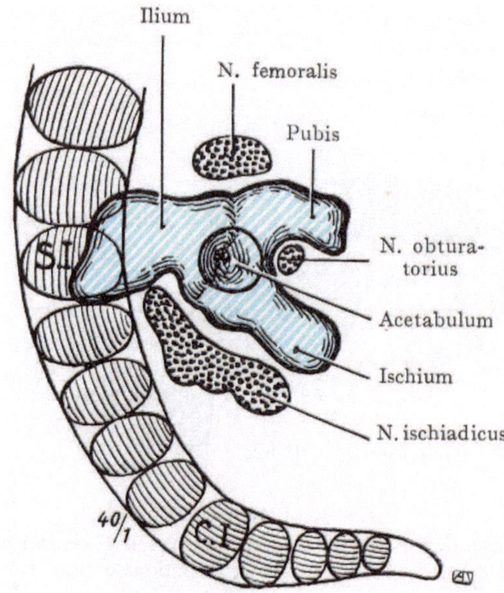

Fig. 194. Vorknorpelige Anlage des Beckens eines menschlichen Embryos von 13,6 mm Länge. Nach A. Petersen, Arch. f. Anat. u. Entw.-Gesch. 1893.

Becken. Die Entwicklung des Beckens erfordert wegen der mechanischen Beziehungen, die dieser Knochenkomplex als Stütze des Rumpfes aufweist, sowie auch wegen der Geschlechtsunterschiede, die in seiner Formgestaltung zum Ausdruck kommen, eine besondere Besprechung.

Wir haben gesehen, daß schon die vorknorpelige Anlage jeder Beckenhälfte eine Gliederung in zwei Abschnitte aufweist, einen dorsalen, der das Os ilium umfaßt, und einen ventralen, aus welchem die das Foramen obturatum begrenzenden beiden Abschnitte des Hüftbeins, das Os pubis und das Os ischii, hervorgehen. Dort, wo diese beiden Abschnitte ineinander übergehen, entsteht an der äußern Fläche des Knochens das Acetabulum (Fig. 194). Beide Abschnitte hängen auch im knorpeligen Stadium untereinander zusammen, und erst nach dem Auftreten der drei Knochenkerne, welche die drei Bestandteile des knöchernen Hüftbeines herstellen, läßt sich eine gewisse Abgrenzung derselben erkennen. Der dorsale Abschnitt entspricht in seiner Lage zuerst den unteren Lumbalwirbeln; bei der Verschiebung der plattenförmigen Anlage in caudaler Richtung, die zum Anschluß an die 2—3 obern Sacralwirbel führt, ändert sich auch die Richtung des Längendurchmessers der Platte, bezogen auf die Wirbelsäule. Während sie zuerst fast rechtwinklig von der Wirbelsäule abgeht, bildet sie in späteren Stadien mit dieser einen spitzen Winkel (Fig. 195). Ihre Form nähert sich mehr derjenigen des fertigen Knochens; „schon auf das knorpelige Becken wirken Druck und Zug ein, welche die weichen verschwommenen Formen des fetalen Beckens verschärfen, ausziehen, eindrücken" (Petersen).

Die großen, zur unteren Extremität verlaufenden Nervenstämme besitzen schon von Anfang an bestimmte Beziehungen zur Anlage des Hüftbeins; der N. femoralis liegt über ihr (cranial), der N. ischiadicus unter ihr (caudal), der N. obturatorius ventral, im Winkel, den die beiden ventralen Fortsätze miteinander bilden und der durch ihren Zusammenschluß in der Symphyse zum Foramen obturatum ergänzt wird (Fig. 194).

Die Verknöcherung des Hüftbeines beginnt etwa in der neunten Fetalwoche (Fig. 196) im dorsalen Abschnitte, welcher dem Os ilium entspricht; beträchtlich später, im vierten Fetalmonate, erfolgt die Bildung der Knochenkerne des Os ischii (unterhalb des Acetabulums) und im fünften Fetalmonate des Os pubis (vor dem Acetabulum). Noch bei der Geburt verharren sehr beträchtliche Abschnitte des Beckens im knorpeligen

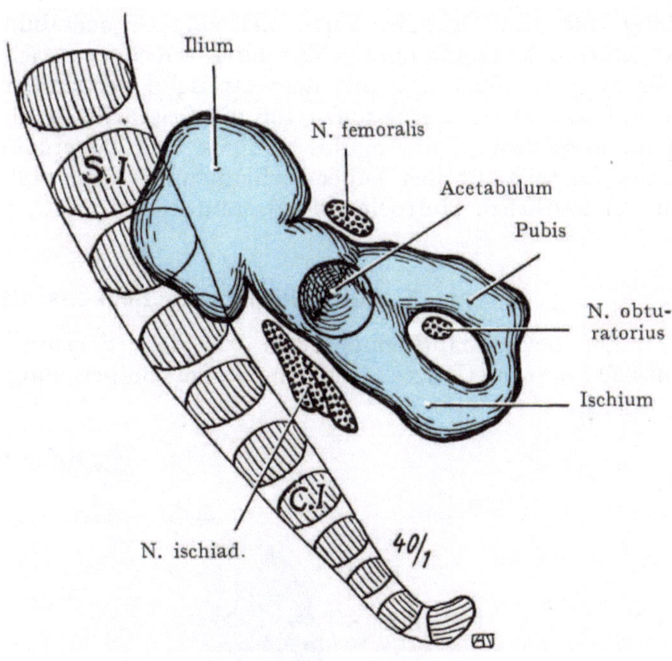

Fig. 195. Knorpelige Beckenanlage eines 18,5 mm langen menschlichen Embryos.
Nach A. Petersen, Arch. f. Anat. u. Entw.-Gesch. 1893.

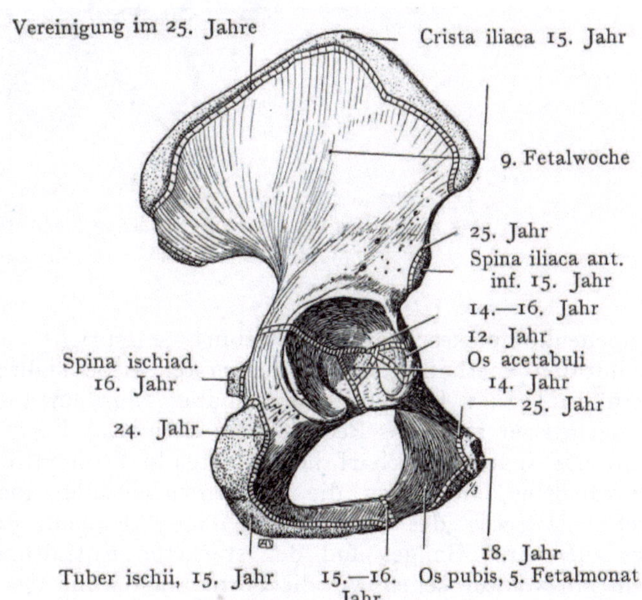

Fig. 196. Rechtes Hüftbein, von außen gesehen, mit Angabe der Knochenkerne.

Zustande. Die Crista iliaca ist zu dieser Zeit noch knorpelig, ebenso ein großer Teil des Os ischii und des Ramus inferior ossis pubis, auch der größte Teil des Acetabulums.

Erst am Ende des dritten Jahres rücken die drei Kerne am Boden des Acetabulums zusammen, doch werden sie noch bis zum 16. Jahre durch Knorpelfugen voneinander getrennt. In diesen kann auch noch ein weiterer Knochenkern auftreten, welcher das später mit dem Os pubis verschmelzende Os acetabuli darstellt. Etwa im 16. Jahre ist dann das Acetabulum vollständig knöchern, nachdem im 15. Jahre der Ramus inferior ossis pubis sich mit dem Os ischii verbunden hat. Noch später treten eine Anzahl sekundärer Kerne hinzu für die Crista iliaca, die Spina iliaca ant. inferior, die Spina ischiadica, den Angulus pubicus, das Tuberculum pubicum, endlich noch eine dünne Lamelle für das Tuber ischiadicum. Eine vollständige Vereinigung aller Teile zum einheitlichen Hüftbein erfolgt spätestens im 25. Jahre.

5. Entwicklung des Beckens als Ganzes.

Die beiden Hüftbeine setzen mit dem Sacrum das Becken zusammen, dessen Entwicklung als Ganzes noch eine kurze Besprechung erfordert. Die Entfaltung des

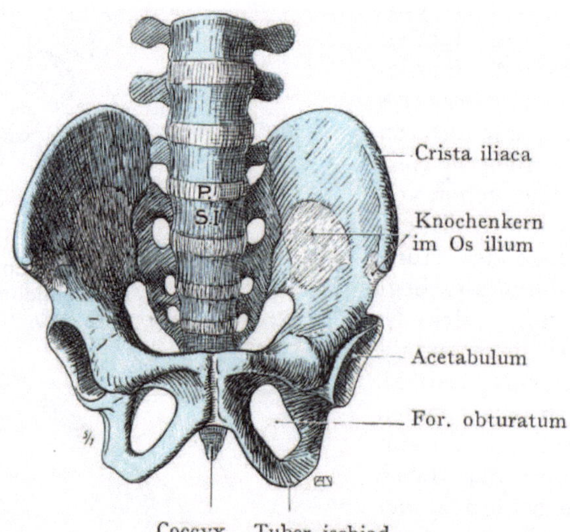

Fig. 197. Becken eines 7 cm langen weiblichen Fetus von vorne.
P. = Promontorium. S.I = 1. Sakralwirbel.

Knochenkomplexes bei der Geburt entspricht der Ausbildung der untern Extremitäten überhaupt, die in den ersten Lebensjahren lange noch nicht das Größenverhältnis zum Rumpfe erlangt haben, das ihnen später zukommt. Erst gegen die Pubertätszeit zeigt das Becken seine definitive Form und Größe. Beim Neugeborenen fehlt das später so scharf hervortretende Promontorium, indem die Abknickung der Sakralwirbelsäule gegen die Lendenwirbelsäule noch wenig ausgeprägt ist. Auch steht die Basis des Kreuzbeines höher als beim Erwachsenen. Mit der Ausbildung des aufrechten Ganges und der stärkeren Entfaltung der vom Hüftbein entspringenden Muskulatur sehen wir die Form und Größe des Beckens sich ändern. Die Ossa ilium gewinnen an Ausdehnung. Das Promontorium bildet einen stärkeren Vorsprung, auch wird das Sacrum nun infolge der Belastung durch den Rumpf tiefer in das Becken hinein verschoben. Ferner nimmt der Raum des kleinen Beckens zu, doch ist er beim Neugeborenen noch recht beschränkt und bietet den Beckeneingeweiden nicht genügenden Raum, so daß die Harnblase zum Teil in der

Bauchhöhle liegt. Mit der Vergrößerung der Beckenhöhle senken sich auch bis zum fünften oder sechsten Jahre die Beckeneingeweide, und zudem prägt sich die Beckenneigung stärker aus. Geschlechtsunterschiede geringeren Grades lassen sich

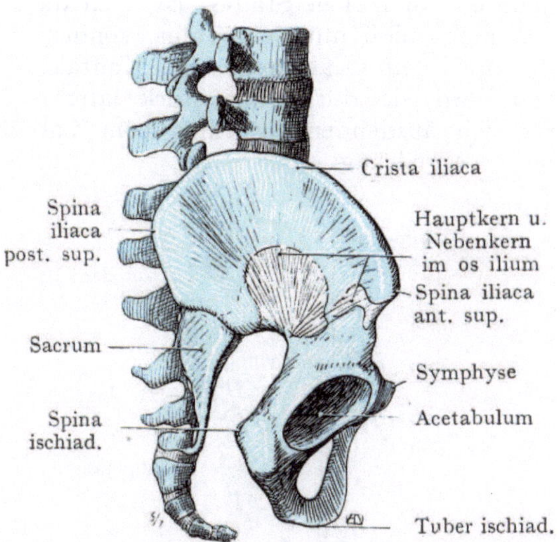

Fig. 198. Becken eines 7 cm langen weiblichen Fetus von der Seite gesehen.

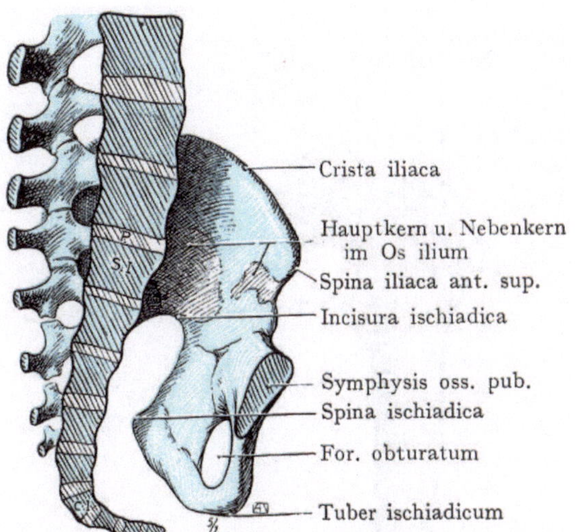

Fig. 199. Beckenhälfte, Fetus, 7 cm, linke Seite, mediale Ansicht.
P. = Promontorium   S.I = 1. Sakralwirbel.

schon am Becken des Neugeborenen nachweisen, doch sollen sie nach Merkel bis zum zehnten Jahre wieder verloren gehen, so daß es kaum möglich ist, männliche und weibliche Becken aus dieser Zeit voneinander zu unterscheiden.

6. Verknöcherung der Skeletanlagen der freien unteren Extremität.

Femur. Der Diaphysenkern beginnt sich im zweiten Monate zu bilden, der Kern der distalen Epiphyse am Ende des neunten Monates; da dieser bloß bei 12 %/o der reifen Feten fehlt, kann er mit dieser Einschränkung als Zeichen der Reife gelten. Bei der Geburt umfaßt der knorpelige Teil den Kopf, den Hals und den Trochanter major. Der Hals und der untere Teil des Kopfes verknöchern von der Diaphyse aus, im Kopfe tritt ein Kern in den ersten Lebensmonaten auf, im Trochanter major im 2.—3., im Trochanter minor im 13. Jahre.

Patella. Sie ist in den beiden ersten Jahren vollständig knorpelig, indem erst im dritten Jahre ein Knochenkern auftritt.

Tibia. Der Diaphysenkern entsteht gegen das Ende des zweiten Fetalmonats. In der Regel bildet sich vor der Geburt ein Kern in der proximalen Epiphyse; er stellt die Condyli und die Tuberositas tibiae dar, nicht selten entsteht jedoch diese aus einem eigenen Kerne im elften Jahre; manchmal sind 2—3 Kerne vorhanden. Der Kern für das distale Ende und für den Malleolus medialis entsteht am Ende des zweiten Jahres.

Fibula. Der Knochen ist im Vergleiche zur Tibia in frühen Stadien größer als später; auch bei der Geburt ist das Verhältnis, das wir beim Erwachsenen finden, noch nicht hergestellt. Der Diaphysenkern tritt in der Mitte des zweiten Fetalmonates auf, der Kern für das distale Ende (Malleolus lateralis) am Ende des zweiten Lebensjahres, der Kern für die proximale Epiphyse sogar erst im 3.—4. Jahre.

In frühen Stadien ist die Fibula länger als die Tibia; auch tritt ihr proximales Ende, wenigstens im Vorknorpelstadium, noch in Kontakt mit dem Femur, von welchem sie durch das breit sich entfaltende proximale Ende der Tibia weggedrängt wird. Der Querschnitt beider Skeletteile ist in frühen Stadien gleich groß, doch ändert sich das Verhältnis schon im Laufe des zweiten Fetalmonates. In frühen Stadien ist auch die Fibula nicht bloß mit dem Talus, sondern auch mit dem Calcaneus in Kontakt. Später wird sie durch den stark lateralwärts sich ausdehnenden Talus vom Calcaneus weggedrängt.

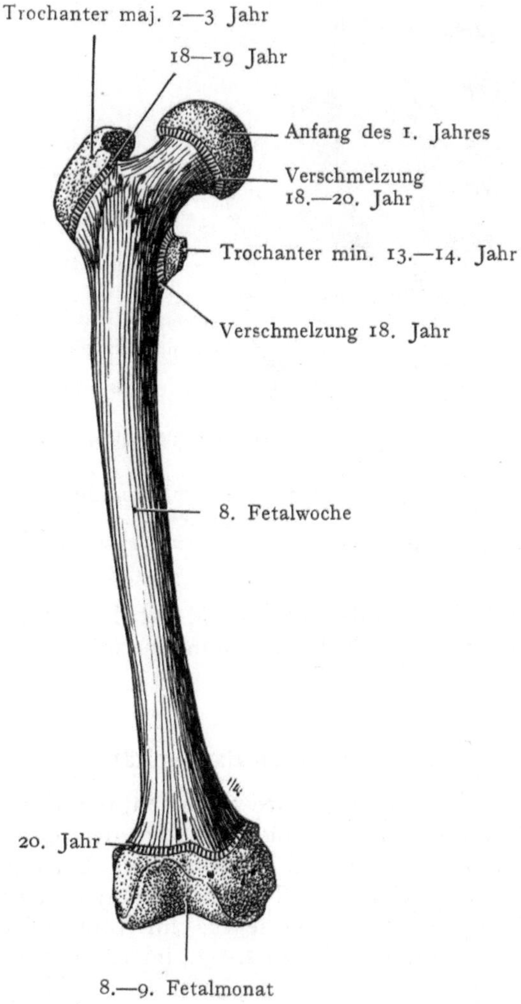

Fig. 200. Femur mit Angabe der Knochenkerne.

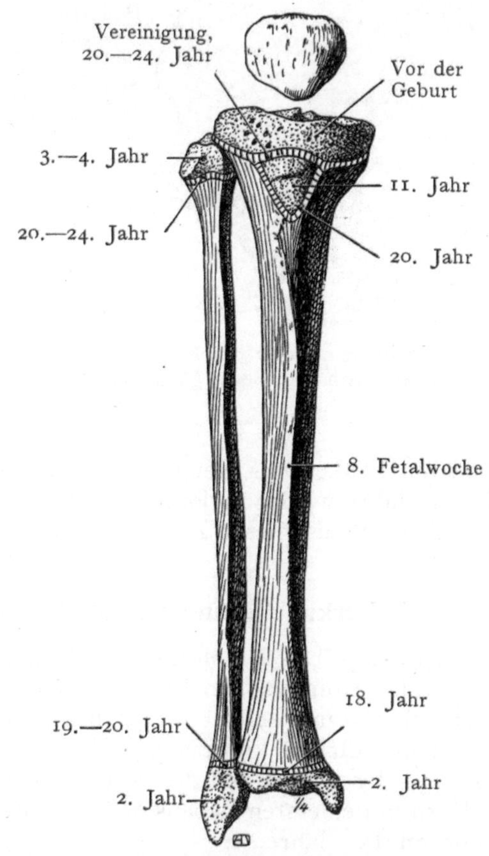

Fig. 201. Tibia und Fibula mit Knochenkernen.

Fußskelet. Während der Carpus bei der Geburt noch vollständig knorpelig ist, ist schon zu dieser Zeit eine ziemlich weitgehende Verknöcherung im Tarsus nachzuweisen. Im Körper und Halse des Talus tritt kurz vor der Geburt ein Kern auf, im Calcaneus dagegen schon im vierten Fetalmonate. Beim reifen Fetus findet sich auch ein Kern im Cuboideum, und in den ersten Lebensjahren entstehen rasch hintereinander Knochenkerne im Cuneiforme I, II, III. Im vierten Jahre folgt der Kern des Os naviculare. Ein Epiphysenkern bildet sich auf dem Tuber calcanei zwischen dem siebenten und neunten Jahre.

Ossa metatarsalia. Die Diaphysenkerne treten im dritten Fetalmonate auf und liefern im zweiten bis fünften Metatarsalknochen auch die Basen, während die

Epiphysenkerne der Köpfchen im 2.—4. Jahre entstehen. Der erste Metatarsalknochen zeigt dagegen den Typus der Verknöcherung, den wir auch bei den Phalangen antreffen, indem Kopf und Schaft vom Diaphysenkerne aus entstehen, die Basis dagegen im 2. oder 3. Jahre aus einem Epiphysenkerne hervorgeht.

Phalangen. Die Knochenkerne der Phalangen treten zuerst in der dritten Phalange auf und zwar in der 11.—12. Fetalwoche.

Mißbildungen der Extremitäten.

Von diesen sind zunächst die Hemmungsbildungen zu nennen, welche in einem gänzlichen Mangel der Extremität gipfeln, während in anderen Fällen ein mehr oder weniger ausgebildeter Extremitätenstumpf vorhanden sein kann. Von großem praktischem Interesse sind die Mißbildungen an Hand und Fuß, besonders auch an den Fingern oder Zehen, welche häufig eine Vermehrung, seltener eine Verminderung der Zahl erfahren (Polydaktylie und Oligodaktylie) oder auch eine äußere Verschmelzung zweier oder mehrerer Finger oder Zehen (Syndaktylie) aufweisen.

1. Polydaktylie.

Variationen in der Zahl der Strahlen einer Extremität kommen bei allen Säugetieren vor, aber mit sehr verschiedener Häufigkeit (Bateson). So findet sich Polydaktylie häufig bei Pferden und Schweinen, während sie bei Eseln überhaupt noch nicht beobachtet wurde und bei Schafen jedenfalls sehr selten ist.

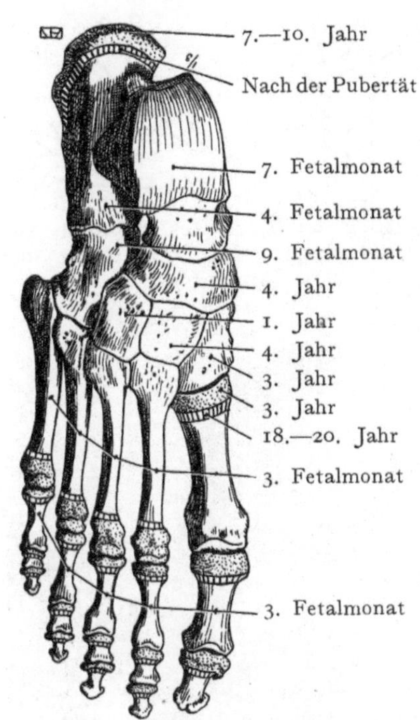

Fig. 202. Fußskelet mit Angabe der Verknöcherung.

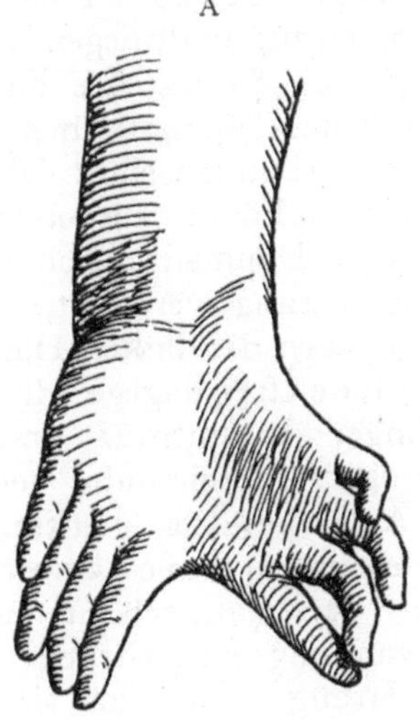

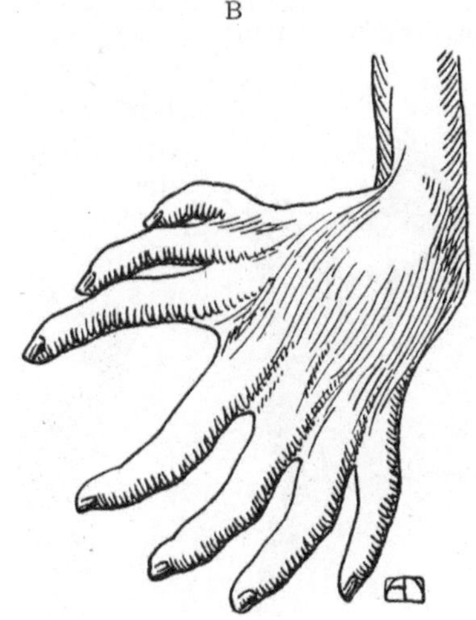

Fig. 203.

A. Diplocheirie.
Fall von Murray, Med.-chir. Transact. 46. 1863. Aus Bateson, Materials for the Study of Variation 1894.

B. Diplocheirie.
Fall von Jackson-Dwight. Aus Bateson.

Unter den Vögeln ist sie nicht selten beim Haushuhn und beim Fasan anzutreffen. Beim Menschen gehört die Polydaktylie zu den häufigeren Mißbildungen und kann hier manchmal das Interesse des Chirurgen erregen.

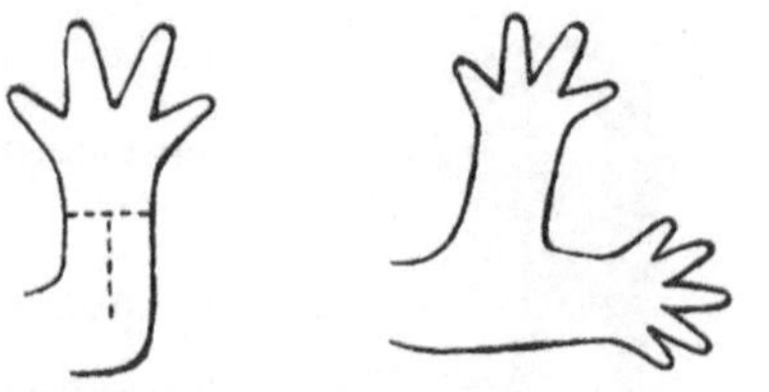

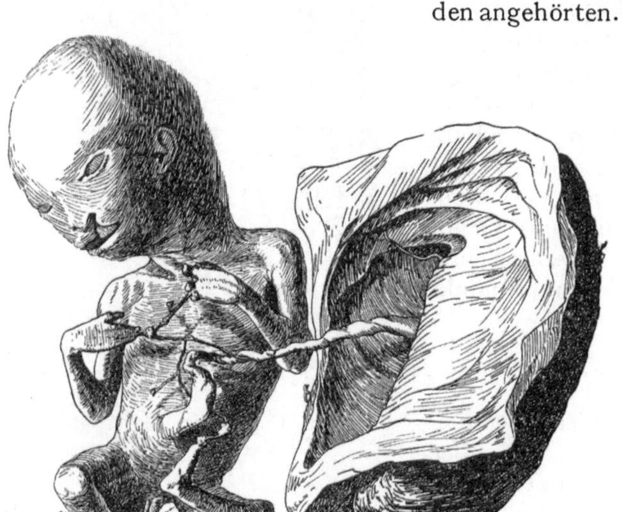

Fig. 204. Torniers Schnitte zur Herstellung von Diplocheirie bei Amphibien.

Der höchste Grad der Polydaktylie wird erreicht, wenn eine Verdoppelung der Hand (Diplocheirie oder Schizocheirie) oder des Fußes (Diplopodie) auftritt (Fig. 210). Beide Hände sind Spiegelbilder voneinander (Fig. 203 A). Häufig finden wir jedoch bei solchen Bildungen eine Reduktion der Fingerzahl an einer oder beiden Doppelhänden; so waren in einem von Dwight beschriebenen Falle (Fig. 203 B) sieben Finger vorhanden, die zwei spiegelbildlich zueinander gestellten Händen angehörten. Auf die formale Genese dieser Bildung werfen die Versuche von Tornier ein Licht, dem es bei Amphibien-Larven gelang, eine Verdoppelung der Extremität oder bloß des terminalen Abschnittes derselben zu erhalten, indem er die Spitze der Anlage einschnitt und die Zuheilung der Wunde durch die Einlagerung eines Fadens verhinderte (Fig. 204). Es ist schwer, sich vorzustellen, wie bei Säugetierembryonen eine solche Verletzung der Hand- oder Fußplatte zustande kommen kann, höchstens darf man etwa an amniotische Stränge denken, welche in die Extremitätenanlage einschneiden würden. Solche Stränge können zweifellos gewissen Fingermißbildungen zugrunde liegen, wie der in Fig. 205 dargestellte Fall zeigt,

Fig. 205. Fingermißbildungen infolge der Anheftung amniotischer Stränge.
Präparat der pathol.-anatom. Anstalt in Basel (Prof. E. Hedinger).

bei welchem die Hände durch einen amniotischen Strang, der sich an den Fingern befestigt, verbunden sind. Die Finger der rechten Hand sind in normaler Länge ausgebildet und bis auf den Daumen durch den amniotischen Strang vereinigt, während von denjenigen der linken Hand Daumen und Index frei, dagegen die übrigen drei Finger rudimentär und mehr oder weniger untereinander verbunden sind. Auch an den verkümmerten Zehen des linken Fußes befestigt sich ein von der Nabelschnur und der Körperwandung ausgehender amniotischer Strang. Hier ist sicher eine Verkümmerung der Finger resp. der Zehen in einer relativ späten Zeit, jedenfalls erst nach der Anlage der Fuß- resp. Handplatte erfolgt, und

Fig. 206. Amniotische Abschnürung der Finger.
Photogramm der chirurg. Klinik in Basel.

Fig. 207. Amniotische Amputation der Finger.
Photogramm der chirurg. Klinik in Basel.

zwar durch die Ausbildung amniotischer Adhäsionen, welche sich, infolge der Vergrößerung des Amnions und der Abhebung desselben von dem Embryo, zu Strängen
ausgezogen haben. Ob für die Entstehung der Polydaktylie solche amniotische
Stränge eine Veranlassung bilden können, ist zum mindesten sehr zweifelhaft. Da-

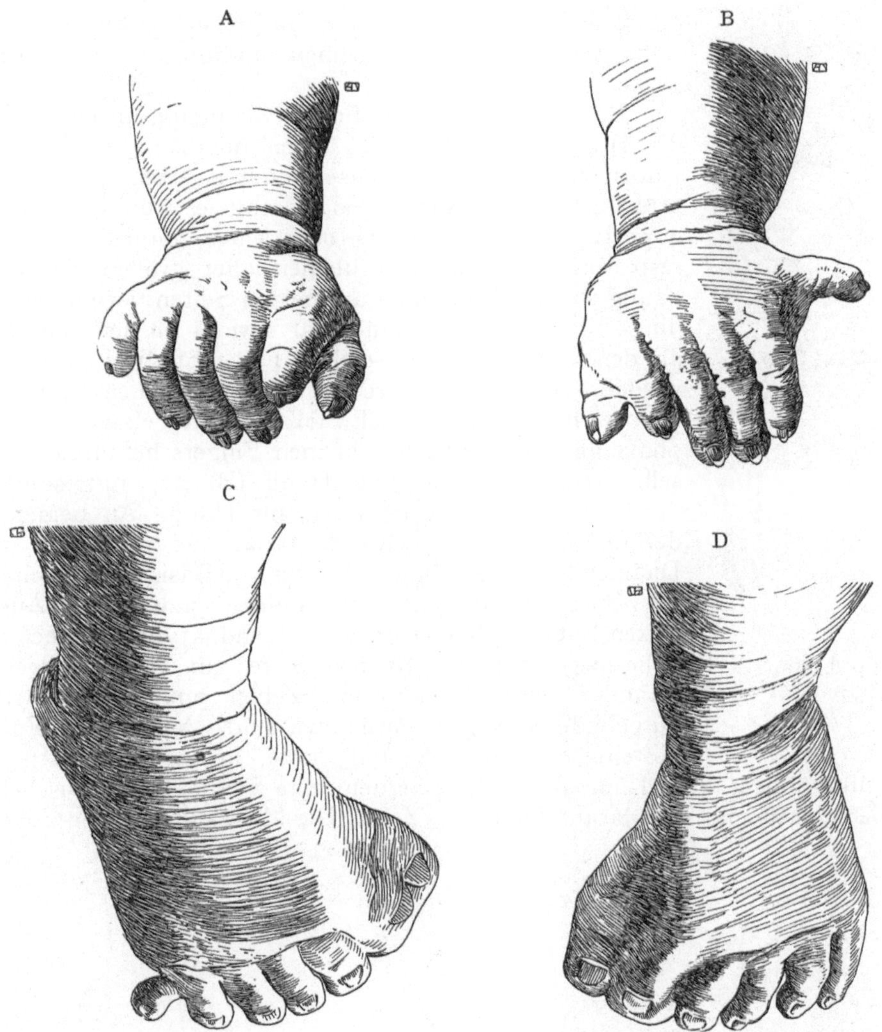

Fig. 208. Polydaktylie an Händen und Füßen eines neugeborenen Knaben.

A. Daumen und Zeigefinger bis zur Basis der Endphalange verwachsen. Der überzählige Finger liegt
auf der ulnaren Seite.

B. Daumen und Zeigefinger bis zur Basis der Endphalange verwachsen. Der überzählige Finger liegt
auf der ulnaren Seite und steht rechtwinklig zur Längsachse der Hand.

C. Zwei große Zehen, vollständig miteinander verwachsen, mit 2 getrennten Nägeln. Auf der fibularen
Seite eine überzählige kleine Zehe (also Heptadaktylie). Tibial wie fibular eine überzählige Zehe.

D. Zwei große Zehen, vollständig miteinander verwachsen, setzen sich jedoch durch eine kleine
Einkerbung voneinander ab. Die überzählige Zehe liegt also auf der tibialen Seite.

gegen sehen wir nicht selten infolge der Umschnürung durch amniotische Stränge
weitgehende Verstümmelungen, ja sogar geradezu Amputationen von Fingern
erfolgen. Ein solcher Fall ist in Fig. 206 dargestellt, ferner in Fig. 207 ein
weiterer, in welchem sämtliche Finger einer Hand im Bereiche der Grundphalange

amputiert wurden. Derartige Bildungen lassen sich wohl direkt auf eine entzündliche Verklebung des Amnions mit der Hand- oder Fußplatte zurückführen. Bei der Poly-

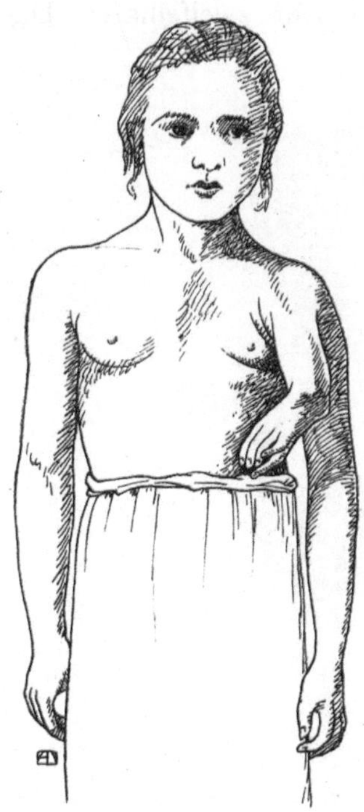

Fig. 209. Doppelbildung der linken Extremität.
Nach Pol.

daktylie, wo in der Regel amniotische Stränge fehlen, versagt diese Erklärung, so daß wir uns hier wohl in den meisten Fällen mit der Annahme behelfen müssen, daß die Ursache entweder schon im Keime gegeben sei oder wenigstens in einem sehr frühen Stadium auf denselben einwirke.

Bei der Polydaktylie finden wir häufig an einem Rande der Hand oder des Fußes einen überzähligen Strahl, der jedoch nach Ballowitz sehr selten einen eigenen Metatarsalknochen aufweist. So kommt es zur Bildung eines doppelten kleinen Fingers oder eines doppelten Daumens resp. einer überzähligen kleinen oder großen Zehe. Sehr häufig ist die Mißbildung auf beiden Seiten vorhanden, allerdings mit Varianten, manchmal sowohl an den Händen wie an den Füßen. Einen solchen Fall gibt die Fig. 208 A—D wieder. Hier zeigt die rechte Hand (A) einen überzähligen kleinen Finger, der jedoch bloß bis an die Basis der Mittelphalange des eigentlichen kleinen Fingers heranreicht. Dasselbe trifft für die linke Hand (B) zu, nur steht hier der kleine Finger rechtwinklig zur Hand. An beiden Händen haben wir also Hexadaktylie, und außerdem zeigen Daumen- und Zeigefinger eine bis zur Basis der Endphalange reichende Verwachsung miteinander (Syndaktylie). Auch am linken Fuße (D) haben wir eine Hexadaktylie; die überzählige Zehe liegt auf der tibialen Seite, an welcher zwei miteinander verwachsene große Zehen mit zwei vollständig ausgebildeten Nägeln vorhanden sind. Am rechten Fuße (C) besteht sogar eine Heptadaktylie, indem sowohl tibial als fibular ein überzähliger Strahl hinzukommt, außerdem eine Syndaktylie zwischen den beiden großen Zehen und der darauf folgenden Zehe. Die überzählige kleine Zehe geht

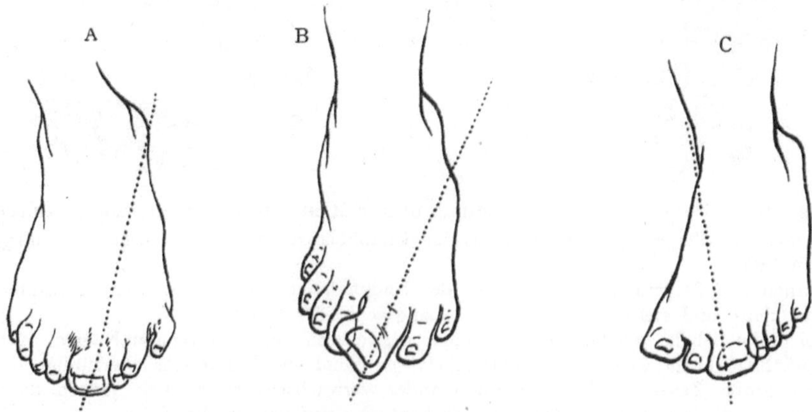

Fig. 210. Fälle von Diplopodie.
A. Fall Eckstein, Prager med. Wochenschr. 1891. Rechter Fuß.
B. C. Fall Kuhnt, Virchows Archiv. 56. 1872.

von der Grundphalange der eigentlichen kleinen Zehe aus; die hier in Verbindung mit der Polydaktylie vorkommende Syndaktylie ist als eine partielle Hemmungsbildung aufzufassen, da die Einkerbungen an der Fußplatte, welche die Anlage der einzelnen Zehen voneinander trennen, nicht vollständig aufgetreten sind.

2. Vererbung der Polydaktylie.

Die Häufigkeit der Vererbung der Polydaktylie ist auch dem Laien schon lange bekannt, handelt es sich doch um eine Erscheinung, die, wenigstens was die Hände anbelangt, offen zur Schau getragen wird. Bei Tieren sind sogar eine Anzahl polydaktyler Rassen beschrieben worden; eine der bekanntesten ist wohl das fünfzehige Dorkinghuhn. Solche Rassen lassen sich bei Haustieren leicht herstellen, wenn eine Inzucht der mit der Bildung behafteten Tiere getrieben wird. So hat Castle eine Rasse von polydaktylen Meerschweinchen gezogen, die jedoch nur durch strengste Zuchtwahl rein zu erhalten war. Auch beim Menschen sind Familien bekannt, in denen während zwei bis drei Generationen viele Fälle von Polydaktylie auftraten. Dabei pflegt gewöhnlich derselbe Typus der Bildung immer wieder vorzukommen (symmetrische Vererbung). Auch beim Menschen hat Pottin auf eine polydaktyle Rasse aufmerksam gemacht, die in einem abgelegenen und schwer zugänglichen Dorfe des Departements Isère entstand, wo eine große Zahl der Einwohner Polydaktylie aufwies. Die Vererbung der Mißbildung wurde selbstverständlich durch die Inzucht unter den Bewohnern des Dorfes gefördert.

3. Erklärung der Entstehung der Polydaktylie.

Die früher oft vertretene Ansicht, daß die Polydaktylie einen Rückschlag auf Verhältnisse darstelle, die sich bei niederen Formen (etwa Fischen) durch die Ausbildung einer größern Zahl von Strahlen auszeichnen, ist jetzt allgemein aufgegeben worden (atavistische Bildung). Die Polydaktylie ist beim Menschen und den meisten Säugetieren entweder eine Keimvariation, worauf die starke Vererblichkeit solcher Bildungen hinweist, oder sie entsteht, wohl in den seltensten Fällen, durch direkte Schädigung der auswachsenden, plattenförmigen Anlage von Hand und Fuß. Etwas anders steht es wohl mit der Polydaktylie bei denjenigen Säugetieren, die normalerweise eine weitgehende Reduktion der Zahl der Strahlen aufweisen und bei deren Vorfahren mit Sicherheit weitere Strahlen angelegt waren, die sich bei den jetzt lebenden Formen mehr oder weniger stark zurückgebildet haben. Die Reduktion führt beim Pferde zur starken Ausbildung eines einzigen Strahles, oder beim Schweine zu einer solchen von zwei Strahlen. Wir können hier geradezu von Hemmungsbildungen, bei einigen Formen mit Syndaktylie verknüpft, sprechen und die gleichmäßige Ausbildung mehrerer Strahlen als eine atavistische Bildung auffassen. Diese Polydaktylie, welche die normale Zahl der Strahlen nicht überschreitet, ist etwas anderes als die Polydaktylie anderer Formen, bei denen zu den fünf normal ausgebildeten Strahlen noch weitere hinzukommen.

Die Experimente von Tornier, dem es gelang, durch Einschneiden in die Extremitätenanlage, je nach dem Stadium ihrer Entwicklung, überzählige Bildungen zu erhalten, dürfen nicht ohne weiteres bei den in utero sich entwickelnden Feten der Säugetiere ähnliche Ursachen für das Zustandekommen der Polydaktylie voraussetzen lassen. Tornier hat sogar (Fig. 204) durch Einschneiden in die eben hervorknospende Anlage der Hintergliedmasse der Knoblauchkröte (Pelobates fuscus) eine bis drei überzählige Gliedmassen, zum Teil unter Verdoppelung des Beckens, erhalten. Höchstens in dem Einschneiden amniotischer Stränge ließe sich bei Säugetieren eine ähnliche causa vera für solche Bildungen erblicken (s. Fig. 209).

4. Syndaktylie und Verminderung der Fingerzahl (Oligodaktylie).

Die Syndaktylie, d. h. die mehr oder weniger weitgehende Verschmelzung von zwei oder mehreren Fingern oder Zehen ist viel seltener als die Polydaktylie (Figg. 211

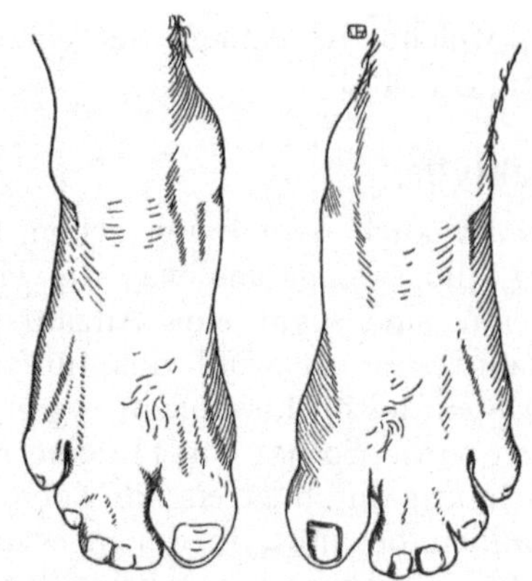

Fig. 211. Syndaktylie an beiden Füßen.
Nach einer Photographie von Prof. de Quervain.

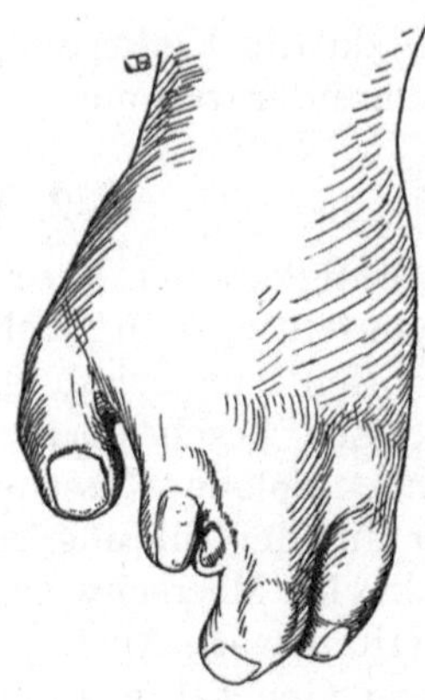

Fig. 212. Syndaktylie, rechte Hand.
Photogramm der Basler chirurg. Klinik.

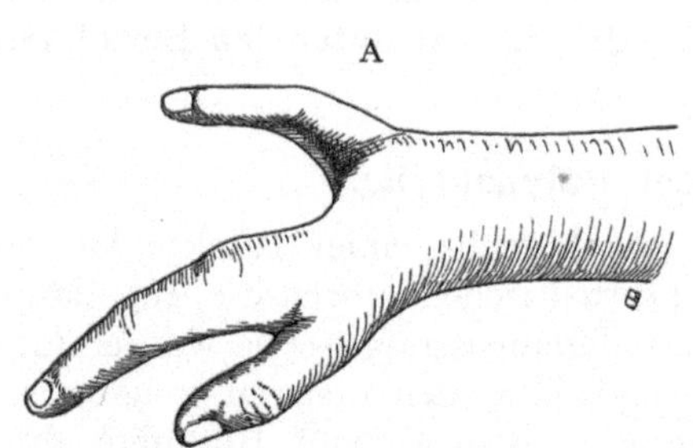

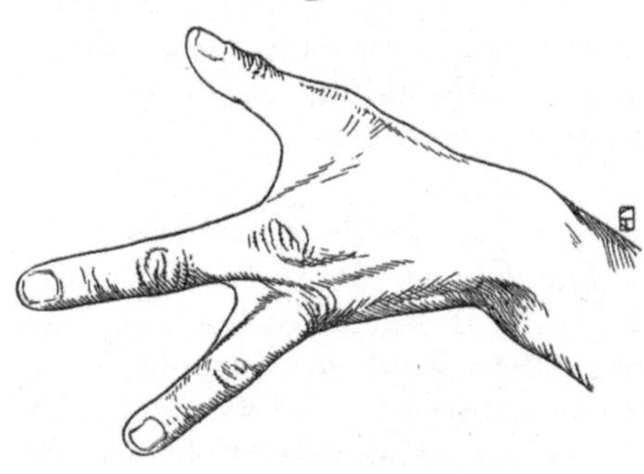

Fig. 213. Rechte Hand.

A. Oligodaktylie.
Nach einem Photogramm der Basler chirurg. Klinik.

B. Ectrodaktylie.
Nach H. Struve, Z. f. Morph. u. Anthrop. XX. 1917.

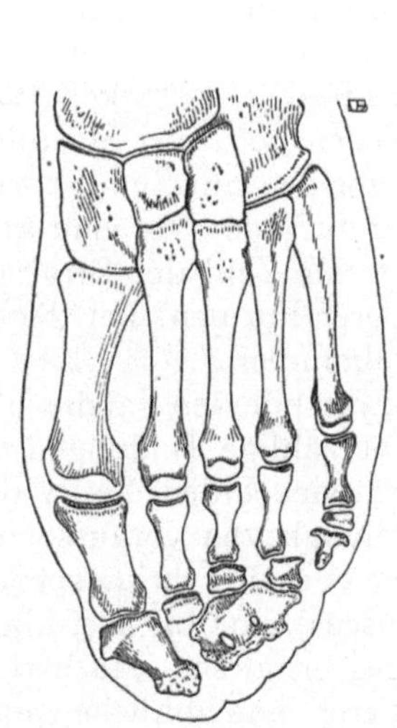

Fig. 214. Synostose der Endphalangen der 2.—4. Zehe.
Nach Pfitzner in Schwalbes
morph. Arbeiten. VIII. 1898.

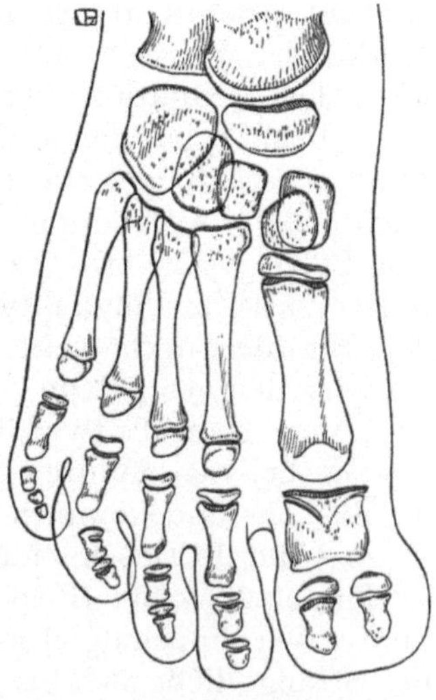

Fig. 215. Rechter Fuß, 10jähr.
Knabe. Doppelbildung der
großen Zehe.
Nach W. Pfitzner in Schwalbes
morphol. Arbeiten. VIII. 1898.
Taf. XXIV. Fig. 8.

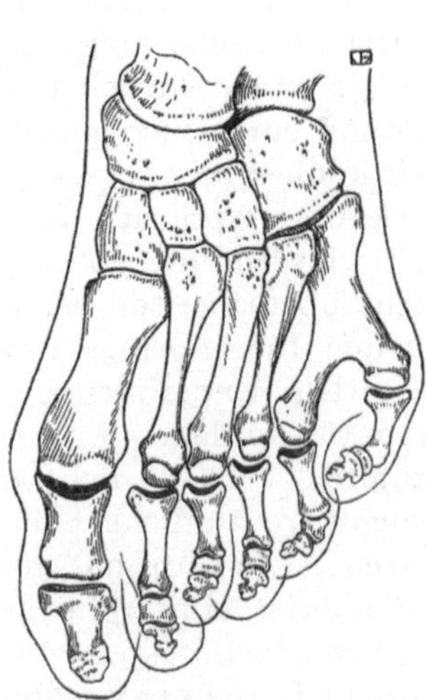

Fig. 216. Linker Fuß eines
Erwachsenen mit Spaltung der
kleinen Zehe.
Nach Pfitzner in Schwalbes
morphol. Arbeiten. VIII. 1898.
Taf. XXIV. Fig. 9.

und 212). Sie kommt, wie wir aus den Figg. 208 A—D gesehen haben, auch in Kombination mit dieser vor. Es gibt alle möglichen Übergänge von zwei vollständig voneinander getrennten Fingern bis zu solchen, bei denen zwei Finger von einem gemeinsamen Hautüberzuge eingeschlossen sind, ja sogar zu Bildungen, bei denen die Finger- (resp. Zehen-)skelete mehr oder weniger vollständig miteinander verschmolzen sind (Figg 214—216), so daß auch zwei Finger durch einen einzigen Strahl dargestellt sein können. Wir dürfen demnach mit großer Wahrscheinlichkeit annehmen, daß die Syndaktylie einen Übergang zu einer Verminderung der Zahl der Strahlen bildet (Figg. 213 u. 217), die sogar damit enden kann, daß bloß noch zwei Finger vorhanden sind. Farabee hat eine solche Mißbildung beschrieben, die in Form von zwei einander entgegenstehenden, klauenartigen Fingern während fünf Generationen auftrat. Sehr eigentümlich ist die Tatsache, daß bei der Reduktion der Strahlen auf die Zweizahl der eine Strahl immer den Typus des kleinen Fingers resp. der kleinen Zehe aufweist, so daß es den Anschein hat, als gehe die Reduktion von der Daumen- resp. Großzehenseite aus. Eine auch in bezug auf ihre Erblichkeit sehr interessante Hemmungsbildung der Finger und der Zehen ist die Brachydaktylie, bei welcher die Anlagen der mittleren Phalangen entweder fehlen oder, was wahrscheinlicher ist, sehr frühzeitig mit den Anlagen der terminalen Phalangen verschmelzen. Die übrigen Finger und Zehen zeigen also dieselbe Ausbildung des Skeletes wie der Daumen und die große Zehe; sie sind abnorm kurz. Die Brachydaktylie kann sich auf einzelne Strahlen beschränken, aber am häufigsten werden alle Finger und Zehen von ihr betroffen. Von Farabee sind Fälle beschrieben worden,

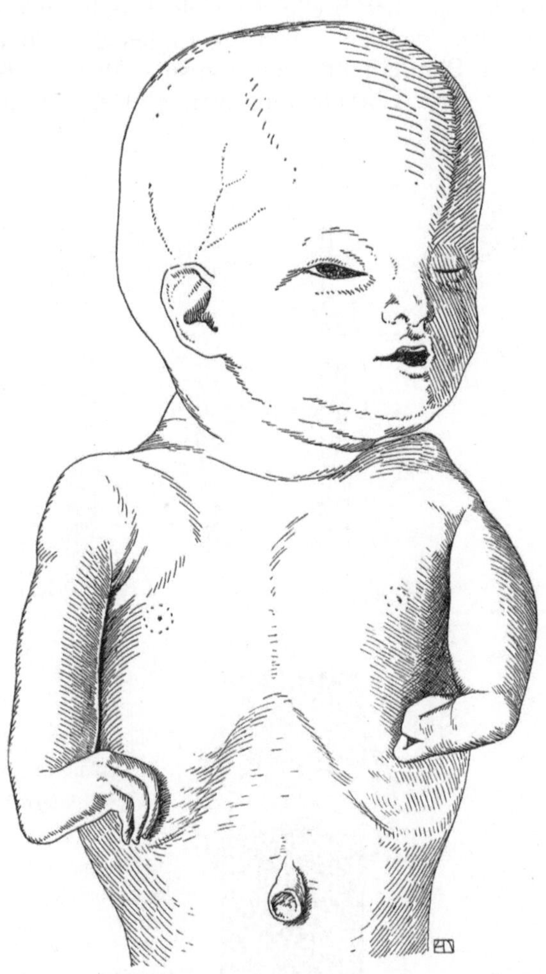

Fig. 217. Mißbildungen beider Arme und Hände. Beiderseits normal gebildete Oberarme. Fehlen der Vorderarme. Rechts 3, links 2 ulnare Finger. Nach einem Präparat von Prof. Labhardt.

welche während fünf Generationen in einer Familie auftraten, die sich exquisit vererblich erwiesen, und zwar nach dem Mendelschen Gesetze, indem sie bloß von behafteten Individuen weiter vererbt wurden.

Entwicklung der Gelenke.

Das Skelet der Extremitäten bildet im vorknorpeligen und eigentlich auch noch im knorpeligen Stadium ein Ganzes (s. oben), jedoch zeichnen sich diejenigen Stellen, an welchen später die Gelenke auftreten, dadurch aus, daß hier das Gewebe mehr indifferent bleibt und niemals den Charakter des Knorpels annimmt. Dieses Zwischen-

gewebe geht seitlich in das die knorpeligen Skeletteile umhüllende Perichondrium über
(Fig. 218 A).

Mit dem Längenwachstum der knorpeligen Teile wird diese nunmehr aus gallertigem
Gewebe bestehende Zwischenschicht dünner; sie erleidet eine teilweise Atrophie, durch
welche an ihre Stelle der Gelenkspalt tritt (Fig. 218 B). Derjenige Teil des Zwischen-
gewebes, welcher außen die Enden der Skeletanlagen verbindet, wird zu den accessorischen Bändern und zur Capsula fibrosa, deren innere Fläche als Abschluß der Syno-
vialis eine Überkleidung von glatten, endothelartigen Zellen erhält (Fig. 218C). Bei

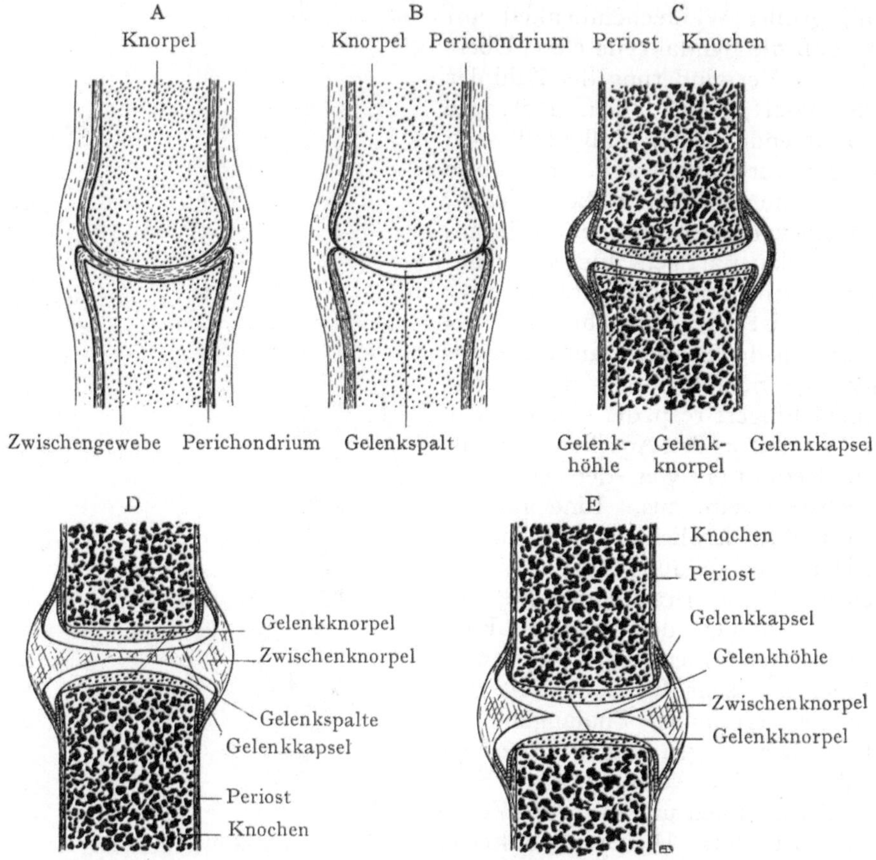

Fig. 218. Schematische Darstellung der Gelenkentwicklung.
Nach Testut.

der Verknöcherung bleibt immer der Gelenkknorpel als Überzug der im Gelenke zusammenstoßenden Knochen übrig.

Bei denjenigen Gelenken, in welchen sich Zwischenknorpel oder Ligamenta inter-
articularia ausbilden, schwindet das Zwischengewebe der Anlage nicht vollständig,
sondern wandelt sich zum Teil in diese Gebilde um. In einem Falle (Fig. 218 D) entstehen zwei durch die Zwischenbandscheiben vollständig voneinander getrennte Gelenk-
spalte, z. B. die Articulatio sternoclavicularis, in einem anderen gehen die Gelenk-
spalte ineinander über wie am Kniegelenke (Fig. 218 E). „Die Gestaltung, das Charakteristische der Gelenkflächenbildung, erfolgt ontogenetisch, ohne jede Einwirkung der
Muskeln, dagegen ist bei der Vervollkommnung des Gelenkes die Muskeltätigkeit ein
sicher berechtigter Faktor, dem ja auch sonst, wie zuerst L. Fick nachgewiesen hat,
ein bedingender Einfluß auf die Skeletgestaltungen zukommt" (Bernays).

Wenn das Zwischengewebe bestehen bleibt, so erhalten wir eine mehr oder weniger enge Verbindung zweier gegeneinander gekehrter Knochenflächen durch Bindegewebe, welches, je nach seiner Anordnung, eine ziemlich weitgehende Beweglichkeit gestatten kann (Verbindungen der Wirbelkörper). In extremen Fällen bilden sich die straffen Verbindungen der Synarthrosen aus.

Bildung der Schleimbeutel. Die Schleimbeutel, welche so häufig in Beziehung zu den Gelenkhöhlen treten, kommen nicht etwa durch mechanische Momente nach der Geburt zustande, indem nach Heinecke bei einem Fetus aus dem Anfange des 7. Monates schon eine Anzahl vollkommen ausgebildeter Schleimbeutel sowie alle Sehnenscheiden vorhanden waren. Die Verbindung der Sehnenscheiden und der Schleimbeutel mit benachbarten Gelenken wird jedoch bei Kindern selten beobachtet; sie sind wohl das Resultat von Bindegewebsschwund in späteren Jahren, jedoch sind einige Verbindungen schon im frühen Kindesalter vorhanden, so diejenige zwischen der Sehnenscheide des langen Bicepskopfes und dem Schultergelenke, oder zwischen der Bursa suprapatellaris und der Höhle des Kniegelenkes.

Literatur über die Entwicklung des Skeletes.

Allgemeines. Verknöcherung.

Bardeen, Ch. R., Die Entwicklung des Skeletes und des Bindegewebes in *Keibel-Malls* Handb. d. Entw.-Geschichte des Menschen I. 1910. 296—456. — *Eggeling, H.*, Der Aufbau der Skeletteile in den freien Gliedmassen der Wirbeltiere. Jena, Fischer 1911. — *Flemming, W.*, Die Histogenese der Stützsubstanzen der Bindesubstanzgruppe. *Hertwigs* Handb. d. Entwicklungslehre III. 2. 1906. — *Lubosch, W.*, Anpassungserscheinungen bei der Verkalkung der Selachierknorpel. Anat. Anz. 35. 1909. 1—10. — *Moodie, Roy. L.*, Reptilian Epiphyses. Amer. J. of Anat. 7. 1907—1908. 443—467. — *Nowikoff, M.*, Untersuchungen über die Struktur des Knochens. Zeitschr. f. wiss. Zool. 92. 1909. — *Parsons, F. G.*, On Pressure Epiphyses. J. of Anat. u. Phys. 39. 1905. 402—412. — *Rabl, C.*, Theorie des Mesoderms. Morph. Jahrb. 15. 1889. — *Rambault* et *Renaud*, Origine et développement des Os (mit Atlas). Paris 1864. — *Spencer, H.*, Principles of Biology 2. ed. Vol. II. p. 224. — *Triepel, H.*, Die Architektur der Knochenspongiosa in neuer Auffassung. Zeitschr. f. Konstitutionslehre. VIII. 1922.

Entwicklung der Wirbelsäule und ihrer Anhänge.

Bardeen, C. R., The development of the thoracic Vertebrae in Man. Amer. J. of Anat. 4. 1905. 163—174. — *Corning, H. K.*, Über die sog. Neugliederung der Wirbelsäule und über das Schicksal der Urwirbelhöhlen bei Reptilien. Morph. Jahrb. 17. 1891. — *Ebner, V. v.*, Urwirbel und Neugliederung der Wirbelsäule. Sitzungsber. der k. k. Akad. d. Wissensch. Wien. Math.-phys. Kl. 97. 3. Abt. 1889. — *Derselbe*, Über die Beziehung der Wirbel zu den Urwirbeln. Ibid. 101. 3. Abt. 1892. — *Derselbe*, Die Chorda dorsalis der niederen Fische und die Entwicklung des fibrillären Bindegewebes. Zeitschr. f. wiss. Zool. 62. 1897. — *Eggeling, H.*, Zur Morphologie des Manubrium sterni. Festschr. f. *Haeckel* 1904. — *Fischel, Alfr.*, Untersuchungen über die Wirbelsäule und den Brustkorb des Menschen. Anat. Hefte 31. 1906. — *Gruber, W.*, Über die Halsrippen des Menschen. Mém. Acad. des Sc. St. Pétersburg 13. 1869. — *Held, H.*, Über die Entwicklung des Achsenskeletts der Wirbeltiere. Abh. d. sächs. Akad. d. Wiss. math.-phys. Kl. XXXVIII. No. 5. 1921. — *Leboucq, H.*, Zur Frage nach der Herkunft überzähliger Wirbel. Einschaltung oder peripherer Zusatz? Verh. d. anat. Gesellsch. Vers. in Straßburg. Erg.-Band z. Anat. Anz. 9. 1894. — *Derselbe*, Recherches sur les variations de la première côte chez l'homme. Arch. de biol. 15. 1898. — *Luschka, H.*, Die Halsrippen und die Ossa suprasternalia des Menschen. Denkschr. d. k. k. Akad. d. Wissenschaften in Wien. Band 16. Abt. 2. 1859. — *Mall, F. P.*, On centers of ossification in human embryos less than 100 days old. Amer. Journ. of Anat. 5. 1906. — *Müller, Charlotte*, Zur Entwicklung des menschlichen Brustkorbes. Morph. Jahrb. 35. 1906. 591—696. — *Rabl, C.*, Theorie des Mesoderm. II. Morph. Jahrb. 19. 1893. — *Rosenberg, E.*, Über die Entwicklung der Wirbelsäule und des Os centrale carpi des Menschen. Morph. Jahrb. I. 1876. 81—198. — *Derselbe*, Über eine primitive Form der Wirbelsäule des Menschen. Morph. Jahrb. 27. 1899. 1—118. — *Ruge, Georg*, Untersuchungen über Entwicklungsvorgänge am Brustbein und an der Sternoclavicular-Verbindung des Menschen. Morph. Jahrb. 6. 1880. 362—414. — *Schaffer, J.*, Die Rückseite der Säugetiere nach der Geburt, nebst Bemerkungen über den Bau und die Verknöcherung der Wirbel. Sitzungsber. d. Akad. d. Wiss. Wien., Math.-nat. Kl. 119. Abt. 3. 1910. 409—465. — *Schauinsland, H.*, Die Entwicklung der Wirbelsäule nebst Rippen und Brustbein in *Hertwigs* Handb. d. Entw.-Lehre III. 2.

234   Literatur. Extremitätenentwicklung.

1906. — *Steinbach, Erwin*, Die Zahl der Caudalwirbel beim Menschen. Inaug.-Diss. Berlin 1889. — *Swjetschnikow*, Über die Assimilation des Atlas und die Manifestation des Occipitalwirbels beim Menschen. Arch. f. Anat. u. Entw.-Gesch. 1906. 155—194. Basler Inaug.-Diss. ausp. *Kollmann*.

Entwicklung des Kopfskeletes.

Debierre, C., Développement du segment occipital du crâne. Journ. de l'Anat. et de la Physiol. 31. 1895. — *Dwight, Th.*, Stylohyoid Ossification. Annals of surgery. Nov. 1897. — *Bolk, L.*, Die Entwicklung der Fontanella metopica beim Menschen. Verh. anat. Ges. in Leipzig 1911. Erg.-Bd. z. Anat. Anz. 38. 195—202. — *Felber, P.*, Anlage und Entwicklung des Maxillare und Prämaxillare beim Menschen Morph. Jb. 36. 1907.— *Froriep, Aug.*, Kopfteil der Chorda dorsalis bei menschlichen Embryonen. Festschr. f. *Henke* 1882. — *Derselbe*, Über ein Ganglion am Hypoglossus. Wirbelanlagen in der Occipitalregion. Beitr. z. Entw. d. Säugetierkopfes. Arch. f. Anat. u. Entw.-Gesch. 1882. — *Fürbringer, Max*, Über die spinooccipitalen Muskeln der Selachier und Holocephalen und ihre vergleichende Morphologie. Festschr. f. *Gegenbaur* 3. 1897. *Gaupp, E.*, Über allgemeine und spezielle Fragen aus der Lehre von dem Kopfskelete der Wirbeltiere. Verh. d. anat. Ges. zu Rostock 1906. Erg.-Band. Anat. Anz. 29. 1906. 21—70. — *Derselbe*, Die Entwicklung des Kopfskeletes in *Hertwigs* Handb. d. Entw.-Lehre III. 2. 1906. — *Derselbe*, Die *Reichert*sche Theorie (Hammer, Amboß und Kieferfrage). Arch. f. Anat. 1912. Supplementband. 1—416. — *Gegenbaur, C.*, Bemerkungen über den Canalis facialis. Morph. Jahrb. 2. 1876. 435—439. — *Grünwald, L.*, Eine Cyste der Chordascheide. Anat. Anz. 37. 1910. 294—302. — *Low, A.*, Further observations on the Ossification of the lower human jaw. Journ. of Anat. and Physiol. 44. 1911. (ausp. *Keibel*). — *Rathke, H.*, Bemerkungen über die Entwicklung des Schädels der Wirbeltiere. 4. Ber. d. naturwiss. Seminars der Universität Königsberg. 1839. — *Virchow, R.*, Untersuchungen über die Entwicklung des Schädelgrundes. 1857.

Entwicklung der Extremitäten.

Bardeen, Ch. R., and *Lewis, W. H.*, Development of the limbs, bodywall and back in Man. Amer. J. of Anat. 1. 1—35. 1901. — *Derselbe*, Studies on the development of the human skeleton. Amer. J. of Anat. 4. 1905. — *Derselbe*, Die Entwicklung des Skelets und des Bindegewebes; in *Keibel-Malls* Handb. d. Entw.-Gesch. d. Menschen I. 1910. — *Braus, H.*, Die Entwicklung der Form der Extremitäten und des Extremitätenskeletes. *Hertwigs* Handb. d. Entw.-Lehre III. 2. 1906. — *Harrison, R. G.*, Experiments on the Development of the forelimb of Amblyostoma, a self-differentiating equipotential system. J. of exp. Zool. 25. 1918. 413—461. — *Hasselwander, A.*, Untersuchungen über die Ossifikation des menschlichen Fußskeletes. I. Zeitschr. f. Morph. u. Anthrop. 5. 438—508 (auch Anat. Anz. 32. 1908). II. Zeitschr. f. Morph. und Anthrop. 12. 1909. 1—140. — *Lewis, W. H.*, The development of the arm in Man. Amer. J. of Anat. 1. 1901/02. — *Mollier, S.*, Die paarigen Extremitäten der Wirbeltiere. Anat. Hefte Band 8, 16. 24, 1893 —1897. — *Petersen, W.*, Untersuchungen zur Entwicklung des menschlichen Beckens. Arch. f. Anat. u. Entw.-Gesch. 1893. 67—96. — *Rabl, C.*, Gedanken und Studien über den Ursprung der Extremitäten. Zeitschr. f. wiss. Zool. 70. 1901. 474—558. — *Derselbe*, Über einige Probleme der Morphologie. Verh. d. anat. Ges. Vers. in Heidelberg. Erg.-Band. Anat. Anz. 23. 1903. — *Derselbe*, Bausteine zu einer Theorie der Extremitäten der Wirbeltiere. I. Teil. Leipzig 1910. — *Schomburg, Hans*, Untersuchung der Entwicklung der Muskeln und Knochen des menschlichen Fußes. Göttinger Preisschrift 1900. — *Strasser, H.*, Zur Entwicklung der Extremitätenknorpel bei Salamandern und Tritonen. Morph. Jb. V. 1879.

Mißbildungen der Extremitäten.

Ballowitz, E., Über die Hyperdaktylie des Menschen. Klin. Jahrbücher. Jena 1904. — *Derselbe*, Über hyperdaktyle Familien und die Vererbung der Vielfingrigkeit beim Menschen. Arch. f. Rassen- und Gesellschaftsbiologie 1. 1904. 347—365. — *Bateson, W.*, Materials for the study of variation. London 1894. — *Castle, W. S.*, Origin of a polydactylous race of guinea pigs. Public. of Carnegie Institute Nr. 49. 1906. — *Drinkwater, H.*, An account of a brachydactylous family. Proc. Roy. Soc. Edinburgh. 28. 1908. — *Farabee, W. C.*, Inheritance of digital malformations in Man. Papers of Peabody Mus. of Amer. Arch. and Ethnology. Harvard University. III. 3. 1905. — *Grönberg, G.*, Beiträge zur Kenntnis der polydaktylen Hühnerrassen. Anat. Anz. 9. 1894. — *Kaufmann-Wolf (Marie)*, Embryologische und anatomische Beiträge zur Hyperdaktylie (Houdanhuhn). Morph. Jahrb. 38. 1908. — *Prentiss, C. W.*, Polydactylism in Man and the domestic animals with especial reference to digital variation in swine. Bull. Mus. comp. zool. Cambridge 40. 1903. 245—314. — *Tornier, G.*, Experimentelle Ergebnisse über angeborene Bauchwassersucht, Spina bifida, Wasserkopfbildung usw. Sitzungsber. d. Ges. naturf. Freunde. Berlin 1904. — *Windle, B. C. A.*, Einige neue Beobachtungen über Fingerabnormitäten. *Bonnet* und *Merkels* Ergebnisse 14. 1904.

Variationen der Wirbelsäule.

Bateson, W., Materials for the study of variation. London 1894. p. 121. — *Baur, G.*, On Intercalation of vertebrae. Journ. of Morph. IV. 1891. 331—336. — *Böhm, Max*, Die numerische Variation des menschlichen Rumpfskelets. Stuttgart 1907. — *Bolk, L.*, Über eine Wirbelsäule mit 6 Halsrippen. Morph. Jahrb. 29. 1900. — *Brash, J. C.*, Vertebral Column with $6^1/_2$ cervical vertebrae and thirteen true thoracic vertebrae. Journ. of Anat. and Physiol. 49. 1915. 243—273. — *Falk, E.*, Über angeborene Wirbelverkrümmungen. Stud. z. Pathol. d. Entw. II. 2. 1914. — *Fischel, A.*, Untersuchungen über die Wirbelsäule und den Brustkorb des Menschen. Anat. Hefte. 31. 1906. — *Hayek, H.*, Über den Proatlas und die Entwicklung der Kopfgelenke beim Menschen usw. Sitzungsber. d. Wien. Akad. d. Wiss. Math.-naturw. Kl. Abt. 3. Bd. 130 u. 131. 25—60. — *Hyrtl, Jos.*, Über Wirbelassimilation bei Amphibien. Sitzungsber. d. Wien. Akad. d. Wiss. Math.-nat. Kl. 49. 1864. 264—272. — *Derselbe*, Über normale Querteilung der Saurierwirbel. Ibid. 10. 1854. — *Klippel* et *Feil*, Un cas d'absence des vertèbres cervicales; cage thoracique remontant jusqu'à la base du crâne. Bull. et mém. de la Soc. d'anthropol. de Paris VI. Serie t. 3. 1912. — *Kollmann, J.*, Varianten am Os occipitale, besonders in der Umgebung des For. occipitale magnum. Verh. d. Anat. Ges. zu Genf. Erg.-Band z. Anat. Anz. 27. 1905. 231—236. — *Kühne, Konr.*, Über die Variation der Wirbelsäule, des Brustkorbs usw. bei Lacerta muralis. Morph. Jahrb 49. 1915. — *Le Double, A. F.*, Traité des variations de la colonne vertébrale de l'homme. Paris 1912. — *Männer, H.*, Beiträge zur Entwicklungsgeschichte der Wirbelsäule bei den Reptilien. Zeitschr. f. wiss. Zool. 66. 1899. 43—68. — *Oehlecker, F.*, Eine kongenitale Verkrümmung der Wirbelsäule infolge Spaltung von Wirbelkörpern (Spina bifida ant.). Beitr. z. klin. Chir. 61. 1908. 570—592. — *Rosenberg, E.*, Die verschiedenen Formen der Wirbelsäule des Menschen und ihre Bedeutung. Jena 1920. — *Schauinsland, H.*, Entwicklung der Wirbelsäule nebst Rippen und Brustbein. *O. Hertwigs* Handb. d. Entw.-Lehre III. 2. 1906. — *Ševerow, Slarko*, Über die Entstehung der Diplospondie der Selachier. Arb. a. d. zoolog. Institut d. Univ Wien. T. 19. 1911. 1—25. — *Stieve, M.*, Bilaterale Asymmetrien im Bau des menschlichen Rumpfskeletes. Anat. Hefte. 60. 1921. 307—409.

Entwicklung der Gelenke.

Lubarsch, B., Bau und Entstehung der Wirbeltiergelenke. Jena 1910.

Muskulatur.

Allgemeines über die Entwicklung der Muskulatur.

Die Histologie unterscheidet zwischen quergestreifter (willkürlicher) und glatter (unwillkürlicher) Muskulatur, und zwar wird dabei betont, daß jene die gesamte somatische Muskulatur, diese dagegen die gesamte Darm- und Gefäßmuskulatur umfaßt, mit Ausnahme der quergestreiften Muskulatur des Herzens (viscerale und Gefäßmuskulatur). Diese vom histologischen Standpunkte aus durchaus gerechtfertigte Einteilung deckt sich jedoch nicht mit derjenigen, welche wir aus der Entwicklung der Muskulatur abzuleiten berechtigt sind.

Die viscerale Muskulatur, zum Teil auch die Muskulatur der Gefäße, entsteht aus dem visceralen Blatte des Mesoderms und besteht aus glatten Muskelzellen, wobei jedoch zu bemerken ist, daß die Muskulatur des Pharynx und der oberen Strecke des Ösophagus zum größten Teil quergestreift ist und, je weiter wir sie abwärts verfolgen, um so stärkere Beimischungen von glatten Muskelzellen aufweist. Bei einigen Formen (Schlei) finden wir sogar auch im Darm eine quergestreifte Muskulatur in weiter Verbreitung, die histol gisch mit der quergestreiften Körpermuskulatur übereinstimmt. Diese Verhältnisse sind wohl darauf zurückzuführen, daß es phylogenetisch im Bereiche des Kiemendarmes zur Ausbildung einer mächtigen, quergestreiften Muskulatur kommt, die bei den wasserlebenden Formen mit der Bewegung der Kiemenbogen betraut ist, bei den Amnioten dagegen zum größten

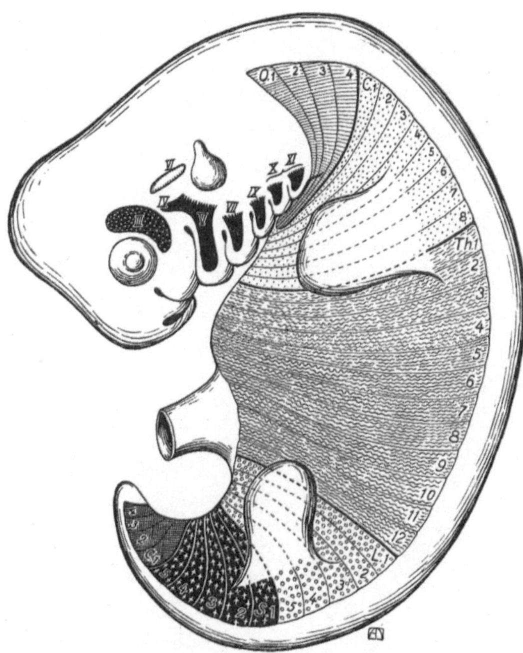

Fig. 219. Schema der Entwicklung der Muskulatur beim Menschen.
Mit teilweiser Benutzung einer Abbildung von Patterson in Cunninghams Textbook of human Anatomy.

O 1—4. Occipitalmyotome.
C 1—8. Cervikalmyotome.
Th. 1—12. Thorakalmyotome.
L 1—5. Lumbalmyotome.
S 1—5. Sakralmyotome.
C 1—4. Caudalmyotome.

III, IV, V, VI, VII, IX, X, XI Anlage der Muskulatur der betr. Hirnnerven.

Teil in die Bildung der Pharynx- und Ösophagusmuskulatur übergeht, zum Teil jedoch auch die Kaumuskulatur und die mimische Muskulatur herstellt, zum Teil endlich als Muskulatur der Gehörknöchelchen (M. tensor tympani und M. stapedius) in den Dienst des Gehörapparates tritt.

Demnach deckt sich der Begriff der visceralen Muskulatur (wir sehen von der Gefäßmuskulatur ab) nicht mit demjenigen der glatten Muskulatur, sondern wir haben unter den visceralen Muskeln zu unterscheiden: 1. im Bereiche des Kopfes eine Anzahl, die nicht bloß eine Querstreifung aufweisen, sondern auch willkürlich zur Kontraktion gebracht werden können (Kaumuskulatur) und 2. die glatte Darmmuskulatur, welche von der Mitte des Ösophagus an bis zum Anus den Darm umgibt. Dieser aus dem visceralen Blatte des unsegmentierten Mesoderms stammenden, zum größten Teile glatten visceralen Muskulatur wäre also die quergestreifte Skeletmuskulatur oder somatische Muskulatur gegenüberzustellen, welche sich zunächst ausschließlich im Bereiche des Rumpfes aus den von den dorsalen Mesodermsegmenten entstehenden Myotomen ableitet. Diese Herkunft wird später durch die mannigfaltigen Verschiebungen, welche die von den einzelnen Myotomen gelieferten Muskelanlagen erfahren, zum Teil verdeckt, so daß sich bei den höheren Formen bloß noch aus der Innervation die Zugehörigkeit der einzelnen Muskeln zu bestimmten Segmenten nachweisen läßt.

Zu den aus den segmentalen Anlagen entstehenden Muskeln müssen wir vielleicht auch die von den Nn. oculomotorius und abducens innervierten Augenmuskeln rechnen (Fig. 219). Die ontogenetische Stellung dieser Muskelgruppe ist jedoch noch keineswegs klar, deshalb werden wir sie mit den andern, unzweifelhaft aus der Kiemenmuskulatur abzuleitenden Kopfmuskeln besprechen, zu denen unstreitig auch die dritte Komponente der Augenmuskulatur, der vom N. trochlearis innervierte M. obliquus sup. zu rechnen ist.

Wir unterscheiden demnach:
A. Die aus den segmentalen Anlagen (Myotomen) sich ableitende Muskulatur des Rumpfes und der Extremitäten (somatische Muskulatur).
B. Die viscerale Muskulatur.
a) Im Bereiche des Kiemendarmes (Kopfmuskulatur),
b) im Bereiche des übrigen Darmes (Darmmuskulatur).

Die somatische Muskulatur.

1. Allgemeines über die Bildung der somatischen Muskulatur.

Zu ihr gehört die Rumpfmuskulatur, welche sich bei niederen Formen (Fischen, Amphibien) in streng segmentaler Ausbildung darstellt, ferner die gleichfalls von den Myotomen abzuleitende Extremitätenmuskulatur.

Bei der Entstehung und Umbildung der somatischen Muskulatur wirken drei Faktoren mit:
1. Das Auswachsen der Myotome in ventraler und dorsaler Richtung und eine Verschiebung der Muskelanlagen, welche oft als eine Wanderung derselben aufgefaßt wird. Gleichzeitig mit dem Auswachsen der Myotome geht auch die histologische Differenzierung der sie zusammensetzenden Epithelzellen zu Muskelfasern einher (Histogenese der quergestreiften Muskelfasern).
2. Die Verschmelzung einzelner, aus verschiedenen Myotomen stammenden Anlagen zu Muskelindividuen, denen eine bestimmte Funktion zukommt.
3. Die Trennung größerer Muskelanlagen in einzelne Schichten, wie wir sie z. B. an den breiten Bauchmuskeln der Säugetiere vor uns sehen.

1. Das Auswachsen der Myotome erfolgt besonders in dorsaler und ventraler, dann aber auch in cranialer und caudaler Richtung. Durch das Auswachsen dorsalwärts wird die Rückenmuskulatur (epaxonische Muskulatur), durch das Auswachsen ventral-

wärts die Bauch- und Extremitätenmuskulatur (hypaxonische Muskulatur) geliefert (s. Fig. 221).

Als Fortsetzung des aktiven Wachstumsprozesses an den dorsalen und ventralen Myotomkanten können wir die Wanderung oder Verschiebung der Muskelanlagen, auch ihr Auswachsen in gewisse Richtungen, auffassen. Dabei können Muskeln an weit von ihrem Mutterboden entfernte Stellen gelangen. So entstehen z. B. die Mm. trapezius und sternocleidomastoideus aus einer Anlage (Fig. 227), welche die vom N. accessorius und vagus versorgte Muskulatur des 5. und 4. Kiemenbogens bei niederen Formen liefert. Diese Kiemenmuskelanlage wächst nun in caudaler Richtung aus, um beim Menschen ihre Ursprünge bis in die Höhe des letzten Brustwirbels auszudehnen; ähnlich wachsen auch die Augenmuskeln von dem Orte ihrer Entstehung gegen ihre Ansätze am Bulbus oculi aus (Fig. 227). Sehr weitgehende Verschiebungen erfahren endlich auch die Extremitätenmuskelanlagen. Wir können über die Kausalität dieser Vorgänge nichts aussagen, sie finden natürlich in relativ früher Zeit statt, da die beim Auswachsen zu durchmessenden Strecken relativ kurz sind. Die Ursprünge und Ansätze der Muskeln entstehen während der Ontogenese, indem die Muskelanlagen gegen dieselben auswachsen. M. Nußbaum hat nachgewiesen, daß dieses Auswachsen von der Eintrittsstelle des Nerven in die Anlage ausgeht, indem die Wachstumsrichtung durch die intramuskuläre Verzweigung der Nervenfasern angegeben wird.

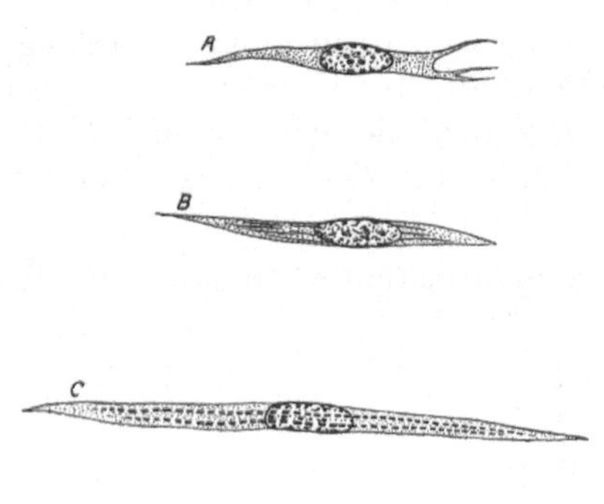

Fig. 220. Stadien der Entwicklung der Myoblasten bei Säugetieren. Nach E. Godlewski, jun., Archiv für mikr. Anat. 60, 1902.

Die histologische Differenzierung der die Myotome zusammensetzenden Epithelzellen geht (Figg. 53 und 54) im Bereiche der medialen Wand des Myotoms, der Muskellamelle, vor sich, während die laterale als Cutislamelle bezeichnete Wand sich vollständig in Mesenchymzellen auflöst, welche sich unter der Epidermis der dorsalen Partie des Rumpfes ausdehnen und hier das Corium herstellen. Die Bildung der Muskelfibrillen beginnt bei jedem Myotom etwa in der halben Höhe desselben, und zwar in der Basis der hohen zylindrischen Epithelzellen der Muskellamelle. Die Fibrillen sind parallel zur Längsachse der Zelle angeordnet und greifen bald auch auf den übrigen Teil derselben über. Diese wächst unter wiederholter Teilung des Kernes in die Länge und bildet alsdann die als Syncytium aufzufassende Muskelfaser (Fig. 220). Es ist noch nicht festgestellt, ob diese aus einer einzigen Zelle hervorgeht oder, wie es Godlewski und andere angeben, aus der Verschmelzung von ursprünglich getrennten Zellen. A priori ist wohl die erstere Annahme die wahrscheinlichere.

Die Myofibrillen entstehen aus Granula, welche sich aneinanderlegen. Sie scheinen mehrere Zellen zu durchziehen und erinnern so bis zu einem gewissen Grade an die Neurofibrillen; ihre Segmentierung in isotrope und anisotrope Substanz ist ein durchaus sekundärer Vorgang. Sowohl die Fibrillen als auch die Muskelfasern können sich durch Längsspaltung vermehren, doch verlieren letztere nach Mac Callum diese Fähigkeit schon bei menschlichen Embryonen von 130—170 mm; von da an soll die Vermehrung der Muskelfasern, wenigstens am M. sartorius, aufhören, indem die Volumzunahme des Muskels weiterhin bloß durch die Volumzunahme der einzelnen Muskelfasern erfolgt. Diese ist sehr beträchtlich. Schiefferdecker berechnet den Querschnitt einer Faser des M. deltoides beim menschlichen Embryo zu 62, beim neugeborenen Kinde zu 97, beim Erwachsenen zu 1200 Quadratmillimeter; für das Zwerchfell betragen die Zahlen 34, 194, 750 bis 1200. Nach Untersuchungen von Schäffer zeigen die Fasern des M. gastrocnemius beim Erwachsenen, verglichen mit jenen des siebenmonatlichen Fetus, eine Dickenzunahme um das 33—34fache. (Angaben von W. H. Lewis in Keibel-Malls Handbuch der Entwicklungsgeschichte.)

Das erste Auftreten der Myofibrillen geht, wie gesagt, in der Höhe der Chorda dorsalis, also in nächster Nähe des Rückenmarkes vor sich (Fig. 53). Hier treten die motorischen Nervenfasern an das Myotom heran, um sich wahrscheinlich sehr früh, zur Zeit ca die Muskelzellen noch einen epithelialen Charakter besitzen, mit denselben zu verbinden. Der genauere Modus dieser Verbindung läßt sich mit unseren heutigen Hilfsmitteln nicht feststellen, jedenfalls erfolgt aber die Ausbildung der motorischen Endplatten erst relativ spät. Es liegt nahe, das Auftreten der Myofibrillen, d. h. die spezifische Differenzierung der kontraktilen Muskelsubstanz, mit dem Eintritt der Nervenfasern in die Muskelzellen in Beziehung zu bringen und die Herstellung der Verbindung als formbildenden Reiz aufzufassen. Allein die Versuche von Harrison, welcher nervenlose Myotome dadurch erhielt, daß er bei Froschlarven ein Stück des Rückenmarkes entfernte, bevor die motorischen Nervenfasern aus demselben ausgewachsen waren, beweisen, daß den sich normal weiterentwickelnden Myotomen die Fähigkeit der spezifischen Differenzierung, wenigstens bis zu einem gewissen Grade, zukommt. Es scheint deshalb, daß der trophische Einfluß, welchen die motorische Nervenfaser später auf die Muskulatur ausübt, für die erste Differenzierung derselben sowie für ihr Auswachsen, überhaupt für die frühe Muskelbildung. entbehrlich ist.

Über die Bildung der Sehnen sind die Ansichten sehr geteilt. Nach O. Schultze sollen die Sehnenfibrillen direkt aus Muskelfibrillen hervorgehen, nach Anderen trifft dies nicht zu, sondern die Sehnen entstehen aus dem umgebenden Mesenchym. Die Sehne kann sich auch auf Kosten des Muskels ausdehnen, wie dies z. B. für das Centrum tei dineum des Zwerchfells angegeben wird, das beim Kinde relativ klein ist.

Die dem Muskelelemente zukommende Kontraktilität tritt, wenigstens bei den Formen, die lebend der Beobachtung zugänglich sind, sehr früh auf, sogar zu einer Zeit, wo sich die Zellen noch im epithelialen Verbande des Myotoms befinden. Selachierembryonen von 4 mm Länge zeigen schon (nach Patten) eine rhythmische Hin- und Herbewegung des Rumpfes, obgleich Nervenfasern überhaupt noch nicht nachzuweisen sind, so daß wir es wahrscheinlich mit Kontraktionserscheinungen zu tun haben, welche nicht vom Rückenmark angeregt werden, sondern infolge äußerer Reize ihren Anfang in den Muskelzellen selbst nehmen.

2. Ein weiterer Faktor für die Ausbildung der Muskulatur ist die Verschmelzung einzelner Myotome oder Myotomprodukte zur Bildung einheitlicher Muskeln oder Muskelindividuen, deren gemischte Herkunft aus ihrer mehrfachen Innervation zu erschließen ist. Hierher gehören beim Menschen die breiten Bauchmuskeln, sodann die diploneuren Muskeln, wie der M. pectineus, dann eine Anzahl Rückenmuskeln, die sich über mehrere Segmente erstrecken.

3. Zu erwähnen ist noch die Trennung einzelner Muskelanlagen, gerade auch solcher, die aus einer Anzahl Myotome hervorgegangen sind, in einzelne Schichten, welche selbständige Muskelindividuen darstellen. Dieser Vorgang führt z. B. zur Bildung der breiten Bauchmuskeln aus einer einheitlichen, durch das Auswachsen einer gewissen Zahl von ventralen Myotomkanten gelieferten Anlage.

2. Anordnung der Rumpfmuskulatur.

Wir können an der den Myotomen entstammenden Muskulatur einzelne große Muskelgruppen unterscheiden, die auch vom embryologischen Standpunkte aus betrachtet, als primäre Muskelgruppen zu bezeichnen sind. Als solche können wir aufzählen:

I. Eine Muskulatur, welche die Wandung der großen Körperhöhlen bildet, auch die Bewegung der Wirbelsäule bewirkt (Rumpfmuskulatur). Sie zerfällt in zwei Abschnitte (Fig. 221):

1. Die Rückenmuskulatur, abgesehen von dem M. latissimus dorsi, seiner Herkunft nach ein Extremitätenmuskel, und dem M. trapezius, welcher aus der Anlage eines Kiemenbogenmuskels hervorgegangen ist. Wir bezeichnen diese genuine Rückenmuskulatur (Erector trunci usw.) als epaxonische Muskulatur, indem sie über der durch die Wirbelkörper verlaufenden Körperachse liegt.

2. Die ventrale oder hypaxonische Muskulatur. Diese erstreckt sich in der ganzen Ausdehnung des Rumpfes und Halses als vordere lange Halsmuskulatur, Brustmuskulatur (hypaxonische Muskulatur 1 in Fig. 221) und als prävertebrale Muskulatur (hypaxonische Muskulatur 2), welche die Mm. longi colli et capitis, die Mm. scaleni und den M. ileopsoas umfaßt.

Die epaxonische Muskulatur wird durch das besonders in der Lendengegend stark ausgebildete tiefe Blatt der Fascia lumbodorsalis von der hypaxonischen getrennt.

II. Der Rumpfmuskulatur wird in der descriptiven Anatomie die Extremitätenmuskulatur gegenübergestellt. Allerdings wird sie durch Auswüchse der die Anlage der hypaxonischen Muskulatur herstellenden ventralen Myotomkanten gebildet, gehört also,

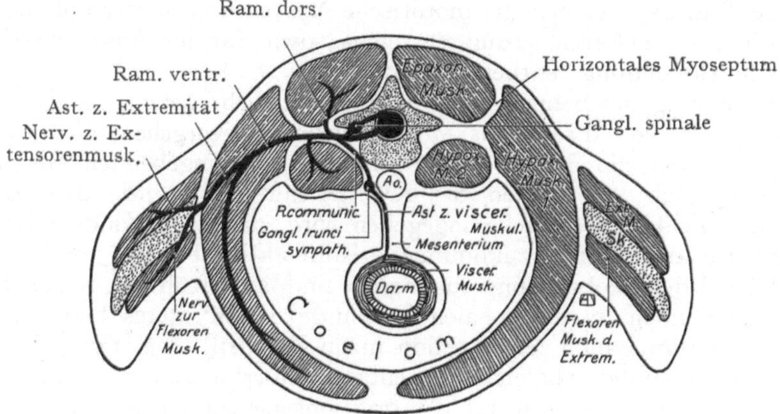

Fig. 221. Schema der Körpermuskulatur eines Vertebraten.
Der Schnitt geht durch die vorderen Extremitäten.

streng genommen, zur hypaxonischen Muskulatur. Die Extremitätenmuskulatur teilt sich in dorsale (Extensoren) und ventrale (Flexoren) Muskeln, welche zusammen das Extremitätenskelet umhüllen (s. Skelet).

Dieser Versuch einer Einteilung der segmental angelegten Muskulatur wird auch durch ihre Innervation gestützt, denn die epaxonische Muskulatur erhält Äste (Fig. 221) aus den Rami' dorsales, die hypaxonische Muskulatur aus den Rami ventrales der Spinalnerven und diese versorgen auch die Muskulatur der Extremität.

3. Entwicklung der epaxonischen und hypaxonischen Muskulatur.

Beim Auswachsen der Myotome werden die Zwischenräume mit Mesenchymzellen ausgefüllt, welche Scheidewände oder Myosepten zwischen den Myotomen herstellen. Dieselben verlaufen zunächst mehr oder weniger transversal, während später ein frontales Myoseptum hinzukommt, welches das Myotom in eine dorsale und ventrale Hälfte, die Anlagen der epaxonischen und hypaxonischen Muskulatur, teilt. Das frontale Myoseptum wird im Bereiche der unteren Partie des Rückens zum tiefen, dem M. transversus abdominis zum Ursprunge dienenden Blatte der Fascia lumbodorsalis.

Die hypaxonische Muskulatur umfaßt die Intercostal- und Brustmuskulatur, die gesamte Bauchmuskulatur, die vorderen langen Halsmuskeln und die Hypoglossusmuskulatur, welche erst sekundär von hinten her in die Region des Kiemenkorbes und der Zungenanlage vorwächst. Alle diese Muskeln werden von den Rami ventrales der Rückenmarksnerven versorgt. Ihre Differenzierung erfolgt in dorsoventraler Richtung, indem die Myotome ventralwärts vorwachsen und schließlich nur noch durch einen Bindegewebsstreifen, der zur Linea alba wird, voneinander getrennt werden. Dieser Streifen ist jedoch noch bis in relativ später Zeit von beträchtlicher Breite; so liegen noch bei menschlichen Embryonen von 20 mm Länge die medialen Ränder der Mm. recti abdominis weit lateral und zwischen ihnen läßt ein großer Teil der vorderen Bauchwand die Muskelschicht vermissen; hier treffen wir bloß eine bindegewebige Platte, die Membrana reuniens an. Ein Hindernis für die Ausdehnung der ventralen Muskulatur wird wohl auf diesem Stadium durch die mächtige Entfaltung der Leber und das beginnende stärkere Längenwachstum des Darmes geboten, welches im dritten Fetalmonate sogar zur Bildung eines in den Ansatz der Nabelschnur an der ventralen Bauchwand vordringenden Eingeweidebruches, des physiologischen Nabelbruches, führt (s. Darm). Von den ventral vorwachsenden Myotomen spalten sich Massen ab, welche die gleichfalls von den Rami anteriores der Spinalnerven versorgte subvertebrale Muskulatur (hypaxonische Muskulatur 2 der Fig. 221) bilden. Diese ist zwar beim Menschen bloß in geringem Umfange angelegt und wird hier hauptsächlich durch die Mm. longi colli et capitis sowie durch die Mm. scaleni dargestellt, während dagegen der gleichfalls vor der Wirbelsäule gelegene M. psoas als ein Extremitätenmuskel aufzufassen ist, welcher cranialwärts gegen seinen Ursprung an der Lendenwirbelsäule auswächst.

Die epaxonische oder tiefe (genuine) Rückenmuskulatur entsteht aus der dorsalen Abteilung der durch das frontale Myoseptum zerlegten Myotome und wird von den hinteren Ästen der Spinalnerven versorgt, während die durch die Mm. latissimus dorsi und trapezius dargestellte oberflächliche Schicht ihre Innervation teils von den Nn. subscapulares aus der Pars supraclavicularis des Plexus brachialis (M. latissimus dorsi), teils von dem N. accessorius und den 2.—4. Cervicalnerven erhält (M. trapezius). Im Bereiche der epaxonischen Muskulatur greift eine weitgehende Schichtung Platz, auch ist hier, besonders in der Tiefe, die ursprüngliche Segmentierung der Muskeln noch gut erhalten, indem die Mm. rotatores von einem Wirbel zum nächstfolgenden verlaufen.

Zur hypaxonischen Muskulatur muß auch das Zwerchfell gerechnet werden, dessen Innervation durch den vierten, zum Teil auch durch den dritten und fünften Cervikalnerven zunächst seine Zugehörigkeit zu den Cervicalmyotomen beweist (s. Bildung der Scheidewände der großen serösen Höhlen). Bei einem menschlichen Embryo von 7 mm Länge finden wir die paarigen Anlagen des Zwerchfells noch innerhalb der Halsgegend (Fig. 227), später rücken sie in Zusammenhang mit ihren Nerven caudalwärts, wachsen in die Fläche aus und gewinnen allmählich die Ursprünge und Beziehungen, welche wir später an ihnen konstatieren.

Die vordere lange Halsmuskulatur (Mm. sternohyoideus, sternothyreoideus, thyreohyoideus, omohyoideus) geht genau in derselben Weise wie die Bauchmuskulatur aus ventralwärts vorwachsenden Myotomen hervor, ebenso die vom N. hypoglossus innervierte Zungenmuskulatur. Die vordere lange Halsmuskulatur wird von dem Ramus descendens und der Ansa n. hypoglossi innerviert, die Fasern aus dem 1. bis 3. Cervicalnerven führen (s. Kopfmuskulatur).

4. Extremitätenmuskulatur.

Sie leitet sich von der ventralwärts auswachsenden Abteilung des Myotoms her, wie das auch später noch aus der Innervation (Rami anteriores der Spinalnerven) hervorgeht. Der Vorgang der Loslösung der Extremitätenmuskelanlagen aus den Myotomen läßt sich in der Ontogenese in zweierlei Modifikationen verfolgen.

a) Bei Selachiern legt sich die Flossenmuskulatur in der Form von Muskelknospen an, welche in die faltenartige, aus Mesenchym mit einem Ectodermüberzuge bestehende

Flossenanlage hineinwachsen. Von jedem an der Bildung der Extremitätenmuskulatur teilnehmenden Myotom aus entsteht eine einzige Muskelknospe, welche sich später von ihrem Mutterboden ablöst, um weiterhin frei in die Extremitätenanlage hineinzuwachsen. Die Knospen bestehen aus epithelial angeordneten Zellen, welche sich dann genau ebenso in Muskelfasern umwandeln wie die Zellen des Myotoms selbst. Eine Zeitlang läßt sich sogar in den Knospen noch ein Myocoel nachweisen. Jede Muskelknospe teilt sich weiter in eine dorsale Streck- und eine ventrale Beugemuskelknospe, welche, die Anlage des Flossenskeletes zwischen sich fassen. Auf eine weitere, für das Grundlegende des Vorganges unwichtige, sekundäre Teilung der Streck- und Beugemuskelknospen sei bloß im Vorübergehen hingewiesen.

b) Bei den Amnioten (nach Mollier sind die Reptilien auszunehmen) ist die erste Entstehung der Extremitätenmuskulatur bei weitem nicht so klar erkannt wie bei den Selachiern und Ganoiden. Sicher ist nur, daß hier von der Bildung echter Muskelknospen keine Rede sein kann. Eine Anzahl Autoren geben dagegen an, daß wohl ein Austritt einzelner Zellen aus den ventralen Kanten der Myotome stattfinde, die, dem Mesenchym der Extremitätenanlage beigemischt, durch lebhafte Proliferation eine das Extremitätenskelet einschließende, später in die Anlage der Streck- und Beugemuskulatur zerfallende Zellmasse herstellen. Von anderer Seite wird die Herkunft der Extremitätenmuskulatur aus den Myotomen überhaupt in Abrede gestellt, indem man sie direkt von den Mesenchymzellen der Extremitätenanlage selbst herleitet, ein Vorgang, der in direktem Gegensatze stehen würde zu der bei den Selachiern so typisch verlaufenden Loslösung der Muskelknospen von den Myotomen.

Bei den Selachiern läßt sich auch die Zahl der an der Bildung der Extremitätenmuskulatur teilnehmenden Myotome direkt durch die Untersuchung der Embryonalstadien, bei den Säugetieren dagegen bloß indirekt aus der Innervation, erschließen. Bei den Selachiern ist die Zahl der in Betracht kommenden Myotome zum Teil eine recht hohe, so beträgt dieselbe für die Brustflosse bei Torpedo 26, bei Mustelus 10. Beim Stör geben fünf Myotome Muskelknospen in die Brustflossenanlage ab. Bei den Knochenfischen und Amphibien ist es überhaupt fraglich, ob Muskelknospen gebildet werden, dagegen dringen bei Lacerta, nach Mollier, fünf Muskelknospen in die Anlage der vordern Extremität ein, die alsbald zu einer einheitlichen Masse verschmelzen. Weder bei Vögeln noch bei Säugetieren werden solche Knospen gebildet, dagegen ist es sehr wahrscheinlich, daß die Myotome einzelne Zellen in der Höhe der Extremitätenanlage abgeben, die in das Mesenchym derselben eindringen und durch ihre Vermehrung die Anlage der Muskulatur herstellen.

Vielleicht vermag eine Beobachtung von Braus die beiden scheinbar so verschiedenen Entwicklungstypen der Extremitätenmuskulatur miteinander zu verknüpfen. Er fand nämlich in der Selachierflosse in den Fällen, in welchen späte Entwicklungsstadien mit neuen Metameren in Verbindung traten, eine Bildung der Muskulatur, welche scheinbar von den Mesenchymzellen der Extremitätenanlage ausgeht. Dabei handelt es sich jedoch um Zellen, welche nachweislich aus der Muskelplatte des Myotoms ausgetreten sind, wie wir das bei Säugetieren und Vögeln annehmen konnten. Ein prinzipieller Gegensatz zwischen den beiden Vorgängen besteht also nicht, sondern beide können bei derselben Form vorkommen, ja sogar ineinander übergehen. Wahrscheinlich handelt es sich um Korrelationsprozesse zwischen der Bildung der Extremitätenleiste einerseits und dem Auswachsen der ventralen Myotomkante andererseits.

5. Ausbildung der Muskelanlagen in der oberen Extremität.

Wie die Innervation beweist, beteiligen sich das 5.—8. Halsmyotom und das erste Thoracalmyotom an der Bildung der Armmuskulatur des Menschen (Fig. 219). Die Bildungszellen der Muskulatur ordnen sich in zwei Massen an, welche als Anlagen der

Streck- resp. der Beugemuskulatur die Skeletanlage umgeben (s. oben). Sehr früh treten jedoch Verschiebungen der Teile der beiden Massen auf, aus welchen sich einzelne Muskeln oder Muskelkomplexe bilden, deren Komponenten dann weiterhin eine Trennung voneinander erfahren. Ferner gelangen eine Anzahl Muskeln, welche der Extremität ursprünglich fremd sind, mit dem Schultergürtel in Verbindung, so der M. trapezius, seiner Herkunft nach zum größten Teil ein Kiemenbogenmuskel, der M. levator scapulae und der M. sternocleidomastoideus, welche gleichfalls teilweise aus der Kiemenmuskulatur hervorgehen, ferner der M. subclavius und der M. omohyoideus, die Teile der ventralen Halsmuskulatur darstellen, endlich auch noch der M. rhomboides, der aus der hypaxonischen Muskulatur stammt. Dagegen sind die Mm. pectorales und der M. latissimus dorsi Extremitätenmuskeln, welche fächerförmig gegen ihre Ursprünge hinauswachsen. Die Mm. serratus ant. und rhomboides leiten sich von den untern Cervicalmyotomen her, die Mm. latissimus dorsi und teres major aus der Anlage für die Beugemuskeln der Extremität. Die Mm. deltoides, teres minor, supra- und infraspinatus gehen aus einer gemeinsamen Anlage hervor. Auch für die Muskeln der freien Extremität können wir feststellen, daß sie, je nach ihrer Innervation, aus mehreren Myotomen entstehen. Eine solche gemeinsame Anlage liefert die vom N. musculocutaneus innervierten Beuger des Oberarms (Mm. biceps, coracobrachialis, brachialis). Auch die drei Köpfe des Musculus triceps brachii bilden sich erst sekundär aus einer ursprünglich einheitlichen Anlage; dasselbe gilt für die Muskulatur des Vorderarmes und der Hand. So gehen sämtliche Mm. interossei aus einer ursprünglich einheitlichen volaren Bildungsmasse hervor.

Was die zeitliche Differenzierung der Muskulatur anbelangt, so entsteht die erste Verdichtung, welche die Anlage der Extremitätenmuskulatur darstellt, schon am Anfange des zweiten Fetalmonats. In der fünften Fetalwoche legt sich die schon mit den Ästen des Plexus brachialis in Verbindung stehende Anlage der Flexoren und Extensoren um das Skelet herum, und schon am Ende der sechsten Fetalwoche sind die getrennten Anlagen vieler Armmuskeln zu erkennen, auch hat zu dieser Zeit die Differenzierung der Fibrillen bereits begonnen. Am Ende der siebenten Fetalwoche sind alle Skeletelemente knorpelig angelegt, auch zeigt die Muskulatur überall schon eine Fibrillenbildung. Die Mm. pectorales erreichen in der siebenten Woche ihre endgültigen Ursprünge und Ansätze, während der M. latissimus dorsi um diese Zeit caudalwärts bloß bis zum neunten Brustwirbel reicht. Bei einem Embryo von $4^1/_2$ Wochen befindet sich die Anlage des M. trapezius in der Höhe des vierten Cervicalsegmentes, und erst mit sieben Wochen erreicht sie, caudalwärts auswachsend, das siebente Thoracalsegment. Der M. sternocleidomastoideus, welcher aus derselben Anlage wie der M. trapezius hervorgeht, erreicht in der sechsten Fetalwoche seinen Ursprung an der Clavicula und am Sternum. Der M. serratus ant. erstreckt sich in der Mitte der fünften Fetalwoche schon bis in die Thoracalregion und erlangt in der sechsten Woche seinen Ansatz am Margo vertebralis scapulae. Die Zacken des Muskels sind, wie die Entwicklung sehr deutlich zeigt, sekundäre Bildungen und dürfen nicht als ein Beweis für eine wirkliche Segmentierung des Muskels, d. h. für eine Herkunft desselben aus einer größeren Anzahl von Myotomen, gelten.

6. Ausbildung der Muskelanlagen in der unteren Extremität.

Bei der Bildung derselben beteiligen sich, wie die Innervation ergibt, das zweite bis fünfte Lumbalmyotom und die drei obern Sakralmyotome (Fig. 219). Die ersten Entwicklungsvorgänge sind dieselben wie an der obern Extremität, indem das von den Myotomen gelieferte Bildungsmaterial sich um die Skeletanlage herumlegt und einzelne größere Muskelkomplexe bildet, deren Komponenten dieselbe Innervation haben. Eine solche, vom N. femoralis innervierte Anlage liegt ventral vom Femur und bildet den M. ileopsoas, einen Teil des M. pectineus, den M. quadriceps femoris und den M. sartorius.

Von diesen wächst der M. ileopsoas cranialwärts gegen seine definitiven Ursprünge hin aus. Auch die Adduktoren entstehen aus einer gemeinsamen Muskelanlage, mit welcher sich der N. obturatorius verbindet. Das gleiche gilt von der Glutaealmuskulatur, zu welcher wir auch die Mm. obturator int. und ext., piriformis, tensor fasciae latae, gemelli und quadratus femoris rechnen. Die Anlage dieser Muskeln treffen wir noch in der fünften Fetalwoche am distalen Ende des Beckens an, während sie erst später auf die äußere Fläche der Darmbeinschaufel hinaufrückt. Der M. piriformis wächst dabei von außen her durch das For. ischiadicum majus in das Becken, um sein Ursprungsfeld an der vordern Fläche des Sacrums zu erreichen. Die Beuge-muskulatur des Oberschenkels entsteht aus einer dorsal vom Femur gelegenen Anlage, welche sekundär gegen ihren Ursprung am Tuber ischiadicum resp. gegen ihre Ansätze an der Tibia und der Fibula auswächst.

Auch die Flexoren und Extensoren des Unterschenkels entstehen aus getrennten Anlagen, und zwar sollen, nach Bardeen und Schomberg, Mitte der sechsten Fetalwoche alle Muskeln des Unterschenkels rein fibular angelegt sein und erst im Laufe der Weiterentwicklung auf die tibiale Seite hinüberrücken, eine Ansicht, die von Keck bestätigt wird.

Über die Entwicklung der Fußmuskulatur sei bloß hervorgehoben, daß die Mm. interossei, wie an der Hand, aus einer gemeinsamen Anlage entstehen, die in der Planta pedis liegt; die Musculi interossei dorsales verschieben sich sekundär in dorsaler Richtung.

7. Bemerkungen über die Variation der Muskulatur.

Die Entwicklung der Muskulatur wirft ein gewisses Licht auf die Bedeutung der Muskelvarietäten, denn wir können dieselben nunmehr in ihrer formalen Genese auf bestimmte Vorgänge während der Differenzierung der Muskulatur zurückführen, allerdings ohne etwa der Kausalität abnormer Bildungen dadurch näher zu kommen. So sind wir in der Lage, eine Anzahl von Varietäten durch die Annahme zu erklären, daß entweder ein zu weitgehendes Wachstum eines aus der gemeinsamen Anlage sich ablösenden Muskelindividuums erfolgt ist, oder andererseits ein zu geringes Wachstum, oder gar eine mangelhafte oder unvollständige Abtrennung des Muskels. Diese Annahme erklärt das Fehlen eines Muskelindividuums überhaupt, z. B. des M. palmaris longus am Vorderarme oder auch von Teilen eines Muskels, z. B. der acromialen oder der clavicularen Portion des M. deltoides. Hierher kann. man auch die Fälle rechnen, bei denen der auswachsende Muskel nicht bis zu seinem Ursprunge gelangt, eine Anomalie, die zuweilen am M. trapezius beobachtet wird, wo entweder der craniale Teil des Muskels zwischen dem Occiput und dem Proc. spinosus des fünften Cervicalwirbels oder der caudale Teil vom vierten Thoracalwirbel an fehlt. Der M. pectoralis major kann ganz fehlen oder auf die Pars sternocostalis beschränkt sein; auch das Fehlen eines Biceps-kopfes ist beobachtet worden. Eine unvollständige Trennung der aus einer Anlage hervorgehenden Muskeln führt zu einem Zusammenhange derselben oder ihrer Sehnen untereinander, wie sie zuweilen an den Oculomotoriusmuskeln vorkommt.

Eine zu weitgehende Wucherung der Anlagen kann zu verschiedenen Varietäten führen, so zur Vermehrung der Masse eines Muskels oder auch zur Bildung von anormalen Ursprüngen und Ansätzen. So finden wir häufig am M. biceps brachii ein bis zwei accessorische Köpfe; der M. pectoralis minor kann sich, anstatt am Proc. coracoides, am Tuberculum majus humeri inserieren. Diese Beispiele mögen genügen, um die verschiedenen Möglichkeiten, welche für die Muskelvariation vorliegen, zu veranschaulichen. Wir sind wohl berechtigt, ihre Ausbildung in eine oft relativ späte Zeit der Entwicklung zu verlegen, wenigstens was die Varietäten der Ursprünge und Ansätze betrifft. Doch bleibt die Kausalität nach wie vor dunkel; vielleicht weist das gelegentlich beobachtete Vorkommen von Muskelvarietäten in größerer Zahl bei ein und demselben

Individuum darauf hin, daß die Ursache manchmal sehr weit zurückliegt, vielleicht schon in ganz frühen Stadien auf die Anlage einwirkt oder wenigstens in derselben zur Geltung kommt (s. Topik des Keimes).

8. Theorien über die Phylogenie der Extremitäten.

Die Entwicklungsgeschichte liefert den Nachweis, daß die Extremitäten auf Grund einer Leiste oder Hautfalte am ventralen Umfange des Rumpfes entstehen. In dieser mit Mesenchym angefüllten Falte entsteht bei den Selachiern das Extremitätenskelet in Form von Strahlen, die von einer Anzahl aufeinander folgender Segmente abstammen, bei den Amnioten in Form einer axialen Anlage, die sich später in die einzelnen Abschnitte der Extremität gliedert.

Dem Skelete schließt sich die Muskulatur an, welche offenkundig segmentale Derivate der Myotome darstellt, entweder in Form von Muskelknospen oder von einzelnen, aus dem Verbande der Myotome austretenden Zellen. Segmentaler Herkunft sind auch die Nerven, welche in die Extremität eindringen, eine Tatsache, die sich noch beim Erwachsenen, und zwar sowohl für die motorischen als auch für die sensiblen Nerven, leicht nachweisen läßt. Auch die Arterien der Anlage sind in frühen Stadien segmental angeordnet (E. Goeppert).

Dessenungeachtet ging der erste Versuch, die Bildung der Extremitäten in der Tierreihe zu erklären, nicht von der offenkundig segmentalen Herkunft der in die Extremitätenanlage eintretenden Gebilde aus, sondern er wurde an die Betrachtung des Skeletes angeknüpft. Gegenbaurs Extremitätentheorie leitet die vordere wie die hintere Extremität von Kiemenbogen ab, welche caudalwärts aus dem Gebiete des Kiemenkorbes auswandern sollen, indem ihre Strahlen im Laufe der phylogenetischen Entwicklung allmählich auf einen Hauptstrahl hinüberrücken, um so allmählich die fünfstrahlige Extremität der höhern Formen herzustellen (Archipterygiumtheorie). Die Verbindung mit den segmentalen Gefäßen und Nerven des Rumpfes soll nach dieser Theorie eine sekundär erworbene sein; die Extremität gehört nach Gegenbaur phylogenetisch einem einzigen Segmente an und zieht erst später andere Segmente in ihren Bereich.

Der Gegenbaurschen Archipterygiumtheorie wurde eine andere, die Seitenfaltentheorie, gegenübergestellt, welche sich auf die bei Selachierembryonen ermittelten Tatsachen stützte. Hier entdeckte Balfour (1876) die in die Bauch- und Brustflossenanlage einwachsenden Muskelknospen, sowie auch rudimentäre und abortive Knospen, welche in der Zwischenstrecke auftreten. Balfour hat wohl zuerst den Gedanken ausgesprochen, daß die Extremitäten eigentlich nichts anderes seien als Teile einer ursprünglich kontinuierlichen Seitenflosse, in der später die Brust- und Bauchflosse durch stärkeres Wachstum entstehen, während die Zwischenstrecke der Rückbildung anheimfällt. Die Seitenfaltentheorie postuliert also die Reduktion eines ursprünglich weit ausgedehnten segmentale Muskeln und Nerven enthaltenden Saumes, während die Gegenbaursche Theorie sich auf die Annahme stützt, daß die Extremitätenanlage ursprünglich auf ein einziges Segment beschränkt gewesen sei und die Teilnahme weiterer Segmente an ihrem Aufbaue durch ein sekundäres Übergreifen derselben auf die Extremitätenanlage erklärt werden müsse.

Der Seitenfaltentheorie schlossen sich bald eine Anzahl weiterer Forscher an (Thacher, Mivart, A. Dohrn), die sich hauptsächlich auf die embryologischen Befunde beriefen. Für die Gegenbaursche Theorie wurden Tatsachen der vergleichenden Anatomie ins Feld geführt, mit denen jedoch die von den Anhängern der Seitenfaltentheorie hauptsächlich betonten entwicklungsgeschichtlichen Vorgänge im Widerspruch standen. Eine nähere kritische Besprechung der beiden Theorien muß hier unterbleiben. Die meisten Anhänger hat jetzt wohl die Seitenfaltentheorie.

Die viscerale Muskulatur.

1. Die viscerale Muskulatur im Bereiche des Rumpfes.

Die Darmmuskulatur entsteht aus dem visceralen Blatte des unsegmentierten Mesoderms, welches das in früheren Stadien median eingestellte Gekröse sowie die Serosa des Darmes liefert (Fig. 221). Das niedrige Coelomepithel gibt Zellen ab, welche, aus dem Epithelverbande ausgetreten, eine unmittelbar der Basis der Darmepithelzellen anliegende syncytiale Schicht von Mesenchym bilden und die Darmgefäße sowie die Muscularis und die Submucosa des Darmes liefern. Dabei differenzieren sich die Zellen der Ringsmuskelschicht früher als diejenigen der Längsmuskelschicht, indem die untereinander zusammenhängenden Zellen in die Länge wachsen und eine Spindelform annehmen. Die Muskelfibrillen bilden sich durch den Zusammenschluß der Granula; sie verlaufen durch mehrere Zellen und umziehen am Ösophagus fast die Hälfte des Querschnittes. Die Verdickung der Muskelschichten erfolgt entweder durch Umwandlung weiterer Mesenchymzellen in Muskelzellen oder dadurch, daß die bereits gebildeten Muskelzellen sich durch Teilung vermehren.

2. Entwicklung der Kopfmuskulatur im allgemeinen.

Vom embryologischen Standpunkte aus werden eine Anzahl Muskeln als Kopfmuskeln bezeichnet, welche beim Erwachsenen nicht als solche gelten; so die von den Kiemenbogenmuskeln sich ableitende Larynxmuskulatur, ferner die Mm. trapezius und sternocleidomastoideus, die beide zum Teil vom N. accessorius versorgt werden. Dagegen sind zur Facialismuskulatur das Platysma mit dem hinteren Bauche des M. digastricus sowie zur Trigeminusmuskulatur der vordere Bauch des M. digastricus und der M. mylohyoideus zu rechnen, welche beide vom N. mandibularis, der aus dem N. trigeminus kommt, versorgt werden. Auf der anderen Seite werden in der descriptiven Anatomie zu den Kopfmuskeln, die Derivate der auch in die Bildung des Occiputs eingehenden drei bis vier ersten Somiten gerechnet, welche die von dem Spinalnervenkomplex des N. hypoglossus innervierte Masse der Zungenmuskeln liefern. Als Kopfmuskulatur führen wir endlich auch die zum Teil im Bereiche des Halses liegende, von den Nn. glossopharyngeus und vagus innervierte Pharynxmuskalatur an, ferner den M. stapedius (N. facialis) und den M. tensor tympani (N. mandibularis).

Wir haben eben bei den Amnioten mit der Tatsache zu rechnen, daß sich ein Körperabschnitt als Hals ausbildet, der, als Grenz- oder Übergangsgebiet zwischen Kopf und Rumpf, Elemente von beiden enthält. In gewissem Sinne ist ein solcher Abschnitt schon bei niedern Formen vorhanden, indem sich der Kiemenkorb caudalwärts über den Bereich der Schädelkapsel hinaus in den Rumpf erstreckt. Eine Durchwachsung der vom Kiemenkorbe und der von den Rumpfsegmenten gelieferten Teile findet jedoch nicht statt wie bei den höheren Formen. Bei diesen unterscheiden wir am Halse einen dorsalen Abschnitt (Nacken), der, abgesehen von der oberflächlichen Muskelschicht, dem M. trapezius, ausschließlich aus Derivaten der Halssegmente besteht, und einen ventralen Abschnitt, welcher sowohl in seiner Muskulatur (Larynx und Pharynx) als auch in der Gland. thyreoidea und dem bis in die Brusthöhle verlagerten Thymus Gebilde enthält, welche sich aus den Wandungen des Kiemendarmes herleiten. Allerdings werden dieselben von einer Muskulatur (Mm. sternohyoideus, sternothyreoideus, thyreohyoideus, omohyoideus) überlagert, die aus ventral auswachsenden Halsmyotomen herstammt. Die Zusammensetzung des Halses im engeren Sinne wird aber in der Hauptsache doch durch Gebilde bestimmt, die ursprünglich von den Wandungen des Kiemendarmes sich ableiten, also eigentlich dem Kopfe zugerechnet werden müssen. Wir werden auch bei der Entwicklung der Gefäße und Nerven des Halses eine Bestätigung dieser Ansicht gewinnen. Das Verständnis für die morphologische Bedeutung der Kopfmuskulatur kann bloß durch die Kenntnis ihrer Entwicklung bei einer ursprünglichen Form, z. B. bei den Selachiern, gewonnen werden. Hier treffen wir einfache, geradezu schematische Verhältnisse an, die bei den höheren Formen, speziell bei Säugetieren, eine starke Abänderung erfahren haben.

3. Entwicklung der Kopfmuskulatur bei Selachiern.

Im Bereiche des Kopfes sehen wir hier sehr frühzeitig eine beträchtliche Entfaltung des Coeloms. Dasselbe wird bei der Abschnürung des Kiemendarmes und dem Durchbruche der Kiemenspalten, wenigstens ventral, in einzelne Abschnitte mit deutlicher Höhlenbildung zerlegt. Dieser Vorgang wird als Branchiomerie bezeichnet; sie hat wohlgemerkt nichts mit der Metamerie zu tun, welche am Rumpfe als eine Segmen-

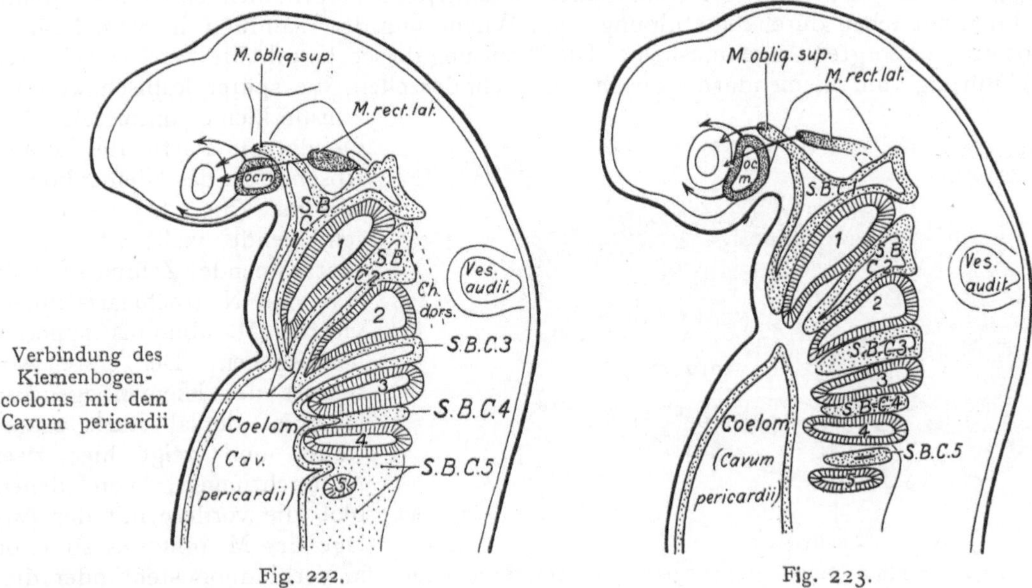

Figg. 222 u. 223. Schemata der Entwicklung der Augenmuskeln und des Kiemenbogencoeloms bei einem Selachier.
Mit Benützung einer Abbildung von Aug. Froriep in Verh. d. Anat. Ges. in Halle. 1902. Erg.-Bd. Anat. Anz. 21.
1, 2, 3, 4 Kiemenspalten.
S. B. C. 1, 2, 3, 4, 5 Schlundbogencoelomabschnitte.
Oc. m. Anlage der Oculomotoriusmuskulatur.
In Fig. 223 ist die Verbindung der Schlundbogencoelomabschnitte mit dem Cavum pericardii verloren gegangen.

tierung des dorsalen Mesoderms auftritt (s. Entwicklung des Mesoderms). Diese unterbleibt wahrscheinlich gänzlich im Bereiche des Kopfes, wenigstens sind Ursegmente, die in allen Einzelheiten mit den Ursegmenten des Rumpfes übereinstimmen, bisher bei keiner Form während der Entwicklung des Kopfes nachgewiesen worden.

Das Kopfcoelom wird nur seitlich in die einzelnen Abschnitte des Kiemenbogencoeloms (Kopfhöhlen mancher Autoren) zerlegt, dagegen bleibt ventral ein größerer Abschnitt erhalten, welcher sich in frühen Stadien von der Höhe der Mundbucht aus caudalwärts erstreckt, um mit den einzelnen Abschnitten des Kiemenbogencoeloms, insofern dieselben noch ein Lumen aufweisen, dorsalwärts in Verbindung zu treten. In der halb schematischen Fig. 222 ist das nur bei den drei cranialen Abschnitten der Fall; die ventrale, median sich hinziehende größere Höhle bildet später das Cavum pericardii.

Lateral von den Abschnitten des Kiemenbogencoeloms verlaufen die den einzelnen Bogen zugeteilten Kopfnerven ventralwärts, um später die aus dem Kiemenbogencoelom hervorgehende Kiemenbogenmuskulatur, sowie auch die Schleimhaut des Kiemendarmes zu versorgen (siehe Nervensystem). Diese Nerven sind: für den ersten Bogen (Mandibularbogen) der N. mandibularis, der aus dem N. trigeminus kommt, für den zweiten Bogen (Hyoidbogen) der N. facialis, für den dritten Bogen (erster Branchialbogen) der N. glossopharyngeus und für die folgenden Branchialbogen der N. vagoaccessorius.

Während der Bildung der vorläufig noch in Zusammenhang mit dem Pericardialcoelom stehenden Abschnitte des Kiemenbogencoeloms entsteht am cranialen Ende des durch die Rachenhaut geschlossenen Kiemendarmes eine zunächst unpaare Ausbuchtung, welche, lateralwärts auswachsend, nach Verlust ihrer Verbindung mit dem Mutterboden zwei, dem hinteren Umfange der Augenblase angeschlossene Bläschen bildet (Oc.m., Figg.222 u. 223). Diese werden als die ersten oder Oculomotoriuskopfhöhlen bezeichnet, denn aus ihnen entstehen durch Ausstülpung resp. Wucherung der Wandung die vom N. oculomotorius versorgten Augenmuskeln. Die Wandung dieser Kopfhöhle besteht bei ihrer Abschnürung vom Kiemendarme aus hohen Cylinderzellen, die später kubisch werden.

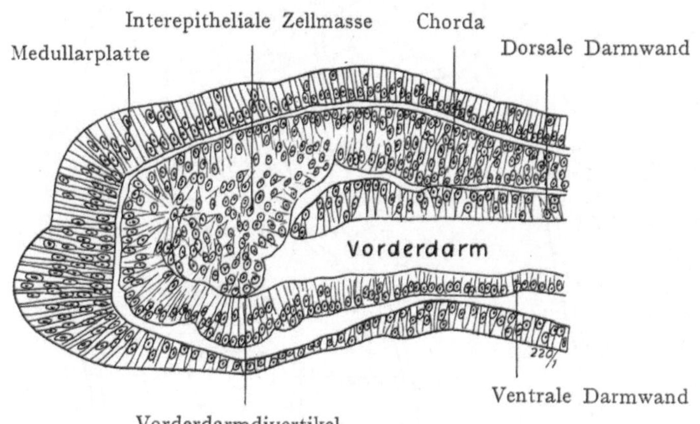

Fig. 224.   Medianschnitt durch das craniale Ende eines Entenembryos mit 7 Somiten.
Nach H. Rex, Arch. f. mikr. Anat. 50. 1897.

Eine kleine, unmittelbar an die dorsale Partie des ersten Abschnittes des Kiemenbogencoeloms (Fig. 223) sich anschließende, vielleicht von ihr abstammende Zellmasse läßt den vom N. trochlearis innervierten M. obliquus superior hervorgehen. Der erste Abschnitt des Kiemenbogencoeloms ist dorsal stark ausgeweitet und zeigt hier zwei Ausbuchtungen, von denen bloß die vordere mit der Anlage des M. obliquus superior in Verbindung steht oder dieselbe herstellt.

Eine weitere Augenmuskelanlage, nämlich diejenige für den M. rectus lateralis, liegt zunächst relativ weit hinten, medial von dem Ganglion semilunare n. trigemini und wächst nach vorn und lateralwärts aus, um sekundär einen Ansatz am Bulbus oculi zu gewinnen (Pfeil in Fig. 223). Fassen wir die Bildung der Muskelanlagen bei Selachiern kurz zusammen, so können wir folgendes feststellen: Dem caudalen Umfange des Augenbechers schließt sich die bläschenförmige, durch Ausstülpung des Vorderdarmes entstandene erste (Oculomotorius) Kopfhöhle an, aus welcher die Oculomotoriusmuskeln entstehen. In jedem Kiemenbogen finden wir einen als Kiemenbogencoelom (Kopfhöhlen der Kiemenbogen) bezeichneten Coelomabschnitt mit mehr oder weniger deutlichem Lumen, welcher mit einem ventral und median gelegenen unpaaren Coelomabschnitte, dem Pericardialcoelom, in Verbindung steht. Später löst sich diese Verbindung, und alsdann schließt jeder Schlundbogen einen selbständigen Coelomabschnitt ein, welcher sich in Kiemenbogenmuskulatur, resp. in die Muskulatur zur Bewegung des Mandibular- und des Hyoidbogens umwandelt. Die Höhle ist in diesen Coelomabschnitten dorsal besser erhalten resp. weiter, als ventral, wo sie mehr spaltförmig erscheint oder auch ganz fehlen kann, indem ihre Wandungen verschmelzen. Der M. obliquus superior entsteht aus einer besonderen Anlage, die entweder von der Wand des im ersten Schlundbogen eingeschlossenen Coeloms auswächst oder doch mit demselben enge verbunden ist. Für den M. rectus lateralis dagegen entsteht eine besondere Anlage medial vom Ganglion semilunare des N. trigeminus.

Die Bildung der Oculomotoriuskopfhöhle durch eine Ausstülpung des Kopfdarmes ist ein höchst eigentümlicher und in seiner Bedeutung noch unaufgeklärter Vorgang, der eine kurze Darstellung nach den genauen Untersuchungen von Rex bei Schwimmvögeln verdient (Fig. 224 und 225). In Fig. 224 ist ein Medianschnitt durch die craniale Partie eines Entenembryos mit 7 Somiten dargestellt. Wir sehen das craniale Ende der Chorda in eine von Rex sog. interepitheliale Zellmasse übergehen, in welche sich, von dem Lumen des Vorderdarmes aus, ein Spalt hinauf erstreckt (Vorderdarmdivertikel). Wir gewinnen zunächst den Eindruck, daß die Chorda und das Entoderm der Vorderdarmwandung sich noch nicht aus dieser interepithelialen Zellmasse herausdifferenziert haben. In späteren Stadien sehen wir (Fig. 225) zwar das vordere Ende der Chorda in die interepitheliale Zellmasse übergehen,

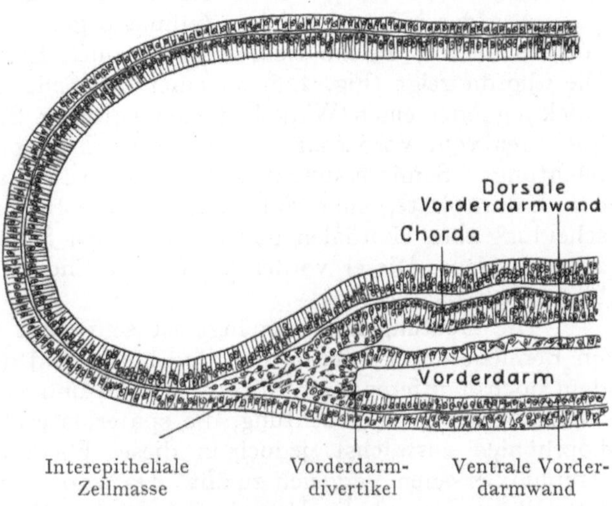

Fig. 225. Medianschnitt durch das craniale Ende eines Entenembryos mit 14—15 Ursegmenten.
Nach H. Rex, Arch. f. mikroskop. Anat. 50. 1897.

dagegen ist das Entoderm als eine kontinuierliche Zellschicht ausgebildet, welche bloß dort, wo das spaltförmige Divertikel des Vorderdarmes in die Zellmasse eindringt, eine Unterbrechung erfährt.

Diese Zellmasse mit dem von ihr eingeschlossenen spaltförmigen Vorderdarmdivertikel wächst nun lateralwärts aus, um die bedeutend ausgeweiteten, den Augenbechern hinten anliegenden Oculomotoriuskopfhöhlen zu bilden, welche mittels eines später verschwindenden, strangförmigen Stieles mit ihrem Mutterboden in Verbindung stehen. Die Bildung dieser Höhle in dem Vorderdarmdivertikel geht genau so vor sich, wie die Coelombildung, indem in der Regel mehrere kleinere Höhlen auftreten, die durch ihre Verschmelzung eine einzige größere Höhle herstellen. Unterhalb der Stelle, wo das Vorderdarmdivertikel auftritt, bildet sich die Rachenhaut, die in der leichtschematischen Fig. 226

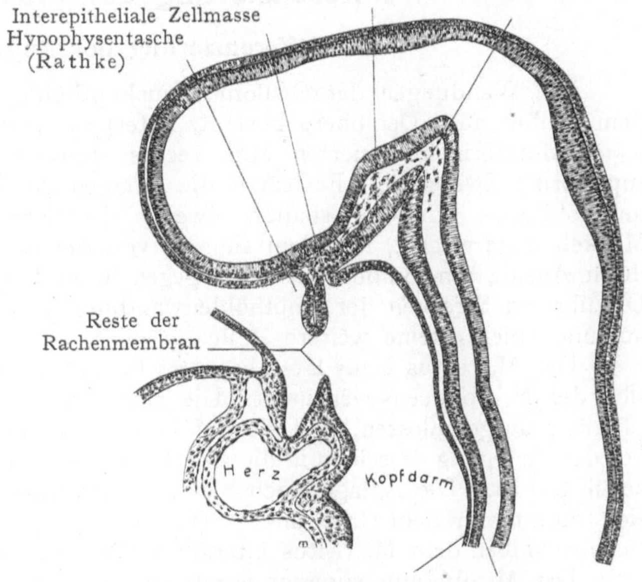

Fig. 226. Leicht schematisierter Medianschnitt durch den Kopf eines Hundeembryos zur Veranschaulichung der Bildung des vorderen Chordaendes.
Zum Teil nach Bonnet.

schon durchbrochen dargestellt ist. Die Oculomotoriuskopfhöhle wird deshalb von einigen Autoren auch als präorale Kopfhöhle bezeichnet. Der letzte Rest der Einstülpung ist in Fig. 226 zu sehen, sie führt gegen die interepitheliale Zellmasse. Unmittelbar vor derselben und außerhalb der Rachenhaut liegt eine Einstülpung des Ectoderms (Rathkesche Tasche), welche den ectodermalen Anteil der Hypophysis liefert.

Aus der interepithelialen Zellmasse geht auch die vorderste Strecke der Chorda dorsalis hervor, welche sich in ihrer vollen Entfaltung bis zur Rachenhaut erstreckt. Die Chorda zeigt (Fig. 226) an einer der Sella turcica entsprechenden Stelle eine Abknickung oder einen Winkel, dessen vorderer Schenkel das Entoderm erreicht gerade über der vom Vorderdarme aus in die interepitheliale Zellmasse eindringenden Vorbuchtung. Somit erstreckt sich die Chorda ursprünglich in der ganzen Ausdehnung der Gehirnplatte, eine Tatsache, die Keibel sogar dazu bestimmt hat, die Unterscheidung eines chordalen und prächordalen Schädelabschnittes (s. Schädelentwicklung) zu verwerfen. Dieser vorderste Teil der Chorda ist jedoch von kurzem Bestande und bildet sich bald zurück.

Die Deutung der Vorgänge ist schwierig, wenn man nicht annehmen will, daß im Bereiche des Vorderdarmes die Chorda und das Mesoderm sich erst relativ spät aus dem noch indifferenten Entoderm bilden, und zwar das Mesoderm in Gestalt von einer zuerst unpaaren Ausbuchtung, die später lateralwärts zur Bildung der Oculomotoriuskopfhöhlen auswächst, jedoch in dieser Form bloß mit dem Mesodermdivertikel des Amphioxus einen Vergleich zuläßt. Da jedoch die Oculomotoriuskopfhöhle nur Muskulatur liefert, so ist die Homologie mit den Mesodermdivertikeln des Amphioxus oder gar mit den Somiten der Cranioten keine vollständige, obgleich ihre Innervation durch den N. oculomotorius dafür spricht.. Dieser Nerv, welcher aus der unterbrochenen Fortsetzung der Vorderhornsäulen des Rückenmarks entspringt, läßt ziemlich ungezwungen einen Vergleich mit den ventralen Wurzeln der Spinalnerven zu.

Differenzierung der Muskelanlagen.

1. Differenzierung der Augenmuskeln.

Die Wandungen der Oculomotoriuskopfhöhle wachsen zunächst über und unter dem Bulbus aus. Der obere Fortsatz liefert die Anlagen der von dem Ramus superior n. oculomotorii innervierten Mm. rectus superior (Fig. 228) und levator palpebrae superioris. Zwei andere Fortsätze, die Anlagen der Mm. rectus medialis, rectus inferior und obliquus inferior, erhalten Zweige des Ramus inferior n. oculomotorii. Die Muskelanlage wächst, nachdem sie sich von der Kopfhöhle getrennt hat, sowohl gegen ihren Ansatz am Bulbus, als auch gegen ihren Ursprung am Grunde der Orbita aus. Die übrigen Strecken der Kopfhöhlenwandung dagegen lösen sich in Mesenchymzellen auf und spielen keine weitere Rolle.

Der M. rectus oculi lateralis entsteht aus einer Kopfhöhle, mit deren Wandung sich der N. abducens verbindet. Die Herkunft dieser Kopfhöhle ist unklar, doch ist es nicht ausgeschlossen, daß sie auf eine Ablösung aus dem einheitlichen Kopfcoelom vor der Zerlegung desselben in die einzelnen Abschnitte des Kiemenbogencoeloms zurückzuführen ist. Die Anlage wächst nun lateralwärts und nach vorn aus und entfernt sich damit von dem Orte ihrer ersten Entstehung; sie liefert bei einer Anzahl von Formen außer dem M. rectus lateralis auch noch einen M. retractor bulbi.

Der M. obliquus superior entsteht aus einer Zellmasse, die, auch wenn sie selbständig auftreten sollte, sich doch sehr enge der dorsalen Kante der Wandung desjenigen Coelomabschnittes anschließt, welcher sich in den Mandibularbogen hinunterzieht. Sie ist deshalb auch oft als ein Auswuchs dieser Kante aufgefaßt worden, um so mehr als der N. trochlearis ontogenetisch sehr enge Beziehungen zur Anlage des

N. trigeminus aufweist (s. Nervensystem). Auch diese Muskelanlage wächst gegen die spätere Ursprungs- resp. Ansatzstelle des Muskels aus. Überhaupt könnte man das Auswachsen der Augenmuskelanlagen in gewissem Sinne mit dem Auswachsen der Myotomkanten, speziell auch bei den Selachiern mit dem Vordringen der Muskelknospen in die Anlagen der Extremitäten vergleichen.

2. Muskulatur der Schlundbogen.

Dieselbe entsteht aus der Wandung der einzelnen Abschnitte des Schlundbogen-coeloms; dem entspricht auch die Innervation durch die Schlundbogennerven, welche in frühen Entwicklungsstadien (s. Nervensystem) dorsal aus der Wandung des Gehirn-rohres entspringen. Dies sind: der N. mandibularis aus dem N. trigeminus, die Nn. facialis, glossopharyngeus und vagoaccessorius. Ob den einzelnen Abschnitten des Schlundbogencoeloms wirklich dorsale Segmente entsprechen, ist mehr als zweifelhaft. Wir neigen uns der Annahme von C. Rabl zu, nach welcher echte Ursegmente oder Somiten, wie wir sie am Rumpfe antreffen, im Bereiche des Kopfes vor der Gehörblase nicht nachzuweisen sind. Auf die eigentümliche Stellung der Oculomotorius- und Abducenskopfhöhlen ist schon oben hingewiesen worden.

Die Differenzierung der Muskulatur bei den Selachiern ist wenig bekannt; sie scheint hauptsächlich von der medialen Wandung der Coelomabschnitte auszugehen.

3. Spinale Muskeln im Bereiche des Kopfes.

Eine dritte Gruppe von Muskeln tritt gleichfalls schon bei den Selachiern auf, allerdings ohne so enge Beziehungen zum Kopfe einzugehen wie bei den Amnioten. Sie stellen spinale Muskeln dar, welche auf das viscerale Skelet übergreifen und in ihrer ursprünglichsten Ausbildung als Retractoren des Kiemenkorbes wirken. Die entsprechen-den Sklerotome sind bei den niederen Formen zum Teil, bei den Amnioten ganz in die Bildung der Pars basilaris ossis occipitalis aufgegangen. Die Myotome werden von dem als ein Komplex von ventralen Spinalnervenwurzeln aufzufassenden N. hypoglossus innerviert und bilden eine um den caudalen Umfang des Kiemenkorbes herumwachsende Muskelmasse, welche sich oralwärts bis zum Mandibularbogen erstreckt und, infolge ihrer Lage, als hypobranchiale Muskulatur bezeichnet wird.

Im Gegensatze zu dieser aus echten Rumpfsegmenten stammenden Muskulatur kann die übrige in den Schlundbogen eingeschlossene, vom Schlundbogencoelom abzu-leitende Muskulatur des Kiemenkorbes als viscerale Muskulatur bezeichnet und mit der Darmmuskulatur verglichen werden, welche von dem visceralen Blatte des unseg-mentierten Mesoderms geliefert wird. Die Tatsache, daß die Schlundbogenmuskulatur quergestreift, die Darmmuskulatur dagegen glatt ist, kann nicht gegen den Vergleich angeführt werden (s. oben die Bemerkungen über das Vorkommen von quergestreifter Muskulatur am Darme). Das Schicksal des Coeloms ist übrigens im Bereiche des Kopfes und Rumpfes außerordentlich verschieden, im Kopfe eine sehr frühzeitige Entstehung desselben, aber auch eine Umbildung, welche zum Schwunde der Höhle führt, indem die Wandung sowohl Mesenchym- als auch Muskelanlagen liefert, im Rumpfe dagegen eine mächtige Ausbildung der Höhle in Form einer großen, die Eingeweide umschließenden Körperhöhle, während die Entstehung der Darmmuskulatur nur von einem kleinen Abschnitte der Coelomwandung ausgeht.

Bildung der Kopfmuskulatur bei Amnioten, speziell beim Menschen.

Diese läßt sich ohne große Schwierigkeit von den einfachen, fast schematischen Verhältnissen bei den Selachiern ableiten, wobei sich Unterschiede hauptsächlich daraus ergeben, daß das Coelom als solches nur selten auftritt, da seine Wandungen sich zu soliden Massen zusammenschließen. Noch am günstigsten liegen die Verhältnisse bei den Reptilien und Schwimmvögeln, während bei anderen Vögeln und besonders auch bei Säugetieren sämtliche Muskelanlagen solide sind. Auch erfolgt bei diesen eine starke Reduktion der in den Schlundbogen eingeschlossenen Muskelanlagen, so daß die Ableitung derselben von Coelomabschnitten bloß auf einem Analogieschlusse von den Zuständen bei Schwimmvögeln oder Reptilien beruht. Eine klare Übersicht über die Entwicklung der Mm. obliquus sup. und rectus lateralis konnte bei Säugetieren wegen der im Material gelegenen Schwierigkeiten nicht gewonnen werden. Die Entwicklung der Oculomotoriusmuskulatur dagegen läßt sich von einer soliden, sichelförmigen Zellmasse aus verfolgen, welche medial vom Ganglion semilunare des N. trigeminus den hintern Umfang des Augenbechers umfaßt. Sie bildet, genau wie bei den Selachiern, durch Auswachsen die einzelnen Muskelanlagen. Dieser Entwicklungsmodus erklärt das Zustandekommen der allerdings seltenen Anomalie, bei welcher zwei Augenmuskeln der Oculomotoriusgruppe mittels eines oder mehrerer Muskelstränge in Zusammenhang stehen können. Sie ist als eine Hemmungsbildung aufzufassen.

1. Differenzierung der Kopfmuskulatur beim Menschen.

Die Entwicklung der Kopfmuskulatur des Menschen hat neuerdings von W. H. Lewis in Keibel-Malls Handbuch der menschlichen Entwicklungsgeschichte eine sehr genaue Bearbeitung erfahren, auf welcher die folgenden Angaben im wesentlichen beruhen.

Die Anlage der Augenmuskeln als eine solide, dem Augenbecher hinten anliegende Masse von Zellen ist schon bei Embryonen von 7 mm Länge zu erkennen. Bei einem Embryo von 9 mm Länge beginnt die Teilung in einzelne Muskelanlagen, die in der Hauptsache noch medial vom Bulbus liegen und weiterhin gegen ihre Ursprünge und Ansätze auswachsen. Der M. rectus lateralis entsteht im Mesenchym, welches beim Embryo von 7 mm etwa in der Höhe der Mundbucht liegt und wächst lateral vom Bulbus nach vorne aus. Die erste Anlage des M. obliquus sup. ist beim Menschen und bei den Säugetieren nicht nachzuweisen. In Fig. 227 stellt die Anlage eine längliche, dem Augenbecher dorsal anliegende Zellmasse dar, welche mit dem N. trochlearis in Verbindung steht.

2. Entwicklung der Zungenmuskulatur.

Es ist oben darauf hingewiesen worden, daß die Zungenmuskulatur, welche, wenigstens teilweise, den Retractores arcuum branchialium der Selachier entspricht, einen dem Kopfe ursprünglich fremden Muskelkomplex darstellt, der sich von drei bis vier vorderen (occipitalen) Myotomen herleitet, während die entsprechenden Spinalnerven sich zur Bildung des N. hypoglossus vereinigen.

Bei Reptilien lassen sich diese Verhältnisse noch klarer übersehen als bei den Säugetieren. An der in Fig. 227 (vom Menschen) blau hervorgehobenen Anlage der Muskulatur können wir zwei Abschnitte unterscheiden; ein vorderer, mit dem sich der N. hypoglossus verbindet, wächst oral- und medianwärts in die Kiemengegend vor und bildet die Zungenmuskulatur; caudalwärts dagegen zweigt sich eine Zellmasse ab, die mit dem Ramus descendens n. hypoglossi in Verbindung steht und zur vorderen langen Halsmuskulatur wird (Mm. sternohyoideus, sternothyreoideus, omohyoideus, thyreohyoideus). Ein Teil dieser Zellmasse, in welchen ein Ast des vierten Cervikalnerven (N. phrenicus) eindringt, wächst als Anlage des Diaphragmas caudalwärts bis in den Thoraxraum (Figg. 227 und 228). Die vorderen langen Halsmuskeln werden von dem Ramus descendens n. hypoglossi aus den beiden ersten Cervikalnerven versorgt, von denen sich Fasern dem Arcus n. hypoglossi anschließen, um denselben als Ramus descendens und als Ramus thyreohyoideus wieder zu verlassen. Es sind also sowohl die vordern langen Halsmuskeln als auch das Zwerchfell von Halsmyotomen abzuleiten.

3. Hautmuskulatur.

Über die Entwicklung der Hautmuskulatur, von welcher beim Menschen nur geringe Spuren im Platysma, in dem M. sternalis und dem Achselbogen erhalten sind, ist sehr wenig bekannt. Jedenfalls entsteht die Facialismuskulatur aus der Wandung des im Hyoidbogen eingeschlossenen Kiemenbogencoeloms (s. Fig. 227); sie umfaßt die mimische Muskulatur, von welcher der hintere Bauch des M. digastricus und der M. stylohyoideus Abzweigungen darstellen, ferner das Platysma.

Beim Igel wird (G. Michelsson) die ganze Hautrumpfmuskulatur vom N. thoracalis ant. innerviert, an dessen Bildung sich der Ramus ant. des 7. und 8. Cervical-

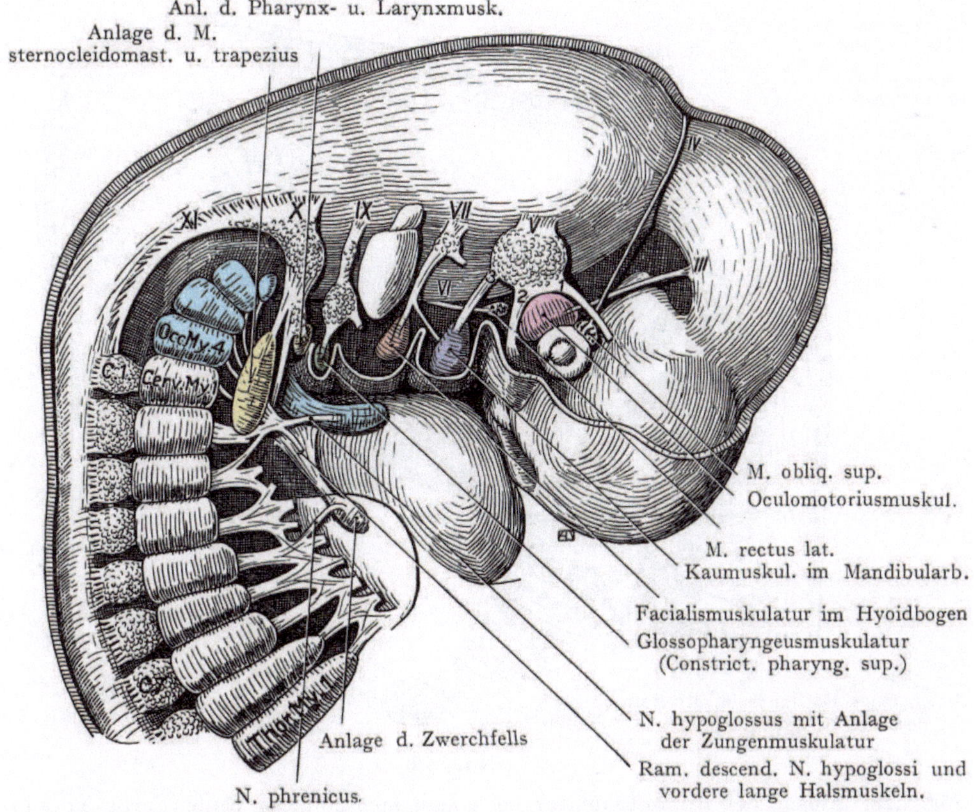

Fig. 227. Anlage der Kopfmuskulatur bei einem menschlichen Embryo von 7 mm Länge. Nach W. H. Lewis in Keibel-Malls Handb. d. Entw.-Gesch. Vol. I. Fig. 367.

und des 1. Thoracalnerven beteiligen. Die Anlagen der Muskulatur stammen also aus den entsprechenden Muskelsegmenten. Auch beim Ornithorhynchus werden nach G. Ruge alle Hautrumpfmuskeln vom N. thoracalis ant. innerviert, der sich aus Fasern des 5. und 6. Cervicalnerven zusammensetzt.

4. Beziehung der Kopfmuskulatur beim Erwachsenen zu den Anlagen derselben beim Embryo.

Die Figg. 229 und 230 sollen die Herkunft der Kopfmuskulatur aus den in den Figg. 227 und 228 dargestellten Anlagen veranschaulichen. Aus dem Vergleiche geht hervor, wie stark die Verlagerung ist, welche die einzelnen Abschnitte der Kopfmuskulatur erfahren. Die Muskulatur des Mandibularbogens bleibt zwar zum größten Teil

als Kaumuskulatur im Zusammenhange mit dem an Stelle des knorpeligen Mandibularbogens (Meckelschen Knorpel) tretenden Unterkiefer. Dagegen ist die als mimische
Facialismuskulatur nach vorn (Gesichtsmuskulatur), nach oben (Ohrmuskulatur) und
nach hinten (M. occipitalis) ausgewachsen. Die Vagoaccessoriusmuskulatur umfaßt
die Pharynxmuskulatur, den M. constrictor pharyngis medius et inf., ferner auch die
Mm. trapezius und sternocleidomastoideus. Die Muskelanlage, welche vom N. glossopharyngeus versorgt wird, liefert den M. constrictor pharyngis sup., doch ist es nicht
möglich, die Rami pharyngei des N. glossopharyngeus von denjenigen des N. vagus
zu unterscheiden, und aus diesem Grunde ist die ganze Pharynxmuskulatur mit der

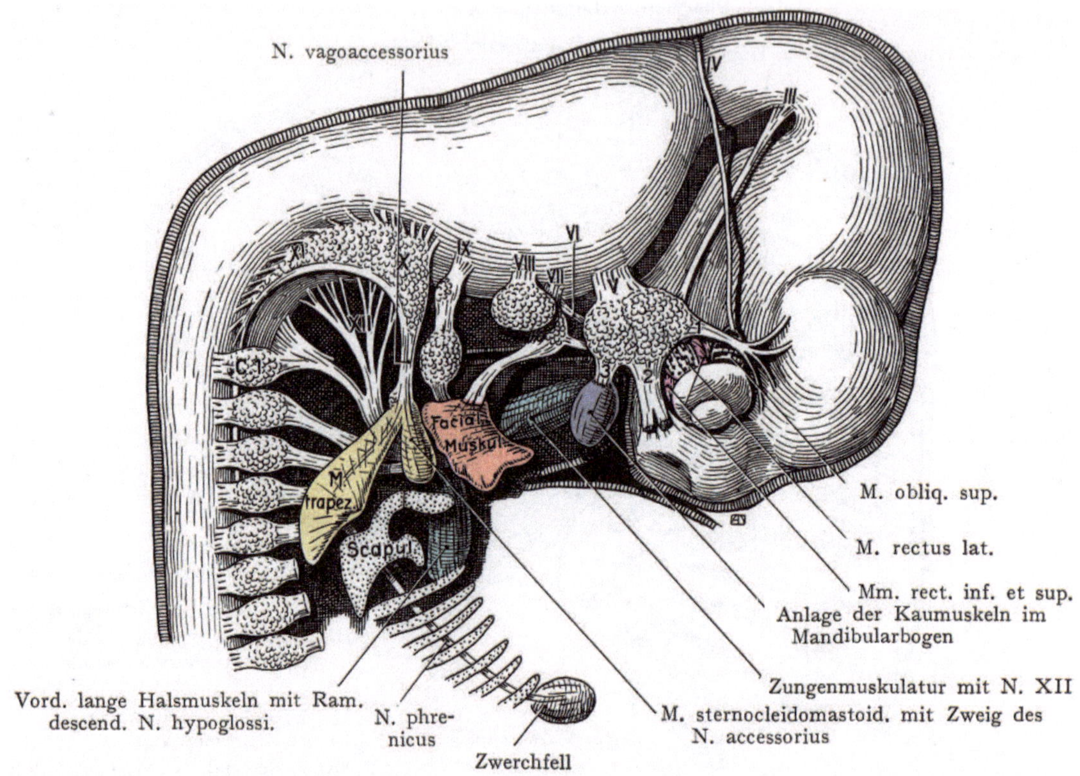

Fig. 228. Anlage der Kopfmuskulatur bei einem menschlichen Embryo von 11 mm Länge.
Nach W. H. Lewis in Keibel-Mall. Vol. I. Fig. 370.

Farbe der Muskulatur sowohl des N. glossopharyngeus (grün) als auch des N. vagoaccessorius (gelb) angegeben. Auch der M. stylopharyngeus gehört zur Glossopharyngeus-
muskulatur. In Fig. 230 ist die Hypoglossusmuskulatur (blau) zu sehen; mit derselben
Farbe sind auch die vom Ramus descendens n. hypoglossi innervierten vordern langen
Halsmuskeln angegeben, die sich jedoch nicht von occipitalen, sondern von obern cervi-
kalen Myotomen ableiten.

  Die Kaumuskulatur sowie die Mm. tensor tympani, tensor veli palatini, der
vordere Bauch des M. digastricus und der M. mylohyoideus entstehen aus einer im
Mandibularbogen eingeschlossenen Zellmasse, zu welcher der N. mandibularis gelangt.
Diese Anlage, die mit dem Schlundbogencoelom I der Selachier (Fig. 222) zu vergleichen
wäre, liegt später (Reuter) medial von dem Meckelschen Knorpel und dem auf diesem
entstehenden knöchernen Unterkiefer. Sie nimmt die Form eines umgekehrten Y an,

das gewissermaßen auf der Incisura mandibulae reitet; aus dem lateralen Schenkel entstehen die Mm. masseter, temporalis und pterygoideus ext., aus dem medialen die Mm. pterygoideus int. und tensor tympani.

Facialismuskulatur. Sie entsteht aus einer im zweiten Schlundbogen (Hyoidbogen) eingeschlossenen Zellmasse, mit welcher sich der N. facialis verbindet und umfaßt die gesamte mimische Muskulatur, das Platysma, die Mm. stapedius und stylohyoideus, die äußeren Ohrmuskeln und den hinteren Bauch des M. digastricus.

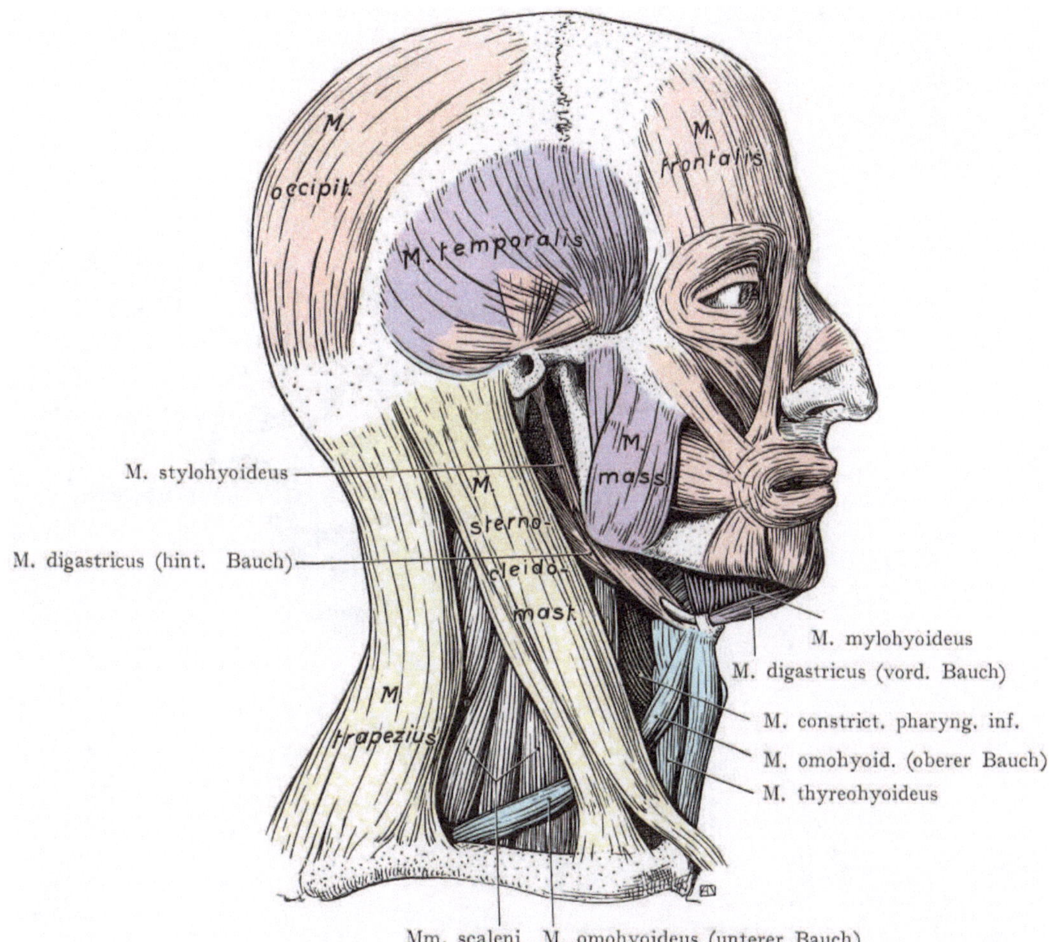

Fig. 229. Muskeln des Kopfes und Halses. Oberflächliche Schicht. (Seitliche Ansicht.)

Zur Bildung all' dieser Muskeln wächst die Anlage nach drei Richtungen hin aus. Ein Teil gelangt in oberflächlicher Schicht nach vorn auf das Gesicht und stellt die mimische Muskulatur her. Sie liefert auch die äußern Ohrmuskeln (M. auricularis ant., post. und sup.) sowie den M. occipitalis. Das Platysma, der hintere Bauch des M. digastricus, die Mm. stylohyoideus, levator veli palatini und uvulae, sowie der später in der Eminentia pyramidalis des Schläfenbeins eingeschlossene M. stapedius entstehen aus einem zweiten Abschnitte der Anlage, welcher zum Teil nach unten wächst und als Platysma bis in die Brustregion gelangt. Verbindungen des Platysmas mit den tieferen Muskeln, so mit dem hintern Bauch des Musculus digastricus, andererseits auch mit der Muskulatur des Schlundkopfes, lassen sich leicht auf Grund dieser Tatsache erklären. Die mimische Muskulatur soll erst sehr spät eine Querstreifung aufweisen; dieselbe tritt in der Lippenmuskulatur sogar erst bei einem Fetus von 30 Wochen auf (Futamura).

Über die Entwicklung der Pharynxmuskulatur liegen noch keine eingehenden Untersuchungen vor, doch weist schon ihre Innervation durch die Nn. glossopharyngeus und vagus darauf hin, daß sie dem dritten und den folgenden Schlundbogen entstammt (Fig. 227). Durch Wachstumsvorgänge und Verschiebungen einzelner Bogen, besonders auch durch das Auswachsen des Hyoidbogens in caudaler Richtung über die andern

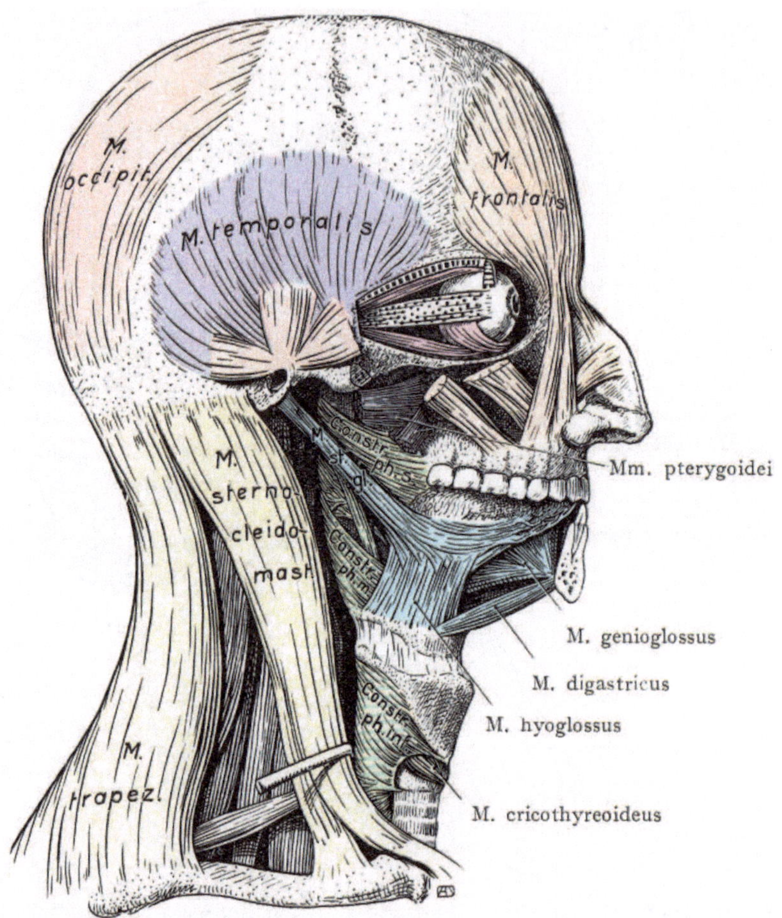

Fig. 230. Muskeln des Kopfes. Tiefe Schicht. Augenmuskeln von der Seite.

Bogen, werden die Anlagen der Schlundmuskulatur in die Tiefe verlagert. Sie liegen zuerst lateral vom Schlunde und umwachsen denselben allmählich, um ihre definitiven Ursprünge und Ansätze zu erlangen.

Die Kehlkopfmuskeln entstehen aus den im vierten und fünften Bogen eingeschlossenen Muskelanlagen, welche vom N. vagoaccessorius innerviert werden. Dazu stimmt auch die in Fig. 183 veranschaulichte Annahme, daß die Kehlkopfknorpel als Derivate des vierten und fünften knorpeligen Bogens aufzufassen seien. Die Anlagen einzelner Muskeln sind nach Lewis schon bei einem Embryo von 14 mm Länge erkennbar.

Zu den Derivaten der Schlundbogenmuskulatur müssen wir, worauf schon wiederholt hingewiesen wurde, auch die Mm. trapezius und sternocleidomastoideus rechnen.

In Fig. 227 stellt sich ihre Anlage noch einheitlich dar, dagegen sehen wir in Fig. 228 eine Spaltung in eine dorsale (M. trapezius) und eine ventrale Masse (M. sternocleidomastoideus); zu beiden Anlagen gelangen Zweige des N. accessorius.

Literatur über die Entwicklung der Muskulatur.

Allgemeines.

Boeke, J., Die motorische Endplatte bei den höheren Vertebraten, ihre Entwicklung, ihre Form und ihr Zusammenhang mit den Muskelfasern. Anat. Anz. 35. 1909. 193—224. — *Dömeny, P.*, Entwicklung und Bau der Bursae mucosae. Arch. f. Anat. u. Entw.-Gesch. 1897. 295—306. — *Eisler, P.*, Die Muskeln des Stammes in *Bardelebens* Handb. d. Anat. Bd. 2, 2. Abt, 1. Teil. 1912. — *Felix, W.*, Das Wachstum der quergestreiften Muskeln nach Beobachtungen am Menschen. Zeitschr. f. wiss. Zool. 48. 1888. — *Godlewski, E. jun.*, Die Entwicklung des Skelet- und Herzmuskelgewebes der Säugetiere. Arch. f. mikr. Anat. 60. 1902. 111—156. — *Harrison, R. G.*, An experimental study of the relation of the nervous system in the developing musculature in the embryo of the frog. Amer. Journ. of Anat. 3. 1904. — *Lewis, W., H.*, Die Entwicklung des Muskelsystems in *Keibel-Malls* Handb. d. Entw.-Gesch. d. Menschen I. 1910. 455—526. — *Mc Callum J. B.*, On the histogenesis of the striped muscle fibre and the growth of the human sartorius muscle. Johns Hopkins Hosp Bull. 1898. — *McGill, Caroline*, The histogenesis of smooth muscle in the alimentary canal and the respiratory tract of the Pig. Internat. Monatsschr. f. Anat. u. Physiol. 24. 1907. — *Maurer, Fr.*, Entwicklung und Phylogenie der Muskelfaser. *Bonnet* und *Merkels* Ergebnisse 9. 1899. — *Nußbaum, M.*, Nerv und Muskel. Verh. d. anat. Ges. Vers. in Straßburg 1894. Erg.-Band. Anat. Anz. 9. 1894. — *Derselbe*, Über Muskelentwicklung. Verh. d. anat. Ges. Vers. in Berlin 1896. Erg.-Band. Anat. Anz. 12. 1896. — *Paton, Stewart*, The reactions of the vertebrate embryo to stimulation and the associated changes in the nervous system. Mitt. zool. Stat. zu Neapel 18. 1906. 535—581. — *Rabl, C.*, Theorie des Mesoderms. I u. II. Morph. Jahrb. 15. 1889 u. 19. 1892. — *Derselbe*, Über die Muskeln und Nerven der Extremitäten von Iguana tuberculata. Anat. Hefte. 53. 1915. 673—789. — *Tello, J. F.*, Die Entstehung der sensiblen und motorischen Nervenendigungen. Anat. Hefte. 64. 1922. 348—440. — *Wikström, D. A.*, Über die Innervation und den Bau der Myomeren der Rumpfmuskulatur einiger Fische. Anat. Anz. 13. 1897. 401—408.

Entwicklung der Kopfmuskulatur.

van Bemmelen, Über die Herkunft der Extremitäten- und Zungenmuskulatur bei Eidechsen. Anat. Anz. 4. 1889. — *Froriep, Aug.*, Über einen Rest des Kiemenbogencoeloms bei einem Säugetier. Arch. f. Anat. u. Entw.-Gesch. 1909. — *Futamura, F.*, Über die Entwicklung der Facialismuskulatur des Menschen. Anat. Hefte 30. 1906. 435—516.— *Johnson, C. E.*, The development of the prootic head somites and eye muscles in Chelydra serpentina. Amer. Journ. of Anat. 14. 1913. 119—165. — *Keibel, Fr.*, Zur Entwicklungsgeschichte der Chorda bei Säugern. Arch. f. Anat. u. Entw.-Gesch. 1889. 328—388. — *Lamb, A. B.*, The Development of the eye muscles in Acanthias. Amer. Journ. of Anat. 1. 1901/02. 185—202. — *Lewis, W. H.*, Die Entwicklung des Muskelsystems in *Keibel-Malls* Handb. d. Entw.-Gesch. d. Menschen I. 1910. — *Lubosch, W.*, Vergleichende Anatomie der Kaumuskulatur der Wirbeltiere Jen. Zeitschr. 46. 1915. 51—188. — *Matys, W.*, Entwicklung und Topographie der Muskeln der Orbita. Arch. f. Anat. u. Entw.-Gesch. 1908. 321—350. — *Maurer, Fr.*, Entwicklung des Muskelsystems und der elektrischen Organe in *O. Hertwigs* Handb. d. Entw.-Lehre III. 1. 1906. — *Neal, H. V.*, The History of the eye muscles. Journ. of Morph. 30. 1918. 433—453. — *Nußbaum, M.*, Zur Anatomie der Orbita. Verh. d. Anat. Ges. Vers. in Halle. Erg.-Band. Anat. Anz. 21. 1902. 137—143. — *Perna, Giov.*, Un musculo trasverso della cavità orbitaria nell' uomo. Verh. anat. Ges. Vers. in Genf 1905. Erg.-Band. Anat. Anz. 27. 1905. 215—224. — *Rabl, C.*, Über das Gebiet des N. facialis. Anat. Anz. 2. 1887. 219—227. — *Reuter, Karl*, Über die Entwicklung der Kaumuskulatur beim Schwein. Anat. Hefte 7. 1897. 241—260. — *Derselbe*, Über die Entwicklung der Augenmuskulatur beim Schwein. Anat. Hefte 9. 1897. — *Rex, H.*, Über das Mesoderm des Vorderkopfes der Ente. Arch. f. mikr. Anat. 50. 1897. — *Derselbe*, Zur Entwicklung der Augenmuskeln der Ente. Ibid. 57. 1901. — *Derselbe*, Über das Mesoderm des Vorderkopfes der Lachmöve (Larus ridibundus). Morph. Jahrb. 33. 1905. 107—346.

Rumpf- und Extremitätenmuskulatur.

F. Maurer in *Hertwigs* Handb. d. Entw.-Lehre III. 1. 1906 und *Lewis, W. H.*, in *Keibel-Malls* Handb. d. Entw.-Gesch. I. 1910. — *Bardeen, Ch. R.* und *Lewis, W. H.*, Development of the limbs, body wall and back in Man. Amer. J. of Anat. 1. 1901/02. 1—34. — *Bolk, L.*, Die Segmentdifferenzierung des menschlichen Rumpfes und seiner Extremitäten. II. Morph. Jahrb. 26. 1898. — *Byrnes, Esther*, Experimental Studies on the development of limb muscles in Amphibia. Journ. of Morph. 14. 1898. 105—136. —

Fischel, Alfr., Zur Entwicklung der ventralen Rumpf- und Extremitätenmuskulatur der Vögel und Säugetiere. Morph. Jahrb. 23. 1895. 545—561. — *Keck, L.,* Spaltbildungen an Extremitäten des Menschen und ihre Bedeutung für die normale Entwicklungsgeschichte. Morph. 26, 48. 1914. 97—141. — *Lewis, W. H.,* The development of the arm in Man. Amer. Journ. of Anat. 1. 1901/02. — *Derselbe,* The relations of myotomes with the ventrolateral musculature and with the anterior limbs in Amblystoma. Anat. Rec. 4. 1910. 183—190. — *Mollier, S.,* Die paarigen Extremitäten der Wirbeltiere. Anat. Hefte 3. 1894. 4. 1895, 6. 1897. — *Rabl, C.,* Gedanken und Studien über den Ursprung der Extremitäten. Zeitschr. f. wiss. Zool. 70. 1901. — *Derselbe,* Über die Muskeln und Nerven der Extremitäten von Iguana tuberculata. Anat. Hefte 53. 1915. — *Schomburg, C.* Untersuchungen zur Entwicklung der Muskeln und Knochen des menschlichen Fußes. Göttinger Preisschrift 1900.

Splanchnologie.

Entwicklung der Organe des Darmsystems.

Einleitende Bemerkungen.

Dem Darmsystem kommt in erster Linie die Funktion zu, die Nahrung, nachdem sie durch das an den Kieferrändern angebrachte Gebiß zerkleinert wurde, aufzunehmen und durch den Verdauungsprozeß für den Übergang in den Kreislauf vorzubereiten. Dabei spielen die Darmdrüsen eine sehr wichtige Rolle, und zwar sowohl die einfachen Drüsenschläuche der Darmwandung (Gland. gastricae und Gland. intestinales), als auch die beiden größern Drüsen, die Leber und das Pankreas, welche ihr Sekret durch einen längeren Ausführungsgang in den Darm ergießen. Auch diese Drüsen gehören zum Darmsystem, denn ihre wesentlichen Bestandteile, die sezernierenden Drüsenepithelien, entstehen aus Auswüchsen des primitiven Darmrohres, welche von Mesenchym eingehüllt und durchwachsen werden. Dieses stammt aus dem visceralen Blatte des unsegmentierten Mesoderms, welches auch die bindegewebige Unterlage des Darmepithels, die Muscularis des Darmes und den Peritonaealüberzug desselben sowie der großen Darmdrüsen liefert (s. Entwicklung des Mesoderms). Wir bezeichnen das die Nahrung aufnehmende und verdauende System zusammenfassend als Apparatus digestorius. Derselbe beginnt mit der Mundhöhle, endet am Anus und umfaßt das Cavum oris, den Pharynx und den eigentlichen Darmkanal, den Tubus digestorius.

Von dem vorderen Abschnitte des Apparatus digestorius leitet sich auch das Respirationssystem (Apparatus respiratorius) ab, welches bei den Amnioten an die Stelle des bei den wasserlebenden Formen ausgebildeten Kiemenapparates tritt. Bei diesem sehen wir mehrfache Durchbrüche der seitlichen Wandungen des Kopfdarmes in Form von Kiemenspalten, dabei bildet die Schleimhaut gefäßhaltige Falten oder Fortsätze, die Kiemenblättchen oder Kiemenfäden, welche die Sauerstoffaufnahme aus dem Wasser resp. die Kohlensäureabgabe an dasselbe vermitteln. Solche Einrichtungen treffen wir bei den luftatmenden Wirbeltieren während der Ontogenese an, doch erlangen dieselben keine weitere Ausbildung im ursprünglichen Sinne, sondern liefern u. a. den Boden für die Anlagen verschiedener Drüsen mit innerer Sekretion, so des Thymus, der Epithelkörperchen und der ultimobranchialen Körper. Die respiratorische Funktion wird an die phylogenetisch weit jüngeren Lungen abgetreten, welche aus einer am ventralen Umfange des Darmrohres, unmittelbar hinter dem Kopfdarm gelegenen Ausbuchtung nach Art einer Drüse entstehen. In Verbindung mit der Luftatmung tritt eine Scheidung des oralen Abschnittes des Kopfdarmes und der daran sich ansetzenden Mundbucht ein, welche zusammen die sog. primitive Mundhöhle bilden, so daß sich dann eine untere, ausschließlich für die Aufnahme und Durchfeuchtung der Nahrung bestimmte sekundäre Mundhöhle von einem oberen Abschnitte, der Nasenhöhle, unterscheiden läßt, welche dem eindringenden Luftstrome einen Weg nach unten gegen den Kehlkopfeingang darbietet. Die Nasenhöhle enthält auch das Geruchsorgan, welchem durch die einströmende Luft Reize zugeführt werden, während in der sekundären Mundhöhle, besonders an der Zungenoberfläche, die Geschmacksbecher auftreten, denen die Rolle zufällt, gewisse durch die Nahrung ausgelöste chemische Reize zu perzipieren.

Das Epithel des Darmrohres entsteht aus dem in frühen Stadien flächenförmig ausgebreiteten Entoderm, jener einfachen Schicht von Cylinderepithel, welche nach der Abschnürung der Embryonalanlage in das embryonale und das den Dottersack auskleidende außerembryonale Dottersackentoderm zerfällt. Der Vorgang der Umwachsung des Dotters und der Abschnürung des Embryos vom Dottersacke ist in den Figg. 88—93 dargestellt. Der Dottersack besteht aus dem Dottersackentoderm und dem visceralen Blatte des außerembryonalen Mesoderms; das embryonale Entoderm stellt ein cranial und caudal geschlossenes Rohr dar, welches noch in ziemlich weiter Verbindung mit dem Dottersacke steht. Diese wird bei der weiteren Abschnürung der Embryonalanlage vom Dottersacke immer mehr eingeengt und zieht sich dabei in einen Gang, den Ductus omphaloentericus aus, welcher, gerade bei den Primaten, eine recht beträchtliche Länge besitzt.

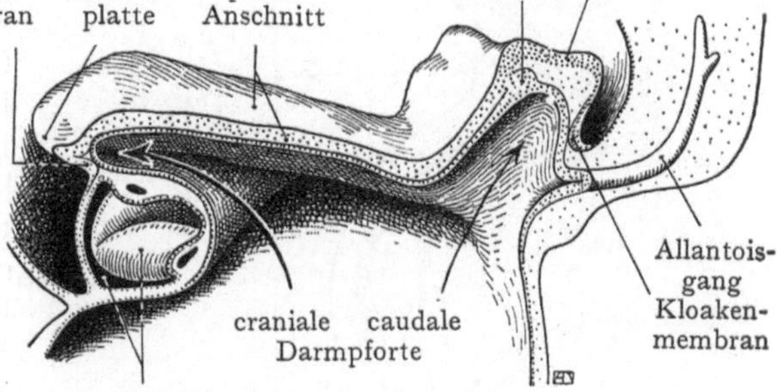

Die erste Andeutung der Abschnürung des primitiven Darmrohres wird durch die Bildung der Darmrinne angedeutet, die median verläuft und sich allmählich zum Darmrohr ergänzt.

Fig. 231. Menschlicher Embryo mit 7 Ursegmenten.
Nach Dandy, Amer. Journ. of Anat. X. 1910.

Bei einem menschlichen Embryo mit acht Somiten ist (Figg. 61 und 62) die mittlere, weit in den Dottersack sich öffnende Strecke der Darmrinne noch von beträchtlicher Länge. Aus einem Medianschnitte durch einen Embryo mit 7 Somiten (Fig. 231) ergibt sich, daß die Abschnürung des primitiven Darmrohres cranial weiter fortgeschritten ist als caudal. Dies stimmt zu der früher schon hervorgehobenen Tatsache, daß überhaupt die Differenzierung der Embryonalanlage in craniocaudaler Richtung vor sich geht. An beiden Körperenden wird der Darm durch epitheliale Membranen ohne Mesodermeinschlüsse, die Rachen- resp. die Kloakenmembran, abgeschlossen, in denen Ectoderm und Entoderm unmittelbar aneinanderstoßen. Der Durchbruch der Rachenhaut setzt den Darm mit der von den Gesichtsfortsätzen umrahmten Mundbucht in Verbindung, dagegen zerfällt die caudale Strecke des primitiven Darmrohres durch die Ausbildung einer frontal eingestellten Scheidewand (Septum urorectale) in einen ventralen Abschnitt, welcher die Harnblase und den Sinus urogenitalis umfaßt und einen dorsalen Abschnitt, das Rectum. Bei der Abschnürung des Embryos und der Bildung des Darmrohres wird die blindendigende craniale und caudale Strecke des Darmes, auf Kosten der noch nicht zu einem Rohre abgeschnürten Zwischenstrecke, immer länger. Sie stehen mit dieser, welche ventral in den Dottersack übergeht, durch zwei Öffnungen, die vordere und die hintere Darmpforte in Verbindung. Diese verschieben sich selbstverständlich in caudaler resp. in cranialer Richtung, nähern sich also im

17*

Laufe der Entwicklung nach Maßgabe der allmählichen Verengerung der die Verbindung mit dem Dottersacke resp. mit dem Ductus omphaloentericus herstellenden Öffnung.

Abgrenzung einzelner Abschnitte des primitiven Darmrohres.

Am primitiven Darmrohre lassen sich in verhältnismäßig früher Zeit drei große Abschnitte unterscheiden (Fig. 232). Der erste liegt als Kopfdarm im Kopfe, annähernd entsprechend der Ausdehnung des Gehirnes und zerfällt in zwei während einer gewissen Zeit durch die epitheliale Rachenmembran voneinander getrennte Abschnitte, nämlich a) in die Mundbucht, welche von den Stirn- und Oberkieferfortsätzen sowie vom Unterkiefer begrenzt wird (Fig. 64) und später die Mund- und zum Teil die Nasenhöhle liefert und b) in den Kiemendarm. Dieser letztere zeigt im Vergleiche mit dem folgenden Abschnitte des primitiven Darmrohrs zunächst eine beträchtliche Länge; an seinen seitlichen Wandungen bilden sich Ausbuchtungen, die Schlundtaschen, deren spätere Umwandlung uns noch vielfach beschäftigen wird. Ein Durchbruch derselben nach außen zur Bildung der Kiemenspalten findet beim Menschen ganz ausnahmsweise und dann nur im Bereiche der ersten Schlundtasche statt.

Die größte Länge besitzt ein zweiter Darmabschnitt, der Tubus digestorius, der als Rumpfdarm auf den Kopfdarm folgt. An demselben lassen sich (Fig. 232) drei Strecken unterscheiden, welche bestimmten Teilen des fertigen Darmkanals entsprechen. Die erste Strecke, der Vorderdarm, (a') beginnt am caudalen Ende des Kiemendarmes mit einem

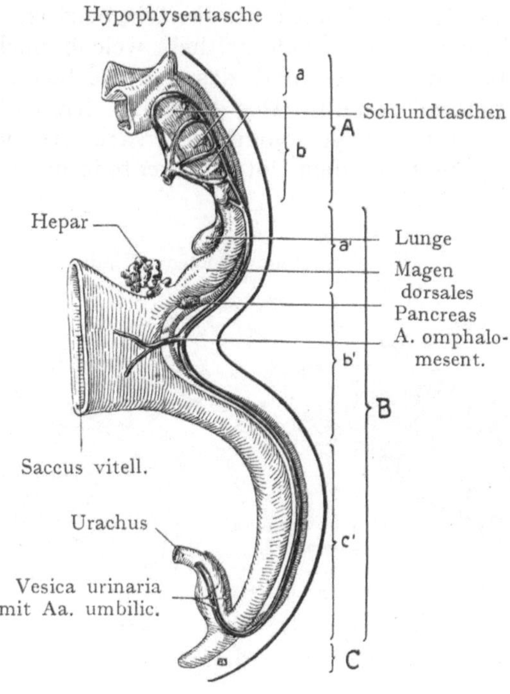

Fig. 232. Darm eines menschlichen Embryos. Nach dem Hisschen Modell.

A. Kopfdarm   { a Mundbucht / b Kiemendarm

B. Rumpfdarm   { a' Vorderdarm / b' Mitteldarm / c' Enddarm.

C. Schwanzdarm.

kurzen, bedeutend engeren Rohre, dem primitiven Ösophagus, an welchem nahe an der Grenze gegen den Kiemendarm die Anlage der Trachea und der Lungen als unpaare ventrale Ausbuchtung entsteht. Auf den primitiven Ösophagus folgt als eine spindelförmige Erweiterung kenntlich der Magen, sodann der zweite Hauptabschnitt, (b') der Mitteldarm, dessen caudale Grenze gegen den dritten Abschnitt, den Enddarm, (c') dort liegt, wo in beträchtlich späteren Stadien (s. Fig. 233) eine kleine Ausbuchtung die erste Andeutung des Caecums darstellt. Vom Mitteldarme geht als Verbindung zum Saccus vitellinus der Ductus omphaloentericus ab. Von demjenigen Abschnitte des Mitteldarmes, welcher unmittelbar auf den Magen folgt, erstrecken sich zwei Ausbuchtungen in das Mesogastrium ventrale resp. dorsale hinein; es sind dies die Anlagen der Leber und die dorsale Anlage des Pankreas. Diese Strecke wird zum Duodenum. Die dritte Strecke des Rumpfdarmes reicht als Enddarm von der Anlage des Caecums bis zum After; sie bildet den Dickdarm und die Ampulla recti. An den Rumpfdarm schließt sich ein kurzer, nur in frühen Stadien ausgebildeter, alsbald der Reduktion anheimfallender Abschnitt, der caudalwärts vom Anus gelegen, als Schwanzdarm bezeichnet wird und ursprünglich in Verbindung steht mit dem in das Rückenmarksrohr mündenden Canalis neurentericus (s. unten).

Das primitive Darmrohr wird in großer Ausdehnung vom Rumpfcoelom umgeben, an dessen Wandung es durch Mesenterien befestigt ist. Im Bereiche des Kiemendarmes fehlt jedoch das Coelom oder, richtiger gesagt, das ursprünglich auch hier vorhandene Coelom zerfällt infolge der Bildung der Kiemenfurchen und Schlundtaschen in die einzelnen, den Schlundbogen zugewiesenen Abschnitte des Kiemenbogencoeloms (223). Um den ganzen Rumpfdarm legt sich dagegen das Coelom als primitive Leibeshöhle. Im Bereiche des Vorderdarmes und der ersten Strecke des Mitteldarmes, bis zur Einmündung des Ductus choledochus, bleibt die Verbindung der beiden bei der Abschnürung des Darmrohres ventral sich nähernden Abschnitte des Coeloms aus, so daß hier auch ein Mesenterium ventrale übrig bleibt. Dorsal bleiben die beiden Coelomabschnitte getrennt, so daß ein Mesenterium dorsale in der ganzen Ausdehnung des Darmes entsteht (Fig. 233). Das Mesenterium ventrale spielt gleich unterhalb des Zwerchfells eine sehr wichtige Rolle, indem es den Peritonaealüberzug der von der ventralen Darmwand auswachsenden Leberanlage herstellt. Das Darmrohr verläuft ursprünglich gerade und in der Medianebene eingestellt von der Mundbucht bis zum After (Fig. 64). Dieses Verhalten erfährt eine Änderung, teils durch das Längenwachstum des Darmes, teils durch die spindelförmige Erweiterung

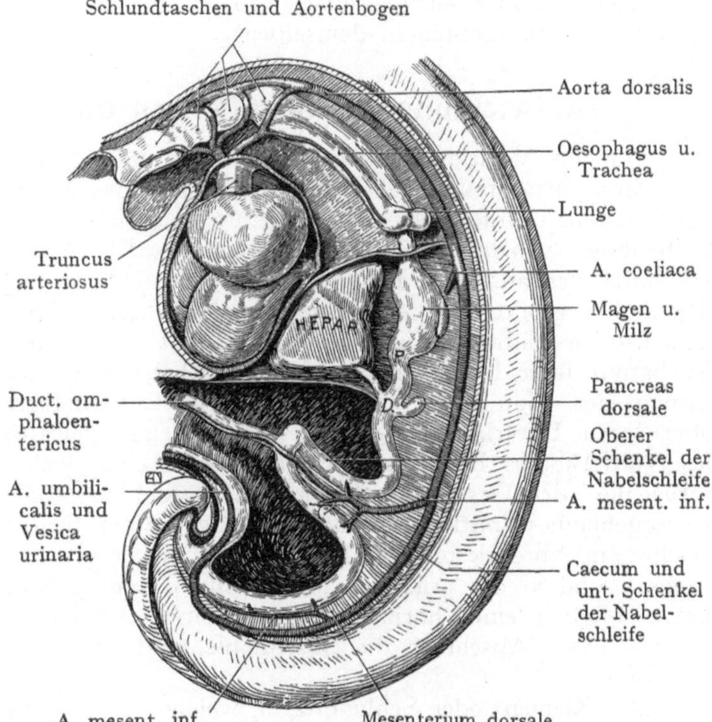

Fig. 233. Intestinaltractus eines menschlichen Embryos von 5 mm Länge.
Nach dem Hisschen Modell.

des Magens, endlich auch durch die Ausbildung der sich mächtig entfaltenden Darmdrüsen (Leber und Pankreas). Das stärkere Längenwachstum ist mit einem geraden Verlaufe des Darmrohres unverträglich; so bilden sich Darmschlingen, welche, solange sie an einem freien dorsalen Mesenterium befestigt sind, eine bedeutende Beweglichkeit besitzen und diese erst einbüßen, wenn sie an einzelnen Stellen durch sekundäre Verklebung ihres Mesenteriums an die dorsale Bauchwand fixiert werden. Solche Verklebungen bilden ein neues Moment, welches für das Verständnis sowohl der normalen als der pathologischen Lagerung der Darmabschnitte ins Gewicht fällt. Das Fehlen eines Mesenterium ventrale unterhalb der Einmündungsstelle des Ductus choledochus in das Duodenum läßt sich wohl auf das starke Längenwachstum des Darmes und die damit verknüpfte Beweglichkeit desselben zurückführen. Diese müßte durch die Ausbildung eines Mesenterium ventrale eine starke Einbuße erleiden.

Bei der genaueren Beschreibung der einzelnen Abschnitte des Darmsystems gehen wir von der oben gegebenen Einteilung aus. Wir schildern also zuerst die Differenzierung der beiden Abschnitte des Kopfdarmes, welche wir als primitive Mundhöhle und als Kiemen- oder Schlunddarm unterschieden haben, sodann die Entwicklung des Rumpfdarmes und der großen Darmdrüsen, endlich die Bildung und Bedeutung des Schwanzdarmes und des Afters. Es ist nicht möglich, die Ausbildung des Darmsystems darzustellen, ohne auch auf andere Gebiete überzugreifen; so werden wir bei der Besprechung der Entwicklung der primitiven Mundhöhle auch die Bildung der Nasenhöhle, des Gesichtes usw. berücksichtigen. Die Schilderung der Differenzierung des Coeloms dagegen und der Bildung einer Scheidewand zwischen Brust und Bauchhöhle in Gestalt des Diaphragmas kann erst nach der Besprechung der Herzentwicklung und der Entwicklung der großen Gefäßstämme erfolgen (s. das Kapitel über die Entwicklung des Coeloms und der Septen in demselben).

Entwicklung des Kopfdarms und seiner Derivate.

Für das Verständnis der Entwicklung und Differenzierung des Kopfdarms ist seine Zusammensetzung aus zwei Abschnitten, der Mundbucht und dem Kiemendarm (oder Schlunddarm) maßgebend, die ursprünglich durch eine epitheliale Platte, die Rachenhaut, voneinander geschieden wurden. Der Kiemendarm bildet den cranialsten Abschnitt des aus dem Entoderm entstehenden Darmrohres, während die primitive Mundhöhle größtenteils eine ectodermale Bildung (die Mundbucht) darstellt, welche zunächst als einfache Einbuchtung entsteht und weiterhin durch das flächenhafte Wachstum ihrer Umgebung eine beträchtliche Tiefenausdehnung gewinnt. Die Umgebung der Mundbucht wird durch die Gesichtsfortsätze gebildet (Stirnfortsatz, Ober- und Unterkieferfortsätze), welche eine gewaltige Änderung in dem Relief des Vorderkopfes hervorrufen, indem sie es sind, welche sekundär das Gesicht des Fetus und den Gesichtsabschnitt des Schädels herstellen. Die aus der Mundbucht hervorgehende primitive Mundhöhle gelangt zu den beiden Geruchsgruben in Beziehung, welche am Vorderkopfe als Ectodermeinbuchtungen auftreten, sodann in die Tiefe wachsen und in die primitive Mundhöhle durchbrechen. Diese erfährt alsdann durch die Ausbildung einer horizontal eingestellten Scheidewand (Gaumen) eine Trennung in einen obern Abschnitt, die Nasenhöhle, und einen untern Abschnitt, die sekundäre Mundhöhle.

Der Kiemen- oder Schlunddarm, welcher auf die Mundhöhle folgt, zeigt bei allen Tieren als charakteristisches Merkmal die Bildung von Kiemenspalten und Kiemenspaltenderivaten. Wenn auch jene bei den Säugetieren gar nicht oder nur ausnahmsweise zum Durchbruch kommen, so findet doch von seiten des Entoderms die Bildung der Schlundtaschen, von seiten des Ectoderms diejenige der Kiemenfurchen statt, welche, gegeneinander vorwachsend, oft nur durch eine epitheliale Lamelle voneinander getrennt sind. Von je zwei Kiemenspalten resp. Kiemenfurchen mit den entsprechenden Schlundtaschen werden die Schlundbogen abgegrenzt, auf deren Bedeutung und Zusammensetzung als Teile der seitlichen Wand des Kiemendarmes schon oben hingewiesen wurde.

Bildung der primitiven Mundhöhle.

Wir fassen zunächst die Bildung der Mundbucht ins Auge, sowie ihre Vertiefung und Umwandlung in die primitive Mundhöhle infolge des Auswachsens der Gesichtsfortsätze, im Anschlusse daran die Bildung des Gaumens und die Trennung der primitiven Mundhöhle in die Nasenhöhle und in die sekundäre Mundhöhle, die Bildung der Zähne und der Speicheldrüsen. Darauf folgt die Schilderung der Um- und Ausbildung des Kiemendarmes, wobei wir von einer Form mit Kiemenatmung ausgehen, wie z. B. den Selachiern, um einen Standpunkt für die Beurteilung der Reduktionsvorgänge zu gewinnen, die bei Säugetieren schließlich zur Bildung des Pharynxraumes, zum Teil auch der sekundären Mundhöhle führen. Mit diesen nicht gerade leicht verständlichen Vorgängen hängen auch die Bildung und Verlagerung der Derivate des Kiemendarmes, so der Glandula thyreoidea, des Thymus, der Epithelkörperchen, sowie die Bildung der Zunge zusammen.

1. Bildung der primitiven Mundhöhle und des Gesichtes.

Die primitive Mundhöhle geht aus der von den Gesichtsfortsätzen begrenzten Mundbucht hervor, dagegen umfaßt die sekundäre Mundhöhle, welche nach der Gaumenbildung entsteht, auch einen Teil des Kiemendarmes, welcher einen Beitrag zur Bildung des Bodens der sekundären Mundhöhle, insbesondere auch der Zungenwurzel liefert.

Die Umgrenzung der Mundbucht wird vorn (Fig. 234) durch den vom Vorderkopf nach unten sich erstreckenden Stirnfortsatz oder Stirnwulst gebildet, welcher das rasch wachsende Endhirn enthält. Seitlich schließt sich ihm der vom Mandibularbogen nach oben auswachsende Oberkieferfortsatz an, in welchem später als Skeletgrundlage der Oberkiefer auftritt. Die untere Grenze der Mundbucht wird durch die beiden Mandibularbogen gebildet, an denen sich zwei durch eine mediane Einkerbung voneinander getrennte Wülste, die Unterkieferfortsätze, bemerkbar machen. Mit dieser Bezeichnung darf jedoch keineswegs die Vorstellung verknüpft werden, als werde der Mandibularbogen von je einem ventralwärts gegen die Medianebene auswachsenden Fortsatze gebildet.

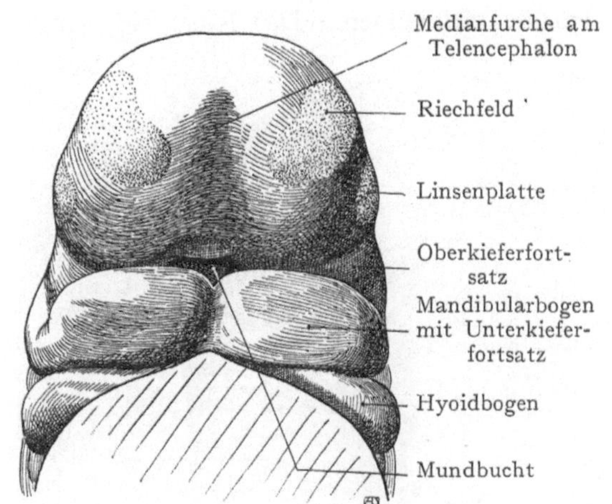

Fig. 234. Vorderkopf eines Embryos von 4,9 mm Länge.
Nach dem Modell von K. Peter.

Aus dem unpaaren Stirnfortsatze, den paarigen Oberkiefer- und Unterkieferfortsätzen, entsteht das Gesicht und der Gesichtsteil des Schädels. Von diesem werden beim Erwachsenen die Nasenhöhle und die sekundäre Mundhöhle mehr oder weniger vollständig begrenzt. Dabei stellen die Gesichtsfortsätze nicht etwa selbständige, durch Spalten voneinander geschiedene Wülste dar, sondern sind im Gegenteil bei der Oberflächenansicht bloß durch mehr oder weniger seichte Rinnen voneinander getrennt, wobei es jedoch vorkommen kann, daß auf Schnitten die Abgrenzung auch teilweise durch eine Epithelleiste dargestellt wird, welche in die Tiefe dringt, ohne zunächst ihren Zusammenhang mit dem Ectoderm aufzugeben. Diese Leiste wird erst allmählich während der weiteren Entwicklung von Mesenchymwucherungen durchbrochen und aufgelöst. Es sei in diesem Zusammenhange darauf hingewiesen, daß solche Epithelleisten anormalerweise nicht bloß bestehen bleiben, sondern nachträglich auch ein spaltförmiges Lumen erhalten können. Auf diese Tatsache sind die Spaltbildungen im Bereiche des Gesichtes, besonders auch an der Nase und am Munde zurückzuführen (s. unten).

Die als Gesichtsfortsätze beschriebenen Bildungen sind wohl als Stellen stärkeren Wachstums aufzufassen, etwa in demselben Sinne, wie die im Bereiche der Anlage des äußeren Ohres am Mandibular- und Hyoidbogen auftretenden Aurikularhöcker (s. diese).

In Fig. 234 ist die Grenze zwischen dem Stirn- und dem Oberkieferfortsatze als eine Rinne sichtbar, welche von der Anlage des Auges nach unten zur vordern Begrenzung der Mundbucht führt. Diese Rinne stellt die spätere Tränennasenfurche dar. Aus ihr geht eine leistenförmige Wucherung des Ectoderms in die Tiefe, welche sich sekundär aushöhlt, um so die Anlage des den späteren Konjunktivalsack mit der sekundären Nasenhöhle in Verbindung setzenden Ductus nasolacrimalis sowie des Saccus lacrimalis zu liefern. Charakteristisch für die drei Gesichtsfortsätze ist auch ihre Nervenversorgung. Der Nerv des Stirnfortsatzes ist der N. ophthalmicus, derjenige des Oberkieferfortsatzes der N. maxillaris und derjenige des Unterkieferfortsatzes der N. mandibularis.

In diesem ursprünglichen Verhalten der Gesichtsfortsätze erfolgt nun dadurch eine Änderung, daß sehr früh, in einiger Entfernung von der Medianebene, das Riechfeld auftritt (Fig. 234), in welchem die Zellen des Ectoderms den Charakter eines Sinnesepithels annehmen. Das Riechfeld vertieft sich, einerseits durch die Erhebung seiner

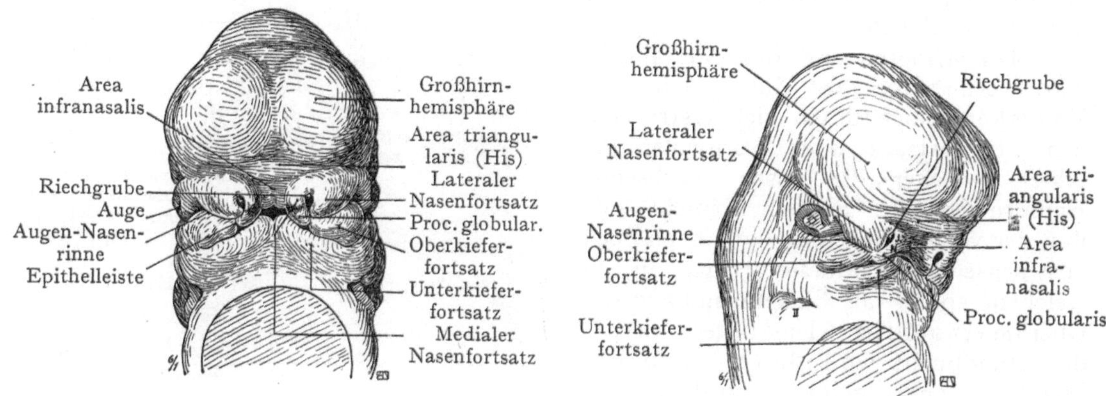

Fig. 235. Menschl. Embryo 11,3 mm Länge. Gesicht.　　Fig. 236.　　Derselbe.　　Halbprofil des Gesichtes.
Nach C. Rabl, Bildung des Gesichts. Leipzig 1902.
Taf. VIII. Fig. 4.   Taf. VIII. Fig. 2.

Ränder, anderseits durch aktives Vorwachsen der so gebildeten Riechgrube in das benachbarte Mesenchym. Auf diese Weise entstehen zwei in die Tiefe gegen das Dach der primitiven Mundhöhle hinziehende Schläuche, welche am Gesicht in den primitiven Nares ausmünden. Die Schläuche brechen an ihren ursprünglich blinden Enden in die primitive Mundhöhle durch, so daß auch hier zwei Öffnungen entstehen, die primitiven Choanen (s. Bildung des Gaumens), die durch eine Gewebsbrücke, den primitiven Gaumen, voneinander getrennt werden. Der Abstand der Riechfelder voneinander ist auf Fig. 234 im Verhältnis zur Größe des Embryos sehr beträchtlich, auch stehen die Augenanlagen noch sehr weit lateral und werden bloß durch eine schmale Zone des Stirnfortsatzes von den Riechfeldern getrennt. Diese seitlichen Partien des Stirnfortsatzes werden (Fig. 235), da sie in der Folge hauptsächlich die Seitenteile der äußeren Nase und die laterale Umrandung der Nasenöffnungen liefern, als laterale Nasenfortsätze bezeichnet. Zwischen den beiden Riechfeldern resp. Riechgruben liegt auf diesem Stadium noch ein breiter Abschnitt des Stirnwulstes (Fig. 237), der mittlere Stirnfortsatz, an welchem zwei die Riechgruben medial begrenzende Wülste die medialen Nasenfortsätze darstellen. Dieselben werden durch eine Vertiefung, die Area infranasalis, voneinander getrennt. Die lateralen und die medialen Nasenfortsätze bilden die beim Einwachsen der Riechgrube allmählich sich verengernde äußere Öffnung der letztern. Die medialen Nasenfortsätze beschränken sich jedoch nicht darauf, die Begrenzung der äußeren Riechgrubenöffnungen zu bilden, sondern sie wachsen unterhalb derselben vorbei, um hier mit den lateralen Nasenfortsätzen und den Oberkieferfortsätzen in Verbindung zu treten. Diesen unteren Abschnitt je eines medialen Nasenfortsatzes bezeichnen wir als Processus globularis (Figg. 235 und 236).

Infolge dieser Vorgänge tritt eine Komplikation der die Abgrenzung der einzelnen Fortsätze bewirkenden Furchen auf. Die Augennasenrinne, welche wir in Fig. 237 erkennen, zieht schräg vom medialen Augenwinkel herab, um sich mit einer zweiten, sehr seichten Rinne zu vereinigen, welche den medialen Nasenfortsatz vom lateralen Nasenfortsatz trennt, und zwar dort, wo beide Fortsätze zum untern Abschluß der Riechgrube aneinanderstoßen. Diese Rinnen gehen in eine kurze gemeinsame Strecke über (stomatonasale Rinne), welche zur oberen Umrandung des Mundes führt. Sie wird weiterhin durch die Verwachsung des Processus globularis der betreffenden Seite mit dem Oberkieferfortsatze geschlossen. Bei

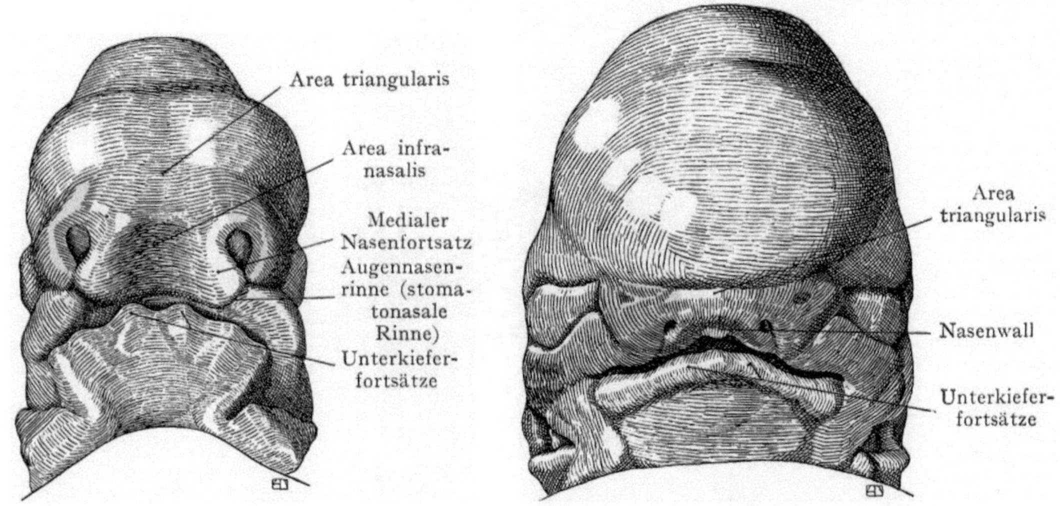

Fig. 237. Menschl. Embryo der 5. Woche.   Fig. 238. Menschlicher Embryo der 6. Woche. Nach dem Modell von K. Peter.

dem in Fig. 238 dargestellten Embryo ist diese Verwachsung zum Teil erfolgt, jedoch wird die Ausmündungsstelle der Rinne an der Oberlippe noch durch einen deutlichen Einkniff gekennzeichnet, welcher die Grenze zwischen dem Processus globularis und dem Ober-kieferfortsatze angibt. An dieser Stelle kann eine Spaltbildung der Lippe bestehen bleiben (Hasenscharte), welche sich oft auch als bloßer Lippeneinkniff darstellt. Eine wirklich tiefgehende spaltförmige Scheidung der Fortsätze voneinander, wie sie von den älteren Autoren, zum Teil auch erst im Anschlusse an die Beobachtung patho-logischer Spaltbildungen erschlossen wurde, ist nicht nachzuweisen. Dagegen findet eine Einwucherung von Epithel längs der Augennasenrinne statt, welche sich von der Oberfläche löst und einen soliden, nachträglich sich aushöhlenden und mit dem Epithel der oberen Partie der primitiven Mundhöhle in Zusammenhang tretenden Strang darstellt. Dieser zieht später vom medialen Augenwinkel zur vordern Partie des in die Bildung der Nasenhöhle eingehenden Abschnittes der primitiven Mundhöhle. Indem der Strang sich aushöhlt, stellt er den mittels der Ductus lacrimales mit dem Konjunktival-sacke sich verbindenden Ductus nasolacrimalis her, welcher in die vordere Strecke des Meatus nasi inf. einmündet. Daß eine ähnliche Einwucherung von Epithel auch in der stomatonasalen Rinne oder in der Fortsetzung derselben bis zur Oberlippe unter abnormen Verhältnissen zur Bildung von Spalten führen kann, liegt auf der Hand.

Wir sehen in Fig. 239 ein Bild vor uns, in welchem schon alle Bestandteile der
später in den Lippen gegebenen Umrandung der Mundöffnung vorhanden sind, und
wo auch, aber in einer von der späteren Form weit entfernten Ausbildung, ein Gesichtsteil des Embryos sich unterscheiden läßt. Die Augen liegen noch sehr weit voneinander
entfernt, seitlich am Kopfe, die äußeren Öffnungen der Nase sind durch den relativ
sehr breiten mittleren Stirnfortsatz, der sich hier als Area infranasalis furchenartig
vertieft, voneinander getrennt. Die letztere geht in einen von den beiden Proc.
globulares begrenzten Ausschnitt an der Oberlippe über. Die Nasenöffnungen liegen
auf zwei durch die medialen und lateralen Nasenfortsätze gebildeten rüsselförmigen
Vorsprüngen; die Nasenspitze fehlt noch gänzlich, ebenso der Nasenrücken, doch ist

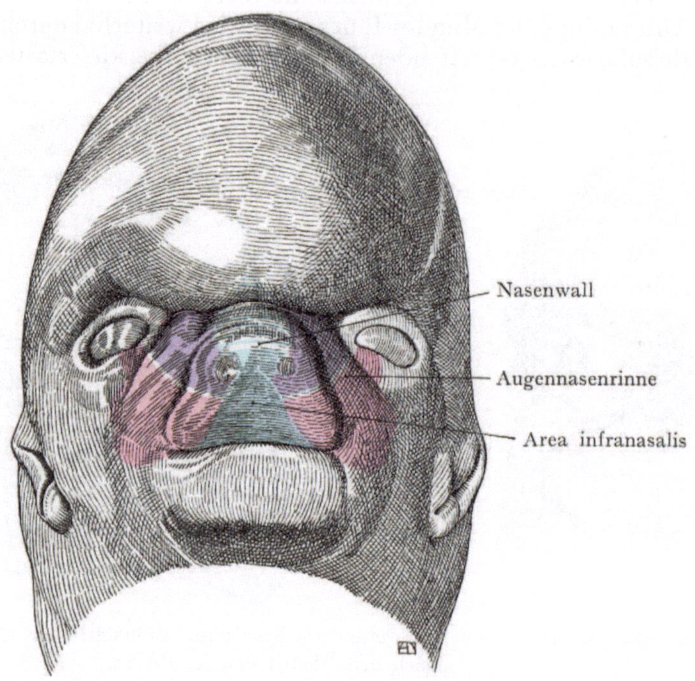

Fig. 239. Embryo der 9. Woche. 28 mm Länge.
Nach dem Modell von K. Peter.

dieser schon in Gestalt eines dreieckigen Feldes oberhalb der Area infranasalis angelegt,
welches von His als Area triangularis bezeichnet wurde. Dieselbe setzt sich gegen
die Area infranasalis durch einen queren Wulst oder Wall, den Nasenwall, ab, aus dem
die Nasenspitze hervorgeht. Die Nasenöffnungen sehen auf diesem Stadium gerade
nach vorn und nicht wie später nach unten.

Bei der Bildung der äußeren Nase und des Gesichtes wirkt formbestimmend
das ungleiche Wachstum der verschiedenen Fortsätze und der aus ihnen hervorgehenden Teile. Wie spät solche Wachstumsprozesse stattfinden und wie wesentlich die
ihnen als gestaltende Momente zukommende Rolle ist, zeigt der Einfluß, den das
Wachstum des Oberkiefers auch noch lange nach der Geburt auf die Bildung des Gesichtes ausübt.

Mit dem zunehmenden Längenwachstum der Nase und der Umbildung des stumpfen
Nasenwalles in die Nasenspitze (Fig. 240) rücken die Nasenöffnungen, die noch bis dahin
direkt nach vorn sahen, nach unten, ein Vorgang, der sich bis zum 7. oder 8. Fetalmonate
vollzogen hat. Das zur Bildung des Nasenrückens führende Wachstum der Area triangularis hat bei der Geburt seinen Abschluß nicht erreicht, vielmehr finden wir zu dieser

Zeit die Nase noch relativ kurz und sattelförmig. So dürfen wir wohl, wie für das Gesicht überhaupt, annehmen, daß die spätere Form zum Teil erst durch postnatales Wachstum zustande kommt. Die fetale Nase ist eine exquisite Stumpfnase, welche demnach den Ausgangspunkt für die Bildung der so außerordentlich verschiedenen Nasenformen darstellt. Eine typische Stumpfnase beim Erwachsenen kann geradezu als ein Verharren auf fetaler Stufe, folglich als eine Hemmungsbildung aufgefaßt werden. Sogar für die hochgradig ausgebildete, ja herabhängende äußere Nase eines Affen, des Semnopithecus nasicus, hat Wiedersheim die Entstehung aus einer fetalen Stumpfnase nachgewiesen; die Umwandlung der Nase soll relativ spät erfolgen, indem erst bei älteren Tieren die Stumpfnase zu einer sog. „Judennase" wird.

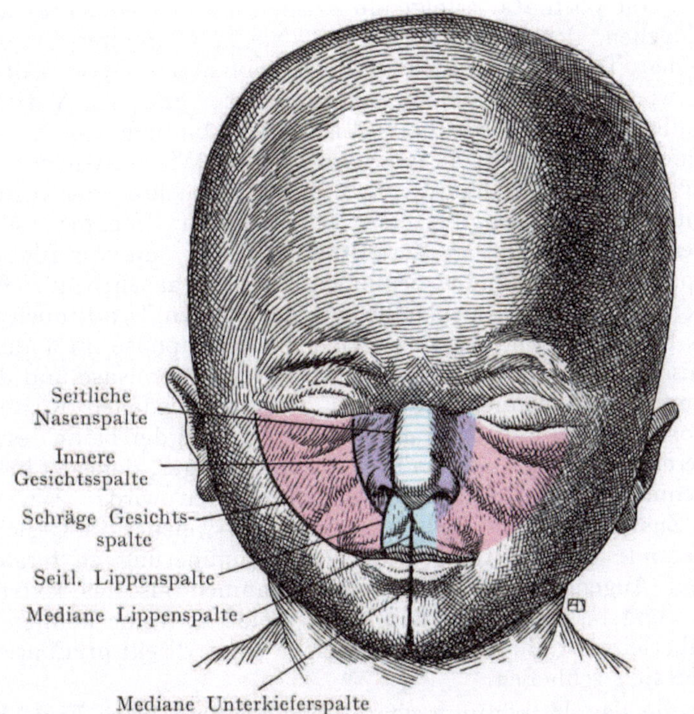

Fig. 240. Angabe der Möglichkeiten zur Bildung von Gesichts- und Lippenspalten.
Blau: Mittlerer Nasenfortsatz.   Violett: Seitlicher Nasenfortsatz.   Rot: Oberkieferfortsatz.

2. Nomenklatur der Gesichtsfortsätze.

Die Nomenklatur der Gesichtsfortsätze liegt noch sehr im argen. Wir haben einen Stirnwulst unterschieden, welcher durch die Ausbildung der Riechgruben eine Zerlegung erfährt. Am mittleren Abschnitte unterscheiden wir (Figg. 235 u. 236) zwei mediale Nasenfortsätze, welche die mediale Begrenzung der Öffnung der Riechgrube bilden und den vorspringenden Nasenrüssel herstellen helfen. Unten liegen die Processus globulares, gleichfalls dem Stirnfortsatz angehörig, in welche die medialen Nasenfortsätze auslaufen. Aus dem lateralen Fortsatze (lateraler Nasenfortsatz) geht die seitliche Partie der äußern Nase hervor, dagegen beteiligt er sich nicht wie der mittlere Stirnfortsatz an der Bildung der Oberlippe. Andere Autoren bezeichnen den mittleren Stirnfortsatz auch als mittleren Nasenfortsatz, doch ist zu bedenken, daß von demselben noch anderes geliefert wird als bloß die mittlere Partie der äußeren Nase, nämlich auch die mediale Partie der Oberlippe, das Septum nasi und der Zwischenkiefer.

3. Bemerkungen über die späteren Umwandlungen im Bereiche des Gesichtes.

Die Gesichtsbildung erscheint in Stadien, welche der Fig. 239 entsprechen, noch recht fremdartig, einerseits wegen der starken Ausbildung der Stirn, verglichen mit der unteren Partie des Gesichtes, andererseits aber auch infolge der beträchtlichen Breite der Nase und des großen Abstandes der Augen voneinander. Dazu kommt endlich drittens der breite Mund, welcher sich weit lateralwärts erstreckt, mit der eigentümlich ausgebildeten Oberlippe, welche oft an Stelle des späteren Tuberculum labii superioris in frühen Stadien einen von den Proc. globulares begrenzten medianen Einschnitt aufweist. Auch die Richtung der Nasenöffnungen nach vorn trägt das ihrige zur Erhöhung der Eigentümlichkeiten der fetalen Gesichtsbildung bei.

Auf die zum Teil erst postnatal erfolgende Ausbildung des Gesichtes können wir nicht ausführlicher eingehen, doch sei bemerkt, daß sie in allererster Linie von dem Wachstum der einzelnen Teile des Gesichtsschädels abhängt. Diese Entwicklungsvorgänge spielen sich, wie so manche andere, innerhalb einer gewissen Variationsbreite ab, welche der unendlichen Verschiedenheit der Gesichtsbildung bei verschiedenen Rassen, ja bei verschiedenen Individuen, zugrunde liegt. Wir wissen noch zu wenig über die Ursachen der Variation überhaupt, um bestimmen zu können, warum bei der Ausbildung des Gesichtes die Entfaltung einzelner Teile bald auf einem gewissen Stadium Halt macht, bald ihren Abschluß erst in Verhältnissen findet, die wir füglich als das Ende einer mit den spätfetalen Zuständen beginnenden Reihe ansehen dürfen. Warum haben wir beim Erwachsenen in dem einen Falle eine den fetalen Typus noch wahrende, vielleicht geradezu als Hemmungsbildung zu bezeichnende Stülpnase, in anderen Fällen dagegen eine sog. römische Nase? Warum wechselt die Breite der Nase und der Augenabstand nicht bloß individuell, sondern auch bei den verschiedenen Rassen, warum besteht eine Korrelation zwischen dem Abstande der Augen und der Höhe des Gaumens, indem bei einem größeren Augenabstande ein breiter und niedriger, dagegen bei geringem Augenabstande ein schmaler und hoher Gaumen angetroffen wird? Wir sind wohl berechtigt, auch diese Zustände in eine Reihe zu bringen, in welcher die Gesichtsbildung mit großem Augenabstande und breiter Nase als eine Annäherung an fetale Formen, diejenige mit geringem Augenabstande und hohem Gaumen als das Extrem in der entgegengesetzten Richtung bezeichnet werden kann. Beide Extreme können zu pathologischen Bildungen überleiten, d. h. zu solchen, welche einen direkt greifbaren Nachteil für den Organismus in sich schließen.

In welcher Zeit die das Individuum charakterisierenden, beim Erwachsenen oft so markanten Gesichtszüge auftreten, ist nicht genau festzustellen. Je weiter man in der Entwicklung zurückgeht, desto ähnlicher erscheinen uns die Embryonen eines gegebenen Entwicklungsstadiums. Allerdings ist es nicht ausgeschlossen, daß bei einem größeren Material die Feststellung individueller Unterschiede zwischen einzelnen Embryonen auch in frühen Stadien gelingen könnte. Besonders interessant wäre es zu erfahren, in welchem Fetalstadium Ähnlichkeiten mit den Eltern auftreten (G. Retzius). Profilansichten ergeben, wie es scheint, wesentlich früher gewisse Differenzen zwischen Embryonen desselben Stadiums als Frontalansichten. Bis in den dritten Fetalmonat hinein steht das Gesicht etwa parallel zur Ohr-Augenlinie; erst von da an beginnt eine Aufrichtung, welche sich an die Streckung des Embryos anknüpft. Im vierten Fetalmonate tritt annähernd die Kopfform auf, welche wir beim Neugeborenen finden. An den zahlreichen Abbildungen menschlicher Feten aus den vier ersten Monaten, welche G. Retzius gegeben hat, fällt besonders die starke Variation in der Ausbildung des Ober- und Unterkiefers bei Feten desselben Alters auf; häufig treffen wir eine Prognathie des Oberkiefers an, welche in einzelnen Fällen einen sehr beträchtlichen Grad erreicht, indem dabei das Kinn, welches in frühen Stadien überhaupt schwach oder auch gar nicht ausgebildet ist, stark zurücktritt.

4. Umbildung der primitiven Mundhöhle.

Die primitive Mundhöhle stellt einen Raum dar, welcher durch die später einreißende und dann der Rückbildung anheimfallende Rachenmembran vom Kiemendarme getrennt wird (Fig. 231). Die obere Wand oder das Dach wird durch den stark vorspringenden Stirnwulst gebildet und hier entsteht, am oberen Ende der Rachenmembran als eine fingerhutartige Einstülpung des Ectoderms die Hypophysentasche (Rathkesche Tasche). Unter der primitiven Mundhöhle liegt das pericardiale Coelom, welches das Herz einschließt. Am untern Ansatze der Rachenhaut, aber vom Entoderm des Kiemendarmes ausgehend, stellt eine ventral- und caudalwärts wachsende Ausstülpung die Anlage der Glandula thyreoidea dar. Die starken Verschiebungen und Wachstumsvorgänge im Bereiche der primitiven Mundhöhle sowie der Kiemenhöhle machen es später unmöglich, genau festzustellen, wo die Grenze zwischen dem aus dem Ectoderm und dem aus dem Entoderm stammenden Anteile der Wandung der sekundären Mundhöhle zu ziehen ist.

Nach dem durch die Bildung der Gesichtsfortsätze erfolgten Abschlusse des Raumes nach vorn erfolgen an demselben, resp. an seinen Wandungen, eine Reihe von Vorgängen, durch welche er unter Bildung des Gaumens in eine obere und untere Abteilung (Nasenhöhle und sekundäre Mundhöhle) zerlegt wird. Die Gesichtsfortsätze beschränken ihr Wachstum nicht auf die Oberfläche des Gesichtes, sondern dehnen sich in die Tiefe aus; darauf ist nicht bloß die Entstehung des Gaumens (zum größten Teil aus den Oberkieferfortsätzen), sondern auch die Herstellung einer medianen Nasenscheidewand (aus dem mittleren Stirnfortsatze) zurückzuführen. Ferner grenzt sich im Anschlusse an die Bildung der Zahnanlagen im Ober- und Unterkieferrande, sowie der Ober- und Unterlippe ein vorderer Abschnitt der sekundären Mundhöhle ab, den wir als Vestibulum oris von dem Cavum oris proprium unterscheiden. Dieses liegt hinter dem Zahnwall. Endlich bildet sich am Boden der sekundären Mundhöhle, und zwar von einem Abschnitte desselben, welcher ursprünglich dem Kiemendarme angehört, die Zunge.

Die Bildung des Gaumens sowie auch die Größenentfaltung der Kiefer steht mit der Ausgestaltung des Gebisses in Zusammenhang. Wie Graf Haller darlegt, ist ein prinzipieller Unterschied vorhanden zwischen dem Fanggebiß der meisten Reptilien, die ihre Nahrung ungekaut verschlucken, und dem Gebiß der meisten Säugetiere, die ihre Nahrung durch den Kauakt zerkleinern. Bei den letzteren ist die Ausbildung eines Gaumens zur Verhinderung des Eindringens der Speisen in die Nasenschläuche durchaus notwendig. Ferner „ist zum Zerkleinern der Nahrung ein Gebiß nötig, das viel mächtiger sein muß als ein Gebiß, das bloß die Nahrung erfaßt. Zu einem solchen Gebiß gehört auch ein entsprechender Kiefer . . . So ist es einleuchtend, warum die Oberkiefer der Säugetiere beim Aufbau des Vorderkopfes und des Munddaches in der individuellen und phylogenetischen Entwicklungsreihe eine ganz andere Bedeutung haben müssen als bei den Reptilien und Vögeln; sie sind die Träger des Kaugebisses. Die lateralen Nasenfortsätze, die beim Aufbau des Munddaches der Reptilien eine so bedeutende Rolle spielen, werden bei den Säugern zugunsten der Oberkieferfortsätze zurückgedrängt; ihnen verbleibt nur ein kleiner Abschnitt vor dem Jacobsonschen Organe“ (Graf Haller).

Bildung des Gaumens und Trennung der primitiven Mundhöhle in die sekundäre Mundhöhle und in die Nasenhöhle.

In die primitive Mundhöhle münden, nahe dem vorderen Ende des Daches, die beiden Riechsäcke, welche in die Tiefe wachsen, bis sie bloß durch eine epitheliale, später einreißende Membran, die Membrana bucconasalis, von der primitiven Mundhöhle getrennt werden. Diese hinteren Öffnungen der Riechsäcke bezeichnen wir als

die primitiven Choanen. Derjenige Teil des Lippenwulstes, welcher durch den Processus
globularis und den Oberkieferfortsatz hergestellt wird (Fig. 235) und die untere Umgrenzung des Riechsackes bildet, ist der primitive Gaumen (s. die Entwicklung des
Geruchsorgans).

An der primitiven Mundhöhle können wir nun (s. die Querschnittsbilder Fig. 241
und Fig. 242) einen mittleren, hohen, bis an das Dach der Mundhöhle reichenden Abschnitt als Gaumenrinne von zwei seitlichen Abschnitten, den Kautaschen, unterscheiden, die mehr spaltförmig von der Gaumenrinne abgehen und, wenigstens teilweise, sekundär aus einer Epithelwucherung der die Lippenwülste innen abgrenzenden

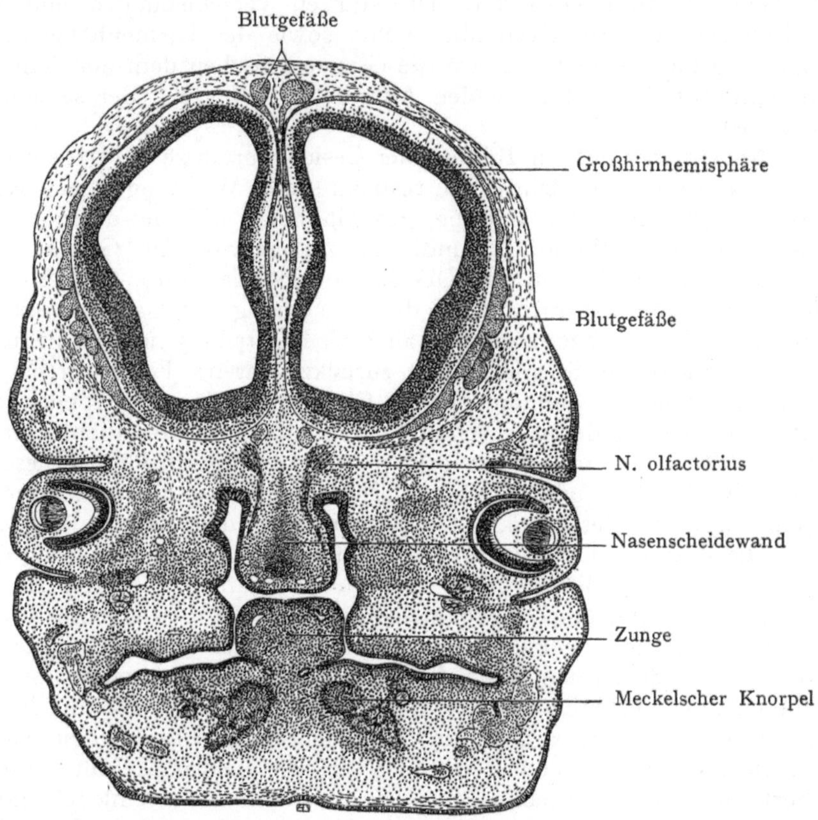

Fig. 241. Frontalschnitt durch den Kopf eines menschlichen Embryos von 9 Wochen, welcher die
Bildung der sekundären Nasenhöhle veranschaulicht.

Furche, entstehen (primitive Lippenfurche, s. unten). Mit den Kautaschen, welche später
einen wesentlichen Abschnitt des Vestibulum oris bilden, haben wir uns vorderhand
nicht zu beschäftigen, sondern bloß mit den Vorgängen an der Gaumenrinne, welche die
primitive Mundhöhle in die Nasenhöhle und in die sekundäre Mundhöhle zerlegen.

An dem in Fig. 241 dargestellten (weiter vorn durchgehenden) Frontalschnitte
wird die Gaumenrinne fast vollständig ausgefüllt, einerseits durch die Zunge, welche
sich von unten her, also vom Mundboden aus erhebt, anderseits durch eine vom vordern
Abschnitte des mittleren Stirnfortsatzes nach unten gehende Wucherung, welche die
Nasenscheidewand (Septumnasi) herstellt. Dieselbe ist auf dem vorliegenden Stadium,
entsprechend der Breitenentfaltung des Fortsatzes am Gesichte, gleichfalls sehr breit
und reduziert den obern Teil der Gaumenrinne auf zwei schmale Gänge, aus denen
die beiden Abschnitte der sekundären Nasenhöhle entstehen. Weiter hinten (Fig. 242)

hat sich das Septum nasi noch nicht gebildet; hier reicht infolgedessen der Zungen-
rücken oben fast bis zum Dach der primitiven Mundhöhle.

Diesen Zuständen schließen sich weitere an, welche zur Herstellung des Gaumens
führen (Figg. 243 und 244). Dabei entstehen zunächst zwei von den Rändern der Oberkieferfortsätze ausgehende faltenartige Fortsätze, die Proc. palatini der Oberkieferfortsätze, welche vorn in zwei von den Proc. globulares gelieferten Fortsätzen (den
Proc. palatini des mittleren Stirnfortsatzes) eine allerdings geringfügige Ergänzung finden.
Diese vier Fortsätze (Fig. 243) wachsen einander entgegen, um, in der Medianebene
zur Berührung kommend, den Gaumen herzustellen (Figg. 244 u. 245). Derselbe wird

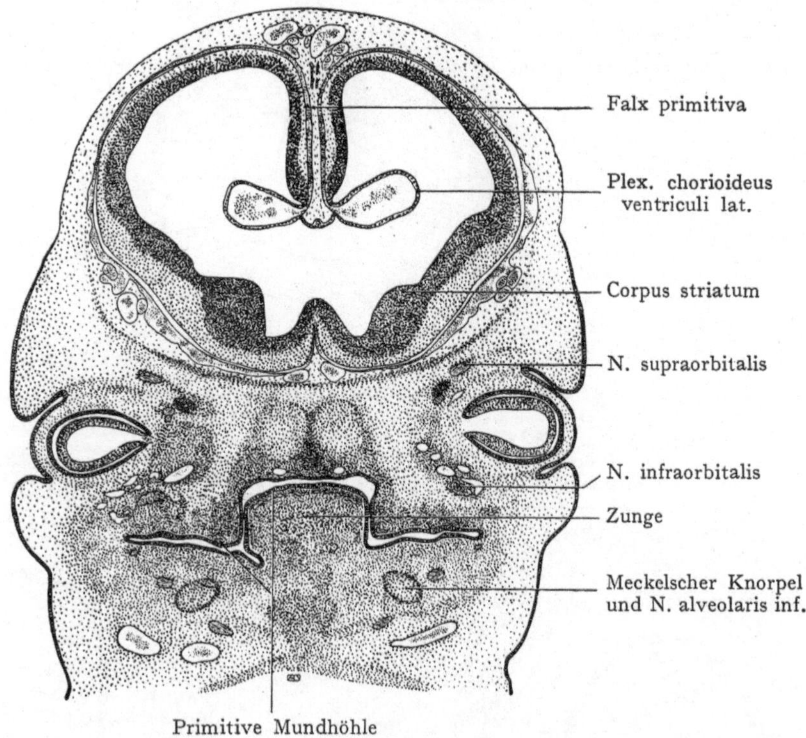

Fig. 242. Frontalschnitt durch den Kopf eines menschlichen Embryos von 9 Wochen.

demnach bloß vom mittleren Stirnfortsatze, sowie von den Oberkieferfortsätzen gebildet,
während der laterale Nasenfortsatz, wie von der Bildung der Oberlippen, so auch von
der Bildung des Gaumens ausgeschlossen wird. Die durch eine seichte Furche ange-
deutete Trennungslinie zwischen den Processus palatini der Proc. globulares und den
Proc. palatini der Oberkieferfortsätze entspricht annähernd der Sutura incisiva, in
welcher sich noch beim Neugeborenen der Zwischenkiefer vom Oberkiefer abgrenzt.
Von einigen Autoren wird neuerdings die Beteiligung eines von dem Proc. globularis
ausgehenden Proc. palatinus bei der Gaumenbildung in Abrede gestellt (Mc. Murrich
in Keibel-Malls Handbuch der Entwicklungsgeschichte) und die Bildung des Zwischenkiefers lediglich darauf zurückgeführt, daß der untere Rand des mittleren Stirnfortsatzes sich keilförmig zwischen die Proc. palatini der Oberkieferfortsätze einsenkt. Hier
gehen an der Fossa incisiva die Epithelzellen der untern und obern Fläche der Proc.
palatini ineinander über (Fig. 244) und bilden einen soliden, später zu den beiden Ductus
nasopalatini sich aushöhlenden Strang. Dieser setzt die Nasenhöhle mit der Mundhöhle in
Verbindung, bleibt aber in späterer Zeit nur ausnahmsweise noch bestehen. Zwischen

den Ductus nasopalatini erhebt sich die Schleimhaut der Mundhöhle als Papilla palatina, welche sich wahrscheinlich nicht aus den Proc. palatini, sondern aus dem an dieser Stelle weit nach unten vordringenden Septum nasi ableitet. „Die Gaumennasengänge münden

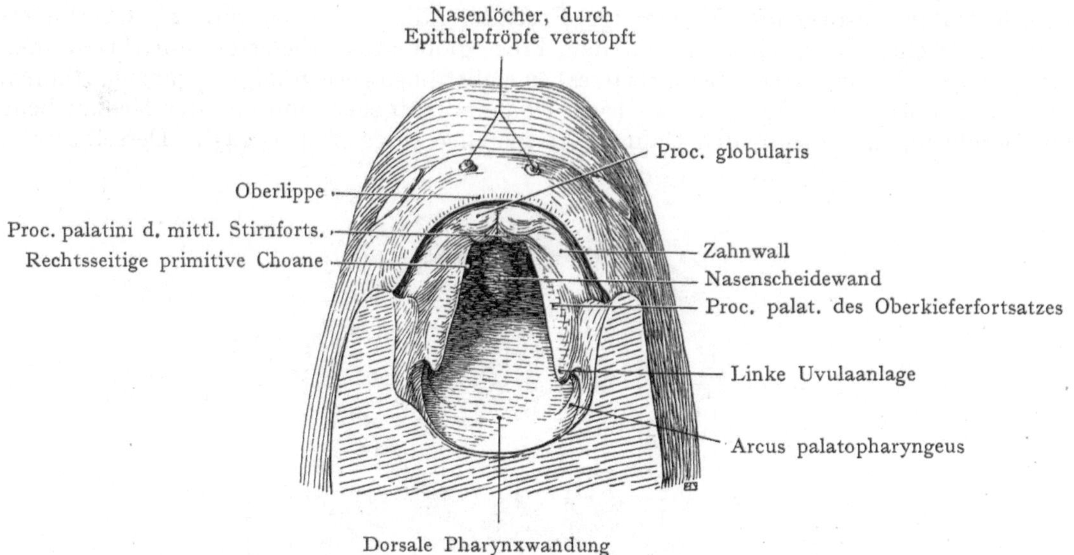

Fig. 243. Gaumen eines menschlichen Fetus von 32 mm.

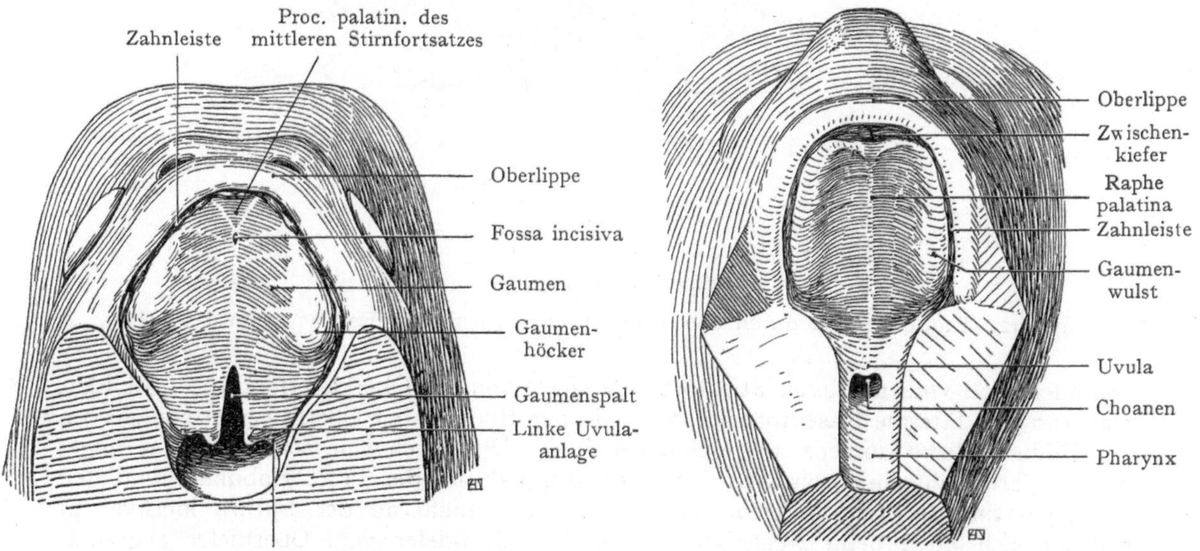

Fig. 244. Gaumen eines menschlichen Fetus   Fig. 245. Gaumen, menschlicher Embryo
von 36 mm.   von 15 cm Länge.
Modell von Peters.   Modell von Peters.

beim Menschen anfangs, bis auf seltene Ausnahmen, in einiger Entfernung von den Seiten-rändern der Papille aus; die Zwischenstrecken sind primär nicht in die Papillen einbe-zogen, später können sie jedoch in die Papille einbezogen werden" (K. Peter). Die Gaumenbildung beginnt vorn und schreitet nach hinten weiter. Die Proc. palatini der Oberkieferfortsätze laufen nach hinten in spitze Vorsprünge aus, welche sich (Fig. 243) als Falten (Arcus palatopharyngei) auf die seitliche Pharynxwand fortsetzen. Diese Vorsprünge bilden, indem sie sich bei dem weiteren Zusammenschlusse der Proc. palatini der Medianebene immer mehr nähern, die vom weichen Gaumen abwärts hängende Uvula (Fig. 245). Die bisweilen beim Neugeborenen angetroffene Spaltung dieses Gebildes stellt eine Hemmungsbildung dar, welche etwa dem in Fig. 244 dargestellten Stadium entspricht. Mit den Proc. palatini der Oberkieferfortsätze tritt die in Fig. 241 dargestellte Nasenscheidewand in Verbindung, aber erst zu einer Zeit, da dieselbe, wie überhaupt der ganze mittlere Stirnfortsatz, an Breite relativ bedeutend verloren hat. Die Verbindung der Nasenscheidewand mit den median in der Raphe palatina zur Vereinigung kommenden Proc. palatini ist zunächst bloß eine epitheliale, doch erhält dieselbe alsbald durch das Einwuchern von Bindegcwcbc eine festere Grundlage. Bei älteren Feten sowie bei Neugeborenen kommen Epithelperlen zwischen den knöchernen Gaumenplatten

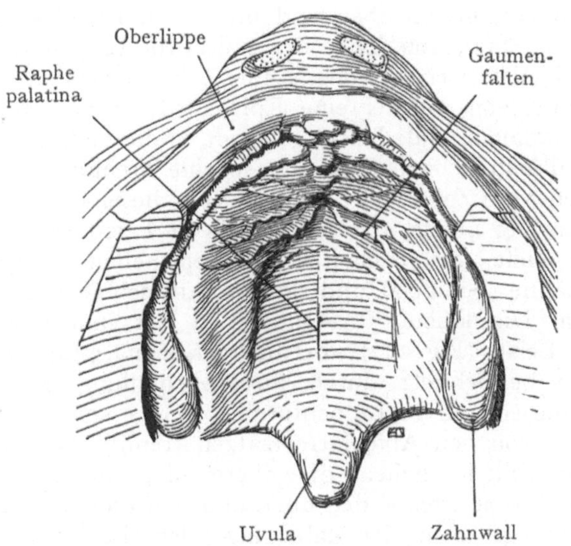

Fig. 246. Gaumenfalten, menschlicher Fetus voi 12 cm Länge.

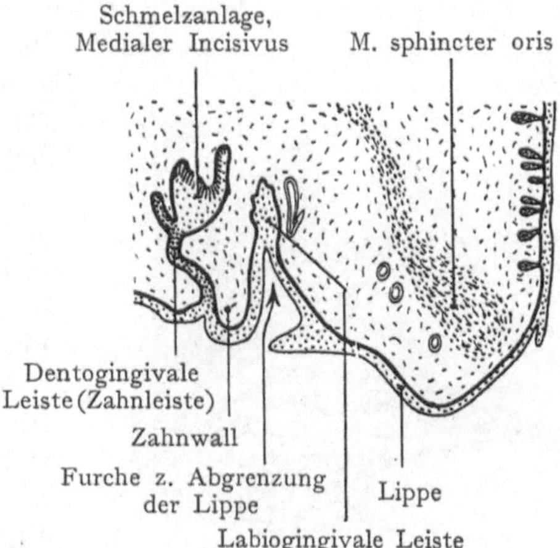

Fig. 247. Sagittalschnitt durch die Oberlippe und den Zahnwall eines menschlichen Fetus, am Ende des 4. Monates.

Nach L. Bolk, Anat. Hefte 44. 1911.

im Bindegewebe der Raphe palatina vor. Sie bilden sich später in der Regel zurück; ihre Entstehung verdanken sie ohne Zweifel einem zu starken Wachstum des Epithels der Raphe.

In allen diesen Zuständen haben wir die Erklärung für die formale Genese derjenigen Spaltbildungen im Bereiche des Gaumens zu suchen, auf welche wir unten genauer zurückkommen werden. Die Verwachsung der Gaumenfortsätze reicht hinten über die Verbindung mit dem Septum nasi hinaus, so daß hier ein Raum (Pars nasalis pharyngis) entsteht, in welchen sich von vorn her die paarigen Nasenhöhlen in den sekundären Choanen öffnen, während er nach hinten in den Pharynx übergeht. Die Pars nasalis pharyngis, bei Feten und auch noch bei Neugeborenen niedrig und relativ lang, gewinnt erst nach dcr Geburt ihre volle Entfaltung.

Schon früh treten an der oralen Fläche des Gaumens, besonders vorn, Querleisten, die Gaumenfalten auf, welche mit eingekerbten oder fransenförmigen Rändern abschließen (Fig. 246). Sie bilden sich teilweise schon vor der Geburt zurück und ihr Schwund setzt sich auch späterhin fort, so daß wir sie beim Erwachsenen bloß noch in Spuren antreffen (G. Retzius). Gewissermassen als Vorbedingung für die Bildung des Gaumens beschränkt sich die Zunge auf den untern Teil der Gaumenrinne. Die Gaumenfortsätze richten sich bei ihrem ersten Entstehen abwärts, dagegen gewinnen sie mit der Senkung der Zunge eine mehr horizontale Einstellung; beide Vorgänge sind koordiniert. Über die Momente, welche die Senkung der Zunge und die Änderung der Einstellung der Gaumenfortsätze bewirken, gehen die Meinungen noch auseinander; wahrscheinlich sind dieselben auf ein besonders starkes Wachstum des Unterkiefers zurückzuführen.

1. Bildung der Lippen und des Vestibulum oris.

Bei menschlichen Embryonen (Figg. 237—239) fällt uns am Munde zunächst dessen Breite auf. Die Begrenzung der Mundspalte wird durch den mittleren Stirnfortsatz und die ihm angehörenden Proc. globulares oben und median gebildet; lateral schließen sich die Oberkieferfortsätze, unten der Mandibularbogen mit den beiden Unterkieferfortsätzen an, die in der Medianebene zur Herstellung des Kinnes ineinander übergehen. Eine den Lippen entsprechende Bildung ist auf diesen Stadien überhaupt noch nicht vorhanden; diese entwickeln sich erst sekundär, indem oben und unten am Eingang in die Mundhöhle je zwei Wülste auftreten (Fig. 247), von denen der äußere die Lippen, der innere den sog. Zahnwall herstellt. Diese Wülste werden voneinander durch eine Furche getrennt, von welcher eine Epithelwucherung, von Bolk labiogingivale Leiste genannt, in die Tiefe geht, sich allmählich aushöhlt und so eine Trennung der Lippen vom Zahnwall bewirkt. Von diesem wächst eine zweite Leiste, die dentogingivale Leiste (Bolk) in die Tiefe, aus welcher sich die epitheliale Anlage der Zähne (Schmelz) und das Zahnfleisch (Gingiva) bilden. Die kleine Einsenkung an der labiogingivalen Leiste (Fig. 247) wird auch als primäre Lippenfurche bezeichnet; durch ihre Aushöhlung bildet sich die sekundäre Lippenfurche, welche später die Lippen von den Alveolarfortsätzen trennt. An den Lippenwinkeln gehen die obere und die untere Lippenfurche ineinander über und von dieser Stelle aus erfolgt eine der labiogingivalen Leiste entsprechende solide Einwucherung von Epithelzellen, welche durch sekundäre Einschmelzung das Vestibulum oris der betreffenden Seite herstellt.

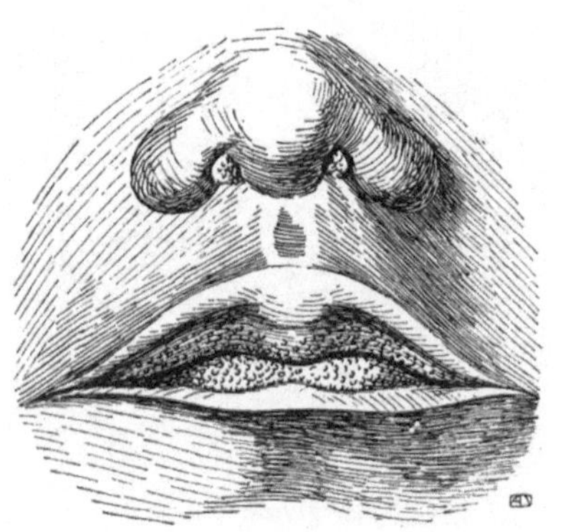

Fig. 248. Lippen eines 117 mm langen menschlichen Fetus mit den Zotten der Lippenschleimhaut. In beiden Nasenlöchern Epithelpfröpfe.
Nach G. Retzius, Biol. Untersuch. N. F. XI. 2. 1904. Taf. XXIV.

Die Oberlippe entspricht, um auf ihre Formverhältnisse noch einmal zurückzukommen (Fig. 240), in ihrer mittleren Partie den unterhalb der Area infranasalis zur Verschmelzung kommenden Proc. globulares. Diese Area infranasalis bildet den untern Teil des Septum nasi und das Philtrum. Aus der Verschmelzung der Proc. globulares untereinander geht das Tuberculum labii superioris hervor. Unterbleibt die Verschmelzung, so entsteht, allerdings beim Menschen sehr selten, ein medianer Lippeneinkniff, welcher bei Hasen als Norm vorkommt und hier geradezu als Hemmungsbildung aufzufassen ist. An den Lippen treten vom 4. bis 5. Fetalmonate an eigentümliche, gefäßhaltige Epithelwucherungen auf, von denen sich nicht selten noch in den ersten Monaten nach der Geburt Reste erhalten (Lippenzotten, s. Fig. 248). Nach ihrer Ausbildung unterscheiden wir an den Lippen eine äußere glatte (Pars glabra) von einer inneren mit Zotten besetzten Partie (Pars villosa), welche in die Mundschleimhaut übergeht. Die Pars villosa findet nach beiden Seiten hin eine Fortsetzung in einer mehr oder weniger mit Zotten besetzten Zone der Wangenschleimhaut (Torus mucosus buccalis), deren Vorkommen von Bolk durch die Annahme erklärt wird, daß Teile der Lippen, infolge einer von hinten nach vorn vor sich gehenden Verwachsung der Mundspalte, in die Tiefe verlagert und zur Wangenschleimhaut geschlagen werden, ohne zunächst den Charakter als zottentragendes Epithel aufzugeben. Neuerdings ist sogar behauptet worden, daß sich diese Strecke der Wangenschleimhaut noch beim Kinde, ja sogar beim Erwachsenen durch die Größe und den Gefäßreichtum der Papillen auszeichnet.

Die Bedeutung dieser Zustände ist noch unbekannt, doch werden sie neuerdings, wie die Gaumenfalten und die Lippenbildung überhaupt, mit dem Saugakt in Zusammenhang gebracht, indem man sie mit Bildungen bei anderen Säugetieren vergleicht, denen eine solche Funktion wohl zuzuschreiben ist. Vielleicht darf in diesem Zusammenhange auch auf andere in der Fetalzeit auftretende Epithelwucherungen

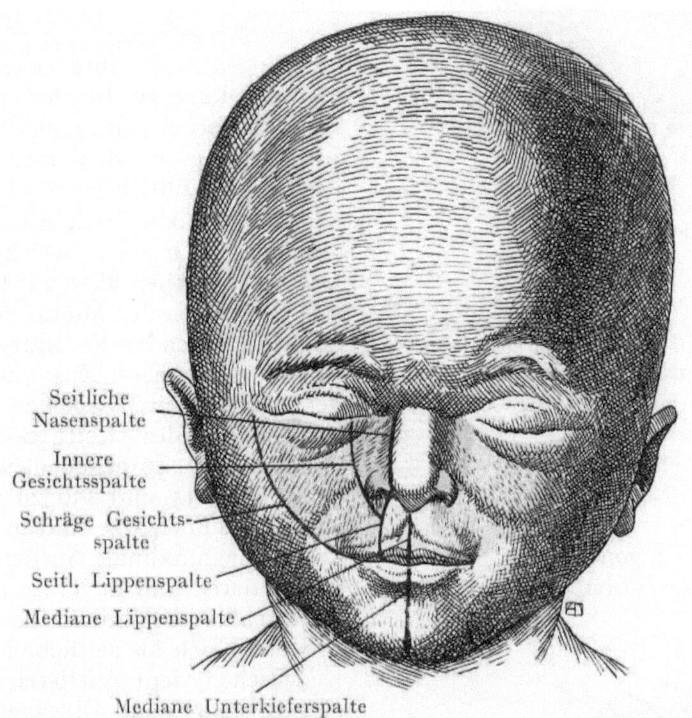

Fig. 249. Gesichtsspalten und Aufbau des Gesichts beim Neugeborenen.
Mit Benützung eines Bildes von Merkel (Topograph. Anatomie I. 341).

hingewiesen werden, z. B. an der Glans penis sowie an verschiedenen Stellen des Darmrohres, allerdings mit der Einschränkung, daß diese Wucherungen nicht durch das Eindringen von Gefäßen und Bindegewebe eine Organisation erfahren, wie sie die Papillen der Lippen und der Wangenschleimhaut aufweisen.

2. Mißbildungen im Bereiche des Gesichtes, der Lippen und des Gaumens.

Zu den bekanntesten und auch praktisch wichtigsten Mißbildungen gehören ohne Frage diejenigen, welche im Bereiche des Gesichtes und der aus der primitiven Mundhöhle und dem Kiemendarm hervorgegangenen sekundären Nasen- und Mundhöhle auftreten. Wir finden hier Hemmungsbildungen verschiedenen Grades, denen jedoch die Eigentümlichkeit anhaftet, daß die zur Herstellung des Gesichtes, des Mundes usw. beitragenden Fortsätze eine mehr oder weniger weitgehende Störung in ihrem Wachstum und infolgedessen auch in ihrer Verbindung untereinander erfahren haben. Die Kausalität dieser Bildungen ist in der Regel unklar. In seltenen Fällen kommen Amnionfäden in Betracht, welche sehr früh mit dem cranialen Ende der Embryonalanlage in Verbindung treten und so zur Mißbildung Veranlassung geben sollen. Auch eine abnorme Enge der Amnionhülle ist als Ursache herangezogen worden; viel wahrscheinlicher ist die Annahme von Felber, daß Anomalien in der Bildung und Anordnung der Zahnkeime den Kiefergaumenspalten zugrunde liegen; sodann wäre die Spaltbildung als eine Folge der Zahnanomalie anzusehen und nicht umgekehrt. Die formale Genese der Spaltbildungen, mit der wir uns im Hinblick auf ihre praktische Bedeutung kurz zu beschäftigen haben, ist unter Berücksichtigung der normalen Entwicklung in den meisten Fällen leicht verständlich.

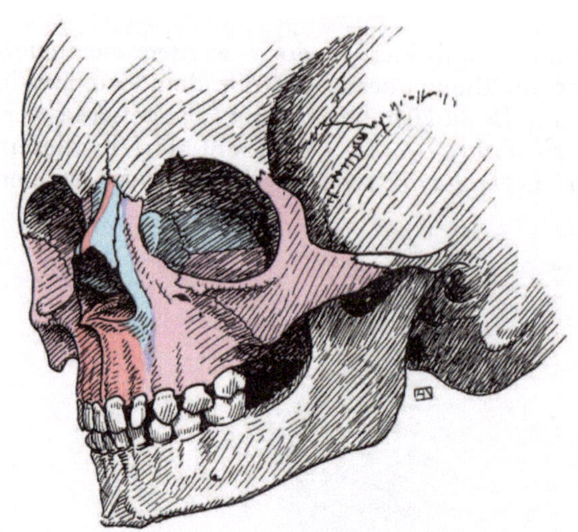

Fig. 250. Schädel eines 6jährigen Kindes, schräg von der Seite dargestellt, zur Veranschaulichung der Herstellung des Gesichtsschädels aus den Nasen- und den Oberkieferfortsätzen.

Nach Merkel.

Oberkieferfortsatz rot.
Lateraler Nasenfortsatz blau.
Medialer Nasenfortsatz gelb.

Wir finden Spalten höheren oder geringeren Grades, welche an den Grenzen zwischen allen zur Herstellung des Gesichtes, der Mund- oder Nasenhöhle beitragenden Fortsätzen beschrieben werden. Eine Zusammenstellung der Möglichkeiten solcher Bildungen im Bereiche des Gesichtes ist in dem Schema Fig. 249 gegeben, welches mit den Figg. 235 und 236 zu vergleichen wäre. Die Fortsätze sind in der Abbildung durch breite Felder voneinander getrennt, welche je die maximale Ausdehnung einer Spaltbildung angeben. So haben wir, zwischen dem mittleren und dem lateralen Nasenfortsatze beginnend, eine Spalte, welche sich als seitliche Nasenspalte zwischen dem mittleren Nasenfortsatz und dem Oberkieferfortsatze weiter zieht, um schließlich auf der Oberlippe auszulaufen (seitliche Lippenspalte, in ihrer Fortsetzung nach oben seitliche Nasenspalte). Zwischen dem lateralen Nasenfortsatze und dem Oberkieferfortsatze verläuft die gleichfalls in die seitliche Lippenspalte übergehende innere Gesichtsspalte. Eine schräge Gesichtsspalte zieht gegen das äußere Ohr hinauf, dessen aus der Umgebung der ersten Kiemenfurche stammenden Anlagen (s. Ohr) sehr häufig Entwicklungsstörungen auf-

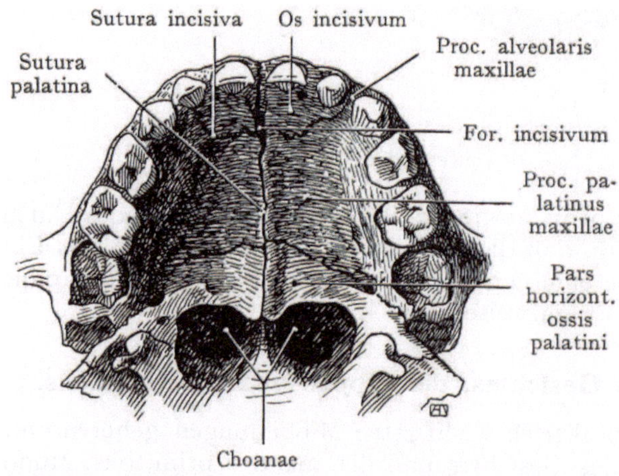

Fig. 251. Palatum durum eines 6jährigen Kindes.

weisen. Die schräge Gesichtsspalte, auch Wangenspalte genannt, ist auf das Ausbleiben der Verbindung zwischen dem Ober- und Unterkieferfortsatze der betreffenden Seite zurückzuführen, vielleicht auch auf Störungen in der Bildung des Vestibulum oris (siehe oben). Die außerordentlich seltene mediane Unterkieferspalte, bei der das Kinn und der Unterkiefer gespalten sind, beruhen natürlich auf dem Ausbleiben einer Vereinigung der beiden Unterkieferfortsätze.

Fig. 250 zeigt diejenigen Knochen des Gesichtsschädels, welche aus den einzelnen Fortsätzen entstehen; Fig. 251 die Zusammensetzung des knöchernen Gaumens und die Sutura incisiva, welche am Foramen incisivum beginnt, im Bogen lateralwärts verläuft und zwischen dem lateralen Schneidezahn und dem Eckzahn den Processus alveolaris des Oberkiefers durchzieht. Ursprünglich reichte sie nach Felber auf den Gesichtsteil der Maxilla hinauf, indem sie den Proc. frontalis maxillae in einen von der Maxilla und einen von dem Os incisivum gelieferten Teil trennte und die Vereinigung des Proc. frontalis mit dem Os frontale erreichte. Noch am Ende des fünften Fetalmonats trennt der Rest der Sutura incisiva die obersten Zipfel dieser Fortsätze voneinander (Felber).

Gesichtsspalten lassen in der Regel, besonders wenn sie in größerer Ausdehnung auftreten, operative Eingriffe hoffnungslos erscheinen. Desto wichtiger ist daher die

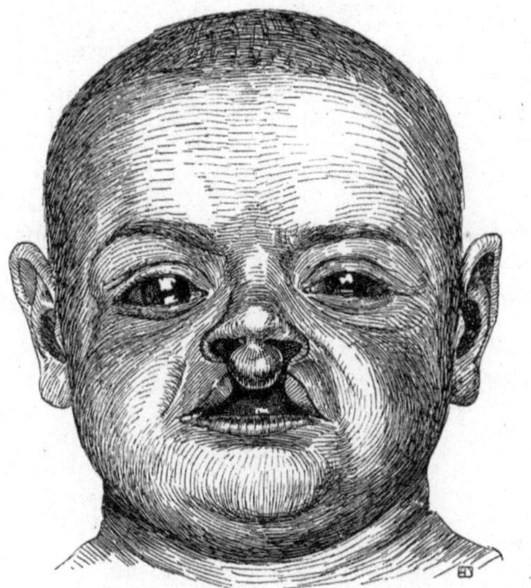

Fig. 252. Doppelseitiger Wolfsrachen und Hasenscharte.
Photogramm der chirurg. Klinik Basel.

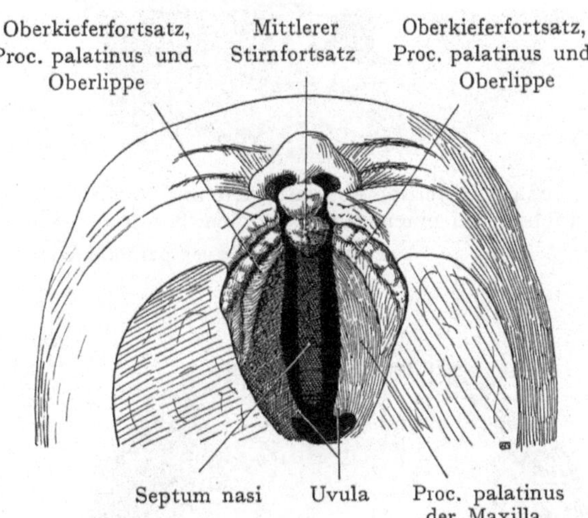

Fig. 253. Doppelseitiger Wolfsrachen und Hasenscharte.

Kenntnis derjenigen Spaltbildungen, welche auf die Umgebung des Mundes beschränkt bleiben oder höchstens auf den Gaumen übergreifen (Lippen- und Gaumenscharten). Von diesen werden die Lippenscharten gewöhnlich als Hasenscharten bezeichnet, indem man sie mit der bei Nagern vorkommenden medianen Spaltung der Oberlippe vergleicht, die allerdings beim Menschen sehr selten angetroffen wird und darauf beruht, daß die Vereinigung der beiden Proc. globulares zur Bildung des Tuberculum labii superioris ausbleibt. Desto häufiger sehen wir dagegen die lateralen Lippen- oder Hasenscharten in den verschiedensten Graden der Ausbildung auftreten. Sie kommen ein- oder doppelseitig vor, oft bloß als einfache Lippeneinkniffe, dann aber auch als richtige Spaltbildungen, welche nicht selten sowohl die Lippen als auch den Alveolarteil des Oberkiefers durchsetzen, ja sogar auf den harten und weichen Gaumen übergreifen. In Fig. 252 ist ein Fall dargestellt, bei welchem der mittlere Stirnfortsatz mit den Oberkieferfortsätzen nicht zur Vereinigung gekommen ist, so daß beiderseits ein Spalt die Oberlippe durchsetzt und sogar bis in die Nasenöffnung hinaufreicht. Die Entwicklungshemmung hat sich hier (Fig. 253) auch auf den Gaumen erstreckt, indem nicht bloß die Verbindung zwischen dem von den Proc. globulares gelieferten Teile des Gaumens mit den Proc. palatini der Oberkiefer-

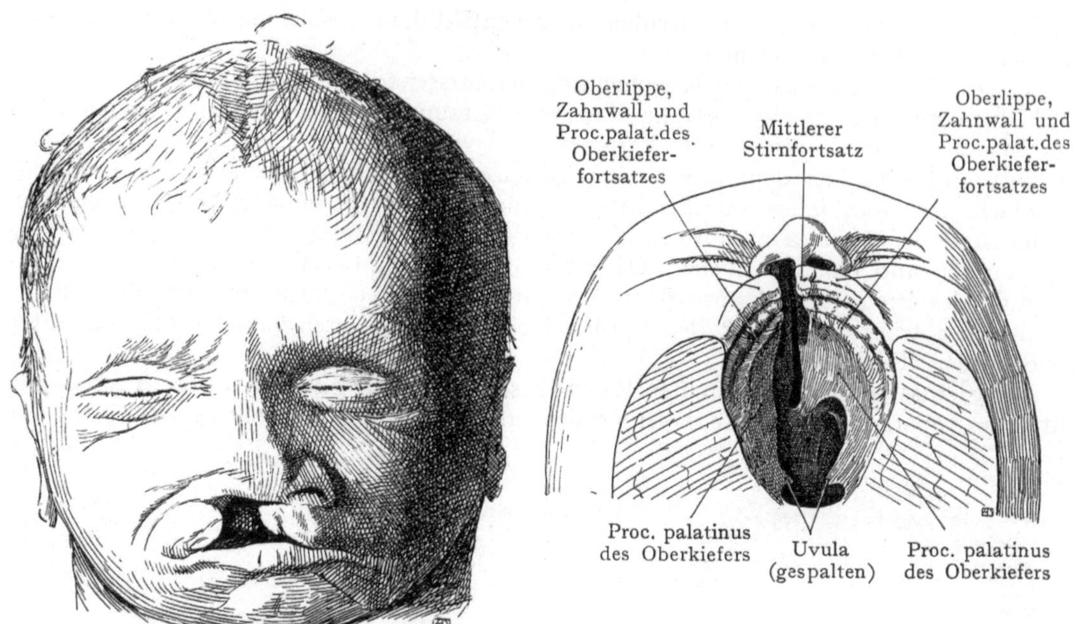

Fig. 254. Einseitige Hasenscharte und Wolfs-   Fig. 255. Einseitige Hasenscharte und Wolfsrachen bei einem neugeborenen Kinde.   rachen bei einem neugeborenen Kinde.

Präparat der Basler pathol.-anat. Sammlung. (Prof. Hedinger.)

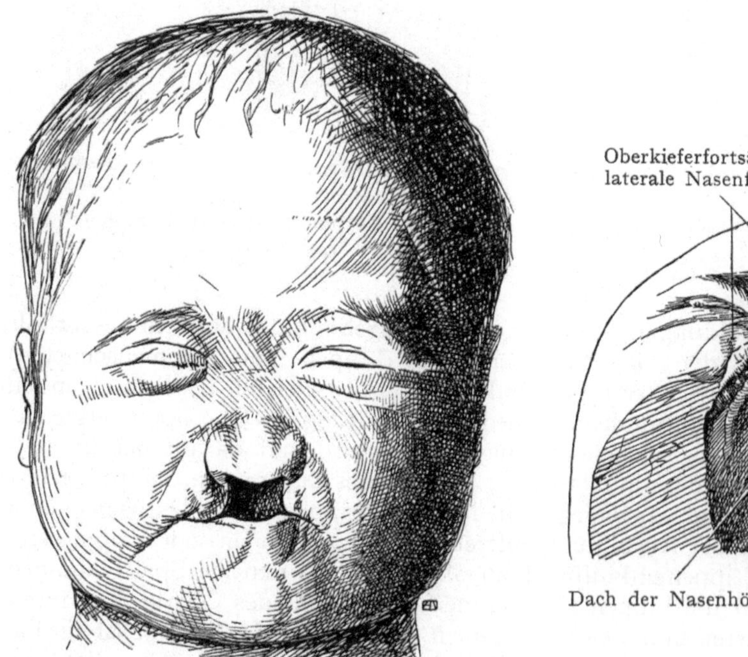

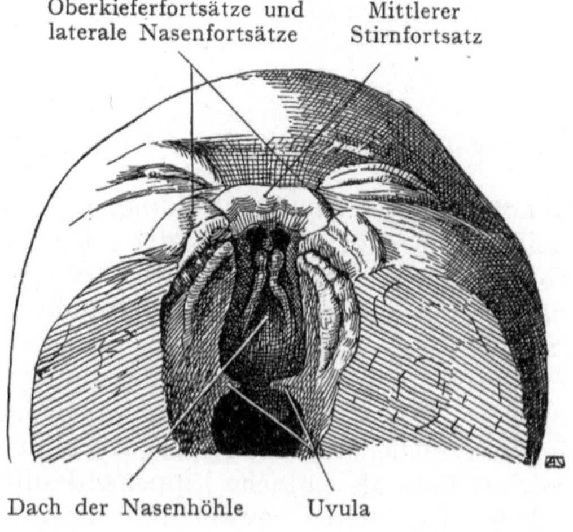

Fig. 256. Fehlen des mittleren Nasenfort-   Fig. 257. Fehlen des mittleren Nasenfortsatzes unterhalb der Nase. Keine Nasen-   satzes (kein Septum nasi) bei einem neu-
scheidewand; die Nase ist eingefallen.   geborenen Kinde.

Präparat der pathol.-anat. Sammlung Basel. (Prof. Hedinger.)

fortsätze, sondern auch die Vereinigung dieser letztern unter sich ausgeblieben ist, sowie mit dem von oben herabwachsenden, das Septum nasi herstellenden Teil des mittleren Stirnfortsatzes, welcher eine Hemmung erfahren hat. Somit besteht also eine doppelseitige Hasenscharte, verbunden mit einer vollständigen doppelten Gaumenspalte (Wolfsrachen). Die Gaumenspalten können übrigens, auch ohne Beteiligung der Lippen und des Proc. alveolaris des Oberkiefers, für sich in den verschiedensten Graden der Ausbildung vorkommen, bald ein-, bald doppelseitig, je nachdem die Verbindung mit dem Septum nasi einseitig oder beidseitig ausbleibt. Auch kann sich der Spalt auf den weichen Gaumen oder gar auf die Uvula beschränken. Die formale Genese dieser Mißbildungen ist übrigens leicht aus den Figg. 237—240 zu ersehen. Fig. 254 zeigt eine einseitige Hasenscharte, welche sich (Fig. 255) in eine Gaumenspalte fortsetzt. Die Öffnung der Hasenscharte ist sehr breit, nicht etwa spaltförmig wie bei geringeren Graden der Mißbildungn, ein Umstand, der wohl damit zusammenhängt, daß bei hochgradigen

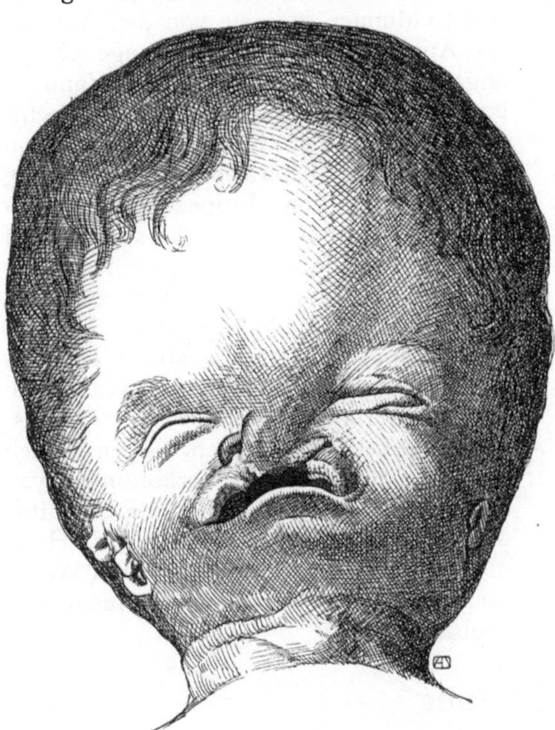

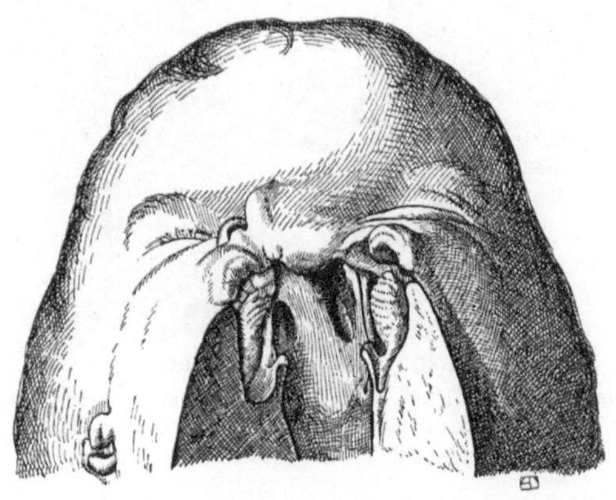

Ansicht des Daches der Mund-Nasenhöhle
von unten.

Fig. 258. Ausbleiben der Vereinigung des Oberkieferfortsatzes mit dem mittleren Nasenfortsatze. Wolfsrachen. Septum nasi fehlt.
Präparat der Basler pathol.-anatom. Sammlung. (Prof. Hedinger.)

Störungen einzelne Teile in ihrer weiteren Entwicklung behindert werden, ja sogar der Atrophie unterliegen. Die rechte Hälfte des mittleren Stirnfortsatzes ist hier von diesem Schicksale betroffen worden. Bei dem in Fig. 256 dargestellten Fetus ist die weitere Ausbildung des mittleren Stirnfortsatzes unterhalb der Nasenspitze unterblieben, so daß wir nicht bloß die Bildung des Nasenseptums, sondern auch diejenige der zwischen den beiden Oberkieferfortsätzen sich ausdehnenden Strecke der Oberlippe vermissen. Die Nase ist stark abgeplattet, ja sogar infolge des Ausbleibens der Septumbildung eingefallen, auch zeigt die Ansicht des Gaumens von unten (Fig. 257) nicht bloß ein gänzliches Fehlen des Septum nasi, sondern auch des Zwischenkiefers und ein weites Klaffen sowohl des harten als des weichen Gaumens.

Merkwürdige und gewiß seltene Mißbildungen zeigen die Figg. 258 und 259. In Fig. 259 sind die beiden Nasenöffnungen weit voneinander entfernt. Während das linke Nasenloch annähernd an der richtigen Stelle liegt, steht bei normaler, allerdings etwas stark vorgetriebener Oberlippe das rechte auf einem in der Nähe des medialen Augenwinkels sich inserierenden Rüssel; der Augenabstand ist ein beträchtlicher und der rechte Bulbus ist offenbar infolge der Verlagerung der Nasenöffnung und der Ausbildung des Rüssels im Wachstum behindert worden (Mikrophthalmie). Außerdem bestand ein ziemlich hoher Grad von Hydrocephalie, welcher möglicherweise die Veranlassung war zum unregelmäßigen Wachstum im Bereiche des mittleren Stirnfortsatzes und zum Wegrücken der Nasenlöcher voneinander. Solche Nasenspalten, allerdings mehr regelmäßiger Art, sind mehrfach beobachtet und als geteilte Doggennase beschrieben worden.

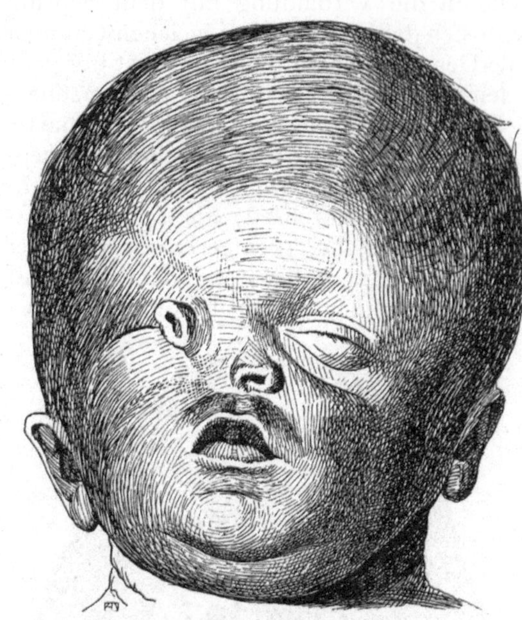

Fig. 259. Mißbildung der Nase.
Die 2 Nasenhälften sind getrennt; der rechte Nasengang ohne Ausmündung in die Nasenhöhle.
Präparat d. Basler anat. Sammlung.

Die Erblichkeit der Hasenscharten ist eine recht hohe und spricht gegen die Annahme von äußeren Ursachen für diese Spaltbildungen, wie sie von den Autoren als Amnionstränge, Amnionenge u. dgl. angeführt werden. Haymann fand in 20% aller Fälle ein erbliches Moment. „In einzelnen Familien bestand während drei bis vier Generationen die Neigung zur Bildung von Lippenkiefergaumenspalten." Haymann macht auch darauf aufmerksam, daß es häufig nicht bis zur Bildung von Gaumen- oder Lippenspalten kommt, sondern bloß zu Anomalien der Zahnstellung u. dgl., die aber gleichfalls auf Unregelmäßigkeiten im Wachstum oder im Zusammenschlusse der Gesichtsfortsätze beruhen dürften. Eigentümlich ist das gleichzeitige Vorkommen von Bildungsanomalien der oberen Extremität mit Hasenscharten; so wurden nach Haymann 19 mal Hasenscharten und Wolfsrachen in Verbindung mit Radiusmangel beobachtet.

Zahnentwicklung.

1. Allgemeines.

Die Entwicklung der Zähne geht zunächst vom Ectoderm aus, welches ein epitheliales Gewebe, den Schmelz, liefert, während die übrigen Bestandteile des Zahnes (Dentin, Zement, Pulpa) aus dem Mesoderm stammen. Bei verschiedenen niederen Formen (Selachier, Knochenfische) können Zahnbildungen in weiter Ausdehnung auf der Körperoberfläche entstehen, indem sie nur zum kleinsten Teile, soweit sie an den Kieferrändern zur Entwicklung kommen, zum Ergreifen und zur Zerkleinerung der Nahrung dienen.

Bei den meisten Selachiern entwickeln sich Hautzähne, deren Basis mit Knochenplatten (Basalplatten) der Cutis in Verbindung stehen. Diese Platten können nun untereinander in Verbindung treten, um ein in der Cutis eingeschlossenes äußeres oder Hautskelet zu bilden. Ein solches kommt bei einigen Formen in höchster Vollendung als Hautpanzer vor (Panzerwelse). Dabei treten die Zahnbildungen häufig in den Hintergrund, indem den ursprünglich in Zusammenhang mit ihnen stehenden Cutisverknöcherungen jetzt ausschließlich die Rolle zukommt, das Tier zu schützen. Es sind dies Bindegewebsknochen oder Deckknochen, welche dort, wo sie dem Knorpelskelet auflagern, dieses unter Atrophie oder Umwandlung des Knorpels ersetzen können. Bei den Amnioten fehlt die Bildung der Hautzähne gänzlich. Aber auch nach einer andern Richtung hin ist hier eine Beschränkung in der Entfaltung der Zähne erfolgt.

Die zum Festhalten und zur Zerkleinerung der Nahrung dienenden Zähne finden bei manchen niedern Formen eine reiche Verbreitung in der Mundhöhle; so sehen wir bei einigen Teleostiern (Characinen) zahntragende Platten, ja Zähne mit molarartigem Charakter bis in den Schlundeingang auftreren. Bei den meisten Formen sind jedoch die Zähne auf die Ränder des Ober- und Unterkiefers beschränkt und gewinnen bei Säugetieren entsprechend der Differenzierung ihrer Funktion als Schneidezähne, Mahlzähne usw. auch eine differente Form. Auf die massenhafte, während des ganzen Lebens anhaltende Produktion von Zähnen, die wir bei niederen Formen antreffen, erfolgt in der aufsteigenden Tierreihe eine weitgehende Einschränkung, einhergehend mit einer Spezialisierung der Funktion, dafür wird aber auch die Differenzierung der einzelnen Zähne, zur Herstellung eines die Nahrung nicht bloß festhaltenden, sondern auch zerkleinernden Gebisses, eine ungleich höhere.

2. Zahnentwicklung im einzelnen.

Bei der Entwicklung eines Zahnes wirken Ectoderm und Mesoderm gewissermaßen in einem Korrelationsverhältnis zusammen, um bestimmte Teile des fertigen Zahnes zu liefern. Die erste Anregung zur Zahnbildung geht jedoch sicherlich vom Ectoderm aus, und zwar in der Form einer in die Submucosa resp. in das Corium eindringenden Zellmasse, welche zunächst, ähnlich wie bei Drüsenanlagen (siehe Entwicklung der

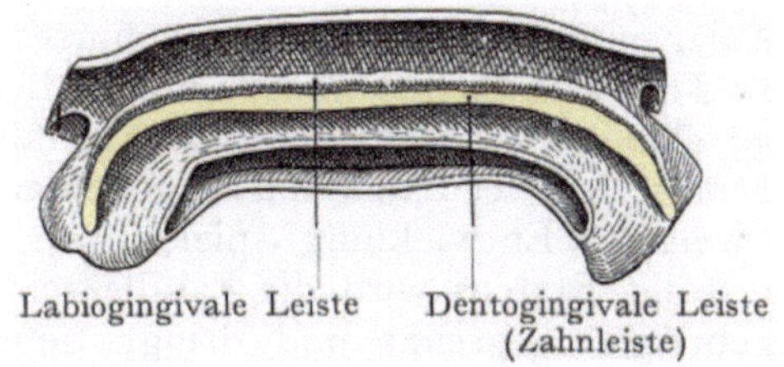

Fig. 260. Obere Zahnleiste eines menschlichen Embryos von 2,5 cm, von oben gesehen. Fig. 261. Obere Zahnleiste eines menschlichen Embryos von 4 cm Länge, von oben gesehen.

Nach C. Röse, Arch. f. Anat. u. Entw.-Gesch. 38. 1891.

Schweißdrüsen) die benachbarten Mesenchymzellen zur Proliferation anregt. Die ersten Andeutungen der Zahnanlagen treten beim Menschen am Mundeingange von 15 mm langen, ca. 40 Tage alten Embryonen in Form einer leichten Verdickung der Epithelschicht auf, welche sich parallel dem Lippenrande hinzieht, indem dieselbe in das anliegende Mesenchym vorzuwachsen beginnt. Sie stellt die Zahnleiste (dentogingivale Leiste) der Fig. 260 dar. Ihrer verdickten freien Kante schließt sich sehr früh eine Proliferation der anliegenden Mesenchymzellen an. Parallel zu der Zahnleiste, aber labialwärts von ihr bildet sich die labiogingivale Leiste, welche durch die Lippenfurche ausgehöhlt wird und das Vestibulum oris herstellt. Einwärts von der Lippenfurche entsteht infolge ihres Vordringens in die Tiefe eine Erhebung, der Zahnwall.

Die Zahnleiste wächst nun, unter Wahrung ihres Zusammenhanges mit dem Ectoderm, weiter in die Tiefe (Figg. 260 und 261) und bildet an ihrem freien Rande eine Anzahl von Verdickungen, welche die anliegenden, in Proliferation begriffenen Mesenchymzellen kappenförmig umwachsen. Die Mesenchymzellen bilden die Zahnpapille, die ectodermale Kappe dagegen das Schmelzorgan, welches mittels der Zahnleiste mit dem Ectoderm in Verbindung steht. Damit sind die wesentlichen, zur Bildung des Zahnes beitragenden Anlagen hergestellt, denn das Schmelzorgan liefert den Schmelz,

die Zellen der Zahnpapille das Dentin sowie die Pulpa dentis, endlich die umgebenden
Mesenchymzellen das Zement (Fig. 268). Ein drittes Bild (Fig. 262) zeigt die Zahnleiste
des Oberkiefers von oben gesehen. Die Zahnanlagen sind noch in breitem Zusammen-

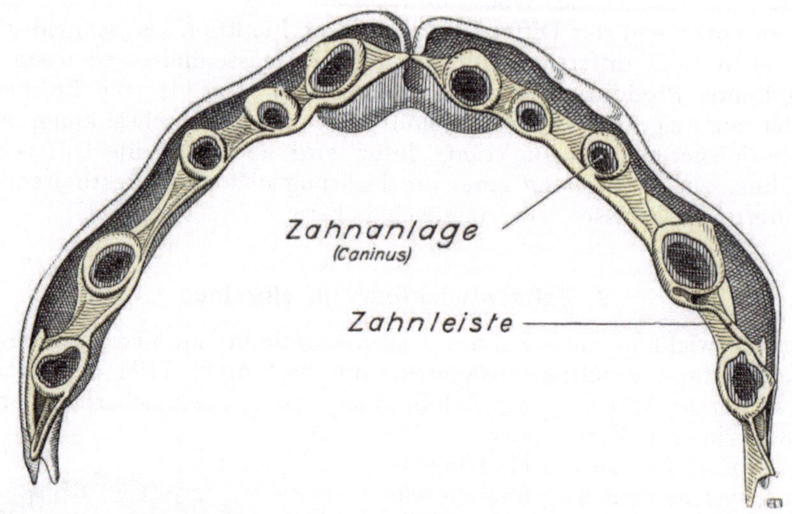

Fig. 262. Obere Zahnleiste eines menschlichen Fetus, von oben dargestellt.
Nach C. Röse.

hange mit der Zahnleiste. Die Bildung der Anlagen geht von vorn nach hinten vor
sich; wir sehen hier die Schneidezähne (Incisivi), den Eckzahn (Caninus) und die beiden
ersten Molaren. Auffallend ist, im Vergleiche mit dem späteren Zustande, die verhältnismäßig große Entfernung der Zahnanlagen voneinander.

Bei der weiteren Entwicklung spielen nun zwei
Vorgänge eine Rolle. Erstens wird die Papille schärfer
von der Umgebung abgegrenzt und dringt tiefer in
das Schmelzorgan ein, resp. wird vollständiger von
diesem umwachsen. Zweitens schnüren sich (Fig. 263)
die einzelnen Zahnanlagen von der Zahnleiste ab, bis
sie schließlich bloß noch durch einen dünnen Stiel
mit ihr in Zusammenhang stehen. Diese Abschnürung
erfolgt gegen die Lippenfurche hin, während die
Zahnleiste auf der oralen Seite einheitlich bleibt und
hier zur Bildung der die Anlage der bleibenden Zähne
liefernden Ersatzleiste weiterwächst. Die Zahnanlagen
werden von dicht zusammengedrängten Mesodermzellen membranartig eingeschlossen (Bildung eines
Zahnsäckchens).

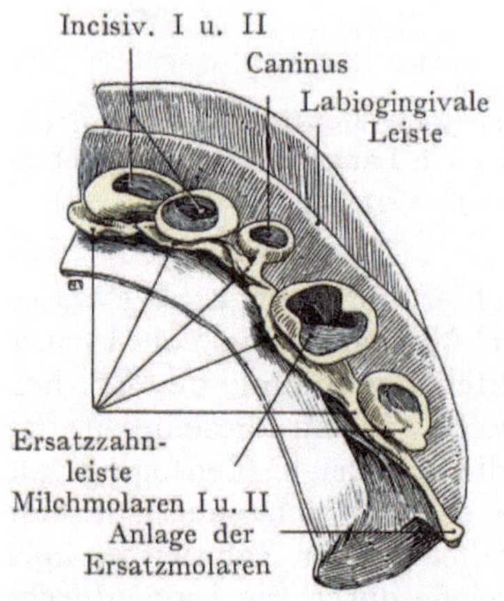

Fig. 263. Linke Unterkieferhälfte;
ectodermale Seite der Zahnanlagen, von unten gesehen. Menschlicher Embryo 18 cm.

Nach Röse.

Das Auftreten der Zahnleiste ist ein auffälliger
Vorgang, dessen Erklärung wahrscheinlich in gewissen
Verhältnissen der Zahnbildung bei niederen Formen
zu suchen ist. So sehen wir beim Hecht nach Friedmann am Oberkiefer einen sehr einfachen Bildungs-
modus der Zähne. Sie entstehen hier auf einem Zahnfelde, „und zwar in ganz regelmäßiger Weise. Die ersten Ersatzzähne entstehen ebenfalls aus dem Kieferepithel
ohne nähere Beziehung zu ihren Vorgängern. Jeder Zahn ist eine selbständige Bildung;
das Zahnfeld ist noch im ganzen eine zahnbildende Matrix". Das Zahnfeld ist am

Unterkiefer des Hechtes zur Zahnleiste geworden, indem sich die zuerst gebildete Schmelzanlage in die Tiefe senkt und bloß mittels eines Zellstranges mit der Oberfläche in Verbindung bleibt. Im Zahnfeld ist die zahnbildende Potenz nicht mehr diffus verbreitet, sondern an einzelnen Stellen lokalisiert. Bei den Selachiern ist gewissermaßen eine Zudeckung des Zahnfeldes durch eine überwuchernde Schleimhautfalte anzunehmen, welche es von der Oberfläche abschließt, Am Unterkiefer des Hechtes gibt es ebensoviele Verbindungsstränge mit der Oberfläche, als wir Zähne zählen (Bolk).

3. Histogenese der Zähne.

In Fig. 264 ist ein Schnitt durch den Unterkiefer und die Zahnleiste eines menschlichen Embryos dargestellt, welcher annähernd dem in Fig. 261 dargestellten Stadium entspricht. Die Zahnleiste ist hier sehr kurz, doch zeigt die kolbenförmige Anlage des Schmelzorgans schon die beginnende aus dem Mesenchym stammende Zahnpapille.

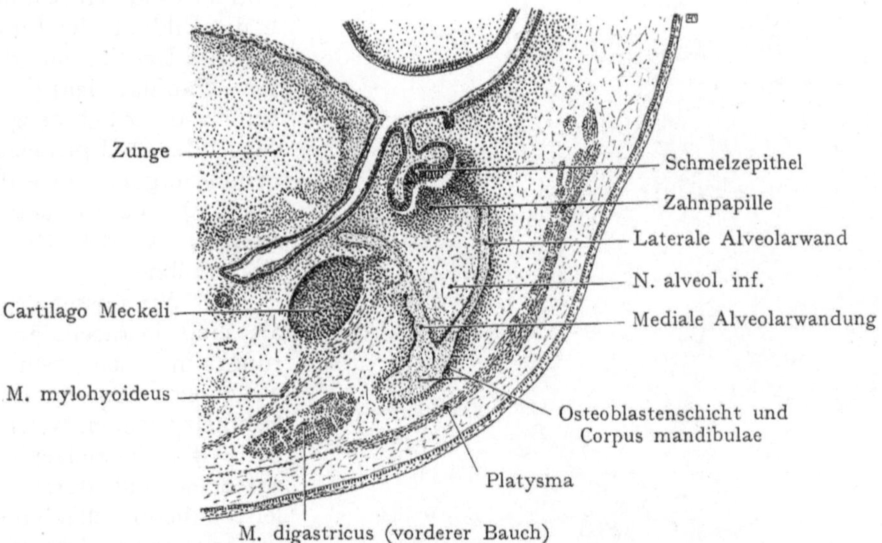

Fig. 264. Unterkiefer, Zahnanlage und Meckelscher Knorpel. Embr. hum. 9. Woche. Vergr. 20:1.

Auch in der Umgebung der äußeren Schicht des Schmelzorgans vermehren sich die Mesenchymzellen, um hier in späteren Stadien die das Zahnsäckchen nach außen abschließende Membran herzustellen. Auf diesem Stadium liegt die Zahnanlage noch recht oberflächlich; erst indem sie in die Tiefe rückt, wird sie in die jetzt schon in der Bildung begriffene Alveole aufgenommen. Diese stellt am Unterkiefer, lateral vom knorpeligen Mandibularbogen (dem Meckelschen Knorpel), eine der Zahnleiste entsprechend gebogene knöcherne Rinne dar; in derselben liegt der N. alveolaris inferior. Dagegen wird der Körper des Unterkiefers erst bedeutend später durch massigere Knochenbildung am untern Winkel der Knochenrinne hergestellt. Auch am Oberkiefer entsteht der Alveolarteil des Knochens am frühesten, auch hier in unmittelbarem Anschlusse an die Bildung der Zahnanlagen.

Die eigentliche Differenzierung der Zahnanlage beginnt damit, daß sie sich schärfer von der Zahnleiste absetzt und tiefer in das Mesenchym einwächst. Zugleich gewinnen die der Papilla dentis anliegenden Zellen des Schmelzorgans eine beträchtliche Höhe (Fig. 266) und werden nunmehr als inneres Schmelzepithel (Membrana adamantina) oder Ameloblasten unterschieden. Das äußere Schmelzepithel wird dagegen niedrig, während die zwischen demselben und dem inneren Schmelzepithel gelegenen Zellen Fortsätze aussenden und sich zu einem eigentümlichen Gallertgewebe (Schmelzpulpa) umwandeln. Dieses spielt keine weitere Rolle bei der Herstellung des Zahnes, doch ist es möglich, daß es die Ernährung oder den Stoffwechsel des inneren Schmelzepithels vermittelt. Später unterliegt es jedoch einer immer weiter fortschreitenden (s. Figg. 267 und 268) Reduktion, bis es nur noch eine den Zahn überziehende Membran darstellt, welche sich schließlich im umgebenden Mesoderm auflöst.

Sehr lehrreich sind auf diesem Stadium Horizontalschnitte durch den Ober- oder Unterkiefer (Fig. 269). Hier stehen die Zahnanlagen in Zusammenhang mit der Zahnleiste; der epitheliale Teil der Anlage zeigt eine etwas unregelmäßige Begrenzung, dagegen ist die Wucherung des Mesenchyms, welche teils die Zahnpapille, teils das Zahnsäckchen liefert, sehr deutlich.

Wir haben nun weiter zu verfolgen: 1. Die Bildung des Schmelzes in den Schmelzzellen, 2. die Bildung der Pulpa dentis und des Dentins aus den Zellen der Papilla dentis, 3. das Schicksal der Schmelzpulpa und der äußeren Epithelzellen des Schmelzorgans sowie der Zahnleiste, 4. die Bildung des Zementes, 5. die Bildung der Ersatzzähne.

1. Wir müssen den Schmelz als eine intracelluläre Ablagerung in den Schmelzzellen auffassen. So entstehen die Schmelzprismen, welche je einer Zelle des Schmelzepithels entsprechen und durch die Kittleisten dieser Zellen voneinander getrennt sind. Dagegen ist die Cuticula dentis (Nasmythsche Membran), welche in späteren Stadien als Überzug des Schmelzes gegen die Zellen der Schmelzpulpa auftritt, eine vor dem Durchbruch des Zahnes auftretende Cuticularbildung des Schmelzepithels, in welcher das nach der Bildung des Schmelzes noch erhalten gebliebene Protoplasma des Schmelzepithels aufgeht. Die Abscheidung des Schmelzes beginnt an der Spitze der Zahnanlage und schreitet gegen die Basis hin fort. In Fig. 267 (Molarzahn) hat sie soeben begonnen, indem hier die Spitze der Zahnhöcker mit einer dünnen Schmelzschicht (schwarz) versehen ist. An der Basis des Zahnes läßt sich dagegen, solange das Längenwachstum des Zahnes anhält, oder bis die Formbildung des Zahnes erfolgt ist, ein Übergang der innern in die äußern Schmelzzellen nachweisen. Wir erkennen darin eine Wachstumszone, welche jedoch nach Bildung der Zahnkrone keinen Schmelz mehr liefert. Dagegen bestimmt die Umschlagstelle des inneren in das äußere Schmelzepithel bei ihrem Vorwachsen in die Tiefe die Form des Zahnes, denn auf der basalen Fläche des inneren Schmelzepithels lagern die zur Papilla gehörigen Odontoblasten weiter Zahnbein ab. Diese Schicht ist, soweit sie nicht Schmelz liefert, von O. Hertwig und anderen als Epithelscheide bezeichnet worden; sie wurde auch an den schmelzlosen Zähnen von Tatusia peba, von Bradypus

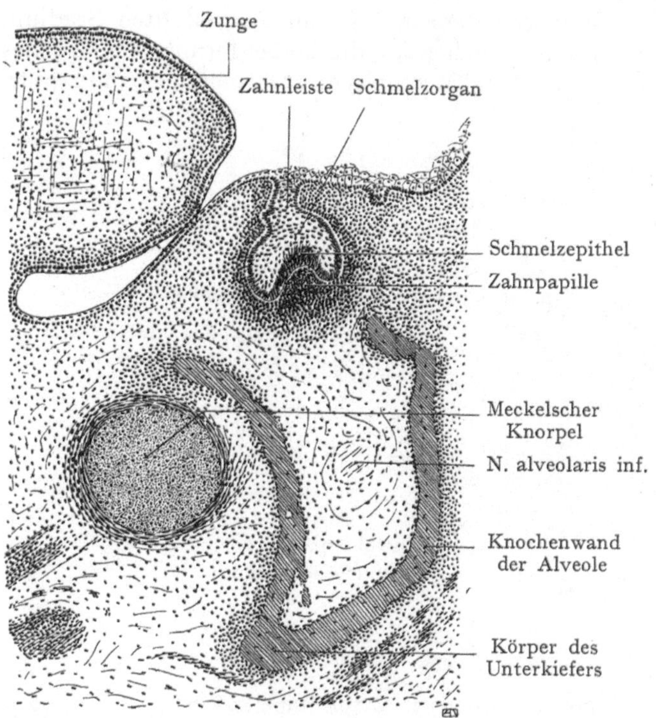

Fig. 265. Entwicklung des Unterkiefers und eines Zahnes bei einem menschlichen Fetus von 3¼ cm Länge. 100 mal Vergr.

tridactylus und von Tatusia hybrida nachgewiesen. Es ist wahrscheinlich, daß dieses Verhältnis zwischen der Epithelscheide und den Zellen der Zahnpapille vergleichbar ist mit demjenigen, welches bei der Bildung von Haaren und Drüsen zwischen den in das Mesenchym einwachsenden Massen der Epithelzellen einerseits und den Mesenchymzellen andererseits besteht, indem letztere durch die Epithelzellen zur Vermehrung angeregt werden. Bei den Zähnen der Nager bleibt die Epithelschicht zeitlebens bestehen, denn solche Zähne unterliegen einer steten Abnutzung der Facies masticatoria, unter Neubildung des Zahnbeins von der Zahnwurzel aus.

2. Die Bildung des Zahnbeines (Dentin) geht von den Zellen der Zahnpapilla (Odontoblasten) aus, welche den inneren Schmelzzellen angrenzen. Die Odontoblasten stellen sich nach Art von Epithelzellen zusammen und liefern eine von ihren verzweigten Fortsätzen durchsetzte, dem Schmelz angrenzende Masse, in welcher sich tangential verlaufende, leimgebende Fibrillen entwickeln. Später verkalkt diese Masse und stellt nunmehr das Dentin dar, welches durch Apposition neuer Schichten von der inneren Fläche her in die Dicke wächst. Die Odontoblasten bleiben während des ganzen Lebens bestehen; ja es kann sich noch beim Erwachsenen Dentin bilden, welches die Pulpahöhle oder den Pulpakanal einengt oder sogar zur Obliteration bringt. Abgesehen von den Odontoblasten bilden die übrigen Zellen der Zahnpapille die Pulpa dentis, in welche von der Basis des Zahnes aus Gefäße und Nerven eindringen.

3. Die Zellen der Schmelzpulpa erfahren schon sehr früh eine Auflockerung und Umwandlung in sternförmige Zellen, die mit denjenigen des gallertigen Bindegewebes eine große Ähnlichkeit besitzen.

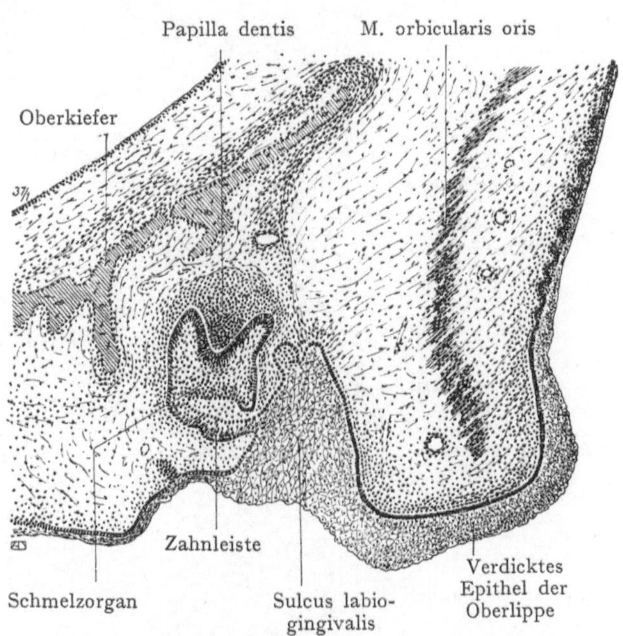

Fig. 266. Anlage der Oberlippe und des Schneidezahns eines menschlichen Embryos von 6 cm Nacken-Steißlänge.

Bloß die äußere Schicht wahrt noch den epithelialen Charakter (äußeres Schmelzepithel). Mit dem Wachstum des Zahnes erfährt die Schmelzpulpa eine beträchtliche Reduktion, bis sie nur noch eine dünne Schicht darstellt, die schließlich von der Spitze des Zahnes durchbrochen wird (Fig. 268) und sich im umgebenden Bindegewebe auflöst.

Der Schmelz entwickelt sich bloß bis zu einer gewissen Stelle der Zahnanlage; von hier an kommen die an Höhe abnehmenden inneren und äußeren Schmelzzellen unmittelbar in Berührung (Fig. 268), um am Umschlagsrande ineinander überzugehen. Dieser wächst in die Tiefe und stellt die Form der Zahnwurzel her, indem er z. B. bei den Molaren ebensoviele Röhren bildet, wie die dem Zahn zukommende Zahl der Wurzeln beträgt.

4. An demjenigen Teile der Zahnanlage, welcher nicht mehr in den Bereich der Schmelzbildung einbezogen wird, erfolgt die Herstellung des dritten, am Aufbau des Zahnes teilnehmenden Hartgebildes, des Zementes. Dasselbe wird von den umgebenden Bindegewebszellen des Zahnsäckchens geliefert, und zwar erst nach der Geburt, also bedeutend später wie die übrigen Teile des Zahnes. Andere Zellen des Zahnsäckchens liefern das

Alveolarperiost sowie die mit demselben und dem Zement innig zusammenhängende Wurzelhaut.

    5. Schicksal der Zahnleiste und Bildung der Ersatzzähne. Das Nachrücken von Zellen des Ectoderms in die Zahnleiste nimmt wahrscheinlich schon sehr früh ein Ende, obgleich die Zahnleiste selbst zum Teil noch lange bestehen bleibt. In Fig. 267 bildet sie noch eine kontinuierliche Verbindung zwischen dem äußeren Schmelzepithel

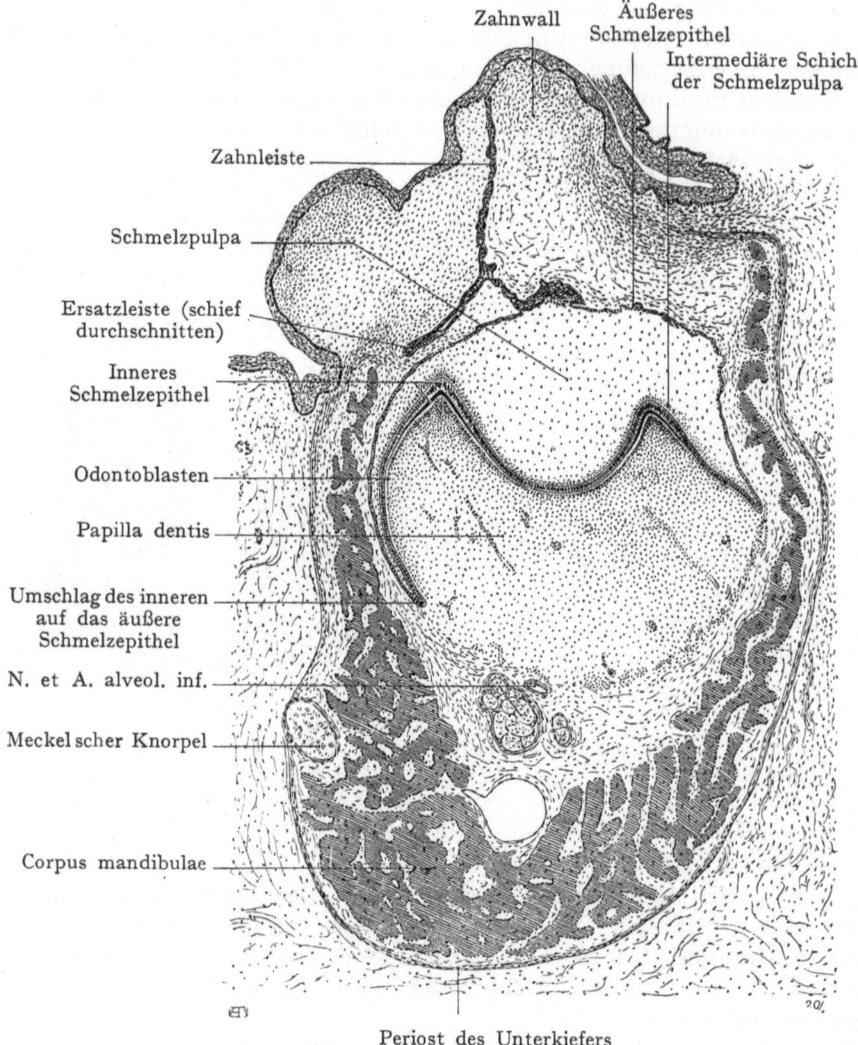

Fig. 267. Schnitt durch die Anlage eines Molarzahnes eines menschlichen Fetus vom 7. Monat.

und dem Ectoderm und liefert lingual eine leistenförmige Wucherung, welche wir als Ersatzleiste bezeichnen. Dieselbe ist dazu bestimmt, die Zähne des bleibenden Gebisses (mit Ausnahme der Molarzähne) zu liefern. Bald treten jedoch Rückbildungserscheinungen auf, die auf dem in Fig. 268 dargestellten Präparate in vollem Gange sind. Dabei wird der Verlauf der Zahnleiste ein unregelmäßig zickzackförmiger, auch wird dieselbe von Wucherungen der umgebenden Mesenchymzellen durchbrochen und in einzelne Zellhaufen zerlegt, die normalerweise spurlos verschwinden, ausnahmsweise jedoch weiterwuchern und sich zu Cysten, Epithelperlen oder abgesprengten Massen von Schmelz umbilden können.

Das bleibende Gebiß der Säugetiere bildet sich mit Ausnahme der Molarzähne von der Ersatzleiste aus, welche lingualwärts aus der Zahnleiste des Milch-

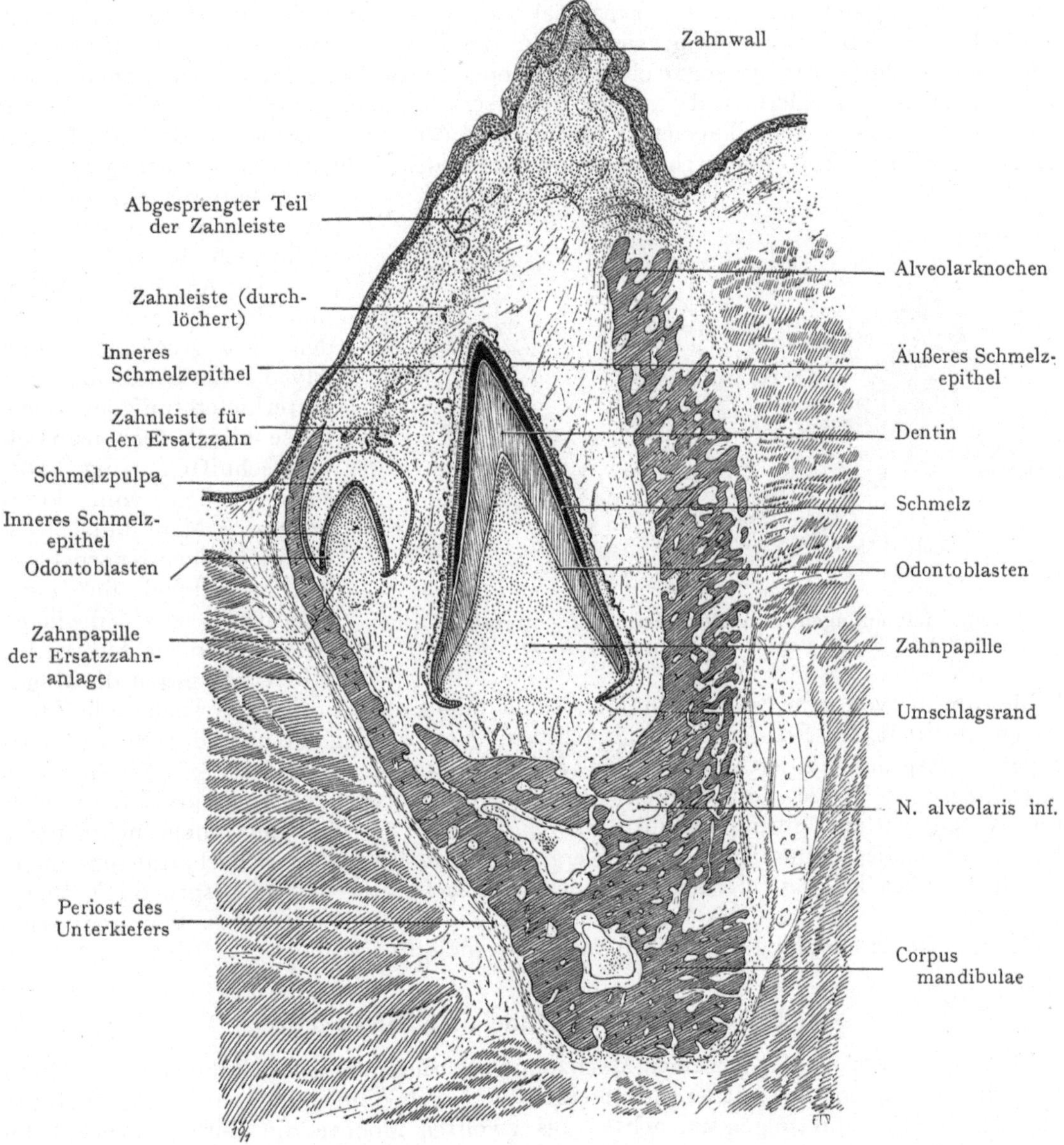

Fig. 268. Anlage des Schneidezahnes eines 9 monatlichen Fetus mit Ersatzzahnanlage.

gebisses auswächst und, indem sie eine bestimmte Anzahl von Schmelzorganen liefert, die Bildung einer zweiten Generation von Zähnen übernimmt (Fig. 268). Diese Anlagen der bleibenden Zähne liegen also immer lingual von denjenigen der Milchzähne; sie treten zu recht verschiedener Zeit auf; so sind die Anlagen der bleibenden Incisivi und Canini am Ende des sechsten Fetalmonates auf der Ersatzleiste zu erkennen, während diejenigen der Prämolares im ersten Lebensjahre auftreten.

Die Molares entstehen aus einer nach hinten frei auswachsenden Verlängerung der Zahnleiste (Fig. 263), an welcher sich weitere Schmelzorgane bilden, die Anlage des dritten Molaren, des sog. Weisheitszahnes, sogar erst im sechsten Lebensjahre. Man hat aus diesem Grunde die Molarzähne auch als verspätete Milchzähne aufgefaßt, die sich hinten den Ersatzzähnen anfügen.

Nach Ablösung der für die Ersatzzähne bestimmten Schmelzorgane bleibt noch ein Teil der Schmelzleiste übrig, welcher in der Regel verschwindet, ganz ausnahmsweise jedoch eine dritte, ja sogar eine vierte oder fünfte Generation von Zähnen bilden kann (siehe unten). Merkwürdigerweise ist dieser Vorgang mehrmals in höherem Alter beobachtet worden, eine Tatsache, welche die Annahme nahelegt, daß Reste der Ersatzleiste lange Zeit hindurch ein Schlummerdasein führen, um gegebenenfalls erst nach Jahren wieder produktiv tätig zu werden (siehe Zahnwechsel).

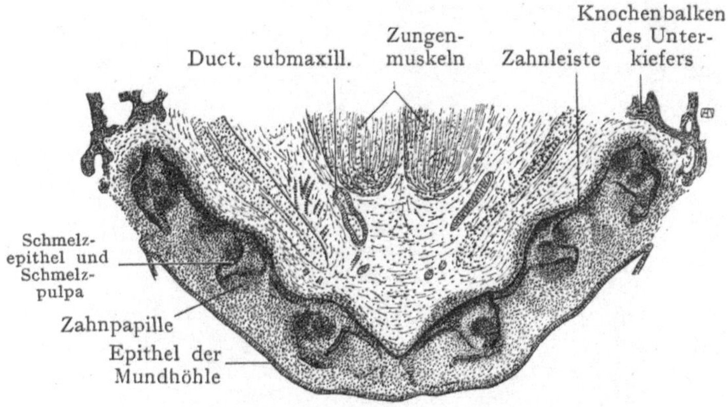

Die Anlagen der Milch- und der Ersatzzähne werden, wie gesagt, von der Alveolarrinne des Ober- und Unterkiefers aufgenommen. Diese bildet sehr früh auf Querschnitten (Fig. 265) einen außen vom knorpeligen Mandibularbogen (Meckelschen Knorpel) gelegenen Winkel mit einer lateralen und medialen Knochenlamelle. Der Winkel öffnet sich gegen die Mundhöhle, um die von dem Epithel der Mundschleimhaut aus in die Tiefe wachsende Zahnanlage mitsamt der Ersatzleiste aufzunehmen. Von Anfang an liegt der N. alveolaris superior, resp. inf., in der Alveolarrinne (Fig. 265), ebenso auch die betreffende A. alveolaris. An der Spitze des Winkels entsteht der Körper des Unterkiefers, welcher relativ spät zur Entfaltung kommt. Bis in das 4.—5. Lebensjahr hinein nehmen die Zähne, resp. die Zahnanlagen, einen, verglichen mit den späteren Verhältnissen, ungebührlich großen Teil des Oberkiefers wie des Unterkiefers für sich in Anspruch (Fig. 271); demgemäß gewinnt auch der Körper des Ober- und Unterkiefers erst sehr spät seine volle, die Gesichtsbildung wesentlich beeinflussende Entfaltung.

Fig. 269. Zahnanlagen und Zahnleiste am Unterkiefer eines menschlichen Fetus von 8 cm Länge (Horizontalschnitt).

4. Durchbruch der Zähne und Zahnwechsel.

Der Durchbruch der einzelnen Milchzähne unterliegt bei jedem Zahne einer gewissen zeitlichen Variation. Die mittleren Schneidezähne brechen im sechsten bis achten Lebensmonate durch, dann folgen im achten bis zwölften Monate die seitlichen Schneidezähne, im 12.—16. Monate die vordern Molaren, im 17.—20. Monate die Eckzähne sowohl des Ober- als des Unterkiefers, im 20.—24. Monate die hintern Molaren.

Während die Zahnleiste bei den Säugetieren ihre Tätigkeit mit der Herstellung der Milchzähne und des bleibenden Gebisses erschöpft, finden wir bei andern Wirbeltieren eine viel weitergehende Zahnbildung, die sogar während des ganzen Lebens stattfinden kann, so daß immer wieder neue Zähne an die Stelle der abgenützten und abgestoßenen treten. Besonders typisch verläuft dieser Prozeß bei den Selachiern (Fig. 270), wo eine Zahnleiste schon bei Embryonen eine ganze Reihe hintereinander gelegener Zahnanlagen von verschiedenem Grade der Ausbildung aufweist. Die beiden der Oberfläche näher gelegenen Anlagen besitzen hier schon Schmelz und Zahnbein. Die Bildung neuer Zähne von der tiefsten Strecke der Zahnleiste aus geht nun während des ganzen

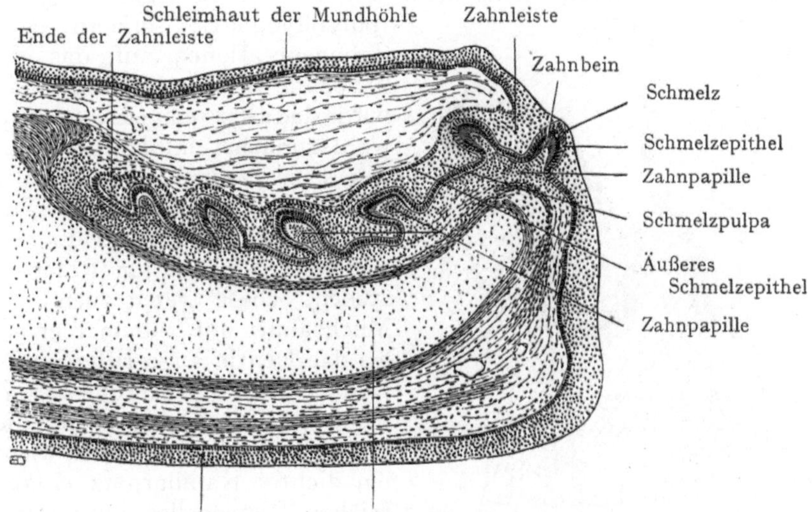

Fig. 270. Zahnleiste, Embryo von Acanthias vulgaris.

Lebens vor sich, so daß die auf den Kieferrändern sitzenden, allmählich der Abnützung und Abstoßung unterliegenden Zähne durch die nachrückenden, neugebildeten Zähne

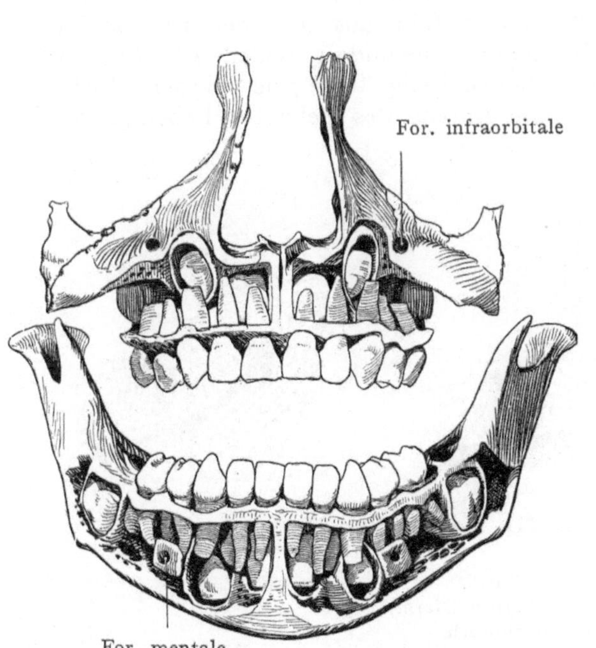

Fig. 271. Milchgebiß und Ersatzzähne, 6 jähriges Kind.

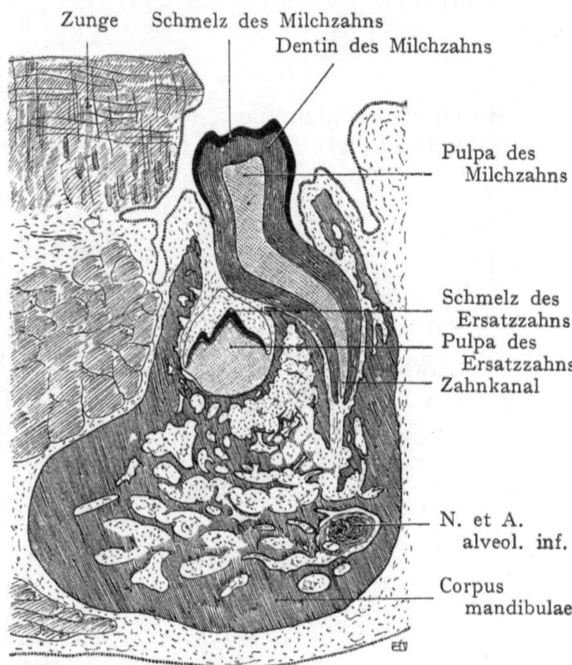

Fig. 272. Milchzahn (Molar) des Unterkiefers mit Anlage des Ersatzzahnes. Kind von $4^{1}/_{4}$ Jahren.

einen fortwährenden Ersatz finden. Die Zähne tragen bei diesen Tieren auch in ihrer Befestigungsweise einen vergänglichen Charakter zur Schau, denn sie sitzen bloß in der Schleimhaut fest, zeigen also weder den Grad der Komplikation in ihrem Baue, noch die festere Einfügung in eine Alveole, welche wir bei den Säugetieren antreffen. Bei diesen ist das Gebiß nicht mehr wie bei den Selachiern immer erneuerungsfähig (polyphyodont), sondern es treten bloß zwei Zahngenerationen auf, das Milchgebiß und das bleibende Gebiß (diphyodont). Der Zahnwechsel wird dadurch eingeleitet, daß der Milchzahn, wohl zunächst infolge des stärkeren Wachstums des Ersatzzahnes, in seiner Ernährung beeinträchtigt wird, indem die Pulpazellen mit den Odontoblasten in erster Linie leiden und so ein günstiges Objekt für Resorptionsvorgänge darstellen. Diese treten zuerst an der Wurzel des Milchzahnes auf, indem hier sowohl das Zement als das Dentin angegriffen und aufgelöst werden, wodurch eine Lockerung des Zahnes in der Alveole erfolgt. Dabei spielt die Hyperämie der umgebenden Gewebe eine wichtige Rolle, indem ein dichtes Kapillarnetz entsteht, das von zahlreichen Riesenzellen umsäumt wird. Diese sind wohl mit den bei der Knochenresorption mitwirkenden Osteoklasten identisch. So schreitet die Zerstörung des Milchzahnes von der Wurzel aus gegen die Krone hin fort, bis diese bloß noch als dünne Kappe der Spitze des nachwachsenden Ersatzzahnes locker aufsitzt. Dieser letzte Rest des Milchzahnes fällt aus und der Ersatzzahn vollzieht dann ungehindert seinen Durchbruch

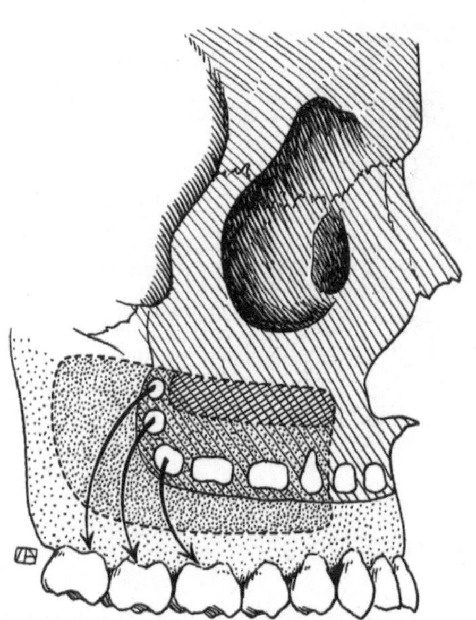

Fig. 273. Verlagerung der Zähne bei Wachstum des Oberkiefers und Ausdehnung der Kieferhöhle. Nach Keith.

durch die Schleimhaut, welcher ungefähr in derselben Reihenfolge wie bei den Milchzähnen erfolgt. Am Ende des sechsten oder am Anfang des siebenten Lebensjahres

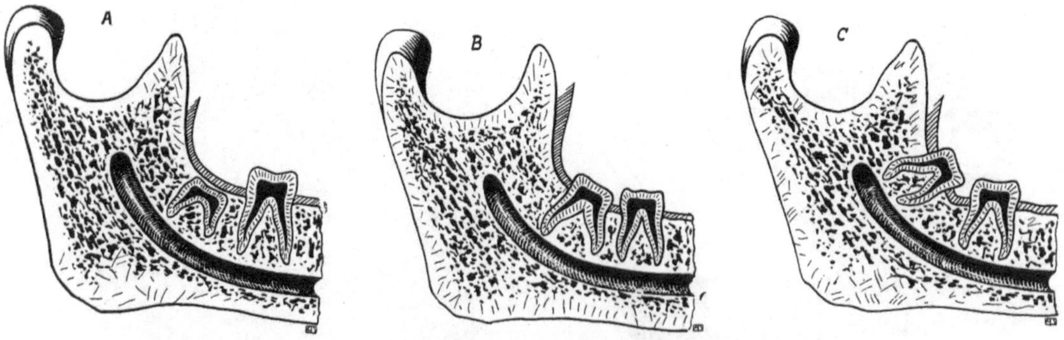

Fig. 274. Variationen im Verhalten des III. Molaren zum Unterkiefer.
Nach Testut.
A. Retention des Zahns.
B. Vertikaler Durchbruch (Norm).
C. Horizontaler Durchbruch.

brechen die ersten Molaren durch, vom 7.—9. Jahre die Schneidezähne, vom 9. bis 11. Jahre die ersten Prämolaren, bis zum 12. oder 13. Jahre die zweiten Prämolaren und die Eckzähne. Im 12. Jahre beginnt der Durchbruch der zweiten Molaren, während derjenige der dritten Molaren (Weisheitszähne) erst zwischen dem 17. und 24. Jahre erfolgt.

Die normale Bildung der Ersatzzähne hängt in erster Linie von dem normalen Wachstum der Kiefer ab. Hueter hat darauf hingewiesen, daß derjenige Teil des Kieferbogens, welcher die Backzähne trägt, etwa viermal so rasch wächst als der vordere Teil, auf welchem die Schneide- und Eckzähne sitzen (Fig. 273). Hemmungen und Störungen in diesem Wachstum erklären auch die Anomalien im Durchbruch oder in der Stellung des dritten Molaren, indem der untere manchmal auf den Ast des Unterkiefers herüberrückt und dann horizontal, also in einer für das Kauen durchaus ungeeigneten, wenn nicht störenden Weise eingestellt ist (Fig. 274 C). Der dritte obere Molar kann in das Tuber alveolare eingeschlossen sein oder gleichfalls horizontal zum Durchbruche kommen. Bei einer Verkürzung der Kiefer wird auch ein angemessener Raum für den Durchbruch sämtlicher Zähne fehlen; in solchen Fällen wird häufig auch die Zahnleiste derart in ihrem Wachstum behindert, daß sie sich einfaltet und so zu Dislokationen der Zähne Veranlassung gibt (siehe unten). Die Fig. 273 zeigt in schematischer Weise die ursprüngliche Anordnung der Molaren des Oberkiefers resp. ihrer Zahnsäckchen, bezogen auf ihre spätere Lage im bleibenden Gebiß. Bei einigen Klassen der Säugetiere (Zahnwale nach Kükenthal) bleiben die Zähne des Milchgebisses zeitlebens erhalten, Anlagen von Ersatzzähnen sind vorhanden, bilden sich jedoch frühzeitig zurück. Bei Beuteltieren gehört die dauernde Bezahnung der ersten Bezahnung, dem Milchgebiß an, mit Ausnahme der letzten Prämolaren. Auf der anderen Seite findet beim Maulwurf der Zahnwechsel schon intrauterin statt (Köber).

5. Mehrfache Dentitionen und Zahnanomalien.

Die nicht selten vorkommende Unregelmäßigkeit in der Rückbildung der Zahnleiste sowie in der Durchwachsung derselben von seiten der Mesenchymzellen erklärt das Vorkommen von abgesprengten Teilen der Leiste, welche längere Zeit ihre Selbständigkeit bewahren, ja sich oft nach verschiedenen Richtungen hin zu Cysten, Epithelperlen oder sogar kleinen Massen von Schmelz weiter differenzieren. Ob sie auch überzählige Zähne bilden können, ist zum mindesten zweifelhaft; wahrscheinlich gehen diese aus Teilen der Ersatzleiste hervor, welche nach der Entstehung der Ersatzzähne noch erhalten bleiben und neue Zahnanlagen bilden. Demgemäß treten accessorische Zähne fast immer zungenwärts vom bleibenden Gebisse auf und können dann auch als Andeutung einer dritten Dentition aufgefaßt werden. In einigen Fällen ist man wohl auch berechtigt, bei diesen Bildungen an Faltungen der Zahnleiste zu denken. J. Kollmann erwähnt einen Fall, bei welchem zwei Reihen von inneren oberen Schneidezähnen vorhanden waren. Berühmt ist ein von Hufeland berichteter Fall eines Mannes, bei dem im 116. Jahre acht neue Zähne auftraten. Diese fielen aus und wurden durch weitere Zähne ersetzt, ein Prozeß, der sich mehrmals wiederholte, so daß bis zu dem erst mit 120 Jahren erfolgten Tode gegen fünfzig neue Zähne auftraten. Erstaunlich ist hier die lange Latenzzeit der Zahnkeime und ihre geradezu stürmische Entwicklung im hohen Alter. Übrigens berichtet Röse von einem 17jährigen Mädchen, bei dem eine zweite Reihe Zähne lingualwärts von den Ersatzzähnen auftrat, so daß es gleichzeitig 64 Zähne hatte. Hier ist es zweifellos ein lingual von den Anlagen der Ersatzzähne vorwachsender Teil der Ersatzleiste (Fig. 263), welcher diese offenkundig als dritte Dentition aufzufassende Zahnreihe liefert. Sehr merkwürdig ist die Tatsache, daß bei Greisen die neue Dentition auch mit einer Neubildung von Haaren einhergeht, wie überhaupt die Bildung der Zähne und der Haare in einem gewissen Korrelationsverhältnis zu stehen scheint (s. unten). Die mehrfache Dentition kommt am häufigsten im Bereiche der Molaren und Prämolaren vor, wo die Zahnleiste besonders stark verzweigt sein soll. Eine Verdoppelung der Zähne (Dentes accessorii) treffen wir am häufigsten bei den Eck- und Schneidezähnen, allerdings entsprechen solche Bildungen oft nicht den vor ihnen liegenden Zähnen, sondern zeigen die

Form der Zapfenzähne, wie sie in der Fig. 275 dargestellt ist. Ein Beweis für die Möglichkeit der langen Latenzzeit eines Zahnkeimes wird durch die Entwicklung des dritten Molaren, des sog. Weisheitszahnes, geliefert, welcher erst mehrere Jahre nach der Geburt mit seiner Differenzierung beginnt und nicht selten erst nach 20 Jahren die Schleimhaut durchbricht und in die Zahnreihe eintritt.

Schwieriger ist es, eine Erklärung für die Verminderung der Zahl der Zähne zu geben, die sehr weit gehen kann, indem Fälle beobachtet wurden, bei denen bloß vier bleibende Zähne in jedem Kiefer zum Durchbruch kamen (Beigel). Zuweilen fehlen die oberen Eckzähne, vielleicht infolge einer stärkeren Ausdehnung des aus dem mittleren Stirnfortsatze entstehenden Zwischenkiefers bei gleichzeitiger Reduktion des Oberkiefers. Durch die umgekehrte Annahme läßt sich das Fehlen der Schneidezähne erklären. Von dem Wachstum des Unterkieferastes unterhalb des Abganges des Proc. coronoides ist die Ausbildung nicht bloß des so oft unterdrückten oder auf dem Unterkieferaste stehen gebliebenen dritten Molaren abhängig, sondern auch diejenige der beiden andern Molaren. Beim $6^{1}/_{2}$ jährigen Kinde steckt nach J. Kollmann der zweite Molarzahn noch am

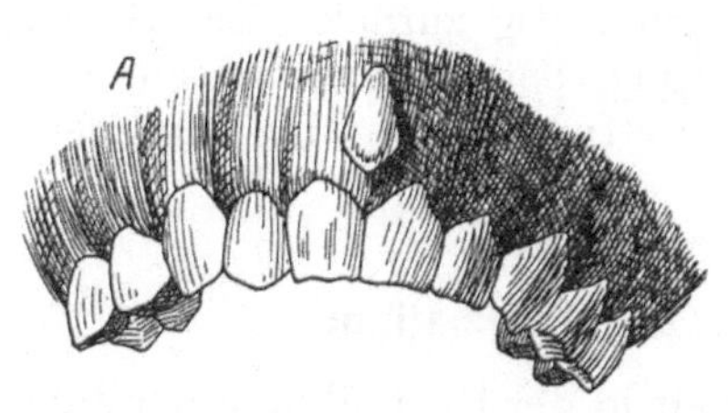
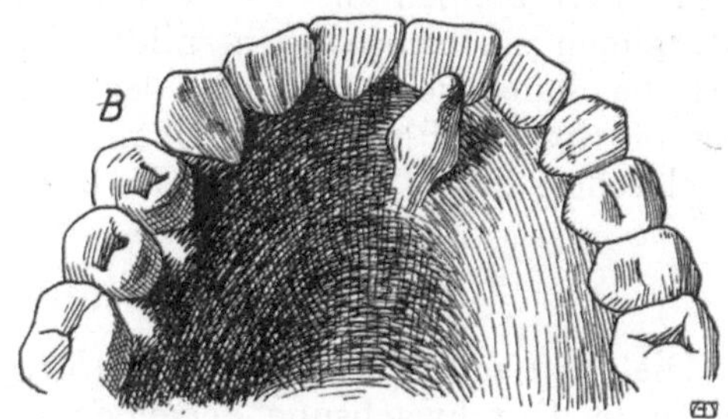

Fig. 275. Zahnanomalien.

Nach A. Sternfeld in G. Schreffs Handbuch der Zahnheilkunde. I. 1902.
A. Überzähliger Zapfenzahn an der Labialfläche des Alveolarteiles des Oberkiefers.
B. Derselbe an der lingualen Fläche des Alveolarteiles des Oberkiefers.

Abgang des Proc. coronoides; er muß also wenigstens um einen Zentimeter nach vorn rücken, wenn der dritte Molarzahn noch Platz finden soll.

Sehr eigentümlich ist das gleichzeitige Vorkommen einer beträchtlichen Reduktion von Haar und Gebiß bei gewissen chinesischen und türkischen Hunden. Bei gänzlicher Haarlosigkeit kann die Zahl der Zähne bis auf 24, 16 oder gar 4 sinken. Auch andere Störungen im Haarwachstum (Hypertrichose) können mit einer Verminderung der Zahl der Zähne verknüpft sein (Beigel).

Bildung des Kiemendarmes und seiner Derivate.

Die sekundäre Mundhöhle umfaßt auch einen Abschnitt, welcher von dem Kiemendarm geliefert wird, also vom Entoderm abstammt, doch ist die Grenze zwischen Ectoderm und Entoderm später nicht mehr genau anzugeben, und zwar wegen der Verschiebungen, welche wohl schon in sehr früher Zeit erfolgen. Zum Verständnis einer ganzen Reihe von Entwicklungsprozessen im Bereiche der Mundhöhle (Zunge, Gland. thyreoidea usw.) ist deshalb die genaue Kenntnis der Entwicklung und Umbildung des Kiemendarmes unentbehrlich.

Die Bedeutung dieses Darmabschnittes wird uns erst dann klar, wenn wir seine Ausbildung bei wasserlebenden Formen, z. B. bei den Selachiern, untersuchen. Wir sehen hier (Figg. 276 und 277 von einem Rochenembryo), daß die seitliche Wand des auf die Mundöffnung folgenden Darmabschnittes von sechs Spalten (Kiemenspalten) durch-

brochen wird, von denen die erste (Spritzloch) unmittelbar hinter dem Auge, die
sechste unmittelbar vor dem Anfange der bei Rochen besonders mächtigen und breiten
Brustflosse liegt. Die Kiemenspalten begegnen sich ventral nicht in der Medianebene,
sondern werden hier durch eine breite Zone, die Area interbranchialis, welche u. a.
die Gland. thyreoidea, das Herz und die in die Wandungen des Kiemendarmes verlaufenden Gefäßbogen (Aortenbogen) umschließt, voneinander getrennt. Von vorn
führt der weite Mund in den Kopfdarm.

Die Kiemenspalten begrenzen die als Schlundbogen bezeichneten Strecken der
seitlichen Wandungen des Kiemendarmes, welche ventral in die Area interbranchialis

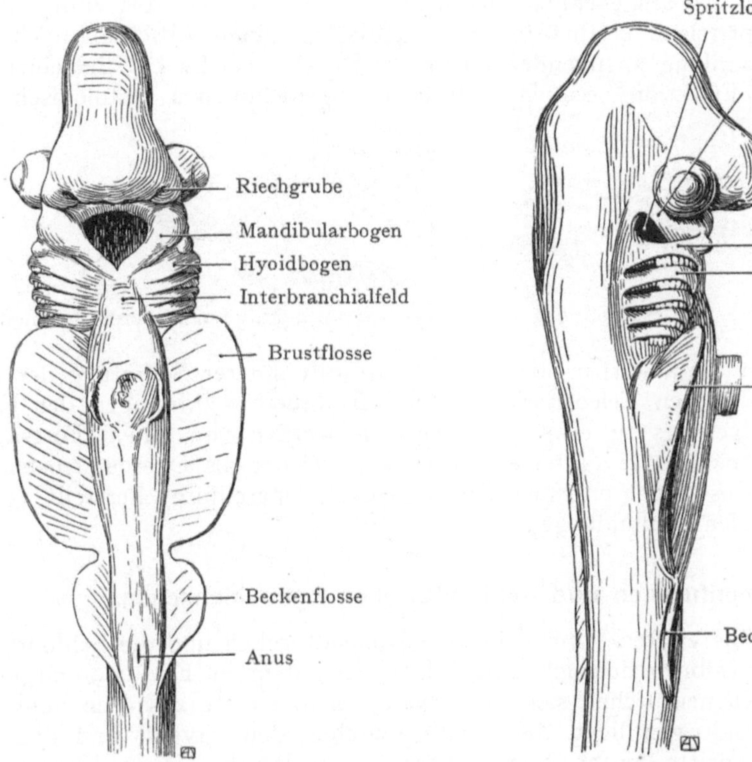

Fig. 276. Embryo von Raja clavata.
Ventralansicht.

Fig. 277. Embryo von Raja clavata.
Seitenansicht.

übergehen. An diesen Bogen sitzen faltenartige Fortsätze der Schleimhaut, in denen
ein respiratorisches Gefäßnetz bloß durch eine Epithelschicht von dem umgebenden
Medium, dem Wasser, getrennt wird (innere Kiemen). Dieses Gefäßnetz ist in die
Aortenbogen eingeschaltet, welche, entsprechend der Zahl der Schlundbogen, aus dem
vom Herzventrikel oralwärts abgehenden Truncus arteriosus entspringen, um sich
dorsal von den Schlundbogen zu den Aortae dorsales zu vereinigen.

Bei den Amphibien bilden sich keine inneren Kiemen entodermalen Ursprungs,
sondern die Kiemen entstehen als Auswüchse des die Schlundbogen überziehenden
Ectoderms (äußere oder ectodermale Kiemen). Diese sind oft vielfach verzweigt,
häufig blatt- oder fadenförmig und bleiben zum Teil bloß bis zur Metamorphose
(Fig. 278), zum Teil aber noch beim erwachsenen Tiere (Proteus) bestehen. Die sog.
äußeren Kiemen der Selachier, die sich bloß während der Fetalzeit finden, sind dagegen
innere, entodermale Kiemen, welche sich aus den Kiemenspalten vordrängen.

Die Kiemenspalten sind bei einigen Formen in beträchtlicher Zahl vorhanden. So finden wir bei Hexanchus und Heptanchus 6 resp. 7, bei den andern Selachiern 5, bei Bdellostoma Stouti sogar 14 Kiemenspalten, bei Teleostiern und Amphibien 5. Bei Vögeln und Säugetieren werden 5 Kiemenspalten angelegt, doch bricht bei Säugetieren keine durch.

Von den Kiemenspalten der Selachier (Fig. 277) ist die erste, das Spritzloch, stark reduziert, obgleich sie ihre respiratorische Funktion nicht ganz einbüßt. Sie liegt zwischen dem Mandibular- und dem Hyoidbogen unmittelbar caudal vom Auge. Schon bei diesen Formen besitzt sie Beziehungen zum Gehörorgan, welche bei den Amnioten, nach der Bildung der Trommelhöhle, eine weitere Steigerung erfahren, indem die Erschütterungen des umgebenden Mediums auf diesem Wege bis zum Labyrinth vordringen. Das Spritzloch erfährt bei Knochenfischen einen Abschluß nach außen, indem die seiner Wandung ansitzenden Kiemenblättchen, welche bei Selachiern noch eine respiratorische Funktion besaßen, sich unter eigentümlichen histologischen Ver-

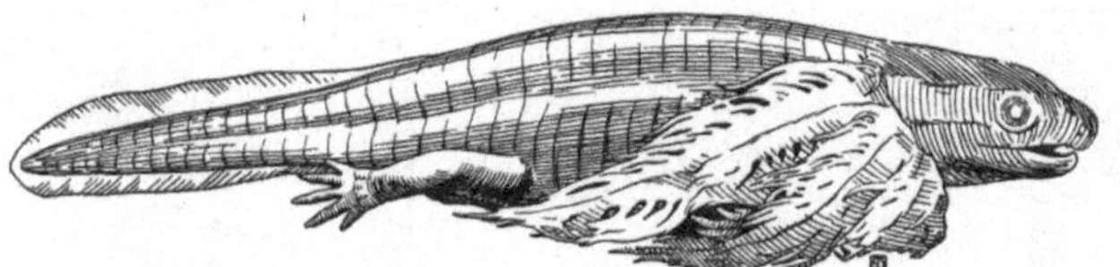

Fig. 278. Larve von Salamandra atra mit stark ausgebildeten äußeren Kiemen.

änderungen zu einem Gefäßkörper oder einer Drüse mit innerer Sekretion, der Nebenkieme, umbilden. Von den Teleostiern an sind die äußeren Öffnungen der Kiemenspalten nicht ohne weiteres zu erkennen, denn sie werden von einem Fortsatze des zweiten Schlundbogens (des Hyoidbogens) bedeckt, welcher als Opercularfortsatz desselben nach hinten auswächst und den Kiemendeckel (Operculum) herstellt (s. unten die Umwandlungen der Schlundbogen).

Kiemenfurchen und Schlundtaschen beim Menschen.

In der dritten bis vierten Woche sind die Kiemenfurchen und die Schlundtaschen beim menschlichen Embryo deutlich ausgebildet. Bei dem in Fig. 279 dargestellten Embryo sind drei Kiemenfurchen sichtbar, von denen die erste zwischen dem Mandibular- und dem Hyoidbogen liegt, die zweite zwischen dem Hyoid- und dem ersten Branchialbogen, die dritte hinter dem letztgenannten Bogen. Diese Kiemenfurchen stoßen auf die von dem Kiemendarme aus lateral sich vorbuchtenden Schlundtaschen, so daß Entoderm unmittelbar an Ectoderm grenzt und in etwas ähnlicher Weise wie bei der Rachenmembran, welche den Kiemendarm am Grunde der Mundbucht abschließt, epitheliale Laminae obturatoriae entstehen. Beim Menschen ist die dritte und vierte Kiemenfurche schwach ausgebildet, so daß es fraglich erscheint, ob hier Entoderm- und Ectodermzellen überhaupt miteinander zur Berührung oder gar zur Verschmelzung in einer Lamina obturatoria kommen. Die ventralen Enden der beidseitigen Kiemenfurchen werden beim Menschen, ähnlich wie bei den Selachiern (s. oben), durch die Area interbranchialis voneinander getrennt, deren Begrenzung annähernd dreieckig ist, indem ihre Spitze am Mandibularbogen, ihre Basis caudal am Schultergürtel liegt. Sie enthält auch den Truncus arteriosus sowie zum Teil das Herz und das pericardiale Coelom, Gebilde, welche mit der weiteren Entwicklung eine beträchtliche Verlagerung in caudaler Richtung erfahren.

Die erste Kiemenfurche dient in ihrer dorsalen Partie zur Bildung des äußeren Gehörganges oder, richtiger gesagt, dieser geht von ihr aus, indem eine später sich aushöhlende Epithelplatte in die Tiefe wächst. Auf der benachbarten Partie des Mandibular- und des Hyoidbogens stellen einzelne, später untereinander in Verbindung tretende Höcker die Anlage des äußeren Ohres dar (siehe Entwicklung des äußeren Ohres). Übrigens entspricht der dorsale Teil der ersten Kiemenfurche dem Spritzloche der Selachier, welches gleichfalls die Erschütterung des umgebenden Mediums an das Labyrinth weiterleitet. Die folgenden Kiemenfurchen werden durch den vom Hyoid ausgehenden plattenförmigen Opercularfortsatz in die Tiefe verlagert und schließlich von außen her bedeckt, ein Vorgang, welcher dadurch begünstigt wird, daß die Branchialbogen im Vergleiche mit dem Mandibular- und dem Hyoidbogen im Wachs-

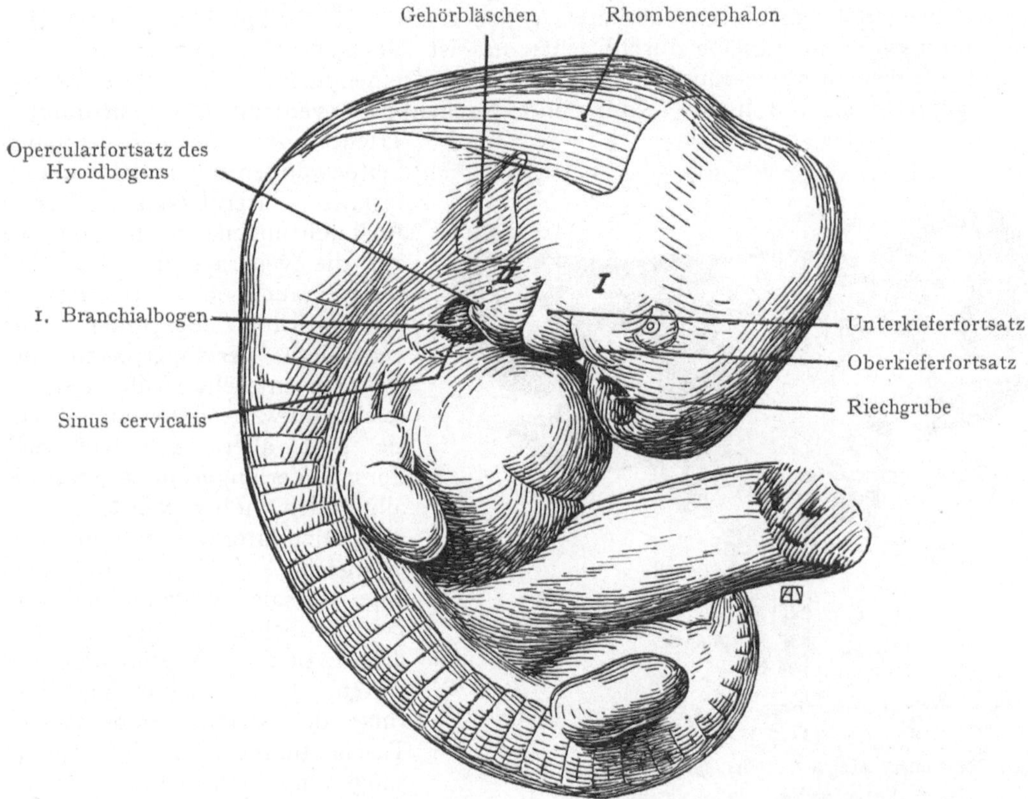

Fig. 279. Menschlicher Embryo von 8,3 mm Länge.
Nach C. Rabl, Entwicklung des Gesichtes 1902. Taf. VII. Fig. 6.
I Mandibularbogen
II Hyoidbogen.

tum zurückbleiben (Fig. 279). So kommen die Branchialbogen, sowie die Kiemenfurchen mit Ausnahme der ersten, an den Boden einer vorn vom Hyoidbogen begrenzten Vertiefung (Sinus cervicalis) zu liegen, der durch den vom Hyoidbogen caudalwärts auswachsenden Opercularfortsatz allmählich nach außen hin einen Verschluß erfährt. Der Fortsatz ist beim Menschen nur schwach entwickelt, beim Schafe viel deutlicher, beim Hühnchen sogar mit bloßem Auge erkennbar. Mit der Verengerung der Verbindung des Sinus cervicalis mit der Oberfläche wird derselbe zu einem Bläschen, der Vesicula cervicalis, welche durch einen allmählich länger sich ausziehenden Gang, den Ductus cervicalis (Fig. 280), an der zweiten Kiemenfurche oberflächlich ausmündet. Diese wird nunmehr als Sulcus cervicalis bezeichnet. Die Vesicula cervicalis bleibt eine Zeitlang bestehen, und auf diesen Umstand dürfen wir die innigen Beziehungen zurückführen, in denen sie zur Bildung der gar nicht seltenen, in sehr verschiedener Ausdehnung auftretenden Halsfisteln steht (siehe unten). Zum Verständnis derselben sowie der andern vom Kiemendarm sich ableitenden Gebilde ist die genauere Kenntnis der Entstehung der Schlundtaschen und ihrer Beziehungen zur Vesicula cervicalis von wesentlicher Bedeutung.

Vorauszuschicken ist, daß die Vesicula cervicalis der dritten Schlundtasche lateral anliegt, ferner daß (Fig. 280) ein Gang, der äußere Ductus branchialis IV, caudalwärts abgeht, welcher sich ursprünglich aus der vierten Kiemenfurche bildet und der vierten Schlundtasche anlegt. Vom Sulcus cervicalis geht ferner ein Gang ab, welcher sich von der zweiten Kiemenfurche herleitet, gegen die zweite Schlundtasche auswächst und ausnahmsweise in dieselbe durchbricht; dies ist der Ductus branchialis II.

„In früher Entwicklungszeit stellt der Kiemendarm einen dorsoventral stark abgeplatteten, durch die Kopf- und Nackenbeuge ventralwärts gekrümmten Trichter dar. An den schmalen Seitenwänden bilden die Schlundtaschen lateralwärts gehende Ausbuchtungen, welche aber alle auf die ventrale und die drei ersten auch auf die dorsale Schlundwand übergreifen. Die ventralen Verlängerungen der Taschen entstehen früh; die erste reicht am weitesten ventralwärts, sie gibt aber auch früh eine dorsale Verlängerung ab, welche, allmählich höher werdend, auf die ganze laterale Schlundtasche übergreift. Später bildet sich eine dorsale Verlängerung der zweiten Schlundtasche, die niedriger bleibt als diejenige der ersten. Eine dorsale Verlängerung der dritten und vierten Tasche findet sich bloß andeutungsweise" (Hammar).

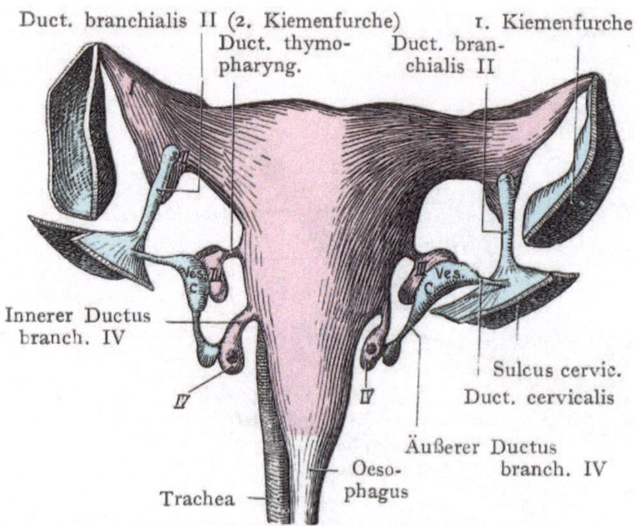

Fig. 280. Kopfdarm eines menschlichen Embryos von 11,7 mm.

Nach Hammar, Zieglers Beitr. z. path. Anat. 36. 1904.

Ves. c. = Vesicula cervicalis.

Bei dem Embryo, dessen Kiemendarm in Fig. 280 dargestellt ist (11,7 mm), liegen die Schlundtaschen (rot) den entsprechenden Derivaten der Kiemenfurchen (blau) an, die zweite Schlundtasche auch in der ganzen Ausdehnung ihrer ventralen Verlängerung. Von der ersten Schlundtasche legt sich nun die dorsale Verlängerung dem Epithel der ersten Kiemenfurche direkt an; die dritte Schlundtasche tritt mit der medialen Wand der Vesicula cervicalis in Kontakt, die vierte mit dem als Auswuchs der vierten Kiemenfurche aufzufassenden äußeren Ductus branchialis IV.

Auf die Bedeutung der ersten Schlundtasche und besonders ihrer dorsalen Verlängerung für die Entstehung der Paukenhöhle soll später eingegangen werden (s. Gehörorgan). Von der zweiten Schlundtasche bleibt weiterhin bloß die dorsale Verlängerung übrig, die eine Vertiefung sowie auch eine schärfere Begrenzung durch zwei Falten, die späteren Gaumenbogen (Arcus palatoglossus und palatopharyngeus), erfährt. Die Vertiefung stellt alsdann die Tonsillarbucht dar, in deren Wandung am Anfange des dritten Monates die Tonsilla palatina entsteht.

Die dritte Schlundtasche reicht nach C. Rabl bis an die Vesicula cervicalis heran

(Fig. 280), während sie andererseits mit dem Kiemendarm durch einen kurzen Gang, den Ductus thymopharyngeus in Verbindung steht. Diese Schlundtasche bildet einen ventralwärts abgehenden hohlen Fortsatz, welcher die Hauptanlage des Thymus darstellt, der übrige Teil atrophiert. Die Thymusanlage bleibt noch eine Zeitlang mittels des Ductus thymopharyngeus mit dem Epithel des Kiemendarmes in Verbindung; später löst sich der Zusammenhang. Die vierte Schlundtasche bildet ein Bläschen, welches durch einen längeren Gang, den inneren Ductus branchialis IV, mit dem Schlunddarm zusammenhängt. Dieses Bläschen reicht nicht mehr bis an die Vesicula cervicalis heran, dagegen tritt diese mit dem vom Bläschen ausgehenden, der vierten Kiemenfurche entsprechenden äußeren Ductus branchialis IV in Kontakt.

Alle auf die Schlundtaschen resp. auf die Kiemenfurchen und den Sinus cervicalis zurückzuführenden Gänge sind bei dem 11,7 mm langen Embryo (Fig. 280) gut ausgebildet. Es sind dies: der Ductus cervicalis, der äußere Ductus branchialis IV, der Ductus thymopharyngeus und der innere Ductus branchialis IV, welche jedoch bald nach dem geschilderten Stadium einer gänzlichen Atrophie unterliegen; am längsten bleiben noch die inneren Ductus branchiales IV erhalten. Dazu kommt während einer gewissen Zeit die Vesicula cervicalis, deren Verbindung mit der Oberfläche, der Ductus cervicalis, durch die Ausbildung des vom Hyoidbogen auswachsenden Opercularfortsatzes immer mehr eingeengt wird.

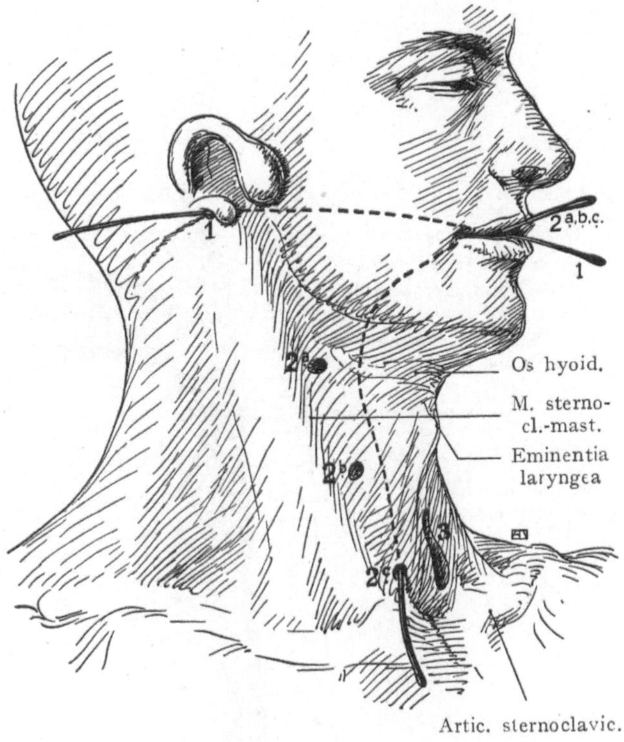

Die beschriebenen Gebilde stehen in engster Beziehung sowohl zur Bildung des Halses als auch zu den im Bereiche des Halses auftretenden, als Hemmungen im Verschlusse und in dem Schwunde der Kiemenspalten

Fig. 281. Schema der äußeren Öffnungen der Halsfisteln. 1 Fistel der ersten Kiemenspalte (R. Virchow in Virchows Archiv XX). 2a 2b 2c: Fisteln der zweiten Kiemenspalte, unter Vermittlung des Sinus cervicalis, vielleicht auch (2c) der dritten Kiemenspalte. 3 Fistula colli mediana, über der Incisura jugularis sterni.

und Gänge aufzufassenden Halsfisteln. Der Hals ist in frühen Entwicklungsstadien, solange die Kiemenfurchen und Schlundbogen das Bild beherrschen, überhaupt nicht nachzuweisen; später stellt er eine Gegend dar, deren knöcherne Grundlage durch die Halswirbelsäule gebildet wird und deren Weichteile sowohl Rumpfgebilde segmentaler Herkunft (vordere lange Halsmuskulatur, Nackenmuskulatur, Nerven des Plexus cervicalis) als auch Gebilde umfassen, die vom Kiemendarme und dessen Wandungen abstammen (Larynx, Glandula thyreoidea und Thymus). Andere ursprünglich in der Nachbarschaft des Kiemendarmes, etwa entsprechend der Area interbranchialis gelagerte Gebilde, wie das Herz mit dem Pericardialcoelom, haben sich bis in den Thorax gesenkt. Der Charakter einer Übergangsregion kommt jedoch bloß dem ventralen Abschnitte, dem Halse sensu strictiori zu, während die Nackengegend sich schon frühzeitig als zum Rumpf gehörig erweist.

Bei der Bildung des Halses sensu strictiori kommt der Sinus cervicalis in die distale Partie der Gegend zu liegen, indem der Opercularfortsatz des Hyoidbogens, welcher den Sinus cervicalis von der Oberfläche trennt und in die Vesicula cervicalis umwandelt, einen großen Teil der oberflächlichen Schichten des Halses liefert, insbesondere auch das Platysma, dessen Innervation durch den N. facialis seine Zugehörigkeit zum Hyoidbogen kundgibt. Von den Halsmuskeln gibt der Musculus sternocleidomastoideus einen wichtigen Hinweis auf die Beteiligung der Kiemenmuskulatur am

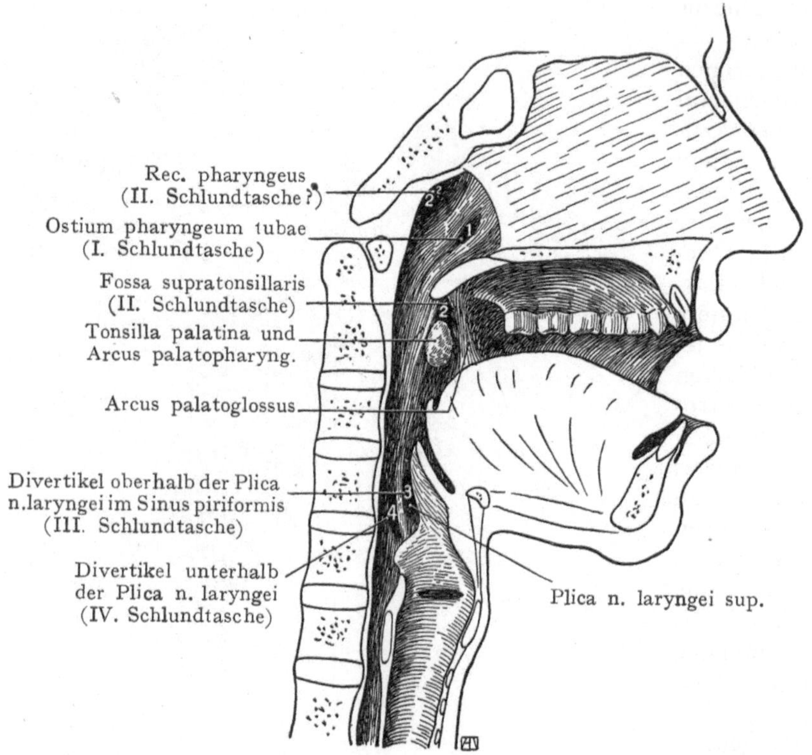

Fig. 282. Laterale Wandung des Pharynx mit Angabe der Stellen, wo Pharynxdivertikel auftreten können, die auf die Persistenz von Kiemenspalten und Schlundtaschen zurückzuführen sind. (Schema.)
Mit Benützung der Angaben von K. v. Kostanecki, Zur Kenntnis der Pharynxdivertikel des Menschen, mit besonderer Berücksichtigung der Divertikel im Nasenrachenraum. Virch. Arch. 117, 1889.

Aufbaue der Gegend. Er stammt aus derselben Anlage wie der gleichfalls in der Hauptsache vom N. accessorius innervierte M. trapezius; sein Verlauf entspricht beim Embryo einer Linie, welche vom dorsalen Ende der ersten Kiemenfurche bis zur hinteren Wand des Sinus cervicalis gezogen wird, so daß er dorsal von den Kiemenfurchen zu liegen kommt. „Der Sinus cervicalis rückt nun längs der durch den vorderen Rand des M. sternocleidomastoideus gegebenen Linie nach hinten. Auf diesem Wege kann er infolge ungleichmäßigen Wachstums des Hyoidbogens an beliebiger Stelle stehen bleiben, während der Hyoidbogen um ihn herum und distalwärts weiter wächst" (C. Rabl). Halsfisteln treten nun ausnahmslos am medialen Rande des M. sternocleidomastoideus auf (Fig. 281). Schon diese Tatsache weist darauf hin, daß ihre Entstehung von der Bildung des Sinus cervicalis abhängt (C. Rabl). Auch ist ihr Verlauf ein gegebener, denn derselbe geht stets medianwärts und nach oben, entsprechend der Richtung des die Vesicula cervicalis mit der Oberfläche verbindenden Ductus cervicalis (Fig. 280). Dazu kann jedoch noch eine Verbindung mit dem Pharynx kommen, welche auf die Persistenz des äußeren und inneren Ductus branchialis IV oder auch des Ductus thymopharyngeus zurückzuführen ist. Eine solche Bildung bezeichnen wir als eine vollständige Halsfistel, dagegen diejenigen Fisteln, welche eine Verbindung mit dem Pharynx nicht eingehen, sondernn nur an der Oberfläche ausmünden, als unvollständige äußere Halsfisteln. Da beim menschlichen Embryo die Kiemenspalten in der Regel nicht durchbrechen, so ist es auch nicht statthaft, die vollständigen Halsfisteln einfach als erhalten gebliebene Kiemenspalten aufzufassen. Wir finden auch unvollständige innere Halsfisteln, welche von den Ausmündungsstellen der Schlundtaschen ausgehen, dagegen einer Ausmündung an der Oberfläche entbehren. Eine Fistel, welche sich auf die erste Schlundtasche zurückführen läßt, kann sich als eine Erweiterung des untern oder pharyngealen Drittels der Tuba auditiva darstellen (Fig. 282). Zuweilen findet sich ein blind endigender, auf die Persistenz der zweiten Schlundtasche oder des Ductus branchialis II zurückzuführender Gang; er mündet am Recessus pharyngeus (Rosenmülleri) oder an der Fossa supratonsillaris von His aus (Fig. 282). Die pharyngealen Mündungen der dritten und vierten Schlundtasche entsprechen ursprünglich dem Sinus piriformis und werden durch die inkonstante, von dem Ramus internus n. laryngei sup. erzeugte Plica n. laryngei voneinander getrennt. Die Tuba auditiva ist eigentlich einer unvollständigen innern Fistel gleichzusetzen. Die angeborenen Ohrfisteln stehen übrigens in keiner Beziehung zur ersten Kiemenfurche, sondern leiten sich von einer sekundären Störung in der Entwicklung des äußeren Ohres ab (v. Kostanecki und Mielecki). Von Epithelmassen, welche, bei sonst normalem Verschluß der zweiten Schlundtasche gegen den Pharynx und des Sinus cervicalis gegen die Oberfläche, in der Tiefe des Halses verbleiben, sind die sog. branchiogenen Geschwülste abzuleiten.

Entwicklung der Zunge und der epithelialen Derivate des Kiemendarms.

Wir haben jetzt Bildungen ins Auge zu fassen, die aus den Wandungen des Kiemendarms resp. der Kiemenspalten entstehen. Erstens handelt es sich um die Zunge, welche auch später sehr innige Beziehungen zu den Derivaten der Schlundbogen zeigt, indem deren knöcherne Skeletbildungen (Unterkiefer und Os hyoides) ihrer Muskulatur zum

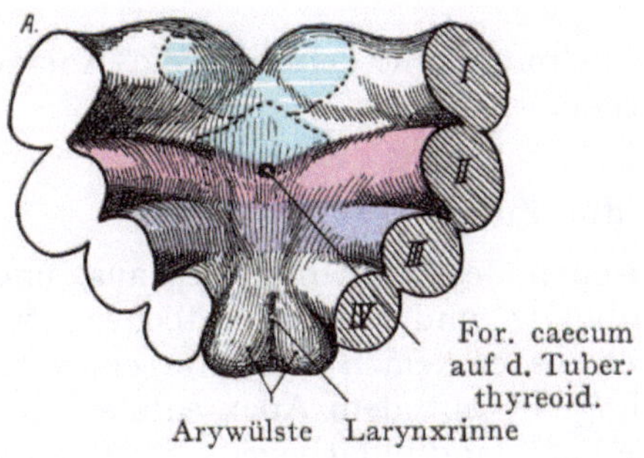

Fig. 283 A u. B. Entwicklung der Zunge.
Nach Kallius.
1. Tuberculum linguale mediale (impar) blau.
2. Anlagen des Corpus linguae blau gestrichelt.
   1 und 2 aus dem Mandibularbogen.
3. Radix linguae und Hyoidbogen rot.
4. Epiglottiswulst und III Schlundbogen violett.

Ursprunge dienen und sich auch die Zunge selbst vom Boden der Mundhöhle, also des Kiemendarmes, erhebt. Zweitens sind zu berücksichtigen die Speicheldrüsen, welche, abgesehen von kleineren Drüsen (Gland. buccales usw.), in Gestalt der drei großen Drüsen (Gland. parotis, submaxillaris und sublingualis) auftreten, ferner die Entstehung

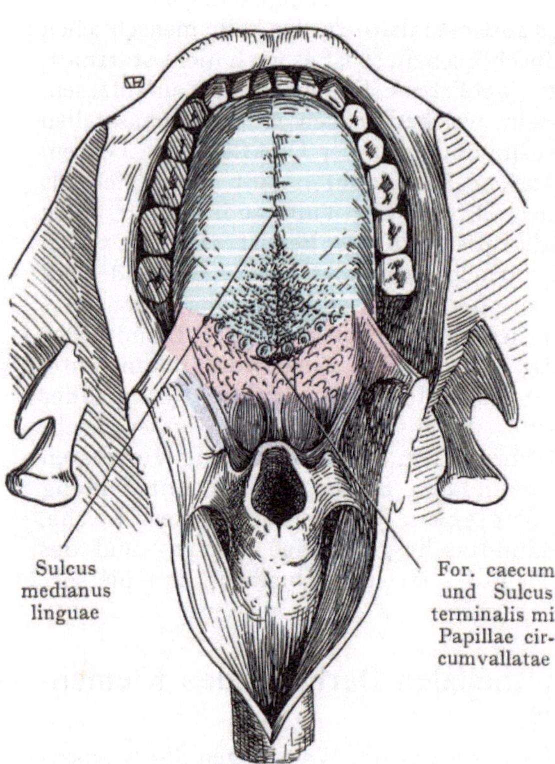

Fig. 284. Dorsalansicht der Zunge und des Kehlkopfeinganges des Erwachsenen zur Veranschaulichung der Herkunft der einzelnen Abschnitte aus dem Schlundbogen.

(s. Figg. 283 u. 285)

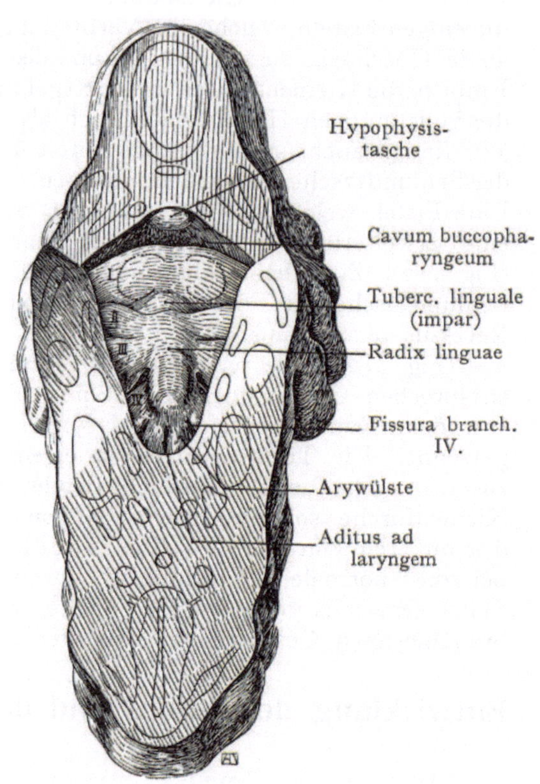

Fig. 285. Ventrale Wand des Kopfdarmes des von Piper (ausp. Fr. Keibel) hergestellten Modells eines menschlichen Embryos von 6,8 mm.

I—IV. Schlundbogen.

Auf dem Mandibularbogen ist die Anlage des Corpus linguae punktiert abgegrenzt.

des lymphatischen Gewebes der Mund- und Schlundhöhle, endlich die Anlagen der Gland. thyreoidea, des Thymus und der Epithelkörperchen.

1. Entwicklung der Zunge.

Die Entwicklung der Zunge geht vom Boden des Kiemendarmes aus, und zwar beteiligen sich an ihrer Bildung der Mandibular- und der Hyoidbogen, während der dritte Schlundbogen (1. Branchialbogen) entweder keinen oder nur einen geringen Beitrag liefert. Die freie Zunge, das Corpus linguae mit dem Apex entsteht nach der gewöhnlichen Anschauung aus drei im Bereiche des Mandibularbogens auftretenden Anlagen, einer unpaaren (Tuberculum linguale medium) und zwei paarigen (seitliche Zungenwülste von Kallius). Der zweite und dritte Schlundbogen bilden die Radix linguae oder den Zungengrund, die Valleculae und die Epiglottis.

Diese Verhältnisse werden in der leicht schematisierten Fig. 283 A und B veranschaulicht. Eine mittlere, blau angegebene Anlage (Tuberculum linguale mediale, streng zu unterscheiden vom Tuberculum thyreoideum, s. unten), tritt als rhombischer Höcker in der medianen Partie des Mandibularbogens auf, um sich seitlich längs des vorderen Randes der ersten Schlundtasche auszudehnen. Unmittelbar hinter dieser medianen Anlage entsteht in der Medianlinie von einer besonderen kleinen Erhebung, dem Tuberculum thyreoideum aus, die Glandula thyreoidea als eine unpaare Einstülpung der Schleimhaut, dort, wo später das For. caecum der Zunge angetroffen wird. Die seitlichen Zungenanlagen (seitliche Zungenwülste von Kallius) entstehen in unmittelbarem Anschlusse an die unpaare Anlage auf dem Mandibularbogen, beiderseits von der Medianebene. Die drei Anlagen verbinden sich zu dem hinten durch das For. caecum und die Linie der Papillae vallatae (Sulcus terminalis) abgegrenzten Zungenkörper, und zwar liefert die unpaare Anlage nach neueren Anschauungen (Guthzeit) wahrscheinlich bloß den höchsten Teil des Zungenkörpers vor dem Foramen caecum, während die seitlichen Zungenwülste die Hauptmasse der Zunge herstellen und im Sulcus medianus linguae zusammenstoßen. Neuerdings wird der Anteil, den der unpaare Wulst an der Bildung der Zunge nehmen soll, im Vergleiche mit den paarigen Wülsten immer mehr reduziert. Nachdem His dem sog. Tuberculum impar (Tuberculum linguale mediale) die Hauptrolle bei der Zungenbildung zugeschrieben hatte, ist jetzt erkannt worden, daß er unter diesem Begriffe sowohl das Tuberculum linguale mediale als das Tuberculum thyreoideum zusammengefaßt hatte, von denen bloß jenes für die Zungenbildung in Betracht kommt. Die Bildung der Radix linguae aus dem Hyoidbogen, der Valleculae und der Epiglottis aus dem dritten Schlundbogen ist in den Figg. 283 B, 284 und 285 zu erkennen. „Das Gebiet des Tuberculum impar (unseres Tuberculum linguale mediale) liegt hinter der Rachenhaut, ist also entodermal, während die seitlichen Zungenwülste ectodermaler Herkunft sind. Die Papillae vallatae treten im Bereiche der unpaaren Anlage auf, entwickeln sich demnach aus dem Entoderm; für die Papillae foliatae soll dasselbe gelten" (Kallius).

Der Zungenkörper wölbt sich weiterhin mächtig empor und erreicht in Stadien vor der Gaumenbildung die Schädelbasis. Aus der Area interbranchialis stammen die Muskeln und Nerven der Zunge. Jene wachsen (s. Muskelbildung) von den Occipitalmyotomen aus in die Area interbranchialis ein, mit dem aus einer entsprechenden Anzahl von Neuromeren herstammenden N. hypoglossus. Da die Zungenschleimhaut dem ersten und zweiten Schlundbogen angehört, so erhält sie ihre Innervation aus den Nerven dieser Bogen; der N. mandibularis (Ramus III N. trigemini) gibt den N. lingualis ab, der N. facialis, der Nerv des Hyoidbogens, die Chorda tympani, der N. glossopharyngeus die Rami linguales, welche besonders die von den Geschmacksbechern kommenden spezifischen Fasern führen. Nach Stöhr werden die Geschmacksbecher bei Feten aus dem 7.—8. Monate zahlreicher als bei Erwachsenen angetroffen, auch finden sie sich hier auf der lingualen Fläche der Epiglottis, auf vielen Papillae filiformes und auf allen Papillae fungiformes.

2. Speicheldrüsen.

Die drei großen Speicheldrüsen entstehen beträchtlich früher als die kleinen zerstreuten Drüsen der Mundschleimhaut. Beim sechswöchentlichen Fetus tritt die Anlage der Gland. submaxillaris auf, beim achtwöchentlichen folgen die Anlagen der Gland. parotis und sublingualis. Diejenige der Gland. submaxillaris entsteht lateral von den paarigen Zungenwülsten am Hyoidbogen und liegt hinter dem im Mandibularbogen zur Zunge verlaufenden N. lingualis. Lateral von der Anlage der Gland. submaxillaris entsteht, gleichfalls als eine solide Epitheleinsenkung, die Gland. sublingualis. Beide Anlagen dringen, indem sie Sprossen treiben, seitlich von der Zunge in die Tiefe. Später verschiebt sich die Verbindung der Drüsen mit der Mundschleimhaut nach vorn, gegen das Frenulum linguae hin, sodann kreuzen die Ausführungsgänge den N. lingualis, um dicht nebeneinander an der Caruncula sublingualis auszumünden.

Die Gland. parotis entsteht in der achten Fetalwoche als eine solide Anlage von dem hintersten Teil einer Furche aus, welche vom Mundwinkel dorsalwärts verläuft. Die Anlage umwächst von vorne die laterale Fläche des M. masseter, gelangt bis in die Fossa retromandibularis und steht dann mittels des langen Ductus parotideus mit der Mundhöhle in Verbindung.

Das Bildungsmaterial der Drüse entstammt der dorsolateralen Wand der ersten (hyomandibularen) Schlundtasche (Nauck). Dieser Epithelbezirk wird in den Bereich der späteren Mundhöhle verschoben und nimmt seinen Nerven, den N. tympanicus (aus dem N. glossopharyngeus) mit. Derselbe verzweigt sich später an den Paries labyrinthicus des Cavum tympani und tritt mittels des N. petrosus superficialis minor mit dem Ganglion oticum des N. mandibularis (N. trigemini) in Verbindung. Vom Ganglion gehen sekretorische Fasern im N. auriculotemporalis zur Parotis. Die sekretorischen Fasern zu den Gland. submaxillaris und sublingualis kommen aus dem N. intermedius (Chorda tympani) im Anschlusse an den N. facialis.

3. Lymphatisches Gewebe der Mundhöhle.

Lymphatisches Gewebe stellt an der Basis linguae die Tonsilla lingualis her, an der seitlichen Wandung des Schlunddarmes zwischen dem Arcus palatoglossus und palatopharyngeus die Tonsilla palatina, endlich am Pharynxdache die Tonsilla pharyngea, Gebilde, welche von Waldeyer als Annulus lymphaticus zusammengefaßt wurden. Die Tonsilla lingualis entwickelt sich im Anschlusse an die weiten Ausführungsgänge der Schleimdrüsen der Radix linguae, in deren Umgebung schon im achten Fetalmonate eine Infiltration mit Lymphzellen auftritt, mit daran sich anschließender Bildung von Lymphfollikeln. Die Tonsilla palatina tritt im Anschlusse an den der zweiten Schlundtasche entsprechenden Sinus tonsillaris auf, und zwar im ventralen Teile dieser Bucht als Tonsillarhöcker, welcher sich in der Regel später zurückbildet, aber auch in Form einer am vorderen unteren Tonsillarrande entlang verlaufenden Falte, der Plica triangularis von His, bestehen bleiben kann.

Auch an der Tonsillaranlage erfolgt eine Infiltration der Submucosa mit Lymphzellen, wieder im Anschlusse an die Ausführungsgänge der Schleimdrüsen, deren Epithel gleichfalls von Lymphocyten durchsetzt ist. Die Umbildung zu lymphatischem Gewebe ist hier eine sehr langsame, denn erst nach der Geburt lassen sich deutliche Follikel nachweisen.

Über der Anlage der Tonsilla palatina liegt die gleichfalls dem Sinus tonsillaris angehörige Fossa supratonsillaris, von welcher manchmal eine als Rest des Ductus branchialis II zu deutende Ausstülpung ausgeht (s. Halsfisteln).

Als oberen Abschluß des Annulus lymphaticus finden wir am Pharynxdache die Tonsilla pharyngea, welche im Verlaufe des sechsten Fetalmonats durch die Infiltration einer Anzahl Schleimhautfalten mit Lymphocyten entsteht. Diese Falten sind häufig radiär angeordnet und richten sich gegen eine am Übergange der hinteren in die dorsale Pharynxwand gelegene Einsenkung, die jedoch recht inkonstant ist. Sie kann nach Tourneux als Recessus medianus pharyngis von einer häufig bloß embryonal vorkommenden, mit der Chorda dorsalis in Zusammenhang stehenden Einstülpung der Bursa pharyngea, unterschieden werden (Fig. 286 C). Übrigens können beide Bildungen zusammenfallen. Eine Verbindung zwischen der Chorda dorsalis und dem Pharynxepithel kommt bei menschlichen Embryonen häufig noch im dritten Fetalmonat vor; sie ist auch doppelt angetroffen worden (Fig. 286 B) in Form von Ausbuchtungen des Epithels, mit denen die Chorda sich verbindet. Diese Bildungen sind keineswegs konstant, sie kommen nach Rob. Meyer bloß in 20% der untersuchten Embryonen vor.

Augier hat für das Schwein mehrere (bis zu acht) Verbindungen zwischen dem Pharynxepithel und der Chorda beschrieben, die wahrscheinlich nach R. Rand sekundärer Natur sind.

Die Rachentonsille stellt ein in den ersten Lebensjahren recht mächtiges Gebilde dar, das aber im zweiten Lebensjahre eine auch nach dem Eintritt der Pubertät noch

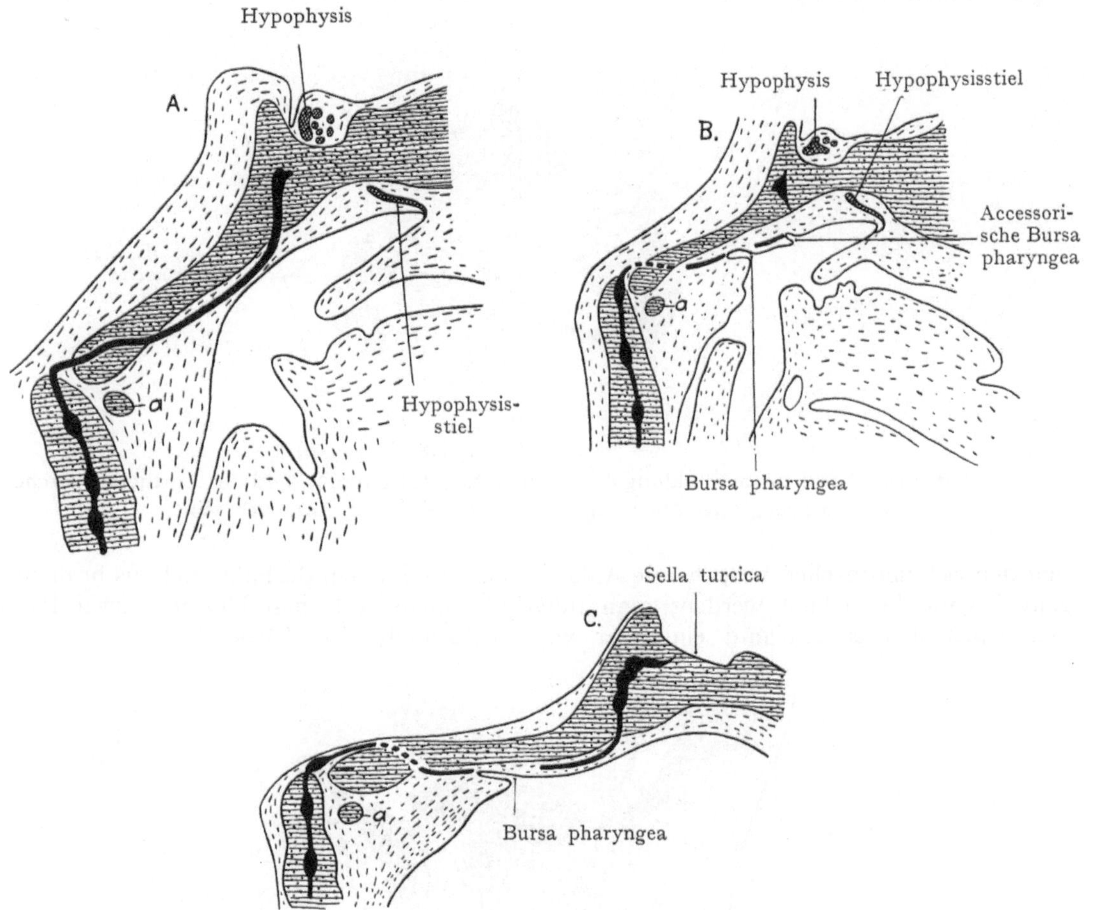

Fig. 286. Schädelbasis und Chorda. Medianschnitte.
Nach F. Tourneux u. J. P. Tourneux, Base cartilagineuse du crâne. J. de l'anat. et de physiol. 48. 1912.
a Arcus ant. atlantis.
A. Fetus hum. 36 mm Länge.
B. „ „ 44 „ „
C. „ „ 46 „ „

weiterschreitende Rückbildung antritt, ohne daß man jedoch in späterer Zeit von einem gänzlichen Schwunde des lymphatischen Gewebes an dieser Stelle der Pharynxwand sprechen könnte.

4. Bildung der Glandula thyreoidea.

Das Entoderm des Kiemendarmes bildet den Mutterboden für eine Reihe von Organen, welche als gemeinsames Merkmal den Charakter von Drüsen mit innerer Sekretion an sich tragen. Sie entstehen jedoch nach Art der Drüsen mit Aus-

führungsgängen als Einsenkungen des Epithels, ja sie stehen zunächst mittels Ausführungsgängen mit dem Kiemendarm in einer Verbindung, die sich erst relativ spät
löst und ausnahmsweise in größerer oder geringerer Ausdehnung bestehen bleibt. Abgesehen von der Gland. thyreoidea, die aus einer unpaaren medianen Anlage am Boden
des Kiemendarmes, entsprechend der Grenze zwischen dem Mandibular- und dem Hyoidbogen, entsteht, treten die übrigen hier in Betracht kommenden Gebilde als paarige,

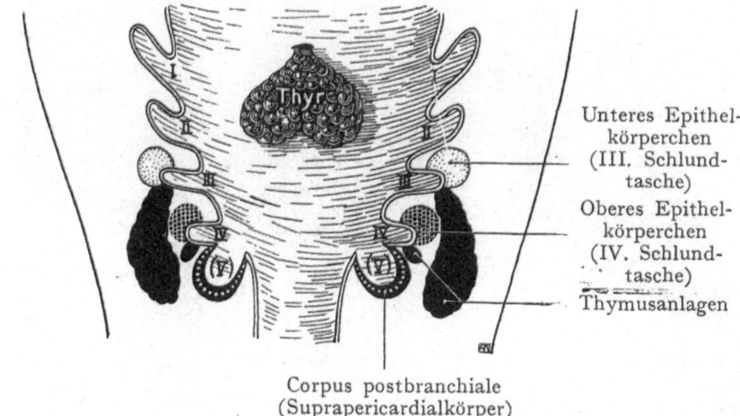

Fig. 287. Schema der frühen Entwicklung der Thyreoidea, des Thymus und der Epithelkörperchen.
Mit Benützung einer Abbildung von Groschuff, Anat. Anz. XII. 1896.

von den Schlundtaschen ausgehende Anlagen auf. Sie können deshalb auch als branchio-
gene Organe bezeichnet werden; man führt als solche auf: den Thymus, zwei Paare
von Epithelkörperchen und ein Paar von postbranchialen Körperchen.

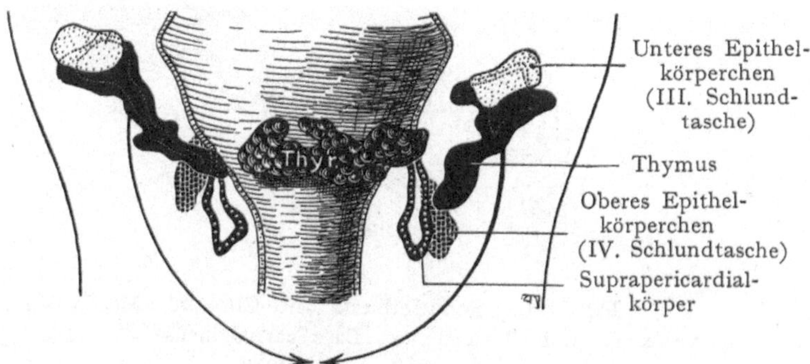

Fig. 288. Anlagen der Thyreoidea, des Thymus und der Epithelkörperchen. Menschlicher Embryo
von 14 mm Länge.
(F. Tourneux und P. Verdun, Journ. de l'anat. et de la physiol. 33. 1897.)

Die Glandula thyreoidea entsteht bei allen bisher untersuchten Wirbeltieren aus
einer einzigen medianen, vom Boden des Kiemendarmes (Area interbranchialis) ausgehenden Ausstülpung oder Wucherung des Entoderms. Diese Anlage nimmt den
aboralen Teil einer Grube zwischen den beiden Hälften des II. Schlundbogens ein. An
Stelle der Grube tritt später ein längsovaler Höcker (Guthzeit), der am besten
als Tuberculum thyreoideum bezeichnet wird. Sodann beginnt die Anlage in die
Tiefe zu wachsen, die Oberfläche des Mundbodens wird hier wieder vertieft und stellt
nunmehr das For. caecum dar. Die unpaare Anlage der Zunge tritt erst viel später
als ein Höcker zwischen dem ersten und zweiten Schlundbogen, den wir am passend-

sten als Tuberculum linguale mediale bezeichnen, auf, von dem die seitlichen Anlagen der Zunge (s. Figg. 283 und 284) zu unterscheiden sind. Beim Menschen bleibt die Anlage der Gland. thyreoidea bei ihrem Auswachsen nach hinten durch einen Gang, den Ductus thyreoglossus, mit ihrem Mutterboden in Zusammenhang und sendet nach Art einer alveolären oder tubuloalveolären Drüse Zellbalken aus, welche die seitlichen Lappen bilden. Durch Wachstumsvorgänge in der Umgebung wird die

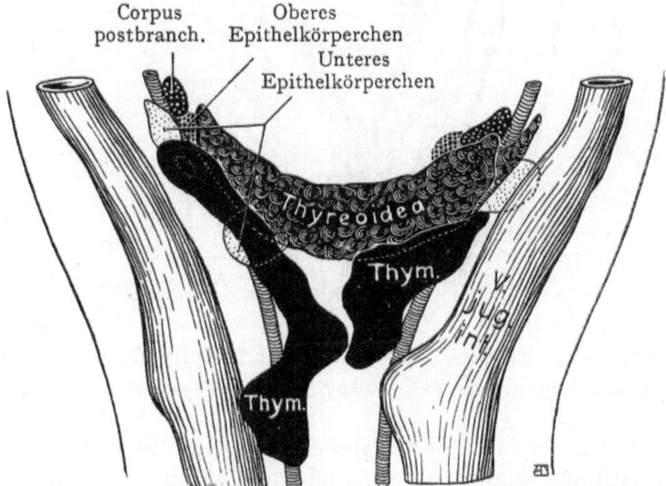

Fig. 289. Entwicklung der Thyreoidea, des Thymus usw. Embryo von 18 mm.

Anlage in caudaler Richtung verlagert, entfernt sich also immer mehr von ihrem eigentlichen Mutterboden, der noch beim Erwachsenen im For. caecum der Zunge nachweisbar ist. Der Ductus thyreoglossus gewinnt dabei an Länge, doch wurde er von His auch bei einem Embryo von 16 mm Nacken-Steißlänge gefunden, und

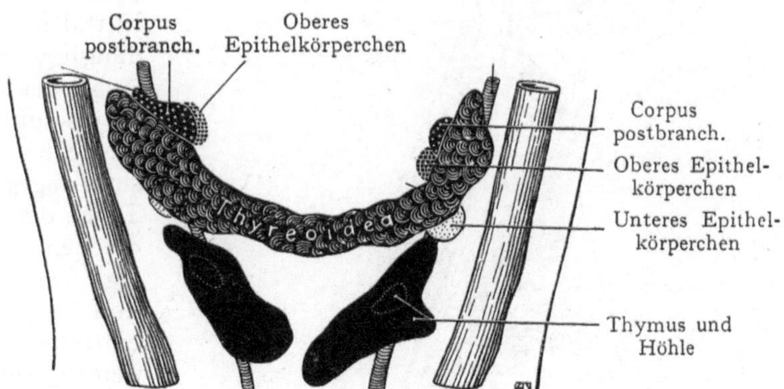

Fig. 290. Thymus und Thyreoidea. Embryo von 16 mm.

zwar in der ganzen Ausdehnung der Strecke vom For. caecum bis zur Schilddrüse. Die ganze Gland. thyreoidea wird von dieser unpaaren medianen Anlage aus gebildet; es verdient dies besonders betont zu werden, im Hinblick auf die früher angenommene Beteiligung von paarigen Anlagen an der Bildung der Lobi laterales der Drüse, welche erstere von der vierten Schlundtasche aus entstehen sollten (s. unten).

Nicht selten bleibt der Ductus thyreoglossus beim Erwachsenen in größerer oder geringerer Ausdehnung erhalten, ja es können sich von ihm aus Massen von

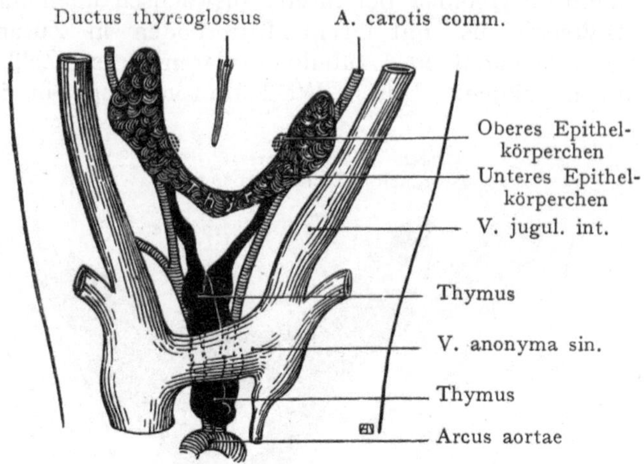

Fig. 291. Thymus, Thyreoidea und Epithelkörperchen.
Figg. 28ɔ—291 nach Tourneux und Verdun, Journ. de l'anat. et de la physiol. 33. 1897.

Schilddrüsengewebe an irgend einer Stelle auf der Strecke zwischen dem For. caecum und dem Isthmus glandulae thyreoideae bilden (Fig. 292). Solche Glandulae

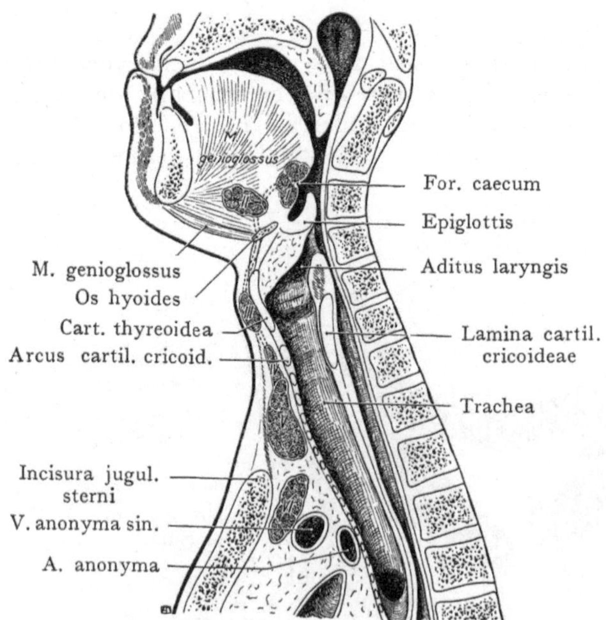

Fig. 292. Schematische Darstellung der Orte, an denen sich accessorisches Schilddrüsengewebe entwickeln kann.

Duct. thyreoglossus punktiert.

I. In der Nachbarschaft des For. caecum.
II. Intralingual.
III. Praelaryngeal (IV. Proc. pyramidalis).
V. Normale Schilddrüse.
VI. Accessorische retrosternale Schilddrüse.

thyreoideae accessoriae superiores (obere Nebenschilddrüsen) können am For. caecum oder in der Muskelmasse der Radix linguae oder auch vor dem Schildknorpel liegen. Der Proc. pyramidalis glandulae thyreoideae ist in seiner verschiedenen Entfaltung auf eine solche Bildung von Schilddrüsengewebe längs des Ductus thyreoglossus zurückzuführen. Glandulae thyreoideae accessoriae inferiores sind dagegen von abgesprengten Teilen der Schilddrüse abzuleiten, die den Senkungsprozeß der Anlage weiter fortgesetzt haben und sogar bis in den Thorax eintreten können, wo sie hinter dem Sternum angetroffen werden (Gland. thyreoideae accessoriae retrosternales). Von großer praktischer Bedeutung ist die Tatsache, daß alle diese accessorischen Schilddrüsen hypertrophieren können, so daß mit der Möglichkeit eines lingualen, eines laryngealen oder eines retrosternalen Kropfes zu rechnen ist.

5. Thymus.

Der Thymus und die Epithelkörperchen stammen aus dem Epithel der Schlundtaschen, sind also, ebenso wie die Gland. thyreoidea, entodermaler Herkunft. Aus zunächst gleichartigen epithelialen Anlagen entstehen Organe von sehr verschiedener Struktur und Funktion.

Bei den Selachiern entsteht der Thymus aus mehreren epithelialen Sprossen, welche sich von den dorsalen Enden der Schlundtaschen loslösen. Diese hintereinander gelegenen Anlagen vereinigen sich zu einer länglichen, später dorsal von den Kiemenspalten gelegenen Masse, welche durch Einwachsen von Mesenchymzellen unter Bildung zahlreicher Lymphocyten eine eigentümliche Gewebsmetamorphose erfährt. An Stelle der epithelialen, aus mehreren Schlundtaschen (bei Acanthias aus der zweiten bis sechsten) entstehenden Masse sehen wir sodann lymphatisches Gewebe vor uns, in welchem nur noch spärliche Reste der epithelialen Anlage in Form von Epithelperlen (Hassallsche Körper) nachzuweisen sind.

Beim Menschen ist die Anlage des Thymus in der Hauptsache auf die dritte Schlundtasche beschränkt, und zwar auf den ventralen Teil derselben, wo bei Embryonen von 6 mm Länge eine caudalwärts sich erstreckende Ausbuchtung des Epithels auftritt (Fig. 287). Diese wächst über die vierte Schlundtasche hinunter und löst sich bei Embryonen von 14 mm Länge von ihrem Mutterboden ab (Fig. 288). Mit dieser Hauptanlage verbindet sich auch manchmal eine kleine, von dem ventralen Umfange der vierten Schlundtasche herstammende Epithelmasse, die jedoch selten (als Thymusmetamer IV) persistiert. Solange die Hauptanlage mit ihrem Mutterboden, der dritten Schlundtasche, in Zusammenhang steht, können wir auch einen in den Pharynx ausmündenden Gang, den Ductus thymopharyngeus nachweisen. Dieser verschwindet sehr frühzeitig, wahrscheinlich infolge der Verschiebung der Anlage in caudaler Richtung, doch bleibt manchmal eine kleine Höhle in dem Thymus zurück, die wir als Rest der Schlundtaschenausstülpung aufzufassen haben. Die Bedeutung des Ductus thymopharyngeus kann sich jedoch noch spät geltend machen, denn in ganz ähnlicher Weise wie sich bei der Glandula thyreoidea Schilddrüsengewebe vom Ductus thyreoglossus aus bilden kann, so können vom Ductus thymopharyngeus aus accessorische Thymusmassen entstehen, welche den von der Drüse bei ihrem Descensus in den Brustkorb eingeschlagenen Weg angeben. Ein solcher Fall, bei welchem der linke Thymuslappen sich in Form eines keulenförmig endigenden Stranges bis zur Höhe des Zungenbeinkörpers hinaufzieht, ist in Fig. 294 dargestellt. Wahrscheinlich ist hier die Verbindung der Thymusanlage mit dem Pharynx lange erhalten geblieben, so daß die endgültige Abschnürung der Anlage erst zu einer Zeit erfolgte, da der Hauptteil der beiden Thymuslappen sich bis vor die Brusteingeweide gesenkt hatte (Gertrud Bien). Eine solche Bildung ist übrigens bei einigen Säugetieren als Norm nachgewiesen worden (Lemur, Pteropus edulis, Galeopithecus).

Die Histogenese des Thymus ist eine höchst eigenartige und in einzelnen Punkten noch nicht aufgeklärte. Wir sehen aus einer epithelialen Anlage zum Schlusse ein Organ hervorgehen, das im histologischen Aufbau eine gewisse Ähnlichkeit mit einer Lymphdrüse zu besitzen scheint (Fig. 293). In einem Reticulum befindet sich, gewissermaßen suspendiert, eine große Anzahl von Lymphocyten; die periphere Schicht ist durch die dichte Anordnung derselben als Rinde von einer zentralen Partie, dem Mark, differenziert. Dagegen sind die als Derivate des Epithels sich kundgebenden Hassallschen Körper dem Thymus eigen, außerdem findet man nicht selten große, quergestreifte Zellen oder Fasern (myoide Elemente), welche an die Purkinjeschen Zellen des Herzens oder auch an quergestreifte Muskelfasern erinnern; ferner fehlen in dem Thymus sowohl ein Lymphsinus als die Zirkulation der Lymphe.

20*

Das Reticulum des Thymus entsteht sicher zum allergrößten Teile infolge einer Auflockerung der Epithelzellen, die etwa mit der Bildung der Schmelzpulpa aus den Zellen des Schmelzorgans zu vergleichen wäre. Dieselben bilden ein aus sternförmig verzweigten Zellen bestehendes Reticulum, in welchem die Lymphocyten suspendiert sind. Der brennende Punkt in der Histogenese des Thymus ist die Herkunft dieser letzteren. Hier stehen sich zwei Ansichten gegenüber. Nach der einen wandeln sich die Zellen der epithelialen Anlage teilweise in lymphocytenartige Zellen um; es wäre demnach der ganze Thymus epithelialer Herkunft(Transformationstheorie). Nach der zweiten Ansicht wandern die Lymphocyten von außen her in das durch Umwandlung der Epithelzellen entstandene Reticulum ein, um sich hier zu vermehren. Im Mark sind verhältnismäßig wenig Lymphocyten vorhanden, nach A. Hartmann soll es später entstehen als die Rinde, „indem an einzelnen Stellen die Epithelzellen hypertrophieren und sich zu syncytialen großen und blaßkernigen Massen verbinden, während die Lymphocyten aus diesen Bezirken sich entfernen resp. an Ort und Stelle degenerieren". Lymphocyten und Epithel führen eine Art Symbiose (Jolly). Die Infiltration des aufgelockerten Epithels durch Lymphocyten beginnt nach Hammar schon bei menschlichen Embryonen von 30 mm

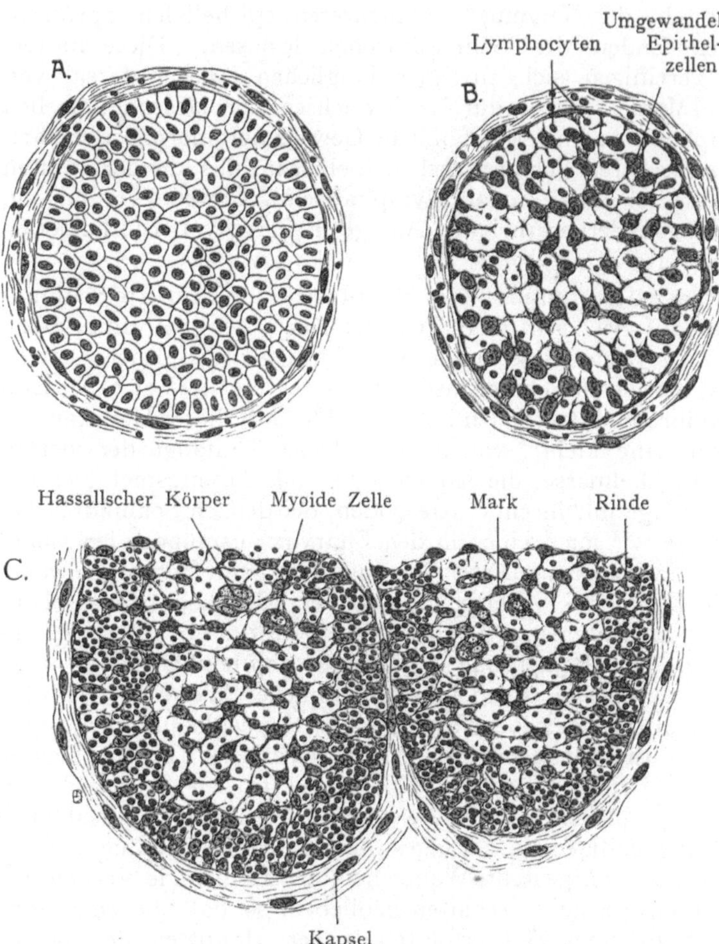

Fig. 293. Schema der Histogenese des Thymus.
Zum Teil nach Hammar, Anat. Anz. 27. 1905.
A. Epitheliale Anlage vor Einwanderung der Lymphocyten.
B. Anlage nach Bildung des Reticulums. Beginnende Einwanderung der Lymphocyten, aber noch kein Unterschied zwischen Rinde und Mark.
C. Nach der Differenzierung von Mark- und Rindenzone.

Länge; bei solchen von 40 mm Länge läßt sich die Abgrenzung einer Markschicht nachweisen und Hassallsche Körperchen treten bei Embryonen von 50 mm Länge auf. Die Größe der letzteren übersteigt selten 25—50 μ im Querschnitte mit einem Maximum während der fetalen Entwicklung von 200 μ, nach der Geburt von 500 μ, ganz ausnahmsweise von 1000 μ. Diese Ansicht (Immigrationstheorie), welche neuerdings besonders von Hammar und Maximow vertreten wird, faßt die Tonsillen, die Noduli lymphatici aggregati (Peyeri) des Dünndarms und den Thymus als lymphoepitheliale Organe zusammen (auch die Bursa Fabricii der Vögel gehört hierher). Sie gewinnt in der neueren Zeit immer mehr Anhänger.

Übrigens „unterscheidet sich das Thymusreticulum von demjenigen der echten Lymphdrüsen dadurch, daß sich aus seinen Zellen niemals Collagen- oder Reticulinfasern herausdifferenzieren. Dies ist aus Präparaten, welche mit Malloryschem oder Hansenschem Hämatoxylin gefärbt sind, leicht zu entnehmen" (Hammar).

Eigentümlich und in bezug auf ihre Herkunft rätselhaft sind die myoiden Elemente, welche bisweilen in dem Thymus vorkommen; sie sind echte quergestreifte Muskelzellen auf den verschiedensten Stufen der Entwicklung. Besonders genau wurden sie beim Hühnchen beobachtet, wo sie wahrscheinlich durch Einwachsen von Zellen des Schlundbogencoeloms in die Thymusanlage entstehen; nach einigen Autoren (Hammar) entstammen sie den Reticulumzellen.

Die beiderseitigen Thymusanlagen nähern sich bei ihrer caudalwärts erfolgenden Wanderung und kommen schließlich in Berührung miteinander (Fig. 291). An Schnitten kann man jedoch immer zwei Lappen der Drüse unterscheiden, welche den beiden Anlagen entsprechen und oft von verschiedener Größe sind, indem bald der linke, bald der rechte vorwiegt. Der Thymus ist ein Organ, welches normalerweise bloß während der beiden ersten Lebensjahre in seiner vollen Entfaltung besteht und an Größe zunimmt, während nach dem zweiten Jahre eine als Involution zu bezeichnende Rückbildung Platz greift, welche zum fast gänzlichen Schwunde des Thymusgewebes beim Erwachsenen führt. Für diese Vorgänge sei auf die Handbücher der normalen und pathologischen Histologie verwiesen.

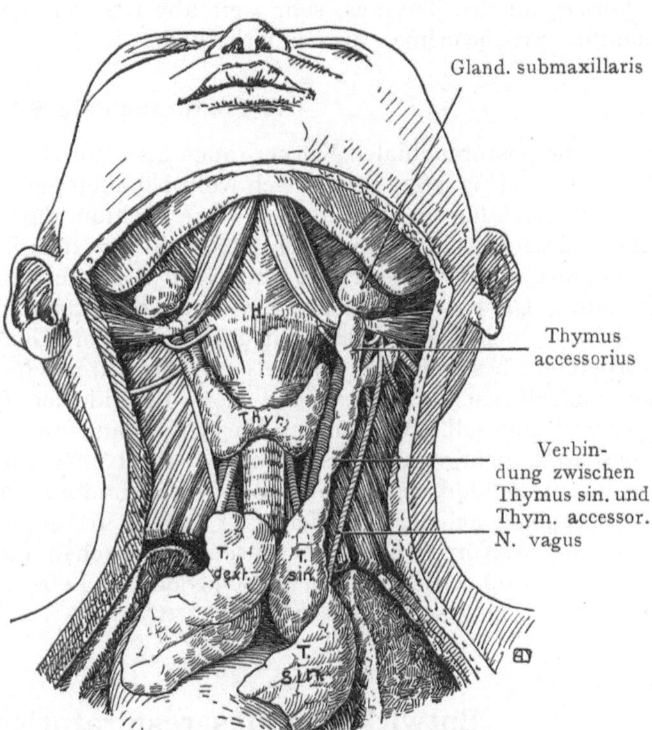

Fig. 294. Starke Ausbildung eines Thymus accessorius, der bis an das Os hyoides heranreicht.
Nach Gertrud Bien. Über accessor. Thymuslappen im Trigonum caroticum. Anat. Anz. XXIX. 1906.
H. Corpus ossis hyoidei. Thyr. Gland. thyreoidea. T. dext. T. sin. Thymus dexter und sinister.

6. Epithelkörperchen.

Als Epithelkörperchen bezeichnen wir Gebilde, deren Anlagen beim Menschen von dem Epithel der dritten und vierten Schlundtasche, und zwar dorsal von den Anlagen des Thymus (Fig. 287) in Form von soliden Auswüchsen des Epithels geliefert werden. Diese lösen sich alsbald von ihrem Mutterboden ab und schließen sich mehr oder weniger innig der dorsalen Fläche der seitlichen Schilddrüsenlappen an; eine rein topographische Beziehung, indem die histologische Differenzierung der Epithelkörperchen nach einer ganz andern Richtung vor sich geht als diejenige der Schilddrüse. In die zuerst soliden Epithelkörperchenanlagen dringen Bindegewebszellen ein und zerlegen dieselben in eine Anzahl von Balken, zwischen denen sich zahlreiche Gefäße verzweigen. Niemals werden in den Epithelkörperchen die für die Gland. thyreoidea so charakteristischen, mit Colloid gefüllten Bläschen angetroffen. Das Epithelkörperchen der dritten Schlundtasche (in Fig. 287 fein punktiert) liegt zuerst in nächster Nähe der

Hauptanlage des Thymus, mit welcher es caudalwärts verschoben wird, bald schließt es sich jedoch der hinteren Fläche des seitlichen Schilddrüsenlappens an, und zwar unterhalb des aus der vierten Schlundtasche stammenden Epithelkörperchens. Dieses (in Fig. 287 weiß schraffiert) wird dann als oberes Epithelkörperchen bezeichnet.

Die Lage der Epithelkörperchen zeigt übrigens eine große Variation; gewöhnlich schließen sie sich der äußeren Kapsel der Gland. thyreoidea an, oft zwischen dieser Kapsel und dem Ösophagus oder der Trachea. Die untern aus der dritten Schlundtasche stammenden Epithelkörperchen können auch, wahrscheinlich infolge ihres Anschlusses an den Thymus, sehr weit abwärts verlagert sein; so sind sie sogar auf dem zehnten Trachealringe, also innerhalb der Brust, angetroffen worden.

7. Postbranchiale Körper.

Die postbranchialen Körper (auch als ultimobranchiale oder Suprapericardialkörper bezeichnet) (Fig. 287) finden sich wohl bei allen gnathostomen Wirbeltieren und nehmen ihre Entstehung beiderseits aus dem Schlunddarm, unmittelbar hinter der letzten Schlundtasche, in Form einer Ausbuchtung des Epithels, welche sich als Bläschen abschnürt, caudalwärts rückt und einen Anschluß an den lateralen Schilddrüsenlappen gewinnt. Die postbranchialen Körper sind als Drüsen mit innerer Sekretion aufzufassen, welche jedoch keine Verwandtschaft mit der Gland. thyreoidea oder den Epithelkörperchen besitzen. Bei Säugetieren treten manchmal Bläschen mit Colloidinhalt auf, der jedoch nach Grosser mit dem Colloid der Gland. thyreoidea chemisch nicht identisch sein soll. Bei niederen Formen kommt die Bildung solcher colloidartiger Massen überhaupt nicht vor, jedenfalls beruht die früher allgemein vertretene Ansicht, daß die seitlichen Schilddrüsenlappen von den ultimobranchialen Körpern als paarige Schilddrüsenanlage geliefert werden, auf einem Irrtume. Nach Verdun sollen die postbranchialen Körper beim erwachsenen Menschen nicht mehr nachzuweisen sein, nach Getzowa können sie in den verschiedensten Lebensaltern vorkommen und sind in die Thyreoidea eingeschlossen.

Entwicklung des respiratorischen Apparates.

Die Entwicklung des respiratorischen Apparates geht von der unmittelbar auf den Kiemendarm folgenden Strecke des Vorderdarmes aus, die eine starke seitliche Kompression aufweist, so daß wir daran eine dorsale und eine ventrale Darmrinne unterscheiden können. Die ventrale Rinne kommt für die Entwicklung des Kehlkopfes, der Bronchien und der Lungen in Betracht.

An ihrer ventralen Kante bildet sich eine auf die seitlichen Wandungen sich weiterziehende Epithelverdickung, das unpaare Lungenfeld. Dieses gewinnt dadurch an Ausdehnung, daß zwei in caudaler Richtung sich erstreckende seitliche Fortsätze desselben auftreten. Sie gehen cranialwärts in das unpaare Lungenfeld über.

Weiterhin werden nun diese Anlagen durch eine frontal eingestellte Falte von dem Vorderdarm abgetrennt, sodann die seitlichen Fortsätze des Lungenfeldes durch eine sagittal eingestellte Falte voneinander getrennt. Die so entstehenden seitlichen Säckchen, welche sich cranialwärts in einen gemeinsamen Raum öffnen, beginnen caudalwärts stark auszuwachsen, wobei sehr frühzeitig das rechte einen Vorsprung vor dem linken gewinnt, indem es offenbar von Anfang an ein Plus an Bildungsmaterial enthält.

Die ventrale Darmrinne, welche caudal vom ventralen Ende der vierten Schlundbogen beginnt, wird cranial durch einen Querwulst, aus welchem die Epiglottis hervorgeht, abgeschlossen. Bei der Abtrennung des Lungenfeldes von dem Vorderarm durch

Ausbildung einer frontal eingestellten Falte bleibt hier eine Öffnung bestehen (primitiver Aditus laryngis), der in einen länglichen unpaaren Raum führt; dieser wird zum Cavum laryngis und zur Trachea.

1. Entwicklung des Larynx.

Die Öffnung der Lungenrinne oder richtiger gesagt des aus derselben hervorgegangenen Rohres in den Vorderdarm zeigt sehr bald eine Scheidung in zwei Abschnitte,

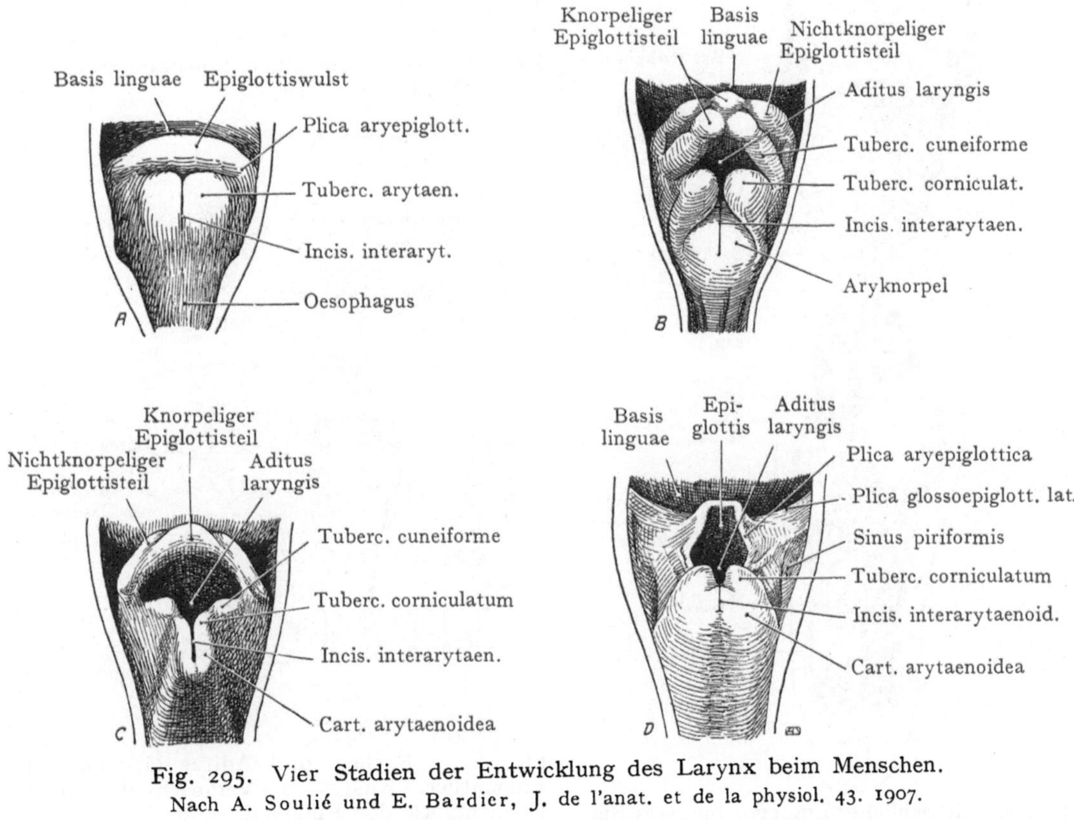

Fig. 295. Vier Stadien der Entwicklung des Larynx beim Menschen.
Nach A. Soulié und E. Bardier, J. de l'anat. et de la physiol. 43. 1907.

A Embryo von 30 mm   C Embryo von 55 mm
B   ,,   ,, 40 ,,   D   ,,   ,, 29—43 cm

einen vordern mehr in die Breite gezogenen, oralwärts durch den Epiglottiswulst begrenzten und einen hintern median gestellten, durch zwei Vorsprünge, die Tubercula arytaenoidea, eingeengten Spalt. Der vordere breitere Teil der Öffnung erhält seitlich durch die in den Epiglottiswulst übergehenden Plicae aryepiglotticae eine Begrenzung; er stellt den Aditus laryngis dar, der spaltförmige hintere Abschnitt die Incisura interarytaenoidea. So finden wir den Kehlkopf bei einem menschlichen Embryo von 30 mm ausgebildet (Fig. 295 A).

Die Epiglottis entsteht schon bei Embryonen von 40 mm im Anschluß an den vierten Schlundbogen und die entsprechende Partie der Area interbranchialis (Fig. 295 B). Die Tubercula arytaenoidea, denen später die Tubercula cuneiformia und corniculata entsprechen, sind wahrscheinlich bloß auf die wulstförmig sich erhebenden Ränder der Lungenrinne zurückzuführen, doch fehlt es nicht an Stimmen (Kallius), welche die erwähnten Tubercula von einem fünften, caudalwärts allerdings nicht abzugrenzenden Schlundbogen herleiten. Schon bei Embryonen von 55 mm Länge stellt sich der Aditus laryngis annähernd so dar wie beim Erwachsenen. In Fig. 295 C sehen wir ein solches Bild. Die seitlichen Teile des Epiglottiswulstes bleiben gegenüber dem mittleren Teile, in welchem Knorpelgewebe auftritt, an Wachstum zurück; die Tubercula cuneiformia prägen sich aus, die Incisura interarytaenoidea ist deutlich abgegrenzt. Bei einem Fetus von 29 cm Länge ist der Aditus laryngis relativ eng geworden, die Epiglottis steht hinten mittels der Plicae aryepiglotticae mit den Tubercula cuneiformia in Zusammenhang. Zwischen der Epiglottis und der Basis linguae haben sich

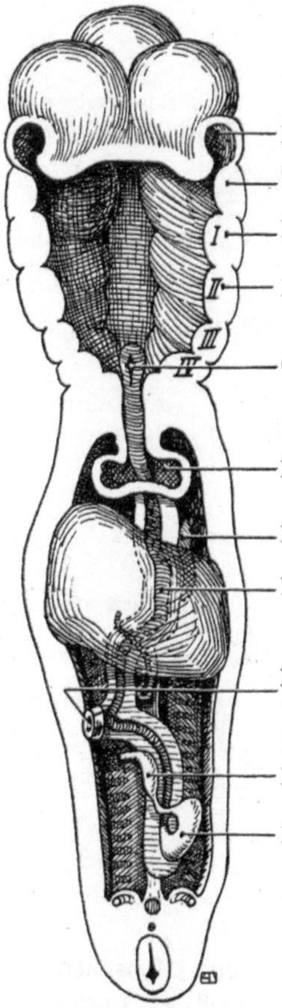

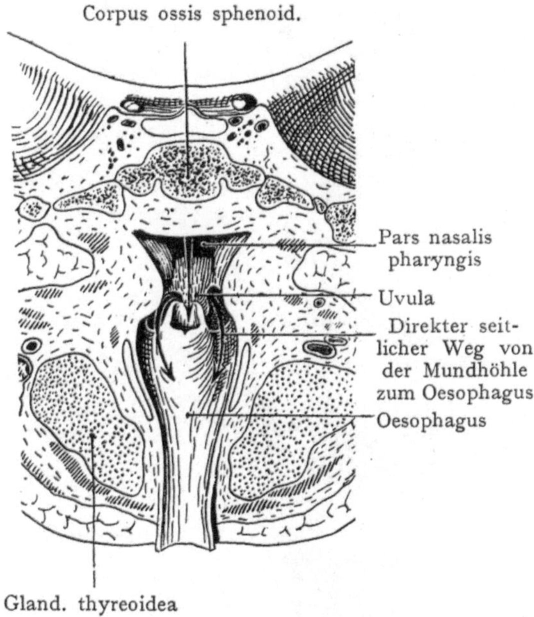

Fig. 296. Menschlicher Embryo, jüngeres Stadium, z. T. auf einem Frontalschnitt eröffnet. Nach W. His, Menschl. Embryonen. 20× vergr. Taf. VII. Fig. B 2.

Fig. 297. Rachen und Aditus laryngis eines 5 monatlichen Kindes zur Veranschaulichung des Hochstandes der Epiglottis und der unmittelbaren Fortsetzung des nasalen Luftweges in den Larynx. Nach C. Hasse. Arch f. anat. Entw.-Gesch. 1905.

die Valleculae ausgebildet, seitlich vom Larynxeingang liegt der Sinus piriformis mit der Plica n. laryngei (Fig. 295 D).

Stellung des Kehlkopfeinganges. Der Aditus laryngis steht beim Fetus und auch noch beim Neugeborenen bedeutend höher als beim Erwachsenen, ja er ragt oft geradezu in die Pars nasalis pharyngis hinauf. Die Fig. 297 zeigt das Verhalten bei einem fünf Monate alten Kinde in der Ansicht von hinten. Die Epiglottis berührt hier die hintere Fläche der Uvula und bildet gewissermaßen eine abwärts gegen den Aditus laryngis führende Fortsetzung des Palatum molle; später rückt der Kehlkopf allmählich nach unten, in Verbindung mit dem physiologischen Descensus der Hals- und Brustorgane. Der Hochstand des Aditus laryngis, den wir noch in den ersten Lebensjahren finden, hängt wohl, wie C. Hasse ausführlich dargelegt hat, damit zusammen, daß bei Säuglingen der Atmungsweg von den Speichel- und Nahrungswegen vollständig getrennt sein muß, wenn das Sauggeschäft richtig vonstatten gehen soll. Beim Hochstande des Aditus laryngis, wie er in Fig. 297 dargestellt ist, geht der Luftstrom unbehindert aus der Pars nasalis pharyngis in den Kehlkopf, während die Milch entsprechend der Richtung der Pfeile in den Sinus piriformes ihren Weg nach unten zum Oesophagus nimmt. Außer bei den Anthropoiden und beim Menschen ragt bei den meisten Säugern der Kehlkopf bis in den Isthmus faucium hinauf, wo er von den Musculi palatopharyngei umfaßt wird, die wir geradezu als Mm. sphincteres isthmi faucium bezeichnen könnten. So geht auch für die meisten höheren Säuger der Speiseweg seitlich am Kehlkopfe vorbei, und zwar sowohl für Flüssigkeiten als auch für die gekaute Nahrung.

Im Lumen des Kehlkopfes tritt sehr frühzeitig eine Epithelwucherung auf, welche auf gewissen Fetalstadien zu einem mehr oder weniger vollständigen Verschlusse des Lumens führt. Solche Epithelverklebungen, welche übrigens auch an anderen Stellen des Darmes vorkommen (siehe Oesophagus und Dünndarm) lösen sich später vollständig.

Das Skelet des Larynx kann jetzt mit der größten Wahrscheinlichkeit aus den Knorpelspangen des vierten und fünften Schlundbogens abgeleitet werden. Das Zungenbein entsteht aus dem zweiten (Hyoid) und dem dritten Bogen sowie aus den medianen Verbindungsstücken dieser beiden Bogen (Copula). „Das kleine Zungenbeinhorn, das aus dem Hyoidbogen hervorgeht, stellt in der Ontogenie einen außerordentlich mächtigen Visceralknorpel dar, der diese starke Ausbildung seinen ursprünglichen Beziehungen zum ersten oder Mandibularbogen verdankt, mit dem er dorsalwärts zusammenhängt“ (Kallius). Der dritte Bogen bildet das große Zungenbeinhorn und den größten Teil des Zungenbeinkörpers. Die Cartilago thyreoidea hängt in gewissen Stadien an der Stelle, wo sie später das Cornu superius ausbildet, mit dem dritten Bogen zusammen, doch löst sich diese Verbindung später, indem als Reste derselben bloß noch das Ligamentum hyothyreoideum und die Cartilago triticea zurückbleiben. Höchstwahrscheinlich entsteht die Cartilago thyreoidea aus dem vierten und fünften Schlundbogen; ein allenfalls auftretendes Foramen thyreoideum soll die ursprüngliche Trennungslinie andeuten (siehe die Entwicklung der Kopfnerven u. Fig. 183).

2. Entwicklung der Lungen.

Die aus den caudalwärts sich erstreckenden seitlichen Fortsätzen des Lungenfelds ihre Entstehung nehmenden Lungensäckchen wachsen caudal- und dorsalwärts aus (Figg. 296 u. 298), indem sie sich in das Coelom vorbuchten und den Vorderdarm ventral und lateral bedecken. Schon sehr früh läßt sich ein Größenunterschied zwischen den beiden Bläschen bemerken, indem, abgesehen von den seltenen Fällen der Transpositio viscerum, das rechte größer ist als das linke. Beide Bläschen bilden bei ihrem Auswachsen sekundäre Bläschen, das linke zwei, das rechte drei, die den späteren Lungenlappen entsprechen (Fig. 298 C), auch setzen sich die Lungenanlagen jetzt schärfer von der durch Zusammenschluß ihrer Ränder zur Trachea und zum Larynx umgewandelten Lungenrinne ab; die Trachea teilt sich dann in die beiden Bronchien, von denen die sekundären Lungenbläschen abgehen. Diese treiben wieder neue Bläschen, kurz es entsteht das Bild, welches wir bei der Entwicklung von alveolären Drüsen überhaupt antreffen. Das Ende des primitiven Lungensäckchens wächst rascher als der übrige Teil, so daß ein die ganze Lunge durchziehender Hauptbronchus entsteht, der Seitenbronchien abgibt (Fig. 298 E).

Eine accessorische Lunge ist mehrmals in Form einer Masse von Lungengewebe, welche mittels eines besonderen Bronchus mit der Trachea in Zusammenhang steht, beobachtet worden. Wahrscheinlich ist in solchen Fällen der Bronchus der Nebenlunge

:sekundär von dem apicalen Bronchus der Hauptlunge auf die Trachea hinübergerückt
und hat so Veranlassung dazu gegeben, daß die betreffende Lungenpartie eine gewisse
:Selbständigkeit erwarb.

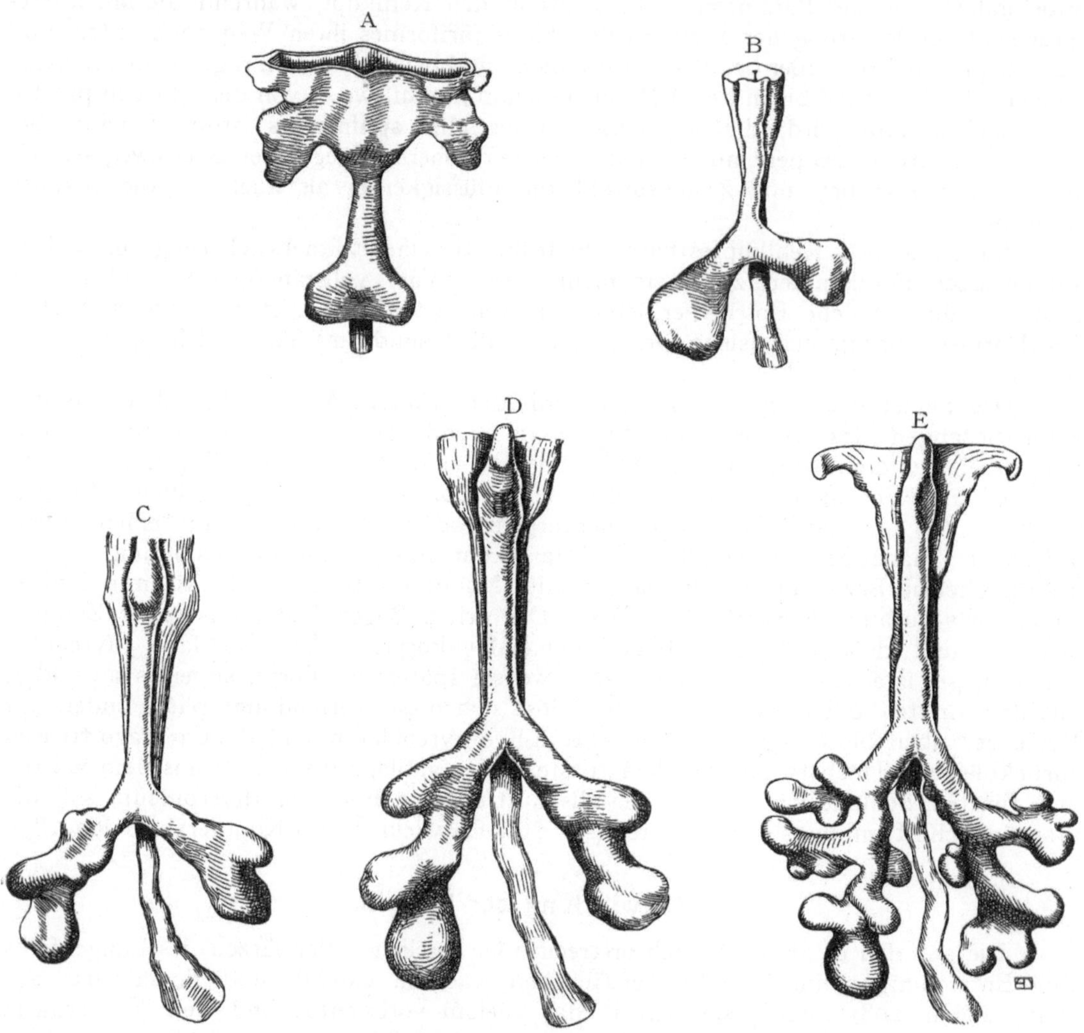

Fig. 298. Entwicklung der Lungen beim menschlichen Embryo.
Nach R. Heiss, Arch. f. Anat. u. Entw.-Gesch. 1919.

A Embr. hum. 4   mm   C Embr. hum. 6,7 mm
B   ,,   ,,   5,9 ,,   D   ,,   ,,   8   ,,
        E Embr. hum. 9 mm.

Tubus digestorius.

Derselbe umfaßt den Oesophagus, den Magen und den Darm (Intestinum).

1. Oesophagus.

Derselbe bildet zu der Zeit, da der Magen sich spindelförmig zu erweitern beginnt,
eine kurze und verhältnismäßig weite Verbindung zwischen Kopfdarm und Magen. In
der vierten bis fünften Fetalwoche beginnt er, gleichzeitig mit der Bildung der Lungen

und dem Zusammenschlusse der Lungenrinne zur Herstellung des Larynx und der Trachea, in die Länge zu wachsen; dabei liegt er der Trachea dorsal an. Seitlich finden wir die Lungenanlagen, welche sich lateral- und dorsalwärts in das pleuropericardiale Coelom vorstülpen. Der Oesophagus besteht in frühen Stadien aus einer einfachen Schicht von Zylinderzellen, die sich jedoch bald zu einem mehrfach geschichteten Plattenepithel umwandeln; dazu kommt die in der oberen Partie quergestreifte, in der unteren glatte Muskulatur der Wandung. Die Metaplasie des Epithels (Umwandlung in mehrfach geschichtetes Plattenepithel) ist offenbar eine frühzeitige Anpassung des Oesophagus an die Funktion, welche ihm später zukommt, nämlich die in der Mundhöhle zerkleinerte und durchfeuchtete Nahrung in den Magen überzuführen. Demgegenüber tritt die sekretorische Funktion, die sonst in der Schleimhaut des Tubus digestorius stark ausgebildet ist, in den Hintergrund. Auch im Oesophagus finden wir die schon beim Larynx erwähnten Epithelverklebungen (Fig. 299), welche sogar zu einer gänzlichen Obliteration des Lumens führen können. Bei einigen Wirbeltieren geht diese Erscheinung so weit, daß zu einer gewissen Zeit der Entwicklung im ganzen Oesophagus ein Lumen vermißt wird. Es ist nicht ausgeschlossen, daß Stricturen des Oesophagus, wenigstens in einzelnen Fällen, auf derartigen Epithelverklebungen beruhen, welche dann eine Durchwachsung von Bindegewebszellen erfahren müßten. Auffallend ist das relativ häufige Vorkommen von Flimmerepithel in größerer oder geringerer Ausdehnung am Oesophagus, und zwar schon bei menschlichen Feten von 44—66 mm Länge. Schridde hat bei 70 %

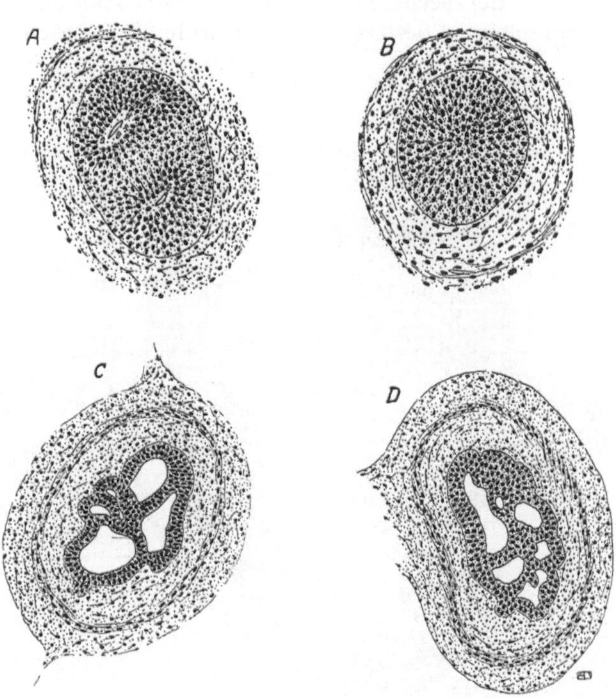

Fig. 299. Schnitte durch den Oesophagus zur Veranschaulichung der Verklebungen, Vacuolenbildungen im Oesophagusepithel.

A, B Embryo von 11,7 mm
C, D   „   „   20,5 „

Nach H. Forssner, Die angeborenen Darm- und Oesophagusatresien. Anat. Hefte 34. 1907.

aller Erwachsenen in der Höhe des Ringknorpels Inseln von Magenschleimhaut gefunden. „Die Mehrzahl zeigt neben dem Oberflächenepithel des Magens die gleichen tubulös verzweigten Schleimhautdrüsen, wie wir sie an der Cardia kennen. Ein Teil dieser Inseln weist aber auch Fundusdrüsen mit Haupt- und Belegzellen auf, stellt also gleichsam einen Magen im kleinen dar" (Schridde). Bei Feten von 105—110 mm sind Entwicklungsstadien solcher Drüsen im Oesophagus nachgewiesen worden. In der unteren Strecke entwickeln sich regelmäßig auch zerstreute Drüsen, die in ihrem Aufbau vollständig mit den Drüsen der Cardia übereinstimmen.

2. Magen und Darm.

Wir sehen den Darm in frühen Stadien gestreckt vom Kiemendarme bis zur Kloake (Fig. 64) in der Medianebene verlaufen. Er wird in seiner ganzen Ausdehnung durch ein dorsales Mesenterium mit der dorsalen Wandung der embryonalen Bauchhöhle verbunden, ferner in seiner cranialen Strecke bis zu der Stelle, wo sich Leber und Pankreas bilden, durch ein Mesenterium ventrale mit der ventralen Brust- und Bauchwand. Durch die Ausbildung des Diaphragmas wird die ursprünglich einheitliche Pleuroperitonaealhöhle in die Peritonaealhöhle und die Pleuropericardialhöhle getrennt. Die Leberanlage beginnt zwischen die Blätter des ventralen Mesenteriums auszuwachsen, die Pankreasanlage in der Hauptsache in das dorsale Mesenterium.

In der sechsten Woche der Entwicklung (annähernd dem Schema der Fig. 300 entsprechend) besitzt das Darmrohr im wesentlichen noch einen sagittalen Verlauf, zeigt aber bereits eine Gliederung in einzelne Abschnitte, die schon den großen Darmabschnitten beim Erwachsenen entsprechen. Unterhalb des Diaphragmas folgt auf eine kurze Pars abdominalis oesophagi eine Ausweitung des Darmrohrs, welche schon deutlich die Magenform erkennen läßt; doch ist die kleine Kurvatur ventralwärts, die große dorsalwärts gerichtet. Fundus und Pylorus sind bereits angedeutet. Die Milzanlage liegt als ein bohnenförmiger Körper zwischen den beiden Blättern des dorsalen Mesenteriums (Mesogastrium) und schließt sich der großen Kurvatur des Magens an. Auf den Pylorus folgt eine Biegung des Darmes, welche, sagittal eingestellt, ihre Konkavität dorsalwärts richtet (Duodenum) und mit einer scharfen Biegung (Flexura duodenojejunalis) in den folgenden Abschnitt übergeht. In das Duodenum mündet von vorn her der Ausführungsgang der Leberanlage (Ductus choledochus), welche, zwischen den beiden Blättern des ventralen Mesenteriums eingeschlossen, ventral von der kleinen Kurvatur des Magens liegt. Aus der zwischen den beiden Blättern des dorsalen Mesenteriums eingeschlossenen Pankreasanlage geht der Ductus pancreaticus (Wirsungi) hervor, der in die Duodenalschlinge mündet.

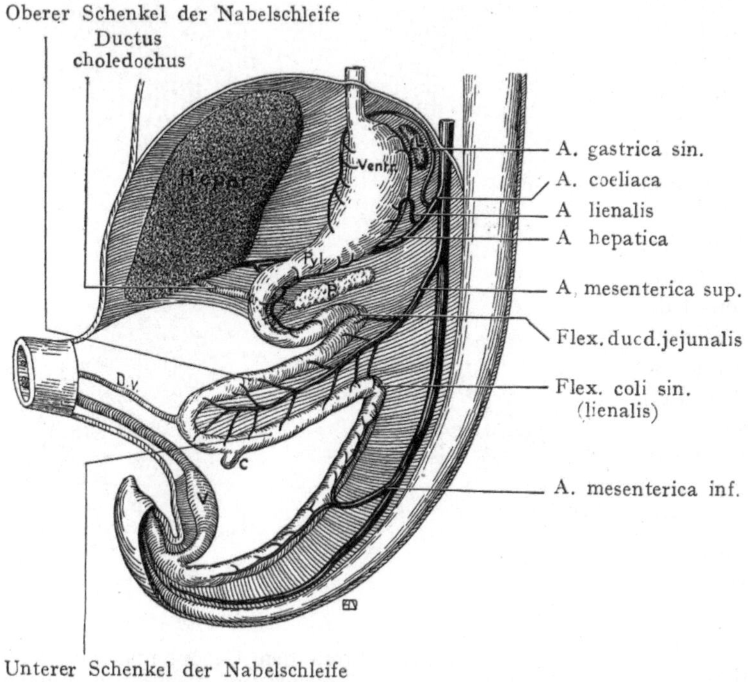

Der folgende Darmabschnitt bildet eine große Schleife (Nabelschleife), deren Konvexität ventralwärts gerichtet ist, indem ihre Kuppe bis in die Gegend des Nabels reicht, wo der Ductus omphaloentericus (vitellinus), als Verbindung zwischen Darm und Dottersack, von ihr abgeht. Man unterscheidet an der Nabelschleife, die durch ein teilweise sehr langes Mesenterium an die dorsale Bauchwand befestigt wird, einen oberen und einen unteren Schenkel und an diesem als kleine Ausbuchtung die erste Anlage

Fig. 300. Schema der Verlagerung der einzelnen Abschnitte des Darmrohres sowie der Verteilung der Blutgefäße an dieselben. Mit Benützung der Schemata von Toldt. C = Caecum. D. v. = Ductus omphaloentericus (vitellinus). V = Vesica. L = Lien. Schema I.

des Caecums (C). Die Nabelschleife geht mit einer scharfen Biegung, welche als Flexura coli sinistra erhalten bleibt, in den Endabschnitt des Darmes über. Die Strecke zwischen der Flexura duodenojejunalis und der Anlage des Caecums wird zum Dünndarm, der übrige Teil des unteren Schenkels zum Colon ascendens und transversum; der Endabschnitt des Darmes, von der Flexura coli sin. (lienalis) bis zur Ausmündung in die Kloake, liefert das Colon descendens, das Colon sigmoides und das Rectum.

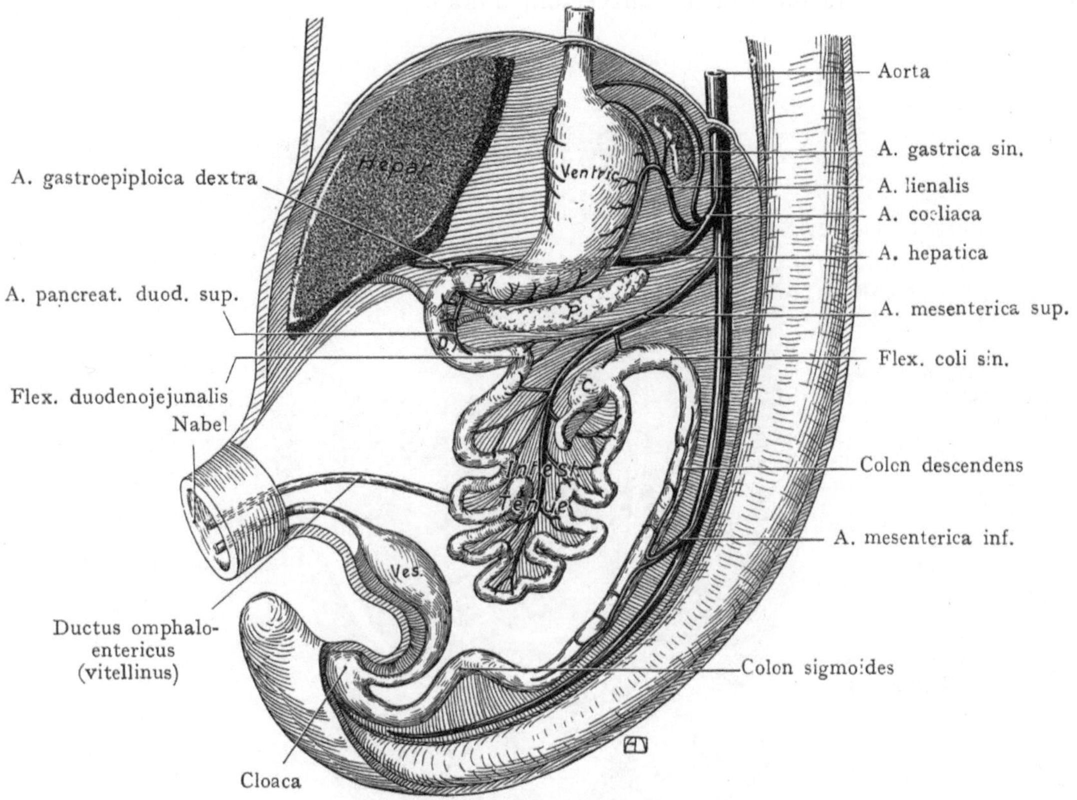

Fig. 301. Schema der Verlagerung der einzelnen Abschnitte des Darmrohres sowie der Verteilung der Blutgefäße an dieselben.
Mit Benützung der Schemata von Toldt.
D = Duodenum.   C = Caecum.   V = Vesica.
Schema II.

   Entsprechend den auf diesem Stadium abgegrenzten größeren Darmabschnitten kann man auch einzelne Abschnitte des Mesenteriums sowie die zum Darm tretenden Gefäße unterscheiden.

Ein Mesogastrium dorsale verbindet die große Kurvatur des Magens mit der dorsalen Wandung der Bauchhöhle, ein Mesogastrium ventrale geht, bis zur Einmündungsstelle des Ductus choledochus in das Duodenum, an die ventrale Wand der Bauchhöhle sowie an die untere Fläche des Diaphragmas. Die beiden Blätter des Mesogastrium ventrale werden durch die an Masse rasch zunehmende Leber immer weiter auseinander gedrängt; die im Mesogastrium dorsale eingeschlossene Milz legt sich der Cardia des Magens an. An dem durch das Mesogastrium dorsale und ventrale mit der Bauchwand in Verbindung stehenden Teil des Darmes (Pars abdominalis oesophagi, Magen und Duodenum) verzweigt sich die A. coeliaca, deren Äste zur Curvatura minor des Magens

(A. gastrica sin.), **zur** Curvatura major und zur Milz (A. lienalis), endlich zum Pankreas, zur Leber und **zur** Duodenalschlinge gehen (A. hepatica).

Unterhalb des Duodenums fehlt das Mesenterium ventrale; von hier aus ist nur noch das Mesenterium dorsale vorhanden. Das lang ausgezogene Mesenterium der Nabelschleife schließt zwischen seinen Blättern den Stamm und die Äste der zur unteren Strecke des Duodenums sowie zu beiden Schenkeln der Nabelschleife verlaufenden A. mesenterica sup. ein, deren Verbreitungsgebiet später den Dünndarm, das Caecum, das Colon ascendens und das Colon transversum umfaßt.

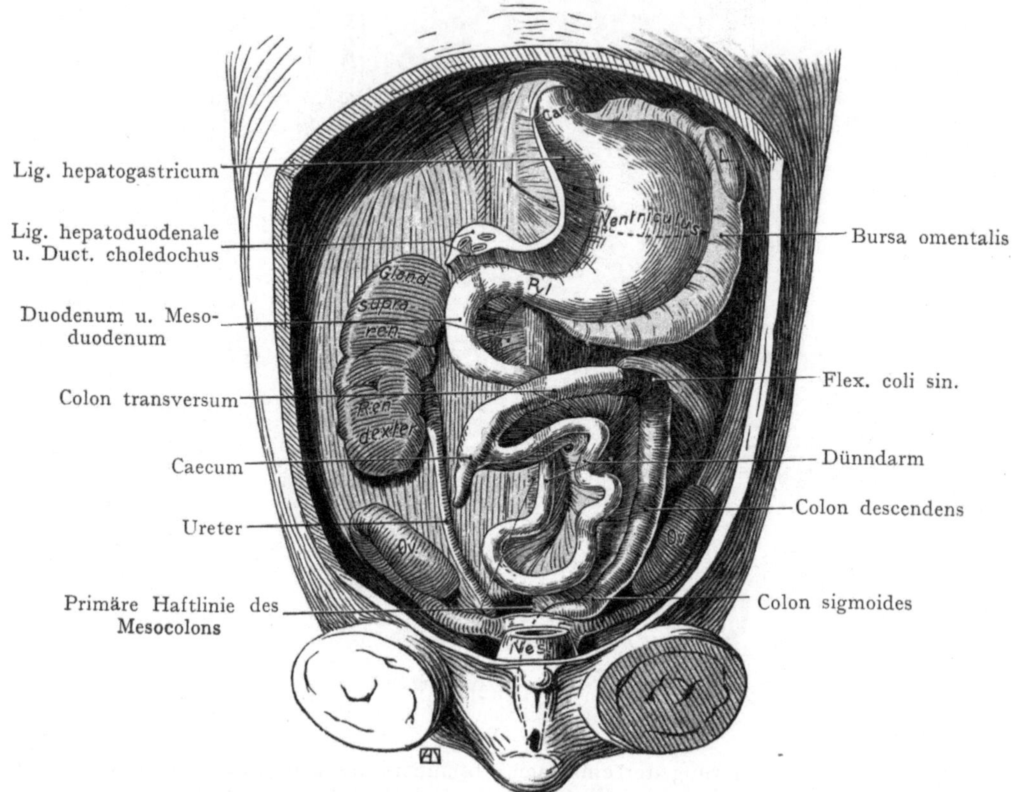

Fig. 302. Lage des Darmes und Verlauf des Mesenterium dorsale nach Beginn der Drehung des Magens.
Halbschematisch mit Benutzung der Figuren von Toldt.

Der Endabschnitt des Darmes, in welchen die Nabelschleife mittels der Flexura coli sin. (lienalis) übergeht, hat ein kürzeres Mesenterium, welches die A. mesenterica inf. einschließt. Dieser Abschnitt wird zum Colon descendens, Colon sigmoides und Rectum.

Der durch Fig. 300 veranschaulichte Zustand des Darmes kann insofern noch ein primitiver genannt werden, als die Schleifen, in welche der Darm sich gelegt hat, noch nicht wesentlich aus der Medianebene abweichen. Bei der weiteren Entwicklung werden Änderungen herbeigeführt erstens durch das ungleichmäßige Längenwachstum der einzelnen Darmabschnitte, verbunden mit einer Schleifenbildung derselben und einer Verlagerung dieser Schleifen in der Peritonaealhöhle; zweitens durch sekundäre Verwachsungen einzelner Abschnitte des Peritonaeum parietale und viscerale, so daß eine Fixation gewisser Darmabschnitte in ihrer neuerworbenen Lage zustande kommt. Erst durch die Berücksichtigung dieser Vorgänge werden die Lage der Baucheingeweide,

der Verlauf des Peritonaeums beim Erwachsenen und die häufig anzutreffenden
Variationen in der Lage und Fixation der Darmabschnitte verständlich.

Veränderungen am Magen und am Mesogastrium dorsale (Fig. 301).
Der Magen dreht sich zunächst aus der in Fig. 300 abgebildeten Stellung um seine
Längsachse und zwar so, daß die ursprünglich dorsalwärts gerichtete große Kurvatur
nach links und abwärts rückt, indem sich der rechte Umfang des sagittal ein-
gestellten Magens dorsalwärts, der linke Umfang ventralwärts wendet. Das dorsale
Mesogastrium, welches beim sagittal eingestellten Magen in der Medianebene von der

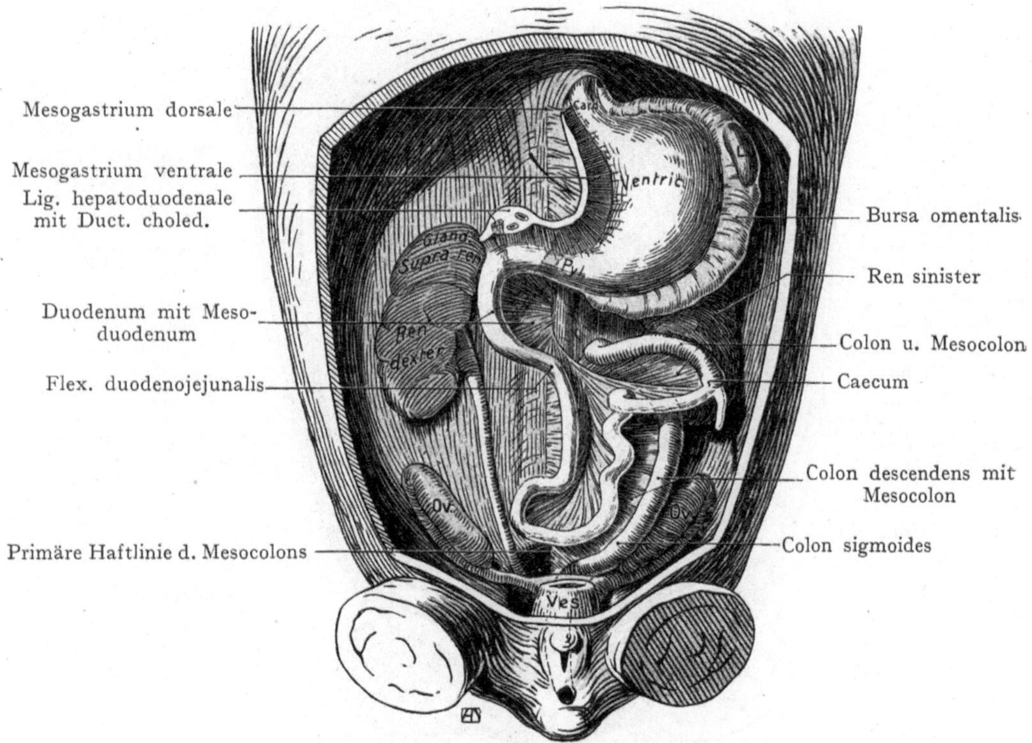

Fig. 303. Lage des Darmes und Verlauf des Mesenterium dorsale nach Beginn der Drehung des
Magens und der Colonschleife.
Halbschematisch mit Benutzung der Figuren und Angaben von Toldt.
Die Colonschleife ist nach links hinübergeschlagen.

Wirbelsäule zur großen Kurvatur verlief, macht gleichfalls, infolge der Drehung des
Magens, eine Verlagerung durch und wird frontal eingestellt, erfährt aber dabei eine
beträchtliche Verlängerung und stellt eine Ausbuchtung nach links dar, die jedoch
weiterhin mit der Peritonaealhöhle in Verbindung bleibt (s. Figg. 302—304). Diese
Ausbuchtung (Bursa omentalis) wird dadurch vertieft, daß die Peritonaealduplikatur
unterhalb ihres Ansatzes an die Curvatura major bedeutend auswächst (Fig. 309), so daß
ein weiter Sack entsteht, in welchen man von der rechts offenen Einstülpungstelle des
ursprünglich in der Medianebene liegenden dorsalen Mesogastriums gelangt (s. Pfeil in
Fig. 304). Dieser Sack, die Bursa omentalis, zeigt dann eine vordere und eine hintere
Wand, die am blinden Ende des Sackes, nach links sowie nach unten ineinander
übergehen (Fig. 306). In der die hintere (dorsale) Wand bildenden Peritonaealduplikatur liegt das in das Duodenum einmündende Pankreas, in der vorderen Wand, nahe
am Fundus des Magens, die Milz. Die Wandungen der Bursa omentalis sind zunächst

nach allen Richtungen frei, später tritt eine sekundäre Verwachsung der dorsalen
Wand mit dem parietalen Peritonaeum auf, durch welche das Pankreas quergelagert
und an die Wirbelsäule sowie an die hintere Wandung der Bauchhöhle fixiert wird ·
(s. Fig. 307).

Das Mesogastrium ventrale, welches von der kleinen Kurvatur des Magens zur
vorderen Bauchwand und zum Diaphragma verläuft, erfährt durch die Drehung des
Magens gleichfalls eine Änderung in seiner Einstellung. Der Abschnitt, welcher sich von
der kleinen Kurvatur sowie vom Duodenum zur unteren Fläche der Leber erstreckt,

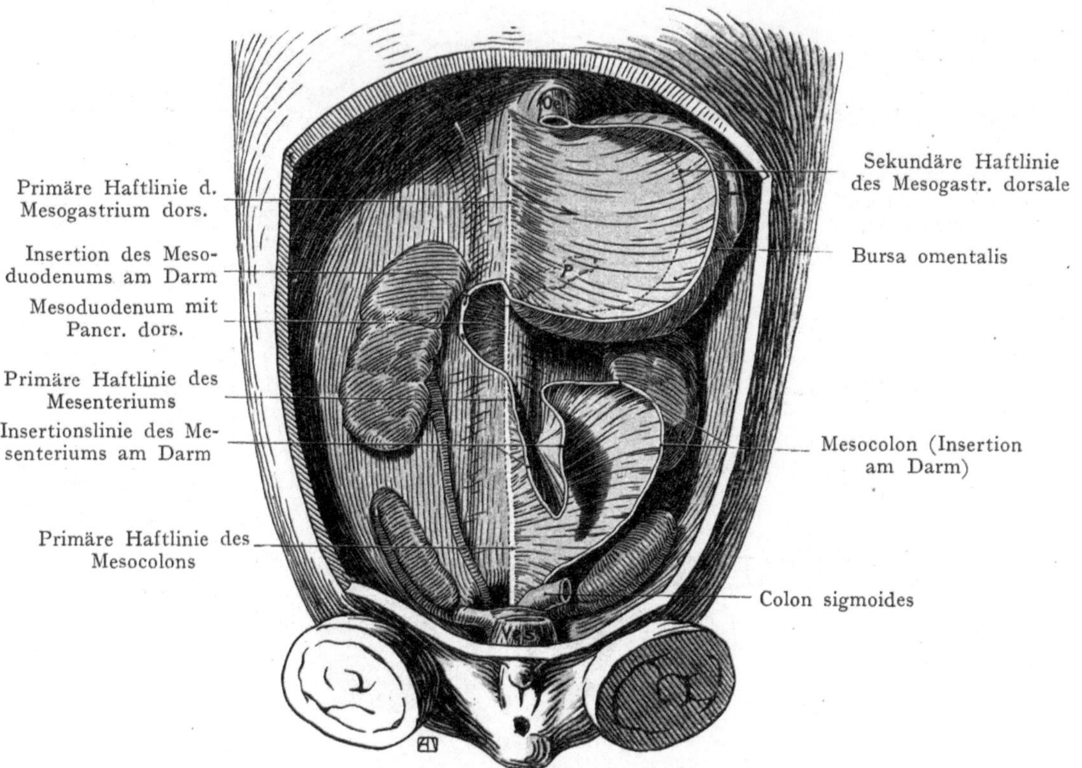

Fig. 304. Schematische Darstellung des Verlaufes der Anheftungslinie des Mesenterium dorsale
nach Abtragung des Darmes.

bildet die späteren Ligg. hepatogastricum (Omentum minus) und hepatoduodenale, von
denen dieses den Ductus choledochus, die A. hepatica und die V. portae einschließt (Fig. 305).
Der Verlauf des Mesogastrium ventrale erfährt eine weitere Änderung durch die mächtige
Entfaltung der Leber, welche die Blätter der Peritonaealduplikatur auseinanderdrängt
und bloß noch schmale Streifen des Mesogastrium ventrale übrig läßt, durch welche
die Leber mit der vorderen Bauchwand, resp. mit dem Diaphragma in Verbindung
steht (s. den Querschnitt Fig. 308). Einen solchen Rest stellt das von der oberen
Fläche der Leber zum Zwerchfell und zur vorderen Bauchwand verlaufende Lig. falciforme hepatis dar, ferner ein Teil des Lig. coronarium am linken Leberlappen und
die beiden Ligg. triangularia hepatis. Die Ausdehnung, besonders des rechten Leberlappens, ist eine so beträchtliche geworden, daß die Blätter des Mesogastrium ventrale
vollständig auseinandergedrängt werden und ein großer Teil der hinteren Fläche des
rechten Lappens unmittelbar an das Diaphragma anstößt und durch Bindegewebe an
dasselbe befestigt wird.

Die Duodenalschleife, welche ihre Konkavität dorsalwärts richtet und durch die als Mesoduodenum bezeichnete Fortsetzung des Mesogastrium dorsale an die dorsale Bauchwand befestigt ist, besitzt zunächst eine freie Beweglichkeit. Bei vielen Säugetieren bleibt diese erhalten, indem die Fixation an die hintere Bauchwand erst bei Primaten auftritt. Allmählich geht während der Entwicklung die Beweglichkeit dadurch verloren, daß der zuerst median eingestellte Darmteil sich nach rechts verlagert und

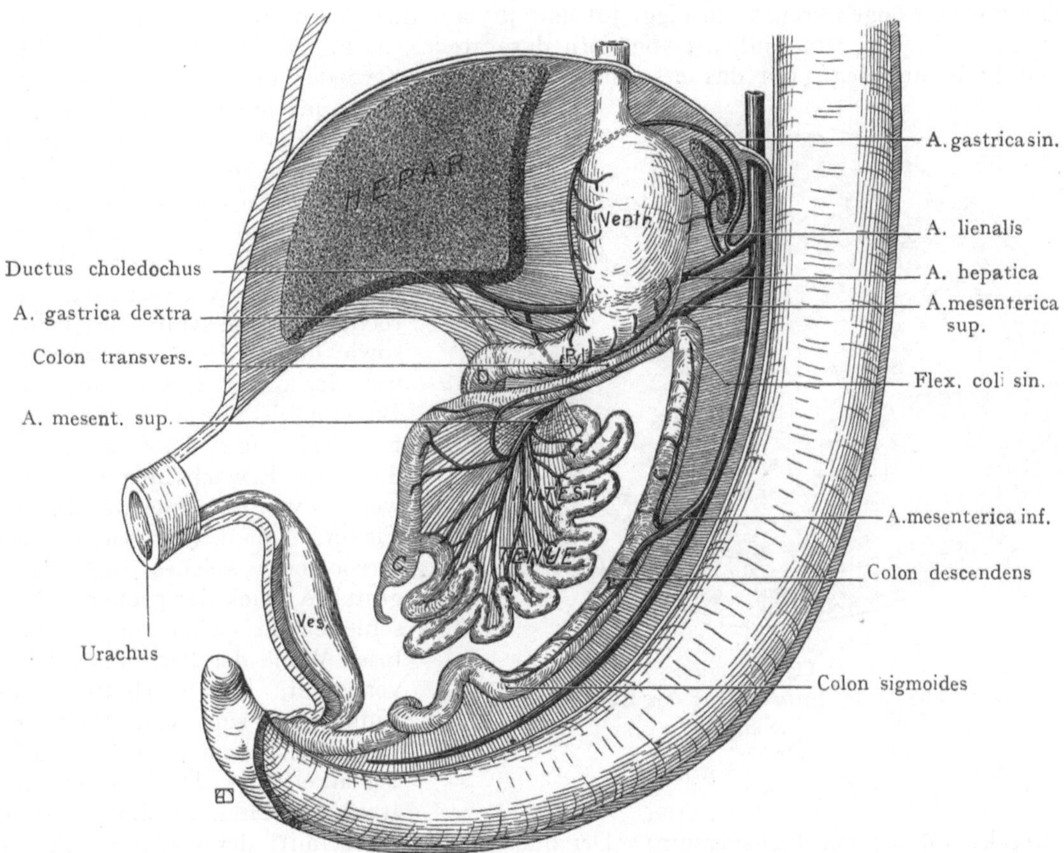

Fig. 305. Schema der Verlagerung der einzelnen Abschnitte des Darmrohres sowie der Verteilung der Blutgefäße an dieselben.
Mit Benützung der Schemata von Toldt.
Ductus omphaloentericus (vitellinus) nicht dargestellt.
Schema III.
L. Lien. Pyl. Pylorus. C. Caecum. D. Duodenum.

die ursprünglich nach rechts sehende Fläche des Mesoduodenums mit dem parietalen Peritonaeum der dorsalen Bauchwandung verwächst.

U m b i l d u n g d e r N a b e l s c h l e i f e. Es findet ein starkes Längenwachstum des cranialen Schenkels statt, welcher sich in Windungen legt (Dünndarmschlingen). Damit geht eine entsprechende Verlängerung des an die Dünndarmschlingen gehenden Mesenteriums einher, durch welche denselben eine freiere Bewegung gesichert wird. Schon vor dieser Verlängerung des cranialen Schenkels der Schleife beginnt eine Verdrängung des caudalen Schenkels aus seiner ursprünglichen Lage. Derselbe nimmt auch späterhin in geringerem Grade an dem Längenwachstum teil als der craniale Schenkel und wird nach oben verschoben, so daß die Anlage des Caecums in die Höhe zunächst des Nabels, dann der großen Kurvatur des Magens zu liegen kommt und sich zum Schlusse der unteren Fläche des rechten Leberlappens nähert. Während dieser Vorgänge nimmt der caudale Schenkel der Schleife an Länge zu und senkt sich, nach Erreichung der unteren Leberfläche durch die Caecumausstülpung, an dem Duodenum und der rechten Niere vorbei bis in die rechte Fossa iliaca. Dabei wird der Darmabschnitt über das ganze Paket der Dünndarmschlingen nach rechts hinübergeschlagen, ist aber noch frei beweglich, da er an einem langen Mesocolon hängt, welches das Mesenterium der Dünndarmschlingen kreuzt. In Figg. 301 und 305 sind diese Verhältnisse schematisch von der Seite, in Figg. 302 und 303 von vorn dargestellt. In Fig. 303 ist die Colonschlinge nach links umgelegt, um das ursprüngliche Verhalten wieder herzustellen, besonders auch um den Abgang des Mesenterium dorsale von der Wirbelsäule zu zeigen. Dieser Zustand erfährt dadurch eine Änderung, daß der auf das Caecum folgende Abschnitt des Darmes durch die Verwachsung der rechten Fläche seines Mesocolons sowie des Peritonaeum viscerale mit der dorsalen Wandung der Bauchhöhle eine sekundäre Fixation erhält und das Colon ascendens des Erwachsenen darstellt, welches von dem Caecum bis zur Flexura coli dextra reicht. Das Mesocolon, welches das quergestellte Stück der großen Colonschleife (Mesocolon) mit der hinteren Wand der Peritonaealhöhle verbindet, bleibt erhalten, gewinnt aber eine neue Haftlinie, welche sich von dem vertikalen Schenkel des Duodenums bis etwa zum Hilus der linken Niere

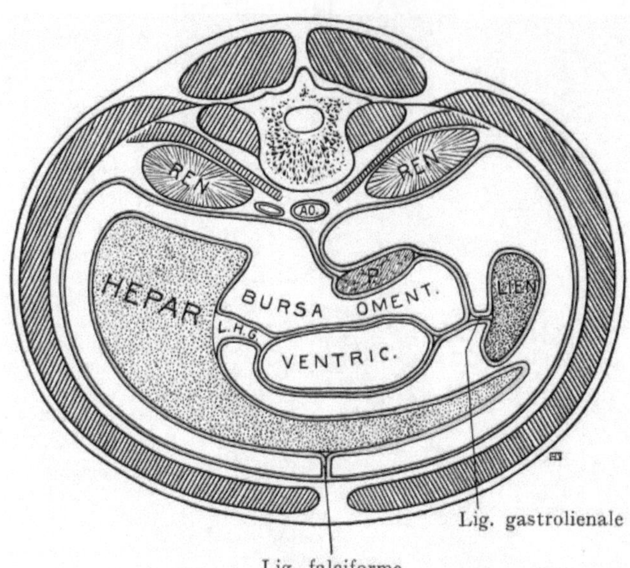

Fig. 306. Schema der Entwicklung der Bursa omentalis I.

P = Pankreas.
Ao. = Aorta.
L. H. G. = Lig. hepatogastricum.
Peritonaeum = grün.

erstreckt (Mesocolon transversum). Der quergelagerte Abschnitt der Colonschleife ist das Colon transversum, welches sich nach rechts in der Flexura coli dextra von dem Colon ascendens, nach links in der Flexura coli sinistra von dem Colon descendens abgrenzt.

Die Flexura coli sinistra stand zunächst in der Medianebene, wird aber bei der Bildung der Dünndarmschlingen nach links verlagert, zusammen mit dem letzten Abschnitte des Darmes, welcher von der Flexura coli sin. bis zur Kloake reicht. Ähnlich wie rechterseits entsteht auch hier eine Verwachsung des Mesocolons und des Peritonaeum viscerale mit dem Peritonaeum parietale, welche sich von der Flexura coli sinistra bis in die linke Fossa iliaca erstreckt. Abwärts von dieser Stelle beginnt im Laufe des dritten Fetalmonats eine Schlingenbildung, die an einem langen Mesenterium befestigt ist; sodann lassen sich die beim Erwachsenen abzugrenzenden Abschnitte erkennen, das Colon descendens, von der Flexura coli sin. bis zur Fossa iliaca sin. oder bis zum Darmbeinkamme reichend, dann das Colon sigmoides mit dem Mesocolon sigmoideum und, als letzter Abschnitt, das Rectum, das bloß in seiner ersten Strecke einen vollständigen Peritonaealüberzug mit einem Mesorectum besitzt.

Man kann die Vorgänge, welche zur Ausbildung der Topographie der Baucheingeweide führen, in ihrem zeitlichen Ablauf mehr oder weniger genau in drei Stadien einteilen. Das erste Stadium ist dasjenige der Verlängerung des Darmes, das zweite dasjenige der Verlagerung einzelner Darmabschnitte, in dem dritten Stadium erfahren

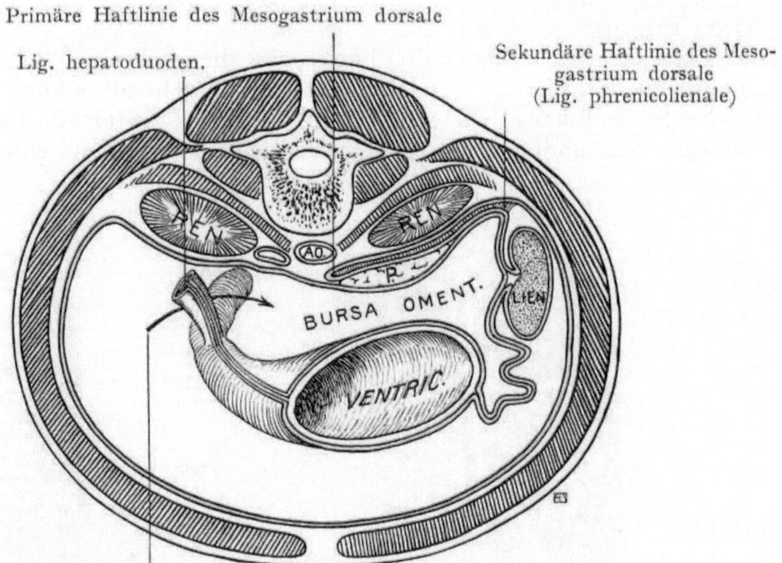

Der Pfeil führt unter dem Lig. hepatoduodenale in d. For. epiploicum u. das Atrium bursae omentalis.

Fig. 307. Schema der Entwicklung der Bursa omentalis II.

Peritonaeum = grün.

einzelne Darmteile durch die sekundäre Verwachsung ihres Peritonaealüberzuges sowie ihrer Mesenterien eine Fixation an die dorsale Wandung der Peritonaealhöhle, während die übrigen Teile des Mesenteriums, welche aus dem ursprünglich sagittal verlaufenden Mesenterium dorsale hervorgegangen sind, ihre Haftlinien ändern. So verläuft das Mesocolon transversum in der oben erwähnten Richtung fast quer, das Mesenterium der Dünndarmschlingen dagegen schief von dem linken Umfange des zweiten Lumbalwirbels bis zur Fossa iliaca dextra.

Die Vorgänge, welche in der dritten Periode zur Fixation der Darmteile durch die sekundäre Verwachsung von gewissen, einander zugewandten Peritonaealblättern führen, bieten die Erklärung für einige später zu besprechende Variationen in der Befestigung des Darmes, besonders des Colon ascendens, descendens und sigmoides.

Die das Pankreas einschließende dorsale Wand der

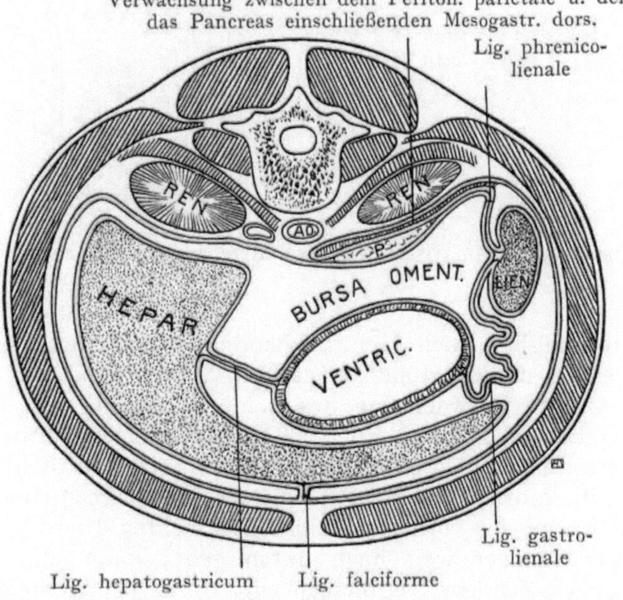

Fig. 308. Schema der Entwicklung der Bursa omentalis III.

Peritonaeum = grün.

Bursa omentalis verwächst mit dem parietalen Peritonaeum, dadurch erhält das Pankreas seine Fixation an die dorsale Bauchwandung. Nach links geht diese Verwachsung bis zur Milz, welche mittels des Lig. phrenicolienale an das Diaphragma fixiert wird (Fig. 308).

Die Fixation der Duodenalschlinge an die dorsale Wand der Peritonaealhöhle beginnt an der Flexura duodenojejunalis und geht allmählich nach oben weiter, bis über die Stelle hinaus, wo die Papilla duodeni (Santorini) die Einmündung des Ductus choledochus und des Ductus pancreaticus in das Duodenum bezeichnet. Der

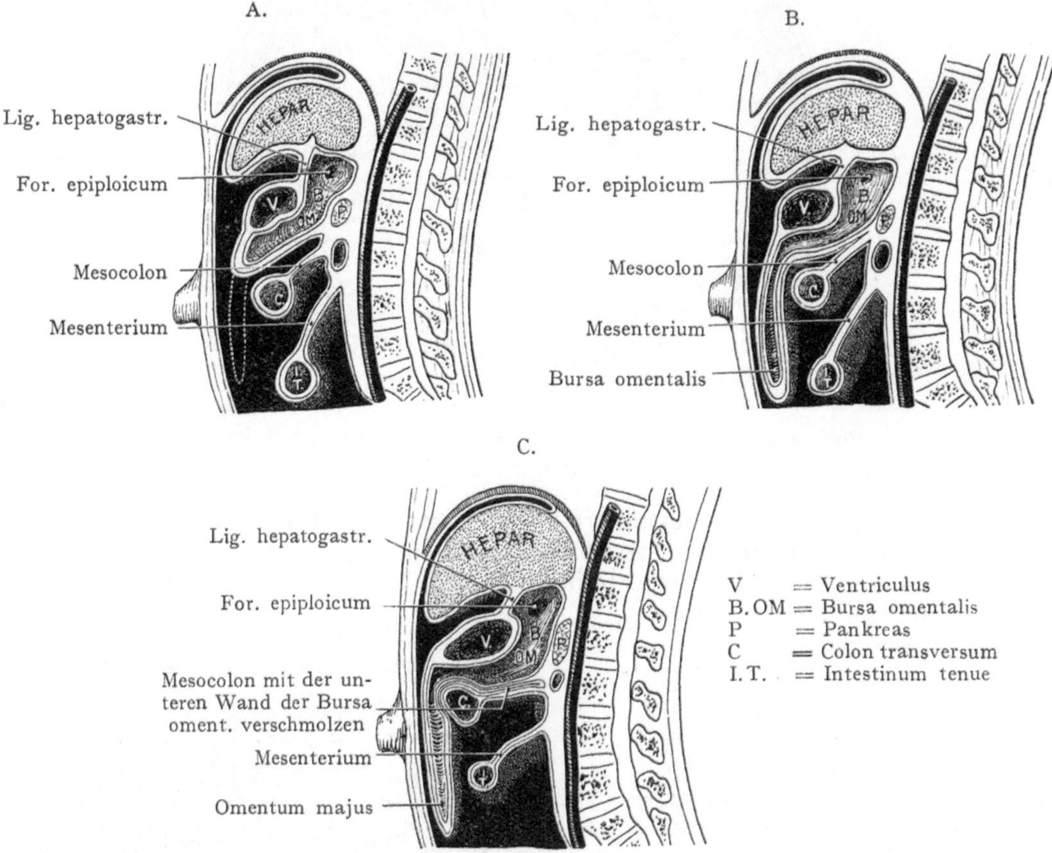

Fig. 309. Schematische Längsschnitte durch die Bauchhöhle, zur Veranschaulichung der Bildung der Bursa omentalis.

ursprünglich nach rechts sehende Umfang des Duodenums und des Mesoduodenums werden in der Höhe des rechten Nierenhilus an die hintere Bauchwand befestigt.

Die Verwachsung des Colon ascendens und descendens mit der hinteren Wand der Bauchhöhle beginnt am Ende des vierten Fetalmonates. Das Caecum und der Proc. vermiformis bleiben frei. Der obere Teil des Colon ascendens verwächst mit der bereits an die hintere Bauchwand fixierten Pars descendens duodeni sowie mit dem Peritonaealüberzuge der vorderen Fläche der rechten Niere; je nachdem diese Verwachsung mehr oder weniger weit nach unten geht, kann eine längere oder kürzere Strecke des Colon ascendens frei bleiben oder durch ein Mesocolon ascendens an die hintere Bauchwand befestigt sein (nach Treves in ca. 20% der Fälle). Die Befestigung des Colon descendens beginnt an der unteren Hälfte der linken Niere und zwar so, daß zuerst das

Peritonaeum viscerale des Colon descendens mit dem Peritonaeum parietale verwächst, dann erst das ursprünglich freie Mesocolon descendens. Die Folge davon ist, daß zunächst zwischen dem Colon descendens und der Abgangslinie seines Mesocolons eine Tasche mit abwärts gehender Öffnung entsteht, die sich später durch Verklebung ihrer Wandungen fast ganz schließt. Beim Erwachsenen finden wir noch als Rest derselben den Recessus intersigmoideus (s. Colon sigmoides), der sich abnormerweise als Blindsack an der linken Seite der Lendenwirbelsäule bis zur Höhe des unteren Poles der linken Niere erstrecken kann.

„Die von Henke in gewissen Fällen beobachtete Anordnung des Dünndarmes in zwei Hauptgruppen von Darmschlingen findet sich constant bei den menschlichen Feten vom dritten Monat an. In der linken oberen Gruppe verläuft der Darm in senkrechten Zügen, in der rechten unteren in queren. Die genannte Anordnung des Dünndarmes stellt die zweckmäßigste Verteilung des mobilen Organs in dem zur Verfügung stehenden Raume dar" (Erik Müller).

Das Endresultat der Umlagerung und sekundären Fixation der Eingeweide, welches wir beim Erwachsenen vor uns sehen, erleidet in allerdings sehr seltenen Fällen eine Hemmung, infolge der die sekundäre Fixation der Eingeweide überhaupt ausbleiben kann. Diese nehmen gewöhnlich eine normale Lage ein; die einzelnen Abschnitte sind voneinander unterschieden, aber die Ausbildung der Mesenterien steht auf embryonaler Stufe, indem der ganze Eingeweideschlauch unterhalb des Pylorus an einem freien, nirgends mit dem Peritonaeum parietale verwachsenen Mesenterium aufgehängt ist (Mesenterium commune). Dem entspricht auch der Verlauf der Gefäße; der Ansatz des Mesenteriums findet in der Medianlinie statt. Ein derartiges Verhalten ist bei einigen Säugetieren als Norm nachgewiesen worden, so z. B. bei der Fledermaus (Farabocuf), deren Darm vollständig an einem Mesenterium commune aufgehängt ist und jeder sekundären Fixation an die Bauchwand entbehrt.

3. Längenwachstum des Darmes.

Mit der frühen Anlage und der raschen Größenzunahme der Leber wird dem stark in die Länge gewachsenen Darme gewissermaßen eine Konkurrenz um den in der Bauchhöhle gebotenen Raum bereitet.

Auf diesen Umstand muß es zurückgeführt werden, daß bei menschlichen Embryonen von 20 mm Länge die Nabelschnur an ihrem Abgange von der vorderen Bauchwand durch die Darmschlingen ausgestülpt wird, so daß ein bloß durch das Amnion gegen die Amnionhöhle hin abgeschlossener Bruchsack entsteht. In diesen legt sich die Nabelschleife hinein (Fig. 310), deren oberer Schenkel schon einige Dünndarmschlingen gebildet hat, so daß sich eine gewissermaßen physiologische Nabelhernie bildet, die jedoch nur ganz kurz bestehen bleibt, indem sich schon bei Embryonen von 40 mm Länge die Darmschlingen wieder in die Bauchhöhle zurückzuziehen beginnen und später ein Verschluß des Bruchsackes erfolgt. Ein besonders starkes Längenwachstum weist während der Fetalzeit das Colon sigmoides auf, welches

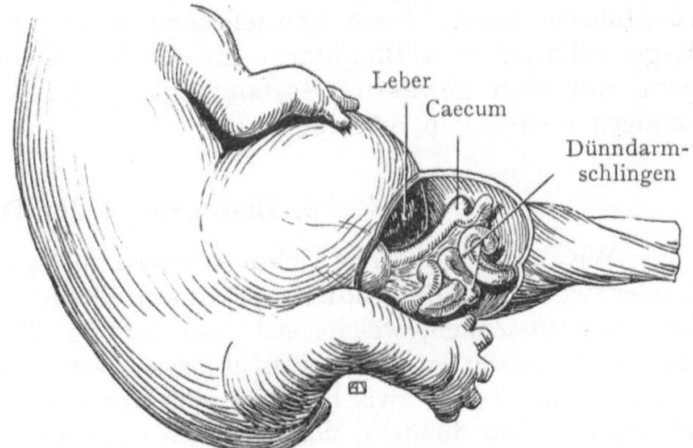

Fig. 310. Physiologische Nabelhernie bei einem menschlichen Fetus von 35 mm Länge (Ende des 3. Monats).

bei der Geburt fast die Hälfte der Länge des gesamten Dickdarmes besitzt. Doch ändert sich in der Regel dieser infantile Typus des Colon sigmoides sehr rasch nach der Geburt, denn schon beim vierwöchentlichen Kinde weist der Darmabschnitt relativ dieselbe Länge auf, verglichen mit dem übrigen Dickdarm, wie beim Erwachsenen. Ausnahmsweise kann der infantile Typus bestehen bleiben und bietet alsdann das anatomische Bild dar, welches wir bei der mit chronischer Verstopfung usw. einhergehenden Hirschsprungschen Krankheit (Megacolon congenitum) der Kinder finden.

Bemerkenswert ist die von Treves hervorgehobene Tatsache, daß die Länge der einzelnen Darmabschnitte beim Fetus und beim Neugeborenen einer geringeren Variation unterliegen als beim Erwachsenen, wo z. B. Schwankungen von 4,5—9,5 m für den Dünndarm und von 1,1—2,0 m für den Dickdarm angegeben werden. Treves hat die Art der Ernährung für diese starken wesentlich erst nach der Geburt auftretenden individuellen Schwankungen verantwortlich gemacht, doch wird von anderen Autoren diese Ätiologie verworfen.

4. Rückbildung des Ductus omphaloentericus und Entwicklung des Caecums.

Der Ductus omphaloentericus (vitellinus), welcher die Verbindung des Darmes mit der Vesicula umbilicalis (Saccus vitellinus) herstellt, bildet sich in der Regel vollständig zurück, doch finden wir in ca. 2% der Fälle, bei Frauen doppelt so häufig wie bei Männern, das 2—25 cm lange Diverticulum ilei (Meckeli), welches ca. 80 cm oberhalb der Ileocaecalklappe vom Ileum abgeht und auf die teilweise Persistenz des Ductus zurückzuführen ist. Meist hängt das Divertikel frei in die Bauchhöhle indem es nur ausnahmsweise den Nabel erreicht und hier befestigt ist. Es kann zu Darmverschluß (Ileus) Veranlassung geben.

Das Caecum und der Processus vermiformis entstehen aus der mehrfach erwähnten Ausbuchtung des unteren Schenkels der Nabelschleife schon bei Embryonen der siebenten Woche; in der 8.—10. Woche wird die Anlage gegen den Dünndarm hin abgeknickt. Die Form des Blinddarmes stellt nicht bloß bei Feten, sondern auch noch bei Kindern in den ersten Lebensjahren einen Conus dar, von dessen Spitze der Proc. vermiformis abgeht. Später finden wir verschiedene Formen des Caecums, welche sich sehr wohl auf eine verschiedene Wachstumsintensität der einzelnen Teile der Wandung zurückführen lassen. Beim Erwachsenen setzt sich auch der Proc. vermiformis in der Regel schärfer vom Blinddarm ab als bei Kindern oder Feten, auch liegt sein Abgang mit einer gewissen Gesetzmäßigkeit nicht an der tiefsten Stelle des Caecums, sondern medial von derselben.

5. Histogenese der Darmwand.

Wir müssen die Entwicklung der Lamina epithelialis mucosae von derjenigen der bindegewebigen und muskulösen Bestandteile der Darmwandung unterscheiden. Letztere bestehen aus Zellen, welche sich von dem das Darmrohr umgebenden visceralen Blatte des unsegmentierten Mesoderms ablösen. Derselben Herkunft sind auch die Züge glatter Muskulatur, welche zwischen den Blättern des Mesenteriums vorkommen, so z. B. der M. suspensorius duodeni, von welchem Gegenbaur Fasern bis in die Radix mesenterii hinein verfolgen konnte. Auch die Mm. rectococcygei und rectouterini wären hier zu nennen.

Was die Differenzierung der Mucosa anbelangt, so geht sie im allgemeinen in caudaler Richtung vor sich, indem sich am frühesten das Magenepithel differenziert. Dasselbe bildet schon bei Embryonen von 16 mm Länge Vertiefungen, die netzförmig untereinander zusammenhängen; in der Tiefe dieser Buchten entstehen die Magendrüsen, welche rasch unter Bildung von Verzweigungen in die Tiefe wachsen. Vacuolenbildungen, wie sie für den Ösophagus geschildert wurden, treten bei Embryonen von 20 mm Länge auch im Magenepithel auf, um jedoch bald zu verschwinden. Belegzellen entstehen sehr frühzeitig (Fig. 311) in einem Stadium, das kaum eine Andeutung von Drüsenschläuchen aufweist. Die erste Generation der Belegzellen erscheint nach v. Nagy auch im Pylorusteil des Magens, doch verschwinden dieselben und werden nicht ersetzt. Die Haupt- und Belegzellen stammen nicht voneinander ab, sondern sind ganz äquivalente Bildungen.

In der ganzen übrigen Darmstrecke scheint, zunächst in früheren Entwicklungsstadien, eine Wucherung des Epithels, verbunden mit einer zur Vacuolenbildung führenden Einschmelzung der Zellen, eine Rolle zu spielen. Vorübergehende Epithelverklebungen, ja streckenweise Obliteration des Darmlumens, sind bei Feten aus der 4.—10. Woche gefunden worden, und zwar in allen Abschnitten des Darmes, besonders häufig jedoch nach Forßner bei Embryonen von 11—30 cm Länge in der cranialen Strecke des Mitteldarmes. Im Colon descendens verschwindet anfangs der fünften Fetalwoche das Lumen gänzlich, um erst in der 6.—7. Fetalwoche wieder aufzutreten. Diese Epithelwucherungen und Verklebungen sind auch zur Erklärung der kongenitalen Atresien und

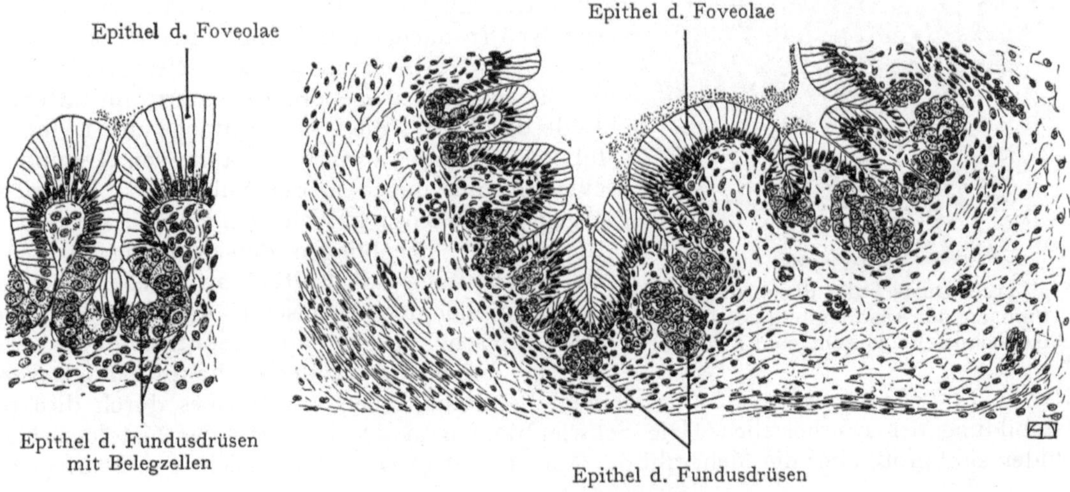

Fig. 311. Magenschleimhaut (Fundus) eines menschlichen Fetus vom 4. Monate.
Links bei 300facher, rechts bei 150facher Vergr.

Stenosen des Darmes herangezogen worden, wobei jedoch zu bemerken ist, daß Epithelverklebungen allein ohne Einwachsen von Bindegewebszellen wohl niemals zu solchen Bildungen Veranlassung geben können.

Die Darmzotten entstehen auf zweierlei Weise, und zwar im Duodenum, im Jejunum und in der oberen Strecke des Ileums als einzelne Epithelwucherungen, im unteren Ileum aus Longitudinalfalten der Mucosa, welche durch Transversalfurchen in Felder zerlegt werden. Am Anfange des vierten Fetalmonates treten die Glandulae intestinales (Lieberkühnsche Schläuche) (Fig. 312) als zunächst solide, in die Tiefe der Submucosa vordringende Auswüchse des Epithels auf; später verzweigen sich die Drüsen dichotomisch; solche verzweigte Drüsen sind zur Zeit der Geburt nichts Seltenes; die Zweige werden zu selbständigen Drüsen. Die Panethschen Zellen treten im Darme des menschlichen Fetus von sieben Monaten auf, Becherzellen schon im dritten Fetalmonat, und zwar nimmt die Zahl dieser, besonders im Dickdarm, sehr rasch zu, so daß beim Neugeborenen die Schleimhaut des Dickdarms und des Proc. vermiformis mit Becherzellen dicht besetzt ist. Neuerdings hat Kull die Angabe gemacht, daß die Panethschen Zellen aus Becherzellen hervorgehen, indem sich bei Feten Übergangsformen zwischen den beiden Zellarten sowohl in den Lieberkühnschen Schläuchen als auch auf den Zotten finden sollen. Ob dies in allen Fällen zutrifft, müssen wir noch dahingestellt sein lassen, jedenfalls würde das Vorkommen von Panethschen Zellen auf den Zotten dazu stimmen, daß sowohl beim Opossum als bei der Eidechse Panethsche Zellen als Teile des allgemeinen Oberflächenepithels nachgewiesen wurden.

Im Jejunum und Ileum wurden bei Feten Divertikel des Darmepithels gefunden, die auch längs des Ductus cysticus und hepaticus vorkommen. Hier können sie Leber- resp. Pankreasgewebe bilden. Vielleicht läßt sich die Bildung kleiner accessorischer Pankreasdrüsen in verschiedener Höhe am Duodenum und Jejunum auf diese Divertikel zurückführen; in den meisten Fällen gehen sie spurlos zugrunde; nur selten bilden sie kleine Cysten und Knötchen.

Die Lymphfollikel des Darmes entstehen, wie Stöhr nachgewiesen hat, aus Mesenchymzellen, und zwar relativ spät. Wenigstens traf Stöhr erst bei neugeborenen Katzen am unteren Ende des Ileums die ersten Anfänge der Lymphfollikel an, und zwar in Gestalt von Lymphocytenansammlungen in der Submucosa, die sich gegen die Mucosa hin ausdehnen und Ausbuchtungen oder Erhebungen derselben hervorrufen. Bald wird auch das Epithel an solchen Stellen von Lymphocyten durchsetzt, so daß wir dann das typische Bild eines Solitärfollikels erhalten. Nach einer anderen, hauptsächlich von Retterer vertretenen Ansicht, entstehen die Lymphzellen des Darmes durch direkte Umbildung der Epithelzellen. Die Schwierigkeiten in der Deutung der histologischen Bilder sind groß, aber die Mehrzahl der Forscher neigt wohl der Ansicht von Stöhr zu.

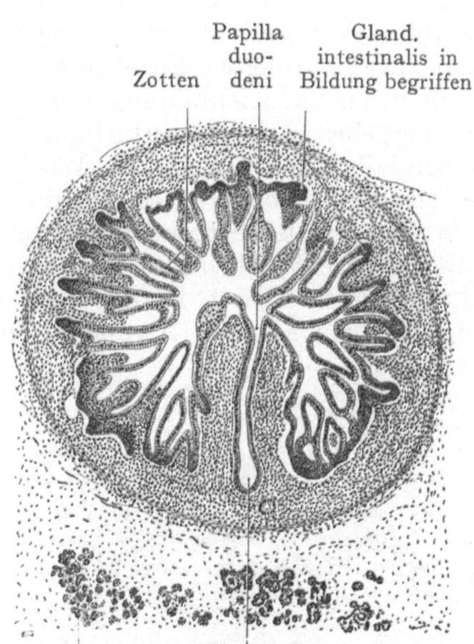

Fig. 312. Querschnitt durch das Duodenum an der Ausmündung des Ductus choledochus. Fetus hum. vom 4. Monate.

Entwicklung der Leber.

Die beiden großen Darmdrüsen, Pankreas und Leber, münden in das Duodenum aus, einen Darmabschnitt, der ja überhaupt eine sehr beträchtliche Bildung von Drüsen aufweist, wie sie im übrigen Darme nicht vorkommt. Die tubuloacinösen Glandulae duodenales (Brunnerschen Drüsen) sind für das Duodenum geradezu charakteristisch. Wahrscheinlich dürfen wir, trotz ihrer beträchtlichen Größenentfaltung, sowohl die Leber wie das Pankreas als Derivate einer Drüsenschicht oder eines Drüsenringes auffassen, welcher ursprünglich gleichmäßig die Wandung der obersten Strecke des Mitteldarmes umschloß. Beide Drüsen gehen nicht bloß aus demselben Mutterboden hervor, sondern sie besitzen auch später noch sehr enge Beziehungen zueinander, die in der Bildung einer beiden Ausführungsgängen gemeinsamen Strecke deutlich zum Ausdrucke kommen.

Die erste Anlage der Leber geht auf sehr frühe Stadien zurück; sie ist von E. Ludwig bei der Ente und dem Maulwurf untersucht worden. Bei beiden Species findet sich an der vorderen Darmpforte ein Feld des Entoderms (Ludwigs „Leberfeld"), in welchem sich die Zellen durch ihre besondere Färbbarkeit sowie durch ihre Höhe von den Zellen des übrigen Entoderms unterscheiden. Dieses Feld ist bilateral symmetrisch ausgebildet, im ventralen Umfange der Darmpforte, in nächster

Nähe der Vv. omphalomesentericae, bevor dieselben sich zum hinteren Teil des Herzschlauches vereinigen. Die erste Andeutung des Leberfeldes wird bei einem Maulwurf
mit 10 Ursegmenten sichtbar,
sodann dehnt sich dasselbe bei
der weiteren Entwicklung beträchtlich aus (s. Figg. 313 und
314), und zugleich beginnt eine
Wucherung der Zellen des Leberfeldes, welche ein trabekuläres
Drüsensystem im Anschluß an
die Vv. omphalomesentericae
bilden. Diese Wucherungen verschmelzen untereinander, so daß
nach Ludwig „ein einheitlicher,
transversal eingestellter Drüsen-
körper entsteht, der mit seinen
lateralen Enden die Vv. omphalomesentericae im Bogen umgreift". Der rechte und der linke
Lebergang des Maulwurfs entstehen lateral aus zwei schlitz-
förmigen Taschen, entsprechend
Ri_1 der Fig. 314. Der Darm
wird höher, dadurch rücken die
Taschen zusammen, und zwar
gehen sie von dem ventralen
Teile des Darmes ab, der nunmehr die erste Anlage des gemeinsamen Leberganges darstellt
(s. Fig. 313C.). Erst relativ spät
entsteht die Gallenblase als eine
Erweiterung des unpaaren Leber-

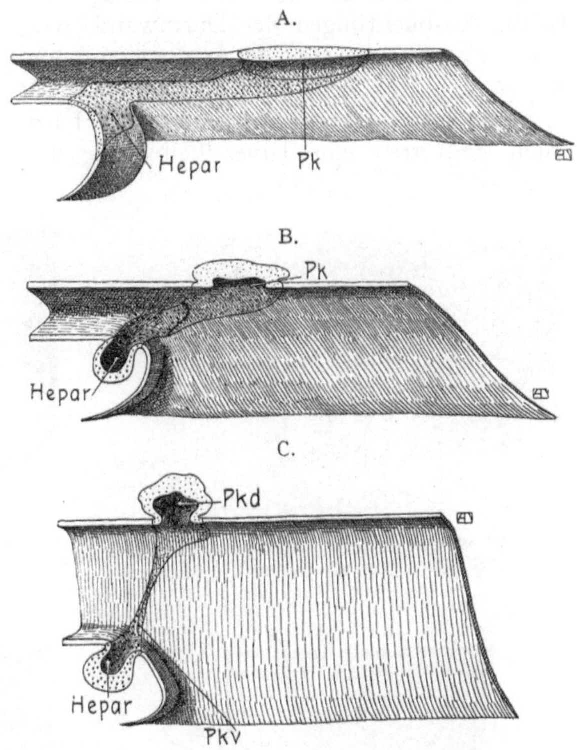

Fig. 313. Der hepatopankreatische Ring und seine Auf-
teilung zu Leber- und Pankreasanlagen.
Nach E. Ludwig, Zur Entwicklungsgeschichte der Leber, des
Pankreas usw. Anat. Hefte 56. 1919.
Pk = Pankreas. Pkd = Pancreas dorsale. Pkv = Pancreas ventrale.

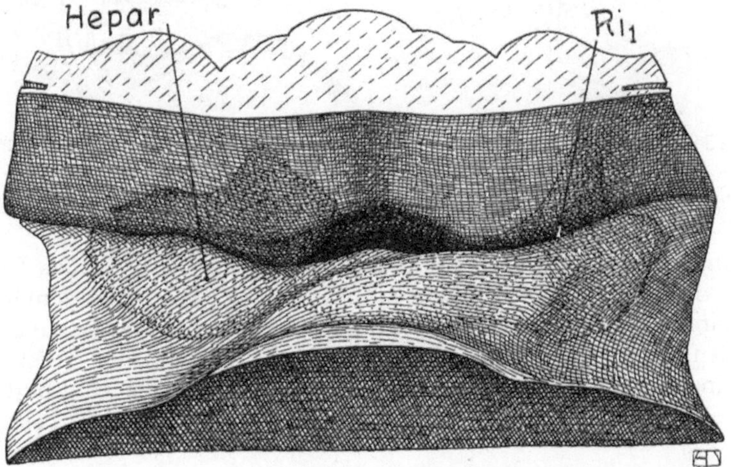

Fig. 314. Maulwurfembryo mit 17 Ursegmenten. Vordere Darmpforte und Leberfeld (von
hinten gesehen).
100 ×. Ri_1 = Paarige bilaterale Rinnen, in deren Bereich Leberdivertikel auftreten. Nach E. Ludwig.

Darmganges, die ursprünglich mit Trabekeln besetzt ist (Ductus hepatocystici, auch Luschkasche Gänge).

Es fehlt also bei der ersten Anlage der Leber durchaus die Bildung von Divertikeln, Ausbuchtungen der Darmwand, wie sie früher vielfach bei der Leber angenommen wurden, die etwa in Analogie mit anderen Drüsenbildungen die Ausführungsgänge, so den Ductus choledochus und die Ductus hepatici liefern sollen.

Auch das Pankreas legt sich nach Ludwig zunächst flächenhaft an, und erst ziemlich spät tritt eine Divertikelbildung auf. Die Anlage steht in Zusammenhang

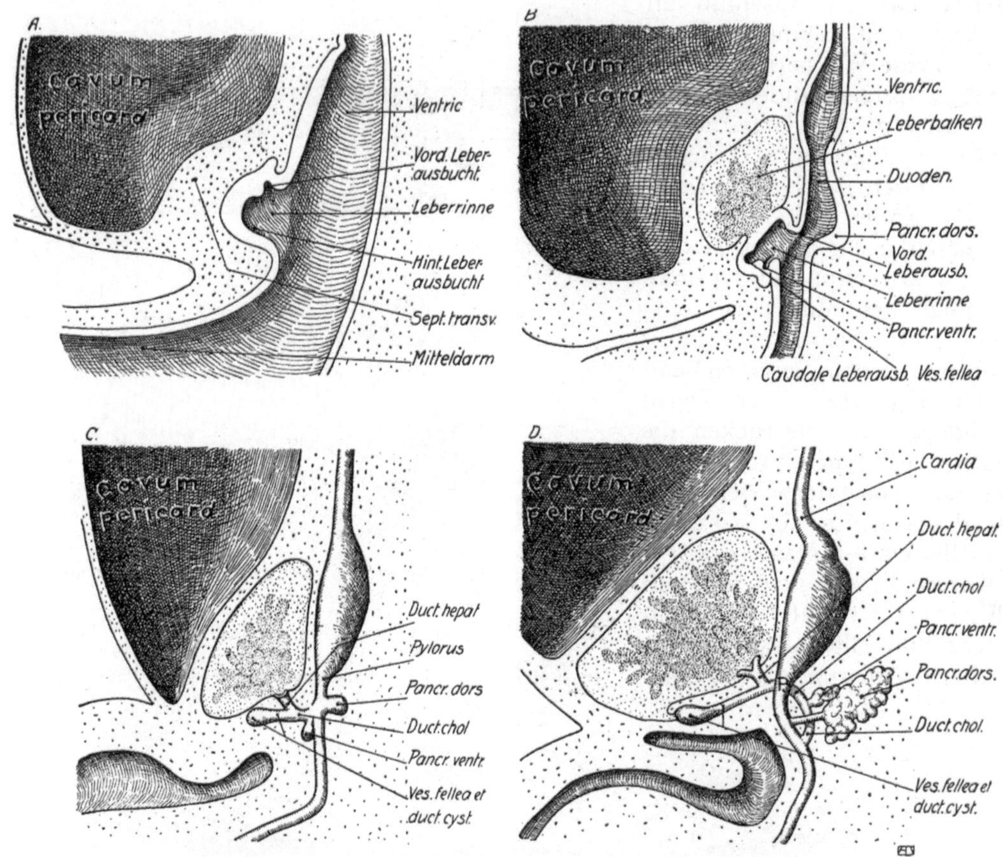

Fig. 315. Spätere Entwicklung der Leber beim Menschen. 4 Stadien.
Nach F. T. Lewis in Keibel-Malls Handb. d. Entw.-Gesch. 1910.
A Embryo mit 23 Segmentpaaren, B von 4,9 mm Länge, C 7,5 mm, D 9,4 mm.

mit der Leberanlage und bildet mit ihr zusammen einen schräg in das Darmlumen eingestellten Ring, den hepatopankreatischen Ring (Fig. 313 C). Aus dem ventralen Teile des Ringes entsteht die Leber, sowie die zwei ventralen Pankreasanlagen (s. unten), aus dem dorsalen Teile die dorsale Pankreasanlage. Auch hier trifft die Annahme einer Ausstülpung der Darmwand als erste Anlage keineswegs zu, sondern die Gänge entstehen erst sekundär durch Abschnürung des betreffenden Teiles der Darmwandung.

Bei der weiteren Entwicklung der Leber sind erstens die Beziehungen zu der die Grundlage für die Zwerchfellbildung darstellenden bindegewebigen Masse des Septum transversum maßgebend (siehe dieses). Diese Zellmasse, von den älteren Embryologen

häufig auch als Vorleber bezeichnet, stellt auch einen Boden dar, in welchen die Leberschläuche hineinwachsen, und zwar unterhalb der Anlage des Zwerchfellmuskels (Fig. 315).
Zweitens haben wir mit der starken Entwicklung von Blutgefäßen zwischen den Leberbalken zu rechnen, welche dadurch zustande kommt, daß die Leberbalken die von hinten
her zum Sinus venosus hinaufziehenden Venen, zunächst die Vv. omphalomesentericae,
umwachsen. Diese lösen sich in dem Netzwerke der Lebertrabekeln auf, um sich wieder
zu den in die V. cava inferior mündenden Vv. hepaticae (Bildung eines Pfortaderkreislaufes) zu sammeln.

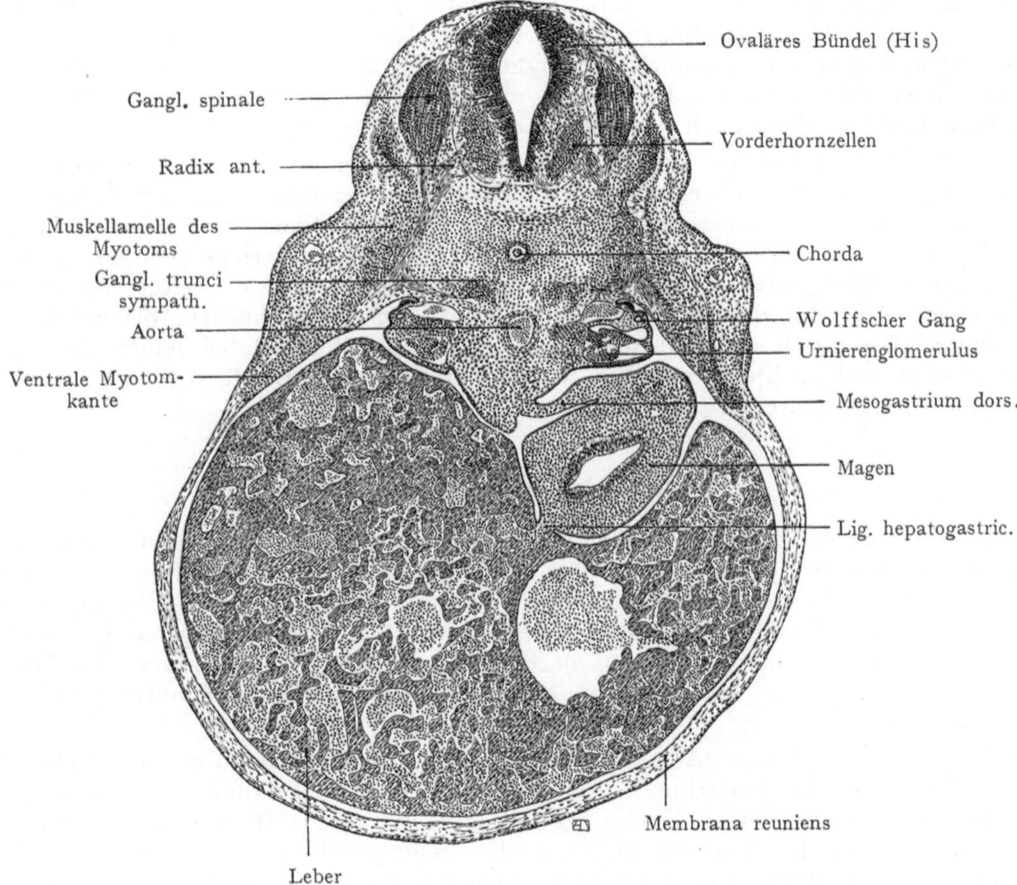

Fig. 316. Querschnitt eines menschlichen Embryos von 7 mm.

Eine ganz besondere Bedeutung kommt dem bindegewebigen, aus dem Septum
transversum stammenden Stroma der Leber als Bildungsstätte roter Blutkörperchen
während der fetalen Entwicklung zu. Nach Mollier entstehen Blutzellen aus dem
Reticulum des die Leberzellen umgebenden Bindegewebes; die Gefäße endigen frei
im Reticulum, so daß den Blutzellen ohne weiteres der Weg in den Blutstrom offen
steht. Das Leberreticulum liefert außer den in Erythrocyten (rote Blutkörperchen)
sich umwandelnden Hämatogonien auch noch Gefäßendothel sowie das gesamte Stützgewebe der Leber, nämlich das kollagene interlobuläre Bindegewebe und wahrscheinlich
auch die Gitterfasern. Die Bildung von Blutzellen in der Leber erfolgt bloß während
einer beschränkten Periode, die vielleicht schon im siebenten Fetalmonate ein Ende nimmt;

doch sind Anzeichen dafür vorhanden, daß die Fähigkeit des Leberstromas, Blutzellen zu bilden, unter besonderen Verhältnissen später wieder erwachen kann.

Die Bildung der Leberform (die Leberlappung) hängt wohl zunächst von den Venen ab, welche von den Leberbalken umwachsen werden. Die zwischen den Venen liegenden Massen von Lebergewebe bezeichnen wir als primäre Leberlappen, die jedoch teilweise im Laufe der Entwicklung untereinander verschmelzen, während sekundäre Lappen später auftreten. Als ein solcher ist der Lobus caudatus aufzufassen, dessen Tuber papillare schon in früher Fetalzeit eine beträchtliche Größe erlangt. Vielleicht ist dasselbe als Rest eines bei Tieren mächtig entwickelten Lobus omentalis aufzufassen, welcher sich dorsal vom Magen nach unten erstreckt (Erik Müller). Beim Menschen finden wir manchmal Reste größerer Lappenbildungen als Varietäten, indem wahrscheinlich ein phylogenetisch älterer Zustand, bei welchem die Leber einen stark belappten Bau besaß, wieder andeutungsweise auftritt. Ein solcher Zustand hat sich tatsächlich beim Gorilla noch erhalten (G. Ruge).

Anomalien der Gallenwege. Sie sind im ganzen selten. Die Gallenblase kann ganz fehlen, ferner kann eine direkte Verbindung derselben mit der Leber durch einen Ductus hepatocysticus erhalten bleiben. Als Norm finden wir diesen Befund bei einigen Tieren (Rind, Kaninchen), die einen Ductus hepatoentericus (aus dem cranialen Teile der Anlage), einen Ductus cysticoentericus sowie mehrere Ductus hepatocystici aufweisen. Auch für den Menschen ist ein Fall beschrieben worden, bei welchem die gesamte Galle durch die Gallenblase in den Darm abfloß; dabei fehlte der Ductus choledochus und an Stelle desselben war der ursprüngliche Ductus cysticus (= Ductus cysticoentericus) getreten.

Entwicklung des Pankreas.

Das Pankreas scheint sich bei vielen Wirbeltieren wesentlich in derselben Weise zu bilden, nämlich aus einer gegenüber der Leberanlage entstehenden dorsalen Anlage und zwei ventralen Anlagen, welche sich der Leberanlage anschließen (s. Fig. 317 A). Daß die Eigenschaft, Pankreasgewebe zu liefern, ursprünglich einer längeren Darmstrecke zukam, geht wohl daraus hervor, daß man sowohl in der Wandung des Magens, als auch im Jejunum, ja sogar im Meckelschen Divertikel, Pankreasgewebe angetroffen hat.

Die dorsale (Haupt-)Anlage des Pankreas entsteht gegenüber dem Leberfelde, dessen Ränder sich späterhin in caudaler Richtung zur Bildung des Ductus choledochus zusammenschließen. Sie wächst zwischen die beiden Blätter des Mesogastrium dorsale aus, welches bei der Drehung des Magens die hintere Wand der Bursa omentalis darstellt und mit der Hauptanlage des Pankreas an die dorsale Wand der Peritonaealhöhle fixiert wird (Fig. 307). Sehr früh treten die beiden ventralen Anlagen auf, denn schon bei einem menschlichen Embryo von 4,7 mm Länge (aus der vierten Woche) stellen sie zwei Ausbuchtungen des Ductus choledochus dar, von denen jedoch bloß die caudale Pankreasgewebe liefert, während die craniale frühzeitig atrophiert (Fig. 317 B). Diese caudale Anlage treibt Sprossen und wächst, jedoch ohne ihre Einmündung in den zum Ductus choledochus sich abschnürenden Lebergang aufzugeben, aus, um, etwa in der zweiten Hälfte des zweiten Monates, mit der dorsalen Anlage zu verschmelzen. Dabei entsteht eine Verbindung zwischen den Ausführungsgängen beider Anlagen. Sodann wird der in den Ductus choledochus mündende Ausführungsgang der caudalen ventralen Anlage zum Hauptausführungsgange, dem Ductus pancreaticus (Wirsungi), während der Ausführungsgang der dorsalen Anlage entweder seine Verbindung mit dem Duodenum aufgibt (Fig. 317 C) oder auch als Ductus accessorius (Santorini) bestehen bleibt und dann oberhalb der Papilla duodeni in das Duodenum einmündet.

Endlich kann der Gang der ventralen caudalen Anlage auch obliterieren; sodann wird der Ausführungsgang der dorsalen Anlage zum alleinigen Ausführungsgange.

Die praktisch nicht ganz unwichtigen Variationen der Einmündung des Ductus pancreaticus in den Ductus choledochus sind wohl auf Verschiedenheiten im Wachstum der beiden Gängen gemeinsamen Strecke zurückzuführen. Wenn dieses Wachstum gering ist, so wird auch das gemeinsame Endstück kurz sein, ja es können dann beide Gänge nebeneinander in einer Bucht oder sogar auf einer Erhebung der Duodenalschleimhaut einmünden. Bei intensivem Wachstum des gemeinsamen Abschnittes kann derselbe eine ziemlich beträchtliche Länge erreichen.

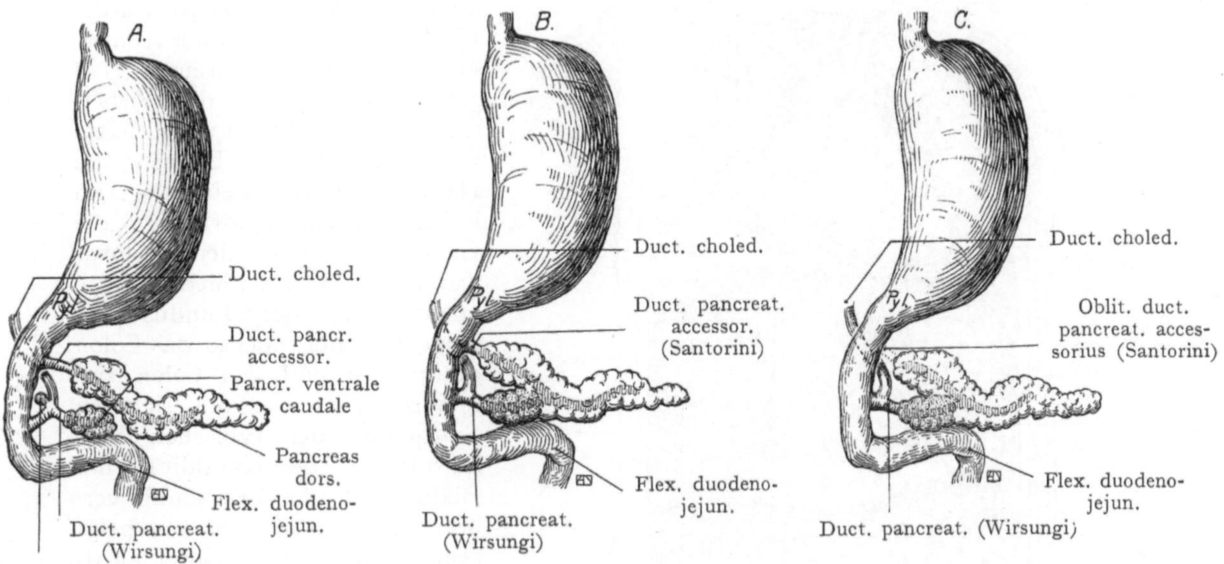

Fig. 317. Entwicklung des Pankreas.
Mit Benutzung der Figuren von J. Kollmann. Atlas d. Embryol. 1907.

A. Das Pancreas dorsale ist noch von dem Pancr. ventrale caudale getrennt. Das Pancreas ventrale craniale ist zum größten Teile zurückgebildet.

B. Das Pancr. ventrale caudale ist mit dem Pancr. dorsale verschmolzen. Der Duct. pancr. accessor. (Santorini), d. h. der Ausführungsgang des Pancr. dorsale, mündet in den Darm. Der Zustand kommt beim Erwachsenen als Varietät vor.

C. Der Duct. pancreat. accessor. (Santorini) hat die Ausmündung in den Darm verloren. Typischer Zustand beim Erwachsenen.

Was die Histogenese des Pankreas anbelangt, so sei bloß darauf hingewiesen, daß die sog. Langerhansschen Inseln sich schon in der 14. Fetalwoche als Auswüchse der Drüsengänge bilden, die sich alsdann von ihrem Mutterboden loslösen und zu den Blutgefäßen in innige Beziehung treten. Wahrscheinlich erfolgt die Bildung der Inseln bloß während einer beschränkten Zeit des Fetallebens, indem ihre Zahl sich später nicht vermehrt.

Anomalien der Lage der Brust- und Baucheingeweide.

Die Anomalien der Lage der Eingeweide sowie der Ausbildung der Gekröse sind außerordentlich zahlreich und infolgedessen, besonders neuerdings, im Hinblick auf die Häufigkeit operativer Eingriffe, auch von erheblicher praktischer Bedeutung. Der Grad der Abweichung von der Norm ist sehr verschieden. Man kann die Abweichung häufig als eine Hemmungsbildung auffassen, welche jedoch nicht mit Störungen in der Funktion

des Darmes verknüpft zu sein braucht. Besonders liegt eine Hemmungsbildung in all'
jenen Fällen vor, bei denen die als Norm beschriebene Befestigung der Eingeweide an
die hintere Wand der Bauchhöhle nicht erfolgt ist.

 Die extremste, interessanteste, aber auch seltenste Lageanomalie der Eingeweide
ist unzweifelhaft der vollständige Situs inversus sämtlicher Brust- und Baucheingeweide.

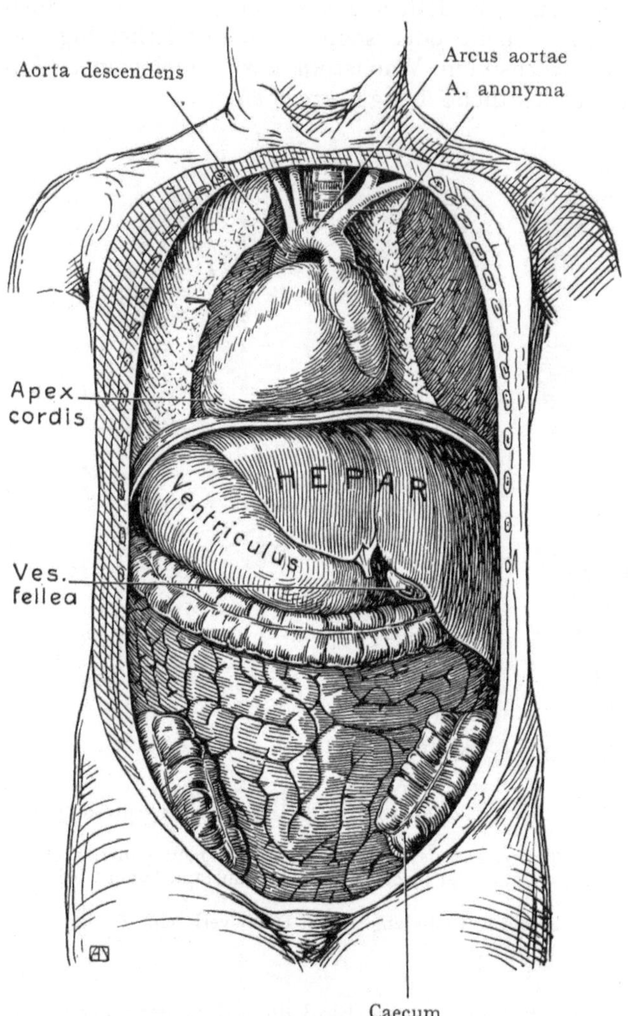

Fig. 318. Situs inversus totalis thoracis et abdominis.
Präparat der Basler Sammlung (s. Inaug.-Diss. Koller, Basel 1899).

In Fig. 318 ist ein von Koller
auf dem Basler Seziersaale beobachteter Fall dargestellt, bei
welchem die Diagnose trotz
schwerer Erkrankung der Frau
nicht intra vitam gestellt wurde.
Die Herzspitze lag in der rechten
Mamillarlinie, der Arcus aortae
ging nach rechts an die Wirbelsäule, die rechte Lunge hatte
zwei, die linke drei Lappen; die
Hauptmasse der Leber lag im
linken Hypochondrium, die
Gallenblase und der Pylorus
waren links von der Medianebene
anzutreffen, der Fundus des
Magens rechts, ebenso das Colon
descendens und das Colon sigmoides, kurz es fand sich ein
Spiegelbild der typischen Verhältnisse. Die Kausalität der
Bildung ist uns vollständig verborgen, doch wird man geneigt
sein, den Beginn ihrer Entstehung in eine sehr frühe Entwicklungsperiode zu verlegen,
vielleicht sogar in Strukturverhältnissen des befruchteten oder
unbefruchteten Eies zu suchen
(s. Topik des Eies). Bei dem
weniger seltenen Situs inversus
partialis abdominalis, der sich
auf die Baucheingeweide beschränkt, ist die Erklärung insofern leichter, als wir hier annehmen können, daß die Drehung
des Magens, anstatt nach links,
des Magens, anstatt nach links,

nach rechts erfolgte, mit einer entsprechenden Änderung in der Lage der anderen Darmstrecken. Auch hier muß uns jedoch, solange wir nicht experimentell eingreifen können,
die eigentliche Ursache verborgen bleiben.

 Relativ leicht läßt sich die formale Genese einer Anzahl von Darmanomalien erklären, bei denen die normale Verklebung zwischen gewissen Strecken des Peritonaeum
parietale und viscerale nicht erfolgt ist. In einigen seltenen Fällen wurden solche
Verklebungen ganz vermißt, dabei können die einzelnen Darmabschnitte eine ganz
typische, normale Lage einnehmen, doch unterbleibt nicht bloß die Fixation des Duodenums, des Colon ascendens und descendens an die hintere Wand des Bauchraumes,
sondern es fehlt auch die Bildung der sekundären Haftlinien des Mesocolon transversum,

des Mesocolon sigmoideum und des Mesenteriums; alle Darmabschnitte sind an einem in der Medianebene an der Wirbelsäule befestigten Mesenterium commune aufgehängt. Der Verlauf eines solchen ist für ein embryonales Stadium in Fig. 304 punktiert angegeben. Der Befund wird beim Menschen sehr selten angetroffen, dagegen finden wir ihn bei einzelnen Tieren, z. B. bei der Fledermaus, als Norm. Sehr häufig weisen jedoch einzelne Darmstrecken (Colon ascendens, Colon descendens, seltener das Duodenum), welche normalerweise an die dorsale Bauchwand fixiert sind, die Bildung eines Mesenteriums auf. In ca. 10% aller Fälle soll ein Mesenterium ileocaecale commune vorkommen; dabei setzt sich das Mesenterium vom unteren Ende des Ileums auf das Caecum und das Colon ascendens fort und geht in das Mesocolon transversum über. Der Zustand erklärt sich ganz einfach daraus, daß der in die Fossa iliaca dextra herabsteigende Teil des Dickdarms nicht an die hintere Bauchwand fixiert wird, indem ein Mesocolon erhalten bleibt, das allerdings gewöhnlich nicht in der Medianebene an der Wirbelsäule haftet, sondern rechts davon in einer aufsteigenden Linie, welche in die Haftlinie des Mesocolon transversum übergeht. Dasselbe kann auch linkerseits stattfinden, so daß dann auch das Colon descendens ein Mesocolon descendens erhält und damit eine freiere Beweglichkeit, welche dem Enddarme sonst erst mit der Bildung eines Mesocolon sigmoideum zukommt.

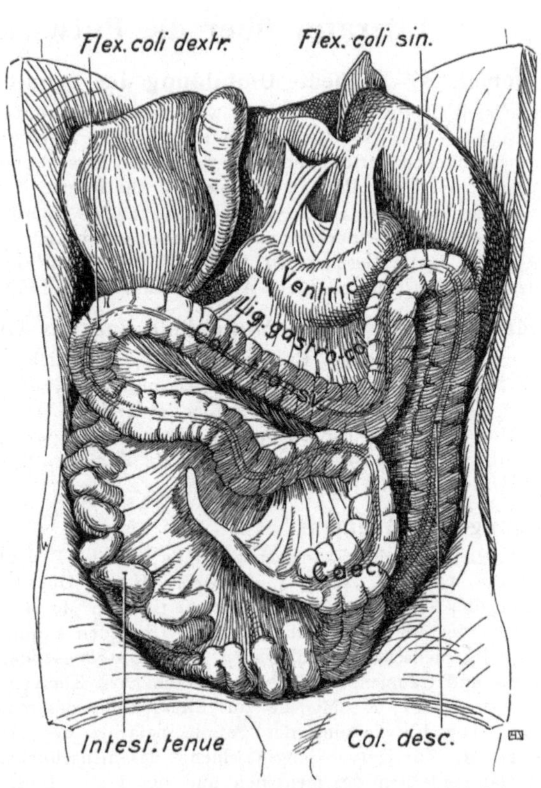

Fig. 319. Varietät in der Ausbildung des Dickdarms und der Leber.
Nach Zuckerkandl, Atlas der topogr. Anatomie, Wien 1904, Fig. 342.
Der Dünndarm liegt rechts, der Dickdarm, welcher gleich dem Duodenum in seiner ganzen Länge ein freies Gekröse besitzt, liegt links. Die Colonschleife hat sich nicht über den Dünndarm nach rechts herübergeschlagen; das Bild entspricht dem in Fig. 303 dargestellten Entwicklungsstadium.

Ferner kann es auch vorkommen, daß der Überschlag der Colonschleife nach rechts hin über das Dünndarmkonvolut (Fig. 319) vollständig unterbleibt; alsdann ist überhaupt kein Abschnitt der Schleife an die hintere Bauchwand fixiert; das Mesocolon, an welchem dasselbe aufgehängt ist, kann in selteneren Fällen ein Mesenterium commune darstellen, häufig hat es in einzelnen Strecken durch teilweise Verwachsungen mit dem Peritonaeum parietale eine sekundäre Haftlinie erhalten.

Literatur über die Entwicklung des Darmsystems.

Allgemeines. Früheste Umbildung des primitiven Darmrohres.

Dandy, W. E., A human embryo with 7 pairs of somites, measuring 2 mm in length. Amer. Journ. of Anat. 10. 1910. — *His, W*, Menschliche Embryonen. Leipzig 1880—1885. — *Mall, F. P.*, Über die Entwicklung des menschlichen Darmes und seiner Lage beim Erwachsenen. Arch. f. Anat. u. Entw.-Gesch. 1887. Suppl.-Band. 403—432. — *Derselbe*, Development of the human Coelom. Journ. of Morph. 12. 1897. — *Maurer, Fr.*, Die Entwicklung des Darmsystems in *Hertwigs* Handb. d. Entw.-Lehre II. 1. 1906. — *Spee, Graf F. von*, Beobachtungen an einer menschlichen Keimscheibe mit offener Medullarrinne und Canalis neurentericus. Arch. f. Anat. u. Entw.-Gesch. 1889. 159—176. — *Derselbe*, Neue Beobachtungen über sehr frühe Entwicklungsstufen des menschlichen Eies. Arch. f. Anat. u. Entw.-Gesch. 1896. 1—30.

Bildung der primitiven Mundhöhle und des Gesichtes.

Peter, K., Modelle zur Entwicklung des menschlichen Gesichtes. Anat. Anz. 39. 1911. 41—66. — *Derselbe*, Atlas zur Entwicklung der Nase und des Gaumens beim Menschen mit Einschluß der Entwicklungsstörungen. Jena, Fischer 1913. — *Pohlmann, E. H.*, Die embryonale Metamorphose der Physiognomie und der Mundhöhle des Katzenkopfes. Morph. Jahrb. 41. 1910. 617—680. — *Rabl, C.*, Die Entwicklung des Gesichtes. Leipzig 1902. — *Retzius, G.*, Zur Kenntnis der Entwicklung der Körperformen des Menschen. Biol. Unters. N. F. 11. 2. 1904.

Bildung des Gaumens.

Bolk, L., Über die Gaumenentwicklung und die Bedeutung der oberen Zahnleiste beim Menschen. Zeitschr. f. Morph. 14. 1911. 241—304. — *Fuchs, Hugo*, Über korrelative Beziehungen zwischen Zungen- und Gaumenbildung der Säugetierembryonen etc. Zeitschr. f. Morph. u. Anthrop. 13. 1910. — *Haller, Graf*, Über den Gaumen der amnioten Wirbeltiere. II. Über den Gaumen der Säugetiere. Anat. Hefte. 64. 1922. 1—40. — *His, W.*, Menschliche Embryonen. Leipzig 1880—1885. — *Derselbe*, Beobachtungen zur Geschichte der Nasen- und Gaumenbildung beim menschlichen Embryo. Abh. d. sächs. Akad. d. Wiss. math.-phys. Kl. 26. 1901. — *Peter, K.*, Modelle zur Entwicklung des menschlichen Gesichtes. Anat. Anz. 39. 1911. — *Derselbe*, Die Entwicklung der Papilla palatina des Menschen. Anat. Anz. 46. 1914. 33—50, 41—66. — *Pölzl, A.*, Zur Entwicklungsgeschichte des menschlichen Gaumens. Anat. Hefte 27. 1905. — *Retzius, G.*, Die Gaumenleisten des Menschen und der Tiere. Biol. Unters. N. F. 13. 1906. — *Sicher, H.*, Die Entwicklung des sekundären Gaumens beim Menschen. Anat. Anz. 47. 1915.

Bildung der Lippen und des Vestibulum oris.

Bolk, L., Zur Entwicklungsgeschichte der menschlichen Lippen. Anat. Hefte 44. 1911. 229—272. — *Krakow, Otto*, Die Talgdrüsen der Wangenschleimhaut. Inaug.-Diss. Königsberg 1901. — *Ramm, Malka*, Über die Zotten der Mundlippen und der Wangenschleimhaut bei Neugeborenen. Inaug.-Diss. Bern, ausp. *Zimmermann*, auch Anat. Hefte 29. 1905. — *Retzius, G.*, Zur Kenntnis der Entwicklung der Körperformen des Menschen. Biol. Unters. N. F. 11. 2. 1904. — *Stieda, Alex.* Über das Tuberculum labii sup. und die Zotten der Lippenschleimhaut des Neugeborenen. Anat. Hefte 13. 1899. — *Stieda, L.*. Das Vorkommen freier Talgdrüsen am menschlichen Körper. Zeitschr. f. Morph. u. Anthrop. IV. 1902. 443—462.

Mißbildungen im Bereiche des Gesichtes, der Lippen und des Gaumens.

Felber, P, Anlage und Entwicklung des Maxillare und Praemaxillare beim Menschen. Morph. Jb. 50. 1917. 451—499. — *Grünberg, Karl*, Die Gesichtsspalten und die in genetischer Beziehung zu ihnen stehenden anderweitigen Mißbildungen des Gesichts in *Schwalbes* Morphologie der Mißbildungen III. Teil. II. Lief. 1913. — *Kölliker, Th.*, Über das Os intermaxillare des Menschen und die Anatomie der Hasenscharte und des Wolfsrachens. Nova acta acad. Car. Leop. 43. 1882.

Entwicklung der Zähne.

Ahrens, H., Die Entstehung des Schmelzstranges im Schmelzorgan von Schweineembryonen. Verh. d. Ges. f. Morph. u. Physiol. in München 1913. — *Derselbe*, Die Entwicklung der menschlichen Zähne. Anat. Hefte 48. 1913. 1—100. — *Bolk, L.*, Odontologische Studien I. Die Ontogenie der Primatenzähne. Jena 1913. — *Derselbe*, Odontologische Studien II. Die Morphogenie der Primatenzähne. Jena 1914. — *Derselbe*, Über die Gaumenentwicklung und die Bedeutung der oberen Zahnleiste beim Menschen. Zeitschr f. Morphol. 14. 1911. 241—304. — *v. Brunn, A.*, Über die Ausdehnung des Schmelzorgans und seine Bedeutung für die Zahnbildung. Arch. f. mikr. Anat. 29. 1887. — *Burckhardt, Rud*, Die Entwicklungsgeschichte der Verknöcherungen des Integumentes und der Mundhöhle der Wirbeltiere in *O. Hertwigs* Handb. d. Entw.-Lehre II. 1. 1906. — *D'Ajutolo*, Quinta dentizione in una fanciulla di 12 anni. Mem. R. Accad. delle Scienze di Bologna. III. 1892. 629—638. — *Ebner, V. von*, Über die Entwicklung der leimgebenden Fibrillen, besonders im Zahnbein. Sitzungsber. d. k. k. Akad. d. Wiss. in Wien. Band 115. III. 1906. — *Fischer, Guido*, Beiträge zum Durchbruche der bleibenden Zähne, nebst Untersuchungen über die Genese der Osteoklasten und der Riesenzellen. Anat. Hefte 38. 1908. 621—725. — *Friedmann, E.*, Beiträge zur Zahnentwicklung der Knochenfische. Morph. Arb. VII. 1897. — *Hertwig, O.*, Über das Zahnsystem der Amphibien. Arch. f. mikr. Anat. 11. 1874. Suppl.-Heft. — *v. Korff, K.*, Die Zahngrundsubstanz der Säugetiere. Arch. f. mikr. Anat. 67. 1906. 1—18. — *Magitot, E.*, Traité des anomalies du système dentaire, mit Atlas. Paris 1877. — *Röse, C.*, Über die Entwicklung der Zähne des Menschen. Arch. f. mikr. Anat. 38. 1891. 447—491. — *Derselbe*, Das Zahnsystem der Wirbeltiere. Ref. in *Bonnet* und *Merkels* Ergebnissen 1894. 542—591. — *Schwalbe, G*, Über Theorien der Dentition. Verh. anat. Ges. Vers. in Straßburg 1894. Erg.-Band. Anat. Anz. 9. 1894. — *Zuckerkandl, E.*, Anatomie der Mundhöhle mit besonderer Berücksichtigung der Zähne in *Scheffs* Handb. d. Zahnheilk. Wien 1902.

Bildung des Kiemendarmes.

Grosser, O, Zur Entwicklung des Vorderdarmes menschlicher Embryonen bis 5 mm größte Länge. Sitzungsber. d. k. k. Akad. d. Wiss. Wien. Math.-phys. Kl. 120. III. 1911. — *Hammar, J. Aug.*, Studien über die Entwicklung des Vorderdarmes. I. Allgemeine Morphologie der Schlundspalten beim Menschen. Entwicklung des Mittelohrraumes und des äußeren Gehörganges. Arch. f. mikr. Anat. 59. 1902. 471—628. — *Derselbe*, II. Das Schicksal der III. Schlundspalte. Zur vergleichenden Embryologie der Tonsille. Ibid. 61. 1903. 404—458. — *Derselbe*, Ein beachtenswerter Fall von kongenitaler Halskiemenfistel, nebst einer Übersicht über die in der normalen Ontogenese des Menschen existierenden Vorbedingungen solcher Mißbildungen. *Zieglers* Beitr. z. path. Anat. 36. 1904. 506—517. — *His, W.*, Über den Sinus praecervicalis und die Thymusanlage. Arch. f. Anat. u. Entw.-Gesch. 1886. — *Kostanečki, K. v.*, Zur Kenntnis der Pharynxdivertikel des Menschen mit besonderer Berücksichtigung der Divertikelbildung im Nasenrachenraum. Virch. Arch. 117. 1889. 108—150. — *Rabl, C.*, Über die Bildung des Halses. Prager med. Wochenschr. 1886. Nr. 52. 1887. Nr. 1. — *Derselbe*, Über das Gebiet des N. facialis. Anat. Anz. 2. 219—227. 1887. — *Rabl, H.*, Die Entwicklung der Derivate des Kiemendarms beim Meerschweinchen. Arch. f. mikr. Anat. 82. 1913. 79—147.

Entwicklung der Zunge.

Guthzeit, O., Über die Bedeutung des Tuberculum impar. Inaug.-Diss. Leipzig 1912. — *Kallius, E.*, Beiträge zur Entwicklung der Zunge. III. Säugetiere. Anat. Hefte 41. 1910.

Gland. thyreoidea.

Grosser, O., Die Entwicklung des Kiemendarms und des Respirationsapparates in *Keibel-Malls* Handb. d. Entw.-Gesch. d. Menschen. II. 1911. 436—482. — *His, W.*, Der Tractus thyreoglossus und seine Beziehungen zum Zungenbein. Arch. f. Anat. u. Entw.-Gesch. 1891. — *Maurer, Fr.*, Die Entwicklung des Darmsystems in *Hertwigs* Handb. d. Entw.-Lehre. II. 1. 1906. — *Mayo, Ch. H.*, Lingual, sublingual and other forms of aberrant thyreoids. Journ. Amer. med. Assoc. 57. 1911. 784—786. — *Tourneux, F.*, und *Verdun, P.*, Sur le premier développement de la thyroïde, du thymus et des glandes parathyroïdiennes chez l'homme. Journ. de l'Anat. et de la physiol. 33. 1897. — *Verdun, P.*, Dérivés branchiaux chez les vertébrés supérieurs. Thèse de Toulouse. 1898.

Thymus.

Bien, Gertrud, Über accessorische Thymuslappen im Trigonum caroticum. Anat. Anz. 29. 1906. — *Hammar, J. Aug.*, 50 Jahre Thymusforschung. *Bonnet* und *Merkels* Ergebnisse 19. 1910. 1—274. — *Derselbe*, Zur Kenntnis des Teleostierthymus. Arch. f. mikr. Anat. 73. 1909. 1—68. — *Derselbe*, The new views as to the Morphology of the Thymus gland and their bearing on the problem of the function of epithelium infiltrated by leucocytes. Endocrinology. 5. 1921. — *Harman, N. B.*, Socia thymi cervicalis and thymus accessorius. Journ. of Anat. and Physiol. 36. 1901. — *Hartmann, A.*, Die Entwicklung des Thymus beim Kaninchen. Arch. f. mikr. Anat. 86. 1914. 69—192. — *Maximow, Alexander*, Untersuchungen über Blut und Bindegewebe. IV. Über die Histogenese des Thymus bei den Amphibien. Arch. f. mikr. Anat. 79. 1912. 560—611. — *Waldeyer, W.* Die Rückbildung des Thymus. Sitzungsber. d Akad. d. Wiss. Berlin 25. 1890. — *Weißenberg, Rich.*, Die quergestreiften Zellen des Thymus. Arch. f. mikr. Anat. 70. 1907. 193—226. — *Wassjutotschin, A.*, Über die myoiden Elemente des Thymus. Anat. Anz. 46. 1914. 577—600.

Epithelkörperchen und ultimobranchialer Körper.

Getzowa, Sophie, Zur Kenntnis des postbranchialen Körpers und der branchialen Kanälchen beim Menschen. *Virchows* Arch. 205. 1911. 208—257. — *Grosser, O.*, Zur Kenntnis des ultimobranchialen Körpers des Menschen. Anat. Anz. 37. 1910. — *Derselbe*, Zur Entwicklung des Vorderdarms menschlicher Embryonen bis 5 mm größter Länge. Sitzungsber. d. k. k. Akad. d. Wiss. Wien. Math.-phys. Kl. 120. III. 1911. — *Kohn, Alfr.*, Die Epithelkörperchen. Ref. in *Bonnet* und *Merkels* Ergebn. IX. 1899. 194—252. — *Rabl, H.*, Über die Anlage des ultimobranchialen Körpers bei den Vögeln. Arch. f. mikr. Anat. 70. 1907. — *Derselbe*, Über die Anlage des thyreothymischen Systems beim Maulwurf. Sitzungsber. d. k. k. Akad. d. Wiss.

Wien. Math.-phys. Kl. 118. Abt. III. 1909. — *Verdun, P.*, Contribution à l'étude des glandes satélites de la thyroïde chez l'homme. Journ. de l'anat. et de la physiol. 30. 1897. — *Welsh, D. A.*, Concerning the parathyreoid glands. Journ. of Anat. and Physiol. 32. 1898.

Pharynx, Halsfisteln usw.

Augier, M. A., Notochorde et épithélium pharyngien chez sus scrofa. Compt. rend. de l'assoc. des anat. Lyon 1923. — *Göppert, E.*, Beiträge zur vergleichenden Anatomie des Kehlkopfes und seiner Umgebung etc. in *R. Semons* zool. Forschungsreisen. Band III (Jenaische Denkschriften III. 1901). — *Guthzeit, Otto*, Über die Bedeutung des Tuberculum impar. Inaug.-Diss. Leipzig 1912 (ausp. *C. Rabl*). — *Hammar, J. Aug.*, Ein beachtenswerter Fall von kongenitaler Halskiemenfistel usw. *Zieglers* Beitr. z. path. Anat. 36. 1904. 506—517. — *Hasse, C.*, Die Speichelwege und die ersten Wege der Ernährung und Atmung beim Säugling und im späteren Alter. Arch. f. Anat. u. Entw.-Gesch. 1905. 321—332. — *Huber, C. Carl*, On the relation of the Chorda dorsalis to the anlage of the pharyngeal Bursa or medial pharyngeal process. Anat. Rec. 6. 1912. 373—404. — *Kallius, E.*, Beiträge zur Entwicklung der Zunge. Verh. d. anat. Ges. in Göttingen 1901. Suppl.-Band. Anat. Anz. 19. 1901. — *Derselbe*, Beiträge zur Entwicklung der Zunge. III. Teil. Säugetiere. 1. Sus scrofa. Anat. Hefte 41. 1910. 177—337. — *Killian, J.*, Über die Bursa und Tonsilla pharyngea. Morph. Jahrb. 14. 1888. — *Derselbe*, Entwicklungsgeschichte, anatomische und klinische Untersuchungen über Mandelbucht und Gaumenbucht. Arch. f. Laryng. und Rhinol. 7. 1898. — *Kostanečki, K. v.*, Zur Kenntnis der Pharynxdivertikel des Menschen mit besonderer Berücksichtigung der Divertikelbildung im Nasenrachenraum. *Virchows* Arch. 117. 1889. 108—150. — *Kostanečki, K. v.*, und *Mieleçki, A. v*, Die angeborenen Kiemenfisteln des Menschen. *Virchows* Arch. 120. 385—486. — *Mayer, Rob.*, Über die Bildung des Rec. pharyngeus medius seu Bursa pharyngea im Zusammenhang mit der Chorda bei menschlichen Embryonen. Anat. Anz. 37. 1910. 449—453. — *Rabl, C.*, Zur Bildungsgeschichte des Halses. Prager med. Wochenschr. 1886. Nr. 52 und 1887. Nr. 1. — *Rand, R.*, On the relation of the head chorda to the pharyngeal epithelium in the Pig embryo. Anat. Rec. 13. 1917. — *Schulte, W. H. v.*, The Development of the salivary Glands in Man. Studies in Cancer and allied subjects. Vol. IV. Columbia University Press. 1913. — *Tourneux, J. P.*, Bourse pharyngienne et récessus médian du pharynx chez l'homme. Journ. de l'anat. et de la physiol. 48. 1912. — *Derselbe*, Base cartilagineuse du crâne et segment basilaire de la chorde dorsale. Ibid. — *Derselbe*, Pédicule hypophysaire et hypophyse pharyngée chez l'homme et chez le chien. etc. Ibid.

Larynx und Lungen.

Ekehorn, Gösta, Über die Entwicklung der Lunge und insbesondere des Bronchialbaums beim Menschen. Zeitschr. f. Anat. u. Entw.-Gesch. 62. 1921. 271—351. — *Fein, J.*, Die Verklebungen im Bereiche des embryonalen Kehlkopfes. Arch. f. Laryng. u. Physiol. 15. 1903. — *Flint, J. M*, The Development of the lungs. Amer. Journ. of Anat. 6. 1906. — *Fraser, J. E.*, The Development of the larynx. Journ. of Anat. and Physiol. 44. 1910. 156—191. — *Göppert, E.*, Beiträge zur vergleichenden Anatomie des Kehlkopfes und seiner Umgebung. Semons zool. Forschungsreisen. III. Jen. Denkschr. III. 1901. — *Hammar, J. Aug.*, Ein Fall von Nebenlungen bei einem menschlichen Fetus von 11,7 mm Länge. Beitr. z. pathol. Anat. 36. 1904. 518—527. — *Heiss, Rob.*, Zur Entwicklung und Anatomie der menschlichen Lunge. Arch. f. Anat. u. Physiol. Anat. Abt. 1919. 1—129. — *His, W.*, Zur Bildungsgeschichte der Lungen beim menschlichen Embryo. Arch. f. Anat. u. Entw.-Gesch. 1887. — *Kallius, E.*, Beiträge zur Entwicklung des Kehlkopfes. Anat. Hefte 9. 1897. 303—363. — *Pensa, Ant.*, Considerazioni a proposito dello sviluppo dell'albero bronchiale nell'uomo ed in bos taurus. Boll. Soc. med.-chir. di Pavia. 1909. — *Soulié, A.* und *Bardier, E.*, Recherches sur le développement du larynx. Journ. de l'anat. et de la physiol. 43. 1907. 138—240.

Entwicklung des Tractus intestinalis.

Bien, G., Zur Entwicklungsgeschichte des menschlichen Dickdarms. Anat. Hefte 49. 1913. 339—357. — *Brachet, A.*, Die Entwicklung der großen Körperhöhlen und ihre Trennung voneinander. *Bonnet* und *Merkels* Ergebnisse 7. 1897. 886—936. — *Bromann, Ivar*, Die Entwicklungsgeschichte der Bursa omentalis und ähnlicher Rezessusbildungen bei Wirbeltieren. Wiesbaden 1904. — *Cremer, Math.*, Das Oberflächenrelief der Rumpfdarmschleimhaut beim Menschen vom Ende des dritten Fetalmonats bis zur Geburt. Anat. Anz. 54. 1921. 97—126. — *Deus, P.*, Drei Fälle von Ileus durch Meckelsches Divertikel. Deutsche Zeitschr. f. Chir. 155. 1920. — *Forßner, H.*, Die angeborenen Darm- und Ösophagusatresien. Anat. Hefte 34. — *Johnson, F. P.*, On the development of the mucous membrane of the oesophagus, stomach and small intestine in the human embryo. Amer. Journ. of Anat. X. 1910. 521—561. — *Derselbe*, Development of the large intestine. Ibid. XIV. 1912/13. — *Derselbe*, The Development of the Rectum. Ibid. XVI. 1—58. 1914. — *Derselbe*, Effects of distension on the intestine. Ibid. XIV. 235—250. 1912/13. — *Kaufmann, Marie*, Über das Vorkommen von Belegzellen im Pylorus und Duodenum des Menschen. Anat. Anz. 28. 1906. 465—474. — *Kirk, E. G.*, On the histogenesis of gastric glands. Amer. Journ. of Anat. X. 1910. 474—520. — *Koller, Arnold*, Ein Fall von Situs inversus totalis und seine Deutung. Inaug.-Diss. Basel 1899 ausp. *Kollmann*, auch *Virchows* Archiv 156. 1899. — *Kreuter, Erwin*, Über den soliden Ösophagus der Selachier. Inaug.-Diss. München 1901. — *Derselbe*, Die angeborenen Verengerungen und Verschließungen des Darmkanals im Lichte der Entwicklungsgeschichte. Habil.-Schrift Erlangen 1905. — *Kull, H.*, Über die

Entstehung der Panethschen Zellen. Arch. f. mikr. Anat. 77. 1911. 541—556. — *Lewis, F. T*, Histogenese des Darms in *Keibel-Malls* Handb. d. Embryologie. II. 376. — *Derselbe*, The form of the stomach in human embryos with notes upon the nomenclature of the stomach. Amer. Journ. of Anat. XIII. 1912. 477—504. — *Mall, F. P*, Entwicklung des Coeloms in *Keibel-Malls* Handb. d. Entw.-Gesch. I. 1910. 527—552. — *Mehnert, E.*, Über die klinische Bedeutung der Ösophagus- und Aortenstenosen. Arch. f. klin. Chir. 58. 1899. — *Minot, Ch. S.*, On the solid state of the large intestine in the chick. Journ. Bost. med. Science 1900. — *Nagy, L von*, Über die Histogenese des Darmkanals bei menschlichen Embryonen. Anat. Anz. 40. 1911. 147—156. — *Neter*, Die Beziehungen der kongenitalen Anomalien des S romanum zur habituellen Verstopfung. Arch. f. Kinderheilk. 32. 1901. — *Pernkopf, Ed.*, Die Entwicklung der Form des Magendarmkanals beim Menschen. Anat. Hefte 64. 1922. 96—275 u. 73. 1924 1—144. — *Preßler, K.*, Über den normalen und inversen Situs viscerum bei Amphibien. Arch. f. Entw.-Mech. 32. 1911. 1—36. — *Schridde,H.*, Die ortsfremden Epithelgewebe des Menschen, in Sammlung anatomischer und physiologischer Vorträge. Jena, Fischer 1909. — *Schüttoff, M*, Abnormer Tiefstand des Bauchfells im Douglasschen Raume etc. Arch. f. Anat. u. Entw.-Gesch. 1903. — *Tandler, J.*, Zur Entwicklung des menschlichen Duodenums in frühen Embryonalstadien. Morph. Jahrb. 29. 1902. — *Toldt, C.*, Bau und Wachstumsveränderungen der Gekröse des menschlichen Darmkanals. Denkschr. d. k. k. Akad. d. Wiss. Wien. Math.-phys. Kl. 41. 1879. — *Derselbe*, Die Darmgekröse und Netze. Ibid. 56. 1889. — *Derselbe*, Die Formbildung des menschlichen Blinddarms und der Valvula coli. Sitzungsber. d. k. k. Akad. d. Wiss. Wien. Math.-phys. Kl. 103. III. 1894. — *Treves, Fr*, Lectures on the intestinal Canal and Peritonaeum in Man. Brit. med. Journ. Vol. I. for 1885. p. 415. — *Vogt, W.*, Morphologische und kausalanalytische Untersuchungen über die Lageentwicklung des menschlichen Darmes. Zeitschr. f. angew. Anat. u. Konstitutionslehre. II. 1917. — *Voigt, Jul.*, Beiträge zur Entwicklung der Dünndarmschleimhaut. Anat. Hefte XII. 1899. 49—70.

Entwicklung der großen Darmdrüsen.

Baldwin, W. M., An adult human pancreas, showing an embryological condition. Anat. Rec. 4. 1910. — *Beneke, Rud.*, Die Entstehung der kongenitalen Atresie der großen Gallengänge, nebst Bemerkungen über den Begriff der Abschnürung. Univ.-Programm. Marburg 1907. — *Broman, J.*, Über die Phylogenese der Bauchspeicheldrüse. Verhandl. d. anat. Ges. in Greifswald. Erg.-Heft z. Anat. Anz. 44. 1913. 14—20. — *Bubenhofer, A.*, Über einen Fall von kongenitalem Defekt (Agenesie) der Gallenblase. Anat. Hefte 27. 1904. — *Charpy, A.*, Variétés et anomalies des canaux pancréatiques. Journ. de l'anat. et de la physiol. 34. 1898. 720—734. — *Cords, Elisabeth*, Ein Fall von ringförmigem Pankreas. Anat. Anz. 29. 1911. 33—40. — *Felix, W.*, Zur Leber- und Pankreasentwicklung. Arch. f. Anat. u. Entw.-Gesch. 1892. 280—323. — *Küster, H.*, — Zur Entwicklungsgeschichte der Langerhansschen Inseln im Pankreas des Menschen. Arch. f. mikr. Anat. 64. 1904. — *Lecco, Th.*, Zur Morphologie des Pancreas annulare. Sitzungsber. d. Akad. d. Wiss. Wien. Math.-phys. Kl. Abt. III. 119. 1910. — *Letulle, M.*, und *Nattan-Larrier*, Région vatérienne du duodénum et ampoulle de Vater. Bull. Soc. anat. de Paris 73. 1898. — *Lewis, F. T.*, Die Entwicklung der Leber und des Pankreas in *Keibel-Malls* Handb. d. Entw.-Gesch. II. 1911. — *Ludwig, E.*, Zur Entwicklungsgeschichte der Leber, des Pankreas und des Vorderdarms bei der Ente und beim Maulwurf. Anat. Hefte. 56. 1919. — *Maurer, Fr.*, Die Entwicklung des Darmsystems in *Hertwigs* Handb. d. Entw.-Lehre II. 1. 1906. — *Ruge, G.*, Abweichungen am linken Lappen der menschlichen Leber. Morph. Jahrb. 45. 1913. 409—430. — *Seyfarth*, Neue Beiträge zur Kenntnis der Langerhansschen Inseln im menschlichen Pankreas usw. Jena, G. Fischer. 1920. — *Weber, J. A.*, L'origine des glandes annexes de l'intestin moyen chez les vertébrés. Thèse de Nancy, ausp. *Nicolas* 1903.

Gefäßsystem.

Das Gefäßsystem, das Blut, die Lymphe, mit den geformten Elementen dieser Flüssigkeiten, den Erythrocyten und Leukocyten, entstehen aus dem mittleren Keimblatte, und zwar aus dem Mesenchym. Eine Beteiligung des inneren Keimblattes, die schon wiederholt behauptet wurde, kann nach den neueren Untersuchungen mit Sicherheit ausgeschlossen werden.

Das ganze Gefäßsystem besitzt also eine einheitliche Herkunft. Wir besprechen:
I. Die Entstehung der Gefäßendothelien und der geformten Elemente des Blutes und der Lymphe.
II. Die Entwicklung des Blutgefäßsystems.
1. Die Entwicklung des Herzens.
2. Die Entwicklung der großen Arterien.
3. Die Entwicklung der großen Venen.
III. Die Entwicklung des Lymphgefäßsystems.

Entstehung der Gefäßendothelien sowie der geformten Bestandteile des Blutes und der Lymphe.

Die Bildung des Gefäßendothels und des Blutes beginnt sehr früh, noch bevor die Differenzierung der Somiten erfolgt ist, zu einer Zeit, da beim Hühnchen die Keimscheibe dem Dotter noch flach aufliegt. Sie geht von Zellen aus, welche den epithelialen Verband des visceralen Blattes des unsegmentierten Mesoderms verlassen und, dem Dottersackentoderm enge angeschlossen, das Gefäßnetz auf dem Dottersacke sowie auch den bindegewebigen und muskulösen Anteil der Darmwandung und des Dottersackes liefern. Der Anfang der Gefäßbildung fällt beim Hühnchen ungefähr in den Beginn des zweiten Bebrütungstages. Man unterscheidet schon von diesem Zeitpunkte an einen centralen Teil der Keimscheibe (Fig. 320), unter welchem eine Verflüssigung des Dotters eingetreten ist, als Area pellucida von einer äußeren undurchsichtigen Zone, der Area opaca. In der Area pellucida breitet sich die mehr oder weniger durchsichtige Embryonalanlage aus. Die aus dem Epithelverbande der visceralen Mesodermlamelle ausgetretenen Zellen beginnen sich im Bereiche der Area opaca lebhaft zu vermehren und dabei solide, zunächst vereinzelte, dann netzförmig untereinander in Verbindung tretende Stränge von rundlichen Zellen, die sog. Blutinseln, zu bilden. Aus diesen gehen sowohl die Blutkörperchen (Erythrocyten und Leukocyten) als auch das Endothel des auf dem Dottersacke sich ausbreitenden Gefäßnetzes hervor. Die Bildung der Blutinseln beginnt in der caudalen Partie der Keimscheibe, um sich seitlich und cranialwärts weiter auszubreiten. In ihrer Gesamtheit stellen sie später das Netz der Area vasculosa her. Die Fig. 320 gibt das Bild eines Entenembryos mit 7 scharf abgegrenzten Somiten wieder, bei welchem die Blutinseln ein ziemlich gleichmäßiges Netz darstellen. In diesem erfolgt mit der weiteren Entwicklung die Aushöhlung der zuerst soliden Blutinseln zu Blutgefäßen und die stärkere Ausbildung einzelner Strecken des Gefäßnetzes zu größeren Gefäßstämmen, sowohl Arterien als Venen, die durch ein Kapillarnetz verbunden sind (Fig. 321).

Derselbe Vorgang führt auch bei Säugetieren zur Bildung des Blutes und der ersten Gefäße. Wir sehen eine Area vasculosa von netzförmigen Kapillaren, unter denen sich mit der weiteren Entwicklung einzelne größere mit dem Herzen in Verbindung tretende Stämme ausbilden. Die erste Entwicklung von Blut und Blutgefäßen erfolgt auch hier außerembryonal auf dem Dottersacke, indem erst sekundär die Verbindung mit den intraembryonalen Gefäßen hergestellt wird.

Die Zellen der Blutinseln liefern nicht bloß die Blutzellen, sondern häufig auch das dieselben einschließende Endothel. Dieses stammt entweder aus den peripheren Zellen der Blutinseln oder aus anliegenden Mesenchymzellen; beide sind imstande, sich abzuplatten, in die Fläche auszuwachsen, und, indem sie untereinander in Kontakt treten, als Gefäßendothel die rundlichen zu Blutzellen gewordenen Zellen der Blutinseln einzuschließen. Von diesen wird das Blutplasma abgesondert, welches sich zwischen den Blutzellen ausbreitet und sie auseinanderdrängt. Auf diese Weise werden die Vorbedingungen für eine Zirkulation geschaffen, nämlich ein Gefäßrohr, mit einer Flüssigkeit, dem Blutplasma, angefüllt, in welchem die Blutkörperchen schwimmen. Es fehlt bloß noch das Herz, das durch seine Kontraktionen den Druck im Gefäßsystem bald erhöht, bald herabsetzt, um einen vollständigen embryonalen und außerembryonalen Kreislauf herzustellen.

Die feineren Vorgänge der Blut- und Gefäßbildung werden durch die Fig. 322—326 erläutert. Fig. 322 stellt eine durch Vermehrung der Mesoblastzellen entstandene

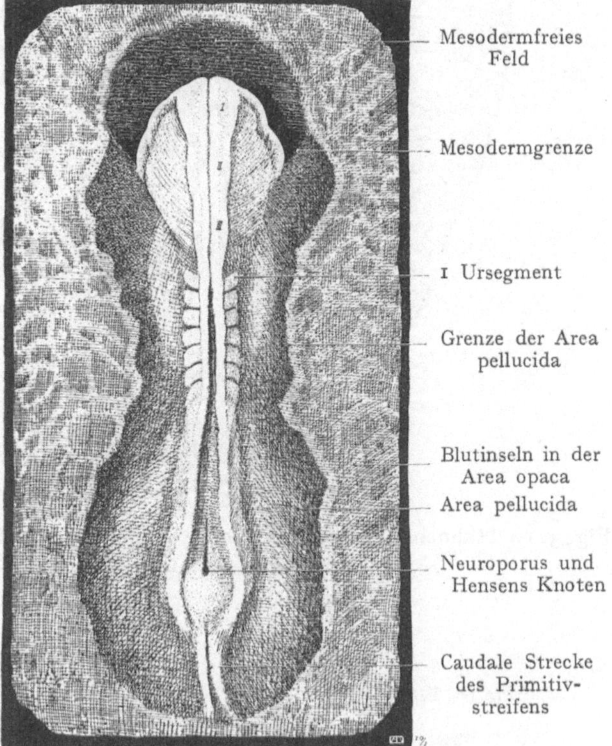

Fig. 320. Entenembryo mit 7 Somiten.

Gruppe rundlicher primitiver Blutzellen, eine sog. Blutinsel, aus der Area vasculosa einer Kaninchenkeimscheibe dar. Sie hat durch das flächenhafte Auswachsen von Mesenchymzellen eine Abgrenzung nach außen erfahren, auch scheint es, daß diese das Gefäßendothel darstellenden Zellen ihren indifferenten Charakter noch so weit bewahrt haben, daß sie gleichfalls noch befähigt sind, Blutzellen zu bilden. Die primitiven Blutzellen, welche in lebhafter Vermehrung begriffen sind, haben schon Blutplasma ausgeschieden, welches die Zellen auseinanderdrängt. In Fig. 324 ist eine Blutinsel im ersten Stadium der Entwicklung, vor der Differenzierung der Endothelzellen und der Ausscheidung des Blutplasmas, zu sehen. In Fig. 323 haben sich die primitiven Blutzellen nach zwei Richtungen differenziert. Zunächst zeigen einige primitive Blutzellen die ersten Spuren der Hämoglobinbildung; dies sind die primitiven Erythroblasten, ziemlich große Elemente, die sich rasch durch indirekte Teilung vermehren, aber allmählich zugrunde gehen. Andere Zellen dagegen besitzen den Charakter der ungranulierten Leuko-

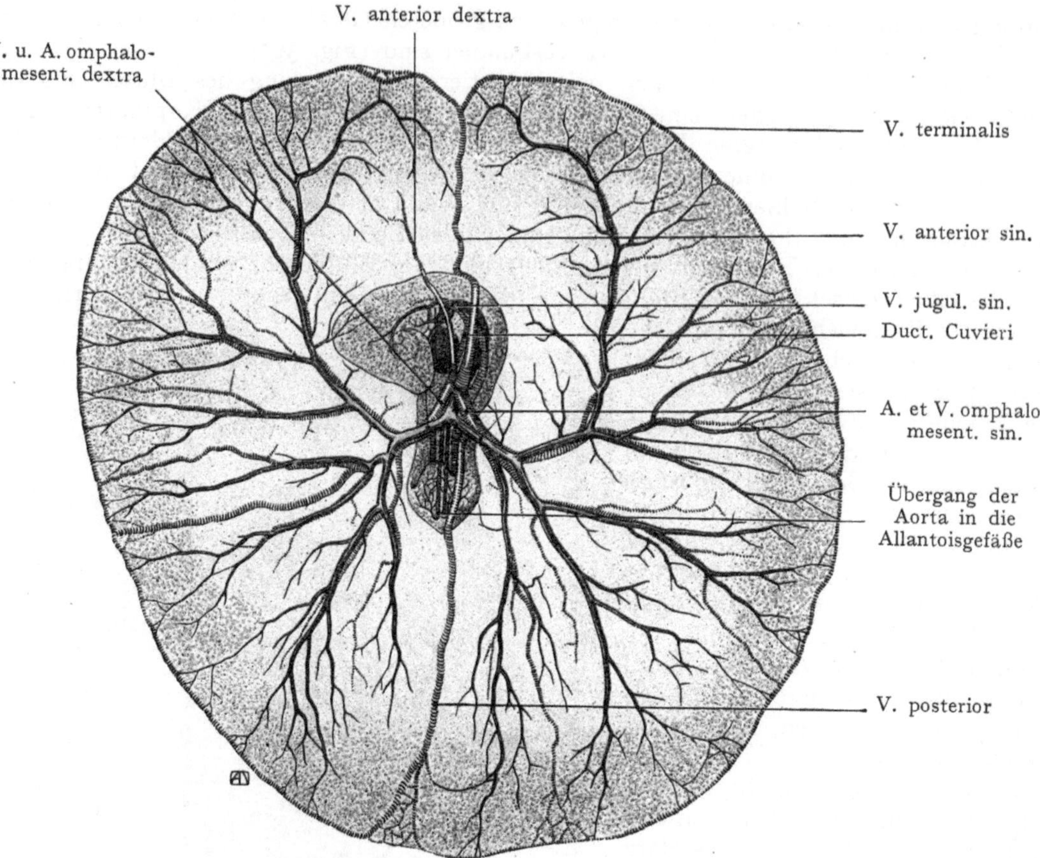

Fig. 321. Hühnchenkeimscheibe von 4 Tagen und 10 Stunden. Venöse und arterielle Injektion. Nach D. Popoff. Die Dottersackgefäße des Huhns. Wiesbaden 1894.

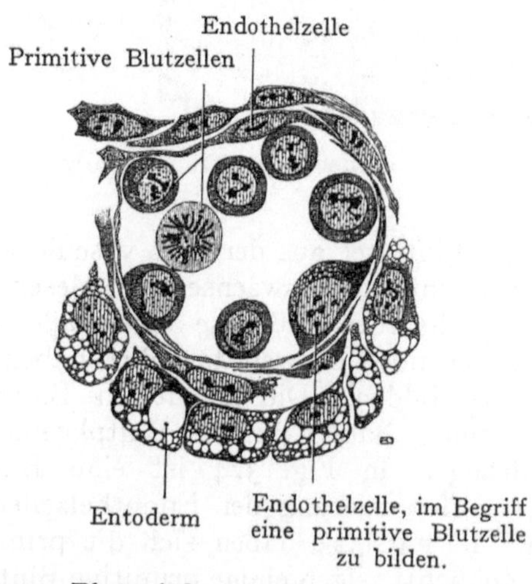

Fig. 322. Blutgefäß der Area vasculosa eines Kaninchenembryos mit 5 Ursegmenten. Nach Maximow. Arch. f. mikr. Anat. 73. 1909.

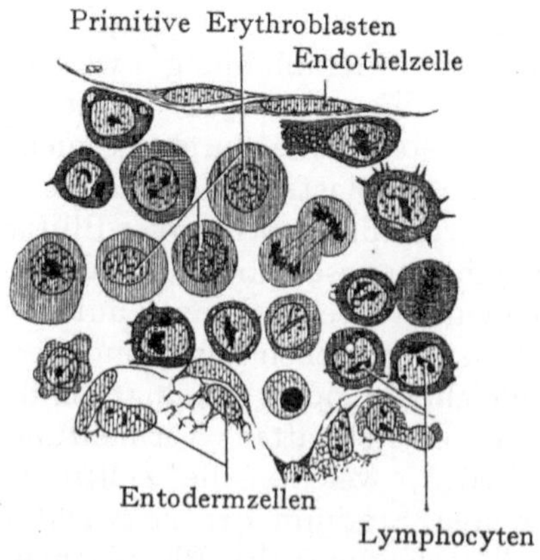

Fig. 323. Aus der Area vasculosa eines Kaninchenembryos von 11 Tagen. Primitive Erythroblasten und Lymphocyten. Nach Maximow.

cyten. Es sind dies die Lymphocyten, aus denen die definitiven Erythrocyten und die Leukocyten hervorgehen. Die primitiven Erythroblasten liefern unter Bildung von Hämoglobin die primitiven Erythrocyten. Rote und weiße Blutkörperchen stammen also aus

Fig. 324. Bildung der Blutzellen in der Area opaca eines Meerschweinchenembryos mit kleinem Kopffortsatz des Primitivstreifens.
Nach Maximow.

derselben Quelle, nämlich aus den primitiven Blutzellen der Area vasculosa, welche als gemeinsame Stammzellen für alle Blutkörperchen die Bezeichnung Hämatogonien erhalten haben.

In Fig. 325 sind auf einem Längsschnitte durch ein Gefäß verschiedene Blutzellen dargestellt, nämlich primitive Erythroblasten und Leukocyten verschiedener Größe, endlich die Erythrocyten oder roten Blutkörperchen.

Blutgefäße können, abgesehen von der Umwandlung der Blutinseln, noch auf zweierlei Arten entstehen, nämlich erstens als Gefäßsprossen aus bereits vorhandenen Gefäßen, zweitens durch den Zusammenschluß von Mesenchymzellen zur Bildung eines Gefäßendothels, in welches von außen her Blutkörperchen und Blutplasma eindringen. Beide Arten der Entwick-

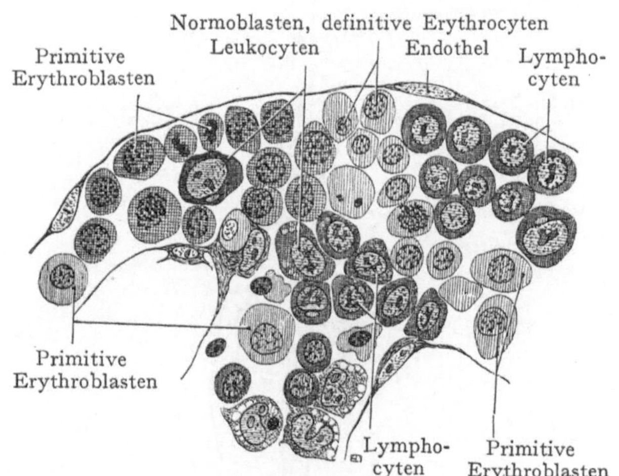

Fig. 325. Area vasculosa eines Kaninchenembryos von 13½ Tagen.
Nach Maximow.

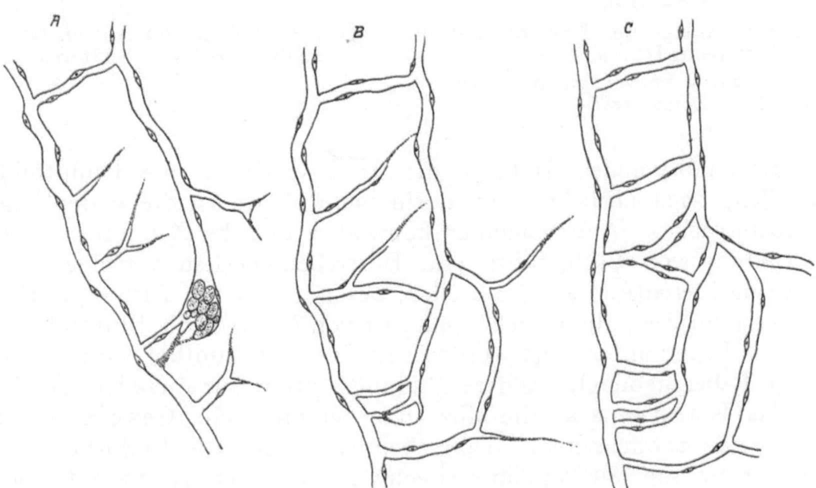

Fig. 326. Entwicklung der Kapillaren im Schwanze der Froschlarven.
Drei aufeinanderfolgende Stadien einer Beobachtungsreihe. Nach Jul. Arnold. Virchows Arch. 53. 1871.

lung finden sich beim Embryo, jene außerdem noch beim Erwachsenen, sowohl unter normalen als unter pathologischen Bedingungen. Solche Gefäßsprossen sind in Fig. 326 dargestellt; zunächst sind es fein zugespitzte, solide, von je einer Endothelzelle ausgehende Fortsätze, die, wohl infolge des innerhalb der Gefäße herrschenden Druckes, eine Aushöhlung erfahren. Die ausgehöhlte Epithelzelle teilt sich nun, die Kapillare wird dadurch verlängert und trifft auch auf andere Kapillaren, mit denen sie sich zur Herstellung eines durchgängigen Gefäßrohres verbindet. So werden sicher auch innerhalb der Embryonalanlage von bereits gebildeten Gefäßen aus neue Bahnen geschaffen. Zunächst ist jedoch der andere Modus der Gefäßbildung unter Zusammenschluß und flächenhaftem Auswachsen von Mesenchymzellen der wichtigere. Wir treffen denselben sowohl innerhalb der Area vasculosa als auch in der Embryonalanlage selbst.

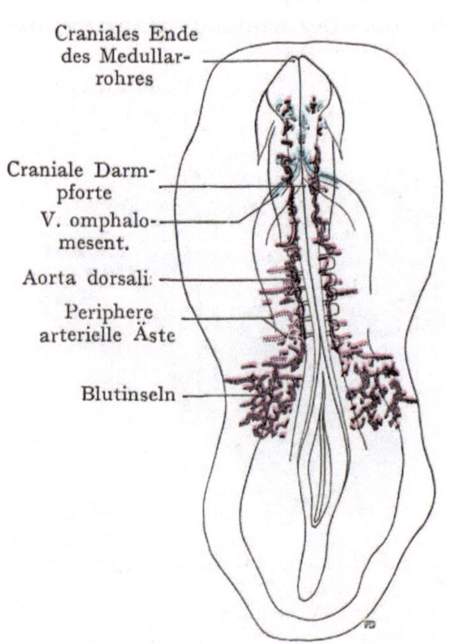

Fig. 327. Früheste Anlage des Herzens und der Aorten beim Hühnchen.
Nach Türstig, Mitt. über d. Entw. d. primit. Aorten. Inaug.-Diss. Dorpat 1886.

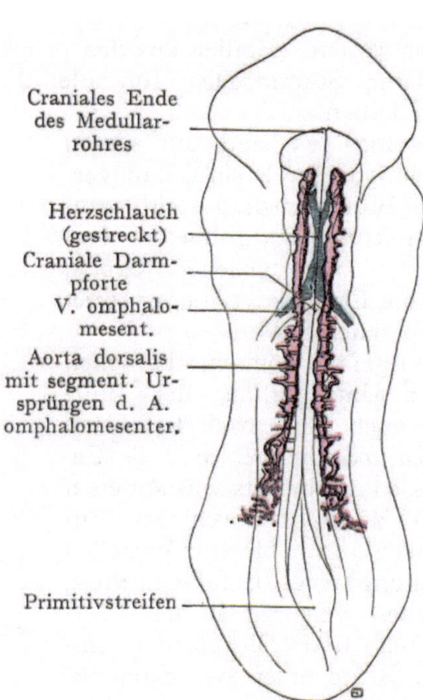

Fig. 328. Anlage der Aorten beim Hühnchen nach Türstig. Späteres Stadium.

In der frühembryonalen Zeit ist die Area vasculosa die Hauptbildungsstätte für die Blutzellen, auch erblicken wir darin beim Menschen die Bedeutung des stark reduzierten Dottersackes. Wahrscheinlich kann aber mit der Zunahme der Embryonalanlage eine Bildung von Blutgefäßen und Blutzellen an den verschiedensten Stellen stattfinden, wo indifferente Mesenchymzellen, besonders in den Drüsen, noch vorhanden sind (Leber, Lymphdrüsen, Milz). Sehr genau ist von Mollier die Blutbildung im Mesenchym der fetalen Leber untersucht worden. Auch Gefäßendothel wird von den Mesenchymzellen der Leber gebildet. Andere Bildungsstätten für Gefäßendothel und Blutzellen sind: das Knochenmark, die Milz, das lymphatische Gewebe des Fetus und zum Teil auch des Erwachsenen. Wahrscheinlich bilden die Endothelzellen vielfach, wie das Mollier für die Milzkapillaren nachwies, ein Syncytium mit Lücken (Netzsyncytium), durch welche die im umgebenden Mesenchym gebildeten Blutzellen in das Lumen der Gefäße gelangen können. So entstehen auch die innerhalb der Embryonalanlage zuerst auftretenden, auf beiden Seiten der Chorda dorsalis angeordneten Gefäße; die einzelnen Anlagen verbinden sich untereinander zu zwei Längsstämmen, den dorsalen Aorten (Figg. 327, 328), welche zunächst durch zahlreiche, lateralwärts abgehende Ästchen mit dem Netze der Area vasculosa in Zusammenhang stehen. Bei der Abhebung des Kopfes und der Bildung des Kopfdarmes treten auch ventral von diesem zwei Gefäße auf, welche beim Zusammenschlusse der Körperwandungen zunächst zur Berührung, dann zur Verschmelzung untereinander kommen. Der daraus hervorgehende, aus zwei ursprüng-lich symmetrischen Anlagen entstandene Gefäßstamm stellt den zunächst gestreckten oder leicht gebogenen Herzschlauch dar. Hinten, an der Darmpforte, verbindet sich dieser mit dem Netze der Area vasculosa mittels zweier Gefäßstämme, welche später die Vv. omphalomesentericae darstellen. Die dorsalen und ventralen Gefäßstämme gehen am cranialen blinden Ende des Kopfdarmes bogenförmig ineinander über (erster Aortenbogen).

Die Verbindung der dorsalen Aorten mit der Area vasculosa ist zunächst eine mehrfache (Fig. 327), doch ändert sich dies im Laufe der Entwicklung, indem zwei offen-bar durch die mechanischen Momente begünstigte Stämme sich stärker ausbilden und die Hauptverbindung zwischen der Aorta dorsalis und den außerembryonalen Gefäßen herstellen. Es sind dies die beiden Aa. omphalomesentericae, welche zu einer gewissen Zeit die Hauptäste der Aortae dorsales darstellen (Fig. 328).

Wir erhalten so beim Hühnchen einen primitiven Dotterkreislauf innerhalb des Embryos und der auf dem Dottersacke immer weiter sich ausbreitenden Area vasculosa. Dieser Dotterkreislauf vermittelt erstens den Gasaustausch durch die poröse Eischale hindurch, zweitens aber auch die Resorption des Dotters und seine Verwertung zum weiteren Aufbau des Embryos. Beide Funktionen sind, wie wir später sehen werden, bei Säugetieren und speziell beim Menschen stark eingeschränkt; so ist es für diesen überhaupt fraglich, ob dem Inhalte des Dottersackes eine wesentliche Rolle für die Ernährung der Embryonalanlage zu irgendeiner Zeit der Entwicklung zukommt.

Der Kreislauf nimmt seinen Anfang mit der Ausbildung eines kontraktilen Herz-schlauches. Das Blut gelangt durch einen den Herzschlauch nach vorn fortsetzenden Stamm (Truncus arteriosus) in die ersten, den Darm umgreifenden Aortenbogen, denen sich bald weitere Gefäßbogen caudal anschließen. Die in den einzelnen Schlund-bogen eingeschlossenen Aortenbogen (Fig. 337) leiten nun das Blut aus dem Herz-schlauch in die beiden dorsalen Aorten, welche, in frühen Stadien noch paarig und symmetrisch zur Medianebene verlaufend, sich in späteren Stadien caudalwärts zur Bildung der unpaaren Aorta descendens vereinigen. Aus dieser geht das Blut nur zum kleinsten Teile in die caudale Partie der Embryonalanlage; die Hauptmasse gelangt durch die Aa. omphalomesentericae in das Netz der Area vasculosa, um sich wieder in Venen zu sammeln, von denen die größten, die Venae omphalomesentericae, das Blut von hinten her dem Herzschlauche wieder zuführen. Die Area vasculosa wird nach außen hin durch eine Randvene, die Vena terminalis, abgeschlossen (s. das Bild der Hühnerkeimscheibe, Fig. 321).

Der Dotterkreislauf ist bei allen Amnioten der ursprünglichste. Bei den Formen mit meroblastischen Eiern und großen Dottermassen (Sauropsiden) bleibt auch der Dotterkreislauf als eine Einrichtung zur Resorption des Dotters bis zum Auskriechen aus dem Ei bestehen, ja sie erfährt sogar eine sehr hohe, in Zusammenhang mit der Differenzierung der Dottersackwandung stehende weitere Ausbildung. Beim Menschen tritt dagegen der Dotterkreislauf sehr früh zurück gegenüber anderen Einrichtungen, besonders der Placentarbildung, durch welche eine Verbindung zwischen Mutter und Frucht hergestellt wird, so daß auf diesem Wege nicht bloß Nahrung dem Embryo zugeführt wird, sondern auch ein Gasaustausch zwischen mütterlichen und kind-lichen Gefäßen (Respiration) stattfindet. Diese Einrichtungen, welche wir als weitere Etappen im Ausbaue des Gefäßsystems auffassen dürfen, haben wir unten in ihrem Auftreten und in ihren Umwandlungen zu schildern.

Mechanik der Gefäßbildung.

Wir dürfen mit größter Wahrscheinlichkeit annehmen, daß, wenigstens an vielen Stellen, das Gefäßsystem sich zunächst als ein Netz darstellt, dessen Röhren (Kapillaren) einen ziemlich gleichartigen Durchmesser besitzen. Sie entstehen zunächst in situ aus Mesenchymzellen, welche in die Fläche auswachsen und sich zur Bildung von Röhren vereinigen. Die Frage, ob sich in späteren Stadien Gefäße in situ aus Mesenchymzellen entwickeln, ist wahrscheinlich verneinend zu beantworten, indem hier neue Gefäße, wenigstens zum größten Teile, aus Sprossen schon gebildeter Kapillaren entstehen (Fig. 326).

Im ursprünglichen Gefäßnetze der Area vasculosa werden nun einzelne Bahnen von dem Blutstrome bevorzugt, weil sie offenbar günstigere mechanische Bedingungen für die Zirkulation darbieten als andere Teile des Netzes. Diese bevorzugten Strecken werden zu den größeren Stämmen. Nach einer Annahme von Thoma ist sowohl die Erweiterung eines Gefäßlumens als auch die Mächtigkeit der Gefäßwandung eine Funktion der Stromgeschwindigkeit des Blutes; dagegen muß eine Stromverlangsamung in einem Gefäße auch zur Verengerung und schließlich zum Schwunde des Gefäßlumens führen. Daß sich die mechanischen Bedingungen an einer gegebenen Stelle während der embryonalen Entwicklung mehrmals ändern können, liegt auf der Hand und so erklärt sich der Verlauf der Hauptstämme in den Extremitäten, welcher nicht von vornherein derselbe ist wie beim Erwachsenen, sondern erst allmählich durch den Umbau von zum Teil vergänglichen Gefäßeinrichtungen hergestellt wird. Man könnte gewissermaßen von einem Kampfe ums Dasein unter den verschiedenen Gefäßbahnen sprechen, von denen die unterliegenden sich mehr oder weniger vollständig zurückbilden, die siegenden dagegen die als Norm beschriebenen Gefäßstämme darstellen. Sehr schön läßt sich dieser Prozeß in der Area vasculosa des Hühnchens verfolgen (Thoma).

In frühen Entwicklungsstadien ist jedoch unzweifelhaft eine recht weitgehende Entwicklung des Gefäßsystems möglich, ohne daß die mechanischen Faktoren, welche durch den Herzschlag gegeben sind, in Betracht kommen. In diesem Stadium entstehen nicht bloß die Gefäße der Area vasculosa, sondern auch die Anlagen der Aorta und anderer großer Arterien. Dieselben gehen teilweise durch das Stadium der Blutinseln, teilweise entstehen sie direkt durch Zusammenschluß von flächenhaft auswachsenden Mesodermzellen oder aus Sprossen bereits gebildeter Gefäße.

Nach diesem Stadium folgt dasjenige, in welchem die schon sehr früh einsetzenden Pulsationen des Herzens ihren formativen Einfluß auf die Gefäßbildung und Ausgestaltung geltend machen. Auch kommen in Betracht: die mechanischen Bedingungen, denen das Gefäß infolge seiner Lage unterworfen wird, die Elastizität des umliegenden Gewebes, der Zug, den dasselbe auf das Gefäß ausübt u. dgl. m. Viele dieser Faktoren sind noch nicht genauer analysiert worden (E. R. Clark).

Versuche von Chapman, bei denen die Herzanlage von Hühnerembryonen mit 12 Somiten exzidiert wurde, scheinen zu beweisen, daß, obgleich gewisse größere Gefäße, wie die Vv. vitellinae anteriores und der Sinus terminalis, die Randvene, welche die Area vasculosa abschließt, sich wohl infolge hereditärer Faktoren eine Zeitlang weiter entwickeln, diese Selbstdifferenzierung doch nur eine sehr beschränkte ist und der Hauptfaktor für die weitere Entwicklung und Ausgestaltung des Blutgefäßsystems in der Tätigkeit des Herzschlauches zu erblicken ist.

Entwicklung des Blutgefäßsystems. Entwicklung des Herzens.

1. Bildung des Herzschlauches.

Das Herz stellt in seiner frühen Anlage einen leicht S-förmig gewundenen endothelialen Schlauch dar, in welchen von hinten her die beiden Venae omphalomesentericae einmünden und von dem ein die Arcus aortae abgebender Stamm, der Truncus arteriosus nach vorn verläuft. Der Herzschlauch entsteht bei allen Amnioten aus zwei Anlagen, die ursprünglich bei dem flach ausgebreiteten Keime in einiger Entfernung voneinander auftreten, dagegen infolge der mit der Abhebung des Kopfes verknüpften Umbildung

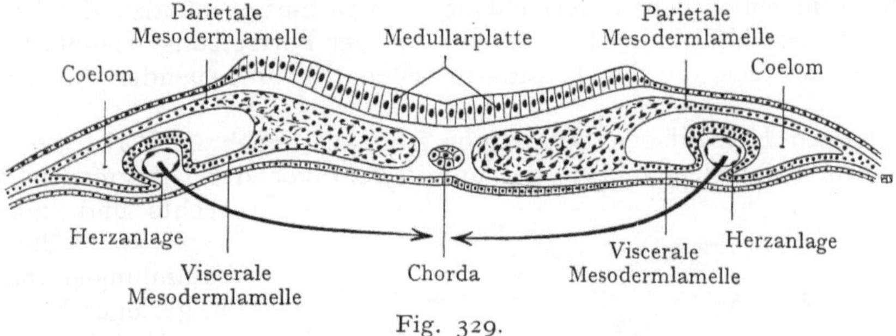

Fig. 329.

der Darmrinne zum Darmrohr einander genähert werden und schließlich miteinander verschmelzen. Der Vorgang ist in den Figg. 329—331 dargestellt. Beide Herzanlagen ragen

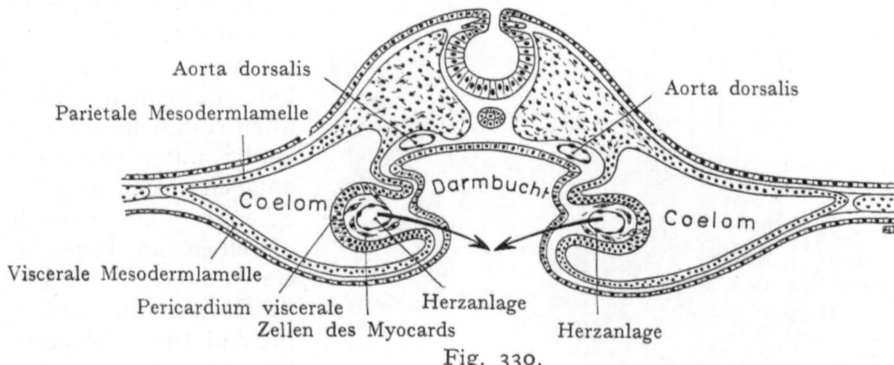

Fig. 330.

in das Kopfcoelom vor (Fig. 329), welches bei der Verschiebung der Anlagen in ventraler Richtung (siehe die Pfeile, Fig. 330) mitgenommen wird, so daß die Endothelschläuche einen Überzug von Coelomepithel erhalten, aus welchem nicht bloß das viscerale Blatt des Pericards, sondern auch die gesamte Herzmuskulatur entsteht. Dabei verlassen einzelne Zellen der Coelomwandung den Epithelverband und bilden sich, indem sie sich vermehren, zu Muskelzellen aus. Der die Endothelschläuche umgebende paarige Coelomabschnitt liefert nicht bloß die Pericardialhöhle sondern auch die Pleurahöhle und wird deshalb als Pleuropericardialhöhle bezeichnet.

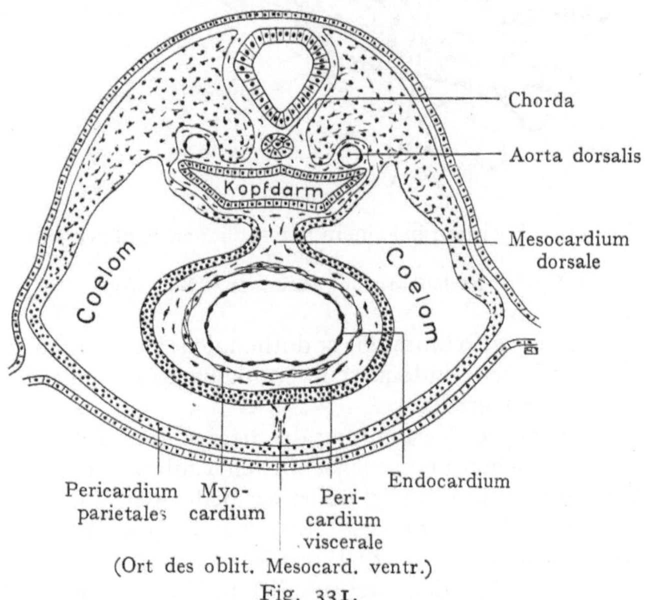

(Ort des oblit. Mesocard. ventr.)
Fig. 331.

Figg. 329—331. Schemata der Entwicklung des Herzens. Z. Teil nach Strahl.

Die Abschnürung des Darmes geht weiter, so daß die in das Coelom vorragenden Herzanlagen ventral vom Darme (Fig. 330) einander näherrücken und zunächst zur Berührung, dann schließlich zur Verschmelzung kommen (Fig. 331). Sodann liegt der Darm dorsal vom einheitlichen Herzschlauche. Von hinten münden die Vv. omphalomesentericae in den Herzschlauch, während aus der Fortsetzung desselben nach vorn, dem Truncus arteriosus, die den Kopfdarm reifenartig umziehenden Aortenbogen entspringen.

Die paarigen Herzanlagen treten sehr früh auf; nach C. Rabl finden sie sich schon bei einem Kaninchenembryo, der unmittelbar vor der Ursegmentbildung steht, rechts und links in Form von zwei dichteren Ansammlungen von Mesoderm in geringer Entfernung von der Medullarplatte. Ja es ist wahrscheinlich, daß sie schon in einem Stadium vorhanden sind, auf welchem der Kopffortsatz des Primitivstreifens sich überhaupt noch nicht gebildet hat. Bei einem neun Tage alten Kaninchenembryo mit acht Somiten sind die Herzanlagen sehr deutlich zu erkennen und zwar liegen dieselben im Bereiche der ersten später in die Bildung des Occiputs und der Zungenmuskulatur eingehenden Somiten. Eine solche Lage kommt zum Teil auch noch dem einheitlichen Herzschlauche zu, doch rückt dieser bald caudalwärts, um allmählich seine späteren Lagebeziehungen zu den Brustsegmenten zu erlangen (s. Ausbildung der Topographie der Eingeweide und die Fig. 409 A — C). In Fig. 409 A sehen wir jedoch

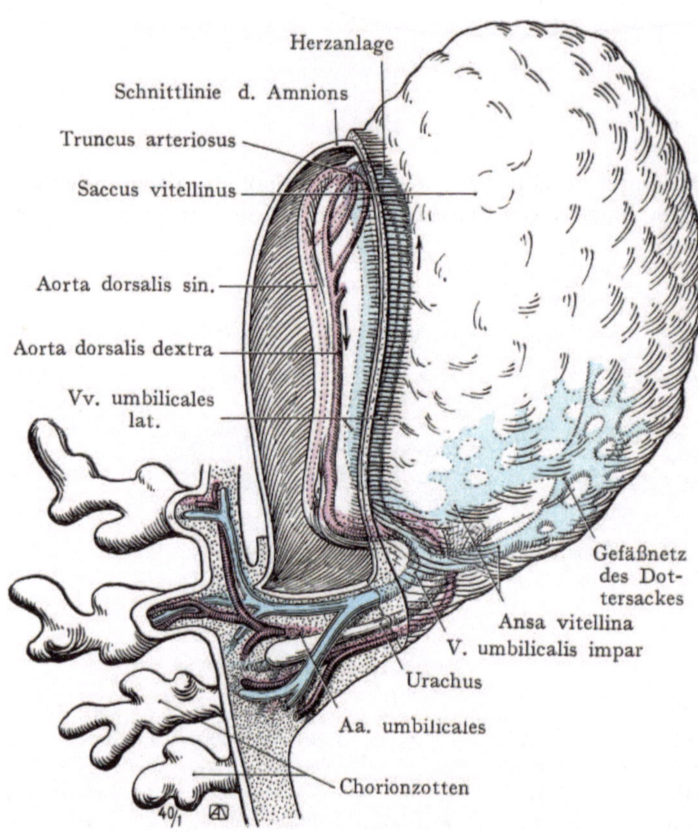

Fig. 332. Kreislauf bei einem menschlichen Embryo von 1,3 mm Länge.
Nach Éternod. Anat. Anz. XV. 1899.

den leicht gekrümmten endothelialen Herzschlauch noch vollständig im Bereiche des Kopfes liegen, indem sein craniales Ende hier fast dem cranialen Ende der Chorda dorsalis entspricht.

Nach der Verbindung der beiden Herzanlagen zum unpaaren Herzschlauche haben wir auch schon beim menschlichen Embryo (Figg. 332 und 333) einen Kreislauf. Für das Verständnis desselben müssen wir bedenken, daß gerade bei den Primaten die Verbindung der Fruchtblase mit der Uteruswandung mittels des den Urachus einschließenden Haftstieles sehr frühzeitig zustande kommt und damit auch die Ausbildung des Allantoiskreislaufes, welcher den ursprünglichen Dotterkreislauf bald vollständig in den Hintergrund drängt. Bei der Ansicht von der Seite her (Fig. 332) sehen wir aus dem Gefäßnetze des Dottersackes zwei Venen hervorgehen (Vv. omphalomesentericae s. vitellinae) welche sich untereinander verbinden und so einen den Dottersack umgreifenden venösen Gefäßring, die Ansa vitellina, herstellen. Sodann münden diese Venen, beiderseits von der Übergangslinie des Embryos in den Dottersack (Dottersacknabel), mit einer im Haftstiele vom Chorion frondosum zum Embryo verlaufenden Vena umbilicalis (impar) zusammen, um so die paarigen, cranialwärts verlaufenden Venae umbilicales laterales zu bilden. Diese stellen durch ihre Vereinigung unterhalb der cranialen Partie der flach ausgebreiteten Embryonalanlage den noch kurzen Herzschlauch her, von dessen Truncus arteriosus schon jetzt drei den Kopfdarm dorsalwärts umgreifende Gefäßbogen (Aortenbogen) entspringen. Sie gehen in die noch vollständig paarigen Aortae dorsales über, welche, beiderseits von

der Chorda dorsalis, caudalwärts verlaufen. Diese geben die Aa. omphalomesentericae s. vitellinae zum Dottersacke ab und setzen sich in die beiden im Haftstiel zum Chorion frondosum verlaufenden Aa. umbilicales fort. Bei der Ansicht von oben her (Fig. 333) treten einzelne Verhältnisse noch deutlicher hervor; besonders der Verlauf der Aortenbogen und der dorsalen Aorten, ferner die Bildung der Ansa vitellina und die Verzweigung der Gefäße beim Übergange des Haftstieles in das Chorion frondosum.

2. Umbildung des Herzschlauches.

Der leicht S-förmig gekrümmte Herzschlauch, in welchen von hinten her die beiden Venae omphalomesentericae einmünden und der sich nach vorn in den die Arcus aortae abgebenden Truncus arteriosus fortsetzt, erfährt erstens eine Verschiebung in caudaler Richtung, indem er allmählich von der Höhe der in die Bildung des Occiputs eingehenden 3—4 ersten Somiten bis zur Höhe des 14.—19. Gesamtsomiten nach hinten rückt. Zweitens entstehen, indem die zuerst schwache Krümmung des Herzens sich stärker ausprägt und die Wandungen des Herzschlauches sich verdicken, einzelne, durch Einschnürungen

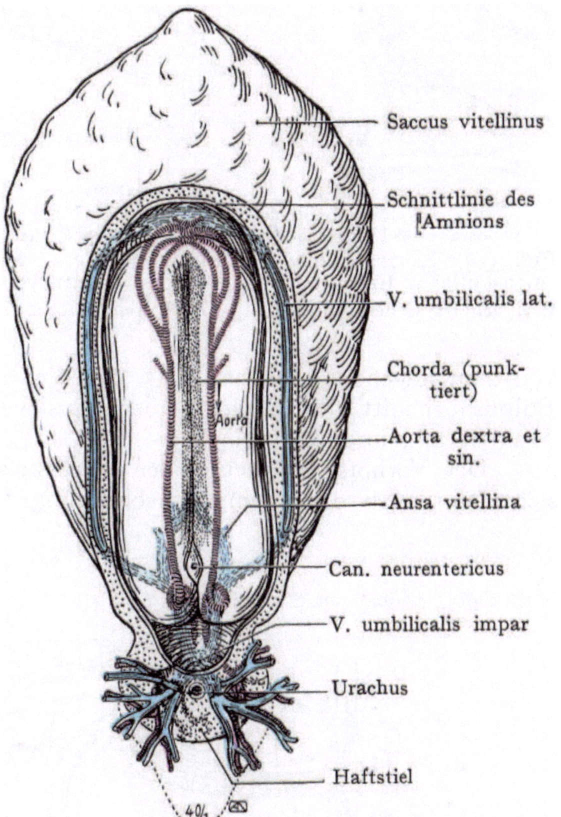

Fig. 333. Kreislauf eines menschlichen Embryos von 1,3 mm Länge.
Nach den Zeichnungen und dem Modell von Éternod (Anat. Anz. XV. 1899).

des Schlauches voneinander abgesetzte Strecken oder Abschnitte desselben. Drittens werden diese durch die Ausbildung von Scheidewänden (Septa) in je eine rechte und eine linke Hälfte zerlegt. In diese drei Prozesse läßt sich die Differenzierung des Herzschlauches und die Bildung des fertigen Herzens zusammenfassen.

Wir gehen bei der Schilderung von einem Stadium aus, in welchem die Zunahme der S-förmigen Krümmung dazu geführt hat, daß die ursprünglich in einer Ebene gelegenen Schenkel des Herzschlauches sich an einander vorbeischieben. Dies geschieht in der Weise, daß der caudale, etwas erweiterte, die Venae omphalomesentericae aufnehmende venöse Schenkel sich cranialwärts und dorsal von dem vorderen den Truncus arteriosus abgebenden Schenkel verschiebt (Fig. 334). An einer solchen Herzanlage

unterscheiden wir (Fig. 337) von hinten nach vorn aufgezählt 4 Abschnitte: 1. den
Sinus venosus, durch die Zusammenmündung der Venae omphalomesentericae und
der Vv. umbilicales entstanden, 2. den Vorhofschenkel des Herzschlauches, welcher dorsal

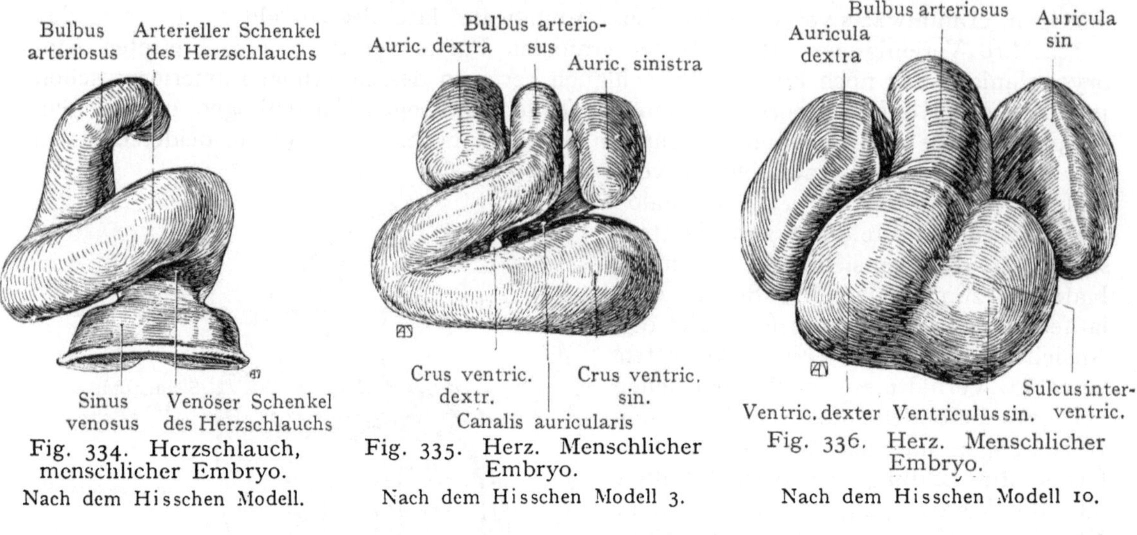

Fig. 334. Herzschlauch,
menschlicher Embryo.
Nach dem Hisschen Modell.

Fig. 335. Herz. Menschlicher
Embryo.
Nach dem Hisschen Modell 3.

Fig. 336. Herz. Menschlicher
Embryo.
Nach dem Hisschen Modell 10.

von dem folgenden Abschnitte, 3. dem Ventrikelschenkel, liegt. Dieser geht 4. in den
Bulbusabschnitt des Herzens über, aus welchem der die Arcus aortae abgebende
Truncus arteriosus entspringt.

Der Vorhofschenkel und der Ventrikelschenkel gewinnen an Weite und grenzen
sich dann auch durch eine Einschnürung, den Canalis auricularis, aus welchem die

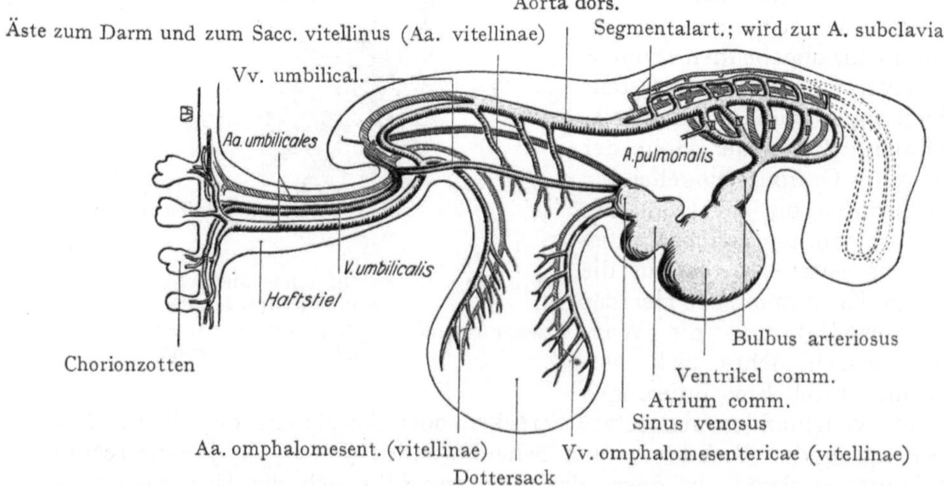

Fig. 337. Schema des Kreislaufs eines menschlichen Fetus von der Seite gesehen.
Nach Young and Robinson in Cunninghams Textbook.

beiden Ostia venosa des fertigen Herzens entstehen, schärfer gegeneinander ab. Beide
Herzabschnitte ändern auch ihre Form. Der Ventrikelabschnitt biegt in einen spitzen,
nach links hin offenen Winkel um (Fig. 334), während der Vorhofsabschnitt sich so
beträchtlich vergrößert, daß er beiderseits von dem Ventrikelschenkel in Form von·

zwei starken Ausbuchtungen (den beiden Herzohren) sichtbar wird, welche nunmehr in starkem Maße an der Bildung der vorderen Herzfläche teilnehmen (Fig. 335). Alle Räume des Herzens sind in diesem Stadium noch einfach, so daß für die Zirkulation

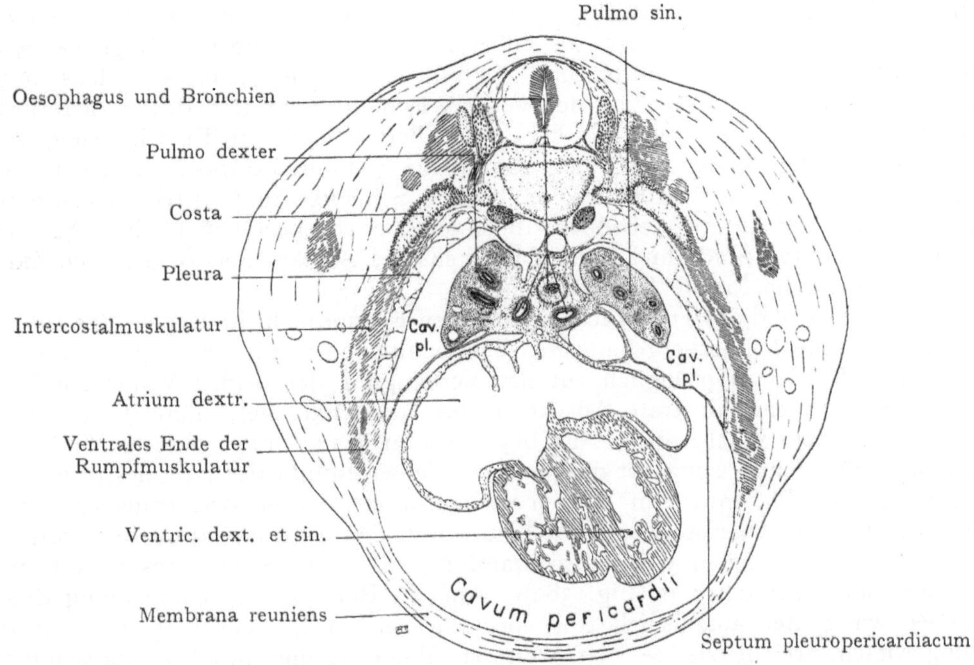

Fig. 338. Querschnitt. Embryo hum. 3. Monat. Anlagen der Pleura, der Lungen und des Pericards.

noch keine wesentliche Änderung, verglichen mit dem früheren Stadium des leichter gekrümmten Herzschlauches, entsteht. Ventralwärts ruft das Herz (Fig. 65) einen

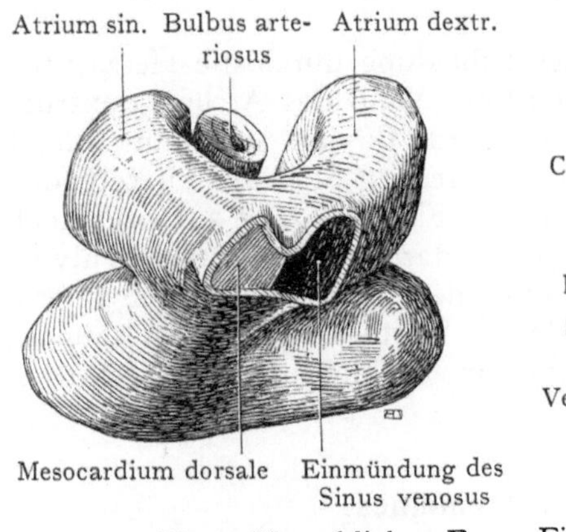

Fig. 339. Herz. Menschlicher Embryo. Dorsalansicht.
Nach dem Hisschen Modell.

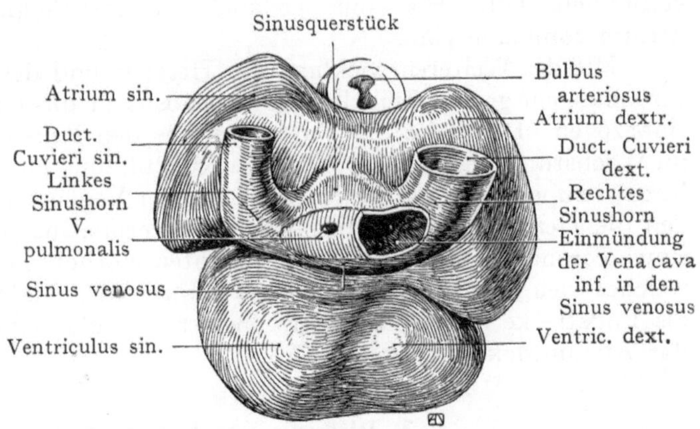

Fig. 340. Herz eines menschlichen Embryos. Dorsalansicht.
Nach dem Hisschen Modell.

starken, unmittelbar auf die Kiemenregion folgenden Wulst hervor, welcher bloß durch die dünne, weder Skeletelemente, noch Muskulatur enthaltende, also wesentlich aus Mesenchym bestehende ventrale Körperwand, die Membrana reuniens von Rathke, bedeckt wird (s. ein späteres Stadium in Fig. 338). Dieses Verhalten erklärt die Entstehung der Ectopia cordis, bei welcher die Herzanlage in ihrer weiteren Entwicklung die schwache Membrana reuniens durchbricht, so daß sie, umgeben vom Pericardialsacke, offen zutage liegt. Der Herzschlauch nimmt nun bald bis zu einem gewissen Grade die Form des fertigen Herzens an (Fig. 336). Beide Abschnitte der Ventrikelschleife verwachsen dabei miteinander, indem als äußerer Hinweis auf die ursprüngliche Selbständigkeit derselben die erste Andeutung des Sulcus interventricularis (Sulcus longitudinalis ant.) zu erkennen ist. Von der Ventrikelschleife geht der Bulbus arteriosus ab, welcher sich später durch eine als Fretum Halleri bezeichnete Einschnürung vom Ventrikel absetzt. Hier bilden sich auch später die Semilunarklappen der Aorta und der A. pulmonalis. Die Verwachsung der beiden Schenkel der Ventrikelschleife beeinflußt kaum die Verbindung derselben, die nach wie vor bestehen bleibt. Auf dem in Fig. 336 dargestellten Stadium kommen übrigens die Aurikel den beiden Schenkeln der Ventrikelschleife an Größe fast gleich.

In die dorsale Wand des Vorhofabschnittes, den wir nunmehr im Gegensatze zu dem aus dem Ventrikelschenkel hervorgegangenen Ventriculus communis, als Atrium commune bezeichnen, mündet der ursprünglich aus der Vereinigung der beiden Venae omphalomesentericae entstandene hinterste Abschnitt des Herzschlauches, nämlich der Sinus venosus, ein. Mit dem Wachstum des Embryos kommen aber noch weitere Venen zur Einmündung in den Sinus, zunächst die paarigen Venae umbilicales laterales (Fig. 337), die das Blut aus der Placenta zum Herzen zurückführen; ferner zwei transversal verlaufende Stämme, die Ductus Cuvieri, welche durch den Zusammenfluß der vorderen und hinteren paarigen Venen der Körperwandung, der Venae jugulares primit. und der Vv. cardinales, entstehen (s. Fig. 389). Auf die Bildung und Umformung dieser Venen gehen wir später ausführlich ein, vorläufig sei nur im Vorübergehen auf die Rolle hingewiesen, welche sie bei der weiteren Umgestaltung des Vorhofabschnittes des Herzens, besonders der Wandung desselben spielen. Aus Teilen der von hinten her in den Sinus venosus einmündenden Venen bildet sich später die V. cava inferior. Wir sehen an den in den Figg. 339 u. 340 dargestellten Modellen, daß sich der Sinus venosus in die Quere ausdehnt und in zwei die Ductus Cuvieri aufnehmende Sinushörner auszieht, welche durch eine mittlere Strecke, das Sinusquerstück, miteinander verbunden sind. Hier mündet auch die ursprünglich unpaare V. pulmonalis in das Atrium commune ein.

Mit der Weiterentwicklung des Herzens und der Scheidung durch die Herzsepten wird nun ein großer Teil des Sinus venosus in die hintere Wand des Atrium dextrum einbezogen. Das linke Sinushorn, welches den linken Ductus Cuvieri aufnimmt, bleibt im Wachstum zurück und stellt nach Rückbildung einer im frühen Stadium auftretenden V. cava superior sin. (s. die Entwicklung der Venen und die Figg. 391 und 392) nur noch den die Herzvenen aufnehmenden Sinus coronarius cordis dar, welcher an der Valvula sinus coronarii (Thebesii) in den rechten Vorhof einmündet. Das rechte Sinushorn, welches den Ductus Cuvieri dexter aufnimmt, bildet sich stärker aus und mündet als Endstrecke der V. cava inf. an der Valvula venae cavae inferioris (Eustachii) in das Atrium dextrum ein.

3. Bildung der Herzsepten. Allgemeines.

Während durch die bisher beschriebenen Vorgänge das Herz eine Form erhält, die sich annähernd mit derjenigen des fertigen Organs vergleichen läßt, so sehen wir nunmehr durch die Ausbildung der Herzscheidewände (Herzsepten) eine Zerlegung von drei Abschnitten des Herzens, des Bulbus arteriosus, des Ventriculus communis und des Atrium commune in eine rechte und eine linke Abteilung. Auch im caudalen Abschnitte, dem Sinus venosus, entsteht ein Septum, doch wird derselbe in toto in die hintere Wand des rechten Atriums einbezogen, so daß die Septumbildung im Sinus venosus nicht zur Zerlegung desselben in zwei späterhin erkennbare Abschnitte führt.

Zunächst ist eine Änderung in der Form und Umrandung des das Atrium commune mit dem Ventriculus communis in Verbindung setzenden Canalis auricularis zu erwähnen. Diese Öffnung bildet einen quergestellten Schlitz, an welchem wir (Figg. 349 und 350) Verdickungen des oberen und des unteren Randes als oberes und unteres Endocardkissen bezeichnen; die Öffnung selbst wird Ostium atrioventriculare commune genannt. Sie lag ursprünglich mehr links, im Bereiche des linken Schenkels der Ventrikelschleife (Fig. 349), verschiebt sich jedoch allmählich nach rechts, um auch auf die dorsale Wand der rechten Partie der Ventrikelschleife überzugreifen (Fig. 350). In dieser Lage wird sie bei der Bildung der Herzsepten in ein Ostium atrioventriculare dextrum und sinistrum zerlegt (Fig. 351).

Wir sehen in drei Herzabschnitten Septen auftreten, durch welche später das Herz in drei rechte und drei linke Abschnitte zerlegt wird.

1. das Septum atriorum im Atrium commune,
2. das Septum ventriculorum im Ventriculus communis,
3. das Septum bulbi im Bulbus arteriosus.

Diese drei Septen sind wohl zuerst von Lindes (1865) scharf unterschieden worden.

4. Dazu kommt das Septum sinus venosi.

4. Bildung des Septum atriorum.

Die Anfänge der Trennung des Atrium commune in ein Atrium dextrum und sinistrum finden wir bei Embryonen der vierten Woche Hier bilden sich zwei Vorsprünge oder Leisten der oberen und dorsalen Wandung des Atrium commune, von denen die

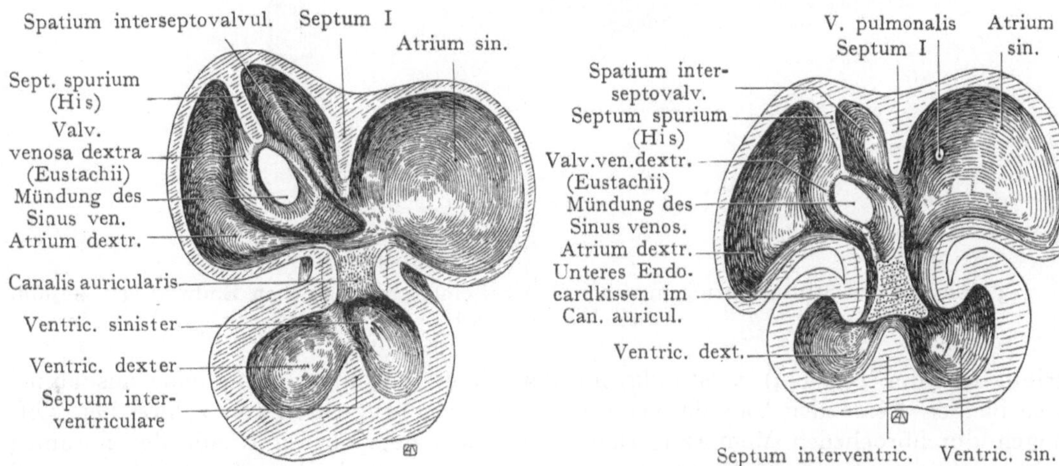

Fig. 341. Dorsale Hälfte des Herzens eines menschlichen Embryos von 10 mm; von innen gesehen.
Hissches Modell 8.

Fig. 342. Dorsale Hälfte des Herzens eines menschlichen Embryos der 5. Woche.
Nach dem Hisschen Modell 11.

eine das Septum primum (Born) und die rechts davon gelegene das Septum spurium von His darstellt (Fig. 341). Jenes wächst nach unten gegen das quergestellte Ostium atrioventriculare commune vor und bildet in der Hauptsache das Septum atriorum, welches ein den Sinus venosus aufnehmendes Atrium dextrum von dem Atrium sinistrum, in welches die V. pulmonalis einmündet, scheidet (Fig. 342). Das Septum spurium (His) hat mit der Bildung des Septum atriorum nichts zu tun, sondern entspricht einer bei

Reptilien gut ausgebildeten Spannmuskulatur für zwei, an der Mündung des Sinus
venosus in den Vorhof auftretende Klappen (Valvulae venosae). Tatsächlich sehen
wir noch beim Menschen das Septum spurium in zwei die Mündung des Sinus
venosus umrahmende Falten, die Valvula venosa dextra und sinistra, übergehen
(Fig. 342). Die Valvula venosa dextra bildet später die Valvula venae cavae inferioris
(Eustachii) und die Valvula sinus coronarii (Thebesii) an der Einmündungsstelle einerseits
der Vena cava inf., andererseits des Sinus coronarius in das Herz (Fig. 343). Dagegen verschmelzen die Valvula venosa sinistra sowie das Septum spurium (His) unter Schwund
der als Spatium interseptovalvulare bezeichneten Einbuchtung der dorsalen Wand des

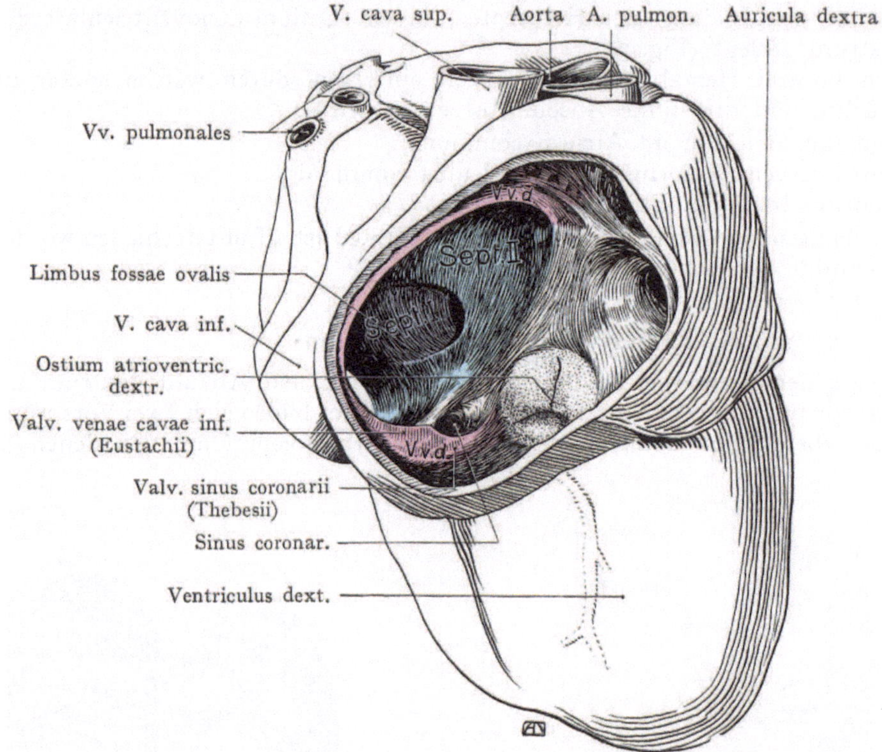

Fig. 343. Ansicht des Septum atriorum von rechts bei einem menschlichen Embryo von 36 mm.
Nach Borns Modell.

Atrium dextrum (Fig. 344) vollständig mit dem Septum primum. Nur ganz ausnahmsweise bleiben Reste der Valvula venosa sinistra in Form einer von zahlreichen Öffnungen durchbrochenen Membran erhalten, die sich dem oberen Rande des Foramen
ovale anschließt. Es sei in diesem Zusammenhange nochmals darauf hingewiesen, daß
der Sinus venosus in die Wandung des Atrium dextrum einbezogen wird, ebenso wie
der ursprünglich einfache Lungenvenenstamm (Fig. 344) bis zum Abgange seiner Äste,
der Vv. pulmonales dextrae und sinistrae, in das Atrium sinistrum. So kommt es,
daß die Äste des Lungenvenenstammes später in der Vierzahl in die dorsale Wand
des linken Vorhofes einmünden. In beiden Fällen zeichnen sich die neu hinzuge-
kommenen Strecken der Vorhofswand durch ihre glatte Beschaffenheit aus.

   Das gegen das Ostium atrioventriculare commune herabwachsende Septum primum
(Born) läßt eine Zeitlang an seinem unteren Rande einen Ausschnitt bestehen, durch
welchen die beiden Atrien miteinander in Verbindung gesetzt werden, doch hat diese
Öffnung mit dem bis zur Geburt und selbst später bestehenden Foramen ovale, einer

sekundären in der oberen Partie des Septum primum auftretenden Lücke, nichts gemein. Dagegen ist es mit der in einem gewissen Stadium gleichfalls nachweisbaren, später

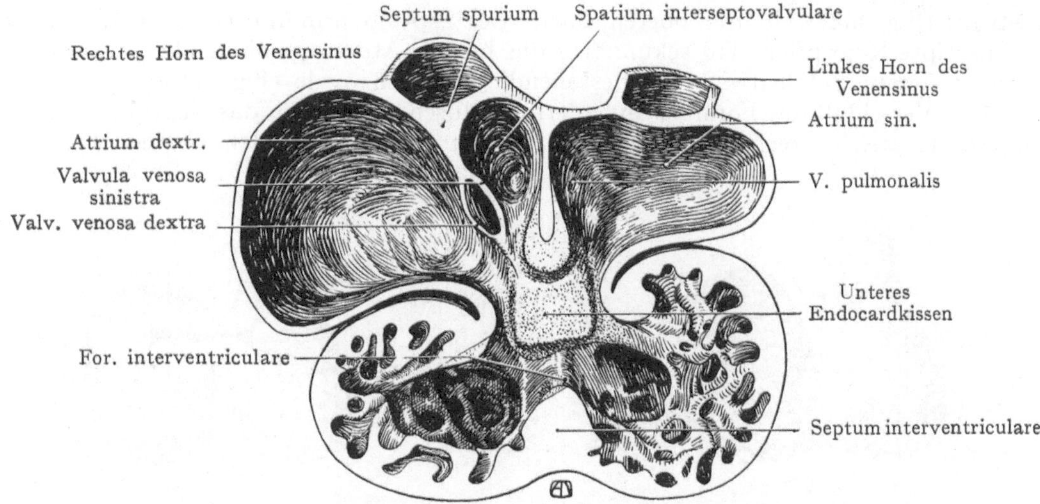

Fig. 344. Untere Hälfte des zerlegten Herzens eines Kaninchenembryos.
Nach dem Bornschen Modell; s. Born, Arch. f. mikr. Anat. 33. 1899.

durch das Septum membranaceum verschlossenen, als Foramen interventriculare bezeichneten Lücke in dem Septum ventriculare zu vergleichen. Durch weiteres Wachstum stellt

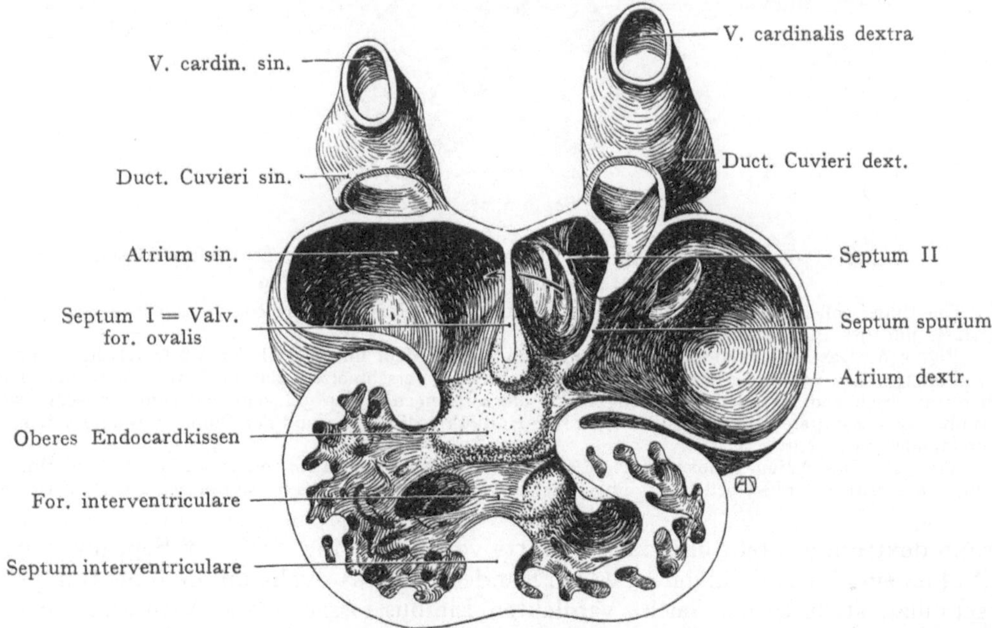

Fig. 345. Obere Hälfte eines zerlegten Herzens eines Kaninchenembryos. Die Schnittebene verläuft schräg. Der Pfeil geht durch das For. ovale.
Nach Borns Modell.

nun das Septum primum eine vollständige, während einer kurzen Zeit bestehende, Trennung des Atrium sinistrum vom Atrium dextrum her. Dabei verbindet es sich mit dem Endocardkissen des quergestellten, allmählich etwas mehr nach rechts herüberrückenden Ostium atrioventriculare commune (Figg. 346 u. 347), so daß auch dieses in zwei Öffnungen zerlegt wird, nämlich in das Ostium atrioventriculare dextrum und sinistrum (Fig. 348). In der oberen Partie des Septum primum entsteht durch eine circumscripte Resorption das sekundäre, die beiden Atrien verbindende, während der ganzen weiteren Fetalentwicklung bestehende Foramen ovale (Fig. 345).

Der Verschluß des Foramen ovale erfolgt durch eine Falte, das Septum secundum von Born, welche rechts neben dem Septum primum an der oberen Wand des

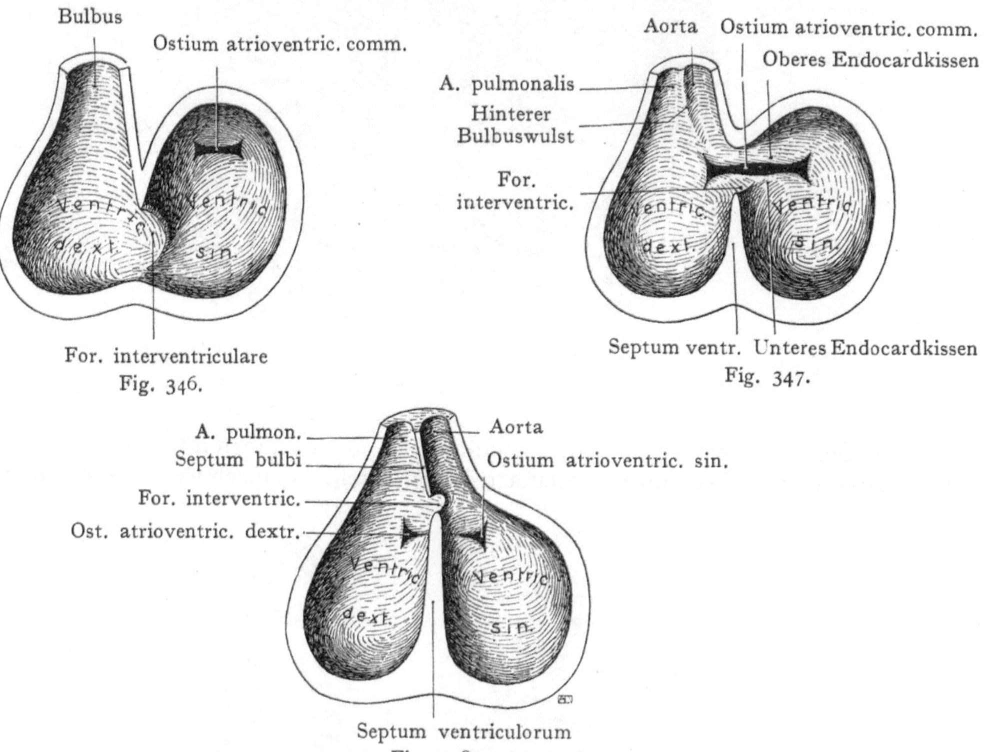

Fig. 346—348. Bildung der Ostia atrioventricularia; halbschematisch.
Nach Born, Arch. f. mikr. Anat. 33. 1889.

Die Bilder sollen die Lageverschiebungen des Ostium atrioventriculare comm., sowie die Trennung des Ventrikels und des Bulbus arteriosus zeigen.

Fig. 346. Das Ostium atrioventriculare comm. gehört dem linken Teil der Ventrikelschleife an.

Fig. 347. Die Ventrikelschenkel sind oben miteinander verschmolzen; das For. interventriculare hat sich nach oben verschoben, ist aber gleichzeitig durch das aufsteigende Septum ventriculorum eingeengt worden. Im Bulbus ist der hintere Bulbuswulst sichtbar, die Halbröhre der Aorta und der Pulmonalis sind neben-, nicht hintereinander dargestellt.

Fig. 348. Das Ostium atrioventriculare comm. ist in ein Ostium atrioventriculare dextr. und sin. geteilt, das For. interventriculare ist bedeutend eingeengt (Stelle der späteren Pars membranacea septi ventriculorum).

Atrium dextrum entsteht und nach abwärts vorwächst (Fig. 345). Im Septum secundum bleibt hier eine Lücke, und indem es am Rande der Fossa ovalis mit dem Septum primum verschmilzt, stellt es den leicht verdickten Limbus fossae ovalis (Vieussenii) her. Der Verschluß kommt nun dadurch zustande, daß nach diesem Vorgange das Septum primum sekundär sein Wachstum nach unten fortsetzt, um für das Foramen zunächst einen klappenförmigen (Valvula foraminis ovalis), sodann, indem die Ränder der Klappe mit dem Limbus verwachsen, einen festen membranösen Abschluß (die Pars membranacea septi atriorum) herzustellen. Dieser liegt demnach, wenn man die Vorhofsscheidewand von rechts her betrachtet, gegen den linken Vorhof hin (Fig. 343). Auch gelingt es sogar häufig, nachdem

er sich teilweise mit dem Limbus fossae ovalis verbunden hat, eine Sonde vom rechten
in den linken Vorhof durchzustoßen. Erst nach der Geburt wird der Verschluß des
Foramen ovale dadurch vervollständigt, daß die Valvula in der ganzen Ausdehnung
des Limbus mit diesem verwächst. Dieser Vorgang verläuft nach der Geburt so rasch,
daß am Ende des zweiten Monates nur noch eine Sonde von 2—3 mm Durchmesser
vom rechten Vorhof aus in den linken vordringen kann. Ein vollständiger Verschluß
kommt übrigens bei den meisten Kindern erst im Verlaufe des zweiten Jahres zustande

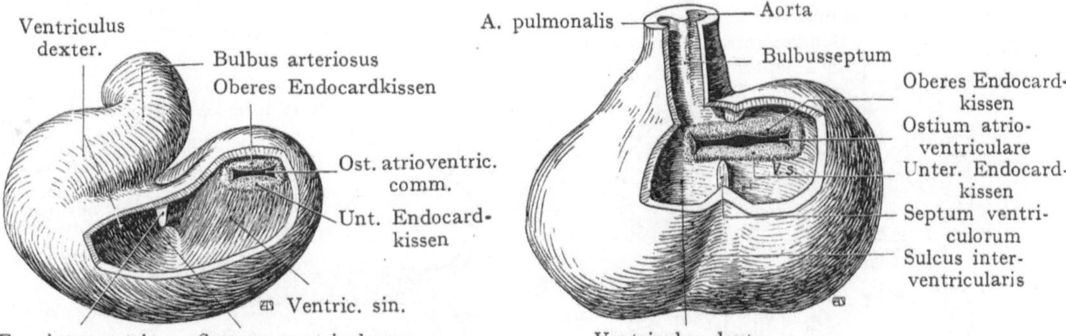

Fig. 349. Ventrikelabschnitt des Herzens eines
Embryos von 4,2 mm Länge.
Nach Born, Arch. f. mikr. Anat. 33. 1889.
Das Ostium atrioventriculare comm. ist durch Ent-
fernung der vorderen Wand des Ventrikelabschnittes
zur Ansicht gebracht worden.

Fig. 350. Herz, Embryo von 5 mm. Die Ventrikelschleife und der Bulbus arteriosus sind von
vorne eröffnet.
Nach Born, V. s. Ventriculus sinister.

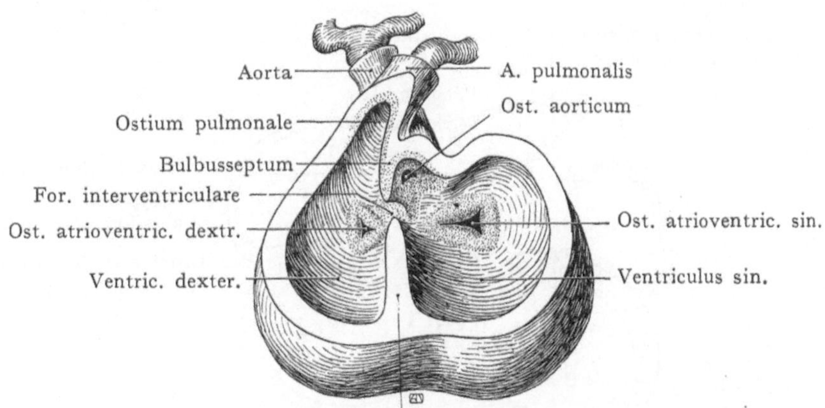

Fig. 351. Herz eines Embryos von 7,5 mm Länge, die vordere Wand abgetragen, um die Teilung
des Ostium atrioventriculare comm. in ein Ostium atrioventriculare dextrum und sinistrum zu
zeigen. Die Trennung des Bulbus arteriosus in die Aorta und die A. pulmonalis ist vollendet.
Nach Born, Arch. f. mikr. Anat. 33. 1889.

(Hinze). Bei 23% der Erwachsenen wird das Foramen ovale noch offen vorgefunden,
wobei natürlich zu bemerken ist, daß eine weitere Kommunikation beider Atrien, wie
sie bisweilen als Hemmungsbildung (s. unten) beobachtet wird, eine mehr oder weniger
hochgradige Störung des Kreislaufes im Gefolge hat.

5. Bildung des Septum ventriculorum.

Die Bildung des Septum ventriculorum beginnt etwas später als diejenige des
Septum atriorum, in Gestalt eines von dem caudalen Ende des Ventriculus communis

ausgehenden und gegen das quergestellte Ostium atrioventriculare commune weiter
hinaufwachsenden Wulstes (Fig. 347). So erfolgt allmählich eine Trennung des Ventriculus communis in die rechte und linke Kammer, doch bleibt eine Zeitlang als eine Verbindung zwischen beiden Abteilungen das Foramen interventriculare (Fig. 348) bestehen,
welches allmählich eingeengt wird und schließlich verschwindet. Der Verschluß des
bei Reptilien (Krokodil) als Norm nachzuweisenden Foramen interventriculare (hier

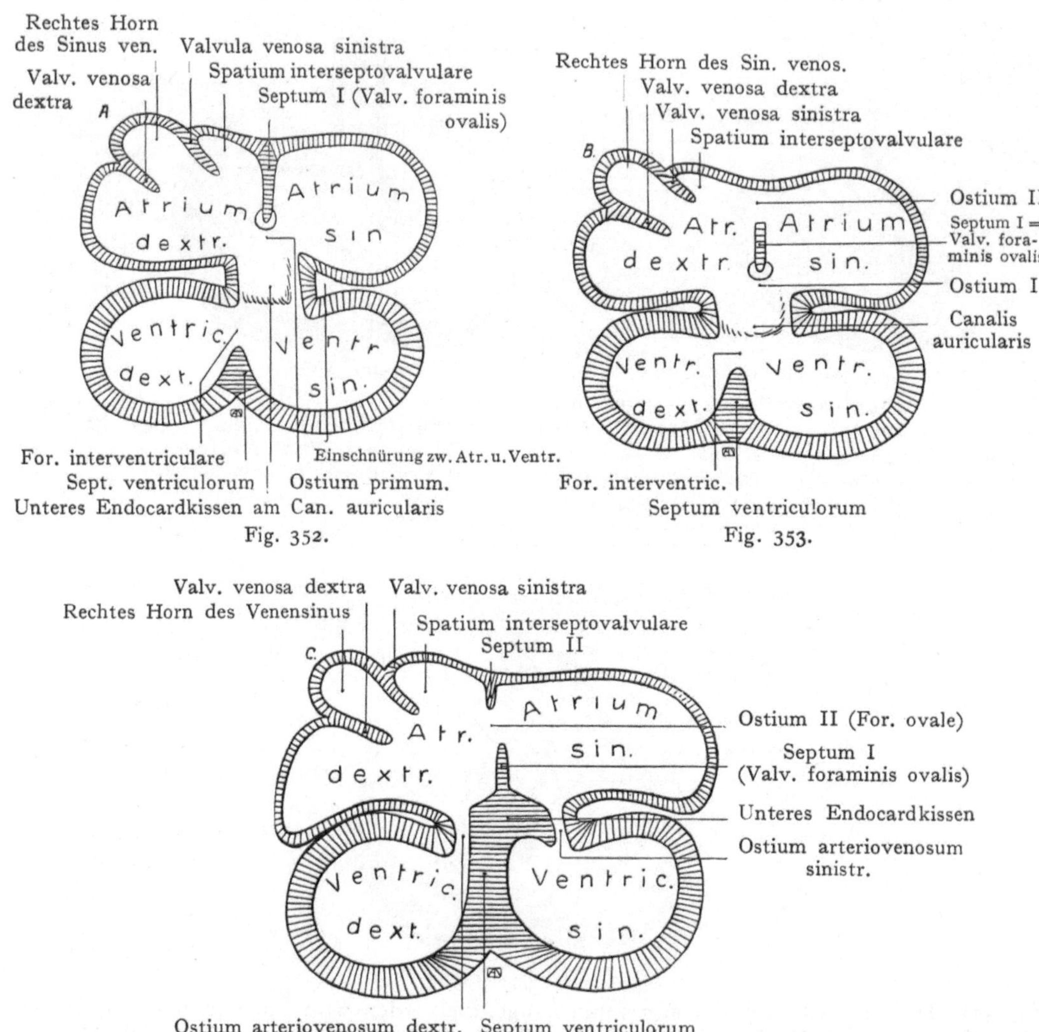

Fig. 352.

Fig. 353.

Fig. 354.

Fig. 352—354. Schemata der Entwicklung der Scheidewände des Herzens.
Nach Born, Arch. f. mikr. Anat. 33. 1889.

auch als Foramen Panizzae bezeichnet) ist beim Menschen bloß ein membranöser und
entspricht der Pars membranacea septi ventriculorum. „Diese liegt dicht unter dem
Winkel, den die konvexen Ränder der rechten und hinteren Valvulae semilunares aortae
bilden; hier berührt das Endocard des rechten Ventrikels dasjenige des linken. Die
Stelle liegt im rechten Herzen dort, wo das vordere und mediale Segel der Valv. tricuspidalis zusammenstoßen; sie wird durch die Tricuspidalis in zwei Teile geteilt, deren
einer im Vorhof und deren anderer im Ventrikel liegt" (Jarisch).

6. Bildung des Septum bulbi.

Durch das dritte Herzseptum wird der Bulbus arteriosus in die Aorta und die A. pulmonalis zerlegt, dieses Septum bulbi (seu aorticopulmonale) tritt erst nach der Bildung des Septum ventriculorum auf. Dabei erfährt zunächst der Bulbus eine starke Abplattung in dorsoventraler Richtung und gleichzeitig entstehen zwei Wülste, der vordere und der hintere Bulbuswulst, welche das quergestellte Lumen des Bulbus in der Mitte einengen und schließlich, indem sie miteinander verwachsen, in zwei im Querschnitte dreieckige Lumina zerlegen (Fig. 355 II). Dieser Teilungsprozeß beginnt oben und schreitet nach unten gegen das Septum ventriculorum fort, welches schließlich von dem Septum bulbi erreicht wird. Die Stelle, an der die Verbindung erfolgt (Fig. 348), entspricht dem Foramen interventriculare, welches durch die aus dem Septum bulbi stammende Pars membranacea septi ventriculorum einen Abschluß erhält.

7. Bildung des Septum sinus venosi.

Auf einem gewissen Stadium sehen wir, daß rechterseits die Vena cava superior und inferior in den rechten Abschnitt des Sinus venosus einmünden, während der linke Abschnitt bloß noch die Herzvenen aufnimmt und späterhin den Sinus coronarius cordis darstellt (Fig. 343), der sich dicht neben der Mündung der Vena cava inferior in den Sinus venosus öffnet. Zwischen beiden erhebt sich eine Leiste, Septum sinus venosi, welche eine Verbindung mit der Valvula venosa dextra eingeht, indem sie dieselbe in einen kleinen unteren Abschnitt, die Valvula sinus coronarii (Thebesii) und einen größeren oberen Abschnitt, die Valvula venae cavae inferioris (Eustachii) teilt.

Schon auf diesem Stadium ist der Sinus venosus in die hintere Wand des Atrium dextrum einbezogen, indem er den glatten Abschnitt derselben darstellt, welcher sich durch das Fehlen der Mm. pectinati auszeichnet. Durch diesen Vorgang erhalten die Vena cava superior, deren Endstück dem rechten Ductus Cuvieri entspricht, und die Vena cava inferior, welche das Endstück der ursprünglichen Vena omphalomesenterica darstellt (s. die Entwicklung des Venensystems), getrennte Einmündungen in den rechten Vorhof. Die Reste der stark reduzierten linken Sinusklappe (Valv. venosa sinistra) verschmelzen mit dem Septum atriorum, während die hintere Strecke der rechten Sinusklappe (Valv. venosa dextra), nach der Ausbildung des Septum sinus venosi, die Valvula venae cavae inferioris und die Valvula sinus coronarii (Thebesii) liefert.

8. Zusammenfassendes über die Bildung der Herzsepten.

Die Bildung der Septen im Vorhof- und Ventrikelabschnitte des embryonalen Herzens erhält in den schematischen Figg. 352—354 eine besondere Veranschaulichung. In Fig. 352 ist die Anlage des Septum primum und des Septum ventriculorum zu sehen; beide Kammerabschnitte stehen noch durch das Foramen interventriculare, beide Vorkammern durch das, infolge des weiteren Vorwachsens des Septum primum zur Obliteration kommende, Ostium primum von Born in Verbindung. In Fig. 353 ist das sekundäre, im Septum primum sich bildende Foramen ovale (Ostium secundum von Born) zu sehen, dessen Verschluß durch das beginnende Vorwachsen des Septum secundum (Fig. 354) eingeleitet ist (es bildet den Limbus fossae ovalis); während das links gelegene Septum primum, indem es weiter über das Foramen ovale vorwächst, den eigentlichen Verschluß durch die Valvula foraminis ovalis herstellt.

9. Mechanik der Bildung der Herzsepten.

Es ist bisher nicht gelungen, die Ursachen, welche der Bildung der Herzsepten zugrunde liegen, experimentell klarzulegen, doch dürfen wir dieselben, in Anbetracht des

Einflusses mechanischer Momente auf die Gefäßbildung überhaupt, wohl in dem verschiedenen Drucke suchen, dem die einzelnen Strecken der Herzwandung während der Aus- und Umbildung des ursprünglich S-förmig gekrümmten Herzschlauches unterliegen. Besonders eingehend hat Oppel nachgewiesen, wie das Dickenwachstum der Gefäße, die Art und Weise des Abganges der Äste u. dgl. m., kurz die ganze Formgestaltung und Verzweigung der Blutgefäße von solchen Faktoren beherrscht wird.

MacCullom hat gezeigt, daß die jüngsten Muskelzellen des Herzens, d. h. diejenigen, deren Differenzierung am wenigsten weit fortgeschritten ist, in unmittelbarer Anlagerung an das Endocard angetroffen werden. Hier entstehen offenbar während

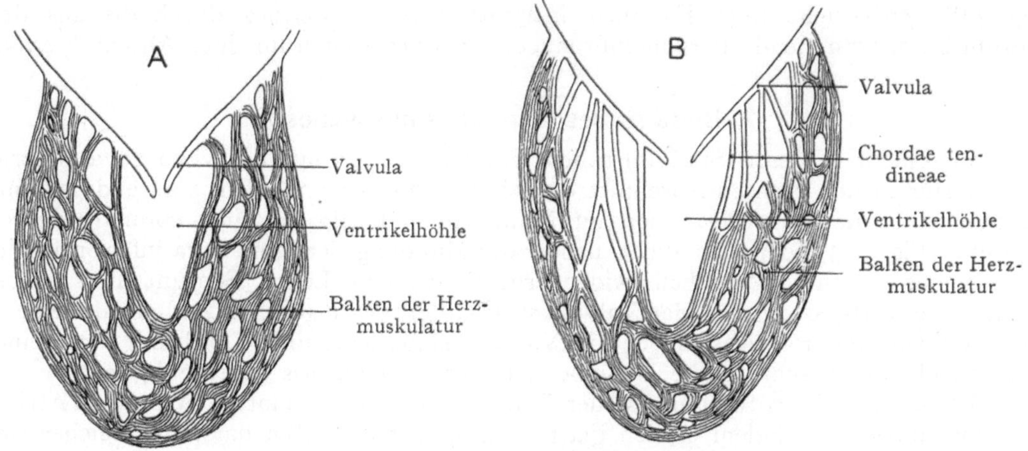

Fig. 355 I.   Schema der Bildung der Chordae tendineae.
Nach Gegenbaur, Lehrb. d. Anat. des Menschen.

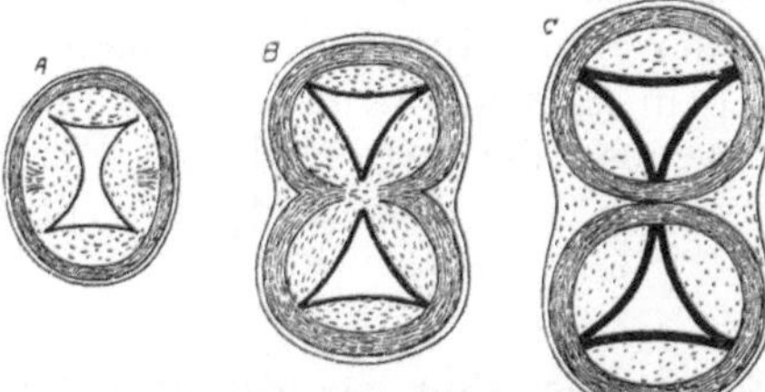

Fig. 355 II.   Schematische Darstellung der Scheidung des Bulbus arteriosus in die Aorta und
A. pulmonalis und Bildung der Valvulae semilunares.
Nach Hochstetter in O. Hertwigs Handb. d. Entw.-Gesch.

der Herzentwicklung immer neue Zellen; die Wachstumszone des Herzens liegt innen, die älteren Schichten der Herzmuskulatur außen. Interstitielles Wachstum ist selbstverständlich nicht ausgeschlossen.

Auf diese jüngsten dem Endocard angrenzenden Schichten der Herzwandung macht sich nun zunächst der Druck des Blutstroms im Herzen geltend, er gestaltet das Relief der Innenfläche, das in frühen Entwicklungsstadien in erster Linie in der Ausbildung der Septen zum Ausdruck kommt. Wir müssen demnach den Druck des Blutstroms, wie an anderen Stellen des Gefäßsystems so auch am Herzen als einen formativen Reiz auffassen, welcher die jüngsten, in Vermehrung und Differenzierung begriffenen Zellen des Myocards in erster Linie trifft (Roux, Thoma).

So hat schon K. E. v. Baer erkannt, daß im Bulbus arteriosus (s. oben) zwei Blutströme, aus je einem Ventrikelabschnitt, sich spiralig umeinander legen, entsprechend dem Verlaufe des Septum bulbi. Dieses würde seine Entstehung dem ungleichen Drucke verdanken, welcher auf verschiedenen Stellen des Bulbus aortae lastet. Ähnlich dürfte es mit der Bildung des Septum atriorum et ventriculorum stehen; sie ist gewissermaßen eine Funktion des auf der Wandung lastenden Blutdruckes. Dieser wirkt formgestaltend auf die Herzwandung ein; die Form wird durch die Funktion bedingt, nicht umgekehrt.

Sehr interessante Ausblicke auf die Entstehungsweise und die Bedeutung der Herzsepten gewährt auch die vergleichende Anatomie. Es ist bemerkenswert (s. Gegenbaurs vergleichende Anatomie), daß auch phylogenetisch die Scheidewände nicht zuerst in dem Kammerabschnitte auftreten, sondern im Atrium commune und im Bulbus arteriosus. Wahrscheinlich spielen im ersteren Falle der Sinus venosus sowie die Vv. pulmonales eine Rolle, indem der später zu besprechende Umbau des in den Sinus venosus einmündenden Venenkomplexes einerseits, die Ausbildung des Lungenkreislaufs und der Vv. pulmonales andererseits neue Bedingungen mechanischer Art setzen, auf welche die Wandung des betreffenden Herzabschnittes durch die Bildung eines Septums reagiert. So macht sich der Einfluß veränderter Lebensbedingungen auf die Struktur des Eingeweideteiles geltend.

10. Bildung der Herzklappen.

Die Atrioventricularklappen entstehen aus den Endocardkissen (s. oben) des Ostium atrioventriculare commune, jedoch unter Beteiligung der angrenzenden Herzwand. Die Trabekel entstehen durch eine Unterminierung des ursprünglich glatten Myocardiums, was die Herstellung eines Maschennetzes von Muskelbalken zur Folge hat (Fig. 355 I). Diejenigen Balken, welche an der Wand des Canalis auricularis inserieren, wandeln sich sehnig zu den Chordae tendineae um. Die Anteile, welche die Endocardkissen und die Herzwand an der Bildung der Klappen nehmen, sind nicht genau voneinander abzugrenzen.

Die Semilunarklappen entstehen an der Verengerung, welche als Fretum Halleri sehr früh den Bulbus von der Ventrikelschleife abgrenzt. Hier bilden sich noch vor der Teilung des Bulbus durch das Septum bulbi vier Endocardkissen, die durch das Septum bulbi so zerlegt werden, daß beiderseits drei Wülste entstehen, welche in die Lichtung der Aorta, resp. der A. pulmonalis vorspringen. Ursprünglich sind auf dem länglichen, schräg eingestellten Querschnitte des Bulbus (Fig. 355 II A) vier Wülste zu sehen, zwei seitliche, ein hinterer und ein vorderer. Indem nun das Septum bulbi die seitlichen Wülste in je zwei sekundäre Wülste zerlegt, entstehen auf dem Querschnitte des vorderen Gefäßes, der A. pulmonalis, ein vorderer und zwei seitliche Wülste, an der hinten gelegenen Aorta ein hinterer und zwei seitliche Wülste (Fig. 355 II C). Aus den Bulbuswülsten gehen unter Beteiligung der der Wandung angrenzenden Ventrikelschleife die Klappen der Aorta und der A. pulmonalis hervor.

11. Bildung der Herzwandungen und des Reizleitungssystems.

Während der Entwicklung der Herzwandungen werden immer wieder neue Schichten von innen her gebildet, so daß die inneren, dem Endocard zunächst gelegenen Schichten folglich auch die jüngsten sind. Daß die Wucherungszone der Herzwandung an das Endocard anstößt, wird durch die zahlreichen während des Wachstums hier vorkommenden Kernteilungsfiguren bewiesen.

Die Entwicklung der Atrioventricularklappen steht in enger Beziehung zu der Bildung des atrioventriculären Bündels, desjenigen Abschnittes des Reizleitungssystems, welches gewissermaßen eine Brücke von der hinteren Wand des rechten Atriums zu den Wandungen des Ventrikels, den Papillarmuskeln und dem Septum ventriculorum darstellt. Das Bündel ist, ob mit Recht sei dahingestellt, als Rest der muskulösen

Wandung des Canalis auricularis aufgefaßt worden (Mall), nachdem die Annuli fibrosi und die atrioventricularen Klappen sich gebildet haben. Es geht vom Sinus venosus, welcher in die hintere Wand der rechten Vorkammer aufgenommen wird, zur Ventrikelwandung und liegt unmittelbar über der Stelle des Septum ventriculorum, welche zuerst dem Foramen interventriculare, später der Pars membranacea septi ventriculorum entspricht. Das Bündel liegt dabei zwischen dem unteren Endocardkissen und dem Annulus fibrosus dexter.

12. Bemerkungen über die Physiologie des Herzens in früher Embryonalzeit.

Der endotheliale Herzschlauch zeigt, schon bevor Muskulatur sich bildet, Kontraktionen, welche einen embryonalen Kreislauf herstellen. Genauer bekannt ist jedoch die Physiologie des embryonalen Herzens erst von dem Zeitpunkte an, da die Sinusklappen sowie das Septum I und II im Atrium commune auftreten. „Bei der Systole der Vorhöfe schließen die Valvulae venosae den Sinus venosus um so sicherer vom Vorhofe ab, als für diese Klappen in der starken Muskelleiste des Septum spurium ein sehr wirksamer Spannapparat gegeben ist. Schwieriger ist es zu erklären, warum das Blut mit der der Vorhofsystole gleichzeitigen Ventrikeldiastole nicht aus dem Bulbus in den Ventrikel zurückströmt" (Born). Vielleicht wirken die im Fretum Halleri ausgebildeten Endocardkissen als Klappen. Das Blut geht aus dem Sinus venosus in den rechten Vorhof und wird hier durch die stärkere rechte Sinusklappe gegen das Foramen ovale (Ostium secundum von Born) und gegen das linke Atrium abgelenkt (s. Fig. 354). „Während der Ventrikelsystole zieht sich offenbar die ringförmige Muskulatur des Canalis auricularis zusammen, preßt so die Endocardkissen aneinander und verschließt den Spalt" (Born). Nach Bildung der Atrioventricularklappen wird selbstverständlich der Mechanismus ein anderer. Später, nach der Aufnahme des Sinus venosus in die Vorhofswandung, fällt auch die ursprüngliche Rolle der Sinusklappen weg, die darin bestand, den Sinus bei der Systole des Vorhofes gegen diesen abzuschließen; folglich wird auch der im Septum spurium gegebene Spannapparat der Sinusklappen bei Säugetieren zurückgebildet.

13. Beziehungen des Herzens zum Pericard.

Dieselben sind bloß unter Zuhilfenahme der Entwicklungsgeschichte verständlich. Es findet nämlich (Fig. 356) eine vollständige Rückbildung sowohl des Mesocardium anterius als auch des Mesocardium posterius statt und der Umschlag des Pericards auf das Herz erfolgt nunmehr bloß an dem ursprünglich venösen und arteriellen Ende des Herzens (Fig. 357). Diese beiden Stellen

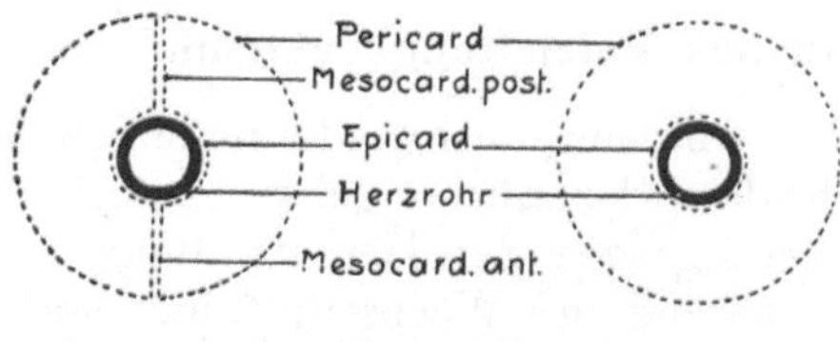

Fig. 356.

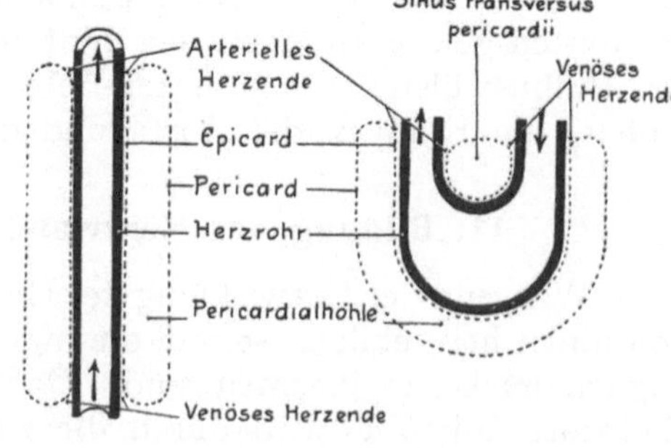

Fig. 357.

werden sich bei der Biegung des Herzschlauches nähern und stellen später die vollkommen voneinander getrennten Umschlagslinien dar, von denen die vordere die Aorta und Pulmonalis, die hintere die beiden Vv. cavae und die Vv. pulmonales umzieht (siehe Figg. 358 u. 359). Durch die Biegung des Herzschlauches kommt der

Sinus transversus pericardii zustande, welcher (Fig. 357) den an der konkaven Seite des gebogenen Schlauches gelegenen, stark reduzierten dorsalen Abschnitt der Peri-

cardialhöhle darstellt, während der ventrale Abschnitt eine weite Ausdehnung gewinnt und beinahe das ganze Herz mit Strecken der beiden Vv. cavae, der Aorta ascendens und der A. pulmonalis umgibt (Fig. 358). Der dorsale Abschnitt der Pericardialhöhle stellt sich nunmehr bloß noch als ein kurzer Querkanal des Sinus transversus pericardii dar, welcher vorn von dem Epicardüberzuge der Aorta und A. pulmonalis, unten durch das Epicard der Atrien und der Vv. pulmonales, oben durch einen schmalen Abschnitt des Pericardiums begrenzt wird (Gaupp und Barge).

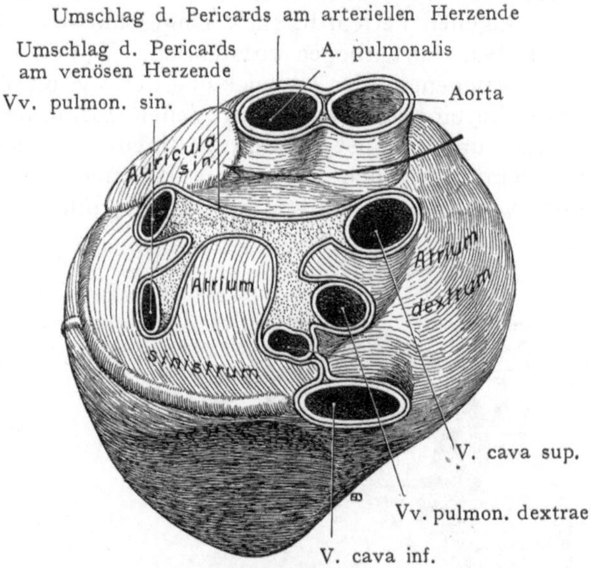

14. Mißbildungen des Herzens.

Bei wenigen Organen lassen sich die Mißbildungen so klar in ihrer formalen Genese übersehen wie beim Herzen. Allerdings handelt es sich in der Hauptsache um Hemmungsbildungen, insbesondere um die mangelhafte Herstellung der Herzsepten, so daß man häufig geradezu den Zeitpunkt bestimmen kann, in welchem der Stillstand der Entwicklung erfolgte.

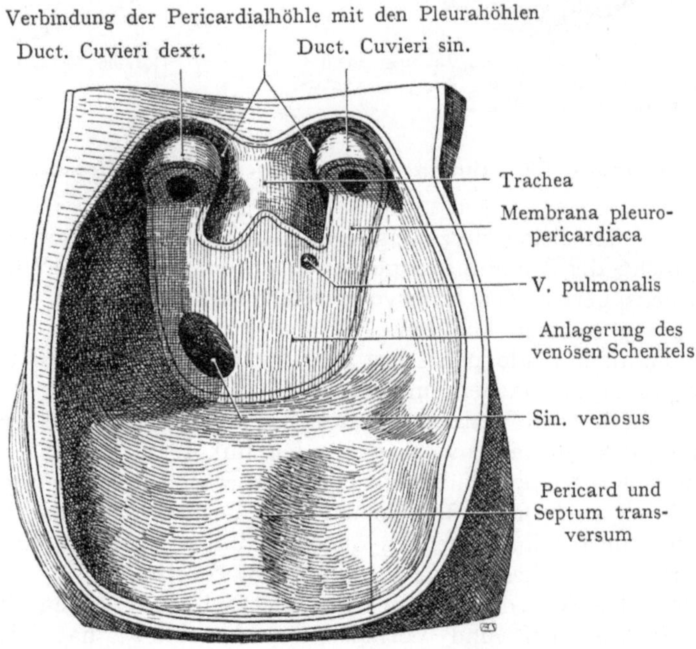

Fig. 358. Umschlagslinien des Pericards in das Epicard. Sinus transversus pericardii durch einen Pfeil bezeichnet.

Fig. 359. Dorsale Wand der Pericardialhöhle. Menschlicher Embryo. Ansicht von vorne. Nach einem unter F. Keibels Aufsicht verfertigten Modell.

Eine der merkwürdigsten Mißbildungen ist die vollständige Verdoppelung des Herzens. Ja, in neuerer Zeit ist von Veroçay sogar ein Fall von siebenfacher Herzbildung bei einem Huhn beschrieben worden, dabei war jedes Herz gut entwickelt und in einen eigenen Pericardialsack eingeschlossen. Die Aorta war durch die Vereinigung von sieben Aortenbogen entstanden. Veroçay führt diese Mißbildung nach C. Rabl auf Störungen in der Entwicklung der Vv. omphalomesentericae zurück; vielleicht sind dabei die einzelnen zu diesen Venen zusammengetretenen Gefäßanlagen getrennt geblieben, und jede ist alsdann zu einem vollständigen Herzen ausgewachsen. Graeper hat beim Hühnchen sowohl die Bildung eines einseitigen Herzens, als auch die Bildung von zwei getrennten Herzen experimentell erhalten, indem er die eine Herzanlage

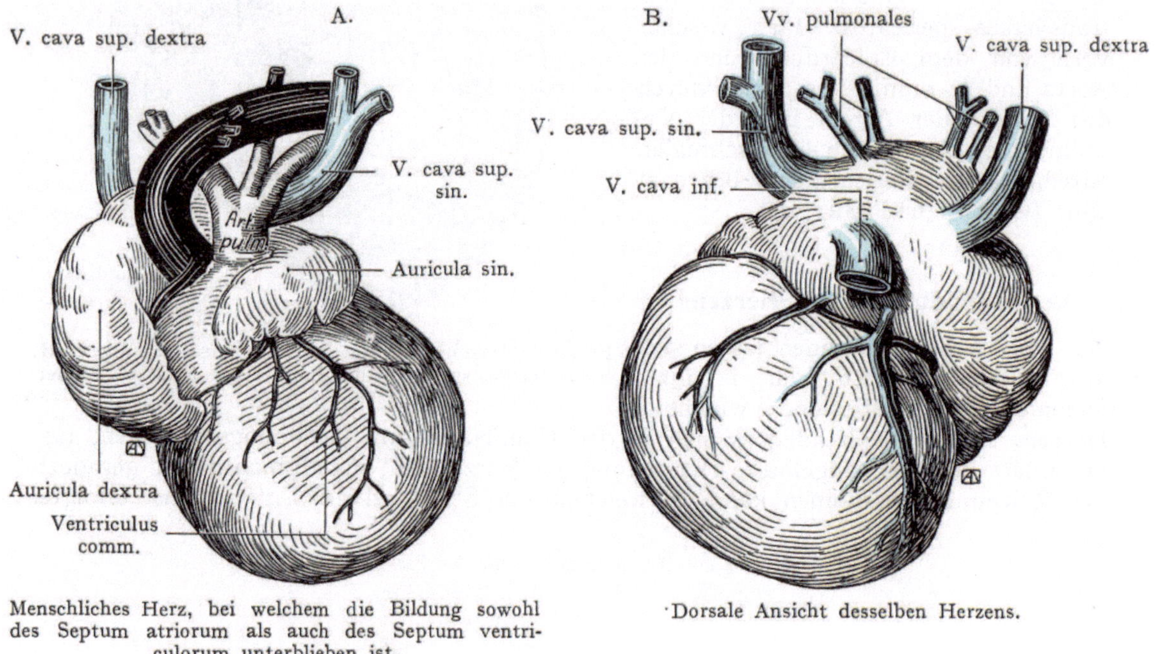

Menschliches Herz, bei welchem die Bildung sowohl des Septum atriorum als auch des Septum ventriculorum unterblieben ist.

·Dorsale Ansicht desselben Herzens.

Fig. 360.

Nach Lindes, Ein Beitrag z. Entwicklungsgeschichte des Herzens. I.-D. Dorpat 1865.

unterdrückte oder beide Herzanlagen an der Vereinigung verhinderte. Es steht nach Graeper nichts der Annahme entgegen, daß, wenn zufällig die Wurzeln der Vv. omphalomesentericac isoliert in den Embryo gerieten, mehrere Herzen aus diesen Venenstrecken ihren Ursprung nehmen könnten.

Das Foramen ovale persistiert sehr häufig, und zwar in der Mehrzahl der Fälle ohne Symptome zu machen, indem die Klappe einen genügenden Verschluß der gewöhnlich recht kleinen Verbindung zwischen den beiden Vorhöfen bewirkt. Das weite Offenbleiben des Foramen ovale, verbunden mit dem Schwund oder der mangelhaften Entwicklung der Klappe, führt dagegen zu einer schweren Störung des Kreislaufes, indem dadurch auch nach der Geburt eine Vermischung des durch die Vv. cavae in den rechten Vorhof einströmenden venösen Blutes mit dem aus den Lungen in den linken Vorhof zurückkehrenden arteriellen Blute erfolgt.

Andere Defekte der Septen sind viel seltener. Einen Fall, bei welchem die Bildung der Ventrikel- und Vorhofsepten unterblieb, hat Lindes sehr genau beschrieben (Fig. 360). Das Herz zeigte dabei ein einfaches Ostium atrioventriculare commune, dagegen ist der Bulbus infolge der Bildung eines Septum bulbi (aorticopulmonale) ganz regelrecht in die Aorta und in die A. pulmonalis zerlegt worden. Ferner fand sich eine Duplizität der V. cava superior. Der gemeinsame Ventrikel hat eine rundliche, etwas abgeplattete Form. Ein ähnlicher Fall wurde von J. Arnold bei einem 42jährigen Manne beschrieben; hier war ein Ostium atrioventriculare commune vorhanden, auch war das Septum atriorum sehr defekt, indem sich sowohl das Foramen ovale (Ostium II Born), als auch die ursprüngliche Verbindung zwischen den beiden Atrien (Ostium I Born), etwa entsprechend dem in Fig. 353 dargestellten Stadium, erhalten hatten.

Bei anderen Mißbildungen kommt es zu Störungen im Bereiche des Septum bulbi (aorticopulmonale); dasselbe kann ganz fehlen, dann fehlt auch die von ihm gelieferte Pars membranacea septi ventriculorum. Das Septum kann auch bloß oben im Bulbus zur Ausbildung kommen, sodann entspringen sowohl die Aorta als die A. pulmonalis aus einem gemeinsamen Stamme. Auf eine Hemmungsbildung ist wohl auch die kongenitale Stenose des Ostium pulmonale zurückzuführen, welche häufig mit Defekten der Herzsepten kombiniert ist.

15. Bemerkungen über die vergleichende Anatomie des Herzens.

Die Ontogenese des Säugetierherzens, insbesondere die Bildung der Septen, wiederholt verschiedene während der Phylogenese festgehaltene Befunde. Die Trennung des Herzens in einen rechten und einen linken Abschnitt hängt eben mit der Bildung eines Lungenkreislaufes zusammen; je vollkommener dieser auftritt, desto vollständiger muß auch die Bildung der Septen sein.

Das Fischherz ist ein Kiemenherz, denn wir haben bei Fischen mit Ausnahme der Dipnoer bloß in den Kiemen ein respiratorisches Gefäßnetz ausgebildet. Wir sehen hier am fertigen Herzen die vier am embryonalen Säugetierherzen erkannten Abschnitte. Es sind dies: 1. Der Sinus venosus, vom Vorhofe durch die mit einer Spannvorrichtung versehenen Sinusklappen abgegrenzt; in ihn münden die beiden Ductus Cuvieri ein; 2. der Vorhof; 3. die Kammer, deren Ostium atrioventriculare (Fig. 346 vom Menschen) mehr nach links liegt; 4. der Bulbus arteriosus, mit Klappen, welche sich jedoch nicht auf den Bulbus beschränken, sondern auch noch in einem auf den Bulbus folgenden muskulösen Abschnitte, dem Conus arteriosus, angetroffen werden. Auf diesen, dem Bulbus eigentlich zuzurechnenden Abschnitt, folgt erst der Truncus arteriosus, aus welchem die Aortenbogen entspringen.

Eine beginnende Scheidung des Herzens in einen rechten und einen linken Abschnitt finden wir bei den Lungenfischen (Ceratodus, Protopterus) in Form eines von der Einmündung des Sinus venosus bis zum Ostium atrioventriculare reichenden Muskelwulstes, der sich von der hinteren Wand des Atriums erhebt und als Septum wirkt, indem er sich bei der Systole der vorderen Wand des Atriums anlegt.

Bei den Amphibien beginnt die Einbeziehung des Sinus venosus in das Atrium, auch bildet sich hier ein richtiges Septum atriorum; rechts davon mündet der Sinus venosus, links der Stamm der V. pulmonalis. Dagegen ist die Kammer noch einheitlich, das Ostium atrioventriculare ungeteilt. Im Bulbus und im Conus arteriosus ist ein spiralig verlaufendes Septum vorhanden.

Bei den Reptilien ist die Einbeziehung des Sinus venosus in den Vorhof beträchtlich weiter gediehen, doch werden diese beiden Herzabschnitte noch immer durch die Sinusklappen gegeneinander abgegrenzt. Das Vorhofseptum ist bei den Reptilien vollständig und erreicht das Ostium atrioventriculare; von dem Septum atriorum und der linken Sinusklappe wird eine große Bucht der hinteren Vorhofswand begrenzt, das Spatium interseptovalvulare (s. Fig. 344). Auch entsteht ein Ventrikelseptum, dessen Bildung sich innerhalb der Klasse der Reptilien von den ersten Anfängen bis zu seiner Vollendung verfolgen läßt; beim Krokodil ist es am vollständigsten, doch bleibt auch hier noch das als Foramen Panizzae bezeichnete Foramen interventriculare als eine Verbindung zwischen den beiden Ventrikeln erhalten.

Bei den Vögeln ist die Aufnahme des Sinus venosus in die Vorhofswand eine vollständige, auch tritt sekundär ein durch eine Membran verschlossenes Foramen ovale im Vorhofseptum auf.

Bei den Säugetieren wird gleichfalls die Trennung des Herzens in eine rechte und linke Hälfte vollständig durchgeführt. Beide Vorhöfe erfahren eine Ergänzung ihrer dorsalen Wand, der rechte durch den Einbezug des Sinus venosus, der linke dadurch, daß die ursprünglich einheitliche Lungenvene bis zum Abgange ihrer Wurzeln in die dorsale Wand des linken Vorhofes aufgenommen wird.

Entwicklung des arteriellen Gefäßsystems.
1. Allgemeines.

Bei dem in Fig. 321 dargestellten Hühnerembryo bringen die Vv. omphalomesentericae das Blut aus der Area vasculosa in die Embryonalanlage zurück, indem sie in den Sinus venosus des Herzens einmünden. Vom Truncus arteriosus aus fließt das Blut in den drei Aortenbogen dorsalwärts zur Aorta dorsalis sowie in den ersten Anlagen der Carotiden zum Kopfe; die Hauptmasse des Blutes dagegen gelangt teils in den Aa. omphalomesentericae zur Area vasculosa, teils in den caudal noch paarigen dorsalen Aorten zur caudalen Partie der Embryonalanlage und zu der auf diesem Stadium eben gebildeten Allantois. Von den dorsalen Aorten gehen segmentale Äste zur Körperwandung.

Wenn wir nun den Versuch machen, das arterielle Gefäßsystem der Säugetiere unter Berücksichtigung der vergleichenden Anatomie und der Entwicklungsgeschichte in ein Schema zu bringen, so müssen wir zunächst zwischen dem Kopfe und dem Rumpfe unterscheiden. In der Rumpfregion haben wir in ganz frühen Stadien zwei dorsale Aorten, welche in jedem Segmente drei Paare von Ästen abgeben. Die Verzweigung der Arterien im Rumpfe ist demnach eine durchaus symmetrische und segmentale, was auch noch zu erkennen ist, nachdem sich die dorsalen Aorten zu einem einheitlichen Stamme vereinigt haben (Fig. 361). Wir unterscheiden zunächst zweierlei segmentale Äste der Aorta, nämlich somatische und splanchnische. Die somatischen Arterien gehen zu den Körperwandungen und bewahren die segmentale Anordnung auch noch größtenteils beim Erwachsenen. Die im Mesenterium dorsale zum Darm verlaufenden splanchnischen Arterien sind dagegen bloß in frühen Stadien paarig ausgebildet; später, wie im Schema der Fig. 361 dargestellt ist, verschmelzen je zwei ein und demselben Segmente entsprechende zu einem Stamme, auch bilden sich eine größere Zahl derselben auf lange Strecken hin zurück. Als drittes, ursprünglich jedem Rumpfsegment zukommendes Arterienpaar können wir noch die intermediären Arterien anführen, welche das Urogenitalsystem versorgen (Fig. 361). Ursprünglich einer größeren Zahl von Segmenten entsprechend, versorgen sie die in craniocaudaler Richtung sich erstreckende Urniere (Mesonephros). Diese Arterien erfahren gleichfalls im Laufe der Entwicklung weitgehende Umwandlungen, die schließlich zu einer Konzentration derselben auf wenige Segmente führen (A. renalis und A. spermatica interna).

Die einzelnen Systeme segmentaler Rumpfarterien bilden nun, jedes für sich, Längsanastomosen aus, welche, wie neuere Untersuchungen (Felix, Tandler) gezeigt haben, eine sehr wesentliche Rolle bei der weiteren Um- und Ausbildung der Gefäßbezirke spielen. Die somatischen Arterien (Fig. 361) teilen sich in einen Ramus dorsalis und einen Ramus ventralis, die beide Längsanastomosen ausbilden. Diejenige, welche die ventralen Stämme verbindet und allmählich mit dem Zusammenschlusse der Körperwandungen der Medianebene ventral genähert wird, stellt die A. epigastrica sup. et inf. der betreffenden Seite her. Von den beiden Längsanastomosen der splanchnischen Arterien liegt die eine dorsal, die andere ventral vom Darme.

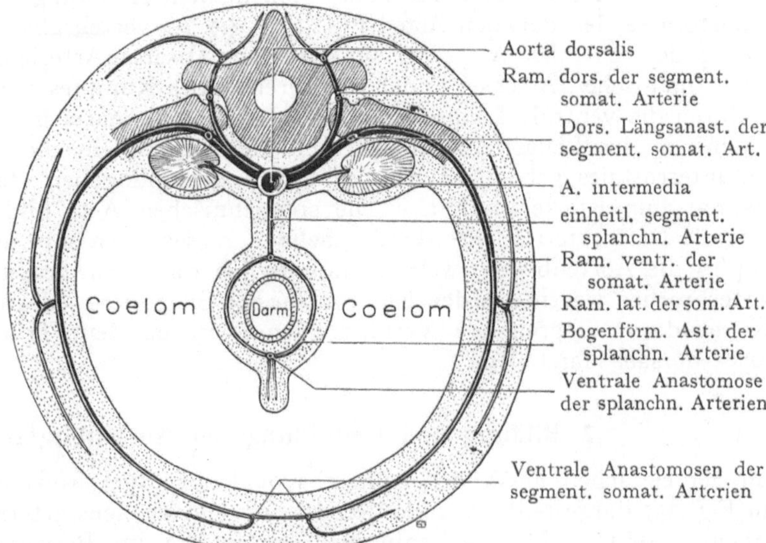

Fig. 361. Schema der Verteilung und der Verbindung der Aa. im Bereiche des Rumpfes; späteres Stadium.
Nach Young und Robinson, in Cunninghams Textbook.

Ein wesentlich anderes Verhalten der Arterien sehen wir am Kopfe (Fig. 362), wo einerseits der Kiemendarm eine sehr beträchtliche Ausdehnung gewinnt, andererseits

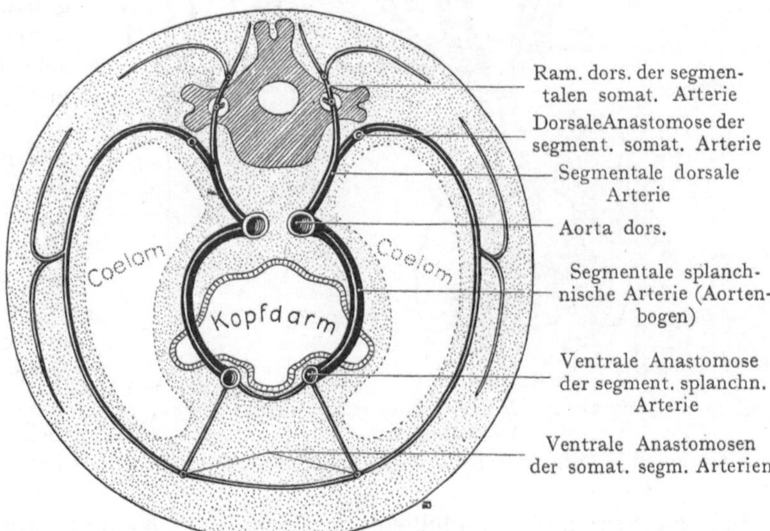

Fig. 362. Schema der Verzweigungen und Verbindungen der Arterien im Bereiche des Kopfdarmes.
Nach Young und Robinson in Cunninghams Textbook of human Anatomy.

eine Umhüllung desselben durch das Coelom schon sehr früh vermißt wird. Die splanchnischen Arterien umgreifen den Kiemendarm als Aortenbogen und sind hier besonders stark ausgebildet; ihre ventralen Längsanastomosen bilden caudalwärts sich vereinigend den Truncus arteriosus, während ihre dorsalen Längsanastomosen die Aortae dorsales herstellen. Die somatischen Arterien erfahren im Bereiche des Kopfes resp. der Kiemen und der späteren Halsregion manche Änderung, so entsteht aus einer Längsanastomose der dorsalen Äste (Fig. 363) die A. vertebralis, durch eine stärkere Ausbildung des ventralen Astes der siebenten somatischen Arterie die A. subclavia usw.

Die somatischen Arterien bilden im Bereiche des Rumpfes die Intercostalarterien, welche durch die ventrale Längsanastomose der A. mammaria interna und der A. epigastrica inf. in der Längsrichtung untereinander verbunden sind. Die Rami dorsales der Aa. intercostales gehen zur Rückenmuskulatur und geben Rami spinales in den Wirbelkanal zum Rückenmark ab. Die splanchnischen Äste bilden im Bereiche des Rumpfes die Darmarterien, also die A. coeliaca, mesenterica sup. und inf., im Bereiche des Kopfes die Aortenbogen, welche ursprünglich durch ein respiratorisches Kapillar-netz unterbrochen waren, bei den Embryonen der Säugetiere jedoch bloß bogenförmige, den Kiemendarm umgreifende Verbindungen zwischen dem Truncus arteriosus und der Aorta dorsalis darstellen.

2. Bildung und Umbildung der Aortenbogen.

In der einfachen Form des frühembryonalen Blutgefäßsystems, welche schematisch in Fig. 337 dargestellt ist, verlaufen die aus dem Truncus arteriosus entspringenden Aortenbogen, fünf an Zahl, dorsalwärts, um in die im Bereiche des Kopfes noch paarigen dorsalen Aorten überzugehen. Die Bildung der Aortenbogen geht in der Reihenfolge von vorn nach hinten vor sich; beim Menschen entstehen im ganzen sechs Bogen, von denen jedoch der fünfte sehr klein ist und sich bald zurückbildet, so daß er für die weitere Um- und Ausbildung der Gefäßbogen nicht in Betracht kommt und folglich auch in den Figuren nicht berücksichtigt wird.

Die Aortenbogen liegen in den bei Säugetieren durch die Kiemenfurchen außen abgegrenzten Schlundbogen. Die ganze Einrichtung beruht auf der Vererbung von Zuständen,

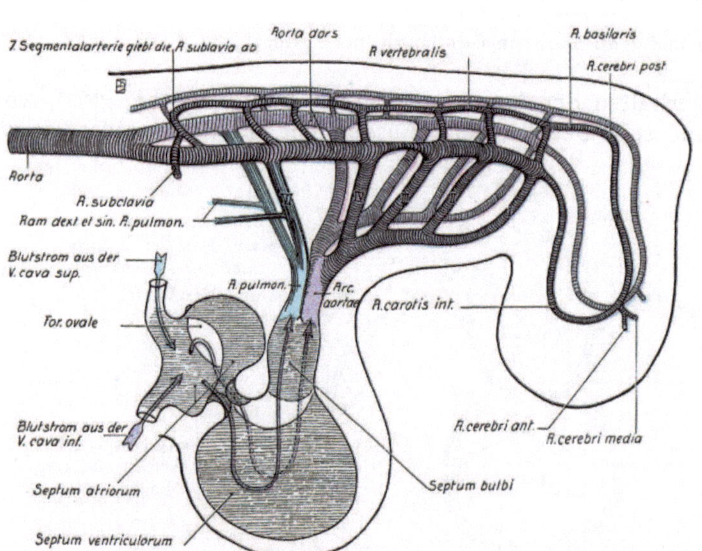

Fig. 363. Schema der Entwicklung des Herzens und der Aortenbogen.
Nach Young und Robinson in Cunninghams Human Anatomy 1902.

die bei Fischen und Amphibien in Form der Kiemenatmung eine große Rolle spielen. Daß derartige Einrichtungen mit der Ausbildung der Lungen ihre respiratorische Funktion an diese abgeben mußten, ist klar, auch embryonal kommt bei den Amnioten das respiratorische Gefäßnetz in den Kiemenbogen überhaupt nicht mehr zur Ausbildung, obgleich die Aortenbogen nach wie vor angelegt werden. Sie finden teils zur Bildung der A. pulmonalis, teils zur Herstellung der großen zum Kopfe verlaufenden Gefäßstämme Verwendung, indem ein Bogen linkerseits unverändert bestehen bleibt, um den späteren Arcus aortae zu bilden. Bei diesen Vorgängen erleiden einzelne Abschnitte des embryonalen Aortensystems eine Rückbildung, andere erfahren dagegen eine weitere Ausbildung. Als Endresultat bleiben, gewissermaßen als Reste des Aortensystems, erhalten: die A. pulmonalis, das Lig. arteriosum (Botalli), ferner der nach links den Ösophagus umgreifende Arcus aortae, welcher nach Abgabe der drei großen Körperarterien (A. anonyma, A. carotis communis sinistra und A. subclavia sinistra) am vierten Thorakalwirbel in die Aorta dorsalis, die spätere Aorta thoracica, übergeht.

Ein Übersichtsbild des embryonalen Aortensystems vor seiner Umbildung sehen wir in Fig. 364. Der schwache und sehr früh sich zurückbildende fünfte Bogen ist hier ebensowenig wie auf den anderen schematischen Figuren weiter berücksichtigt. Auch

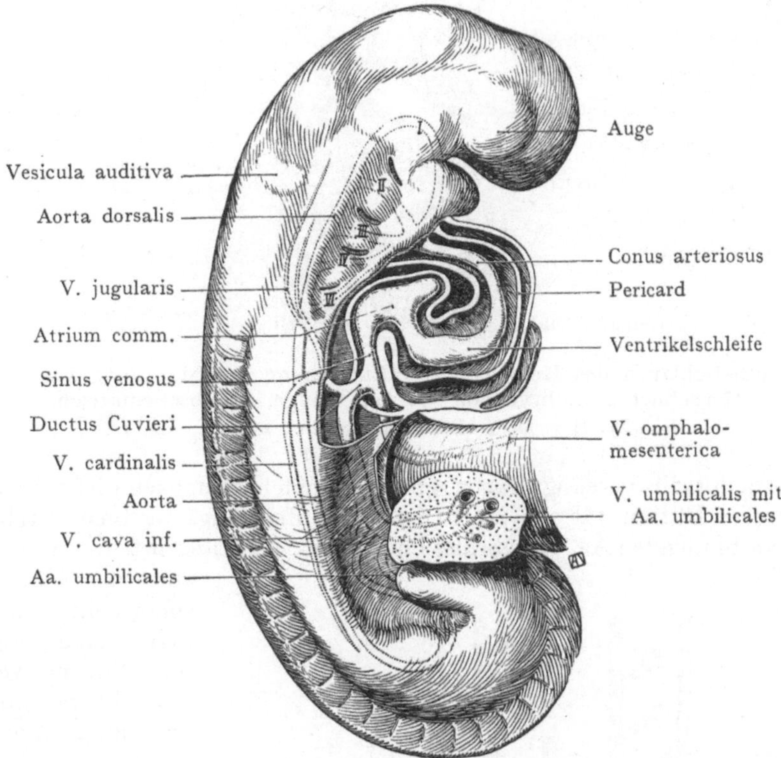

Fig. 364. Kreislauf eines menschlichen Embryos.
Nach His, Menschliche Embryonen. Taf. VII.

ist vom Herzen, wie von allen Aortenbogen, bloß der Endothelschlauch dargestellt. Am stark gekrümmten Herzschlauche lassen sich die verschiedenen Abschnitte (Sinus venosus, Atrium, Ventriculus, Bulbus, Conus und Truncus) in der Frontal- wie in der Seitenansicht leicht erkennen; von hinten münden die Ductus Cuvieri in den Sinus venosus ein sowie die schon in den Pfortaderkreislauf der Leber eingetretenen Vv. omphalomesentericae. Aus dem Truncus arteriosus entspringen die fünf Aortenbogen, welche in den Schlundbogen dorsalwärts verlaufen. Dieselben bilden als dorsale Längsanastomosen die paarigen dorsalen Aortenbogen (s. Figg. 364 u. 365).

Vom letzten (sechsten) Aortenbogen aus wächst caudalwärts ein Ast zur Lungenanlage (Schema der Fig. 363), der, zunächst unansehnlich, mit der Volumzunahme dieser Anlage rasch an Bedeutung gewinnt. Die Aorta dorsalis gibt segmentale somatische Arterien ab, welche unter Herstellung einer Längsanastomose und Rückbildung

einzelner Stämme die A. vertebralis hervorgehen lassen. Das siebente Paar der segmentalen Arterien, welches von den paarigen Aortae dorsales abgeht, bevor sie sich zur ein-

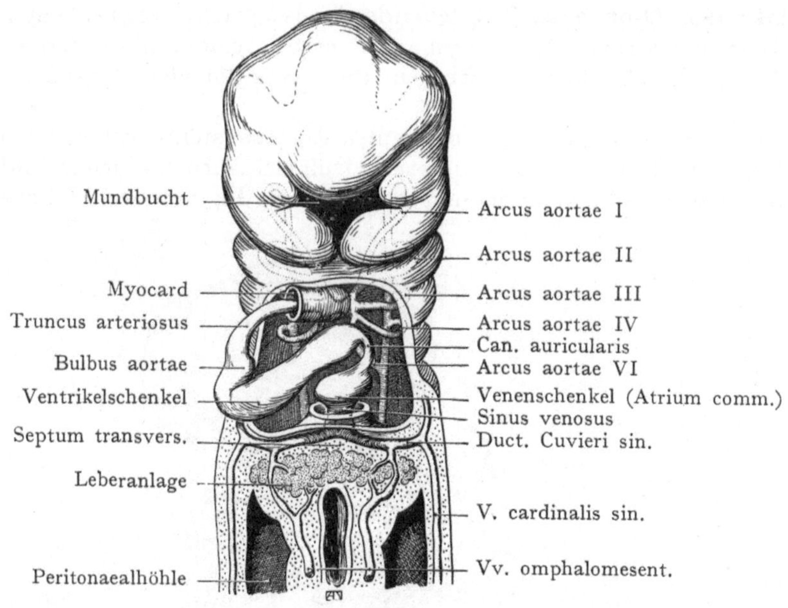

Fig. 365. Endothelschlauch des Herzens, nach Entfernung des Myocards, von vorne gesehen.
Menschlicher Embryo von 3,2 mm Länge. Halbschematisch.
Nach W. His, Menschliche Embryonen. Taf. IX. Fig. 12.

heitlichen Aorta dorsalis vereinigt haben, gibt die zunächst unansehnliche A. subclavia zur
Anlage der oberen Extremität ab. Nach vorn verlaufen längs der Basis cerebri die zur A.
basilaris sich verbindenden Aa. vertebrales und die Aa. carotides int. Beim raschen Wachs-
tume des Gehirns wird eben schon sehr früh eine ausgiebige Versorgung desselben mit Blut notwendig.

Im Schema tritt noch die ursprünglich symmetrische Ausbildung der Aortenbogen klar zutage.
Dieselbe erfährt jedoch bei der weiteren Entwicklung durch die Ausbildung einzelner Abschnitte und die
Rückbildung anderer eine Störung. Diese Umbildungen sind, ohne Berücksichtigung des fünften sehr frühzeitig
schwindenden Bogens, im Schema der Fig. 366 dargestellt, in welchem das Aortensystem flächenhaft
ausgebreitet wurde, um die Darstellung zu erleichtern.

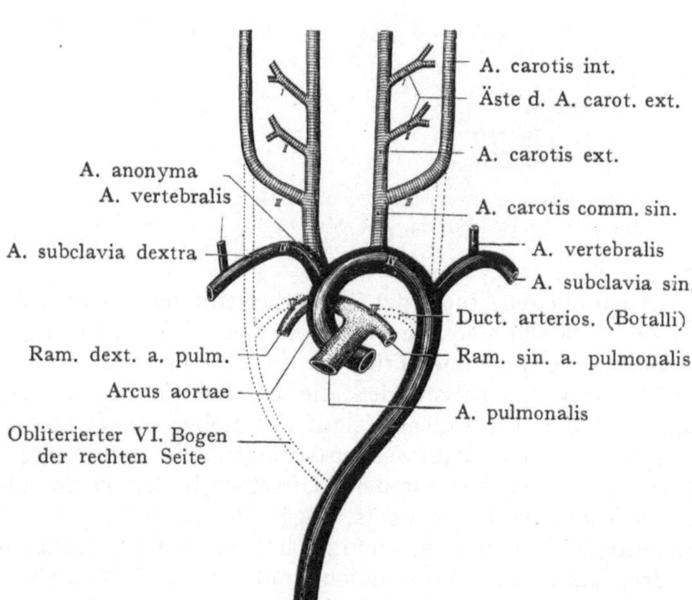

Fig. 366. Schema der Umbildung der Aortenbogen.

Der sechste Aortenbogen nimmt bloß in der bis zum Abgang der Lungenzweige (Fig. 368) reichenden Strecke eine stärkere Entfaltung. Der übrige Teil des rechtsseitigen Bogens bildet sich gänzlich zurück, während eine Strecke des linksseitigen bis zur Geburt als eine Verbindung des Ramus sinister der A. pulmonalis mit dem Aortenbogen, in Gestalt des Ductus arteriosus (Botalli), bestehen bleibt. Der vierte Bogen der linken Seite bildet sich zum bleibenden Arcus aortae aus, aus welchem die siebente somatische Segmentalarterie entspringt, um als A. subclavia sinistra in die Anlage der linken oberen

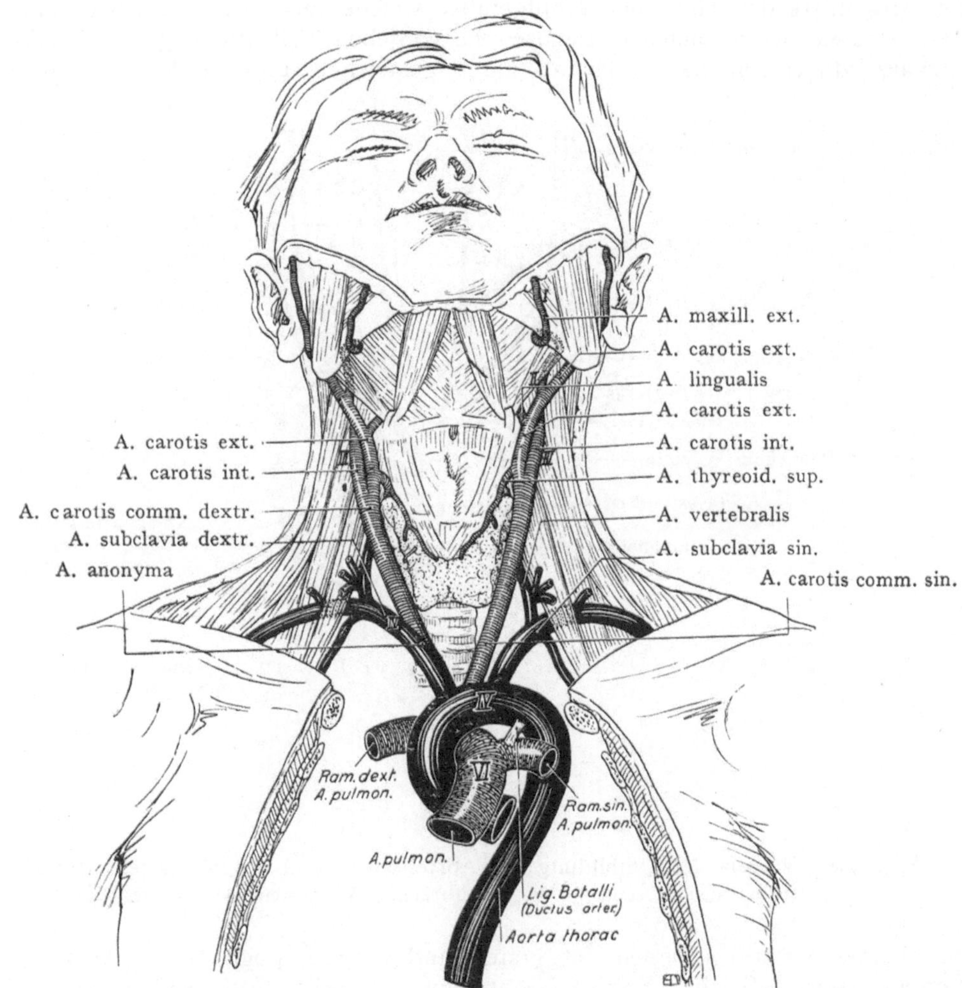

Fig. 367. Die Verzweigung des Arcus aortae und der A. pulmonalis bezogen auf die Aortenbogen (s. Fig. 366).

Extremität einzutreten. Von dem vierten Bogen der rechten Seite bleibt dann bloß die Strecke bis zum Abgange der A. subclavia dextra erhalten; aus ihr entspringen später die A. carotis communis dextra und die A. subclavia dextra; sie stellt demnach die A. anonyma dar (Fig. 366). Der dritte Bogen bleibt eine Strecke weit erhalten, doch geht die ventrale Längsanastomose verloren, welche den Bogen caudalwärts mit dem vierten Bogen in Verbindung setzte. Der erste und der zweite Bogen schwinden, dagegen bilden sich die dorsale und die ventrale Längsanastomose zwischen diesen beiden Bogen stärker aus und stellen die A. carotis interna und externa her.

Der Grad der Ausbildung der einzelnen Strecken wird natürlich durch das Schema nur sehr unvollkommen wiedergegeben. Weitaus am stärksten entwickelt sich der vierte linke Gefäßbogen, welcher als Arcus aortae die größte Arterie des Körpers darstellt. Durch weitere an demselben sich abspielende Wachstumsprozesse werden die Ursprünge der drei aus dem Arcus entspringenden Stämme näher zusammengerückt, als das dem Schema der Fig. 366 entsprechen würde.

Das Verständnis für die Umbildungsvorgänge an den Aortenbogen wird erleichtert, wenn man die fertigen Zustände mit den embryonalen vergleicht. In Fig. 367 sind die Abschnitte der Hals- und Kopfgefäße, welche aus den drei ersten Aortenbogen- paaren sowie deren Längsanastomosen hervorgehen, hell, diejenigen des vierten Paares schwarz, diejenigen des sechsten Paares gestrichelt und punktiert angegeben. Aus

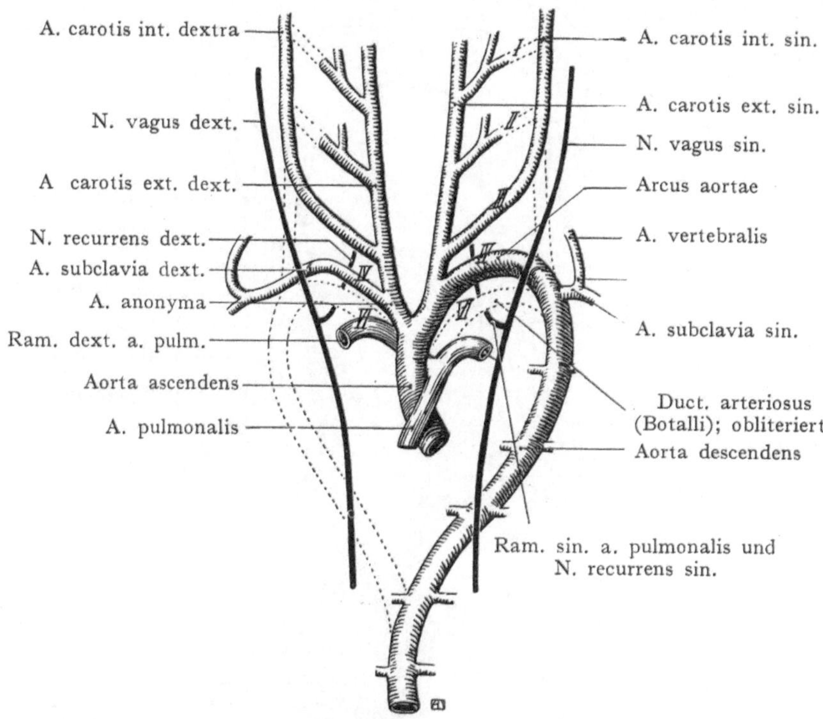

Fig. 368. Schema der Umbildung der Aortenbogen und des Verhaltens des N. vagus.
Der zwischen IV. und VI. Bogen auftretende V. Aortenbogen ist weggelassen.

den beiden ventralen Enden der ersten und zweiten Bogen entwickeln sich die Aa. temporalis superficialis, maxillaris ext. und lingualis. Auf beiden Seiten bleibt die ventrale Längsverbindung des ersten und zweiten Bogens als Stamm der A. carotis ext. bestehen. In die Bildung der A. carotis int. geht der dritte Gefäßbogen ein, ferner die dorsale Längsanastomose zwischen dem ersten und zweiten sowie dem zweiten und dritten Bogen, welche sehr frühzeitig längs der Gehirnbasis nach vorn aus- wächst. Die A. carotis communis entsteht aus der ventralen Verbindung zwischen dem dritten und vierten Gefäßbogen, die A. anonyma aus dem vierten rechtsseitigen, der Arcus aortae aus dem vierten linksseitigen Bogen. Die ventralen Strecken des sechsten Gefäßbogens, bis zum Abgang der Äste zu den Lungen, werden zum Ramus dexter und sinister a. pulmonalis, während rechterseits die übrige Strecke des Bogens sich zurückbildet und linkerseits zunächst den Ductus, dann das Lig. arteriosum (Botalli) darstellt.

Die Ausbildung der Asymmetrie im Aortensystem ist wohl auf die mit der fort-schreitenden Entwicklung zur Geltung kommenden Änderungen des Druckes innerhalb der einzelnen Abschnitte des Systems zurückzuführen, welche nach Roux (s. S. 360) formbestimmend auf die Gefäße einwirken. So wird die Entstehung des Septum bulbi wahrscheinlich dadurch bewirkt, daß der Blutstrom für den sechsten (Pulmonalis) Bogen sich spiralig um denjenigen für die übrigen Bogen, insbesondere für den später zum Arcus aortae bestimmten IV. linken Bogen herumlegt und dadurch Druckverhältnisse innerhalb des Bulbus schafft, welche als Reize für die Bildung des Septums zu gelten haben (s. die Bemerkungen über die Mechanik der Bildung der Herzsepten auf S. 359).

Die Gefäßbogen nehmen selbstverständlich an der Verlagerung des Herzens in caudaler Richtung teil, wodurch dieses sowie der Arcus aortae schließlich bis in den Thoraxraum gelangen. Die Lageveränderung tritt besonders deutlich in dem Ver-halten der Nerven zutage (Fig. 368). Ursprünglich entspricht jedem Gefäßbogen ein Schlundbogennerv. Im ersten Bogen finden wir den Nervus mandibularis aus dem N. trigeminus, im zweiten (Hyoidbogen) den N. facialis, im dritten den N. glossopharyngeus und in den übrigen Schlundbogen Äste des N. vagoaccessorius. Diese letztgenannten Äste versorgen bei den Amnioten die Kehlkopfmuskulatur, und zwar beteiligt sich dabei hauptsächlich derjenige Ast des N. vagus, welcher im vierten Schlundbogen verläuft, also im Anschlusse an den links den Arcus aortae, rechts die A. anonyma und die A. subclavia liefernden vierten Aortenbogen. Wenn nun dieser Bogen sich caudalwärts gegen den Thorax hin verschiebt, während der Kehlkopf im Halse zurückbleibt, so wird notwendigerweise der erwähnte Vagusast vom Gefäßbogen mitgenommen und erhält dadurch den Verlauf, welcher ihm die Bezeichnung des N. recurrens eingetragen hat (rechts um die A. subclavia, links um den Arcus aortae). Der N. laryngeus sup. verläuft schräg von oben nach unten, indem der ihm zugehörige Aortenbogen (der dritte) eine gänzliche Rückbildung erfährt, infolgedessen nicht imstande ist, den Nerven caudal-wärts zu verlagern.

Die Verlagerung des Herzens in caudaler Richtung läßt sich auch an der Gefäß-versorgung des Myocards nachweisen. Ursprünglich, da das Herz bei Fischen als Kiemen-herz weit cranial im Bereiche des Kiemenkorbes lag, erhielt seine Muskulatur Arterien aus mehreren Aortenbogen; so z. B. bei Orthagoriscus mola, einem Knochenfische, aus den dritten, vierten und fünften Aortenbogen beiderseits, manchmal auch noch aus dem sechsten Aortenbogen linkerseits. Mit der Wanderung des Herzens caudalwärts fallen die Aa. coronariae weg, sodaß bei Säugetieren bloß noch die beiden aus dem vierten linken Gefäßbogen entspringenden Arterien übrig bleiben.

3. Varietäten der Aortenbogen.

Durch die Annahme von Störungen im Umbaue des Aortensystems lassen sich beim Menschen eine Anzahl von Anomalien erklären, die bei verschiedenen Tieren auch als Norm angetroffen werden. Vor allem kommen hier Anomalien in der Aus- und Umbildung des vierten und sechsten Aortenbogens in Betracht. Im folgenden finden einige dieser Bildungen Berücksichtigung.

1. Bildung eines nach rechts anstatt nach links verlaufenden Aortenbogens (Figg. 369 u. 370). Diese Anomalie wird bei den allerdings sehr seltenen Fällen von Situs inversus totalis als Spiegelbild des gewöhnlichen Befundes angetroffen (Fig. 318). Dabei kann die A. subclavia sinistra, welche am weitesten rechts von dem Arcus aortae entspringt, dorsal von der Trachea und dem Oesophagus verlaufen, indem sie durch ein Lig. arteriosum (Botalli) mit dem Ramus sinister der A. pulmonalis verbunden wird. Die Erklärung wird in Fig. 370 geboten und beruht darauf, daß, während der vierte rechte Aortenbogen sich stärker ausbildet, die A. subclavia sinistra eine dorsale Strecke des vierten linken Aortenbogens zu ihrem Ursprunge benutzt. In diesem wird demnach

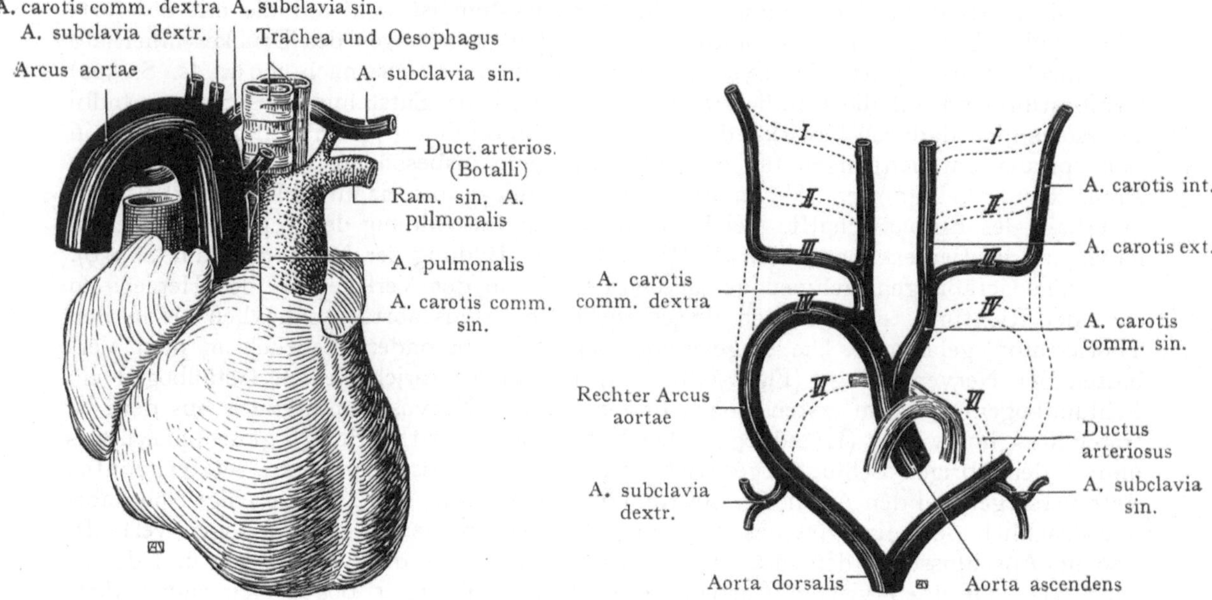

<table>
<tr><td>

Fig. 369. Verlauf des Arcus aortae über den rechten Bronchus. Ursprung der A. subclavia sin. als letzter Ast des Arcus aortae und Verlauf dorsal vom Oesophagus.

Nach Quain, aus Henles Gefäßlehre. Fig. 112.

</td><td>

Fig. 370. Erklärung der Fig. 369.
Nach Krause aus Henles Gefäßlehre.

</td></tr>
</table>

das Blut rückläufig, indem es aus dem vierten rechten Gefäßbogen in diese Arterie gelangt. So erklärt sich auch der Verlauf der Arterie dorsal von dem Oesophagus.

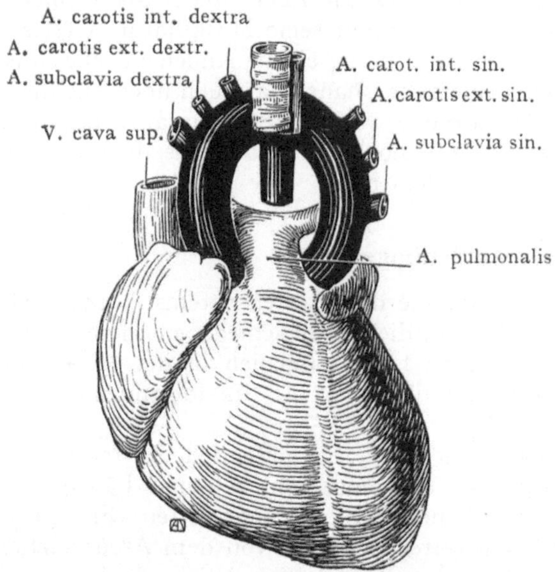

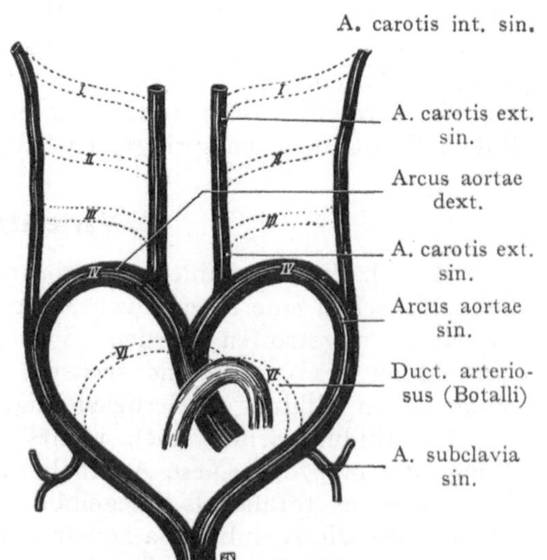

<table>
<tr><td>

Fig. 371. Doppelte Aorta ascendens. Arcus aortae, nebst Ursprung von 6 Arterien.

Nach Malacarne aus Henles Handb. der Anat. Gefäßlehre. Fig. 108 A.

Das Verhalten findet sich normalerweise bei Cheloniern.

</td><td>

Fig. 372. Erklärung der Fig. 371.
Nach Krause in Henles Gefäßlehre.

</td></tr>
</table>

2. Die Bildung eines doppelten Aortenbogens (Figg. 371 u. 372) kommt ebenfalls außerordentlich selten vor. Hier spaltet sich die Aorta ascendens etwa 7 mm oberhalb ihres Ursprunges in zwei Aortenbogen, einen linken und einen rechten, welche je drei Äste abgeben (A. carotis int., A. carotis ext. und A. subclavia), bevor sie sich dorsal vom Oesophagus zur Bildung der Aorta dorsalis vereinigen. Der Befund entspricht dem normalen Verhalten bei Cheloniern. Die Erklärung wird durch die Fig. 372 geboten.

3. Die in Fig. 373 dargestellte Anomalie ist gleichfalls mit Hilfe der Entwicklungsgeschichte leicht zu erklären. Hier entspringt die A. subclavia dextra nicht aus einer A. anonyma, sondern aus der Aorta thoracica (dorsalis) und nimmt ihren Verlauf schräg cranialwärts und nach rechts, und zwar dorsal von der Trachea und dem Oesophagus.

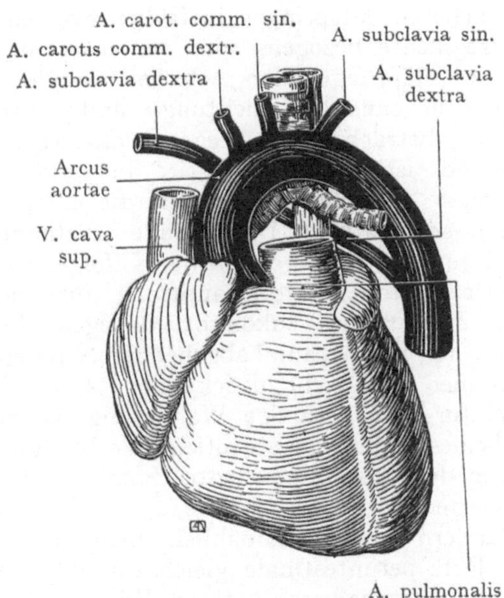

Fig. 373. Ursprung der A. subclavia dextra weit unten von der Aorta thoracica und Verlauf nach rechts, dorsal von der Trachea und dem Oesophagus.

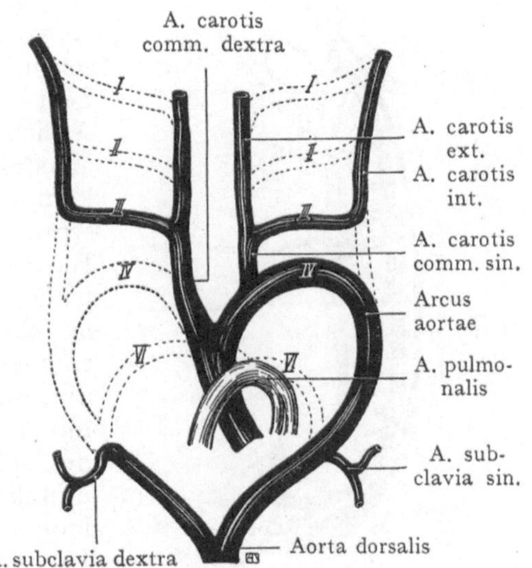

Fig. 374. Erklärung zu Fig. 373.

Nach Krause in Henles Gefäßlehre.

Hier haben wir das Spiegelbild des in Fig. 369 erläuterten Verhaltens; dabei ist eine dorsale Strecke des vierten rechten Gefäßbogens erhalten geblieben, welche mit der Aorta thoracica in Verbindung bleibt und die A. subclavia dextra abgibt.

Die Aortenanomalien können gelegentlich intra vitam diagnostiziert werden; besonderes Interesse bieten sie als Rückschlag auf Verhältnisse, die wir bei einzelnen Tierklassen als Norm finden (Vorhandensein eines rechten und linken Aortenbogens bei Reptilien). Anders verhält es sich jedoch mit einer nicht gerade sehr seltenen Hemmungsbildung im Bereiche des Ductus arteriosus (Botalli), welcher, als Rest des sechsten linken Gefäßbogens, den Ramus sinister der A. pulmonalis mit dem Arcus aortae verbindet. In der Regel obliteriert er vollständig in der ersten bis zweiten Woche nach der Geburt, so daß die teilweise Vermengung des venösen Blutes der A. pulmonalis und des arteriellen Blutes der Aorta, die allerdings nur in beschränktem Umfange nach der Geburt stattfand, von nun an ausbleibt. Bei der Persistenz des Ductus arteriosus treten selbstverständlich schwere Zirkulationsstörungen auf.

4. Die Entwicklung der splanchnischen Arterien.

In ähnlicher Weise wie die Aortenbogen den Kiemendarm, umspannen die allerdings viel kleineren, ursprünglich segmental und paarig angeordneten splanchnischen Arterien den in frühen Stadien gerade verlaufenden Darm (Fig. 361). Die gleichfalls paarigen intermediären Arterien gehen ursprünglich zum Urogenitalapparate; ihr segmentaler Charakter liegt deutlich vor und bleibt lange erkennbar, während er bei den splanchnischen Arterien bald verloren geht.

Diese bilden sehr früh eine ventrale Längsanastomose, welche für die weitere Entwicklung, auch bei der Bildung verschiedener Anomalien, eine wichtige Rolle spielt. Die Zweige der Aorta, um welche es sich hier handelt, sind: die A. coeliaca, die A. mesenterica sup. und die A. mesenterica inf.; dazu kommen die paarigen Aa. umbilicales.

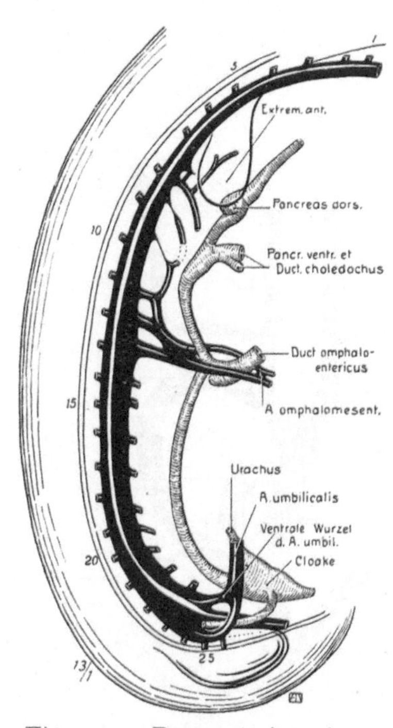

Fig. 375. Darmarterien eines menschlichen Embryos von 5 mm Länge.
Nach Jul. Tandler, Anat. Hefte. 23. 1902.

Die Darmarterien entspringen in frühen Stadien, auf die Körpersegmente bezogen, viel weiter cranial als später. Die Ursprünge der Arterien wandern längs der Aorta in caudaler Richtung, und zwar scheinen sie einen beträchtlichen Weg zurückzulegen. Sehr einleuchtend ist die von Felix begründete Ansicht, daß diese Verschiebung durch die Längsanastomose der segmentalen Darmgefäße zustande kommt, indem immer neuen caudalwärts folgenden segmentalen Darmarterien die Hauptrolle für die Blutversorgung des Darmes zukommt, dagegen die früher beanspruchten mehr cranial abgehenden Arterien in Wegfall kommen und sich zurückbilden. Ein extremes Beispiel für eine derartige Wanderung bieten die Aa. umbilicales, „deren erste offene Verbindung mit der Aorta in der Höhe des siebenten Somiten, also des späteren vierten Cervikalsegmentes, liegt; die Aa. umbilicales wandern sodann allmählich caudalwärts, indem sie das Rete periintestinale gleichsam als eine Leiter benutzen, an der sie herabklettern. Wird caudalwärts mit dem Wachstum des Embryos eine neue Verbindung hergestellt, so obliteriert von der alten Verbindung nur das Rete periintestinale. Die Rami intestinales bleiben erhalten" (Felix). Auf ähnliche Weise geht die Wanderung der A. coeliaca sowie der Aa. mesenterica sup. et inf. vor sich. Daß später zu diesen Prozessen eine wirkliche auf ungleichem Wachstum der ventralen und dorsalen Aortenwand beruhende Verschiebung der Gefäßursprünge in caudaler Richtung hinzukommt, ist sehr wahrscheinlich.

Bei einem menschlichen Embryo von 5 mm Länge (Fig. 375) entspricht die A. subclavia dem siebenten Segmente. Von den 11., 12. und 13. Segmentalarterien gehen Rami splanchnici zum Darme, welche durch eine Längsanastomose untereinander verbunden sind und die A. omphalomesenterica herstellen. Dieselbe baut sich in diesem Stadium aus drei, in etwas früherer Zeit noch unter Einbeziehung der 9.—10. Segmentalarterie, aus fünf Gefäßwurzeln auf. Die Arterie bildet um den Darm eine Schlinge, von welcher aus ihre Äste, dem Ductus vitellinus angeschlossen, zum Dottersacke verlaufen. Vom 14.—24. Segmente sind die Rami splanchnici segmental angeordnet; vom 22. Segmente an bildet die Aorta eine Erweiterung, von welcher beiderseits je zwei zur A. umbilicalis der betreffenden Seite sich vereinigende Äste abgehen.

Bei einem menschlichen Embryo von 9 mm Länge (Fig. 376) entspringt die A. coeliaca in der Höhe des 10. Segmentes und teilt sich in zwei Äste: cranial geht die A. lienalis, caudal die A. hepatica ab. Am 14. Segmente entspringt eine kleine Arterie, die sich mit der aus den folgenden Segmenten entspringenden A. omphalomesenterica (A. mesenterica sup.) vereinigt und später an ihrem Ursprung obliteriert. Zwei am 20. bis 21. Segmente entspringende Arterien bilden die A. mesenterica inf., und am 24. Segmente entspringt die A. umbilicalis.

Bei einem menschlichen Embryo von 12,5 mm Länge (Fig. 377) entspringt die A. coeliaca am 16. Segmente, entsprechend dem späteren sechsten Thorakalwirbel; sie teilt sich in die A. gastrica sinistra und in einen Stamm, aus welchem die A. lienalis und die A. hepatica hervorgehen. Die A. omphalomesenterica (A. mesenterica sup.) entspringt am 18. Segmente, entsprechend dem achten, die A. mesenterica inf. am

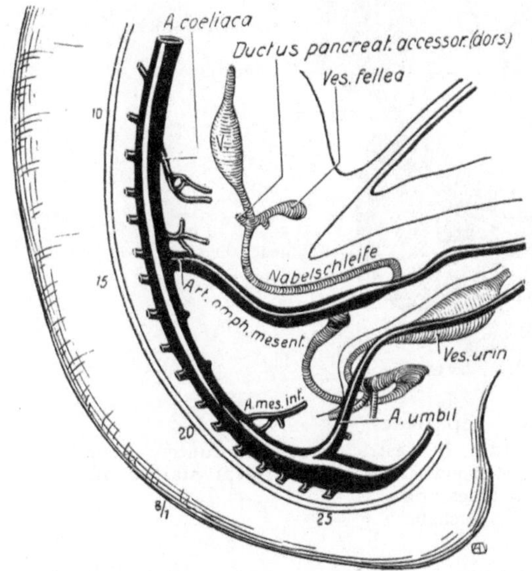

Fig. 376. Darmarterien bei einem menschlichen Embryo von 9 mm.

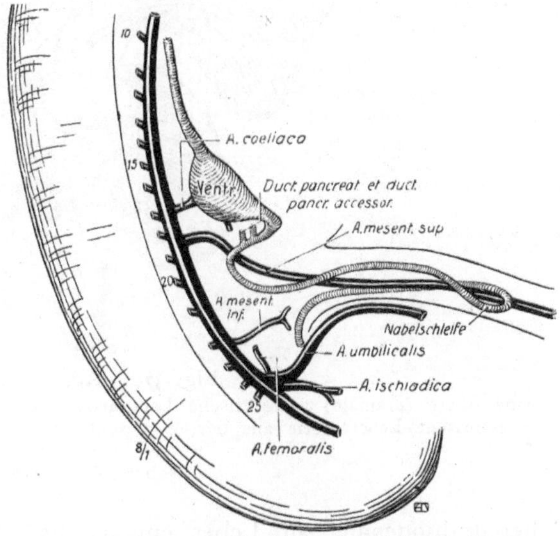

Fig. 377. Darmarterien eines menschlichen Embryos von 12,5 mm Länge.

Nach Jul. Tandler, Anat. Hefte 23. 1902.

22. Segmente, entsprechend dem 12. Thorakalwirbel. Am 25. Segmente, entsprechend dem dritten Lumbalwirbel, entspringt endlich die A. umbilicalis, welche als feinen Zweig die A. femoralis zu der noch sehr kleinen Anlage der hinteren Extremität abgibt.

Auch bei diesem Embryo sind die Darmarterien noch in caudaler Wanderung begriffen, denn erst beim 17 mm langen Embryo entspringen sie in derselben Höhe wie beim Erwachsenen. Über die Verschiebung des Ursprunges der A. coeliaca hat Mall sehr genaue Angaben gemacht. Bei einem Embryo von 2,1 mm entspringt sie gegenüber dem vierten Cervikalsegmente, aus dessen Sklerotom der Atlas entsteht. Bei einem Embryo von 7,5 resp. 20 mm liegt der Ursprung im sechsten resp. im zwölften Thorakalsegmente, beim Erwachsenen unterhalb des letztgenannten Segmentes.

5. Varietäten der Darmarterien.

Sie kommen besonders an der A. coeliaca und der A. mesenterica sup. vor und lassen sich in ihrer formalen Genese ziemlich leicht mit Hilfe der Entwicklungsgeschichte erklären. In Fig. 378 ist eine praktisch nicht unwichtige Anomalie dargestellt, bei welcher

zwei accessorische Leberarterien vorhanden sind; die craniale entspringt als Ast der
A. gastrica sin. und verläuft im Lig. hepatogastricum zur Porta hepatis, während die
caudale aus der A. mesenterica sup. entspringt und längs des Ductus choledochus im Lig.

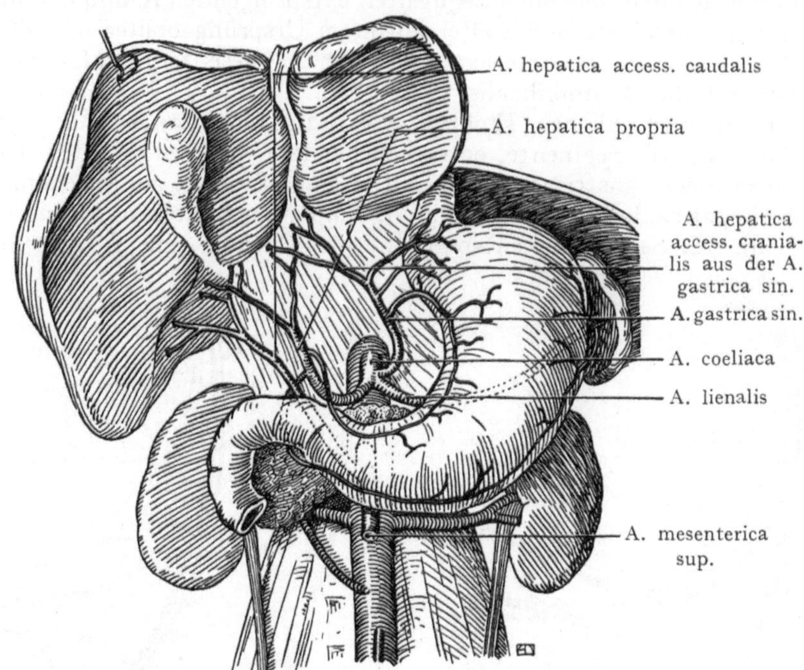

Fig. 378. Accessorische Aa. hepaticae.
Eine obere (craniale) accessorische Leberarterie kommt aus der A. gastrica sin., eine untere (caudale)
accessorische Leberarterie aus der A. mesenterica sup. Die A. hepatica propria ist nicht stärker als die
untere (caudale) A. hepatica accessoria.
Beobachtet in dem Basler Seziersaale.

hepatoduodenale zur Leber emporzieht. Die Erklärung dieser sowie auch anderer
Variationen der Aa. coeliaca und mesenterica sup. wird durch die Schemata Fig. 379 geboten.
Die A. omphalomesenterica (A. mesenterica sup.) wird nämlich ursprünglich von vier

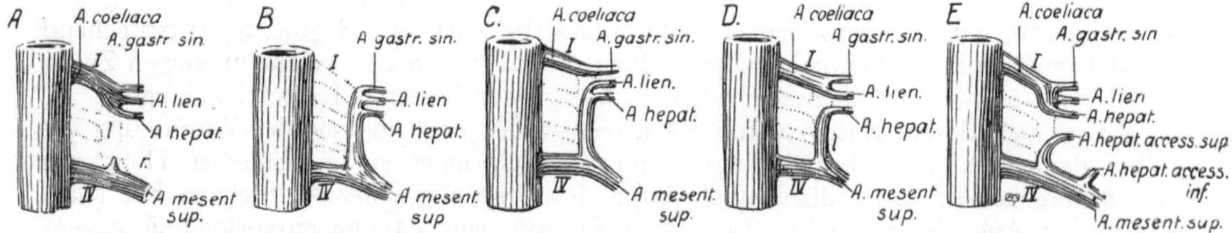

Fig. 379. Schemata zur Erklärung der Variationen der Aa. coeliaca und mesent. sup.
Nach Jul. Tandler, Anat. Hefte 25. 1904.
I—IV. Erste bis vierte Wurzel der A. omphalomesenterica.
A. Norm. B. Die A. coeliaca entspringt infolge weiterer Ausbildung der Längsanastomose aus der A. mesent.
sup. C. Die A. gastrica sin. kommt aus der Aorta, die anderen Äste der A. coeliaca aus der A. mesenterica sup.
D. Die A. hepatica kommt aus der A. mesenterica sup. E. Zwei accessorische Aa. hepaticae entspringen aus der
A. mesenterica sup.

segmentalen visceralen Ästen der Aorta gebildet, die durch eine Längsanastomose
untereinander in Verbindung treten. In den typischen Fällen bildet sich nun die zweite
und dritte Gefäßwurzel sowie ihre Längsanastomose zurück, während aus der ersten

Wurzel die A. coeliaca mit ihren drei Ästen, aus der vierten Wurzel der A. mesenterica sup. hervorgeht (Fig. 379 A). Beim Erhaltenbleiben der Längsanastomose und Rückbildung der drei ersten Wurzeln entspringen die Aa. coeliaca und mesenterica sup. aus einem gemeinsamen Stamme (Fig. 379 B). Oder es können die Aa. lienalis und hepatica aus der A. mesenterica sup. entspringen (Fig. 379 C) oder bloß einer von diesen beiden Ästen (Fig. 379 D) oder endlich es bilden sich zwei Aa. hepaticae accessoriae aus (Fig. 379 E), die beide aus der A. mesenterica sup. entspringen. Bei dem in Fig. 378 dargestellten Präparate wird eine untere accessorische Leberarterie mit Hilfe der Längsanastomose von der A. mesenterica sup. abgegeben, während eine obere accessorische Leberarterie durch die Ausbildung einer Bahn der A. gastrica sin. im Lig. hepatogastricum entsteht.

6. Arteriae intermediae.

Es sind dies paarige segmentale Äste der Aorta, welche sehr früh in Verbindung mit der weit cranialwärts sich erstreckenden Urniere (Mesonephros) treten und infolge ihrer

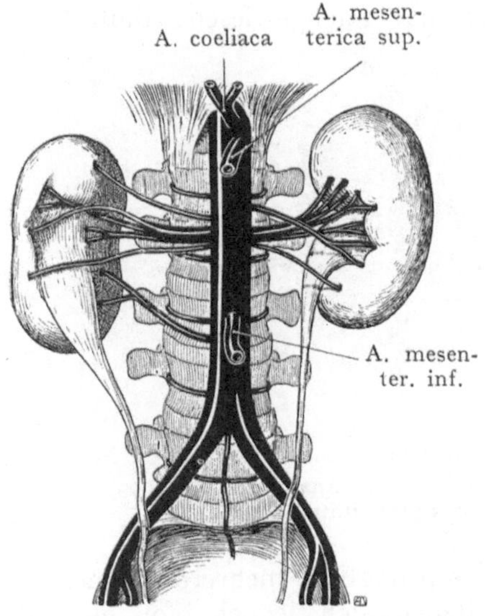

Fig. 380. Mehrfache Aa. renales auf beiden Seiten.
Beobachtung auf dem Basler Seziersaale.

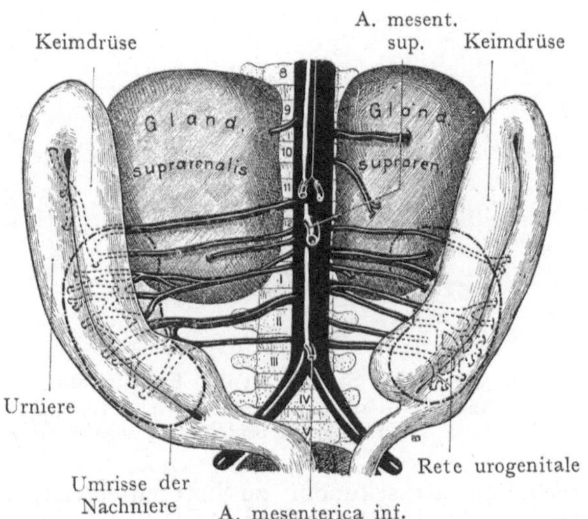

Fig. 381. Rekonstruktion der Urnierenarterien eines menschlichen Embryos von 18—19,4 mm Länge.
Nach Felix in Keibel-Malls Handb. d. Entwicklungsgeschichte II.

in craniocaudaler Richtung vor sich gehenden Reduktion gleichfalls einer Rückbildung unterliegen. Von dem ganzen ursprünglich stark ausgebildeten Systeme bleiben später bloß noch die Aa. renales, suprarenales und spermaticae resp. ovaricae übrig. Die sehr häufig in der Zwei- oder Mehrzahl vorkommende A. renalis ist mit Sicherheit auf ein oder mehrere segmentale Aa. mesonephricae zurückzuführen. Die so häufigen und praktisch nicht unwichtigen accessorischen Nierenarterien erhalten so eine einfache und ausreichende Erklärung. Die Niere, die ursprünglich weiter caudal lag, klettert, wie sich Felix anschaulich ausdrückt, bei ihrer cranialen Verschiebung gewissermaßen an der segmentalen Urniere empor, indem sie ihre Verbindung mit den caudalen Arterien verliert. Mit ihr treten, nachdem sie an ihrem späteren Ort angelangt ist, mehrere Arterien in Verbindung, von denen sich in der Regel bloß eine einzige als A. renalis stärker ausbildet. Je nachdem die anderen sich auch erhalten, haben wir eine oder mehrere Aa. renales accessoriae. Solche können auch von weit unten herkommen, z. B. aus der A. iliaca communis, der A. hypogastrica, der unteren Strecke der Aorta abdominalis oder sogar noch aus der A. sacralis media. Die Figg. 380 und 381 erläutern das Gesagte an zwei Fällen, bei welchen 4—5 Nierenarterien vorhanden waren.

7. Aus- und Umbildung der somatischen Arterien.

Im Rahmen eines Lehrbuches ist es unmöglich, die Umbildung des Arteriensystems bis zur Herstellung der fertigen Zustände im einzelnen zu verfolgen. Wir können hier nur einiges kurz besprechen. Ein besonderes Interesse bietet, wegen der häufig vorkommenden, chirurgisch nicht unwichtigen Variationen, die Entwicklung der Extremitätenarterien, die an beiden Extremitäten, von einem einfachen und ursprünglichen Zustande ausgehend, einen ausgedehnten Umbau durch die Ausbildung und Vergrößerung sekundärer Bahnen aufweist.

8. Entwicklung der Extremitätenarterien.

Die in die vordere Extremitätenanlage eintretende A. subclavia, entspringt in der Regel am siebenten Segmente. E. Goeppert hat nachgewiesen, daß dieses

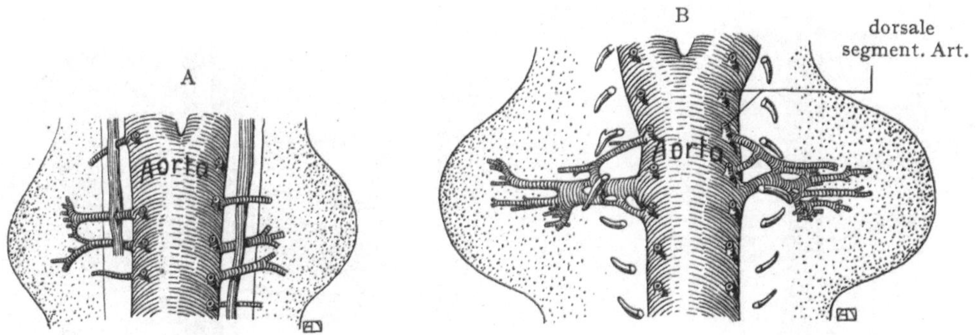

Fig. 382. Zwei Stadien in der Entwicklung der Extremitätenarterien der weißen Maus.
Nach E. Goeppert, Verh. der Anat. Ges. in Berlin. Suppl.-Bd. 3. Anat. Anz. 34. 1909.
In A. gehen beiderseits 4 segmentale Arterien zur Extremitätenanlage.

Verhalten als sekundär zu betrachten ist, indem ursprünglich mehrere segmentale Arterien in die Extremitätenanlage eintreten, von denen sich jedoch bloß eine als A. subclavia stärker ausbildet. Diese Verhältnisse finden in der Fig. 382 A u. B eine Darstellung, welche zwei aufeinander folgende Stadien betrifft. Auch hier können wir eine Längsanastomose der segmentalen in die Extremitätenanlage einwachsenden Gefäße nachweisen, welche Variationen der Lage der A. axillaris zu den Stämmen des Plexus brachialis erklären. Auch für die untere Extremität dürfen wir mit größter Wahrscheinlichkeit annehmen, daß die ursprüngliche Gefäßversorgung eine segmentale ist, obgleich später die A. femoralis den einzigen Hauptstamm darstellt.

Die weitere Ausbildung der Arterien erfolgt in verschiedener

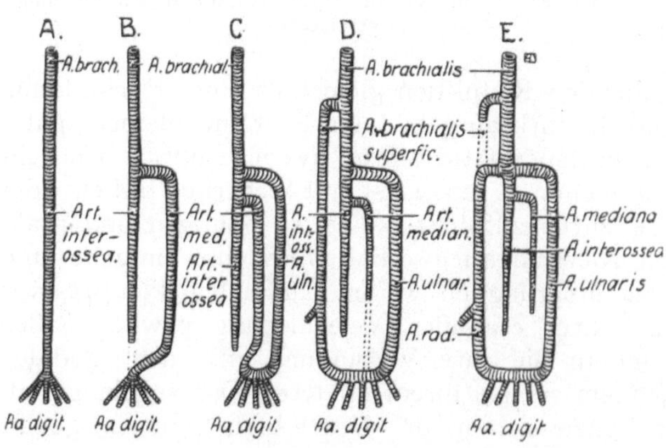

Fig. 383. Schema der Entwicklung der Aa. der oberen Extremität.
Nach Mc Murrich in Piersols Anatomy, Phila. 1907.

Weise an der oberen und unteren Extremität. In frühen Stadien verläuft die A. subclavia in der Achse der Extremität bis zur Hand, wo sie sich in fünf Aa. digitales
teilt (Fig. 383 A). Am Oberarme bleibt diese Arterie später als A. brachialis bestehen und setzt sich am Vorderarme als A. interossea fort. Diese gibt jedoch ihre
Verbindung mit den Aa. digitales auf, indem dieselbe von einem sekundär sich stärker
ausbildenden, den N. medianus begleitenden Stamme, der A. mediana, übernommen
wird, welche eine Zeitlang die Hauptarterie des Vorderarmes darstellt (Fig. 383 B).
Diese Rolle geht ihr dadurch verloren, daß sich (Fig. 383 C) die A. ulnaris entwickelt,
sowie, aus einer schon am Oberarme beginnenden Anastomosenkette, die A. radialis
(Fig. 383 D). Diese beiden Arterien verbinden sich nun an der Hand zur Abgabe
der Arteriae digitales, während sich die Verbindung der letzteren mit der A. mediana
zurückbildet. Das typische Verhalten wird endlich dadurch hergestellt, daß eine
Anastomose der A. radialis mit der A. brachialis in der Ellbogenbeuge zum Hauptstamme
der A. radialis wird, unter Rückbildung des hohen Ursprunges dieser Arterie aus der
A. brachialis am Oberarme
(Fig. 383 E). Es ist ohne weiteres
ersichtlich, daß die verschiedenen
Variationen der Armarterien
(hoher Ursprung der A. radialis,
Persistenz einer A. interossea
volaris als Hauptarterie des Vorderarmes usw.) sich ungezwungen
als eine auf einem gewissen
Stadium eintretende Hemmung
der Umbildung erklären lassen.

Auch an der unteren Ex-
tremität läßt sich ein Umbau
der Arterienstämme verfolgen
(Fig. 384). Zunächst stellt die
A. ischiadica den Hauptstamm
dar, welcher die Aa. digitales

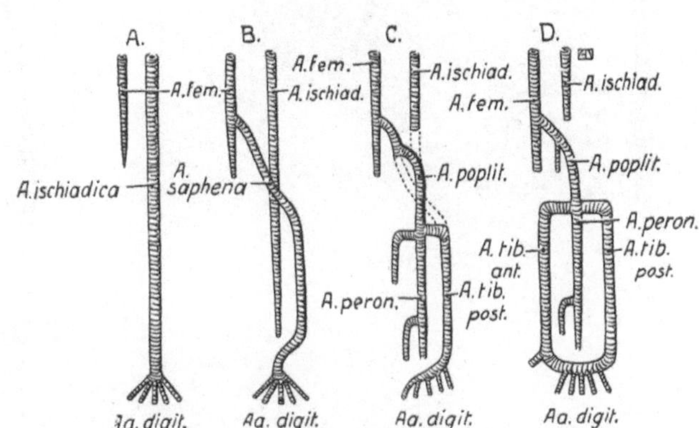

Fig. 384. Schema der Entwicklung der Aa. der
unteren Extremität.
Nach Mc Murrich in Piersols Anatomy. Phila. 1907.

abgibt; die weit kleinere A. femoralis erschöpft sich dagegen schon im Oberschenkel.
Später entsteht als ihre Fortsetzung die A. saphena, welche oberflächlich mit dem
N. saphenus zum Fuße verläuft und die Abgabe der Aa. digitales übernimmt, indem
die distale Strecke der A. ischiadica obliteriert. Ein Ast der A. femoralis, welcher
unmittelbar oberhalb des Kniegelenkes durch den M. adductor magnus tritt, anasto-
mosiert mit der A. ischiadica; sodann wird diese auf den hinteren Umfang des
Oberschenkels beschränkt, dagegen bleibt ihre distale Strecke am Unterschenkel
als A. peronaea erhalten, während die A. tibialis post. sich unter Benützung einer
Strecke der A. saphena bildet und die A. tibialis ant. neu auftritt. Von allen Variationen
der Arterien der unteren Extremität ist wohl die interessanteste die sehr selten vorkommende Persistenz der A. ischiadica als Hauptarterie, welche in Übereinstimmung
mit den frühembryonalen Zuständen auch die Arteriae digitales an die Zehen abgibt.
Die A. saphena kann bis zum Malleolus medialis erhalten sein. Die normal vorkommende
Rückbildung der A. ischiadica bei allen Säugetieren mit Ausnahme der Chiropteren ist
wohl (Nauck) auf eine Verkürzung der Bahn des Gefäßes zurückzuführen, welche
durch eine Änderung in der Stellung des Beckens zur Wirbelsäule bedingt wird.

9. Entwicklung der Kopfarterien.

Das Gebiet der A. carotis interna ist ursprünglich viel weiter ausgedehnt als dasjenige der A. carotis externa, indem es nicht bloß das Gehirn, das Auge, das Gehör-

labyrinth, umfaßt, sondern auch das Gebiet der A. maxillaris interna, welches sich längs
der drei Trigeminusäste ausbreitet. Es erhält erst sekundär seine Verbindung mit der
A. carotis externa. Die Verhältnisse sind eigenartig, indem ein stufenförmiger Umbau
der embryonalen Gefäßverbindungen stattfindet, dessen einzelne Stufen dem bleibenden
Zustande bei gewissen Tieren entsprechen.

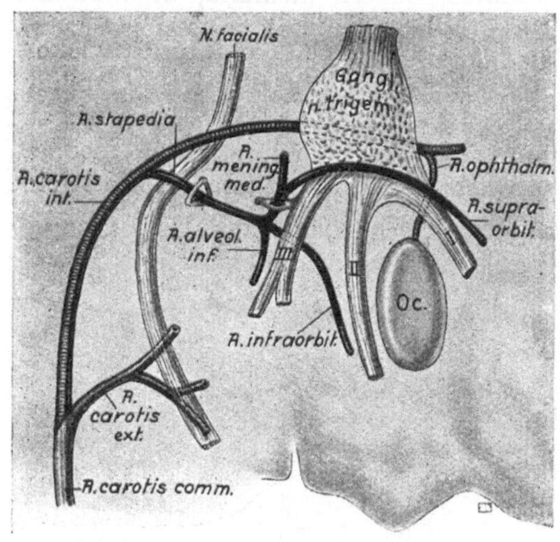

Fig. 385.

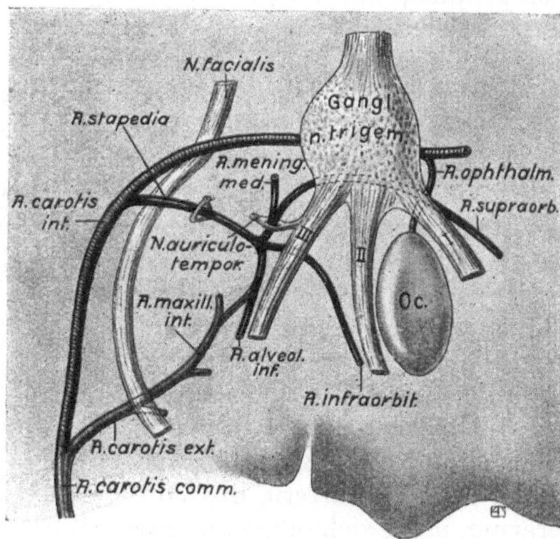

Fig. 386.

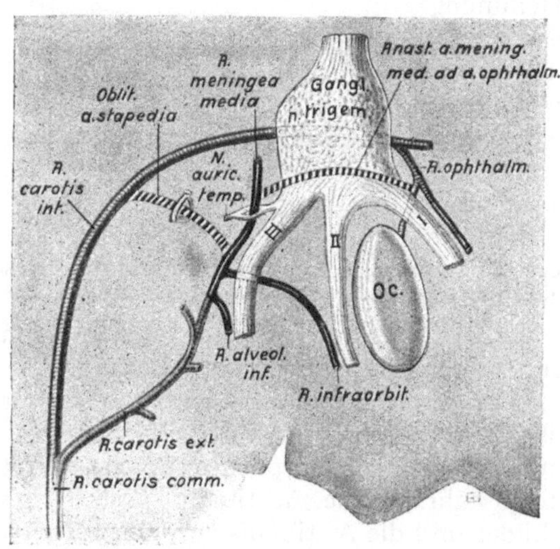

Fig. 387.

Figg. 385—387. Umwandlungen in der Verzweigung der A. maxillaris interna.
Schema nach Tandlers Angaben. Tandler: Denkschr. d. Wiener Akad. d. Wiss., Math.-naturw. Kl.
67. 1899 u. Morphol. Jahrb. XXX. 1902.

Die A. carotis interna gibt bei Embryonen von 13—15 mm Länge einen Ast, die
A. stapedia, ab (Fig. 385), welche den Ring des Stapes durchsetzt, sodann dort, wo
sich später die Fissura petrotympanica (Glaseri) findet, ventralwärts verläuft und sich
in drei, die Trigeminusäste begleitende Zweige teilt, die A. supraorbitalis, die A.
infraorbitalis und die A. alveolaris inf. Die beiden ersteren versorgen die Umgebung
des Auges sowie den Oberkieferfortsatz, der letztere geht zum Unterkiefer. Aus der

A. carotis int. entspringt ein Ast, welcher zum Augenbecher verläuft (die spätere A. ophthalmica). Mit dieser verbindet sich der Ramus supraorbitalis; ferner gibt dieser bald nach seinem Ursprunge aus der A. stapedia die A. meningea media ab.

Die A. carotis externa, deren ursprüngliches Gebiet sich auf den Hals, das Occiput und die Zungengegend beschränkt (Aa. temporalis superficialis, thyreoidea sup., lingualis, maxillaris ext., occipitalis und auricularis post.) geht (Fig. 386) mit der A. stapedia jenseits ihres Durchtrittes durch den Stapesring eine Anastomose ein. Nunmehr bildet sich letztere bis zu dieser Stelle zurück (Fig. 387), ebenso der Ramus supraorbitalis von seinem Abgange aus dem mit der A. meningea gemeinsamen Stamme bis zur Anastomose mit der von der A. carotis int. zum Auge verlaufenden A. ophthalmica. Diese versorgt dann nicht bloß das Auge, sondern übernimmt auch das Gebiet des Ramus supraorbitalis (Umgebung des Bulbus oculi, Orbita, Stirn). Die A. meningea media bleibt erhalten, geht aber nunmehr nach Rückbildung der A. stapedia aus der Fortsetzung der A. carotis externa (A. maxillaris interna) hervor. Sie tritt durch den N. auriculotemporalis hindurch. Sehr häufig bleibt eine Anastomose zwischen der A. meningea media und der A. ophthalmica bestehen, welche die Erklärung für den als Varietät beobachteten Ursprung der A. ophthalmica aus der A. meningea media liefert (F. Meyer). Die beiden anderen Endäste der A. stapedia, die A. infraorbitalis, welche sich dem N. maxillaris und die A. alveolaris inf., welche sich dem N. mandibularis anschließt, entspringen nach Ausbildung der Anastomose mit der A. carotis ext. gleichfalls aus der letzteren (Fig. 387).

„Die A. ophthalmica ist ein primärer Ast der A. carotis int. Diese reicht mit ihrem Ende bis ins Septum nasi. Dieser Endast, welcher unter normalen Verhältnissen verschwindet, kann ausnahmsweise bestehen bleiben" (Tandler). Tandler hat dies in einem Falle gesehen, in welchem bei einem mit Uranoschisma behafteten Kinde aus der A. cerebri ant. eine starke Arterie über die Lamina cribrosa nach vorn gegen das Septum nasi verlief.

10. Allgemeine Bemerkungen über Arterienvariationen.

Durch die Untersuchung der Entwicklung der Gefäße ist ein ganz neues Licht auf die Entstehung der Gefäßanomalien oder Variationen geworfen worden. Die Tatsache, daß, wenigstens in vielen Fällen, die erste Andeutung der Gefäße in einem Kapillarnetz gegeben ist, aus welchem sich einzelne Bahnen allmählich infolge der lokalen Druckverhältnisse zu größeren Gefäßstämmen umbilden, bietet die Möglichkeit zur Entwicklung von Collateralbahnen, welche sich aus nicht genauer bekannten Ursachen vergrößern und die Hauptbahn ersetzen können. Sehr oft entstehen so Zustände, die sich als Norm bei andern Säugetieren finden, doch sind unsere Kenntnisse von der Kausalität der stärkeren Ausbildung gewisser Bahnen unter Verödung anderer noch zu gering, als daß wir angeben könnten, warum sich eine bestimmte Bahn bei manchen Tieren in verschiedener Weise ausbildet.

Im Verlaufe der Darstellung ist auf einige Arterienvarietäten hingewiesen worden, deren formale Genese sich leicht mit Hilfe der Entwicklungsgeschichte erklären läßt (Aa. coeliaca, mesenterica sup., inf., renales, suprarenales, ovaricae usw.). Verständlich sind auch Variationen im Ursprunge der A. vertebralis, die eine Längsanastomose segmentaler Arterien darstellt, bei der, mit Ausnahme der Verbindung mit der A. subclavia, alle andern Äste sich normalerweise zurückgebildet haben. Bei Erhaltung dieser Äste kann die A. vertebralis durch mehrere Stämme dargestellt werden, welche in verschiedener Höhe in die Foramina intervertebralia eintreten. Interessant sind die Variationen der A. brachialis sowie der Arterien der unteren Extremität. So kann sich die A. brachialis superficialis (Fig. 383 D) stärker ausbilden und eine in verschiedener Höhe abgehende A. radialis herstellen, die entweder mit der als eigentliche Fortsetzung der A. brachialis zu beurteilenden A. ulnaris in der Fossa cubiti eine Verbindung eingeht oder selbständig, oft geradezu subcutan, zum Vorderarm verläuft. Wir haben hier eine hohe Teilung der A. brachialis, welche schon in der Fossa axillaris erfolgen kann; alsdann liegt die A. radialis oberflächlich zum N. medianus in der Mitte des Oberarmes vor, dagegen wird eine tief gelegene Arterie, die A. ulnaris, durch den N. medianus verdeckt. Ferner kann die A. ulnaris am Vorderarm auch ganz fehlen und wird in diesem Falle durch Äste der A. interossea oder der A. mediana ersetzt. Andererseits kann die A. interossea für die A. radialis eintreten. In allen diesen Fällen unterbleibt die Ausbildung des typischen Gefäßes, indem eine zwar normal vorhandene, aber gewöhnlich schwach ausgebildete Bahn bevorzugt wird. Im Becken erregt die Variation der A. epigastrica inf. unsere Aufmerksamkeit; durch stärkere Ausbildung einer normalerweise vorhandenen Anastomose des Ramus pubicus, zwischen der A. obturatoria und der A. epigastrica, kann jene aus dieser entspringen oder umgekehrt. Die A. femoralis kann sich mit der Abgabe der A. profunda femoris und der Aa. circumflexae erschöpfen, sodann übernimmt (allerdings in sehr seltenen Fällen) eine aus der A. glutaea inf. hervorgehende A. ischiadica, als die ursprüngliche Schlagader der unteren Extremität, die Blutversorgung des Unterschenkels. Sehr interessant ist das häufige Vorkommen derselben Gefäßvarietät auf beiden Seiten. Besonders gilt das für die Varietäten der Extremitätenarterien (G. Ruge). Die Tatsache hängt jedenfalls mit der schon im befruchteten Ei vorhandenen bilateralen Symmetrie des Keimes zusammen. Pernkopf hat neuerdings einen Fall von beidseitiger Persistenz der A. ischiadica beim Menschen beschrieben.

Entwicklung des Venensystems.

Die Entwicklung und der Umbau des Venensystems gehen auf einem ganz andern Wege vor sich, als beim Arteriensystem; das tritt besonders am Rumpfe sowie an Kopf und Hals zutage, während die tiefen Venen der Extremitäten eine größere Übereinstimmung mit den Arterienstämmen aufweisen. Einen eigenen Weg geht die Entwicklung der besonderen mechanischen Bedingungen ausgesetzten Hautvenen, die teilweise noch eine geringe Differenzierung in größere und kleinere Stämme und eine stärkere Annäherung an den netzförmigen Zustand erkennen lassen.

1. Entwicklung der Rumpf- und Eingeweidevenen.

In dem Bilde des frühembryonalen Kreislaufes (Fig. 337; s. auch Fig. 388), von welchem wir bei der Besprechung ausgehen, sehen wir von hinten her zwei Venenpaare in den Sinus venosus einmünden. Das eine Paar, die Vv. omphalomesentericae, sammelt ihr Blut aus den Wandungen des Dottersackes und des Darmes, während das andere, die Vv. umbilicales, aus einer im Haftstiele verlaufenden unpaaren Vene, der V. umbilicalis impar, hervorgeht, welche arterielles Blut aus den Chorionzotten dem embryonalen Kreislaufe zuführt. Dieses vermischt sich im Sinus venosus mit dem venösen Blute der Vv. omphalomesentericae und gelangt so in das Herz und in den Körperkreislauf.

Zu diesen Venen, welche das Blut, einerseits aus dem Darme und dem Dottersacke (Vv. omphalomesentericae), andererseits aus der Allantois (V. umbilicalis) sammeln, kommen mit dem Wachstum des Embryos andere hinzu, welche in den Wandungen des Rumpfes sowie im Kopfe wurzeln (Fig. 389). Es sind dies: ein vorderes Paar, die Vv. jugulares primitivae, in welche beiderseits die Vv. subclaviae einmünden und ein hinteres Paar, die Vv. cardinales, welche das Blut von der caudalen Partie der Embryonalanlage sammeln. Die vordere und die hintere Vene derselben Seite vereinigen sich zu einem in den Sinus venosus einmündenden Querstamme, dem Ductus Cuvieri. In die Vv. cardinales münden die Venen der Körperwandungen, der Urnieren, der Keimdrüsen,

der Nieren und der hinteren Extremitäten, von denen in Fig. 389 bloß die Vv.
renales und die Vv. iliacae ext. et int. zu sehen sind. Dieses aus paarigen Venen

bestehende System erfährt nun Störungen seiner Symmetrie, welche sich zum Teil an die Entwicklung der Leber und des Darmes knüpfen. Die Leberbalken unterbrechen nämlich (Fig. 390) bei ihrer Ausdehnung im Septum transversum den direkten Verlauf der Vv. omphalomesentericae und umbilicales zum Sinus venosus, so daß diese sich zwischen den Leberbalken verzweigen müssen, und das Blut sich wieder in zwei in den Sinus venosus einmündenden Vv. hepaticae revehentes sammelt. Mit anderen Worten, es bildet sich ein primitiver Pfortaderkreislauf in der Leber aus, den das aus dem Darme, dem Dottersacke und den Chorionzotten kommende Blut der Vv. omphalomesentericae und umbilicales passieren muß, bevor es zum Herzen gelangt. Ferner werden die proximalen Strecken der beiden Vv. omphalomesentericae, bevor sie sich in die Leber einsenken, durch drei Queranastomosen verbunden, von denen die caudale ventral von der später die Duodenalschleife bildenden Darmstrecke liegt (Fig. 390). So kommt

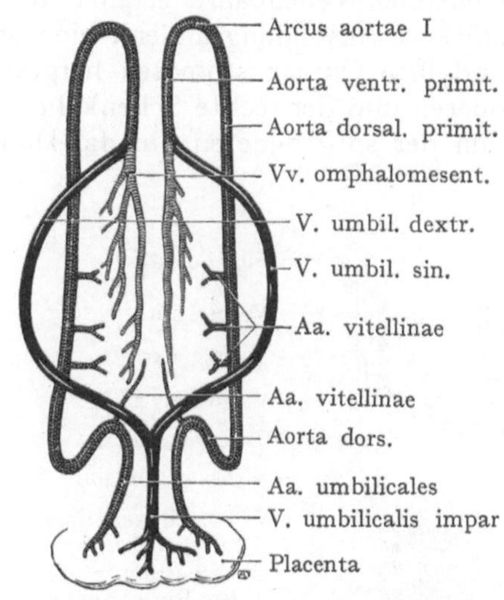

Fig. 388. Schema der Umbildung des Venenkreislaufs I.

Figg. 388—393 nach Young und Robinson in Cunninghams Human Anatomy 1902.

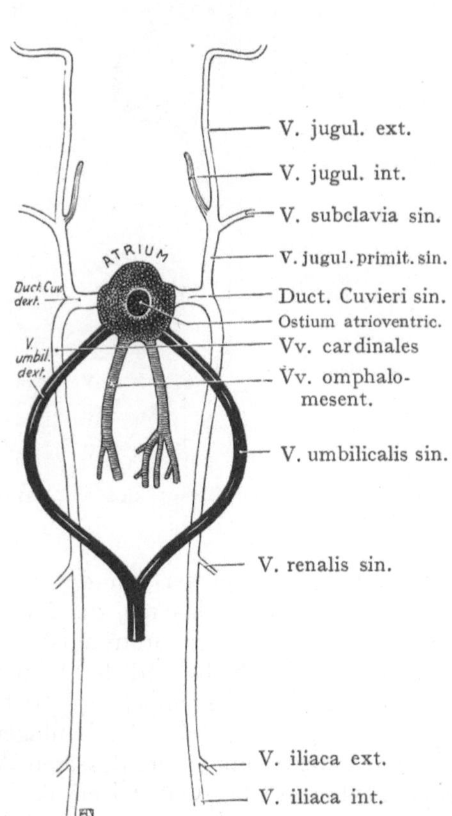

Fig. 389. Umbildung des Venenkreislaufs II.

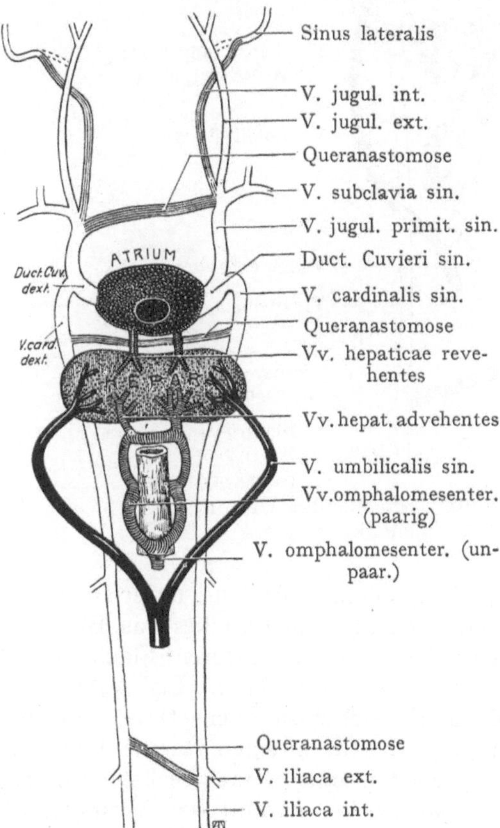

Fig. 390. Umbildung des Venenkreislaufs III.

eine um die Duodenalschleife gelegte Achterfigur zustande, die der Umlagerung der Duodenalschleife nach rechts hin folgt. Die ursprüngliche Symmetrie der in Frage stehenden Venenpaare erfährt nun durch die Rückbildung einiger Abschnitte und die stärkere Ausbildung anderer eine Störung. Von der durch die Vv. omphalomesentericae und ihre Queranastomosen hergestellten Achterfigur bildet sich der linke Schenkel des oberen und der rechte Schenkel des unteren Kreises zurück. Ferner verschmelzen, distal von der so gebildeten um das Duodenum gelegten Venenschleife (Fig. 391), die beiden

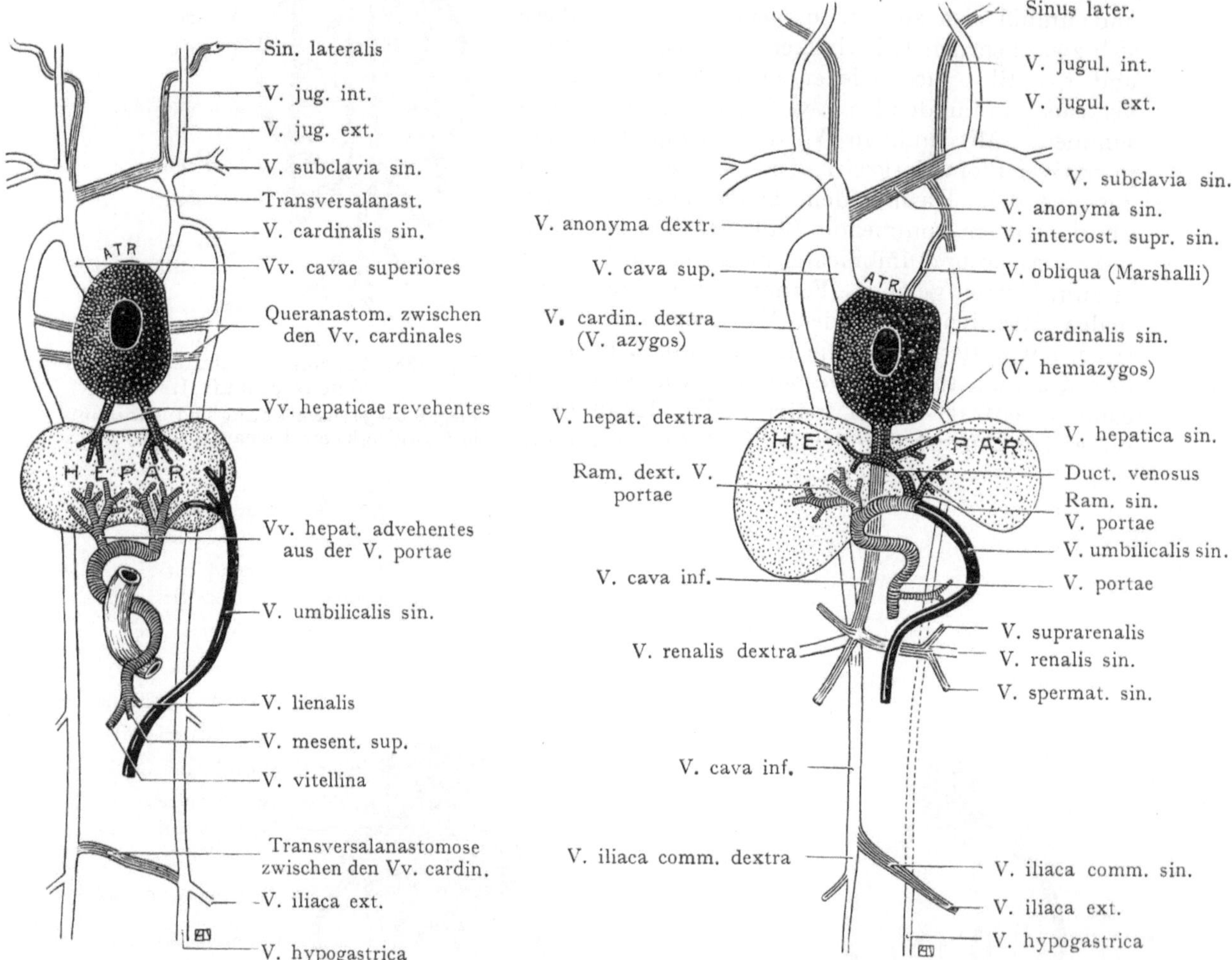

<table>
<tr><td>Fig. 391. Schema der Umbildung des Venenkreislaufs IV.</td><td>Fig. 392. Schema der Umbildung des Venenkreislaufs V.</td></tr>
</table>

Vv. omphalomesentericae untereinander zu einem Stamme, welcher bei der starken Reduktion des Dottersackes das Blut aus dem rasch wachsenden Darme, der Milz und dem Pankreas zur unteren Fläche der Leber hinaufführt. Dieser Stamm ist die V. portae, aus drei Wurzeln (Fig. 391), der V. vitellina, der V. lienalis und der V. mesenterica sup. sich zusammensetzend. An der unteren Fläche der Leber angelangt, teilt sich die Vena portae in einen Ramus dexter und sinister (Fig. 392). Infolge der Umlagerung der Duodenalschleife nach rechts und ihrer sekundären Befestigung an der dorsalen Wand der Bauchhöhle kommt das Verhalten der Venen zustande, das wir später als Norm antreffen, bei welchem die V. mesenterica sup. die Pars inferior duodeni ventral kreuzt, dann, nach Aufnahme der V. lienalis hinter dem Pankreaskopfe, den Stamm der V. portae bildet, welcher dorsal von der Pars superior duodeni verläuft, um im Lig. hepatoduodenale seinen Weg nach oben zur Porta hepatis fortzusetzen, wo er einen Ramus dexter und sinister zum rechten und linken Leberlappen abgibt.

Von den beiden Vv. umbilicales, welche aus der im Nabelstrang eingeschlossenen V. umbilicalis impar hervorgehen, obliteriert die rechte, während die linke sich stärker ausbildet und zugleich eine Verbindung mit dem linken Aste der V. portae eingeht (Fig. 391). Sodann gibt sie ihre eigene Verzweigung in der Leber auf, indem sie fernerhin bloß die Bahnen benutzt, welche ihr von dem linken Aste der V. portae geboten werden (Fig. 392).

Mit der weiteren Massenentfaltung der Leber wird ein Pfortaderkreislauf, bei welchem das gesamte aus der Placenta in den Embryo gelangende arterielle Blut die Leber passiert, unmöglich, so daß eine Abhilfe geschaffen werden muß, welche in der Bildung einer Anastomose zwischen dem linken Pfortaderaste und der linken V. hepatica (V. revehens) besteht. Von diesen Verhältnissen aus ist die Bildung einer neuen venösen Bahn, des Ductus venosus (Arantii), an der unteren Fläche der Leber zu beurteilen, welcher mit Umgehung des Pfortaderkreislaufes direkt zum Sinus venosus hinaufführt (Fig. 392). Da nun trotzdem die Anastomose der V. umbilicalis sin. mit dem linken Aste der V. portae erhalten bleibt, so stehen dem Blute aus der Placenta und dem Darme jetzt zwei Wege nach oben offen, einerseits in dem noch bestehenden Teile des Pfortaderkreislaufes durch die Leber hindurch in die Vv. hepaticae (revehentes), andererseits durch den Ductus venosus der unteren Fläche der Leber entlang (in der Fossa sagittalis sin.) direkt in diese Venen. Damit sind Zustände geschaffen, die sich bis zur Geburt erhalten, jedoch durch die Ausbildung der V. cava inf. noch eine weitere Komplikation erfahren.

Nicht minder tiefgreifend als der Umbau der an die Leber herantretenden Venenpaare sind nämlich die Veränderungen, welche im Systeme der paarigen mittels der Ductus Cuvieri in den Sinus venosus einmündenden Körpervenen zum Ablauf kommen. Sie haben die Ausbildung der V. cava sup., der V. cava inf. und der Vv. azygos und hemiazygos zur Folge.

Zwischen den Vv. jugulares primitivae entwickelt sich sehr früh eine quer oder auch schräg verlaufende Anastomose (Fig. 390, schraffiert), durch welche das Blut der V. jugularis primitiva sin. nach rechts hinübergeleitet wird. Die unterhalb des Abganges der Anastomose liegende Strecke der V. jugularis primitiva sin. mit dem Ductus Cuvieri sin. bleibt, verglichen mit der V. jugularis primitiva dextra und dem Ductus Cuvieri dexter, in ihrer weiteren Ausbildung zurück. Diese Asymmetrie in der Gestaltung der paarigen Venenstämme wird dadurch erhöht, daß durch 1—2 Queranastomosen das Blut der V. cardinalis sin. (der späteren V. hemiazygos) auf die rechte Seite in die V. cardinalis dextra hinübergeleitet wird (Figg. 391 und 392). Die obere Strecke der V. cardinalis sin., unterhalb ihrer Einmündung in den Ductus Cuvieri, bildet sich fast gänzlich zurück und wird schließlich bloß noch durch eine in die Queranastomose der Vv. jugulares einmündende V. intercostalis suprema (Fig. 392) sowie durch eine kleine unbeständige V. obliqua atrii sin. (Marshalli) dargestellt, welche in den aus der zentralen Strecke des Ductus Cuvieri sin. entstandenen Sinus coronarius cordis einmündet und manchmal auch mit der V. anonyma sin. noch in Verbindung steht (Fig. 392). Dagegen löst sich in der Regel die Verbindung des Ductus Cuvieri sin. mit der V. cardinalis sin., deren Blut durch die später über. dem 8.—9. Brustwirbelkörper verlaufende Queranastomose in die V. cardinalis dextra (V. azygos) abgelenkt wird.

Der rechte Ductus Cuvieri wird mit der caudalwärts erfolgenden Verlagerung des Herzens aus seiner rein transversalen Lage immer mehr aufgerichtet und bildet schließlich die senkrecht verlaufende V. cava sup., und zwar die Strecke von der Einmündungs-

stelle der über den rechten Bronchus verlaufenden V. azygos (V. cardinalis dextra)
bis zur Einmündung des Stammes in den rechten Vorhof (Fig. 393). Eine kurze obere
Strecke der V. cava sup. wird durch die rechterseits erfolgende Zusammenmündung
der V. anonyma dextra und sin. hergestellt.

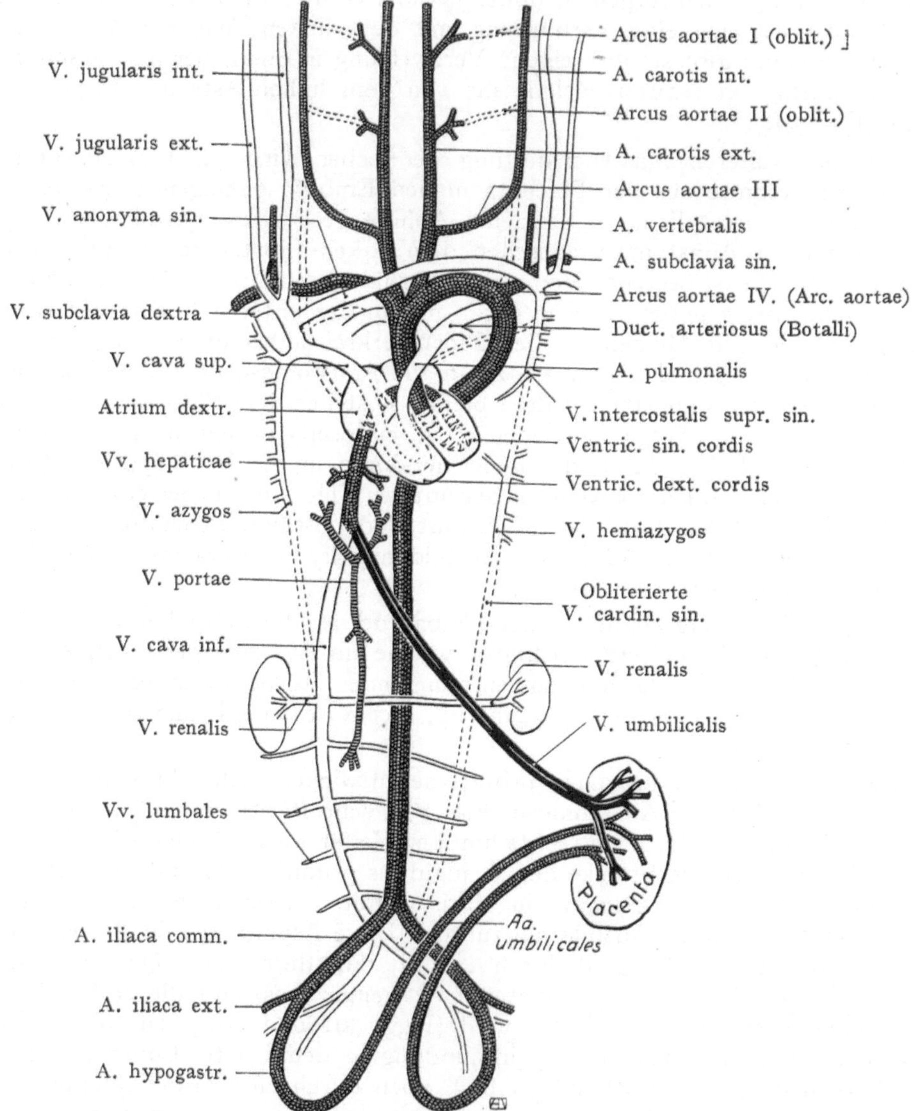

Fig. 393. Schema der Umbildung des arteriellen und venösen Kreislaufs. VI.

So sind jetzt im Bereiche der Brustwandung die Zustände hergestellt, welche
wir beim Erwachsenen antreffen, dagegen sind noch die Änderungen zu berücksichtigen,
welche im Gebiete der beiden Kardinalvenen Platz greifen und, nach der Bildung des
Systems der Vv. azygos und hemiazygos, an der dorsalen Wandung der Bauchhöhle und
des Beckens zur Entstehung der V. cava inf. führen (Fig. 392). Auch hier haben wir es
einerseits mit der Ausbildung neuer Bahnen, verknüpft mit der stärkeren Entfaltung
bestimmter Strecken der Vv. cardinales, andererseits mit der Obliteration bestimmter

Strecken dieser Venen zu tun, die infolge der neuen Verhältnisse des Kreislaufes nicht mehr genügend in Anspruch genommen werden und sich demgemäß zurückbilden.

Die V. cava inf. entsteht zunächst als ein kleiner, sein Blut aus der Wandung des Bauchraumes rechts von der Wirbelsäule sammelnder Stamm, welcher dorsal von der Leber verläuft, um sich mit den beiden Vv. hepaticae und dem Ductus venosus (Arantii) zu verbinden und in das Atrium dextrum einzumünden (Fig. 392). Caudal verbindet sich der Stamm mit der V. cardinalis dextra, und zwar in der Höhe der Einmündung der V. renalis dextra in diese. So wird ein neuer und direkter Abfluß des venösen Blutes aus den Wandungen des Bauchraumes sowie aus den unteren Extremitäten geschaffen. Derselbe erlangt nun dadurch ein Übergewicht über die Vv. cardinales, daß sich zwei Queranastomosen ausbilden, die eine in der Höhe der Nieren,

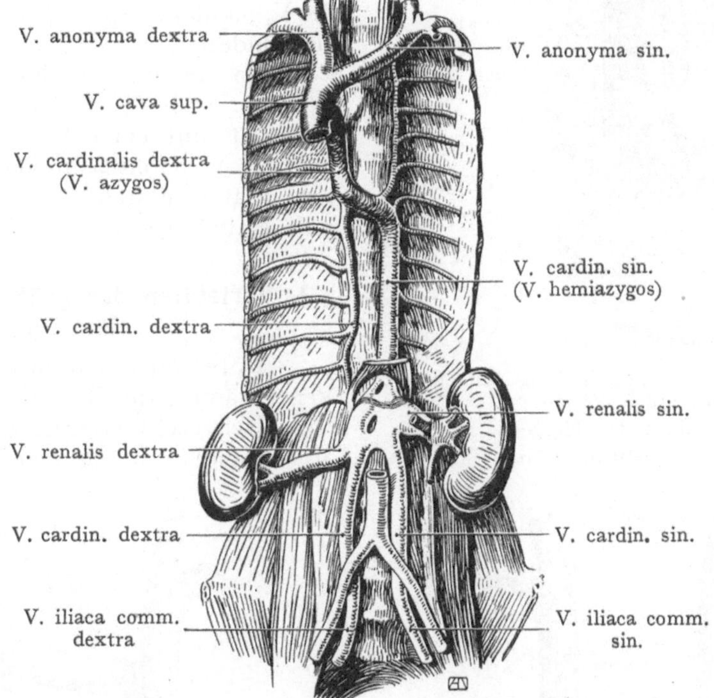

Fig. 394. Fehlen der V. cava inf. Persistenz der Vv. cardinales.
Mit Benutzung einer Abbildung von J. Kollmann, Anat. Anz. VIII. 1893.

zur Ableitung des venösen Blutes aus der linken Niere und Nebenniere in die V. cava inf., die zweite in der Höhe des vierten Lumbalwirbels, durch welche das Blut aus der linken unteren Extremität einen Abfluß in die rechte V. cardinalis findet; diese liegt (Fig. 393) in der direkten Fortsetzung des Stammes der V. cava inf. Einzelne Abschnitte der Vv. cardinales bilden sich, wie gleichfalls aus Fig. 393 ersichtlich ist, zurück. Wir erhalten so die fertigen Zustände des Venensystemes der Bauchwandungen, nämlich eine rechts von der Medianebene verlaufende V. cava inf., zu deren Bildung die Vv. iliacae communes sich auf dem Körper des vierten Lumbalwirbels vereinigen, und welche auch noch die Vv. renales, suprarenales und lumbales aufnimmt. Reste der Vv. cardinales können sich auch noch als Vv. lumbales ascendentes vorfinden und spielen bei einer Verlegung der V. cava inf. durch Thrombenbildungen eine Rolle, indem sie alsdann ausgeweitet werden und neue Abflüsse für das venöse Blut herstellen.

2. Entwicklung der Extremitätenvenen.

Die oberflächlichen Venen bilden schon in der schaufelförmigen Anlage der Extremität einen Bogen, in welchen die Vv. digitales einmünden. An der oberen Extremität gehen die Armvenen proximalwärts in einen Stamm über, welcher später die V. basilica bildet und deren Fortsetzung die V. axillaris und die V. subclavia darstellt. Dieser Stamm entspricht der ursprünglichen ulnaren Randvene; später tritt eine V. cephalica auf, welche sich aus Wurzeln der Radialseite des Dorsum manus bildet und in früher Zeit in die V. jugularis, später in die V. axillaris einmündet.

An der unteren Extremität bildet sich sehr früh die V. saphena parva, die zunächst mit einer V. ischiadica, dann mit der V. poplitea in Verbindung tritt. Erst später entsteht die in die V. femoralis einmündende V. saphena magna.

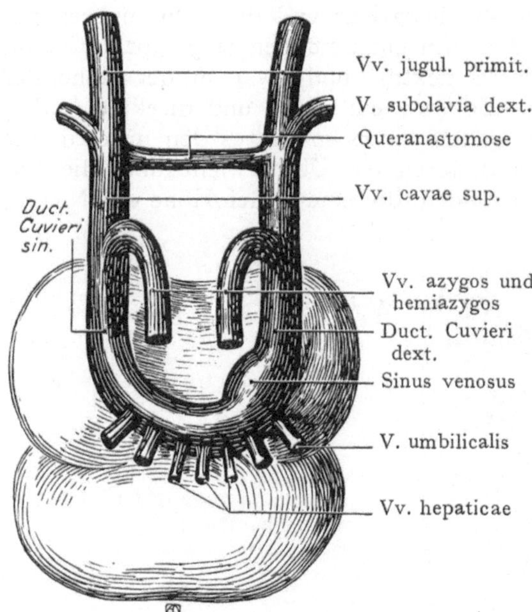

Fig. 395. Schema der in den Sinus venosus einmündenden Venen.
Dorsalansicht des Herzens.
Nach Ruge-Bluntschli.

3. Varietäten der größeren Venenstämme.

Unter den Varianten der großen Venenstämme der Bauch- und Brusthöhle haben wir recht interessante, gewöhnlich als Hemmungsmißbildungen aufzufassende

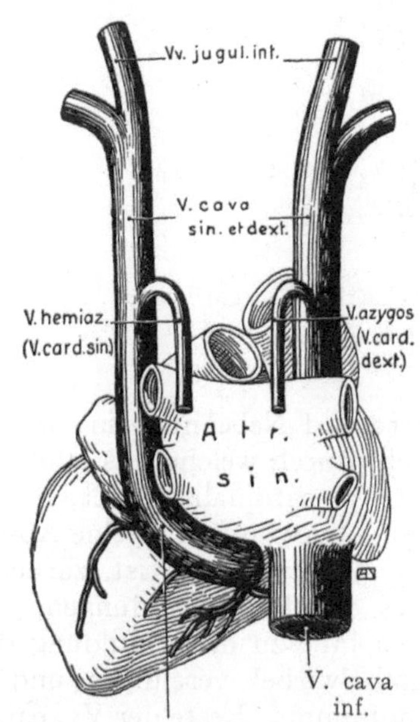

V. cava sup. sin. (Sinus coronarius)
Fig. 396. Bildung einer doppelten V. cava sup.

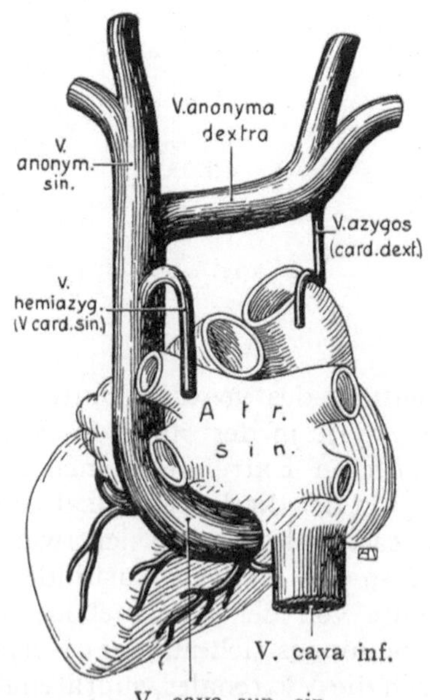

V. cava sup. sin.
Fig. 397. Ausbildung einer linken V. cava sup.
Dorsalansicht des Herzens.

Nach Bluntschli aus G. Ruge, Anleitung zu Präparierübungen. 1908.

Befunde, die auch wieder bei Tieren als Norm vorkommen können. Ihre formale Genese läßt sich mit Hilfe der Entwicklungsgeschichte leicht verfolgen. So können einzelne, sonst sich zurückbildende Strecken von Venenstämmen nicht bloß erhalten bleiben, sondern eine weitere Ausbildung erfahren. Darauf beruht die Entstehung einer doppelten V. cava sup. (Fig. 396), bei welcher einerseits die Ausbildung der die V. anonyma sin. darstellenden Queranastomose fehlt, anderseits aber auch der Ductus Cuvieri sin. als Sammelstamm der Körpervenen bestehen bleibt. Die Bildung der V. cava inf. kann dabei unterbleiben, sodann stellen die Vv. cardinales die einzigen Abflußbahnen für das venöse

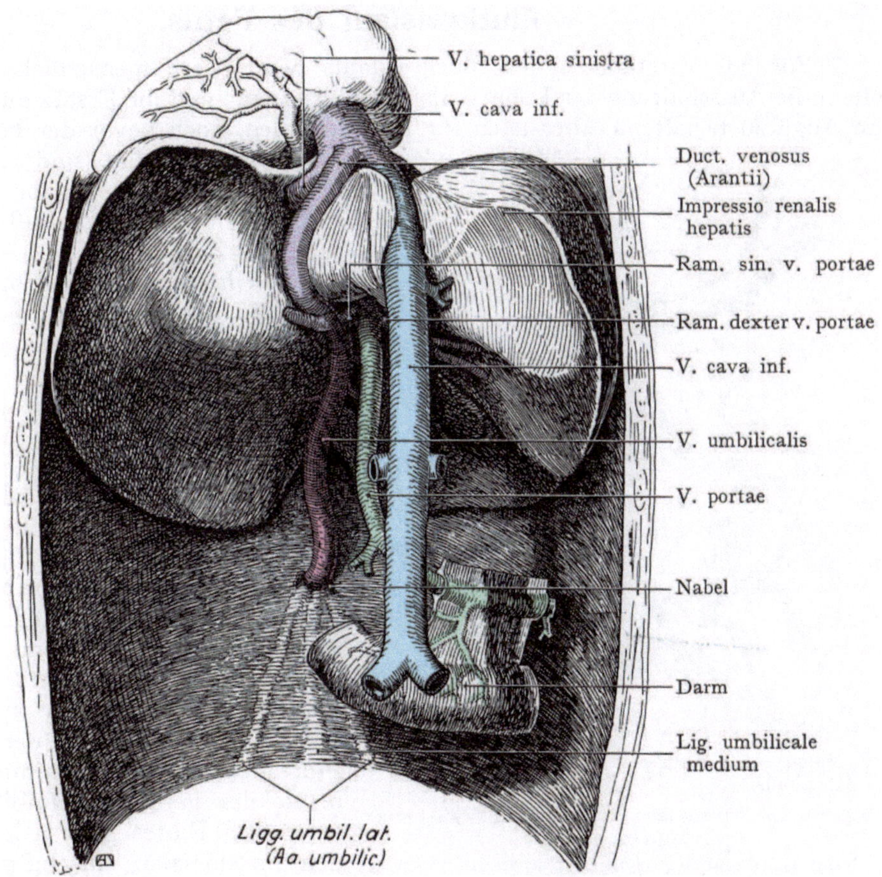

Fig. 398. Leber und vordere Bauchwandung eines neugeborenen Kindes von hinten gesehen. Mit Benutzung eines Bildes von Kollmann, Atlas der Embryologie 1907.

Blut aus den Wandungen der Bauchhöhle sowie aus den unteren Extremitäten dar, wenn wir von den in den Bauchdecken ausgebildeten Längsanastomosen der oberflächlichen Venen absehen. In Fig. 394 ist ein Fall dargestellt, in welchem die Vv. cardinales bis zur Höhe der Einmündung der Vv. renales (Queranastomose) gleich stark ausgebildet sind. Später überwiegt die linke, die jedoch eine Queranastomose über dem 8.—9. Brustwirbel benutzt, um in die Bahn der V. cardinalis dextra überzugehen und in gleicher Stärke wie die V. cava sup. in diese einzumünden. Die V. cardinalis sin. verbindet sich sodann mit der V. anonyma sin. Das Verhalten stimmt zu dem in Fig. 391 gegebenen Bilde des fetalen Zustandes vor dem Auftreten der V. cava inf.

Nicht selten werden Anomalien der vorderen Venen angetroffen, welche, in eine Reihe zusammengestellt, den verschiedenen zeitlich aufeinander folgenden Entwicklungsstadien des Venensystems entsprechen. In dem Schema der Fig. 395 ist ein rein hypothetisches Ausgangsstadium zugrunde gelegt, bei welchem eine gleichmäßige symmetrische Weiterentwicklung aller embryonal angelegten Stämme angenommen wird. Ein solcher Fall ist in Wirklichkeit niemals beobachtet worden, dagegen eine Fülle von Übergängen zum normalen Verhalten, von denen wir zwei in Figg. 396 und 397 dargestellt sehen; eine doppelte Vena cava sup. in Fig. 396, eine linke V. cava sup. in Fig. 397. Dieses Verhalten ist das Spiegelbild des normalen Befundes und wird bei dem sehr seltenen Situs inversus totalis (Fig. 318) angetroffen.

Blutkreislauf des Fetus.

Für das Verständnis des Blutkreislaufs beim reifen menschlichen Fetus ist vor allem die Ausschaltung der Lungen als Atmungsorgane und ihr Ersatz durch die Placenta im Auge zu behalten. Aber auch für frühe Stadien, noch bevor der Placentarkreislauf sich ausgebildet hat, sind die Einrichtungen für die Kohlensäureabgabe resp. die Sauerstoffaufnahme von Einfluß auf die Gestaltung der Zirkulation.

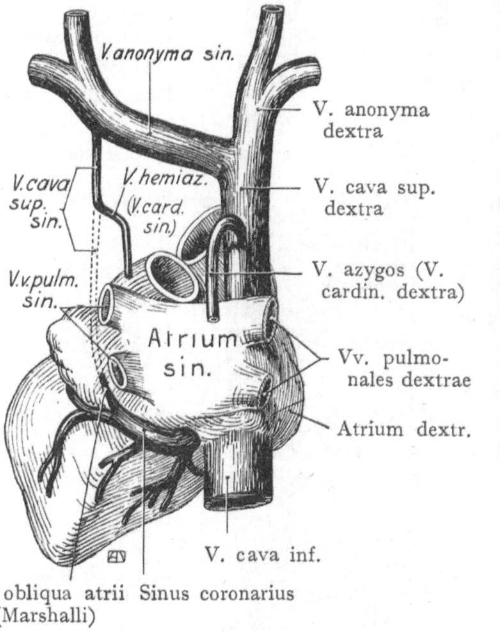

Beim reifen Fetus befindet sich der Kreislauf sozusagen im vorletzten Stadium seiner Entwicklung, denn die fertigen Zustände können erst nach der Geburt und dem Eintritte der Luft in die Lungen hergestellt werden. Solange dies nicht geschieht, ist der Lungenkreislauf noch größtenteils ausgeschaltet. Ein solcher Zustand ist für den reifen Fetus in Fig. 400 dargestellt. Das arterielle Blut der Placenta gelangt durch die in der Nabelschnur eingeschlossene V. umbilicalis zum Fetus, und zwar verläuft diese im Lig. falciforme hepatis weiter zur unteren Fläche der Leber, wo sie durch eine Verbindung mit dem linken Aste der V. portae am Pfortaderkreislaufe teilnimmt. Die Hauptmasse des in der V. umbilicalis geführten arteriellen Blutes geht jedoch direkt durch den im dorsalen Abschnitt der Fossa sagittalis sinistra eingelagerten Ductus venosus (Arantii) zur V. cava inf. empor, welche auch die das Blut des Pfortaderkreislaufes der Leber wieder sammelnden Vv. hepaticae aufnimmt. Dieses kommt, zum kleineren Teile arteriell, aus der V. umbilicalis, zum größten Teile dagegen venös aus der in der Darmwandung wurzelnden V. portae. Die Beziehungen der Venen zueinander an der unteren und dorsalen Fläche der Leber ist in Fig. 398 von einem reifen Fetus in der Ansicht von hinten dargestellt.

Fig. 399. Normales Verhalten der V. cava sup. et inf.
Nach Bluntschli in Ruges Präparierübungen.

Die V. cava inf. führt also oberhalb der Einmündung des Ductus venosus (Arantii) und der Vv. hepaticae gemischtes, unterhalb dieser Stelle venöses Blut aus der Wandung der Bauchhöhle und den unteren Extremitäten. Der Blutstrom trifft im rechten Vorhofe auf das rein venöse Blut, welches dem rechten Atrium durch die V. cava sup. (in dieselbe mündet auch die V. azygos) aus dem Kopfe, dem Halse, den oberen Extremitäten und den Thoraxwandungen zugeführt wird (Fig 399). Nach der von Albrecht von Haller und Sabatier aufgestellten, in neuerer Zeit vielfach und, wie es mir scheint, mit Recht angefochtenen Theorie wird das gemischte Blut der V. cava inf. durch die Valvula venae cavae inferioris (Eustachii) in das Foramen ovale und so in den linken Vorhof abgelenkt, während das rein venöse Blut direkt nach unten durch das Ostium venosum dextrum in den rechten Ventrikel gelangen soll, von hier aus durch die A. pulmonalis und den Ductus arteriosus (Botalli), jenseits des Ursprunges der großen Gefäßstämme, in die Aorta descendens (Fig. 400).

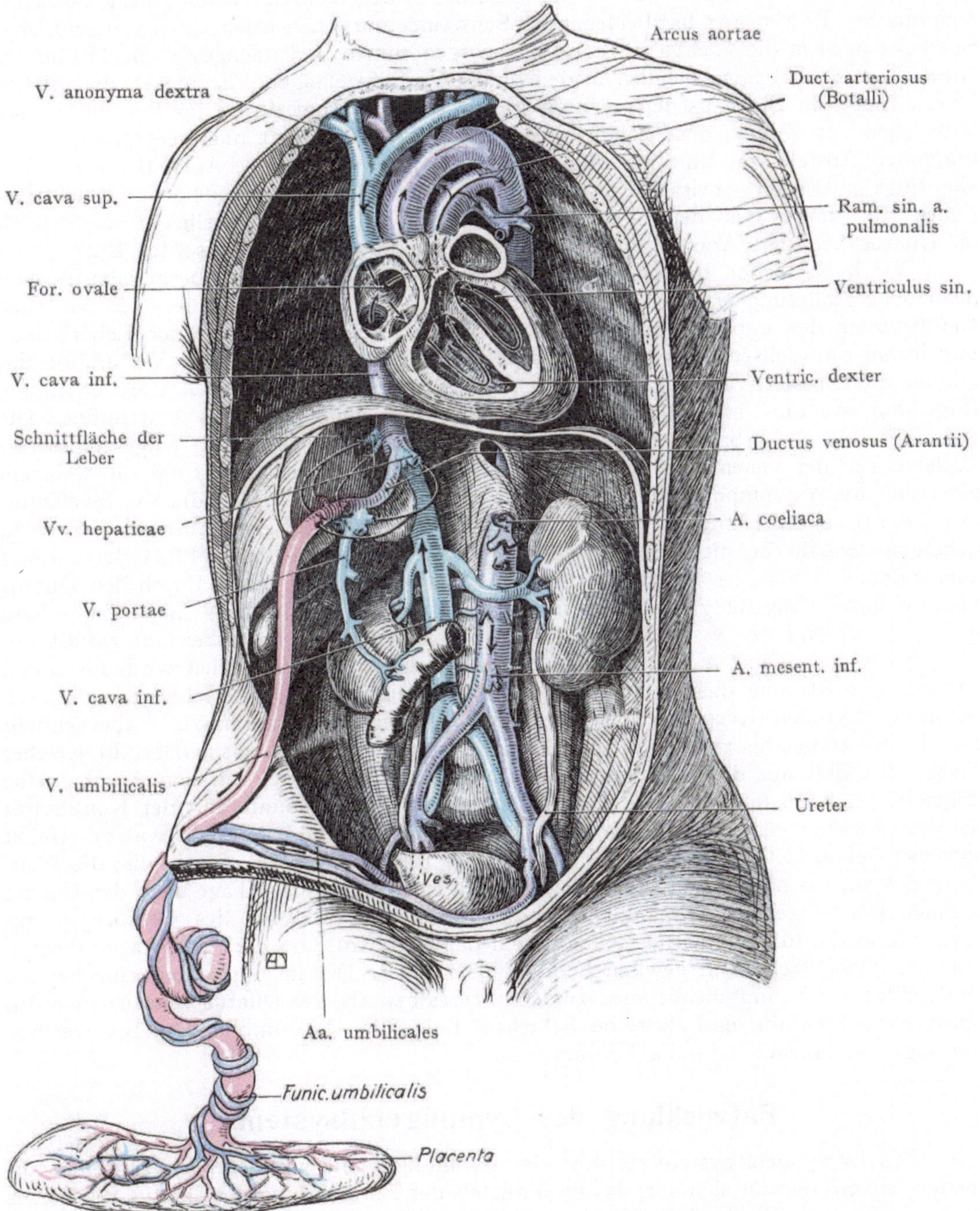

Fig. 400. Schema des Kreislaufes des reifen Fetus.
Unter Benutzung der Abbildungen von Gray und Spalteholz.

Diese Einrichtung soll den Zweck haben, die obere Körperhälfte, besonders den Kopf und vor allem das Gehirn, mit einem sauerstoffreichen Blute zu versorgen. Abgesehen von den Schwierigkeiten, welche sich der Vorstellung einer solchen Kreuzung zweier Blutströme im rechten Atrium entgegenstellen, sprechen auch die neueren experimentellen Untersuchungen dagegen und weisen auf die ältere bis auf Galen und Harvey zurückgehende Theorie hin, nach welcher das gesamte in den rechten Vorhof gelangende Blut sich mischt. Pohlmann hat bei lebenden Schweineembryonen Injektionen von gefärbten Stärkekörnern in die V. cava sup. und inf. vorgenommen und nachgewiesen, daß immer Stärkekörner aus beiden Quellen in den linken Vorhof gelangen. Er meint, die direkte Überleitung von Blut aus dem rechten in den linken Vorhof durch das Foramen ovale habe eben den Zweck, den, solange die Lungen ihre Tätigkeit nicht entfalten, stattfindenden Ausfall von Blut im linken Ventrikel gut zu machen. Auch Born scheint, allerdings mit einer gewissen Einschränkung, dieser Ansicht zuzuneigen. Rein arterielles Blut finden wir beim Fetus bloß in der V. umbilicalis, vielleicht auch noch im Ductus venosus (Arantii); in allen übrigen Gefäßen kreist gemischtes Blut.

Wir haben schon hervorgehoben, daß die Verhältnisse des Leberkreislaufes eine mehrfache Änderung erfahren, oder, wie man sich gewöhnlich ausdrückt, es wird das Gefäßsystem der Leber mehrmals umgebaut. Vor der Entwicklung der Leberbalken und ihrem Einwachsen in das Septum transversum münden die paarigen Vv. umbilicales und omphalomesentericae direkt in den Sinus venosus resp. in das Atrium commune (Fig. 389), wo die Vermischung des arteriellen und venösen Blutes stattfindet. Die auswachsenden Leberbalken umgeben die in das Septum transversum eingeschlossenen Endstrecken der Venen und stellen einen primären Pfortaderkreislauf her, an welchem einerseits die Vv. omphalomesentericae und umbilicales, andererseits die Vv. revehentes (Vv. hepaticae) teilnehmen. Alles arterielle Blut passiert die Leber, um zum Herzen zu gelangen. Sobald dies nicht mehr möglich ist, bildet sich der sekundäre Pfortaderkreislauf aus, indem das von der V. umbilicalis geführte arterielle Blut direkt durch den Ductus venosus unter Umgehung der Leber in die V. cava inf. resp. in die V. hepatica sinistra gelangt, während der V. portae die Hauptrolle für den Pfortaderkreislauf zufällt.

Nach der Geburt ändert sich der Kreislauf sehr rasch. Zunächst wird durch den Eintritt der Atmung das Gefäßgebiet der Lunge eigentlich erst erschlossen; dadurch kommt zum großen (Körperkreislauf) der kleine (Lungen-) Kreislauf hinzu. Dabei schließt sich in der ersten bis zweiten Woche des Lebens der Ductus arteriosus (Botalli), welcher bisher das Blut aus der A. pulmonalis zum größten Teile direkt in den Arcus aortae abgeleitet hatte, um später das den linken Ast der A. pulmonalis mit der Konkavität des Arcus aortae verbindende Lig. arteriosum (Botalli) zu bilden. Nach Faber streckt sich das Gefäß, vielleicht infolge des Druckes des Ram. sin. der A. pulmonalis; die Wandung des Ductus nimmt zuerst an Dicke zu, jedoch schon am 13. Tage nach der Geburt machen sich regressive Vorgänge geltend, die zur Umwandlung des Gefäßes in das Lig. arteriosum führen. Ferner schließt sich das For. ovale; da die Placenta in Wegfall kommt, bilden sich auch gewisse Fetalgefäße zurück. Die im Lig. falciforme hepatis eingeschlossene V. umbilicalis wird zum Lig. teres hepatis, der Ductus venosus (Arantii) obliteriert gleichfalls und dasselbe Schicksal teilen die Aa. umbilicales, aus welchen die Ligg. umbilicalia lateralia hervorgehen.

Entwicklung des Lymphgefäßsystems.

Das Lymphgefäßsystem stellt in der Ausbildung, die wir beim Erwachsenen antreffen, ein System für sich dar, das bloß mittels der Einmündung des Ductus thoracicus resp. des Ductus lymphaticus dexter in den Angulus venosus sinister resp. dexter mit dem Venensystem in Zusammenhang steht. Die Lymphdrüsen sind in dieses System gewissermaßen eingeschaltet.

Die Lymphgefäße entstehen jedenfalls, wie die Blutgefäße, aus dem mittleren Keimblatte, doch ist, vielleicht infolge der Verschiedenheit der bei der Untersuchung angewandten technischen Hilfsmittel, noch keine Übereinstimmung in den Ansichten über ihr erstes Auftreten erzielt worden. Die ältere Ansicht geht dahin, daß die Lymphgefäße, ähnlich wie die Blutgefäße, als Spalten im Mesenchym auftreten, welche, durch Umwandlung angrenzender Zellen in Endothel, eine Auskleidung erhalten. Im Widerspruche mit dieser Anschauung wird neuerdings behauptet, daß alle Lymphgefäße von Ausbuchtungen der Venen herzuleiten seien, welche ihrerseits durch Wucherungen ihrer Wandung Lymphgefäße bilden; so sollen nach Florence Sabin beim menschlichen Embryo mehrere primäre Lymphsäcke von den Venen aus gebildet werden (Figg. 401 u. 402), und zwar zwei Jugularsäcke in der unteren Halsregion, sodann die Cisterna chyli und endlich ein Retroperitonaealsack und ein Saccus mesentericus. Sabin glaubt mit Sicherheit nachgewiesen zu haben, daß sowohl die Jugularsäcke als auch der Retroperitonaealsack von Venenausstülpungen herzuleiten seien. Von den Lymphsäcken, die sich mit Ausnahme der Cisterna chyli später in Lymphdrüsen umwandeln, sollen die Lymphgefäße in den Körper auswachsen, und bloß die Cisterna chyli persistiert als Lymphsack. Der Vergleich der embryonal bei Säugetieren auftretenden Lymphsäcke mit den Lymphherzen der Amphibien liegt nahe.

Diese Ansichten stehen jedoch in scharfem Widerspruch zu den neuerdings von G. Huntington auf Grund von eingehenden Untersuchungen aufgestellten Behauptungen. Huntington ist der Ansicht, daß in gewissen frühen Stadien die Lymphgefäße sich kaum von den Venen unterscheiden; es sollen sich Blutinseln bilden, die, in einem mesenchymatösen Raume eingeschlossen, erst allmählich einen Abfluß zu einem Lymphsacke finden. Die Lymphsäcke treten in

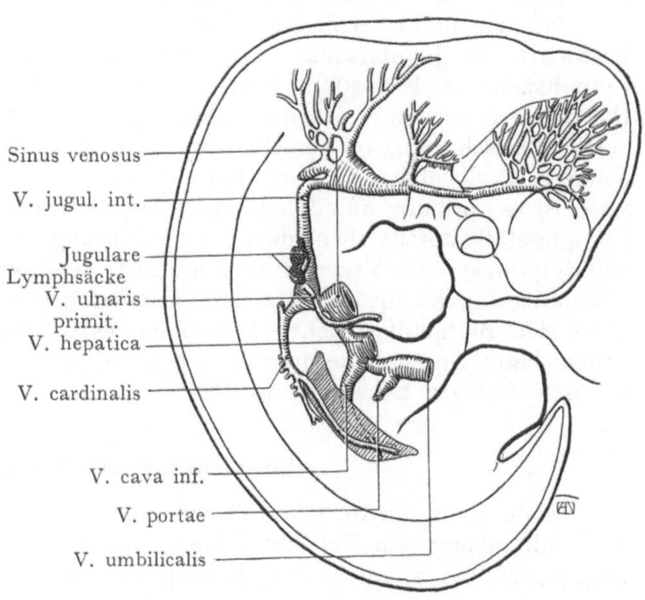

Fig. 401. Ausbildung des Lymphgefäßsystems bei einem menschlichen Embryo von 10,5 mm Länge. Nach Florence Sabin, Amer. Journ. of anat. IX. 1909.

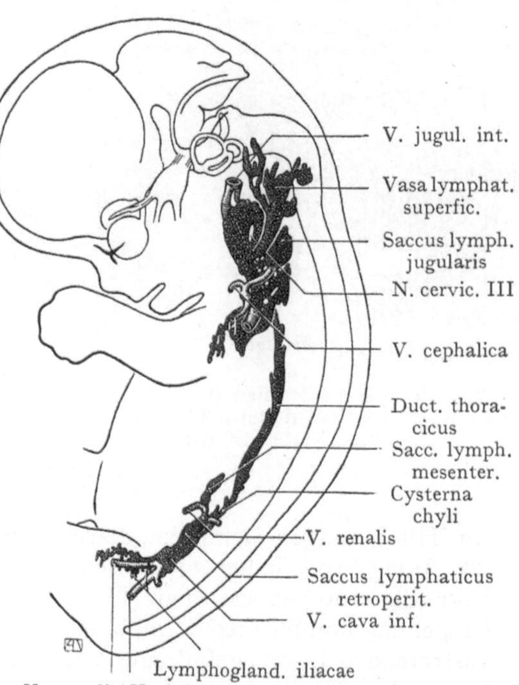

Fig. 402. Lymphgefäßsystem eines menschlichen Embryos von 30 mm Länge. Nach Florence Sabin.

Verbindung mit den Venen. Die Schlüsse von Huntington gehen eigentlich darauf hinaus, daß sich die Lymphgefäße in gewissen frühen Stadien kaum von den Venen unterscheiden lassen; erst später sollen die roten Blutkörperchen verschwinden und die betreffenden Stämme den Charakter von Lymphgefäßen annehmen.

Bei einem menschlichen Embryo von 10,5 mm Länge finden wir schon nach F. Sabin die Jugularsäcke (s. Fig. 401); Embryonen von 30 mm zeigen alle sechs Lymphsäcke (s. Fig. 402). Von der Cisterna chyli aus sollen Lymphgefäße in der Radix mesenterii zum Darme hinwachsen. Für den Ductus thoracicus läßt es Sabin noch unentschieden, ob derselbe von Ausstülpungen der Venen oder von solchen der Cisterna chyli abzuleiten sei. Bei den technischen Schwierigkeiten, die zu überwinden sind, ist es vorläufig unmöglich, eine ganz bestimmte Ansicht über die Entwicklung der Lymphgefäße aufzustellen, doch ist die Bildung einzelner Abschnitte des Systems durch Ausstülpungen von Venen zum mindesten sehr wahrscheinlich. Daß trotzdem andere Abschnitte direkt aus dem Mesenchym entstehen, hat im Hinblick auf die Entwicklungsweise der Blutgefäße nichts Befremdendes; vielleicht gehören gerade die oberflächlichen Hautlymphgefäße hierher, obgleich auch für diese von Sabin die Herkunft von venösen Anlagen behauptet wurde.

Entwicklung der Lymphdrüsen.

Eine Lymphdrüse wird als eine Masse adenoiden Gewebes angelegt, um welche Lymphkapillaren ein Geflecht bilden. Dieses wird nach außen durch einen Randsinus abgegrenzt und aus dem umgebenden Bindegewebe bildet sich eine Kapsel (Fig. 403).

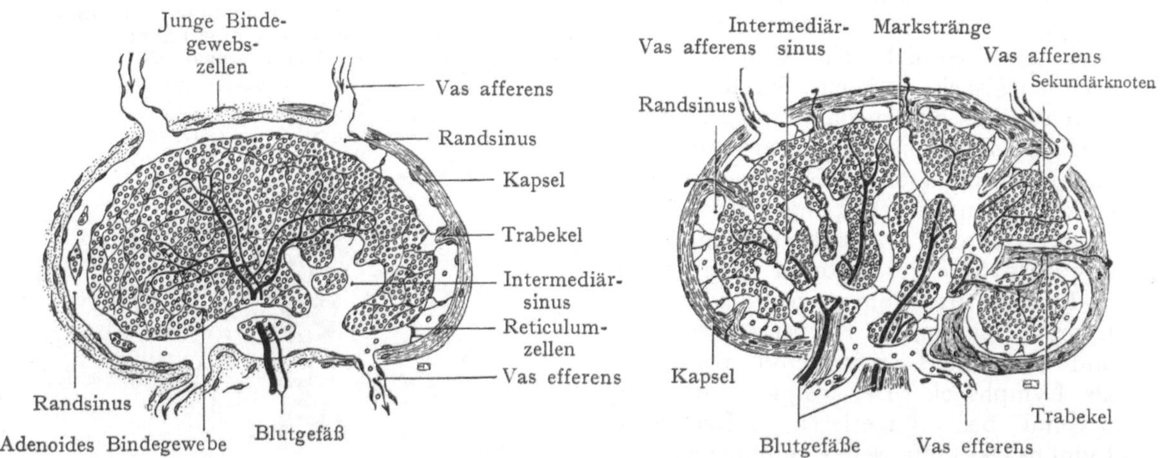

Fig. 403. Zwei Stadien der Entwicklung der Lymphknoten beim Menschen. Erstes Stadium links, zweites Stadium rechts.   Fig. 404. Zwei weitere Stadien in der Entwicklung der Lymphknoten: früheres Stadium links, späteres Stadium rechts.

Nach Stöhr, Lehrbuch der Histologie.

Am Hilus dringen Lymphkapillaren vom Randsinus aus ein und wachsen in das Innere der Anlage vor, indem sie dieselbe im Zentrum in Markstränge, an der Peripherie in Sekundärknötchen zerlegen (Fig. 404). Die in den Randsinus eintretenden, aus der Umgebung kommenden Lymphgefäße stellen die Vasa afferentia dar, die aus dem Hilus austretenden Lymphgefäße die Vasa efferentia. Von der Kapsel aus wachsen Fortsätze in das Innere der Anlage und bilden die Trabekeln.

Anhang.

Ausbildung der Topographie der Eingeweide.

Die Lagebeziehung der Eingeweide zueinander (Syntopie), ihr Verhältnis zur Körperoberfläche und ihr Höhenstand im Körper, an der Wirbelsäule gemessen, erfahren während der fetalen Entwicklung beträchtliche Änderungen, ja es gehen solche noch

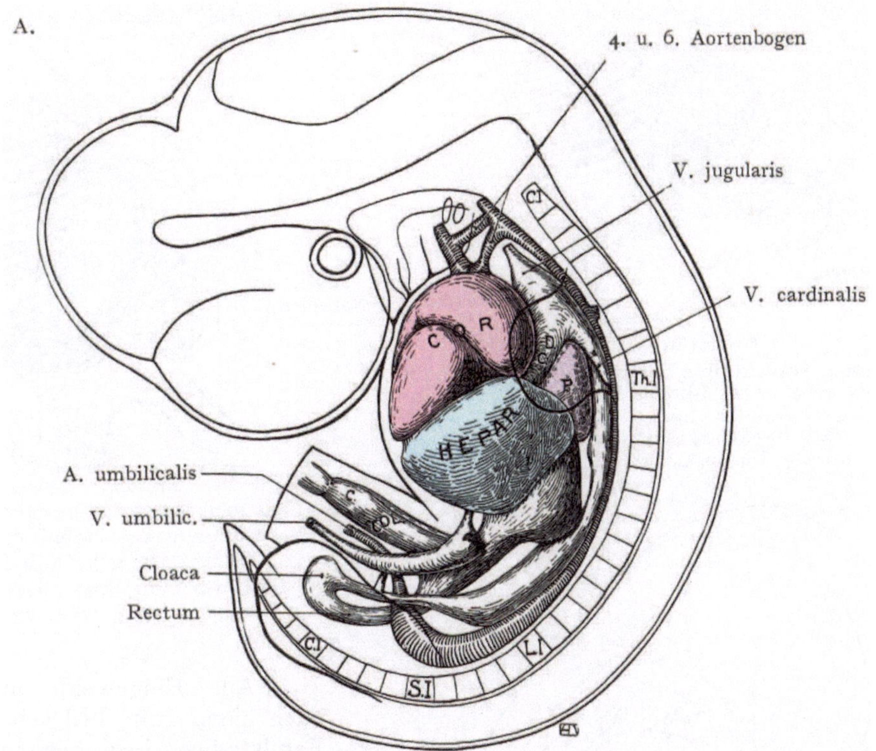

Fig. 405. Topographie der Brust- und Baucheingeweide eines menschlichen Embryos (11 mm). Nach Jackson, Anat. Rec. III. 1909.
D.C. = Ductus Cuvieri. P. = Lunge. C. I = 1. Cervikalsegment. Th. I = 1. Thorakalsegment. L. I = 1. Lumbalsegment. S. I = 1. Sakralsegment. C. I = 1. Caudalsegment. C. = Caecum. Col. = Colon.

nach der Geburt im Höhenstande einzelner Organe (Harnblase, Uterus, Zwerchfell) vor sich. Relativ am stärksten sind die Verschiebungen im Verlaufe der drei ersten Monate der Entwicklung, während von da an die Lage der Organe, sowie ihre Beziehungen zueinander schon eine weitgehende Annäherung an die Verhältnisse beim Erwachsenen aufweisen und weitere Änderungen relativ langsam erfolgen. Im Laufe des zweiten Monats erreichen auch die Ursprünge der A. coeliaca, mesenterica sup. et inf. ihre definitive Lage, bezogen auf die Wirbelsäule (s. die Entwicklung der Gefäße), während die Ursprünge der Eingeweidenerven nicht wandern können und deshalb wohl auch die ursprüngliche Lage bestimmter Abschnitte des Darmes angeben. So dürfen wir wahrscheinlich aus der Verbreitung des N. vagus am Magen und an der oberen Strecke des Duodenums darauf schließen, daß diese Abschnitte aus dem ursprünglichen Vorderdarm hervorgegangen sind.

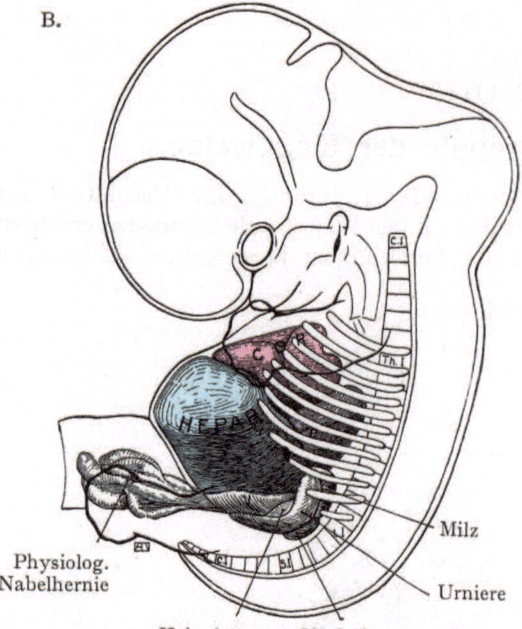

Physiolog.
Nabelhernie

Keimdrüse   Nachniere

Fig. 406. Topographie der Brust- und Baucheingeweide eines menschlichen Embryos von 17 mm Länge.
Nach Jackson, Anat. Rec. III. 1909.
DC = Ductus Cuvieri. P = Lunge.

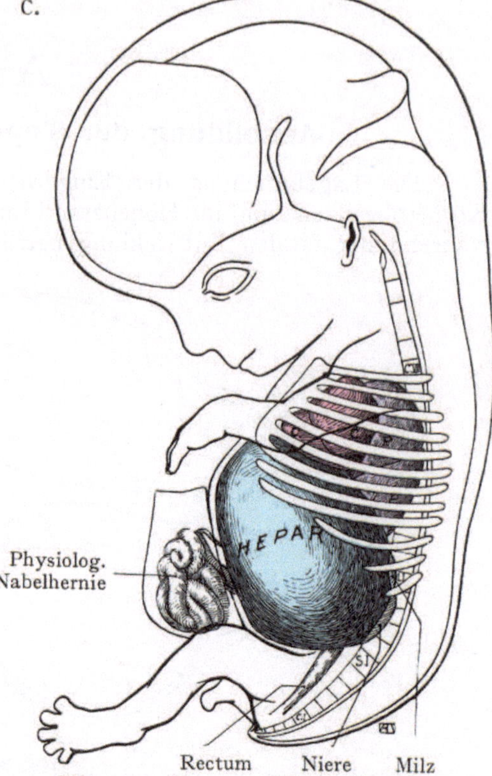

Physiolog.
Nabelhernie

Rectum   Niere   Milz

Fig. 407. Topographie der Brust- und Bauchorgane bei einem menschlichen Embryo von 31 mm Länge.
Nach Jackson, Anat. Rec. III. 1909.
CC = Herz. PP = Lunge.

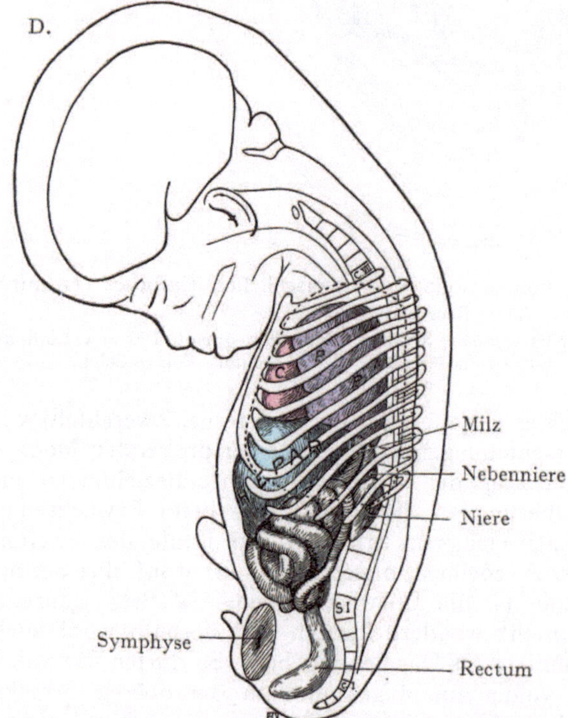

Symphyse

Fig. 408. Topographie der Brust- und Bauchorgane eines menschlichen Fetus von 65 mm Länge.
Nach C. M. Jackson, Anat. Rec. III. 1909.

Alle Eingeweide machen demnach einen zum Teil schon in frühen Fetalstadien beginnenden Descensus durch, d. h. eine Verlagerung in caudaler Richtung. Obgleich dieser Prozeß noch nicht in allen Einzelheiten bekannt ist, so werden wir doch, gestützt auf die genauen Feststellungen von Jackson, versuchen, wenigstens die wichtigsten Vorgänge kurz zu schildern.

Besonders stark ist die Verlagerung, welche der Herzschlauch in caudaler Richtung erfährt. In ganz frühen Stadien liegt derselbe beim Hühnchen vollständig im Bereiche des Kopfes, und zwar cranial von dem ersten Somiten, welcher später in die Bildung des Occiputs eingeht. Der Herzschlauch, welcher die beiden von hinten kommenden Venae omphalomesentericae aufnimmt, zeigt hier (Fig. 409 A.) noch Andeutungen seiner ursprünglich paarigen Anlage. In Fig. 409 B. entspricht sein caudaler Abschnitt, der Sinus venosus, etwa dem ersten Thorakalsegmente, in Fig. 409 C. dem neunten Thorakalsegmente. Ein Blick auf die Figuren läßt sofort die starke Verschiebung in caudaler Richtung erkennen. Ähnliches läßt sich auch bei menschlichen Embryonen feststellen. Erst in der vierten bis fünften Embryonalwoche gelangt das Herz aus der Kopfgegend in den Hals. Bei einem Embryo von 11 mm Länge (Fig. 405) liegt die Herzspitze, auf die Wirbelsäule bezogen, an der Grenze zwischen dem siebenten Cervikal- und dem ersten Thorakalsegmente und das Septum transversum (s. Zwerchfell) in der Höhe des zweiten bis dritten Thorakalsegmentes. Wir treffen den vierten und sechsten Aortenbogen annähernd in der Höhe des späteren Atlas an, dagegen erreicht beim Erwachsenen der aus dem vierten Gefäßbogen hervorgehende definitive Aortenbogen die Wirbelsäule erst am vierten

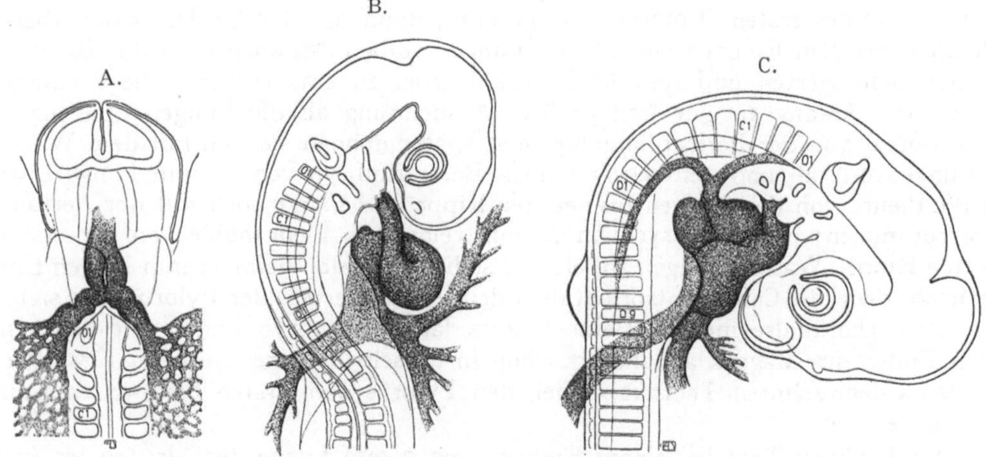

Fig. 409. Drei Abbildungen von Hühnerembryonen zur Veranschaulichung der Verschiebung des Herzens in caudaler Richtung.

Z. T. nach M. Duval, Atlas d'embryologie 1889.

A. Das Herz liegt vor dem ersten Ursegmente, also im Bereiche der späteren Hinterhauptsregion.
B. Die Umbiegungsstelle der Ventrikelschleife entspricht dem 7. Cervikalsegmente.
C. Die Umbiegungsstelle der Ventrikelschleife entspricht dem 9. Thorakalsegmente.

Brustwirbel, demnach verschiebt sich der Bogen in caudaler Richtung über elf Segmente. Bei einem Embryo von 17 mm Länge (Fig. 406) erstreckt sich das Herz vom siebenten Cervikalsegmente bis zum fünften Thorakalsegmente, bei einem von 31 mm Länge (Fig. 407) vom ersten bis zum sechsten Thorakalsegmente, beim 65 mm langen Embryo (Fig. 408) entspricht es dem vierten bis neunten, in den späteren Fetalstadien dem dritten bis achten Thorakalwirbel. Der Thymus tritt erst bei diesem Embryo in Beziehung zum Herzen.

Etwas Bestimmtes läßt sich über die Ursache dieser Verlagerungen nicht sagen. Von einigen Autoren, darunter auch His, wird sie in dem beträchtlichen Wachstum des Kopfes, sowie in der Ausbildung der Nacken- und Rückenkrümmung gesucht, von anderen dagegen in dem Wachstum der Halsorgane, welche einen Druck auf das Herz und die großen Gefäßstämme ausüben sollen. Sehr beachtenswert sind die Verschiebungen, welche das einen großen Teil des Zwerchfells liefernde Septum transversum erfährt (s. Zwerchfell). Im Anfange des zweiten Fetalmonates erstreckt sich dasselbe von dorsal und cranial in ventraler und caudaler Richtung. Erst bei dem 65 mm langen Embryo ist die ventrale Partie des Diaphragmas so weit herabgerückt, daß es sich annähernd horizontal einstellt. Im ganzen genommen ist die Verschiebung in caudaler Richtung eine sehr beträchtliche; nach Mall liegt das Zwerchfell bei einem menschlichen Embryo von 5 mm Länge in der Höhe des vierten bis fünften Cervikalsegmentes, von deren Myotome die Bildung des Zwerchfellmuskels ausgeht; bei einem Embryo von 24 mm dagegen in der Höhe des ersten bis zweiten Lumbalsegmentes.

Die Lungenanlagen des 11 mm langen Embryos entsprechen in ihrer Lage zur Wirbelsäule den Spitzen der fertigen Lungen, demnach geht die Entfaltung der Lungen in craniocaudaler Richtung vor sich. Beim 17 mm langen Embryo liegen die Lungen gegenüber dem vierten bis neunten Thorakalsegmente, beim 31 mm langen gegenüber dem ersten bis zehnten, beim 65 mm langen gegenüber dem zweiten bis elften Thorakalwirbel.

Die Bifurkation der Trachea liegt zuerst in der mittleren Cervikalregion, um bis zur Höhe des ersten (Embryo von 11 mm), dann des dritten Thorakalwirbels und schließlich bei dem Embryo von 65 mm Länge wie beim Erwachsenen der Bandscheibe zwischen dem vierten und fünften Thorakalwirbel zu entsprechen. Die Pleurahöhlen besitzen von Anfang an eine weit größere Ausdehnung als die Lungen. Sie liegen zunächst dorsal von der Pericardialhöhle; erst später dehnen sie sich mit dem Wachstum der Lungen lateral- und ventralwärts aus. Beim Embryo von 17 mm Länge erstreckt sich die Pleura von der zweiten bis neunten Rippe und hängt noch mit der Peritonaealhöhle zusammen; beim Embryo von 24 mm reicht die Pleurahöhle von der ersten bis zwölften Rippe. Was den Magen anbelangt, so liegt derselbe beim 11 mm langen Embryo sehr hoch, denn die Cardia entspricht dem dritten bis vierten, der Pylorus dem siebenten bis achten Thorakalsegmente. Beim 17 mm langen Embryo finden wir dagegen die beiden Enden des Magens annähernd schon in derselben Höhe wie beim Erwachsenen; die Cardia dem zehnten Thorakalwirbel, den Pylorus dem ersten bis zweiten Lumbalwirbel gegenüber.

Das Pankreas liegt bei einem Embryo von 7 mm Länge dem dritten bis vierten, bei 10 mm Länge dem neunten Thorakalsegmente gegenüber. Bei Embryonen von 21 mm Länge (sechste Woche) hat der Pankreaskopf seine definitive Lage gegenüber dem ersten bis zweiten Lumbalsegmente erreicht. Das Pankreas verschiebt sich während der Entwicklung um mindestens 13—14 Segmente in caudaler Richtung.

Vom vierten Fetalmonate an finden wir in 80% der Embryonen das Colon transversum in direkter Anlagerung an den Pankreaskopf und bloß links von der Medianebene bildet sich ein Mesocolon transversum. Dieser Zustand kann sich als Hemmungsbildung erhalten, indem wir in solchen Fällen auch noch beim Erwachsenen eine bedeutende Verkürzung des Mesocolon transversum konstatieren.

Bis zur Geburt, besonders stark aber in den mittleren Fetalmonaten, bestehen Beziehungen zwischen dem Pankreaskopfe und dem Proc. papillaris des Lobus caudatus der Leber. Dieser, an der fetalen Leber in der Regel stark ausgebildet, schiebt sich in eine dorsal von dem Pankreaskopfe gelegene Peritonaealbucht, aus welcher er gegen die Mitte der Fetalzeit verdrängt wird, so daß von da an die direkten Beziehungen des Proc. papillaris zum Pankreaskopfe ein Ende nehmen.

Die Verschiebung der Leber in caudaler Richtung ist gleichfalls eine beträchtliche, so reicht ihr craniales Ende beim 11 mm langen Embryo bis an das siebente Cervikalsegment heran, während ihr caudales Ende dem sechsten Thorakalsegmente entspricht. Beim Embryo von 31 mm Länge ist die Leber relativ sehr groß, denn sie erstreckt sich vom dritten Thorakalsegmente bis zum ersten Sakralsegmente; später erfolgt eine relative Reduktion des Organs.

Der Anschluß der Leber an das Diaphragma ist infolge des Hineinwachsens der Leberschläuche in das Septum transversum frühzeitig ein sehr inniger. Die viscerale

Fläche der Leber weist zunächst Beziehungen nach rechts zur Glandula suprarenalis, zur Urniere und zur Keimdrüse auf, links zum Magen, zum Duodenum und zum Pankreas. Bei dem 31 mm langen Embryo kommen die Nieren und die Milz in Beziehung zur unteren Leberfläche, mit 65 mm Länge sind die fertigen Zustände so ziemlich erreicht.

Der Mesonephros (Urniere oder Wolffscher Körper) reicht am Ende des ersten Fetalmonates von der unteren Cervikalregion bis zur Lumbalregion; beim 11 mm langen Embryo (Fig. 405) vom ersten oder zweiten Thorakalsegmente bis in die untere Lumbalregion, beim Embryo von 17 mm Länge vom zehnten Thorakalsegmente bis in die Sakralregion. Bei diesem steht die Urniere nicht mehr in Kontakt mit der Lunge. Beim Embryo C (31 mm) liegen die Urnieren gegenüber den beiden unteren Lumbal- und den oberen Sakralwirbeln, beim Embryo D (65 mm) sind sie bloß noch als Anhänge der Keimdrüsen nachzuweisen. Allerdings haben wir es hier zum größten Teil nicht mit einem Descensus der Urnieren, sondern mit einer Rückbildung derselben in cranio-caudaler Richtung zu tun. Dasselbe gilt übrigens teilweise auch für die Keimdrüsen, die sich zunächst den Urnieren anschließen; beim Embryo A (11 mm) erstrecken sie sich vom neunten Thorakalsegmente bis zum dritten Lumbalsegmente, bei den Embryonen B und C entsprechen sie in ihrer Ausdehnung annähernd den Urnieren. Die Glandulae suprarenales entsprechen beim Embryo A (11 mm) dem dritten bis vierten Thorakalsegmente, beim Embryo B und C (17 und 31 mm) reichen sie vom zehnten Thorakal- bis zum ersten Lumbalsegmente, beim Embryo D (65 mm) ebenso. Die Nieren wandern längs der Wirbelsäule in cranialer Richtung; beim Embryo A liegt das obere Ende der vom Urnierengange auswachsenden Anlage, welche später die Pelvis renis darstellt, in der oberen Sakralregion, indem es hier das caudale Ende der Urniere erreicht. Beim Embryo B entspricht die Ausdehnung der Nieren dem ersten bis fünften Lumbalwirbel; dabei erreichen sie die Nebennieren; beim Embryo C liegen sie noch unterhalb der zwölften Rippe; beim Embryo D haben sie ihre spätere Ausdehnung vom zwölften Thorakal- bis zum dritten Lumbalwirbel gewonnen; die linke Niere erreicht die elfte, die rechte Niere bloß die zwölfte Rippe.

Bildung der Scheidewände im Coelom.

Von dem embryonalen Coelom bleibt später bloß der im unsegmentierten Mesoderm enthaltene Abschnitt übrig, welcher zunächst bei der Abschnürung des Darmes vom Saccus vitellinus eine stark in die Länge gezogene, den Darm umgebende einheitliche seröse Höhle darstellt (Fig. 64). Wir haben nunmehr die Trennung dieser ursprünglich einheitlichen primitiven Leibeshöhle in die drei großen Körperhöhlen zu untersuchen. Es sind dies: die Pericardialhöhle, die Pleurahöhle und die Peritonaealhöhle. Das außerembryonale Coelom fällt für unsere Betrachtung weg.

Bei einem menschlichen Embryo mit sieben Paaren von Somiten (Fig. 410) dehnt sich das Coelom fast bis an das vordere Ende der Embryonalanlage aus (in der Figur schraffiert), indem die beiderseitigen Coelomsäcke hier in der Medianebene zur Vereinigung kommen. Die Ausdehnung der von dem visceralen Blatte der Coelomwandung überzogenen Herzanlage (Pericard) ist hier angegeben. Von hier aus zieht das Coelom zunächst in Form eines Kanals caudalwärts weiter. Derselbe ist, ebenso wie das Kopfcoelom überhaupt, von dem peripheren außerembryonalen Coelom gänzlich getrennt, denn erst in der Höhe des dritten Somiten tritt eine weite Verbindung der beiden Coelomabschnitte auf. Dieser Verbindungskanal zwischen dem Kopfcoelom, in welchen sich die Herzanlage vorwulstet, und dem offen in das außerembryonale Coelom übergehenden Abschnitt des embryonalen Coeloms wird später höchstwahrscheinlich in die Bildung der Pleurahöhle einbezogen. Wir müssen jedoch bedenken, daß auf diesem Stadium bloß ein kleiner Abschnitt des Coeloms überhaupt gebildet ist, indem später die vier vorderen

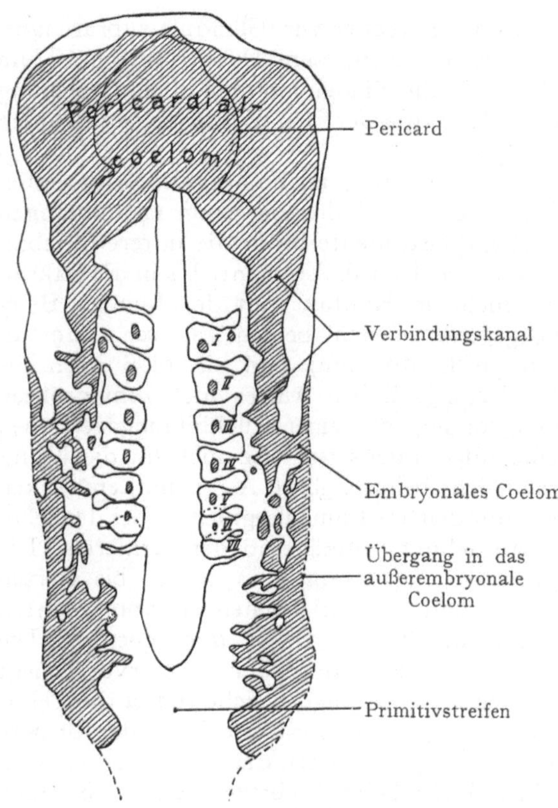

Fig. 410. Ausbildung des embryonalen Coeloms bei einem menschlichen Embryo mit 7 Somiten (ca. 24 Tage).

Nach W. E. Dandy, Amer. Journ. of anat. X. 1910. In den Somiten (I—VII) ist Myocoel vorhanden.

von den sieben vorhandenen Somiten in die Bildung des Kopfes einbezogen werden, die Gliederung des dorsalen Mesoderms also caudalwärts bloß etwa die Hälfte des Halses umfaßt. Mit dem Auftreten neuer Somiten von der caudalen Partie der Embryonalanlage aus treten auch Änderungen an dem bisher so mächtigen Kopfcoelom auf. Ein Teil umgibt ventralwärts als pericardiales Coelom das Herz und geht caudalwärts in das übrige Körpercoelom über; ein anderer Teil liefert die in die Schlundbogen eingeschlossenen Abschnitte des Coeloms, die wir als Schlundbogencoelom bezeichnen. Sie stellen die Anlagen der Schlundbogenmuskulatur dar (siehe Entwicklung der visceralen Muskulatur und Figg. 222 und 223).

Nach der Bildung der visceralen Muskulatur, sowie der aus den Coelomwandungen entstandenen Keimzellen und der Rindenzellen der Nebenniere, können wir das übrig bleibende embryonale Coelom als eine große seröse Körperhöhle, die Pleuro-pericardiaco-peritonaealhöhle, auffassen. Wir haben jetzt diejenigen Vorgänge zu verfolgen, welche zur Trennung dieser relativ mächtigen, aber noch immer einheitlichen Höhle

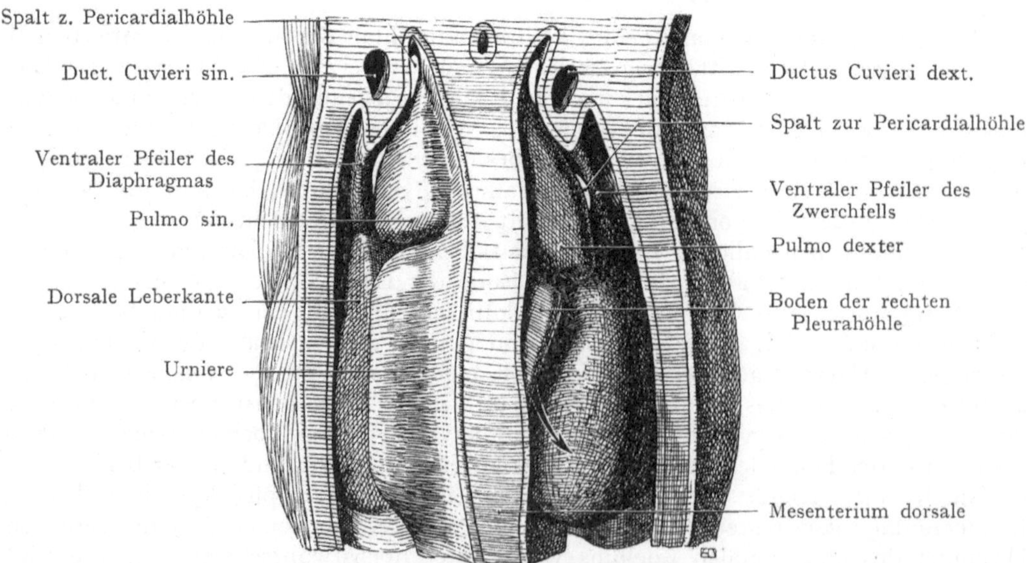

Fig. 411. Cranialer Abschnitt des Brust- und Bauchcoeloms. Dorsalansicht. Menschlicher Embryo von 8 mm Länge.
Modell von Piper (ausp. Keibel).

in die drei großen serösen Höhlen führen. Diese Trennung erfolgt durch die Ausbildung von zwei Scheidewänden. Erstens kommt das Septum pleuropericardiale in Betracht, welches, mehr oder weniger frontal eingestellt, die Pericardialhöhle von der Pleurahöhle trennt, zweitens das Diaphragma, welches die Pericardialhöhle und die Pleurahöhle von der Peritonaealhöhle trennt. Die Bildung der erstgenannten Scheidewand, des Septum pleuropericardiale, schließt sich an Entwicklungszustände der Ductus Cuvieri an. Dabei ist zu berücksichtigen, daß das Herz sehr früh in einen Abschnitt des Coeloms zu liegen kommt, den wir am besten, im Hinblick auf seine spätere Bestimmung, als Cavum pleuropericardiacum bezeichnen. Die beiden symmetrischen Abschnitte desselben waren ursprünglich (Fig. 356) durch das Mesocardium anterius voneinander getrennt, doch verschwindet dieses bald, während dagegen das Mesocardium posterius noch eine Zeitlang bestehen bleibt. In die dorsalen Partien der Höhle, welche caudalwärts mit dem übrigen Teile des embryonalen Coeloms durch den oben erwähnten Coelomkanal, den Ductus pleuroperitonaealis, in Verbindung stehen, wachsen die Lungenanlagen vor. Ein solches Verhalten zeigen die Figg. 412 und 413. Die Trennung eines Cavum pericardii von zwei Cava pleurae ist hier schon eingeleitet. Der Vorgang knüpft sich an eine mit der Herzentwicklung einhergehende Veränderung der Verlaufsrichtung der Ductus Cuvieri, welche beiderseits aus der Vereinigung der V. jugularis primitiva und der V. cardinalis der betreffenden Seite entstanden sind (Fig. 412) und im Septum transversum (s. unten) einen queren Verlauf zu ihrer Einmündung in den Sinus venosus nehmen. Mit der im Anschlusse an den Vorhofschenkel des Herzschlauches stattfindenden Verschiebung des Sinus venosus dorsal von der Ventrikelschleife ändert sich auch der Verlauf und die Lage der Ductus Cuvieri. Dieselben verlieren ihren ursprünglich transversalen Verlauf; sie steigen empor und kommen dabei in eine von dem Coelomepithel gebildete Falte zu liegen, welche an der lateralen Wand des Cavum pleuropericardiacum zum Sinus

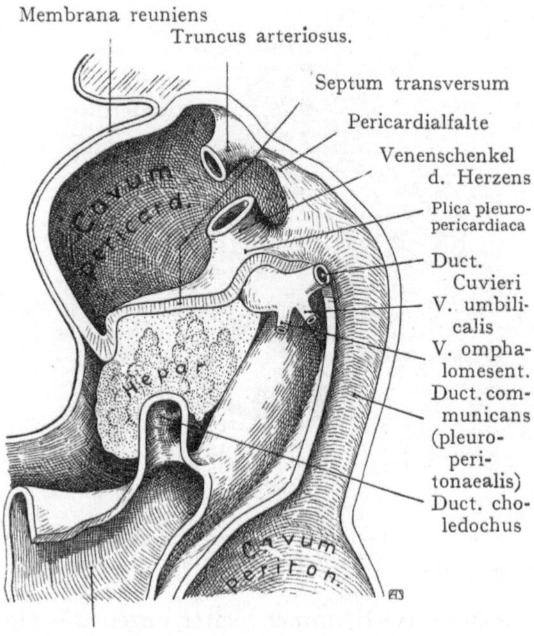

Fig. 412. Lebertrabekel ins Septum transversum vorgewachsen.
Nach His und Kollmann.

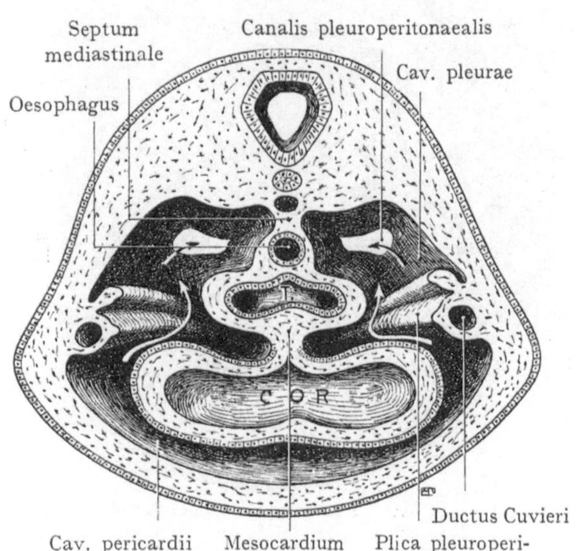

Fig. 413. Schema der Scheidung der Pericardialhöhle von den Pleurahöhlen.

26*

venosus herabzieht (Fig. 413). Diese, die Ductus Cuvieri einschließenden Falten sind die paarigen Plicae pleuropericardiacae, welche durch die steilere Einstellung der

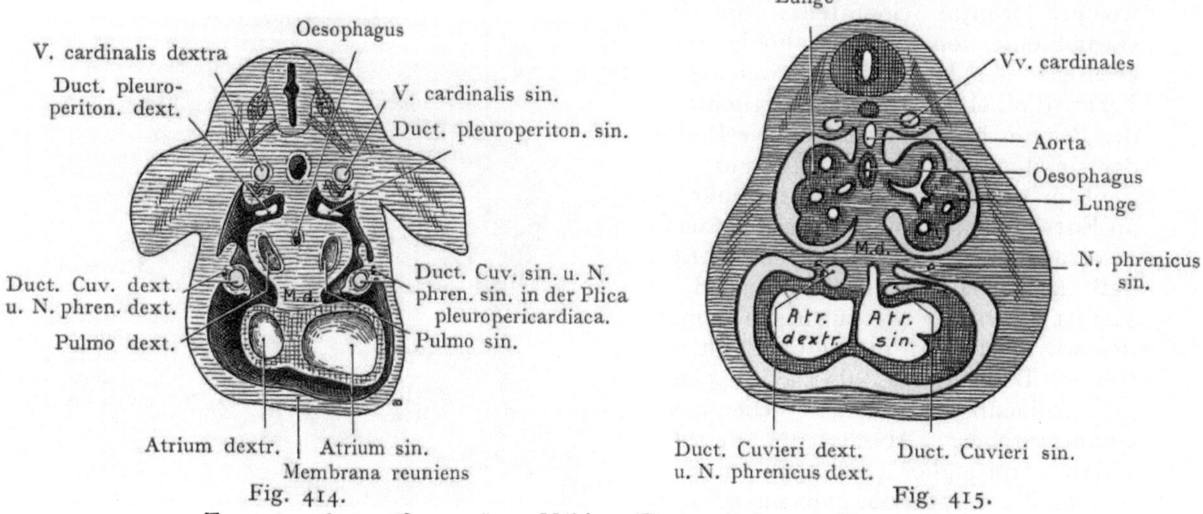

Fig. 414.   Fig. 415.

Trennung der großen serösen Höhlen (Pericardial- und Pleurahöhle).
Schema I.   Schema II.

Ductus Cuvieri immer weiter gegen die Medianebene vorgeschoben werden, wo sie mit dem Mesocardium posterius zur Berührung, dann endlich (Figg. 414—416) zur Verschmelzung kommen. So wird, da sich die beiden Plicae pleuropericardiacae frontal einstellen, ein ventraler Abschnitt des Cavum pleuropericardiale als Cavum pericardii von zwei dorsalen Abschnitten, den beiden Cava pleurae, geschieden. Diese Scheidewand bezeichnen wir als Septum pleuropericardiacum. Eine Verbindung des Cavum pericardii mit den beiden Cava pleurae findet eine Zeitlang hoch oben in Form eines Spaltes statt, welcher zuletzt noch einen Verschluß erfährt. In seltenen Fällen bleibt linkerseits (Mc Garry) eine solche spaltförmige Verbindung zwischen der Pleura- und Pericardialhöhle bestehen. (Fig. 359.) Später geht das Mesocardium posterius verloren, indem der Überschlag des Pericards auf das Herz bloß an dem arteriellen und dem venösen Ende stattfindet.

Die dorsalen Räume verbinden sich nun caudalwärts noch immer mit demjenigen Teile des Coeloms, aus welchem die Peritonaealhöhle entsteht. Eine vollkommene Scheidung beider Räume kommt erst durch die Bildung des Diaphragmas zustande. Dieselbe wird durch die Entstehung einer horizontal eingestellten, dem

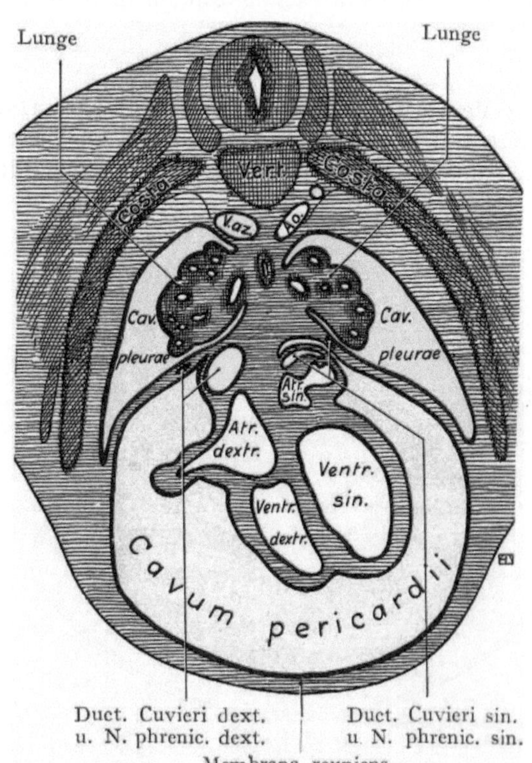

Fig. 416. Schema der Trennung der großen serösen Höhlen (Pericardial- u. Pleurahöhle). Schema III.

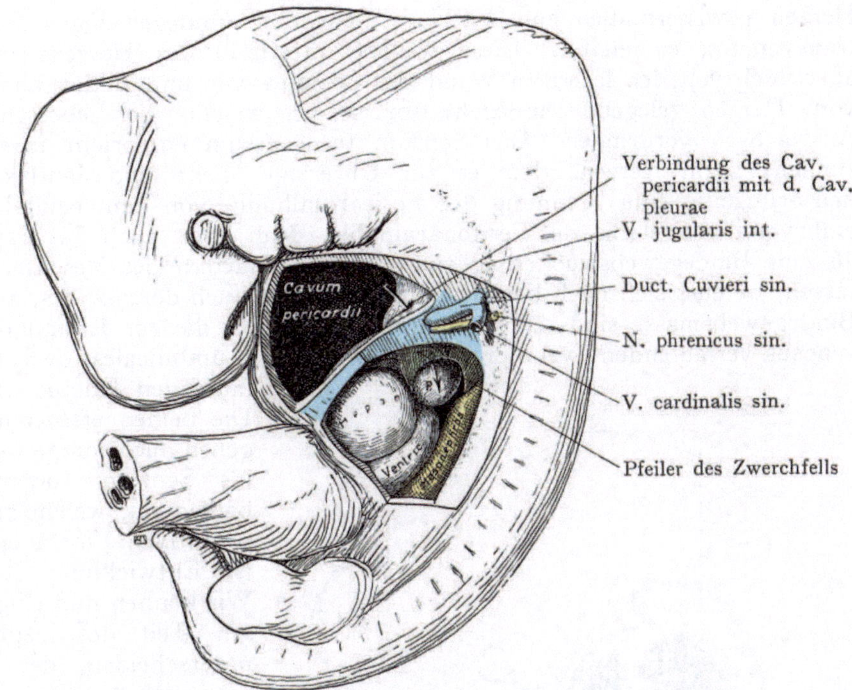

Fig. 417. Zwerchfell. Embryo hum. 9 mm.
Nach Mall in Keibel-Malls Handb. d. Entwicklungsgeschichte I. 1910

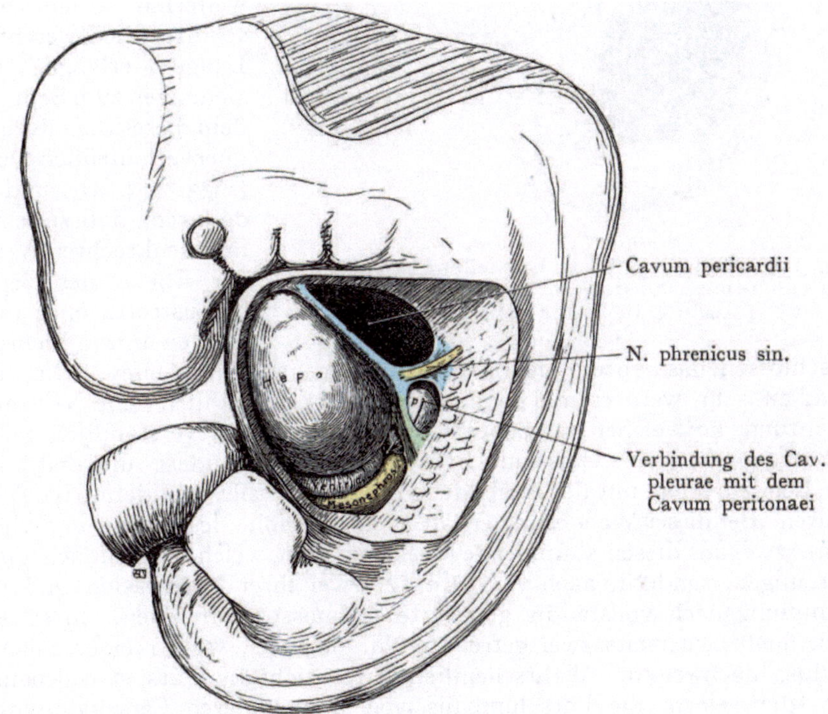

Fig. 418. Bildung des Zwerchfells. Embryo hum. 11 mm.
Nach einer Abbildung von Mall in Keibel-Malls Handb. d. Entwicklungsgeschichte 1910.

Herzen gewissermaßen zur Unterlage dienenden, bindegewebigen Platte, des Septum transversum, eingeleitet. Diese wächst unterhalb des Herzens von der vorderen, aber auch von der lateralen Wand des Coeloms vor und bildet zunächst eine caudal vom Herzen gelegene Bindegewebsmasse, in welche die Leberschläuche bei ihrem Auswachsen vordringen. Das Septum transversum entspricht in seiner Ausdehnung zunächst dem Herzen, dem es zur Unterlage dient und bewirkt so schon ziemlich frühzeitig eine Trennung der Pericardialhöhle von dem caudalen Abschnitte des embryonalen Coeloms, der Peritonaealhöhle. Man kann auch das Septum transversum als eine Bindegewebswucherung zwischen den Blättern des Mesenterium ventrale auffassen, welches sich nach beiden Seiten hin, aber auch dorsalwärts, ausbreitet. In diese Bindegewebsmasse sind schon frühzeitig (Fig. 390) die zur Einmündung in den Sinus venosus verlaufenden Vv. omphalomesentericae und umbilicales sowie die transversal verlaufenden Ductus Cuvieri eingelagert.

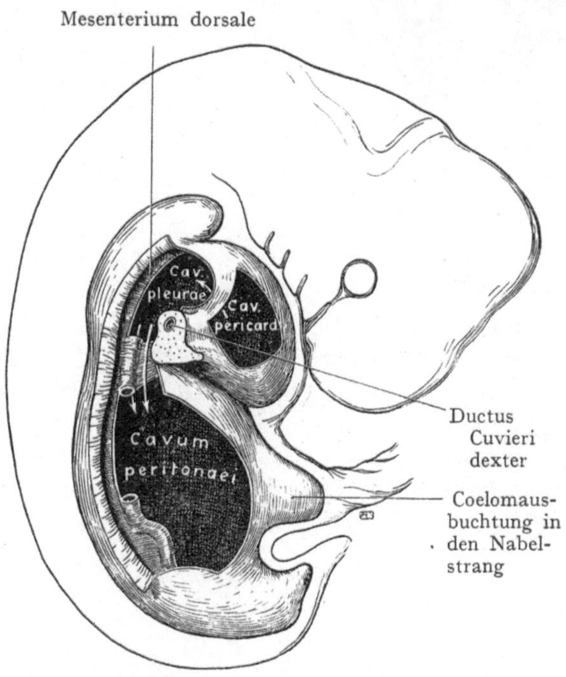

Fig. 419. Halbschematische Darstellung des Coeloms bei einem menschlichen Embryo von 7 mm Länge. Z. T. nach Mall, Journ. of Morph. V. 1891.

Die beiden erstgenannten Venenpaare gehen auch innige Beziehungen zu den ins Septum vorgewachsenen Leberbalken ein, welche zur Entstehung des primitiven Pfortaderkreislaufes führen (s. Entwicklung des Venensystems). Wir können nun (Fig. 412) einen unteren Teil des Septum transversum unterscheiden, der in seiner Ausbildung von den Beziehungen zur Leber und zu den großen Venen beherrscht wird, und einen oberen Teil, welcher dem Herzen zur Unterlage dient und weiterhin einen beträchtlichen Abschnitt des Zwerchfells herstellt. Die Lungen erlangen jedoch keine Beziehungen zum Septum transversum, indem dieses dorsalwärts bloß bis zu den querverlaufenden Ductus Cuvieri reicht (Figg. 412, 413 und 419), welche nun dadurch, daß sie einen steilen, zuletzt fast senkrechten Verlauf nehmen, aus der Ebene des Septum transversum heraustreten und, in die frontal eingestellten Plicae pleuropericardiacae eingeschlossen, das Septum pleuropericardiacum herstellen helfen. Das Herz liegt in frühen Stadien sehr weit cranial und erfährt erst allmählich eine Verlagerung in caudaler Richtung, an welcher das Septum transversum selbstverständlich teilnimmt, indem es sozusagen die ganze Hals- und Brustregion durchwandert, um erst an der Grenze gegen die Lendenregion, mit der Ausbildung des Zwerchfells, eine definitive Ausgestaltung zu erfahren. Bei dieser Wanderung erhält es in der Höhe des dritten und vierten Cervikalmyotoms zwei aus diesen stammende Muskelanlagen, welche sich zunächst nicht untereinander vereinigen, sondern, nach v. Goßnitz, zwei ihrer Innervation und ihrer späteren Bestimmung nach vollständig getrennte Zellmassen darstellen. In seltenen Fällen lassen sich auch beiderseits zwei getrennte Nn. phrenici, wovon einer ein N. phrenicus accessorius, nachweisen. Wahrscheinlich leitet sich die Pars sternocostalis diaphragmatis von dem einen, die Pars lumbalis von dem anderen Cervikalmyotome ab, während das Centrum tendineum nach Bromann eine sekundäre Bildung sein soll, die durch partielle Atrophie der Muskelplatte des Diaphragmas entsteht. Auch nach der Bildung des Septum transversum bleiben noch immer dorsal von demselben die zwei Ductus pleuroperitonaeales als Verbindungen zwischen den Pleurahöhlen und dem Cavum peritonaei übrig. Dieselben werden durch die Lungenanlagen ausgefüllt, welche sich in die dorsal vom Herzen gelegenen, noch eine Zeitlang mit dem Cavum pericardii in Zusammenhang stehenden Pleurahöhlen vorwölben. Durch die Vermittlung der Ductus pleuroperitonaeales treten die Lungen direkt mit der oberen Fläche der stark vergrößerten Leber in Kontakt (Fig. 417). Der Verschluß der beiden Öffnungen erfolgt nun durch zwei Falten, welche sich von ihrer dorsalen Wand erheben und medianwärts vorwachsend mit dem dorsalen Rand des Septum transversum, medial dagegen mit dem Mesenterium dorsale des Darmes in Verbindung treten. Diese Falten sind die „Zwerchfellpfeiler" (Figg. 417 und 418) oder, wie sie von vielen Autoren auch genannt werden, die Membranae pleuroperitonaeales; sie bilden mit der starken, an die Entfaltung der Lungen sich anknüpfenden Erweiterung der Pleurahöhlen den Boden, auf welchem die Bases pulmonum aufruhen, also einen zunächst kleinen, weiterhin aber immer beträchtlicheren Abschnitt des Zwerchfells. Das Septum transversum und die Membranae pleuroperitonaeales bilden also eigentlich bloß die Grundlage, auf welcher der Zwerchfellmuskel nach allen Seiten vorwächst. Der N. phrenicus verläuft in der Plica pleuropericardiaca caudalwärts, lateral von den Ductus Cuvieri (Fig. 414). In dieser Lage wird er rechterseits auch später angetroffen, lateral von der aus dem Ductus Cuvieri dexter hervorgegangenen V. cava superior.

Ausnahmsweise bleibt die Verbindung zwischen der Pleura- und der Peritonaealhöhle, welche normalerweise durch das Auswachsen der Membranae pleuroperitonaeales einen Verschluß erhält, bestehen und stellt einen Weg dar, auf welchem Baucheingeweide in die Pleurahöhle vordringen können. Man bezeichnet solche Bildungen als Herniae diaphragmaticae congenitales. Dieselben können nun in zwei Modifikationen vorkommen. Entweder bleibt der Verschluß des Ductus pleuroperitonaealis infolge einer Hemmungsbildung aus, so daß den Baucheingeweiden ein direkter Weg in die Pleurahöhle offen steht. Da ein Bruchsack bei der Ausweitung der in ihrem Verschluß gehemmten Öffnung nicht gebildet werden kann, so bezeichnet man diese Hernien als Herniae diaphragmaticae congenitales spuriae. Oder es können sich andererseits die Membranae pleuroperitonaeales normal ausbilden, während eine Hemmung in der Ausbreitung des muskulösen Teiles des Zwerchfelles besteht, so daß ein Punctum minoris resistentiae entsteht, an welchem Baucheingeweide die dünne Membran als Brucksack vor sich hertreiben und gegen die Pleurahöhle vordringen können. Solche Brüche bezeichnen wir als Herniae diaphragmaticae congenitales verae. Grosser fand unter 425 Zwerchfellhernien nur 40 verae, dagegen 385 spuriae. Links kommen die Herniae diaphragmaticae verae häufiger vor als rechts, und zwar beträgt das Verhältnis 5 : 4.

Zusammenfassende Bemerkungen über die Entwicklung des Diaphragmas.

1. Die Bildung des Diaphragmas wird durch die Entstehung des Septum transversum angebahnt, einer später im Mesenterium ventrale eingeschlossenen Masse von embryonalem Bindegewebe, zwischen dem caudalen Umfange des Herzschlauches und dem Übergange des Darmes in den Dottersack, an der vorderen Darmpforte. Das Septum transversum breitet sich auch seitlich und dorsalwärts aus und bildet so ein allerdings unvollkommenes, eben auf das Mesenterium ventrale beschränktes, mehr oder weniger transversal eingestelltes, primäres Septum zwischen der Pleuropericardialhöhle einerseits und der Peritonaealhöhle andererseits.

2. Das Septum transversum tritt in Beziehung zu den in den Sinus venosus einmündenden, den primären Pfortaderkreislauf herstellenden Venen sowie auch zu den

dieselben umwachsenden und einschließenden Leberbalken. Dorsal reicht es bis zu den beiden in frühen Stadien transversal verlaufenden, gleichfalls von ihm eingeschlossenen Ductus Cuvieri. Die obere dem Herzen zur Unterlage dienende Partie des Septums nimmt allein an der Bildung des Diaphragmas teil, während der untere Abschnitt das Bindegewebe der Leber, die Capsula fibrosa (Glissoni) liefert.

3. Das Septum transversum, welches bei seinem ersten Auftreten weit cranial lag, verschiebt sich mit dem Herzen in caudaler Richtung und nimmt dabei Muskelanlagen aus dem dritten und vierten Myotom (nebst den Nn. phrenici) mit, durch deren flächenhaftes Auswachsen der Zwerchfellmuskel gebildet wird.

4. Die Trennung der Pericardialhöhle von den Pleurahöhlen knüpft sich an eine Änderung in der Einstellung der Ductus Cuvieri und der dieselben einschließenden Plicae pleuropericardiacae. Die ursprünglich transversal von der Körperwand aus zum Sinus venosus ziehenden Ductus Cuvieri richten sich mit den beiden Plicae pleuropericardiacae steil auf. Diese erheben sich von dem hinteren Rande des Septum transversum sowie von der seitlichen Wandung des Cavum pleuropericardiacum und kommen schließlich medianwärts untereinander zur Verbindung, um das Septum pleuropericardiacum herzustellen. Eine Kommunikation zwischen dem Cavum pericardii und den beiden Cava pleurae bleibt noch eine Zeitlang hoch oben auf beiden Seiten bestehen.

5. Die Verbindung zwischen den beiden Cava pleurae und der Peritonaealhöhle erfährt einen Verschluß durch die Pfeiler des Zwerchfells, auch Membranae pleuroperitonaeales genannt, welche vom hinteren Rande des Septum transversum zunächst dorsalwärts verlaufen, dann caudalwärts umbiegen, um zwei Wülste herzustellen, die medial von den Urnierenfalten und lateral vom Mesenterium dorsale liegen. Diese wachsen allmählich gegen das Mesenterium dorsale vor und verbinden sich mit ihm, um so die Pleurahöhlen definitiv von der Peritonaealhöhle zu trennen.

6. In das so gebildete membranöse Diaphragma wachsen die aus dem dritten und vierten Myotome stammenden vom N. phrenicus innervierten Muskelanlagen hinein, um das muskulöse Diaphragma zu bilden.

Literatur über die Entwicklung des Gefäßsystems.

Gefäße, Endothel, Blut.

Arnold, Jul., Experimentelle Untersuchungen über die Entwicklung der Blutkapillaren. *Virchows* Arch. 53. 1871. — *Clark, E. R.,* Studies on the growth of bloodvessels in the tail of the frog larva by observation and experiment. Amer. J. of Anat. 23. 1918. 37—88. — *Dantschakoff, Wera,* Untersuchungen über die Entwicklung des Blut- und Bindegewebes bei Vögeln. Arch. f. mikr. Anat. 73. 1909. 117—181. — *Dieselbe,* Die erste Entstehung der Blutzellen beim Hühnerembryo und der Dottersack als blutbildendes Organ. Anat. Hefte 37. 1908. — *Dieselbe,* Über die Entwicklung des Knochenmarks bei den Vögeln und über dessen Veränderung bei Blutentziehung und Ernährungsstörungen. Arch. f. mikr. Anat. 74. 1909. 855—927. — *Éternod, A. C F,* Premiers stades de la circulation sanguine dans l'oeuf et l'embryon humain. Anat. Anz. 15. 1898. — *Evans, H. M.,* Die Entwicklung des Blutgefäßsystems in *Keibel-Malls* Handb. d. Entw.-Gesch. II. 1911. 551—688. — *Minot, Ch. S.,* Die Entwicklung des Blutes in *Keibel-Malls* Handb. d. Entw.-Gesch. II. 1911. 483—517. — *Maximoff, A.,* Untersuchungen über Blut- und Bindegewebe. Arch. f. mikr. Anat. 73. 1909. 444—561. — *Mollier, S.* und *Rückert, Joh.,* Die erste Entstehung der Gefäße und des Blutes bei Wirbeltieren in *Hertwigs* Handb. d. Entw.-Lehre I. 1. 2. Hälfte. 1906. — *Mollier, S.,* Blutbildung in der embryonalen Leber des Menschen und der Säugetiere. Arch. f. mikr. Anat. 74. 1909. 474—524. — *Derselbe,* Über den Bau der kapillaren Milzvenen. Arch. f. mikr. Anat. 76. 1911. 608—657. — *Oppel, A.,* Über die gestaltliche Anpassung der Blutgefäße, unter Berücksichtigung der funktionellen Transplantation. Vortr. u. Aufs. über Entw.-Mech. Nr. 10. Leipzig 1910. — *Sabin, F. R.,* Studies on the origin of blood-vessels as seen in the living blastoderm of the chick. Publ. Carnegie Inst. No. 272. 1919. — *Stockard, Ch. R.,* The origin of blood and vascular epithelium in embryos without a circulation of the blood and in the normal embryo. Amer. J. of Anat. XVIII. 1914. 227—327. — *Thoma, R.,* Untersuchungen über die Histogenese und Histomechanik des Gefäßsystems. Stuttgart 1893. — *Türstig, J.,* Untersuchungen über die Entwicklung der primitiven Aorten. Schriften, herausgegeben v. d. Naturf.-Ges. b. d. Univ. Dorpat. Dorpat 1884. — *Zimmermann, K. W.,* Der feinere Bau der Blutkapillaren. Anat. Hefte. 68. 1923. 1—109.

Entwicklung des Herzens.

Arnold, Jul., Ein Beitrag zur normalen und pathologischen Entwicklung der Vorhofscheidewand des Herzens. *Virchows* Arch. 51. 1870. 220—275. — *Barge, J. A. J.*, Beitrag zur vergleichenden Anatomie des Pericardiums. Zeitschr. f. Morphol. und Anthrop. XVII. 1914. — *Born, G.*, Über die Bildung der Klappen, Ostien und Scheidewände im Säugetierherzen. Arch. f. mikr. Anat. 33. 1889. — *Bruch, C.*, Über den Schließungsprozeß des For. ovale beim Menschen und den Säugetieren. Abh. d. Senckenbergschen nat. Ges. 1863. — *Éternod, A. C. F.*, Premiers stades de la circulation sanguine dans l'oeuf et l'embryon humain. Anat. Anz. 15. 1898. — *Gaupp*, Zum Verständnis des Pericardiums. Anat. Anz. 43. 1913. 562—568. — *Gruber, W.*, Über den Sinus communis und die Valvula der Vv. cardiacae und über die Duplizität der V. cava sup. Mem. Acad. Sc. St. Petersburg. t. 7. 1864. — *Hinze, Fr.*, Über den Verschluß des For. ovale des Herzens. Inaug.-Diss. Berlin 1893. — *His, W.*, Beiträge zur Anatomie des menschlichen Herzens. Leipzig 1886. — *Derselbe*, Anatomie menschlicher Embryonen III. 1885. 129—184. — *Hochstetter, Ferd.*, Entwicklungsgeschichte des Gefäßsystems. Ref. in *Bonnet* und *Merkels* Ergebn. 1. 1891 u. 3. 1893. — *Derselbe*, Die Entwicklung des Blutgefäßsystems, in *Hertwigs* Handb. d. Entw.-Lehre. — *Jarisch, A.*, Die Pars membranacea septi ventriculorum des Herzens. Sitzungsber. d. k. k. Akad. d. Wiss. Wien. Math.-nat. Kl. 120. Abt. III. 1911. — *Derselbe*, Die Pars membranacea septi ventriculorum im Herzen des Menschen. Ibid. 121. III. 1912. — *Koch, W.*, Der funktionelle Bau des menschlichen Herzens. Wien-Berlin 1922. — *Lindes, G.*, Ein Beitrag zur Entwicklungsgeschichte des Herzens. Inaug.-Diss. Dorpat 1865. — *MacCullom, J. B.*, On the muscular architecture and growth of the ventricles of the heart. Johns Hopkins Hosp. rep. IX. — *McGarry, R. A.*, A case of patency of the pericardium and its embryological significance. Anat. Rec. VIII. 1914. — *Mall, F. P.*, Bifid apex of the human heart. Anat. Rec. VI. 1912. — *Derselbe*, On the development of the human heart. Amer. J. of Anat. 13. 1912. — *Martin, H.*, Recherches anat. et embryol. sur les artères coronaires du coeur chez les vertébrés. Thèse de Paris 1894. — *Mönckeberg, J. G.*, Untersuchungen über das atrioventriculäre Bündel im menschlichen Herzen. Jena, Fischer 1908. — *Morrill, C. V*, On the development of the atreal system and the valvular apparatus in the right atrium of the pig embryo. Amer. J. of Anat. 20. 1916. — *Ott, Martin*, Ein Fall von Einmündung des Sinus coronarius in den linken Vorhof. Arch. f. Entw.-Mech. 29. 1909. — *Parker, G. H.*, Note on the bloodvessels of the heart in the sunfish (Orthagoriscus mola). Anat. Anz. 17. 1900. — *Pohlmann, A. G*, The course of the blood through the heart of the fetal Mammal. Anat. Rec. 3. 1909. — *Robinson, A.*, The early stages of the development of the pericardium. J. of Anat. a. Physiol. 37. 1902. — *Sato, Scherio*, Über die Entwicklung der Atrioventricular-Klappen und der Pars membranacea septi ventriculorum. Anat. Hefte 50. 1914. — *Spitzer, A.*, Über die Ursachen und den Mechanismus der Zweiteilung des Wirbeltierherzens. I. Die Beziehungen zwischen Lungenatmung und Herzsepticrung. Arch. f. Entw.-Mech. 45. 1919. — *Tandler, J.*, Die Entwicklungsgeschichte des Herzens. in *Keibel-Malls* Handb. d. Entw.-Gesch. II. 1911. 516—651. — *Derselbe*, Anatomie des Herzens in *Bardelebens* Handbuch der Anatomie. Bd. 3. 1. Abt. 1913. — *Veroçay*, Multiplicitas cordis (Heptacordia) bei einem Huhn. Verh. d. deutsch. path. Ges. 1905. 192—198. — *Weber, A.*, Reste de la valvule veineuse gauche dans le coeur humain. Bibliogr. anat. 13. 1904. 11—19.

Entwicklung der Aortenbogen.

Brenner, Alex, Über das Verhältnis des N. laryngeus inf. vagi zu einigen Aortenvarietäten des Menschen und zum Aortensystem der durch Lungen atmenden Wirbeltiere überhaupt. Arch. f. Anat. u. Entw.-Gesch. 1883. — *Congden, E. D.*, Transformation of the aorticarch system during the development of the human embryo. Contrib. to Embryol. Carnegie Inst. Wash. 14. 47—100. — *Éternod, A. C. F.*, Premiers stades de la circulation sanguine dans l'oeuf et l'embryon humain. Anat. Anz. 15. 1898. — *Henle, J.*, Anatomie des Menschen. III. Gefäßlehre. 1876. — *Hochstetter, Ferd.*, Über die Entwicklung der A. vertebralis beim Kaninchen, nebst Bemerkungen über die Entstehung der Ansa Vieussenii. Morph. Jahrb. 16. 1890. 572—586. — *Kajava, Y.*, Die Kehlkopfnerven und die Aortenbogenderivate beim Lama. Anat. Anz. 40. 1912. 265—279. — *Krassnig, Max*, Von der A. vertebralis thoracica der Säuger und Vögel. Anat. Hefte 49. 1913. — *Mall, F. P.*, On the development of the bloodvessels of the brain in the human embryo. Amer. J. of Anat 4. 1905. 1—18. — *Tandler, Jul.*, Über die Entwicklung des 5. Aortenbogens und der 5. Schlundtasche beim Menschen. Anat. Hefte 38. 1909. — *Vriese, B. de*, Sur la signification morphologique des artères cérébrales. Arch. de biol. 21. 1905. 357—455. — *Zimmermann, K. W*, Über einen zwischen Aortenbogen und Pulmonalarterie gelegenen Kiemenarterienbogen beim Kaninchen. Anat. Anz. 4. 1889.

Arterien der oberen Extremität.

Evans, H. E., On the arterial Bloodvessels in the anterior limb buds of birds and their relation to the primary subclavian artery. Amer. J. of Anat. 10. 1909. 281—319. — *Göppert, E.*, Über die Entwicklung von Varietäten im Arteriengebiete. Untersuchungen an der Vordergliedmaße der weißen Maus. Morph. Jahrb. 40. 1909. — *Müller, E.*, Beiträge zur Morphologie des Gefäßsystems. I. Die Armarterien des Menschen. Anat. Hefte 22. 1903. 379—574. — *Rabl, H.*, Die ersten Anlagen der Arterien der vorderen Extremität bei den Vögeln. Arch. f. mikr. Anat. 69. 1906. 341—388. — *Vriese, B. de*, Recherches sur l'évolution des vaisseaux sanguins chez l'homme. 2 Taf. Arch. de Biol. 18. 1902.

Arterien der unteren Extremität.

Henle, J., Handbuch der Anatomie des Menschen. III. Gefäßlehre. 1876. — *Manno, A.*, Sur un cas intéressant de „A. saphena magna" chez l'homme. Bibl. anat. 14. 1905. 193—206. — *Nauck, E. Th.*, Über die Ursache des Schwundes der Arteria ischiadica bei Säugetieren. Zeitschr. f. Anat. u. Entw.-Gesch. 68. 1923. — *Zuckerkandl, E.*, Zur Anatomie und Entwicklungsgeschichte der Aa. des Unterschenkels. Anat. Hefte 5. 1895.

Rumpf- und Eingeweidearterien.

Bromann, Ivar, Über die Entwicklung und die Wanderung der Zweige der Aorta abdominalis beim Menschen. Anat. Hefte 36. 1908. 507—550. — *Felix, W.*, Zur Entwicklungsgeschichte der Rumpfarterien des menschlichen Embryo. Morph. Jahrb. 41. 1910. — *Hochstetter, Ferd.*, Über den Ursprung der A. caudalis beim Orang und beim Kaninchen nebst Bemerkungen über sog. „Gefäßwanderungen". Anat. Hefte 43. 1911. — *Kolster, Rud.*, Studien über die Nierengefäße. Zeitschr. f. Anthrop. u. Morph. 4. 1901. — *Mall, F. P.*, Development of the internal mammary and deep epigastric arteries in Man. Johns Hopkins Hosp. Bull. 1898. — *Pernkopf, Ed.*, Die Entwicklung der Form des Magendarmkanals beim Menschen. Anat. Hefte. 64. 1922. 96—278. — *Popoff, D.*, Die Dottersackgefäße des Huhns. Wiesbaden 1894. — *Tandler, Jul.*, Zur Entwicklungsgeschichte der menschlichen Darmarterien. Anat. Hefte 23. 1902. — *Derselbe*, Über die Varietäten der A. coeliaca und deren Entwicklung. Ibid. 25. 1904.

Entwicklung der Kopfarterien.

Meyer, F., Zur Anatomie der Orbitalarterien. Morph. Jahrb. XII. 1885. — *Tandler, Jul.*, Zur Entwicklung der Kopfarterien bei den Mammaliern. Morph. Jahrb. 30. 1902.

Arterienvarietäten.

Pernkopf, Ed., Über einen Fall von beidseitiger Persistenz der Arteria ischiadica. Anat. Anz. 55. 1922. 536—543. — *Ruge, G.*, Beitrag zur Gefäßlehre des Menschen. Morph. Jahrb. IX. 1884. 329—388.

Entwicklung der Venen.

Evans, H. E., Die Entwicklung des Blutgefäßsystems, in *Keibel-Malls* Handb. d. Entw.-Gesch. II. 1911. — *Gelderen, Chr van*, Die Morphologie d. Sinus durae matris. Zeitschr. f. Entw.-Gesch. 74. 1924. 432—508. — *Gruber, W.*, Über den Sinus communis und die Valvula der Vv. cardiacae und über die Duplizität der V. cava sup. beim Menschen und bei den Säugetieren. Mém. de l'Acad. imp. des sc. de St. Pétersbourg. t. 7. 1864. — *Hahn, Herm.*, Über Duplizität im Gebiete der oberen und unteren Hohlvene und ihre Beziehungen zur Entwicklungsgeschichte. Inaug.-Diss. München 1896. — *His, W.*, Menschliche Embryonen. Leipzig 1880 bis 1885. — *Hochstetter, Ferd.*, Entwicklung des Venensystems der Wirbeltiere. Ref. in *Bonnet* und *Merkels* Ergebn. 3. 1893. — *Derselbe*, Entwicklung des Gefäßsystems, in *Hertwigs* Handb. d. Entw.-Lehre III. 2. 1906. — *Kollmann, J.*, Abnormitäten im Bereiche der V. cava inf. Anat. Anz. 8. 1893. — *Markowski, J.*, Über die Entwicklung der Sinus durae matris und der Hirnvenen bei menschlichen Embryonen von 15,5—49 mm Länge. Bull. Acad. des Sc. Cracovie. Classe des Sc. math. et nat. Serie B. Juli 1911. — *Richter, Erich*, Über den Verschluß des Ductus venosus (Arantii) nebst Bemerkungen über die Anatomie der Pfortader. *Virchows* Arch. 205. 1911. 259—263. — *Streeter, G. L.*, The development alterations in the vascular system of the Brain of the human embryos. Contrib. to Embryology. Carnegie Inst. VIII. 1918. 5—25.

Lymphgefäßsystem.

Davis, H. K., A statistical study of the thoracic duct in Man. Amer. J. of Anat. 17. 1915. 211—243. — *Huntington, G. S.*, Die Entwicklung des lymphatischen Systems der Vertebraten, vom Standpunkte der Phylogenie des Gefäßsystems. Anat. Anz. 39. 1911. 385—406. Lit.-Verz.! — *Derselbe*, The development of the mammalian jugular lymphsack. Amer. J. of anat. 16. 1914. — *McClure, Ch. F. W.*, The endothelial problem. Anat. Rec. 22. 1921. 219—235. — *Sabin, Florence, R.*, Die Entwicklung des Lymphgefäßsystems, in *Keibel-Malls* Handb. d. Entw.-Gesch. II. 1911. — *Dieselbe*, Der Ursprung und die Entwicklung des Lymphgefäßsystems. *Bonnet* und *Merkels* Ergebn. 21. 1913. 1—98.

Ausbildung der Topographie der Eingeweide.

Jackson, C. M., On the developmental topography of the thoracic and abdominal viscera. Anat. Rec. 3. 1909.

Trennung des Coeloms in die drei serösen Höhlen.

Bromann, Ivar, Über die Entwicklung des menschlichen Pericardiums und des Zwerchfells bei den Wirbeltieren. Referat in *Bonnet* und *Merkels* Ergebn. 20. 1911. — *Gößnitz, W. v.*, Beiträge zur Diaphragmafrage. Semons zool. Forschungsreisen IV. 1901. 207—262. — *Mall, F. P.*, Die Entwicklung des Coeloms und des Zwerchfells in *Keibel-Malls* Handb. d. Entw.-Gesch. I. 1910. — *McGarry, E.*, A case of patency of the pericardium and its embryological significance. Anat. Rec. 8. 1914. 43—53. — *Piper, H.*, Ein menschliches Ei von 6,8 mm Nackenlänge. Arch. f. Anat. u. Entw.-Gesch. 1900. 110—132.

Urogenitalsystem.

Allgemeines über die Entwicklung des Urogenitalsystems.

Die Entwicklung des Exkretionssystems ist, besonders bei den höheren Formen, nur schwer getrennt von derjenigen der Geschlechtsorgane zu behandeln. Denn erstens ist der Boden, auf welchem die beiden Organe, oder richtiger gesagt, Organkomplexe entstehen, derselbe, nämlich in letzter Linie das Coelomepithel, sei es der Zwischenstücke oder Ursegmentstiele (für die Exkretionsorgane), sei es des parietalen Blattes des unsegmentierten Mesoderms (für die Keimdrüsen). Zweitens bestehen auch später noch innige Beziehungen zwischen dem Exkretionsapparate und den Keimdrüsen, indem Abschnitte des ersteren ihrer ursprünglichen Funktion verlustig gehen, um Ausführungswege für die Geschlechtsprodukte zu bilden und sich so in den Dienst des Geschlechtsapparates zu stellen. Diese in bezug auf ihre Genese dem Exkretionssystem, in bezug auf ihre Funktion dagegen dem Genitalsystem zuzurechnenden Gebilde sind der Ductus deferens, die Ductuli efferentes testis, der Nebenhoden, das Epoophoron und das Paroophoron.

Bei der Besprechung des Urogenitalsystems werden wir nach alter Gepflogenheit auch noch Organe berücksichtigen, die zum Teil auf demselben Boden entstehen, wie der Urogenitalapparat, aber eine Differenzierung nach anderer Richtung erfahren. Hierher gehört die Nebenniere, deren Rinde aus Wucherungen des Coelomepithels entsteht, während das Mark durch eine eigentümliche Umbildung von ventral auswachsenden Zellen der aus dem Ectoderm stammenden Anlage des sympathischen Grenzstranges gebildet wird. Ferner besprechen wir bei dieser Gelegenheit auch eine Reihe kleiner, längs der Lumbalwirbelsäule angeordneter Organe, die aus derselben Quelle stammen wie das Nebennierenmark, mit diesem die intensive Färbbarkeit ihrer Zellen mittels Chromsalzen gemein haben und folglich als chromaffine Körper oder mit dem Nebennierenmark zusammen als chromaffines System bezeichnet werden. Wir besprechen also:

    I. Die Entwicklung des Exkretionssystems und seiner Ausführungsgänge.
   II. Die Entwicklung der Keimdrüsen und der Geschlechtsorgane, und zwar
        a) der inneren Geschlechtsorgane,
        b) der äußeren Geschlechtsorgane und des Dammes.
  III. Mißbildungen im Bereiche der inneren und äußeren Geschlechtsorgane.
  IV. Die Entwicklung der Nebennieren und des chromaffinen Systems.
   V. Hermaphroditismus.

Entwicklung des Exkretionssystems und seiner Ausführungsgänge.

1. Allgemeine Bemerkungen.

In der einfachsten Form setzt sich der Exkretionsapparat aus segmental angeordneten, quer verlaufenden Drüsenkanälchen zusammen, die entweder, entsprechend jedem Segmente, an der Oberfläche des Körpers ausmünden, wie wir das bei Anneliden sehen,

oder durch einen am caudalen Rumpfende ausmündenden Ausführungsgang, den primitiven Harnleiter, untereinander verbunden sind (Vertebraten). Die Querkanälchen leiten
sich bei den Wirbeltieren von den Zwischenstücken oder Segmentstielen her (s. Mesoderm)

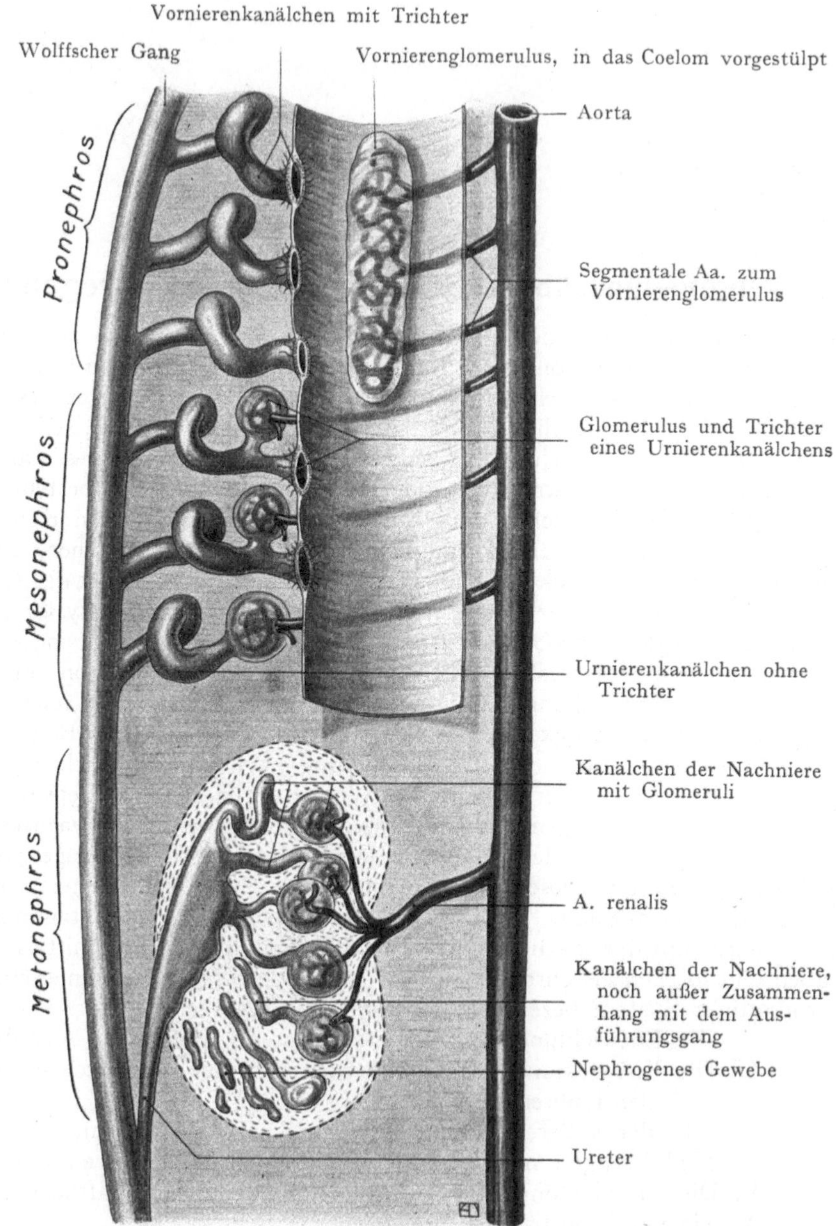

Fig. 420. Schema des Pronephros (Vorniere), des Mesonephros (Urniere) und des Metanephros
(Nachniere).

und treten bei den niederen Formen fast in der ganzen Ausdehnung des Rumpfes auf, so
z. B. bei Myxinoiden. Ein solches Harn- oder Segmentkanälchen besitzt nun immer
Beziehungen zu einem Apparate, welcher mit der Ausscheidung oder Filtration des
Harnwassers aus dem Blute in die Lichtung des Harnkanälchens betraut ist. Dieser

Filtrationsapparat kommt bei Wirbeltieren in zweierlei Modifikationen, je nach seiner Beziehung zum Harnkanälchen, vor. Erstens kann das Segmentkanälchen den Zusammenhang mit seinem Mutterboden, dem Coelomepithel, wahren, indem es mittels eines mit Flimmerhaaren besetzten Trichters (Flimmertrichter) in die Coelomhöhle ausmündet. Der Mündungsstelle gegenüber bildet ein Zweig der Aorta, welcher sich als Vas afferens wundernetzartig auflöst und dann wieder zu einem Vas efferens sammelt, einen in das Coelom sich vorwölbenden Glomerulus. Dieser stellt mit seinem Überzug aus Coelomepithel den Filtrationsapparat dar. In diesem Falle gelangt das ausgeschiedene Harnwasser in die Coelomhöhle, um von hier aus, infolge der Bewegungen der Haare des Flimmertrichters, in das Segmentkanälchen befördert und dem primitiven Harnleiter zugeführt zu werden. Eine solche Einrichtung sehen wir schematisch in Fig. 420 oben dargestellt. Zweitens kann jedes Kanälchen mit oder ohne Wahrung der Verbindung mit dem Coelom entweder als Ausbuchtung seiner Wand oder an seinem blinden Ende ein Corpusculum renis (Malpighii) bilden nach Art derjenigen, die wir an den Harnkanälchen der menschlichen Niere sehen. Dabei wird durch das arterielle Wundernetz des Glomerulus eine Erweiterung oder Ausbuchtung des Harnkanälchens eingestülpt. Das im Filtrationsapparate ausgeschiedene Harnwasser dient als Lösungsmittel für die Harnsalze, welche von den zylindrischen Zellen bestimmter Abschnitte des Harnkanälchens geliefert werden. Der Harn gelangt sodann in den primitiven Harnleiter und durch denselben in die den Darm aufnehmende Kloake, oder auch in einen besonderen Abschnitt derselben, welcher den Harnbehälter oder die Harnblase darstellt. Das Segmentkanälchen wächst oft sehr früh in die Länge und vergrößert damit seine sezernierende Oberfläche.

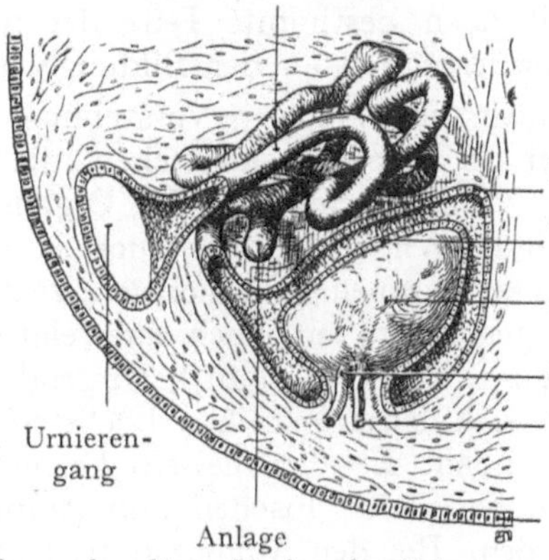

Urnierenkanälchen

Pariet. Blatt d. Glomer.
Visceral. Blatt d. Glomer.
Glomerulus
Vas afferens
Vas efferens

Urnieren- gang

Anlage eines sekundären Urnierenkanälchens

Fig. 421. Urnierenkanälchen (ohne Trichter) eines menschlichen Embryos von 10,2 mm Länge. Halbschematisch. Nach J. Kollmann, Lehrb. der Embryologie. 1896.

Ein solches Harn- oder Segmentkanälchen ist schematisch in Fig. 421 dargestellt. Wir sehen daran: 1. am blinden Ende des Kanälchens, wo es seine Verbindung mit dem Coelomepithel verloren hat, den zum Teil plastisch gezeichneten Glomerulus, mit dem Vas afferens und efferens desselben sowie das parietale und viscerale Blatt des vom Harnkanälchen gelieferten Epithels, welches das arterielle Wundernetz als Bowmansche Kapsel überzieht; 2. das stark gewundene Harnkanälchen mit einer Sprossenbildung, aus welcher sich ein weiteres Harnkanälchen sekundär bilden wird; 3. den Querschnitt des primären Harnleiters.

Die ursprünglichste Form des Exkretionsapparates finden wir bei gewissen Anneliden ausgebildet. Hier liegen in jedem Körpersegmente zwei gewundene, von Flimmerepithel ausgekleidete Kanälchen (Nephridien), die sich einerseits trichterförmig in das Coelom öffnen, andererseits auf der Oberfläche des Körpers ausmünden. Vom Coelom geht ein Flüssigkeitsstrom durch den Kanal nach außen, der die von der epithelialen Wandung desselben sezernierten Bestandteile des Harnes löst und nach außen befördert. Die Geschlechtsprodukte, welche in die Leibeshöhle entleert werden, benutzen gleichfalls die Segmentkanälchen, um nach außen zu gelangen, und damit haben wir schon jetzt ein Verhalten, das in der aufsteigenden Vertebratenreihe eine weitgehende Aus- und Umbildung erfährt. Bei den Amnioten bilden sich während der Ontogenese nacheinander drei Systeme von Harnkanälchen, die sich sowohl durch ihren Bau als durch ihre Herkunft aus bestimmten Teilen der Segmentstiele voneinander unterscheiden. Diese Systeme folgen nicht bloß zeitlich, sondern auch örtlich aufeinander, indem der zuerst auftretende Pronephros oder die Vorniere aus weiter cranial gelegenen Segmenten entsteht, als der auch zeitlich später folgende Mesonephros oder die Urniere, während das dritte System, der Metanephros (die Nachniere oder bleibende Niere der Amnioten) aus caudal folgenden Segmenten hervorgeht und sich sogar bei manchen Formen (Reptilien) erst nach dem Ausschlüpfen des Embryos aus dem Ei entfaltet. Zwei dieser Systeme, die Vorniere und die Urniere, sind bei Säugetieren Organe, die bloß während des Fetallebens angelegt werden, ohne daß ihnen in vielen Fällen eine Funktion als Exkretionsorgan wirklich zukäme. Desto wichtiger sind die Beziehungen, die sie zu den Keimdrüsen eingehen, in deren Dienst wir sie in späteren Stadien als Ausführungswege der Geschlechtsorgane treten sehen. So verbinden sich Kanälchen der Urniere mit dem Hoden, wobei der Ausführungsgang der Urniere zum Ductus deferens wird; Anhänge des Hodens und der Eierstöcke stellen in Form von rudimentären Organen (Appendix epididymidis, Parovarium und Paroophoron) nichts anderes als Reste des Urnierenganges resp. der Urnierenkanälchen dar. Auch von der Vorniere lassen sich mit größter Wahrscheinlichkeit noch bestimmte Teile der fertigen Organe ableiten, insbesondere nimmt auch der Vornierengang an der Bildung des Ductus deferens teil.

Wir haben uns wohl die Vorstellung zu bilden, daß die drei aufeinanderfolgenden Generationen der Exkretionskanälchen, die wir bei den Säugetieren finden, auch mit einer bedeutenden Vervollkommnung des Organs im Sinne einer erhöhten Leistungsfähigkeit verknüpft sind. Wir sehen dies auch in der phylogenetischen Reihenfolge der Organe zum Ausdrucke kommen. Die Vorniere zeigt zwar bei einer Anzahl niederer Vertebraten, z. B. bei einigen Teleostiern noch eine relativ hohe Ausbildung, obgleich es fraglich ist, ob sie als einziges Exkretionsorgan bei irgend einer noch lebenden Form vorhanden ist. In allen Fällen, auch denjenigen ihrer höchsten Ausbildung, ist neben ihr eine funktionierende Urniere vorhanden. Bei den meisten Formen hat die Vorniere eine bedeutende Reduktion erfahren und bei vielen Fischen und Amphibien ist die Urniere zum Hauptexkretionsorgan geworden. Bei den Amnioten tritt die Entfaltung der Urniere immer mehr zurück, während die Nachniere sich mächtiger ausbildet, und schließlich bei den Säugetieren die Ausscheidung des Harnes ganz übernimmt. So stellt unzweifelhaft die Vorniere das älteste, die Nachniere das jüngste Exkretionssystem dar.

2. Entwicklung des Pronephros (Vorniere).

Wir gehen von einem Stadium aus, bei welchem die Ursegmente mittels der Ursegmentstiele mit dem unsegmentierten peripheren Mesoderm in Zusammenhang stehen (Fig. 422). Sie bilden den Mutterboden für die Entstehung der Exkretionsorgane überhaupt, doch liefert nicht ein und derselbe Ursegmentstiel Bestandteile aller drei Systeme, sondern nur eines einzigen. Im Bereiche der cranialen Ursegmentstiele (des 7. bis 14. beim Menschen) wölbt sich die laterale Wand (Fig. 422) gegen das Ectoderm vor, um eine Ausbuchtung zu bilden, welche in gewissen Segmenten in die Länge wächst, indem sie ihre Verbindung mit dem Mutterboden bewahrt, während sie sich in anderen loslöst, so daß die Ausbuchtung zu einem Bläschen (Vornierenbläschen) wird (Fig. 423). Die einzelnen Ausbuchtungen oder Bläschen wachsen alsdann in caudaler Richtung aus verbinden sich untereinander und stellen einen Längskanal her, der ohne das Zutun weiterer Bläschen, auch nicht, wie das von einigen Seiten behauptet wurde, unter Beteiligung des Ectoderms, caudalwärts auswächst, um die Kloake zu erreichen und in dieselbe einzumünden.

So entsteht ein System von segmentalen Quer- oder Vornierenkanälchen, von denen einige die Verbindung mit dem Ursegmentstiele, d. h. mit dem Coelom, bewahren,

während wieder andere dieselbe aufgeben; alle münden in einen Sammelgang, den Vornierengang (Fig. 424), ein, welcher das Sekret der Kanälchen in die Kloake leitet. Ferner
bildet sich auch der Filtrationsapparat, den wir oben als einen notwendigen Bestandteil
jedes Exkretionssystems bezeichnet haben, und zwar tritt derselbe bei der Vorniere im
Gegensatz zur Ur- und Nachniere nach dem ersten Modus der Bildung auf. So entstehen
in der Nähe der trichterförmigen Ausmündungen der Vornierenkanälchen in das Coelom

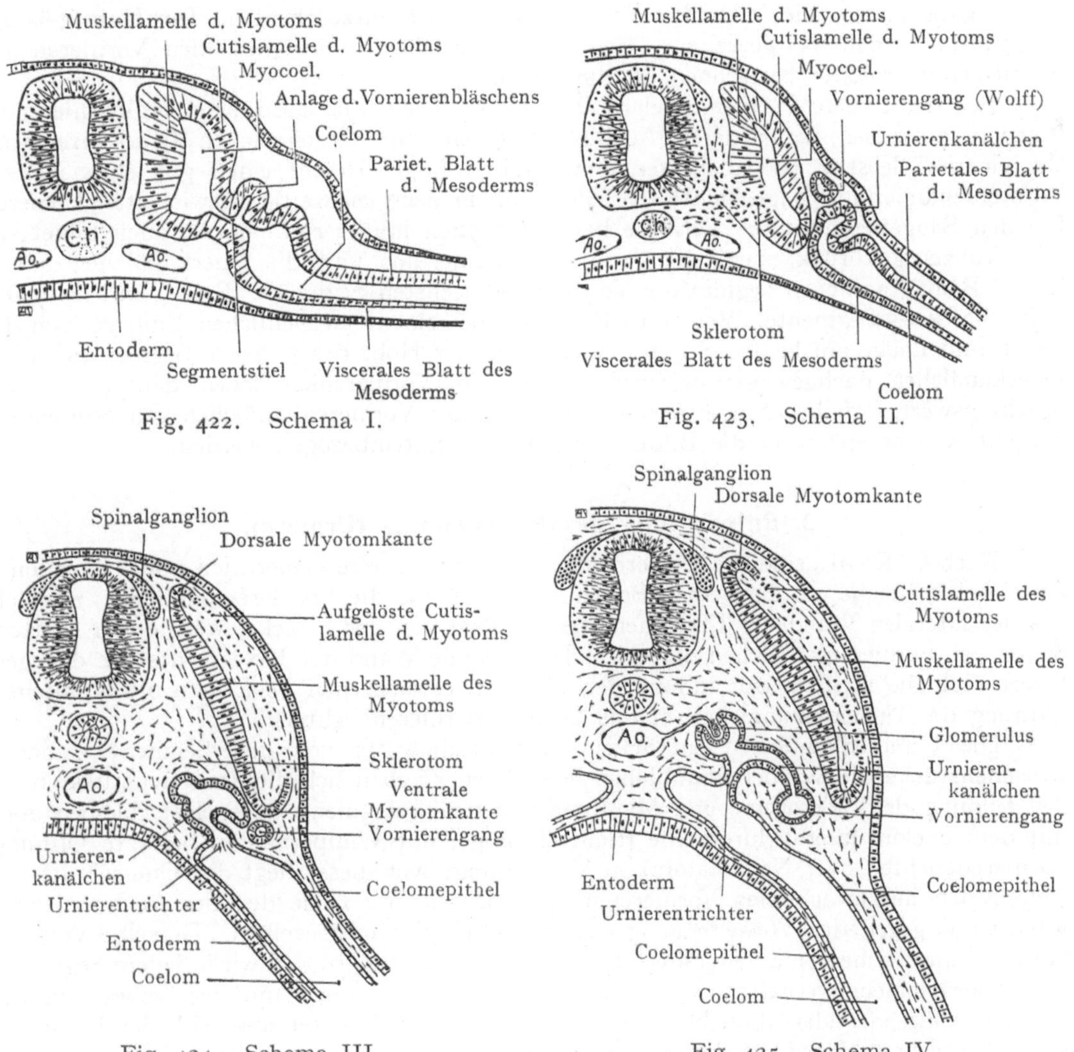

Fig. 422. Schema I. Fig. 423. Schema II.

Fig. 424. Schema III. Fig. 425. Schema IV.

Fig. 422—425. Schemata der Entwicklung des Urogenitalsystems.

auf beiden Seiten des Darmgekröses Wucherungen des Coelomepithels, die von wundernetzartig sich teilenden segmentalen Ästen der Aorta ausgestülpt werden (Fig. 425).
Diese segmentalen Glomerulusbildungen verschmelzen in der Längsrichtung untereinander zur Herstellung eines großen, bei funktionierender Vorniere (einigen Teleostiern)
über mehrere Segmente sich erstreckenden (äußeren) Vornierenglomerulus (Fig. 420).
Derselbe hängt frei in die Coelomhöhle. Bei einigen Formen (Selachiern, Säugetieren)
tritt die durchaus rudimentäre Vorniere niemals in Tätigkeit, und deshalb bleibt auch

der Vornierenglomerulus rudimentär, dagegen kann derselbe bei gewissen Amphibien und Teleostiern eine beträchtliche Größe gewinnen und in einem besonderen abgekapselten Abschnitte des Coeloms eingeschlossen sein (Vornierenkammer), in welchen die Vornierenkanälchen sich trichterförmig öffnen.

Der Zweck dieser Einrichtungen liegt klar zu Tage; die Harnflüssigkeit wird vom Glomerulus geliefert, durch die mit Flimmerhaaren besetzten trichterförmigen Ausmündungen der Vornierenkanälchen (Vornierentrichter) in diese übergeleitet, welche ihrerseits die Aufgabe haben, die festen Bestandteile des Harnes auszuscheiden. Der Harn gelangt sodann durch den Vornierengang, den wir bei solchen funktionierenden Vornieren als primitiven Harnleiter bezeichnen, in die Kloake.

Bei denjenigen Formen, welche im erwachsenen Zustande eine funktionierende Vorniere aufweisen, kann deren Ausbildung einen sehr verschiedenen Grad erreichen. Bei einem Teleostier (Lepadogaster bimaculatus) fand Guitel einen gut entwickelten Vornierenglomerulus, dagegen fehlten Glomeruli in der gleichzeitig entwickelten Urniere. Bei den Säugetieren ist die Vorniere bei Embryonen immer rudimentär, auch bildet sie sich frühzeitig zurück, wenigstens was den Glomerulus und die Querkanälchen anbelangt. Beim Kaninchen beginnt die Vorniere am sechsten Segmente (Rabl) und erstreckt sich über 4—5 Segmente. Von Tandler sind bei einem menschlichen Embryo von 15 bis 20 mm Länge auf beiden Seiten der Aorta in der Höhe des 5. bis 6. Segmentes einige Querkanälchen nachgewiesen worden, die er als Vornierenkanälchen deutet. Es ist beachtenswert, daß bei Säugetieren die Bildung der Vornierenkanälchen von Segmenten ausgeht, welche später in die Bildung des Halses miteinbezogen werden.

3. Entwicklung des Mesonephros (Urniere).

Nach C. Rabl „sind die Urnierenkanälchen eine zweite Generation von Exkretionskanälchen", welche auf demselben Boden entstehen wie die Vornierenkanälchen, nämlich aus der lateralen Wand der Ursegmentstiele, dorsal von der Strecke, welche den Mutterboden der Vornierenkanälchen darstellt. Die mediale Wand der Ursegmentstiele dagegen liefert bloß die mediale Umrandung der z. B. bei erwachsenen Selachiern oft erhaltenen Öffnung der Urnierenkanälchen in das Coelom (Urnierentrichter).

Die Urnierenkanälchen entwickeln sich caudalwärts von den Segmenten, deren Zwischenstücke die Vornierenkanälchen liefern. Hier haben sich die Zwischenstücke nach der Bildung der Sklerotome und Myotome von den Ursegmenten losgelöst, bleiben aber mit dem Coelom lateral durch eine trichterförmige, mit Wimperhaaren besetzte Öffnung (Urnierentrichter oder Nephrostom) in Verbindung; vor dieser liegt der Querschnitt des caudalwärts ausgewachsenen Vornierenganges. Das blinde Ende des Urnierenkanälchens wächst nun gegen den Vornierengang aus und öffnet sich in denselben. Derselbe Vorgang läuft an einer Reihe von aufeinanderfolgenden Segmenten ab, so daß wir in jedem Segmente zwei Querkanälchen erhalten, von denen einige die Verbindung mit der Leibeshöhle bewahren, während andere dieselbe aufgeben (Fig. 420). Bei Säugetieren fehlt den Urnierenkanälchen sehr früh jede Verbindung mit der Leibeshöhle, dagegen ist sie bei Selachiern, wo auch von Semper die Nephrostome entdeckt wurden, beim erwachsenen Tiere vorhanden, wenigstens für eine Anzahl von Kanälchen. Die Bildung der Urnierenglomeruli erfolgt, indem ein segmentaler, intermediärer Ast der Aorta, das sich erweiternde blinde Ende des Kanälchens einbuchtet. Wir haben es mit der Bildung eines Glomerulus nach dem zweiten Typus zu tun.

Die Urniere ist bei Selachiern sehr mächtig ausgebildet, während die Vorniere nur rudimentär angelegt ist und bald verschwindet; ein eigentlicher, der Niere der Amnioten entsprechender Metanephros fehlt. Die Urniere stellt hier während des ganzen Lebens das funktionierende Harnorgan dar. Allerdings treten im cranialen Abschnitte des Organs schon regressive Erscheinungen auf, die jedoch unter gleichzeitig stärkerer Ausbildung

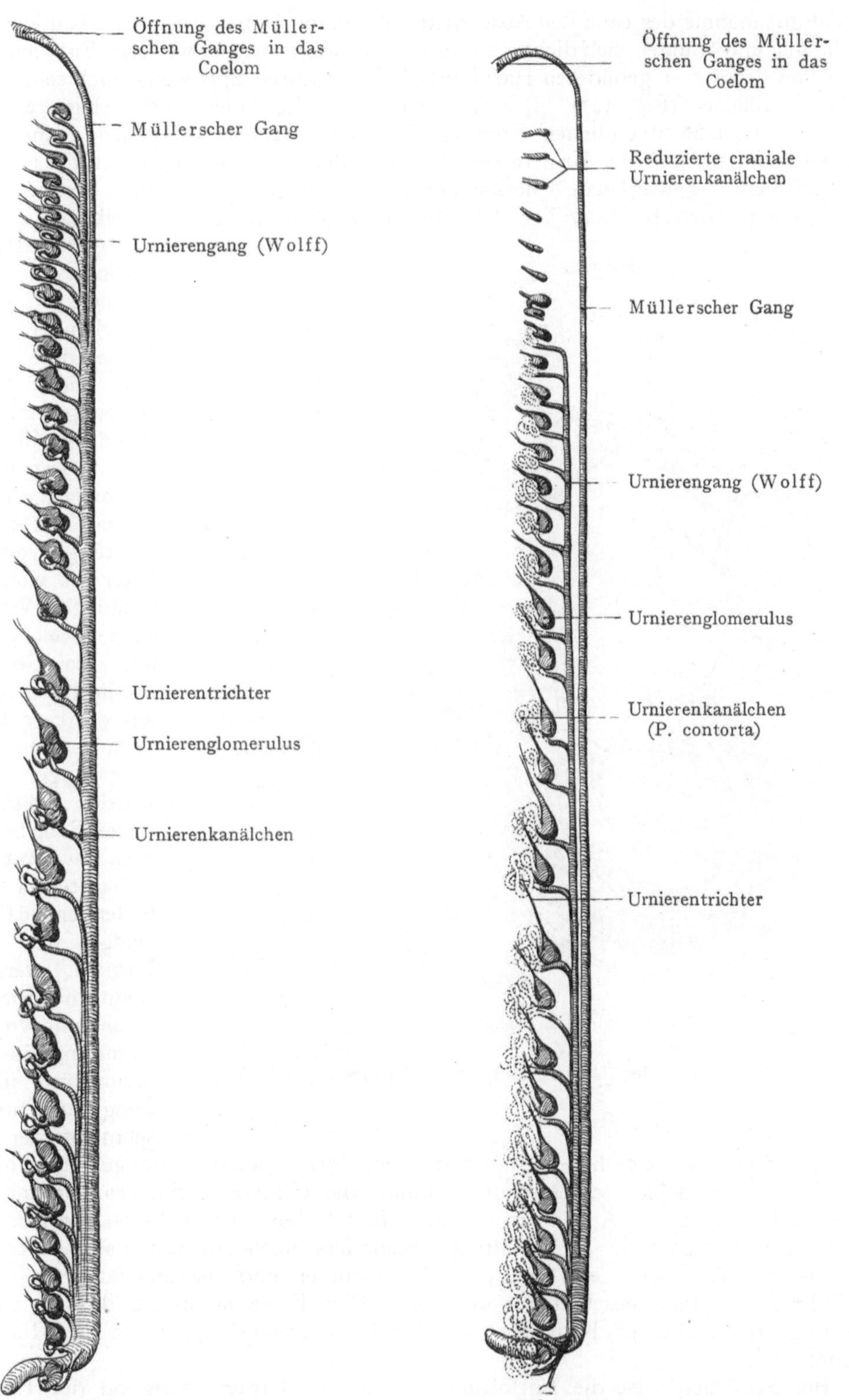

Fig. 426. Rekonstruktion der Urniere eines männlichen Pristiurusembryos von 25,3 mm Länge.

Nach C. Rabl, Morph. Jahrb. 24. 1896.

Fig. 427. Rekonstruktion der Urniere eines weiblichen Pristiurusembryos von 31 mm Länge.

Nach C. Rabl.

und Volumzunahme des caudalen Abschnittes ablaufen. Dabei werden die Kanälchen nicht bloß länger und drängen sich dichter zusammen, sondern bei der weiteren Entwicklung entstehen von den schon gebildeten Harnkanälchen aus durch Sprossung auch sekundäre und tertiäre Kanälchen (Fig. 421). Bei einem weiblichen Selachierembryo (Fig. 427) ist sehr deutlich, bei einem männlichen Embryo (Fig. 426) weniger weitgehend, eine Spaltung des Ausführungsganges der Urniere eingetreten, indem die ursprünglich mit den cranialen, jetzt rudimentär gewordenen Querkanälchen in Verbindung stehende Strecke des Ausführungsganges sich bis kurz vor der Einmündung in die Kloake selbständig gemacht

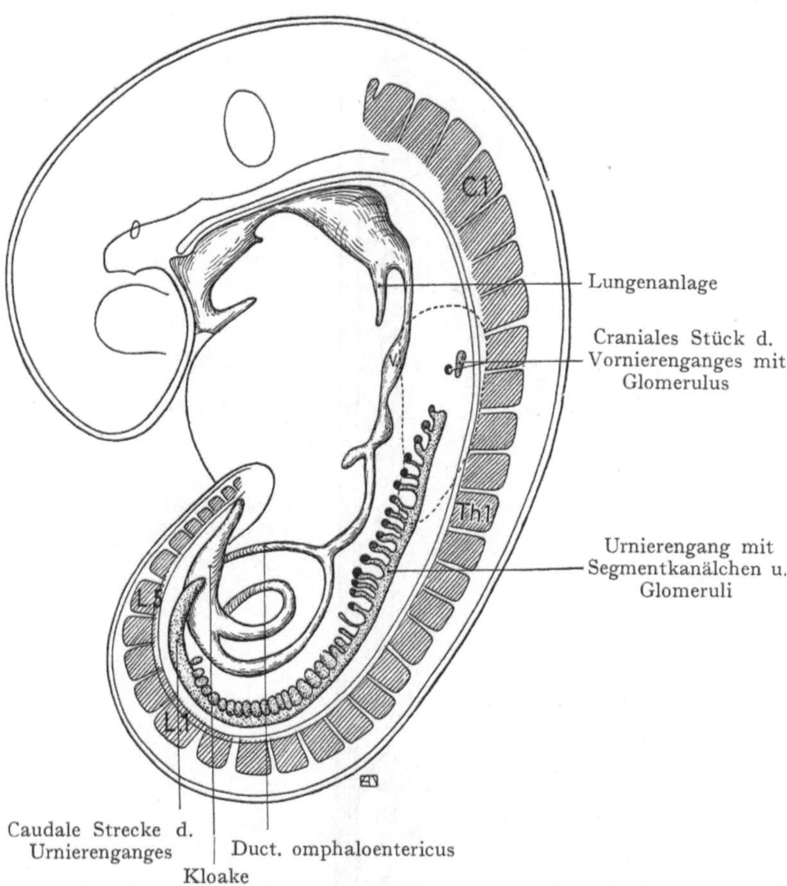

Fig. 428. Darstellung der Urniere bei einem Embryo von 4,9 mm Länge.
Nach N. W. Ingalls, Arch. f. mikr. Anat. 70. 1907.

hat und mittels eines besonderen, stark erweiterten cranialen Querkanals in die Leibeshöhle ausmündet. Dieser durch Abspaltung sekundär entstandene Gang leitet die Geschlechtsprodukte nach außen. Der Grund für seine Abspaltung vom Harnleiter ist wohl in der schädlichen Wirkung zu suchen, welche der Harn auf die Geschlechtsprodukte, besonders auf die Eier in einem gemeinsamen Ausführungsgange ausüben würde. Man könnte diesen Gang beim Weibchen etwa mit dem zur Tuba uterina sich umbildenden Müllerschen Gange der höheren Formen vergleichen. Beim männlichen Selachierembryo ist die Trennung des mit der Keimdrüse in Beziehung tretenden Abschnittes der Urniere nicht so streng durchgeführt, doch ist sie auch hier in ihren Anfängen erkennbar.

Diese bei Selachiern auftretende Trennung der Urniere in eine craniale und caudale Partie mit besonderen Ausführungsgängen findet bei den höhern Formen (Amnioten) eine weitergehende Ausgestaltung, besonders nachdem mit dem Auftreten des Metanephros (Nachniere) ein neuer, vollkommenerer und leistungsfähigerer Abschnitt des Exkretionssystems geschaffen worden ist. Eine Folge davon ist, daß die Urniere in ihrer gesamten nicht zur Keimdrüse in Beziehung tretenden Strecke der Rückbildung anheimfällt.

Bei Säugetieren ist die Entfaltung, welche die Urniere während des Fetallebens erlangt, außerordentlich verschieden. Bei einem von Ingalls beschriebenen menschlichen Embryo von 4,9 mm Länge (Fig. 428) ist am cranialen Ende wahrscheinlich schon eine

Rückbildung der Urniere erfolgt; ein paar Bläschen in der Höhe des fünften Cervikalsegmentes sind vielleicht als Reste einer Vorniere zu deuten. Der Urnierengang beginnt in der Höhe des siebenten Cervikalsegmentes und reicht bis zum zweiten Lumbalsegmente; demnach lassen sich im Bereiche der beiden letzten Cervikal- und der sechs oberen Thorakalsegmente die Anlagen von 18 Segmentkanälchen mit 16 Glomeruli nachweisen, von denen eine Anzahl sekundär entstanden sein dürfte. Die am weitesten caudal gelegenen Anlagen der Querkanälchen bilden später die Nachnierenkanälchen, mit welchen ein von dem unteren Ende des primären Harnleiters auswachsender sekundärer Harnleiter (Ureter) in Verbindung tritt.

Auf der Höhe ihrer Entwicklung stellen die Urnieren des menschlichen Embryos zwei längliche Wülste auf beiden Seiten der Radix mesenterii dar, welche von der mittleren Thoraxregion bis in die Beckenregion reichen. Bei einem menschlichen Embryo

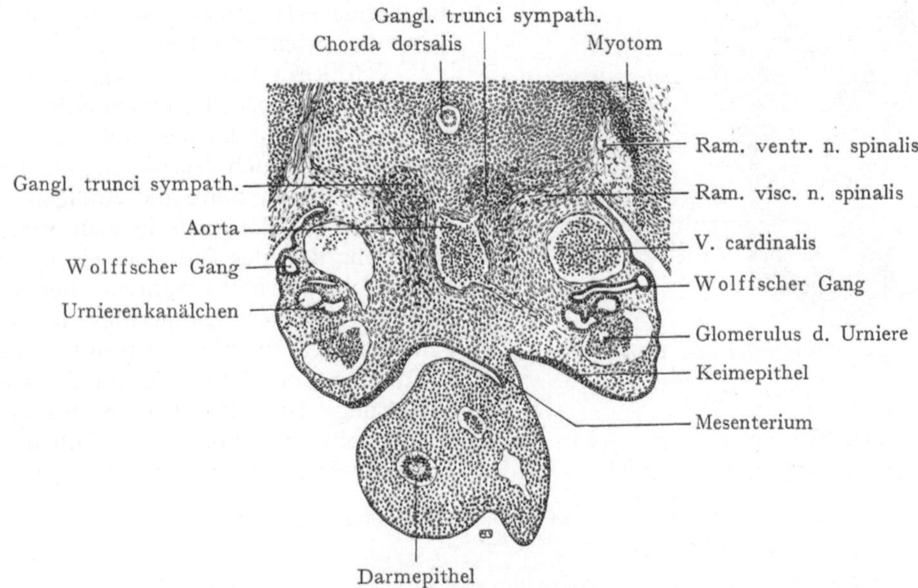

Fig. 429. Querschnitt durch die Plica urogenitalis und den Darm eines menschlichen Embryos von 7 mm Länge.

von 10,2 mm liegt das craniale Ende der Urniere zwischen dem 2. und 3. Thorakalnervenpaare, bei einem Embryo von 16 mm in der Höhe des 9. Thorakalnerven, bei einem solchen von 25 mm zwischen dem 11. und 12. Thorakalnervenpaare und endlich erstreckt sich die Urniere bei einem Embryo von 42 mm vom 4. Lumbalnerven bis zum 1. Sakralnerven (J. Warren). Auf Querschnitten (Fig. 429) bilden die Urnieren Vorwölbungen der dorsalen Wand der Bauchhöhle, in welchen wir den quergeschnittenen Urnierengang (Wolffschen Gang), ferner die Windungen einiger Querkanälchen sowie auch einen Glomerulus sehen. In nächster Nähe der Urniere, etwas dorsal von ihr, liegt die V. cardinalis der betreffenden Seite. Das beiderseits von der Radix mesenterii etwas höhere Epithel bildet die Anlage des Parenchyms der Keimdrüsen und wird als Keimepithel bezeichnet (s. unten). Der ganze Wulst stellt die Plica urogenitalis dar.

Bei einigen Säugern gewinnt die Urniere während der Fetalzeit eine sehr starke Ausbildung, so z. B. beim Schwein (Fig. 430). Hier sind die Urnierenkanälchen stark gewunden, auch bilden sich sekundäre Kanälchen aus Ausstülpungen der primären, ferner entfallen auch mehrere Glomeruli auf jedes Segment. Bei den meisten Säugetieren fehlen die Nephrostome, doch besitzt nach Keibel die Urniere von Echidna solche in guter

Ausbildung. Vielleicht dürfen wir annehmen, daß große Urnieren, wie diejenigen des Schweines (Fig. 431), während einer gewissen Embryonalperiode eine sekretorische Tätigkeit entfalten, während bei den meisten Säugetieren die Rückbildung so früh einsetzt, daß eine Sekretion ausgeschlossen erscheint. Die Rückbildung ist gerade beim Menschen eine sehr ausgedehnte, denn hier verschwinden nach Felix die cranialen $^5/_6$ der Drüse, vom sechsten Cervikal- bis zum zwölften Thorakalsegmente und bloß das übrigbleibende vom ersten bis dritten Lumbalsegmente reichende Sechstel wird teilweise (beim männlichen Geschlechte) durch neu erlangte Beziehungen zur Keimdrüse (s. unten) gerettet.

Rückert hat einen bemerkenswerten Befund beim Torpedo, einem Selachier, beschrieben. Er findet hier (im Widerspruche zu C. Rabl) auch Vornierenglomeruli, die auf der linken Seite die Anlagen innerer und äußerer Glomeruli in sich vereinigen, indem ihr dorsaler Teil sich wie ein innerer Glomerulus verhält, während der ventrale Teil als äußerer Glomerulus in die allgemeine Leibeshöhle vordringt. Vielleicht kann man von diesem Zustande aus eine Erklärung für die Glomerulusbildungen anderer Wirbeltiere gewinnen, „wenn man sich vorstellt, daß von dieser frühen Anlage in dem einen Falle nur der dorsale Anteil (Glomeruli interni), in dem anderen nur der

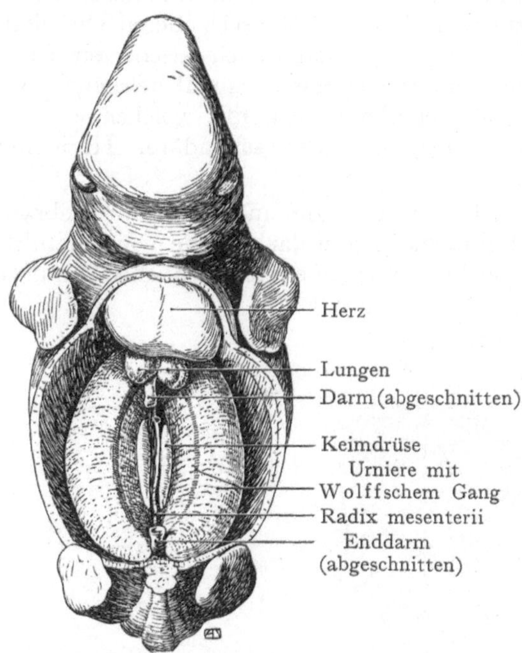

Fig. 430. Urnieren eines 19 mm langen Schweineembryos.

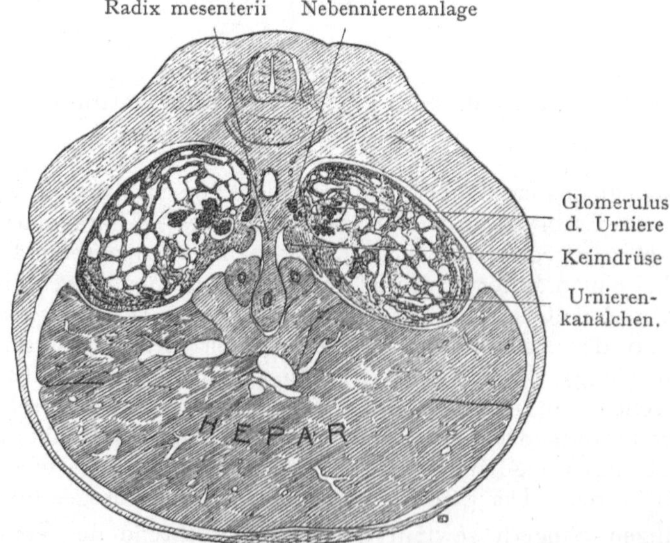

Fig. 431. Querschnitt durch einen Schweineembryo von 2,5 mm Länge. Stark ausgebildete Urniere.

ventrale (Glomeruli externi) und wieder in anderen beide zugleich (Glomeruli communes) zur Ausbildung gelangen".

4. Bildung des Metanephros (Nachniere).

Als Ersatz für die Urniere tritt bei Säugetieren sehr frühzeitig, bei Sauropsiden erst ziemlich spät, zum Teil erst nach der Geburt, der Metanephros, die Nachniere oder bleibende Niere der höheren Formen, auf. Sie stellt eine dritte Generation von Harnkanälchen dar, welche sich caudal den Urnierenkanälchen anschließen, dagegen nicht in den Urnierengang ausmünden, sondern einen eigenen Ausführungsgang erhalten, welcher als sekundärer Harnleiter oder Ureter vom unteren Ende des Urnierenganges aus gegen die Anlage der Nachnierenkanälchen emporwächst. Dieses eigentümliche Verhalten sowie auch Schwierigkeiten der Untersuchung bildeten den Grund zu der früher weit verbreiteten Annahme, daß die ganze Nachniere von der Ureterenausstülpung aus gebildet werde, welche cranialwärts an der dorsalen Wand der Bauchhöhle vorwächst. Dieser Ansicht,

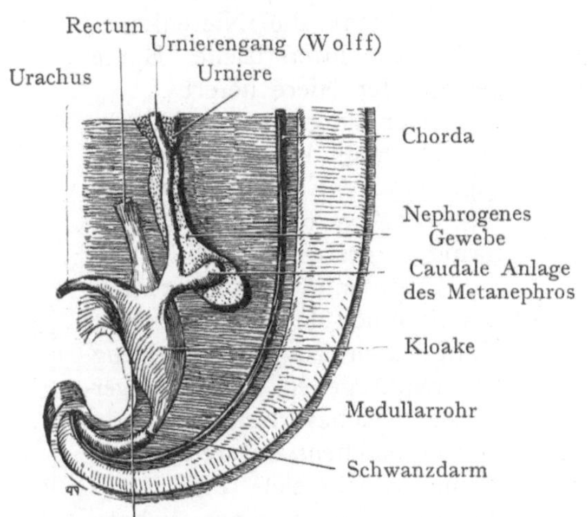

Fig. 432. Entwicklung des Metanephros (1). Nach Schreiner mit Zuhilfenahme der Keibelschen Modelle.

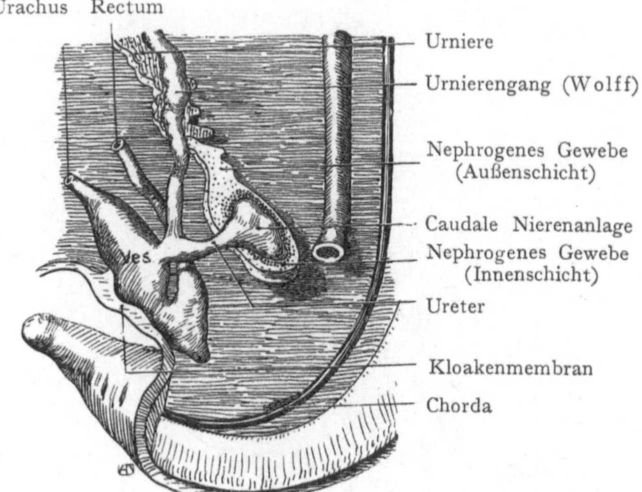

Fig. 433. Entwicklung des Metanephros (2). Nach Schreiner.

welche lange Zeit die herrschende war, wurde zuerst von Kupffer eine andere entgegengestellt, der zufolge der Metanephros aus zwei Anlagen entstehen sollte, einerseits aus der den Ureter, das Nierenbecken, die Nierenkelche und die Sammelröhrchen liefernden Ausstülpung des caudalen Endes des Urnierenganges, andererseits aus einem sog. Nierenblastem, welches die sezernierenden Harnkanälchen und die Glomeruli liefern sollte. Die Frage wurde endgültig im Sinne Kupffers durch K. E. Schreiner gelöst, welcher nachwies, daß das Nierenblastem Kupffers genau dieselbe Herkunft besitzt wie die Urnierenkanälchen, nämlich den Zwischenstücken der Ursegmente entstammt. Ohne jedoch den Anschluß an die Urniere zu erreichen, bilden die Kanälchen eine dichte Zellmasse, die caudal auf die Urniere folgt und keine Spur der segmentalen Anordnung einzelner Zellbalken (nephrogenes Gewebe) erkennen läßt. In diese Masse wächst die Ureterenknospe vom caudalen Ende des Urnierenganges aus hinein. „Die Nachniere stellt, der Urniere gegenüber, ein neues Organ dar, nicht nur mit Rücksicht auf Bildungsmaterial, sondern auch mit Rücksicht auf Materialverwendung und Entstehungsort" (Schreiner).

Eine ganz unvermittelte Stellung nimmt jedoch die aus zwei Anlagen entstehende Nachniere der Amnioten nicht ein. Schon bei niederen Formen finden sich paarige Ausbuchtungen der caudalen Strecke des Urnierenganges. Solche Bildungen treten aber bei den höheren Formen dauernd mit caudalen Urnierenkanälchen in Verbindung, indem gleichzeitig der caudale Abschnitt der Urniere in den Dienst des Geschlechtsapparates übergeht, resp. der Rückbildung verfällt. Die Nachniere, in welcher der Harn vollständig von den Geschlechtsprodukten getrennt ist, wird zum Exkretionsorgan. Vor allem „ist die Nachniere, verglichen mit der Urniere, ein vollkommeneres Organ, die Nachniere zeichnet sich der Urniere gegenüber durch den größeren Funktionswert ihrer Harnkanälchen aus" (Schreiner).

Die Ureterenausstülpung oder Ureterenknospe (Figg. 432 u. 433) geht von dem dorsalen Umfange des Urnierenganges aus und wächst cranialwärts vor, um, mit einem bläschenförmig erweiterten Ende in die nephrogene Zellmasse eindringend, weitere unregelmäßige Ausbuchtungen zu treiben. Um diese herum verdichtet sich sodann das nephrogene Gewebe zur Bildung der sezernierenden Harnkanälchen. Die Vorgänge laufen an der zentralen Masse des nephrogenen Gewebes ab (Fig. 434), der sog. Innenschicht, während die Außenschicht die Nierenkapsel und das interstitielle Bindegewebe der Niere liefert.

Der Vorgang der Bildung der Harnkanälchen ist in der Fig. 435 A—E dargestellt. In Fig. 435 A wird eine bläschenförmige, gestielte Ausbuchtung der Ureterenknospe als Anlage des Sammelröhrchens von einer Kappe dicht zusammengedrängten nephrogenen Gewebes verdeckt, welches die Anlage des Harnkanälchens darstellt. Weiterhin schickt sich (Fig. 435 B) das Bläschen zu einer dichotomischen Teilung an, bei welcher das nephrogene Gewebe ausgezogen wird, indem die Ränder der Kappe sich verdichten und hier ein Lumen auftritt. In Fig. 435 C ist die Teilung des

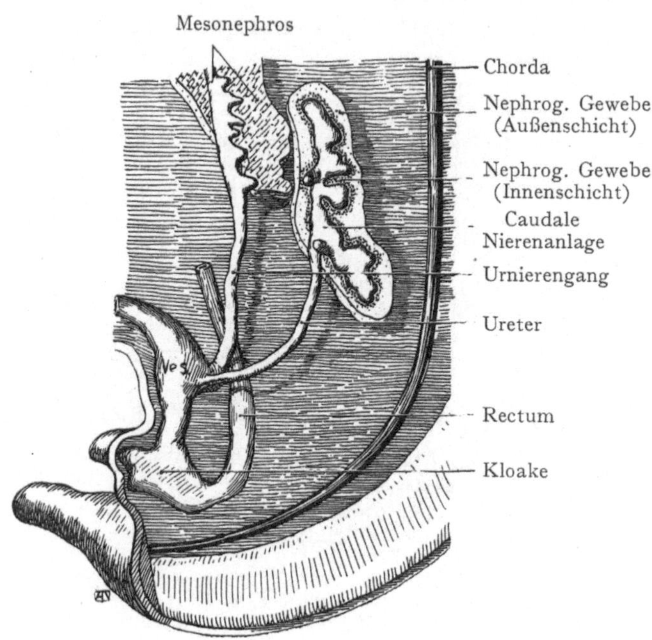

Fig. 434. Entwicklung des Metanephros (3). Nach Schreiner.

Bläschens noch weiter fortgeschritten, ferner haben die mit einem Lumen versehenen Ränder der Kappe sich als Anlagen der Harnkanälchen von ihrem Mutterboden losgelöst und wachsen nun in die Länge, um sekundär mit den Sammelröhrchen in Verbindung zu treten, und an ihren blinden, bläschenförmig erweiterten Enden (Fig. 435 D) durch Äste der A. renalis bei der Bildung der Glomeruli eingestülpt zu werden. Der Prozeß geht unter immer neuer dichotomischer Teilung der von Kappen nephrogenen Gewebes überzogenen Terminalbläschen der sekundären oder tertiären Ausbuchtungen der Ureterenknospe weiter. Den Abschluß des Prozesses in einem relativ späten Stadium sehen wir in Fig. 435 E vor uns. Aus den Anlagen der Harnkanälchen bilden sich 1. die beiden Blätter der Glomeruluskapsel, 2. der Tubulus contortus und die Henlesche Schleife, 3. das Schaltstück. Die Sammelröhrchen bilden sich, wie schon gesagt, aus der Ureterenknospe.

Bei der weiteren Entwicklung und Vergrößerung der Niere stellt die Peripherie der Rinde eine Wachstumszone dar, innerhalb welcher immer neue Anlagen von Harnkanälchen auftreten. Nach Toldt dauert die Neubildung von Harnkanälchen bis zum 6. oder 8. Tage nach der Geburt; später soll die Niere bloß durch das Wachstum der schon

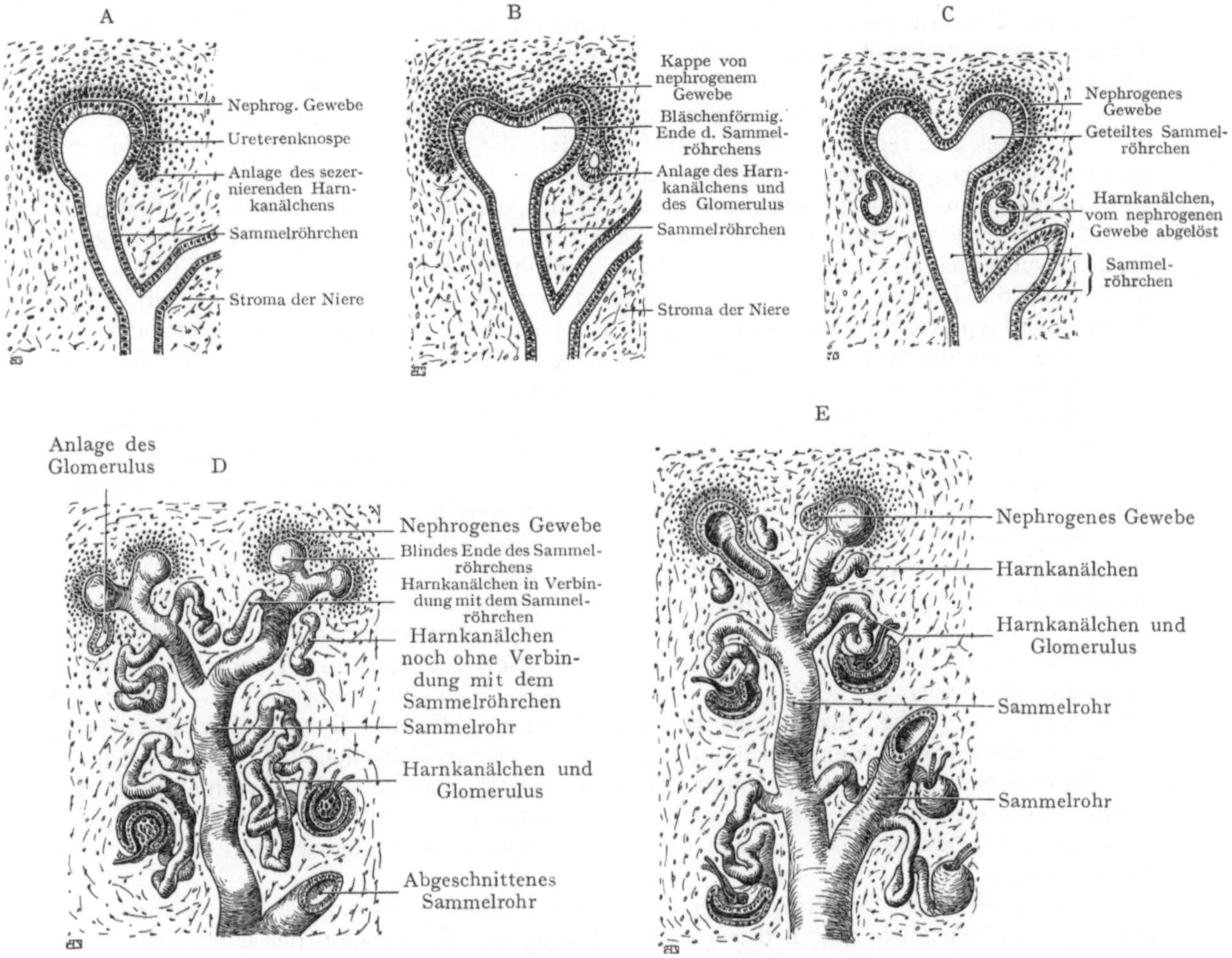

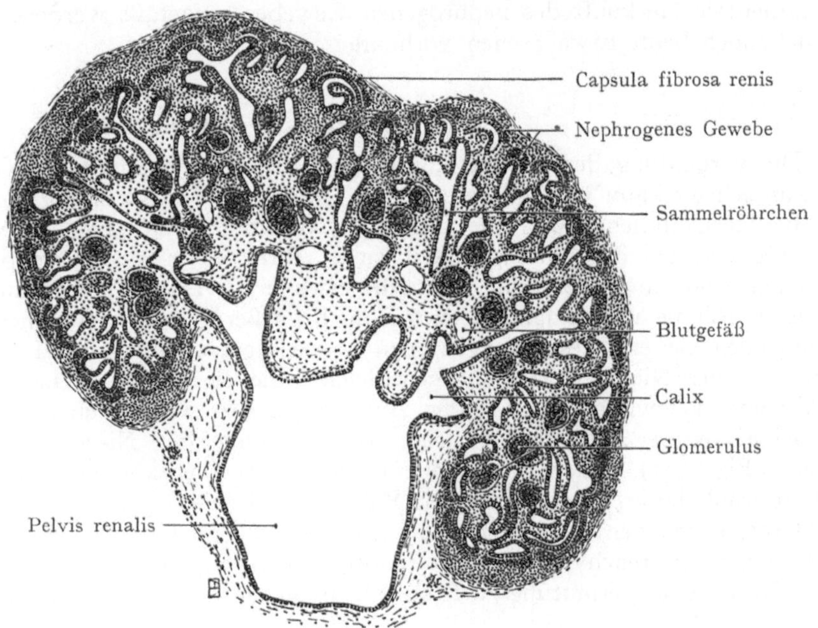

Fig. 435. Schemata zur Veranschaulichung der Entwicklung der Nachniere.

Fig. 436. Querschnitt durch die Niere eines menschlichen Fetus von 38 mm Länge.

angelegten Eleinente zunehmen, so daß die Glomeruli um so größer werden, je mehr wir uns dem erwachsenen Zustande nähern. Es wird angegeben, daß· der Durchmesser des Glomerulus von 118 μ beim Neugeborenen bis zu 240 μ beim Erwachsenen steigt, also etwa um das Doppelte. Auch besitzen in ein und derselben Niere die Glomeruli bis zum Alter von $2^1/_2$ Jahren eine recht verschiedene Größe, indem die peripheren, also jüngeren, kleiner sind als die tiefer gelegenen. Die Glomeruli jüngerer Nieren sind viel dichter zusammengedrängt; so kommen beim Neugeborenen auf einen Querschnitt bestimmter Größe fünfmal so viel Glomeruli wie beim Erwachsenen; ferner ist der Durchmesser der Tubuli contorti beim Erwachsenen doppelt so groß wie beim Neugeborenen (40—64 μ gegen 18—34 μ). Endlich ist das Längenwachstum der Harnkanälchen nach der Geburt ein sehr beträchtliches. Die Hypertrophie einer Niere, nach Exstirpation der anderen, erfolgt ausschließlich durch die Vergrößerung der bereits vorhandenen Elemente, indem eine Neubildung von Harnkanälchen oder von Glomeruli nicht beobachtet wird.

Neben der Neubildung von Harnkanälchen und Glomeruli in der fetalen Niere kommt auch eine Reduktion von bereits gebildeten Elementen vor. Die zuerst entstehenden Generationen von Harnkanälchen verschwinden mit ihren Glomeruli, indem immer neue Harnkanälchen peripherwärts gebildet werden.

Eine Darstellung aller Umbildungen, die während der Entwicklung an der fetalen Niere Platz greifen, würde zu weit führen; wir können nur ganz kurz auf einige Punkte aufmerksam machen. Fig. 436 stellt den Querschnitt durch die Niere eines Fetus von 38 mm Länge dar. Die primitive, im Vergleiche mit dem erwachsenen Zustande sehr weite Pelvis renalis, sendet dichotomisch sich teilende Ausbuchtungen gegen die Peripherie der Niere vor, wo die Bildung der Harnkanälchen im Gange begriffen ist. Zentralwärts sind schon eine Anzahl von Harnkanälchen und Glomeruli zu bemerken. Das primitive Nierenbecken dehnt sich auf Kosten der Sammelröhrchen aus; dabei werden die Sammelröhrchen erster Ordnung zu den Calices majores, die Sammelröhrchen zweiter Ordnung zu den Calices minores; Variationen im Ablaufe dieses Vorganges erklären die verschiedenen Formen des Nierenbeckens und der Nierenkelche beim Erwachsenen.

Die fetale Niere läßt eine nach der Geburt allmählich verschwindende Lappenstruktur erkennen, die sich auch äußerlich in der Abgrenzung von Feldern auf der Oberfläche der Niere kundgibt. Sie stellt eine sekundäre Bildung dar und darf nicht als ein Anklang an die segmentale Herkunft des nephrogenen Gewebes aufgefaßt werden. Nicht selten ist sie auch noch beim Erwachsenen vorhanden.

5. Mißbildungen der Nieren.

Die Verbindung der Ureterenknospe mit den vom nephrogenen Gewebe gelieferten Harnkanälchen kann in größerer oder geringerer Ausdehnung unterbleiben. Da nun die Harnkanälchen und die Glomeruli funktionsfähig sind, so wird Harn sezerniert, welcher, bei der Unmöglichkeit eines Abflusses in das Nierenbecken, die Harnkanälchen und die Glomeruli cystisch erweitert. Durch Verbindung der so entstandenen Räume untereinander können auch größere Cysten entstehen. Die Erklärung der formalen Genese dieser kongenitalen Cystenniere gelingt mit Hilfe unserer jetzigen Kenntnisse der Nierenentwicklung sehr leicht; die eigentliche Ursache des Ausbleibens der Verbindung zwischen den beiden Anlagen können wir jedoch nicht ergründen.

Eine weitere Anomalie ist eine Verdoppelung der Niere oder auch bloß des Ureters (Fig. 437), welche auch auf beiden Seiten vorkommen kann. Die Bildung entsteht wohl dadurch, daß im einen Falle, vom Urnierengange der betreffenden Seite, zwei Ureterenknospen auswachsen, die das nephrogene Gewebe erreichen und dasselbe zur Bildung des Parenchyms zweier getrennter Nieren anregen. In diesem Zusammenhange darf wohl auf eine Vermutung A. Fischels hingewiesen werden, nach welcher das primi-

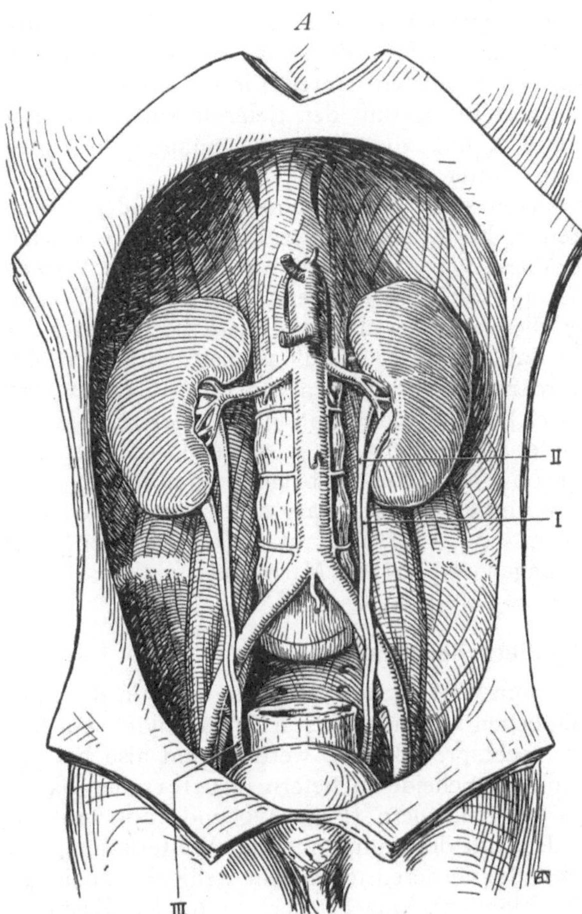

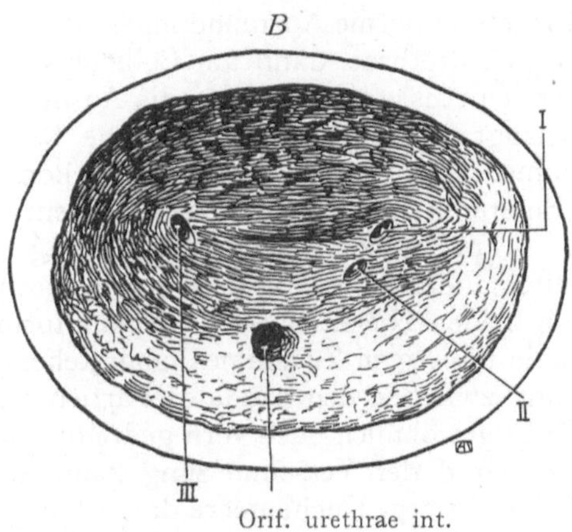

Fig. 437. Beiderseitige Verdoppelung des Ureters.
Auf der linken Seite münden beide Ureteren getrennt in die Harnblase (B); eine der beiden Einmündungsstellen liegt normal und gehört dem von der caudalen Partie der Niere herkommenden Ureter an (I links Hauptureter); der aus der cranialen Partie der linken Niere kommende Ureter (II) mündet zwischen der Mündung von I und dem Orificium urethrae int. in die Harnblase. Rechterseits ist eine ca. 5 cm lange Strecke cranial von der normal gelegenen Einmündungsstelle in die Harnblase einfach vorhanden (III).

tive Nierenbecken bei seinem Einwachsen in das nephrogene Gewebe durch formativen Reiz die Umbildung dieses Gewebes zu Harnkanälchen veranlaßt. Andererseits kann sich auch ein einfacher Ureter in verschiedener Höhe teilen. In beiden Fällen können doppelte Nieren entstehen, die hintereinander liegen, doch kann auch eine einfache Niere mit zwei Ureteren, wie sie in Fig. 437 dargestellt ist, die Folge sein. Hier münden links zwei vollständig voneinander getrennte Ureteren in die Harnblase ein, während rechterseits zwei Ureteren sich kurz oberhalb der Einmündung in die Harnblase vereinigen. Die Nieren waren auf beiden Seiten normal.

Nach H. Wimmer können beim Vorhandensein eines doppelten

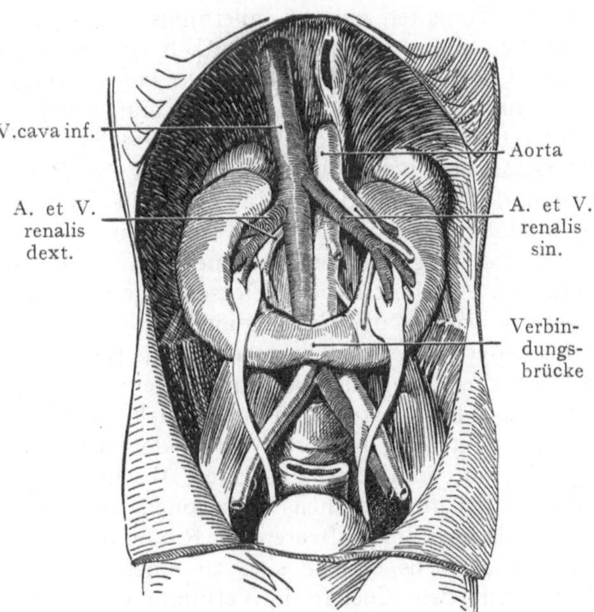

Fig. 438. Topographie einer Hufeisenniere. Beobachtet in dem Basler Seziersaale.

Ureters abnorme Ausmündungen der Ureteren vorkommen, so z. B. in die Pars prostatica urethrae, dann am Colliculus seminalis, in die Scheide, in die Samenblase und in
den Ductus deferens. Was die Ausmündung von doppelten Ureteren in die Harnblase anbelangt, so hat Rob. Meyer die Regel aufgestellt, 1. daß der tiefer mündende Ureter
immer vom oberen Nierenbecken kommt und 2. daß von zwei nebeneinander liegenden
Ureterenmündungen die mediale dem oberen Ureter angehört.

Im Gegensatze zur Vermehrung der Nieren steht die Verschmelzung beider Nieren
miteinander. Dieselbe kommt am häufigsten in Form der Hufeisenniere vor, bei welcher
die beiden Nieren durch eine bandförmige Masse von Parenchym quer über die Wirbelsäule hinweg in Zusammenhang stehen (Fig. 438). Gewöhnlich erstreckt sich die Verbindung zwischen den caudalen Partien beider Nieren; dabei sind das Nierenbecken und der
Hilus gewöhnlich nach vorn gedreht, und die Zahl der Nierengefäße ist beträchtlich erhöht.
Der Grad der Verschmelzung kann außerordentlich verschieden sein; das Extrem wird
durch die sog. Kuchenniere dargestellt, bei welcher die beiden miteinander verschmolzenen
Nieren eine unförmige, vor der Wirbelsäule oder auch im Becken gelegene Masse darstellen.
Die Hufeisenniere kommt einmal auf 1100 Fälle vor. Übrigens kommen Nieren-
anomalien relativ häufig vor; von 649 Nieren- und Ureterenoperationen in der Mayoschen
Klinik betrafen 25 Anomalien, d. h. es kam eine Anomalie auf 26 Operationen. Die
häufigsten Anomalien sind die Doppelbildungen (Achilles Müller).

6. Bildung des Müllerschen Ganges.

Sehr frühzeitig tritt ein zweiter, lateral vom Wolffschen gelegener Gang in der Plica
urogenitalis auf (Fig. 442), der sich beim weiblichen Geschlechte stärker ausbildet, um hier
zum Ausführungsgange der weiblichen Geschlechtsprodukte zu werden, und also bei den
Säugetieren die Tuba uterina, den Uterus und die Scheide zu liefern (Müllerscher Gang).

Schon bei den niederen Formen, z. B. bei Selachiern (Figg. 426 und 427) wird die
Bildung von zweierlei Gängen angebahnt. Der mit der Aufnahme und Weiterleitung der
Eier betraute Gang nimmt bei Selachiern nur die vorderen mehr oder weniger reduzierten
Querkanälchen der Urniere auf; auch beim Männchen macht sich im fetalen Zustande
dasselbe Verhalten geltend, allerdings weniger ausgesprochen als beim Weibchen. Beim
Männchen unterscheidet deshalb C. Rabl an der Urniere drei Abschnitte, einen cranialen,
dessen Querkanälchen sich mit dem Hoden verbinden und 7—8 Segmenten entsprechen,
einen mittleren (12—14 Segmente umfassend), dessen Harnkanälchen und Glomeruli
reduziert sind, und endlich einen caudalen sehr mächtigen Abschnitt, in welchem die
Querkanälchen beträchtlich in die Länge wachsen und zahlreiche Windungen bilden. Die
Einmündungsstellen dieser Kanälchen in den Urnierengang verschieben sich immer mehr
in caudaler Richtung, so daß dem aus den Querkanälchen des cranialen Urnierenabschnittes aufgenommenen Samen bloß Harn aus den beiden vorderen, schwach sezernierenden Abschnitten der Drüse beigemengt wird. Damit ist eine Schutzeinrichtung
gegeben, welche der Schädigung der Geschlechtsprodukte durch den Harn vorbeugt.
Beim anderen Geschlechte gelangen die Eier, vollständig vom Harne getrennt, durch den
Müllerschen Gang nach außen. Dieser scheint sich übrigens nicht in übereinstimmender
Weise bei allen Vertebraten zu entwickeln. Während er sich bei Selachiern, wie aus der
obigen Darstellung hervorgeht, von dem Urnieren- oder Vornierengange abspaltet, bildet
er sich bei Amnioten aus einer Abschnürung des Coelomepithels. Nach Felix entsteht er bei menschlichen Embryonen aus einer in der Höhe des dritten oder vierten
Thorakalsegmentes auftretenden Rinne des Coelomepithels, am lateralen Umfange der
Plica urogenitalis, welche sich zu einem an ihrem cranialen Ende (Ostium abdominale
tubae) mit dem Coelom in Verbindung stehenden Gange abschließt und caudalwärts
längs des Urnierenganges auswächst, um neben demselben (s. unten) in den Sinus urogenitalis auszumünden. Andere Wucherungen des Coelomepithels in der Nähe der zum

Müllerschen Gange sich abschnürenden Rinne können nachher mit diesem Gange in Verbindung treten und accessorische Öffnungen desselben in die Bauchhöhle herstellen (s. unten). Bei der weiteren Entwicklung verschiebt sich die Öffnung des Ganges, das spätere Ostium abdominale tubae, in caudaler Richtung über 12 Segmente, nämlich vom 3. oder 4. Thorakalsegmente bis zum 4. Lendensegmente (Felix).

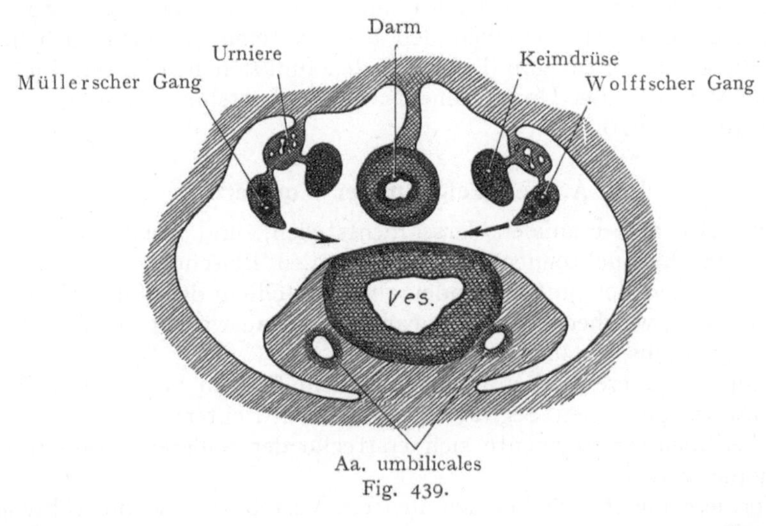

Fig. 439.

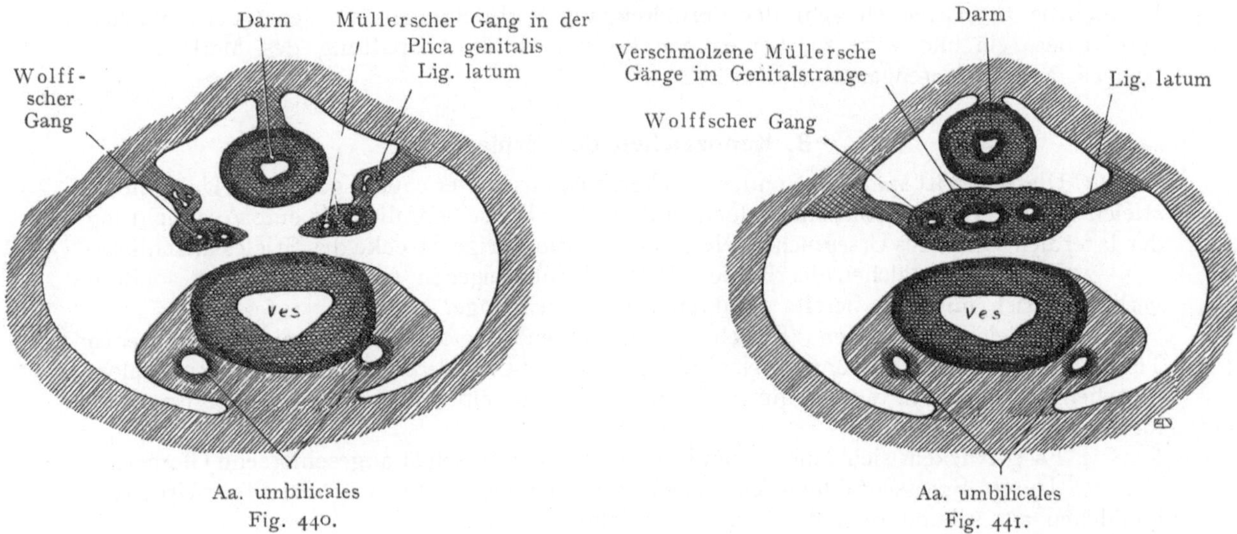

Fig. 440.   Fig. 441.

Figg. 439—441. Drei schematische Querschnitte zur Veranschaulichung der Bildung des Genitalstranges.

Der primäre Harnleiter (Wolffsche Gang) und der Müllersche Gang liegen in einer vom lateralen Umfange der Plica urogenitalis vorspringenden Falte (Fig. 439), die man bei Amnioten mit Rücksicht auf ihr späteres Schicksal als Plica genitalis bezeichnet. Beide Falten kommen einander caudalwärts näher (Fig. 440), so daß sie sich schließlich vor dem Beckendarme zur Bildung eines bei beiden Geschlechtern sowohl die Müllerschen als die Wolffschen Gänge enthaltenden Stranges, des Genitalstranges, vereinigen (Fig. 441). In demselben finden wir die Wolffschen Gänge lateral, die beiden Müllerschen Gänge, welche teilweise zur Bildung des Uterus und der Scheide miteinander verschmelzen, medial.

7. Zusammenfassendes und Vergleichendes über die Entwicklung des Exkretionssystems.

Die drei Generationen von Harnkanälchen, welche wir als Vorniere, Urniere und Nachniere bezeichnen, stehen einander nicht unvermittelt gegenüber. Ihr Mutterboden, die Ursegmentstiele, ist ein gemeinsamer, auch bauen sie sich aus denselben drei Elementen auf, einem Glomerulus, einem Harnkanälchen und einem Ausführungsgange. Die morphologischen Unterschiede zwischen den drei Systemen müssen auch hervorgehoben werden, denn dieselben liegen zum Teil auch den funktionellen Unterschieden zugrunde, die zwischen der Vorniere, der Urniere und Nachniere bestehen. Dem Vergleiche der drei Systeme diene die Fig. 420.

A. Kennzeichen der Vorniere.

1. Sie entsteht aus cranialen Ursegmentstielen, und zwar von deren lateraler Wand in Form von Ausbuchtungen oder segmentalen Bläschen.

2. Diese verbinden sich untereinander zur Herstellung des Vornierenganges oder des primitiven Harnleiters, welcher selbständig caudalwärts auswächst, um in die Kloake, resp. in den Sinus urogenitalis, einzumünden.

3. Es können mehrere Verbindungen mit dem Coelom bestehen bleiben und zwar in mehr cranialwärts gelegenen Segmenten (Vornierentrichter).

4. Ein über mehrere Segmente sich erstreckender äußerer Glomerulus wölbt sich in die Leibeshöhle vor.

5. Die Vorniere bildet sich bei den meisten Vertebraten schon während des frühen Fetallebens zurück; doch geht der Vornierengang Verbindungen mit den Querkanälchen der Urniere ein und wird so, bei einigen Formen unter Abspaltung des Müllerschen Ganges, zum Urnierengange.

B. Kennzeichen der Urniere.

1. Dieselbe tritt später auf und entwickelt sich aus weiter caudal gelegenen Ursegmentstielen als die Vornierenbläschen, doch in derselben Weise, nämlich als eine Ausbuchtung der lateralen Wand des Ursegmentstieles, der sich die übrige Strecke des Stieles anschließt.

2. Die Querkanälchen der Urniere bilden keinen eigenen Ausführungsgang, sondern verbinden sich mit dem bereits gebildeten Vornierengange.

3. Bei einigen Formen (Selachier, Amphibien) bleiben, auch beim erwachsenen Tiere, eine Anzahl Verbindungen (Nephrostomata) der Urnierenkanälchen mit dem Coelom bestehen; bei Säugern, ausgenommen Echidna, sind dieselben zu keiner Zeit der Entwicklung vorhanden.

4. Es entwickeln sich innere, den Urnierenkanälchen selbst angeschlossene Glomeruli.

5. Durch Sprossenbildung entstehen von den segmental angeordneten Urnierenkanälchen aus sekundäre und tertiäre Kanälchen.

6. Bei den Amnioten bildet sich die Urniere als Exkretionsorgan zurück. Nur die als Ausführungsgänge des Samens sich darstellenden Abschnitte (Ductus deferens, Nebenhoden, ferner einzelne rudimentäre Urnierenkanälchen) bleiben bei beiden Geschlechtern im Anschlusse an die inneren Geschlechtsorgane erhalten (s. unten).

C. Kennzeichen der Nachniere.

1. Dieselbe entwickelt sich am spätesten und am weitesten caudal aus zwei zunächst getrennten Anlagen.

2. Der Ureter, das Nierenbecken, die Nierenkelche und die Sammelröhrchen entstehen aus einer Ausstülpung des distalen Endes des Urnierenganges (Ureterenknospe).

3. Die sekretorischen Abschnitte der Harnkanälchen, inklusive der Glomeruli, bilden

sich aus den Ursegmentstielen und stellen eine caudal auf die Urniere folgende Masse nephrogenen Gewebes dar.

4. Wie bei der Urniere bilden sich innere Glomeruli.

5. Die Harnkanälchen und die Glomeruli der Nachniere nehmen beim Menschen bis kurz nach der Geburt an Zahl zu; später dagegen wächst die Niere bloß infolge der Größenzunahme der Glomeruli und des Längenwachstums der Harnkanälchen.

6. Die Verbindungen der Kanälchen der Nachniere mit der Bauchhöhle, wie sie bei niederen Formen als Nephrostome vorhanden sind, treten bei der Nachniere niemals auf.

Trotz dieser die drei Systeme charakterisierenden Verschiedenheiten können wir sagen, daß prinzipielle Unterschiede eigentlich fehlen. Die Momente, welche zum Wechsel und zum Ersatz der Vorniere durch die Urniere, dieser wieder durch die Nachniere geführt haben, sind natürlich nicht genauer festzustellen, doch dürfen wir wohl eine Tatsache betonen, welche auf die Stellung der drei Systeme zueinander ein Licht werfen könnte. Es unterliegt nämlich keinem Zweifel, daß die Änderung des Aufbaues der Nierensysteme auch mit einer Vervollkommnung derselben in physiologischer Hinsicht verknüpft ist. Wahrscheinlich besteht dieselbe, wie C. Rabl vermutet, in einer Abnahme der Größe und Zunahme der Zahl der Glomeruli und der Kanälchen, sowie in dem Längenwachstum der letzteren. „Sowohl die Glomeruli als die Harnkanälchen nehmen von der Vorniere zur Urniere und von dieser zur Nachniere an Größe ab. Der Funktionswert der Vorniere ist ein geringerer als der der Urniere und dieser ein geringerer als der der Nachniere" (C. Rabl).

Auf die scheinbar so unvermittelte Entstehung der Ureterenknospe aus dem Urnierengange bei Säugetieren wirft die Vergleichung mit Vögeln und Reptilien ein gewisses Licht. Bei Vögeln bildet die caudale Strecke des Urnierenganges mehrere Ausbuchtungen, mit denen sich eine Anzahl von spät auftretenden Querkanälchen in Verbindung setzen. Der Ureter der Nachniere ist wohl nichts anderes als eine solche sekundär vom Urnierengange aus gebildete Ausbuchtung, die eben zu einer größeren Menge von nephrogenem Gewebe in Beziehung tritt. Bei der Annahme einer ursprünglich größeren Zahl von Ausbuchtungen lassen sich auch ungezwungen diejenigen Fälle von doppeltem Ureter erklären, bei denen beide Ureteren getrennt voneinander in die Harnblase einmünden.

Entwicklung der Keimdrüsen und der inneren Geschlechtsorgane.

1. Allgemeines.

Die Anlagen der Keimdrüsen, welche dazu bestimmt sind, die Geschlechtsprodukte zu liefern, erstrecken sich in frühen Entwicklungsstadien über eine größere Reihe von Segmenten. Beim Menschen reichen sie nach Felix vom sechsten Thorakalsegmente bis zum zweiten Sakralsegmente, als eine Verdickung des Epithels der Plica urogenitalis, auf beiden Seiten der Radix mesenterii (Fig. 442), doch macht sich, wie überhaupt bei allen Säugetieren, eine sehr weitgehende Reduktion der Anlagen geltend, bis sie schließlich bloß noch drei bis vier Segmenten entsprechen.

Die Geschlechtszellen entstehen aus dem Coelomepithel im Bereich des zu beiden Seiten der Radix mesenterii gelegenen Bezirkes. Man bezeichnet sie als Urgeschlechtszellen oder Urkeimzellen (Keimepithel). Sie sollen nach einigen Autoren nicht aus den gewöhnlichen Coelomzellen hervorgegangen sein, sondern sich von bestimmten Zellen herleiten, die sich bei einigen niederen Wirbeltieren bis zu den Furchungszellen zurückverfolgen lassen, indem sie die Eigentümlichkeiten derselben noch wahren (s. Kontinuität der Keimzellen). Die Bildung der Keimdrüse wird durch die schematischen Abbildungen (Figg. 442—445) veranschaulicht. In einem gewissen Stadium (Fig. 442) sehen wir auf der Plica urogenitalis, beiderseits von der Radix mesenterii, die Keimfalte auftreten, welche von einem Zylinderepithel überzogen wird, zwischen dessen Zellen größere, mehr

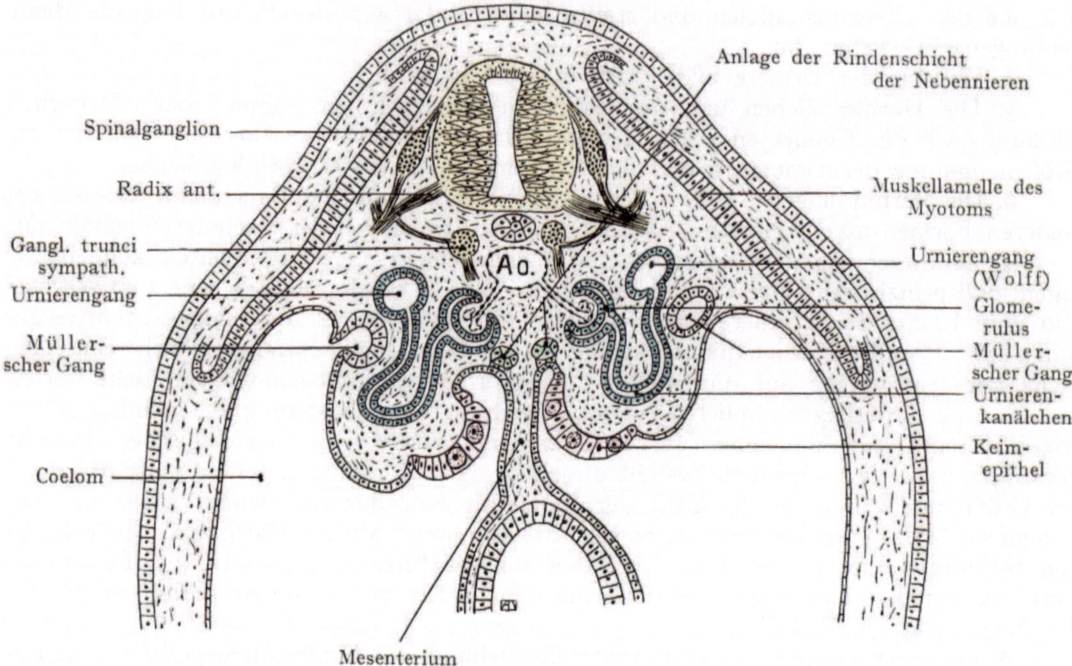

Fig. 442. Schema der Entwicklung der Urnieren, der Keimdrüsen und der Nebennieren.
Indifferentes Stadium.

rundliche Zellen (Urkeimzellen) vorkommen. Das Keimepithel geht kontinuierlich in das
kubische Coelomepithel der Plica urogenitalis über. Auf dem Schema sind außerdem der

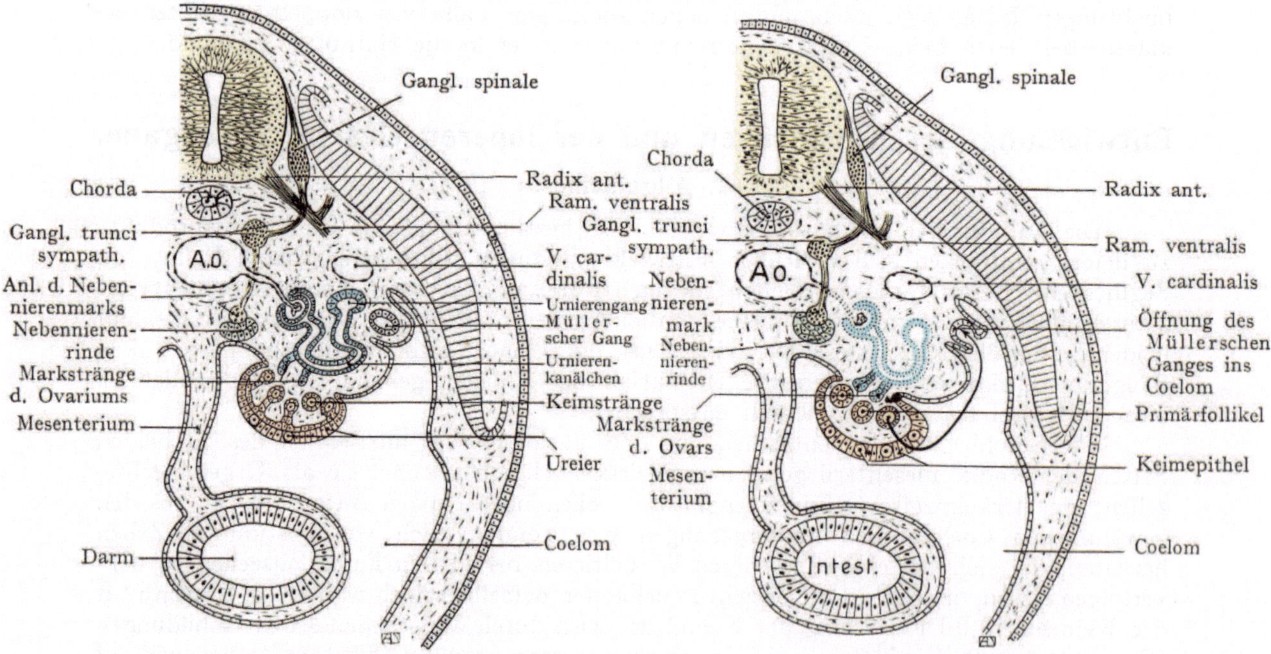

Fig. 443.   Fig. 444.
Entwicklung der Urnieren, der Keimdrüsen etc. Weiblicher Typus.
Schema I.   Schema II.

Wolffsche und der Müllersche Gang dargestellt, jener im Zusammenhange mit einem Urnierenkanälchen, dessen blindes Ende von einem Glomerulus eingestülpt ist. Linkerseits im Bilde öffnet sich der Müllersche Gang in die Leibeshöhle. Die Keimfalte liegt als ein Teil der Plica urogenitalis, in nächster Nähe des Wolffschen Ganges und der Querkanälchen der Urniere, und daraus ergeben sich während der weiteren Entwicklung wichtige Beziehungen beider Gebilde zur Keimfalte. Die Urkeimzellen treten, wie C. Rabl für die Selachier angibt, sehr frühzeitig auf, bevor irgend eine Andeutung des Urogenitalsystems nachzuweisen ist, und zwar „von allem Anfang an in jener Körperregion, in der wir sie später antreffen. Nie treten sie vor der Region, in der sich die Vornieren bilden, auf. In transversaler Richtung haben sie anfangs eine viel weitere Verbreitung als später; sie finden sich anfangs nicht bloß in der Splanchnopleura, sondern auch in der Somatopleura und in den ventralen Teilen der Ursegmentstiele" (C. Rabl). Es müssen also

betrachtliche Verschiebungen dieser später ausschließlich auf die Keimfalten beschränkten Zellen stattfinden, oder wir müßten die Annahme machen, daß sie sich bloß innerhalb der Keimfalte weiter entwickeln, dagegen an allen anderen Stellen einer Rückbildung unterliegen.

Die Keimfalte nimmt rasch an Größe zu, so daß sie bei schwach ausgebildeter Urniere wie z. B. beim Menschen, diese bald an Größe übertrifft und die Urniere dann bloß noch als Anhangsgebilde der Keimdrüse erscheint. Indem jedoch die Keimdrüse als Teil der auch die Urnieren umschließenden Plica urogenitalis auftritt, übernimmt sie bei der Rückbildung der Urniere die Beziehungen derselben

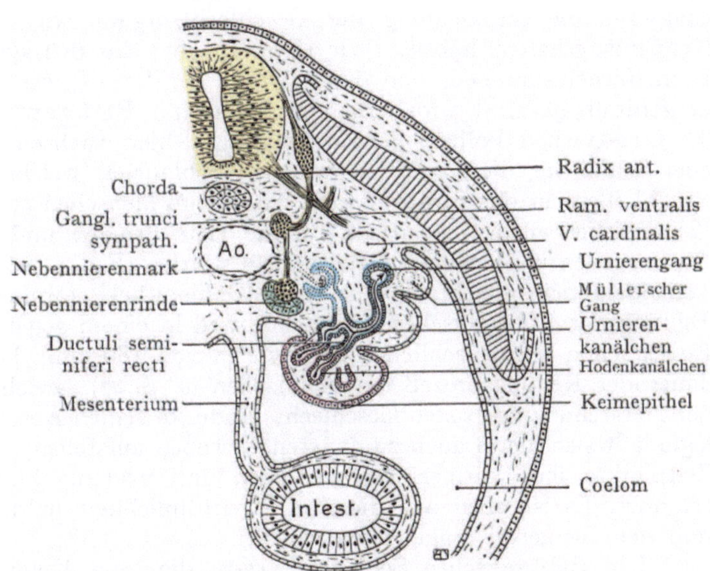

Fig. 445. Schema der Entwicklung der Urnieren, der Keimdrüsen und der Nebennieren. Männlicher Typus.

zur Bauchwand. Dabei bildet sich ein Gekröse (Mesogenitale), welches die Urniere mit der Bauchwand verbindet und cranial auf die untere Fläche des Zwerchfells ausläuft. Bei der Rückbildung des cranialen Abschnittes der Urniere wird jedoch der Ansatz der Peritonaealfalte an der dorsalen Bauchwand immer weiter caudalwärts verschoben. Schließlich nimmt die Urniere die A. spermatica resp. A. ovarica auf, welche von oben her schief caudalwärts zu den Keimdrüsen verläuft. Von der Stelle an, wo die Urniere in das Becken eintritt, gibt sie eine für den Descensus der Keimdrüsen sehr wichtige Peritonaealduplikatur zur vorderen Bauchwand ab, welche als das Leistenband der Urniere besonders beim männlichen Geschlechte für den Descensus des Hodens bedeutsam wird (s. diesen). Auf der Zwischenstrecke, von dem Abgange des Zwerchfellbandes der Urniere bis zu demjenigen des Leistenbandes der Urniere haben wir als Verbindung mit der hinteren Bauchwand die Peritonaealduplikatur des Mesogenitale.

Wir gehen nun bei der Untersuchung der Entwicklung der Keimdrüsen von diesem Stadium aus, in welchem wir keinen Unterschied zwischen den Geschlechtern erkennen können und das wir folglich als das indifferente Stadium bezeichnen. Es soll damit nicht gesagt sein, daß Geschlechtsunterschiede zu dieser Zeit nicht vorhanden seien, im Gegenteil, das Geschlecht wird sehr früh, wahrscheinlich schon im befruchteten Ei bestimmt, allein mit unseren jetzigen Hilfsmitteln läßt es sich erst bei menschlichen Embryonen von 18—20 mm Länge mit Sicherheit feststellen. Auf dem sog. indifferenten Stadium bildet die Keimfalte eine Vorwölbung am medialen Umfange der Plica urogenitalis, welche von einer aus hohen Zylinderzellen bestehenden Fortsetzung des Coelomepithels, dem Keimepithel überzogen wird, das untermischt ist mit größeren, mehr rundlichen Keimzellen (Fig. 442). Von diesem Stadium aus verfolgen wir die Bildung des Ovariums resp. des Hodens.

2. Ovarium.

Wir können das Ovarium und den Hoden als Drüsen bezeichnen, welche einerseits, im Gegensatze zu allen anderen Drüsen, geformte zellige Elemente, die Eizellen oder Spermien liefern, andererseits aber auch eine innere Sekretion besitzen, von deren Bedeutung für die Entwicklung der Geschlechtsorgane wir erst in neuerer Zeit genauere Kenntnis erhalten haben. Wir unterscheiden die drüsigen Elemente, welche aus dem Keimepithel stammen, von dem Stroma der Drüse, welches vom Mesenchym der Plica urogenitalis geliefert wird. Bei der Katze hat Pflüger zuerst den Prozeß der Bildung der Graafschen Follikel genauer verfolgt; hier wachsen vom Keimepithel aus Balken oder Schläuche, die sog. Pflügerschen Schläuche, welche Urkeimzellen mitnehmen und einschließen, in das Stroma ovarii ein. Beim Menschen sollen nach Felix die Zellen des Keimepithels mehr „en masse" in die Tiefe dringen und hier durch Wucherungen der Stromazellen in einzelne Balken zerlegt werden (Fig. 447), welche Urkeimzellen, umgeben von kleineren, gleichfalls aus dem Keimepithel stammenden Zellen, enthalten. Die Bildung der Pflügerschen Schläuche wird in einem gegebenen Stadium eingestellt, nach Felix schon bei menschlichen Embryonen von 180 mm, dagegen beginnt dann ein langdauernder Reifungsprozeß der Keimzellen (s. S. 27), welcher erst zur Pubertätszeit mit der Herstellung der reifen Geschlechtsprodukte seinen Abschluß erhält. Eine gewisse Analogie läßt sich hierin auch zu anderen Geweben aufstellen, welche schon in einem frühen Zeitpunkte ihre Vermehrung einstellen und alsdann bloß noch eine Größenzunahme erfahren. Es ist oben auf dieselbe Eigentümlichkeit in der Bildung der Harnkanälchen und der Glomeruli hingewiesen worden.

Die Pflügerschen Schläuche, resp. die vom Keimepithel gelieferten Zellmassen, und die Zellen des Stroma ovarii durchwachsen sich, so daß eine große Menge von Zellbalken oder Zellsträngen mit eingeschlossenen Keimzellen durch Mesenchymzellen voneinander getrennt werden. Dazu kommen aber als Bestandteile des Ovariums noch die im fertigen Ovarium meist ganz zurückgebildeten Markstränge hinzu (Fig. 443), welche höchst wahrscheinlich als Auswüchse der Urnierenkanälchen in den Hilus des Ovariums gelangen. Beim männlichen Fetus stellen dieselben den Nebenhoden, vielleicht auch noch einen Teil des Rete testis her; sie bilden, indem sie sich mit den vom Keimepithel aus sich einsenkenden Hodenkanälchen verbinden, die ersten Ausführungswege des Samens (Fig. 445). Die Retestränge des Ovariums, die man vielleicht richtiger als Sexualstränge der Urniere bezeichnen könnte, stellen solide Zellbalken her, welche von den Querkanälchen der Urniere aus in das Stroma ovarii einwachsen, ohne jedoch an dem Aufbau der Graafschen Follikel irgendwelchen Anteil zu nehmen.

Diese entwickeln sich durch einen langsamen Wachstums- und Umbildungsprozeß der die Keimzellen umschließenden Zellbalken. „Im zweiten Lebensjahre sind Follikel voll ausgebildet und enthalten anscheinend reife Eier; im dritten Lebensjahre sind alle Merkmale des reifen Eierstockes vorhanden und von da an tritt keine histologische Differenzierung mehr ein, sondern bloß eine Größenzunahme. Alle früheren Follikel degenerieren, doch können bei anormal früher Geschlechtsreife auch Ausnahmen vorkommen" (Felix). Durchaus nicht alle in den Zellsträngen enthaltenen Eizellen erlangen auch die Reife; im Gegenteil, die Mehrzahl bildet sich noch im unreifen Zustande zurück.

Vergleichen wir die Annahme Waldeyers von 100 000 Eizellen im Ovarium des neugeborenen Mädchens mit der von Heyse angegebenen Zahl von 35 000 im Eierstocke des geschlechtsreifen Weibes nach Eintritt der Pubertät, so können wir auf einen Verlust von ca. 65 000 Eizellen während der ersten 15—16 Lebensjahre schließen. Straßmann rechnet aus, daß während der Geschlechtsreife des Weibes bloß ca. 400 Eier durch Platzen der Graafschen Follikel entleert werden; alle übrigen dagegen fallen der Rückbildung anheim.

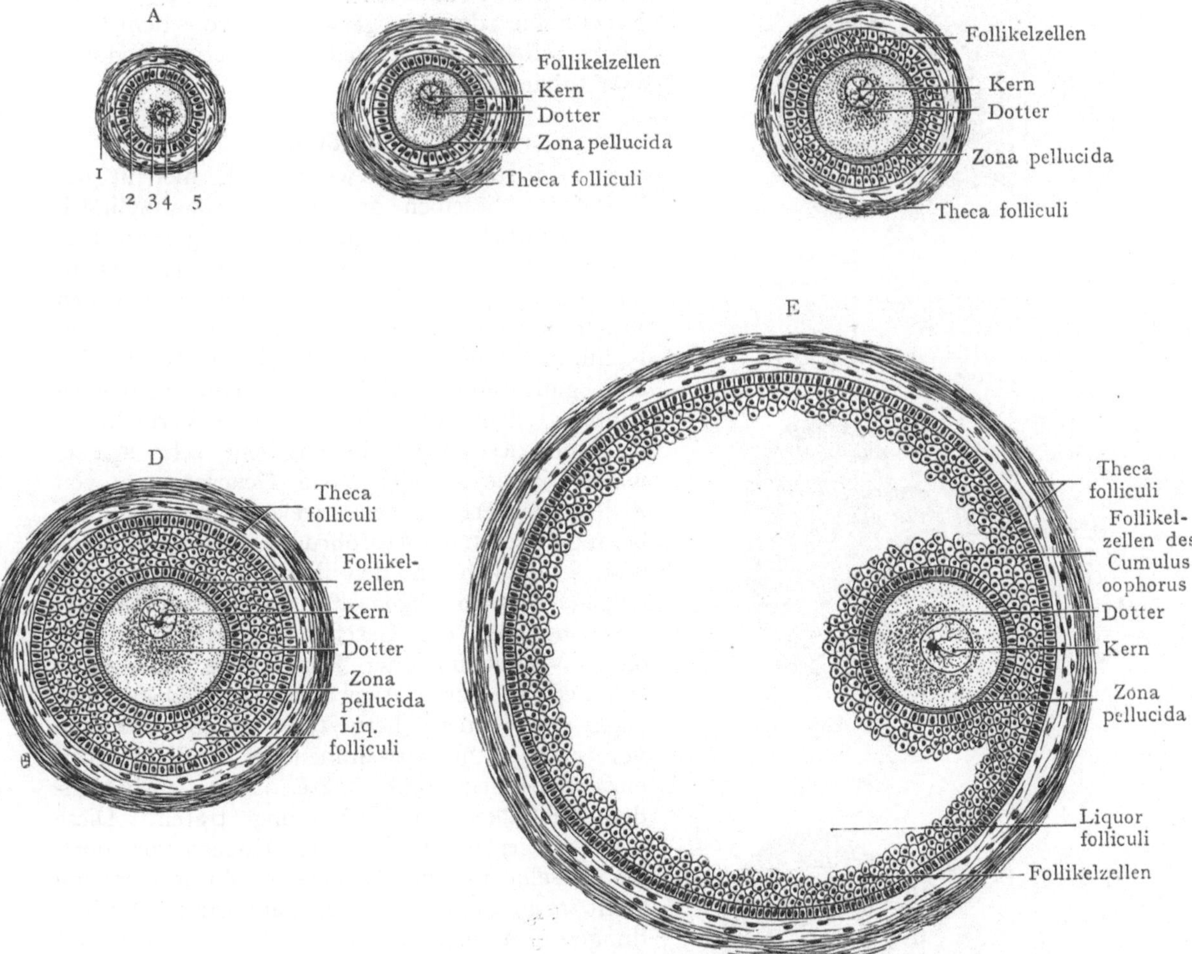

Fig. 446 A—E. Bildung des Graafschen Follikels.

In Fig. 446 ist die Differenzierung eines Graafschen Follikels schematisch dargestellt. Die zylindrischen Follikelzellen umgeben das Ei zunächst in einfacher Schicht; nach außen bildet eine Verdichtung der Stromazellen die Theca folliculi (Primärfollikel; Fig. 446 A, B). Zwischen der Eizelle und den Follikelzellen liegt die von Fortsätzen der letzteren durchsetzte Zona pellucida (s. Fig. 7). Die Follikelzellen vermehren sich und bilden (Fig. 446 C) eine doppelte, dann eine noch mächtigere Schicht um die Eizelle herum, die übrigens an Umfang noch zunimmt. Sodann beginnt (Fig. 446 D) eine Ausscheidung von Flüssigkeit zwischen den Follikelzellen Platz zu greifen, so daß ein sich allmählich vergrößernder Raum oder Spalt als Follikelhöhle entsteht, welche den Liquor

folliculi enthält. Mit der Ausdehnung der Follikelhöhle wächst auch der Follikel; in die
Höhle desselben ragt dann die das Ei umgebende Masse von Follikelzellen als Cumulus
oophorus vor (Fig. 446 E).

Der Durchmesser eines sprungreifen Graafschen Follikels beträgt gegen 5 mm,
so daß der Follikel sehr deutlich als ein helles, über die Oberfläche des Eierstockes vor-
springendes Bläschen zu erkennen ist. Bei Zunahme des Druckes im Innern des Follikels
wird die denselben von der Oberfläche des Eies trennende Schicht immer dünner, bis
schließlich der Follikel platzt und das von den anliegenden Follikelzellen umgebene Ei in die Bauchhöhle oder richtiger gesagt in das dem Eierstocke reflektorisch aufgedrückte Ostium abdominale tubae gelangt.

3. Hoden.

Das Keimepithel weist auch hier in der Keimfalte dieselben großen, zwischen zylindrischen Epithelzellen eingebetteten Urgeschlechtszellen auf wie die Eierstocksanlage (s. das indifferente Stadium, Fig. 442). Auch hier gehen Wucherungen des Keimepithels in die Tiefe der Keimfalte, doch spielen dabei die Keimzellen eine ganz andere Rolle als beim weiblichen Embryo, denn vor allem ist ihre Vermehrung während des ganzen Lebens eine sehr starke, indem immer wieder neue Generationen von Zellen geliefert werden, welche, zu Spermien herangereift, in die Ausführungswege des Hodens und schließlich in den Ductus deferens gelangen (s. Spermiogenese). Diese Ausführungswege nehmen die Geschlechtsprodukte direkt, ohne Vermittlung der Bauchhöhle, auf, denn sie werden durch Auswüchse der Querkanälchen der Urniere hergestellt, welche mit den vom Keimepithel abstammenden, die Keimzellen einschließenden und später sich aushöhlenden Zellbalken in Verbindung treten. Diese wachsen gegen den Hilus des Hodens vor, dort, wo derselbe mit der Urniere in Zusammenhang steht (Fig. 447), um hier netzförmige Verbindungen untereinander einzugehen, welche das Rete testis herstellen. Sie gewinnen auch einen Zusammenhang mit den aus dem Keimepithel stammenden in die Tubuli seminiferi contorti sich umwandelnden soliden Strängen (Sexualsträngen) des Hodens. Diese enthalten vorläufig noch große Zellen vom Charakter der Keimzellen (Spermiogonien), die sich später rasch vermehren (s. Spermiogenese). In den Hodenkanälchen der neugeborenen Maus fehlt das Lumen; die Wandung besteht hier aus zweierlei Zellen, nämlich erstens aus solchen, die eine gewisse Ähnlichkeit mit Follikelzellen aufweisen, und zweitens,

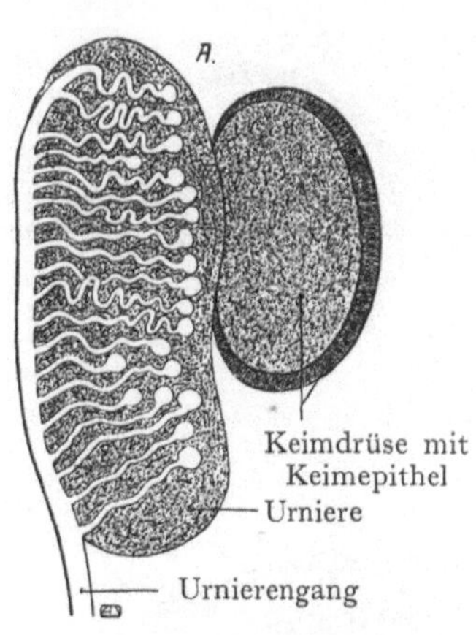

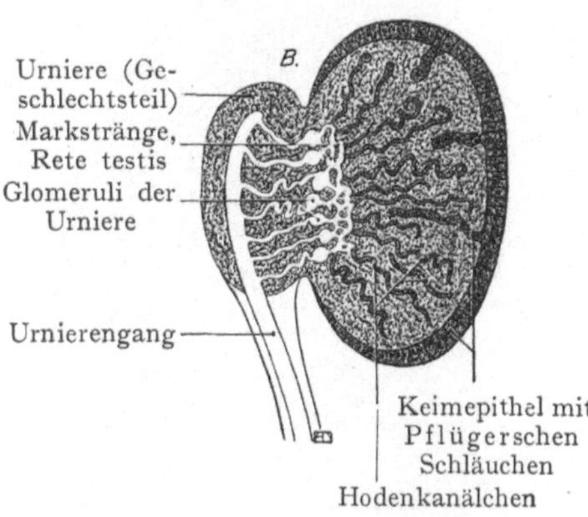

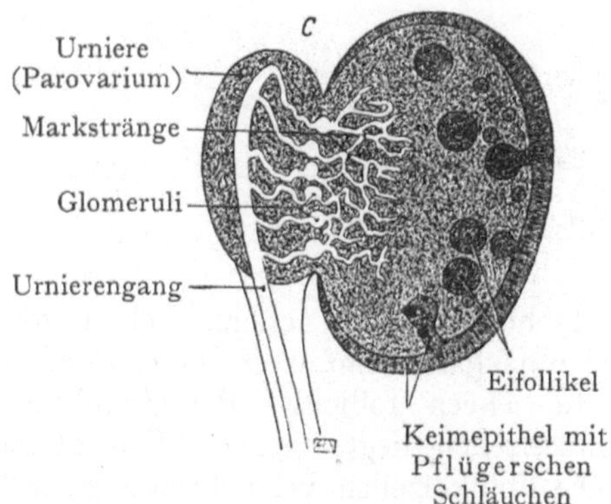

Fig. 447. Beziehungen zwischen der
Urniere und den Keimdrüsen.
A. indifferentes Stadium.
B. männlicher Typus.
C. weiblicher Typus.

zwischen denselben gelagert, den Spermiogonien, die in lebhafter Teilung begriffen sind. Schon am 15. bis 16. Tage beginnt bei der Maus die Pubertätsentwicklung, indem aus den Spermiogonien die Spermiocyten entstehen, welche nach einem Reifungsprozesse die Spermien hervorgehen lassen (Fig. 3). Beim menschlichen Fetus verschwinden nach der Geburt alle Keimzellen; es bleiben nur noch die indifferenten Zellen erhalten und von diesen aus bildet sich beim Eintritt der Pubertät eine neue Generation von Keimzellen.

Die sog. interstitiellen Zellen des Hodens sind zunächst in großer Zahl vorhanden, um später eine Verminderung zu erfahren; nach der Pubertät scheint ihre Zahl wieder zuzunehmen, während der Brunstzeit schwinden sie bei vielen Tieren, um sich in der Zwischenzeit wieder massenhaft zu bilden. Die Ansichten über ihre Bedeutung gehen weit auseinander; nach den einen spielen sie eine trophische Rolle, während sie nach den anderen die Bildung der äußeren Geschlechtsorgane bestimmen. Die erstere Meinung verdient wohl den Vorzug.

Die Verbindungskanälchen zwischen dem Geschlechtsteile der Urniere und dem Hoden treten in der 10. bis 12. Fetalwoche auf und wachsen sowohl von den Glomeruli, als von den Querkanälchen dieses Urnierenabschnittes gegen das Mediastinum testis vor, um hier mit dem Rete testis in Verbindung zu treten. Dieses wird bald von Verbindungskanälchen, bald von den Strängen des Keimepithels abgeleitet. Jedenfalls bilden jene die Ductuli efferentes und die Lobuli epididymidis. Ein Schema der Verhältnisse, welche wir beim Hoden wie beim Ovarium, im Vergleiche mit einem indifferenten Stadium antreffen, wird in Fig. 447 geboten. Die Urnierenkanälchen, welche Sexualstränge aussenden, erfahren bald im Anschlusse an ihre neue Funktion Änderungen; dabei werden unter beträchtlichem Längenwachstum ihrer Kanälchen und Rückbildung der Glomeruli die Lobuli epididymidis hergestellt. Bei der Rückbildung der übrigen Abschnitte der Urniere wird der Urnierengang ausschließlich zum Samenleiter, dem bloß die Ductuli aberrantes in verschiedener Höhe als Reste verkümmerter Urnierenkanälchen ansitzen.

4. Anomalien in der Ausbildung der Keimdrüsen.

Überzählige Ovarien sind mehrmals beobachtet worden; dabei handelt es sich entweder um die Teilung einer ursprünglich einheitlichen Anlage oder es kann in größerer Entfernung von der Hauptanlage, offenbar aus der nicht vollkommen zur Rückbildung gelangten Keimfalte, Ovarialgewebe entstehen. Solche accessorische Ovarien können auch im Lig. latum, ferner in der dorsalen Wandung der Bauchhöhle vorkommen (unter 380 Fällen 8 mal nach Beigel), freilich nur in Senfkorngröße. Es handelt sich offenbar bei diesen Bildungen entweder um eine weitverbreitete Befähigung des Coelomepithels, Ureier und damit auch Eierstocksgewebe zu bilden, oder um eine größere Ausdehnung der Keimfalte in cranialer oder caudaler Richtung.

Hermaphroditismus verus. Die interessanteste aber allerdings auch seltenste Anomalie der Keimdrüsen ist die wahre Zwitterbildung, d. h. das Vorkommen von Hoden und Eierstocksgewebe bei ein und demselben Individuum. Siehe Hermaphroditismus p. 469.

5. Umbildung der inneren Geschlechtsorgane und der Ausführungswege der Geschlechtsprodukte.

Auch hier können wir von einem indifferenten Zustande ausgehen, bei welchem die Unterschiede zwischen den Geschlechtern nicht hervortreten. Ein solcher ist im Schema der Fig. 448 dargestellt. Hier schließt sich der langgestreckten Urniere die Keimdrüse medial an; die Querkanälchen der Urniere münden in den Wolffschen Gang, welcher mit dem Müllerschen Gange caudalwärts gegen den Sinus urogenitalis zieht, um hier einzumünden. Von dem cranialen Ende der Urniere geht das Zwerchfellband der Urniere cranialwärts, das Leistenband der Urniere dagegen zur vorderen Bauchwand in der

Inguinalgegend. Eine Anzahl Auswüchse der Urnierenkanälchen, die auf der Figur nicht dargestellt sind, richten sich gegen die Keimdrüse. Auch die Nachniere sowie die dorsal von der Urniere zur Einmündung in die Harnblase verlaufenden Ureteren sind dargestellt. Die Wolffschen und die Müllerschen Gänge liegen in den Plicae genitales, welche

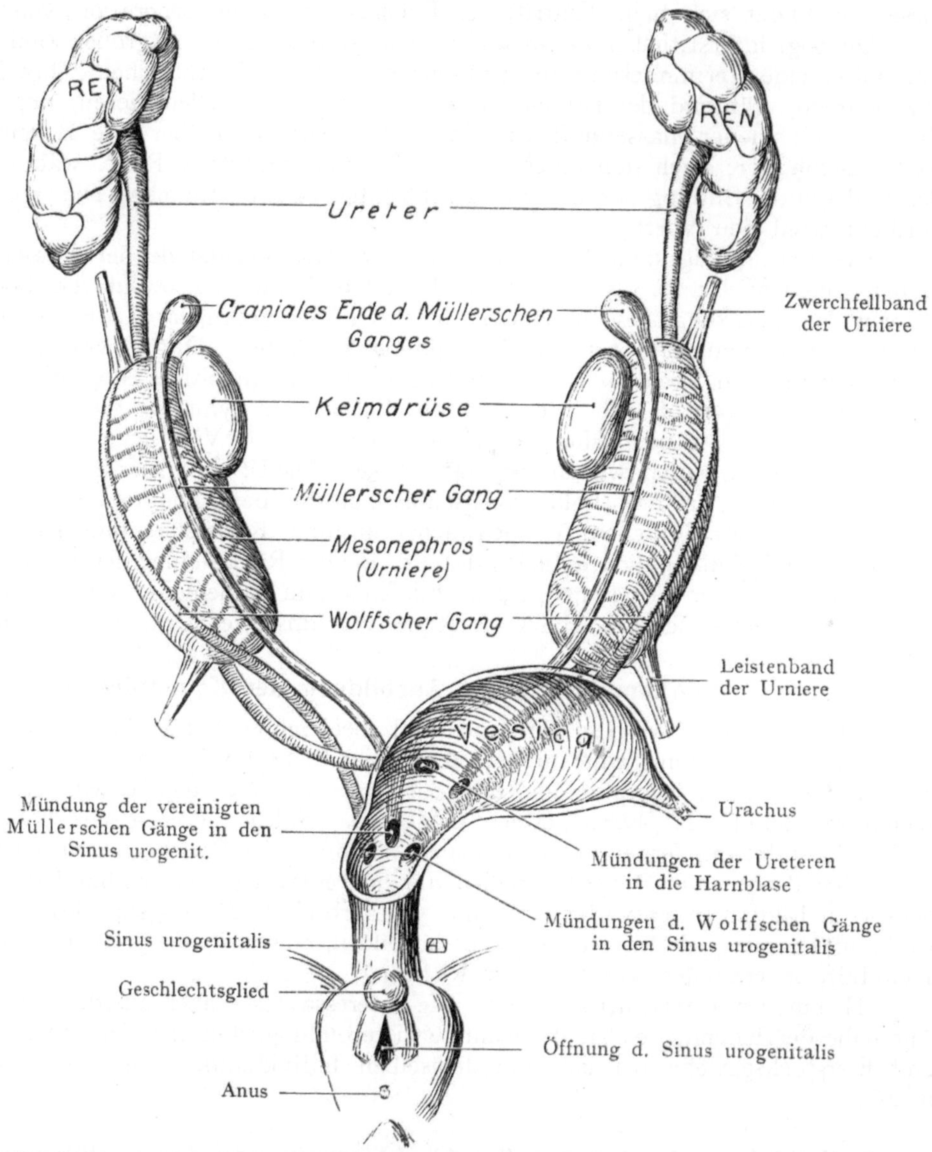

Fig. 448. Schema der Umbildung der inneren Geschlechtsorgane: indifferentes Stadium. Zum Teil nach Merkel, Topograph. Anatomie.

(Figg. 439—441) caudalwärts, ventral von dem Darm, zur Vereinigung kommen, um den Genitalstrang herzustellen. In diesem sehen wir die zum Teil verschmolzenen Müllerschen Gänge und, lateralwärts denselben angeschlossen, die Wolffschen Gänge. Der Genitalstrang liegt ventral vom Darme und dorsal von der Harnblase (Fig. 441).

Von diesem indifferenten Zustande aus erfolgt die Umbildung, sei es zum männlichen, sei es zum weiblichen Typus. Im Verlaufe derselben erfahren einzelne Abschnitte des indifferenten Stadiums eine stärkere Ausbildung, andere dagegen eine teilweise oder gänzliche Rückbildung. Die Bausteine, welche für die Herstellung der inneren Geschlechtsorgane in Betracht kommen, sind bei beiden Geschlechtern dieselben, doch finden sie nicht in gleicher Weise Verwendung.

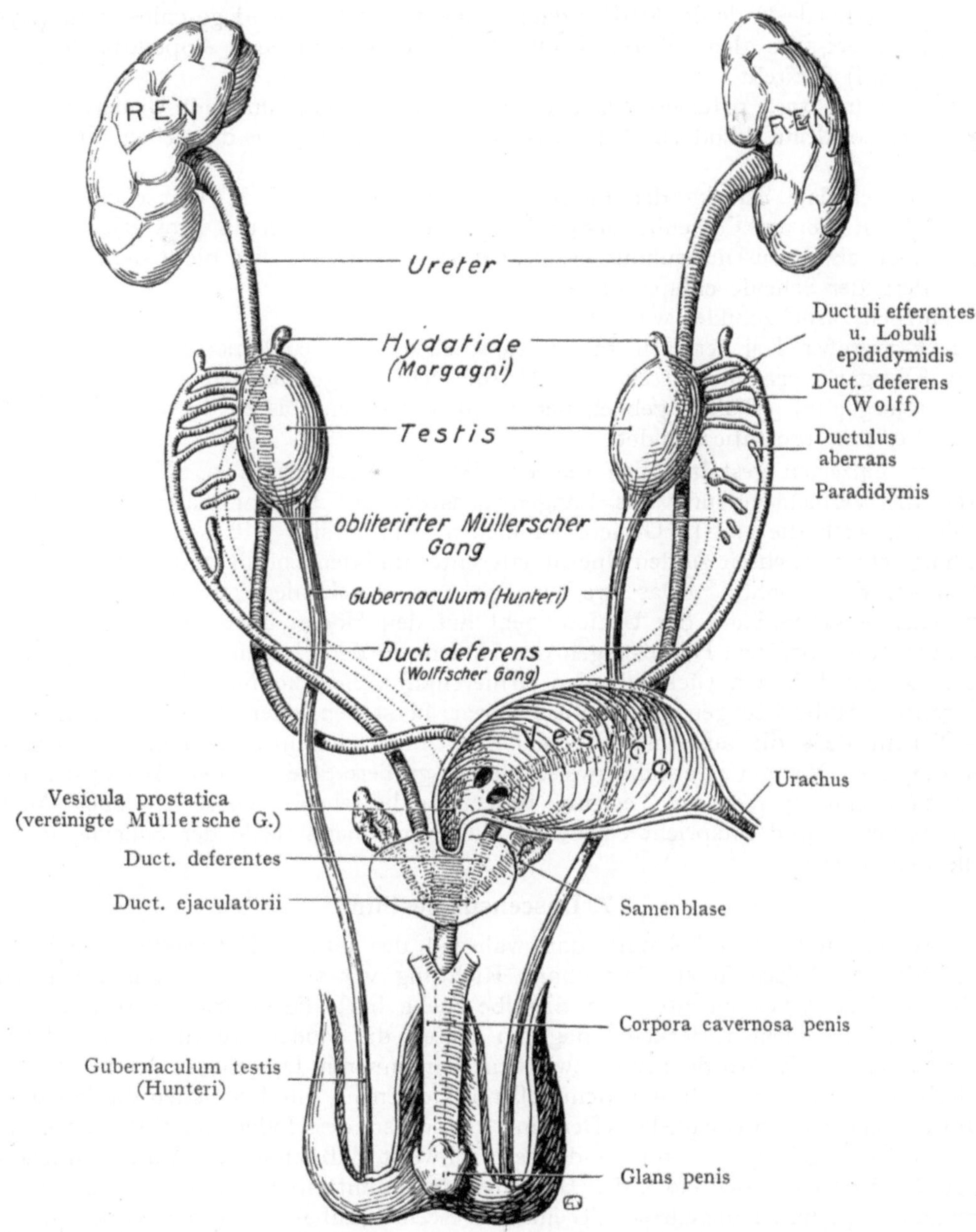

Fig. 449. Schema der Umbildung der inneren Geschlechtsorgane: männlicher Typus.
Zum Teil nach Merkel, Topograph. Anatomie.

6. Differenzierung nach der männlichen Richtung.

A. Hier werden zum weiteren Aufbau verwendet (Fig. 449):
   1. Die Keimdrüse, die sich histologisch zum Hoden umwandelt.

2. Die Querkanäle des Geschlechtsteiles der Urniere, welche sich, unter Rückbildung ihrer Glomeruli, mit dem Rete testis verbinden und die Ductuli efferentes sowie die Lobuli epididymidis herstellen.
3. Der Wolffsche Gang, welcher zum Ductus deferens wird.

B. Als rudimentäre Gebilde bleiben erhalten:

1. Das craniale Ende des Müllerschen Ganges, welches, blind geschlossen und cystisch erweitert, die dem oberen Ende des Hodens ansitzende Appendix testis (Morgagnii) darstellt.
2. Einzelne stark reduzierte, in den Ductus deferens einmündende Urnierenkanälchen, welche kleine, blind endende Ausbuchtungen des Ductus darstellen (Ductuli aberrantes).
3. Die caudale Strecke der miteinander verschmolzenen Müllerschen Gänge; sie bilden die am Colliculus seminalis ausmündende Vesicula prostatica, die früher auch als Uterus masculinus bezeichnet wurde, obgleich sie nicht dem Uterus, sondern der Scheide entspricht.

C. Gänzlich zurückgebildet wird:

1. Ein großer Teil der Urniere mit sämtlichen Urnierenglomeruli.
2. Die ganze craniale Strecke der Müllerschen Gänge von den als Appendices testis (Morgagnii) erhalten gebliebenen cranialen Enden, bis zu der Strecke, welche die Vesicula prostatica bildet.

Im einzelnen gestaltet sich die Umbildung folgendermaßen: Der Hoden nimmt durch die Vermehrung und das Längenwachstum der Hodenkanälchen bedeutend an Größe zu, auch die 10—12 Urnierenkanälchen, welche sich mit dem Rete testis in Verbindung setzen, wachsen zu den Ductuli efferentes und den Lobuli epididymidis aus (schon im 4.—5. Fetalmonate). Das ursprünglich von der Urniere zur Inguinalgegend sich erstreckende Leistenband der Urniere geht auf den Hoden über und spielt als Gubernaculum testis bei dem Herabsteigen des Hodens in den Hodensack eine wichtige Rolle. Die nicht gänzlich sich rückbildenden Urnierenkanälchen können (Fig. 449) als Ductuli aberrantes Ausbuchtungen des Ductus deferens herstellen, oder bilden noch im Bereiche des Nebenhodens die aus einigen Schläuchen mit rudimentären Glomeruli bestehende Paradidymis. Nur ganz ausnahmsweise bleiben größere Strecken der Müllerschen Gänge in Zusammenhang mit der Vesicula prostatica bestehen. Diese ist beim Menschen stark reduziert und entspricht eigentlich bloß dem oberen Teile der Scheide, in keinem Falle dem Uterus.

7. Descensus testium.

Schon lange ist es bekannt, daß während der fetalen Entwicklung eine Verlagerung der Keimdrüsen in cranio-caudaler Richtung vor sich geht. Zwar führt dieselbe nicht bei beiden Geschlechtern an dieselbe Stelle hin; die Ovarien senken sich bis in den Raum des kleinen Beckens, dagegen treten die Hoden durch die Bauchwand in den Hodensack. Es wurde bisher zwischen dem inneren Descensus, der bei beiden Geschlechtern vorkommen soll, und dem äußeren Descensus, durch welchen die Hoden in das Scrotum gelangen, unterschieden. Der innere Descensus des Hodens ist allerdings in neuerer Zeit von Felix geleugnet worden, indem er nachweist, daß schon von Anfang an das untere Ende des Hodens in der Höhe des Beckenrandes unmittelbar am Annulus inguinalis abdominalis liegt und infolgedessen der innere Descensus auf einer Täuschung beruhen müsse. Er sagt: „Was bei beiden Organen den Descensus vortäuscht, ist einmal die Rückbildung des cranialen Abschnittes, die eine Verkürzung des Gesamtorgans und damit eine Verschiebung des cranialen Endes bedingt, ferner ist die Rückbildung der angelegten Teile schon an der Arbeit, wenn die Anlage selbst caudalwärts noch fortschreitet." Für diese Ansicht spricht jedenfalls auch die Tatsache, daß keine Hemmungsbildung bekannt ist, bei welcher die Hoden hoch oben in der Bauchhöhle liegen, und daß tatsächlich beim Ausbleiben des äußeren Descensus die unteren Enden der Hoden immer in der nächsten Nähe des Annulus inguinalis abdominalis angetroffen werden (Fig. 452).

Der äußere Descensus der Hoden ist dagegen ein durch die Beobachtung aufeinanderfolgender Entwicklungsstadien leicht zu verfolgender Vorgang. Bei demselben spielt einerseits das Zwerchfellband der Urniere, welches vom cranialen Ende der Urniere zum Zwerchfell zieht, andererseits das Leistenband der Urniere, das vom caudalen Ende derselben zur vorderen Bauchwand in der Regio inguinalis verläuft, eine sehr wichtige Rolle. Diese wird, besonders für das Leistenband der Urniere, durch die Bezeichnung

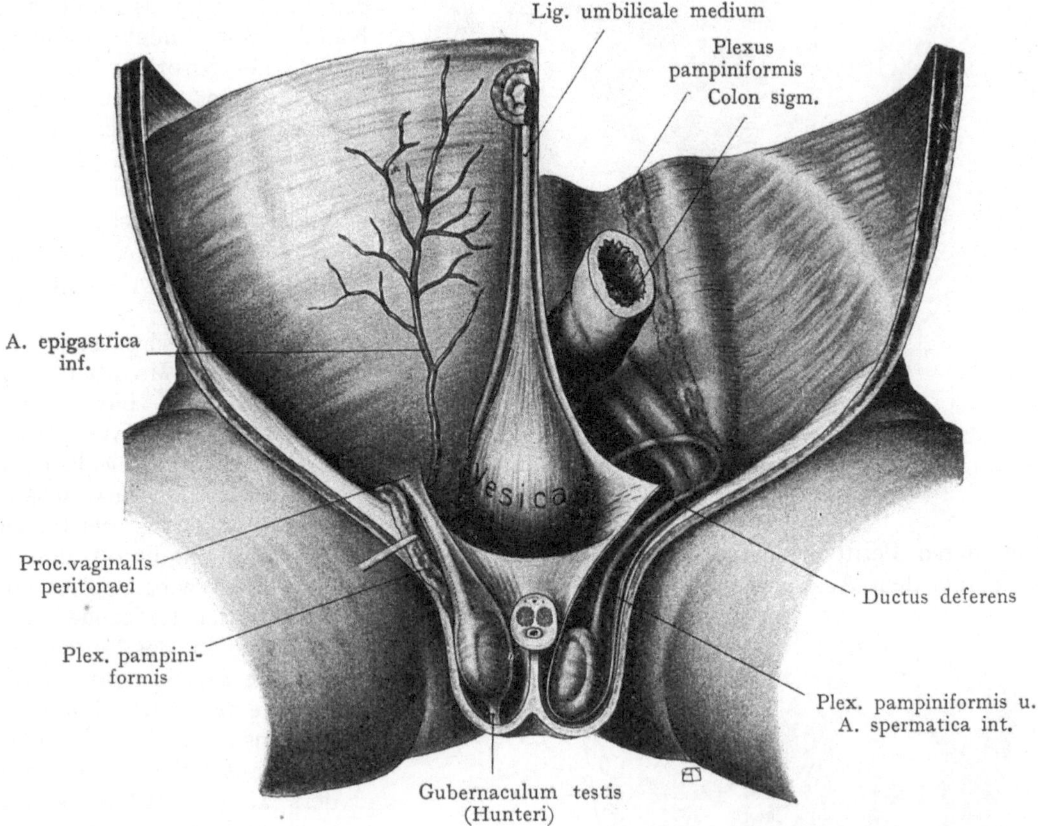

Fig. 450. Lage der Hoden im 9. Fetalmonate. Rechterseits im Bilde ist der Canalis peritonaei eröffnet worden.

desselben als Leitband des Hodens (Gubernaculum testis [seu Hunteri]) zum Ausdruck gebracht. Da der aus der Urniere hervorgegangene Nebenhoden mit dem Hoden eng verbunden ist, so wird eine Verkürzung des Gubernaculum testis auch eine Änderung in der Lage des Hodens herbeiführen. Die Struktur des Leitbandes wird beim Beginne des äußeren Descensus dadurch kompliziert, daß die muskulöse Bauchwand, als äußeren Überzug des Leitbandes, dem Hoden eine Muskelschicht, den Conus inguinalis, entgegenschickt, welcher beim weiteren Verlaufe des Descensus durch den Hoden eingestülpt wird. Zunächst bildet sich, medial vom Conus inguinalis eine Ausbuchtung der Peritonaealhöhle, der Processus vaginalis peritonaei, welcher schief nach unten und medianwärts vordringend, die muskulösen Schichten der Bauchwand vorwölbt (Fig. 450). Damit hängt auch eine Verlagerung des Ansatzes des Leitbandes resp. des Conus inguinalis in den Grund des Proc. vaginalis peritonaei zusammen. Dieser dringt immer weiter nach unten vor, dabei wird der Conus inguinalis umgestülpt und geht in die Bildung des M. cremaster über. Das Scrotum entsteht aus einem Felde der Perinealgegend, welches dem beim Auswachsen

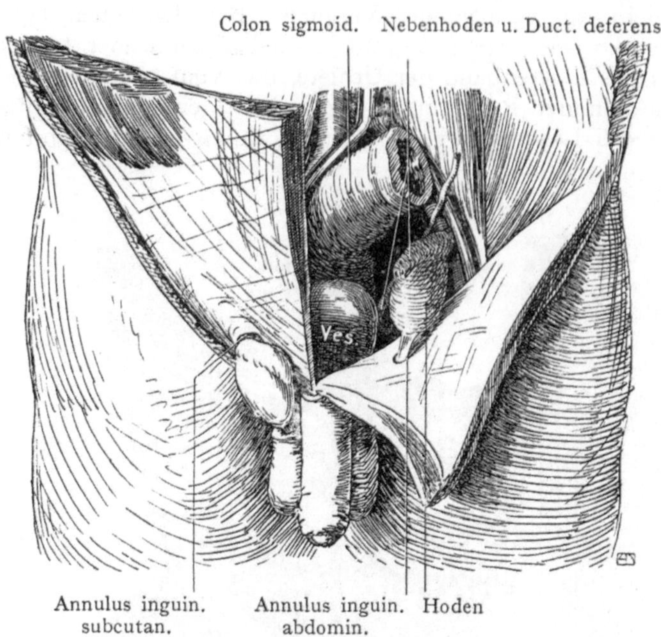

Fig. 451. Kryptorchismus nach Präparaten der Basler Sammlung.

des Processus vaginalis peritonaei nach unten verlagerten Ansatze des Leitbandes entspricht. So erhalten wir die den Hoden später umgebenden Schichten schon vor dem Eintritte des Hodens in den durch den Proc. vaginalis gebildeten Kanal. Wir finden nämlich außen das Scrotum mit der Tunica dartos, darauf folgen die Fascia cremasterica, der M. cremaster, die Tunica vaginalis communis, (scil. testis et funiculi spermatici) welche aus der Fascia transversalis stammt, endlich die Tunica vaginalis propria testis.

Der Descensus erfolgt in den späteren Monaten der Schwangerschaft, indem erst am Anfange des siebenten Fetalmonats der Eintritt des Hodens in den durch das Auswachsen des Proc. vaginalis peritonaei

vorgebildeten Peritonaealkanal beginnt. Dabei spielt wohl der Conus inguinalis, dessen Ansatz mit dem Auswachsen des Proc. vaginalis nach unten verlegt wird, bis er am

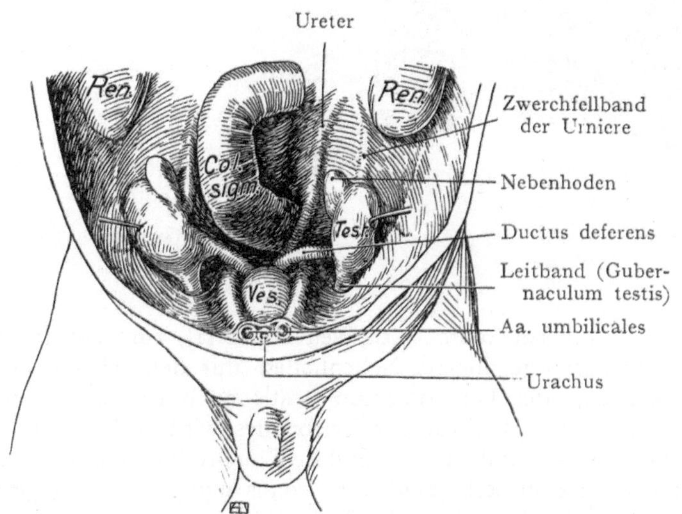

Fig. 452. Topographie des Hodens bei einem fünfmonatlichen menschlichen Fetus.
Der Hoden steht am Annulus inguinalis abdominalis.

Grunde der Peritonaealausstülpung in das subcutane Gewebe des Scrotums übergeht, eine Rolle. Bei dem Descensus wird der Conus inguinalis kürzer, oder, anders ausgedrückt, er stülpt sich um den nach unten wandernden Hoden mit dessen Ductus deferens, Gefäßen und Nerven. Da die Muskulatur des Conus inguinalis den breiten Bauchmuskeln, hauptsächlich dem M. obliquus internus entstammt, so entsteht aus ihm gewissermaßen eine Ausstülpung der muskulösen Bauchwand der Regio inguinalis. Es ist dies der M. cremaster, welcher sowohl

den Samenstrang als den Hoden umflicht. Er liegt, da der Conus sich wieder nach außen, gegen das Scrotum ausstülpt, der Tunica vaginalis communis an.

Bei der Geburt liegt der Hoden im Hodensacke, und alsbald beginnt die Obliteration des Canalis peritonaei, welcher den serösen Spalt um den Hoden mit der Peritonaealhöhle in Verbindung setzt. Über die Ursache des Descensus können wir bloß Vermutungen anstellen. Man hatte denselben früher mit der unzweifelhaft stattfindenden Verkürzung des Leitbandes und des Conus inguinalis zu erklären gesucht. Diese mag dabei eine gewisse Rolle spielen, daneben kommen aber auch Wachstumsvorgänge in Betracht, die vielleicht zu einem erhöhten Drucke der übrigen Bauchorgane auf die Hoden führen dürften.

8. Abnormitäten im Descensus testium.

Kryptorchismus. In $1{,}25^0/_{00}$ kommt eine abnorme Lage der Hoden vor (Ectopia. testis), die wir als eine Hemmung im Descensus aufzufassen haben. Dieselbe kann einen verschiedenen Grad erreichen. Bei der Annahme eines inneren Descensus müßten wir je nach der Region, in welcher der Hoden stehen bleibt, 4 Stellungen desselben während des Gesamtdescensus in den Hodensack unterscheiden, nämlich eine Positio lumbalis (in der Regio lumbalis), iliaca (in der Fossa iliaca), inguinalis (im Canalis inguinalis oder an den Öffnungen desselben) und scrotalis (im Hodensack). Man könnte deshalb auch eine Ectopia testis lumbalis, iliaca und inguinalis unterscheiden. Es ist fraglich, ob die beiden ersten überhaupt vorkommen (s. S. 438); am häufigsten ist jedenfalls die Ectopia inguinalis, bei welcher der Hoden entweder am Annulus inguinalis abdominalis, im Leistenkanale oder am Annulus inguinalis subcutaneus stehen bleibt. In Fig. 451 ist rechterseits eine Ectopia testis inguinalis ext., links eine Ectopia inguinalis int. dargestellt. Der ectopische Hoden scheint fast ausnahmslos nach Eintritt der Pubertät eine mehr oder weniger weitgehende Atrophie zu erleiden, die wohl mit einer behinderten Ernährung der Drüse in Zusammenhang steht.

9. Abnormitäten im Bereiche des Canalis inguinalis.

Der Canalis peritonaei, welcher den Hoden bei seinem Descensus aufnimmt, beginnt sich schon im neunten Fetalmonate zu schließen und stellt 2—3 Wochen nach der Geburt nur noch einen bindegewebigen Strang dar, welcher sich eine Strecke weit im Samenstrang verfolgen läßt. Ein Offenbleiben des Kanals kann günstige Vorbedingungen für die Bildung der Herniae inguinales laterales (obliquae) darbieten. Sodann ist ein präformierter, allerdings sehr enger Bruchsack vorhanden, welcher aus der Bauchhöhle austretende Darmschlingen aufzunehmen vermag. Sein innerer Abschluß wird durch das Peritonaeum. gebildet. Solche Hernien bezeichnen wir als Herniae inguinales laterales congenitae. Eine partielle Obliteration des Canalis peritonaei kann in verschiedener Höhe ihren Anfang nehmen; wenn die distale Strecke erhalten bleibt, so kann sich der seröse Spalt vom Hoden bis gegen den Annulus inguinalis subcutaneus hinauf erstrecken. Wenn dagegen die distale Strecke vom Annulus inguinalis subcutaneus bis zum Kopfe des Nebenhodens. hinunter obliteriert, während die Strecke innerhalb des Canalis inguinalis erhalten bleibt, so haben wir einen sog. Proc. vaginalis peritonaei, welcher gegebenenfalls bei Erhöhung des intraabdominalen Druckes die Bildung einer Hernia inguinalis lateralis (obliqua) begünstigen kann.

10. Differenzierung nach der weiblichen Richtung.

A. Hier werden zum weiteren Aufbaue verwendet (Fig. 453):
   1. Die Keimdrüse, welche sich zum Ovarium differenziert.
   2. Der Müllersche Gang, aus dessen cranialer Strecke die Tube hervorgeht, während die caudale Strecke den Uterus und die Scheide bildet.

B. Zu rudimentären Gebilden werden:
   1. Ein Teil des Urnierenganges und die Geschlechtsstränge der Urniere resp.

die Urnierenkanälchen, von denen diese ausgehen. Diese Querkanälchen und eine Strecke des Urnierenganges bilden zusammen das Epoophoron.

2. Einige Querkanälchen der caudalen Partie der Urniere, welche außer Zusammenhang mit dem Urnierengange die im Lig. latum uteri zerstreuten Schläuche des Paroophorons darstellen.

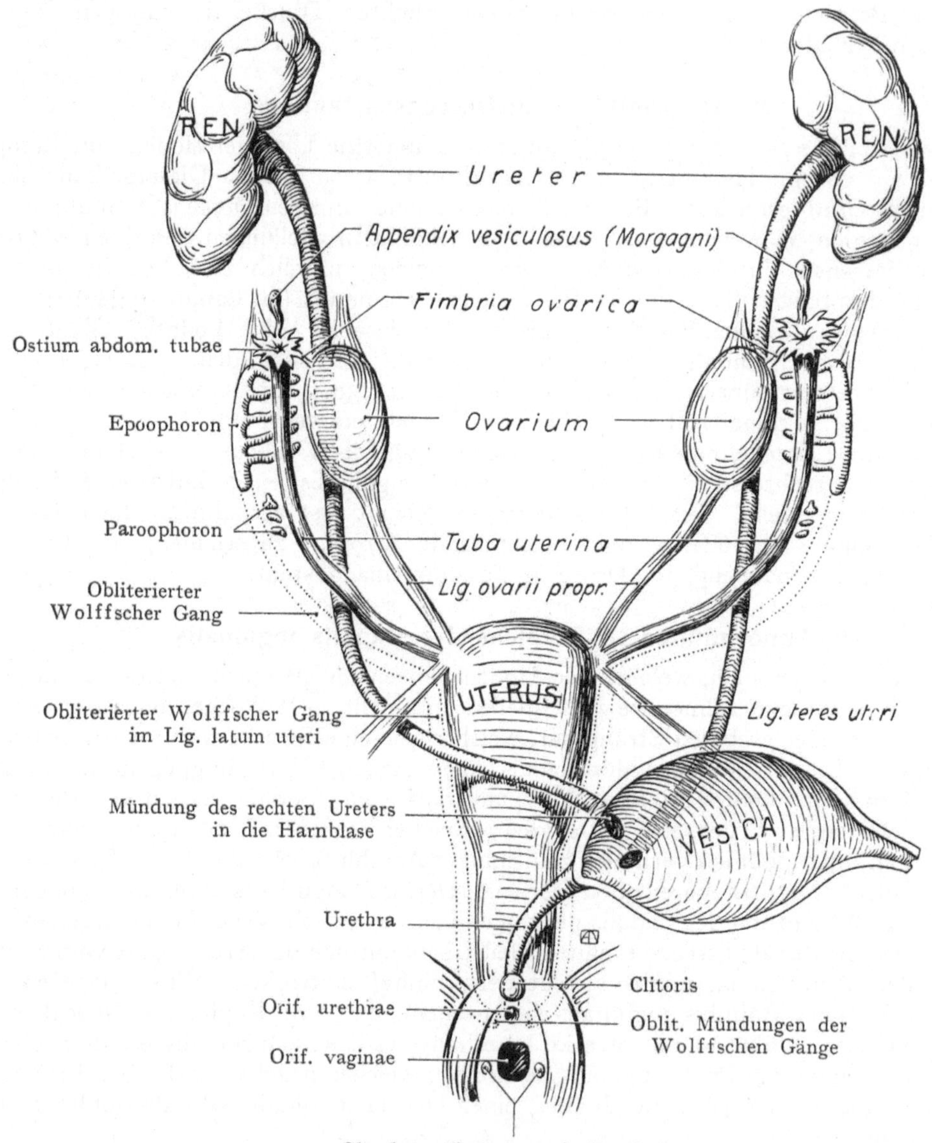

Fig. 453. Schema der Umbildung der inneren Geschlechtsorgane: weiblicher Typus. Zum Teil nach Merkel: Topogr. Anatomie.

3. Ausnahmsweise kommen neben der Tube, dem Uterus und der Scheide noch einzelne Abschnitte der Urnierengänge in einem gewissen Grade der Ausbildung vor. Ihre Mündung in das Vestibulum vaginae (Sinus urogenitalis) ist manchmal noch beim neugeborenen Kinde erhalten, indem der Gang selbst (Gartnerscher Gang) ein Stück weit neben der Scheide nach oben zu verfolgen ist.

C. Es verschwinden:

1. Die in den Hilus ovarii einwachsenden Sexualstränge der Urniere.
2. Die caudale Partie der Urniere bis auf die rudimentären Schläuche des Paroophorons.
3. Der Urnierengang vom Epoophoron an bis zu seiner Einmündung in den Sinus urogenitalis.

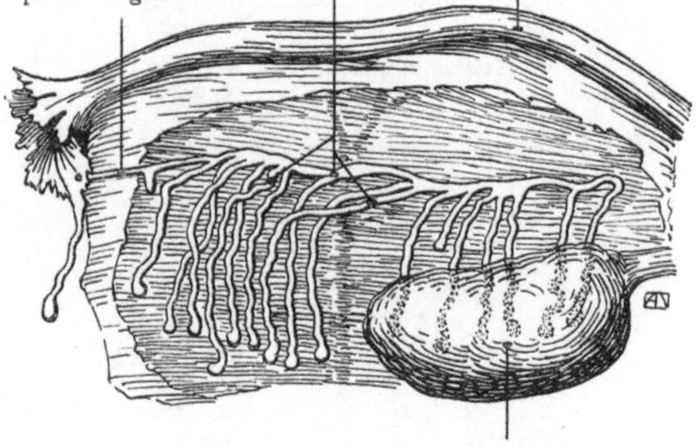

Die histologische Differenzierung des Ovariums ist schon früher beschrieben worden. Das im Anschlusse an das Ovarium persistierende Epoophoron besteht aus 10—12 Querkanälchen (Ductuli transversi), welche hie und da noch Reste eines Glomerulus aufweisen; sie liegen (Fig. 454) auf der Höhe des Ovariums im Lig. latum und münden in einen Abschnitt des Urnierenganges (Ductus epoophori longitudinalis), welcher gleichfalls erhalten bleibt. Meist endet dieser Gang blind, doch ist auch schon eine feine Öffnung in die Bauchhöhle neben dem Ostium abdominale tubae beobachtet worden (Fig. 454). Die Ductuli transversi sind häufig gewunden; nur ausnahmsweise besitzen sie eine Höhlung.

Andere rudimentäre Gebilde sind die kleinen gestielten Appendices vesiculosi (Morgagnii), welche sich bis zu Erbsengröße in der Nähe des Ostium abdominale tubae finden; sie stellen wahrscheinlich das cystisch erweiterte Ende des Müllerschen Ganges dar, vielleicht auch einzelne erweiterte Glomeruli des Epoophorons (Fig. 454).

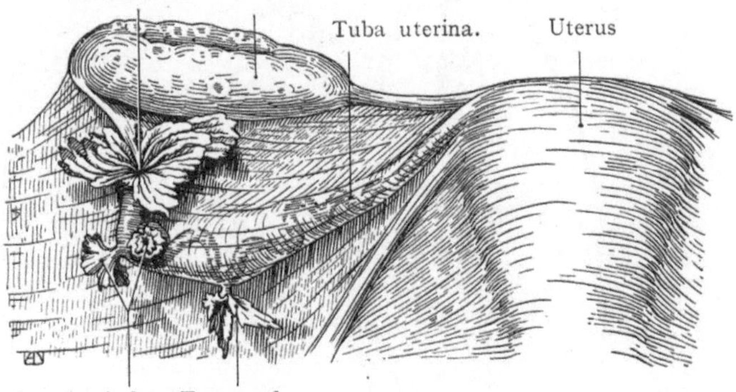

Zu einer entwicklungsgeschichtlichen Erklärung fordern auch die in 4—10% aller Fälle vorkommenden accessorischen Tubenöffnungen auf, welche häufig einen Fimbrienbesatz aufweisen. In Fig. 455 sind zwei solche Öffnungen zu sehen, außerdem, gegen den Uterus hin, ein eigentümlicher Anhang, welcher offenbar zwei Fimbrien, ohne eine dazugehörige Tubenöffnung, darstellt. Übrigens geht das Lumen der accessorischen Tuben häufig nicht bis in die Haupttube durch, sondern endet blind. Diese Bildungen sind in bezug auf ihre Genese schwer zu deuten; während viele Autoren sie auf eine Vervielfältigung des Müllerschen Ganges zurückführen, nehmen andere einen mangelhaften Verschluß der die Anlage der Müllerschen Gänge bildenden Rinne als Erklärung zu Hilfe. Eine gewisse Bedeutung

Ductus epoophori longit.
Ductuli transversi und Ductus epoophori longit.
Tuba uterina.
Ovarium

Fig. 454. Reste der Urniere im Lig. latum uteri einer 50jährigen Frau.
(Epoophoron = Rosenmüllers Organ.)
Nach Eug. Follin, Recherches sur le corps de Wolff. Thèse de Paris 1850 und M. Roth in Festschr. 300jähr. Jubiläum der Univ. Würzburg von der Univ. Basel gewidmet. Basel 1882.

Ostium abdomin. tubae uterinae
Ovarium
Tuba uterina.
Uterus
Accessorische Tubenöffnungen
Franse ohne Tubenöffnung

Fig. 455. Tuba uterina mit zwei accessorischen Tubenöffnungen und einer Franse ohne Tubenöffnung.
Nach G. Richard, Anatomie des trompes de l'utérus chez la femme. Thèse de Paris 1851.

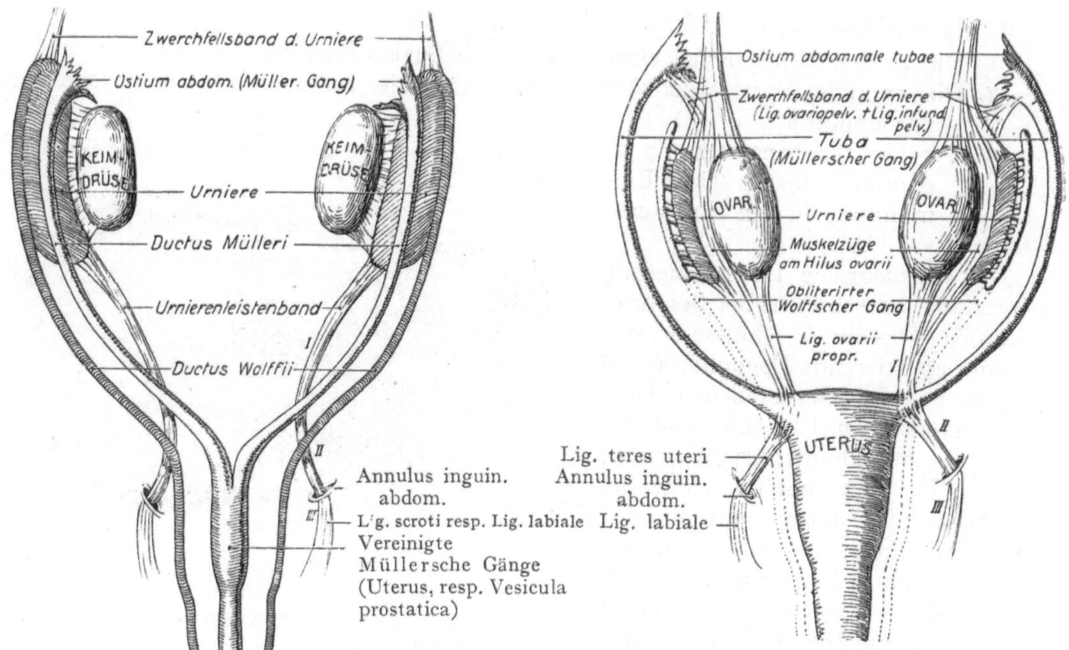

Fig. 456. Schema der Bildung des Bandapparates der Keimdrüsen usw. Indifferentes Stadium. Nach G. Wieger, Arch. f. Anat. u. Entwicklungsgesch. 1885.

Fig. 457. Bandapparat der Keimdrüsen (weiblicher Typus).

ist ihnen für die Entstehung ectopischer Schwangerschaften (s. unten) zugeschrieben worden; ob mit Recht, sei dahingestellt.

11. Descensus ovariorum.

Die Ovarien liegen bei der Erwachsenen innerhalb des Beckens, während sie noch beim Neugeborenen zum größten Teil den Beckenrand überragen. Dabei berühren sie fast mit ihren unteren Enden die hintere Fläche des Fundus uteri. Eine Senkung findet also in relativ später Zeit bis auf den Beckengrund statt, doch läßt sich dieselbe nicht direkt mit dem Descensus testium vergleichen, denn die Ovarien verbleiben innerhalb der großen serösen Höhle, in deren Wandung sie entstanden sind. Felix leugnet übrigens neuerdings, wie für die Hoden, so auch für die Ovarien den inneren Descensus; nach ihm soll die Senkung des Ovariums in das Becken als ein späterer und sekundärer Vorgang aufzufassen sein.

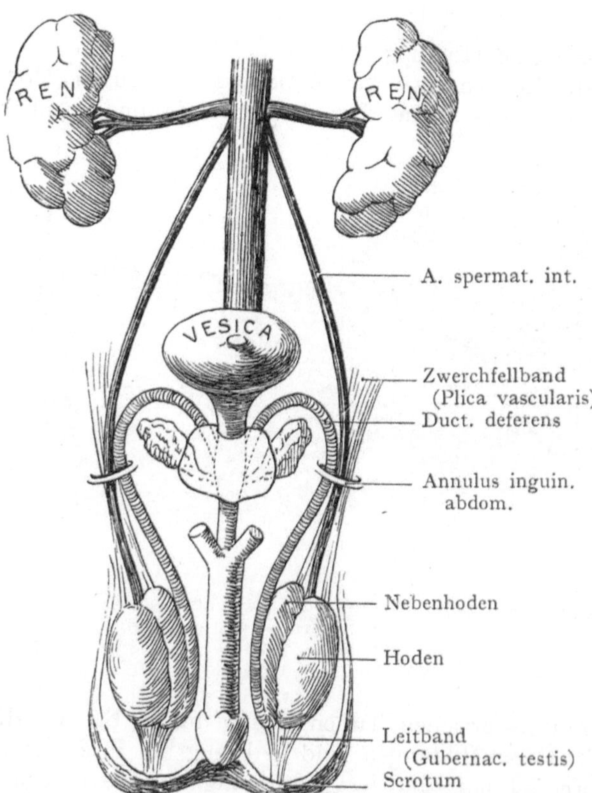

Fig. 458. Bandapparat der Keimdrüsen (männlicher Typus). Nach G. Wieger.

Beim weiblichen Fetus spielt das Leistenband der Urniere eine ähnliche Rolle wie beim männlichen Fetus, mit dem Unterschiede jedoch, daß es bei jenem nicht mehr einheitlich ist. Der Vergleich ist nicht mehr ganz leicht durchzuführen. Wir gehen dabei von der Fig. 456 aus, welche ein indifferentes Verhalten des Bandapparates der Keimdrüsen darstellt. Dabei verläuft das Zwerchfellband der Urniere vom oberen Pole dieser Drüse nach aufwärts und erfährt eine allmählich in cranio-caudaler Richtung fortschreitende Rückbildung, indem es beim männlichen Geschlechte dem Verlaufe der zum Hoden ziehenden Gefäße (A. spermatica interna und Plexus pampiniformis) entspricht, dagegen beim Weibe den Ligg. ovario-pelvicum und infundibulo-pelvicum. Was das Leistenband der Urniere anbelangt, so wird es beim männlichen Fetus zum Leitband des Hodens (Gubernaculum testis, Hunteri), dessen Beziehungen zum Conus inguinalis wir in Zusammenhang mit dem Descensus testium besprochen haben (Fig. 458). Beim weiblichen Geschlechte dagegen zerfällt der Strang durch die Umbildung des Müllerschen Ganges zur Tube resp. zum Uterus, in drei Strecken. Die erste (Fig. 457 I) reicht vom unteren Pole des Ovariums, wo sich vom Hilus ovarii herkommende Züge glatter Muskulatur derselben beimischen, bis zum Fundus uteri als Lig. ovarii proprium. Die zweite Strecke wird durch das Lig. teres uteri dargestellt, welches vom Tubenwinkel bis zum Annulus inguinalis abdominalis reicht (Fig. 457 II), während ein dritter Abschnitt, das Lig. labiale (Fig. 457 III), sich vom Annulus inguinalis abdominalis bis in die großen Labien erstreckt. Beim weiblichen Fetus verläuft also das Leistenband der Urniere nicht frei nach unten zur vorderen Bauchwand der Regio inguinalis, sondern es verwächst, erstens mit dem Hilus ovarii, sodann mit dem Müllerschen Gange, von wo aus das unterbrochene Ligament erst als Ligamentum teres uteri zum Annulus inguinalis abdominalis weiterzieht. Hier bildet sich, trotz der Tatsache, daß ein äußerer Descensus des Ovariums nicht stattfindet, wie beim männlichen Geschlechte, ein Diverticulum peritonaei (Nucki), welches sich erst nach der Geburt schließt.

„Daß das Lig. teres uteri sich während der fetalen Entwicklung kontinuierlich verdickt, während der Schwangerschaft dagegen eine außerordentliche Zunahme zeigen kann, und also durchaus selbständig und anpassungsfähig bleibt, ist, gegenüber dem kontinuierlich atrophierenden und ganz verschwindenden Gubernaculum testis nicht uninteressant. Möglicherweise beteiligen sich auch die Ligg. ovarii an dieser Anpassung der runden Mutterbänder" (Wieger).

12. Ectopie der Ovarien.

Bei den Ovarien ist es, im Gegensatze zu den Hoden, besonders eine Senkung in abnormer Richtung, welche unser Interesse in Anspruch nimmt. Dabei folgt das Ovarium demselben Wege, den der Hoden einschlägt, d. h. es tritt im Canalis inguinalis durch die Bauchwandung bis in die großen Labien hinunter. Solche Bildungen sind nicht allzuselten und dann besonders auffällig, wenn sich die äußeren Genitalien dem männlichen Typus mehr oder weniger nähern, so daß man diese Zustände auch als Zwitterbildungen bezeichnet, aber mit dem Zusatze „unecht" (Hermaphroditismus externus spurius), indem die Ausbildung nach dem anderen Geschlechte nicht im Keimorgan, sondern in den äußeren Geschlechtsorganen hervortritt (s. Hermaphroditismus, p. 469).

13. Bildung des Uterus und der Scheide.

Die Müllerschen Gänge liefern nicht bloß die Tuben, sondern auch den Uterus und die Scheide, der beim männlichen Individuum die Vesicula prostatica entspricht. Wir gehen bei der Betrachtung dieser Vorgänge von den Plicae urogenitales aus (Figg. 439—441), welche sich beiderseits von der Radix mesenterii erheben. Dieselben bestehen aus einem durch ein Gekröse an die hintere Bauchwand befestigten Urnierenabschnitte, dem sich medial, gleichfalls an ein Gekröse (Mesogenitale) befestigt, die Keimdrüse anschließt, lateral geht eine Falte ab, welche den Müllerschen und den Wolffschen Gang einschließt.

Der Müllersche Gang liegt oben lateral vom Wolffschen Gange (Fig. 442), doch wird
das Verhältnis caudalwärts dadurch geändert, daß die beiden Falten sich vor dem Darme
medianwärts zusammenschlagen (in der Richtung des Pfeiles in den Figg. 439—441)
und zur Bildung des schon oben erwähnten Genitalstranges zusammenschließen.
Dabei nähern sich natürlich auch die Müllerschen Gänge, um schließlich miteinander
zu verschmelzen und eine Strecke weit ein einheitliches Lumen zu bilden, während sie
caudal noch kurze Zeit ihre getrennte Verbindung mit dem Sinus urogenitalis beibehalten.
Die Verschmelzung geht sodann in caudaler und auch in cranialer Richtung weiter. Da
die Müllerschen Gänge als solide Stränge caudalwärts auswachsen, so bildet sich nicht
gleichzeitig in ihrer ganzen Ausdehnung ein Lumen, sondern dasselbe tritt an der Verbindung des Stranges mit dem Epithel des Sinus urogenitalis sogar erst ziemlich spät auf.

Die Wolffschen Gänge sind in frühen Stadien auf beiden Seiten der vereinigten
Müllerschen Gänge bis zur Einmündung der letzteren in den Sinus urogenitalis zu
verfolgen, wo sie lateral von denselben einmünden. In dem durch die Verschmelzung
der Falten entstandenen, etwas abgeplatteten, zwischen Rectum und Harnblase gelagerten
Genitalstrang (Fig. 441) er-
kennen wir die Querschnitte
der Müllerschen und der
Wolffschen Gänge.

Die Einmündung der
Gänge liegt auf einem in die
Lichtung des Sinus urogenitalis
von hinten her vorspringenden
Höcker oder Hügel, dem
Müllerschen Hügel (Fig. 459).
Derselbe bleibt beim männlichen Fetus als Colliculus
seminalis an der hinteren
Wand der Pars prostatica
urethrae bestehen, in welche
die aus den vereinigten unteren
Strecken der Müllerschen
Gänge entstandene Vesicula
prostatica einmündet. Auf
beiden Seiten der Öffnung
liegen die Einmündungsstellen
der Ductus ejaculatorii, welche
sich durch die Vereinigung der
Ausführungsgänge der Samen-

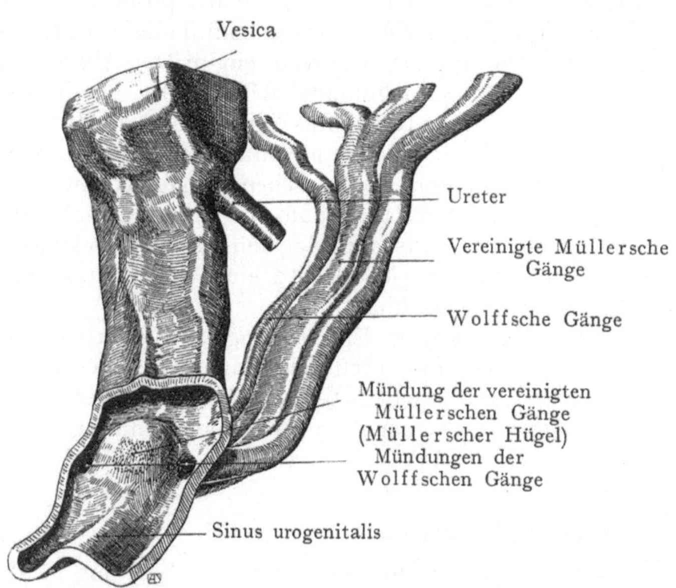

Fig. 459. Sinus urogenitalis und Genitalstrang eines menschlichen Embryos von 25 mm Länge.
Nach Keibels Modell 8. (Arch. f. Anat. u. Entwicklungsgesch. 1896.)

blasen (Ductus excretorii) mit den Ductus deferentes (Wolffsche Gänge) bilden. Beim
Weibe entspricht dagegen die Einmündungsstelle auf dem Müllerschen Hügel dem
Orificium vaginae. So ergibt sich ein sehr beträchtlicher Unterschied in der Länge des
Sinus urogenitalis bei beiden Geschlechtern: beim Weibe entspricht er bloß dem Vesti-
bulum vaginae, während er beim Manne vom Colliculus seminalis bis zum Orificium
urethrae ext. reicht (s. unten den Sinus urogenitalis).

Eine weitere Komplikation ergibt sich aus der Verschiebung der Einmündung des
Ureters in die Harnblase. Wir haben gesehen, daß eine knospenförmige, dorsal- und
cranialwärts gerichtete Ausbuchtung der distalen Strecke des Wolffschen Ganges auftritt, welche sowohl das Nierenbecken mit den Nierenkelchen, als auch den Ureter liefert
(Fig. 433). Die Einmündung in den Wolffschen Gang wird allmählich im Laufe der Entwicklung aufgegeben, indem sie zuerst auf die hintere Wand des Sinus urogenitalis, dann
nach oben auf die Harnblase überrückt (Fig. 434). Der Vorgang ist darauf zurückzuführen,

daß die Strecke zwischen der Einmündung des Ureters und derjenigen des Wolffschen Ganges in den Sinus urogenitalis stark wächst und schließlich in die Wand des Fundus vesicae miteinbezogen wird. Der Prozeß ist bei beiden Geschlechtern derselbe. Später grenzt sich die Harnblase im Orificium urethrae int. scharf gegen die Harnröhre ab und da auch die beiden Ureterenmündungen weiter auseinanderrücken, so erhalten wir das Trigonum vesicae am Harnblasenfundus, welches, ursprünglich demselben fremd, erst sekundär in die Wandung der Harnblase miteinbezogen wird. So erklären sich auch nach Waldeyer die beim Menschen beobachteten Fälle von teilweiser Abtrennung des Trigonum vesicae von der Harnblasenwandung. Recht interessant sind in diesem Zusammenhange die fertigen Verhältnisse, welche Keibel für Echidna beschrieben hat. Hier liegt die Verbindung der Harnblase mit dem Sinus urogenitalis nicht an ihrem unteren Pole, sondern an ihrer dorsalen Wandung. „In die Öffnung ragt von der dorsalen Seite des Sinus urogenitalis eine hohe Papille hinein, auf deren Gipfel die beiden Ureteren dicht nebeneinander ausmünden. Der Urin gelangt nicht in den Sinus urogenitalis, sondern direkt in die Blase. Bei der Entleerung des Harns erweitert sich die Öffnung der Blase in den Sinus urogenitalis und flacht die Ureterenpapille ab." Es sind also bei dieser niedern Säugerform Verhältnisse fixiert, die beim Menschen vorübergehend in der Ontogenese vorkommen.

Die verschmolzenen Müllerschen Gänge stellen die ursprünglich doppelte Anlage von Uterus und Scheide dar, welche manche Mißbildungen beim Menschen sowie auch die normalen Zustände bei vielen Tieren erklären. Die Grenze zwischen Uterus und Scheide ist vor dem vierten Fetalmonate nicht genau anzugeben; erst dann tritt auch ein Lumen in der caudalen, der Scheide entsprechenden Strecke des Stranges auf. Wir sehen auch zu dieser Zeit den soliden Epithelstrang, welcher die untere Strecke der verschmolzenen Müllerschen Gänge darstellt, eine sichelförmige Einwucherung in den hinteren Umfang des Geschlechtsstranges bilden,

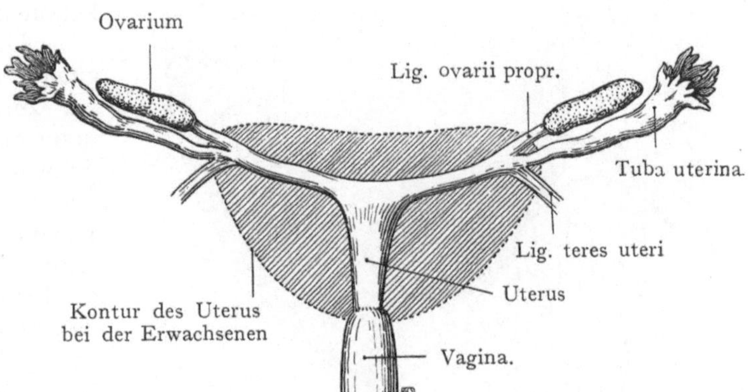

Fig. 460. Verhalten des kindlichen Uterus zum Uterus der Erwachsenen.
Nach Kußmaul.

welche das Scheidengewölbe herstellt und die hintere Muttermundslippe abgrenzt. Später bildet sich durch ringförmiges Weiterwachsen dieser Einwucherung nach vorn auch die vordere Muttermundslippe. Übrigens stellt die Cervix uteri zunächst $^2/_3$ des ganzen Organs dar, indem ihr gegenüber das Corpus und der Fundus geradezu rudimentär erscheinen. Das Epithel der Scheide entsteht nicht durch eine Umwandlung des zylindrischen Epithels der Müllerschen Gänge, sondern tritt gleich von Anfang an als eine besondere Epithelart auf.

Was die obere Grenze des Uterus anbelangt, so läßt sich dieselbe schon ziemlich früh bestimmen. Der ausgebildete Uterus reicht nämlich bis zu der Stelle, wo im Tubenwinkel die Ligg. teretia gegen den Annulus inguinalis abdominalis abgehen; hier haben wir immer die Grenze zwischen Uterus und Tuben anzunehmen (Fig. 460). Auch bei Tieren bezeichnet, nach Kußmaul, der Abgang der Lig. teretia die Grenze zwischen den Gebärmutterhörnern und den Eileitern. Eine Zeitlang ist, während der Fetalentwicklung, die median von der Kreuzung der Tuben mit dem Leistenband der Urniere gelegene Strecke der Müllerschen Gänge noch nicht in den Uterus einbezogen, und erst allmählich findet die Verschmelzung dieser Strecken miteinander, sowie die Ausbildung des gewölbten Uterusfundus statt. Unterbleibt diese Verschmelzung, sowie die Ausbildung des Uterus in der Pubertätszeit, so haben wir es mit einem Uterus infantilis zu tun, dessen höchster Grad von Kußmaul als Uterus rudimentarius solidus bezeichnet wird.

An der Einmündung der Müllerschen Gänge in den Sinus urogenitalis auf dem Müllerschen Hügel entsteht der Hymen als eine die Öffnung einengende Membran, welche verschiedene Formen annehmen kann (Hymen cribriformis, annularis usw.). Er liegt bei Embryonen hoch oben, sein Herabrücken hängt mit dem geringen Längenwachstum des Sinus urogenitalis, des späteren Vestibulum vaginae, beim weiblichen Fetus zusammen.

14. Bildung des Sinus urogenitalis und der Harnblase.

Die ursprünglich einheitliche, nach außen hin durch die Kloakenmembran abgeschlossene Kloake zerfällt durch die Ausbildung einer mehr oder weniger frontal eingestellten Scheidewand in den Sinus urogenitalis (mit Einschluß der Harnblase) und das Rectum mit dem Colon und Caecum, vielleicht auch noch dem unteren Teile des Ileums (s. H. v. Berenberg-Goßler). Beide Abschnitte öffnen sich sekundär nach außen, indem die Kloakenmembran eine Rückbildung erfährt.

Um die Bedeutung dieser Vorgänge richtig zu würdigen, müssen wir zunächst auf die Entstehung der ursprünglich vom Nabel bis zur Schwanzwurzel reichenden, die Kloake ventral (nach vorn) abschließenden Kloakenmembran zurückgreifen. Dieselbe bildet sich aus jener Strecke des Primitivstreifens, welcher außerhalb des Medullarrohres verbleibt und mit dem Auswachsen des Schwanzes ventralwärts verlagert wird (Figg. 58 und 60). Die erste Anlage der Kloakenmembran liegt dorsal am caudalen Ende des Primitivstreifens, indem sich dort Entoderm und Ectoderm berühren. Diese Strecke wird zu einer dünnen Epithelplatte umgewandelt, welche vollständig an der ventralen Fläche gelegen ist und von der Anlage des Schwanzes bis zum

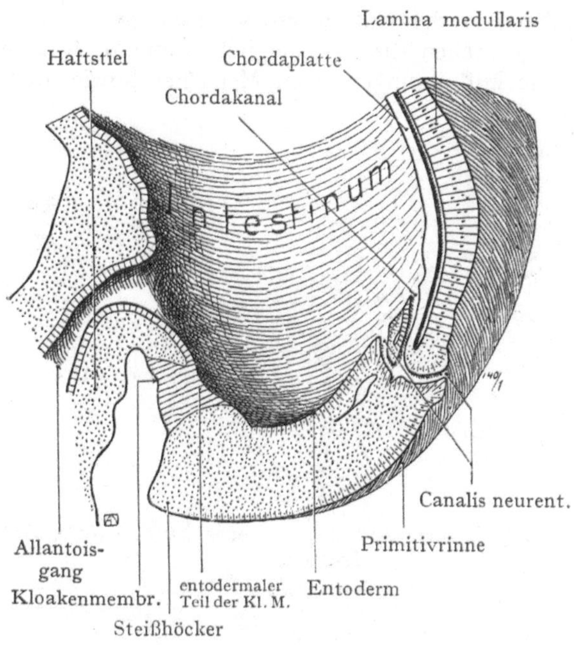

Fig. 461. Sagittalschnitt durch das caudale Ende eines menschlichen Embryos von 2,11 mm Länge. Nach Éternod, Anat. Anz. XVI. 1899.

Abgange des beim Menschen sehr früh sich ausbildenden, den Allantoisgang enthaltenden Haftstieles (Fig. 461) reicht. Die craniale Strecke des Primitivstreifens, mit dem Canalis neurentericus, wahrt die dem Primitivstreifen ursprünglich zukommende Rolle einer Wachstumszone. Ein Teil der ursprünglichen Verbindung des Canalis neurentericus mit dem Entoderm bleibt bei einigen Formen deutlicher, bei anderen weniger deutlich als eine von der Kloake ausgehende Ausbuchtung erhalten, welche sich als Schwanzdarm eine Strecke weit gegen den Schwanz hinzieht (Fig. 462). Als eine ventral gerichtete Ausbuchtung der Kloake ist die Allantoisbucht dargestellt, an welche das vordere Ende der Kloakenmembran unmittelbar anzugrenzen scheint. Die Kloakenmembran ist zuerst lanzett-, später streifenförmig (Henneberg) und erstreckt sich vom Nabel bis zur Schwanzwurzel. Sie wandelt sich in die gleichfalls aus Epithelzellen bestehende

Kloakenplatte um, die sagittal eingestellt ist. Es geht aus dem Gesagten wohl ohne weiteres hervor, daß die Kloakenmembran nicht ein in allen Stadien der Entwicklung homologes Gebilde darstellt, indem sie sich in frühen Stadien sowohl caudal als cranial viel weiter ausdehnt als das später der Fall ist. Wir kommen später bei der Besprechung

der Rückbildung der caudalen Strecke des Nervensystems nochmals auf die Entwicklung des Schwanzes und des Schwanzdarmes zurück (pag. 490), jetzt beschäftigt uns die Umbildung der Kloake, wie sie sich an das in Fig. 462 dargestellte Stadium eines menschlichen Embryos von 3 mm anschließt, wo der Darm in einen länglichen, die Wolffschen Gänge aufnehmenden Raum, die Kloake, übergeht. Von dem cranialen Ende derselben zieht sich der Urachus in den Haftstiel hinein; vom caudalen Ende erstreckt sich der Schwanzdarm gegen das caudale Ende des Rückenmarkes. Die caudalen Enden der Wolffschen Gänge münden in die Kloake ein. Diese wird ventral durch die Kloakenmembran abgeschlossen; sie stellt also zunächst denjenigen Abschnitt des Darmes dar, welcher caudal vom Abgang der Allantois liegt.

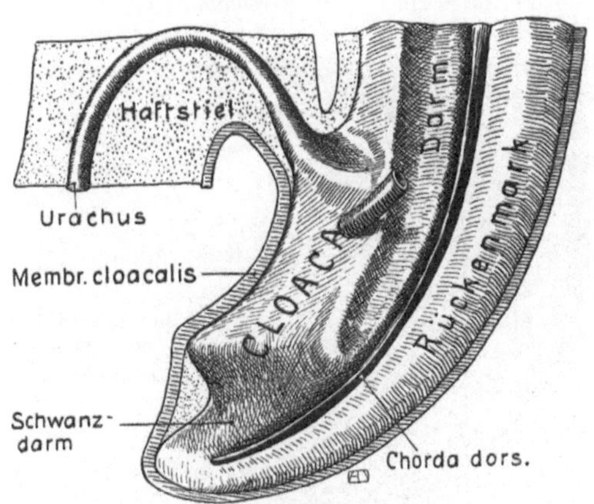

Fig. 462. Kloake und Schwanzdarm eines menschlichen Embryos von 3 mm· Länge. Nach Keibels Modell 1. Siehe Fr. Keibel, Arch. f. Anat. u. Entwicklungsgesch. 1896.

Die ursprünglich einheitliche Kloake wird nun in einen ventralen Abschnitt, der den Sinus urogenitalis und die Harnblase umfaßt, und einen dorsalen Abschnitt, welcher der Ampulla recti und einem Teile der Pars analis recti entspricht, getrennt und zwar infolge der Ausbildung einer von der oberen lateralen Wand der Kloake ausgehenden nach abwärts

wachsenden Scheidewand oder Falte, des Septum urorectale. Dieses erreicht schließlich die Kloakenmembran, trennt dieselbe in eine vordere Strecke, die Membrana urogenitalis, und eine hintere Strecke, die Membrana analis. Der Beginn dieser Bildung ist in der Fig. 463 bei einem 6,5 mm langen Embryo dargestellt, wo das Septum urorectale bis unter die Einmündung· der Wolffschen Gänge herabgewachsen ist. Diese liegen ursprünglich weit ventral, gegen die Kloakenmembran, und werden erst sekundär durch ungleiches Wachstum der Kloakenwand dorsalwärts verschoben.

Die Bildung des Septum urorectale erfolgt dadurch, daß die in Fig. 463 veranschaulichten Falten einander entgegenwachsen und durch ihre zunächst epitheliale Ver-

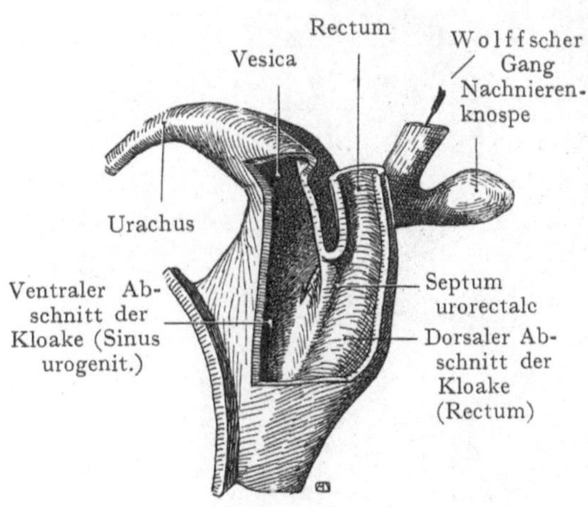

Fig. 463. Trennung des Sinus urogenitalis vom Rectum bei einem menschlichen Embryo von 6,5 mm Länge. Nach dem Keibelschen Modell.

einigung die Trennung der Kloake in einen ventralen und einen dorsalen Abschnitt bewirken. Durch das Einwachsen von Mesenchymzellen erhalten die Falten eine festere Einlage. Der unmittelbar an die Kloakenmembran grenzende Teil der Kloake erfährt auch zuletzt eine Trennung in die beiden Abschnitte. In sehr einfacher und schematischer Form können wir den Vorgang in der Fig. 464 A—D verfolgen. In Fig. 464 B ist noch eine Verbindung zwischen dem Sinus urogenitalis und dem Rectum unmittelbar oberhalb der Kloakenmembran

vorhanden; in Fig. 464 C ist dieselbe bedeutend eingeschränkt, in Fig. 464 D infolge der
Verschmelzung des Septum urorectale mit der Kloakenmembran gänzlich geschwunden

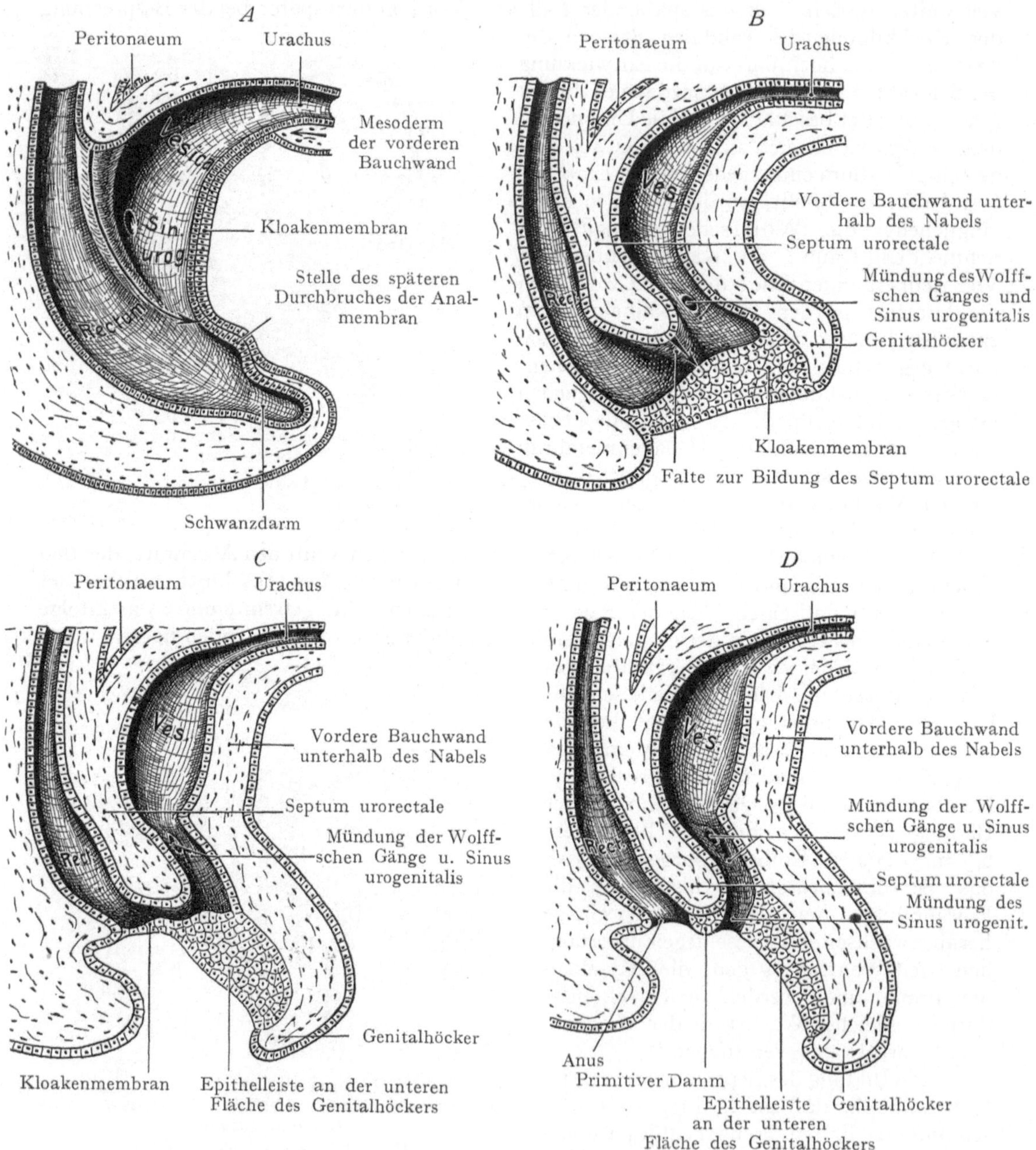

Fig. 464.   Entwicklung des Rectums und der Harnblase.
Schemata.

und außerdem öffnen sich das Rectum und der Sinus urogenitalis nach außen. Derjenige Teil des Septum urorectale, welcher nach der Verschmelzung mit der Kloakenmembran an die Oberfläche tritt, bildet den primitiven Damm (s. unten die Bildung
des Dammes).

Das Schicksal der vorderen Strecke der Kloakenmembran, welch' letztere in frühen Stadien (Fig. 461) bis zum Abgange des Urachus von dem Darme reicht und in der Medianebene einen epithelialen Abschluß der Kloake herstellt, ist praktisch von der größten Bedeutung. Sie wird nämlich in craniocaudaler Richtung bis zu dem vor der Kloake sich erhebenden Genitalhöcker (siehe unten) durch eingewucherte Mesenchymzellen verstärkt, welche hier allmählich die vordere Bauchwand unterhalb des Nabels herstellen und eine Grundlage für das Einwachsen der Muskelanlagen schaffen. Zugleich bildet sie aber auch die vordere Wand der Harnblase und des Sinus urogenitalis (Fig. 465).

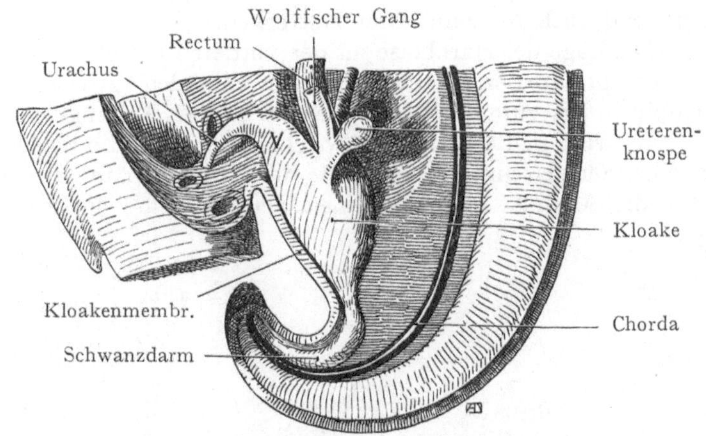

Fig. 465. Kloake und Kloakenmembran bei einem menschlichen Embryo von 6,5 mm Länge.
Nach dem Keibelschen Modell.

Gerade am cranialen Ende der sodann als Kloakenmembran noch übrigbleibenden Strecke des Primitivstreifens (Fig. 466) bildet sich der Kloakenhöcker aus, aus

dessen cranialer Partie das Geschlechtsglied usw. hervorgeht. Es sei jetzt schon darauf hingewiesen, daß eine Hemmung in dem Prozesse des Ersatzes der ursprünglich bis zum Nabel reichenden epithelialen Kloakenmembran durch Stützgewebe, die formale Genese der Spaltbildungen an der vorderen Wandung der Harnblase oder am oberen Umfange des Corpus penis (Blasenspalte und Epispadie) erklärt.

Keibel sagt über diese Vorgänge folgendes: „Man kann beim Meerschweinchen nachweisen, daß ein großer Teil der vorderen Harnblasenwand, also ein Gebiet, das in den Bereich der Bauchblasenspalte fällt,

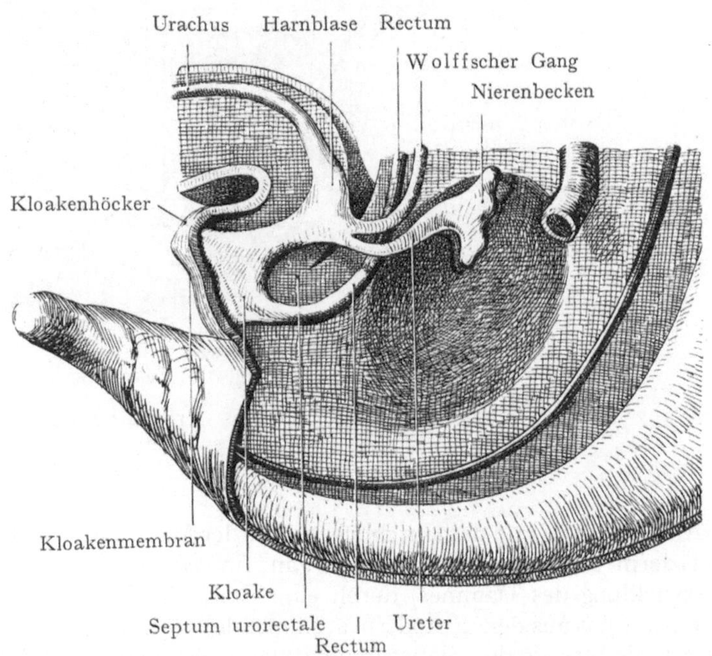

Fig. 466. Trennung des Sinus urogenitalis vom Rectum beim menschlichen Embryo.
Nach dem Keibelschen Modell.

dem Primitivstreifen angehört. Es scheint nämlich, daß beim Menschen und Meerschweinchen die Aftermembran auch auf den Teil der Kloake übergreift, der in die Harnblase

29*

einbezogen wird. Diese Aftermembran gehört dem hintersten Ende des Primitivstreifens an. Ja, es läßt sich der Primitivstreifen sogar über die Aftermembran hinaus verfolgen. Die Bauchblasenspalte ist als eine Hemmungsbildung aufzufassen; sie kann, vom Nabel beginnend, sich bis zum After erstrecken."

Die Lage der Harnblase an der vorderen Bauchwand ist demnach eine ursprüngliche und entspricht der Ausdehnung der caudalen Strecke des Primitivstreifens von der Symphyse bis zum Nabel (s. Kapitel II des Anhanges).

Es wird sich nun fragen, welchen Gebilden die beiden durch das Septum urorectale voneinander getrennten Abschnitte der Kloake später entsprechen. Der dorsale Abschnitt stellt die Ampulla recti und einen Teil der Pars analis recti dar, doch liegt der After

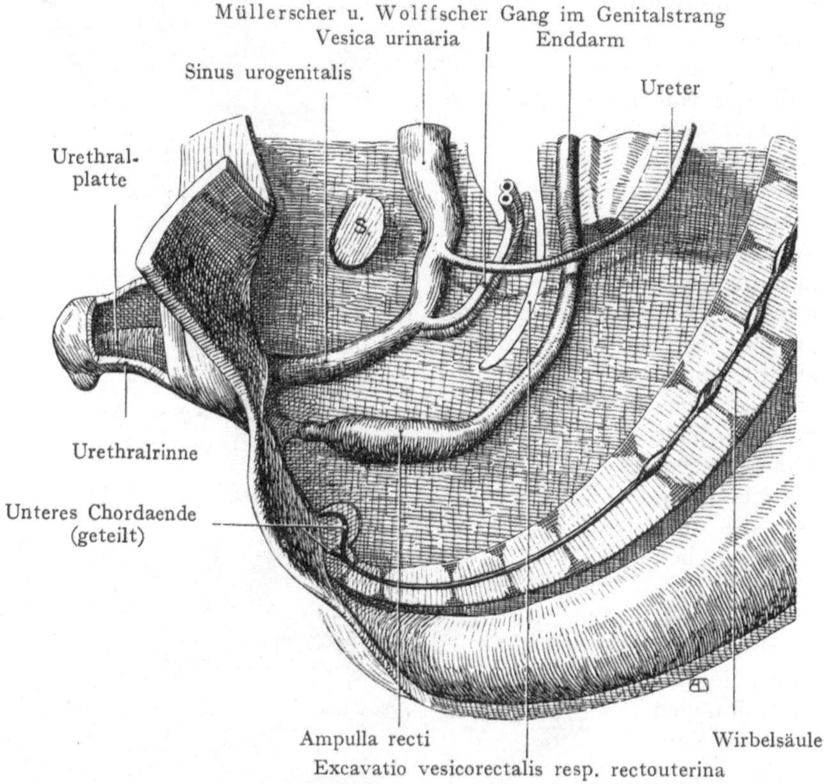

Fig. 467. Bildung der Ausführungswege des Urogenitalapparates. Menschlicher Embryo von 25 mm Länge.
Nach dem Keibelschen Modell.

später nicht etwa an der Durchbruchstelle der Membrana analis, also an der Grenze zwischen Ectoderm und Entoderm, sondern ganz im Bereiche des Ectoderms, indem (s. unten die Entwicklung des Dammes) durch eine Einbuchtung von außen her ein kurzer Abschnitt unten an das aus dem Entoderm stammende Rectum angefügt wird. Der ventrale Abschnitt liefert die Strecke des Sinus urogenitalis, welche von dem Müllerschen Hügel (Colliculus seminalis) bis zur Öffnung am primitiven Damme reicht, also beim Manne etwa die Pars prostatica und die Pars membranacea urethrae, beim Weibe das Vestibulum vaginae; außerdem entsteht aus dem ventralen Abschnitte sicher der größte Teil, wahrscheinlich (nach Keibel und auch nach Pohlmann) die ganze Harnblase, indem der Urachus überhaupt nicht, wie die früheren Autoren meinten, für die Bildung der Harnblase in Betracht kommt. Die vordere Wand der Harnblase, welche durch Einwachsen von Mesenchymzellen in die craniale Strecke der Kloakenmembran ein festeres Gefüge erhält, stellt zugleich auch die vordere Bauchwand zwischen Nabel und Symphyse her. So wird es begreiflich, daß die Harnblase zunächst als ein Organ der Bauchhöhle auftritt, welches erst sekundär, infolge eines auf längere Zeit sich ausdehnenden Descensus, seine endgültige Lagerung in der Beckenhöhle gewinnt. Bei beiden Geschlechtern senkt sich die Harnblase während der beiden ersten Lebensjahre sehr stark, von da an langsamer bis gegen das 18. bis 20. Lebensjahr.

Der Urachus verliert schon vor der Geburt sein Lumen, doch kann derselbe im Lig. umbilicale medium als feiner Strang erhalten bleiben, in welchem hie und da ein feines Lumen nachzuweisen ist. „Der Strang ist nicht gleichförmig, sondern gewunden und weist zahlreiche Ausbuchtungen auf, welche ihm ein knotiges Aussehen verleihen und durch Abschnürung zu selbständigen Cysten werden können"(Luschka). Sehr selten bleibt der Urachus beim Neugeborenen bis zum Nabel offen.

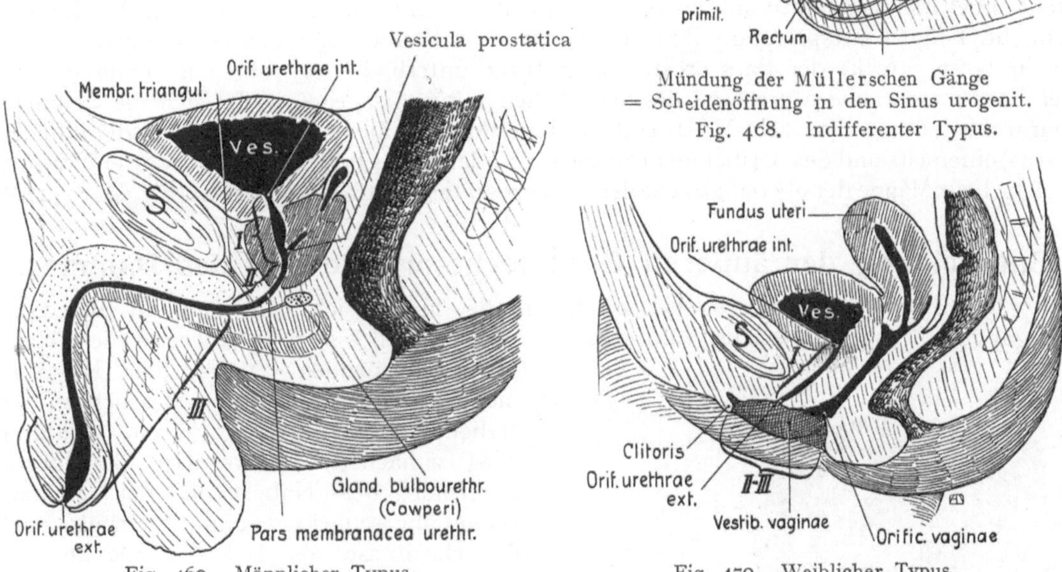

Mündung der Müllerschen Gänge = Scheidenöffnung in den Sinus urogenit. Fig. 468. Indifferenter Typus.

Fig. 469. Männlicher Typus.

Fig. 470. Weiblicher Typus.

Figg. 468—470. Vergleich der männlichen und weiblichen inneren und äußeren Geschlechtsorgane untereinander und mit einem indifferenten Stadium.

Die Trennung der Kloake in zwei Abschnitte durch die Bildung des Septum urorectale erfolgt am Ende des zweiten Monates bei Embryonen von 24—25 mm Länge. Wir können in etwas früheren Stadien am vorderen Abschnitte keine ganz scharfe Grenze zwischen der spindelförmigen Harnblase und dem Sinus urogenitalis ziehen. Auch finden noch Verschiebungen an der seitlichen Wand des Sinus statt, durch welche die Einmündungsstellen der Ureteren nach oben auf die Harnblase gelangen (Fig. 459). Das ist schon bei dem in Fig. 467 abgebildeten Embryo erfolgt. Wenn wir die Einmündungsstelle der Wolffschen und Müllerschen Gänge als obere Grenze des Sinus urogenitalis annehmen, so haben wir, wie gesagt, zwischen diesem Punkte und der Einmündung der Ureteren in die Harnblase eine Strecke, welche nicht bloß das Trigonum vesicae, sondern auch das Orificium urethrae int. und die obere Partie der Pars prostatica urethrae liefert.

Die untere Grenze des Sinus urogenitalis wird durch die Kloakenmembran und zwar durch deren craniale Strecke dargestellt, welche wir nunmehr als Membrana urogenitalis bezeichnen. Diese spielt (s. unten) bei der Entwicklung der äußeren Geschlechtsteile eine sehr wichtige Rolle, indem sie sich als Urethralplatte (Fig. 467) bis an die Spitze des auf dem Kloakenhöcker sich erhebenden Geschlechtsgliedes (Phallus) erstreckt. Der Durchbruch der Membrana urogenitalis und die Bildung eines Orificium ext. primitivum des Sinus urogenitalis erfolgt bedeutend früher als derjenige der hinteren Strecke der Kloakenmembran, welche als Membrana analis das Rectum abschließt. Die Membrana urogenitalis erstreckt sich beim Weibe an der unteren Fläche der Clitoris bis gegen die Glans clitoridis und stellt bei ihrem Durchbruch, als Ganzes genommen, die Öffnung des Vestibulum vaginae dar. Beim männlichen Geschlechte erfährt dagegen der Sinus urogenitalis dadurch eine beträchtliche Verlängerung, daß jener Abschnitt der Membrana urogenitalis, welcher von der unteren Fläche des Geschlechtsgliedes (Phallus) aus in dieses vordringt (die Urethralplatte), ein Lumen erhält, und, im Penis eingeschlossen, die Pars cavernosa urethrae bildet. Diese stellt im Gegensatze zu den Verhältnissen beim weiblichen Fetus, wo sich die im Phallus eingeschlossene Urethralplatte rinnenförmig nach unten öffnet, einen vorderen Abschnitt des Sinus urogenitalis dar. Die Öffnung desselben wird also von dem Damme auf die Spitze der Glans penis verlegt (s. unten). Auch beim männlichen Fetus entsteht ein Orificium primitivum des Sinus urogenitalis am Damme, das sich jedoch sekundär schließt. Folglich entspricht der Sinus urogenitalis des Weibes, d. h. das Vestibulum vaginae, der unteren Strecke der Pars prostatica urethrae unterhalb des Colliculus seminalis und der Pars membranacea urethrae des männlichen Fetus. Dagegen bildet sich die weibliche Harnröhre aus der von dem Müllerschen Hügel (dem Colliculus seminalis des männlichen Fetus) einerseits und dem Orificium urethrae int. andererseits begrenzten Strecke der Urethra, welche beim Manne der oberen Strecke der Pars prostatica urethrae entspricht (Figg. 468—470).

Entwicklung der äußeren Geschlechtsorgane und des Dammes.

Die Bildung der äußeren Geschlechtsorgane knüpft sich vor allem an diejenigen Vorgänge (s. oben), welche zum Ersatze der cranial bis zum Abgange des Haftstieles reichenden Strecke der Kloakenmembran durch eine aus Mesenchym bestehende festere Platte führen. Dadurch wird zunächst die vordere Bauchwand unterhalb des Nabels in der Medianebene abgeschlossen, und es erhält auch die Harnblase als Teil der Kloake ihre ventrale Wandung. Caudalwärts, gegen das vordere Ende der Membrana urogenitalis, bildet diese Mesenchymwucherung einen Wulst oder Höcker, der sich an der Herstellung der vorderen Begrenzung des Sinus urogenitalis beteiligt. Dies ist der Kloakenhöcker (Fig. 471), der bei menschlichen Embryonen von 13 mm Länge

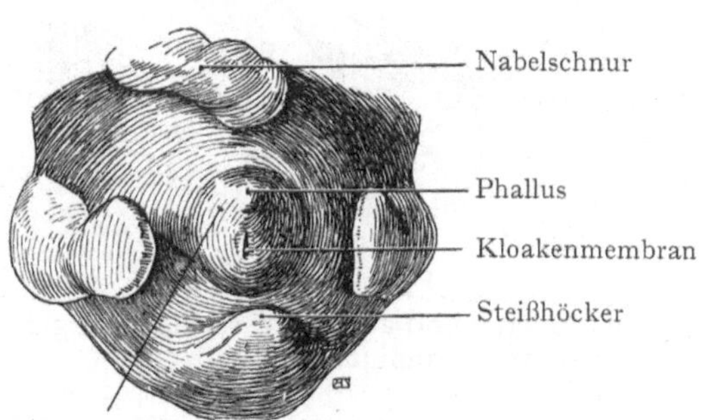

Fig. 471. Indifferentes Stadium der Ausbildung der äußeren Genitalien.
Nach dem Eckerschen Modell.

deutlich ausgebildet ist. Auf demselben erhebt sich nun der Geschlechtshöcker (Phallus), der von dem halbmondförmigen Geschlechtswülste (Tuberculum genitale), umzogen wird. Caudal und lateral von dem Ostium urogenitale primitivum geht derselbe in den unterdessen durch die Verschmelzung des Septum urorectale mit der Kloakenmembran gebildeten primitiven Damm über (Fig. 464 D). In das Innere des geschlechtlich zunächst ganz indifferenten Phallus erstreckt sich von unten her die als Fortsetzung der Kloakenmembran, resp. der Membrana urogenitalis, aufzufassende kielförmige

Urethralplatte (Fig. 467), aus welcher sich im weiteren Verlaufe die Pars phallica des Sinus urogenitalis bildet. Diese Epithelplatte ist von Anfang an als Teil der Kloakenmem-

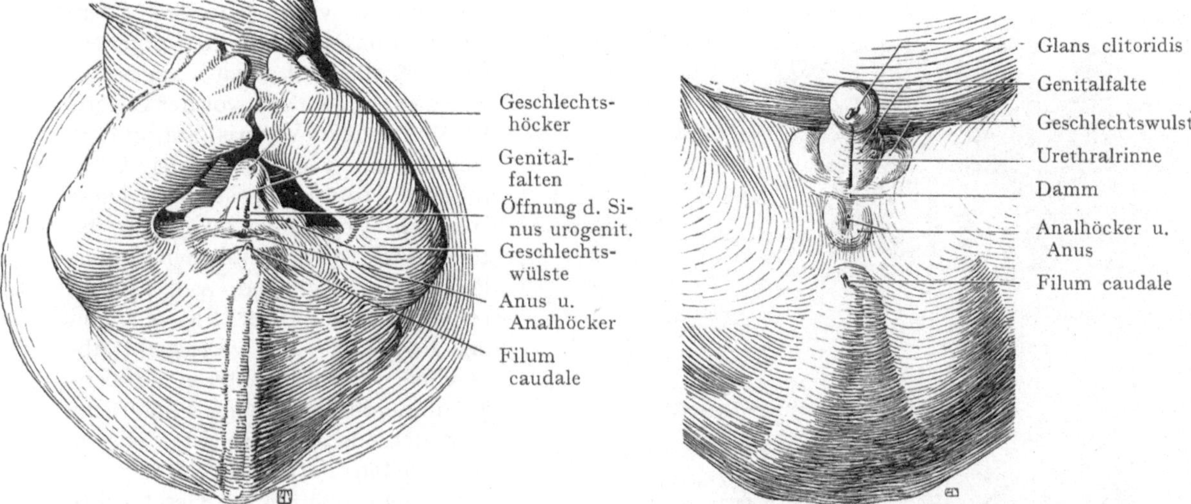

Fig. 472. Caudales Körperende eines mensch-lichen Embryos von 21 mm Länge. Indifferentes Stadium.

Fig. 473. Äußere Genitalien eines 25 mm langen weiblichen Embryos.

bran im Phallus vorhanden; sie gewinnt mit dem Längenwachstum des Phallus beim männlichen Geschlechte sehr beträchtlich an Länge. Die Urethralplatte öffnet sich nun beim weiblichen Fetus rinnenförmig nach unten als Urethralrinne, welche gewissermaßen eine Fortsetzung des Ostium urogenitale primitivum gegen die Glans clitoridis hin darstellt (Fig. 473).

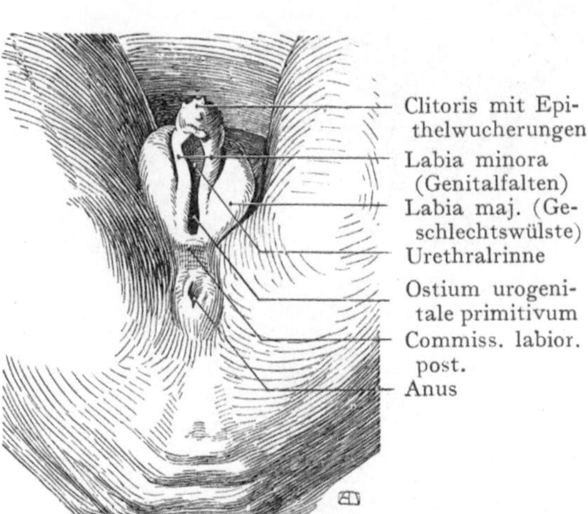

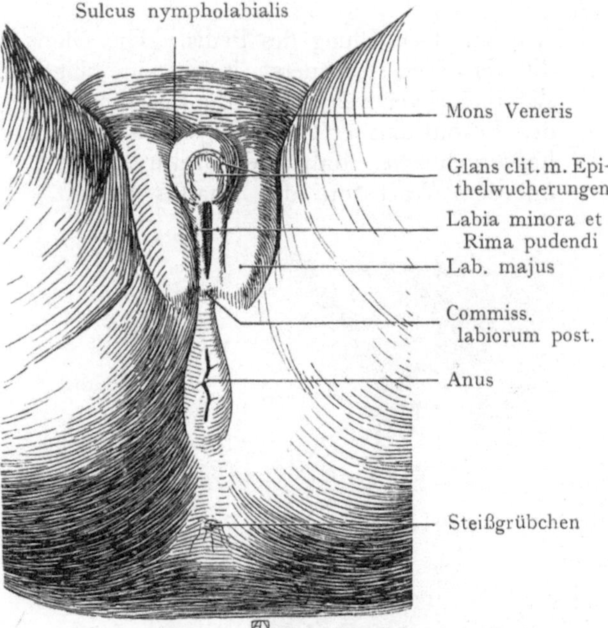

Fig. 474. Äußere Genitalien eines weib-lichen Fetus von 8 cm Länge.

Fig. 475. Äußere Geschlechtsteile eines weib-lichen Fetus von 10 cm Länge.

Die Ränder der Urethralrinne stellen, analwärts nach beiden Seiten des Ostium primi-tivum urogenitale fortgesetzt, die kleinen Labien des Weibes dar; Urethralrinne und

Ostium urogenitale primitivum bilden demnach, zusammengenommen, das Ostium urogenitale secundum. Die Labia minora gehen dabei als Frenulum clitoridis an die Clitoris
und werden durch den Sulcus nym-
pholabialis von den aus dem
Tuberculum genitale hervorgehenden großen Labien abgesetzt.
Diese vereinigen sich vor der Clitoris
im Mons pubis (Veneris), hinter dem
Vestibulum vaginae in der Commissura labiorum posterior. Diese
Ausbildung der äußeren Geschlechtsteile nach dem weiblichen Typus
läßt sich, ausgehend vom indifferenten Stadium der Fig. 472, in
den Figg. 473—476 verfolgen. Abgesehen von der späteren Größenzunahme der Teile wird schon recht
früh der Zustand erreicht, den wir
beim reifen Fetus antreffen.

Beim männlichen Geschlechte
(Figg. 477 und 478) erfolgt die
Differenzierung der äußeren Ge-
schlechtsteile zunächst durch eine
Verwachsung von Abschnitten des
Phallus, welche beim weiblichen
Embryo die Labia minora bilden
(Fig. 476). Der Phallus verlängert

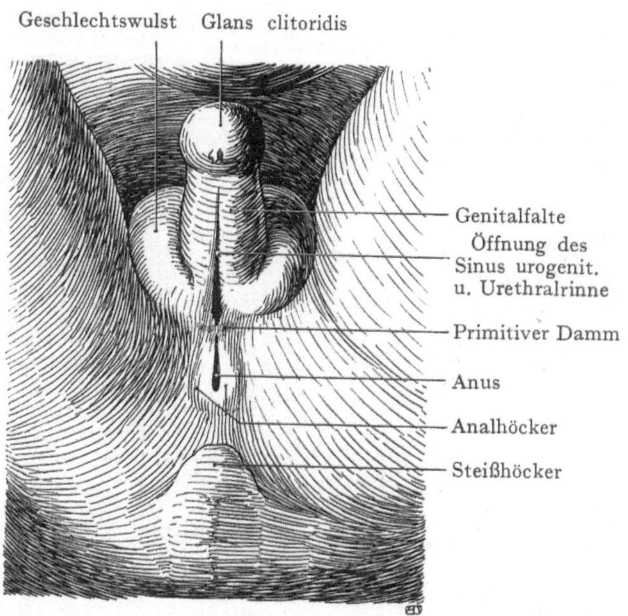

Fig. 476. Genitalregion eines menschlichen Fetus von
31 mm Länge (weiblicher Typus).
Nach W. J. Otis, Anat. Hefte. 30. 1905.

sich zur Herstellung des Penis. Die Glans und der distale Abschnitt des Penisschaftes
differenzieren sich zuerst, indem eine ringförmige Furche, der Sulcus coronarius glandis
sich bildet, von welcher aus die Entstehung
des Präputiums erfolgt. Es wurde schon
hervorgehoben, daß die Urethralplatte
mit dem Wachstum des Phallus Schritt

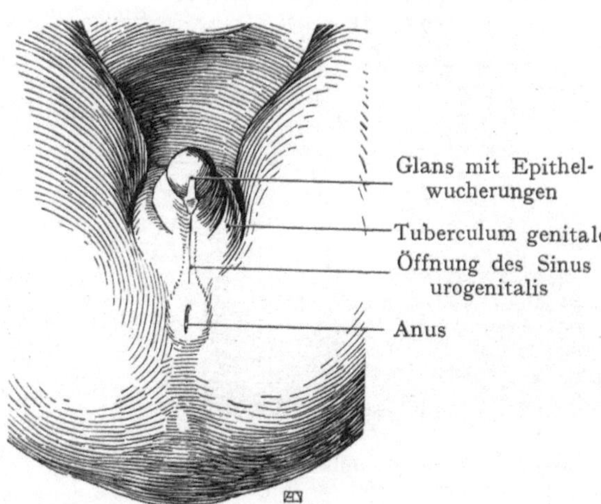

Fig. 477. Äußeres männliches Genitale. Menschlicher Fetus von 6 cm Länge.

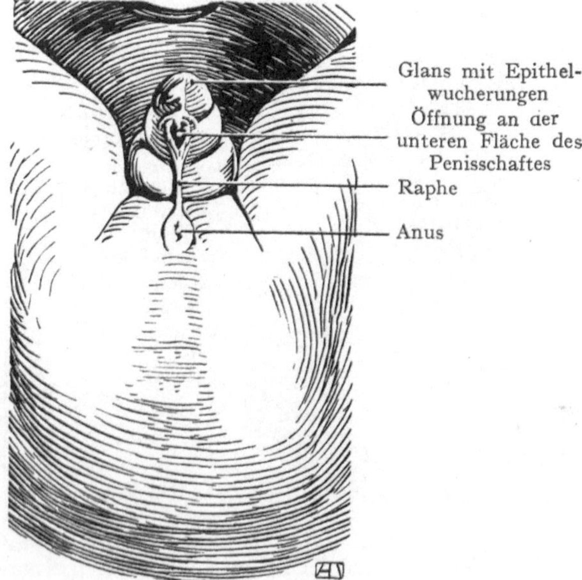

Fig. 478. Caudales Körperende eines 5 cm langen
männlichen Fetus.
6 mal vergr.

hält. Ursprünglich eine solide, kielartige, von unten her in denselben eindringende Epithellamelle öffnet sie sich nach unten und bildet als eine Fortsetzung des Ostium urogenitale primitivum bis zum Sulcus coronarius glandis die Urethralrinne (Fig. 476).

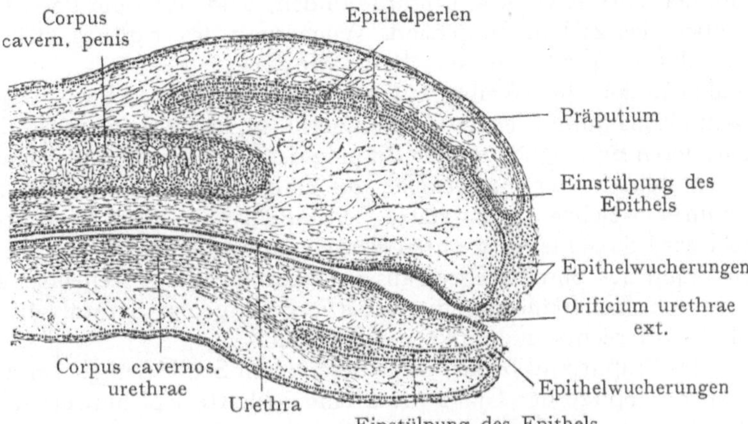

Fig. 479. Längsschnitt durch den Penis eines menschlichen Fetus von 12 cm Länge. Bildung des Präputiums. 35 mal vergr.

Die Ränder der Rinne, welche den kleinen Labien des weiblichen Fetus entsprechen, verwachsen unter Wucherung von Bindegewebszellen, um sekundär den Abschluß der Urethralrinne (Fig. 478) zu einem im Penis eingeschlossenen Abschnitte des Sinus

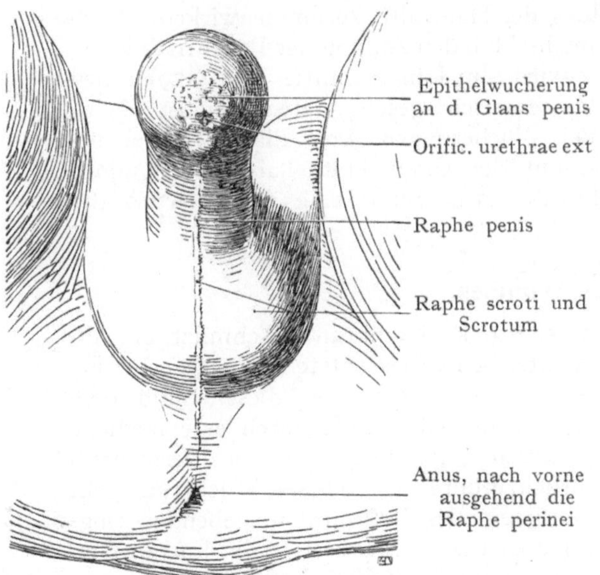

Fig. 480. Regio perinealis eines männlichen Fetus von 12 cm Länge.

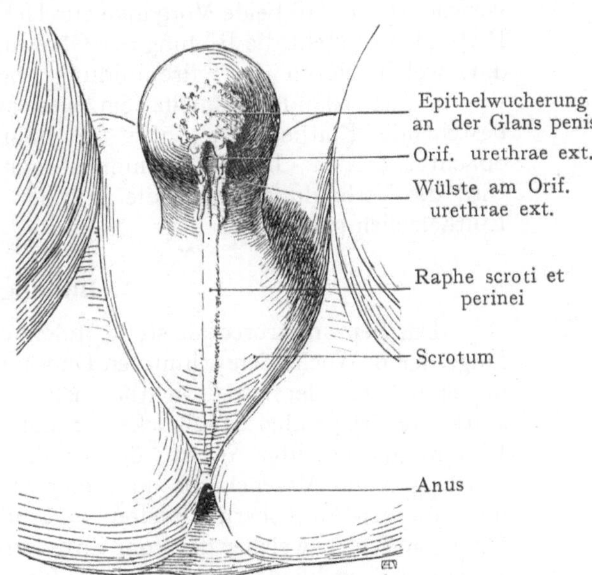

Fig. 481. Regio perinealis eines männlichen Fetus von 11 mm Länge.

urogenitalis (Pars phallica sinus urogenitalis) zu bewirken. Vorn bleibt an der Glans eine Öffnung, das Orificium urethrae ext. übrig, welches, nachdem auch der Verschluß der analen Strecke des Ostium urogenitale primitivum erfolgt ist, das definitive

Ostium urogenitale darstellt. Die Verschlußlinie der Urethralrinne und des Ostium urogenitale primitivum bildet die vom Anus bis zur Glans penis sich erstreckende Raphe
scroti, perinei et penis (Fig. 480). Accessorische Urethralgänge, welche sich zuweilen am
unteren Umfange der Pars cavernosa urethrae finden, sind auf eine Persistenz, vielleicht
auch auf eine über das Ziel hinausgehende Wucherung des Epithels der Urethralrinne
oder der Urethralplatte zurückzuführen (Rob. Meyer).

Die den Labia majora des Weibes entsprechenden Geschlechtswülste gehen vor der
Wurzel des Penis am Mons pubis (Veneris) ineinander über; im übrigen stellen sie die paarigen
Scrotalwülste dar, deren Beteiligung an der Bildung des Scrotums übrigens eine sehr geringe
ist, denn dieses entsteht in der Hauptsache aus einem stark wachsenden medianen Abschnitte des Dammes, welcher als unpaares Scrotalfeld nach dem Descensus die Hoden
aufnimmt. Dabei wird dasselbe nach unten vorgebuchtet, indem ein median eingestelltes,
mit der unteren Wand des Sinus urogenitalis in Zusammenhang stehendes Septum scroti
entsteht. Die aus dem Tuberculum genitale hervorgegangenen Scrotalwülste sollen nach
der Ansicht von Felix rechts und links verstreichen.

Die Bildung des Präputiums bedarf einer besonderen Schilderung. Im 3. und 4. Fetalmonate erfolgt an der Spitze der Glans penis eine lebhafte Epithelwucherung, vielleicht
im Zusammenhange mit der Urethralplatte; dabei erheben sich unregelmäßige, spitz
zulaufende Epithelkämme und Fortsätze, welche entfernt an die früher beschriebenen
Epithelzotten der Lippen erinnern (Figg. 480 und 481). Ihre Ausbildung ist eine außerordentlich verschiedene. Etwas Ähnliches ist an der Clitoris zu sehen, wo die Epithelwucherung während gewisser Stadien sehr lebhaft ist (Fig. 474). In Zusammenhang damit steht nun die Bildung einer Epithellamelle (Glandularlamelle), welche, in
das distale Penisende einwachsend, eine äußere Lamelle als Präputium von der Glans penis
trennt. Dieser Prozeß stellt jedoch bloß den Anfang der Bildung dar, indem das Präputium auch als Falte, und zwar gleichzeitig mit der Bildung der Glandularlamelle
vorwächst, so daß beide Vorgänge zur Herstellung der Hautfalte zusammenwirken. Nach
Rob. Meyer stellt die Bildung der Glandularlamelle bloß den Anfang der Präputialbildung
dar, welche durch die Faltenbildung abgelöst wird. Im Längsschnitte (Fig. 479) sehen
wir in der Glandularlamelle einzelne aus konzentrisch geschichteten platten Zellen
bestehende Epithelperlen, wie sie häufig bei Wucherungen von Plattenepithel beobachtet werden. Das Präputium ist zunächst mit der Glans epithelial verlötet, doch
wird die Verbindung gegen die Zeit der Reife des Fetus durch eine Auflockerung der
Epithelzellen gelöst.

1. Bildung des Dammes.

Das Septum urorectale stellt, indem es mit der Kloakenmembran verschmilzt, am Anfange der 6. Woche den primitiven Damm her. Hinter demselben entsteht eine Querfurche,
in deren Tiefe der After sichtbar ist (Figg. 482 u. 483). Zwischen diesem und dem
stark vorspringenden Steißhöcker erhebt sich ein quergestellter, oft durch eine mediane
Einsenkung geteilter Wulst, der Analhöcker, dessen Entstehung auf ein vermehrtes
Wachstum des Mesenchyms an dieser Stelle zurückzuführen ist. Dieses Wachstum geht
nun um den Anus herum weiter und bildet so einen diese Öffnung umgebenden ring-
förmigen Wulst, welcher der vom Entoderm gebildeten Pars analis recti einen kurzen vom
Ectoderm ausgekleideten Abschnitt anfügt. Die mesodermalen Zellen des Wulstes differenzieren sich zum M. sphincter ani ext. Auch von der Seite her bilden sich am Perineum Mesenchymwucherungen, welche sich in der Medianebene vereinigen. Die Raphe
perinei, welche beim Manne auf den Penis weiterzieht, stellt die Verschlußlinie des Sinus
urogenitalis dar, vielleicht auch noch einer Strecke der ursprünglichen Analöffnung,
welche vor der Bildung des Analhöckers bestand.

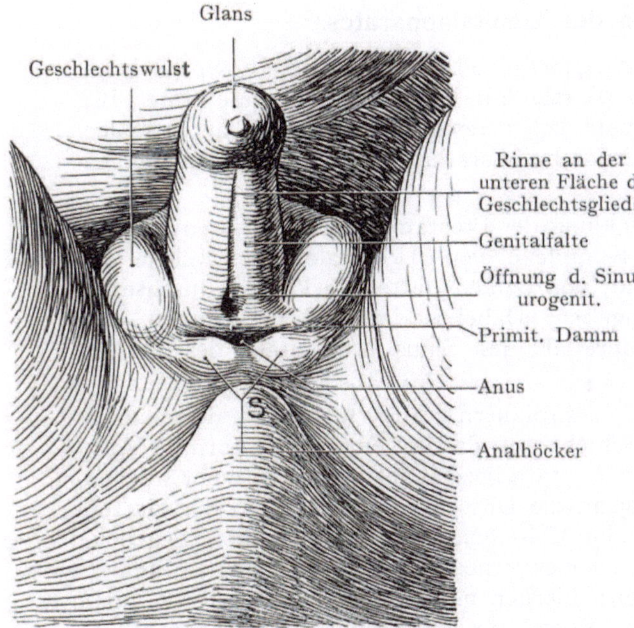

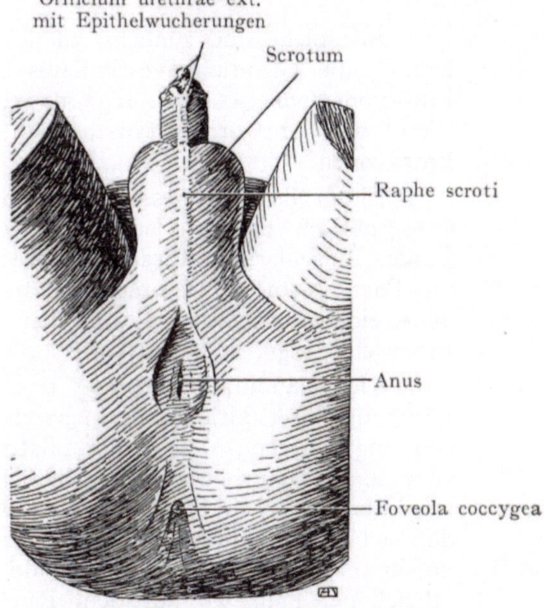

Fig. 482. Genitalregion eines weiblichen Embryos von 21 mm Länge. S. Steißhöcker.

Fig. 483. Äußere Genitalien eines Fetus von 7,5 cm Länge. Raphe scroti et penis.

Nach W. J. Otis, Die Morphologie und Histogenese des Analhöckers. Anat. Hefte. 30. 1905.

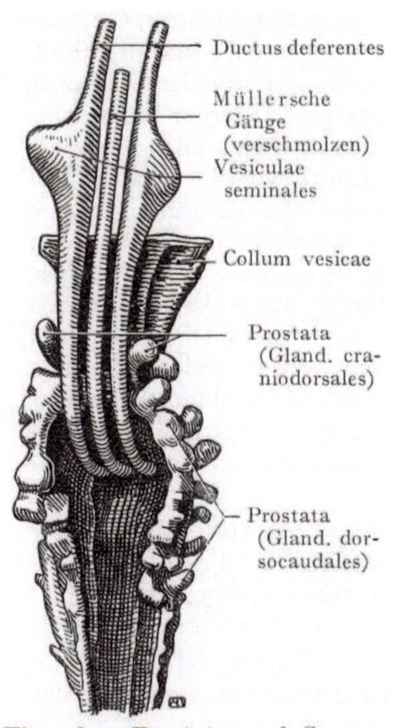

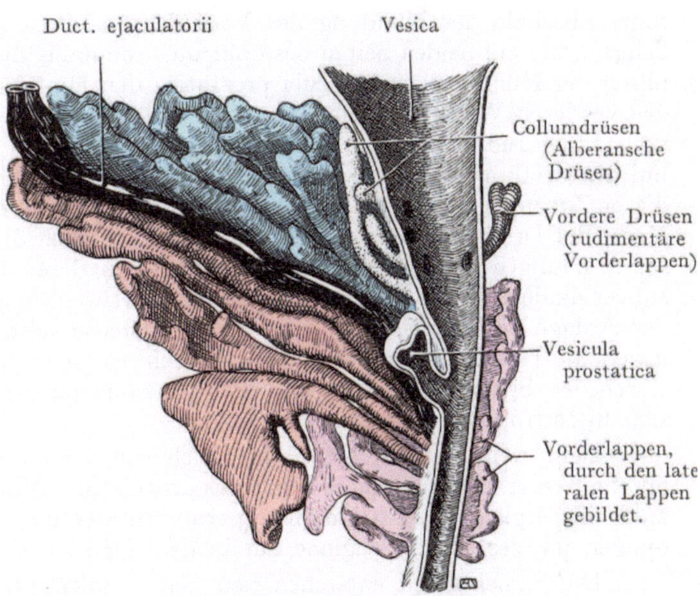

Fig. 484. Prostata und Samenblasen. Menschlicher Embryo von 6 cm Länge.
Nach E. Pallin, Arch. f. Anat. u. Entwicklungsgesch. 1901.

Fig. 485. Prostata eines neugeborenen Kindes mit Angabe der Lappen.
Blau: mittlere Lappen,
rot: Hinterlappen,
violett: seitl. Lappen.
Nach Lowsley, Amer. Journ. of Anat. XIII. 1912.

2. Accessorische Drüsen des Genitalapparates.

Als solche sind zunächst zu nennen: die Glandulae bulbourethrales (Cowperi) beim Manne, die Glandulae vestibulares majores (Bartholini) beim Weibe. Diese treten bei Embryonen von 30 mm Länge als paarige, bald sich verzweigende Knospen der dorsalen Wand des Sinus urogenitalis auf; die Glandulae bulbourethrales erst bei 48 mm langen Embryonen.

Ein größeres Interesse bietet die Entwicklung der Prostata. Diese Drüse entspricht, ontogenetisch und phylogenetisch, einem Komplexe von Urethraldrüsen, welche die Tunica muscularis urethrae durchbrechen und, von Balken glatter Muskulatur durchsetzt, die Pars prostatica urethrae vollständig umgeben. Dabei ist im Auge zu behalten, daß diese einem Abschnitte sowohl der Harnröhre als des Sinus urogenitalis des Weibes entspricht (Figg. 469 u. 470).

Die Glandulae urethrales treten bei Marsupialiern (Oudemans) in der ganzen Länge des Urogenitalkanals in so dichter Schicht auf, daß sie eine spindelförmige Auftreibung bewirken, welche man fälschlich als Prostata bezeichnet hat. Von einer solchen ist man erst dann zu sprechen berechtigt, wenn die Drüsen auch außerhalb der glatten Muskulatur der Urethra auftreten. Auch beim Menschen ist die Möglichkeit gegeben, daß sich im Verlaufe der Pars membranosa oder cavernosa urethrae von den Glandulae urethrales aus Prostatagewebe bilden kann; hierher gehört ein von Luschka beschriebener Fall, wo auf dem Rücken des Penis, an der Grenze der Schamhaare, Prostatagewebe nachgewiesen war, das mittels eines $1^1/_2$ cm langen Ausführungsganges mit der Harnröhre in Zusammenhang stand.

Die ersten Anlagen treten im dritten Monate in Gestalt einer größeren Zahl von soliden Wucherungen an verschiedenen Stellen der Pars prostatica urethrae auf, welche die Prostatalappen herstellen. Neuere Untersuchungen (Lowsley) unterscheiden 5 Gruppen von derartigen Wucherungen (Fig. 485), von denen eine, von der hinteren Wand der Harnröhre oberhalb der Mündung der Vesicula prostatica ausgehend, den mittleren Lappen liefert, zwei auf beiden Seiten des Colliculus seminalis die Lobi laterales; ferner bildet eine hinter der Mündung der Vesicula prostatica den Hinterlappen, endlich eine hoch oben von der vorderen Wand der Urethra ausgehende Anlage, welche jedoch vor der Geburt fast vollständig rudimentär wird, einen vorderen Lappen. Die Lobi laterales schließen sich um die Urethra herum zum vorderen Halbringe der Prostata zusammen; bei Tieren fehlt dieser Zusammenschluß. Der Lobus post. wird durch eine eigene Kapsel von der übrigen Masse der Drüse getrennt. Besonders scharf ist auch die Trennung der Anlage des wegen seiner häufigen Hypertrophie sehr wichtigen mittleren Lappens. Neuerdings ist auch auf subcervikale Drüsenanlagen (Alberansche Drüsen) hingewiesen worden, welche oberhalb der Anlage des Lobus medius in der Submucosa, also innerhalb des Sphincter vesicae, gegen die Harnblase emporwachsen. Auch ist neuerdings angegeben worden, daß diese durch den Sphincter vesicae vom Lobus medius getrennten Drüsenschläuche zuweilen für sich hypertrophieren können.

Beim weiblichen Embryo bilden sich von der hinteren Wand der Harnröhre, gerade oberhalb ihrer Einmündung in den Sinus urogenitalis (Vestibulum vaginae) die mit Prostataanlagen vergleichbaren Glandulae paraurethrales oder Skeneschen Gänge, deren Mündungen im Vestibulum vaginae auf beiden Seiten des Orificium urethrae ext. liegen.

Die Samenblasen entstehen von den distalen Strecken der Ductus deferentes aus, welche hier die Ampullen bilden und zwar durch die Abschnürung einer von longitudinalen Falten begrenzten Rinne (Pallin).

Mißbildungen im Bereiche der inneren und äußeren Geschlechtsorgane.

Wir gehen bei der Untersuchung derselben von dem sog. indifferenten Zustande aus, bei welchem die Geschlechtsbestimmung allerdings schon längst erfolgt ist (Fig. 468), dagegen noch alle Elemente zu finden sind, welche beim Aufbaue sowohl des männlichen als des weiblichen Apparates eine Rolle spielen. Von diesem Zustande aus lassen sich alle Mißbildungen, wenigstens in bezug auf ihre formale Genese, begreifen, indem wir zur Erklärung derselben hauptsächlich mit einer Hemmung der Rückbildung gewisser Abschnitte

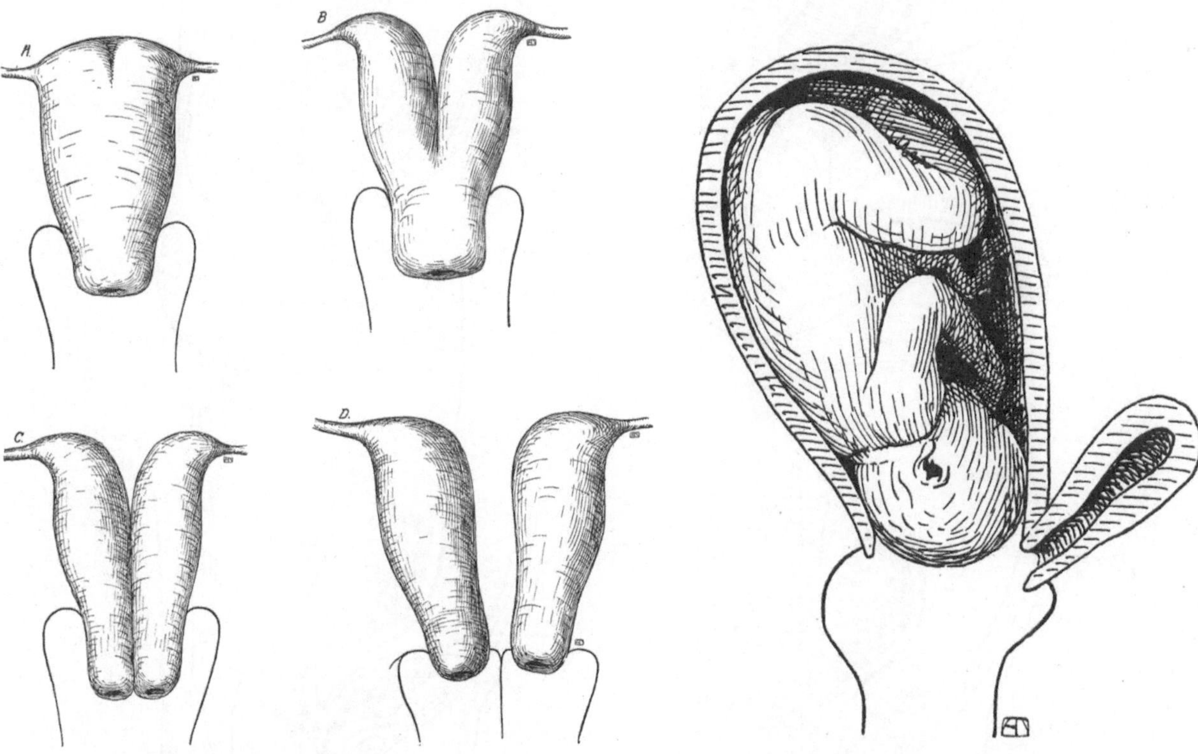

Fig. 486. Mißbildungen des Uterus.
Nach Forgue aus Testut u. Jacob, Anat. topogr. 1905.
A. Septenbildung am Fundus (unvollständige Teilung des Uterus),
B. Uterus bicornis unicervicalis,
C. Uterus bicornis totalis,
D. Uterus duplex separatus cum vagina duplici separata.

Fig. 487. Fall von Schwangerschaft bei Uterus bicornis totalis.
Nach La Casas dos Santos, Mißbildungen des Uterus. Zeitschr. d. Geb. u. Gyn. XIV. 1888.

zu rechnen haben, welche beim anderen Geschlechte eine stärkere Ausbildung und eine Verwendung beim Aufbaue des fertigen Geschlechtsapparates erfahren. Die eigentliche Ursache solcher Entwicklungsstörungen bleibt uns jedoch verborgen; wir können eben bloß aus dem Resultate, das in einer gegebenen Mißbildung vorliegt, erkennen, welche Abschnitte der indifferenten Anlage in ihrer weiteren Entwicklung gehemmt und welche anormalerweise in ihrem Wachstum gefördert wurden, auch den Zeitpunkt bestimmen, in welchem der der betreffenden Mißbildung zugrunde liegende Vorgang seinen Anfang nahm.

Wir unterscheiden: 1. Anomalien der Ausführungsgänge, also des Wolffschen oder des Müllerschen Ganges; 2. Mißbildungen im Bereiche des Sinus urogenitalis und der Harnblase; 3. Mißbildungen im Bereiche der äußeren Genitalien.

1. Anomalien der Ausführungswege.

Die praktisch wichtigsten derselben erblicken wir in den Formanomalien des Uterus. Es sei daran erinnert, daß der Uterus und die Scheide durch die Verschmelzung der im Genitalstrange zusammengefaßten Müllerschen Gänge entstehen und daß dieser Vorgang,

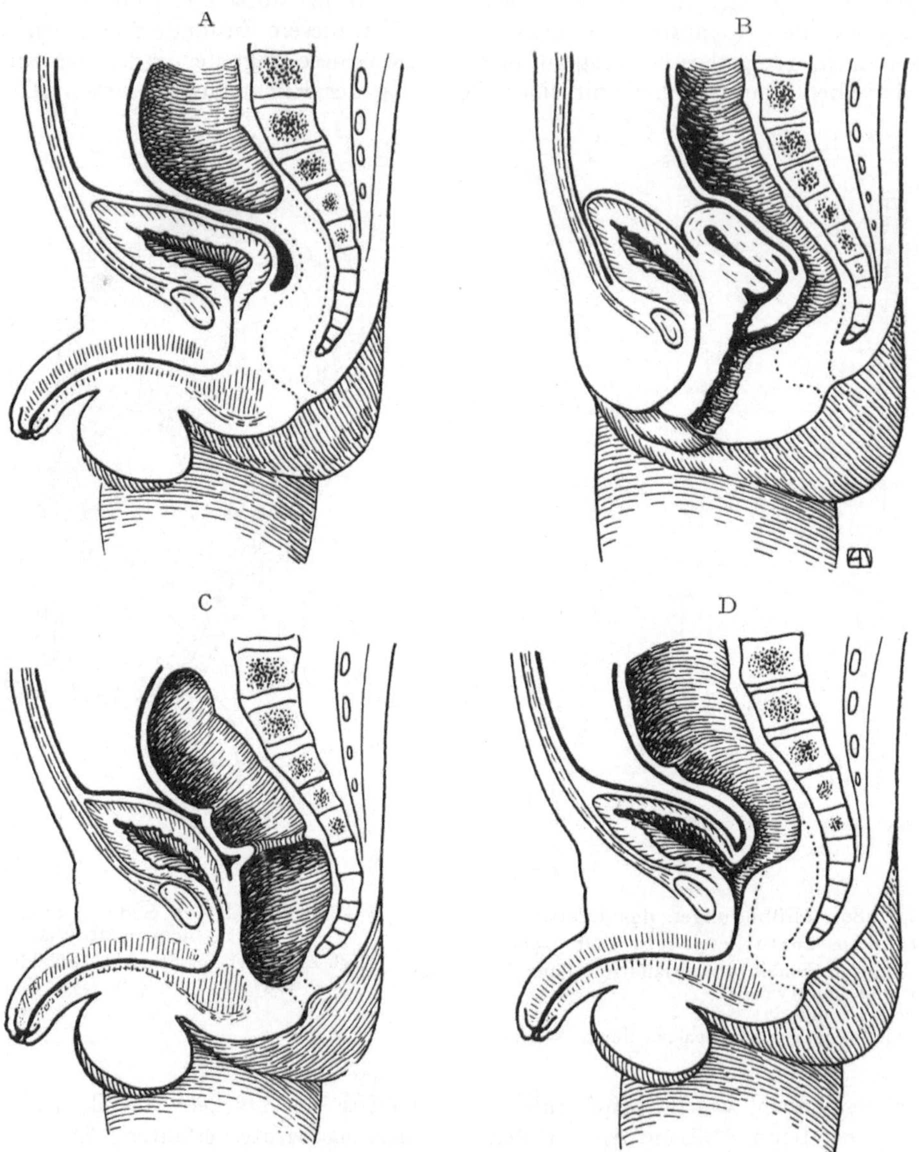

Fig. 488. Verschiedene Formen der Atresia ani.
Mit Benutzung der Figuren von A. S t i e d a: Über Atresia ani congenita usw. Arch. f. klin. Chir. 70. 1903.

welcher an einem bestimmten Punkte anfängt, um nach unten und nach oben weiter fortzuschreiten, eine Hemmung auf verschiedener Stufe der Ausbildung erfahren kann. Der höchste Grad derselben, nämlich das gänzliche Ausbleiben der Verschmelzung der Gänge, führt (Fig. 486 D) zur Bildung eines doppelten Uterusschlauches und einer doppelten Scheide, oder auch zur Bildung zweier Uterusschläuche, die getrennt in eine einheitliche Scheide einmünden (Fig. 486 C). Unterbleibt die cranialwärts fortschreitende Verschmelzung im

Bereiche des Uterus in größerer oder geringerer Ausdehnung, so erhalten wir Bilder wie sie Fig. 486 B und Fig. 486 A zeigen; hier dringt vom Fundus uteri aus ein Septum in das Corpus uteri vor (Uterus septus). Diese Bildungen können bei einer Schwangerschaft bedeutsam werden; so stellte bei dem in Fig. 487 abgebildeten Falle von Uterus bicornis totalis mit Entwicklung des Fetus in dem einen Uterusschlauch der andere Schlauch ein Geburtshindernis dar.

Das Vorkommen von Resten der Wolffschen Gänge im Bereiche der Tuben, des Uterus und der Scheide ist oben erwähnt worden. Bei Feten am Ende des zweiten Fetalmonates läßt sich der Gang ununterbrochen bis zu seiner Ausmündung in den Sinus urogenitalis neben den Mündungen der Müllerschen Gänge verfolgen. Bis zum Ende des dritten Fetalmonates findet man ausnahmslos Reste des Kanals im Uterus oder in der Scheide und bei Neugeborenen und Kindern noch größere oder kleinere Reste in der Hälfte oder in einem Drittel aller Fälle (Rob. Mayer). Bei Hermaphroditismus spurius bleibt der Gang nicht bloß erhalten, sondern kann sich wie beim normalen Individuum entwickeln, so daß erst die Untersuchung der Keimdrüse das Geschlecht des Individuums erkennen läßt.

Die Varianten der Form des Hymens sind nicht als Mißbildungen aufzufassen, denn sie lassen sich leicht auf Verschiedenheiten in der Rückbildung der die Scheidenöffnung anfüllenden Epithelmasse, resp. ihrer Durchwachsung durch Bindegewebszellen zurückführen.

2. Mißbildungen im Bereiche des Sinus urogenitalis und der Harnblase.

Dieselben sind als Störungen in der Bildung des Septum urorectale oder auch der Membrana urogenitalis aufzufassen, auch als abnorme Wachstumsvorgänge in der Wandung des Sinus urogenitalis.

Störungen in der Entwicklung des Septum urorectale haben eine Verbindung zwischen dem Sinus urogenitalis, resp. der Harnblase, und dem Rectum zur Folge. Nicht selten sind sie mit Fehlen des Anus (Atresia ani) verknüpft. In Fig. 488 D ist ein solcher Fall dargestellt, bei welchem die Bildung der unteren Strecke des Rectums ausgeblieben ist und dieses sich direkt mit dem Fundus vesicae in Verbindung setzt. In Fig. 488 B sehen wir einen weiteren Fall, bei welchem der Anus gleichfalls fehlt und das Rectum mit der oberen Partie der Scheide in Verbindung getreten ist. Vielleicht lassen sich diese Bildungen mittels der Annahme erklären, daß das Septum urorectale (Fig. 464) zu weit caudal auf die Kloakenmembran gelangt und so den ganzen vorderen Abschnitt der Kloake zum Sinus urogenitalis schlägt. Dazu käme natürlich die Proliferation des angrenzenden Bindegewebes, welches später das blinde Ende des Rectums von der Oberfläche trennt. Eine typische Atresia ani, ohne Bildung einer Fistula rectovesicalis oder rectourethralis sehen wir in Fig. 488 C vor uns; in Fig. 488 A ist der höchste Grad einer solchen Mißbildung dargestellt, bei welcher das Rectum überhaupt fehlt. Je nach der Entfernung des blinden Darmendes von der Oberfläche ist die Möglichkeit eines operativen Eingriffes zu beurteilen.

Störungen im Wachstum des Sinus urogenitalis kommen in Fällen von Hermaphroditismus spurius vor, bei denen z. B. die äußeren Genitalien einen männlichen Habitus annehmen, während der Uterus, die Scheide und das Ovarium gleichfalls vorhanden sind (s. unten). Blasenspalten und dorsale Spalten des Penis (Epispadie) sind auf eine Störung in dem Ersatze der cranialen Strecke der Kloakalmembran durch Bindegewebe zurückzuführen.

3. Mißbildungen der äußeren Geschlechtsorgane.

Eine Reihe von Mißbildungen beruht auf einem mangelhaften Verschlusse der Urethralrinne, resp. des Ostium urogenitale primitivum; so können spaltförmige Öffnungen der Pars cavernosa urethrae bestehen bleiben, die sich auf der ganzen Strecke vom

Damm bis zur Glans penis finden (Hypospadie). Die der Mißbildung zugrunde liegende
Störung tritt wahrscheinlich in der 7.—14. Fetalwoche auf, bedeutend später als eine
andere Störung, welche auf einer Hemmung im Verschluß der vorderen Strecke der Membrana cloacalis beruht und zur Bildung von dorsalen Spalten des Penis, ja sogar von
vorderen Harnblasenspalten führt (Epispadie). Je weiter analwärts die Öffnung der Urethra
bei der Hypospadie liegt, desto früher müssen wir wohl die betreffende Entwicklungs-
störung annehmen; die Bildung einer Hypospadie der Eichel fällt wohl erst in den dritten
Fetalmonat. Die Fig. 489 gibt eine schematische Darstellung der typischen Formen der
Hypospadie. Wenn die Öffnung am Perineum liegt, so entspricht sie etwa dem Ostium urogenitale primitivum, welches beim Weibe die Öffnung des Vestibulum vaginae darstellt;

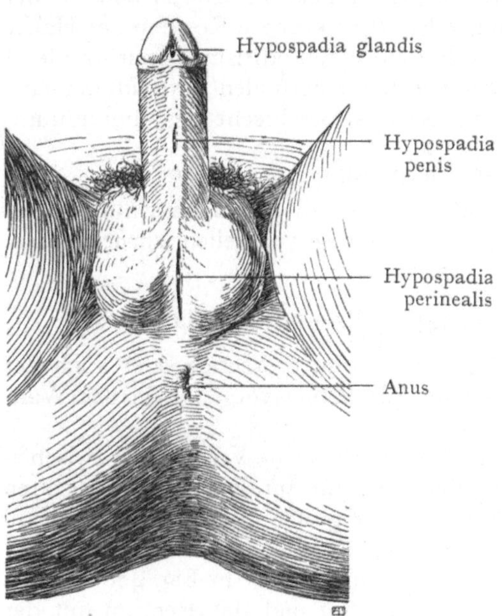

Fig. 489. Schema zur Erklärung des Vor-
kommens der Hypospadie.

sodann haben wir es mit einer Hypospadia
perinealis zu tun. Liegt sie dagegen an der
unteren Fläche des Penisschaftes, so bezeichnen wir sie als Hypospadia penis, oder
wenn sie sich an der unteren Fläche der Glans
befindet, als Hypospadia glandis. Bei hoch-
gradiger Hypospadie ist der Penis gewöhnlich
verkürzt; ja es sind sogar Fälle beschrieben
worden, bei denen die Urethralrinne in ihrer
ganzen Ausdehnung beim männlichen Geschlechte offen bleibt (Hermaphroditismus
spurius masculinus).

In beträchtlich frühere Zeit (4.—6.
Woche) fallen die Störungen, welche zur Bildung der in einem dorsalen Penisspalte bestehenden Epispadie führen, an welche sich
als Extrem der Mißbildung die Blasenspalte
anschließt. Bei dieser ist nicht bloß der
ganze Penis dorsal gespalten, sondern der
Spalt setzt sich durch die Symphyse in die
Harnblase und gegen den Nabel hin fort.
Solche Mißbildungen beruhen darauf, daß
die craniale bis zum Haftstiel hinaufreichende
Strecke der Kloakenmembran (Fig. 465),
der vorderen Bauchwand zwischen Nabel und Symphyse entspricht, welcher später
nicht durch Bindegewebe ersetzt wird. Diese epitheliale Lamelle bildet dann in der
Medianebene den ventralen Abschluß desjenigen Abschnittes des Sinus urogenitalis,
welcher in die Bildung der Harnblase einbezogen wird und daraus folgt, daß wenn sich
eine Öffnung in der Epithellamelle bildet, dieselbe den Sinus urogenitalis oder die Harnblase ventral mit der Oberfläche des Körpers in Verbindung setzen muß. Je nach der
Ausdehnung dieser Öffnung kann sie am dorsalen Umfange des Penisschaftes liegen
oder sich auf die Harnblase ausdehnen, so daß in extremen Fällen die ganze vordere
Wand der Harnblase fehlt und die Mündungen der Ureteren an der hinteren Wand der
Harnblase offen zu Tage liegen.

Entwicklung der Nebennieren und des chromaffinen Systems.

In Zusammenhang mit den Harnorganen pflegt man in der Regel auch die Nebennieren zu besprechen, obgleich sie nur durch ihre Lage am oberen Pole der Nieren
zu diesen in Beziehung treten. Weder ihrer Herkunft noch ihrer Funktion nach gehören
sie zu den Exkretionsorganen, denn jede Nebenniere stellt in ihrer Rinde und in ihrem

Mark zwei verschiedene Organe dar, die z. B. bei den Selachiern und vielen anderen Anamniern vollständig voneinander getrennt sind und sich erst bei den Amnioten zu einem äußerlich einheitlichen Körper vereinigen. Den Mutterboden für die Rinde bildet die Strecke des Coelomepithels zwischen der Plica urogenitalis und der Radix mesenterii (Figg. 442—445), welche bei den Selachiern eine Reihe solider, segmentaler Sprossen in dorsaler Richtung treibt. Dieselben bilden die in ihrem Aufbaue mit der Nebennieren-rinde der Säuger übereinstimmenden Interrenalkörper oder Zwischennieren. Den Mutter-boden des zweiten Anteils der Nebenniere, dem die Marksubstanz der Säuger entspricht,

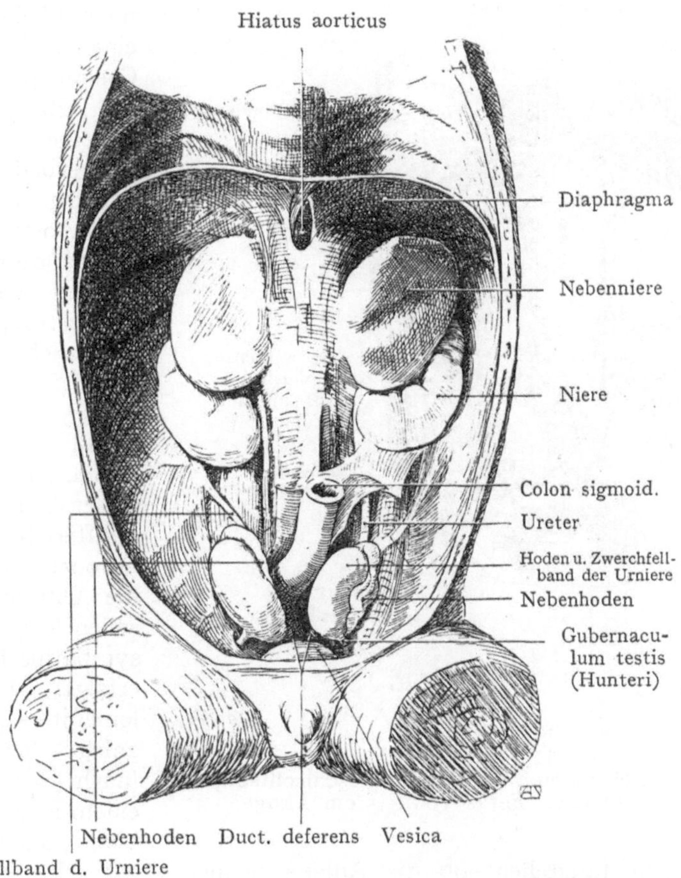

Fig. 490. Nieren, Nebennieren und innere Geschlechtsorgane bei einem männlichen Fetus von 4 cm Länge.

bilden die sympathischen Ganglien. Diese geben bei den Selachiern eine Reihe kleiner, segmental angeordneter als Suprarenalkörper bezeichnete Zellmassen ab, welche dieselbe Struktur und dieselben Eigenschaften haben wie die Zellen der Marksubstanz der Nebenniere bei den Säugetieren. Beide Schichten der Nebenniere zeigen, genau wie die Inter- und Suprarenalkörper, eine auffallende Verschiedenheit in ihrem Verhalten gegen Lösungen von chromsauren Salzen. Schon Henle hat (1865) die Zellen der Mark-schicht, welche, mit solchen Lösungen behandelt, eine intensiv gelbe Färbung an-nehmen, als chromophile Zellen bezeichnet. Sie werden neuerdings, nachdem man die Erkenntnis gewonnen hat, daß sie durchaus nicht auf die Nebenniere beschränkt sind, auch als chromaffines System bezeichnet. Bei den Selachiern bleiben die Anlagen der Mark- und Rindensubstanz zeitlebens voneinander getrennt. Die Marksubstanz wird durch einen im caudalen Abschnitte des Rumpfes zwischen den Nieren gelegenen länglichen Körper, den Interrenalkörper, dargestellt, welcher aus der sekundären Verschmelzung ursprünglich getrennter, dem Coelom entstammender, paariger Anlagen hervorging. Andere mehr oder weniger segmental angeordnete Körperchen bestehen aus Rindensubstanz und schließen sich zum Teil den Ganglien des sympathischen Grenzstranges an, zum Teil werden sie durch die Nieren in der Ansicht von vorn bedeckt (Suprarenalkörper).

Bei den Säugetieren findet eine sehr weitgehende Konzentration sowohl der Interrenal- als der Suprarenalkörper statt. Die Rindensubstanz tritt bei 5 mm langen menschlichen Embryonen als eine solide Wucherung des Coelomepithels, beiderseits von der Radix mesenterii auf; dieselbe löst sich von ihrem Mutterboden ab (Figg. 442—445) und liegt dann auf beiden Seiten der Aorta abdominalis. Die Auswanderung der Zellen des Markes aus der Anlage des Grenzstranges findet erst beträchtlich später statt, sie beginnt bei einem 19 mm langen Embryo und scheint ihren Abschluß erst bei Feten von 6 cm Länge zu erreichen. Die Zellen dieser Anlage sind insofern noch indifferent, als erst bei Embryonen von 6 cm Länge die Differenzierung in Markzellen (chromaffine Zellen) und sympathische Ganglienzellen erfolgt. Die Strecke des Coelomepithels, welche die Rindenanlage liefert, ist sehr kurz (nach Soulié beträgt sie bei einem Embryo von 6 mm Länge bloß 120 μ); auch läßt sich bei

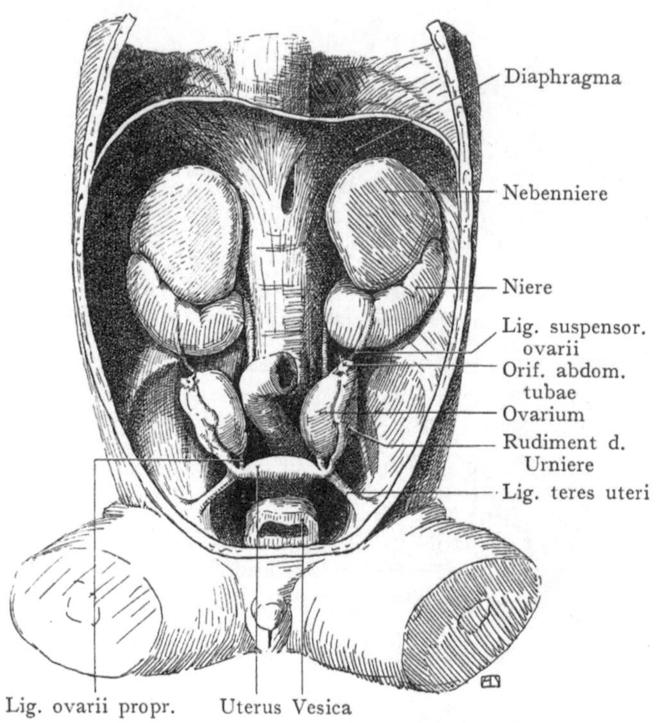

Fig. 491. Nieren, Nebennieren und innere Geschlechtsorgane bei einem weiblichen Fetus von 5,5 cm Länge.

Säugetieren nicht feststellen, ob die Anlage segmental ist oder nicht. Diese kurze Strecke des Coelomepithels entspricht beim menschlichen Embryo der cranialen Partie der Urniere, doch ist es nicht ausgeschlossen, daß hie und da auch weiter caudal Anlagen entstehen können, aus denen dann die accessorischen, bloß aus Rindensubstanz gebildeten Nebennieren hervorgehen. Diese Rindenanlagen können auch direkt an das Keimepithel grenzen, so daß bei ihrer Ablösung vom Coelomepithel auch Teile in die Keimdrüse gelangen können (Fig. 494). Bei der Maus finden sich regelmäßig Massen von Nebennierenrinde im Anschlusse an den Hoden.

Die Bildung der Markschicht der Nebenniere ist bloß als ein Teil eines Prozesses aufzufassen, durch welchen an den verschiedensten Stellen des Körpers chromaffines Gewebe aus den Anlagen der sympathischen Ganglien entsteht. Sehr früh werden nach Kohn solche Zellen vom sympathischen Bauchgeflechte abgegeben, die in der Nähe der Aorta abdominalis längs der Ureteren kleine Körper darstellen; ein besonders mächtiges derartiges Organ wird vor der Aorta abdominalis bis herab zu ihrer Teilung in die Aa. iliacae communes angetroffen (Zuckerkandlsches Organ, Fig. 492 A). Die weitere Aus-

bildung dieser von K o h n als Paraganglien bezeichneten Massen wird durch die Fig. 492 B—C
veranschaulicht, doch ist zu bemerken, daß eine sehr beträchtliche Variabilität in bezug
auf ihre Anordnung herrscht. Die Ausdehnung der chromaffinen Körper erstreckt sich bis
in das kleine Becken hinunter, wo sie nicht selten zwischen den Blättern des Lig. latum
angetroffen werden. Auch in den Ganglien des Grenzstranges finden sich zahlreiche chromaffine Zellen und neuerdings ist sogar die Carotidendrüse als ein chromaffiner Körper
erkannt worden. Die Marksubstanz der Nebenniere bildet, für sich genommen, den mächtigsten Teil des chromaffinen Systems beim Erwachsenen. Sie verdankt diese Stellung
erstens ihrer von Anfang an beträchtlichen Entfaltung, zweitens der starken Reduktion,
welche nach der Geburt andere Teile des chromaffinen Systems befällt. So sollen beim

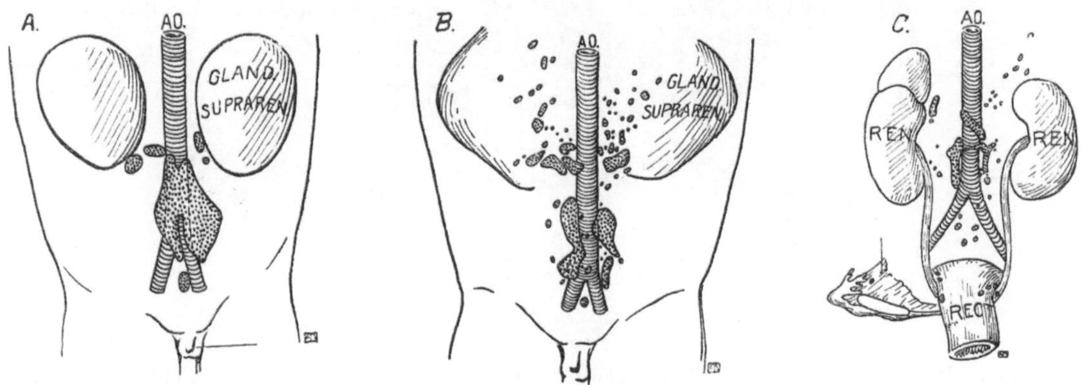

Fig. 492. Paraganglien bei menschlichen Feten.
Nach A. Kohn, Arch. f. mikr. Anat. 62. 1903.
A. Fetus von 24 mm Länge,
B. Fetus von 16 cm Länge,
C. 45 Tage altes Mädchen.

Erwachsenen nur noch geringe Spuren der bei Kindern längs der Aorta vorhandenen
chromaffinen Körper nachzuweisen sein.

Die topographischen Beziehungen der Nebenniere zur Niere bilden sich erst mit dem
Hinaufrücken der letzteren in cranialer Richtung. Die weit mächtigeren Nebennieren
liegen in frühen Stadien ventral von den Nieren und erst gegen die Mitte des dritten
Monates erhalten wir annähernd denjenigen Grad der Ausbildung, den wir beim neugeborenen Kinde antreffen.

Accessorische Nebennieren.

Die Entwicklungsgeschichte des Organs macht es verständlich, daß man nicht selten,
ja sogar mit einer gewissen Regelmäßigkeit, an verschiedenen Stellen der Bauchhöhle
accessorische Nebennieren findet, die entweder bloß aus Rindensubstanz oder aus Rinden-
und Marksubstanz bestehen. Wir sehen dabei natürlich von den oben geschilderten chromaffinen Körpern ab, die ein System für sich bilden. Massen von Rindengewebe können
sich als Beizwischennieren an weit auseinanderliegenden Stellen der Bauchhöhle finden,
so in der Nähe der Nebennieren selbst, im Retroperitonaealraume von der Höhe der Nebennieren an bis zum Becken herab, endlich auch nicht selten im Anschlusse an die Keimdrüse.
Von der Mehrzahl dieser Bildungen muß angenommen werden, daß sie aus denjenigen
Abschnitten des Coelomepithels stammen, die sich in der Regel nicht an der Bildung der
Nebennieren beteiligen, sondern in einer gewissen Entfernung von der ziemlich eng
begrenzten normalen Bildungsstätte derselben liegen. Nicht selten treffen wir Massen

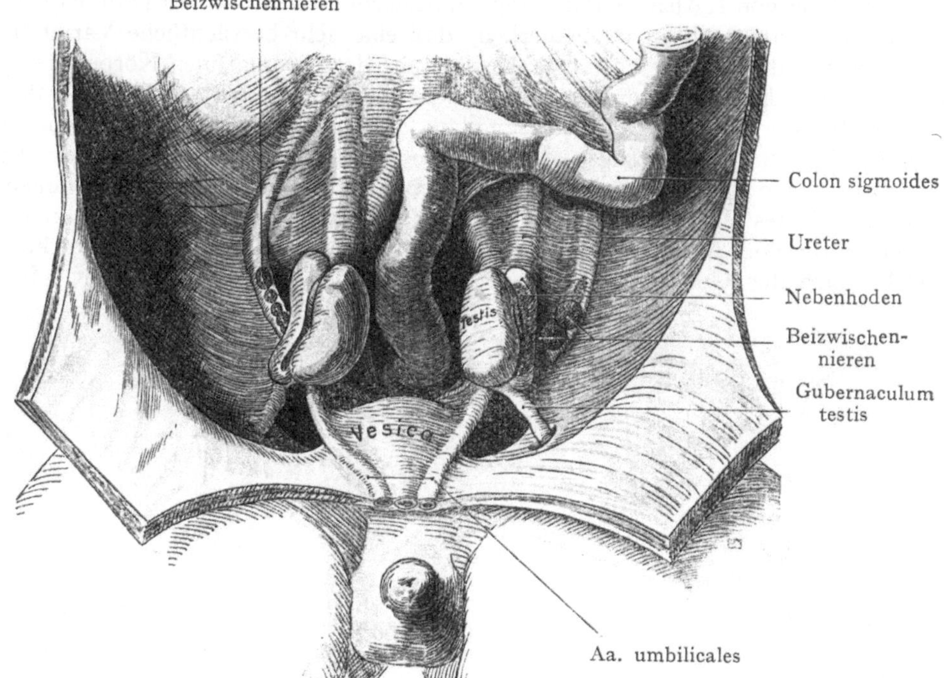

Fig. 493. Beizwischennieren im Zwerchfellband der Urniere und im Nebenhoden bei einem fünfmonatlichen menschlichen Fetus.

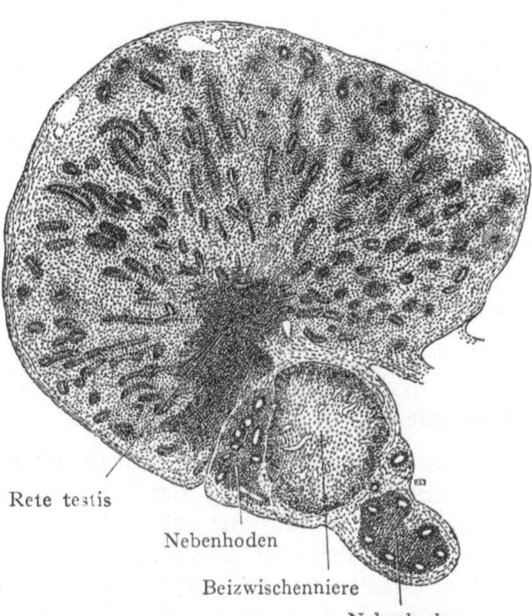

Fig. 494. Beizwischenniere im Nebenhoden eines menschlichen Fetus von vier Monaten.

von Rindengewebe im Lig. latum oder im Nebenhoden an. Ein typischer Fall der letzten Art ist in den Figg. 493 und 494 dargestellt. Hier findet sich links im Anschlusse an den Nebenhoden und von demselben teilweise umgeben eine längliche Masse von Nebennierenrindenzellen und außerdem rechts und links drei oder vier rundliche Massen in dem stark reduzierten, die A. und V. spermatica enthaltenden Zwerchfellband der Urniere. Bei Feten finden wir solche Bildungen häufiger als beim Erwachsenen, so daß eine teilweise Rückbildung derselben, vielleicht schon während der fetalen Entwicklung, sicher jedoch im Laufe der ersten Lebensjahre, anzunehmen wäre. Diese Gebilde bezeichnen wir als Beizwischennieren.

Was die eigentlichen accessorischen Nebennieren anbelangt, die aus Rinde und Mark bestehen (Beinebennieren), so können sie wahrscheinlich überall dort entstehen, wo in früher Entwicklungszeit Rindengewebe in der Nähe von Sympathicusganglien auftritt, und so die Möglichkeit der Durchwachsung beider Gewebsarten gegeben ist. Die Beinebennieren kommen übrigens seltener zur Beobachtung als die aus Rindenzellen bestehenden Beizwischennieren.

Hermaphroditismus.

Als Hermaphroditismus sind Erscheinungen der verschiedensten Art zusammengefaßt worden, welche an den äußeren und inneren Geschlechtsorganen auftreten und Zweifel an der Zugehörigkeit des Individuums zum einen oder anderen Geschlechte wachrufen. So finden wir z. B. Individuen mit äußeren Geschlechtsteilen, die mit dem männlichen Typus eine große Ähnlichkeit aufweisen, obgleich die Geschlechtsdrüsen den weiblichen Charakter besitzen. Oder wir haben umgekehrt beim Vorhandensein von Hoden die äußeren Genitalien und sekundären Geschlechtsmerkmale des Weibes. In beiden Fällen kann leicht eine Verwechslung des Geschlechtes stattfinden, und tatsächlich enthält die forensisch-medizinische Literatur eine Reihe solcher Fälle, welche schon von diesem Gesichtspunkte aus für den praktischen Mediziner von Interesse sind. Bei ihnen entsprach die Entfaltung der äußeren Geschlechtsteile keineswegs dem wahren Geschlechte des Individuums, das sich in der Keimdrüse offenbarte.

Wenn wir diese Fälle, die von alters her als Hermaphroditen bezeichnet werden, unter einem gemeinsamen Namen zusammenfassen, so lassen sie sich am besten als Hermaphroditismus spurius bezeichnen, d. h. es gehört das Individuum, je nach der Beschaffenheit der Keimdrüse, dem einen oder anderen Geschlechte an, dagegen nähern sich die äußeren Geschlechtsteile, resp. die sekundären Geschlechtsmerkmale, denjenigen des anderen Geschlechtes. Die Ausführungswege der Geschlechtsprodukte zeigen eine mehr oder weniger weitgehende Vermischung der Charaktere beider Geschlechter, mit Vorwiegen des einen oder anderen. Eine Zeitlang ist die Kausalität dieser Bildungen in Störungen der inneren Sekretion derjenigen Zellen gesucht worden, welche (interstitielle Zellen des Hodens, Markstränge des Ovariums) den Reiz zur Bildung der äußeren Geschlechtsteile und der sekundären Geschlechtsmerkmale liefern sollen. In neuerer Zeit ist diese Annahme stark in Zweifel gezogen worden.

Im Gegensatz zum Hermaphroditismus spurius steht der Hermaphroditismus verus, bei welchem es sich um eine mehr oder weniger vollständige Ausbildung von Eierstock- und Hodengewebe bei ein und demselben Individuum handelt. Zwar ist es zweifelhaft, ob jemals die Bildung reifer Spermien und reifer Eizellen bei ein und demselben Individuum erfolgt, jedenfalls nicht bei den Amnioten, dagegen ist es nicht ausgeschlossen, daß es bei einem Individuum nacheinander zur Bildung beiderlei Geschlechtsprodukte kommen kann.

Wir trennen demnach die Fälle in solche, die wahren, und solche, die falschen Hermaphroditismus zeigen, wobei wohlgemerkt Übergänge zwischen beiden keineswegs selten sind. Vielleicht in keinem Gebiete der Teratologie sind unsere Kenntnisse so unzulänglich, was mit der Tatsache zusammenhängt, daß in vielen Fällen die makroskopische und in den meisten auch die mikroskopische Untersuchung viel zu wünschen übrig läßt. Es ist dies durchaus verständlich, wenn wir bedenken, daß die feineren Vorgänge der Spermiogenese erst durch die fortschreitende Technik der letzten 25 Jahre enthüllt wurden, ferner daß in vielen Fällen von Hermaphroditismus beim Menschen die Sektion entweder unterbleiben mußte, oder doch, was die feineren mikroskopischen Verhältnisse anbelangt, nur unvollständige Resultate ergab.

1. Hermaphroditismus verus.

E. Pflüger hat zuerst im Jahre 1882 sehr merkwürdige Verhältnisse in bezug auf die Geschlechtsbestimmung bei Fröschen aufgedeckt. Er fand bei den jungen Fröschen dreierlei Arten, Männchen, Weibchen und Hermaphroditen. Im Laufe der Entwicklung wandeln sich die Hermaphroditen in definitive Männchen oder Weibchen um. Je nach dem Grade der Ausbildung des Hermaphroditismus scheint das männliche Geschlecht mehr oder weniger stark zurückgedrängt. Pflüger meint, daß die Umwandlung einer Zwitterdrüse in einen Hoden sich sehr langsam, zum Teil erst im 2. oder 3. Lebensjahre vollziehen könne, etwa durch allmähliche Resorption des Ovarialgewebes, oder dadurch, daß dieses erhalten bleibt, aber durch das Hodengewebe überwuchert wird. Bei halbwüchsigen Tieren fand Pflüger mehrmals Graafsche Follikel. Ferner stellte er fest, daß der Grad der Ausbildung des Hermaphroditismus von der Rasse abhängt, eine Tatsache, die auch von späteren Untersuchern bestätigt wurde, denen es an Fröschen anderer Provenienz nicht gelang, die von Pflüger festgestellten prozentualischen Zahlen für Männchen, Weibchen und Hermaphroditen zu erhalten.

Der von Pflüger festgestellte Hermaphroditismus wäre als juveniler, demnach transitorischen Charakters, von dem nicht selten vorkommenden Hermaphroditismus des erwachsenen Tieres zu unterscheiden. Bei diesem handelt es sich gewöhnlich nicht um echten Hermaphroditismus, sondern um Fälle mit starker Ausbildung der Müllerschen Gänge, die in der Regel beim Männchen sehr kurz sind. Doch ist, allerdings seltener, auch ein Hermaphroditismus verus nachgewiesen worden, mit einem Ovotestis, in welchem mehr oder weniger starke Einsprengungen von ovarialem Gewebe vorkommen.

Diesen Beobachtungen von Pflüger lassen sich andere anschließen, welche darauf hinweisen, daß etwas Ähnliches sowohl bei Petromyzonten, als bei Myxinoiden und Knochenfischen vorkommt. K. E. Schreiner neigt zur Annahme, daß bei den Vorfahren der Myxinoiden ein effektiver Hermaphroditismus bestanden hat, indem wahrscheinlich der proximale Teil der Keimdrüse Eier, der distale Spermien produziert hat, ohne daß die Grenze zwischen beiden Abschnitten sich scharf ziehen läßt. Er findet tatsächlich, daß funktionell Männchen, Weibchen und Sterile vorkommen, während strukturell, wie das auch Cole bestätigt hat, jede erwachsene Myxine in dem Sinne Hermaphroditismus verus zeigt, daß entweder Eier oder Spermien vorzugsweise geliefert werden, die gegengeschlechtlichen Produkte jedoch innerhalb eines bestimmten Abschnittes der Keimdrüse im unreifen Zustande auftreten. Die craniale Strecke der Keimfalte ist als Eierstock, die caudale als Hoden anzusehen, so daß jede erwachsene Myxine entweder einen funktionellen Hoden und ein rudimentäres Ovarium oder umgekehrt besitzt. Nach Schreiner kommen auch Fälle vor, „bei denen die Geschlechtsdifferenzierung im gegebenen Zeitpunkte ausbleibt, dann entwickeln sich Hoden und Ovarien parallel, so daß einem ziemlich großen Ovarium ein verhältnismäßig großer Hoden entspricht". Schreiner meint, daß darin vielleicht ein Hinweis auf das Vorkommen eines funktionellen Hermaphroditismus bei den Vorfahren der Myxinoiden enthalten sei. Eine solche parallele Entwicklung endet jedoch immer mit einer Verödung, sowohl des Hoden- als des Ovarialgewebes und solche Fälle werden von Schreiner den (funktionellen) Männchen und den (funktionellen) Weibchen als eine dritte Kategorie, diejenige der Sterilen, gegenübergestellt. Vielleicht ist für die weitere Entwicklung des Hodens in solchen Fällen die innere Sekretion des Ovarialgewebes und für diejenige des Ovarialgewebes die innere Sekretion des Hodens hinderlich.

Die Verteilung von Testis- und Ovarialgewebe ist meist in dem Verhältnis $^1/_3$ resp. $^1/_4$ zu $^2/_3$ resp. $^3/_4$ gegeben, doch ist die Grenze zwischen beiden Gewebsarten oft unscharf, so daß eine Übergangszone sich findet, in welcher sich beide vermischen. Übrigens finden wir, was das Mengenverhältnis anbelangt, alle Übergänge von den Hermaphroditen zu den reinen Männchen; diese sind recht selten, indem bloß etwa 19 Fälle auf 2500 untersuchte Tiere kommen. Bei jüngeren Tieren (weniger als 20 cm) ist in der Regel der Hodenanteil wenig entwickelt.

Bei reifen Petromyzonten findet man ungefähr gleichviel Weibchen und Männchen; bei Larven in späterer Zeit ca. 49 Weibchen, 16 Männchen und 25 Larven mit gemischten Drüsen. Es ist hier die Annahme erlaubt, daß sich bei den 25 % gemischten Drüsen unter Rückbildung der Eier eine Umwandlung zu Hodengewebe vollzieht. Erst während der Metamorphose tritt also die endgültige Differenzierung ein, welche die Larven in Männchen und Weibchen scheidet, indem die Hermaphroditen sich in Männchen umwandeln.

Bei Knochenfischen ist über viele Fälle von Hermaphroditismus verus berichtet worden, von denen die Autoren behaupten, daß er mehr oder weniger normal bei den verschiedenen Formen vorkommt. Leider wurden die mikroskopischen Untersuchungen nur in den wenigsten Fällen mit der wünschenswerten Genauigkeit durchgeführt, doch lassen die Angaben erkennen, daß wir es mit ähnlichen Verhältnissen wie bei Fröschen, Petromyzonten und Myxinoiden zu tun haben. So fand P. Stephan bei Sargus annulatus Männchen, Weibchen und Hermaphroditen; diese in geringer Zahl. Hier war die Keimdrüse zusammengesetzt aus einer medialen, auf dem Querschnitte rundlichen Partie (dem Ovarium) und einer dreieckigen lateralen Masse (dem Hoden), die durch eine bindegewebige Scheidewand voneinander getrennt waren. Der Hodenanteil ist oft in voller Spermiogenese begriffen, die Ausbildung des Eierstocks dagegen sehr verschieden; in einigen Fällen sind alle Stadien der Eibildung vorhanden, in anderen ist der Eierstock stark reduziert. Andererseits kann bei gut ausgebildetem Ovarium ein rudimentärer Hoden, gewissermaßen als Anhang, vorhanden sein. Zwischen Männchen und Weibchen können wir alle möglichen Übergänge antreffen, so daß wir sagen dürfen, es sei Hermaphroditismus sehr verschiedenen Grades vorhanden. Mit dem zunehmenden Alter des Individuums tritt das Übergewicht des einen Geschlechtes vor dem anderen noch stärker hervor; nur in jenen Fällen, in denen von Anfang an ein Gleichgewicht in der Ausbildung des Hoden- und des Ovarialgewebes vorhanden war, tritt späterhin auch ein wirklicher, morphologischer (nicht etwa ein funktioneller) Hermaphroditismus auf. Es würde also für Sargus annulatus ein primär hermaphroditischer Zustand anzunehmen sein, welcher sich durch Atrophie des einen oder des anderen Anteils der Geschlechtsdrüse später in einen deutlich eingeschlechtlichen Zustand verwandeln würde; das Vorkommen von hermaphroditischen, erwachsenen Individuen würde als ein Bestehenbleiben des ursprünglichen Zustandes aufzufassen sein.

Es geht aus dem Gesagten hervor, daß wir es bei drei Klassen der Fische mit Einrichtungen zu tun haben, die wahrscheinlich, je nach dem Alter des Tieres, einen verschiedenen Grad von morphologischem aber nicht von funktionellem Hermaphroditismus darstellen, und bei denen, wenigstens an einer Form, eine streng räumliche Trennung des Hodenanteils vom Ovarialanteil der Keimdrüse nachzuweisen ist. Man wird leicht den Gedanken fassen, daß überhaupt alle Wirbeltiere in gewissen Stadien die Anlage beiderlei Geschlechtsdrüsen in räumlicher Trennung voneinander aufweisen, und daß das Geschlecht durch den Schwund der einen und die Differenzierung der anderen Anlage erfolgt. Dafür kann man vorläufig noch keine Beweise beibringen, obgleich Beobachtungen an einigen Fällen von Hermaphroditismus verus beim Schwein den Gedanken nahelegen, daß die Strecken des Coelomepithels, welche Eier und Samen liefern, auch räumlich voneinander getrennt, also auch von Anfang an im unsegmentierten Mesoderm genau lokalisiert sind. In der Regel sind nämlich beim Hermaphroditismus verus die beiden Gewebe, die in einer Zwitterdrüse vorkommen, voneinander getrennt und bis zu einem gewissen Grade selbständig, manchmal so, daß das eine am einen, das andere am anderen Ende der Drüse gelegen ist (Sauerbeck). Kopsch und Szymonowicz haben in einem sehr genau untersuchten Falle von Hermaphroditismus verus beim Schwein eine Zwitterdrüse gefunden, in welcher die männlichen und weiblichen Anteile vollständig voneinander getrennt waren; sie fanden, daß der Eierstocksanteil solcher Drüsen tubenwärts gerichtet ist, so daß man berechtigt ist, ein Nebeneinander, nicht eine Aufeinanderfolge der beiden Anteile anzunehmen.

In seiner gründlichen Arbeit über den Hermaphroditismus verus beim Menschen hat Pick eine kritische Darstellung des Gegenstandes gegeben. Sie fußt auf 12 unbedingt gesicherten Fällen bei Säugetieren und 4 Fällen beim Menschen. Die Fälle bei den Säugetieren betreffen ausschließlich das Schwein, doch ist diese Tatsache wesentlich durch äußere Gründe zu erklären, indem die Zahl der Schlachtungen von Schweinen die der anderen Tiere um ein Beträchtliches übersteigt. Es ist bemerkenswert und von großer praktischer Bedeutung, daß der gegengeschlechtliche Einschlag außerordentlich unbedeutend, ja für das bloße Auge unsichtbar sein kann. In einem Falle war der Ovarialanteil der Zwitterdrüse bloß $^1/_2$—1 mm im Durchmesser, in einem anderen 2,2—3 mm. In allen Fällen war eine Zwitterdrüse vorhanden; in keinem der Hoden von dem Ovarium getrennt. Ziemlich gesetzmäßig ist die craniale Lage des Eierstocksanteils und die dorsale Lage des Hodenanteils im Ovarium nachzuweisen; es scheinen also hier dieselben Verhältnisse vorzuliegen, wie bei den Myxinoiden, wo der craniale Abschnitt der Keimfalte sich zum Ovarium, der caudale zum Hoden ausbildet; es ist nicht unmöglich, daß hier eine für die Wirbeltiere allgemein gültige Regel vorliegt, nach welcher die Anlagestätten des Eierstocks und des Hodens im Coelomepithel räumlich voneinander getrennt sind.

Am häufigsten findet man den Hermaphroditismus verus bilateralis, bei welchem auf beiden Seiten, viel seltener den Hermaphroditismus verus unilateralis, bei welchem bloß auf einer Seite eine Zwitterdrüse vorhanden ist, auf der anderen entweder ein Ovarium oder ein Hoden; ferner den Hermaphroditismus verus lateralis, bei welchem sich auf der einen Seite ein Hoden, auf der anderen Seite ein Ovarium findet. Am häufigsten, wenn nicht ausschließlich, ist das Ovarium normal ausgebildet und führt Eizellen, während das Hodengewebe aus Hodenkanälchen und Zwischenzellen besteht, ohne Bildung von .Spermien. Das Hodengewebe kann sich in Form von feinen Einsprengungen zwischen dem Ovarialgewebe finden und durch Proliferation zur Bildung von tubulösen Adenomen Veranlassung geben, wie sie bei Ectopia testis, oder auch in atrophischen Hoden vorkommen und auf die Wucherung und Umbildung von Samenkanälchen zurückzuführen sind.

Ein eigentümlicher Fall von Hermaphroditismus wird von Goodrich vom Amphioxus berichtet. Hier fanden sich bei einem Männchen beiderseits 25 Gonaden, alle mit Spermien gefüllt, abgesehen von einer Gonade linkerseits, welche ausgesprochen weiblichen Charakter besaß, d. h. den typischen Bau des Ovariums aufwies. Der Fall ist wichtig, weil hier offenbar bloß in einem einzigen Segmente der linken Seite das Keimepithel nach der weiblichen Richtung hin bestimmt war, während in allen übrigen Segmenten die Bestimmung nach der männlichen Richtung durchdrang.

Vielleicht darf hier noch erwähnt werden, daß bei Tänien jeder Ring sowohl Hoden als Ovarien enthält, doch sind die jungen Ringe bloß männlich, während bei den älteren das Hodengewebe verschwindet und die Ovarien auftreten. Jeder Ring ist demnach successiv männlich und weiblich, ein Verhalten, welches an die bei den Myxinoiden und Fröschen vorkommenden Zustände erinnert (Loeb).

Wenn wir die bisher geschilderten Tatsachen, welche allerdings noch vielfach der Ergänzung bedürfen, überblicken, so drängt sich die Überzeugung auf, daß wir es mit Zuständen zu tun haben, welche bei allen Wirbeltieren vorkommen, obgleich sie mit voller Deutlichkeit nur bei den niederen Formen in die Erscheinung treten, dagegen bei den höheren mehr oder weniger verschleiert sind. Eine bestimmte Anschauung ist zur Zeit nicht zu gewinnen, doch scheint die Meinung derjenigen viel für sich zu haben, welche annehmen, daß der Hermaphroditismus verus auf einem wahren und regelmäßigen (morphologischen) Hermaphroditismus beruht, der jedoch normalerweise durch Schwund des einen oder anderen Gewebes in eine bestimmte Geschlechtsform übergeht. Als Hauptstütze dieser Ansicht ist auf die für die Myxinoiden, Petromyzonten und Knochenfische festgestellten Tatsachen zu verweisen. Wir werden unten, bei der Besprechung des Hermaphroditismus spurius nochmals auf die Zusammenhänge in den Erscheinungen zurückkommen.

2. Hermaphroditismus spurius.

Von dem Hermaphroditismus verus oder dem glandulären Hermaphroditismus hat man den Hermaphroditismus spurius unterschieden, der sich in einer der Geschlechtsbestimmung der Keimdrüse entgegengesetzten Ausbildung der äußeren Geschlechtsteile und der Ausführungswege der Geschlechtsprodukte kundgibt. Allerdings ist in der Beurteilung solcher Fälle die größte Vorsicht geboten, denn erstens ist, bei der oft bestehenden Schwierigkeit oder Unmöglichkeit, die Keimdrüsen zu untersuchen, nicht festzustellen, ob nicht auch in diesen Fällen ein Hermaphroditismus verus den Erscheinungen zugrunde liegt. Zweitens sind unzweifelhaft manche Mißbildungen (Hypospadie, Epispadie, mangelhafter oder fehlender Descensus der Hoden u. dgl.) nicht in Zusammenhang mit Störungen der Geschlechtsorgane (etwa der inneren Sekretion), sondern einfach als die Folge von Störungen im Verschlusse der caudalen Strecke des Primitivstreifens zu beurteilen. Anders steht es mit den sekundären Geschlechtscharakteren der verschiedensten Art, die wir zum Teil in großer Komplikation (Farbenkleid u. dgl.) bei den verschiedensten Wirbeltieren und Wirbellosen ausgebildet sehen. Hier liegen zweifellos Beeinflussungen von seiten der Geschlechtsdrüsen vor, welche auf eine „innere Sekretion“ oder die Erzeugung von Hormonen hinweisen.

Solche Fälle sind bei verschiedenen Formen beschrieben worden. So erwähnt H. H. Newman den Befund bei einem Fundulus majalis (einem Knochenfisch), welcher gewisse äußere Anzeichen des Männchens darbot, obgleich vorwiegend weibliche Merkmale entfaltet waren. In der Geschlechtsdrüse ließ sich deutlich, aber in äußerst geringer Menge, Hodengewebe nachweisen. Offenbar hatte dasselbe die Einwirkung des Ovarialgewebes auf die Bildung der äußeren Geschlechtsmerkmale verhindert, so daß stellenweise der männliche Typus in die Erscheinung getreten war. Ein weiteres Beispiel für die Einwirkung männlicher Hormone (Produkte der inneren Sekretion) auf den weiblichen Organismus tritt uns in dem Verhalten der Zwillinge bei der Kuh entgegen. Dieselben zeigen, wenn sie verschiedenen Geschlechtern angehören, ein sehr eigentümliches Verhalten, indem in sieben von acht Fällen der weibliche Fetus eine mehr oder weniger zwitterartige Keimdrüse, eine starke Reduktion der Müllerschen Gänge und eine Hypertrophie der Wolffschen Gänge aufweist. Die äußeren Geschlechtsteile zeigen dagegen, abgesehen von sehr seltenen Ausnahmen, einen rein weiblichen Charakter. Lillie hat festgestellt, daß die Zwillinge in jedem Falle aus getrennten Eiern entstehen, deren Eihüllen jedoch sehr früh miteinander verschmelzen, so daß das Kreislaufsystem der beiden Feten in ausgiebige Verbindung tritt. Man hat sich nun vorzustellen, daß die erwähnten Anomalien im weiblichen Embryo dadurch entstehen, daß Hormone aus der männlichen Geschlechtsdrüse auf das Genitalsystem des Weibchens einwirken und dasselbe in einer Anzahl Einzelheiten nach der männlichen Entwicklungsrichtung bestimmen. Solche Fälle sind lange bekannt und wurden schon von John Hunter genau beschrieben.

Etwas Ähnliches ist auch bei Vögeln beobachtet worden; so wurde ein Fasan beschrieben, welcher bei sonst männlichem Gefieder eine Zone von weiblichem Typus am Schwanze aufwies (Haig Thomas). Einen Fasan mit Ovarien und männlichem Gefieder hat John Hunter beschrieben und eine Anzahl ähnlicher Fälle wurden eingehend von Brandt untersucht. Besonders interessant, weil genau übereinstimmend mit zahlreichen Beobachtungen an Insekten, sind Zustände, welche Brandt als Arrhenoidea lateralis bezeichnet, bei denen die eine Hälfte eines Vogels männliches, die andere weibliches Gefieder aufweisen. In den meisten Fällen dürfen wir wohl annehmen, daß eine Störung in der Ausbildung der Geschlechtsdrüsen vorliegt, wie wir sie jetzt mit ziemlich großer Sicherheit als Erklärung für die Änderungen annehmen können, welche wir unter dem Sammelnamen Hahnenfedrigkeit zusammenfassen. Hier sehen wir äußere männliche Charaktere bei weiblichen Individuen auftreten (s. Brandt); dabei können die Ovarien krankhaft verändert sein, oder der Eileiter ist abnorm und das Ovarium dann gewöhnlich reduziert, oder es kann Hermaphroditismus verus verschiedenen Grades vorliegen. Bei älteren Tieren kommt eine Hahnenfedrigkeit auch im Anschlusse an Erkrankung oder Verödung der Ovarien vor. Genauere Untersuchungen einer größeren Zahl von Fällen würden ohne Zweifel hier wertvolle Aufschlüsse bringen.

Für den Frosch hat Loisel einen derartigen Fall beschrieben; es handelte sich um ein Exemplar von Rana temporaria, mit männlichen äußeren Geschlechtsmerkmalen, während weibliche innere Geschlechtsorgane vorlagen. Beide Ovidukte waren vollständig ausgebildet, auf der rechten Seite fehlte das Ovarium, während es linkerseits sehr klein war.

Höchst eigentümlich sind die Verhältnisse bei den sog. Zwittern der Insekten, da hier die sekundären Geschlechtsmerkmale außerordentlich leicht eine Unterscheidung der Geschlechter gestatten. Leider fehlt auch hier in den meisten Fällen die genaue Untersuchung der Geschlechtsorgane, doch liegen Beobachtungen vor, welche die Annahme gestatten, daß Anomalien in der Ausbildung der Keimdrüsen den Erscheinungen zugrunde liegen. Man kann (M. Wiscott) bei Schmetterlingen vollkommene und unvollkommene (oder gemischte) Zwitter unterscheiden. Bei den vollkommenen wird durch die Medianebene eine Halbierung des hermaphroditischen Falters in eine männliche und eine weibliche Hälfte gegeben, bei den unvollkommenen und den gemischten Zwittern ist die Geschlechtstrennung der sekundären Merkmale nicht so präzis durchgeführt, indem das Männliche und Weibliche unregelmäßig durcheinander verteilt ist oder das eine Geschlecht derart dominiert, daß häufig nur Spuren vom anderen vorhanden sind. Wiscott hat sogar auch Falter gefunden, bei denen die Halbierung in allen Teilen korrekt durchgeführt war und nur die Fühler dem einen Geschlechte statt beiden angehörten oder sich in der Mitte zwischen männlicher und weiblicher Gestaltung befanden. In den meisten Fällen soll der innere Genitalapparat verkümmert sein.

Bei Ameisen hat Aug. Forel Ähnliches beobachtet. Hier ist der Hermaphroditismus ziemlich unregelmäßig; gewöhnlich gehört bloß vorn oder hinten die eine Seite deutlich dem einen oder anderen Geschlechte an. Manchmal sind es sogar nur ganz kleine Abschnitte des Körpers, die dem einen Geschlechte angehören, ja Forel hat sogar einen gekreuzten Hermaphroditen gesehen, bei welchem in zwei aufeinanderfolgenden Segmenten je die umgekehrte Hälfte männlich war. Ferner fand Forel nicht bloß zwischen Männchen und Weibchen hermaphroditische Bildungen, sondern auch zwischen Männchen und Arbeitern (die eine Seite geflügelt, die andere nicht). In einem Falle war auch die eine Seite des Kopfes männlich, die andere weiblich, dagegen Hinterleib und Geschlechtsorgane vollständig männlich. Auch bei Bienen kommt Derartiges vor.

Th. Boveri hat eine sehr sinnreiche Erklärung dieser Verhältnisse versucht. Er nimmt an, ,,daß unter gewissen abnormen Bedingungen der bei der Befruchtung eindringende Spermakern gleichsam in gelähmtem Zustande verharrt, wobei das Spermazentrum, das sonst gegen den Mittelpunkt des Eies rückt, den Eikern an sich zieht und dessen Teilung bewirkt. So werden die mütterlichen Chromosomen in regelmäßiger Weise auf die beiden Blastomeren übertragen; der Spermakern dagegen gelangt, je nach seiner zufälligen Lage, ungeteilt in die eine oder andere Zelle und nimmt jetzt an der Entwicklung teil, indem er sich mit dem Kern dieser Blastomere vereinigt. . . Der eine Teil des Keimes enthält also nur Kernelemente des Eies; dieser Teil würde sich also in bezug auf die Kernsubstanz wie ein parthenogenetisches Ei verhalten und die Drohnencharaktere zur Entfaltung bringen. Der andere Teil des Keimes würde aus väterlichen und mütterlichen Chromosomen zusammengesetzte Kerne besitzen und damit die weibliche Tendenz in sich tragen". Abnormer, sozusagen fleckenartiger Hermaphroditismus ist wohl durch besondere Verschiebungen der Zellen zu erklären; allerdings berücksichtigt Boveri nicht die Fälle, welche oben angeführt wurden, in denen bloß ein einzelner Teil, etwa ein Fühler, hermaphroditischen Charakter aufweist. Dagegen erwägt Boveri die Möglichkeit, daß sich der Spermakern erst zu einer Zeit erholt, da die Furchung des Eies schon weiter fortgeschritten ist, um etwa erst im Achtzellenstadium mit einem Furchungskerne zu verschmelzen.

Trotz der Erklärung Boveris ist die Sache nach wie vor rätselhaft, besonders lassen sich die Einsprengungen sekundärer Geschlechtsmerkmale entgegengesetzten Charakters nicht durch eine solche Annahme erklären. Eine andere Erklärung wurde, vom Standpunkte des Chemikers aus, von Abderhalden versucht; dabei sollen bei Formen, die auf der einen Seite das schlichte Kleid des Weibchens, auf der anderen das farbenprächtige des Männchens aufweisen, beiderlei Geschlechtsdrüsen bestehen, und die von den Geschlechtszellen abgegebenen Stoffe auf bestimmte Zellen eingestellt sein, die von vornherein eine spezifische Struktur haben. „Die Sekrete bringen die sekundären Geschlechtscharaktere, die in diesen Zellen gewissermaßen latent vorhanden sind, zur Entwicklung, d. h. eine gegebene Anlage wird zur vollen Entfaltung gebracht." Die Erklärung stimmt, abgesehen von der Annahme einer inneren Sekretion, mit den Ansichten von Darwin überein, welcher annimmt, daß in jedem Weibchen alle männlichen und in jedem Männchen alle weiblichen Charaktere latent vorhanden seien, bereit bei der Einwirkung geeigneter Reize in die Erscheinung zu treten. Durch die Kastration wird das Gleichgewicht gestört, indem die Herrschaft der betreffenden Keimdrüse in Wegfall kommt und· die sekundären Merkmale des anderen Geschlechtes überwiegen. Nach Darwin wird durch diese Annahme auch verständlich, wie gewisse Merkmale des weiblichen Geschlechtes durch die männlichen Nachkommen vererbt werden und wieder in weiblichen Individuen auftreten.

Hierher gehören auch Erscheinungen, welche bei alternden Individuen, besonders weiblichen, auftreten und in der Entfaltung normal vorhandener, aber nicht zur weiteren Ausbildung gekommener Anlagen bestehen, so z. B. im Bartwuchs bei älteren Frauen, in der Annahme eines männlichen Habitus, kurz in Anomalien, die wir mit denen der Hahnenfedrigkeit der Vögel zusammenstellen können. Auch hier ist die Annahme wohl berechtigt, daß die Keimdrüse in Verödung begriffen ist, und daß es sich um den Wegfall von Hemmungen handelt, welche durch die innere Sekretion dieser Drüse gegeben sind und die weitere Ausbildung der bereits vorhandenen Anlagen verhindern.

Wenn wir nun diejenigen Fälle von Pseudohermaphroditismus ins Auge fassen, bei denen es sich um Hemmungen resp. stärkere Ausbildung der äußeren Geschlechtsorgane handelt, so ist der Pseudohermaphroditismus masculinus ungleich häufiger. Dabei sind die Hoden mit den Ductus deferentes vollkommen wie beim normalen Individuum vor-

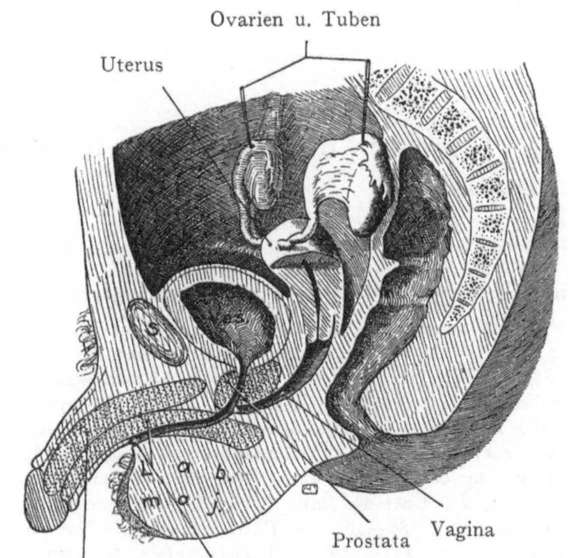

Fig. 495. Pseudohermaphroditismus femininus ext. Mit Benutzung einer Abbildung von Fibiger (s. Schwalbes Mißbildungen. 3. Teil. 2. Lief. 315).

handen, aber auch die Anlagen der weiblichen Ausführungswege der Geschlechtsprodukte haben sich bis zu einem gewissen, allerdings in den einzelnen Fällen sehr verschiedenen Grade ausgebildet. Die äußeren Genitalien zeigen mehr oder weniger den weiblichen Typus, sie sind also auf einer Stufe der Entwicklung stehen geblieben, über welche die männlichen äußeren Geschlechtsteile weiter hinausgehen. Das Geschlechtsglied ist nicht durchbohrt, der Sinus urogenitalis öffnet sich am Damme u. dgl. mehr. Häufig unterbleibt der Descensus testium; alsdann zeigen die Hoden auch Zeichen der Degeneration, welche wiederum die sekundären Geschlechtsmerkmale in das Gegengeschlechtliche umwandeln, so daß das Bild dadurch noch mehr den Eindruck des weiblichen erweckt. Solche Individuen wurden häufig für Weiber gehalten; sie stellen wohl die Mehrzahl der Fälle dar, welche in den Büchern über forensische Medizin aufgeführt werden. Daß der Grad der Bildung außerordentlich verschieden ist, versteht sich von selbst, so finden wir alle möglichen Übergänge über die Hypospadie höheren oder geringeren Grades zu normalen Verhältnissen. Es ist auch hier zu bedauern, daß so selten von solchen Fällen gute Sektionsberichte mit klaren Zeichnungen vorliegen.

Beim selteneren weiblichen Pseudohermaphroditismus nimmt ein mit Ovarien behaftetes Individuum einen mehr oder weniger hochgradig männlichen Typus an, die Clitoris ist groß, die Ausmündung des Vestibulum vaginae eng, die Ovarien können sich in die großen Labien senken und liegen dann scheinbar in einem Scrotum. Die normale Öffnung des Vestibulum vaginae kann sich auch schließen, dann öffnet sich die Scheide weiter vorne oder setzt sich als ein mehr oder weniger geschlossener Kanal an dem unteren Umfange des Geschlechtsgliedes fort. Der Wolffsche Gang, welcher zum Ductus deferens wird, ist in einigen Fällen stärker ausgebildet, auch kann Prostatagewebe vorhanden sein.

Ein typischer Fall von Pseudohermaphroditismus femininus ext. beim Menschen ist in Fig. 495 dargestellt, bei welchem die inneren Geschlechtsorgane (Uterus, Ovarien, Scheide) gut ausgebildet sind und ebenso die äußeren Geschlechtsteile, besonders der Phallus, aber im männlichen Sinne. Eine Prostata umschließt die erste Strecke der Harnröhre.

Literatur über die Entwicklung des Urogenitalsystems.

Allgemeines.

Felix, W., Die Entwicklung der Harnorgane in *Hertwigs* Handb. d. Entw.-Lehre III. 1. 1906. — *Derselbe,* Die Entwicklung der Harn- und Geschlechtsorgane in *Keibel-Malls* Handb. d. Entw.-Gesch. II. 1911.

Entwicklung der Vorniere und der Urniere. (Pronephros und Mesonephros.)

*Guitel, Fréd.,*Sur les variations des reins dans le genre Lépadogaster. Arch. de zool. gén. et exp. 4. Série. t. 2. 1903. — *Derselbe,* Recherches sur l'anat. du rein de quelques Gobiésocides. Arch. de zool. gén. et exp. 4. Série, t. V. 1906. — *Ingalls, N. W.*, Beschreibung eines menschlichen Eies von 4,9 mm Länge. Arch. f. mikr. Anat. 70. 1907. — *Rabl, C.*, Über die Entwicklung des Urogenitalsystems der Selachier. Morph. Jahrb. 24. 1896. (Theorie des Mesoderm, zweite Fortsetzung.) — *Rabl, H*, Vorniere und Bildung des *Müller*schen Ganges bei Salamandra maculata. Arch. f. mikr. Anat. 64. 1904. — *Derselbe*, Über die Entwicklung der Vorniere an Vögeln, nach Untersuchungen am Kiebitz. Arch. f. mikr. Anat. 72. 1908. — *Rückert, J.*, Über die Entwicklung der Vorniere von Torpedo und deren arterielle Gefäße. Arch. f. mikr. Anat. 87. 1917. 387—465. — *Tandler, Jul.*, Über Vornierenrudimente beim menschlichen Embryo. Anat. Hefte 28. 1905. 255—284. — *Winiwarter, H. von*, La constitution et l'involution du corps de Wolff et le développement du canal de Müller dans l'espèce humain. Arch de biol. 25. 1911. 169—267.

Entwicklung der Nachniere (Metanephros).

Guillebeau, Alfr., Ein Fall von getrennter Entwicklung des Nierenblastems und des Nierenbeckens. Anat. Anz. 40. 1911. 395—398. — *Heidenhain, M.*, Über die Entwicklungsgeschichte der menschlichen Niere. 97. 1923. 581—609. — *Kampmeier, O. F.*, Über das Schicksal der erstgeformten Harnkanälchen der bleibenden Niere beim Menschen. Arch. f. Anat. u. Entw.-Gesch. 1919. 204—226. — *Külz, E.*, Untersuchungen über das postfetale Wachstum der Niere. Inaug.-Diss. Kiel 1899. — *Meyer, Erich*, Über Entwicklungsstörungen der Niere. *Virchows* Arch. 173. 1903. 209—247. — *Meyer, Rob.*, Zur Anatomie und Entwicklungsgeschichte des doppelten Ureters. *Virchows* Arch. 187. 1907. — *Müller, Achilles,* Zur Diagnose und Operation der accessorischen Niere. Zeitschr. f. urol. Chir. 9. 1922. 141—156. — *Schönlank, W*, Zur Kenntnis der Dystopia renis sagittalis et transversa. Morph. Jahrb. 45. 1913. 497—521. — *Schreiner, K. E.*, Über die Entwicklung der Amniotenniere. Zeitschr. f. wiss. Zool. 71. 1902. — *Stoerck, O.*, Beitrag zur Kenntnis des Aufbaues der menschlichen Niere. Anat. Hefte 23. 1904. — *Toldt, C.*, Untersuchungen über das Wachstum der Nieren des Menschen und der Säugetiere. Sitzungsber. d. k. k. Akad. d. Wiss. Wien. Math.-nat. Kl. 69. III. 1874. — *Wimmer, H.*, Doppelbildungen an den Nieren, ein Versuch ihrer entwicklungsgeschichtlichen Deutung. *Virchows* Arch. 200. 1910.

Bildung der Ausführungswege des Excretionssystems.

Bayer, W., Vorlesungen über allgemeine Geburtshilfe. 1. 1903. — *Follin, E*, Recherches sur le corps de Wolff. Thèse de Paris 1851. — *Meyer, Rob.*, Zur Kenntnis des *Gartner*schen oder *Wolff*schen Ganges, besonders in der Vagina und dem Hymen des Menschen. Arch. f. mikr. Anat. 73. 1909. — *Nagel, W.*, Über die Entwicklung des Urogenitalsystems des Menschen. Arch. f. mikr. Anat. 34. 1889. 269—384. — *Tourneux* und *Legay*, Mém. sur le développement de l'utérus et du vagin. Journ. de l'anat. et de la phys. 1884.

Keimdrüsen und innere Geschlechtsorgane.

Berenberg-Goßler, Herb. v., Über Herkunft und Wesen der sogen. primären Geschlechtszellen der Amnioten. Anat. Anz. 47. 1914—1915. — *Born, G.*, Die Entwicklung der Geschlechtsdrüsen in *Bonnet-Merkels* Ergebnissen IV. 1894. — *Bramann, F.*, Der Proc. vaginalis peritonaei und sein Verhalten bei Störungen des Descensus testium. Arch. f. klin. Chir. 40. 1890. — *Broeck, A. J. P. van den*, Über die gegenseitige Lage von Urniere und Keimdrüse, nebst einigen Betrachtungen über Testicondie. Anat. Anz. 32. 1908. 225—242. — *Frankl, O.*, Beiträge zur Lehre von dem Descensus testium. Sitzungsber. d. k. k. Akad. d. Wiss. Wien. Math.-nat. Kl. 1900. — *Fuß, A.*, Über die Geschlechtszellen des Menschen und der Säugetiere. Arch. f. mikr. Anat. 81. 1912. II. Abt. — *Keibel, Franz*, Zur Anatomie des Urogenitalsystems der Echidna aculeata var. typica. Anat. Anz. 22. 1903. 301—305. — *Kermauner, Fr.*, Genese, entwicklungsgeschichtliche und teratologische Bedeutung des Lig. rotundum uteri und des Gubernaculum Hunteri. Arch. f. mikr. Anat. 81. 1912. 174—181. — *Kirkbride, M. B.*, Embryonic Disturbance of the testis. Arch. f. Entw.-Mechanik 32. 1911. — *Klaatsch, H.*, Über den Descensus testium. Morph. Jahrb. 16. 1890. 587—646. — *Kohn, Alfr*, Der Bauplan der Keimdrüsen. Arch. f. Entw.-Mech. 47. 1920. 95—118. — *Koßmann, R.*, Über accessorische Tuben und Tubenöffnungen. Zeitschr. f. Geburtsh. u. Gynäk. 29. 1894. — *Kußmaul, A*, Von dem Mangel, der Verkümmerung und der Verdoppelung der Gebärmutter. Würzburg 1859. — *Lockwood, C. B*, The Development and transition of the testes, normal and abnormal. London 1888. — *Meyer, Rob*, Zur Kenntnis des *Gartner*schen und *Wolff*schen Ganges besonders in der Vagina und dem Hymen des Menschen. Arch. f. mikr. Anat. 73. 1909. — *Pohl, H*, Vorsamenbildungen bei Mischlingen. Arch. f. mikr. Anat. 77. 1911. Abt. II. — *Rabl, C*, Über die Entwicklung des Urogenitalsystems der Selachier. Morph. Jahrb. 24. 1896. (Urgeschlechtszellen.) — *Richard, G*, Anatomie des trompes de l'utérus chez la femme. Thèse de Paris 1851. — *Wallart, J*, Untersuchungen über die „innere Eierstocksdrüse" des Menschen. Arch. f. Gyn. 81. — *Wieger, G*, Die Entstehung der Bänder des weiblichen Genitalapparates. Arch. f. Anat. u. Entw.-Gesch. 1885.

Reste der Urniere, des Urnierenganges etc.

Bayer, H, Vorlesungen über allgemeine Geburtshilfe. I. Straßburg 1903. — *Follin, E*, Recherches sur le corps de Wolff. Thèse de Paris 1851. — *Kobelt, G. L.*, Der Nebeneierstock des Weibes. Heidelberg 1847. — *Roth, M.*, Über einige Urnierenreste beim Menschen. Festschr. z. Feier d. 300jähr. Jubiläums d. Univ. z. Würzburg gewidmet v. d. Univ. z. Basel. Basel 1882.

Kloake, Sinus urogenitalis, Harnblase.

Berenberg-Goßler, H. v., Beiträge zur Entwicklungsgeschichte des caudalen Darmabschnittes und des Urogenitalsystems des Menschen auf teratologischer Grundlage. Anat. Hefte 49. 1913. — *Enderlen, Eug.*, Über Blasenectopie. Wiesbaden 1904. — *Grubenmann, Ida*, Eine sagittale Verdoppelung der weiblichen Harnröhre. Inaug.-Diss. Zürich 1912. — *Henneberg*, Beitrag zur Entwicklung der äußeren Geschlechtsorgane beim Säuger. Anat. Hefte 50. 1914. 428—497. — *Keibel, Fr*, Zur Entwicklungsgeschichte des menschlichen Urogenitalsystems. Arch. f. Anat. u. Entw.-Gesch. 1896. — *Derselbe*, Noch einmal zur Entwicklungsgeschichte des Urogenitalsystems. Arch. f. Anat. u. Entw.-Gesch. 1897. — *Derselbe*, Zur Entwicklungsgeschichte des Urogenitalapparates von Echidna aculeata in Semons Forschungsreisen III. 1904. 153—206. — *Derselbe*, Modelle zur Entwicklung des Urogenitalapparates von Echidna var. typica. Anat. Anz. 32. 1908. 243—248. — *Luschka, H.*, Über den Bau des menschlichen Harnstranges. Arch. f. path. Anat. 23. 1862. — *Pohlmann, A. G.*, The Cloaca in human embryos. Amer. J. of Anat. 12. 1911. 1—23. — *Reichel, P.*, Die Entstehung der Mißbildungen der Harnröhre und der Harnblase an der Hand der Entwicklungsgeschichte bearbeitet. Arch. f. klin. Chir. 46. 1893. 740—808. — *Derselbe*, Über die Entwicklung der Harnblase und Harnröhre. Verh. der phys.-med. Ges. zu Würzburg. N. F. 27. 1893. — *Stieda, Alex.*, Über Atresia ani congenita und die damit verbundenen Mißbildungen. Arch. f. klin. Chir. 70. 1903. 554—583. — *Tourneux, F.*, Sur le développement et l'évolution du tubercule génital chez le fétus humain. Journ. de l'anat. et de la phys. 25. 1889. 229—260. — *Waldeyer, W.*, Das Trigonum vesicae. Sitzungsber. d. k. preuß. Akad. d. Wiss. Berlin 34. 1894.

Nebennieren.

Kohn, A., Das chromaffine Gewebe. Ref. in *Bonnet-Merkels* Ergebn. 12. 1902. 235—348. — *Derselbe*, Die Paraganglien. Arch. f. mikr. Anat. 62. 1903. 263—365. — *Poll, H.*, Die vergleichende Entwicklungsgeschichte des Nebennierensystems der Wirbeltiere in *Hertwigs* Handb. d. Entw.-Lehre III. 1. 1906. — *Wiesel, Jos.*, Über accessorische Nebennieren am Nebenhoden beim Menschen. Sitzungsber. k. k. Akad. d. Wiss. in Wien. Math.-nat. Kl. 108. III. 1899. — *Zuckerkandl, O*, Über Nebenorgane des Sympathicus im Retroperitonaealraume des Menschen. Verh. d. Anat.-Ges. zu Bonn. Erg.-Bd. zu Anat. Anz. Band 19. 1901. 95—107.

Prostata, Samenblasen usw.

Lowsley, Oswald L, The Development of the human prostate gland with reference to the structures at the neck of the urinary bladder. Amer. J. of Anat. 13. 1912. 299—346. — *Luschka, H. v.*, Das vordere Mittelstück der Prostata und die Aberration derselben. *Virchows* Arch. 34. 1865. — *Meyer, Rob.*, Zur Entwicklungsgeschichte und Anatomie des Utriculus prostaticus beim Menschen. Arch. f. mikr. Anat. 74. 1909. 845—854. — *Pallin, G.*, Anatomie und Entwicklung der Prostata und der Samenblasen. Arch. f. Anat. u. Entw.-Gesch. 1901. 134—176. — *Tandler, Jul.* und *Zuckerkandl, O.*, Anatomische Untersuchungen über die Prostatahypertrophie. Folia urologica V. 1911.

Äußere Geschlechtsorgane, Urethra, Damm.

Broek, A. J. P. van den, Über den Schließungsvorgang und den Bau des Urogenitalkanals (Urethra) beim menschlichen Embryo. Anat. Anz. 37. 1910. 106—120. — *Henneberg, B.*, Zur Morphologie des Phallus. Verh. anat. Ges. Vers. in München 1912. Erg.-Bd. z. Anat. Anz. 41. 1912. — *Herzog, Franz*, Entwicklungsgeschichte und Histologie der männlichen Harnröhre. Arch. f. mikr. Anat. 63. 1904. 710—747. — *Lichtenberg, A*, Beiträge zur Histologie, mikroskopischen Anatomie und Entwicklungsgeschichte des Urogenitalsystems des Mannes und seiner Drüsen. I. Schleimhaut der Pars cavern. urethrae. II. Accessorische Geschlechtsdrüsen. III. Der kavernöse Apparat des männlichen Kopulationsorgans. Anat. Hefte 31. 1906. — *Meyer, Rob.*, Zur Kenntnis der normalen und pathologischen Abschnürung der männlichen Harnröhre und der Präputialbildungen. Arch. f. Anat. u. Entw.-Gesch. 1911. 257—374. — *Otis, W. T.*, Die Morphologie und Histogenese des Analhöckers, nebst Beobachtungen über die Entwicklung des M. sphincter ani ext. beim Menschen. Anat. Hefte 30. 1905. — *Popowsky, J.*, Zur Entwicklung der Dammuskulatur des Menschen. Anat. Hefte 12. 1899. 15—46. — *Reichel, P.*, Die Entwicklung des Dammes und ihre Bedeutung für die Entstehung gewisser Mißbildungen. Zeitschr. f. Geburtsh. u. Gyn. 14. 1888. 12—94. — *Spaulding, M. H.*, The development of the external Genitalia in the human embryo. Contrib. to Embryol. (Carnegie Inst.) 13. 1921. 67—88. — *Tourneux, J.*, Sur le développement et l'évolution du tubercule génital dans le fétus humain dans les 2 sexes. Journ. de l'anat. et de la phys. 1889.

Hermaphroditismus.

Abderhalden, E., Neuere Anschauungen über den Bau und den Stoffwechsel der Zelle. Vortrag. 1912. — *Bateson, W.*, Materials for the study of Variation. London 1894. — *Derselbe*, Problems of Genetics. New Haven 1913. — *Bertkau, Ph.*, Beschreibung eines Zwitters von Gastropacha quercus nebst allgemeinen Bemerkungen und einem Verzeichnis der beschriebenen Arthropodenzwitter. *Wiegmanns* Arch. f. Naturgesch. 55. Jahrg. 1. 1889. — *Blacker, G. F.* and *Lawrence, T. W. P.*, A case of true unilateral hermaphroditism with Ovotestis, occurring in Man. Transact. obstet. soc. London 38. 1897. — *Boveri, Th*, Über die Entstehung der *Engster*schen Zwitterbienen. Arch. f. Entw.-Mech. 41. 1915. — *Derselbe*, Über mehrpolige Mitosen als Mittel zur Analyse des Zellkerns. Verh. d. Würzburger phys.-med. Ges. 35. 1903. — *Brandt, A.*, Anatomisches und Allgemeines über die sog. Hahnenfedrigkeit und über anderweitige Geschlechtsanomalien bei Vögeln. Zeitschr. f. wiss. Zool. 48. 1889. — *Bürger, O.*, Ein Fall von lateralem Hermaphroditismus bei Palinurus frontalis. Zeitschr. f. wiss. Zool. 72. 1902. — *Cole, F. J.*, Notes on Myxine. Anat. Anz. 27. 1905. — *Dufossé*, De l'hermaphroditisme chez certains vertébrés (Serranes). Ann. Soc. nat. IV. Série. zool. t. 5. 1856. 296—332. — *Ecker, A*, Anatomie des Frosches. 3. Aufl. von *Gaupp* besorgt. III. 1904. 347—355. — *Ebner, R.*, Asymmetrie bei Insekten. Naturw. Monatsschr. 1918. 235. — *Felix, W.*, Entwicklung der Geschlechtsorgane in *Hertwigs* Handb. d. Entw.-Gesch. III. 1. 1906. 689. — *Forel, Aug*, Polymorphismus und Variation bei den Ameisen. Zeitschr. f. wiss. Zool. Suppl.-Bd. VII. (Festschr. f. *Weismann*) 1904. — *Garnier, Ch.*, Hermaphroditisme histologique dans le testicule adulte d'Astacus fluviatilis. C. R. soc. biol. t. 53. 1901. — *Goodrich, S. E.*, A case of hermaphroditism in Amphioxus. Anat. Anz. 42. 1912. — *Gudernatsch, J. F.*, Hermaphroditismus verus in Man. Amer. J. of Anat. 11. 1911. 267—278. — *Hooker, D*, Der Hermaphroditismus bei Fröschen. Arch. f. mikr. Anat. 79. 1912. — *Hunter, John*, Account of an extraordinary pheasant. Observations on certain parts of animal Economy. London 1786. — *Kopsch, Fr.* und *Szymonovicz, Lad.*, Ein Fall von Hermaphroditismus verus bilateralis beim Schwein. Anat. Anz. XII. 1896. — *Krizenecky, Jar.*, Einige Bemerkungen zu Begriff und Definition des Hermaphroditismus. Anat. Anz. 50. 1917. — *Derselbe*, Ein Fall von Hermaphroditismus bei Triton cristatus und einige Bemerkungen zur Frage der sexuellen Differenzierung. Arch. f. Entw.-Mech. 42. 1917. — *Loeb, J.*, The organism as a whole. New-York 1916. — *Mertens, Rob.*, Über einige Fälle von Scheinhermaphroditismus bei Fischen. Naturw. Monatsschr. N F. XVI. 1918. — *Morgan, Th. H.*, Experimental Zoology. New-York 1907. 435—436. — *Derselbe*, The physical basis of heredity. Philadelphia und London 1919. — *Newman, H. H.*, A significant case of hermaphroditism in Fish. Biol. Bull. Mar. Lab. of Woods Holl. XV. 1908. — *Ognew, S. J.*, Die Bidderschen Organe bei Kröten. Arch. f. mikr. Anat. 71. 1908. — *Pick, L*, Über den wahren Hermaphroditismus des Menschen. Arch. f. mikr. Anat. 84. II. 1914. — *Pflüger, E.*, Über die das Geschlecht bestimmenden Ursachen und die Geschlechtsverhältnisse der Frösche. *Pflügers* Arch. 29. 1882. — *Sauerbeck, E.*, Morphologie des Hermaphroditismus. Erg. d. allg. Path. u. path. Anat. XV. 1911. — *Schreiner, K. E.*, Über den Hermaphroditismus verus und den Hermaphroditismus im allgemeinen vom morphologischen Standpunkt aus. Frankf. Zeitschr. f. Path. 3. 1909. — *Simon, W.*, Hermaphroditismus verus. *Virchows* Arch. 172. 1903. — *Derselbe*, Über das Generationsorgan von Myxine glutinosa. Biol. Zentralbl. 24. 1904. — *Stephan, P.*, À propos de l'hermaphroditisme de certains poissons. C. R. de l'Assoc. franc. Ch. Soc. 30 sess. 1901. 2 partie. 554—570. — *Tandler, Jul.* und *Grosz, Siegfr.*, Die biologischen Grundlagen der sekundären Geschlechtscharaktere. Berlin 1913. — *Taruffi, C.*, Sull' ordinamento della teratologia Mem. III. l'Ermafroditismo. Mem. della r. Accad. dell. Sc. di Bologna. Ser. V. t. VII. 1897. — *Weber, Max*, Über Hermaphroditismus bei Fischen. Nederl. Tijdschr. v. Deerkunde V. 1884. — *Wenke, Karl*, Anatomie eines Argynnis-Paphiazwitters. Zeitschr. f. wiss. Zool. 84. 1906. (äuß. Hermaphr. d. Insekten.) — *Wilson, E. B.*, The chromosomes in relation to the determination of sex. Science Review 1909. — *Wiscott, Max*, Die Lepidopterenzwitter meiner Sammlung. Festschr. d. Ver. f. schles. Insektenk. in Breslau 1897. — *Witschi, E.*, Der Hermaphroditismus der Frösche und seine Bedeutung für das Geschlechtsproblem. Arch. f. Entw.-Mech. 49. 1921.

Nervensystem.

Allgemeines.

Es ist früher darauf hingewiesen worden, wie die Entwicklung der Hauptbestandteile von drei verschiedenen Organen oder Organsystemen ihren Ausgang vom Ectoderm nimmt. Als erstes derselben wurde das Integumentum commune genannt, von welchem nicht bloß die Epidermis, sondern auch die in engem Zusammenhange mit ihr verbleibenden Derivate (Haare, Nägel, Drüsenbildungen) aus dem Ectoderm, das Corium und die Tela subcutanea aus dem Mesoderm stammen. Eine zweite Reihe von Organen, die Sinnesorgane, erhalten ihre Hauptelemente, die Sinneszellen, welche Eindrücke aufnehmen und an die centripetal verlaufenden Sinnesnerven weitergeben, aus dem Ectoderm. Wir finden im Bereiche der Epidermis zum Teil freie Endigungen sensibler oder auch spezifischer Nervenfasern, doch treten häufig solche Fasern in Verbindung mit Epithelzellen, welche durch besondere Differenzierung in den Stand gesetzt sind, Reize aufzunehmen. Wenn eine Anzahl solcher Zellen sich zusammenlegen, so bilden sie primitive, zwischen den übrigen Zellen der Epidermis eingeschaltete Sinnesorgane, wie wir sie z. B. als Organe der Seitenlinie, auch als Geschmacksbecher der Säugetiere, kennen. Sie stellen eine höhere Einrichtung dar, als die einfachen, zwischen den Zellen des Ectoderms eingestreuten Sinneszellen. Andere Sinnesorgane verlagern sich in die Tiefe und erhalten aus dem umgebenden Mesoderm Hilfsapparate der verschiedensten Art. Solche Bildungen, wie sie uns im Auge oder im Gehörapparate entgegentreten, stellen, im Vergleich etwa mit einem Geschmacksbecher oder gar mit den einfachen Sinnesepithelien, weit höhere oder kompliziertere Sinnesorgane dar.

In dritter Linie liefert das Ectoderm auch das Nervensystem, welches erstens die von den Sinnesorganen empfangenen Eindrücke aufnimmt und in verschiedenem Sinne verwertet, ferner aber auch mit den verschiedensten Organen des Körpers in Verbindung steht und deren Funktionen gewissermaßen beherrscht und koordiniert. Das Nervensystem entwickelt sich in seiner Gesamtheit aus dem Ectoderm, denn aus diesem leiten sich nicht bloß die spezifischen nervösen Elemente, wie die Ganglienzellen und die Nervenfasern ab, sondern auch die Stützzellen des zentralen Nervensystems (Gliazellen), ja sogar die mit Gliazellen vielleicht vergleichbaren Scheidenzellen der peripheren Nerven (Zellen der Schwannschen Scheide).

Früheste Entwicklung des Nervensystems.

Die erste Andeutung der Anlage des Nervensystems besteht in der Bildung eines axialen, vor dem Primitivstreifen gelegenen Bezirks des Ectoderms, in dessen Bereich sich die Ectodermzellen durch ihre beträchtliche Höhe auszeichnen. Dieser Bezirk ist die Medullarplatte; seine Grenze gegen das übrige, aus niedrigen, mehr kubischen Epithelzellen bestehende Ectoderm ist zunächst unbestimmt, indem die beiden Zellarten allmählich ineinander übergehen, doch ergibt sich später eine scharfe Grenze, indem sich die Ränder der Medullarplatte zu den Medullarwülsten erheben, während sie sich median zur Medullarrinne vertiefen (Figg. 496, 497).

Die Medullarplatte zeigt bald nach der Bildung der Meduliarwülste, bei einigen Formen schon vorher, eine größere Breite in ihrer cranialen Partie. Dieser Unterschied, welcher schon in jungen Stadien auf die Bildung der Augenblase hinweist, wird weiterhin noch deutlicher. Die Medullarwülste erheben sich (Fig. 497) immer mehr, indem sie sich der Medianebene nähern, wo sie endlich zum Abschluß des Medullarrohres dorsal miteinander verschmelzen. Über dieses zieht das aus kubischen Epithelzellen bestehende Ectoderm kontinuierlich hinweg. Der Verschluß beginnt in der Regel an einer Stelle, welche später etwa dem Mittelhirn-

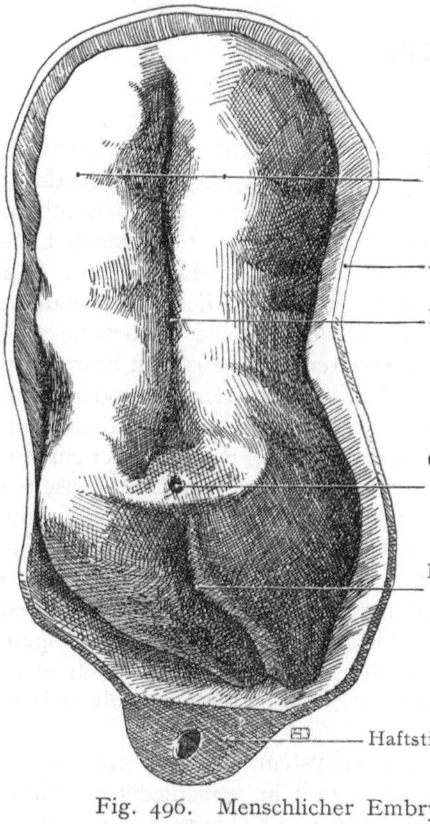

Fig. 496. Menschlicher Embryo.
Nach Graf v. Spee.
(Nach einem Modell gezeichnet.)

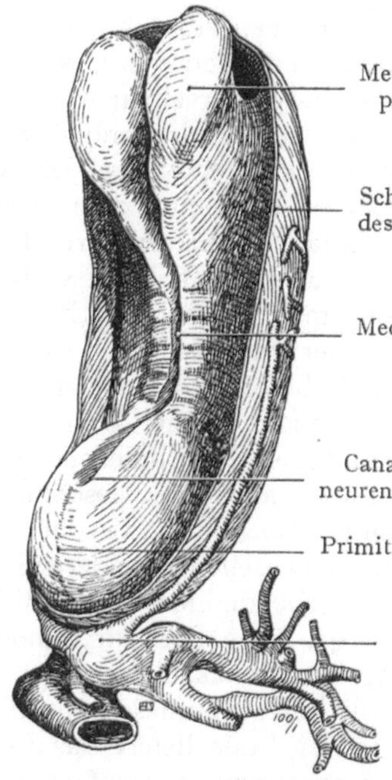

Fig. 497. Menschlicher Embryo mit 7 Somiten, halb von der Seite gesehen.
(Nach W. E. Dandy, Amer. Journ. of Anat. X. 1910.)

bläschen, d. h. der Anlage des Mesencephalons, entspricht und schreitet sowohl in cranialer als in caudaler Richtung weiter. Der Verschluß der vor dieser Stelle gelegenen Strecke des Medullarrohres erfolgt früher als derjenige der caudalen Strecke, doch bleiben eine Zeitlang am cranialen wie am caudalen Ende des Rohres Öffnungen bestehen (Neuroporus ant. und post.), durch welche das Lumen des Rohres noch mit der Außenwelt in Verbindung steht. Die Stelle des Neuroporus ant. liegt in der Lamina terminalis, der Neuroporus post. dagegen hat wichtige Beziehungen zum cranialen Ende des Primitivstreifens, auf welche wir kurz eingehen müssen.

Die caudalen Strecken der Medullarwülste ziehen sich beiderseits vom Primitivstreifen weiter, indem sie dort, wo bei vielen Formen, z. B. den Vögeln (Figg. 498—500), der

Canalis neurentericus sich im Hensenschen Knoten öffnet, auseinanderweichen, um sich dann wieder der Medianebene zu nähern und so einen Teil des Primitivstreifens mit der Öffnung des Canalis neurentericus zu umschließen. Da dieser Kanal (Fig. 120) sich auf der unteren Fläche des Keimes öffnet, so erhalten wir eine Verbindung des Medullarrohres mit dem Darmrohr, welche bei der Bildung des Schwanzes und des Schwanzdarmes eine außerordentlich wichtige Rolle spielt. Diejenige Strecke des Primitivstreifens, welche außerhalb des Medullarrohres verbleibt, liefert die Membrana cloacalis, welche den ventralen Abschluß der Kloake bis hinauf zum Abgang des Haftstieles herstellt (s. die Bildung der Kloake).

Beim Zusammenschlusse des Medullarrohres entstehen aus der cranialen Strecke desselben drei Bläschen, welche K. E. v. Baer als das vordere, mittlere und hintere Hirn-

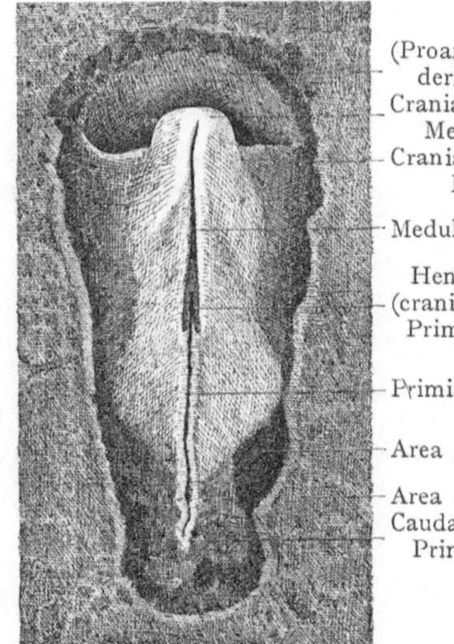

Fig. 498. Keimscheibe der Ente. Primitivstreifen und Medullarrinne. Ansicht bei auffallendem Lichte.

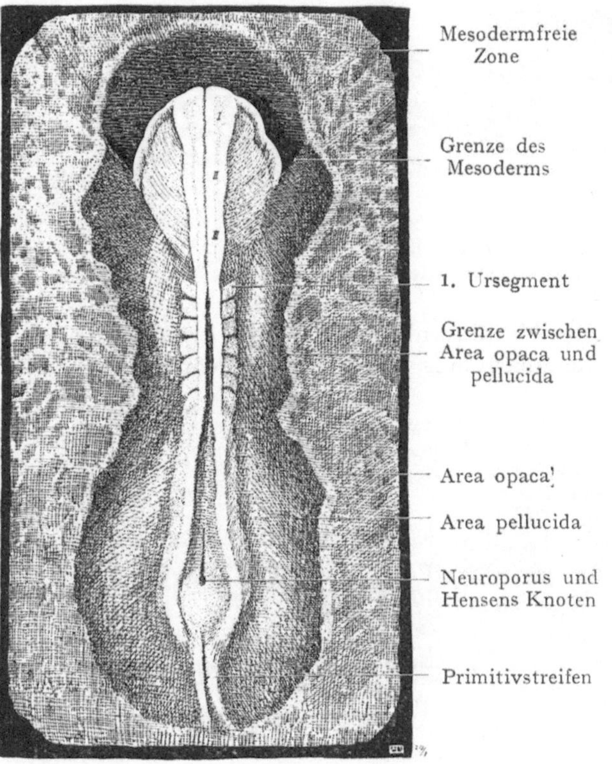

Fig. 499. Keimscheibe einer Ente mit 7 Ursegmenten. Ansicht bei auffallendem Lichte. I, II, III Gehirnbläschen.

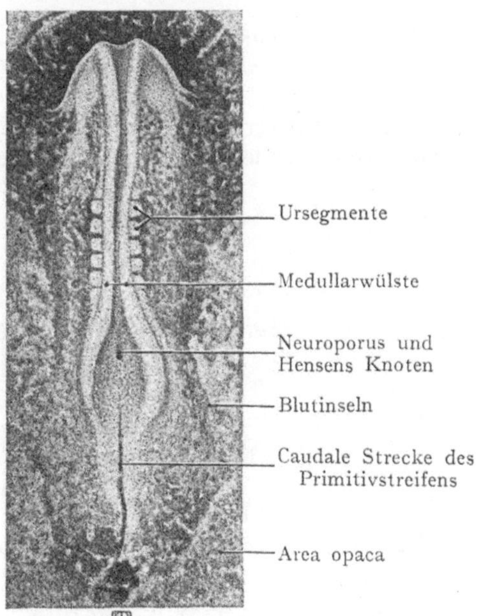

Fig. 500. Ente mit 5 Ursegmenten.

bläschen (Fig. 499) unterschieden hat. Dieselben bilden bestimmte Teile oder Abschnitte des fertigen Gehirnes. Aus dem Vorderhirnbläschen entsteht das Prosencephalon (Vorderhirn), welches das Telencephalon (Endhirn) und das Diencephalon (Zwischenhirn) umfaßt;

aus dem Mittelhirnbläschen entsteht das Mesencephalon (Mittelhirn), welches aus den Pedunculi cerebri und den Corpora quadrigemina besteht; das Hinterhirnbläschen liefert das Rhombencephalon oder Rautenhirn mit seinen drei Abschnitten, dem Isthmus rhombencephali, dem Metencephalon oder Hinterhirn (Cerebellum und Pons) und dem Myelencephalon

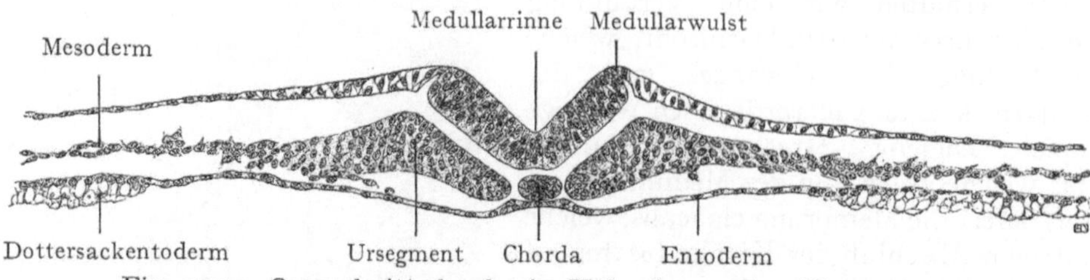

Fig. 501. Querschnitt durch ein Hühnchen mit 5 Ursegmenten.
Der Schnitt geht durch die Mitte der Anlage. Beginnende Erhebung der Medullarwülste.

oder Nachhirn (Medulla oblongata). Die Lichtung des Vorderhirnbläschens entspricht dem dritten Ventrikel und den beiden Seitenventrikeln; diejenige des Mittelhirnbläschens dem

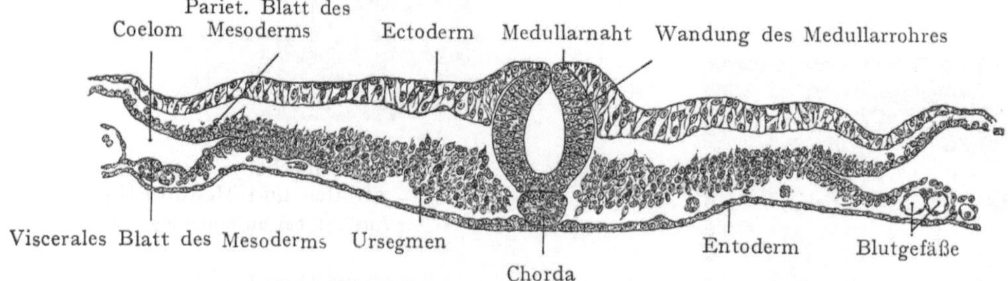

Fig. 502. Querschnitt durch ein Hühnchen mit 9 Ursegmenten.
Der Schnitt geht durch die Mitte der Anlage. Die Medullarwülste berühren sich.

Aquaeductus cerebri (Sylvii) und diejenige des Hinterhirnbläschens dem vierten Ventrikel. Die drei durch leichte Einschnürungen des Medullarrohres voneinander getrennten Bläschen

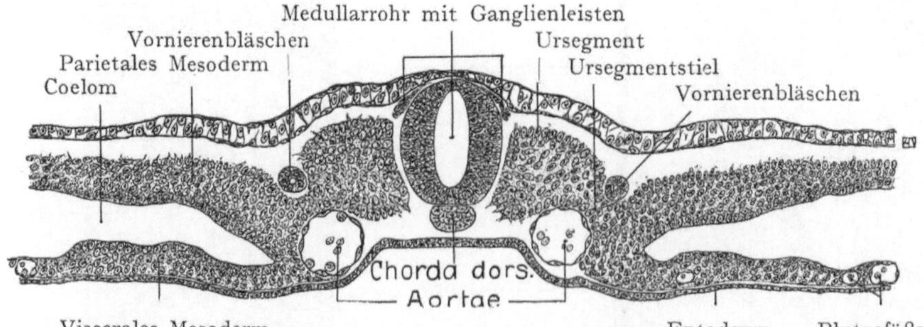

Fig. 503. Querschnitt durch die Keimscheibe eines Hühnchens mit 26 Segmenten. Geschlossenes Medullarrohr.

sind in Fig. 499 zu erkennen; in der caudalen Strecke ist der dorsale Zusammenschluß der Medullarwülste noch nicht erfolgt und an dieser Stelle öffnet sich der Canalis neurentericus zwischen den auseinandertretenden hinteren Enden der Wülste. Das Vorderhirnbläschen ist von Anfang an das größte; auch eilt es den beiden anderen Bläschen in seiner Entwicklung voraus, indem sehr frühzeitig seitliche Ausbuchtungen entstehen, welche die primitiven Augenblasen herstellen.

Wir müssen uns noch kurz mit der Art und Weise des Zusammenschlusses der Medullarwülste beschäftigen. Derselbe scheint sich nicht bei allen Formen in gleicher Weise zu vollziehen; in der Regel wird jedoch der Unterschied zwischen den Zellen der Medullarplatte und denen des übrigen Ectoderms, je mehr sich die Medullarwülste erheben, um so deutlicher. In den Figg. 501—503 vom Hühnchen ist dieser Unterschied sehr auffällig; zwar sind hier auch die Zellen des Ectoderms am Übergange sehr hoch, aber dabei blasig und lateralwärts schließen sich die niedrigeren kubischen Zellen des Ectoderms an. In Fig. 503 ist der Abschluß zum Rohre erfolgt, über welches das Ectoderm als geschlossene Schicht hinwegzieht. Die Wandung des Medullarrohres besteht aus einschichtigem Zylinderepithel; sie ist seitlich mächtiger als dorsal und ventral. Vor dem Verschlusse bildet sich von dem Winkel aus, an welchem das Ectoderm in die Zellen der Medullarplatte übergeht, eine Wucherung von Ectodermzellen, welche bei der Bildung des Medullarrohres mit der dorsalen Schlußstelle in Zusammenhang bleibt. Diese Zellwucherung scheint caudal vom dritten Hirnbläschen in der ganzen Ausdehnung der Anlage eine ziemlich kontinuierliche zu sein; sie stellt die Rumpfganglienleiste dar, der im Bereiche der Hirnbläschen die Kopfganglienleiste entspricht. Letztere ist jedoch nicht mehr

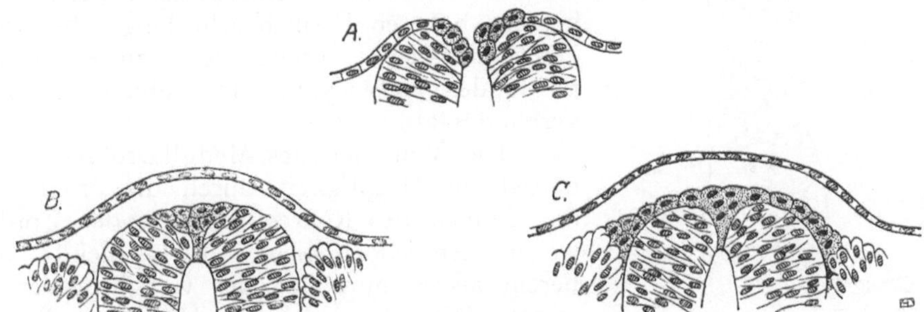

Fig. 504. Anlage der Ganglienleiste bei einem menschlichen Embryo von 13 Ursegmenten
Nach v. Lenhossék, Arch. f. Anat. u. Entw.-Gesch. 1891.
A. Medullarrohr noch offen.
B. Schnitt in der Höhe des 9. Ursegmentes.
C. Schnitt in der Höhe des 3. Ursegmentes.
Zellen der Ganglienleiste dunkel.

kontinuierlich, sondern weist längere Intervalle zwischen ihren einzelnen Abschnitten auf. Aus der Ganglienleiste bilden sich nun weiterhin erstens die dorsalen Wurzeln der Spinalnerven, dann die Ganglien sowohl der Spinal- als der Kopfnerven und drittens auch die sensiblen Fasern sämtlicher Nerven. Ferner leiten sich der Grenzstrang des Sympathicus, das ganze chromaffine System und wie Harrison neuerdings gezeigt hat, auch die Zellen der Schwannschen Scheide von der Ganglienleiste ab. Beim Menschen entsteht dieselbe (Fig. 504) in etwas anderer Weise als bei dem so häufig zur Untersuchung herangezogenen Hühnchen, indem sich nämlich, schon vor dem Zusammenschlusse der Medullarwülste, die Zellen an der Kuppe der Wülste durch ihre hellere Färbung und ihre mehr rundliche oder auch polygonale Form auszeichnen. Sie bilden nach dem Schluß des Medullarrohres eine keilförmige Masse, welche nunmehr auf beiden Seiten lateralwärts auszuwachsen beginnt, indem sie gewissermaßen über das Medullarrohr herausquillt, aber noch eine Zeitlang im Zusammenhange mit der Schlußlinie desselben verbleibt. Diese Zellmasse dringt zwischen dem Medullarrohre und den Myotomen ventralwärts vor, dabei lockern die Zellen ihren Zusammenhang und nehmen eine Spindelform mit einem zentralen und einem peripheren Fortsatze an. Offenbar ist aber dieser Modus der Bildung der Ganglienleiste nicht prinzipiell verschieden von demjenigen, den wir für das Hühnchen beschrieben haben, sondern es handelt sich dabei bloß um zeitliche Differenzen in der Ablösung der Anlage vom Ectoderm. Beim Hühnchen erfolgt der Zusammenschluß der Medullarplatte langsamer, so daß die Zellwucherung der Ganglienleiste Zeit hat sich zu entfalten, während die Anlage beim Menschen in die Bildung der Wandung des Medullarrohres mit einbezogen wird und erst sekundär wieder aus dieser herauswächst und sich freimacht.

Histogenese des Nervensystems, speziell des Rückenmarks.

Die Wandung des Medullarrohres, ursprünglich einschichtig, wird infolge des raschen Wachstums mehrschichtig, doch ist zu beachten, daß viele Zellen mit ihren feinen Enden bis an den Zentralkanal und an die Oberfläche des Medullarrohres, wo sie die Membrana limitans externa bilden, heranreichen (Fig. 507). Noch bis in den dritten Fetalmonat hinein erhält sich beim menschlichen Embryo der epitheliale Charakter der Wandung, indem einzelne Stützzellen sich vom Zentralkanale aus bis zur Membrana limitans externa erstrecken. Die histologische Differenzierung der Nerven- und Ependymzellen spielt sich also bei den höheren Formen sehr lange, bei vielen niederen Formen während der ganzen fetalen und postfetalen Entwicklung, im Rahmen eines Epithelverbandes ab.

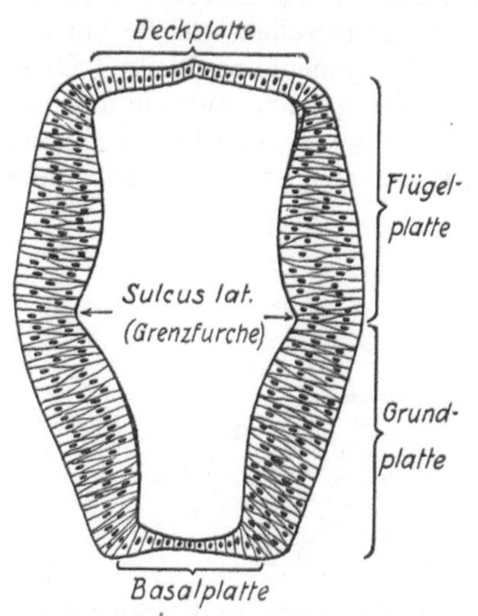

Fig. 505. Schematischer Querschnitt durch das Rückenmark zur Veranschaulichung der Zusammensetzung der Wandung.

Die Wandung des Medullarrohres gewinnt zunächst an Mächtigkeit durch die Proliferation der das Lumen des Rohres begrenzenden Epithelzellen, welche sich jedoch nicht, wie His meinte, von vornherein als Stammzellen der Ganglienzellen differenzieren (Neuroblasten von His), sondern sowohl Nerven- als Gliazellen hervorgehen lassen. Die neugebildeten Zellen werden, wahrscheinlich passiv, gegen die Peripherie der Wandung verschoben. Ein weiterer Prozeß, welcher in hohem Grade zur Verdickung der Wandung beiträgt, führt zur Ausbildung von Nervenfortsätzen, welche zum Teil innerhalb der Wandung verlaufen, zum Teil dieselbe durchsetzen, um als ventrale Wurzeln auszutreten. Die Differenzierung der aus der Wucherung der zentralen Epithelzellen entstandenen Zellen tritt sehr früh auf und läßt sich natürlich bei Tieren (Hühnchen) mittels der neueren histologischen Methoden viel genauer verfolgen als beim Menschen. Sie beginnt in einer Anzahl der vom Epithel des Zentralkanals abgegebenen, peripherwärts verlagerten Zellen mit der Bildung von Neurofibrillen. Diese Neurofibrillen treten immer in dem gegen die Peripherie gerichteten Teile der noch apolaren (fortsatzlosen) Zellen auf (Fig. 506). Die Zellen werden, erst nachdem sie eine Strecke weit vom Zentralkanal abgerückt sind, bipolar, indem ein schwächerer Fortsatz zentralwärts, ein kürzerer, stärkerer gegen die Membrana limitans externa gerichtet ist (Fig. 507). Der zentrale Fortsatz scheint selten, wenn überhaupt, zu persistieren; meist verschwindet er und alsdann haben wir es mit unipolaren Zellen zu tun, deren peripherwärts gerichteter Fortsatz mit einer kolbenförmigen Anschwellung endigt. Diese Zellschicht, welche allmählich durch das immer neue Nachrücken weiterer von der tiefen Schicht abgegebener Zellen gegen die Peripherie gedrängt wird, ist von W. His sen. als Mantelschicht bezeichnet worden; sie umfaßt Zellen, welche sich zu Ganglienzellen differenzieren, aber außerdem solche, welche schon sehr früh den Charakter der eigentümlichen Stützzellen des Zentralnervensystems annehmen, indem sie entweder als richtige Epithelzellen von dem Lumen des Zentralkanals bis zur Membrana limitans externa reichen (Ependymzellen) oder sich verzweigen und dann das typische, formenreiche Gliagewebe des zentralen Nervensystems darstellen. Von den Epithelzellen bleiben in der Auskleidung des Zentralkanals beim fertigen Rückenmarke noch Reste erhalten.

Die Vermehrung der Zellen bewirkt selbstverständlich auch eine Verdickung der Wandung, doch ist dieselbe keine gleichmäßige, sondern betrifft, wenigstens im größten Teile des Medullarrohres, bloß die seitlichen Wandungen, indem der schmälere dorsale und ventrale Abschluß des Rohres sowohl in bezug auf Wachstum, wie auf histologische Differenzierung zurückbleiben. Diese beiden Strecken der Wandung, welche wir als Deckplatte und Basalplatte bezeichnen, liefern bloß

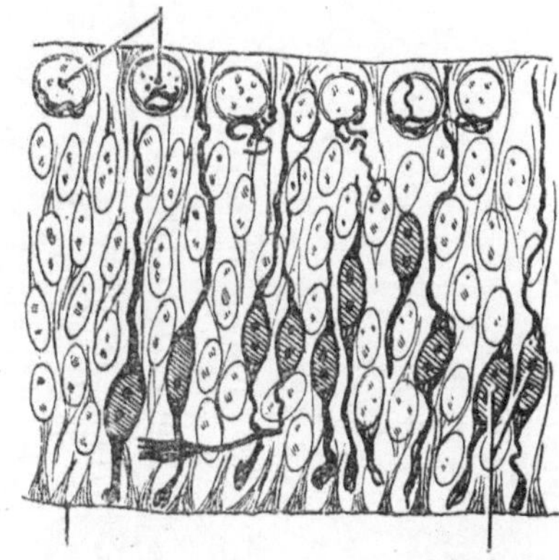

Fig. 507. Wandung des Großhirnbläschens eines Hühnchens nach 3½ Tagen der Bebrütung. Nach R. y Cajal, Anat. Anz. 32, 1908.

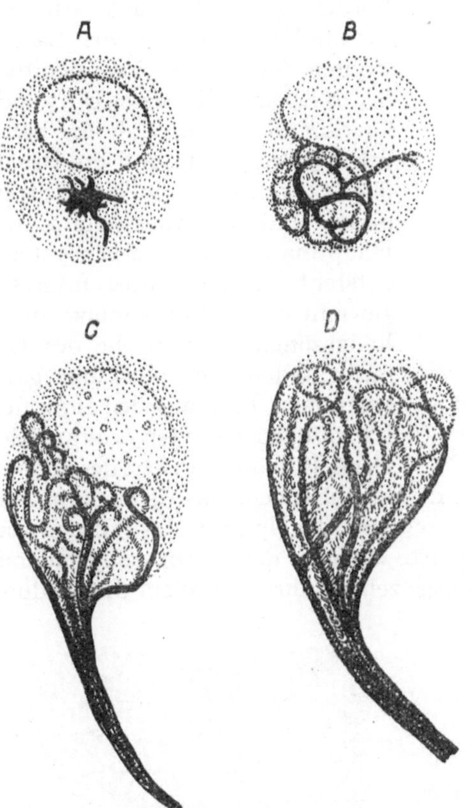

Fig. 506. Nervenzellen. Genese des Neuroreticulums und des Achsenzylinders. Nach Held.

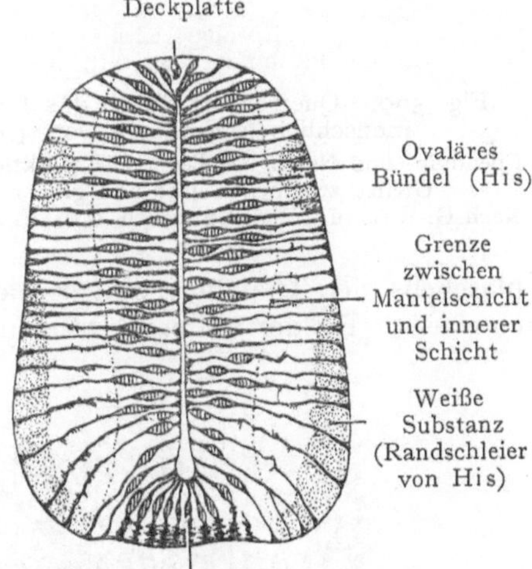

Fig. 508. Querschnitt durch das Rückenmark eines Hühnchens vom 3. Tage der Bebrütung. Nach R. y Cajal, Anat. Anz. 32, 1908.

Epithel- resp. Ependymzellen, die dorsal stark in die Länge wachsen und das Septum post. herstellen (Figg. 508 und 509), während sie ventral sehr früh von den mächtigen lateralen Wandungen des Medullarrohres überwuchert werden und an den Grund der Fissura mediana ant. zu liegen kommen. Gerade am Rückenmarksrohre stellt die seitliche Wandung sehr früh die Hauptmasse dar. Zu ihrer Entstehung wirken sowohl die Ganglienzellen, als auch die Glia und der größte Teil der weißen Substanz mit. Das

Lumen des Medullarrohres zeigt bei einigen Formen (Amphibien) deutlicher als bei anderen eine seitliche Furche, die Grenzfurche von His, welche sich manchmal in der ganzen Ausdehnung des Medullarrohres verfolgen läßt. Durch dieselbe wird eine Trennung der seitlichen Wand in einen dorsalen und einen ventralen Abschnitt angedeutet (Flügelplatte und Grundplatte: Fig. 505), aus denen in der Folge bestimmte Abschnitte des Nervensystems hervorgehen, so aus der (dorsal gelegenen) Flügelplatte das Hinterhorn, aus der Grundplatte das Vorderhorn. Demnach erhalten wir am Medullarrohre vier Längsstreifen, von denen zwei epithelial bleiben oder eine Umwandlung in Neuroglia erfahren, nämlich die Deckplatte und die Basalplatte, während aus der Flügelplatte und der Grundplatte die Hauptmasse des Nervensystems entsteht. Ein erhöhtes Interesse gewinnt die Unterscheidung dieser Längszonen im Bereiche des Gehirns, indem sich auch hier ganz bestimmte Teile aus den einzelnen Längszonen herleiten, so aus der Deckplatte im Bereiche des Hinterhirnbläschens das Cerebellum, aus der Flügelplatte des Vorderhirn-

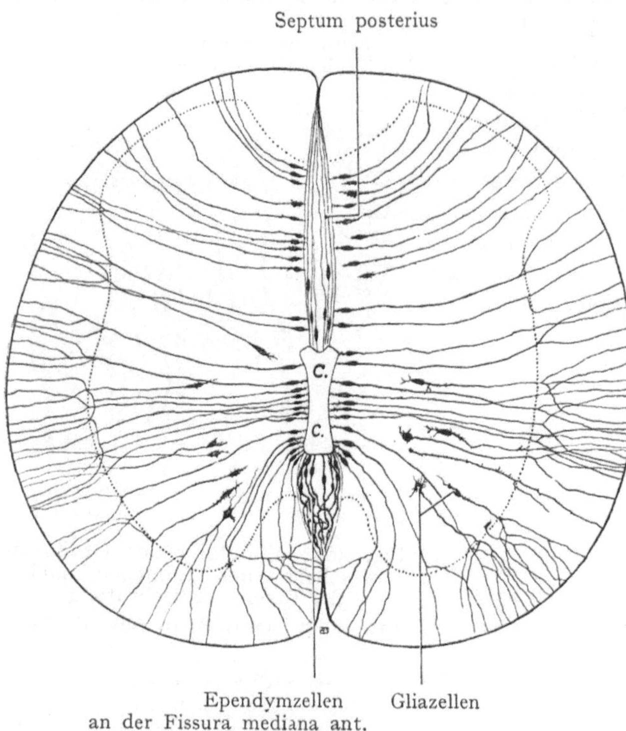

Fig. 509. Querschnitt durch das Lendenmark eines menschlichen Embryos von 3 cm Länge.
Ependym- und Neurogliazellen. Die punktierte Linie deutet die Grenze zwischen weißer und grauer Substanz an.
Nach G. Retzius, Biol. Untersuch. N. F. V. 1893, Taf. XI, Fig. 1.

bläschens der Thalamus opticus, aus der Grundplatte ebenda das Corpus subthalamicum usw. Bei der weiteren Differenzierung·der Nervenzellen führt vor allem die Bildung

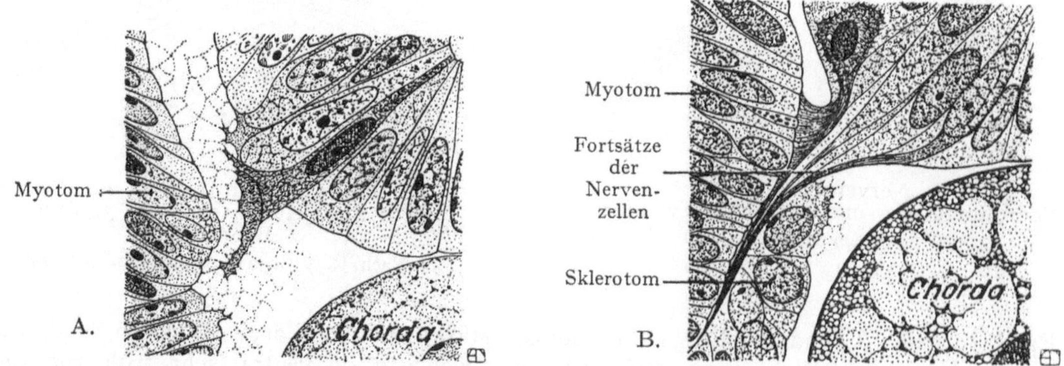

Fig. 510. Verbindung der Vorderhornzellen mit den Zellen des Myotoms.
A. Embryo von Squalus, 7 mm. Amöboide Fortsätze der Nervenzellen.
B. Embryo von Squalus, 7 mm. Zeigt die Bildung der vorderen Wurzel und die Verbindung der Fortsätze der Nervenzellen mit den Zellen des Myotoms.
Nach H. V. Neal, Journ. of Morphology 25, 1914.

von Fortsätzen eine große Mannigfaltigkeit der Zellformen herbei, auch ergeben sich dadurch die verschiedensten Beziehungen einzelner Abschnitte des Medullarrohres untereinander, sowie zu den verschiedensten Teilen des Körpers. Wir haben die Ganglienzellen (Fig. 507) auf jenem Stadium verlassen, in welchem sie einen peripheren, kolbenförmig angeschwollenen Fortsatz besitzen, während ihr zentraler Fortsatz verkümmert. Die Zellen sind gegen die Peripherie des Medullarrohres gerückt, wo sie die Mantelschicht von His bilden. Ihre peripheren, nunmehr als Achsenzylinder anzusprechenden Fortsätze beginnen auszuwachsen, indem sie entweder auf das Rückenmark beschränkt bleiben, oder, durch die Membrana limitans externa tretend, als erste Anlagen des peripheren Nervensystems die ventralen (motorischen) Wurzeln der Spinalnerven herstellen. Diese Zellen liegen, besonders ventral, gruppenweise als Vorderhornzellen in der Grundplatte beisammen. Ihre Fortsätze gelangen, aus dem Rückenmark austretend, zu den bereits an ihrer Basis Muskelfibrillen einschließenden Zellen der Muskellamelle des Myotoms (Fig. 510; s. Muskelentwicklung). Die Achsenzylinder der übrigen Zellen, welche auf die Wandung des Medullarrohres beschränkt bleiben, verlaufen (Figg. 511 u. 512) zum Teil ventralwärts, um die Zellen der Basalplatte zu durchsetzen und als Commissurenfasern auf die andere Seite zu gelangen; es sind dies die Commissurenzellen. Endlich biegen die Achsenzylinderfortsätze anderer Zellen, der sog. Strangzellen, als Strangfasern in die Längsrichtung des Medullarrohres um und geben Collateralen ab, welche einzelne Massen von Ganglienzellen in der Längsrichtung untereinander in Zusammenhang setzen. Die Strang- und Commissurenfasern bilden unmittelbar unter der Membrana limitans externa eine dünne, auf dem Querschnitte aus feinen Punkten und Fasern bestehende Schicht, welche von His als Randschleier bezeichnet wurde (Fig. 508).

Als weitere Faktoren bei der Veränderung des histologischen Bildes machen sich geltend:

1. Die Bildung von Dendriten oder Protoplasmafortsätzen an den Nervenzellen und 2. die Differenzierung der

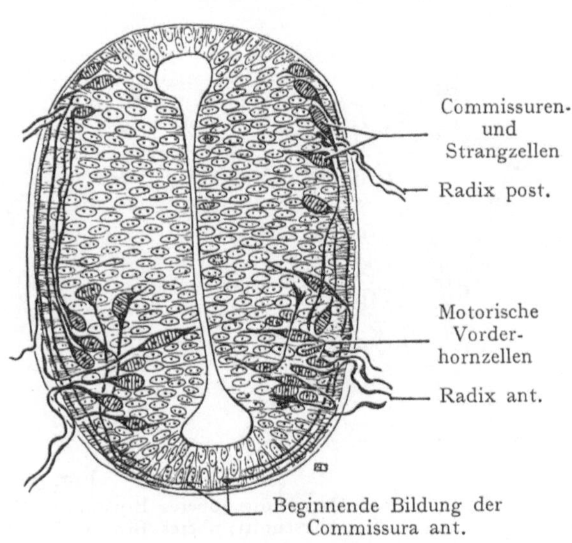

Fig. 511. Querschnitt durch das Rückenmark eines Hühnchens von 58 Stunden.
Nach R. y Cajal, Anat. Anz. 32, 1908.

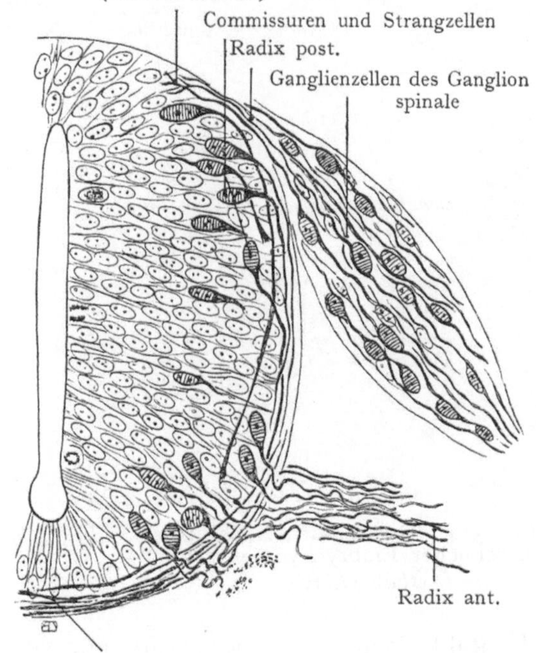

Fig. 512. Schnitt durch die Lendengegend des Rückenmarks eines 70 Stunden bebrüteten Hühnchens.
Nach R. y Cajal, Anat. Anz. XXX. 1907.

Zellen der Ganglienleiste, welche durch ihr sekundäres Einwachsen in die Wandung des Medullarrohres die dorsalen, sensiblen Wurzeln liefern. Was die Entstehung der

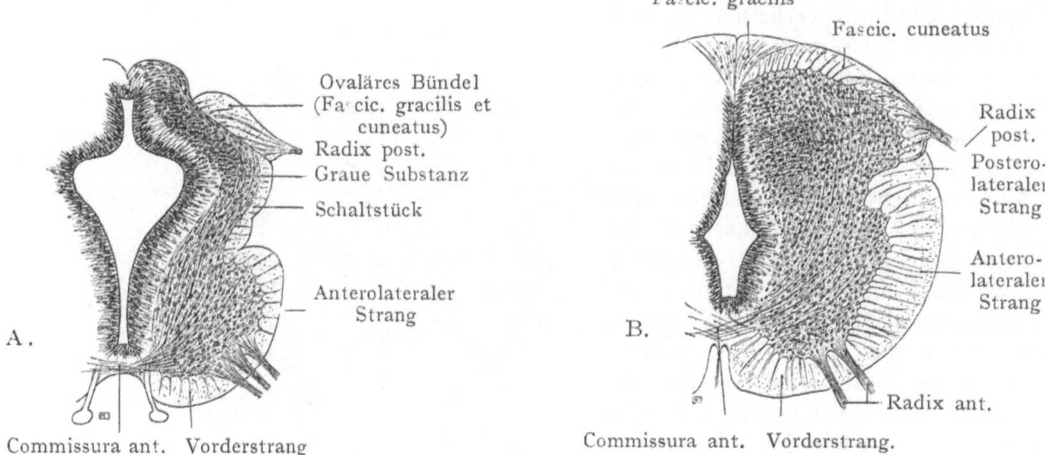

Fig. 513.
A. Querschnitt, oberes Brustmark, Embryo, 12,5 mm, $4^1/_2$ Wochen.
B. Querschnitt, oberes Brustmark, Embryo, $8^1/_2$ Wochen.
Nach W. His, Abh. Sächs. Akad. d. Wiss. math.-phys. Kl. XIII. 1886.

Dendriten anbelangt, welche das Bild später so außerordentlich komplizieren, so ist darüber eigentlich sehr wenig bekannt, sicher ist nur, daß sie bedeutend später erfolgt als die Bildung der Achsenzylinderfortsätze. Die Ganglienleiste bleibt noch eine Zeitlang mit der Nahtlinie des Medullarrohres in Verbindung oder

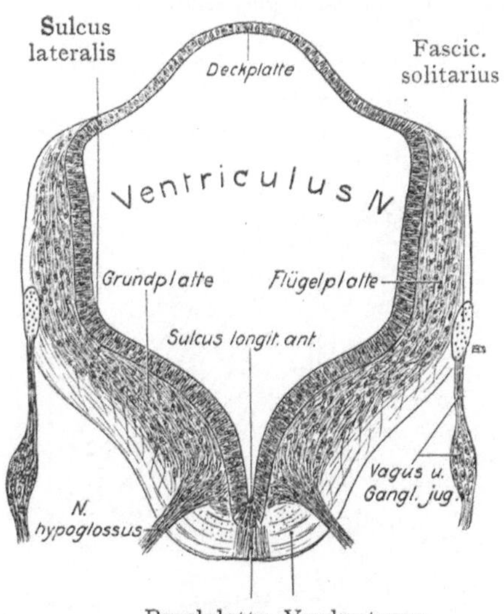

Fig. 514. Querschnitt, Nachhirn, menschlicher Embryo von 10,2 mm. Nach W. His.

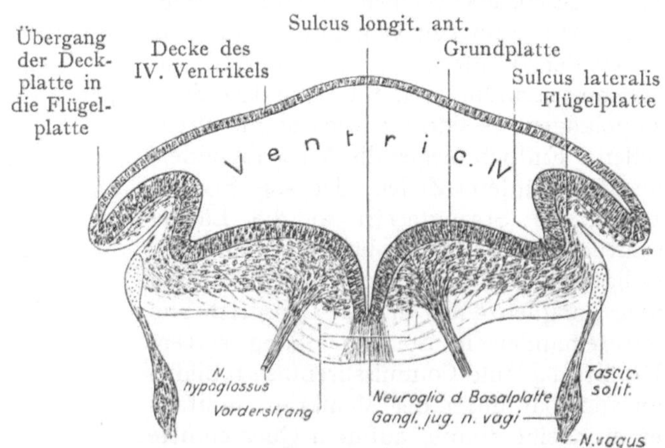

Fig. 515. Querschnitt, Nachhirn eines menschlichen Embryos von 9,1 mm. Nach W. His.

Kontakt, dann wird sie jedoch frei und verschiebt sich in ventraler Richtung aber im Anschlusse an den lateralen Umfang des Medullarrohres. Die Zellen der Leiste, ursprünglich rund oder auch polygonal, werden nunmehr spindelförmig und bilden zwei Achsenzylinderfortsätze, einen centripetalen und einen centrifugalen. Der centripetale wächst in das Zentralnervensystem ein (Fasern der dorsalen Wurzeln), um sich hier Tförmig in eine aufsteigende und eine absteigende Faser zu teilen, welche als ihren Beitrag zur Bildung der weißen Substanz oder des Randschleiers von His ein kleines, auf dem Querschnitte ovales Bündel, das ovaläre Bündel von His, herstellen (Fig. 513 A). Aus diesen Fasern entstehen der Fasciculus gracilis (Goll) und cuneatus (Burdach), also sensible Bahnen des Rückenmarkes (Fig. 513 B). Der periphere Achsenzylinderfortsatz bildet dagegen die sensiblen Fasern des peripheren, vielleicht auch die visceralen des sympathischen Nervensystems. Abgesehen von diesen Spinalganglienzellen entstehen aus der Spinalganglienleiste: erstens Zellen, welche ventralwärts zur Bildung des Sympathicus und des chromaffinen Systems auswandern, und zweitens Zellen, welche sich den peripheren Fortsätzen der Spinalganglienzellen anschließen und sowohl für diese, als für die motorischen zu den Myotomzellen gelangenden Fasern, die Scheidenzellen oder Schwannschen Zellen abgeben.

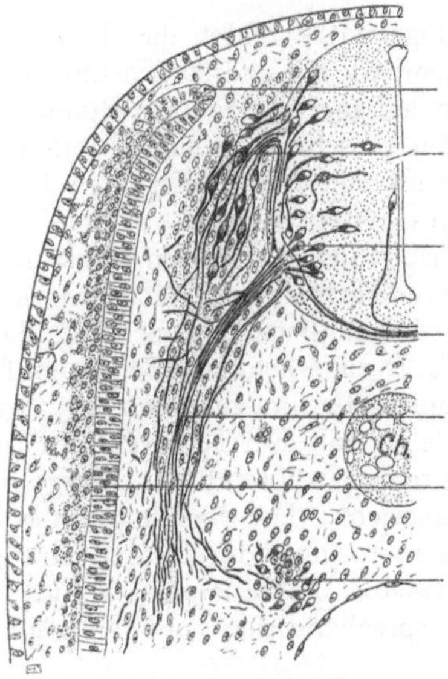

Über das Auswachsen der Nervenfortsätze, besonders des Achsenzylinderfortsatzes, haben in den letzten Jahren die experimentellen Untersuchungen von Harrison, Braus und anderen sowie die histologischen resp. histogenetischen Arbeiten von Ramon y Cajal und Held manche Aufklärung gebracht. Das Auswachsen des peripheren Fortsatzes der motorischen Zellen ist von Harrison an Stücken von embryonalem Nervensystem, die in Lymphe gezüchtet wurden, direkt unter dem Mikroskop beobachtet worden. Der Fortsatz ist amöboid, besonders sein in die Umgebung vordringendes Ende, welches in die verschiedensten Gebilde einzuwachsen vermag; so ist das Eindringen von Nervenfasern in Blutgerinnsel, in die Rückenmarkshöhle oder auch in die Bauchhöhle (bei Hühnerembryonen) beobachtet worden. Dabei findet der Achsenzylinder aktiv seinen Weg; doch weisen die experimentellen Untersuchungen darauf hin, daß die Verbindung zwischen den Achsenzylindern der motorischen Ganglienzellen und den Muskelbildungszellen wahrscheinlich sehr früh auftritt (Fig. 510), jedenfalls schließen sich den ersten, mit den Myotomen in Verbindung getretenen Fasern noch weitere an, bis die Zahl der Fasern des betreffenden Nerven erreicht ist. Die weitere Um- und Ausbildung des Rückenmarks wird durch die Figg. 513 A und B veranschaulicht. Am Ende des zweiten Monats verbreitet sich das Lumen des bis dahin noch spaltförmigen Zentralkanals in seiner mittleren Partie (Fig. 513 A). Die Grenzfurche wird dabei deutlicher ausgeprägt und gibt die Einteilung der lateralen Wand in die Flügel- und Grundplatte an. Die Deck- und die Basalplatte sind noch rein epithelial, während in der lateralen Wand schon eine beträchtliche Entfaltung der grauen und weißen Substanz stattgefunden hat.

Fig. 516. Querschnitt durch die obere Rumpfhälfte eines Hühnerembryos nach 60 Stunden der Bebrütung.
Nach H. Held, Entw. d. Nervengewebes, Taf. 41, Fig. 217.

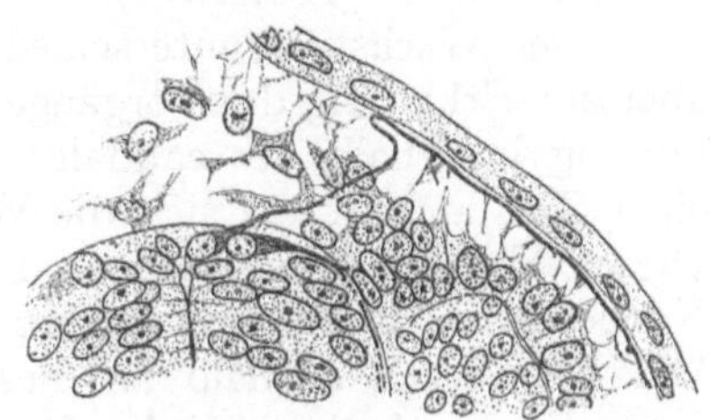

Fig. 517. Querschnitt durch die hintere Rumpfgegend eines Forellenembryos von 19 Tagen mit Rohon-Beardschen Zellen und einem primären Hautnerven.
Nach Held, Taf. 29, Fig. 172.

Die Grundplatte bildet eine stark vorspringende Masse grauer Substanz, nach außen von einer Schicht weißer Substanz überzogen; sie liefert das Vorderhorn, die Commissura grisea anterior, die Commissura alba anterior, die Vorderstränge und einen Teil der Seitenstränge.

Die Flügelplatte bildet das Hinterhorn, auch dringen hier die dorsalen Wurzeln in das Rückenmark ein und stellen mit ihren auf- und absteigenden Fasern das der Flügelplatte außen auflagernde oваläre Bündel von His her, die erste Andeutung der Hinterstränge. Ein Abschnitt, welcher teils der Flügelplatte, teils der Grundplatte angehört (das Schaltstück von His), liefert den Hals des Hinterhornes, die Clarkesche Säule und einen Teil des Seitenstranges.

Die Ausbildung der weißen Substanz hält mit der Zunahme der Zahl der Ganglienzellen und ihrer Fortsätze im Rückenmark, resp. mit dem Einwachsen der sensiblen Fasern aus den Spinalganglienzellen Schritt. Diese Verhältnisse sind deutlich an Hand der Figg. 513 A u. B zu erkennen. Bei einem Fetus von $8^{1}/_{2}$ Wochen (Fig. 513 B) begrenzen die Vorderstränge die Fissura mediana ant., während das ovaläre Bündel sich bis zur Medianebene ausgedehnt hat. Ein Teil desselben ist sogar als Fasciculus gracilis (Gollscher Strang) schon abgegrenzt, während der übrige Teil dem Fasciculus cuneatus (Burdachschen Strange) entspricht. Der dorsale Teil des Zentralkanals obliteriert und wird vom dritten Fetalmonate an nur noch durch einen Strang von Ependymzellen (Septum post.) dargestellt. Schon im zweiten Fetalmonate werden die Cervikal- und die Lumbalanschwellungen angelegt, entsprechend der nunmehr beginnenden Entfaltung der Extremitäten.

Ausdehnung des Rückenmarks.

Das Rückenmark reicht beim menschlichen Embryo noch im dritten Monat bis an das Ende der Wirbelsäule, beim Erwachsenen bloß bis in die obere Partie der Lendenwirbelsäule. Das embryonale Verhalten erfährt dadurch eine Änderung, daß die Wirbelsäule rascher wächst als das Rückenmark, so daß dieses scheinbar cranialwärts hinaufrückt. „Es reicht übrigens das Mark im dritten Monat noch bis an den Sakralkanal und selbst am Ende des Embryonallebens steht seine Spitze immer noch am dritten Lendenwirbel, woraus zu ersehen ist, daß die bleibenden Verhältnisse erst nach der Geburt ganz sich ausbilden" (Kölliker).

Der Wachstumsunterschied zwischen der Wirbelsäule und dem Rückenmark reicht aber zur Erklärung der Vorgänge nicht aus, sondern wir müssen noch eine wirkliche Rückbildung innerhalb der caudalen Strecke des Rückenmarkes erwähnen, welche schon zu einer Zeit auftritt, da sich die Wirbelsäule als solche überhaupt noch nicht gebildet hat. Dieser Vorgang hängt jedoch innig mit der Bildung und der Reduktion des hinteren Körperendes zusammen, welches wir bei vielen Säugetieren als Schwanz ausgebildet sehen. Wir besprechen deshalb an dieser Stelle ausführlicher die Bildung und die Reduktion jenes Körperabschnittes des Menschen.

Bildung der caudalen Partie des Körpers, insbesondere des Schwanzes.

Wir greifen hier sehr weit in der Entwicklung zurück, indem wir bei unserer Betrachtung von einem Stadium ausgehen (Fig. 496), in welchem die craniale Strecke des Primitivstreifens mit der bei vielen Amnioten, speziell auch beim Menschen, nachzuweisenden Öffnung des Canalis neurentericus und der hier erfolgenden Verbindung von Entoderm und Ectoderm in das Medullarrohr aufgenommen wird. Der Primitivstreifen wird dabei in zwei Abschnitte zerlegt, von denen der craniale mit dem Canalis neurentericus von den Medullarwülsten eingeschlossen wird und bei der weiteren Entwicklung

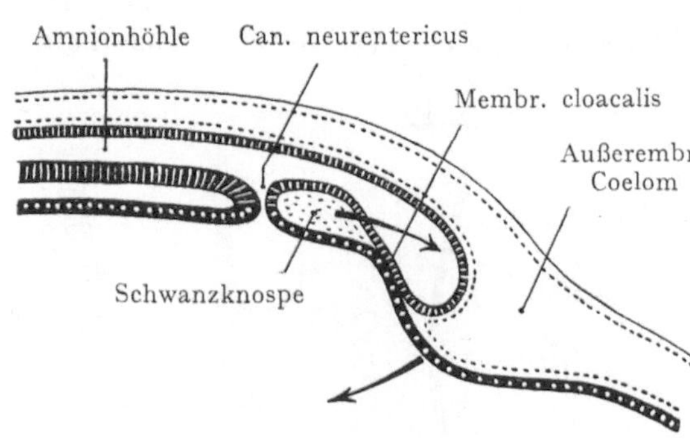

Fig. 518.

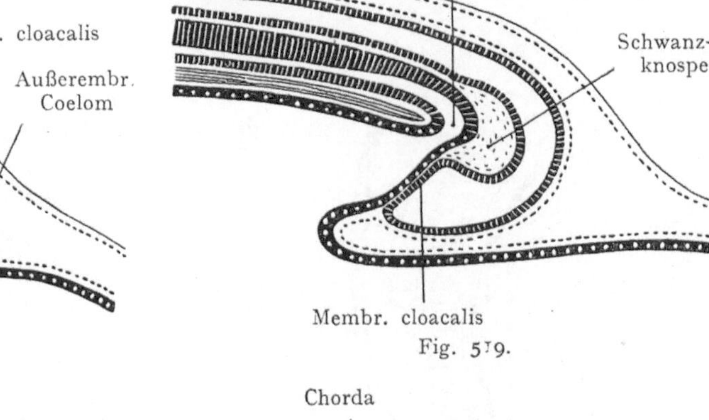

Fig. 519.

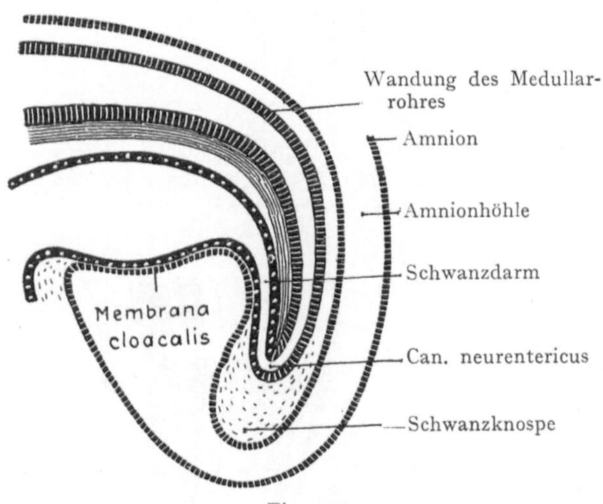

Fig. 520.

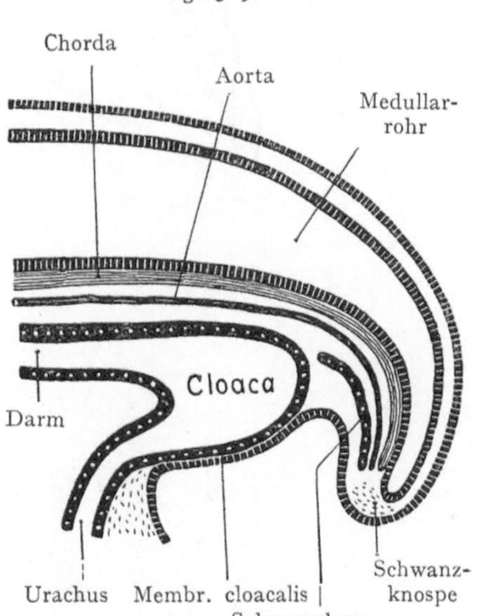

Fig. 521.

Figg. 518—526. Schemata der Entwicklung des caudalen Körperendes. Fig. 518. I. Beginnende Bildung der Schwanzknospe.

Fig. 519. II. Bildung der Schwanzknospe und der Kloakenmembran.

Fig. 520. III. Schwanzknospe und Schwanzdarm.

Fig. 521. IV. Schwanzknospe. Reste des Schwanzdarms.

Fig. 522. V. Maximale Ausbildung des Schwanzes.

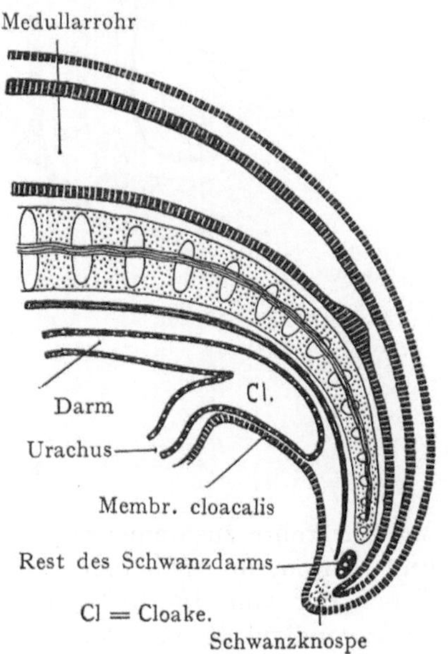

Fig. 522.

eine Wucherungszone des Körpers darstellt, welche denselben nach hinten verlängert. Der caudale Abschnitt des Primitivstreifens bleibt dagegen außerhalb der sich zum

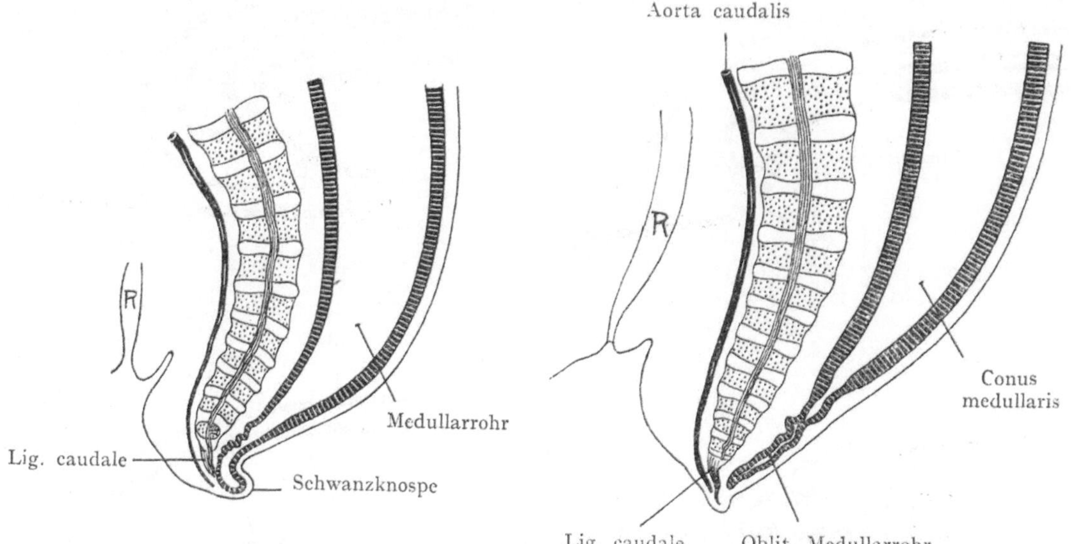

Fig. 524. VII. Das Rückenmark verschwindet im Schwanzanhange.
R = Rectum

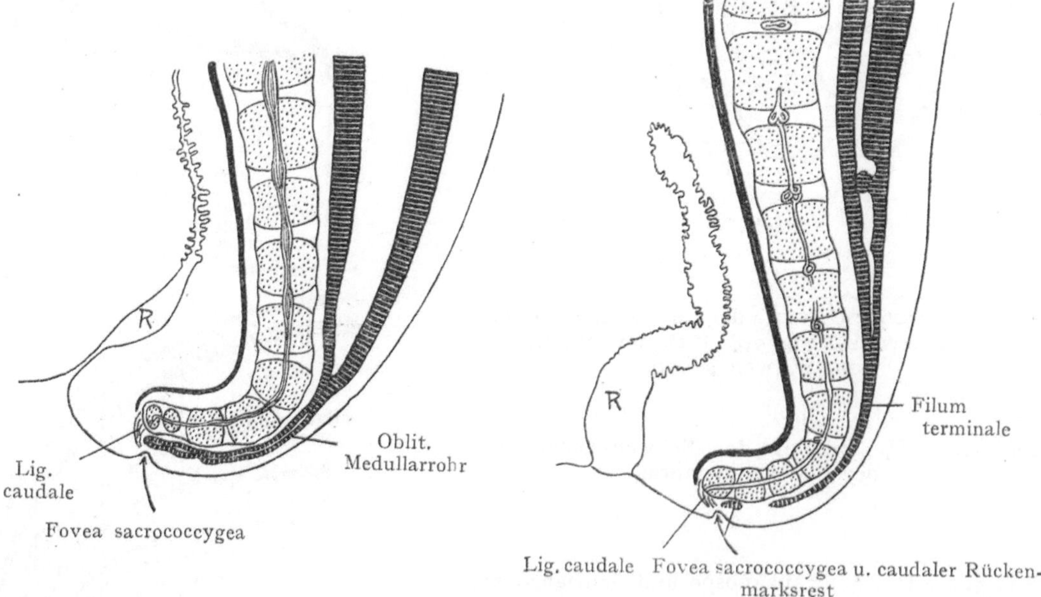

Fig. 526. IX. Bildung des Filum terminale.
R = Rectum.

Fig. 523 u. 526 nach Kunitomo.

Medullarrohre zusammenschließenden Medullarwülste und bildet, indem hier Ectoderm und Entoderm aneinanderstoßen oder ineinander übergehen, die Kloakenmembran. Gehen wir von Fig. 518 aus, welche einen Medianschnitt (schematisch) durch eine Embryonalanlage vor dem Zusammenschluß der Medullarplatten zum Medullarrohre darstellt, so haben wir den Canalis neurentericus, hinter demselben eine Strecke, aus welcher die Schwanzknospe hervorgeht, und sich daran anschließend die Kloakenmembran, die dorsalwärts sieht. In Fig. 519 wird die Kloakenmembran dadurch, daß die Schwanzknospe über sie hinauswächst, allmählich ventralwärts verlagert, so daß ihr ursprünglich caudales Ende bis an den Abgang des Haftstieles heranreicht, woraus das früher besprochene Verhalten zur Harnblase und zur Urethra sowie die Beziehung zur Bildung der Epispadie und der Blasenspalten sich ergeben (S. 463). Dieser Abschnitt des Primitivstreifens ist es, welcher nach Bildung des Kloakenhöckers einen Durchbruch erfährt, und das Ostium urogenitale primitivum und den Anus herstellt. Die indifferente, aus der cranialen Strecke des Primitivstreifens hervorgegangene Zellmasse fügt dagegen durch ihre Wucherung immer neues Material von hinten her an die Embryonalanlage, solange nicht alle Segmente derselben gebildet sind; ist dies erfolgt, so geht weiterhin die Längenzunahme durch interstitielles Wachstum in den bereits gebildeten Segmenten weiter vor sich. Die Schwanzknospe erhebt sich also über der Kloakenmembran (Fig. 520), an deren vorderes Ende die Allantoisausbuchtung des Enddarmes sich anschließt. Der Schwanzdarm verlängert sich in Wirklichkeit nicht so beträchtlich, wie es in der schematischen Fig. 520 dargestellt ist, indem seine Wandungen beim Auswachsen des Schwanzes verschmelzen, um einen soliden, häufig auch unterbrochenen Strang herzustellen. Mit der Wucherung der indifferenten Zellmasse verknüpft sich auch eine Verlängerung des Medullarrohres und der Chorda dorsalis. Die Bildung des Schwanzes ist in dem Schema der Fig. 522 auf ihrem Höhepunkte angelangt.

Der Strang, welcher noch in Fig. 521 den Schwanzdarm darstellt, bildet sich alsdann in der Regel vollständig zurück; kleine Reste sind zu Geschwulstbildungen am Damme oder in der Steißbeingegend in Beziehung gebracht worden (Fig. 522). Von diesem Stadium an sehen wir nun eine Reduktion dadurch eintreten, daß sich der terminale Abschnitt der Caudalwirbelsäule in eine Bandmasse, das Lig. caudale umwandelt, die Caudalwirbelsäule selbst jedoch nicht mehr in den Schwanz vordringt, sondern ventralwärts abbiegt (Fig. 523). Dabei nimmt die Aorta caudalis, welche in den Schwanzhöcker zieht, einen Verlauf um das caudale Ende der Wirbelsäule herum, um den jetzt beträchtlich im Wachstum zurückgebliebenen Schwanz zu erreichen (Fig. 524). Die Schwanzknospe enthält dann nur noch das caudale Ende des Rückenmarkes und die kleine indifferente Zellmasse, welche ihr Wachstum noch eine Zeitlang fortsetzen kann, so daß wir dieselbe nicht selten bei Embryonen im dritten bis vierten Monat als kleinen, einer Wirbelbildung entbehrenden Anhang vorfinden. Endlich verschwindet auch das Rückenmark und die Knospe besteht dann nur noch aus der indifferenten Zellmasse, die sich schließlich zurückbildet. Der Vorgang zeigt, wie übrigens die Rückbildung jedes Organs, welches ontogenetisch und phylogenetisch eine gewisse Höhe erreicht hat, in ihrem Endresultate eine starke Variation. Dieselbe tritt besonders dort zutage, wo die Schwanzanlage ursprünglich vom Körper abgeht, und gerade hier, in der Regio sacrococcygea, sind mit einer gewissen Regelmäßigkeit bis zum vierten Fetalmonat, nicht so selten noch beim Neugeborenen, ja sogar beim Erwachsenen, Einsenkungen der Haut, auch Cysten und Fisteln nachzuweisen (Fovea und Fistula sacrococcygea seu caudalis), die von den französischen Autoren als „Vestiges coccygiens" zusammengefaßt werden (s. Figg. 525 u. 526). Häufig ist hier die Haut im Bereiche der unteren Sakralwirbel in Falten gelegt, welche gegen eine leichte Vertiefung, die Fovea sacrococcygea konvergieren (Fig. 527). Gegen diese hin sind die Haare wirtelförmig angeordnet, auch finden wir an dieser Stelle nicht selten in frühen Stadien Vorsprünge, auch schwanzartige Anhänge, welche jedoch weder eine Skeletgrundlage noch ein Medullarrohr einschließen. Nach dem vierten Fetalmonat verschwinden diese Gebilde, jedoch nicht selten unter Hinterlassung von Spuren in der Form von Einziehungen der Oberfläche, auch von Höckern oder Unregelmäßigkeiten in der Anordnung oder Länge der Haare (Hypertrichose), die manchmal bis zur Ausbildung eines Haarschweifes gesteigert sind. Manchmal geht von der Fovea sacrococcygea ein Fistelgang aus, dessen Mündung von einem dichten Besatze langer Haare umgeben ist. Dazu kommen aber gelegentlich auch Cysten, welche entweder auf den sekundären Verschluß einer ursprünglich auf der Oberfläche ausmündenden Fistel oder auf Reste der im übrigen zurückgebildeten caudalen Rückenmarksstrecke zurückzuführen sind (Fig. 526). Häufig besitzen diese Gebilde eine praktische Bedeutung, indem sie bei Entzündungen, Eiterungen oder sonstigen Zuständen zu operativen Eingriffen Veranlassung geben können. In bezug auf ihre Entstehung ist folgendes zu bemerken. Wir haben bei der Ausbildung der Regio sacrococcygea streng zwischen der Reduktion des Schwanzes und dem Auftreten des Steißhöckers zu unterscheiden (Fig. 526). Dieser wird durch eine fast rechtwinklige Knickung der vier letzten Wirbel gegen die nach oben folgenden Wirbel veranlaßt; die Ursache für die Knickung liegt nach Unger und Brugsch in einem stärkeren Wachstum der Caudalwirbelsäule gegenüber der Haut und dem Rückenmark. Das caudale Ende der Wirbelsäule zieht also gewissermaßen an dem Abgange des Filum terminale vorbei gegen den Anus, bewahrt jedoch noch eine Verbindung mit dem Filum terminale in Gestalt des Lig. caudale, welches später rückläufig wird, indem es sich von der Spitze des Steißbeins bis zur Fovea sacrococcygea erstreckt. Dabei ist es nicht ausgeschlossen, daß es, von der Stelle ausgehend, wo sich später die Fovea sacrococcygea bildet, an der Entstehung dieser Vertiefung mitwirkt. Dem Lig. caudale schließen sich auch die Endäste der A. sacralis media und der Grenzstränge des Sympathicus an, welche ursprünglich gerade caudalwärts zum Schwanzfaden verliefen, später jedoch um das Ende des Steißbeines herum dorsalwärts abbiegen, um die Ansatzstelle des Schwanzfadens in der Fovea sacrococcygea zu erreichen (Fig. 528).

Bei der Rückbildung der caudalen Strecke des Rückenmarks wird dasselbe in einen fibrösen Strang umgewandelt (Filum terminale), welcher vom Conus terminalis bis zur Fovea sacrococcygea reicht. Mit einer gewissen Regelmäßigkeit findet man nun auf bestimmten Entwicklungsstadien (Fig. 528) caudale Rückenmarksreste (Vestiges coccygiens) in der Höhe einer mehr oder weniger deutlich ausgeprägten Fovea sacrococcygea, die übrigens auch bei Kindern noch häufig vorkommen (Lannelongue fand sie bei 130 Kindern 95 mal). Diese Rückenmarksreste bestehen aus kleinen mit Zylinderepithel ausgekleideten Cysten, welche offenbar der ursprünglichen im Filum terminale enthaltenen Strecke des Rückenmarks angehören. Sie werden durch die Endäste der A. sacralis media versorgt, welche als eine direkte Fortsetzung der Aorta um die Steißbeinspitze in die Gegend der Fovea

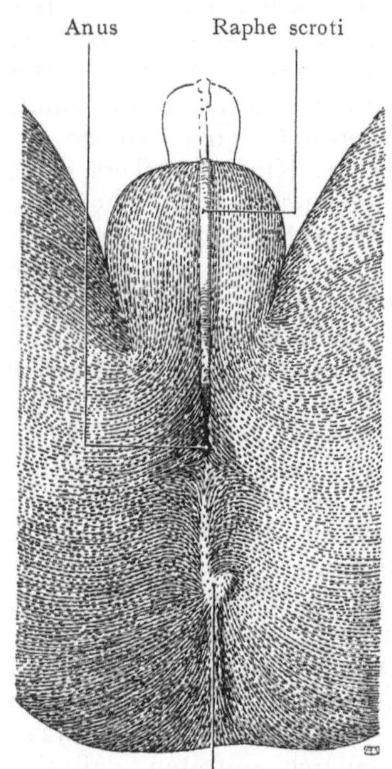

Fig. 527. Schwanzbildung und Schwanzwirtel bei einem menschlichen Fetus vom 4. Monat.

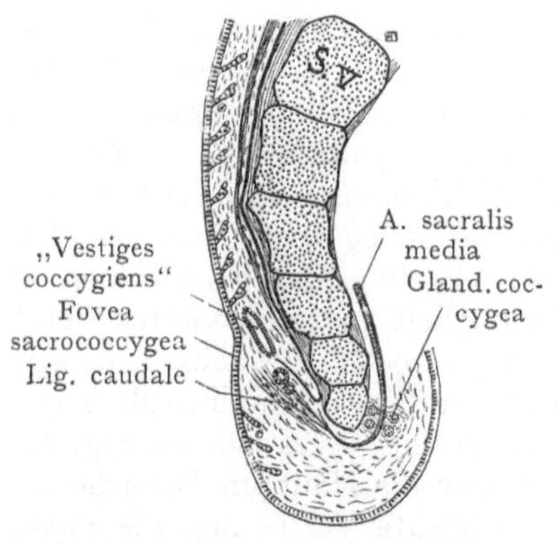

Fig. 528. Medianschnitt durch das caudale Rumpfende eines menschlichen Fetus von 18 cm Länge. Nach E. Unger u. Th. Brugsch.

sacrococcygea abbiegt (Fig. 528). Bei einem Fetus von 9 cm Länge ist die Verbindung des Rückenmarksrestes mit dem Filum terminale des Rückenmarks noch erhalten; später löst sie sich, während das von der Steißbeinspitze zur Haut der Fovea verlaufende Lig. caudale noch erhalten bleibt. „Die Ansatzstelle des Lig. caudale in der Haut bleibt frei von Haaranlagen, und solange dieselbe nicht ein Grübchen bildet, zeigt sie eine kleine Glatze (Glabella coccygea), wobei die Haarschäfte alle nach dem Ansatzpunkte des Lig. caudale hin konvergieren. Wird später die Stelle zum Grübchen vertieft, so tritt eine stärkere Konvergenz der Haare ein, so daß ein wirklicher Wirtel (Vertex coccygeus) bei der Fovea sacrococcygea zustande kommt" (Unger und Brugsch). Die tiefste Stelle der Fovea sacrococcygea entspricht in der Regel der Grenze zwischen Kreuz- und Steißbein und ist mit dem Perioste des Steißbeines innig verwachsen; sie kann bei Kindern sogar eine Tiefe von 1 cm erreichen. Ohne Zweifel hängt ihre Bildung von dem Lig. caudale ab. Die in der Umgebung der Fovea auftretende Haarbildung ist verschieden gedeutet worden, wohl am einwandfreisten als letzter Rest der ursprünglich an der Stelle der Fovea sacrococcygea vorhandenen Schwanzbildung.

Bei der Rückbildung der caudalen Strecke des Rückenmarks entsteht eine konische Erweiterung des Zentralkanals am unteren Ende des Conus medullaris, welche als Ventriculus terminalis angeführt wird. Sein oberer weiterer Abschnitt zeigt häufig Ausbuchtungen, während sein unteres Ende sich in das Filum terminale hineinzieht.

Mißbildungen des Rückenmarks.

Abnorme Höhlenbildungen im Rückenmark kommen, abgesehen von pathologischen Verhältnissen, bei Verdopplung des Zentralkanals oder des Rückenmarkes vor. Alfred Fischel hat einen Fall beschrieben, bei welchem der Zentralkanal sowohl im Lenden- als im Sakralabschnitte des Rückenmarks verdoppelt war, und zwar lagen die beiden Lumina übereinander. Die Fig. 529 veran-schaulicht einen von mir beobachteten Fall von teilweiser Verdopplung des Rückenmarkes bei einem Entenembryo mit 16 Ursegmenten und zwar in einer Strecke von ca. 60 μ. Beide Anlagen hatten Ganglienleisten gebildet, dabei waren jedoch die beiden gegen die Medianebene sehenden Leisten zu einer einheitlichen Masse verschmolzen. Die Ursache dieser Bildungen ist noch unbekannt, doch darf darauf ver-wiesen werden, daß neuerdings L. Waelsch ex-perimentell bei Hühnerembryonen eine Steige-rung der Produktionsfähigkeit der Hirn- und Rückenmarksplatte erzielte, die am Rumpfe zur Bildung einer ectodermalen Zellmasse mit einer

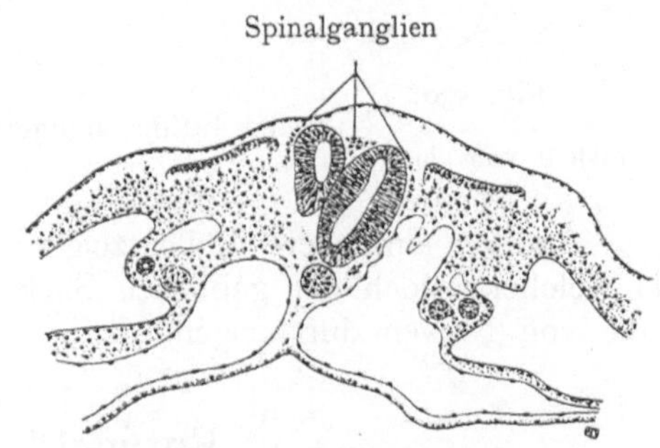

Fig. 529. Querschnitt durch einen Enten-embryo mit teilweise doppeltem Medullarrohr.

Anzahl von Rückenmarksröhren führte. In einem Falle wurden neun solche Röhren beobachtet. Dabei wurde Scharlachrot unter die Keimscheibe gespritzt, welches offenbar einen spezifischen Wachstumsreiz auf bestimmte Stellen des Ectoderms ausübt.

Spina bifida. Bei der Spina bifida drängt sich unter mangelhaftem Zusammen-schluß der Wirbelbogen eine cystische Geschwulst aus dem Wirbelkanal hervor, welche in recht verschiedener Ausdehnung oberflächlich wird. In schweren Fällen, wie ein solcher in den Figg. 530 u. 531 dargestellt ist, verwächst der mit Cerebrospinalflüssigkeit gefüllte Sack in größerer Ausdehnung mit der Haut; die Bildung ist dadurch entstanden, daß der

Zusammenschluß der Medullarplatte unterblieben ist und diese durch eine Flüssig-
keitsansammlung, welche sich zwischen der Arachnoidea und der Pia mater gebildet
hat, emporgehoben und ausgestülpt wird. Die offen
gebliebene Rückenmarksplatte heftet sich an die
äußere Haut und der Sack wird von Nerven durchzogen, welche aus ihm austreten. Die Spina bifida
tritt am häufigsten in der Lumbal- oder Sakralgegend,
am seltensten in der Brust- oder Halsgegend auf. Ihre
Kausalität ist unbekannt.

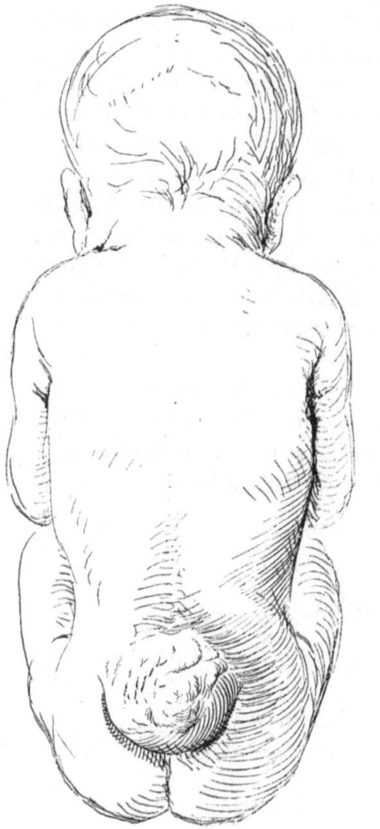

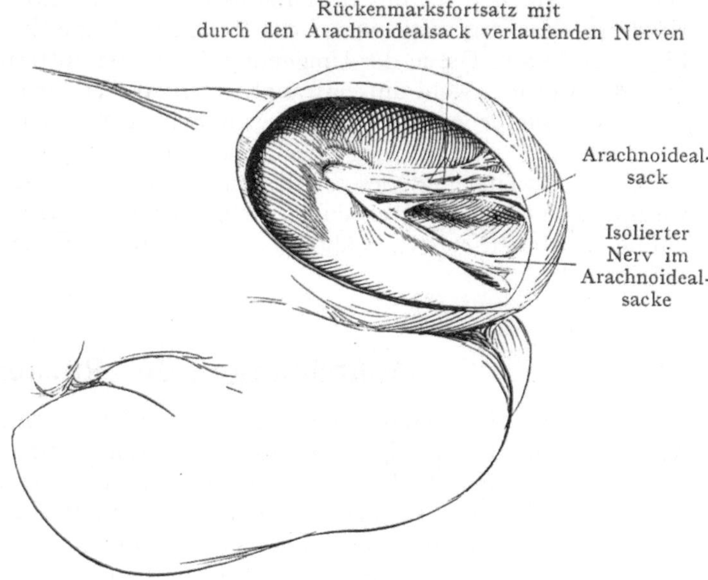

Fig. 530.
Ansicht von hinten.

Fig. 531.
Ansicht von der Seite.

Spina bifida, neugeborenes Kind. Basler Sammlung.

Andere, einfachere Fälle zeigen eine cystische Erweiterung des Medullarrohres,
bei welcher jedoch der gebildete Sack nicht wie in dem in Fig. 531 veranschaulichten
Falle von Nerven durchzogen wird.

Entwicklung des Gehirns.

1. Allgemeines.

Die breitere vordere Partie der Medullarplatte (Fig. 496) deutet schon sehr früh darauf hin, daß aus ihr der mächtigste Teil des Zentralnervensystems, das Gehirn, entsteht.
Eine scharfe Grenze gegen diejenige Partie der Platte, welche das Rückenmark liefert,
läßt sich erst nach dem Auftreten der Somiten annähernd feststellen. Wenn wir uns erinnern, daß die 3—4 ersten Somiten die Hypoglossusmuskulatur liefern und mit ihren Sklerotomen in die Bildung des Os occipitale eingehen, so ergibt sich etwa zwischen dem 4. und
5. Somiten die Stelle, an welcher die Medulla oblongata in das Rückenmark übergeht.
Eine Verknüpfung mit den einzelnen größeren Abschnitten des Gehirns erhalten wir
dagegen erst nach der Gliederung der cranialen Strecke des Medullarrohres in die drei
primitiven Hirnbläschen von K. E. v. Baer (Fig. 499).

Zwar sind wir allmählich auf experimentellem Wege zur Einsicht gekommen, daß bestimmte Teile der noch offenen Medullarplatte die Anlage gewisser Teile des Gehirnes darstellen, oder wie wir uns wohl ausdrücken dürfen, daß die Medullarplatte schon eine topische Differenzierung erfahren hat. So ist bei der Froschlarve das Material für die primären Augenblasen strenge auf den vordersten Teil der Medullarplatte beiderseits von der Medianebene lokalisiert (s. Augenentwicklung). Wenn Spemann ein Stück der Medullarplatte weit vorn und etwas seitlich von der Medianebene herausschnitt, um 180° drehte und wieder zur Einheilung brachte, so kamen die Augenblase der verletzten Seite sowie auch Teile des Prosencephalons in der neuen Lage aber in umgekehrter Reihenfolge zur Entwicklung. Spemann bemerkt dazu: „Die feinere Differenzierung der einzelnen Hirnteile ist schon in der offenen Medullarplatte bestimmt." Ferner hat W. H. Lewis Stücke der Medullarplatte, vor dem Zusammenschluß derselben zur Bildung des Medullarrohres, auf ältere Embryonen verpflanzt und gefunden, daß die Stücke sich in einer Form weiter entwickelten, welche der späteren Ausbildung desjenigen Teiles des Medullarrohres entsprach, dem sie entnommen waren.

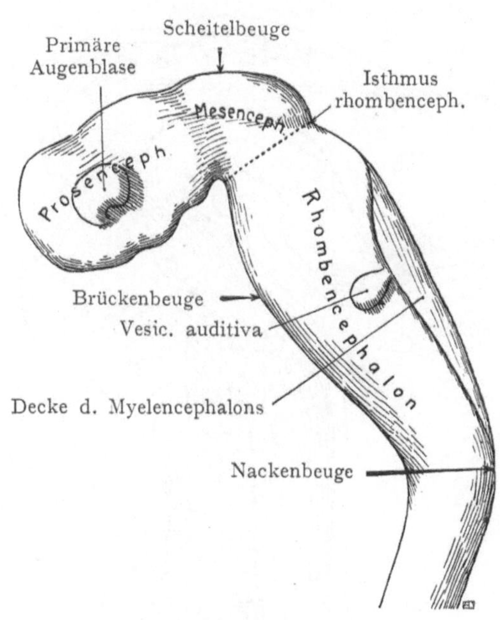

Fig. 532.

In den Figg. 496 und 497 sind zwei menschliche Keimscheiben dargestellt, bei welchen sich die Medullarplatte noch nicht zum Medullarrohre geschlossen hat. In Fig. 496 ist die Anlage noch schuhsohlenförmig; die Medullarrinne ist deutlich ausgeprägt, aber die Ränder der Medullarplatte haben sich noch nicht erhoben. Am caudalen Rande der Platte liegt der Canalis neurentericus und, von demselben ausgehend, der sehr lange Primitivstreifen. Bei dem in Fig. 497 dargestellten Embryo ist eine beträchtliche Vertiefung der Medullarrinne und ein im Bereiche der Ursegmente zuerst auftretender Zusammenschluß der Medullarwülste zu sehen; dagegen ist vorn und hinten die Medullarplatte noch weit offen. Nach der Bildung der drei Hirnbläschen gehen an denselben Veränderungen nach zwei Richtungen vor sich.

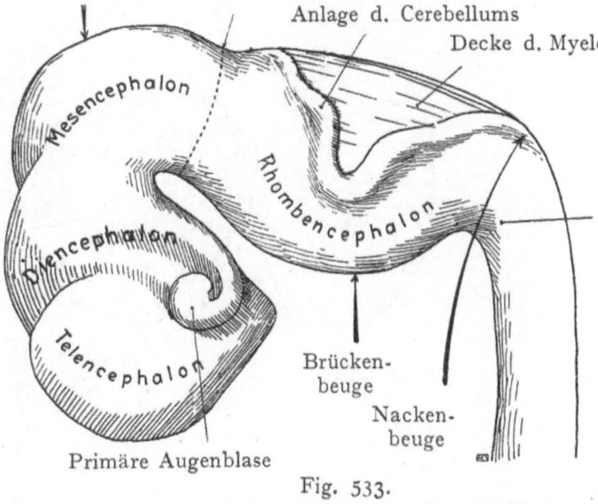

Fig. 533.

Figg. 532 u. 533. Zwei Stadien in der Entwicklung des Gehirns zur Veranschaulichung der Bildung der Krümmungen. Nach His.

Einerseits nehmen die Bläschen an Umfang zu. Anderseits bilden sie nicht mehr, wie wir das beim Hühnchen in frühen Stadien sehen, eine gerade Fortsetzung des Medullarrohres, sondern setzen sich in den Hirnkrümmungen

voneinander ab (Figg. 532 und 533). Was das erste Moment anbelangt, so ist das Vorderhirnbläschen von Anfang an das größte und bewahrt auch später diesen Vorrang. Sehr
früh macht sich ein verstärktes Wachstum der seitlichen Wand des Bläschens bemerkbar,

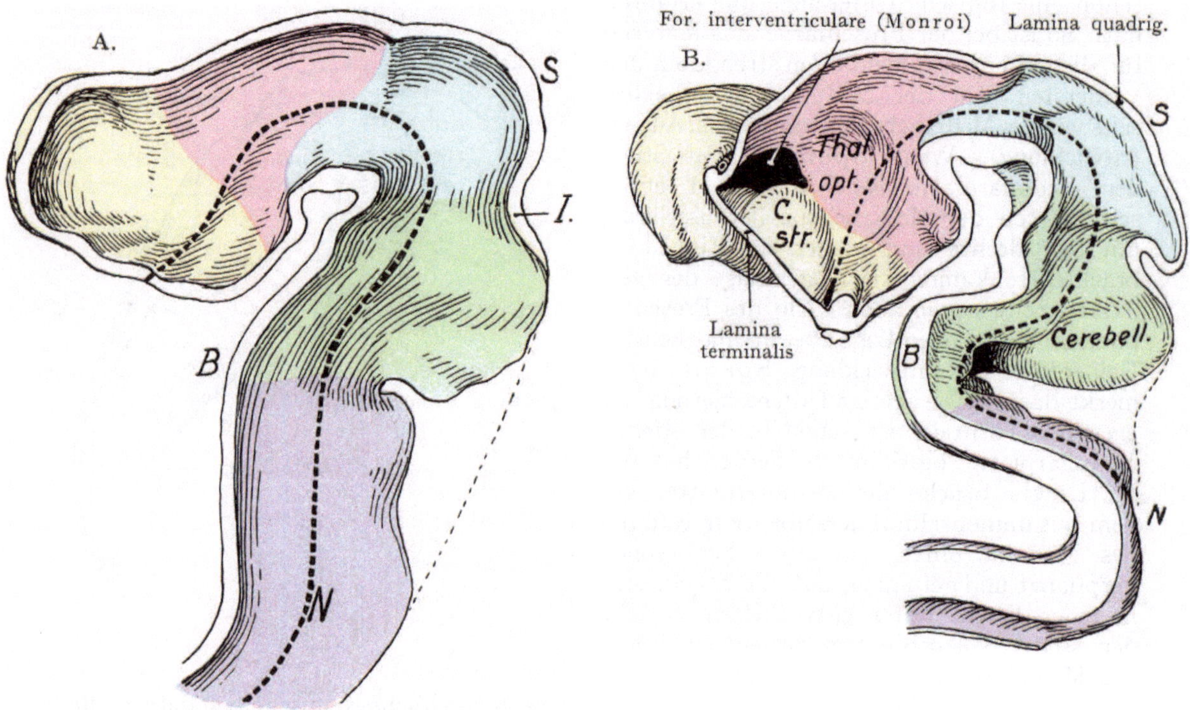

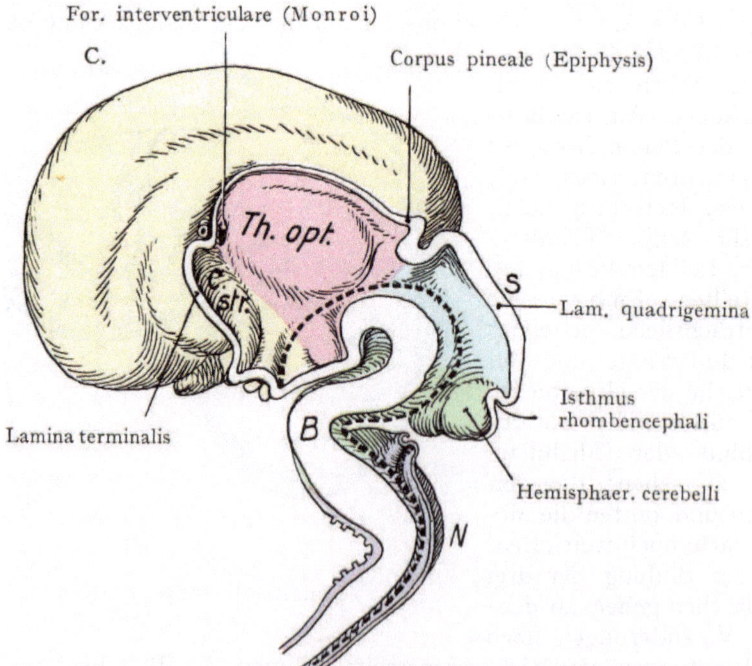

Fig. 534 A, B, C. Ableitung der einzelnen Hirnabschnitte.
Sulcus lateralis punktiert.

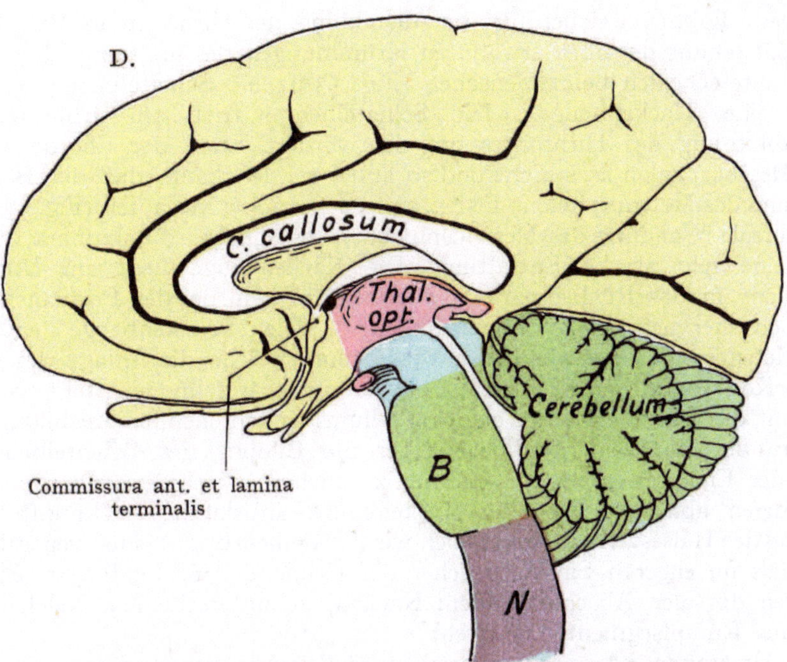

Fig. 534 D. Ableitung der einzelnen Hirnabschnitte.
Nach Spalteholz.

Gelb: Telencephalon.   B = Brückenbeuge.
rot: Diencephalon.   N = Nackenbeuge.
blau: Mesencephalon.   S = Scheitelbeuge.
grün: Metencephalon.   I = Isthmus rhombencephali.
violett: Myelencephalon.

welches zur Bildung von zwei seitlichen Ausbuchtungen, den primären Augenblasen, führt. Dieselben setzen sich bei ihrem weiteren Auswachsen durch die Bildung eines hohlen Stieles, des Canalis opticus, von dem Hirnbläschen ab. Die dorsale Wandung buchtet sich zur Herstellung der zunächst unpaaren, bläschenförmigen Anlage des Telencephalons aus, welche durch das Einwachsen einer als Falx cerebri primitiva bezeichneten bindegewebigen Membran von oben her in die zwei Hemisphärenbläschen des Großhirns zerlegt wird. Zwischen denselben bleibt noch ein mittlerer, beiden gemeinsamer Raum übrig, von dem die beiden Canales optici ausgehen. Von einem Teile des Vorderhirnbläschens wird auch das Zwischenhirn oder Diencephalon gebildet (s. Fig. 533), dessen Lichtung zusammen mit dem unpaaren mittleren Raume des Telencephalons den dritten Ventrikel darstellt.

Das Mittelhirnbläschen (Mesencephalon) ist gegen das Zwischenhirn schärfer, gegen das Hinterhirnbläschen weniger scharf durch eine Einschnürung der Wandung des Gehirnrohres abgesetzt, außerdem tritt später an der Grenze zwischen Mesencephalon und Diencephalon die bläschenförmige Anlage des Corpus pineale (Epiphysis) auf.

Das Hinterhirnbläschen entwickelt sich beträchtlich in die Länge und geht ohne scharfe Grenze in das Nachhirn über. Sehr früh macht sich eine Verbreiterung und Abplattung des Bläschens bemerkbar, welche mit einer Verdünnung des größten Teiles der dorsalen Wand bis auf eine einfache Schicht von Ependymzellen einhergeht. Die Form des Lumens entspricht einer Raute mit einem vorderen, einem hinteren und zwei seitlichen Winkeln. Im Bereiche des vorderen Winkels verdickt sich die seitliche und obere Wandung der Rautengrube dort, wo sie in das Ependym der Decke übergeht, zu einem Wulste, welcher die Anlage des Cerebellums darstellt (Fig. 534). Das Hinterhirn setzt sich durch eine Einschnürung des Hirnrohres, welche dem späteren Velum medullare ant. entspricht (Isthmus rhombencephali), von dem Mittelhirnbläschen ab.

Der zweite Faktor, welcher für die Ausbildung der Hirnform in Betracht kommt, liegt in der Entstehung der oben erwähnten Krümmungen des ursprünglich geraden Hirnrohres. Wir unterscheiden beim Menschen (Fig. 533) eine Scheitelbeuge, eine Brückenbeuge und eine Nackenbeuge. Die Scheitelbeuge tritt am frühesten auf und stellt eine Abbiegung des Hirnrohres um das vordere Ende der Chorda dorsalis dar, welche dem Mesencephalon entspricht und so stark werden kann, daß der Boden des Diencephalons und des Metencephalons fast parallel zueinander verlaufen (Fig. 534 B). Dabei nimmt die dorsale Wandung des Mesencephalons, aus welcher die Lamina quadrigemina hervorgeht, eine sehr starke Entfaltung. Die Nackenbeuge liegt am Übergange des Myelencephalons in das Rückenmark und entspricht dem bei der Profilansicht des Embryos deutlich hervortretenden Nackenhöcker. Die Brückenbeuge entspricht am Boden des Metencephalons der dorsalen Verdickung, welche die Anlage des Cerebellums darstellt, die Konvexität der Krümmung geht ventralwärts und entsteht wohl zunächst infolge der mit der Massenzunahme des Cerebellums einhergehenden Ausbildung der Commissurenfasern der Brücke. Die Ursache für die Bildung der Scheitelbeuge ist nach C. Rabl in der Entfaltung des Mittelhirnes zu suchen, welche besonders auch von der Größe der Augen abhängt. Was die Nackenbeuge anbelangt, so knüpft sie sich an die Ausbildung des Halses. An diesem haben wir (s. Kiemenregion) einen ventralen kürzeren Abschnitt (Hals im engeren Sinne), welcher auf Grund der Schlundbogen entsteht, von einem längeren dorsalen Abschnitte (dem Nacken) zu unterscheiden, welcher, um jenen abgebogen, aus Rumpfsegmenten entsteht.

Diesem Umstande ist es zuzuschreiben, daß auch das Rückenmark, welches im dorsalen Halsabschnitte enthalten ist, um den aus dem Kiemenkorbe stammenden kürzeren, ventralen Abschnitt abgebogen ist. Mit dem in der weiteren Entwicklung stattfindenden Längenwachstum des ventralen Abschnittes hängt dann wieder die Ausgleichung und der schließliche Schwund der Nackenbeuge zusammen.

Medianschnitte durch das Gehirn, wie sie in der Fig. 534 dargestellt sind, zeigen die Krümmungen sehr deutlich und geben auch über einiges Aufschluß, dessen Kenntnis bei der Besprechung der Entwicklung einzelner Hirnabschnitte vorausgesetzt werden muß.

Die Fig. 534 A zeigt alle drei Krümmungen ausgebildet, am stärksten die Scheitel-, am schwächsten die Brückenbeuge. Die Wandung des Hirnrohres weist nur im Bereiche des Rhombenencephalons eine beträchtliche Verdünnung der dorsalen Wand auf, welche später die Decke des Rautenhirnes bildet. Am Vorderhirnbläschen sehen wir, als eine dorsalwärts gerichtete, unpaare Ausbuchtung der Decke, die Anlage des Telencephalons. Die einzelnen Abschnitte des Hirnstammes sind auf diesem wie auf den drei folgenden Bildern mittels Farben hervorgehoben und der oben schon besprochene Sulcus lateralis, welcher die Flügelplatte von der Grundplatte trennt, ist als punktierte Linie angegeben. In der folgenden Fig. 534 B sind die Krümmungen noch stärker ausgeprägt, ferner hat das Telencephalon infolge der Bildung der Falx cerebri primitiva eine Teilung in die beiden Hemisphären erfahren, deren Verbindung (Foramen interventriculare oder Monroi) mit dem mittleren unpaaren Abschnitte des Telencephalons durch eine von der lateralen Wand desselben ausgehende Verdickung, die erste Anlage des Corpus striatum (C. str.), eingeengt wird. Im Bereiche des Diencephalons ist die Flügelplatte schon verdickt, sie stellt jetzt schon den Thalamus opticus dar. Das dritte Bild, Fig. 534 C, zeigt eine ziemlich weitgehende Annäherung an die fertigen Zustände, obgleich die drei Hirnkrümmungen noch ebenso stark ausgebildet sind wie im vorhergehenden Stadium. Die dorsale Wand des Mesencephalons hat als Vierhügelplatte eine starke Verdickung erfahren; auch die Anlage des Cerebellums tritt stärker hervor, während das Foramen interventriculare eine noch weitergehende Einengung durch das Corpus striatum erfahren hat. Auch haben die Großhirnhemisphären begonnen, sich beträchtlicher zu entfalten und nach oben, nach vorn, nach unten und nach hinten auszuwachsen.

In Fig. 534D ist zum Vergleiche ein Medianschnitt durch das fertige Gehirn abgebildet. Die Scheitelbeuge besteht noch, dagegen hat die Nackenbeuge einen vollständigen, die Brückenbeuge einen partiellen Ausgleich erfahren. Am meisten fällt die starke Ausbreitung der Großhirnhemisphären auf, ebenso die ventrale Verdickung des Hirnstammes im Bereiche des Mittelhirnes (Pedunculi cerebri) und des Rhombencephalons (Pons und Boden der Medulla oblongata). Im Bereiche des Diencephalons und des Telencephalons ist die Wandung, wie sie sich auf dem Medianschnitte darstellt, dünn geblieben; ihre dorsale Strecke wird durch die Plexus chorioidei eingestülpt. Die dorsale Wand des Mesencephalons ist als Vierhügelplatte, diejenige des Metencephalons als Cerebellum verdickt. Die dorsale Wand (Decke) der Rautengrube bildet eine dünne, durch die Plexus chorioidei eingestülpte Lamelle (Ependym des vierten Ventrikels).

2. Median- und Lateralzonen des Gehirns.

An der Wandung des Gehirnrohres lassen sich die für das Rückenmark unterschiedenen Abschnitte, nämlich die Flügel- und Grundplatte (durch die Grenzfurche

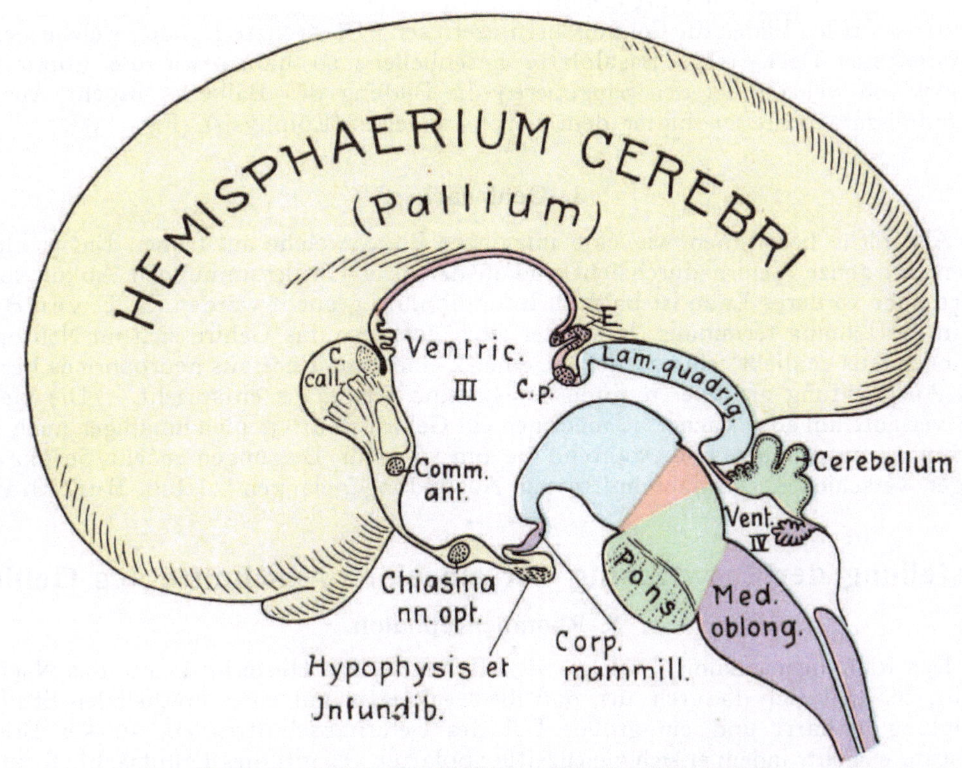

E. Corpus pineale (Epiphysis)   C. p Commissura post.

Fig. 535. Schematischer Medianschnitt durch das Gehirn. Fetus vom 4. Monat zur Veranschaulichung der Ausbildung der Decke des Hirnrohres. Nach R. Burckhardt, Schwalbes morph. Arb. IV. 1894.

voneinander getrennt), die Deck- und die Basalplatte nachweisen. Nach dem Vorschlage von Rud. Burckhardt kann man die Flügel- und die Grundplatte als Lateralzonen, die Deck- und die Basalplatte als Medianzonen des Gehirnes zusammenfassen, eine Unterscheidung, welche sich im Hinblick auf das spätere Schicksal der Wandung rechtfertigen läßt. Während bei den meisten Wirbeltieren die Medianzonen als Ependyme, d. h.

als epitheliale Membranen, bestehen bleiben, die höchstens durch das Hinzutreten der Plexus chorioidei eine Komplikation erfahren, bewirken die Lateralzonen durch ihr mächtiges Wachstum die Volumzunahme des Gehirnes. Dies ist wohl auch dort der Fall, wo scheinbar eine beträchtliche Verdickung der Medianzonen vorhanden ist, wie am Kleinhirn, am Mittelhirn und am Boden der Medulla oblongata, denn auch an diesen Stellen ist die Verdickung der Wandung in der Hauptsache, wenn nicht ausschließlich, auf Rechnung der Lateralzonen zu setzen. Je höher organisiert das Gehirn ist, welches wir untersuchen, „je höher spezialisiert es ist, um so ungleichmäßiger sind einzelne Abschnitte ausgebildet, um so stärker und differenzierter sind die Lateralzonen, um so eher werden die Medianzonen in Mitleidenschaft gezogen, um so eher wird auch die Hirnachse sich krümmen. In den Medianzonen liegt das konservative, in den Lateral-zonen das fortschrittliche Element. Jene verraten uns den Bauplan, diese seine Modifikation" (Rud. Burckhardt).

Die Lateralzonen sind in der ganzen Länge des Nervensystems, dorsal wie ventral, durch Commissurenfasern untereinander verbunden, welche auf ihrem Verlaufe die Deck- resp. Basalplatte durchsetzen, um auf die andere Seite zu gelangen. Im Bereiche des Rhombencephalons sind sie, besonders ventral, in großer Zahl vorhanden und bilden hier die in der Raphe sich kreuzenden Fasern sowie die Querfasern der Brücke. Auch an anderen Stellen bilden die Commissurenfasern scharf begrenzte Bündel, welche sich der ependymatösen Deck- resp. Basalplatte anschließen; so haben wir die Commissura anterior, von welcher bei den Säugetieren die Bildung des Balkens ausgeht, vor und die Commissura posterior hinter dem Corpus pineale (Epiphysis) (Fig. 535).

3. Gehirnachse.

Als solche bezeichnen wir eine imaginäre Linie, welche auf frühen Entwicklungs-stadien das ganze Gehirn durchzieht und in den drei Hirnkrümmungen Abknickungen erfährt. Ihr vorderes Ende ist bald im Infundibulum gesucht worden (K. E. von Baer), bald in der Lamina terminalis (His) oder auch dort, wo das Gehirn sich im Neuroporus anterior zuletzt schließt, eine Stelle, die einer kleinen, als Recessus neuroporicus bezeich-neten Ausbuchtung am oberen Ende der Lamina terminalis entspricht. „Die Gehirn-achse verläuft um so einfacher, je niedriger ein Gehirn steht, je gleichmäßiger auch seine Wandungen ausgebildet sind, während sie um so mehr Biegungen macht, je ungleich-mäßiger verschiedene Hirnabschnitte zur Ausbildung gelangen" (Rud. Burckhardt).

Darstellung der Entwicklung der einzelnen Abschnitte des Gehirns.

1. Rhombencephalon.

Das Rhombencephalon, welches den Isthmus, das Hinterhirn und das Nachhirn umfaßt, zeichnet sich dadurch aus, daß die Deckplatte auf einer epithelialen Stufe der Ausbildung verharrt und ein großer Teil des Gehirnabschnittes ein starkes Breiten-wachstum eingeht, indem er sich gleichzeitig abplattet. Es gilt dies hauptsächlich für den caudalen Abschnitt, das Myelencephalon. So entsteht für dieses eine eigentümliche Form, die sich besonders in der rautenförmigen Begrenzung des Ventrikelteiles, des vierten Ven-trikels, bemerkbar macht. Am vorderen Winkel der Raute bildet sich als eine Verdickung der beiden Schenkel des Winkels, die lateralwärts weitergreift, die Anlage des Vermis cerebelli (Fig. 536) und der Kleinhirnhemisphären (Fig. 537). Beide lassen sich wohl auf eine Wucherung der Flügelplatte, ohne wesentliche Beteiligung der Deckplatte, zurück-führen. Ventral von der Kleinhirnanlage entsteht die mit derselben Schritt haltende Aus-bildung ihrer ventralen Commissur, die Brücke (Fig. 540). Diese Fasern erhalten später noch einen Zuwachs, indem sich die erst im vierten Monate auftretenden Pyramidenbahnen und Schleifenfasern mit ihnen durchflechten. Gegen das Mesencephalon grenzt sich das Metencephalon durch den Isthmus rhombencephali ab, wo wir dorsal, am Velum medullare anterius, die Austrittsstelle des N. trochlearis aus dem Hirnstamm finden (Fig. 545). Wir erhalten so zwei Abschnitte am Rhombencephalon; in dem vorderen entsteht dorsal das Kleinhirn, ventral die Brücke, der hintere Ab-

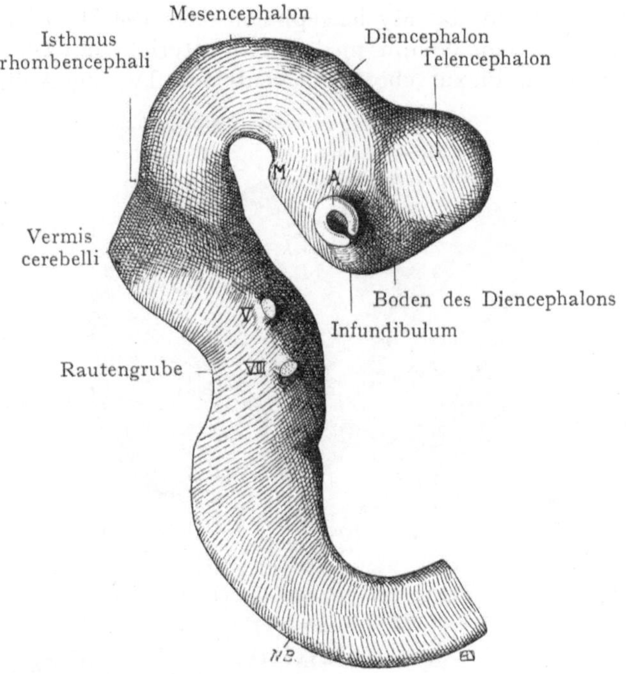

Fig. 536. Gehirn eines menschlichen Embryos von 7.5 mm Länge. Vergr. 15.
Nach Hochstetter.

A = Sekundäre Augenblase
M = Corpus mam'llare
NB = Nackenbeuge

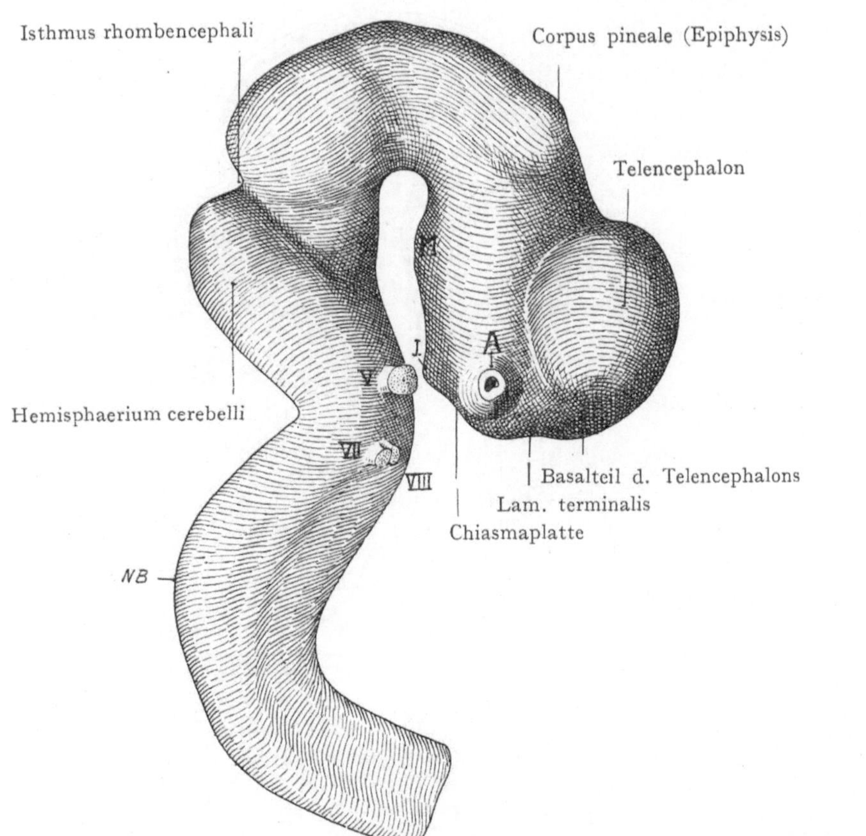

Fig. 537. Gehirn eines menschlichen Embryos von 10,4 mm Länge. Vergr. 15.
Nach Hochstetter.
A = Augenstiel. I = Infundibulum. M = Corpus mamillare. NB = Nackenbeuge.

schnitt stellt das Myelencephalon oder die Medulla oblongata dar, deren dünne Ependymdecke als Velum medullare posterius in das Kleinhirn übergeht und im übrigen durch die Plexus chorioidei ventriculi IV eingestülpt wird.

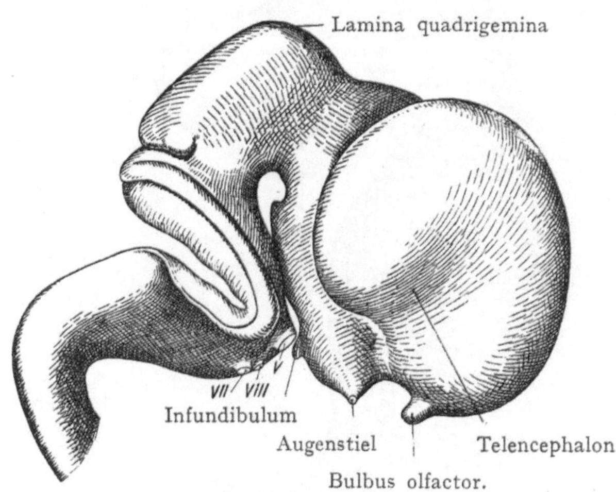

Fig. 538. Gehirn eines menschlichen Embryos von 27 mm Länge.

Nach Hochstetter.

Unsere Kenntnisse von der Um- und Ausbildung der Lateralzonen im Bereiche des Rhombencephalons sind noch recht spärlich; doch haben die Untersuchungen von His festgestellt, daß einzelne Teile der Wandung während des Entwicklungsganges eine starke Verschiebung erfahren (Figg. 514 und 515). Die Grundplatte liefert zunächst eine in der Fortsetzung der großen motorischen Vorderhornsäulen liegende, allerdings durch größere Intervalle unterbrochene Säule grauer Substanz, aus welcher im Bereiche der distalen Partie der Rautengrube der N. hypoglossus entspringt, in der Nähe der Brücke der N. oculomotorius und in der

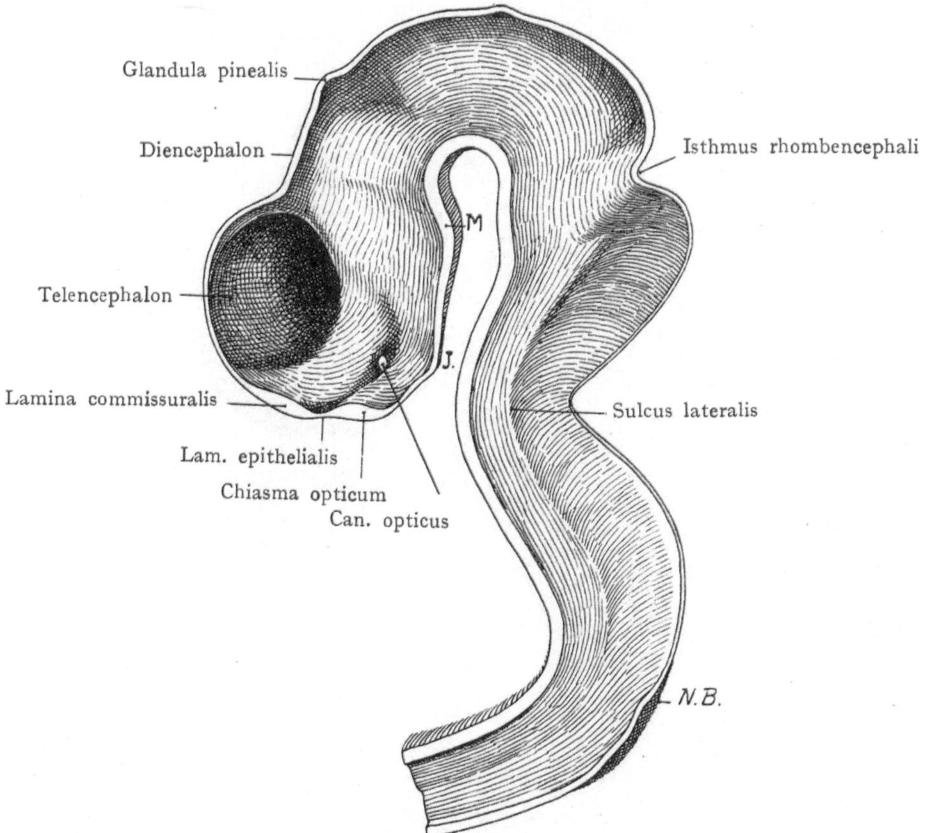

Fig. 539. Gehirn eines menschlichen Embryos von 10,40 mm Länge. Medianschnitt.

I = Infundibulum.   M = Corpus mamillare.   NB = Nackenbeuge.

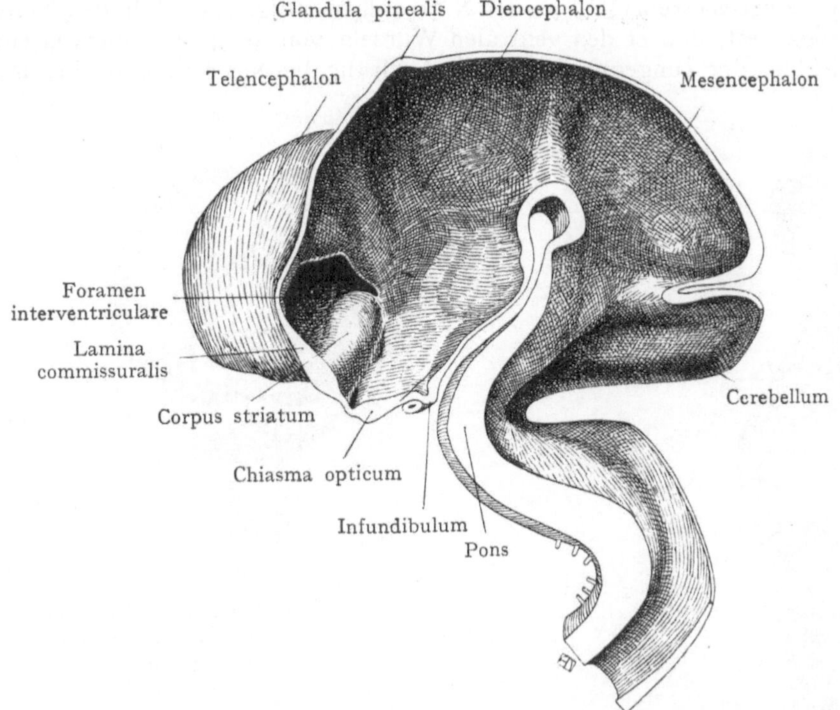

Fig. 540. Gehirn eines menschlichen Embryos von 13,8 mm Länge. Medianschnitt.
Nach Hochstetter.

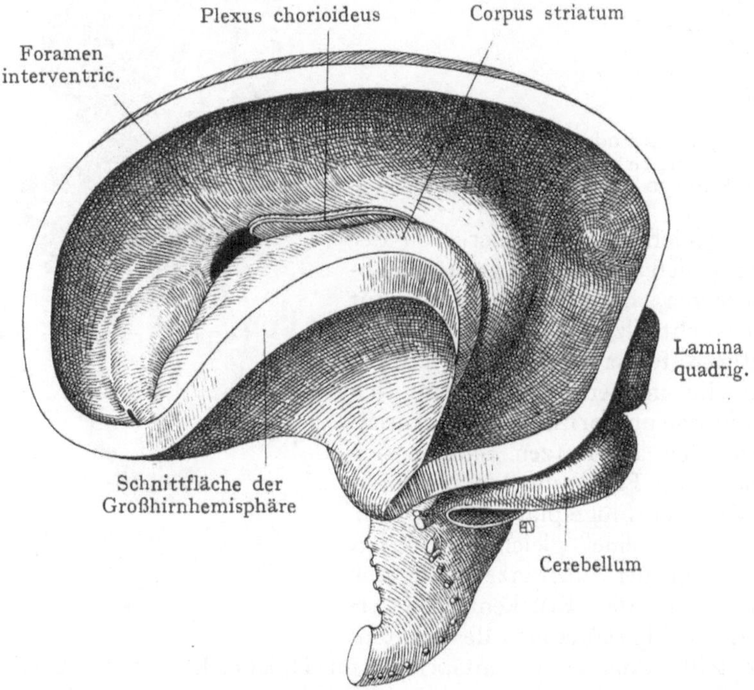

Fig. 541. Gehirn eines menschlichen Embryos von 46,5 mm Länge. Vergr. 10.
Nach Hochstetter.
Der linke Ventrikel aufgeschnitten, um den Plex. chorioideus zu zeigen.

Höhe des Aquaeductus cerebri (Sylvii) der N. trochlearis (Fig. 545). Für den N. hypoglossus steht es sogar fest, daß er den ventralen Wurzeln von 3—4 Spinalnerven entspricht (s. die Entwicklung der Zungenmuskulatur). Auch für die Nn. oculomotorius und troch-

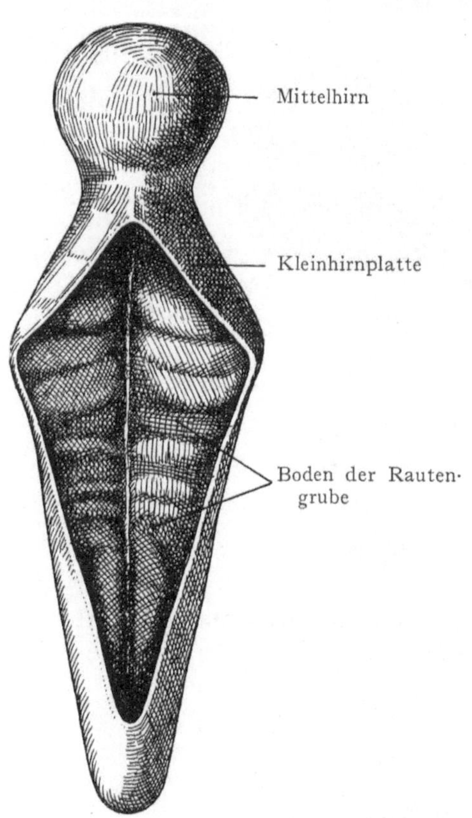

Fig. 542. Ansicht des Bodens der Rauten-grube nach Hochstetter. Vergr. 20. Menschlicher Embryo von 7,5 mm Länge.

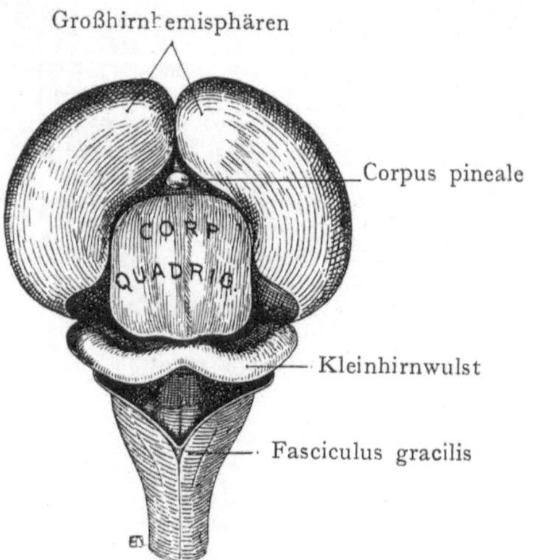

Fig. 543. Ansicht des Gehirns eines menschlichen Embryos von 38 mm Länge. Nach Hochstetter. Vergr. 3.

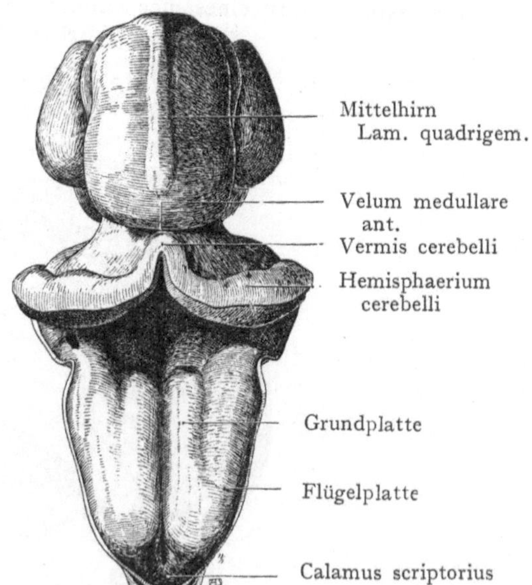

Fig. 544. Mesencephalon und Rhombencephalon, menschlicher Embryo. Nackensteißlänge 13,6 mm. Nach dem Modell 3 von His.

learis, welche gleichfalls aus dieser, von der Grundplatte gelieferten Säule grauer Substanz entspringen, liegt der Vergleich mit Spinalnerven nicht allzufern. Aus der Grundplatte entstehen ferner die Substantia reticularis und die in der Medianebene sich kreuzenden Fibrae arciformes (Commissurenfasern) sowie der aus kurzen Bahnen sich zusammensetzende Fasciculus longitudinalis posterior. Aus der Flügelplatte bildet sich, auch sehr früh, eine gleichfalls unterbrochene Säule grauer Substanz, welche sich nach oben bis in die Brückenregion erstreckt und die Fortsetzung des Seitenhornes darstellt. Aus dieser entspringt im Halsmark der N. accessorius, während sie in der Rautengrube den motorischen Vagus- und Glossopharyngeuskern bildet, ferner im Bereiche des Mittelhirnes den Facialiskern und den motorischen Kern des N. trigeminus (Fig. 545). In die Flügelplatte dringen auch die sensiblen Fasern der genannten Nerven ein. Die sensiblen Fasern der Nn. vagus und glossopharyngeus bilden ein der Flügelplatte oberflächlich angelagertes, auf dem Querschnitte ovales Bündel, den Fasciculus solitarius (Fig. 514).

Die Flügelplatte ist in frühen Stadien vertikal eingestellt, nimmt jedoch mit dem Breitenwachstum des Rhombencephalons immer mehr eine horizontale Lage ein und geht mit einer stark in den vierten Ventrikel vorspringenden Verdickung (Rautenlippe) in das Ependym der Deckplatte über (Fig. 515). Der mediale Abschnitt der Flügelplatte, von His als Wangenteil der Flügelplatte, bezeichnet, liefert den Nucleus gracilis, in welchem die Fasern des Fasciculus gracilis (Fig. 543) endigen, ferner das Tuberculum acusticum und die Ala cinerea; endlich im Bereiche des Mittelhirns die den Aquaeductus cerebri (Sylvii) umgebende graue Substanz (Stratum griseum centrale).

Aus der Rautenlippe entwickeln sich eine Reihe von Gebilden, die zum Teil eine starke Verschiebung in ventraler Richtung erfahren, so die Oliven, die Nebenoliven, die Nuclei cuneati und die Corpora restiformia; im Bereiche der Brücke endlich das Corpus trapezoides und das Kleinhirn. Über die Reihenfolge im Auftreten der einzelnen Fasersysteme oder Ganglienzellenmassen im Rhombencephalon ist nur bekannt, daß die dem Boden der Rautengrube näher gelegenen früher auftreten als diejenigen, welche mehr außen, gegen die Oberfläche des Hirnstammes hin, angetroffen werden. Erst gegen den vierten Fetalmonat tritt die erste Andeutung der Pyramidenbahnen auf.

Aus der Rautenlippe entsteht, wie gesagt, auch das Cerebellum (Fig. 542). Die mediane Partie der Anlage liefert den Wurm; hinter ihr wird die Deckplatte als Plexus chorioideus in den vierten Ventrikel eingestülpt. Die Bildung des Wurmes, welcher übrigens auch den phylogenetisch ältesten Teil des Kleinhirns darstellt, eilt in der Entwicklung den Kleinhirnhemisphären voraus (Fig. 544), auch wird schon im dritten Fetalmonate die Oberfläche des Wurmes durch Furchen in einzelne Felder zerlegt, während die Furchen auf den Hemisphären erst im Verlaufe des vierten Monats auftreten. Bemerkenswert ist, daß das Kleinhirn schon im fünften Monate seine definitive Form erlangt, lange bevor das Pallium (die Großhirnhemisphären) eine entsprechende Ausbildung aufweist. Mit seiner Vergrößerung überlagert das Kleinhirn immer mehr die Decke der Rautengrube. An dieser machen sich auch Rückbildungserscheinungen geltend, welche sekundär zur Entstehung der den vierten Ventrikel mit dem Subarachnoidealraume in Verbindung setzenden Öffnungen führt (Apertura medialis ventriculi quarti seu Foramen Magendii sowie die Aperturae laterales ventriculi quarti).

2. Mesencephalon.

Das Mittelhirnbläschen erfährt mit der Ausbildung der fertigen Zustände die geringsten Veränderungen von allen drei Hirnblasen. Kein Abschnitt seiner Wandung bildet sich als Ependym aus, dagegen tritt durch die Verdickung, aus welcher dorsal die Lamina quadrigemina, ventral das Tegmentum und die Pedunculi cerebri hervorgehen, eine relative Verengerung der ursprünglich weiten Höhle und die Bildung des Aquaeductus cerebri (Sylvii) (Fig. 535) ein.

Das Mesencephalon grenzt sich im Isthmus rhombencephali gegen das Rhombencephalon ab, dort wo wir später das Velum medullare anterius mit dem Austritt des N. trochlearis finden. Die Grenze gegen das Diencephalon liegt unmittelbar hinter einer Ausstülpung des Zwischenhirndaches, welche zur Anlage des Corpus pineale (Epiphysis) wird. Aus dem Mittelhirnbläschen bildet sich einerseits die Lamina quadrigemina, andrerseits entstehen ventral die Pedunculi cerebri, welche sich aus zwei durch die Substantia nigra voneinander getrennten Abschnitten zusammensetzen, einem dorsalen, dem Tegmentum, und einem ventralen, dem Pedunculus. Jenes läßt sich auf die Grundplatte zurückführen, welche auch den als Fortsetzung der motorischen Vorderhornkerne aufzufassenden Oculomotoriuskern liefert. Der Pedunculus wird relativ spät von langen Bahnen hergestellt, welche (Pyramidenbahnen usw.) die höheren Centren im Großhirn mit den unteren Teilen des Hirnstammes und dem Rückenmark in Verbindung setzen; diese Fasern legen sich unten dem Tegmentum an. Die Flügelplatte bildet die Lamina quadrigemina, zu welcher die Deckplatte keinen Beitrag liefert; aus der Basalplatte geht bloß die Neuroglia der Raphe hervor, welche vom vierten Fetalmonate an immer mehr überwachsen wird.

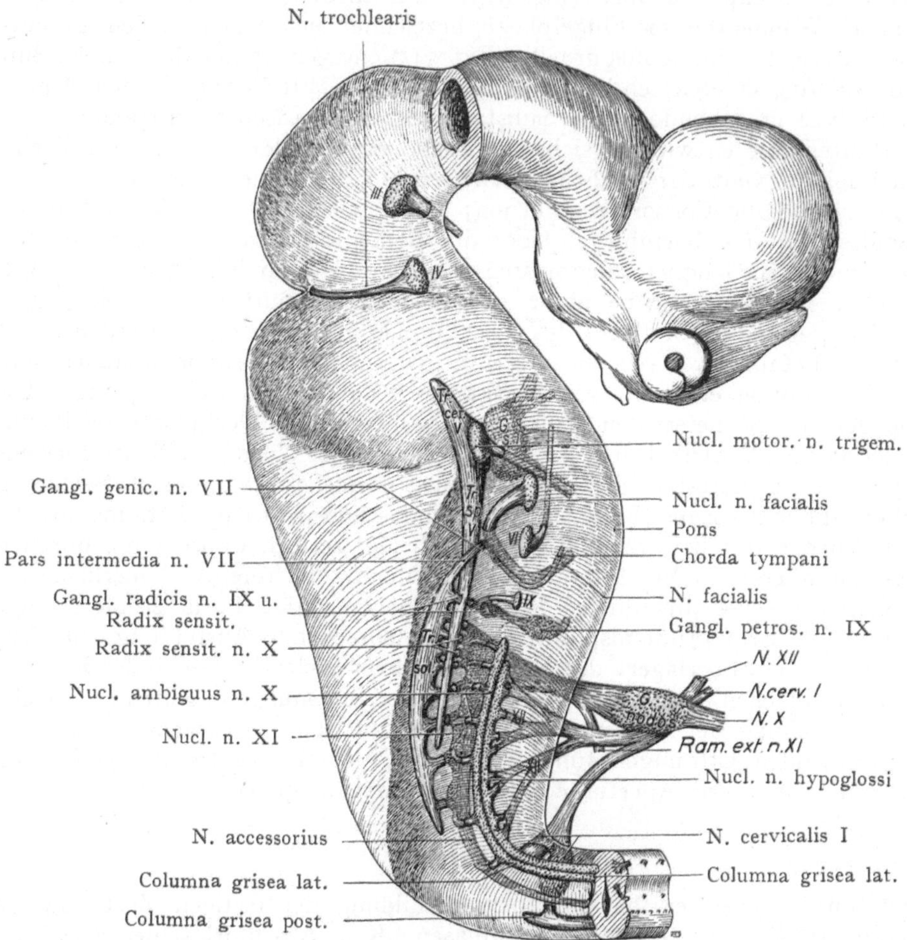

Fig. 545. Kerne und sensorische Bündel der Kopfnerven eines menschlichen Embryos von 10 mm Länge.
Nach G. L. Streeter, Amer. Journ. of Anat. VIII. 1908.
Tr. cer. V. = Tractus cerebellaris N. V. Tr. sp. V. = Tractus spinalis n. V. Tr. sol. = Tractus solitarius.

3. Prosencephalon (Vorderhirn).

Aus dem Vorderhirnbläschen entstehen zwei Abschnitte, von denen der eine, das Telencephalon, eine unpaare Ausbuchtung der vorderen oberen Wandung darstellt (Fig. 539). Der übrige Teil des Prosencephalons bildet das Diencephalon (Zwischenhirn). Das unpaare Bläschen des Telencephalons wird teilweise durch die von oben her einwachsende Falx cerebri primitiva in zwei Bläschen zerlegt, welche nach unten in einen noch gemeinsamen unpaaren, nach hinten zunächst ohne scharfe Grenze in das Diencephalon sich fortsetzenden Abschnitt übergehen (Fig. 539). Die sekundären Bläschen stellen die Anlage der Großhirnhemisphären oder das Pallium dar; der untere schmälere, in das Diencephalon übergehende Abschnitt wird von His als Wurzelgebiet, von anderen Autoren auch als Stammgebiet oder Stammteil des Großhirns bezeichnet. Die von der Falx cerebri primitiva eingenommene Furche, welche die beiden primitiven Hemisphären voneinander trennt, ist die Fissura interhemisphaerica.

Der hintere Abschnitt des Prosencephalons, das Diencephalon, ändert nun sehr rasch seine Form, indem mit der Verdickung der seitlichen Wandungen (der Flügel- und Grundplatte) auch eine starke seitliche Abplattung einhergeht. Aus der Flügel- platte bildet sich das Thalamencephalon, aus der Grundplatte die Pars mamillaris hypothalami, die obere Wand bleibt epithelial und erfährt als Plexus chorioideus (Fig. 541) des dritten Ventrikels eine Einstülpung von seiten der Gefäße. In ihrer hinteren Strecke bilden sich als handschuhfingerartige Ausbuchtung die Anlage des Corpus pineale (Epiphysis) und die Commissura posterior. Aus der Basalplatte bilden sich die Corpora mamillaria und das Infundibulum (Fig. 539). Durch seitliche Ausbuch- tungen des Vorderhirnbläschens entstehen, schon vor der Bildung des Telencephalons, die Anlagen der primären Augenblasen, entsprechend der Pars optica hypothalami.

Das Lumen des Diencephalons ist, infolge des Höhenwachstums der seitlichen Wan- dungen, hauptsächlich in sagittaler Richtung ausgedehnt und wird begrenzt: seitlich von den stark verdickten, durch die Grenzfurche voneinander abgegrenzten Massen der Flügel- und Grundplatte, oben durch die im Zustande des Ependyms verharrende, zum Plexus chorioideus ventriculi III eingestülpte Deckplatte, unten durch die gleich- falls dünne Basalplatte. Vorn geht das Lumen des Zwischenhirnes ohne scharfe Grenze in dasjenige des Stammteiles des Telencephalons über, welches vorn durch die dünne Lamina terminalis einen Abschluß erhält. Die äußere Oberfläche des Diencephalons zeigt (Fig. 538) eine leichte Vorwölbung ihrer hinteren unteren Partie, welche dem Corpus mamillare entspricht, darüber eine zweite Vorwölbung, das Corpus geniculatum laterale. Der Canalis opticus, welcher in frühen Stadien die Augenblase mit der Wandung des Gehirnes in Verbindung setzte, geht nach der von His begründeten, auch in der Basler anatomischen Nomenklatur vertretenen Ansicht, von derjenigen Wandung des dritten Ventrikels aus, welche in den Bereich des Stamm- teiles des Telencephalons zu liegen kommt (Fig. 539), doch greifen die alsbald an die Stelle der epithelialen Wandungen des Canalis opticus tretenden Nervenfasern auch auf die laterale Wand des Diencephalons über. Die primäre Augenblase stellt in Fig. 532 eine nach unten offene Grube dar, die mit einem gleichfalls unten gerinnten Stiel in die seitlichen Wandungen des Gehirnes übergeht. An der Stelle des Ansatzes lassen sich nach His schon früh zwei Leisten nachweisen, von denen sich die vordere als Basilar- leiste nach hinten und unten verlängert, um hinter dem am Boden des dritten Ventrikels entstehenden Infundibulum mit der Basilarleiste der anderen Seite zusammenzutreffen. Die zweite Leiste, die Seitenleiste von His, verliert sich in der seitlichen Wandung des Diencephalons gegen das Corpus geniculatum laterale hin.

Beim Auswachsen der Großhirnhemisphären erfolgt nun in beträchtlicher Aus- dehnung die Bildung der langen, das Endhirn mit den tieferen Centren in Verbindung setzenden Bahnen, welche in die Wand des Zwischenhirnes eintreten oder umge- kehrt vom Großhirn nach abwärts verlaufen; sie stellen in ihrer Gesamtheit die als Capsula interna bezeichnete Fasermasse dar (s. unten S. 519).

An der dem Lumen des dritten Ventrikels zugekehrten Fläche der seitlichen Wandung des Diencephalons läßt sich bei Feten aus dem vierten Monate die Grenzfurche (Sulcus lateralis s. Fig. 539) bis gegen den Abgang des Canalis opticus hin verfolgen. Oberhalb derselben entsteht aus der Flügelplatte der Thalamus opticus, unterhalb derselben aus der Grundplatte die Pars mamillaris hypothalami. Der Thalamus opticus grenzt sich hinten durch das Pulvinar schärfer ab und verbindet sich mit dem anderseitigen, durch die aus grauer Substanz bestehende Massa intermedia.

Der Boden des Diencephalons ist sehr kurz (Fig. 535), denn er entspricht bloß den Corpora mamillaria und dem Tuber cinereum; die übrige Strecke des Bodens vom dritten Ventrikel gehört dem Telencephalon an; hier bemerken wir das Infundibulum und vor demselben das Chiasma nervorum opticorum. Vor diesem schließt die gleichfalls der Wandung des Telencephalons angehörige Lamina terminalis, an deren oberem Ende wir die Commissura anterior bemerken, den dritten Ventrikel ab.

Die obere Wand des Diencephalons bildet die Decke des dritten Ventrikels (Lamina chorioidea epithelialis ventriculi III); sie beginnt an der Commissura posterior, unmittelbar hinter der Anlage des Corpus pineale (Epiphysis); dagegen ist es schwer ihre vordere Grenze genau anzugeben (Fig. 535). Aus ihr entstehen folgende Gebilde: 1. Die Commissura posterior, welche nach Déjerine sehr früh den Thalamus opticus der einen Seite mit dem Corpus quadrigeminum der anderen Seite sowie die Thalami untereinander in Verbindung setzt, 2. die Anlage des Corpus pineale (Epiphysis), eine handschuhfingerförmige Ausstülpung des Zwischenhirndaches, 3. der epitheliale Überzug des Plexus chorioideus ventriculi III, 4. die Striae medullares, die sich unmittelbar vor dem Corpus pineale zur Bildung des Trigonum habenulae verdicken.

4. Corpus pineale.

Während das Corpus pineale seinen Ausgang von der Decke des Diencephalons nimmt, bildet sich die Hypophysis zum Teil von derjenigen Strecke des Bodens des dritten Ventrikels, welche dem Telencephalon, d. h. dem unpaaren Stammteile desselben angehört. An beiden Stellen bilden Ausbuchtungen der Wandung die erste Anlage.

Die hintere Strecke des Zwischenhirndaches zeigt in frühembryonaler Zeit bei allen Vertebraten die Neigung, Ausbuchtungen zu treiben, von denen bei den Säugetieren allerdings nur die hinterste zum Corpus pineale wird, während die vorderen sich bei einigen Formen nach einer anderen Richtung differenzieren (Paraphyse). Wir sehen von diesen letzteren Bildungen ab, indem wir nur jene, unmittelbar über der Commissura posterior gelegene Ausbuchtung, die einzige, welche gerade beim Menschen in Betracht kommt, ins Auge fassen. Diese bildet sich bei den verschiedenen Wirbeltieren nach zwei divergierenden Richtungen aus, deren Endprodukte sich gar nicht miteinander vergleichen lassen. Bei Selachiern, Teleostiern, Ganoiden und ganz besonders bei Reptilien entsteht ein Gebilde, welches oft eine auffallende Ähnlichkeit mit einem Auge besitzt (Parietalauge), indem lichtbrechende Medien einer der Perzeption der Strahlen dienenden Sinnesmembran vorgelagert sind. Die Anlage wächst bei Reptilien bedeutend in die Länge, indem ihr gegen die Oberfläche gerichtetes Ende die Form eines Bläschens annimmt, welches mittels eines beim Auswachsen entstandenen Kanals mit dem dritten Ventrikel in Verbindung steht (Fig. 546).

Dieses periphere Bläschen kann von einfachem Zylinderepithel ausgekleidet sein, welches einen Besatz von Flimmerhaaren, vielleicht richtiger gesagt von Sinneshaaren, aufweist. Bei anderen Formen, besonders unter den Reptilien, wachsen die der Oberfläche zugewandten Zellen in die Länge und bilden einen Apparat, den man wohl mit der Linse des Auges vergleichen könnte (Fig. 547). Andere Zellen (Sinneszellen), die durch Pigmentzellen voneinander getrennt sind, richten ihre dünnen, stäbchenförmigen Enden gegen das Innere des Bläschens und lassen hier feine Fortsätze ausgehen, die mit anderen von den Pigmentzellen sowie von den Zellen des linsenförmigen Gebildes ausgehenden Fortsätzen das Lumen der Blase anfüllen. Wir haben es offenbar mit der Bildung eines brechenden Mediums zu tun, wie wir dasselbe auch im Glaskörper des Auges vor uns sehen. Der äußere Abschluß des Organs wird von einer Pigmentschicht hergestellt (Fig. 546); zwischen dieser und den Sinneszellen treffen wir Ganglienzellen an, deren Achsenzylinderfortsätze den vom Organ zur Decke des Diencephalons verlaufenden Nerven (Tractus pinealis) bilden.

Die Zellen der gegen die Körperoberfläche gerichteten Wandung des Bläschens wachsen nun bei einer Anzahl von Formen in die Länge, um ein mehr oder weniger linsenförmiges, aber noch im Epithelverbande des Bläschens verharrendes Gebilde herzustellen. Über die Entwicklung der Sinnes- und der Pigmentzellen ist so gut wie nichts bekannt; jedenfalls leitet sich der sog. Glaskörper von Fortsätzen der das Bläschenlumen begrenzenden Zellen ab. Die Bedeutung des Organs ist noch dunkel; möglicherweise handelt es sich um die Perzeption von chemisch wirksamen Strahlen. Vielleicht werden hier experimentelle Untersuchungen einen Aufschluß bringen; vorläufig ist bloß festgestellt worden, daß bei starker Belichtung das Pigment erheblich abnimmt (Nowikoff).

Nach einer ganz anderen Richtung hin entwickelt sich das Corpus pineale bei Vögeln und Säugetieren. Bei den letzteren besteht das fertige Organ aus netzartig

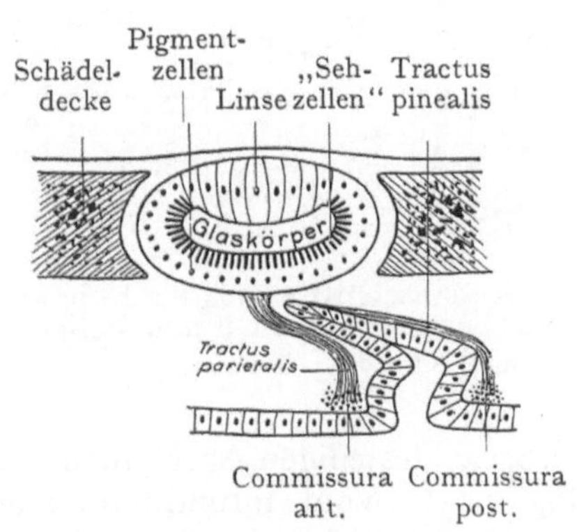

Fig. 546. Schema des Parietalauges eines Reptils.
Nach E. Gaupp, Merkel und Bonnets Ergebnisse 1897.

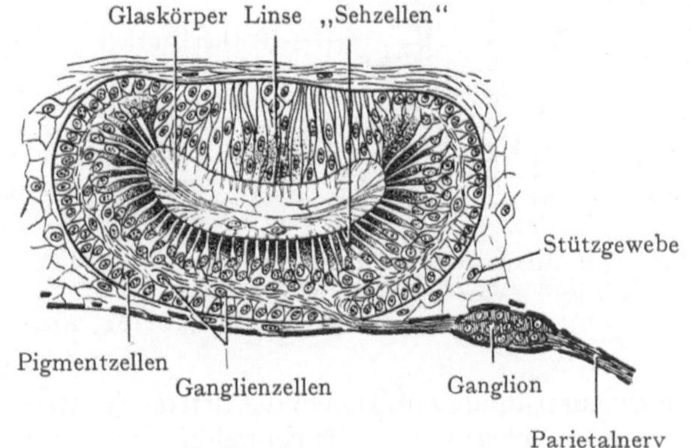

Fig. 547. Sagittalschnitt durch das Parietalauge von Anguis fragilis.
Nach Nowikoff, Biol. Zentralbl. 27. 1907.

zusammenhängenden Zellsträngen von epitheloidem Charakter, die in Läppchen oder Follikeln angeordnet sind. Zwischen denselben finden sich reichliche Gliazellen, auch zahlreiche Nervenfasern. Später sollen Involutionszeichen auftreten, so eine Zunahme der Glia und eigentümliche Kalkkonkremente (Hirnsand).

Die erste Anlage tritt beim menschlichen Embryo von 15—16 mm Länge als eine leichte Ausbuchtung an der Decke des Zwischenhirns über der Gegend der Anlage der Commissura posterior auf; als Teil der Anlage ist auch nach Hochstetter eine kurze nach vorn auf die Ausbuchtung folgende Strecke des Zwischenhirndaches zu betrachten. Dieses und die frontale Wand der „Zirbelbucht" bilden durch Wucherung eine Zellmasse, die sich zunächst stark vergrößert und von einigen als vorderer Lappen der Zirbeldrüse bezeichnet wurde. Bei Embryonen von 16—24 mm Länge, ausnahmsweise bei älteren Embryonen ordnen sich diese Zellen zu schlauch- oder drüsenförmigen Bildungen an, später geht jedoch diese Anordnung verloren. Zuletzt setzt eine weitere Wucherung, nunmehr der hinteren Wand der Zirbelbucht, ein, welche den sog. Hinterlappen der Zirbeldrüse bildet und die Höhle der Bucht schließt (Hochstetter). Von der Bildung eines Ausführungsganges kann keine Rede sein.

5. Hypophysis.

Sie schließt sich dem Boden des dritten Ventrikels an, und zwar stammen beide
Lappen, aus denen sich die Drüse zusammensetzt, der vordere und der hintere, in letzter
Linie aus dem äußeren Keimblatte. Der Lobus posterior bildet sich vom Infundibulum aus,

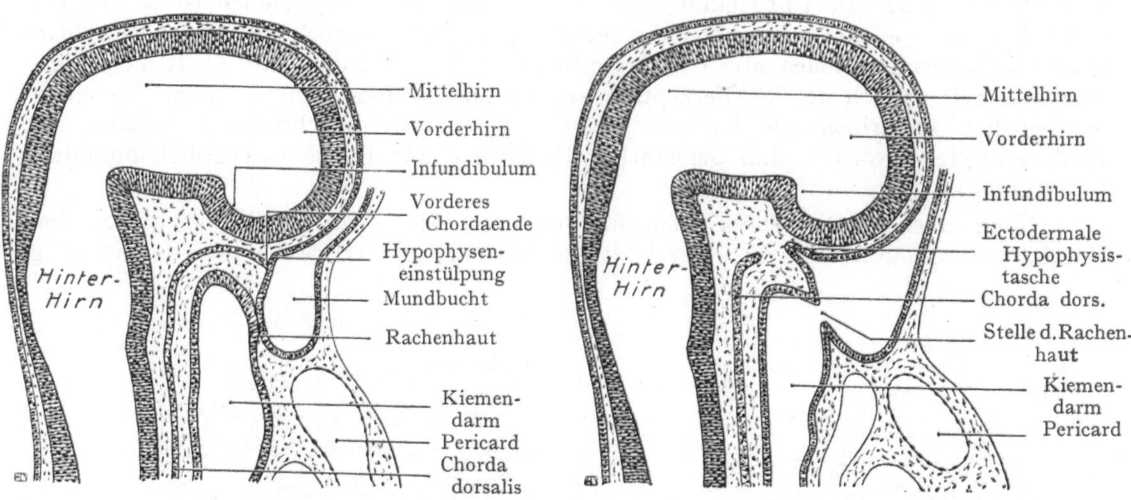

Fig. 548. Medianschnitt durch den Kopf eines 5 mm langen Kaninchenembryos.

Fig. 549. Medianschnitt durch den Kopf eines Kaninchenembryos von 6 mm Länge.

Nach V. v. Mihalkovicz, Arch. f. micr. Anat. XI. 1875.

einer Ausstülpung am Boden des dritten Ventrikels, und zwar desjenigen Abschnittes desselben, welcher vom Telencephalon geliefert wird (Fig. 535). Vom Infundibulum aus
entsteht eine solide Gewebsmasse, welche bei niederen Formen den Charakter von Nerven-

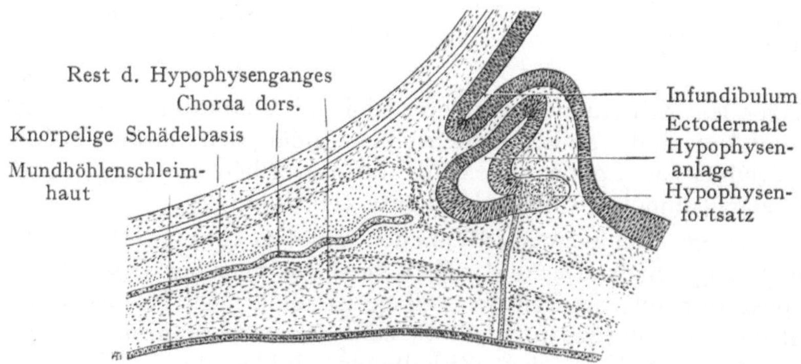

Fig. 550. Hypophysenanlage. Schädelbasis eines 2 cm langen Kaninchenembryos.
Medianschnitt.
Nach Mihalkovicz.

gewebe trägt, bei den Säugetieren aber aus dicht zusammengedrängten, spindelförmigen
Zellen besteht. Beim Menschen lassen sich darin zahlreiche feine Nervenfasern nachweisen, auch verzweigte Zellen, die wahrscheinlich als Ganglienzellen aufzufassen sind.

Der vordere Lappen (Lobus anterior) entstammt dagegen einem ganz anderen
Boden, nämlich dem Ectoderm unmittelbar über dem dorsalen Ende der Rachenhaut.

An dieser Stelle, die nach der Bildung der Gesichtsfortsätze am Dache der primitiven Mundhöhle angetroffen wird (Fig. 548), endet in frühen Stadien die Chorda dorsalis, nachdem sie an der Sella turcica eine scharfe ventralwärts gehende Abknickung erfahren hat (s. Fig. 226). Hier entsteht eine gegen den Boden des dritten Ventrikels hinaufwachsende Einstülpung des Ectoderms, welche sich der dem Infundibulum ansitzenden Anlage des Lobus posterior anschließt (Fig. 549). Diese Hypophyseneinstülpung (Rathkesche Tasche) steht noch eine Zeitlang mit ihrem Mutterboden durch einen später obliterierenden Gang, den Hypophysengang, in Verbindung. Nur ausnahmsweise bleiben in einem das Corpus ossis sphenoidalis durchsetzenden Kanale (Lanzertscher Kanal) noch Reste desselben erhalten (Fig. 550). Bei einigen Selachiern sowie bei Petromyzonten bleibt der Gang auch noch beim erwachsenen Tiere bestehen. Am Ende des zweiten Embryonalmonates treibt die Hypophysentasche beim Menschen sekundäre Einbuchtungen, die bis auf einen feinen Spalt solide werden; bloß in der Peripherie des Organs bleiben einzelne Bläschen erhalten.

Eine abschließende Untersuchung der Entwicklung der Hypophyse, besonders auch ihrer Histogenese, fehlt noch, was im Hinblick auf die in der neueren Zeit von B. Haller vertretene, von anderen bekämpfte Auffassung von dem Bau des Gebildes zu bedauern ist. Nach ihm soll der Lobus anterior sein Sekret in den Subduralraum ergießen, indem die feinen, in den Zellbalken nachweisbaren Lumina, welche allerdings nicht konstant seien, sondern je nach Bedürfnis entstehen, in den Subduralraum einmünden.

6. Telencephalon.

Das Telencephalon ist derjenige Abschnitt des Gehirns, welcher bei den Primaten, insbesondere beim Menschen, weitaus die größte Massenentfaltung zeigt. 1. Von den früher unterschiedenen Abschnitten desselben, dem Hemisphärenhirn und dem axialen Abschnitte (Wurzelgebiet von His) zeigt jenes eine sehr weitgehende Oberflächenvergrößerung, durch welche die Menge der grauen Rinde stark zunimmt. Diese Vergrößerung wird nicht bloß durch das Auswachsen der beiden Hemisphärenbläschen bewirkt, sondern in den späteren Fetalmonaten auch durch die Entstehung von Oberflächenfurchen, welche in typischer Weise das Oberflächenrelief der Großhirnhemisphären bestimmen. 2. Für den Ausbau des Telencephalons ist die Entstehung einer mächtigen Masse grauer Substanz maßgebend, welche als eine Verdickung der lateralen Wandung des axialen Abschnittes das Corpus striatum (Fig. 551) darstellt. Dasselbe wird durch die langen, die Rinde der Großhirnhemisphären mit den tiefen Centren in Verbindung setzenden Fasermassen der Capsula interna durchsetzt und so in zwei größere Abteilungen, den Linsenkern (Nucleus lentiformis) und den Schwanzkern (Nucleus caudatus), geteilt. 3. Entsteht sekundär eine sehr ausgiebige Verbindung zwischen den beiden Großhirnhemisphären in Form des Balkens (Corpus callosum), und infolge der Durchflechtung der Balkenfasern mit anderen Massen weißer Substanz auch die stärkste Ansammlung weißer Substanz im Großhirn, das Centrum semiovale. Das sind die Momente, welche bei der Umbildung des Telencephalons in Betracht kommen. Untersuchen wir nun im einzelnen die Ausbildung der beiden oben unterschiedenen Abschnitte, des unpaaren, axialen Abschnittes und des Hemisphärenhirnes.

7. Axialer Abschnitt des Telencephalons.

Bei der Profilansicht des Gehirns fällt schon in ziemlich frühen Stadien (Fig. 538) eine leichte Delle an der lateralen Oberfläche des axialen Abschnittes auf, welche die erste Andeutung der Fossa cerebri lateralis (Sylvii) darstellt. Dieselbe nimmt, indem sie nach hinten, oben und vorn von dem wulstförmig vorwachsenden Hemisphärenhirn

begrenzt wird, rasch an Tiefe zu.   Bald geht aus ihr, an der unteren Fläche der Hemisphäre, eine Furche (Sulcus olfactorius) hervor, welche einen medial bis zum Hemi-
sphärenspalte reichenden Lappen, das Rhinencephalon oder Riechhirn, von der übrigen
Hemisphäre, dem Pallium, abgrenzt.

Somit haben wir an jeder Hemisphäre drei Abschnitte zu unterscheiden: 1. Das
Pallium, 2. das Rhinencephalon, 3. das Corpus striatum. Aus dem axialen Abschnitte,
dessen Lumen den vordersten, durch die Lamina terminalis sensu strictiori abgeschlossenen
Teil des dritten Ventrikels herstellt, bildet sich die Pars optica hypothalami.

Das auswachsende Pallium umgibt die Fossa cerebri lateralis zu mehr als $^3/_4$ eines
Kreises und bewirkt, indem es dieselbe wulstartig begrenzt, eine Zunahme der Vertiefung,
an deren Grund später die Furchen der Insula auftreten.   Der allmählich die Fossa
cerebri lateralis von oben zudeckende Teil des Palliums bildet später das Operculum.

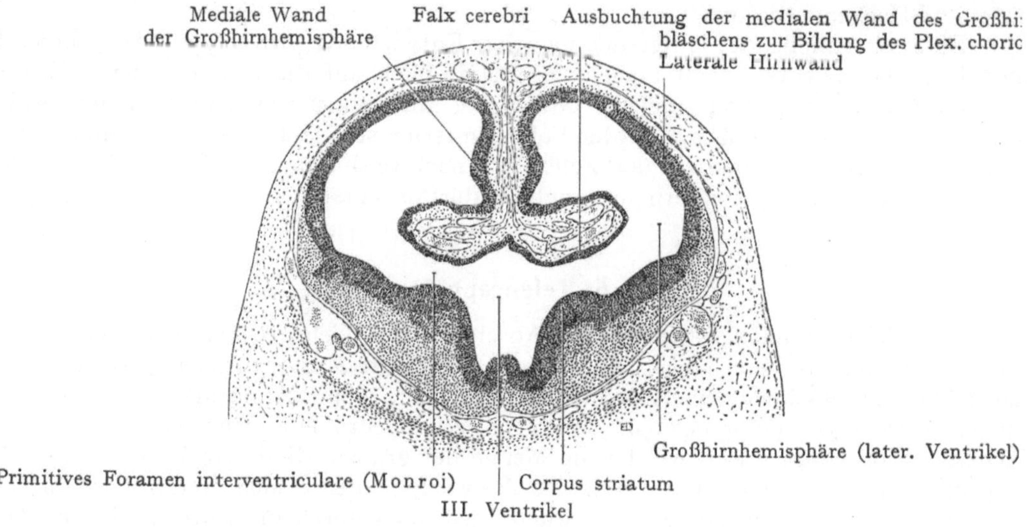

Fig. 551. Frontalschnitt durch das Gehirn eines menschlichen Fetus von 3 Monaten. Beginn der
Bildung des Plex. chorioideus ventric. lat.

Ferner lassen sich sehr früh an der lateralen Oberfläche des Palliums (Fig. 559) einzelne
Abschnitte abgrenzen, welche dem Occipital-, dem Temporal-, dem Parietal- und dem
Frontallappen entsprechen.

Beide Hemisphärenhälften stehen zunächst durch eine dünne Lamelle miteinander
in Verbindung, welche den Grund der die Falx cerebri primitiva aufnehmenden Fissura
longitudinalis cerebri bildet.   Diese Lamelle bezeichnen wir in ihrer Gesamtheit als
Lamina terminalis primitiva und unterscheiden an ihr (Fig. 552) 1. eine oberhalb des
Foramen interventriculare gelegene Strecke als Lamina chorioidea epithelialis ventr. III.,
von der die Bildung des Plexus chorioideus ventriculi lat. ausgeht, 2. eine untere und
vordere Strecke, die mit der Bildung des Plexus chorioideus nichts zu tun hat, sondern
als eine dünne Schicht auch weiterhin bestehen bleibt und als die Lamina terminalis
sensu strictiori die Querfasern der Commissura anterior einschließt.

Auf der lateralen, konvexen Oberfläche des Palliums sind bei Gehirnen aus dem
2.—3. Monate sehr häufig Furchen beschrieben worden, welche radiär von dem Rande
der Fossa cerebri lateralis ausgehen.   Da sie unter dem Namen „transitorische Furchen"
eine gewisse Rolle in der Literatur gespielt haben, so muß hervorgehoben werden,
daß sie lediglich bei der Fixation mehr oder weniger mazerierter Gehirne entstehen
und demnach als Kunstprodukte aufzufassen sind.   Die Oberfläche des Palliums zeigt

überhaupt erst im vierten Fetalmonate den Beginn einer normalen Furchenbildung (s. unten).

An der Mantelkante geht die laterale Oberfläche einer Großhirnhemisphäre in die mediale über; diese läßt sich durch eine im Foramen interventriculare (Monroi) errichtete Senkrechte in zwei Abschnitte zerlegen (Fig. 534 C), von denen der vordere gegen die mediale Fläche der anderen Hemisphäre gerichtet ist, während der hintere sich in seiner unteren Partie der lateralen Wand des Diencephalons anlegt.

Die mediale Wand des Palliums bleibt noch längere Zeit glatt, doch bildet sie eine Verdickung (Fig. 551), welche sich gegen das Ependym durch einen tief einschneidenden, am Foramen interventriculare beginnenden und nach hinten sich weiterziehenden Spalt, die Fissura chorioidea, abgrenzt (Fig. 553). Diese unterscheidet sich von den später auftretenden Furchen (Sulci) des Palliums als Fissur dadurch, daß sie eine Vorwölbung in den Großhirnventrikel bildet und durch eine von der Falx cerebri primitiva ausgehende Gefäß- und Bindegewebswucherung zur Herstellung des Plexus chorioideus ventriculi lateralis eingestülpt wird. Über der Fissura chorioidea liegt die oben erwähnte verdickte Strecke der medialen Wand des Palliums, welche erst beträchtlich später durch die Bildung einer bogenförmig verlaufenden Furche, des Sulcus corporis callosi (Fig. 555), eine obere Begrenzung erhält. Im Gebiet dieser Strecke, die mit dem Auswachsen des Frontal- und des Occipitalhirns bedeutend an Länge gewinnt, entstehen im Laufe der weiteren Entwicklung Gebilde, welche zum Teil Commissuren zwischen den beiden Großhirnhemisphären herstellen. Hier. sind zu nennen: der Balken, das Septum pellucidum, der Fornix, und die in das Innere des Seitenventrikels vorspringende Ammonsformation.

8. Bildung der Commissuren zwischen den beiden Großhirnhemisphären.

Die Großhirnhemisphären stehen in frühen Stadien bloß durch die dünne Lamina terminalis primitiva untereinander in Verbindung, die jedoch keine aus Fasern zusammengesetzte Commissur darstellt; eine solche bildet sich erst in der im unteren Ende der Lamina commissuralis auftretenden Commissura anterior (Fig. 552). Diese ist bei allen Wirbeltieren als eine auf Medianschnitten kreisförmige Fasermasse nachweisbar, welche phylogenetisch jedenfalls die ursprünglichste ist und auch in einem gewissen ontogenetischen Entwicklungsstadium bei allen Gehirnen die einzige Commissur zwischen den beiden Großhirnhemisphären darstellt. Ihre Fasern verbinden, jedenfalls zum größten Teile, die Riechhirne untereinander und nicht die darüber gelegenen Teile der Großhirnhemisphären (s. unten). Mit dem Fortgange der Entwicklung tritt bei Säugetieren als weitere Commissur der Balken (Corpus callosum) auf, welcher, mit der Größenzunahme des Palliums Schritt haltend, dazu bestimmt ist, eine stärkere Entfaltung zu gewinnen, als sie jemals die phylogenetisch weit ältere Commissura anterior aufweist. Der Balken bildet sich jedoch, kurz gesagt, in unmittelbarem Anschlusse an diese. Die Ausdehnung dieser sekundären Commissur entspricht immer der Größe der Hemisphären, auch bleibt sie bei Säugetieren mit geringer Entfaltung des Palliums klein, während sie bei den Primaten und speziell beim Menschen eine sehr ansehnliche Fasermasse darstellt, welche quer von einer Hemisphäre zur anderen herüberzieht. Eine dritte Commissur ist der Fornix.

Die Entwicklung des Balkens wird durch die Figg. 552—555 veranschaulicht, welche Medianschnitte durch die Gehirne menschlicher Feten, sowie des Erwachsenen, darstellen.

Die Fig. 552 entspricht den Verhältnissen eines menschlichen Embryos von 68 mm Länge. Der Raum des mittleren (III.) Ventrikels wird hier nach vorne abgeschlossen durch eine Platte, welche in der Höhe des For. interventriculare (Monroi) beginnt und sich nach abwärts bis zum Boden des Ventrikels hinzieht, da wo die Seh-

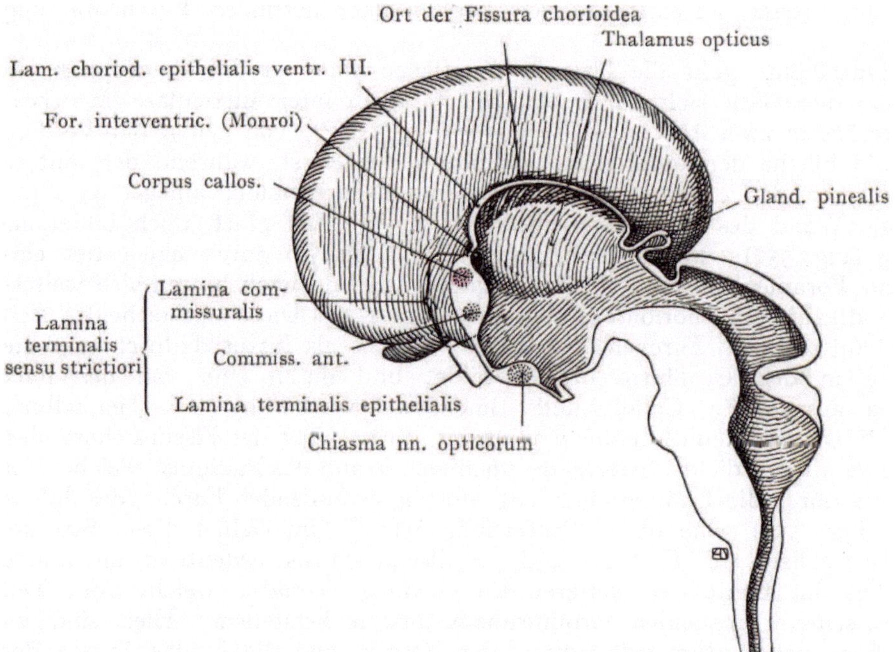

Fig. 552. Medianschnitt durch das Gehirn eines menschlichen Embryos von 68 mm Länge.
Nach Hochstetter.

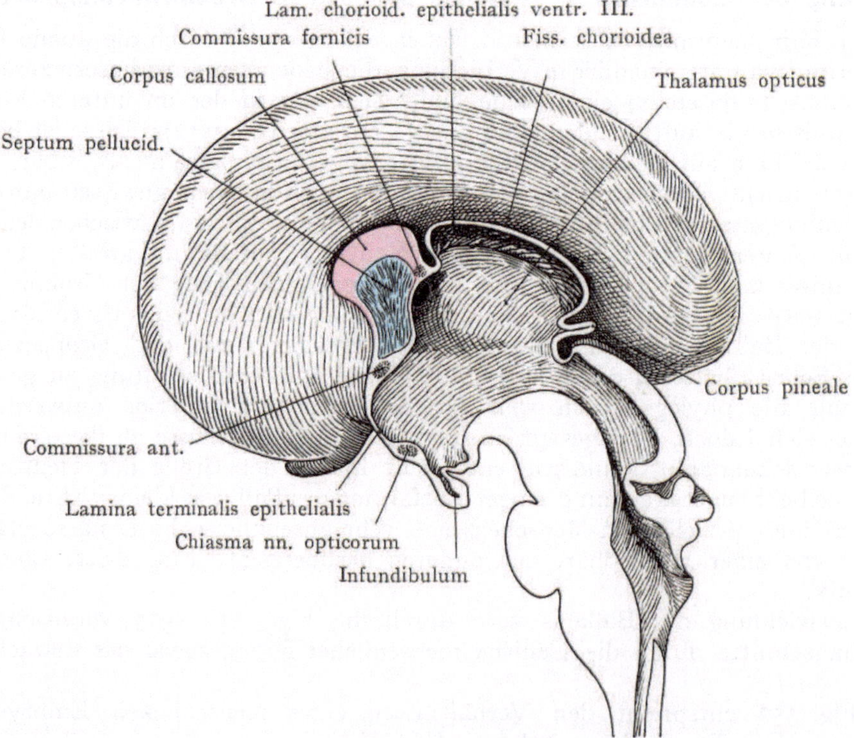

Fig. 553. Medianschnitt durch das Gehirn eines menschlichen Embryos von 105 mm Länge.
Entwicklung des Balkens.
Nach Hochstetter.

nervenkreuzung (Chiasma nn. opticorum) zur Ausbildung gelangt. Die obere Strecke dieser als Lamina terminalis sensu strictiori bezeichneten Platte ist verdickt (Lamina

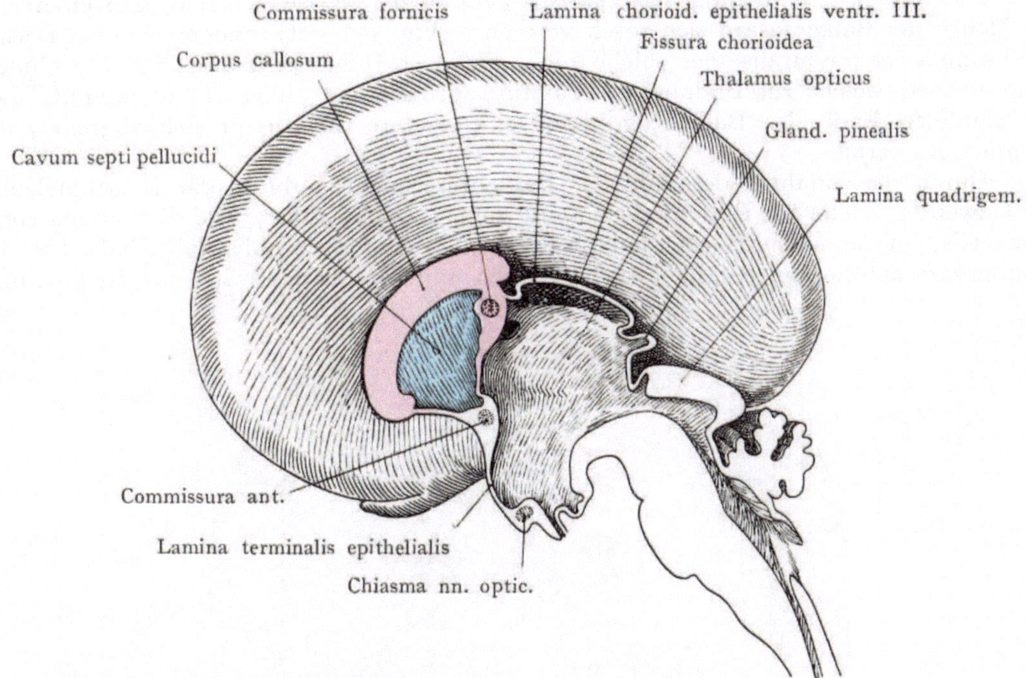

Fig. 554. Medianschnitt durch das Gehirn eines menschlichen Embryos von 125 mm Länge. Nach Hochstetter.

commissuralis) und weist die Querschnitte von zwei Commissuren auf, deren untere die Commissura anterior zeigt, während die obere die erste Anlage des Balkens dar-

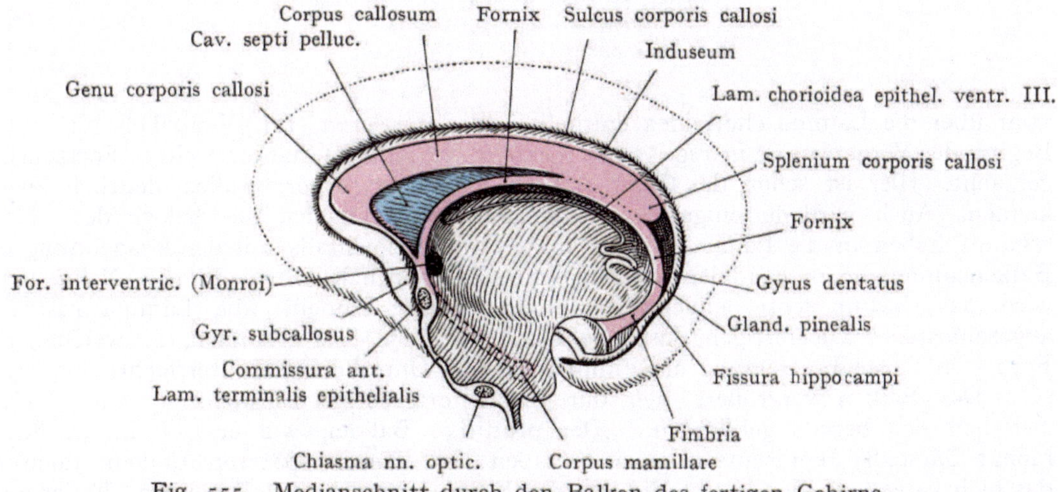

Fig. 555. Medianschnitt durch den Balken des fertigen Gehirns. Nach Villiger.

stellt. In der Höhe des For. interventriculare (Monroi) folgt auf die Lamina commissuralis die Lamina chorioidea epithelialis des mittleren (III.) Ventrikels. Oberhalb derselben (Ort der Fiss. chorioida, Fig. 552) stülpt sich der Plexus chorioideus der Seitenventrikel lateralwärts vor.

Die weitere Entwicklung des Balkens geht in der Weise vor sich, daß einerseits die Menge der Balkenfasern sich rasch vermehrt (Fig. 553, rot), andererseits ein Bezirk der Lamina commissuralis, der solche nicht aufweist (Fig. 553, blau), eine Einschmelzung erfährt, welche zur Bildung des Cavum septi pellucidi führt. Dazu kommt, daß am caudalen Ende der Balkencommissur eine weitere Commissur sich abgrenzt, die Commissura fornicis.

Durch die Zunahme der Zahl der Balkenfasern sowie durch die Einschmelzung des Gewebes, welche zur Bildung des Cavum septi pellucidi führt, wird die Lamina commissuralis, an deren ventralem Ende gegen die Lamina terminalis epithelialis hin die Commissura anterior zu bemerken ist, nach oben und dann caudalwärts ausgedehnt, und

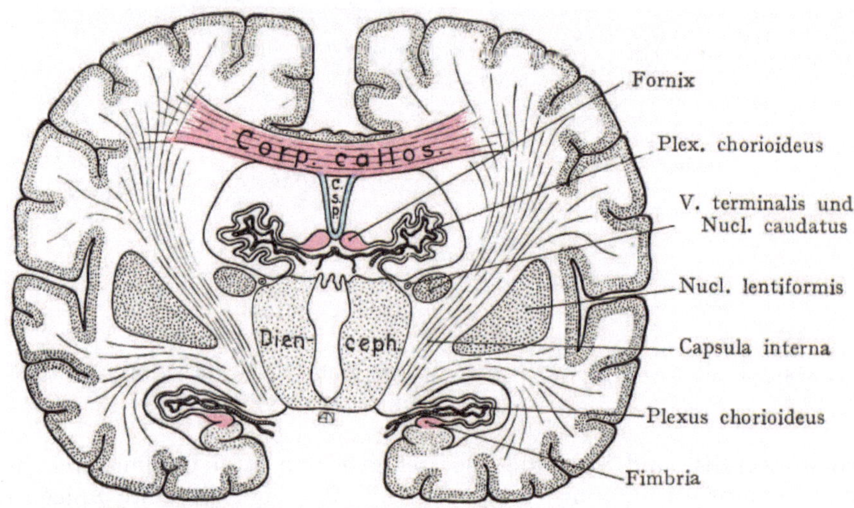

Fig. 556. Frontalschnitt durch das Gehirn.
Corpus callosum, Fornix, Fimbria = rot,
Septum pellucidum = blau.
C. s. p. = Cavum septi pellucidi.

zwar über die Lamina chorioidea epithelialis des mittleren (III.) Ventrikels hin. Der Beginn des Vorganges ist in Fig. 553 dargestellt, in Fig. 554 hat er weitere Fortschritte gemacht. Hier ist schon das Genu und das Splenium corporis callosi deutlich zu erkennen. Auch wird derjenige Teil, in welchem wir zunächst die Anlage des Fornix erkannt haben in die Länge gezogen, und gewinnt gleichfalls mit der Ausdehnung der Balkencommissur in caudaler Richtung eine beträchtliche Ausdehnung. Nach unten wird das Cavum septi pellucidi durch eine dünne Lamelle (die Lamina rostralis) abgeschlossen. Die fertigen Zustände sind in Fig. 555 zu erkennen, in welchen der Fornix in seiner Fortsetzung als Fimbria bis ins Unterhorn hinunterreicht.

Der Balken vergrößert sich durch das fortgesetzte Einwachsen neuer Fasern zwischen den bereits gebildeten. „Der primitive Balken, wie er sich im 4. Fetalmonat darstellt, repräsentiert gewissermaßen den ganzen späteren Balken, doch ist das nicht so aufzufassen, als ob die gesamte Faserung darin enthalten wäre. Es ist eben im 4. Monate nur eine Concrescentia primitiva vorhanden, die sich im Laufe der Entwicklung nach vorne und hinten streckt" (Marchand). Die Balkenanlage und die Bildung des Septum pellucidum sowie des Cavum septi pellucidi hängen innig miteinander zusammen, sie gehen beide ebenso wie der Fornix aus der Lamina commissuralis hervor.

Das Cavum septi pellucidi dehnt sich zunächst bis an das Splenium corporis callosi aus, ein Verhalten, das wir noch im 7. Fetalmonat antreffen. Von da an bildet sich die hintere Strecke des Cavums zurück, indem der Fornix mit der unteren Fläche des Balkens verschmilzt. Beim Erwachsenen geht die Reduktion noch weiter, doch treffen wir noch bei 3% aller Gehirne eine Ausdehnung des Cavum septi pellucidi bis zum Splenium corporis callosi an (Vergascher Ventrikel).

Die besprochenen Verhältnisse finden in dem schematischen Frontalschnitt durch das Gehirn (Fig. 556) eine weitere Veranschaulichung. Das Corpus callosum ist entsprechend den Figg. 552—555 rot angegeben, ebenso der Fornix, dazwischen befindet sich der in der Commissurenplatte entstandene Spalt des Cavum septi pellucidi, dessen Wandungen blau hervorgehoben sind. In das Unterhorn vorspringend sehen wir den Plexus chorioideus, welcher von dem mit der Ammonsformation in Zusammenhang stehenden Fornix ausgeht.

9. Ausbau der Großhirnwandung.

Die Großhirnhemisphären gewinnen im Laufe der Entwicklung eine Massenentfaltung, wie wir sie sonst nirgends im Zentralnervensystem antreffen. Die graue Substanz nimmt sehr erheblich zu, erstens durch die Bildung der zentralen grauen Kerne, und zweitens infolge des Auswachsens der Großhirnhemisphären und der damit einhergehenden Oberflächenvergrößerung der grauen Hirnrinde. Zu diesen Vor-

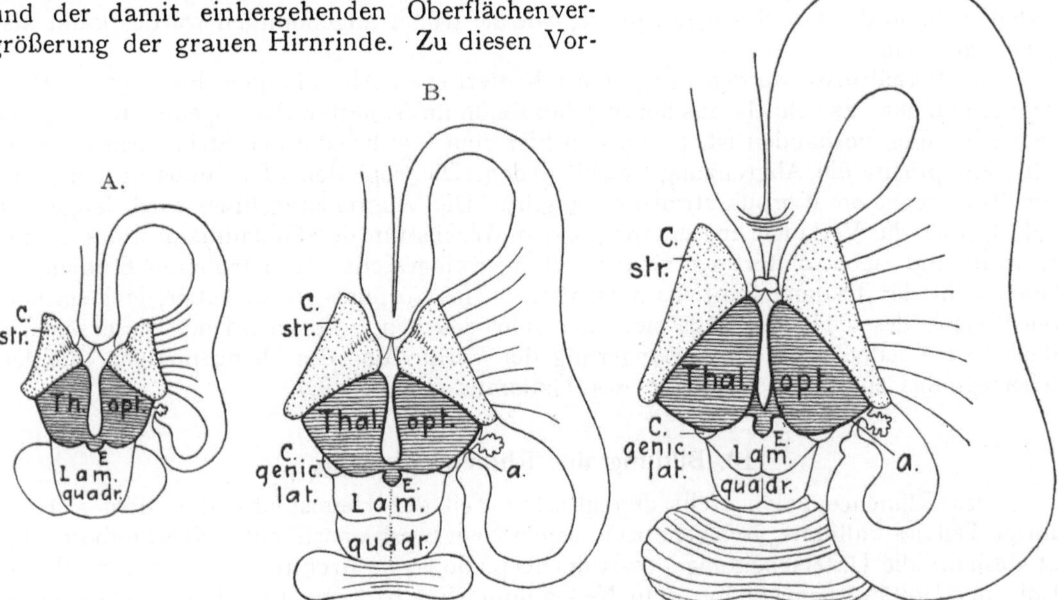

Fig. 557. Darstellung der Verbindung des Thalamus opticus (schraffiert) mit dem Corpus striatum (punktiert). 3 Stadien.
Nach Hochstetter.
a = ursprünglich laterale Fläche des Thal. opt. E = Corpus pineale.

gängen kommt noch als weiteres Moment die im vierten Fetalmonate beginnende Furchenbildung auf der Oberfläche der Großhirnhemisphären hinzu. Zweitens zeigt die weiße Substanz des Großhirns eine mit der Zunahme der grauen Substanz Schritt haltende Ausbildung, teils in Form von Assoziationsfasern, welche einzelne Abschnitte derselben Großhirnhemisphäre untereinander verbinden, dann aber auch als Commissurenfasern, welche in der Commissura anterior und dem Corpus callosum zur entgegengesetzten Großhirnhemisphäre verlaufen. Dazu kommen vom vierten Fetalmonate an die cerebrospinalen Bahnen, welche später einen beträchtlichen Teil der inneren Kapsel bilden.

Das Corpus striatum stellt zuerst eine Verdickung der lateralen und unteren Wand der Hemisphärenblase dar, welche von unten her das Foramen interventriculare einengt (Fig. 551). Diese Masse grauer Substanz wird durch die Ausbildung der Capsula interna in den Nucleus caudatus und den Nucleus lentiformis zerlegt (Fig. 556). Leider ist die Entstehung der Capsula interna im einzelnen noch nicht klargelegt. Ihr Beginn ist nach W. His an das Ende des zweiten Fetalmonates zu verlegen, und relativ sehr spät, erst am Ende des vierten Fetalmonates, soll die Bildung der Pyramidenbahnen einsetzen. Wahrscheinlich ist erst zu dieser Zeit die histologische Differenzierung der Großhirnrinde so weit gediehen, daß ihre Ganglienzellen Fortsätze auf größere Entfernungen entsenden können. Wir dürfen wohl annehmen, daß diese Differenzierung der Großhirnrinde, wenigstens im Bereiche der großen motorischen Centren, von unten nach oben vor sich geht, entsprechend der späteren Anordnung der Centren, von denen diejenigen für die Kopfmuskulatur, die Muskulatur der oberen und der unteren Extremitäten in der Reihenfolge von unten nach oben aufeinander folgen.

Die Verbindung des Diencephalons mit dem Telencephalon, in welche die Fasermassen der inneren Kapsel entweder in centripetaler oder in centrifugaler Richtung hineinwachsen, ist von vornherein gegeben und ändert bloß ihre Richtung (Hochstetter). Von einer Verwachsung der lateralen Wand des Diencephalons mit der medialen Wand der Großhirnhemisphäre, wie sie früher angenommen wurde, kann also keine Rede sein.

Die Verhältnisse werden durch die schematischen Abbildungen Fig. 557 A, B, C, veranschaulicht. Es geht daraus hervor, daß schon im frühesten der abgebildeten Stadien die Verbindung vorhanden ist, und schon hier eine Furche, die der Stria cornea (terminalis) entspricht, die Abgrenzung zwischen dem Diencephalon (Thalamus opticus) und dem Telencephalon (Corpus striatum) angibt. Die Abgrenzungslinie wird länger (B und C), aber die Verlängerung entspricht dem Wachstum des Thalamus und des Corpus striatum und ist beim fertigen Gehirn schräger eingestellt als in früheren Stadien. In diesen geht der Thalamus opticus nach vorn in das Corpus striatum über; eine seitliche freie Fläche des Thalamus läßt sich hier sehr deutlich unterscheiden. Diese seitliche Fläche wird jedoch mit der Verlängerung der Verbindung des Diencephalons mit dem Telencephalon zur hinteren Fläche des Thalamus (Fig. 557 C).

10. Bildung des Rhinencephalons.

Das Rhinencephalon stellt den ältesten Teil der Hemisphäre dar, dem sich der übrige Teil des Palliums phylogenetisch als ein Neuerwerb anschließt. Nicht unberechtigt ist deshalb die Unterscheidung des Rhinencephalons als Archipallium von dem übrigen Teile der Großhirnhemisphäre, dem Neopallium (Elliot Smith). Beim Menschen ist allerdings, verglichen mit vielen Säugetieren, eine starke Reduktion des Rhinencephalons erfolgt, doch lassen sich an demselben noch alle wesentlichen Bestandteile nachweisen und in ihrer Entwicklung verfolgen.

Wir unterscheiden am Riechhirn zwei Gebiete, erstens ein peripheres, welches den Bulbus olfactorius, den Tractus olfactorius, die Substantia perforata anterior, den Gyrus olfactorius medialis und lateralis usw. umfaßt (Fig. 558), zweitens ein zentrales oder Rindengebiet, welches einen recht komplizierten Teil der grauen Hirnrinde darstellt. Wir rechnen dazu (Fig. 555) den Gyrus fornicatus, welcher sich aus dem Gyrus cinguli und dem Gyrus hippocampi zusammensetzt, den Gyrus dentatus und den Gyrus uncinatus. In das periphere Gebiet des Tractus und des Bulbus olfactorius zieht sich in früher Fetalzeit eine später zur vollständigen Obliteration kommende Ausbuchtung des lateralen Ventrikels hinein. Der Tractus olfactorius zeigt beim Fetus viel deutlicher

als beim Erwachsenen eine Verbindung mit der Insel, dem Gyrus semilunaris und dem
Gyrus ambiens (Figg. 558 u. 559), mittels des vom Tractus olfactorius aus spitzwinkelig an
der Fossa cerebri lateralis (Sylvii) umbiegenden Gyrus olfactorius lateralis. Vom Tractus
olfactorius geht auch ein Faserbündel (Gyrus olfactorius orbitalis) zur unteren Fläche

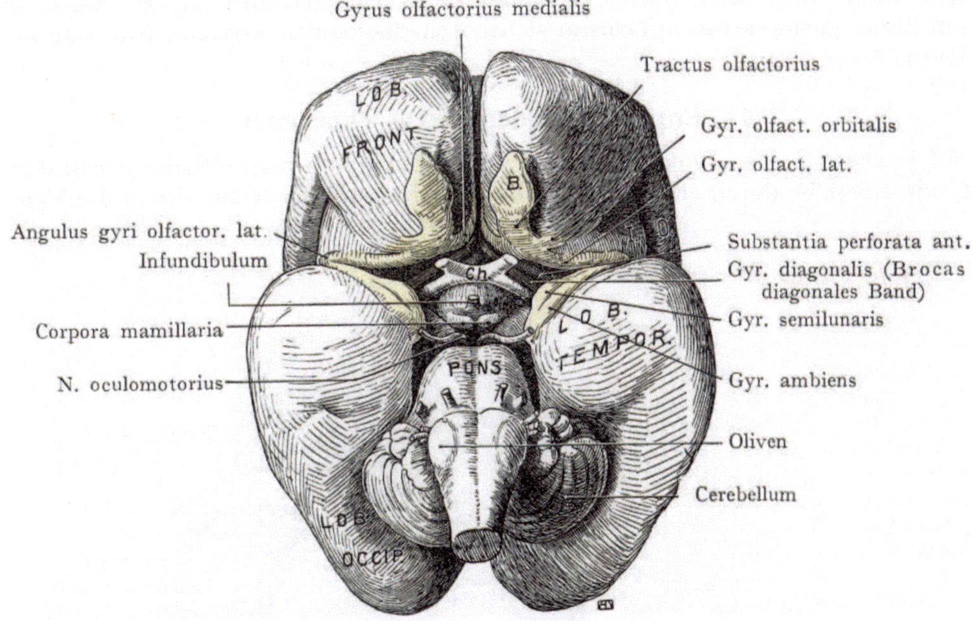

Fig. 558. Gehirn eines menschlichen Fetus am Anfange des V. Monats. Rhinencephalon gelb.
Basalansicht.

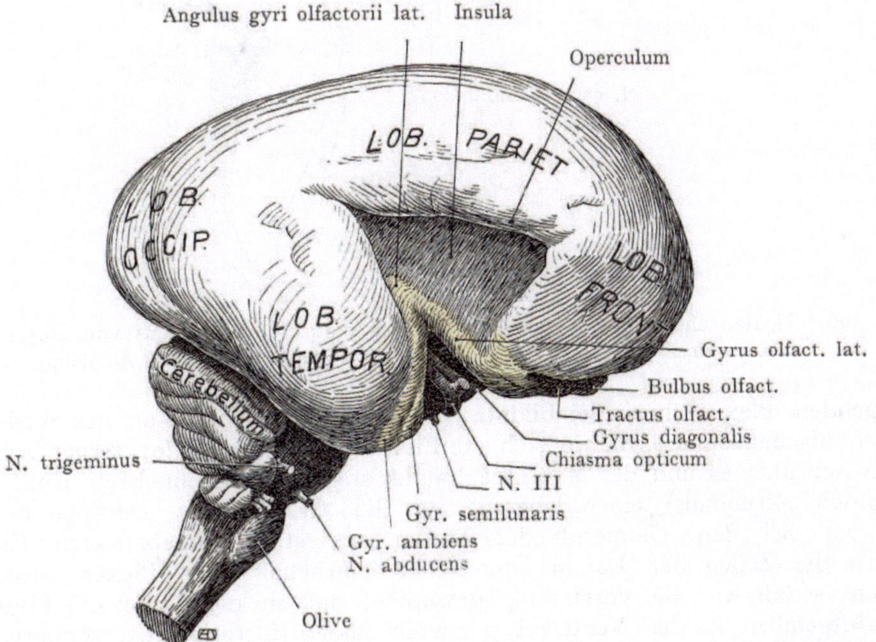

Fig. 559. Gehirn eines menschlichen Fetus am Anfange des V. Monats. Rhinencephalon gelb.
Seitenansicht.

des Frontalhirns, endlich medianwärts der Gyrus olfactorius medialis, welcher zu der vor dem Gyrus subcallosus liegenden Area parolfactoria (Brocasches Feld) gelangt. Da die Area parolfactoria in den Gyrus cinguli übergeht, so verbindet der Gyrus olfactorius medialis den Tractus mit dem Rindengebiete des Rhinencephalons. Der Gyrus subcallosus bildet einerseits (Fig. 555) den Anfang des oberhalb des Balkens sich fortsetzenden Induseums, andererseits verbindet er sich mittels des an der Basis cerebri vor dem Chiasma nervorum opticorum sichtbaren diagonalen Brocaschen Bandes mit dem Gyrus hippocampi.

11. Entwicklung der Plexus chorioidei.

An gewissen Stellen, wo die Wandung des Gehirnrohres auf epithelialer Stufe stehen bleibt, wird dieselbe durch eine Gefäßwucherung eingestülpt, welche die in die Ventrikel

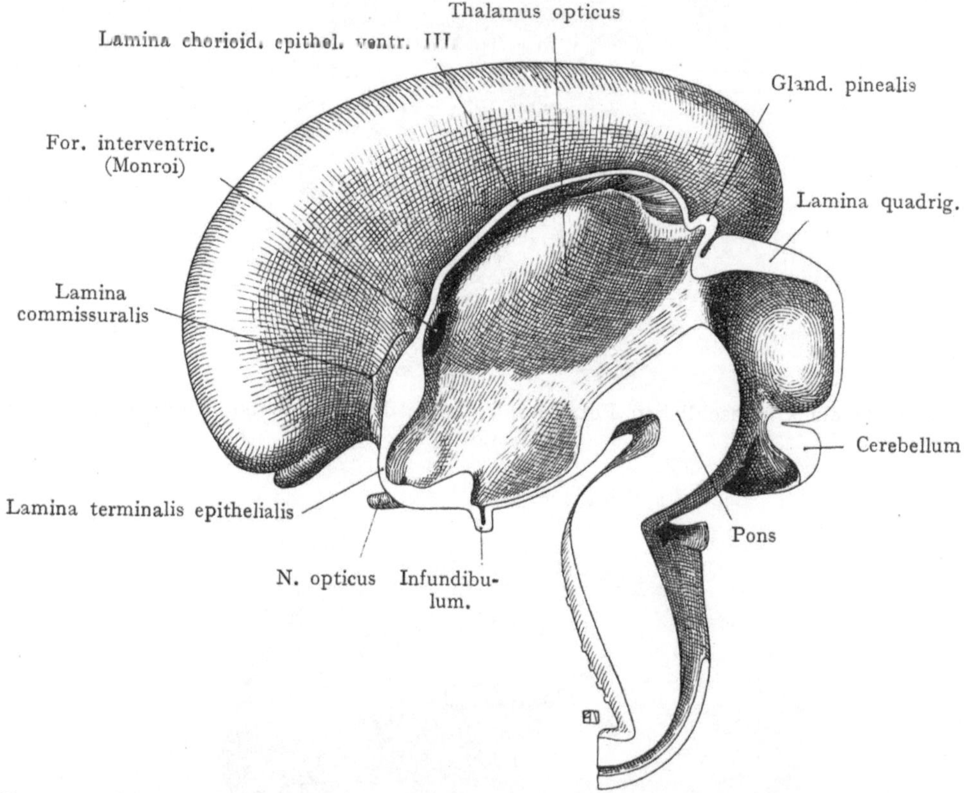

Fig. 560. Medianschnitt durch das Gehirn eines menschlichen Fetus von 46,5 mm Länge. Nach einer von Prof. Hochstetter zur Verfügung gestellten Abbildung.

vorragenden Plexus chorioidei bildet. An solchen Stellen, so an der medialen Wand der Großhirnhemisphäre, da wo sich die Fissura chorioidea bildet, ferner an der Decke des Zwischenhirnes und des Myelencephalons stellt das eingebuchtete Epithel (Lamina chorioidea epithelialis) einen Überzug für die Gefäße dar. Derselbe besteht nicht etwa wie bei den Glomeruli der Nieren aus stark abgeplatteten Epithelzellen, sondern die Zellen der Lamina chorioidea epithelialis der Plexus chorioidei sind kubisch, sodaß wir die Vorstellung gewinnen, daß sie nicht bloß die Flüssigkeit aus den Blutgefäßen in den Ventrikel passieren lassen (filtratorisch), sondern daß ihnen auch eine direkt sekretorische Rolle zukommt. Die erste Anlage des Plexus chorioideus medius (ventr. III.), welche die Lamina chorioidea epithelialis ventriculi tertii des Zwischenhirnes einstülpt, ist eine paarige. Sie geht, ebenso wie die Plexus chorioidei der Seitenventrikel, von der gefäßhaltigen Schicht der Pia mater aus, welche sich zwischen der unteren Fläche des Balkens und dem Fornix einerseits und der epithelialen Decke des Zwischenhirns andererseits vorschiebt. In frühen Stadien,

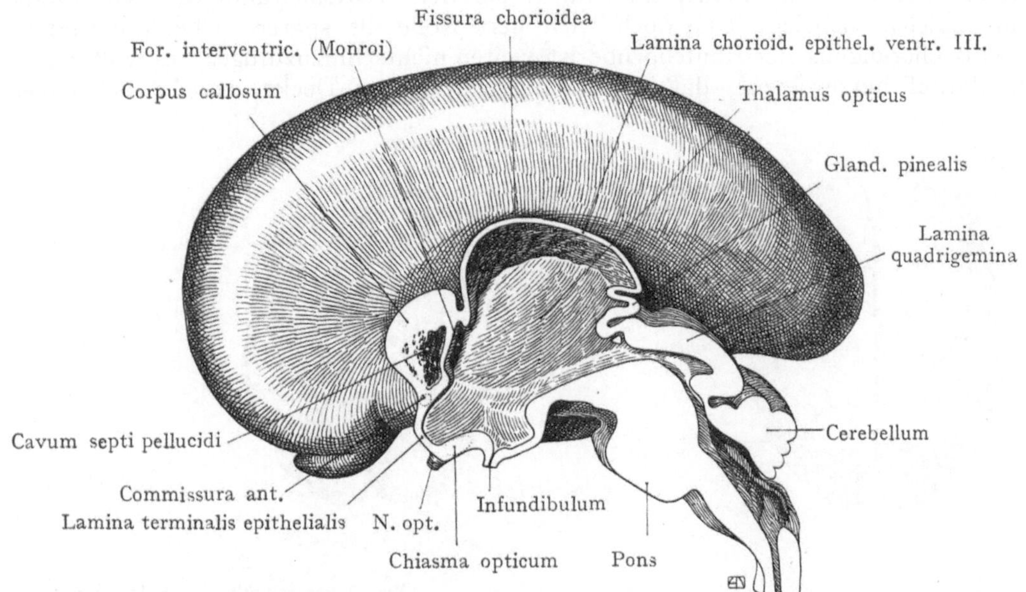

Fig. 561. Medianschnitt durch das Gehirn eines menschlichen Fetus von 102 mm Scheitel-Steiß-Länge. Vergr. 3.
Nach Hochstetter.

bevor sich der Balken nach hinten auszudehnen begonnen hat, gehört diese Schicht der Falx cerebri primitiva' an, die bei der Bildung des Balkens in zwei Abschnitte

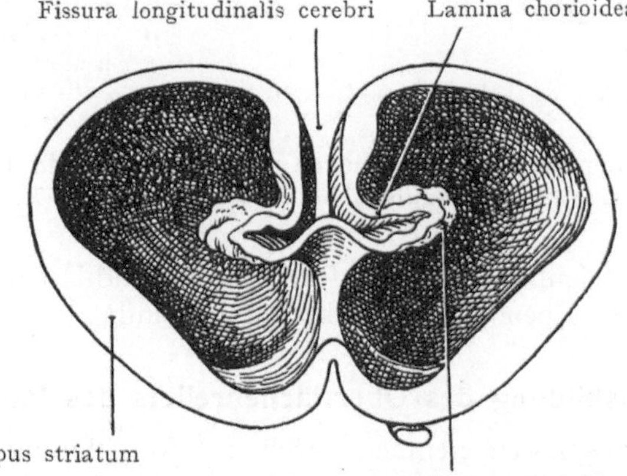

Fig. 562. Ansicht der Höhlenfläche des Endhirns eines Embryos von 17 mm Länge mit Einstülpung der Plexus chorioidei.
Nach F. Hochstetter, Beiträge zur Entwicklungsgeschichte des menschlichen Gehirns, I. Teil, 1919. Tafel V, Fig. 32. Vergr. 14.

zerfällt. Von diesen liegt einer oberhalb des Balkens und wird zur Falx cerebri, während der untere beim fertigen Gehirne von hinten her unter dem Splenium corporis callosi vordringt und die Plexus chorioidei des dritten und der lateralen Ventrikel liefert.

Die Einstülpung der medialen Hemisphärenwand in der Fissura chorioidea beginnt vorn gerade oberhalb des Foramen interventriculare (Figg. 560—562) und dehnt sich mit dem Auswachsen der Großhirnhemisphären immer weiter nach hinten und unten aus. Bemerkenswert ist die außerordentlich starke Entfaltung der Plexus chorioidei laterales beim Fetus; hier füllen sie den Ventrikelraum fast vollständig aus und spielen vielleicht eine noch wichtigere Rolle als später. Über die Bildung des Plexus chorioideus der Rautengrube ist weiter nichts hinzuzufügen; es wurde auch bereits darauf hingewiesen, daß die Öffnungen an der Decke des IV. Ventrikels

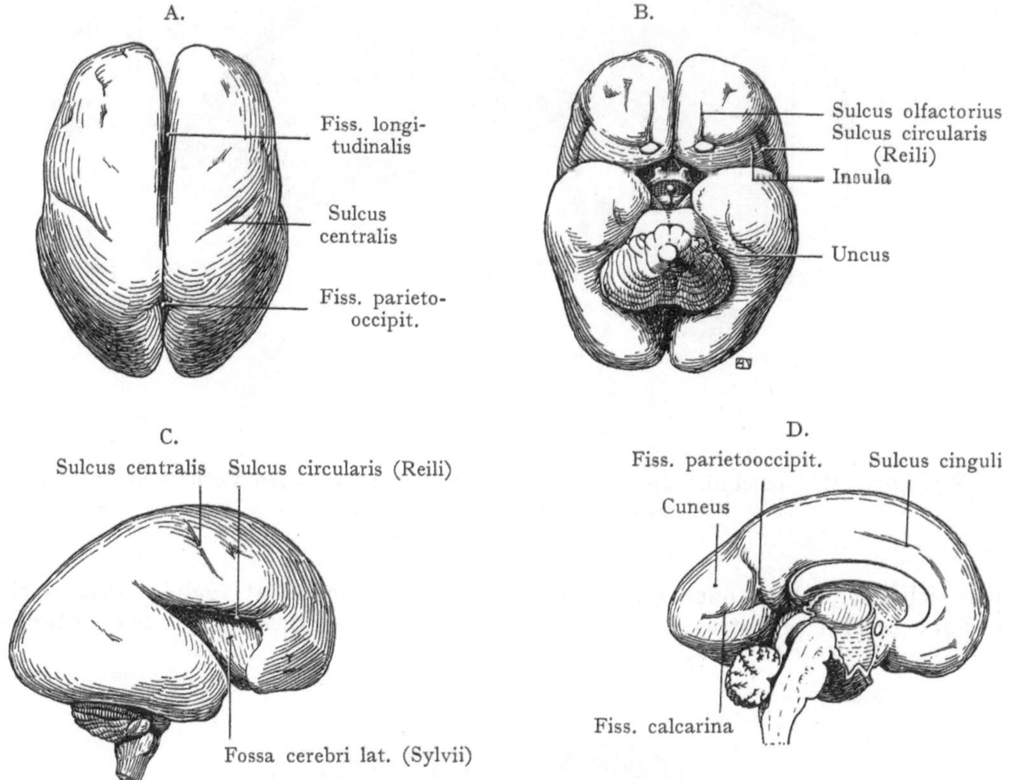

Fig. 563. Verschiedene Ansichten des Gehirns eines menschlichen Fetus von 5 Monaten. Nach G. Retzius, Menschenhirn 1896. II. Band. Taf. X. 1—4.

(Apertura medialis ventriculi quarti seu foramen Magendii usw.) sekundär auf lokale Resorptionsvorgänge des Ependyms zurückzuführen sind.

12. Ausbildung des Oberflächenreliefs des Palliums.

Die Großhirnhemisphären nehmen rasch an Ausdehnung zu, indem sie schon im dritten Monate die Thalami optici bedecken, im vierten Monate die Vierhügel erreichen, im sechsten Monate diese und sogar auch einen Teil des Kleinhirns überlagern; am Ende des achten Monates reichen sie nach hinten über das Kleinhirn hinaus.

Die Oberflächen der Großhirnhemisphären bleiben lange glatt, denn erst mit dem Anfange des vierten Monates erscheinen die ersten Furchen. Allerdings ist denselben im Bereiche des Stammteiles des Großhirns die Bildung der Fossa cerebri lateralis (Sylvii) vorausgegangen, welche (s. oben) durch das Wachstum der Großhirnhemisphären eine schärfere Abgrenzung und eine bedeutendere Vertiefung erlangt.

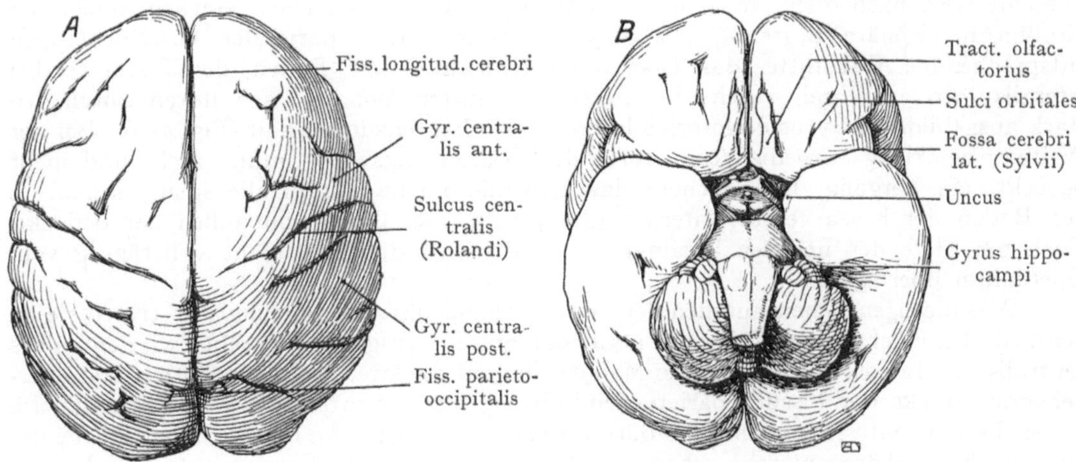

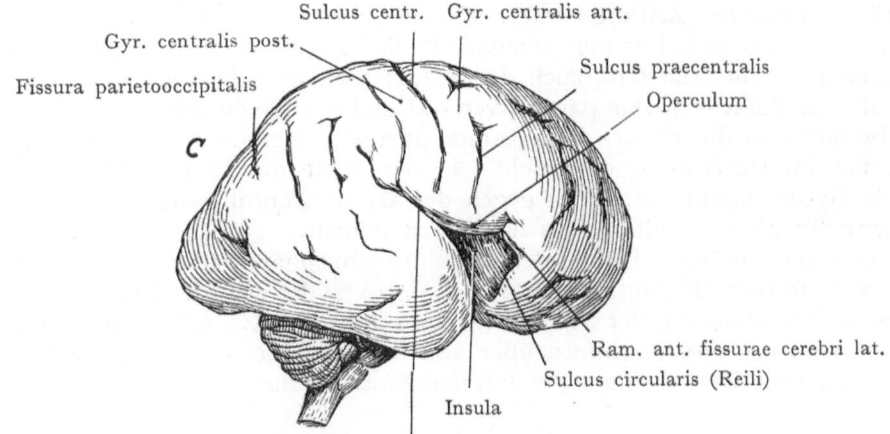

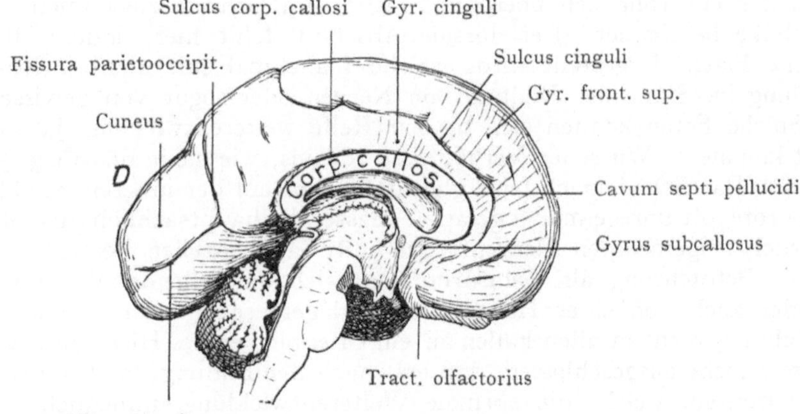

Fig. 564. Ansichten des Gehirns eines menschlichen Fetus von 38 cm Länge (7 Monaten). Entwicklung der Großhirnfurchen und Windungen.
Nach G. Retzius, Menschenhirn 1896. Vol. II. Taf. XXVII.

Dieselbe wird nach oben, nach hinten und nach vorn durch einen starken Wulst der Großhirnhemisphäre begrenzt, aus dessen mittlerem dem parietalen Großhirnlappen entsprechenden Abschnitte, das Operculum entsteht. Der Boden der Fossa cerebri lateralis wird zur Insel, welche bei Feten im fünften Monate nach unten durch den stark ausgebildeten Gyrus olfactorius lateralis eine Begrenzung erhält (Fig. 559). Bei der Weiterentwicklung wird die Fossa durch den Begrenzungswulst immer mehr und mehr bedeckt, ein Vorgang, bei welchem das Operculum eine Hauptrolle spielt, indem es den Boden der Fossa cerebri lateralis (die Insula) allmählich von außen her bedeckt. Noch am Ende des neunten Fetalmonats wird jedoch die Insel nicht vollständig vom Operculum überlagert.

Was die eigentlichen Furchen der Großhirnhemisphären anbelangt, so treten sie an der medialen Fläche etwas früher auf als an der lateralen (Fig. 563); so sehen wir den Sulcus centralis (Rolandi) erst im fünften Monate, die auf die laterale Hemisphärenwand übergehende Strecke der Fissura parietooccipitalis erst im siebenten Monate entstehen. Im 7. 8. Fetalmonate entstehen sekundäre Furchen (Fig. 564). An der medialen Fläche der Großhirnhemisphäre entsteht schon am Anfange des vierten Fetalmonates die Fissura parietooccipitalis als Grenze zwischen dem Lobus occipitalis und dem Lobus parietalis und ungefähr zur gleichen Zeit die Fissura calcarina, welche an der Ventrikelwand im Hinterhorne den Wulst des Calcar avis erzeugt. Beide Fissuren begrenzen zusammengenommen den Cuneus. Sehr früh tritt auch der Sulcus corporis callosi auf, welcher unmittelbar oberhalb des Balkens diesem parallel verläuft und mit seinem nach unten sich wendenden Endabschnitte in die Fissura hippocampi übergeht, der die Vorwölbung der Ammonsformation im Unterhorne entspricht. In der Mitte des fünften Monats beginnt sich der den Gyrus cinguli nach oben gegen den Gyrus frontalis superior und den Lobulus paracentralis abgrenzende Sulcus cinguli zu bilden.

Von einer unteren Fläche der Großhirnhemisphären läßt sich eigentlich erst bei Feten vom dritten Monate sprechen. Bei diesen bildet sich die Fissura collateralis aus, welche an der Wandung der Seitenventrikel die Eminentia collateralis erzeugt; sie geht nach vorn in die Fissura rhinica über, um hier das Riechhirn resp. den Gyrus hippocampi von dem Gyrus temporalis inferior zu trennen.

Mißbildungen des Gehirns.

Die Bildung des Gehirns als solches kann ganz ausbleiben; der Zustand, bei welchem das Hirnrohr sich überhaupt nicht zum Gehirne zusammenschließt, wird als Anencephalie bezeichnet. Der dorsale Abschluß fehlt hier, indem die Gehirnanlage durch eine Platte dargestellt wird, welche manchmal eine nicht unerhebliche Weiterentwicklung im Sinne der Bildung von Nerven oder sogar von gewissen Bahnen aufweist. Solche Feten können sich bis zur Reife weiterentwickeln, ja sogar lebend auf die Welt kommen. Wir sehen Verhältnisse vor uns, wie sie in den Figg. 565 u. 566 abgebildet sind. Das Schädeldach fehlt gleichfalls, und auf der inneren Schädelbasis erblickt man eine rote, oft unregelmäßig gelappte Masse, die hauptsächlich aus Glia und Gefäßen mit spärlich beigemengten Nervenfasern und Ganglienzellen besteht. Diese bei oberflächlicher Betrachtung als Gehirnrudiment sich darstellende Masse kann offen vorliegen oder auch von einer Hautdecke überlagert sein. Man braucht zur Erklärung der Mißbildung nicht in allen Fällen an ein Offenbleiben des Hirnrohres zu denken, vielmehr ist es nicht ausgeschlossen, daß erst nach der Bildung des Rohres diejenigen Störungen auftreten, welche die normale Weiterentwicklung unmöglich machen und zur seitlichen flächenhaften Ausbildung der Anlage führen. Die Entwicklung der Hirnnerven geht dabei bis zu einem gewissen Grade vor sich. Deshalb ist es sehr wahrscheinlich, daß die der Mißbildung zugrunde liegenden Ursachen sich erst geltend machen, nachdem die Nerven sich angelegt haben. Es sei auch auf die eigentümliche Form des

Kopfes hingewiesen, die uns in den Figg. 565 und 566 entgegentritt. Der größte Teil
der Schädelwölbung fehlt, auch ist die Stirn äußerst niedrig und geht in eine horizontale
oder auch nach hinten leicht abfallende Fläche über, auf welcher die Gehirnreste zu

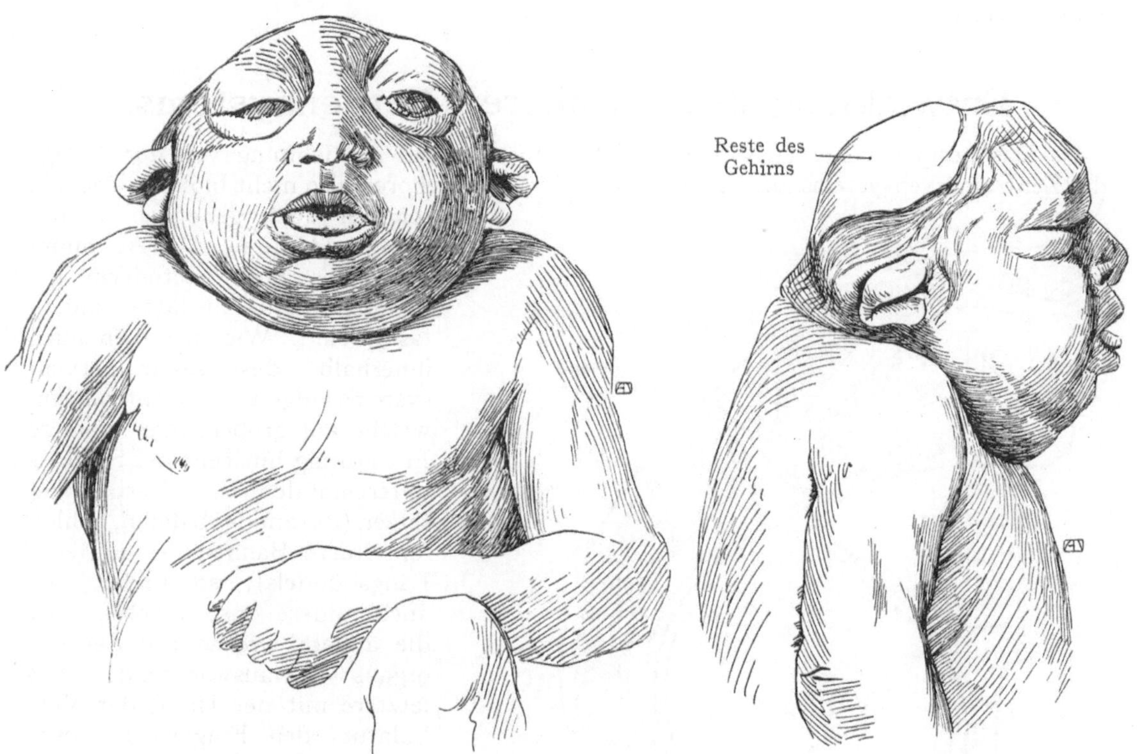

Fig. 565. Ansicht von vorne.   Fig. 566.   Von der Seite gesehen.
Anencephale.   Basler Sammlung.

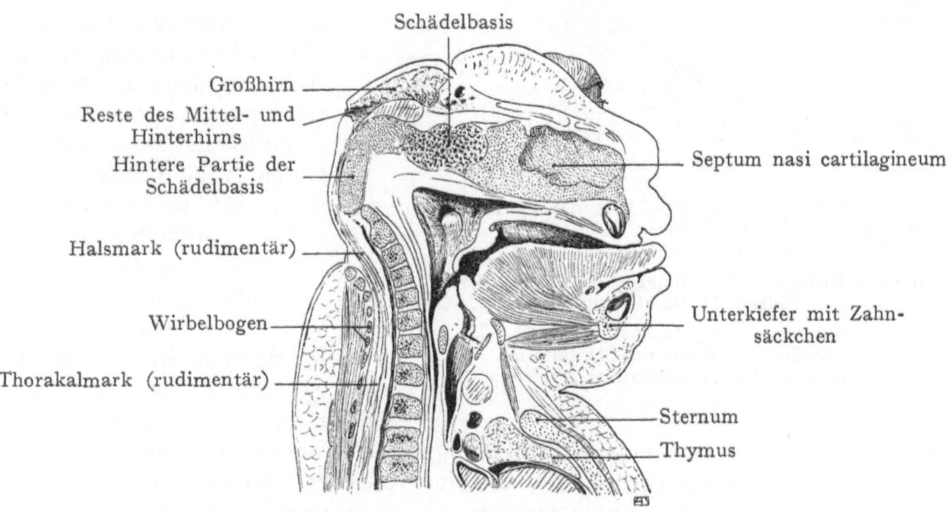

Fig. 567. Medianschnitt durch den Kopf eines Anencephalen.
Basler Sammlung.

sehen sind (vgl. den Medianschnitt der Fig. 567). Das Septum nasi und die Nasenhöhlen sind dagegen normal, die Augen groß und vorstehend. Die Störung kann in
sehr verschiedenem Grade ausgebildet sein. Auch sind sogar Fälle beschrieben
worden, in denen noch ein großer Teil des Rückenmarks im Zustande einer offenen
Platte verharrt.

Entwicklung des peripheren Nervensystems.

Das periphere Nervensystem wird in seiner ganzen Ausdehnung von der Anlage
des Zentralnervensystems aus gebildet; beide Systeme gehören also nicht bloß funktionell,
sondern auch genetisch zusammen, indem sie als Abkömmlinge der vom Ectoderm gebildeten Medullarplatte aufzufassen sind. Wie sich eben auch innerhalb des Zentralnervensystems lange Bahnen entwickeln, welche auf größere oder kleinere Entfernung hin Teile des Systems untereinander in Verbindung setzen (Pyramidenbahnen, Schleifen, kurze Bahnen des hinteren Längsbündels), so bilden sich auch andere aus, welche, über die äußere Grenze des Zentralorgans hinauswachsend, das letztere mit der Haut, der Muskulatur, den Eingeweiden usw. verknüpfen. Die Tatsache, daß die sensiblen Fasern von den Spinal- resp. Cerebralganglienzellen sowohl centripetal als auch centrifugal auswachsen, tut dieser Betrachtungsweise keinen Abbruch, denn wir sind wohl berechtigt, die Ganglienleiste im Grunde als einen Teil der zentralen Anlage aufzufassen, auch wenn sie bei der Entwicklung nicht unmittelbar in diese letztere mit aufgenommen wird.

Wir gehen nun zunächst von der Tatsache aus, daß sich im Bereiche des Rumpfes, jedem Somiten entsprechend, ein Spinalnerv bildet (Fig. 568). An diesem

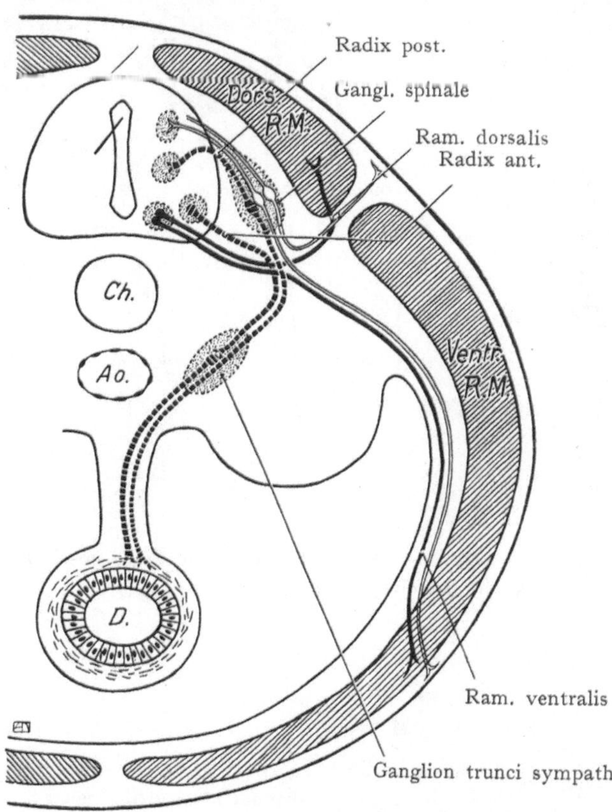

Fig. 568. Schematischer Querschnitt durch einen Wirbel-
tierembryo zur Veranschaulichung des Verlaufes der Fasern
in den Spinalnerven.

Zum Teil nach Edinger, Vorlesungen über die nervösen Zentral-
organe. II. Band. 1908.

hell   = sensible Fasern.
schwarz   = motorische Fasern.
unterbrochen   = sympathische Fasern.

unterscheiden wir die mit einem Spinalganglion versehene sensible Radix posterior,
welche sich mit der motorischen Radix anterior vereinigt. Der Spinalnerv gibt zunächst
einen in die Bildung des sympathischen Grenzstranges eingehenden Ramus com-
municans (seu visceralis) ab; sodann teilt er sich in einen zur epaxonischen
(dorsalen) Muskulatur verlaufenden Ramus dorsalis und einen zur hypaxonischen

Muskulatur gehenden Ramus ventralis. Dieser gibt einen Ramus lateralis ab, welcher in die Extremitätenanlage eintritt und im übrigen Bereiche des Rumpfes teils die ventrale Muskulatur versorgt, teils mit seinen sensiblen Fasern zur Haut geht. Die Hirnnerven lassen sich nicht leicht in ein Schema einreihen; bloß die Untersuchung ihrer Ontogenie bringt uns bis zu einem gewissen Grade ihrer wahren Natur näher. Wir können sie in zwei Gruppen einteilen; in die erste gehören alle jene Nerven, welche ursprünglich bei Amnioten in den Schlundbogen lagen (Schlundbogennerven). Von solchen haben wir den N. mandibularis aus dem N. trigeminus, ferner die Nn. facialis, glossopharyngeus, vagus und accessorius. Die Stellung der beiden ersten Äste des N. trigeminus, des N. ophthalmicus und des N. maxillaris, ist unklar, doch ist es nicht ausgeschlossen, daß sie zusammen einen eigenen, vom N. mandibularis ursprünglich unabhängigen Nerven darstellen. Eine zweite Gruppe umfaßt die drei Augenmuskelnerven, von denen man möglicherweise den N. oculomotorius als einen segmentalen Nerven ansehen darf, dessen dorsale Wurzel fehlt. Die Stellung des N. trochlearis und des N. abducens ist noch unbestimmt. Dagegen bildet der N. hypoglossus einen Komplex von vorderen Wurzeln echter Spinalnerven und so gewissermaßen einen Übergang zu diesen (s. Entwicklung der Zungenmuskulatur). Der N. olfactorius und der N. opticus sind als integrierende Bestandteile des Zentralnervensystems in der Form langer Bahnen aufzufassen. Im allgemeinen müssen wir bei der Beurteilung der Kopfnerven im Auge behalten, daß die (viscerale) Muskulatur der Schlundbogen bei den höheren Formen eine viel weitere Umlagerung erfahren hat, als selbst die Extremitätenmuskulatur. Erst durch die Verfolgung der Ontogenese erlangen wir ein Verständnis sowohl für die Kiemenmuskulatur, als auch für ihre Nerven. Ein Beispiel dafür können wir in dem Nachweis erblicken (s. Muskulatur), daß auch der Ramus externus des N. accessorius, welcher die Mm. trapezius und sternocleidomastoideus versorgt, einen Kiemenbogennerven darstellt, dessen Muskulatur sich in caudaler Richtung mächtig entwickelt und sekundär eine Insertion am Schultergürtel gewinnt.

Histogenese des peripheren Nervensystems.

Die früheste Differenzierung des peripheren Nervensystems erblicken wir in der Bildung der vom Medullarrohre mehr oder weniger unabhängigen Ganglienleiste (s. oben). Wir haben gesehen, daß die Zellen derselben zum Teil eine Spindelform annehmen und sowohl einen zentral in die Flügelplatte des Medullarrohres einwachsenden, als auch einen peripheren, in die Bildung der Spinalnerven eingehenden Fortsatz bilden; es sind dies die späteren Spinalganglienzellen (Fig. 568). Außerdem liefert aber die Ganglienleiste sowohl für die sensiblen als für die motorischen Fasern die Zellen der Schwannschen Scheide (s. unten). Unterdessen greifen auch an der Grundplatte des Medullarrohres Veränderungen Platz. Zellen, die auf dem in Fig. 507 dargestellten Stadium noch größtenteils epithelial sind, werden birnförmig, gelangen gegen die Peripherie der Wandung und bilden Achsenzylinderfortsätze, von denen wir gesehen haben, daß sie teils (Commissurenfasern und Strangfasern) auf das Zentralorgan beschränkt bleiben, teils als vordere Wurzelfasern aus demselben austreten und sich den peripheren Fortsätzen der Spinalganglienzellen, jenseits des Spinalganglions, zur Bildung des segmentalen Spinalnerven anschließen (Fig. 512).

Über die Beziehungen zwischen den auswachsenden Achsenzylindern und den übrigen Zellen des Medullarrohres stehen sich zur Zeit zwei Ansichten gegenüber. Nach der einen (Ramon y Cajal u. a.), der sich auch W. His sen. anschließt, wächst der Achsenzylinderfortsatz einer Nervenzelle interzellulär aus. Niemals dringt er nach dieser Auffassung in das Innere einer anderen Zelle ein. Nach der zweiten Ansicht dagegen, die von H. Held vertreten wird, gewinnt der Achsenzylinderfortsatz sehr frühzeitig innige Beziehungen zu anderen Zellen, welche wir geradezu mit einer Symbiose auf Grundlage eines Syncytiums vergleichen können. Nach Held sollen die Achsenzylinderfortsätze nicht interzellulär, sondern intrazellulär auswachsen, indem alle Zellen des Zentralnervensystems ein Syncytium bilden, also untereinander in Zusammenhang stehen. Deshalb sind nach Held die Nervenzellen auch nicht die einzigen für die Bildung der Nervenbahnen in Betracht kommenden Elemente; ein Satz, der sowohl für das zentrale, als auch für das periphere Nervensystem Gültigkeit besitzen soll. Der Achsenzylinder soll dabei in die bereits präformierten Bahnen eines Syncytiums auswachsen. Im peripheren Nervensysteme sollen die Zellen der Schwannschen Scheide diejenigen Elemente darstellen, welche mit den auswachsenden Achsenzylinderfortsätzen gewissermaßen symbiotisch in die Bildung einer Nervenfaser eingehen und für diese die Mutterzelle ersetzen. Sie spielen sowohl beim Wachstum als auch bei der Regeneration der Nervenfasern eine wichtige Rolle. Die Anschauungen von Held stimmen gut zu dem neuerdings von Nemiloff geschilderten Verhalten der Zellen der Schwannschen Scheide in markhaltigen Nervenfasern. Nemiloff findet in jeder von zwei Ranvierschen Einschnürungen begrenzten Strecke einer markhaltigen Nervenfaser eine oder mehrere Schwannsche Zellen, deren Kerne der Peripherie der Markscheide anliegen, während fein verzweigte Protoplasmafortsätze in das Innere der Markscheide eindringen und hier ein, bis an den Achsenzylinder reichendes Netz herstellen. Dieses bietet der halbflüssigen Markscheide ein Gerüst dar, das bei der Extraktion des Myelins als Neurokeratinnetz übrig bleibt (Fig. 569).

Die Frage nach der Herkunft und der Rolle der Schwannschen Zellen blieb lange Zeit unentschieden. Früher galt ihre Abstammung aus dem die Nerven umgebenden Mesenchym für gesichert, in neuerer Zeit ist man jedoch ziemlich allgemein der Annahme beigetreten, daß sie aus dem Zentralnervensysteme stammen und mit den Gliazellen in eine Reihe zu stellen sind. Die experimentellen Untersuchungen von Harrison scheinen für die Richtigkeit dieser Anschauung den Beweis zu liefern. Harrison hat bei Froschlarven mit eben angelegter Ganglienleiste diese in der Ausdehnung mehrerer Segmente mittels eines Scherenschlages entfernt und eine Bildung von Schwannschen Zellen in den entsprechenden Spinalnerven vermißt. Dagegen entwickeln sich auch nach der Entfernung der motorischen Wurzel typische Schwannsche Scheidenzellen, wenn nur die Ganglienleiste intakt geblieben ist. Harrison zieht aus diesen Beobachtungen den Schluß, daß die fraglichen Zellen bloß aus Zellen der Ganglienleiste entstehen können, welche nach unten wachsen und sich den Nervenfasern anlegen. Die Histogenese der Schwannschen Zellen als ectodermale Gebilde deutet also darauf hin, daß sie eigentlich mit den Gliazellen zusammengehören, obgleich ihre Beziehungen zur auswachsenden Nervenfaser viel inniger

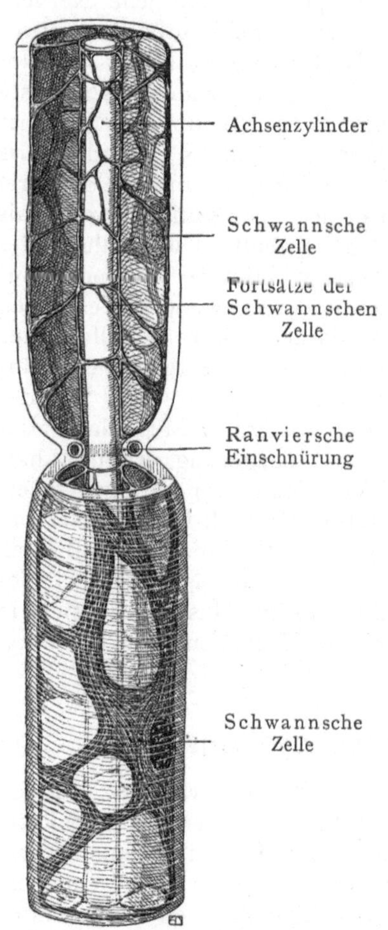

Fig. 569.   Schema des Baues einer markhaltigen Nervenfaser.
Nach Nemiloff, Arch. f. micr. Anat. 76. 1910/11.
In der oberen Hälfte des Bildes ist die Nervenfaser der Länge nach halbiert dargestellt.

zu sein scheinen, als diejenigen der Gliazellen zu den markhaltigen Fasern des Zentral-nervensystems.

Die Art und Weise der Entstehung einer Verbindung zwischen den Nervenfasern und ihren Endorganen ist noch nicht einwandfrei klargelegt worden. Nach der von

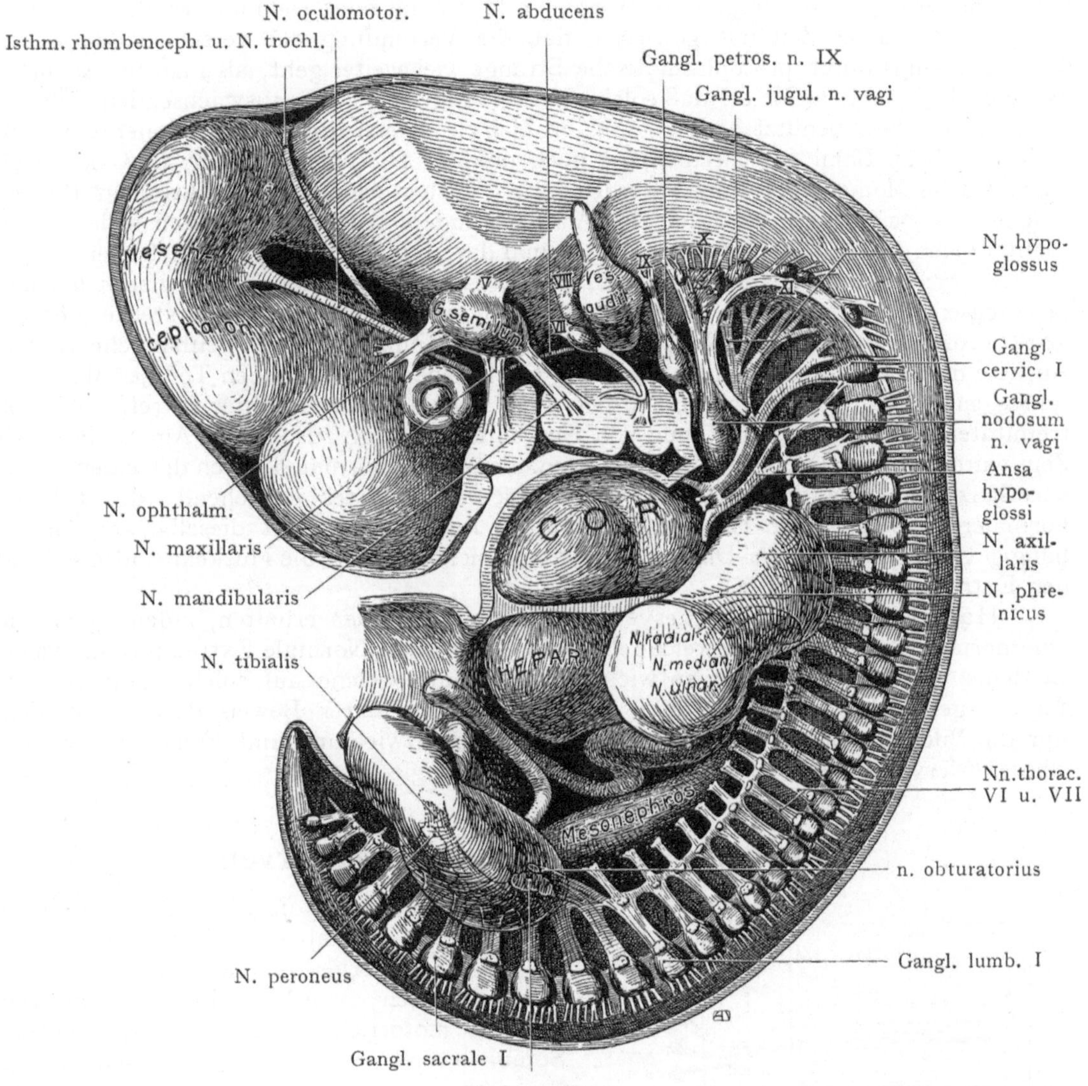

Fig. 570. Ausbildung des peripheren Nervensystems bei einem menschlichen Embryo von 10 mm Länge
Nach Streeter, Amer. Journ. of Anat. VIII. 1908.

Gegenbaur und seiner Schule vertretenen Ansicht ist der Zusammenhang zwischen einer Nervenfaser und ihrem Endorgan, z. B. einer Muskelbildungszelle des Myotoms, von vornherein gegeben und wird im Laufe der Entwicklung bloß weiter ausgebaut. Der Gegenbaurschen Theorie wurde von His und Hensen eine andere gegen-übergestellt, nach welcher die Nervenfasern, welche als Achsenzylinderfortsätze von den Ganglienzellen auswachsen, erst sekundär mit ihren Endorganen in Verbindung treten sollen. Die His-Hensensche Theorie wurde von der Mehrzahl der Forscher

34*

angenommen, und man suchte dem Einwande gegen ihre Richtigkeit, welche in die Frage gekleidet wurde: Wie finden die Nervenfasern bei ihrem Auswachsen den Weg zu ihren Endorganen? durch den Nachweis zu begegnen, daß die Verbindung zu einer Zeit erfolgt, da die Endorgane (Haut, Myotom) und das Zentralnervensystem benachbart sind. Die einmal hergestellte Verbindung sollte durch die Verschiebung oder Wanderung der Endorgane bloß eine Verlängerung oder Dehnung erfahren. Held hat nun in neuerer Zeit nachgewiesen, daß die Verbindung der verschiedenen Zellen des Organismus durch protoplasmatische Stränge viel weiter geht, als man bisher angenommen hat, auch meint er, daß solche Verbindungen von den auswachsenden Achsenzylinderfortsätzen benutzt werden, um ihr Ziel zu erreichen. Welche Momente jedoch diese oder jene Bahn vorschreiben, ist noch unklar. Die einen meinen, daß sie durch mechanische Momente bestimmt werde, andere suchen sie in chemotaktischen Reizen, welche dem auswachsenden Ende des Achsenzylinders seinen Weg weisen sollen; vielleicht dürfen wir hoffen, daß auch hier einmal das Experiment Klarheit schaffen werde.

Harrison hat nun experimentell nachgewiesen, daß noch bis in ziemlich späte Zeit Achsenzylinderfortsätze aus dem Medullarrohr auswachsen können. Er stellte „nervenlose" Froschlarven dadurch her, daß er bei ganz jungen Larven, entsprechend dem Ansatze der vorderen Extremitätenanlage, durch Scherenschnitt einen Teil des Medullarrohres entfernte. Solche Larven wurden 7—9 Tage alt, ohne in ihrer betreffenden Extremitätenanlage irgend eine Spur von Nervenfaserbildung zu zeigen. Am Ende dieser Zeit wurden diese nervenlosen Extremitätenanlagen auf normale Larven derselben Größe verpflanzt und nun erfolgte, von den Nerven des Wirtes ausgehend, die Bildung normaler Nerven in der Extremitätenanlage. Anscheinend geht dieselbe ganz unabhängig von dem Grade der Differenzierung vor sich, welchen die Muskeln und die Haut der Extremitäten aufweisen.

Harrison konnte eine „nervenlose" Larve am Leben erhalten, indem er sie auf eine normale Larve pfropfte, welche ihr als Amme diente. Normale Extremitätenanlagen, in denen sich schon Nerven entwickelt hatten und welche auf solche „aneurogene" Larven gepfropft wurden, verloren ihre Nerven, ein klarer Beweis dafür, daß nicht nur die Bildung, sondern auch die normale Weiterentwicklung und Funktion der peripheren Nerven vom zentralen Nervensystem abhängig ist.

Metamere Verteilung der Spinalnerven.

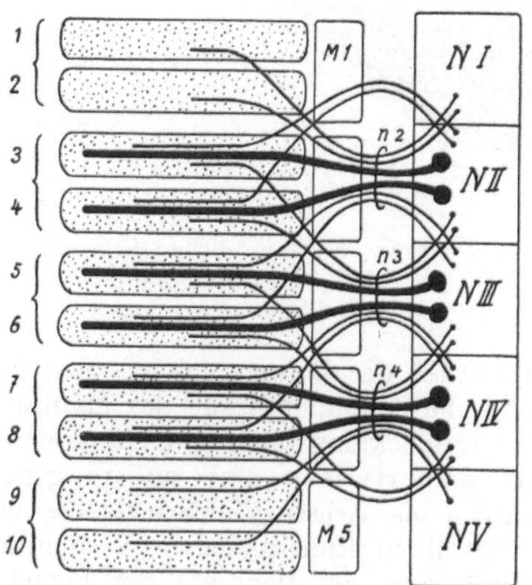

Nachdem man die Erkenntnis gewonnen hatte, daß sowohl die Rumpfmuskulatur als die Spinalnerven in segmentaler Reihenfolge auftreten, wurde weiter angenommen, daß die motorischen Fasern eines gegebenen Spinalnerven sich auf das demselben ent-

Fig. 571. Schema der Zusammensetzung der vorderen Wurzeln.
Nach C. Rabl, Bausteine z. Theorie d. Extrem. d. Wirbeltiere. 1910.
Verteilung der motorischen Fasern an die Muskulatur der Selachierflosse. Jede motorische Spinalwurzel wird aus Fasern von 3 Rückenmarkssegmenten zusammengesetzt.
N I, II, III, IV, V Neuromere.
n 2, n 3, n 4   entsprechende motorische Wurzeln.
M 1—M 5   Myomere.
1—10   Radialmuskeln der Strahlen.

sprechende Myotom oder auf dessen Derivate beschränken. Dieser Satz ist nach C. Rabl auch jetzt noch gültig, freilich mit einer gewissen Einschränkung. Rabl fand zwar, daß jede ventrale Wurzel Fasern enthalte, welche in das cranial und caudal von dem betreffenden Neuromer gelegene Myotom eintreten. Allein diese Fasern gehören bloß scheinbar dem betreffenden Neuromer an; in Wirklichkeit kommen sie je von einem cranialen und caudalen Neuromer und schließen sich nur einer ventralen Wurzel an, um sich alsbald, außerhalb des Rückenmarks, zu dem Myotome abzuzweigen, das ihrem Ursprungsneuromer entspricht. Bloß die in Fig. 571 stark ausgezogenen Fasern gehen direkt durch eine ventrale Wurzel zum Myotom hindurch, die übrigen Fasern, die eigentlich im nächst höheren oder im nächst tieferen Neuromer wurzeln, biegen wieder zu ihren entsprechenden Myotomen ab.

Auf diese Weise wird eine Polyneurie der einzelnen Muskeln erzielt, die bei Wirbeltieren wohl in sehr weiter Verbreitung vorkommt. Beim Menschen enthält fast jeder Nerv Fasern aus zwei oder mehreren Spinalnerven. Die Fig. 571 zeigt, wie eine derartige Polyneurie zustande kommen kann, ohne daß man für ihre Erklärung der von anderer Seite aufgestellten Ansicht einer Wanderung und Verschmelzung von Teilen verschiedener Myotome zustimmen muß.

Bildung der Nervenplexus.

Nervenplexus treten sehr früh auf, so sehen wir sie schon bei dem in Fig. 570 abgebildeten Embryo aus der ersten Hälfte des zweiten Monats gut ausgebildet. Sie betreffen hauptsächlich die Rami ventrales, vor allem derjenigen Nerven, welche zur Extremität verlaufen. Sehr weit verbreitet ist die Ansicht, daß die Entstehung der Plexus auf Verlagerungen und Verschiebungen der von den Nerven versorgten Muskeln resp. Hautpartien während der embryonalen Entwicklung beruhe. Insbesondere sollen die Verschiebungen der Muskelanlagen in den Extremitäten die Überkreuzung der Nervenfasern erklären. Allein die Entstehung der Nervenplexus kann viel früher zurückverlegt werden, indem eine Vermengung der Zellen der benachbarten Myotome stattfindet, die, lange vor der Bildung der einzelnen Muskeln, zu einer Überkreuzung der einzelnen Nervenfasern führen kann. Bei der Sonderung einer einheitlichen Muskelanlage in einzelne Muskeln muß eine solche Überkreuzung erfolgen, die je nach der Art der Teilung dieser ursprünglich aus mehr oder weniger vermischten Myotomen zusammengesetzten einheitlichen Muskelanlagen auch verschieden ausfallen muß. ,,Aus dem Übergreifen der Myotome, aus dem Vorwachsen der Muskelbildungsmasse in distaler Richtung, aus der Gliederung der Muskelbildungsmasse in einzelne Muskelgruppen,

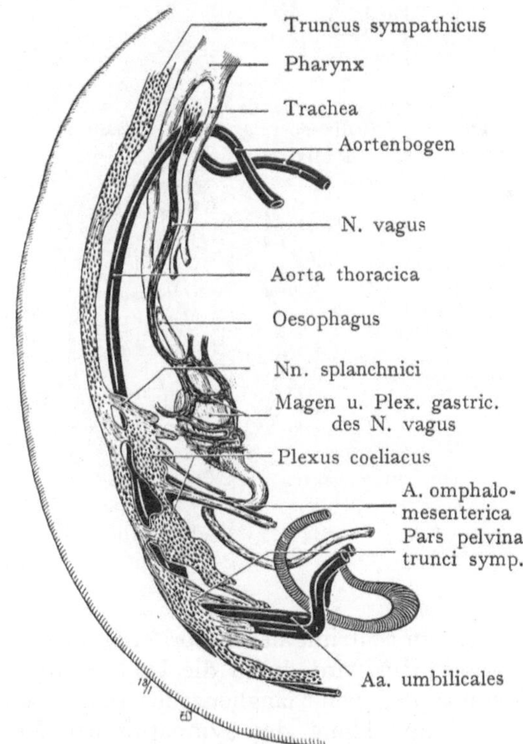

Fig. 572. Sympathischer Grenzstrang und Bauchganglien eines menschlichen Embryos von 10,5 mm Länge.
Nach W. His, jun., Arch. f. Anat. u. Entw.-Gesch. Suppl.-Band 1897 und Abh. d. kgl. sächs. Akad. d. Wiss. Math.-phys. Kl. XVIII. 1891.

läßt sich das Zustandekommen eines Nervengeflechtes erklären" (S. v. Schumacher).
Wir dürfen wohl sagen, daß jedes Myotom nur durch Fasern aus seinem entsprechen-
den Neuromer innerviert wird, daß aber schon bei der Umbildung der Muskellamellen der
Myotome eine Vermengung der Zellen der benachbarten Myotome erfolgt, die bei der
Sonderung einzelner Muskelanlagen aus der gemeinsamen Masse eine Überkreuzung
der Nerven im Plexus zur Folge haben muß.

Entwicklung des sympathischen Nervensystems.

Das sympathische Nervensystem wird von Fasern gebildet, die aus den Rami
communicantes (viscerales) der Spinalnerven abbiegen.   Dabei handelt es sich ent-

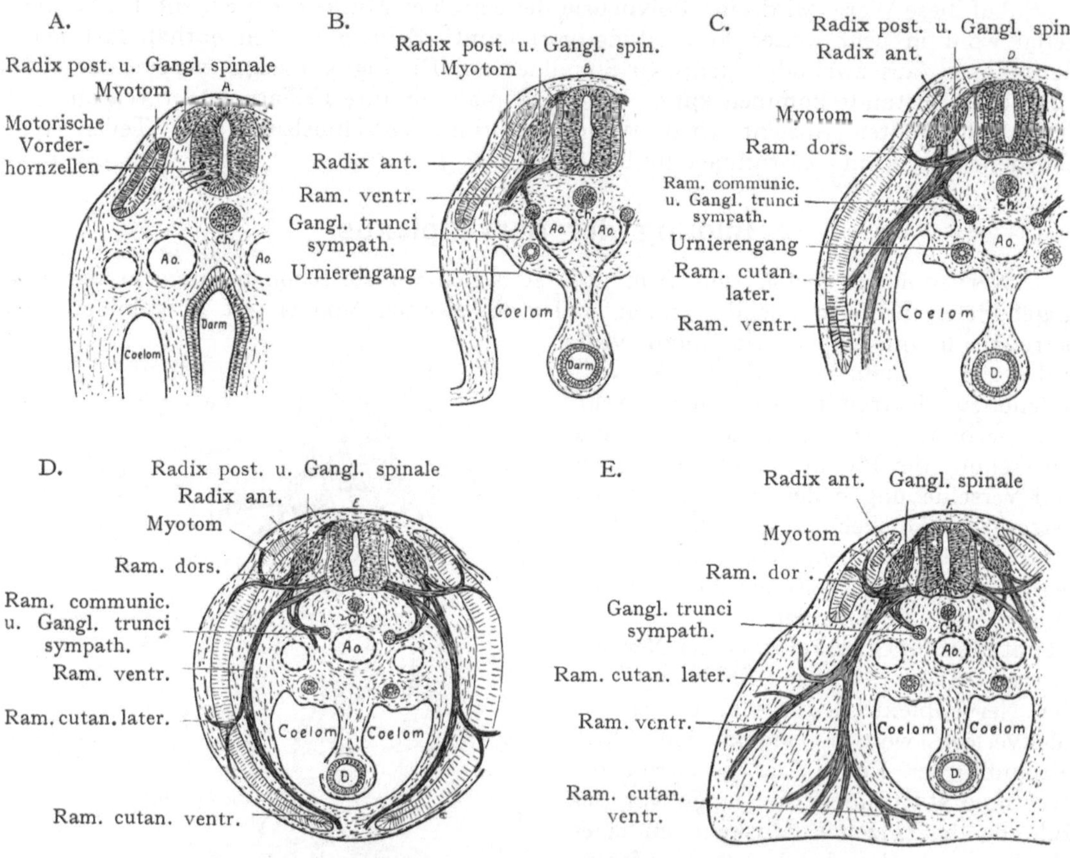

Fig. 573 A—E. Schemata der Entwicklung der Spinalnerven.
Nach Patterson und Cunningham, Textbook of Anatomy.

weder um centrifugale (motorische) oder um centripetale (sensible) Fasern. Der Truncus
sympathicus wird durch die Umbiegung visceraler Fasern in die Längsrichtung unter
Beimengung von Ganglienzellen (Ganglia trunci sympathici) hergestellt (Fig. 573 A—E).
Die Bildung des sympathischen Nervensystems geht von den Zellen der Ganglienleiste aus, von denen eine Anzahl ventralwärts wandern, um längs der Chorda
dorsalis einen kontinuierlichen Zellstrang, den primitiven Grenzstrang des Sympathicus,
zu bilden (Fig. 572). Dieser läßt noch eine Gliederung in einzelne Ganglien sowie auch
eine stärkere Entfaltung von Nervenfasern vermissen. Eine Anzahl von Zellen zweigt
sich in der Bauchgegend ab, um die Marksubstanz der Nebenniere und die chrom-

affinen Organe der Bauchhöhle herzustellen. Andere Zellen verlassen den primitiven Grenzstrang, um den Darmgefäßen entlang in die Bildung der verschiedenen sympathischen Plexus der Eingeweide einzugehen. Aus dem Halsteile des Grenzstranges gehen solche Abzweigungen auch zum Herzen. Weiterhin tritt eine reichliche Bildung von Nervenfasern hinzu, die teils von den Zellen des Rückenmarks und der Spinalganglien in den primitiven Grenzstrang einwachsen, teils von den Zellen des letzteren ausgehen, doch ist die Durchwachsung der Fasern in den verschiedenen Abschnitten des Grenzstranges keine gleichmäßige. In der Pars cervicalis, sacralis und coccygea fehlen in den Rami communicantes (viscerales) die aus dem Rückenmarke stammenden Wurzelfasern (Fibrae albae). Die hier allein vorhandenen Fibrae griseae der Rami communicantes sind als periphere Verzweigungen (Fibrae periphericae) des Sympathicus aufzufassen, welche sich den peripheren Verzweigungen der Spinalnerven in ihrem Verlaufe anschließen.

Auch im Bereiche der Kopfnerven bilden sich sympathische Ganglien. Solche erblicken wir im Ganglion ciliare, sphenopalatinum und oticum, welche sich den drei Ästen des N. trigeminus anschließen; sie entstehen genau wie die Ganglien des Grenzstranges durch Auswanderung von Zellen aus der Ganglienleiste. Wie weit das Auswachsen von Fasern innerhalb des Sympathicus geht, zeigt übrigens die Tatsache, daß ein großer Teil des Darmes, bis zum Dickdarm herab, noch Fasern des Vagus erhält.

Entwicklung der Hirnnerven.

Beim Vergleiche der Hirnnerven mit den Spinalnerven begegnen wir, wie gesagt, erheblichen Schwierigkeiten. Wir haben schon oben auf die Gesichtspunkte hingewiesen, welche bei der Untersuchung der einzelnen Nerven in bezug auf ihre Stellung maßgebend sind. Wir besprechen demgemäß zunächst den N. opticus und den N. olfactorius, die wir als Abschnitte des Zentralorgans aufzufassen berechtigt sind, um daran die Besprechung der übrigen echten Hirnnerven anzuschließen.

1. Entwicklung der Nn. olfactorius und opticus.

Der N. olfactorius bildet den Hauptteil des peripheren Gebietes des Rhinencephalons (s. S. 520), die eigentlichen Riechnerven haben wir dagegen in den Fila olfactoria zu erblicken, welche, von dem Riechepithel ausgehend, durch die Öffnungen der Lamina cribrosa zu den Glomeruli des Bulbus olfactorius verlaufen. Diese Fasern sind nach W. His erst bei Embryonen von 13—14 mm Nacken-Steißlänge vom Ende der fünften Fetalwoche an nachzuweisen.

Nervus opticus. Wir haben oben (Fig. 532) gesehen, daß die laterale Wand der primitiven Augenblase eine Einstülpung erfährt, in welche das Linsenbläschen aufgenommen wird, ferner, daß sich diese Einstülpung auch an der unteren Fläche des den Augenbecher mit dem Gehirn in Verbindung setzenden Canalis opticus hinzieht (Figg. 537 u. 539). In diese Furche wird die A. centralis retinae aufgenommen, welche durch die sich zusammenlegenden Ränder der Furche vollständig eingeschlossen wird. Die Fasern des N. opticus bilden sich von der Retina aus als Achsenzylinderfortsätze ihrer Ganglienzellen und benützen die Wandungen des Canalis opticus als ein Leitgebilde bei ihrem centripetalen Vorwachsen gegen das Gehirn, wo sie schon sehr früh mit dem Corpus geniculatum laterale und dem Thalamus opticus in Verbindung treten. Das Lumen des Canalis opticus wird auf diese Weise allmählich zur Obliteration gebracht, indem sich dabei die Epithelzellen der Wandung in Neurogliazellen umwandeln, welche mit der Zunahme der Fasern eine starke Reduktion erfahren (Figg. 574 u. 575). Ob diese interzellulär oder intrazellulär vorwachsen, ist noch nicht festgestellt. Im dritten Fetalmonate ist beim menschlichen Fetus das Lumen des Canalis opticus vollständig geschwunden. Die Opticusfasern breiten sich erst allmählich vom ventralen Umfange des Canalis opticus dorsalwärts auf den übrigen Teil der Wandung aus.

2. Entwicklung der Nn. III—XII.

Auch im Bereiche des Hirnrohres bildet sich eine Ganglienleiste, die zwar bei Amnioten in geringerer Ausdehnung auftritt als bei manchen niederen Formen (Selachiern). In frühen Stadien dehnt sie sich bis zum Isthmus rhombencephali, d. h. bis zur hinteren Grenze des Mittelhirnbläschens aus, dann tritt jedoch streckenweise eine Rückbildung, vielleicht auch eine Konzentration der Zellen der Leiste auf; sie

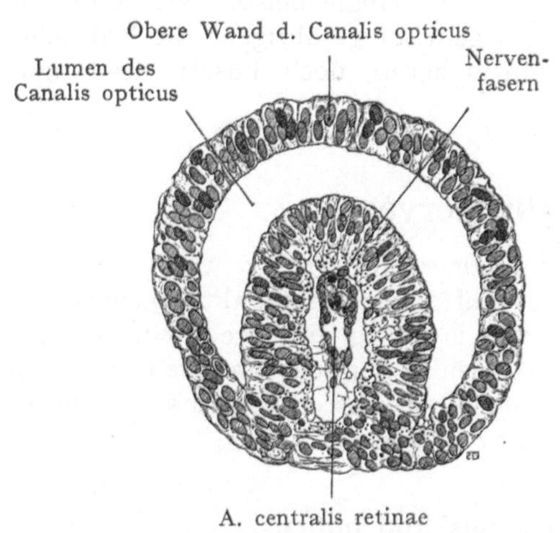

Fig. 574. Querschnitt des Augenblasenstieles eines 14,5 mm langen menschlichen Embryos unmittelbar am Augenbecher.

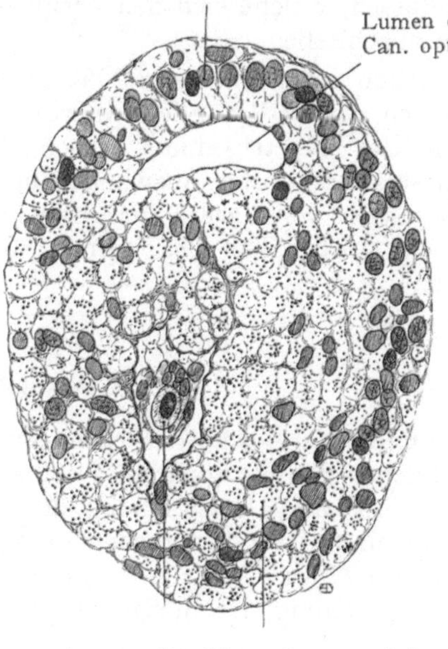

Fig. 575. Querschnitt durch den Canalis opticus bei einem 19 mm langen menschlichen Embryo.

Aus Bach und Seefelder, Atlas z. Entw.-Gesch. des menschl. Auges. 1910.

gliedert sich in einzelne, noch immer mit der dorsalen Nahtstelle des Gehirnrohres in Verbindung stehende Massen. In Figg. 576 u. 577 sind zwei solche Stadien von Selachierembryonen dargestellt. Die Anheftungslinie der Ganglienleistenabschnitte rückt mit der Breitenentfaltung der Decke des Rhombencephalons ventralwärts, wo sie der Flügelplatte entspricht. Wir sehen in Fig. 576 vier mächtige Massen, von denen die erste den Nn. trigeminus und trochlearis, die zweite dem N. acusticofacialis, die dritte dem N. glossopharyngeus und die vierte dem N. vagoaccessorius entspricht. Die erste Masse steht hinten mit der Flügelplatte des Myelencephalons, vorn mit derjenigen des Isthmus rhombencephali in Verbindung; die erste Verbindungsstelle entspricht dem Austritt des N. trigeminus aus dem Hirnstamme, die zweite dem Ursprunge des N. trochlearis am Velum medullare ant. In den Mandibularbogen erstreckt sich eine längliche Fortsetzung dieser Masse, welche dem N. mandibularis entspricht und ober- und unterhalb des Auges sehen wir zwei weitere Fortsetzungen, an deren Stelle später der Ramus ophthalmicus superficialis und profundus (N. supraorbitalis und infraorbitalis der Säugetiere) gefunden werden. Die Zellen der Ganglienleiste wandeln sich teilweise zu Ganglienzellen um, welche die' sensiblen Fasern der Nerven liefern, zum größten Teile bilden sie jedoch die Zellen der Schwannschen Scheide, während motorische Fasern, von den Wandungen des Hirnstammes auswachsend, zwischen die Zellen der Ganglienschicht eindringen. Über dem Hyoidbogen liegt die mit dem Rhombencephalon sich verbindende Ganglienleiste des N. acusticofacialis, hinter dem Gehörbläschen, dem dritten Schlundbogen entsprechend, diejenige des N. glossopharyngeus. Ein letzter Abschnitt der Ganglienleiste entspricht dem vierten und fünften Schlundbogen und gehört dem N. vago-accessorius an.

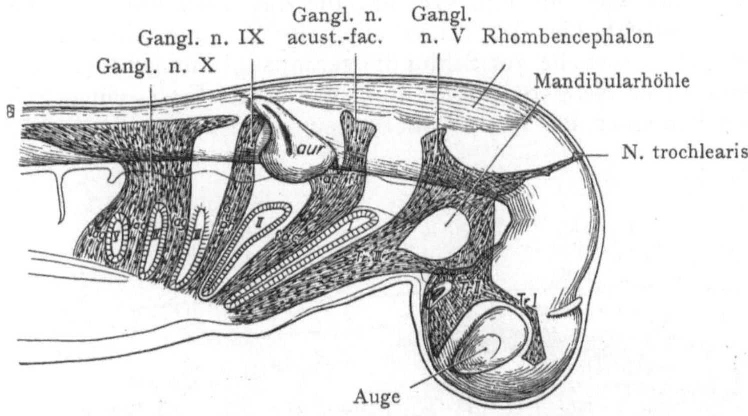

Fig. 576. Anlagen der Hirnnerven bei einem Embryo von Acanthias vulg. mit 48 Somiten. Nach Neal, Bull. Mus. comp. Zool. Cambridge Mass. XXXI. 1898.

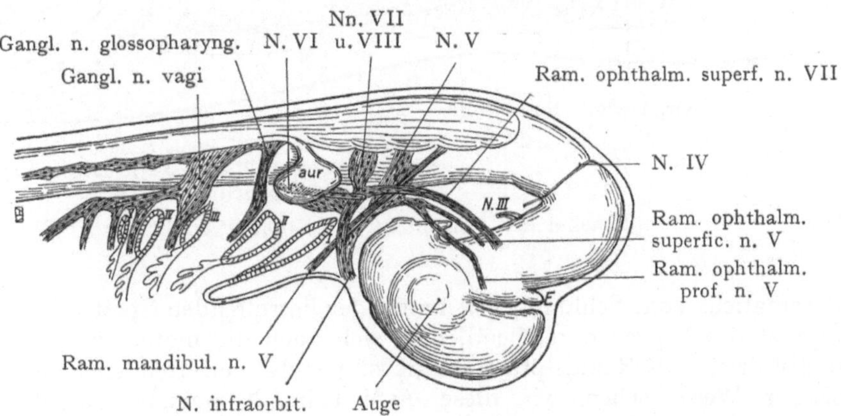

Fig. 577. Hirnnerven bei einem 21—22 mm langen Embryo von Acanthias vulg. Nach Neal.

Die Ganglienleiste scheint von Anfang an in einzelne Segmente gegliedert zu sein, wenigstens wird dies von Neal mit Bestimmtheit für die Selachier angegeben. Die Entwicklung beginnt vorn und schreitet nach hinten fort. In der Fig. 577 ist die Bildung der Nerven ziemlich weit gediehen, auch ist ihre Verbindung mit dem Rhombencephalon ventralwärts verschoben. Was nun den eigentlichen Ursprung der motorischen Nerven, resp. die Endigung der sensiblen Nerven in Nervenkernen anbelangt, so können wir zunächst eine, allerdings mehrmals unterbrochene, motorische Kernsäule im Rautenhirn feststellen, welche die Fortsetzung der motorischen Kerne der Vorderhörner des Rückenmarks darstellt (Fig. 579). Aus dieser Säule entspringen die Nn. hypoglossus, abducens, trochlearis und oculomotorius; sie wachsen aus der Grund-

platte des Hirnstammes hervor. Eine zweite Reihe von Kernen entspricht dem Seiten-
horne des Cervikalmarks; aus ihnen entspringen die motorischen Anteile der Nn. accessorius, vagus, glossopharyngeus, facialis und trigeminus.   In derselben Höhe treten
auch die sensiblen Fasern dieser Nerven in den Hirnstamm ein; ihre Endigung erfolgt,
kurz gesagt, in Kernen, welche sich aus der Flügelplatte ableiten.

Bevor wir bei der Besprechung der einzelnen Nerven auf diese Verhältnisse näher
eingehen, ist es nötig, über die Verteilung eines typischen Schlundbogennerven, wie
etwa des N. facialis, trigeminus oder glossopharyngeus eine Vorstellung zu gewinnen.
Wir gehen dabei von der Fig. 578 aus, die das Verhalten bei einem Selachier zeigt.
Jeder Nerv besteht hier aus einer motorischen und einer sensiblen Komponente,
von denen die motorische zur Schlundbogenmuskulatur geht (s. Entwicklung der Kopfmuskulatur).   Der Nerv teilt sich nun am oberen Ende einer Schlundspalte in drei
Äste, von denen einer, der Ramus pharyngeus, zum Pharynx geht, der zweite als Ramus

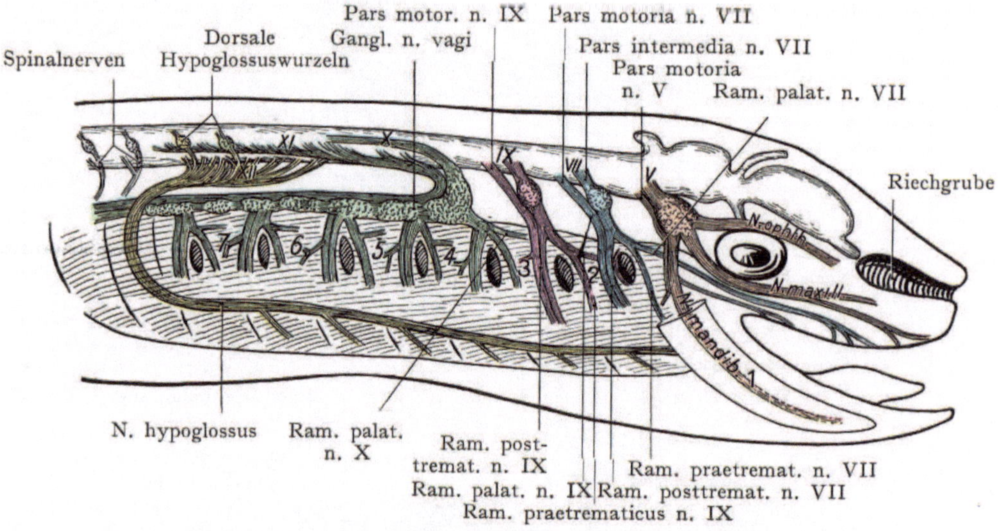

Fig. 578. Schema der Verteilung der Kopfnerven bei einem Wirbeltiere.

posttrematicus zum Schlundbogen hinter der betreffenden Spalte zieht (den eigentlichen
Hauptast des Nerven darstellend, dem sich auch die motorischen Fasern anschließen)
und der dritte, als Ramus praetrematicus, vor der betreffenden Schlundspalte liegt. In
typischer Weise sehen wir diese Äste beim N. facialis ausgebildet; der Ramus
pharyngeus (auch Ramus palatinus genannt) reicht im Anschlusse an den N. infraorbitalis (aus dem N. trigeminus) sehr weit nach vorn, der Ramus praetrematicus
zieht über und vor die erste Schlundspalte, um sich dem Nervus mandibularis (aus
dem N. trigeminus) anzuschließen. Der Ramus posttrematicus führt als Hauptstamm
des Nerven bei niederen Formen sowohl motorische als sensible Fasern. Der Ramus
posttrematicus bildet sich auch von den drei Ästen am frühesten aus. Die Schlundbogennerven verbinden sich (bei Selachiern und Sauropsiden) auch mit Epithelwucherungen, die von den dorsalen Enden der Schlundspalten ausgehen und von ihrem Ent-
decker Froriep als Kiemenspaltenorgane bezeichnet wurden. Wahrscheinlich handelt
es sich um Sinnesorgane, deren Auftreten bei den höheren Formen (bei Säugetieren
ist es fraglich, ob sie zur Verbindung mit den Nerven kommen) nur eine schwache Andeutung ihrer Ausbildung in der Ahnenreihe darstellen. Von einigen Autoren ist auch
angenommen worden, daß sie Zellen an die Ganglien der Hirnnerven abgeben.

N. oculomotorius. Sein Kern liegt in der Fortsetzung der großen Vorderhornsäule und wird von der Grundplatte des Mittelhirns gebildet. Es liegt deshalb nahe, den Nerven mit der ventralen Wurzel eines Spinalnerven zu vergleichen, obgleich die von ihm innervierte, aus dem ersten Kopfsegmente stammende Muskulatur sich in anderer Weise entwickelt als die Rumpfmuskulatur (s. Muskelentwicklung). Bei dem in Fig. 579 dargestellten Gehirn eines menschlichen Embryos aus dem zweiten Monate geht der Nerv an den hinteren Umfang des Augenbechers, wo er sich mit der Oculomotoriusmuskulatur verbindet.

N. trochlearis. Er entspringt aus einer Gruppe von Zellen, die sich dem Oculomotoriuskerne unmittelbar caudalwärts anschließen, doch treten seine Fasern nicht in derselben Höhe aus, sondern wenden sich innerhalb der Wand des Isthmus rhombencephali dorsalwärts, um mit den Fasern der anderen Seite eine vollständige Kreuzung einzugehen und am Velum medullare ant. den Hirnstamm zu verlassen. Von hier aus scheinen die centrifugal auswachsenden Fasern der Bahn zu folgen, welche ihnen durch den am Velum medullare ant. gewissermaßen haften gebliebenen Teil des Trigeminusanteiles der Kopfganglienleiste geboten wird. Für diese Tatsache finden wir eine gewisse Erklärung in der Herkunft des M. obliquus sup., welcher wahrscheinlich aus dem mandibularen Kopfcoelom gebildet wird (s. Muskelentwicklung und Fig. 223), dem der N. trigeminus entspricht. Eine so vollständige Kreuzung findet sich bei keinem anderen Nerven.

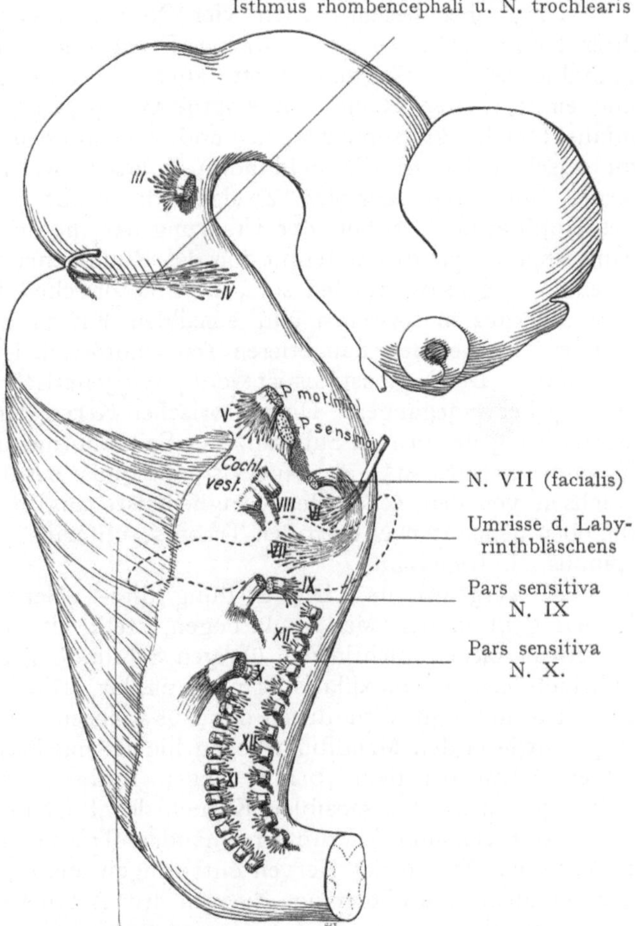

Fig. 579. Kerne der Hirnnerven bei einem menschlichen Embryo von 10 mm Länge. Nach W. His.

N. abducens. Er entspringt von einem der Grundplatte des Rhombencephalons angehörenden Kerne, der durch ein beträchtliches Intervall von dem Kerne des N. trochlearis und nach hinten von dem Hypoglossuskerne getrennt wird. Der Nerv ist in seinem Verlaufe nach vorn medial von den Nn. infraorbitalis und mandibularis in Fig. 570 zu erkennen. Beim Menschen sind auch (Bremer) aberrierende Wurzeln beschrieben worden, die in der Zwischenstrecke zwischen dem N. abducens und dem N. hypoglossus vom Hirnstamme abgehen und bald in den einen, bald in den anderen Nerven übergehen.

N. hypoglossus. Sein lang hingezogener Kern bildet die direkte Fortsetzung der grauen Vorderhornsäule des Rückenmarks, auch läßt sich seine Stellung zu den Spinalnerven leicht als ein Komplex dieser Nerven auffassen, deren Muskulatur ventral in die Kiemenregion vorgewachsen ist (Figg. 545 und 579). Bei Säugetieren geben vier Neuromere Hypoglossuswurzeln ab. Der bogenförmige Verlauf des Arcus hypoglossi ist darauf zurückzuführen, daß die Neuromere, aus deren Vereinigung der Nerv hervorgeht, sich dorsal vom Kiemenkorbe befinden und er folglich den caudalen Umfang des Kiemenkorbes erst bogenförmig umziehen muß, bevor er zur Zunge gelangt.

Die bisher beschriebenen vier Nerven lassen, hauptsächlich infolge der Lage ihrer Kerne, bis zu einem gewissen Grade den Vergleich mit ventralen Wurzeln von Spinalnerven zu. Sie werden oft auch als somatische Kopfnerven zusammengefaßt und einer zweiten Reihe von Kopfnerven gegenübergestellt. Dies sind die Nn. trigeminus, facialis, glossopharyngeus und vagoaccessorius. Dieselben versorgen mit ihren motorischen Fasern die Schlundmuskulatur, welche in den Schlundbogen entsteht, ferner mit ihren sensiblen Zweigen die Haut des Kopfes sowie die Schleimhaut des Kopfdarmes. Schon der Ursprung der motorischen Fasern aus der Säule grauer Substanz, welche das Seitenhorn in das Rhombencephalon fortsetzt, bringt diese Nerven in einen Gegensatz zu den somatisch-motorischen Kopfnerven. Die visceralen Nerven sind alle aus motorischen und sensiblen Fasern zusammengesetzt und auch der N. facialis, der bei den Säugetieren rein motorisch ist, macht bei niederen Tieren keine Ausnahme. Der N. acusticus ist wohl phylogenetisch aus einem zur Seitenlinie gehörenden Nerven hervorgegangen. Die motorischen Kerne der visceralen Kopfnerven liegen in der Fortsetzung der grauen Substanz der Seitenhörner und werden im Bereiche des N. vagoaccessorius (Fig. 545) als Nucleus ambiguus zusammengefaßt. Die sensiblen Fasern wachsen von den Zellen der Ganglienleiste aus in die Flügelplatte ein und bilden für die eben genannten Nerven den Tractus solitarius, für den N. trigeminus den Tractus spinalis N. trigemini.

N. trigeminus. Die Stellung dieses Nerven ist eigenartig. Der N. mandibularis geht in den Mandibularbogen, stellt also einen Schlundbogennerven dar, wie wir einen solchen auch in den übrigen Schlundbogen antreffen. Die Bedeutung der Nn. ophthalmicus und maxillaris ist noch unklar. Die Trennung in drei Äste tritt jedenfalls sehr früh auf und wird durch das Auswachsen der Ganglienleiste über und unter dem Auge sowie in den Mandibularbogen hinein angebahnt (Fig. 578). Die sensiblen Fasern bilden schon bei dem 10 mm langen Embryo (Fig. 545) ein Bündel, welches teils aufsteigt, um in den sensiblen Kernen des Trigeminus zu enden, teils caudalwärts den bis in das Halsmark herunterreichenden Tractus spinalis N. trigemini herstellt. Die motorischen Fasern des Nerven entspringen aus einem Kerne in der Grundplatte. Aus der Ganglienleiste bilden sich die den drei Ästen beigegebenen sympathischen Ganglien (Ganglion ciliare, sphenopalatinum und oticum).

N. facialis. Er stellt den Nerven des zweiten Schlundbogens (Hyoidbogens) dar und zeichnet sich bei Amnioten von vornherein durch das starke Übergewicht der motorischen Fasern aus. Diese entspringen beim 10 mm langen Embryo (Fig. 545) aus einem Kerne, welcher cranial auf den Abducenskern folgt, und nehmen schon auf diesem frühen Stadium einen eigentümlichen Verlauf, indem sie den Kern des N. abducens umziehen, um mit den sensiblen Fasern des Nerven zusammen den Hirnstamm caudal von der Austrittsstelle des N. abducens zu verlassen. Die motorischen Fasern versorgen die im zweiten Schlundbogen enthaltene Muskelanlage. Der nach vorn verlaufende, einen Ramus pharyngeus (palatinus) darstellende N. petrosus superficialis major enthält sowohl motorische Fasern für die Mm. levator veli palatini und uvulae als auch sensible Fasern zur Schleimhaut. Die sensiblen Fasern des N. facialis wachsen von dem aus der Kopfganglienleiste entstandenen, dem Stamme des N. facialis angeschlossenen Ganglion geniculi aus; die centripetalen Fasern bilden im Rhombencephalon einen Teil des Fasciculus solitarius. Wir fassen die sensiblen Fasern des N. facialis unter der Bezeichnung des N. intermedius zusammen. Die Chorda tympani, welche die Hauptmasse dieser Fasern darstellt, verhält sich wie ein Ramus praetrematicus (Fig. 580). Der Nerv verläuft über die erste Schlundspalte, an deren Stelle bei Säugetieren das Cavum tympani tritt, und schließt sich dem N. mandibularis an, um an die Schleimhaut des Zungenkörpers und der Zungenspitze Geschmacksfasern abzugeben. So findet auch der Verlauf der Chorda tympani zwischen Hammer und Amboß seine Erklärung.

Wir haben somit folgende Zweige des N. facialis: 1. Den Ramus posttrematicus, welcher motorische Zweige zu den Muskeln im zweiten Schlundbogen führt, 2. den Ramus praetrematicus (Chorda tympani), 3. den Ramus palatinus (N. petrosus superficialis major).

N. acusticus. Er entsteht aus dem mit dem N. facialis gemeinsamen Abschnitte der Ganglienleiste, welcher unmittelbar vor der Gehörblase liegt (Fig. 577). Ein medialer Abschnitt der Anlage wird zum Ganglion cochleae, ein lateraler zum Ganglion vestibuli (s. Gehörorgan). Die zentralen Fasern, welche aus den spindelförmigen Ganglienzellen hervorgehen, treten in die Flügelplatte des Rhombencephalons ein, um dorsal von dem Tractus spinalis N. trigemini zum Ganglion acusticum zu gelangen (in Fig. 545 nicht dargestellt). Bei niederen Formen versorgen Fasern des N. acusticus, die teilweise auch in anderen Bahnen verlaufen (Seitenast des N. vagus, Äste des N. facialis usw.), ein System von Sinnesorganen, die teils Schallwellen, teils Schwingungen des umgebenden Mediums, des Wassers, wahrnehmen und für die Regulierung der Lokomotion an motorische Centren weiterleiten (Organe der Seitenlinien, Savische Bläschen, Labyrinthapparat usw.). Die Verbreitung des N. acusticus an das Organon spirale (Cortii), das eigentliche Gehörorgan sowie an die Bogengänge des Labyrinthes (statisches Organ der Amnioten) stellt also eine starke Reduktion im ursprünglichen Verbreitungsgebiete des Nerven dar (s. Gehörorgan).

N. glossopharyngeus. Die motorischen Fasern des Nerven kommen aus einem Kerne, der als Fortsetzung des Seitenhornes des Rückenmarks aufzufassen ist (Fig. 545). Die sensiblen Fasern gehen in die Bildung des Tractus solitarius ein. Die Ganglienleiste liefert zwei Ganglien, ein oberes (Ganglion superius) und ein unteres (Ganglion petrosum). Der Nerv gibt drei Hauptäste ab, von denen der Nervus tympanicus (Fig. 580) den Ramus pharyngeus darstellt, die spezifischen Geschmacksfasern den Ramus praetrematicus, während der Ramus posttrematicus dem dritten Schlundbogen angehört, dessen Muskelanlage in der Bildung der Pharynxmuskulatur aufgeht (Rami pharyngei).

N. vagoaccessorius. Er stellt einen Nervenkomplex dar, aus welchem Äste an mehrere Schlundbogen, vom dritten angefangen, abgehen (Fig. 581). Der N. vagus (X) und der N. accessorius (XI) gehören eigentlich zusammen, im Hinblick sowohl auf ihren Ursprung als auf ihre Verzweigung. Bei Säugetieren bildet die Muskelanlage dieser Bogen die Kehlkopfmuskulatur. Die motorischen Fasern schließen sich, von unten herkommend, den sensiblen Fasern an und bilden den N. accessorius, welcher teils als Ramus internus in den Vagusstamm übergeht und die beiden Nn. recurrentes vagi liefert, teils als Ramus externus, die gleichfalls aus der Branchialmuskulatur hervorgegangenen Mm. sternocleidomastoideus und trapezius versorgt. Dazu kommen Vagusfasern zum Pharynx, welche aus einem eigenen motorischen Kerne, dem Nucleus ambiguus entspringen. Dieser bildet (Fig. 545) eine Fortsetzung des Accessoriuskernes, doch schwindet später der Zusammenhang beider Kerne. Aus der Ganglienleiste entsteht sowohl das Ganglion jugulare als auch das weiter peripher gelegene Ganglion nodosum. Ursprünglich reichte wohl das Ganglion radicis weiter caudalwärts, wenigstens kann durch diese Annahme die Tatsache erklärt werden, daß nicht selten kleine Gruppen von Ganglienzellen den Wurzelbündeln des N. accessorius aufsitzen.

Die sensiblen Vagusfasern bilden in der Flügelplatte des Rhombencephalons mit den sensiblen und spezifischen Fasern des N. glossopharyngeus und des N. intermedius

Nervi facialis den weit herabsteigenden Tractus solitarius. Ventral von diesem liegt (Fig. 545) der aus den sensiblen Fasern des N. trigeminus bestehende Tractus spinalis.

Der Verlauf der beiden Nn. recurrentes vagi, linkerseits um den Arcus aortae, rechterseits um die A. subclavia, hängt (Fig. 368) mit der Verlagerung der Aortenbogen caudalwärts zusammen. Ebenso läßt sich die Abgabe von Ästen an das Herz erklären, wenn man bedenkt, daß die erste Anlage dieses Organs in der Höhe der Occipital-segmente auftritt und daß das Herz bei seiner Wanderung caudalwärts natürlich auch seine Nerven mitnimmt.

Vergleich der Schlundbogennerven des Embryos mit den entsprechenden Nerven des Erwachsenen.

Die beiden Figg. 580 und 581 stellen einen Versuch dar, mittels des Vergleiches mit den embryonalen Zuständen das Verständnis der Gehirnnerven zu erleichtern.

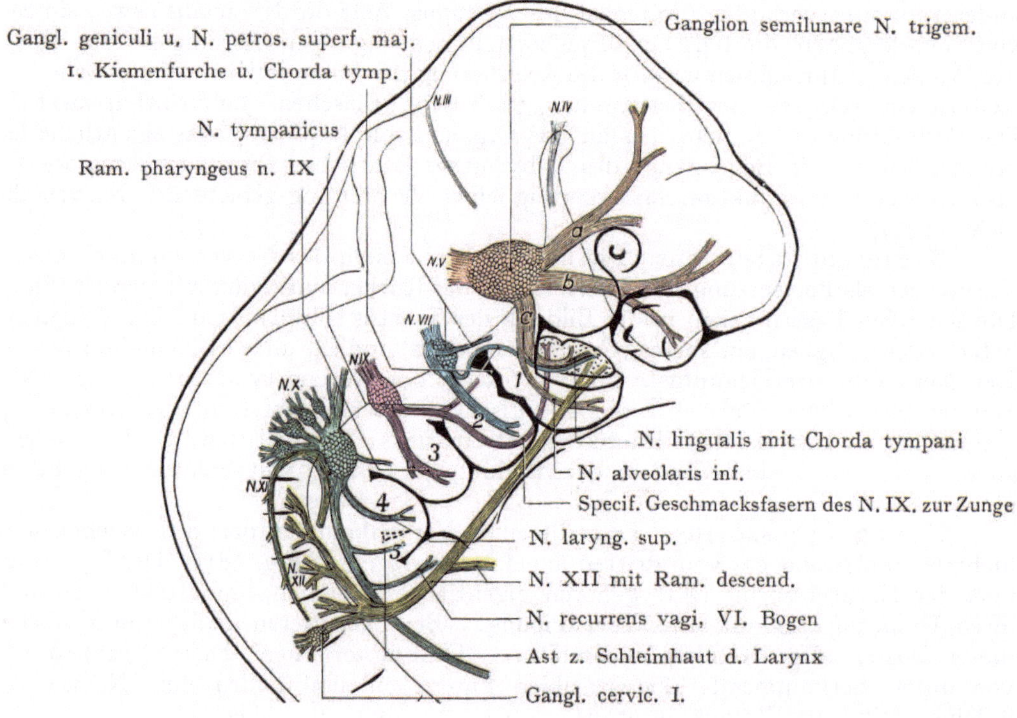

Fig. 580. Schema der Verzweigung der Kiemenbogennerven beim menschlichen Embryo. 1, 2, 3, 4, 5 Schlundbogen.

Die Nerven sind durch Farbenunterschiede gekennzeichnet. Aus dem N. mandibularis N. trigemini gehen der N. alveolaris inferior und der N. lingualis hervor; diesem schließt sich der über die erste Schlundspalte hinwegziehende Ramus praetrematicus des N. facialis als Chorda tympani an. Außer diesem Aste gibt der N. facialis als Ramus pharyngeus (palatinus) den N. petrosus superficialis major ab sowie den R. post-trematicus als Hauptstamm, welcher die aus der Muskelanlage des zweiten Schlund-bogens auf das Gesicht auswachsende mimische Muskulatur innerviert. Der N. glossopharyngeus gibt als R. pharyngeus (palatinus) den zur Wandung der Pauken-höhle verlaufenden N. tympanicus ab, dann als Ramus praetrematicus einen Ast, der sich mit spezifischen Fasern an die Zunge verzweigt, während die Rami pharyngei einem an die obere Partie der Constrictores pharyngis gehenden Ramus posttrematicus entsprechen. Vom N. vagoaccessorius sind mehrere Äste zum vierten und fünften Schlundbogen sowie auch noch ein hinter dem fünften Bogen verlaufender Ast dargestellt. Die Äste zum vierten und zum sechsten Bogen werden zum N. laryngeus superior

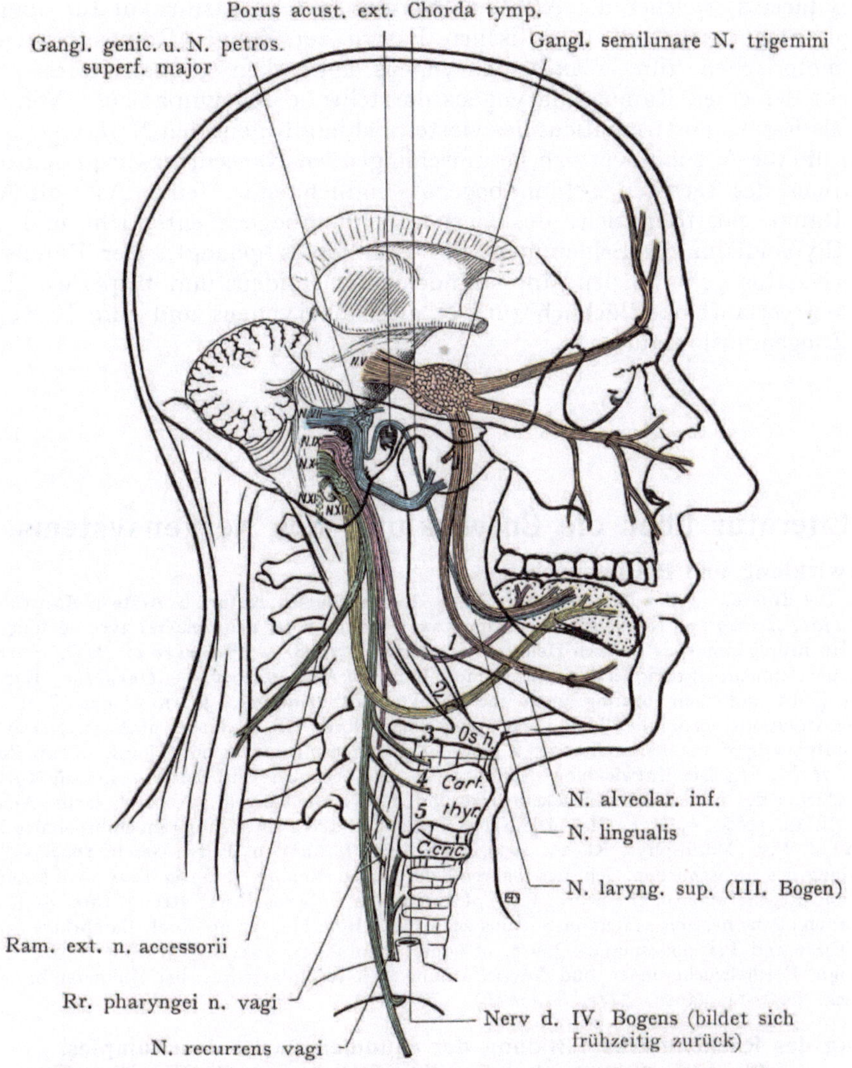

Fig. 581. Kopfnerven des Menschen, bezogen auf die Schlundbogen.
(Siehe Fig. 580.)

und zum N. recurrens, während derjenige zum fünften Bogen bloß ausnahmsweise beim Embryo auftritt und sich dann sehr frühzeitig zurückbildet (Dieterich). Der Ramus externus des N. accessorius biegt zu den Mm. sternocleidomastoideus und trapezius ab. Der N. hypoglossus nimmt aus vier Neuromeren Fasern auf und aus dem vierten noch eine dorsale Wurzel mit rudimentärem Spinalganglion; der Stamm des Nerven verläuft bogenförmig in der Interbranchialregion zur Zungenmuskulatur.

Der Vergleich mit den Zuständen beim Erwachsenen ist in der Fig. 581 durchgeführt. Die beiden Äste des N. mandibularis sind in ihrem bogenförmigen Verlaufe zur Zunge (N. lingualis) und zum Unterkiefer (N. alveolaris inf.) dargestellt, an jenen schließt sich die bogenförmig das Cavum tympani durchziehende als Ramus praetrematicus des N. facialis aufzufassende Chorda tympani an. Außerdem geht aus dem Genu n. facialis der N. petrosus superficialis major als Ramus pharyngeus (palatinus) hervor. Die Chorda tympani bildet die direkte Fortsetzung des N. intermedius, welcher das Ganglion geniculi herstellt. Der Stamm des N. facialis bildet als Ramus posttrematicus den Plexus facialis, welcher die Äste zur mimischen Gesichtsmuskulatur abgibt. Vom N. glossopharyngeus sind die spezifischen Fasern zur Zunge (Ramus praetrematicus) und die motorischen zum Plexus pharyngeus angegeben (Constrictores pharyngis), jedoch nicht der einen Ramus pharyngeus darstellende N. tympanicus. Vom N. vagus sehen wir als Ramus posttrematicus des vierten Schlundbogens den N. laryngeus superior, ferner den um die A. subclavia sich herumschlingenden N. recurrens vagi dexter (Ramus posttrematicus des sechsten Schlundbogens), endlich einen feinen Ast (als Anomalie), der dem Ramus posttrematicus des vierten Schlundbogens entspricht und durch ein Foramen thyreoideum zur Schleimhaut des Kehlkopfes gelangt. Der Ramus externus des N. accessorius geht zu den Mm. sternocleidomastoideus und trapezius. Der Arcus n. hypoglossi·verläuft oberflächlich zum N. glossopharyngeus und zum N. vagus, nach vorn zur Zungenmuskulatur.

Literatur über die Entwicklung des Nervensystems.

Frühe Entwicklung und Histogenese.

Braus, H., Die Entstehung der Nervenbahnen. Verh. d. Ges. deutsch. Naturf. u. Ärzte in Karlsruhe 1911. 114—118. — *Cajal, Ramony*, Nouvelles observations sur l'évolution des neuroblastes avec quelques remarques sur l'hypothèse neurogénique de Hensen-Held. Anat. Anz. 32. 1908. — *Harrison, R. G.*, Further experiments on the development of peripheral nerves. Amer. Journ. of Anat. 5. 1906. — *Derselbe*, Experiments in transplanting limbs and their bearing upon the development of nerves. Journ. of exp. Zool. 4. 1907. — *Derselbe*, Observations upon the living developing nerve fibre. Amer. Journ. of Anat. 7. 1907. — *Derselbe*, The outgrowth of the nerve fibre as a mode of protoplasmic movement. Journ. of exp. Zool. 9. 1910. 787—846. — *Held, H.*, Die Entwicklung des Nervengewebes bei den Wirbeltieren. Leipzig 1909. — *His, W.*, Zur Geschichte des menschlichen Rückenmarks und der Nervenwurzeln. Abh. d. sächs. Akad. d. Wiss. Math.-phys. Kl. 13. 1886. — *Derselbe*, Die Neuroblasten und deren Entstehung im embryonalen Mark. Abh. d. sächs. Akad. d. Wiss. Math.-phys. Kl. 15. 1890, auch Arch. f. Anat. u. Entw.-Gesch. 1889. — *Derselbe*, Die Entwicklung des menschlichen Gehirnes während der ersten Monate. Leipzig 1904. — *Lewis, W. H.*, Localisation and Regeneration in the neural Plate of Amphibian embryos. Anat. Rec. 4. 1910. — *Neal, H. V.*, The segmentation of the nervous system in Squalus acanthias. Bull. Mus. comp. Zool. Cambridge 31. 1898. — *Derselbe*, Nerve and Plasmodesmata. Journ. of comp. Neurol. 31. 1921. — *Waelsch, L.*, Über experimentell erzeugte Epithelwucherungen und Vervielfachung des Medullarrohres bei Hühnerembryonen. Arch. f. Entw.-Gesch. 38. 1914. (ausp. *Alfr. Fischel.*)

Ausdehnung des Rückenmarks. Bildung der caudalen Partie des Rumpfes.

Argutinsky, P., Über die Gestalt und die Entstehungsweise des Ventriculus terminalis und über das Filum terminale des Rückenmarks. Arch. f. mikr. Anat. 52. 1898. 501—534. — *Brugsch, Th.*, und *Unger, E.*, Die Entwicklung des Ventriculus terminalis beim Menschen. Arch. f. mikr. Anat. 61. 1902. 220—232. — *Ecker, A.*, Über gewisse Überbleibsel embryonaler Formen in der Steißbeingegend beim ungeborenen und erwachsenen Menschen. Arch. f. Anthr. 1879. — *Derselbe*, Der Steißhaarwirbel, die Steißbeinglatze und das Steißbeingrübchen als wahrscheinliches Überbleibsel embryonaler Formen. Arch. f. Anthrop. 1880. — *Keibel, Fr.*, Über den Schwanz des menschlichen Embryos. Anat. Anz. 6. 1891. 670—675. — *Kunitomo, Kanae*, The Development and Reduction of the Tail and of the caudal end of the spinal cord. Contrib. to Embryol. XIII. 1918. 163—198. — *Marwedel, Georg*, Ein Fall von persistierendem Urmunde beim Menschen. Beitr. z. klin. Chir. 29. 1901. — *Pfitzner, W.*, Über Wachstumsbeziehungen zwischen Rückenmark und Wirbelkanal. Morph. Jahrb. 9. 1884. 99—116. — *Streeter, G. L.*, Factors involved in the formation of the filum terminale. Amer. Journ. of Anat. 25. 1919. — *Tourneux, F.*, Sur la persistence de vestiges médullaires coccygiens pendant toute la période fétale chez l'homme et sur le rôle de ces vestiges dans la production des tumeurs sacrococcygiennes congénitales. Journ. de l'anat. et de la physiol. 1887. 498—529. — *Unger, E.*, und *Brugsch, Th.*, Zur Kenntnis der Foveola und Fistula sacrococcygea und caudalis und der Entwicklung des Ligamentum caudale beim Menschen. Arch. f. mikr. Anat. 61. 1903. 151—219.

Entwicklung des Gehirns.

Burckhardt, Rud., Der Bauplan des Wirbeltiergehirnes. Morph. Arb. 4. 1895. 131—150. — *Goldstein, Kurt*, Beiträge zur Entwicklungsgeschichte des menschlichen Gehirns. I. Die erste Entwicklung der großen Hirncommissuren und die Verwachsung von Thalamus und Corpus striatum. Arch. f. Anat. u. Entw.-Gesch. 1903. — *Derselbe*, Zur Frage der Existenzberechtigung der sog. Bogenfurche des embryonalen menschlichen Gehirns, nebst einigen weiteren Bemerkungen zur Entwicklung des Balkens und der Capsula int. Anat. Anz. 24. 1904. 579—595. — *Herrick, C. J.*, The morphological subdivision of the Brain. Journ. of comp. Neurol. 18. 1908. — *His, W.*, Die Formentwicklung des Vorderhirns. Abh. d. sächs. Akad. d. Wiss. Math.-phys. Kl. 15. 1889. — *Derselbe*, Die Entwicklung des Gehirns während der ersten Monate (Zusammenfassung). Leipzig 1904. — *Hochstetter, Ferd.*, Über die Beziehungen des Thalamus opticus zum Seitenventrikel der Großhirnhemisphären. Anat. Anz. 10. 1895. — *Derselbe*, Beiträge zur Entwicklung des Gehirns. Bibl.-med. Abh. A. Heft 2. Stuttgart 1898. — *Derselbe*, Über die Nichtexistenz der sog. Bogenfurche an den Gehirnen lebensfrisch konservierter menschlicher Embryonen. Verh. anat. Ges. zu Jena. Erg.-Bd. Anat. Anz. 25. 1904. 27—34. — *Derselbe*, Beiträge zur Entwicklungsgeschichte des menschlichen Gehirns. I. Teil. Wien—Leipzig 1919. — *Marchand, F.*, Über die Entwicklung des Balkens im menschlichen Gehirne. Arch. f. mikr. Anat. 37. 1891. 333—340. — *Martin, P.*, Bogenfurche und Balkenentwicklung bei der Katze. Inaug.-Diss. Zürich 1894, auch Anat. Anz. 9. 1894. — *Neal, H. V.*, Neuromeren and Metameren. Journ. of Morph. 31. 1918. — *Osborn, H. F.*, The Origin of the Corpus callosum. Morph. Jahrb. 12. 1887. 459 bis 529. — *Smith, G. E.*, Some problems relating to the evolution of the brain. Lancet. Vol. 177. — *Derselbe*, The relation of the Fornix to the Margin of the cerebral Cortex. Journ. of Anat. a. Phys. 32. 1898. 23—58. — *Soury, Jules*, Système nerveux. 2 Vols. Paris 1899. — *Streeter, G. L.*, Development of the interforebrain Commissura in the human embryo. Amer. Journ. of Anat. 6. 1907.

Hypophysis und Corpus pineale.

Gaupp, E., Zirbel, Parietalauge und Paraphysis. *Bonnet* u. *Merkels* Ergebn. 7. 1897. — *Haller, B.*, Die Hypophysis niederer Placentalier. Arch. f. mikr. Anat. 74. 1909. 812—843, auch Morph. Jahrb. 25. 1897. — *Derselbe*, Über die Ontogenese des Sacculus vasculosus und der Hypophysis der Säugetiere. Anat. Anz. 37. 1910 242—246. — *Hochstetter, Ferd.*, Beiträge zur Entwicklungsgeschichte des menschlichen Gehirns. II. Teil. I. Lief. Die Entwicklung der Zirbeldrüse. 4 Taf. Wien 1923. — *Derselbe*, Ibid. Entwicklung der Hirnanhanges. 1924. — *Nowikoff, M.*, Untersuchungen über den Bau des Parietalauges bei den Sauriern. Zeitschr. f. wiss. Zool. 96. 1910. 118—206. — *Salzer, H.*, Die Entwicklung der Hypophysis bei Säugetieren. Arch. f. mikr. Anat. 51. 1898. — *Studnička, F. K.*, Die Parietalorgane in *Oppel*, Lehrb. d. vergl. mikr. Anat. d. Wirbeltiere. Jena 1905. — *Tilney, Fred.*, An analysis of the juxta-neural epithelial portion of the Hypophysi cerebri etc. Internat. Monatschrift f. Anat. u. Phys. 30. 1913. 258—293.

Peripheres Nervensystem.

Bardeen, C. R., and *Lewis, W. H.*, Development of the limbs, bodywall and back in Man. Amer. Journ. of Anat. 1. 1901. — *Boeke, J.*, Die motorische Endplatte bei den höheren Vertebraten, ihre Entwicklung und Form und ihr Zusammenhang mit der Muskelfaser. Anat. Anz. 35. 1909. — *Derselbe*, Studien zur Nervenregeneration. Verh. d. Kon. Akad. van Wetensch. te Amsterdam. Tweede Sectie Deel XVIII. Nr. 6. 1916. u. Deel XIX. Nr. 5. 1917. — *Boughton, T. H.*, The increase in the number and size of the medullated fibres in the oculomotor nerves of the white rat and of the cat at different ages. Journ. of comp. Neurol. 16. 1906. 153—165. — *Eisler, P.*, Über die Ursachen der Geflechtbildung an den peripheren Nerven. Verh. d. anat. Ges. Vers. zu Halle. Erg.-Bd. Anat. Anz. 21. 1902. — *Gräfenberg, E.*, Die Entwicklung der Knochen, Muskeln und Nerven der Hand usw. Inaug.-Diss. Göttingen 1905, auch Anat. Hefte 30. 1905. — *Harrison, R. G.*, Further experiments on the development of peripheral nerves. Amer. Journ. of Anat. 5. 1906. — *Derselbe*, The outgrowth of the nerve fibre as a mode of protoplasmic movement. Journ. of exp. Zool. 9. 1910. 787—846. — *Kohn, Alfr.*, Über die Scheidenzellen (Randzellen) peripherer Ganglienzellen. Anat. Anz. 30. 1907. — *Lenhossék, M. v.*, Die Entwicklung der Ganglienanlagen beim menschlichen Embryo. Arch. f. Anat. u. Entw.-Gesch. 1891. — *Neal, H. V.*, The development of the ventral nerves in Selachii. I. Spinal ventral nerves. Mark anniversary Volume 1903. — *Nemiloff, Ant.*, Über die Beziehungen der sog. Zellen der *Schwann*schen Scheide zum Myelin in den Nervenfasern von Säugetieren. Arch. f. mikr. Anat. 76. 1910. — *Nußbaum, M.*, Nerv und Muskel. Abhängigkeit des Muskelwachstums vom Nervenverlauf. Verh. d. anat. Ges. zu Straßburg 1894. Erg.-Bd. zu Anat. Anz. 9. 1894. — *Schuhmacher, Siegm. v.*, Zur Kenntnis der segmentalen, insbesondere motorischen Innervation der oberen Extremitäten des Menschen. Sitzungsber. d. k. k. Akad. d. Wiss. Wien. Math.-phys. Kl. 117. 1908. — *Westphal, A.*, Über die Markscheidenentwicklung der Gehirnnerven des Menschen. Arch. f. Psychiatr. 29. 1897. — *Wlassak, R.*, Die Herkunft des Myelins. Ein Beitrag zur Physiologie der Nervenstützsubstanz. Arch. f. Entw.-Mech. 6. 1898.

Sympathisches Nervensystem.

His, W., jun., Die Entwicklung des Herznervensystems bei Wirbeltieren. Abh. k. sächs. Akad. d. Wiss. Math.-phys. Kl. 18. 1891. — *Derselbe,* Über die Entwicklung des Bauchsympathicus beim Hühnchen und beim Menschen. Arch. f. Anat. u. Entw.-Gesch. Suppl.-Bd. 1897. 137—170. — *Kohn, Alfr.,* Über die Entwicklung des sympathischen Nervensystems der Säugetiere. Arch. f. mikr. Anat. 70. 1907.

Spinal- und Kopfnerven.

Bardeen, C. R., Development and variation of the nerves and the musculature of the inferior extremity and the neighbouring regions of the trunk in Man. Amer. Journ. of Anat. 6. 1906/07. — *Beck, W.,* Über den Austritt des N. hypoglossus und N. cervicalis I. aus dem Zentralorgan beim Menschen und in der Reihe der Säugetiere, mit besonderer Berücksichtigung der dorsalen Wurzeln. Tübingen 1895. — *Bender, Otto,* Die Schleimhautnerven des Facialis, Glossopharyngeus und Vagus. Studien zur Morphologie des Mittelohres und der benachbarten Kopfregion. Festschr. f. *Haeckel.* Jena. 1907. — *Bremer, J. L.,* Aberrant roots and branches of the abducent and hypoglossal nerves. Journ. comp. Neurol. 18. 1908. — *Brenner, A.,* Über das Verhalten des N. laryngeus inf. n. vagi zu einigen Aortenvarietäten des Menschen usw. Arch. f. Anat. u. Entw.-Gesch. 1883. 372—396. — *Dieterich, H.,* Der Nerv des IV. Visceralbogens und seine Beziehung zum For. thyreoideum beim Menschen. Anat. Anz. 54. 1922. 398—411. — *Dixon, A. F.,* Sensory distribution of the facial nerve in Man. Journ. of Anat. u. Phys. 34. 1900. 471—492 — *Dohrn, A.,* Weitere Beiträge zur Beurteilung der Occipitalregion und der Ganglionleiste der Selachier. Mitt. d. zool. Stat. zu Neapel. 15. 1902. — *Froriep, Aug.,* Über die Anlagen von Sinnesorganen am Facialis, Glossopharyngeus und Vagus, über die genetische Stellung des Vagus usw. Arch. f. Anat. u. Entw.-Gesch. 1885. 1—55. — *Grosser, O.,* und *Fröhlich, Alfr.,* Beiträge zur Kenntnis der Dermatome der menschlichen Rumpfhaut. Morph. Jahrb. 30. 1902. 508—597. — *Grosser, O.,* Der Nerv des 5. Visceralbogens beim Menschen. Anat. Anz. 37. 1910. 333—336. — *His, W., jun.,* Zur Entwicklungsgeschichte des Acusticofacialisgebietes beim Menschen. Arch. f. Anat. und Entw.-Gesch. Suppl.-Bd. 1889. — *Kleczkowski, T.,* Untersuchungen über die Entwicklung des Sehnerven. *Graefes* Arch. f. Ophth. 85. 1913. 538—566. — *Neal, H. V.,* The Morphology of the eye muscle nerves. Journ. of Morph. 25. 1914. — *Popowsky, L.,* Zur Entwicklungsgeschichte des N. facialis beim Menschen. Morph. Jahrb. 23. 1895. 329—374. — *Rabl, C.,* Über das Gebiet des N. facialis. Anat. Anz. 2. 1887. 219—227. — *Sewertzoff, N.,* Die Kiemenbogennerven der Fische. Anat. Anz. 38. 1911. 487—494. — *Streeter, G. L.,* On the development of the membranous labyrinth and the acoustic and facial nerves in the human embryo. Amer. Journ. of Anat. 6. 1907.

Sinnesorgane.

Einleitende Bemerkungen.

Die Entwicklung der Sinnesorgane geht wie diejenige des Nervensystems vom Ectoderm aus. In der einfachsten Form, wie wir sie im Riechepithel aller Wirbeltiere vor uns sehen, finden wir einzelne Zellen (Sinnesepithel) zur Aufnahme spezifischer Sinnesreize ausgebildet. Dieselben entwickeln zwei Fortsätze, von denen der längere, zentrale, in das Zentralnervensystem eindringt und offenbar zur Leitung der Sinneserregung dient, während der kürzere, periphere als Sinneshaar die Oberfläche der Schleimhaut überragt und den Übergang des Reizes auf die Zelle vermittelt. In solchen Fällen ist die Entwicklung des eigentlichen Sinnesapparates eine höchst einfache, denn es handelt sich bloß darum, die Vorgänge zu verfolgen, durch welche etwa das Sinnesepithel in die Tiefe verlagert wird, höchstens noch um Einrichtungen, wie z. B. die Vergrößerung der Nasenschleimhaut durch Muschelbildung. Weniger einfach erscheint das Sinnesorgan, wenn sich mehrere Sinnesepithelzellen zur Bildung desselben zusammenschließen. Solche Organe sehen wir z. B. in den Geschmacksknospen vor uns, bei denen insofern auch noch eine Komplikation auftritt, als ein Kern von Sinnesepithelien von einer Schale von länglichen Epithelzellen umschlossen wird, welche die Rolle von Stützzellen spielen. Beide Zellarten entstammen dem Ectoderm, genau so wie die Nerven- und Gliazellen des Zentralnervensystems.

Wir fassen alle diese Organe, welche aus einzelnen gleichartigen, im Epithelverbande verharrenden Sinneszellen aufgebaut sind, als niedere Sinnesorgane zusammen und stellen ihnen die höheren Sinnesorgane gegenüber. Bei diesen (Auge oder Gehörorgan) tritt eine beträchtliche Komplikation auf, nicht bloß in der Differenzierung der Sinnes- und Stützzellen, sondern auch in der Ausbildung accessorischer Apparate, welche dazu bestimmt sind, die Sinneszellen in ihrer Funktion zu unterstützen. Zu solchen Nebenapparaten gehören am Auge die straffe, als Sclera ausgebildete Hülle des Bulbus, ferner die lichtbrechenden Medien, wie die Cornea, die Linse, der Glaskörper, ferner die Augenmuskeln, der Tränenapparat, die Cilien und die Augenlider. Die Pars optica retinae weist im Vergleiche mit der Riechschleimhaut eine sehr hohe Komplikation auf, welche in der Bildung der verschiedenen Schichten der Retina zum Ausdrucke kommt. Ähnliches läßt sich auch für das Gehörorgan mit seinem schallaufnehmenden und schalleitenden Apparate ausführen.

Entwicklung der höheren Sinnesorgane.

Entwicklung des Auges.

Das Auge nimmt unter den Sinnesorganen, sowohl ontogenetisch als phylogenetisch, eine Sonderstellung ein. Schon bei den niederen Wirbeltieren tritt es, wenn wir von einzelnen Nebenapparaten, wie dem Tränenapparate, den Lidern usw. absehen, als vollendetes Gebilde auf, dessen optische Einrichtungen in der aufsteigenden Tierreihe kaum einen weiteren Aufbau erfahren. So unterscheidet sich die Struktur der Retina der Fische im Grunde genommen nur unwesentlich von derjenigen der Säugetiere. Auch die hauptsächlichsten Nebenapparate sind schon bei den Fischen vorhanden, so eine den Bulbus aufnehmende Höhle, zweitens Muskeln zur Bewegung des Bulbus, ferner die Sclera und die lichtbrechenden Medien; bei den höheren Wirbeltieren kommen, wie gesagt, bloß noch die Lider und der Tränenapparat hinzu.

Ebenso eigenartig wie mit der Phylogenie steht es mit der Ontogenie des Auges. Es stellt bei den höheren Wirbeltieren das einzige Sinnesorgan dar, dessen receptorische Elemente durch die Umwandlung eines Abschnittes der Hirnwandung entstehen; alle anderen Sinnesepithelien entstammen direkt dem Ectoderm. Auch ist die Differenzierung der Retina als die histologische Umbildung eines Abschnittes der Vorderhirnwandung zu beurteilen.

1. Entwicklung des primären Augenbechers.

Die erste Anlage der von der Wandung des Hirnrohres gelieferten Teile des Auges (Retina, Stratum pigmenti, N. opticus) tritt zu einer Zeit, da die Medullarplatte sich überhaupt noch nicht zum Medullarrohre geschlossen hat, in Form von zwei Gruben auf, die symmetrisch zur Medianebene im vorderen Teile der Medullarplatte liegen. Sie sind bei einer

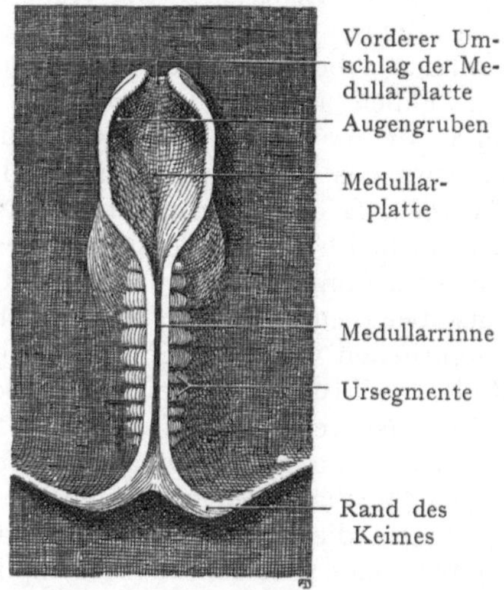

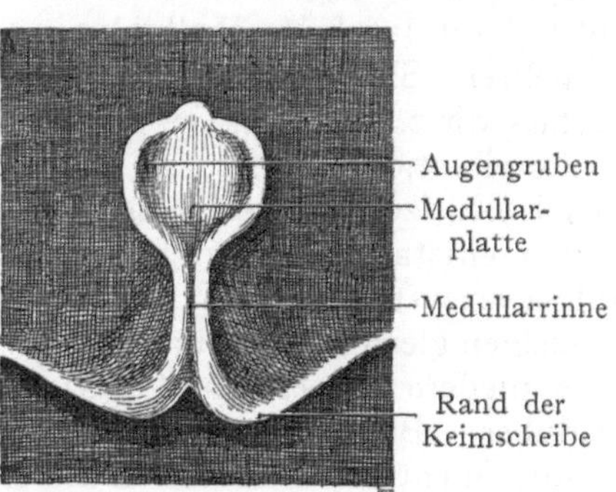

Fig. 582. Medullarplatte. Embryo von Acanthias vulgaris im auffallenden Lichte (frühes Stadium) von oben gezeichnet.

Fig. 583. Medullarplatte. Embryo von Acanthias vulg. (späteres Stadium).

Anzahl von Formen (Selachiern, Vögeln, Säugetieren) nachgewiesen worden; besonders deutlich sind sie bei Selachiern zu sehen (Figg. 582 und 583), wo sie eine regelmäßige Einstellung der hohen Epithelzellen aufweisen. Neuerdings ist von Stockard die schon auf Huschke (1832) zurückgehende Ansicht wieder vertreten worden, die erste Augenanlage sei unpaar und erfahre erst sekundär durch Ausbildung einer indifferenten medianen Zone, die dem Orte des Chiasma nn. opticorum entspreche, eine Trennung in zwei allmählich weiter lateralwärts sich verschiebende Anlagen.

Durch sinnreiche Versuche hat Spemann (1912) die Lokalisation der Augenanlagen und deren Bedeutung genauer festgestellt. Indem er zunächst den betreffenden Bezirk der Medullarplatte bei Froschembryonen abtrennte und caudalwärts verlagerte, erhielt er ein Auge in anormaler Lage. Wenn dagegen bloß ein Teil der Anlage verlagert wurde, so entstanden, besonders wenn der trennende Schnitt schief verlief, sogar vier Augenanlagen, die jedoch bei ungleicher Größe der Teilstücke auch ungleich groß ausfielen.

Bei der Weiterentwicklung vertiefen sich nun die seichten Gruben, welche dann nach dem Zusammenschlusse der Platte zur Bildung des Hirnrohres lateralwärts vom Vorderhirnbläschen abgehen (Fig. 584). Eine solche Ausstülpung verbreitet sich sodann an ihrem dem Ectoderm zugewandten Ende zu einem gestielten Bläschen, der primären Augenblase, welche durch den Stiel des Bläschens, den kurzen Canalis opticus (Fig. 585), mit dem Lumen des Vorderhirnbläschens in Verbindung steht. Die primären Augenbläschen gehen transversal vom Vorderhirnbläschen ab und erreichen bei ihrem Auswachsen das Ectoderm; sie liegen also lateral am Kopfe und werden durch den breiten Stirnfortsatz voneinander getrennt (Fig. 234), indem das spätere Verhalten, bei welchem der an Stelle des Canalis opticus tretende N. opticus spitzwinkelig zur Medianebene verläuft, erst allmählich infolge der bei der Gesichtsbildung stattfindenden relativen Breitenabnahme des Stirnfortsatzes auftritt (s. Gesichtsbildung). Die primäre Augenblase ist auch nicht kugelförmig wie der spätere Bulbus oculi, sondern lateral leicht abgeplattet. Die ursprünglich kurze und weite Verbindung mit dem Vorderhirnbläschen wird länger, aber relativ zur Größe des Augenbläschens auch enger.

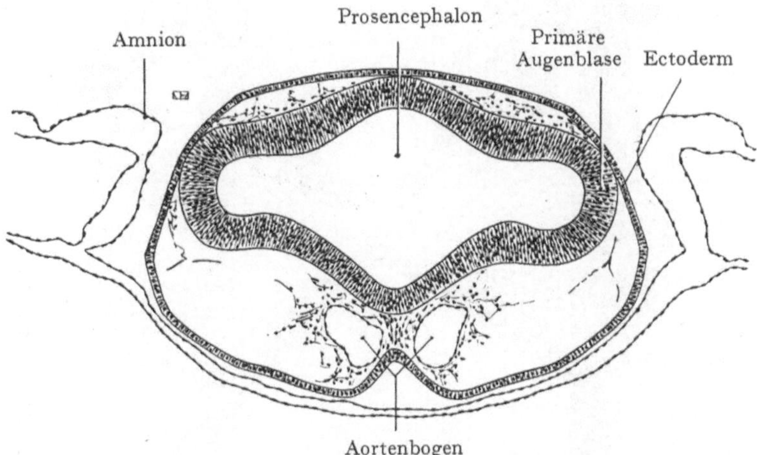

Fig. 584. Querschnitt durch das Prosencephalon eines Hühnchens mit 12 Ursegmenten. Die primären Augenblasen befinden sich in Kontakt mit dem Ectoderm.

Veränderungen an der primären Augenblase knüpfen sich erstens an die vom Ectoderm ausgehende Bildung der Linse, welche sich lateral in eine Einstülpung des Bläschens hineinlegt, zweitens an das Einwachsen von Blutgefäßen, welche bei dem starken Wachstum sowohl der Augenblase als der Linse zur Ernährung und zum Stoffwechsel dieser Gebilde erforderlich sind. Damit steht eine doppelte Einstülpung in Zusammenhang, welche sowohl an der primären Augenblase als am Canalis opticus Platz greift. Die laterale Wandung der Augenblase nimmt das vom Ectoderm sich ablösende Linsenbläschen auf (Fig. 586 A), während der untere Umfang der primären Augenblase und des Canalis opticus von einer Mesenchymwucherung eingestülpt werden, welche die A. centralis retinae, ein Ast der A. ophthalmica, umhüllt. Die mit der Bildung der Linse verknüpfte Einstülpung tritt zuerst auf und geht allmählich in die untere Einstülpungslinie über (Fig. 586 B), welche wir als fetalen Augenspalt (Fissura chorioidea) bezeichnen.

Die Umbildung des primären Augenbechers wird nicht etwa, wie es auf den ersten Blick erscheinen möchte, durch das Einwachsen und die Vergrößerung des Linsenbläschens bewirkt, sondern, ähnlich wie bei der Formbildung des Zahnes infolge des Vorwachsens der Umschlagslinie der äußeren in die innere Schmelzschicht, durch aktive Wachstumsvorgänge an der primären Augenblase. Der Rand wird vorgestülpt; „die Becher-

spalte ist nicht eine Rinne, sondern eine Lücke, die zwischen zwei emporwachsenden
Wällen stehen bleibt" (Froriep). Hier findet die Zellvermehrung sowohl des Stratum
pigmenti als auch der Retina selbst statt. Dieses Wachstum dauert auch noch
bis in spätere Stadien der Entwicklung fort, denn während in den bereits differenzierten Abschnitten der Retina Kernteilungsfiguren entweder fehlen oder sich doch
äußerst selten finden, sind dieselben häufig am Umschlagsrande der Retina in das
Stratum pigmenti nachzuweisen.

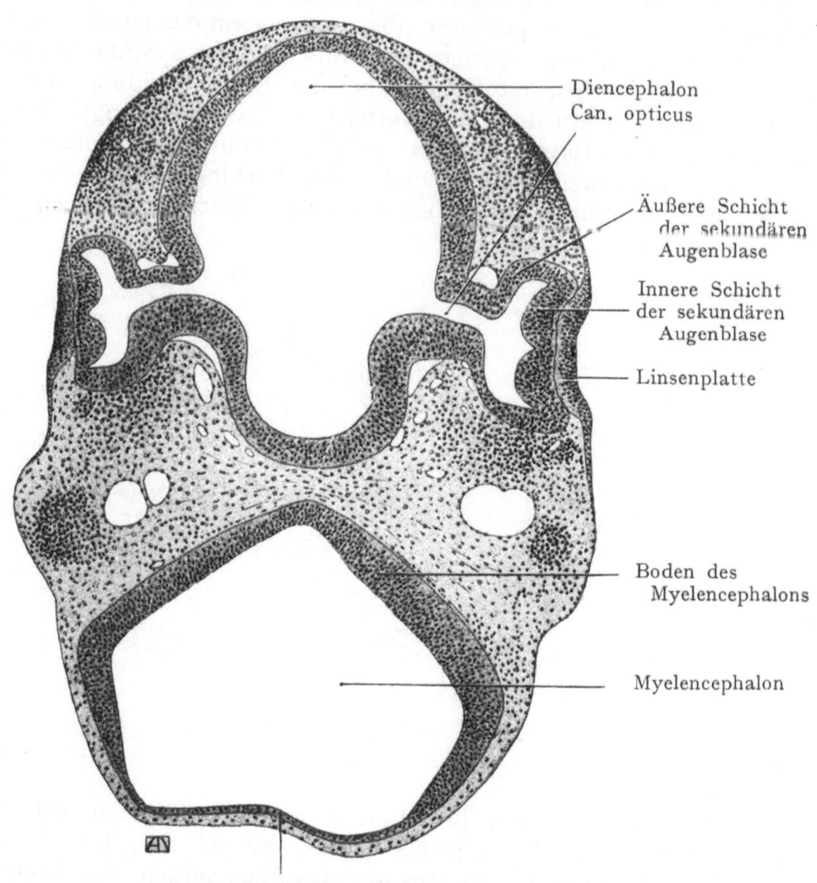

Fig. 585. Sekundäre Augenbecher bei einem 8 mm langen Kaninchenembryo.
Die Linsenanlage als Platte.

Infolge dieses Vorganges wird die primäre Augenblase in die sekundäre Augenblase umgewandelt, welche nunmehr eine doppelte Wandung (Fig. 586 B) aufweist und
deshalb gewöhnlich mit einem Vexierbecher verglichen wird. Beide Wandungen, die
innere, welche zur Retina wird, und die äußere, welche das Stratum pigmenti
liefert, gehen an den Rändern der Einstülpung ineinander über und die äußere Wand
setzt sich in die Wandung des Canalis opticus fort. Die Zellen der inneren Wand unterscheiden sich nun schon sehr früh durch ihre beträchtliche Höhe von denjenigen der
äußeren Wand. Die Ränder der Rinne an der unteren Wandung des Canalis opticus,
welche die A. centralis retinae aufnimmt, schließen sich zusammen wie auch die Ränder
der durch die laterale Fortsetzung der Fissura chorioidea eingestülpten unteren Wand
der Augenblase selbst. Mit diesem Vorgange geht die Bildung des N. opticus aus den

Achsenzylinderfortsätzen der Ganglienzellen der Retina einher, welche bei ihrem Auswachsen gegen das Gehirn zwischen oder in den Epithelzellen des Canalis opticus diese
letzteren auf die Stufe von Glia- und Neurogliazellen herabdrücken (s. Entwicklung
des N. opticus, S. 561).

Die übrigen Teile des Bulbus oculi entstehen aus dem den sekundären Augenbecher
umgebenden Mesenchym. In unmittelbarem Anschlusse an das Stratum pigmenti

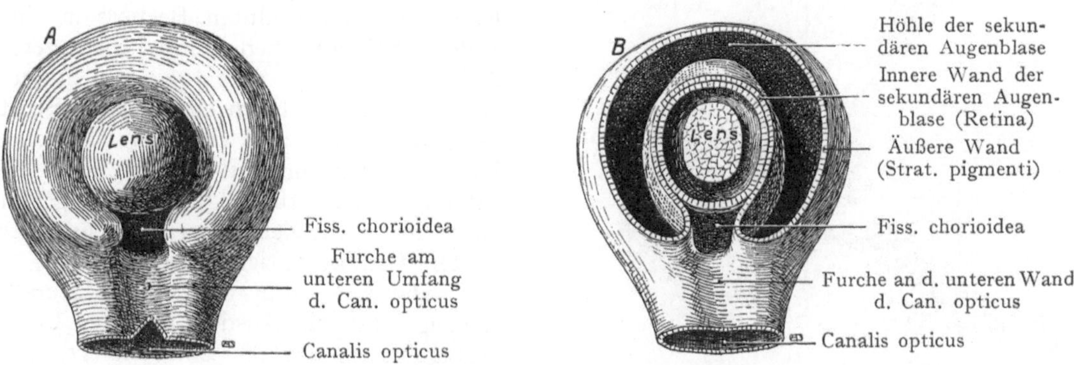

Fig. 586. Linse und sekundärer Augenbecher.
Nach den Modellen von Manz.
A. von der Seite aus gesehen.
B. Flächenschnitt durch A.

bildet sich die Gefäßschicht (Chorioidea), nach außen davon die Sclera. Die Mesenchymzellen dringen, nachdem die Linsenanlage, vom Ectoderm abgelöst, in den Augenbecher
aufgenommen wurde, zwischen Linse und Ectoderm ein, um als Fortsetzung der Sclera
die durchsichtige Cornea herzustellen. Aus Mesenchymzellen bildet sich ferner die Iris
und das Corpus ciliare.

2. Entwicklung der Linse.

Die Linse tritt sehr frühzeitig auf, und zwar wird ihre
Anlage von demjenigen Bezirke
des Ectoderms geliefert, mit
welchem die laterale Wand der
primären Augenblase bei ihrem
Auswachsen in Kontakt tritt
(Fig. 584). Die erste Andeutung
der Linsenbildung sehen wir in
Fig. 587 in Gestalt einer Platte
von hohen Epithelzellen, der Linsenplatte, welche mit ziemlich
scharfer Grenze in die niedrigeren
Zellen des angrenzenden Ectoderms übergehen. Die Linsenplatte wird durch die Bildung
einer leichten Einsenkung zum
Linsengrübchen. An dieselbe
stößt das primäre Augenbläschen mit seinem lateralen Um-

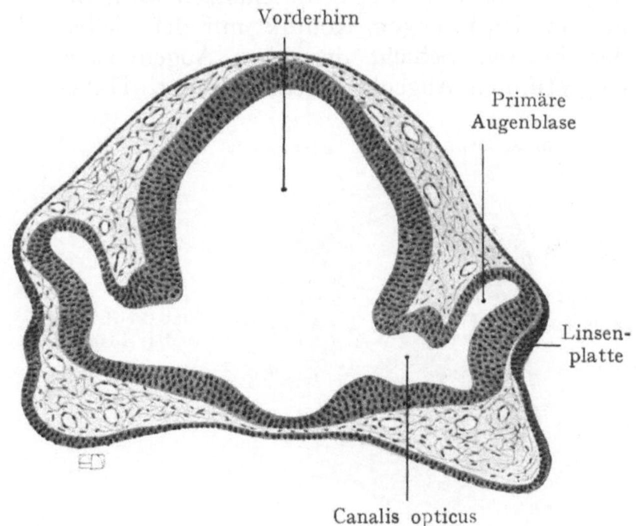

Fig. 587. Primäre Augenblasen und Linsenplatten.
Embryo hum. 5 mm. Vergr. 50.
Nach Bach und Seefelder.

fange an; dieser erfährt zunächst eine Abplattůng, dann eine Einstülpung, in welche die als Linsengrübchen vertiefte Linsenplatte zu liegen kommt. Diese eingestülpten (oder sich einstülpenden) Zellen der Augenblase zeichnen sich durch ihre beträchtliche Höhe aus. Sie bilden später die innere zur Retina sich umwandelnde Schicht des Augenbechers, welche am Rande des eingestülpten Bechers in eine äußere Schicht bedeutend niedrigerer Zellen übergeht, die von der erstgenannten Schicht durch einen feinen Spalt getrennt werden und ziemlich früh eine Pigmenteinlagerung aufweisen. Aus ihnen entsteht das Stratum pigmenti. Sie gehen ihrerseits in die Zellen der Wandung des kurzen Canalis opticus über.

Die Auslösung der Linsendifferenzierung und die Ausdehnung des Ectodermgebietes, das die Linse liefert, also die Größe der Linse, hängt wohl von der Größe der Kontaktfläche der Augenblase mit dem Ectoderm ab. Den meisten Ectodermzellen kommt übrigens die Eigenschaft zu, linsenartige Bildungen (sog. Lentoide) zu bilden (Epithel des Mundhöhlendaches, Retina) (A. Fischel).

In der Figur 588 vom Hühnchen

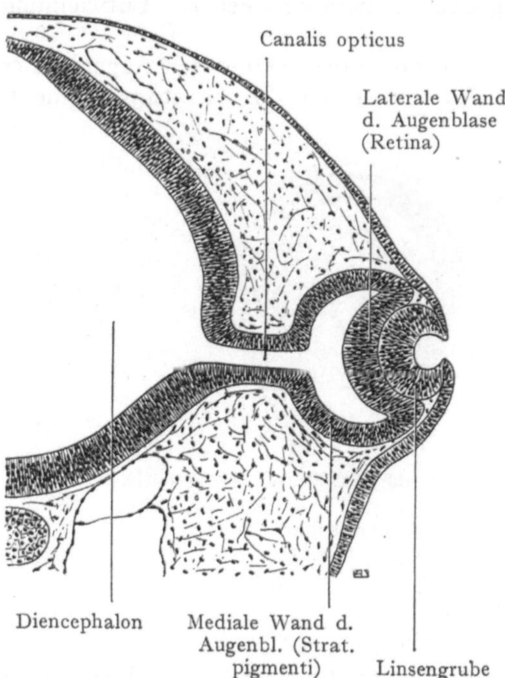

Fig. 588. Hühnchen, Augenentwicklung. Stadium der Bildung der Linsengrube.

hat sich die Linsenplatte zum Linsengrübchen vertieft, welches sich nach außen öffnet. Durch allmählich weitergehende Abschnürung vom Ectoderm wird das Linsengrübchen zum Linsenbläschen, welches mit der fortschreitenden Einstülpung der lateralen Wand des primären Augenbläschens immer mehr von diesem umschlossen wird, indem es sich in engem Kontakt mit den Zellen der inneren Schicht des zum Augenbecher eingestülpten Augenbläschens befindet. Dabei

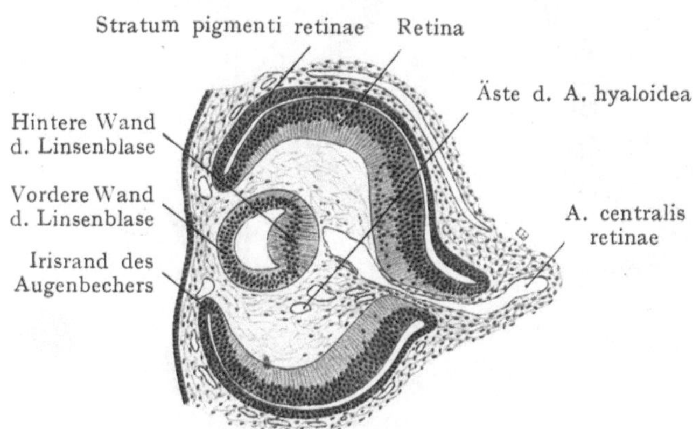

Fig. 589. Auge eines menschl. Embryos von 11,3 mm Länge. Vergr. 108.

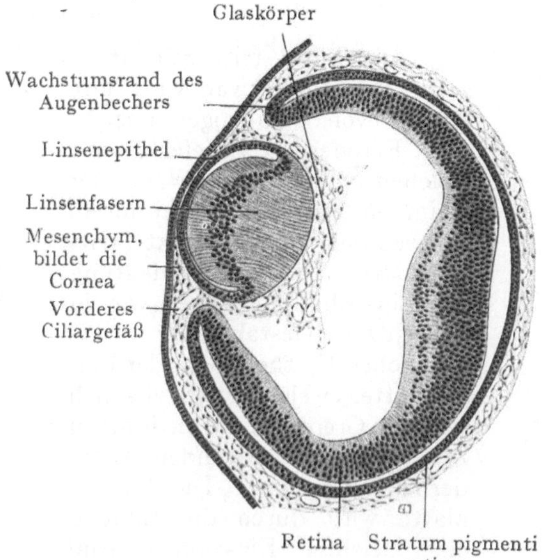

Fig. 590. Auge eines menschlichen Embryos von 19 mm Länge. Vergr. 100.

Nach Bach und Seefelder.

löst sich das Linsenbläschen von seinem Mutterboden, dem Ectoderm ab, welches sich nunmehr glatt über dasselbe hinwegzieht. Im Inneren des Bläschens sehen wir häufig einige aus dem Epithelverband ausgeschiedene Zellen, welche vielleicht aus einer Abschuppung der oberflächlichen Epithelzellen hervorgehen; auf jeden Fall sind sie ohne Bedeutung für die weitere Bildung der Linse, indem sie alsbald einer Resorption unterliegen.

Die Differenzierung des Linsenbläschens zur Linse beginnt mit einem ungleichen Höhenwachstum der Epithelzellen der lateralen gegen das Ectoderm sehenden und der medialen, gegen den Augenbecher gerichteten Wandung (Fig. 589). Jene bleiben niedrig und nehmen bald eine kubische Form an, während diese stark in die Länge wachsen und den in die Lichtung des Bläschens vorspringenden Linsenwulst (Kölliker) herstellen. Sie gewinnen sogar sehr früh den Charakter von Linsenfasern, d. h. von sehr hohen Epithelzellen, welche am Äquator des Linsenbläschens allmählich in die kubischen

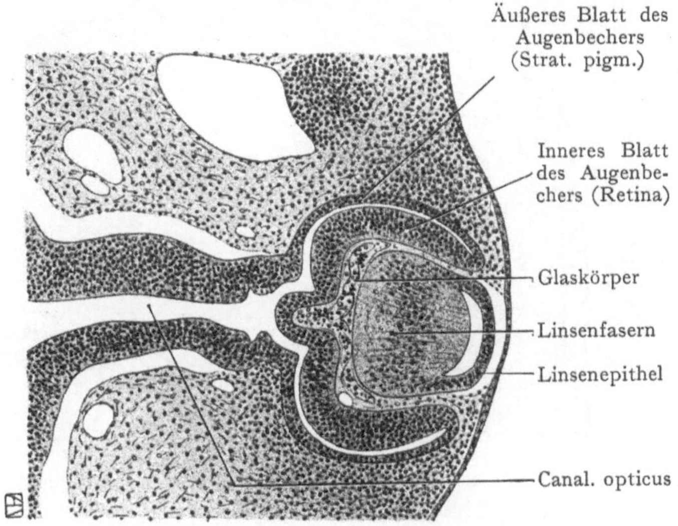

Fig. 591. Augenbecher und Canalis opticus eines Kaninchenembryos.

Zellen der vorderen Wand übergehen (Figg. 590 und 591). Diese stellen später das Linsenepithel dar. Das Lumen des Linsenbläschens verschwindet, indem der Linsenwulst sich direkt der Basis der Linsenepithelzellen anlegt, so daß die Linse solid wird (Fig. 592). Ihre Größenzunahme erfolgt dadurch, daß die Zellen an der Übergangszone der Linsenfasern in das Linsenepithel, entsprechend dem Äquator der Linse, sich teilen und immer neue Zellen liefern, welche sich den bereits gebildeten Linsenfasern nach außen auflagern; bloß hier finden wir demnach Kernteilungsfiguren, die in den langen, zu Linsenfasern differenzierten Epithelzellen stets vermißt werden. Schon früh erreicht die Linse eine recht beträchtliche Größe, ja wir können sogar feststellen, daß ihr Hauptwachstum beim Menschen in die Zeit der fetalen Entwicklung fällt. (Beim Neugeborenen hat die Linse schon $^2/_3$ ihrer definitiven Größe erreicht.) Bis zur Geburt, ja darüber hinaus, sind auch Gefäßeinrichtungen in der Umgebung der Linse (die Tunica vasculosa lentis) vorhanden, welche ein rasches Wachstum des mächtigen epithelialen Gebildes begünstigen, doch ist es nicht ausgeschlossen, daß das Linsenwachstum noch bis ins Alter, allerdings langsamer, durch die Apposition von Fasern am Äquator fortdauert.

Beim menschlichen Embryo beginnt die Bildung der Linsenfasern in der fünften Fetalwoche; am Anfange des dritten Fetalmonates wird eine solide Linse vorgefunden.

Die zuerst gebildeten Linsenfasern stellen, indem sich neue Fasern vom Äquator aus bilden, den Linsenkern her; eine weitere Vermehrung derselben ist nicht mehr möglich, vielmehr werden sie unter Wasserabgabe fester. Nach außen wird die Linse durch eine von ihrem Epithel resp. ihren Fasern abgeschiedene homogene Linsenkapsel abgeschlossen. Außerhalb derselben liegt während der fetalen Entwicklung ein dichtes Gewebe, die Tunica vasculosa lentis, deren Bildung wir später in Zusammenhang mit der Entstehung der Augengefäße zu schildern haben. Sehr wesentlich tragen auch Fasern zur Bildung der Capsula lentis bei, welche sich von der Basis der Linsenzellen aus entwickeln und, indem sie sich durchflechten, nach C. Rabl die Aufgabe haben sollen, die Tunica vasculosa lentis an der Linse zu befestigen.

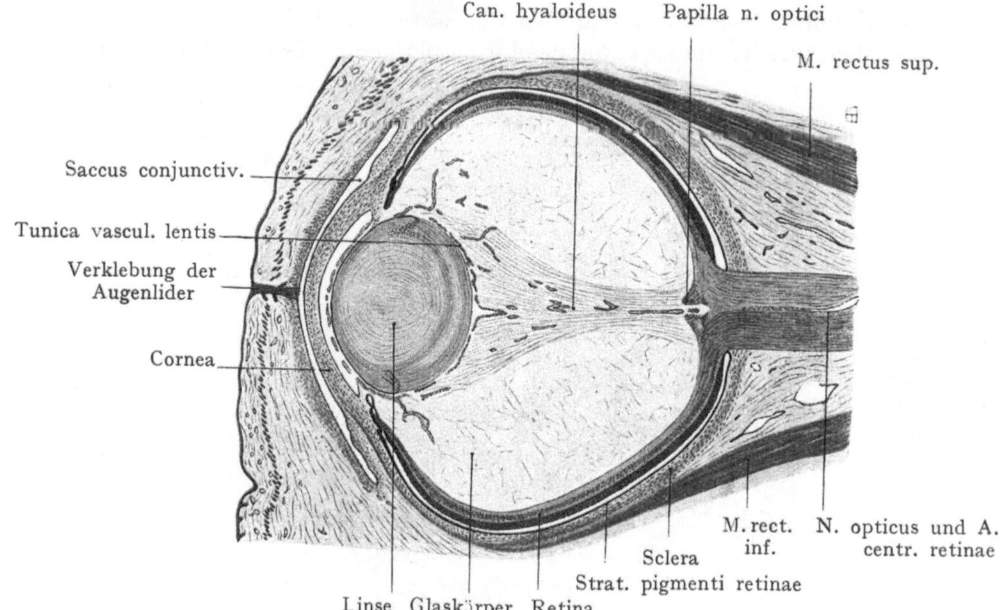

Fig. 592. Auge eines menschlichen Embryos von 130 mm Länge. Vergr. 25. Nach Bach und Seefelder.

Die Linse besteht, wie C. Rabl nachgewiesen hat, aus radiären Lamellen von Linsenfasern, die gegen die Oberfläche der Linse an Zahl zunehmen. Er sagt: „Die Lamellen teilen sich und zeigen manche Abweichung von der typischen Form. Es ist klar, daß die Zahl der Radiärlamellen von innen nach außen zunehmen wird oder, was dasselbe ist, daß die Linsen jüngerer Tiere weniger Radiärlamellen besitzen müssen als die der älteren. Die Zahl der Radiärlamellen nimmt also mit dem Alter zu." Im übrigen hat Rabl eine sehr auffallende Übereinstimmung in der Zahl der Linsenlamellen beider Augen bei demselben Tiere gefunden. So fand er in der einen Linse eines Meerschweinchens 1131, in der anderen 1123, bei einem Kaninchen 2551 resp. 2569, bei einer Katze sogar in beiden Linsen gleichviel Lamellen, nämlich 3411.

3. Ursache der Linsenbildung.

Dieselbe ist neuerdings in einem Reize gesucht worden, welchen die lateralwärts auswachsende, zur Berührung mit dem Ectoderm gelangende Augenblase auf die benachbarten Ectodermzellen ausüben soll. Die Entwicklung der Augenblase und der Linse sind nach dieser Vorstellung eng miteinander verknüpft. Wie wir uns einen solchen auf die Ectodermzellen einwirkenden Reiz vorzustellen haben, ist nicht klar, daß aber das Auswachsen der Augenblase und die Bildung der Linse in einem Korrelations- oder Abhängigkeitsverhältnisse zueinander stehen, geht sowohl aus Experimenten wie auch aus Beobachtungen von Augenmißbildungen klar hervor. So hat A. Fischel einen sehr jungen, mißgebildeten, menschlichen Embryo untersucht, bei welchem auf der einen Seite ein Augenbecher mit einer Linsenanlage vorhanden war, während auf der anderen die Bildung der Augenblase unterblieben war und auch die Linsenanlage fehlte. Fischel sagt: „Die Differenzierung der Linse wie der Cornea wird durch die Anlagerung des Augenbechers an das Ectoderm hervorgerufen; von dieser ist auch die Ausdehnung des Ectodermgebietes, das die Linse liefert, also auch die Größe der Linse, abhängig." Versuche von Spemann und von W. H. Lewis haben bewiesen, daß, wenigstens bei einigen Amphibien, tatsächlich das Vorhandensein eines Augenbläschens eine Vorbedingung für die Linsenbildung darstellt. So entfernte Spemann mittels Glasnadeln eine primitive Augenblase und beobachtete ein Ausbleiben der Linsenbildung auf der betreffenden Seite. Lewis löste vor der Bildung der Linse einen Hautlappen über der Augenblase ab, entfernte diese und ließ den Hautlappen wieder anheilen. Darauf blieb die Linsenbildung auf dieser Seite aus. Bei anderen Versuchen wurde der Augenbecher caudalwärts unter die Haut verlagert, wobei an der neuen Kontaktstelle mit dem Ectoderm eine Linsenbildung erfolgte, während sie an der normalen Stelle ausblieb. Aus diesen sowie aus zahlreichen anderen Versuchen dürfen wir wohl schließen, daß für die Entstehung einer Linse der Einfluß des Augenbechers auf das Ectoderm notwendig ist. . Diesen bezeichnen wir als „Reiz", ohne über dessen Wesen etwas Bestimmteres aussagen zu können. Bei der Umwandlung des Augenbläschens in die sekundäre Augenblase spielt die Linse keine Rolle, jedenfalls wird die primäre Augenblase nicht passiv durch die Linse eingestülpt. Jede Strecke des Ectoderms kann durch den Kontakt mit einer Augenblase zur Linsenbildung angeregt werden, allerdings ist für den letzten Satz insofern eine gewisse Einschränkung anzubringen, als er, wie es scheint, nicht einmal für alle Amphibien unbedingt zutrifft. So gilt er für Rana palustris, dagegen nicht für Rana esculenta. Neuerdings hat Stockard bei Fischlarven, die in Magnesiumchlorid, also unter abnormen Bedingungen aufgezogen wurden, gefunden, daß die Linsenbildung auch von Stellen des Ectoderms ausgehen kann, die weder mit dem Augenbecher noch mit anderen Teilen des Gehirnes in Kontakt treten.

4. Umbildung der sekundären Augenblase.

Die sekundäre Augenblase stellt (Fig. 586) nach der Bildung des Linsenbläschens einen Becher mit doppelten Wandungen dar, in dessen lateralwärts offene Einbuchtung das Linsenbläschen sich einlagert, während das ursprünglich vorhandene Lumen, welches die beiden Wandungen trennte, sich allmählich bis auf einen Spalt reduziert. Dieser steht jedoch noch mittels des Canalis opticus mit dem dritten (mittleren) Ventrikel in Verbindung. Am unteren Umfange des Bechers macht sich die mit der Anlage der inneren Augengefäße in Zusammenhang stehende, auch auf die untere Wandung des Canalis opticus auslaufende Furche (Fissura chorioidea) bemerkbar. Bei der Schilderung der weiteren Differenzierung untersuchen wir zunächst die Histogenese der Retina, sodann die Bildung der vom Mesenchym gelieferten Teile des Bulbus, der Sclera, der Cornea, des Corpus ciliare und der Iris. Dazu kommen der Glaskörper und die Bildung der in das Innere des Bulbus eingeschlossenen Gefäße.

Retina, Stratum pigmenti, Nervus opticus.

Die innere, gegen das Linsenbläschen sehende Wand des Augenbechers (Fig. 586) unterscheidet sich schon sehr früh durch die beträchtliche Höhe ihrer Zellen von der äußeren Wand, deren Zellen kubisch werden und sich, abgesehen von einer immer stärkeren Pigmenteinlagerung, nur wenig verändern. Die innere Wand bildet die Retina, die äußere das zu den Sehzellen in enge Beziehung tretende Stratum pigmenti. Endlich liefern die Epithelzellen des Canalis opticus die Grundlage für die von der Ganglienzellenschicht der Retina zentralwärts auswachsenden Opticusfasern.

1. Histogenese der Retina.

Das Dickenwachstum der inneren Wand des Augenbechers geht, wie bei der Wandung des Medullarrohres überhaupt, von den dem Lumen benachbarten Zellen aus, welche zunächst den Ependymzellen des embryonalen Medullarrohres entsprechen. Die hier neugebildeten Zellen werden gegen die mit der Linse in Kontakt stehende Höhle des Augenbechers vorgeschoben. Erst mit dem Erlöschen der Zellteilungsvorgänge in der tiefen Schicht nimmt auch das Dickenwachstum der Retina ein Ende. Die Differenzierung der Retinaschichten geht, soweit unsere Kenntnisse reichen, von innen nach außen vor sich. Die ersten Zellen, welche ihre definitive Form erlangen, sind die Ganglienzellen und die von diesen gebildete Nervenfaserschicht, welche, indem ihre Fasern in die Wandungen des Canalis opticus einwachsen, den N. opticus herstellen. Am spätesten differenzieren sich die Stäbchen- und Zapfensehzellen, d. h. die eigentlich perzipierenden Elemente der Retina. Erst bei menschlichen Embryonen von 21,5 cm Länge beginnt ihre Bildung, während schon im dritten Fetalmonate die Höhle des Canalis opticus infolge der Bildung von Opticusfasern fast geschwunden ist. Bei vielen Tieren, die blind geboren werden, geht die Entwicklung der Stäbchen und Zapfen erst nach der Geburt vor sich; so fehlt nach M. Schultze bei neugeborenen Kaninchen und Katzen noch jede Spur der Stäbchen und Zapfen, ja Schultze fand bei der Katze erst 3—4 Tage nach der Geburt die ersten Zeichen der Differenzierung, die jedoch dann sehr rasch verläuft, so daß die Gebilde schon am 13. Tage in derselben Form, nur viel kleiner wie beim erwachsenen Tiere, gefunden werden. Versuche von M. Nußbaum haben gezeigt, daß bei einigen Tieren die Bildung der Stäbchen und Zapfen erst in der neunten Woche nach der Geburt beginnt und eine Lichtempfindung erst in der zwölften Woche zu konstatieren ist.

Die Histogenese der Retina zeigt, wie schon bemerkt wurde, eine große Ähnlichkeit mit derjenigen des Medullarrohres (Fig. 593). Am vierten Tage der Bebrütung besteht die Retina des Hühnchens zu einem großen Teile aus bipolaren Zellen, die einen fortwährenden Zuwachs aus den tieferen an die äußere Wand des Augenbechers anstoßenden Zellen erhalten. Die älteste Schicht setzt sich aus Zellen zusammen, welche an die Membrana limitans interna angrenzen und ihre Achsenzylinderfortsätze parallel zur Oberfläche aussenden. Es handelt sich um die Schicht der großen Ganglienzellen der Retina, welche die Nervenfaserschicht sowie den N. opticus herstellen. Wir könnten sie mit den Strangzellen des Rückenmarks vergleichen. Die Retina wird auch sehr früh von den Neurogliazellen durchsetzt, die als Müllersche Stützfasern auch der fertigen Retina den Charakter einer epithelialen Formation verleihen. Sie

Bipolare Zellen

Fig. 593. Retina. Hühnchen vom 4. Bebrütungstage.
Gegen die Peripherie auswachsende Ganglienzelle. Ganglienzelle mit tangential verlauf. Achsenzylinder. Membrana limitans int.
Nach R. y Cajal, Anat. Anz. 32. 1908.

sind auf dem in Fig. 593 dargestellten Stadium von den bipolaren Zellen nicht zu unterscheiden.

Die Ganglienzellenschicht tritt zuerst am hinteren Augenpole auf und breitet sich dann von dieser Stelle weiter aus. Sie erreicht zum Teil eine enorme Dicke; so fand Seefelder bei einem 31 mm langen Embryo neben dem Opticus gegen 20 Kern-reihen, die später auf eine einzige Reihe reduziert werden, eine Tatsache, welche die Vermutung aufkommen läßt, daß die Ganglienzellen während der Ontogenese eine beträchtliche Verschiebung innerhalb der Retina erfahren.

Eigenartig ist nach Seefelder die Differenzierung der Stäbchen- und Zapfen-sehzellen (s. Fig. 594). Das Protoplasma der Zapfenzellen wölbt sich als Anlage der

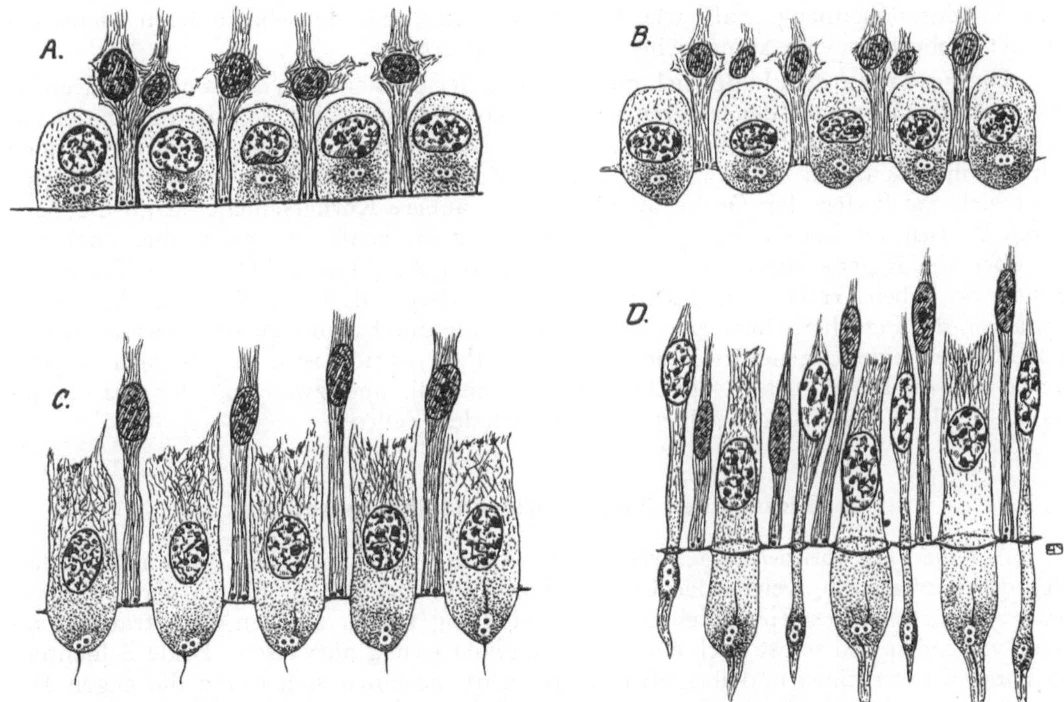

Fig. 594. Schema der Entwicklung der Stäbchen- und Zapfensehzellen.
Nach Bach und Seefelder, Atlas d. Entw.-Gesch. d. menschl. Auges. 1914.
A. Zapfenzellen embr. hum. 65 mm
B. Zapfenzellen embr. hum. 80 mm.
C. Zapfenzellen; parazentrale Netzhautpartie. Neugeborener.
D. Stäbchen- und Zapfenzellen. Neugeborener.

Zapfeninnenglieder über die Membrana limitans ext. hinaus. Die Diplosomen liegen jenseits der Membran in einem konisch zugespitzten Teile der Zelle. In jedem Zapfen befindet sich (Fig. 594 C) ein von einem Diplosom ausgehendes feines Fädchen, das sich später mit einer Protoplasmahülle umgibt und dann das Zapfenaußenglied darstellt, indem es sich gegen die Zellen des Stratum pigmenti erstreckt. Die Stäbchen sind viel zartere Gebilde, deren Differenzierung jedoch genau ebenso verläuft wie die-jenige der Zapfen.

Die Histogenese der Retina, in ihrer Flächenausdehnung untersucht, beginnt an einem Punkte, welcher später der Macula lutea und der Fovea centralis entspricht, und schreitet gegen den Rand des Augenbechers weiter fort; demnach sind die zentralen Partien der Retina histogenetisch älter als die peripheren. Auch erfolgt das mit der

Vergrößerung des Bulbus einhergehende Flächenwachstum der Retina von den peripheren, noch als indifferentes Epithel sich darstellenden Partien aus, während wir wohl ein Flächenwachstum der bereits differenzierten Retina ausschließen dürfen.

An der Stelle der Fovea centralis sehen wir im siebenten Fetalmonate eine Verdickung der Retina (Seefelder), welche durch die besondere Mächtigkeit der Ganglienzellenschicht hervorgerufen wird; erst zu dieser Zeit treten die ersten Andeutungen einer Fovea auf. Relativ spät bilden sich an dieser Stelle die Zapfen aus, welche beim achtmonatlichen Fetus recht unvollkommen sind, ja sogar bei Neugeborenen und bei Kindern in den ersten Lebensmonaten die spätere Form noch nicht erlangt haben. So beträgt die Höhe der Zapfen bei einem 16 Wochen alten Kinde, verglichen mit derjenigen beim Erwachsenen, bloß ungefähr die Hälfte. Damit steht wohl auch die Tatsache in Zusammenhang, daß, wie Seefelder fand, die Sehschärfe beim Menschen von der Geburt an eine allmähliche Verfeinerung erfährt.

Die Fovea centralis bildet sich an der Stelle der erwähnten Verdickung der Retina, indem eine Schicht nach der anderen auf die Seite gedrängt wird, so daß an der tiefsten Stelle bloß noch die Zapfenschicht übrig bleibt. Beim Neugeborenen ist die Fovea noch nicht in ihrer späteren Ausbildung vorhanden, denn, abgesehen von der Zapfenschicht, findet sich am Boden der Grube auch noch die äußere Körnerschicht. Daß die peripheren Partien der Retina sich später ausbilden als die zentralen, geht aber auch aus den über die Regeneration des Auges bei gewissen Amphibien bekannten Tatsachen hervor. So haben Griffini und Marchiò nachgewiesen, daß sich die ganze Urodelenretina von der Peripherie her regenerieren kann. Sie durchschnitten den Nervus opticus und erhielten eine Degeneration der gesamten Pars optica retinae, die ·sich jedoch, ebenso wie die Fasern des N. opticus, regenerieren soll, und zwar von der Ora serrata aus durch die Vermehrung der hier noch epithelialen Zellen.

2. Bildung der Pars ciliaris und iridica retinae.

Auf die Pars optica retinae, welche ihre vordere Grenze an der Ora serrata findet, folgt die Pars ciliaris, welche das Corpus ciliare und die hintere Fläche der Iris überzieht. Sie besteht aus Epithelzellen, welche sich eng mit den Zellen des Stratum pigmenti verbinden und selbst auch eine starke Pigmentierung aufweisen. Beide Schichten, die Pars ciliaris retinae und das Stratum pigmenti zeichnen sich durch die engen Beziehungen zu zwei Abschnitten der Tunica vasculosa aus, nämlich zum Corpus ciliare und zur Iris, während die Pars optica Beziehungen zum hinteren durch die Chorioidea dargestellten Abschnitte der Tunica vasculosa eingeht. Zu Beginn des vierten Fetalmonates zeigen sich die ersten Spuren der Proc. ciliares, doch ist die Anlage des Corpus ciliare noch von der Netzhaut bedeckt, die sich ohne scharfe Grenze nach hinten fortsetzt. Je mehr sich nun der Ciliarkörper erhebt, desto mehr weicht gleichsam der Netzhautrand nach hinten zurück. In der zweiten Hälfte des vierten Monats sind die Ciliarfortsätze gut entwickelt (O. Schultze).

Das Corpus ciliare ist zunächst glatt, indem die in das Innere der Augenblase vorspringenden Falten der Corona ciliaris erst durch die Wucherung des gefäßhaltigen Mesenchyms hervorgerufen werden, welches als Teil der Tunica vasculosa bulbi sowohl das Corpus ciliare als auch das Stroma iridis herstellt. Aus derselben Schicht bildet sich der M. ciliaris. Die Zellen, welche das Corpus ciliare überziehen, bilden infolge einer besonderen Differenzierung ihres Protoplasmas die zur Linse gehenden Fasern der Zonula ciliaris, mittels derer der Accommodationsmuskel (M. ciliaris) einen Einfluß auf die Form der in der Capsula lentis unter Spannung stehenden Linse gewinnt. Wir dürfen die Bildung dieser mit der Linsenkapsel sich verwebenden, von den Proc. ciliares ausgehenden, homogenen Fasern mit der Bildung der Glaskörperfasern von den Zellen der Pars optica retinae aus vergleichen. Auch ist eine Analogie mit der Bildung der Membrana tectoria des Organon spirale (Cortii) des Innenohres nicht zu verkennen (s. dieses).

Im Bereiche der hinteren Fläche der Iris stellt die Pars iridica retinae gleichfalls eine epitheliale Schicht dar, welche am Margo pupillaris iridis in das ihr angelagerte Stratum pigmenti iridis übergeht. Diesem lagert sich als Fortsetzung der Tunica vasculosa das stark gefäßhaltige Stroma iridis an. Es ist deshalb notwendig, die Entstehung dieser mit den beiden epithelialen Schichten so innig zusammenhängenden Einrichtung zu schildern.

Nach der Ablösung des Linsenbläschens von dem Ectoderm beginnt das Mesenchym von der Umgebung aus zwischen Linse und Ectoderm einzuwachsen (Fig. 590), indem es hier zum Teil die Substantia propria der Cornea, zum Teil das Stroma iridis herstellt,

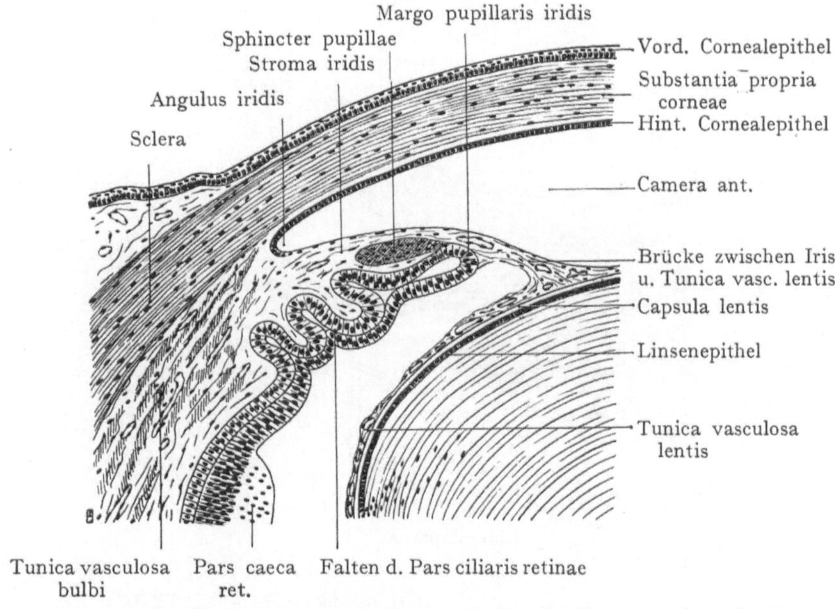

Fig. 595. Bildung des M. sphincter pupillae und der Tunica vasculosa lentis.
Nach Szili, Anat. Anz. 20. 1903.

Gebilde, welche durch die alsbald entstehende vordere Augenkammer voneinander getrennt werden. Diese tritt in Form eines Spaltes im Mesenchym auf. Das Stroma iridis ist von vornherein sehr gefäßreich und verbindet sich mit der dichten, die Linse umhüllenden Tunica vasculosa lentis (s. oben), zu deren Bildung vor allem die im Canalis hyaloideus verlaufende A. hyaloidea beiträgt. Dieselbe stellt die direkte Fortsetzung der bei der Entstehung des fetalen Augenspaltes in den N. opticus aufgenommenen A. centralis retinae dar (Fig. 586). Andererseits verbinden sich die Gefäße der Irisschicht mit den Gefäßen des Corpus ciliare und durch diese wieder mit den Gefäßen der Chorioidea. Derjenige Teil der Tunica vasculosa lentis, an dessen Bildung die Irisgefäße teilnehmen, ist in der Pupille ausgespannt (Fig. 597) und wird manchmal auch als Membrana pupillaris unterschieden. Auch kann diese ausnahmsweise, da sie ihre Gefäße aus den Irisgefäßen erhält, nach der vor der Geburt stattfindenden Rückbildung der A. hyaloidea bestehen bleiben, ja sogar sich verdicken und so eine mehr oder weniger undurchsichtige, das Pupillarloch verschließende Membran oder auch Fäden darstellen, welche eine starke Beeinträchtigung des Sehvermögens bewirken.

Die Iris bildet gegen die Camera oculi ant. hin das Endothelium camerae anterioris, welches dort, wo die Iris an die Cornea grenzt, auf die hintere Fläche der Cornea übergeht.

Die Iris des Erwachsenen enthält, abgesehen von den Gefäßen und Nerven, auch glatte Muskulatur in ringförmiger und radiärer Anordnung (M. sphincter und M. dilatator pupillae). Bis vor kurzem leitete man beide Muskeln von dem Stroma iridis her, also aus dem Mesoderm, doch kann jetzt, nach den Untersuchungen von M. Nußbaum, .Herzog, Heerfordt und Szili kein Zweifel darüber bestehen, daß sie aus dem Epithel des Augenbechers stammen. Der M. sphincter pupillae wächst (Figg. 595 und 596) von dem am Margo pupillaris iridis gelegenen Übergange der Pars iridica retinae in das Stratum pigmenti als eine in das Stroma iridis vordringende solide Zellmasse aus, welche sich

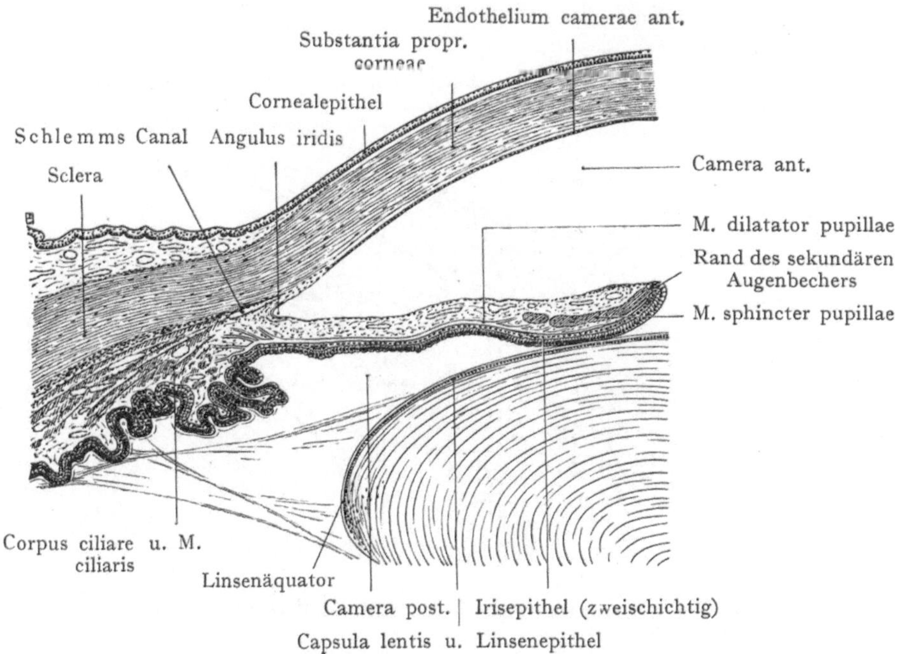

Fig. 596. Hälfte des vorderen Bulbussegmentes vom Erwachsenen. (Halbschematisch.)
Zum Teil nach einem Präparate, zum Teil nach Szili, Anat. Anz. 20. 1902.

zu glatter Muskulatur differenziert. Nach Szili bildet die Anlage bei einem menschlichen Fetus von 10,2 cm Länge einen lamellenartigen Fortsatz, der mit dem Epithel des Pupillarrandes zusammenhängt. Bei einem Fetus von 14 cm Länge hat die Umwandlung in glatte Muskelzellen schon begonnen, die durch einwachsende Zellen des Stroma iridis in einzelne konzentrisch angeordnete Bündel getrennt werden. Der M. dilatator pupillae entwickelt sich erst im Laufe des siebenten Fetalmonats durch die Ablösung von Zellen des Stratum pigmenti iridis; beim Neugeborenen stellt er eine einfache Schicht von glatten Muskelzellen dar, die sich dem Stratum pigmenti direkt anlagern.

Die Pigmentierung des Epithelüberzuges des Corpus ciliare und der Iris beschränkt sich nach Heerfordt zunächst auf das Stratum pigmenti corporis ciliaris et iridis und greift erst allmählich auf die Pars ciliaris retinae über, indem sie am Margo pupillaris iridis beginnt und sich gegen den Margo ciliaris iridis ausbreitet. Die gesättigte Pigmentierung der Pars ciliaris retinae im Bereiche der Iris ist bei der Geburt noch lange nicht

rreicht. Die Bildung glatter Muskelzellen aus einem Epithel, das in letzter Linie dem
Ectoderm entstammt, ist ein Vorgang, welcher ganz vereinzelt dasteht, wenn wir nicht
etwa mit Kölliker, Heerfordt u. a. annehmen wollen, daß auch die glatten Muskelzellen der Schweißdrüsen epithelialer Herkunft seien.

Die Pigmentbildung im Säugetier- und Vogelauge ist nach G. Miescher ein
oxydativer Vorgang, der durch die Vermittlung eines oxydierenden Fermentes, der
Dopaoxydase, erfolgt. Diese Reaktion tritt sehr frühzeitig beim Embryo auf, bleibt
bis zum Ende der Pigmentbildung positiv, flaut dann ab und wird dann für die ganze
übrige Dauer des Lebens negativ. Für das Auge ist deshalb die Pigmentbildung sowohl

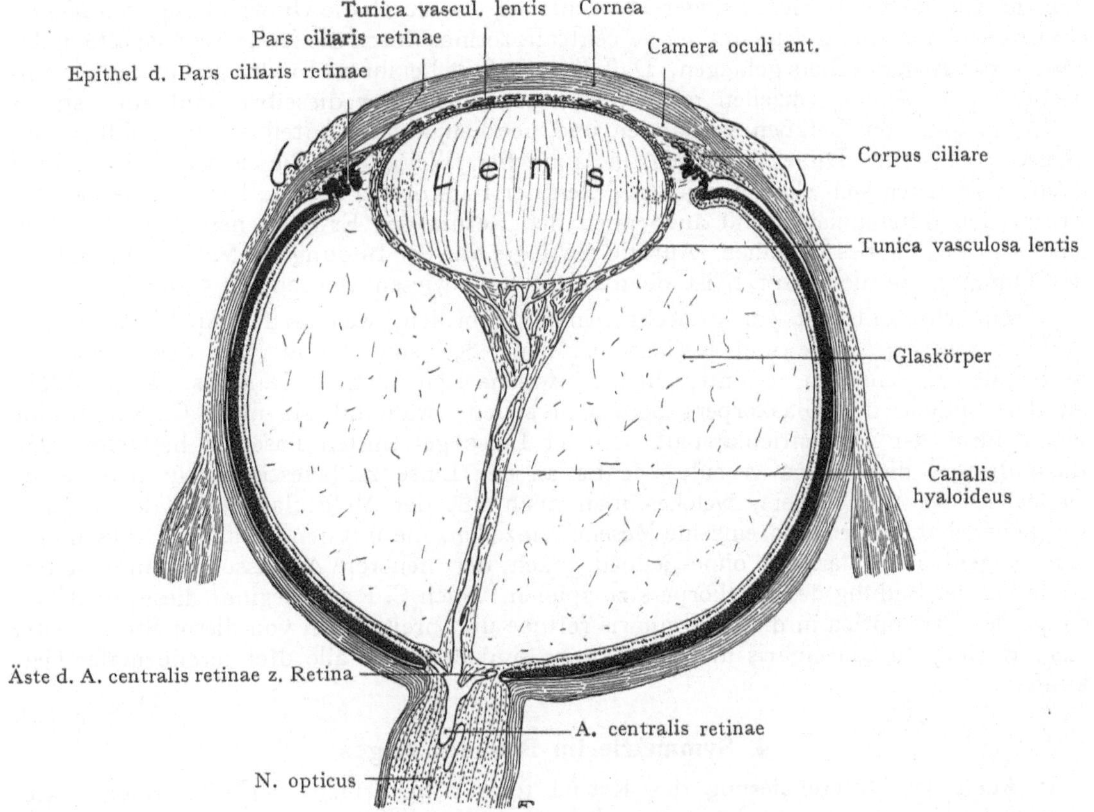

Fig. 597. Auge eines Fetus vom 3. Monate mit dem Canalis hyaloideus und der
Tunica vasculosa lentis.
(Horizontalschnitt.)

im Stratum pigmenti als auch in der Chorioidea als ein einmaliges und sich nicht
wiederholendes Geschehnis während einer gewissen Zeit der Entwicklung aufzufassen.
Die Pigmentzelle bildet kein neues Pigment.

Nervus opticus (Figg. 574 u. 575). Dieser entsteht aus centripetal in die Wandungen des Canalis opticus auswachsenden Achsenzylinderfortsätzen der großen Ganglienzellen der Retina. Die Epithelzellen der Wandung des Canalis opticus finden dabei als Stütz-
oder Gliazellen des N. opticus Verwendung und sind tatsächlich noch beim Erwachsenen
mittels der Golgimethode nachgewiesen worden (Kallius). Der N. opticus ist, genau
genommen, nichts anderes als eine Hirnbahn, welche den zur Retina umgewandelten Teil
des Prosencephalons mit zentralen Kernen und auch sekundär mit anderen Abschnitten
der Hirnrinde in Verbindung setzt. Die Opticusfasern bilden sich zunächst an der

unteren, von der Einstülpung der Fissura chorioidea betroffenen Wand des Canalis opticus; erst allmählich treten sie auch in den übrigen Strecken der Wandung auf. Im dritten Fetalmonate ist das Lumen des Canalis opticus vollständig verschwunden.

3. Entwicklung des Glaskörpers.

Die Vorstellungen über die Entwicklung und morphologische Bedeutung des Glaskörpergewebes haben in den letzten fünfzehn Jahren eine Umwandlung erfahren, die ebenso überraschend ist wie die Erkenntnis, daß die Mm. sphincter und dilatator iridis aus dem Epithel des sekundären Augenbechers entstehen. Früher wurde allgemein angenommen, daß der Glaskörper bindegewebiger Herkunft sei und durch die Umwandlung von Mesenchymzellen entstehe, welche mit der A. centralis retinae durch die fetale Augenspalte in das Innere des Augenbechers gelangen. Daß diese Gefäße bei ihrem Eindringen in den Augenbecher auch Mesenchymzellen mitnehmen, ist sicher, aber dieselben sind auch später in Begleitung von Gefäßen vorhanden und nehmen keinen Anteil an der Bildung der Glaskörperfasern. Diese entstehen in ähnlicher Weise wie die Fasern der Zonula ciliaris; sie leiten sich eben von jenen Zellen der Pars optica retinae her, welche sich als Stützzellen differenzieren und auch noch der Retina des Erwachsenen den Charakter eines Epithelgewebes verleihen. Auf die Analogie mit der Bildung der Membrana tectoria des Organon spirale (Cortii) ist oben schon hingewiesen worden (S. 559).

Zunächst entsteht ein Geflecht feinster Fibrillen, welche den Spalt des Augenbechers zwischen Linse und Retina ausfüllen. Sie sind kaum von den Basalfortsätzen der Linsenzellen zu unterscheiden, welche sich nach v. Lenhossék gleichfalls an der Bildung des Glaskörpers beteiligen sollen, während sie nach C. Rabl bloß einen durch den Perilenticularspalt von der Linse getrennten Faserfilz herstellen und dazu dienen, die Tunica vasculosa lentis an der Linse zu befestigen. In dem feinen Geflechte des Glaskörpers, welches man auch mit der Molecularschicht des Gehirns verglichen hat, finden sich einzelne Mesenchymzellen, die mit den Gefäßen in das Innere der Augenblase gelangen, ohne jedoch, nach der neueren Auffassung, eine weitere Rolle bei der Bildung des Glaskörpers zu spielen. Nach C. Rabl beginnt diese am Übergange der Pars optica in die Pars ciliaris retinae und breitet sich von dieser Stelle weiter aus. Retina, Zonula ciliaris und Glaskörper sind demnach alle drei ectodermaler Herkunft.

4. Symmetrie im Bau des Auges.

Auch die Differenzierung der Retina folgt dem Prinzip der bilateralen (nasotemporalen) Symmetrie. Sie beginnt am hinteren Augenpole und erstreckt sich allmählich gegen den Übergang der Retina in das Stratum pigmenti, indem die nasale und die temporale Wand des Augenbechers einen Vorsprung erhalten. „Dies läßt sich sowohl bei der Ausbildung der Nervenfaserschicht als auch beim Sichtbarwerden der inneren und der äußeren Körnerschicht nachweisen. Die Differenzierung der Retina erfolgt nicht in allen ihren Abschnitten gleichzeitig, sondern sie betrifft zunächst die beiden seitlichen Abschnitte, dann die dorsale und zum Schluß die ventrale Wand des Augenbechers" (A. Jokl).

Nach der Auffassung von C. Rabl ist das Auge ein bilateral-symmetrisches Organ, „ein zu einem Sinnesorgan umgebildeter Hirnlappen, in den von außen her die Linse eingestülpt ist. Der Glaskörper ist eine in bestimmter Weise umgebildete Glia. Die Pars optica retinae und der Glaskörper bilden eine anatomische und genetische Einheit. In ähnlicher Weise sind die Zonulafasern als Gliafasern aufzufassen, hervorgegangen aus basalen Ausläufern der Zellen der inneren Lamelle der Pars ciliaris retinae." Die Retina ist schon von den frühesten Stadien an in einen nasalen und temporalen Lappen geteilt; diese Scheidung geht später allerdings verloren, aber nur scheinbar; in Wirklichkeit bleibt die bilaterale nasotemporale Symmetrie stets erhalten, und zwar nicht bloß an der Retina, sondern auch in der Gefäßversorgung des Auges (H. Virchow) sowie am ganzen Auge.

5. Bildung des fetalen Augenspaltes und der intraocularen Gefäße.

Mit der Anlage des fetalen Augenspaltes gelangt die A. centralis retinae, von einer gewissen Menge von Bindegewebe umhüllt, in das Innere des Auges. Der Augenspalt, den wir (Fig. 586) als eine Fortsetzung der die Linse aufnehmenden Einbuchtung auf den unteren Umfang des Augenbechers und des Augenstieles auffassen können, buchtet also ursprünglich die Anlage sowohl der Pars optica als auch der Pars caeca retinae ein. Durch das Zusammenwachsen der Ränder des Spaltes werden die in denselben sich einlagernde A. und V. centralis retinae zu einem besonderen Gefäßgebiete abgeschlossen (zentrale Gefäße des Bulbus), dem wir ein peripheres Gefäßgebiet, dasjenige der Chorioidea, gegenüberstellen können. Beide Gefäßgebiete sind beim Erwachsenen voneinander unabhängig, indem bloß an der Papilla nervi optici eine inkonstante Verbindung zwischen den Gefäßen des Sehnerven (A. centralis retinae) und denjenigen der Tunica vasculosa oculi nachzuweisen ist (cilioretinale Arterien).

Bei vielen Fischen gewinnt das mit den Gefäßen eindringende Mesoderm eine beträchtliche Entfaltung, indem es die Grundlage einer gefäßreichen, in den Glaskörper vorspringenden Falte, des Processus falciformis bildet, welche von der Eintrittsstelle des N. opticus (Papilla nervi optici) aus bis fast zur Iris reicht und sich häufig mittels eines knopfförmig endigenden Fortsatzes, der Campanula Halleri, am Äquator der Linse befestigt. In diesem Gebilde befinden sich glatte Muskelfasern, welche wohl durch ihre Kontraktion eine Änderung der Lage der Linse bewirken können und so einen Accommodationsapparat herstellen. Bei Vögeln findet sich eine ähnliche Einrichtung im Pecten, einer Falte, deren Grundlage gleichfalls von dem bei der Bildung der Augenspalte ins Innere des Augenbechers eindringenden stark gefäßhaltigen Mesenchym hergestellt wird. Die Funktion dieses Gebildes ist nicht ganz klar, doch scheint es mit der Abgabe von Flüssigkeit in den Glaskörper in Zusammenhang zu stehen, auch vielleicht bei der Regulierung des intraocularen Druckes mitzuwirken. Es erstreckt sich von der Papilla nervi optici aus gegen die Pars ciliaris retinae, um manchmal die Linsenkapsel noch zu erreichen, in den meisten Fällen jedoch vorher zu enden. Beim menschlichen Fetus (Fig. 598) bilden die ins Innere des Auges aufgenommenen Gefäße zunächst einen von der Papilla nervi optici bis zum hinteren Pol der Linse verlaufenden Strang (A. hyaloidea), nach dessen Entfernung ein feiner Kanal im Glaskörper zurückbleibt (Canalis hyaloideus). Am hinteren Pol der Linse geht die Arterie, nachdem sie in eine Anzahl von Ästen zerfallen ist, in die Bildung der Tunica vasculosa lentis ein. In frühen Stadien gibt sie auch Äste zum Glaskörper ab, die Rami hyaloidei proprii, die sich jedoch bald zurückbilden. Bei ihrem Eintritt in den Glaskörper an der Papilla nervi optici gehen Äste zur Retina ab, welche sich durchaus ohne Zusammenhang mit den Ästen der A. hyaloidea entwickeln, und zwar als in die oberflächliche Schicht der Retina vorwachsende Gefäßsprossen.

Nach O. Schultze darf wohl angenommen werden, daß bei allen Wirbeltieren die Ausbildung der Glaskörper- und Netzhautgefäße in umgekehrtem Verhältnisse zueinander steht. Bei Tieren mit einer stärkeren Entfaltung der Glaskörpergefäße ist die Ausbildung der Netzhautgefäße eine geringere oder sie fehlt gänzlich (so beim Aal). Bei Säugetieren dagegen, die eine Reduktion der Glaskörpergefäße aufweisen, finden wir ein vollkommenes System von Netzhautgefäßen. Die Gefäße des Glaskörpers befinden sich phylogenetisch in rückschreitender, diejenigen der Netzhaut dagegen in fortschreitender Entwicklung (O. Schultze). Im dritten Fetalmonate ist noch nichts von Retinagefäßen zu bemerken, im sechsten Monate ist die Retina bis zu der Ora serrata gefäßhaltig (O. Schultze).

Die Glaskörpergefäße bilden mit der Tunica vasculosa lentis einen Gefäßkomplex, welcher während der fetalen Entwicklung beträchtliche Umwandlungen erfährt, um sich noch vor der Geburt vollständig zurückzubilden. Beim menschlichen Fetus aus

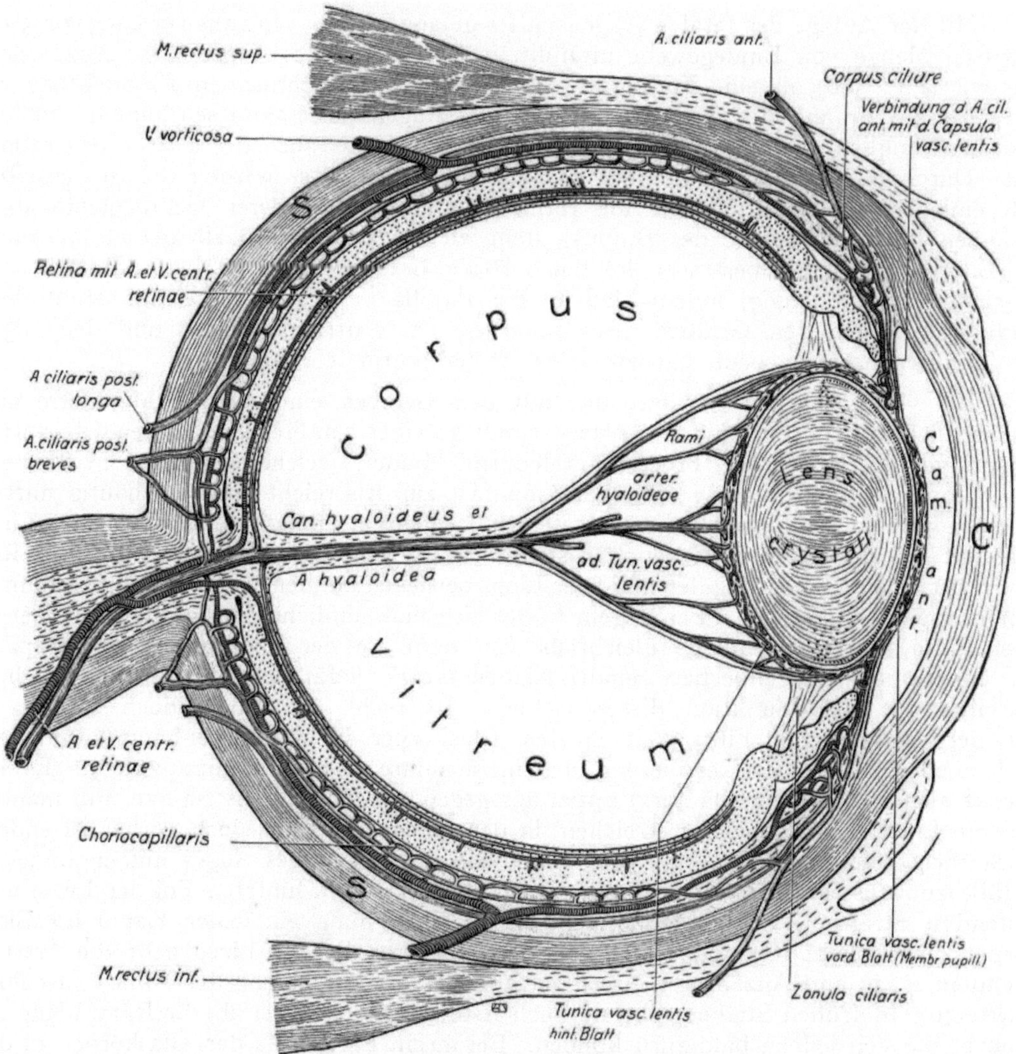

Fig. 598. Kreislauf im fetalen Auge.
Mit Benutzung einer Abbildung von Leber.

dem vierten Monate stellt die A. hyaloidea einen ziemlich kurzen Stamm dar, aus welchem in einiger Entfernung von der hinteren Fläche der Linse Äste zur Tunica vasculosa lentis verlaufen (Fig. 598). Diese verbinden sich aber auch mit dem peripheren Gefäßgebiete des Bulbus, und zwar mit den Aa. ciliares anteriores, welche den Circulus iridis major herstellen und vom Margo pupillaris iridis aus Äste in die Tunica vasculosa lentis abgeben. Etwas vor dem Linsenäquator ist die Tunica vasculosa lentis besonders dicht, ein Umstand, welcher vielleicht mit der hier erfolgenden Bildung neuer Linsenfasern in Zusammenhang steht. Da die A. hyaloidea nicht von Venen begleitet wird, so findet das venöse Blut der Tunica vasculosa lentis seinen Abfluß durch Verbindungen mit den Irisvenen in die Vv. vorticosae der Chorioidea. Die ganze Einrichtung erreicht im siebenten Fetalmonate ihre maximale Entfaltung, um dann bis zur Geburt einer vollständigen Rückbildung zu unterliegen, doch kann diese schon bei Feten des sechsten Monats eintreten. Sie beginnt am vorderen Pol der Linse, indem sich die Gefäße unter Schlingenbildung zurückziehen. Ausnahmsweise erleidet die Rückbildung eine Störung, indem die Tunica vasculosa in größerer oder geringerer Ausdehnung bestehen bleibt, unter Wahrung ihres Zusammenhanges mit dem Stroma iridis und den Irisgefäßen. Solche Fälle, bei denen jedoch die übrige von der A. hyaloidea aus versorgte Partie der Tunica vasculosa lentis sich zurückbildet, werden als Atresia pupillae congenita bezeichnet. Eine gewisse Selbständigkeit beider Abschnitte der Tunica vasculosa lentis ist ja wohl im Hinblick auf die Gefäßversorgung anzunehmen.

6. Entwicklung der aus dem Mesoderm stammenden Teile des Bulbus oculi.
(Cornea, Sclera und Fascia bulbi.)

Das den sekundären Augenbecher umgebende Mesenchym bildet, indem es sich auch zwischen dem Linsenbläschen und dem Ectoderm einschiebt, sowohl die Tunica fibrosa als die Tunica vasculosa oculi, d. h. die Sclera, die Cornea, die Chorioidea, das Corpus ciliare und das Stroma iridis.

Die Chorioidea wird sehr frühzeitig angelegt, und zwar in der Form einer ziemlich lockeren, stark gefäßhaltigen Schicht von Mesenchym, welche sich außen dem Stratum pigmenti retinae anschließt. Die Mesenchymzellen der Tunica vasculosa oculi sind vom siebenten oder achten Fetalmonate an pigmentiert. Nach außen von dieser Schicht entsteht die Sclera durch eine starke Vermehrung der Mesenchymzellen unter Abscheidung von straffen Zwischenfasern. Sie wird noch bis in die zweite Hälfte des dritten Fetalmonates durch den Perichorioidealspalt von der Chorioidea getrennt (Krischewsky). Es ist dies ein Lymphspalt, welcher von der Eintrittsstelle des N. opticus in den Bulbus ununterbrochen bis zum Margo pupillaris der Iris reicht, dagegen später durch die Ausbildung des Corpus ciliare in einen vorderen und hinteren Abschnitt zerlegt wird. Die Cornea geht aus jener Mesenchymschicht hervor, welche zwischen der Linse und dem Ectoderm einwächst. Später spaltet sich diese Schicht (Fig. 590) einerseits in die Cornea, andererseits in das Stroma iridis und die mesenchymatische Grundlage der vorderen Tunica vasculosa lentis und der so begrenzte Spalt erweitert sich allmählich, um die vordere Kammer herzustellen. Die Cornea wird zunächst durch eine dünne Schicht dargestellt, welche vorn von einer Fortsetzung der Conjunctiva (vorderes Cornealepithel), hinten von einem Endothel (Endothelium camerae ant.) überzogen wird. Sie gewinnt ihre Durchsichtigkeit erst vom vierten Fetalmonate an. Die Bildung der vorderen Kammer erfolgt erst im Laufe des vierten Fetalmonates, und zwar wahrscheinlich von der Peripherie der Linse aus gegen den vorderen Linsenpol hin, indem hier die Capsula vasculosa lentis am längsten mit der hinteren Fläche der Cornea in Verbindung steht (Krischewsky, nach O. Hertwig). Im Iriswinkel bildet sich nachträglich durch Dehiscenz des Gewebes das Lig. pectinatum iridis.

Die hintere Kammer wird infolge der Bildung der Zonula ciliaris vom Glaskörper abgegrenzt, und zwar erst im dritten Fetalmonate. Die hintere und die vordere Kammer treten erst nach dem Schwunde der mit dem Margo pupillaris iridis zusammenhängenden Tunica vasculosa lentis in ausgiebige Verbindung untereinander, ein Zustand, der in den letzten Fetalmonaten angetroffen wird.

7. Bemerkungen über die Stellung des Auges unter den Sinnesorganen.

Das Auge gehört in bezug auf die Ausbildung seiner Sinneszellen (Stäbchen- und Zapfensehzellen) zu den Ependymsinnesorganen, von denen wir als weitere Beispiele

das Parietalauge der Reptilien und das neuerdings von Boeke und Dammermann
studierte Infundibularorgan des Amphioxus und gewisser Knochenfische anführen
können. Bei diesen Organen ragen mehr oder weniger starre Fortsätze von Zellen, die
in den Epithelverband des Ependyms eingefügt sind, in den Ventrikelraum vor. Der
Werdegang eines Wirbeltierauges aus einem solchen Ependymsinnesorgan ist aus
der Fig. 599 A—D ersichtlich. In Fig. 599 A haben wir in der vom Vorderhirn
ausgehenden seitlichen Ausbuchtung ein typisches Ependymsinnesorgan vor uns,
Sinneszellen, deren Fortsätze in den Ventrikelraum vorspringen, daran sich an-

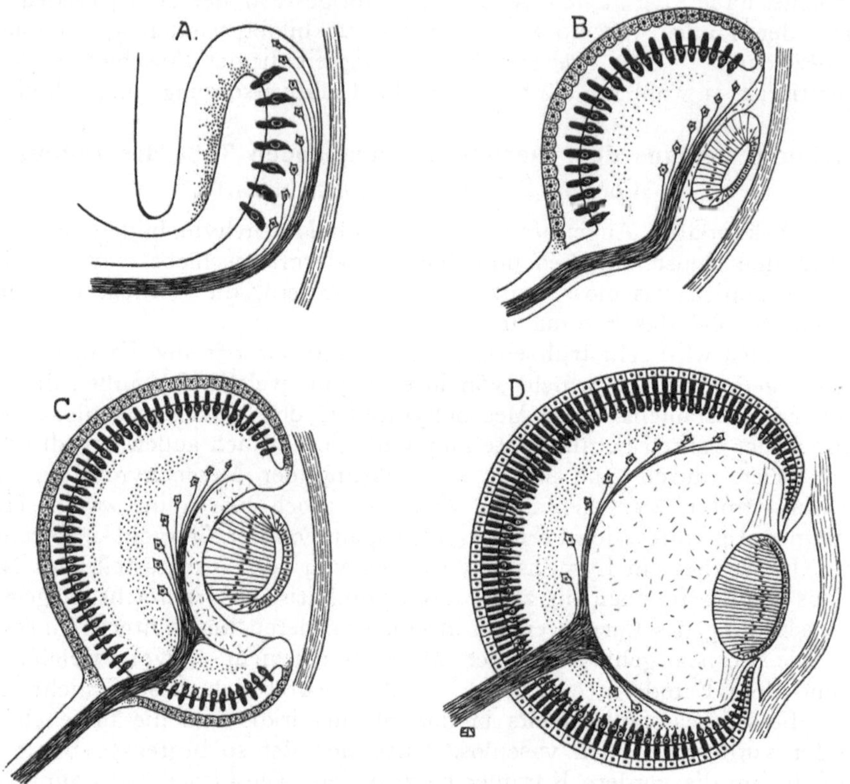

Fig. 599. Phylogenie des Auges.
Nach Studnička.

schließend eine Ganglienzellenschicht, deren Fortsätze sich in der Gehirnwand ventralwärts begeben. In der den Sinneszellen gegenüber gelagerten Schicht einfacher kubischer
Zellen tritt Pigment auf (Stratum pigmenti retinae) (Fig. 599 B), an die retinale Schicht
der Augenblase legt sich das Linsenbläschen an; hier bildet sich durch Umwandlung
der Molecularschicht der Hirnwandung der Glaskörper. Die Verdickung der Retina
nimmt zu (Fig. 599 C, D); ihre Ränder wachsen aus; sie umfassen die Linse. Augen,
wie sie in Fig. 599 B dargestellt sind, bezeichnet Studnička als Photoreceptoren.
So sind noch bei Ammocoeteslarven von 62 mm Länge die Augen ausgebildet; erst
nachher tritt neben einer Umwandlung durch Auswachsen der Ränder auch eine
Beweglichkeit durch die Differenzierung der Muskulatur hinzu.

Entwicklung der Nebenapparate des Auges.

Hierher gehören die Augenmuskeln, die Differenzierungen des orbitalen Bindegewebes resp. der Fascien der Augenmuskeln, die wir als Fascia bulbi und Septum orbi-

tale kennen, der Lid- und Tränenapparat. Die Entwicklung der Augenmuskeln wurde
früher geschildert; über die Entwicklung der Fascia bulbi ist so gut wie nichts
bekannt, so daß wir uns auf die Darstellung der Entwicklung der Lider und des Tränen-
apparates beschränken müssen.

1. Entwicklung der Augenlider.

In der Fig. 69 sehen wir, wie auf einem gewissen Stadium das vordere Segment
des Bulbus ohne den Schutz von Augenlidern offen zu Tage liegt. Als erste Andeutung
der letzteren bildet sich ein ringförmiger Wulst der Haut, welcher die Cornea umrandet.
Von der oberen resp. unteren Strecke dieses Wulstes wachsen die Augenlider über
die Cornea vor. Das obere Augenlid stammt demnach vom Stirnfortsatze, das
untere in der Hauptsache vom Oberkieferfortsatze, zum Teil aber auch vom lateralen
Nasenfortsatze. Das untere Lid bildet sich etwas früher als das obere, schon im zweiten
Fetalmonat, doch ist noch im dritten die Lidspalte so weit offen, daß man die ganze
Cornea übersehen kann, denn erst im vierten erfolgt eine epitheliale Verklebung der
Lidränder, die sich vor der Geburt löst.

Mit der Anlage der Augenlider wird die Bildung des Saccus conjunctivae eingeleitet, der durch die erwähnte Verklebung einen vollständigen Abschluß nach außen hin
erfährt. Nach der Lösung der Augenlider, die kurz vor der Geburt durch Resorption
der die Verbindung herstellenden Epithelzellen erfolgt, können wir eine Conjunctiva
palpebrarum von einer Conjunctiva bulbi unterscheiden; beide Abschnitte gehen am
Fornix conjunctivae ineinander über. Erst nach der Verklebung der Augenlidränder
bilden sich die Cilien im vierten und die Glandulae tarsales (Meibomi) im sechsten Fetalmonate; diese als solide Epithelwucherungen. In ihnen treten allmählich Lumina auf,
welche durch ihren Zusammenfluß am Lidrande die Lösung der Lider herbeiführen.
Die Glandulae ciliares (Molli) sind als modifizierte Schweißdrüsen (ohne Knäuel)
aufzufassen.

2. Die Entwicklung des Tränenapparates.

In der descriptiven Anatomie unterscheiden wir zwischen dem tränenerzeugenden
und dem tränenableitenden Apparate. Zu jenem gehört die Glandula lacrimalis, welche

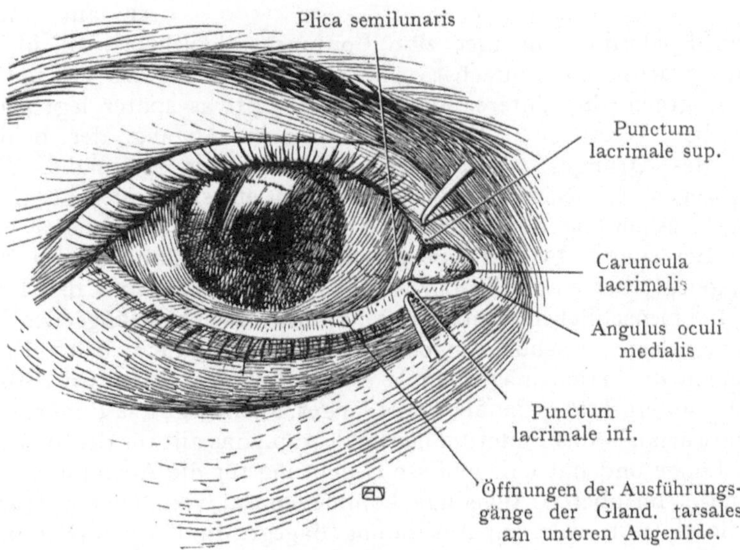

Fig. 600. Augenlider des Erwachsenen.
Zur Veranschaulichung der Lage der Tränenpunkte, der Caruncula lacrimalis und der Plica semilunaris.

in die größere Pars orbitalis, oberhalb der Sehne des M. levator palpebrae superioris und die viel kleinere Pars palpebralis, unterhalb derselben, zerfällt. Die Tränendrüse entsteht nach Kölliker im dritten Monate aus dem Fornix conjunctivae superior in Form von mehrfachen Epithelwucherungen, die sich später aushöhlen und in einer Reihe von punktförmigen Öffnungen am Fornix superior in den Conjunctivalsack ausmünden. Die Trennung in eine Pars orbitalis und eine Pars palpebralis kommt erst später infolge der Ausbildung des Septum orbitale zustande.

Zu den Tränenableitungswegen rechnen wir den medialen Teil des Conjunctivalsackes, der als Lacus lacrimalis (Figg. 600 u. 601) von der Plica semilunaris und den medial von den Puncta lacrimalia befindlichen Strecken der Augenlider begrenzt wird, sodann die Puncta lacrimalia, welche in die Tränenflüssigkeit des Tränensees eintauchen, endlich die Ductus lacrimales, den Saccus lacrimalis und den Ductus nasolacrimalis.

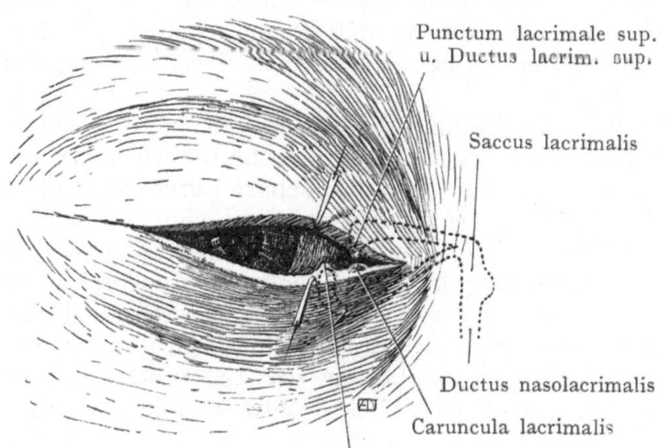

Fig. 601. Lage der Tränenpunkte usw. bei einem menschlichen Embryo von 15 cm Länge. Tränenkanälchen eingezeichnet.

Nach Fr. Ask, Anat. Anz. XXX. 1907.

Die erste Anlage des Ductus nasolacrimalis, des Saccus lacrimalis und der Ductus lacrimales wird durch eine Epithelwucherung gebildet, welche (s. Bildung des Gesichtes) vom oberen, medialen Rande des Oberkieferfortsatzes ausgeht und in der Richtung gegen die Nase weiterwachsend den medialen Augenwinkel erreicht. Sie entspricht einer seichten Furche (Augennasenrinne), welche den Oberkieferfortsatz vom lateralen Nasenfortsatze abgrenzt (Fig. 236). Der Epithelstrang wächst auch in die Tiefe, indem er sich von seinem Mutterboden loslöst, und dringt zugleich auch gegen die Nasenhöhle vor. Dagegen bleibt er am medialen Augenwinkel mit der Epidermis, die hier zum Conjunctivalepithel wird, in Zusammenhang und von hier wächst ein zunächst solider Epithelstrang als Anlage des unteren Ductus lacrimalis gegen das untere Augenlid vor. Etwas später legt sich der obere Ductus in derselben Weise an. Die zwischen dem Abgang der beiden Ductus liegende Strecke des Stranges wird weiterhin zum Saccus lacrimalis. Der untere Abschnitt wächst gegen die Nasenhöhle aus, verbindet sich mit ihr und läßt durch nachträgliche Aushöhlung des zuerst soliden Stranges den Ductus nasolacrimalis hervorgehen. Bei einem 15 mm langen menschlichen Embryo sind die Tränenableitungswege angelegt; bei einem Embryo von 17 mm Länge sind die Tränenkanälchen kanalisiert. Bei menschlichen Embryonen kommen übrigens längs des Ductus nasolacrimalis zahlreiche kleine Ausbuchtungen vor, die sich auch beim Erwachsenen als Ausbuchtungen des Tränennasenkanals erhalten können (Bochdalĕk).

Das untere Tränenkanälchen ist länger, auch liegt das Punctum lacrimale inf. weiter temporalwärts als das Punctum lacrimale sup., das gilt für den menschlichen Embryo von 17 mm Länge und hat eine gewisse Bedeutung für die Ausbildung der Glandulae tarsales (Meibomi). Im oberen Augenlide kommen nasal vom oberen Tränenpunkte überhaupt keine Glandulae tarsales zur Ausbildung, dagegen finden sich (Fig. 602) Anlagen derselben auf der längeren Strecke des unteren Augenlides nasalwärts vom Punctum lacrimale inferius. Wenn bei der weiteren Entwicklung die Tränenkanälchen sich bedeutend vergrößern, so bleibt für diese isolierte Masse kein Raum mehr am unteren Augenlid übrig (Ask); sie wird dann in Form einer kurzen Falte, welche allmählich ihre Verbindung mit dem unteren Augenlide fast aufgibt, gegen den medialen Augenwinkel verschoben und stellt nunmehr die Caruncula lacrimalis dar. Bald nach der Anlage der Lider wird auch die Plica semilunaris (Nickhaut) gebildet, und zwar unabhängig von der Caruncula lacrimalis als eine Falte der Conjunctiva.

Überzählige Tränenkanälchen sind nicht selten beobachtet worden, und zwar häufiger am unteren als am oberen Augenlide; übrigens scheinen die Anlagen der Tränenkanälchen die oben erwähnte Neigung der Tränenwege zur Sprossenbildung ebenfalls zu besitzen. Die Bildung der Tränenableitungswege erfolgt, wie es scheint, von den Amphibien an in übereinstimmender Weise. Auch hier sehen wir als erste Anlage eine solide, in die Tiefe wachsende Epithelleiste, welche sich vom medialen Augenwinkel bis

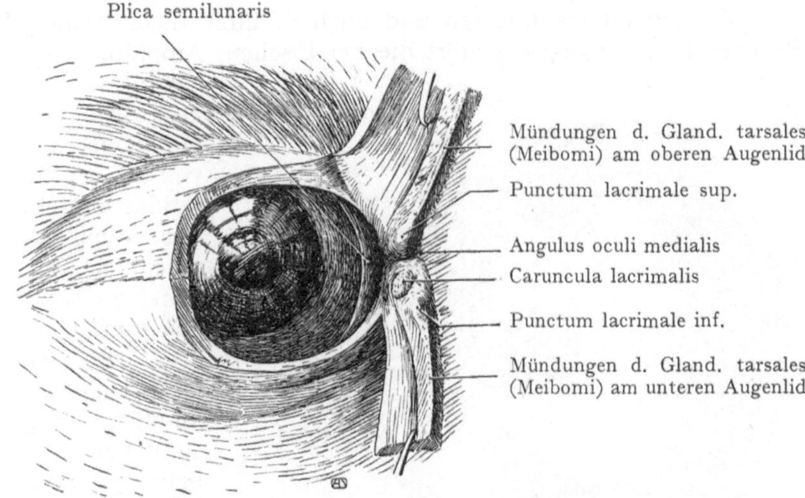

Fig. 602. Anlage der Caruncula lacrimalis am unteren Augenlide bei einem menschlichen Fetus von 15 cm Länge.

zur Riechgrube erstreckt und nach ihrer Loslösung von dem Ectoderm und ihrer nachträglichen Aushöhlung dem Ductus nasolacrimalis entspricht. Von diesem aus bilden sich durch sekundäres Auswachsen die Tränenkanälchen. Einen ganz ähnlichen Vorgang sehen wir bei Reptilien, Vögeln und Säugetieren Platz greifen.

Vergleichend embryologische Bemerkungen über das Auge.

Das Auge zeigt in bezug auf die dasselbe zusammensetzenden Bausteine, sowohl bei Wirbeltieren als auch bei vielen Wirbellosen, eine große Übereinstimmung. Soll das Auge dem Nervensystem mehr überliefern als eine bloße Lichtempfindung, so müssen lichtbrechende Medien, etwa in Form einer Cornea, einer Linse oder eines Glaskörpers vorhanden sein, welche ein scharfes Bild auf der Retina entstehen lassen. So sehen wir tatsächlich alle höheren Augen bei Wirbellosen wie bei Wirbeltieren gebaut.

Wenn wir nun aber die Herkunft und die Anordnung der einzelnen, das Auge zusammensetzenden Teile untersuchen, so stoßen wir auf bedeutende Unterschiede. Bei Wirbeltieren wird ausnahmslos das für den Menschen beschriebene Verhalten angetroffen; die Cornea stammt aus dem umgebenden Mesenchym, die Linse aus dem Ectoderm, der Glaskörper aus den Stützzellen der Retina. Man könnte geradezu von einer gewissen Monotonie sowohl in der Struktur als in der Entwicklung des Wirbeltierauges sprechen. Anders bei den Wirbellosen, die eine weit größere Mannigfaltigkeit der Augen-

bildungen und demgemäß auch der Augenentwicklung aufweisen. So finden wir bei
den hoch organisierten Cephalopodenaugen weder in bezug auf ihren Aufbau noch auf
ihre Entwicklung dieselben Verhältnisse wie bei den Wirbeltieren. Wohl entwickelt sich
das Sinnesepithel aus einer vom Zentralnervensystem auswachsenden Blase, allein
die Ganglienzellenschicht liegt nicht innerhalb der Retina selbst, sondern bildet ein
besonderes Ganglion opticum, während die Retina bloß aus einem den Stäbchen- und
Zapfensehzellen der Wirbeltierretina entsprechenden Sinnesepithel besteht. Ferner
entwickelt sich die Linse des Cephalopodenauges nicht direkt aus dem Ectoderm, sondern
aus der lateralen, gegen das Ectoderm gerichteten Wandung der Augenblase selbst.
Ähnliches findet sich im Parietalauge einiger Reptilien (Figg. 546 u. 547), bei dem sich eine
Art von Linse aus dem kolbenförmig erweiterten Ende der Epiphysenausstülpung bildet.

Regenerationsvorgänge am Auge.

Zu den interessantesten und auch in ihrer theoretischen Bedeutung wichtigsten
Regenerationsvorgängen gehört die bei Fischen, Amphibien und Vögeln nachgewiesene
Neubildung der Linse vom Irisrande
aus, sowie die Regeneration der Retina
bei niederen Formen, die gleichfalls
von den Epithelzellen der Pars ciliaris
retinae ausgeht, und zwar nach Durchschneidung des N. opticus. Wahrscheinlich wurde dieser Prozeß schon
von Spallanzani im Jahre 1779 beobachtet.

Der Irisrand entspricht dem
Übergange der Retinaschicht des sekundären Augenbechers in das Stratum pigmenti. Dieser Übergang stellt
beim embryonalen Auge, wie schon
früher hervorgehoben wurde (S. 550),
eine Wachstumszone dar, von welcher
im Laufe der Entwicklung immer neue
Strecken sowohl der Retina als auch
des Stratum pigmenti gebildet werden.
Was die Amphibien anbelangt, so
kann der Irisrand sogar beim erwachsenen Tiere wieder die Rolle einer
Wachstumszone übernehmen. Nach
Durchschneidung des N. opticus de-

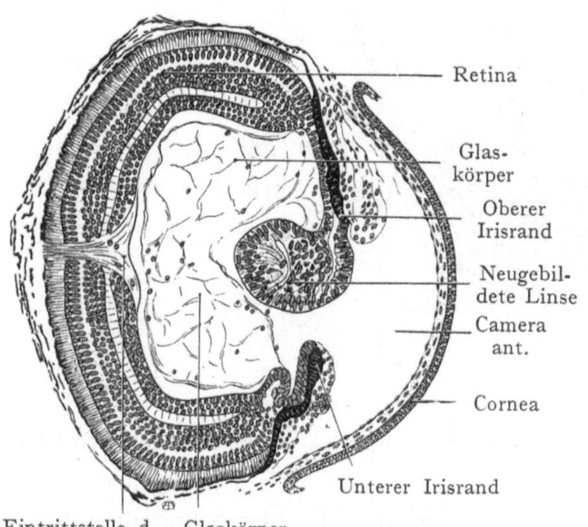

Fig. 603. Regeneration der Linse. Meridional-
schnitt durch das Auge einer Salamanderlarve
54 Tage nach der Linsenextraktion. Die neugebil-
dete Linse hängt am Margo pupillaris iridis.
Nach Alfr. Fischel, Anat. Hefte XIV. 1900.

generieren alle Schichten der Retina sowie auch die Fasern des N. opticus, sodaß von
der ganzen Retina nur die aus einfachen Epithelzellen zusammengesetzte Pars ciliaris
übrig bleibt. Doch liefert diese, indem sie sich gegen die Eintrittsstelle des N. opticus
und den Bulbus vorschiebt, eine neue Retina, aus welcher centripetal auswachsende
Fasern den N. opticus und die Verbindung mit dem Gehirn wiederherstellen.

Noch eigenartiger ist die von dem Irisrande ausgehende Neubildung, welche
nach Entfernung der Linse erfolgt und die Bildung eines Ersatzes schafft. Dieselbe
wurde gleichzeitig von G. Wolff und V. S. Colucci entdeckt. Wenn man bei einer
Salamanderlarve einen Schnitt am Rande der Cornea anlegt und die Linse entfernt,
so entsteht eine neue Linse aus der oberen Strecke des Margo pupillaris iridis. Die Zellen
bilden hier am Übergange der Pars ciliaris retinae in das Stratum pigmenti ein Bläschen
(Fig. 603), welches, an Umfang zunehmend, allmählich nach unten in die Pupille rückt,
indem sich seine Verbindung mit dem Mutterboden zu einem Zellstrange auszieht. Später

löst sich dieser Zusammenhang mit dem Irisrande, so daß die neue Linse selbständig wird; alsdann differenziert sich diese genau, als ob sie vom Ectoderm aus gebildet wäre, in Linsenfasern und Linsenepithel, gewinnt Beziehungen zu den Fasern der Zonula ciliaris und übernimmt vollständig die Funktion der entfernten Linse. Höchst auffällig ist die von A. Fischel nachgewiesene Tatsache, daß sich vom Irisrande aus auch zwei Ersatzlinsen bilden können, die dann nebeneinander in der Pupille liegen.

Die Linsenregeneration ist auch bei Embryonen von Batrachiern, Fischen und Vögeln beobachtet worden. Experimentelle Untersuchungen bei Säugetierembryonen sind wegen der intrauterinen Entwicklung derselben nicht ausführbar. Bei neugeborenen Säugetieren bleibt die Linsenregeneration aus. Übrigens hat A. Fischel nachgewiesen, daß sämtlichen Zellen der inneren Schicht des Augenbechers auf gewissen Entwicklungsstadien die Fähigkeit innewohnt, mechanische Reize durch die Herstellung von linsenartigen Gebilden („Lentoide“) zu beantworten. Solche Bildungen, die eine gewisse Ähnlichkeit mit den Epithelnestern der Plattenepithelcarcinome aufweisen, hat Fischel nach Entfernung der Linse in der Retina ziemlich weit entwickelter Urodelenlarven nachgewiesen. Die Ansichten über die Ursachen, welche der Linsenbildung aus dem Irisrande zugrunde liegen, gehen weit auseinander. Was die noch strittige theoretische Deutung des Vorganges anbelangt, so muß auf die Originalliteratur, insbesondere auf die Schriften von G. Wolff und A. Fischel, verwiesen werden. Bei der Erörterung dieses Punktes wurde auch die ganze Frage der Zweckmäßigkeit in der Entwicklung aufgerollt, auf welche wir jedoch an dieser Stelle nicht eingehen können.

Mißbildungen des Auges.

Wir können die formale Genese derselben mit Hilfe der Entwicklungsgeschichte zum Teil sehr klar überblicken. Störungen unbekannter Art können das Wachstum des Bulbus beeinträchtigen und zur Mikrophthalmie führen oder auch die Bildung der Augenblase gänzlich unterdrücken (Anophthalmie). Hier liegt eine Hemmungsbildung geringeren oder höheren Grades vor, deren Ursache sich wahrscheinlich schon in sehr frühen Entwicklungsstadien geltend macht und vielleicht schon einen Einfluß auf die Anlage der offenen Medullarplatte ausübt. Andere Hemmungsbildungen sind bloß partieller Natur; hierher gehören vor allem die praktisch so wichtigen Spalten des Bulbus oder die Colobome, welche auf eine Persistenz der fetalen Augenspalte zurückzuführen sind. Anstatt des vollständigen, höchstens während einer gewissen Zeit durch eine helle Linie markierten Verschlusses der Augenspalte, sehen wir bei Colobomen einen mehr oder weniger weitgehenden Mangel der unteren Wandung des Bulbus. So haben wir Iriscolobome, bei denen die Iris eingekerbt oder sogar bis zum Iriswinkel gespalten sein kann. Colobome können sich aber auch auf das Corpus ciliare, ja auf die Chorioidea und die Retina weiter erstrecken; dann fehlt in größerer oder geringerer Ausdehnung sowohl das Stratum pigmenti als auch das Pigment der Chorioidea, ein Befund, der sich beim Lebenden mittels des Augenspiegels feststellen läßt. Häufig ist mit dem Colobom eine Ausbuchtung der vom Defekt betroffenen Partie des Bulbus kombiniert.

Was die unmittelbare Ursache der Colobombildung anbelangt, so ist nach den Untersuchungen von Hippel die Störung im Verschlusse der fetalen Augenspalte ausschlaggebend. Hippel hat eine Kaninchenrasse gezüchtet, bei welcher Colobome mit großer Häufigkeit vorkamen. Ein mit Colobom behafteter Kaninchenbock übertrug die Mißbildung auf 20% seiner Nachkommen; jedenfalls spielt also die Heredität bei der Entstehung der Bildung eine wichtige Rolle. Übrigens hat auch schon Lieberkühn darauf hingewiesen, daß bei gewissen Hühnerrassen (Cochinchina-Hühnern, Brahmapitra, Spaniern oder Bastarden dieser Rassen) regelmäßig ein Colobom des Corpus ciliare vorkommt, welches darauf zurückzuführen ist, daß die Ränder der fetalen Augenspalte durch eine Gefäßschlinge an der Verwachsung verhindert werden.

1. Persistenz der Membrana pupillaris.

Wir haben schon früher darauf hingewiesen, daß der vordere als Membrana pupillaris
bezeichnete, mit den Irisgefäßen in Zusammenhang stehende Teil der Tunica vasculosa
lentis nach der Rückbildung des hinteren, von der A. hyaloidea gespeisten Abschnittes,
in größerem oder geringerem Umfange persistieren kann. Im ersten Falle bildet sie
eine derbe, die vordere Fläche der Linse überziehende Schicht, in welcher sich gewöhnlich auch etwas Pigment ablagert, im zweiten Falle mehr oder weniger feine Stränge,
welche, von dem Margo pupillaris iridis ausgehend, die Pupille durchziehen. Sehr selten
erhält sich, selbst nach dem Schwunde der Tunica vasculosa lentis, eine kurze Strecke
der A. hyaloidea, die dann in Form einiger mittels des Augenspiegels erkennbaren Gefäßschlingen von der Papilla nervi optici aus in den Glaskörper hineinhängt.

In neuerer Zeit hat die Untersuchung mittels der Spaltlampe (A. Vogt) die Persistenz von Resten der Tunica vasculosa beim normalen Auge nachgewiesen, so am
Irisepithel und sowohl vorn und hinten auf der Linsenkapsel. Nach Vogt inseriert
sich übrigens die A. hyaloidea nicht am hinteren Linsenpol, sondern etwas nasalwärts
davon.

2. Cyklopie.

Der normale Abstand der Augenanlagen kann in einem gegebenen Entwicklungsstadium vermindert sein, bis dieselben sich berühren oder gar untereinander verschmelzen.
Die Folge davon ist, daß die Bulbi, unter Störung der Ausbildung der Nase, sich nähern,

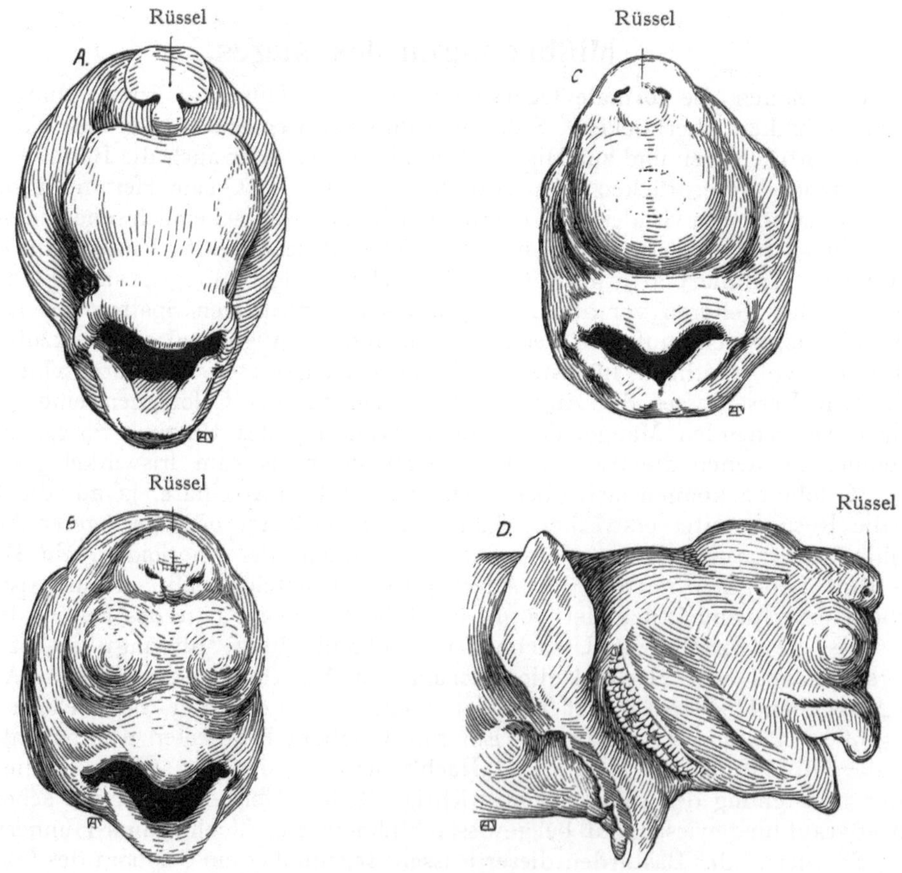

Fig. 604. Cyklopie beim Lachs.
D. Seitenansicht von B.

ein Vorgang, der dazu führen kann, daß eine mehr oder weniger weitgehende Verschmelzung beider Bulbi in der Medianebene eintritt, die ihren höchsten Grad in der Bildung eines einzigen, großen Auges erreicht (Cyklopie). Zwischen der Cyklopie und der normalen Augenbildung sind folglich alle möglichen Übergänge vorhanden, die sich zum Teil als Variationen des Augenabstandes noch innerhalb der Norm bewegen und erst dann, wenn

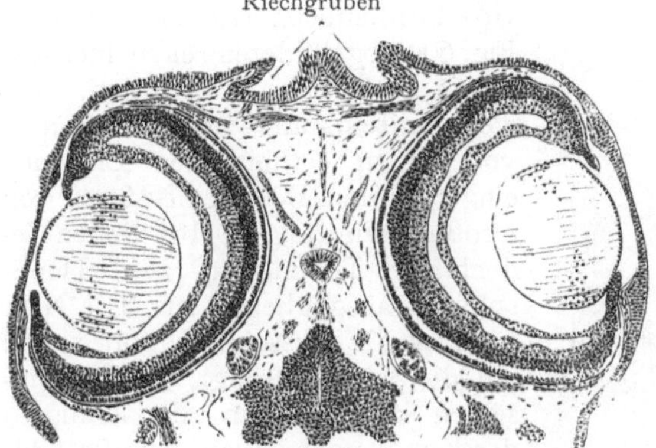

Fig. 605. Horizontalschnitt, Forelle, soeben nach dem Ausschlüpfen.

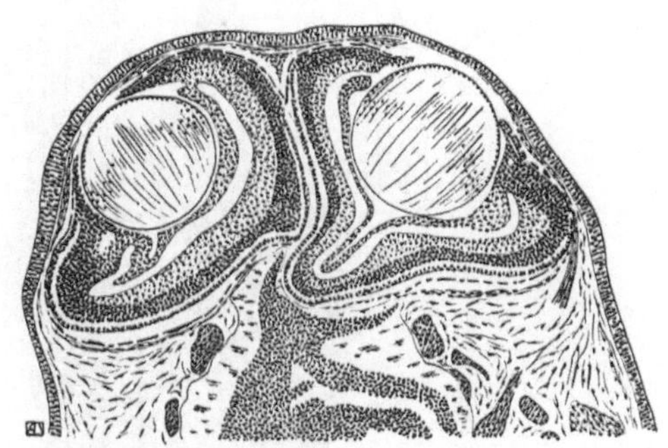

Fig. 606. Cyklopie bei einem eben ausgeschlüpften Lachse. Die Augenbecher berühren sich.
Entspricht Fig. 604 A.

auch Störungen in der Nasenbildung auftreten, als abnorm zu bezeichnen sind. Eine Stufenleiter von pathologischen Formbildungen wird in den Schnittbildern (Figg. 605 bis 608) von eben ausgeschlüpften Forellen und Lachsen gegeben, denen die entsprechenden Flächenbilder in der Fig. 604 A—D beigefügt sind. Fig. 605 stellt einen Horizontalschnitt

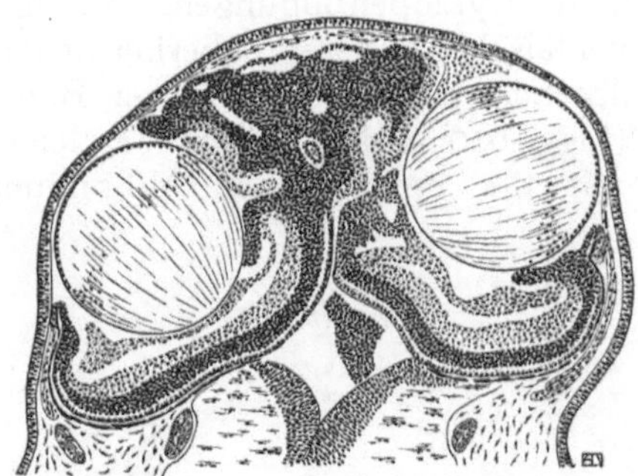

Fig. 607. Cyklopie bei einem soeben ausgeschlüpften Lachse. Der Augenbecher geht teilweise in eine Zwischenmasse über. Getrennte Linsen.
Entspricht Fig. 604 B und D.

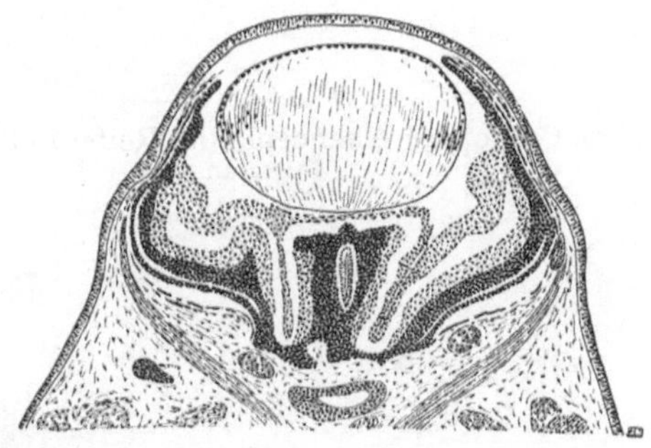

Fig. 608. Cyklopie bei einem eben ausgeschlüpften Lachse. Einheitliche Linse.
Entspricht Fig. 604 C.

durch den Kopf einer kleinen Forelle mit normaler Augenbildung dar, in den Figg. 606 u. 607 sind die Augenbecher einander genähert, und Störungen in der Ausbildung des Diencephalons lassen sich schon erkennen; in Fig. 608 ist ein großer median gelegener Bulbus vorhanden mit einer einheitlichen, aber sehr großen Linse und einer sehr weiten Pupille. Bei den entsprechenden Oberflächenbildern (Fig. 604 A—D) ist vor allem die Höhe und die seitliche Kompression des Kopfes bemerkenswert sowie die Verschiebung der Riechgruben auf einen oberhalb der Augen liegenden sehr starken, geradezu als „Rüssel" imponierenden Vorsprung.

Überhaupt ist die Cyklopie immer mit schweren Störungen in der Bildung der

Nase, des Vorderhirns und des Gesichtes verknüpft.. Bei Säugetieren sehen wir die Ausbildung der Großhirnhemisphären in einem umgekehrten Verhältnis zum Grade der Cyklopie stehen; je mehr sich die beiden Bulbi nähern oder miteinander verschmelzen, desto geringer ist auch die Ausbildung der Großhirnhemisphären. Bei dem in Fig. 609 abgebildeten reifen menschlichen Fetus liegt hinter den, teilweise miteinander verschmolzenen, von einem einheitlichen Lidrande eingerahmten Bulbi eine Masse von Großhirnwindungen, bei denen jedoch die Teilung in zwei Hemisphären ausgeblieben ist. Die Nase ist hier als Rüssel nach oben und auf die Seite gedrängt, und in demselben läßt sich ein blind endigender Kanal nachweisen. Häufig fehlt auch der N. olfactorius; daß auch die übrigen zum Sehapparat gehörenden Gebilde, wie die Lider, die Orbita, die Augenmuskeln, die Tränenwege und die Nn. optici in ihrer Gestaltung beeinflußt werden, ist selbstverständlich.

Bei einigen Säugetieren kommen Cyklopenbildungen häufiger vor als bei anderen. Hierher gehört das Schwein, von dem zwei Bilder (Figg. 610 und 611) zum Vergleiche mit der menschlichen Mißbildung

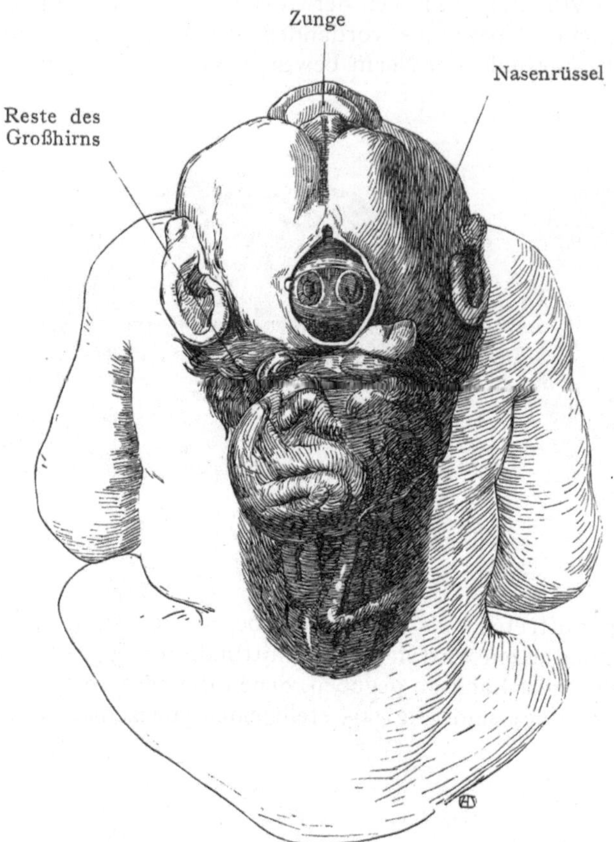

Fig. 609. Cyklopie u. Anencephalie. Reifer Fetus des Menschen. Dorsalansicht.

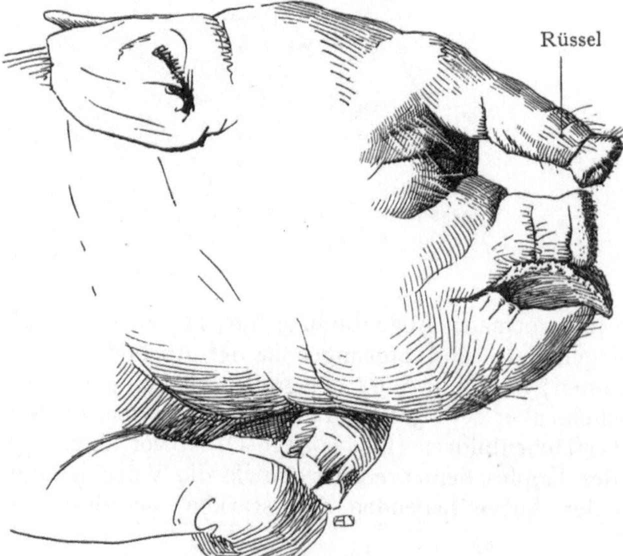

Fig. 610. Cyklopie beim Ferkel. Seitliche Ansicht.

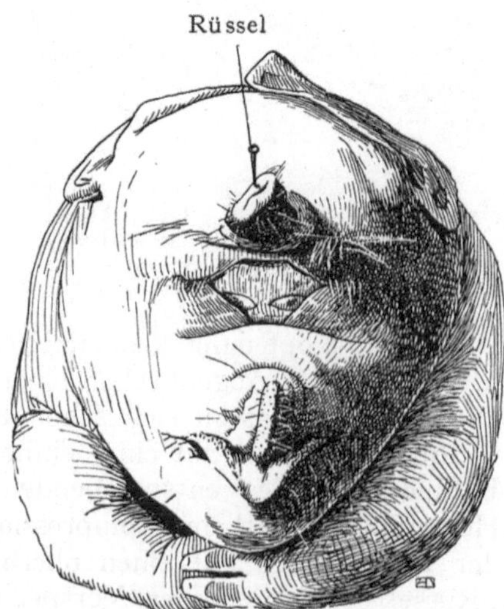

Fig. 611. Cyklopie beim Ferkel. Frontalansicht des Kopfes.

dienen mögen (Fig. 612). Beide zeigen dieselbe seitliche Einengung des hohen Kopfes, mit einem Rüssel über dem eine doppelte Pupille aufweisenden Auge. Die Oberlippe springt in der Mitte kielförmig vor.

Nach den experimentellen Untersuchungen von Stockard und Lewis am Fundulus heteroclitus, einem Teleostier, beruht die Bildung der Cyklopie auf einer Wachstumsstörung im Bereiche der vorderen Partie der Medullarplatte, dort, wo die Augenanlagen bei einigen Formen auf beiden Seiten der Medianebene (Fig. 583) deutlich zu erkennen sind. Eier vom Fundulus, die in Seewasser mit einem Zusatze von Magnesiumchlorid gebracht wurden, lieferten einen sehr großen Prozentsatz von Cyklopenbildungen. Ferner konnte auch Lewis Cyklopen erhalten, wenn er den vorderen Teil der Medullarplatte in der Medianebene mittels einer Nadel verletzte. Wurde dagegen die Verletzung einseitig in einiger Entfernung von der Medianebene angebracht, so unterblieb auf dieser Seite die Bildung der Augenanlage. Offenbar gelangte in jenem Falle die Strecke der Medullarplatte zwischen den beiden Augenanlagen nicht mehr zur Weiterentwicklung, so daß diese ihren normalen Abstand voneinander nicht mehr gewinnen konnten. Je nach dem Grade der Entwicklungshemmung der Zwischenstrecke werden die beiden Bulbi einander genähert oder ihre Anlagen verschmelzen in der Medianebene zu einer einzigen Anlage. Die Ursache, welche der Cyklopenbildung zugrunde lag, wirkte in diesen beiden Fällen erst relativ spät auf die Anlage ein. In vielen Fällen mag auch eine Keimvariation die Cyklopenbildung veranlassen.

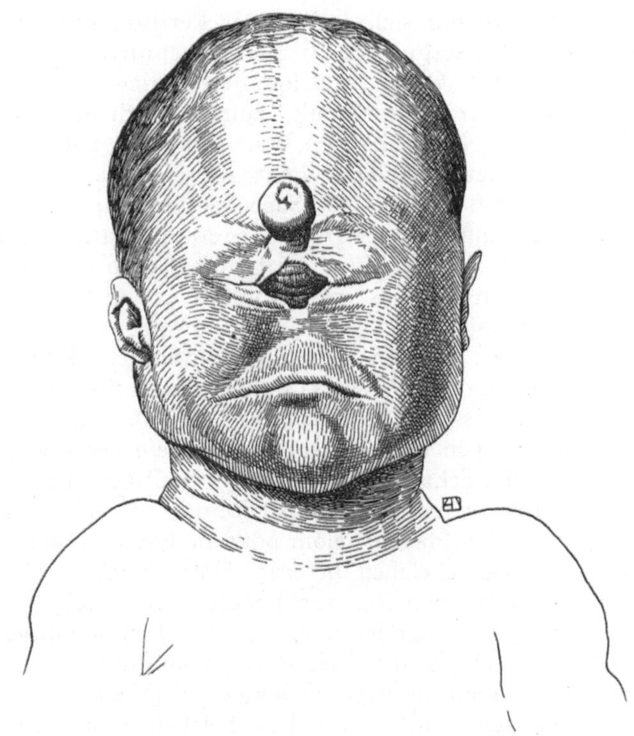

Fig. 612. Cyclopie beim Neugeborenen.
Basler Sammlung.

Entwicklung des Gehörorgans.

Von dem als Gehörorgan bezeichneten, in Wirklichkeit sowohl ein schallempfindendes als auch ein statisches Organ umfassenden Apparate, läßt sich nicht, wie vom Auge, aussagen, daß es sofort, im wesentlichen schon vollendet, auf den niedrigen Stufen der phylogenetischen Entwicklung auftrete. Im Gegenteil, die Bogengänge, welche das statische Organ darstellen, gewinnen bei den niederen Formen eine viel höhere Ausbildung als das Epithel der Cochlea, des eigentlichen Gehörorgans. Bei Fischen sehen wir dieses bloß in Form einer Ausbuchtung des Labyrinthbläschens, der Lagena, vor uns; erst bei Reptilien und Vögeln wird es schlauchförmig, indem seine epitheliale Wandung eine höhere Differenzierung im Sinne eines Sinnesepithels, des Organon spirale (Cortii) aufweist. Bei Säugetieren endlich finden wir den Sacculus mit dem spiralig gewundenen Ductus cochlearis als Gehörorgan im engeren Sinne, während die Bogengänge als statische Organe vom Utriculus ausgehen.

Wenn wir uns den Aufbau des Gehörapparates kurz ins Gedächtnis zurückrufen, so sehen wir, daß der eigentliche Träger der Sinneszellen, das membranöse Labyrinth, in die Wandung des Craniums aufgenommen und von einer Knochenkapsel, dem knöchernen Labyrinthe, umgeben wird. Zwischen dem membranösen und dem knöchernen Labyrinthe dehnt sich das mit der Perilymphe angefüllte Spatium perilymphaticum aus. Die Nervenversorgung der beiden Abschnitte des membranösen Labyrinthes ist getrennt; zum statischen Organ, welches den Utriculus, den Sacculus und die Bogengänge umfaßt, geht der N. vestibuli, zum eigentlichen Gehörorgane, dem Ductus cochlearis, dagegen der N. cochleae. Von dem den Sacculus und den Utriculus verbindenden Ductus utriculosaccularis geht der Ductus endolymphaticus ab, dessen erweitertes Ende bei Säugetieren als Saccus endolymphaticus unter der Dura mater liegt. Bei Selachiern mündet der Ductus endolymphaticus auf der Körperoberfläche, während bei Säugetieren das Spatium perilymphaticum mittels des im Canaliculus cochleae eingeschlossenen Ductus perilymphaticus mit dem Cavum subarachnoideale in Verbindung steht.

Bei den Fischen liegt das membranöse Labyrinth ziemlich oberflächlich, den Erschütterungen des Wassers, welche durch die als Spritzloch umgebildete erste Schlundspalte an dasselbe herankommen, leicht zugänglich. In der aufsteigenden Tierreihe wird es dagegen immer mehr in die Tiefe verlagert, so daß ein Hilfsapparat nötig wird, welcher die Schallwellen bis zum häutigen Labyrinthe weiterleitet. Dieser Apparat wird durch die erste Schlundspalte und die oberen Teile der beiden ersten Schlundbogen gebildet, welche das Mittelohr oder die Paukenhöhle und die in demselben eingeschlossenen drei Gehörknöchelchen liefern. Diese reichen als schalleitende Einrichtung von der Membrana tympani bis zur Fenestra vestibuli.

Bei den Säugetieren kommt zu dem schallperzipierenden und leitenden Apparate noch der schallaufnehmende Apparat hinzu, welcher aus dem äußeren Ohr (Auricula) und dem äußeren Gehörgange (Meatus acusticus externus) besteht. Jenes ist eine gebogene, mit einem Knorpelskelet und Muskeln versehene Hautfalte, die sich in der Umgebung der ersten Kiemenspalte erhebt. Wir folgen auch bei der Schilderung der Entwicklung des Gehörorgans dieser in der phylogenetischen Ausbildung desselben begründeten Einteilung in das Innenohr, das Mittelohr und das Außenohr.

1. Entwicklung des Innenohres (Auris interna).

Die erste Anlage des Innenohres stellt sich als eine seichte Einbuchtung des Ectoderms dar (Gehörgrübchen) auf beiden Seiten des Gehirnrohres, etwa entsprechend der Grenze zwischen dem Metencephalon und dem Myelencephalon. Das Gehörgrübchen liegt dorsal von der Stelle, an welcher die erste Kiemenfurche auftritt (Fig. 63). Schon vor der Bildung desselben zeichnen sich die Epithelzellen durch ihre beträchtliche Höhe aus; sie erinnern geradezu an diejenigen, welche die Linsenplatte und das Linsengrübchen bilden. Auch das Gehörgrübchen schnürt sich als Gehör- oder Labyrinthbläschen vom Ectoderm ab, doch bleibt es, indem es birnenförmig auswächst, eine Zeitlang durch einen hohlen Kanal oder Stiel, den Recessus labyrinthi (später Ductus endolymphaticus) mit der Körperoberfläche in Zusammenhang. Das mit heller Flüssigkeit (Endolymphe) sich füllende Bläschen löst sich sodann vollständig vom Ectoderm ab und schließt sich, in transversaler Richtung etwas abgeplattet, dem Rhombencephalon seitlich an. Von ihm (Fig. 613) geht der Ductus endolymphaticus dorsalwärts ab, aber ohne das Ectoderm zu erreichen. Der dorsale Teil des Bläschens ist etwas weiter als der ventrale; jener bildet die Bogengänge und den Utriculus (Pars vestibularis), dieser den Sacculus und den Ductus cochlearis (Pars cochlearis).

Die Ausgestaltung dieser beiden Abschnitte geht nun rasch vor sich. Bei einem Embryo von fünf Wochen erscheinen (Fig. 614) an der Pars vestibularis die ersten Spuren der Bogenbildungen in Form von Furchen oder Ausbuchtungen der Wandung des Bläschens. Das untere Ende der Pars cochlearis wächst bogenförmig zur Bildung des Ductus cochlearis aus.

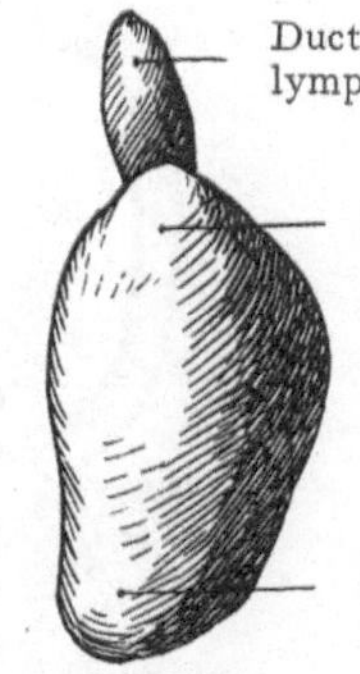

Die Entstehung der bogenförmigen Kanälchen (Ductus semicirculares) erfordert eine genauere Besprechung. In Fig. 614 geht eine Ausbuchtung der Wand des Bläschens lateralwärts (Anlage des Ductus semicircularis lateralis) nach oben (Ductus semicircularis superior) und nach hinten (Ductus semicircularis posterior). Das Lumen der Ausbuchtung steht zunächst in seiner ganzen Ausdehnung mit dem Lumen des Labyrinthbläschens in Zusammenhang. Dann findet jedoch eine teilweise Verklebung der epithelialen Wandung der Ausbuchtung statt, so daß bloß noch am Rande ein Lumen übrig bleibt. An Stelle der verklebten Partie der Wandung dringt das umgebende Mesenchym ein, so daß der Ductus semicircularis dann bloß noch an zwei Stellen mit dem häutigen Labyrinthe in Zusammenhang bleibt, ein Stadium, das in Fig. 615 veranschaulicht wird. An den Abgangsstellen der Ductus semicirculares vom häutigen Labyrinthe bilden die Ampullae membranaceae Erweiterungen der Ductus. Die Bogengänge haben noch eine etwas plumpe Form; auch ist die Scheidung der Pars vestibularis und cochlearis durch die Abgrenzung des Utriculus vom Sacculus noch nicht erfolgt, doch ist sie angedeutet. Der untere Teil des

Fig. 613. Gehörbläschen, menschlicher Embryo von 6,9 mm Länge.
Nach W. His, jun., Arch. f. Anat. u. Entw.-Gesch. Suppl.-Bd. 1899.

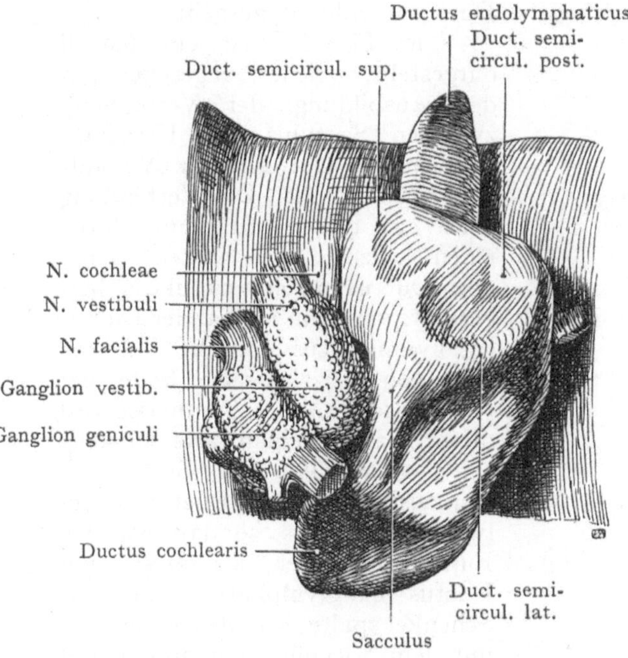

Fig. 614. Labyrinthus membranaceus eines menschlichen Embryos von ca. 5 Wochen und 11 mm Länge.
Nach dem Modell von W. His jun.

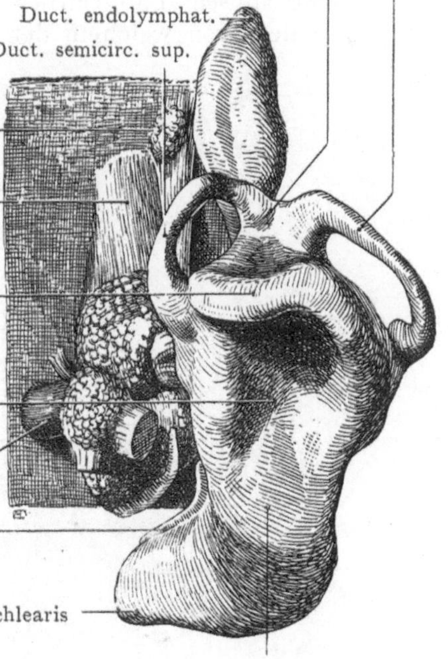

Fig. 615. Entwicklung des membranösen Labyrinthes. Embryo von 20 mm Länge.
Nach dem Modell von W. His jun.

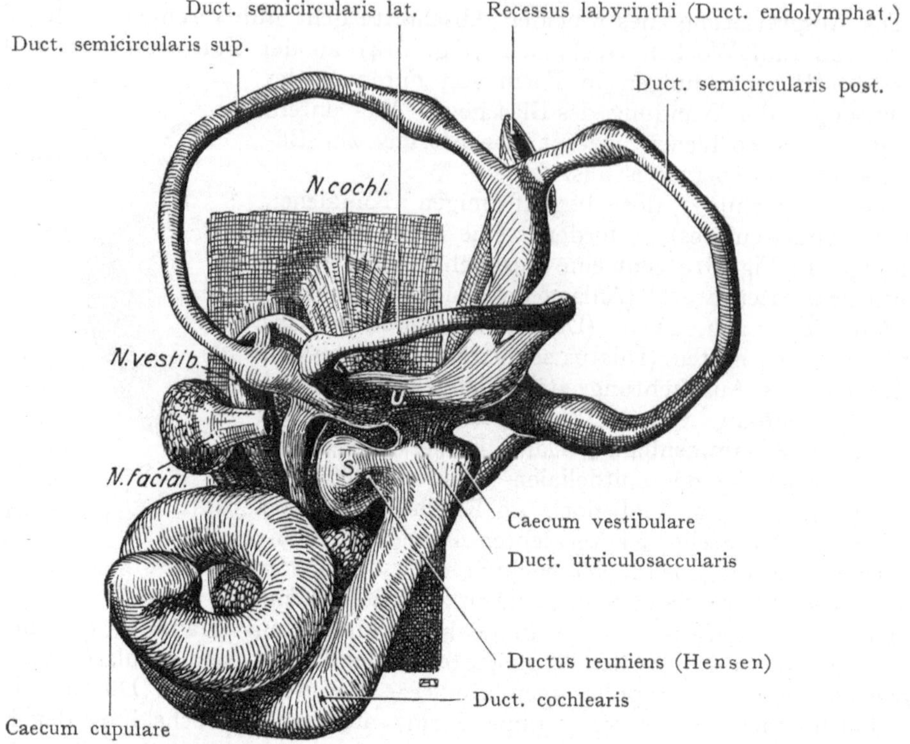

Fig. 616. Linkes membranöses Labyrinth. Embryo von 22 mm Länge.
Nach dem Modell von W. His jun. Vergr. 33/1.

membranösen Labyrinthes zeigt als eine seichte Ausbuchtung die erste Anlage des Sacculus, von welchem der kurze, leicht gebogene Ductus cochlearis ausgeht.

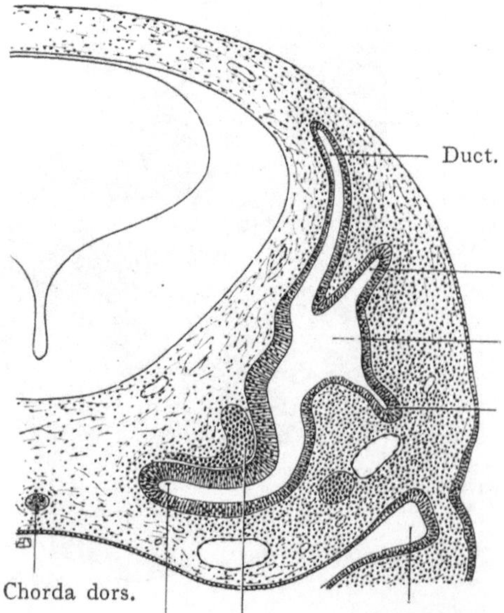

Fig. 617. Frontalschnitt durch das Labyrinth eines Kaninchenembryos von 8 mm Länge.

In Fig. 616 ist ein Modell dargestellt, welches, abgesehen von der Ausbildung der Verbindung zwischen Sacculus und Utriculus, so ziemlich den fertigen Verhältnissen entspricht. Die Verbindung wird auf diesem Stadium durch einen kurzen, aber weiten Gang, den Ductus utriculosaccularis hergestellt, von dem medial der Ductus endolymphaticus abgeht. Durch eine von der lateralen Seite her vorwachsende Mesenchymmasse wird dieser Gang medianwärts winkelig eingebogen. Von der Spitze des Winkels geht der Ductus endolymphaticus aus, so daß wir den Eindruck erhalten, als ob sich der Ductus endolymphaticus in zwei Schenkel spalte, von denen der eine mit dem Sacculus, der andere mit dem Utriculus in Verbindung stehe. Vom Utriculus gehen die Bogengänge ab; der Sacculus steht einerseits mittels des Ductus reuniens mit dem auswachsenden Ductus cochlearis in Verbindung, andererseits mittels des Ductus utriculosaccularis mit dem Utriculus. Der Ductus cochlearis zeigt auf dem vorliegenden Stadium erst $1^{1}/_{2}$ Windungen statt $2^{1}/_{2}$, die wir später antreffen.

Das Labyrinthbläschen tritt sehr früh in Beziehung zum N. vestibuli und zum N. cochleae, die wir gewöhnlich als N. acusticus zusammenfassen. Die Ganglien dieser Nerven, das Ganglion vestibulare und das Ganglion spirale cochleae, liegen zunächst dem vorderen Umfange des Gehörbläschens an, rücken aber allmählich auf die mediale Seite desselben. Bei einem menschlichen Embryo von 20 mm Länge (Fig. 615) entsteht aus dem ventralen Teile der einheitlichen Ganglienzellenmasse das Ganglion spirale cochleae, welches sich der Konkavität des auswachsenden Ductus cochlearis anlegt (s. Fig. 617), indem die peripheren Fortsätze der zeitlebens spindelförmigen Ganglienzellen sich mit den aus dem Epithel des Ductus cochlearis entstandenen Sinneszellen des Organon spirale (Cortii) in Verbindung setzen. Die zentralen Fortsätze wachsen dagegen als Radix cochlearis in das Myelencephalon ein. Aus der oberen Partie der Ganglienanlage bilden die zentralwärts auswachsenden Fortsätze der Ganglienzellen die Radix vestibularis, dagegen die peripheren Fortsätze die Äste des N. vestibuli zu den in der Wandung der Ampullen, des Sacculus und des Utriculus auftretenden Cristae ampullares resp. Maculae acusticae (Nn. utriculares, Nn. ampullaris superior, lateralis und inferior und N. saccularis). Der N. cochleae verzweigt sich nach den neueren Untersuchungen von Streeter lediglich an das Organon spirale (Cortii), nicht, wie bisher vielfach angegeben wurde, mit einem N. saccularis auch an den Sacculus.

2. Differenzierungen am Epithel des membranösen Labyrinthes.

Bald nach der Abschnürung des Labyrinthbläschens vom Ectoderm erfolgt eine Differenzierung der epithelialen Wandung, indem in gewissen medialen Bezirken die Zellen den Charakter von Sinnesepithelien annehmen, während sie auf den Zwischenstrecken niedrig bleiben. Diese aus Sinnesepithelien gebildeten Bezirke stellen die Anlagen der Cristae ampullares sowie der Macula acustica utriculi und sacculi dar. Die Sinneszellen treten jedenfalls am frühesten an der medialen Wandung auf, dort, wo dem Labyrinthbläschen die gemeinsame, später in das Ganglion vestibulare und spirale cochleae zerfallende Ganglienzellenmasse angelagert ist. Diese Strecke entspricht später einem Teile der Wandung des Utriculus und Sacculus. Solche höhere Epithelzellen befinden sich auch an der konkaven Wand des sich bereits krümmenden Ductus cochlearis, dort, wo das Ganglion spirale cochleae mit dem Ductus in Berührung tritt. Bei der weiteren Entwicklung stellen sie an der unteren Wand des Ductus cochlearis, welche der Lamina basilaris aufliegt (Figg. 618—620), die wulstförmige Anlage des Organon spirale (Cortii) her. In diesem lassen sich bald zweierlei Zellen unterscheiden, nämlich erstens solche, an deren gegen das Lumen des Ductus cochlearis gerichteten freien Fläche ein Haar- oder Geißelbesatz auftritt (Haarzellen) und solche, die, länger als jene, von der Mitte des Wulstes angefangen, nach den Seiten hin an Höhe abnehmend, sich als Stützzellen in verschiedener Weise weiter differenzieren. Die Haarzellen sind in vier Reihen angeordnet, zwischen denen die hohen Deitersschen Stützzellen eingelagert sind (Fig. 618). Zwei Reihen solcher Zellen, welche sich zwischen der ersten und zweiten Reihe der Haarzellen befinden, werden als Tunnelzellen bezeichnet; der sie trennende Tunnel sowie die nach außen davon gelegenen, untereinander, sowie mit dem Tunnel in Verbindung stehenden Nuelschen Räume sind als Intercellularräume aufzufassen, welche durch die Vacuolisierung des Protoplasmas angrenzender Zellen eine Vergrößerung erfahren (O. van der Stricht). Die Räume entstehen ziemlich spät, so beim Kaninchen erst nach der Geburt. Gegen die Achse der Schnecke nimmt die Höhe des Wulstes ab, um hier eine zuerst seichte, dann allmählich sich vertiefende Furche, den

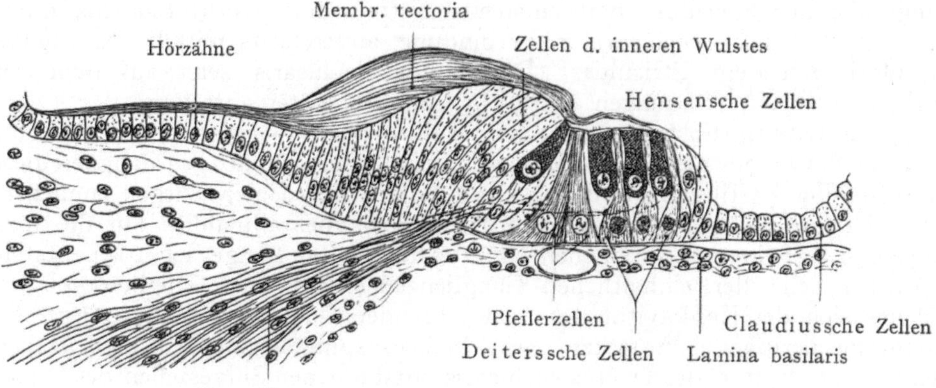

Fig. 618.

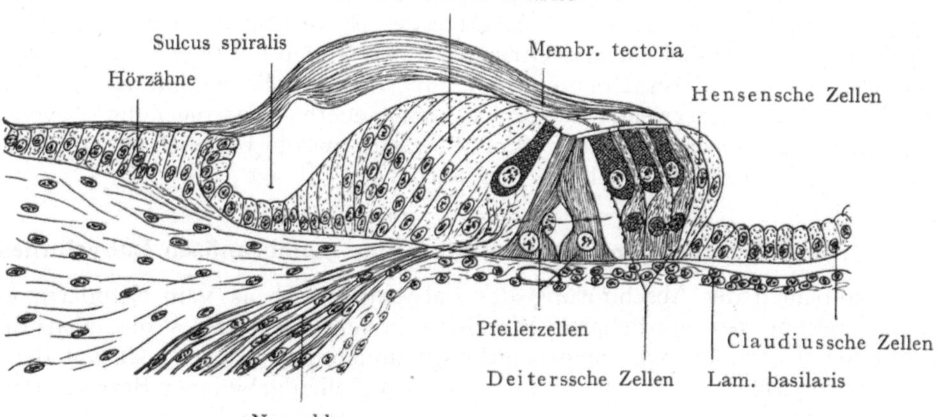

Fig. 619.

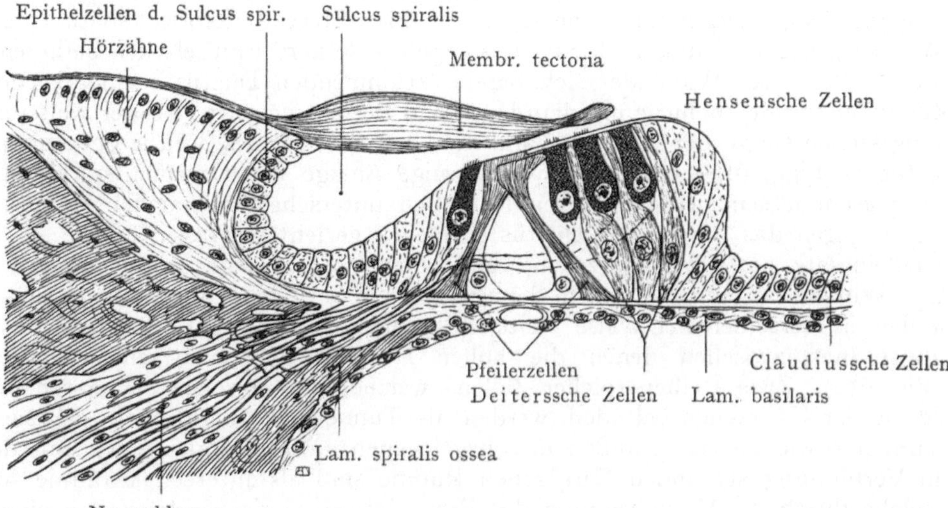

Fig. 620.

Figg. 618—620. Entwicklung des Cortischen Organs.
Halbschematisch, unter Benutzung der Abbildungen von G. Retzius.

Sulcus spiralis, zu bilden. Dieser begrenzt einen zweiten, der Schneckenachse näher liegenden Wulst, dessen Zellen eine eigentümliche Umwandlung zur Herstellung der Hörzähne erfahren. Nach außen fällt der Wulst des Organon spirale steil mit den Hensenschen Zellen ab, welche ziemlich unvermittelt (Fig. 620) in die kubischen Claudiusschen Zellen übergehen.

Ein höchst eigentümliches Gebilde ist die Membrana tectoria, welche den Sulcus spiralis und das Organon spirale überlagert. Sie reicht beim Erwachsenen vom Limbus laminae spiralis, wo sie verdünnt ist und mit den Hörzähnen in Zusammenhang steht, bis zur äußeren Reihe der Haarzellen, wo sie nach Retzius eine Befestigung an den Deitersschen Zellen erhält. Ihre Entwicklung ist sehr schwer zu verfolgen. Sie entsteht zweifellos aus denjenigen Zellen der Papilla acustica, welche später Stützepithelien (Tunnel- und Deiterssche Zellen) oder gewöhnliche Epithelzellen liefern. Die Haarzellen beteiligen sich dagegen nicht an ihrem Aufbaue. Die Ansichten über ihre Bildung und ihre morphologische Bedeutung gehen noch auseinander. Held führt ihre Entstehung auf das Auswachsen von Fasern aus den Zellen der Papilla acustica und des Limbus spiralis zurück, die später ihre Verbindung mit den Dei: ersschen Zellen aufgeben, so daß die aus zahlreichen durchflochtenen Fasern und einer schleimigen Grundmasse bestehende Membran mit dem Limbus spiralis in Zusammenhang steht. Nach der Auffassung von Prentiß und O. van der Stricht entsteht die Membrana tectoria infolge einer schleimig-faserigen Umwandlung von Teilen der Zellen der Papilla acustica. Dabei werden eine Anzahl Hohlzylinder mit schleimigem Inhalte gebildet, deren Wandung sich aus den Schlußleisten der Epithelzellen fortsetzt. Van der Stricht hebt die Ähnlichkeit mit der Bildung der Schmelzprismen aus dem Schmelzepithel hervor. Später löst sich die Wandung zwischen den einzelnen lang sich ausziehenden Abschnitten der Membrana tectoria in Fasern auf, welche sich frei machen und dann in der schleimigen Grundmasse liegen.

In geringerer Ausdehnung erfolgt auch an anderen Stellen des häutigen Labyrinthes die Bildung von Sinnesepithelien, welche im Sacculus und Utriculus die Maculae acusticae und in den Ampullen die Cristae ampullares herstellen. Diese Anlagen bilden zunächst Wülste oder Hügel, aus hohen zylindrischen Epithelzellen, die sich teils zu Sinneszellen mit langen, in die Endlymphe hineinragenden Sinneshaaren, teils zu Stützzellen differenzieren. Die Otolithen bilden sich als eine Kalkausscheidung der Endolymphe. Unter der Anlage jeder Macula resp. Crista entsteht eine Ansammlung von Mesodermzellen, welche die Anlage hügelförmig in das Lumen des membranösen Labyrinthes vorwölben. Die Maculae acusticae und die Cristae ampullares treten phylogenetisch früher auf als das Organon spirale, welches sich erst allmählich während der phylogenetischen Entwicklung der Wirbeltiere ausbildet. Bei Fischen wird dasselbe bloß durch eine als Lagena bezeichnete kleine Ausbuchtung der unteren Wand des membranösen Labyrinthes dargestellt. Die Cupulae ampullares auf den Cristae ampullares und die Otolithenmembranen auf den Maculae acusticae (sacculi et utriculi) entstehen in derselben Weise wie die Membrana tectoria.

3. Umbildung der Labyrinthkapsel.   Entstehung des perilymphatischen Raumes.

Aus dem das Labyrinth umgebenden Mesenchym bildet sich eine Knorpelkapsel, welche kontinuierlich in die benachbarten Partien des knorpeligen Primordialcraniums übergeht. Sie schließt sich nicht unmittelbar dem membranösen Labyrinthe an, sondern zwischen beiden befindet sich eine Schicht von recht lockerem Mesenchym, durch dessen Einschmelzung der mit Perilymphe angefüllte perilymphatische Raum entsteht. Die Knorpelkapsel hält mit der fortschreitenden Entwicklung und Vergrößerung des von ihr umschlossenen membranösen Labyrinthes dadurch Schritt, daß sie an einzelnen Stellen einen Vorgang der „Rückdifferenzierung" durchmacht und wieder zu Mesenchym

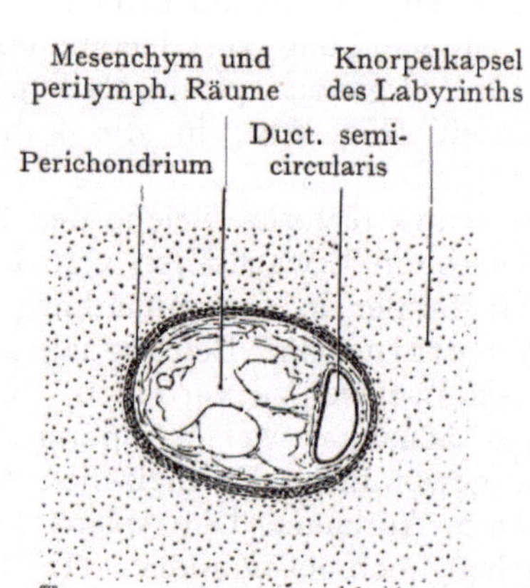

Fig. 621. Bildung des perilymphatischen
Raumes in den Bogengängen. Fetus vom
4. Monate.

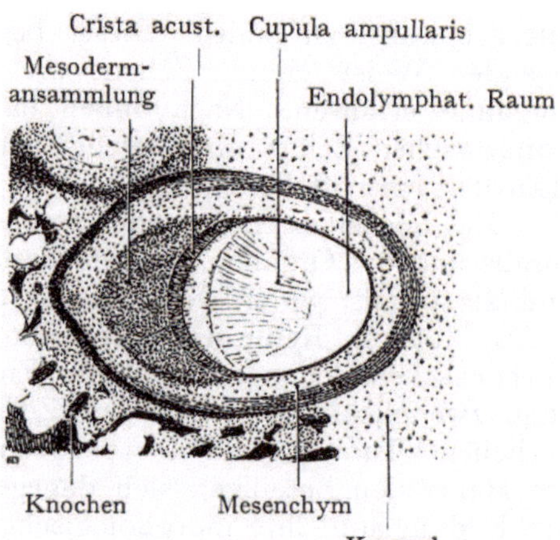

Fig. 622. Crista ampullaris. Schnitt durch eine
Ampulle. Fetus vom 5. Monate.

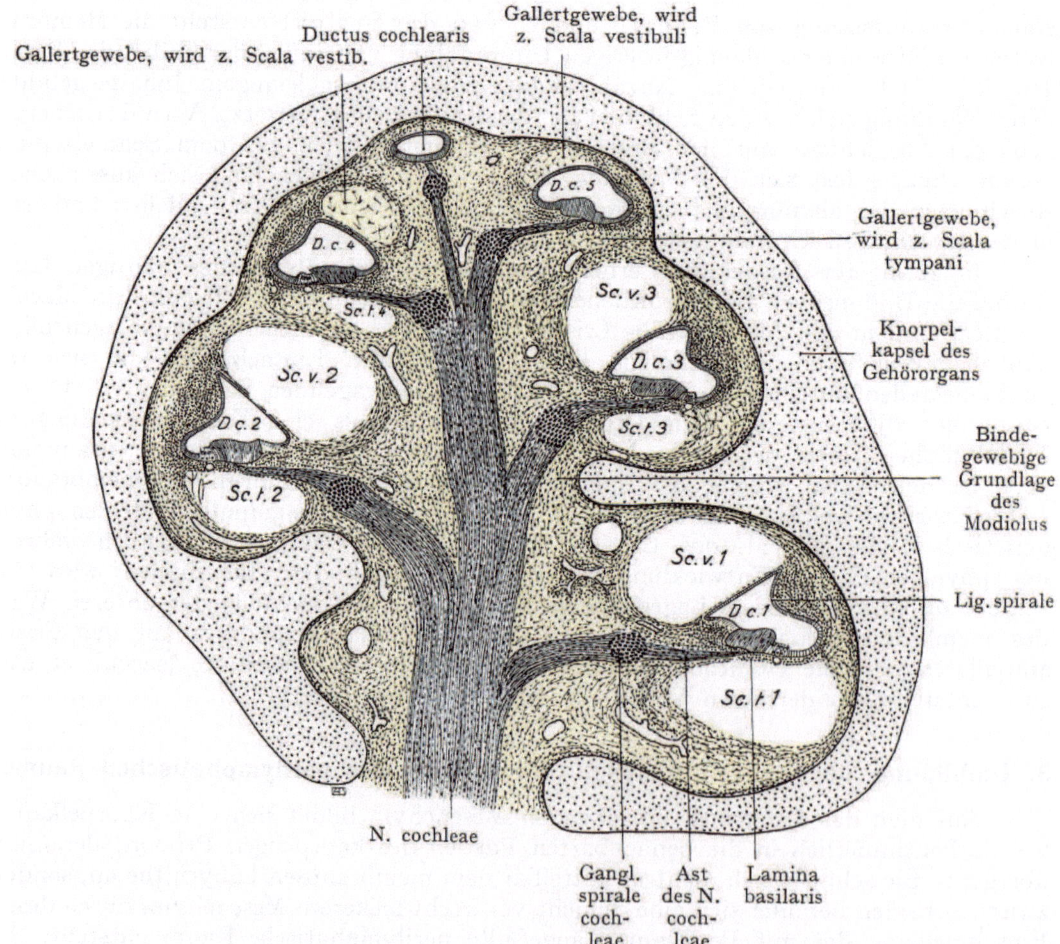

Fig. 623. Schnitt durch die Schnecke eines 9 cm langen Katzenembryos.
Bindegewebe gelb. Knorpel punktiert.
Nach Böttcher, Nova acta Acad. Leop. Carol. 35. 1870.

wird, während sich an anderen Stellen neuer Knorpel bildet (Streeter). Die Einschmelzung des Mesenchyms ist nicht vollständig (Fig. 621), so daß auch später noch
Bindegewebsstränge vorhanden sind, welche sich von dem die innere Wandung der
knöchernen Bogengänge auskleidenden Perioste bis zum membranösen Labyrinthe
erstrecken. Die zu diesem verlaufenden Gefäße und Nerven durchsetzen gleichfalls
den perilymphatischen Raum. Die einzelnen Teile des membranösen Labyrinthes werden
nicht gleichmäßig vom perilymphatischen Raume umgeben, vielmehr liegen sie einer
Strecke der Knorpel- resp. Knochenkapsel näher an.

Die Bildung des perilymphatischen Raumes geht zuerst zwischen Sacculus und
Fenestra vestibuli vor sich und vergrößert sich von dieser Stelle aus, um den perilymphatischen Raum des Vestibulums herzustellen (Streeter). Sodann erfolgt die Bildung der
perilymphatischen Räume innerhalb der Schnecke, welche für das Verständnis größere
Schwierigkeiten darbieten. Hier sehen wir dieselben bloß oberhalb und unterhalb
des Ductus cochlearis zur Ausbildung kommen. Dieser letztere ist auf dem Schnitte
dreieckig und zeigt eine äußere, gegen die Knorpelkapsel gerichtete, ferner eine
obere und eine untere Wand. Die obere Abteilung des im umgebenden Mesenchym
sich bildenden perilymphatischen Raumes (Scala vestibuli) (Fig. 623) grenzt an die
obere, die untere Abteilung (Scala tympani) an die untere Wand des Ductus cochlearis. Die Scala vestibuli verbindet sich mit dem Vorhofsraume, welcher den Sacculus und den Utriculus umgibt, während die Scala tympani an der durch die
Membrana tympani secundaria gegen die Paukenhöhle hin verschlossenen Fenestra
cochleae endet. Beide Scalae gehen an der Spitze der Cochlea (Cupula cochleae)
ineinander über, außerdem steht die Scala tympani durch den in der Nähe der
Fenestra cochleae abgehenden, im Canaliculus cochleae eingeschlossenen Ductus perilymphaticus mit dem Subarachnoidealraum in Zusammenhang. An die Ausbildung
der perilymphatischen Räume ober- und unterhalb des Ductus cochlearis schließt sich
die Bildung der knöchernen Schnecke an. Wir gehen bei der Besprechung dieses Vorganges
von einem durch die Achse der Schnecke gelegten Schnitte aus (Fig. 623). Da die
Ausbildung sowohl des Ductus cochlearis als auch der beiden, dem Ductus sich anschließenden perilymphatischen Räume von der Basalwindung der Schnecke aus gegen
die Cupula cochleae hin fortschreitet, so finden wir auf einem solchen Schnitte alle Grade
der Ausbildung des Ganges. In der Achse der Schnecke verläuft der N. cochleae, welcher
Zweige gegen die einzelnen Querschnitte des Ductus cochlearis abgibt. Diese gehen
in das den ganzen Ductus begleitende, als spiralig gewundener Streifen sich darstellende
Ganglion spirale cochleae über. Von diesem aus verlaufen die peripheren Äste des
Nerven zu dem an der unteren Wand des Ductus cochlearis entstehenden Organon spirale (Cortii). In dem den Ductus umgebenden Mesenchym findet einerseits durch einen
Einschmelzungsprozeß die Bildung der Scala vestibuli und der Scala tympani statt,
andererseits durch eine Verdichtung und Umwandlung des Bindegewebes die Herstellung
der knorpeligen und der knöchernen Schnecke. Die Wand des Ductus cochlearis nimmt
auf dem Querschnitte eine dreieckige Form an. Die obere Wand, die Membrana vestibularis (Reißneri), mit einem Belag von niederen Epithelzellen, trennt das Lumen des
Ductus von der Scala vestibuli. Die untere Wand (Lamina spiralis membranacea) trennt
den Ductus cochlearis von der Scala tympani und die laterale Wand wird durch die Ausbildung des Lig. spirale gegen das Lumen des Ductus cochlearis vorgewölbt. Die untere
Wand, deren Epithelzellen das Organon spirale (Cortii) bilden, erhält eine starke Unterlage
in Form einer Bindegewebsmembran, in welcher die peripheren Fortsätze der Ganglienzellen des Ganglion spirale cochleae zu ihren Endigungen in den Haarzellen des Organs
verlaufen. Weiterhin geht aus dieser Membran teils die Lamina spiralis ossea, teils die
von dem freien Rande derselben zur inneren Wandung der knöchernen Schnecke sich
erstreckende Lamina basilaris hervor, auf welcher das Organon spirale (Cortii) aufruht.

Ein zweiter Vorgang, in der Verdichtung des die beiden Scalae und den Ductus cochlearis umgebenden Mesenchyms bestehend, führt zur Bildung der knöchernen Schnecke. Zwar tritt schon früh in der Knorpelkapsel eine Verknöcherung auf, welche allmählich den Knorpel durch eine Masse von spongiösem Knochengewebe ersetzt. Allein die knöcherne Schnecke wie auch das übrige knöcherne Labyrinth entsteht nicht auf dieser Grundlage, sondern infolge der Knochenbildung von dem die Knorpelkapsel überziehenden Perichondrium oder auch durch direkte Umwandlung des nach der Bildung der Scala vestibuli und der Scala tympani übrig bleibenden Mesenchyms in Knochen. Durch die Verknöcherung des das Zentrum der Schnecke einnehmenden Mesenchyms entsteht der Modiolus, welcher den N. cochleae und seine zum Organon spirale verlaufenden Äste einschließt. So kommen im Modiolus die Canales longitudinales modioli (zur Aufnahme der Äste des N. cochleae) und der Canalis spiralis modioli (zur Aufnahme des Ganglion spirale cochleae) zustande. Die Canales longitudinales bilden an der gegen den Meatus acusticus internus gerichteten Basis modioli die spiralig angeordneten Öffnungen des Tractus spiralis foraminosus. Durch teilweise Verknöcherung jener der unteren Wand des Ductus cochlearis zugrunde liegenden Bindegewebsmembran entsteht die Lamina spiralis ossea, welche von den feinen peripheren, zum Organon spirale (Cortii) verlaufenden Ästen des N. cochleae durchsetzt wird.

Die beiden Knochenmassen, von denen die äußere, mehr spongiöse, auf Grundlage der Knorpelkapsel, die innere durch die Verknöcherung des Bindegewebes entsteht (Fig. 623), werden durch eine mehr kompakte Knochenschicht voneinander getrennt. Auf dieser Tatsache beruht die Möglichkeit, besonders bei Felsenbeinen von Kindern, diese Schicht als äußeren Abschluß der knöchernen Schnecke oder des knöchernen Labyrinthes herauszupräparieren, welche das membranöse Labyrinth einschließt und die Form desselben, allerdings etwas plump, wiedergibt. Der Utriculus und Sacculus liegen in einem einheitlichen Raume, dem Vestibulum des knöchernen Labyrinthes.

4. Entwicklung des Mittelohres.

Zum Mittelohre rechnen wir beim Erwachsenen den ganzen lufthaltigen Raum, welcher sich vom Ostium pharyngeum tubae auditivae bis in die Pars mastoidea ossis temporalis erstreckt und drei Abschnitte umfaßt: 1. Die Tuba auditiva, 2. die Paukenhöhle (Cavum tympani) und 3. das Antrum tympanicum mit den Cellulae mastoideae. Die Tuba auditiva stellt eine Verbindung des Cavum tympani mit dem Schlunddarm dar, von welchem die Bildung des Mittelohres ausging, während das Antrum tympanicum sowie die Cellulae mastoideae als lufthaltige Nebenräume des Cavum tympani aufzufassen sind. Dieselben entstehen, wie auch die lufthaltigen Nebenräume der Nasenhöhle, erst postnatal als Ausbuchtungen des Cavum tympani, welche in die Pars mastoidea ossis temporalis vordringen. Im Cavum tympani, dessen laterale Wand, der Paries membrana-

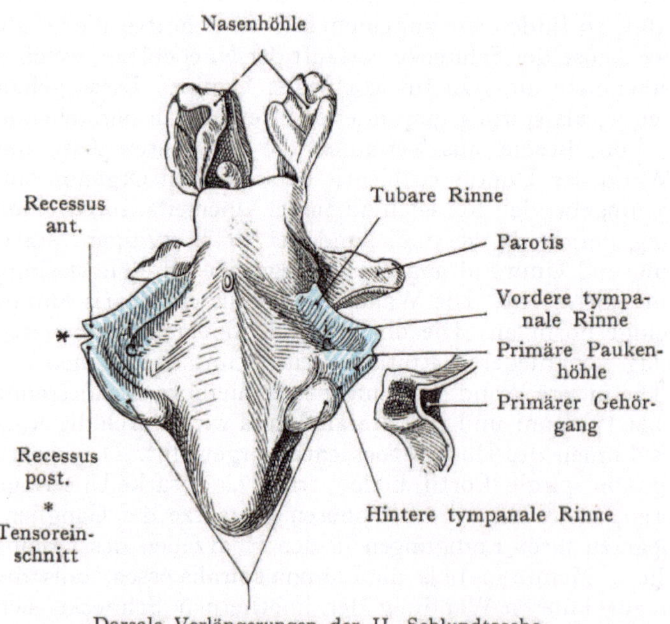

Fig. 624. Schlundtaschen eines menschlichen Embryos von 18 mm Länge von der Dorsalseite. Nach Hammar, Arch. f. mikr. Anat. 59. 1902.

ceus, hauptsächlich durch die Membrana tympani gebildet wird, sind die drei Gehör-knöchelchen mit ihren Muskeln (Mm. tensor tympani und stapedius) eingeschlossen, ein Apparat, welcher das Trommelfell mit der Fenestra vestibuli und dem Innenrohr in Verbindung setzt.

Das Mittelohr entsteht im Anschlusse an die erste Kiemenspalte oder, richtiger gesagt, aus dem medialen Abschnitte derselben. Bei Selachiern bleibt diese erste, allerdings stark reduzierte Kiemenspalte als Spritzloch bestehen, das bei einigen Rochen schon deutliche Beziehungen zum Gehörorgane zeigt, indem Ausbuchtungen desselben fast bis an die Wandung des Labyrinthes vordringen und jedenfalls die Übertragung von Erschütterungen des umgebenden Mediums an das Sinnesepithel begünstigen. Erst von den Amphibien an finden wir das durch eine Membrana tympani lateral abge-schlossene Cavum tympani.

Beim Menschen entsteht das Mittelohr aus einer dorsalen Verlängerung der ersten Kiemenspalte, die zu einer platten mit der ersten Schlund-tasche und dem Schlunde in Ver-bindung stehenden Bucht, der pri-

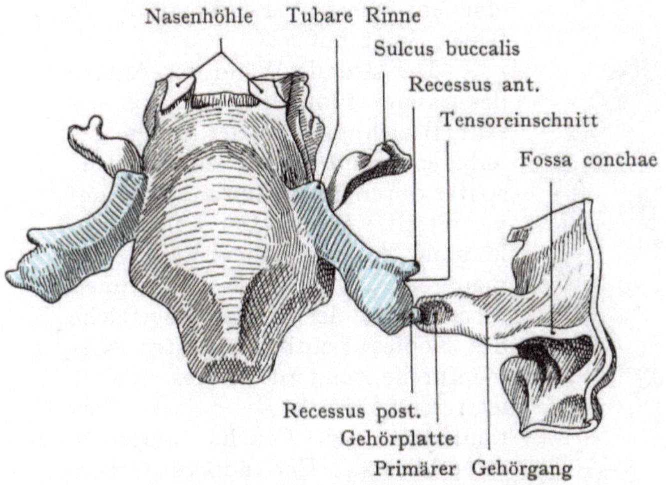

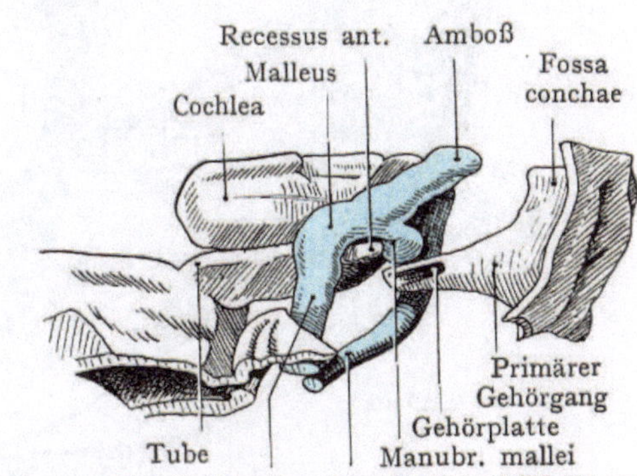

Fig. 625. Schlundtaschen und äußerer Gehörgang eines menschlichen Embryos von 24 mm Länge. Ansicht von der Dorsalseite. Nach Hammar.

Fig. 626. Schlunddarm und äußerer Gehör-gang eines menschlichen Embryos von 24 mm Länge. Orale Ansicht.

mären Paukenhöhle auswächst (Fig. 624). Die Verbindung mit der ersten Schlundtasche löst sich schon in der fünften Fetalwoche, dagegen bleibt diejenige mit dem Schlunde als eine spaltförmige Öffnung bestehen, welche sich jedoch allmählich oralwärts bis auf das spätere Ostium pharyngeum tubae auditivae schließt. Dieser spaltförmige Raum, den wir nunmehr als tubotympanales Rohr bezeichnen, steht zunächst fast horizontal, später schiebt er sich an der lateralen Fläche der knorpeligen Gehörkapsel nach hinten, indem er sich allmählich aufrichtet und im dritten Fetalmonate fast senkrecht einstellt.

Bei dem in Fig. 624 abgebildeten Modell sind an der primären Paukenhöhle zwei Rinnen ausgebildet, von denen die eine als vordere tympanale, oder ihrer späteren Bestimmung nach auch als tubotympanale Rinne zum Schlund verläuft, während die andere als Tensorrinne zu einer in die dorsale Fortsetzung der zweiten Schlund-tasche übergehenden hinteren tympanalen Rinne gelangt. Zwischen der vorderen und der hinteren tympanalen Rinne wird durch die Anlagerung der vorderen Partie des Labyrinthes die Impressio cochlearis (i. c. Fig. 624) hervorgerufen. Die lateralwärts gehende Ausbuchtung der primären Paukenhöhle (Fig. 624) wird durch die zum Stiel des Hammers verlaufende Sehne des M. tensor tympani eingeschnitten (*) und bildet zwei sekundäre Ausbuchtungen, den Recessus anterior und posterior.

Nach der Abschnürung der primären Paukenhöhle vom Schlunddarm (Fig. 625) und der Bildung des tubotympanalen Rohres läßt sich an diesem ein vorderer Abschnitt, welcher aus der vorderen tympanalen Rinne hervorgegangen ist, als tubaler Teil von einem lateralen, tympanalen Teile unterscheiden. Mit diesem tritt nunmehr die Anlage des äußeren Gehörganges in Beziehung, doch finden wir zwischen beiden eine trennende Schicht von Mesenchym, aus welcher die Membrana tympani entsteht. Der tubale Abschnitt, welcher zunächst sehr kurz ist, nimmt rasch an Länge zu und am lateralen Abschnitte bilden sich der Recessus anterior und posterior, welche, durch den Tensoreinschnitt voneinander getrennt, sich weiterhin als die vordere und hintere Trommelfelltasche stärker ausbilden (Fig. 629). Der laterale Abschnitt stellt nunmehr die Anlage der definitiven Trommelhöhle dar. Allerdings fehlt das Lumen eine Zeitlang im dritten Fetalmonate infolge der epithelialen Verklebungen der Wandungen, es tritt gewöhnlich erst im vierten Fetalmonate als feiner Spalt auf.

Die laterale Wand der Anlage des Cavum tympani geht, wie gesagt, Beziehungen zu der Anlage des äußeren Gehörganges ein, welche später durch die Membrana tympani vermittelt werden. Der äußere Gehörgang entsteht aber nicht, wie man von vornherein annehmen möchte, aus der an der Oberfläche des Kopfes sichtbaren ersten Kiemenfurche, sondern die Reste dieser letzteren sind bloß in den Vertiefungen der Concha auriculae zu erblicken. Der äußere Gehörgang ist dagegen eine sekundäre Bildung, die, im zweiten Fetalmonate von der später die Cavitas conchae darstellenden tiefsten Stelle der Ohrmuschelgrube aus, der abgeplatteten Anlage des Cavum tympani entgegenwächst. Ihre mediale Wand befindet sich nun im vierten Fetalmonate in Kontakt mit dem knorpeligen Labyrinthe; von diesem Zeitpunkte an erfolgt eine beträchtliche Vergrößerung der Paukenhöhle auf Kosten des gallertartigen Bindegewebes, welches die knorpelig vorgebildeten Gehörknöchelchen samt ihren Muskeln umschließt (Figg. 626 u. 627). Durch Einschmelzung dieses Gewebes dehnt sich die Paukenhöhle um die Gehörknöchelchen herum aus, dabei werden jedoch gewisse Strecken des Gewebes geschont, aus denen sich die von den Wandungen der Paukenhöhle zu den Gehörknöchelchen verlaufenden Bänder (Lig. mallei superius usw.) bilden. Für die Einzelheiten dieses Vorganges muß auf die ausführliche Darstellung Hammars verwiesen werden. Die Bildung des Antrum tympanicum und der Cellulae mastoideae erfolgt in der Hauptsache erst postnatal.

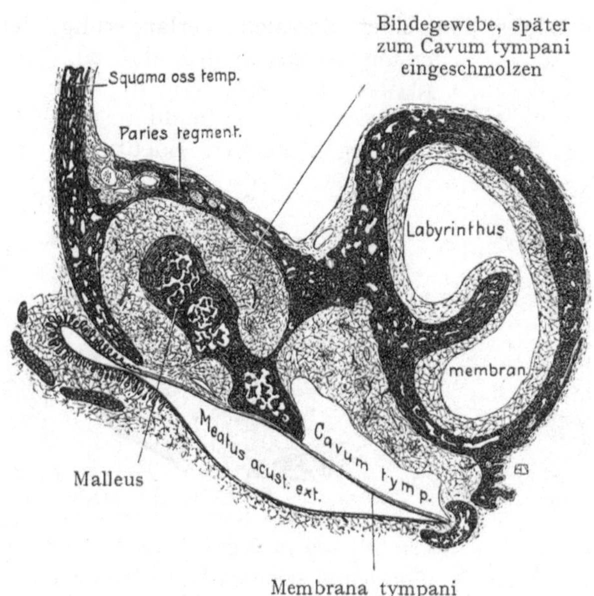

Fig. 627. Beginnende Bildung der Trommelhöhle auf einem Frontalschnitte durch das Gehörorgan eines 6 monatlichen Fetus.

5. Entwicklung der Gehörknöchelchen.

Die Anlagen der Gehörknöchelchen treten bei Säugetieren sehr frühzeitig auf, und zwar als Abgliederungen der dorsalen Strecken der beiden ersten knorpeligen Schlundbogen (des Mandibular- und des Hyoidbogens), während bei Amphibien und Reptilien bloß der zweite Bogen (Hyoidbogen) sich an der Bildung beteiligt.

Die Gehörknöchelchen stellen eine Verbindung her zwischen der den Paries membranaceus der Trommelhöhle bildenden Membrana tympani und der durch das Lig. annulare baseos stapedis und der Platte des Steigbügels verschlossenen Fenestra vestibuli an der lateralen Wand des Labyrinthes. So werden die Schallwellen von der den äußeren Gehörgang medial abschließenden Membrana tympani auf die das membranöse Labyrinth umgebende Perilymphe weitergeleitet. Hammer und Amboß entstehen (Fig. 628) aus der obersten Strecke des knorpeligen Mandibularbogens, welcher sich in der Nähe der knorpeligen Labyrinthkapsel der Schädelbasis anlagert und zwei Auftreibungen zeigt, von denen die obere sich sehr frühzeitig als Amboß selbständig macht,

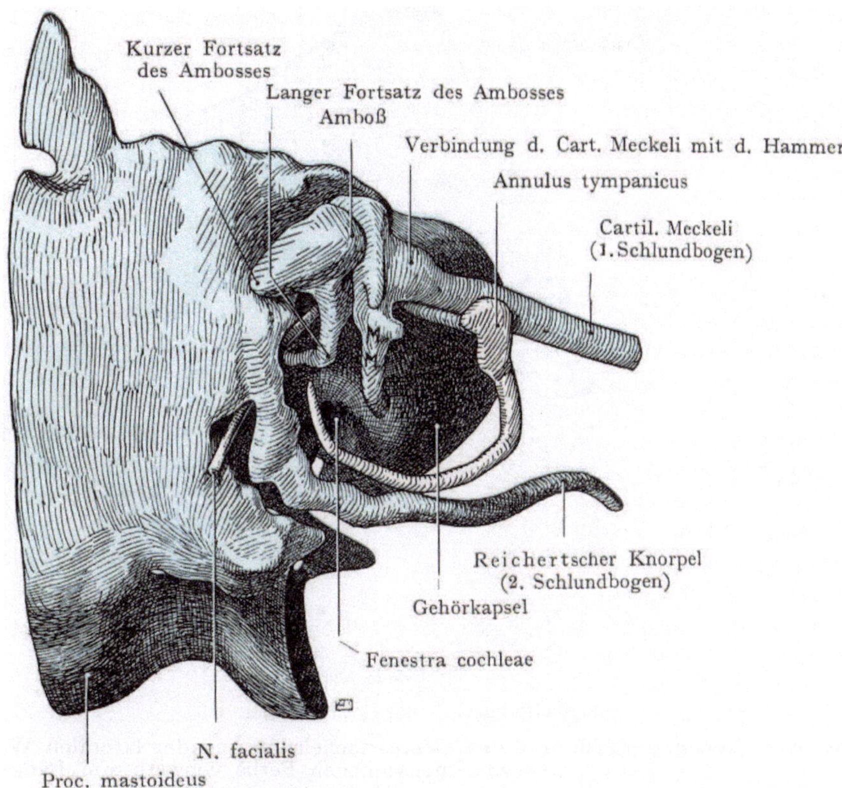

Fig. 628. Gehörknöchelchen und Schädelbasis eines menschlichen Fetus von 8 cm Länge.
Nach dem Modell von O. Hertwig.
M. M. Manubrium mallei.

während die untere sich als Hammer mit seinem Proc. anterior (Folii) noch kontinuierlich in den knorpeligen Mandibularbogen (den Meckelschen Knorpel) fortsetzt. Beide zeigen sehr früh eine charakteristische Form und Größe; der kurze Fortsatz des Ambosses artikuliert mit der Schädelbasis, sein langer Fortsatz mit demjenigen Teile des Hyoidbogens, welcher den Stapes liefert. Der obere Teil des Hammers stellt das Capitulum mallei dar und nach unten dehnt sich in der Bindegewebsplatte des primitiven Trommelfelles das Manubrium mallei aus (Fig. 627). Im sechsten Monate geht die knorpelige Verbindung des Hammers mit der Cartilago Meckeli verloren, doch wird der ursprüngliche Zusammenhang durch den dünnen, abwärts und nach vorn zur Fissura petrotympanica (Glaseri) verlaufenden Proc. anterior (Folii) angedeutet, welcher hier mittels des Lig. mallei ant. befestigt ist. Der unterhalb der Fissura petrotympanica im Mandibularbogen gelegene Abschnitt des Meckelschen Knorpels (knorpeliger Mandibularbogen) wird später (s. Skeletentwicklung) durch Knochenauflagerungen ersetzt, welche den Unterkiefer herstellen.

Der Stapes entsteht, wie jetzt ziemlich allgemein angenommen wird, aus dem Hyoidbogen und ist wohl mit der Columella der Reptilien zu vergleichen. Allerdings läßt sich bloß während des vorknorpeligen Stadiums eine Verbindung dieses Bogens mit dem Stapes nachweisen. Letzterer tritt zuerst als Ring auf, die Platte, welche sich in die Fenestra vestibuli einfügt, bildet sich erst später aus dem medialen Umfange

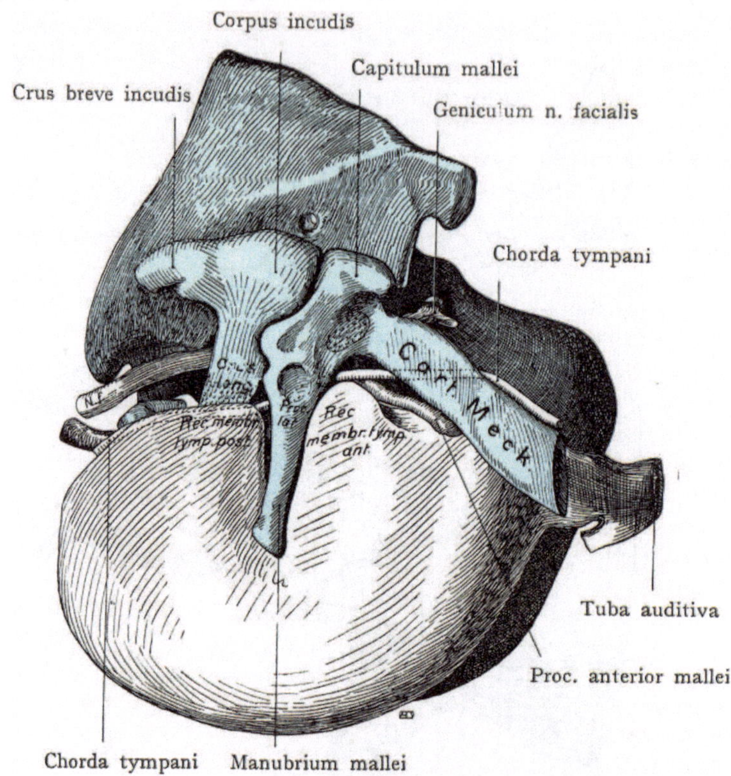

Fig. 629. Cavum tympani mit den Gehörknöchelchen und der lateralen·Wand des knöchernen Labyrinthes vom menschlichen Fetus von 110 mm Länge.
Nach dem Modell Hammars.
Arch. f. mikr. Anat. 59.

des Ringes. Die Fenestra vestibuli und die Fenestra cochleae sind vielleicht auf Lücken in der knorpeligen Gehörkapsel zurückzuführen, möglicherweise auf Druckatrophie. Schon in der achten Fetalwoche ist die Bildung des Stapes beim Menschen vollendet; die eigentümliche Form des Knochens ist dem Umstande zuzuschreiben, daß in frühen Stadien die A. stapedia durch den Ring tritt, später jedoch einer Rückbildung unterliegt (s. S. 211).

Der distale Abschnitt des Meckelschen Knorpels bietet, wie schon oben gesagt, eine Grundlage für die Entwicklung des knöchernen Unterkiefers. Der Hyoidbogen verbindet sich, nach der Bildung der Stapesanlage, mit der unteren Fläche der Gehörkapsel (dem späteren Os petrosum), wo er den Proc. styloides herstellt. Dieser geht nach unten in das Lig. stylohyoideum über, welches den knorpeligen Bogen ersetzt und bis zum kleinen Horne des Zungenbeines reicht (s. die Entwicklung des Kiemenskeletes).

Die Gehörknöchelchen sind demnach als Teile des Visceralskeletes aufzufassen, welche sich dem Schädel in der Gegend der Gehörkapsel anlagern. Sie werden zunächst ganz oberflächlich angetroffen; erst durch die Bildung des äußeren Ohres und des äußeren Gehörganges, besonders der durch das Os tympanicum gelieferten Pars ossea des letzteren, gelangen sie in die Tiefe.

6. Entwicklung des äußeren Gehörganges.

Der äußere Gehörgang entsteht, wie oben geschildert wurde, am Ende des zweiten Fetalmonates durch eine sekundäre, von der Oberfläche aus medianwärts gerichtete Einsenkung. Wenn wir zunächst das Schicksal dieser Einsenkung, welche wir als primären Gehörgang bezeichnen, die jedoch bloß dem späteren Meatus acusticus ext. cartilagineus entspricht, ins Auge fassen, so sehen wir zunächst im dritten Fetalmonate von ihr aus eine epitheliale Platte, die Lamina epithelialis meatus, der Anlage der Paukenhöhle entgegenwachsen und sich an derselben abplatten (Figg. 624 u. 625). Im siebenten Fetalmonate tritt in dieser Epithellamelle ein Lumen auf, welches sich mit dem Lumen des primären Gehörganges verbindet und mit diesem zusammen den sekundären Gehörgang herstellt. Die Lamina epithelialis meatus ist von Anfang an solid. Die beiden Abschnitte, aus denen sich der sekundäre Gehörgang bildet, unterscheiden sich auch später sehr wesentlich voneinander, indem der laterale, sowohl Haare als Drüsen aufweisende Abschnitt, der Meatus acusticus ext. cartilagineus, aus dem primären Gehörgange entsteht, während die Lamina epithelialis meatus den Meatus acusticus ext. osseus liefert, an dessen Wandung die Haare und Drüsen kleiner und spärlicher werden.

„Sekundär gelangen der Gehörgang und die Paukenhöhle dahin, daß sie einander gegenüberliegen, und zwar geschieht dies dadurch, daß die Paukenhöhle mit dem ganzen Schlunde ventralwärts verschoben wird" (Hammar). Dabei bleibt zwischen beiden eine Bindegewebsmasse übrig, welche als primäres Paukenfell (Hammar) das Manubrium und den Proc. lateralis mallei einschließt. Bei der weiteren Ausdehnung des Cavum tympani erfährt diese Bindegewebsmasse eine Abplattung zu einer dünnen Bindegewebslamelle, welche die Membrana propria des Trommelfells darstellt. Der innere Epithelüberzug des Trommelfells wird von dem Epithel der Anlage des Cavum tympani geliefert, der äußere Überzug dagegen von der Lamina epithelialis meatus. Eine Beteiligung der Verschlußmembran der ersten Schlundspalte bei der Bildung des Trommelfells, wie sie früher vielfach angenommen wurde, findet nicht statt.

Der in seiner Entstehung geschilderte Teil der Membrana tympani entspricht bloß der Pars tensa, indem die Pars flaccida eine viel spätere Bildung darstellt. Diese wird erst im fünften Fetalmonate als eine kleine, oberhalb des Proc. lateralis mallei von der Lamina epithelialis meatus auswachsende Leiste, der sog. Grenzleiste gebildet, welche sich mit dem im zehnten Fetalmonate von der Paukenhöhle aus entstehenden Recessus membranae tympani sup. (Prussakschen Tasche) zusammenlegt.

7. Entwicklung der Ohrmuschel.

Das äußere Ohr bildet sich in der Umgebung der ersten Kiemenfurche aus Bezirken des Mandibular- und des Hyoidbogens, besonders des letzteren (Figg. 630 und 631). Diese Bezirke oder Felder reichen sehr weit ventralwärts; in der Zwischenstrecke bildet sich später der Unterkiefer aus, welcher durch seine lateralwärts gehende Entfaltung die Aurikelanlagen nach oben und lateralwärts verdrängt, ein Vorgang, der in seinen Anfängen in Fig. 631 veranschaulicht wird. Aber noch auf diesem Bilde liegt die Anlage der Aurikel auf der ventralen Fläche des Kopfes.

In der fünften Woche der Embryonalentwicklung machen sich im Bereiche der Anlage sechs Höcker bemerkbar, wovon drei auf dem Mandibular- und drei auf dem

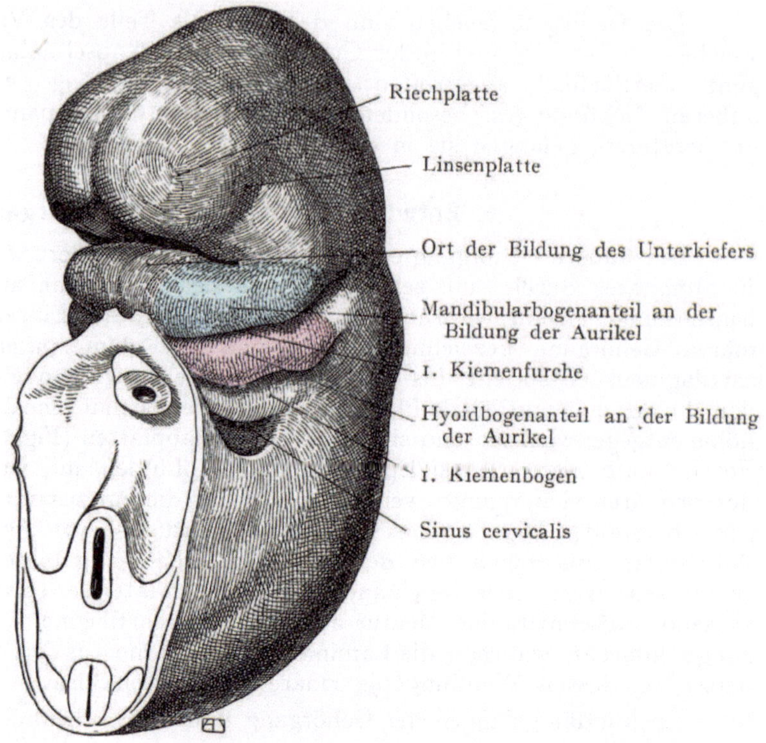

Fig. 630. Ventrolaterale Ansicht des Kopfes eines 9 mm langen menschlichen Embryos.
Nach G. L. Streeter: Developm. of the Auricle in the human Embryo. Contrib. Embryol. XIV. 1922. 111--138.

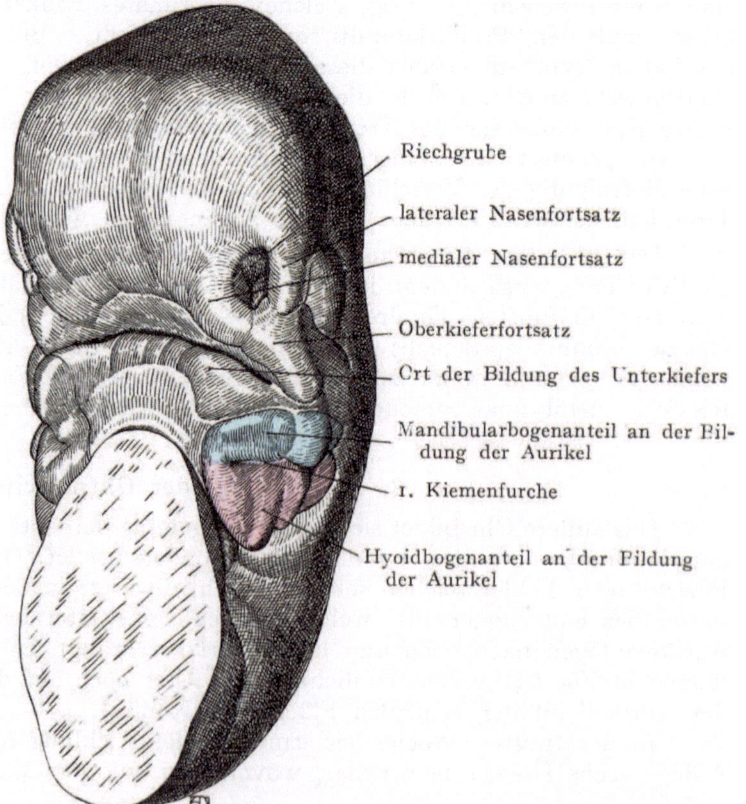

Fig. 631. Ventrolaterale Ansicht des Kopfes eines 12 mm langen menschl. Embryos. Umgebung
der 1. Kiemenfurche. Anlagen des äußeren Ohres auf dem Hyoid- und Mandibularbogen.
Nach Streeter.

Hyoidbogen liegen. Sie stellen Zonen stärkeren Wachstums dar, eine Tatsache, die sich besonders in der den Höckern zugrunde liegenden lebhaften Wucherung des Mesoderms kundgibt. Sie dürfen füglich mit den Höckern verglichen werden, welche im Bereiche des Gesichtes als Fortsätze bezeichnet werden, so mit den Oberkiefer- und Unterkieferfortsätzen, den lateralen und medialen Nasenfortsätzen, die gleichfalls Bezirke stärkeren Mesodermwachstums darstellen (s. diese). Man hat die sog. Aurikularhöcker zu einzelnen

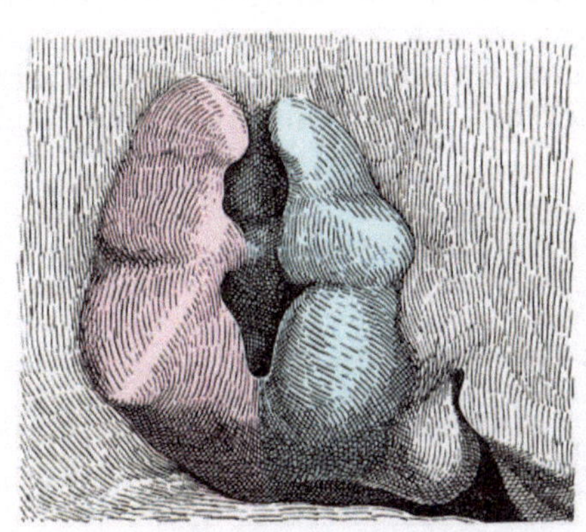

Fig. 632. Aurikel (rechts). Menschl. Embryo von 14 mm Länge.
Nach Streeter.

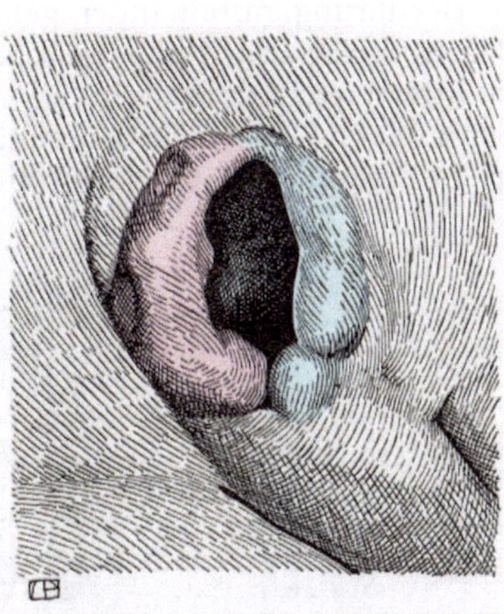

Fig. 633. Aurikel (rechts). Menschl. Embryo von 16,8 mm Länge.
Nach Streeter.

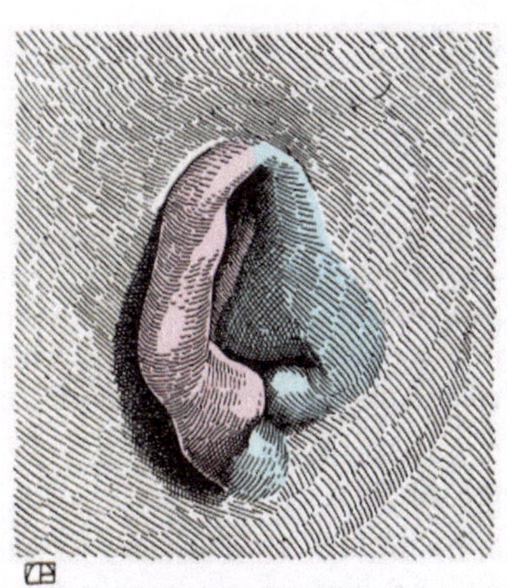

Fig. 634. Rechte Aurikel. Menschl. Embryo von 33,5 mm Länge.
Nach Streeter.

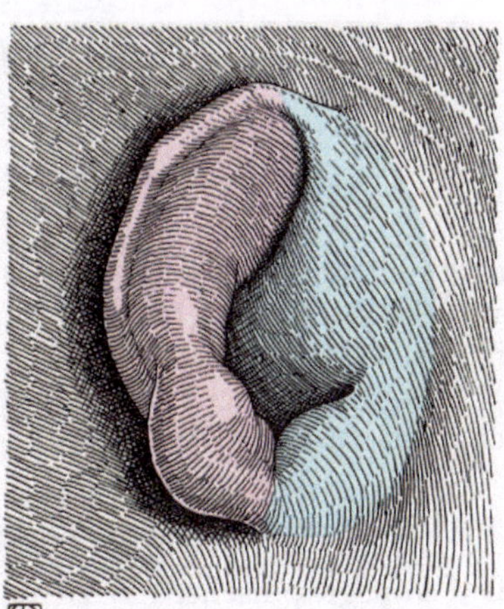

Fig. 635. Rechte Aurikel. Menschl. Embryo von 62,5 mm Länge.
Nach Streeter.

Teilen der fertigen Aurikel in Beziehung gebracht (Tragus, Antitragus, Helix usw.), doch ergibt sich die Unrichtigkeit dieser Annahme schon aus der Tatsache, daß die Aurikularhöcker in annähernd derselben Form auch bei den Embryonen von Vögeln und Reptilien auftreten, welche niemals eine bestimmt geformte Aurikel bilden (Streeter).

Die weitere Ausbildung der Anlage des äußeren Ohres ergibt sich so deutlich aus den Figg. 632—636, daß eine Schilderung der Einzelheiten fast überflüssig erscheint. Dabei wird die erste Kiemenfurche zu einer breiten Vertiefung, die hauptsächlich durch die Erhebung der dem Hyoid- und Mandibularbogen angehörigen Teile der Aurikular-

anlage zustande kommt. An der Bildung der fertigen Aurikel nimmt zu $^2/_3$ der Hyoidbogen, zu $^1/_3$ der Mandibularbogen teil.

In frühen Stadien (Fig. 631) reicht wie gesagt die Anlage nahe an die Medianebene heran, um später durch die Ausbildung des Unterkiefers eine Verdrängung in
lateraler Richtung zu erfahren. Bei mangelhafter oder gänzlich fehlender Ausbildung
des Unterkiefers verharren die Aurikelanlagen in ihrer embryonalen Lage, indem sie
fast zur Berührung miteinander gelangen (Agnathie).

Das ventrale Ende der ersten Kiemenfurche wird am fertigen Ohre durch die
Incisura intertragica dargestellt.

Der äußere Gehörgang ist zunächst kurz und entbehrt bis nach der Geburt der
knöchernen Grundlage. Noch zu dieser Zeit liegt das Trommelfell recht oberflächlich

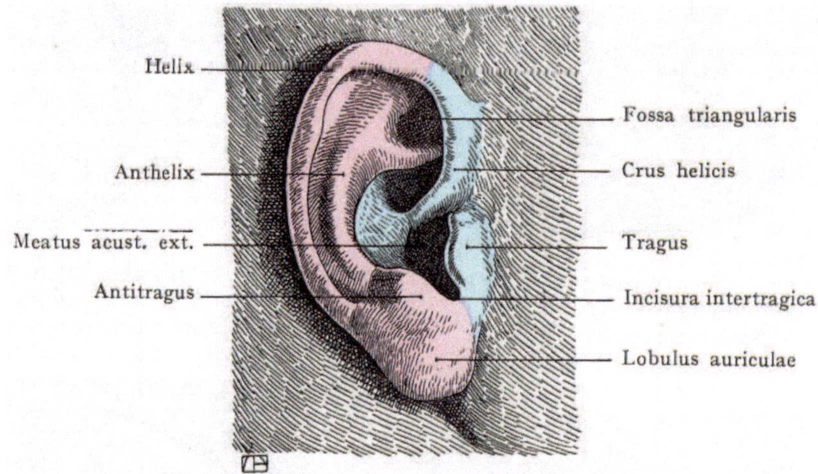

Fig. 636. Rechtes Ohr des Erwachsenen.

in dem durch die Squama temporalis vervollständigten Annulus tympanicus ausgespannt (Fig. 628). Erst nach der Geburt beginnt sich dieser in die Fläche auszudehnen,
um für den Meatus acusticus ext. osseus eine Grundlage zu schaffen; während der
Knorpel des Meatus acusticus ext. cartilagineus sich vom Ohrknorpel aus bildet. Die
Fossa conchae stammt, wie oben gesagt wurde, direkt aus der ersten Kiemenfurche.

8. Topik der Trommelhöhle.

Die topographischen Beziehungen der Trommelhöhle sind beim Erwachsenen
recht kompliziert. In ihren knöchernen Wandungen sind Nerven eingeschlossen, welche
ursprünglich eine oberflächliche Lage einnahmen, so der N. facialis, die Chorda tympani
und der N. tympanicus aus dem N. glossopharyngeus. Der N. facialis verlief auf gewissen
frühen Fetalstadien (Figg. 628 u. 629), nachdem er sich dem N. acusticus bis zum
Eintritt des letzteren in die Gehörkapsel angeschlossen hatte, weiterhin über die Gehörkapsel hinweg, dann schräg nach hinten und unten, um sich hinter der Verbindung des
Hyoidbogens mit dem Schädel (Proc. styloides) diesem Bogen anzuschließen, bald aber
nach vorn, um zu der aus dem zweiten Schlundbogen stammenden mimischen Gesichtsmuskulatur zu gelangen. Die eigentliche Austrittsstelle des N. facialis aus dem Primordialcranium entspricht dem Geniculum nervi facialis, d. h. dem Übergange der
ersten Strecke des Nerven in die zweite, welche bei der Verknöcherung der knorpeligen
Schädelkapsel in den Paries labyrinthicus der Trommelhöhle eingeschlossen wird und
oberhalb der Fenestra vestibuli schräg nach hinten und unten verläuft. Die dritte

Strecke des Nerven, von welcher die Chorda tympani und der N. stapedius abgehen, wird gleichfalls in den Knochen eingeschlossen und tritt erst am Foramen stylomastoideum, hinter dem Proc. styloides, aus dem Canalis facialis aus.

Die Chorda tympani ist als ein Ramus praetrematicus des N. facialis aufzufassen (Fig. 580), welcher über dem oberen Ende der ersten Schlundspalte nach vorn verläuft. Sein Abgang vom N. facialis ist nach unten verschoben und der Nerv, welcher ursprünglich in dem die Gehörknöchelchen umgebenden lockeren Bindegewebe, lateral von dem erweiterten Ende des tubotympanalen Rohres lag, kommt bei der weiteren Ausdehnung dieser Höhle in eine Schleimhautfalte zu liegen. Sodann verläuft er bogenförmig zwischen dem Stiele des Hammers und dem Crus longum incudis durch die Trommelhöhle. Der N. tympanicus stellt einen Ramus palatinus des N. glossopharyngeus dar, welcher zur Schleimhaut des Paries labyrinthicus der Trommelhöhle verläuft.

Die Muskeln, welche zur Bewegung der Gehörknöchelchen dienen, stammen aus dem Mandibularbogen (M. tensor tympani) sowie aus dem Hyoidbogen (M. stapedius). Daraus erklärt sich auch die Innervation des ersten Bogens durch den N. mandibularis (aus dem N. trigeminus) und des zweiten durch den N. facialis.

9. Mißbildungen des Gehörorgans.

Sie kommen nicht selten zusammen mit anderen Mißbildungen vor, z. B. mit solchen des Gesichtes oder der Augen. Die Annahme liegt nahe, daß es sich dabei um eine Störung in der Korrelation der einzelnen Teile während der Entwicklung handelt. Äußerst selten fehlt das Innenohr mit der dasselbe umhüllenden Knochenmasse, eine Anomalie, welche offenbar darauf beruht, daß die Einstülpung eines Gehörbläschens vom Ectoderm aus unterblieben ist. Häufiger werden dagegen Mißbildungen im Bereiche des Mittelohres beobachtet, dessen Bildung ganz unterdrückt oder doch stark reduziert sein kann. In beiden Fällen liegt eine Hemmungsbildung im Bereiche des tubotympanalen Rohres vor, indem wahrscheinlich die Bildung eines Lumens in den verklebten Wandungen desselben ausbleibt und durch Bindegewebswucherungen ersetzt wird. Mannigfache Mißbildungen der Gehörknöchelchen sind beschrieben worden, so ganz besonders des Stapes, der auch die Form der bei Sauropsiden vorkommenden Columella annehmen kann, nämlich eines Knochenstabes mit einer terminalen plattenförmigen Verbreiterung. Ferner sind auch Fälle von Persistenz der den Stapes durchbohrenden A. stapedia beobachtet worden. Die Tuba auditiva kann sehr weit oder auch sehr eng sein. Am häufigsten sind die Mißbildungen des äußeren Ohres. So sind eine Anzahl verschiedener Ohrformen beschrieben worden; eine besondere Aufmerksamkeit hat das Darwinsche Spitzohr erregt, bei welchem die hintere obere Partie der Helix eine Auftreibung zeigt. Ähnliches kommt bei Primaten als Norm vor. Bei Feten aus den letzten Monaten sowie auch bei Neugeborenen können die Härchen des oberen und hinteren Ohrrandes gegen diesen Höcker konvergieren und einen Wirbel feiner Härchen bilden (Schwalbe). Relativ häufig beobachtet man eine Spaltung des Ohrläppchens, die auf eine Persistenz des ventralen Abschnittes der ersten Kiemenfurche zurückzuführen ist. Verengerungen des äußeren Gehörganges lassen sich leicht als Hemmungsbildungen erklären, doch muß man im Auge behalten, daß auch nach der Geburt durch das flächenhafte Auswachsen der Pars tympanica ossis temporalis eine Umbildung des Gehörganges erfolgt, so daß man durchaus nicht in allen Fällen berechtigt ist, die Ursache für eine Mißbildung in die Fetalzeit zu verlegen. Auf die Fisteln, welche am äußeren Ohre vorkommen, ist schon früher (s. Kiemendarm) hingewiesen worden; ziemlich häufig finden wir kurze, blind endigende Fistelgänge. Der in Fig. 281 abgebildete Virchowsche Fall ist mit größter Wahrscheinlichkeit auf das Offenbleiben der ersten Kiemenspalte zurückzuführen, wobei sich jedoch gleichzeitig aus der dorsalen Verlängerung derselben das tubotympanale Rohr gebildet hat, sowie auch, von außen her demselben entgegenwachsend, die Lamina epithelialis meatus als Anlage des Meatus acusticus ext. osseus.

Entwicklung des Geruchsorgans.

Bei den Selachiern sehen wir das Geruchsorgan relativ einfach ausgebildet in Gestalt von zwei symmetrisch zur Medianebene gelegenen Riechgruben, welche durch eine die Oberlippe durchsetzende Rinne mit der Mundhöhle in Zusammenhang stehen. Die Rinne wird durch eine vom Stirnfortsatz ausgehende Klappe (die Nasenklappe) bedeckt, welche bei Knochenfischen mit dem Oberkieferfortsatz verwächst, so daß die Riechgrube dann sowohl die ursprüngliche Öffnung vor der Lippe als auch eine hintere Öffnung (primitive Choane) in die Mundhöhle erhält. Die Schleimhaut der Riechgrube gewinnt durch die Ausbildung von Falten eine größere Flächenausdehnung; in ihr finden wir als Sinnesepithel die Riechzellen, von denen die Fila olfactoria zum Riechhirn verlaufen. Bei den Säugetieren bilden sich gleichfalls zwei Riechsäcke, welche in Form der primitiven Choanen eine Verbindung mit der primitiven Mundhöhle erlangen. Dagegen erfährt die primitive Mundhöhle infolge der Ausbildung des Gaumens eine Zerlegung in einen oberen Abschnitt, mit welchem die Riechsäcke zur Bildung der Nasenhöhle in Verbindung treten, und einen unteren Abschnitt, die sekundäre Mundhöhle (s. S. 269). Auf diese Weise wird ein von der Mundhöhle getrennter Weg für den durch die äußeren Öffnungen der Riechsäcke eindringenden Luftstrom bis zum Aditus laryngis geschaffen. Zu dieser Einrichtung kommt noch die Ausbildung der Conchae nasales (Nasenmuscheln) hinzu, durch welche eine Vergrößerung der Schleimhautoberfläche und so eine Vorwärmung des in den Kehlkopf eindringenden Luftstromes erzielt wird.

Die ersten Anlagen der Riechgruben treten beim Menschen anfangs der fünften Fetalwoche am Vorderkopfe auf, und zwar in Gestalt von zwei symmetrisch zur Medianebene gelegenen Feldern von hohen zylindrischen Epithelzellen (Riechfelder), die eine seichte, allmählich sich vertiefende Einsenkung aufweisen (Fig. 234). Diese wandelt sich schließlich in eine Tasche oder Grube um, welche sich nach außen weit öffnet und allmählich mit dem stärkeren Wachstum des Vorderkopfes ventralwärts verlagert wird (Fig. 237).

Die Riechgruben wachsen nun in das anliegende Mesenchym aus und bilden blind endigende Säckchen (Riechsäckchen), welche bis an das Dach der primitiven Mundhöhle vordringen und hier mit dem Mundhöhlenepithel zu einer dünnen, epithelialen Lamelle, der Membrana bucconasalis (Hochstetter) verschmelzen. Durch das Einreißen dieser Membran gelangt der Riechsack in Verbindung mit der primitiven Mundhöhle mittels einer Öffnung, die wir als primitive Choane bezeichnen. Die beiden primitiven Choanen werden durch das vom mittleren Stirnfortsatz gelieferte Septum nasi voneinander getrennt (s. die Darstellung der Gesichtsbildung). Auf diesem Stadium stellen die Riechsäcke die primitiven Nasenhöhlen dar, wie sie etwa bei Selachiern zeitlebens erhalten bleiben. Bei Säugetieren entsprechen sie jedoch nur einem kleinen Abschnitte der späteren Nasenhöhle, nämlich der Regio olfactoria, indem bei der Gaumenbildung ein beträchtlicher Abschnitt der primitiven Mundhöhle hinzukommt. Die primitiven Nasenhöhlen werden nun von der primitiven Mundhöhle durch den aus dem mittleren Stirnfortsatze, zum größten Teil aber aus den Oberkieferfortsätzen gebildeten primitiven Gaumen getrennt. Dieser bildet später die mediale Strecke der Oberlippe sowie den Zwischenkiefer, während es zweifelhaft ist, ob er sich an der Bildung des harten Gaumens beteiligt (s. Gaumenbildung, S. 269). Die sekundäre oder definitive Nasenhöhle kommt nun dadurch zustande, daß infolge der Entstehung des sekundären Gaumens ein beträchtlicher Abschnitt der primitiven Mundhöhle den primitiven Nasenhöhlen unten und hinten angefügt wird. In Zusammenhang damit steht auch eine starke Verlängerung der ganzen Nasenhöhle in der Richtung von vorn nach hinten. Die Bildung des sekundären Gaumens ist schon früher (Figg. 243—245) besprochen worden. Kurz wiederholt besteht der Vorgang darin, daß der an den primitiven Choanen beginnende Proc. palatinus von den seitlichen Wandungen der primitiven Mundhöhle auswächst und nach hinten in einen Vorsprung, die bilateral-symmetrische Anlage der Uvula, übergeht. Bei der ersten Anlage des Proc. palatinus ist derselbe vertikal eingestellt, auch ragt die Zunge auf diesem Stadium noch bis zum Dache der primitiven Mundhöhle hinauf. Erst nachdem sich die Zunge, vielleicht infolge der mit dem Wachstum des Unterkiefers einhergehenden Senkung desselben sowie der Öffnung des Mundes, gesenkt hat (Fuchs), stellen sich die Proc. palatini horizontal ein und beginnen einander entgegenzuwachsen, um durch ihre mediane Verwachsung die horizontale Platte des Gaumens herzustellen. Dieser Vorgang erreicht in der II.—12. Fetalwoche seinen Abschluß. Die Vereinigung der Proc. palatini erfolgt in der Richtung von vorn nach hinten; zunächst werden die primitiven Choanen von unten her bedeckt und der Prozeß endet mit der Verschmelzung der symmetrischen seitlichen Anlagen der Uvula (Figg. 243—245). Hinter denselben verlieren sich die Proc. palatini als Arcus palatopharyngei auf der seitlichen Wandung des Pharynx.

Durch die Verschmelzung der beiden Proc. palatini wird die sekundäre Nasenhöhle von der sekundären Mundhöhle geschieden, doch erfolgt die Zerlegung des zuerst genannten Raumes in zwei symmetrische Abschnitte erst dadurch, daß das Septum nasi nach unten vorwächst, um sich mit der von den beiden Proc. palatini hergestellten Gaumenplatte zu verbinden. Diese Verbindung ist zunächst eine rein epitheliale, die erst durch die Einwucherung von Mesenchym eine festere Gestaltung gewinnt. Ziemlich weit vorn bleibt jedoch ein Epithelstrang erhalten, welcher die epitheliale Auskleidung des Bodens der Nasenhöhle mit dem Epithel des Mundhöhlendaches in Zusammenhang setzt. Durch Aushöhlung desselben entsteht ein Kanal, welcher während eines gewissen Entwicklungsstadiums auf beiden Seiten des Septum nasi von der Nasenhöhle zur Mundhöhle zieht. Es sind dies die Ductus incisivi (nasopalatini). Zwischen der Einmündung dieser Kanäle in die Mundhöhle entsteht als ein kleiner, gegen die Mundhöhle vorspringender Wulst die Papilla palatina. Diese gilt als unteres Ende der am Recessus sphenoethmoidalis beginnenden Grenze, zwischen dem Abschnitte der Nasenhöhle, welcher von den Riechsäckchen geliefert wird, und demjenigen, welcher aus der primären Mundbucht hinzukommt (Schwalbe). Allerdings ist bei dieser Angabe zu berücksichtigen, daß sie eine gewisse Einschränkung erfahren muß, wenn wir die Wachstumsvorgänge betrachten, welche zu Verschiebungen der beiden im Bereiche der primitiven Nasenhöhle auftretenden Conchae nach hinten führen.

Um die Nasenhöhle bildet sich im umgebenden Mesenchym die Capsula cartilaginea nasi (Figg. 637 u. 638). Dieselbe zeigt annähernd die Form des Os ethmoidale und wird gegen die Schädelhöhle durch die knorpelige Lamina cribrosa abgeschlossen, deren Öffnungen den Fila olfactoria den Eintritt in die Schädelhöhle gestatten. Die seitlichen Wandungen der knorpeligen Kapsel werden teils durch die Lamina papyracea des Ethmoids ersetzt, teils durch die Bildung der Cellulae ethmoidales ausgehöhlt. Die beiden Abteilungen der Nasenhöhle werden durch das Septum nasi cartilagineum voneinander getrennt. Dieses erstreckt sich bis in die äußere Nase und liefert durch seine Verknöcherung die Lamina perpendicularis des Os ethmoidale, während der vordere Abschnitt noch beim Erwachsenen im knorpeligen Zustande verharrt.

Das Lumen der Nasenhöhle wird eingeengt und die Oberfläche der Nasenschleimhaut vergrößert, infolge der Bildung der Conchae nasales, deren knöcherne Grundlage später einen sehr wesentlichen Teil des Skeletes der inneren Nase herstellt. Zum Teil im Anschlusse an die Bildung der Muscheln, zum Teil als Aushöhlungen der knorpeligen oder knöchernen Wandungen der Nasenhöhle treten die Nebenhöhlen der Nase (Sinus paranasales) auf, welche mit der Nasenhöhle in Verbindung bleiben, indem sie ein weit über die Fetalperiode hinausreichendes Wachstum aufweisen.

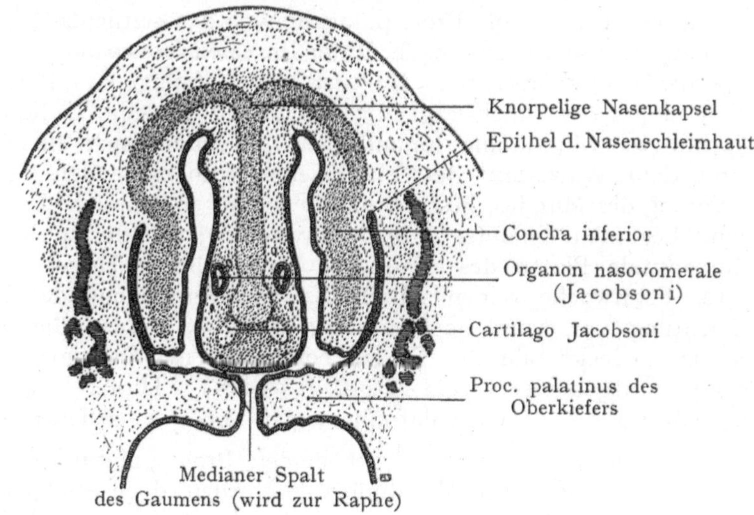

Fig. 637. Frontalschnitt durch das Geruchsorgan eines menschlichen Embryos von 28 mm Länge.
(Die Vereinigung der Proc. palatini mit dem Septum nasi ist noch nicht erfolgt.)

Bei der Betrachtung von Frontalschnitten durch die Nasenhöhle junger Feten wird man zunächst geneigt sein, anzunehmen, daß die stark vorspringenden Muscheln durch eine aktive Vorwölbung der Wandungen entstanden seien. Sicherlich spielen

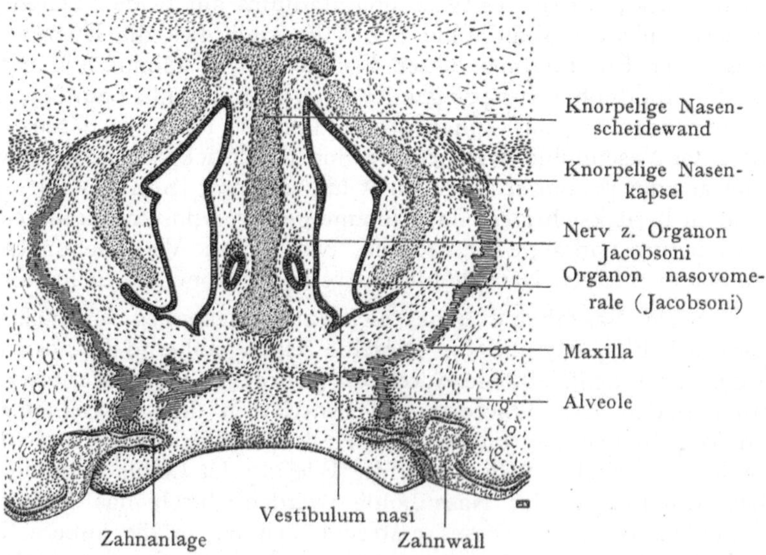

Fig. 638. Frontalschnitt durch die Nasenhöhle eines menschlichen Embryos von 3 ¼ cm Länge.
(Vollzogene Vereinigung der Proc. palatini mit dem Septum nasi.)

jedoch, besonders bei der ersten Anlage, Wucherungen des Nasenepithels, welche in die seitlichen Wandungen der Nasenhöhle vordringen, eine große Rolle; „durch Epithelwucherungen werden die Nasenmuscheln aus der Nasenwandung geradezu herausgeschnitten" (K. Peter). Die Bildung der die Nasenmuscheln später voneinander trennenden Furchen, der Meatus nasi, ist jedenfalls das Primäre, obgleich damit das spätere selbständige Wachstum der Muscheln nicht geleugnet werden soll.

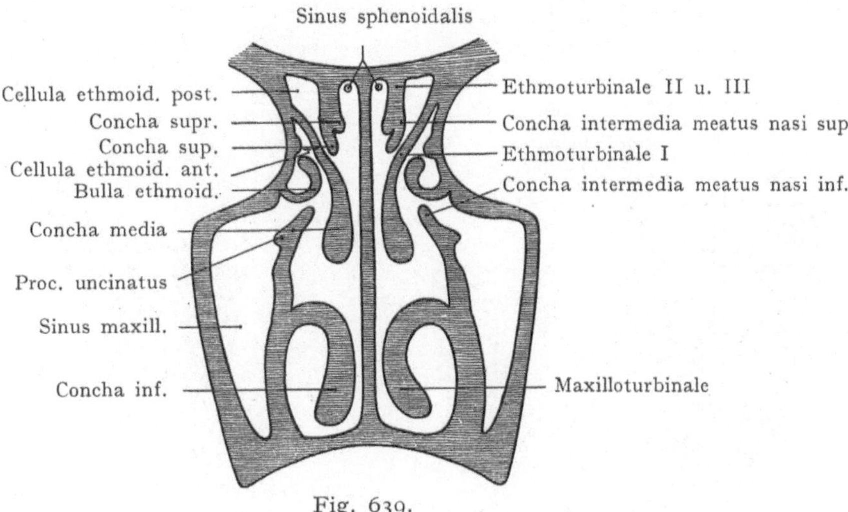

Fig. 639.

Die ersten Anlagen der Muscheln treten zum Teil sehr frühzeitig auf, und zwar im Bereiche der primitiven Nasenhöhlen. Zunächst entstehen an der lateralen Wand des Riechsackes zwei Wülste, von denen der untere zuerst auftretende, das Maxilloturbinale, zur Concha inf. wird (Figg 639 u. 640). Über demselben bildet sich beim Kaninchen (K. Peter) sehr bald ein zweiter Wulst, das Nasoturbinale, welches beim Menschen erst spät auftritt und nicht einer Muschel, sondern der leichten Erhebung des Agger nasi entspricht. Das Maxilloturbinale und der dem Nasoturbinale anderer Säugetiere entsprechende Agger nasi reichen in frühen Stadien fast bis an die äußere Nasenöffnung heran.

Bedeutend später als das Maxilloturbinale treten andere Muscheln auf, welche sich bei Formen mit deutlichem Nasoturbinale zwischen diesem und dem Maxilloturbinale einschieben. Es sind dies die Ethmoturbinalia I und II, welche später beim Menschen die Conchae media und sup. darstellen, außerdem das Ethmoturbinale III, welches die später nicht immer vorhandene Concha suprema liefert. Weitere Ethmoturbinalia (IV und V) können angelegt sein, sind jedoch später nicht mehr nachzuweisen. Eine sehr wichtige Rolle spielt die Furche, welche das Maxilloturbinale von dem Ethmoturbinale I trennt, denn von dieser Stelle aus, dem späteren Infundibulum, bilden sich der Sinus maxillaris, der Sinus frontalis und die Cellulae ethmoidales anteriores.

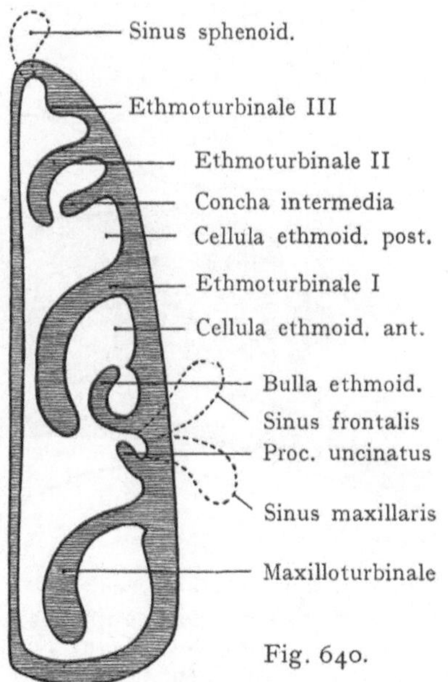

Fig. 640.

Figg. 639 u. 640. Schemata der Bildung der Nasenmuscheln.
Nach Peter.
Arch. f. mikr. Anat. 80. 1912.

Die weiteren Aus- und Umbildungsvorgänge innerhalb der menschlichen Nasenhöhle führen zur stärkeren Entfaltung einzelner Muschelanlagen und zur Verklebung oder Rückbildung anderer. Der Prozeß ist um so schwieriger zu verfolgen, als die in der menschlichen Nasenhöhle Platz greifenden Reduktionsvorgänge unter beträchtlicher Variation zum Ablaufe kommen, so daß die Zurückführung der fertigen Verhältnisse auf die fetalen Befunde beträchtlich erschwert wird.

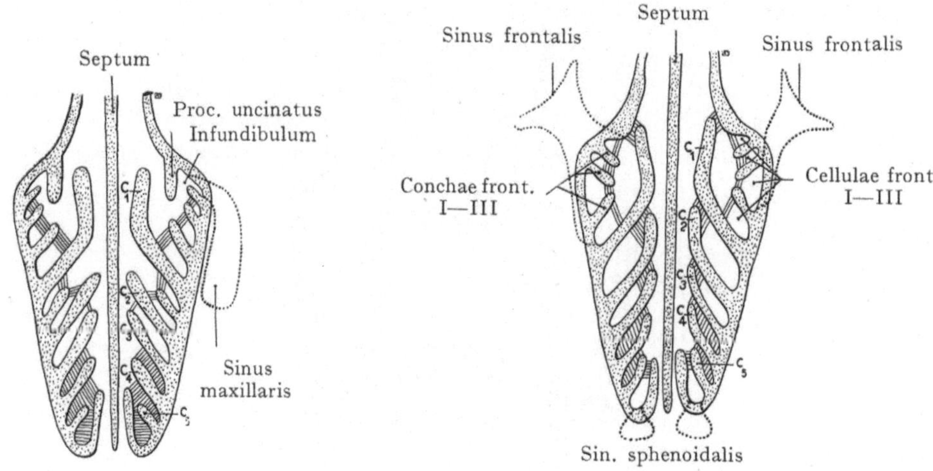

Fig. 641. Schema der Umbildung der Nasengänge.
Nach Killian, Arch. f. Laryng. und Rhinologie IV. 1896.
C 1, C 2 usw. = Concha 1, 2 usw.

Das in Fig. 642 gegebene Schema der Nasenhöhle eines 9—10 monatlichen Fetus zeigt sechs Hauptfurchen, deren hintere Enden gegen die noch recht niedrige Pars nasalis

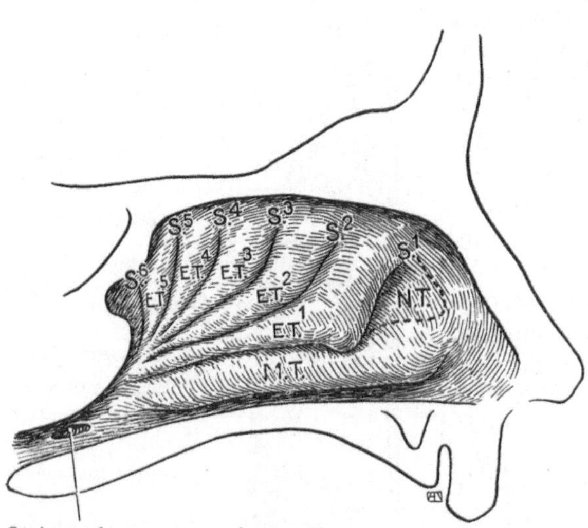

Ostium pharyngeum tubae audit.

Fig. 642. Schema der Hauptmuscheln und Furchen
der Nase beim Fetus.
Nach G. Killian, Arch. f. Laryng. u. Rhinol. IV. 1896.
S. 1—S. 6   Hauptfurchen 1—6.
M. T.   Maxilloturbinale.
E. T. 1—5   Ethmoturbinali 1—5.
N. T.   Nasoturbinale (Agger nasi).

pharyngis hin konvergieren. An diesen Furchen läßt sich eine mehr oder weniger horizontale von einer aufsteigenden, in den hintersten Furchen sogar vertikalen Strecke unterscheiden. Dementsprechend haben wir auch an den Muscheln eine horizontale und eine aufsteigende Strecke. Zwischen den in Fig. 642 dargestellten Hauptmuscheln, dem Maxilloturbinale (M. T.), dem Nasoturbinale (Agger nasi) (N. T.) und den Ethmoturbinalia finden wir in der Tiefe der dazwischen liegenden Furchen noch sekundäre Muscheln, die Conchae obtectae. Als eine solche ist die Bulla ethmoidalis zu bezeichnen, welche im mittleren Nasengange (S1) von dem Ethmoturbinale I (Concha media) bedeckt wird (s. auch Fig. 640). Neben der Bildung der Conchae obtectae beginnt die Ausstülpung des Sinus frontalis, des Sinus maxillaris und des Sinus sphenoidalis, die später vom Knochen umschlossen werden. Durch Verklebungen zwischen den einzelnen Abschnitten der Haupt- oder Nebenmuscheln entstehen Buchten, die später gleichfalls Nebenräume der Nase darstellen; solche tragen zwischen dem Maxilloturbinale und dem Ethmoturbinale I zur Bildung des Sinus frontalis bei; zwischen Ethmoturbinale I und II entstehen die hinteren Cellulae ethmoidales. In größerem Umfange verkleben die aufsteigenden Strecken der Muscheln miteinander, so daß die späteren Muscheln bloß den horizontalen Strecken des Maxilloturbinale und der Ethmoturbinalia I, II, III entsprechen.

Diese sekundären Verklebungen werden in dem Schema (Fig. 641) veranschaulicht. In der ersten Furche ist die Bulla ethmoidalis darauf zurückzuführen, ebenso die Cellulae ethmoidales ant. In der Furche zwischen den beiden ersten Ethmoturbinalia (Concha media und sup.) entstehen zwei Cellulae ethmoidales post. Der Sinus maxillaris legt sich als eine seichte Ausbuchtung der ersten Furche schon im dritten Monate an, obgleich seine Entfaltung erst während der ersten Lebensjahre beträchtlicher wird. Der Recessus frontalis entspricht der Pars ascendens der ersten Furche, welche durch Verklebung des freien Randes des Ethmoturbinale I (Concha media) geschlossen wird. Hier befinden sich (Fig. 641) zwei bis drei Conchae obtectae, die sich durch Verklebung mit der Wand der Nasenhöhle oder auch untereinander zu Cellulae frontales gestalten können. Der Sinus frontalis kann sich aus dem ganzen Recessus frontalis entwickeln (Fig. 641, linkerseits) oder aus einer dieser sekundären Cellulae frontales (Fig. 641, rechterseits). Er ist beim Neugeborenen bereits angelegt, aber sein Hauptwachstum findet erst nach der Geburt statt. Der Sinus sphenoidalis stellt einen abgeschnürten Teil der Nasenhöhle dar, welcher später im Körper des Keilbeins eine weitere Entfaltung nimmt; in seine Bildung geht das oberste Ethmoturbinale (Fig. 640) ein.

Die Schleimhautfalten, als welche sich die Muscheln zuerst darstellen, erhalten ein Knorpelskelet, das später verknöchert (s. Skeletentwicklung). Abgesehen von den seitlichen Schleimhautfalten finden sich vom vierten Fetalmonate an auch solche auf der hinteren Partie des Septums, die Plicae septi, welche das Maximum ihrer Ausbildung im achten Monate erlangen, dann aber einer allerdings nicht immer zum völligen Schwunde führenden Rückbildung unterliegen. Über ihre Bedeutung ist nichts bekannt.

Die Nasenhöhle des Neugeborenen zeigt, verglichen mit derjenigen des Erwachsenen, noch einen entschieden fetalen Typus, der erst mit der freieren Entfaltung des Oberkiefers eine Änderung erfährt. „Beim Neugeborenen erreicht die untere Muschel den Boden der Nasenhöhle; der untere Nasengang ist also sehr eng. Zur Luftpassage wird wesentlich bloß der mittlere Nasengang benutzt. Erst wenn das Milchgebiß vollständig durchgebrochen ist, findet eine bessere Entfaltung der Nasenräume statt. So wird der untere Nasengang um diese Zeit wegsam, bleibt aber doch bis zum siebenten Lebensjahre sehr eng. Mit dem Auftreten der Molarzähne verlängert sich der Oberkiefer und damit auch die Nasenhöhle in der Richtung von vorn nach hinten" (Kallius).

1. Entwicklung des Organon nasovomerale.
(Jacobsonsches Organ).

In Zusammenhang mit der Nasenscheidewand gelangt ein eigentümliches, in seiner Funktion unbekanntes Sinnesorgan, das Organon nasovomerale (Jacobsoni) zur Ausbildung. Das Organ ist bei den Säugetieren oft rudimentär und kann sich auch gänzlich zurückbilden, dagegen zeigt es bei anderen Klassen, wie z. B. bei den Reptilien, eine bedeutende Entfaltung. Die erste Anlage ist als eine leichte Einbuchtung am unteren Ende des Riechfeldes nachzuweisen, welche sich mit der Bildung des Riechschlauches zuerst zu einer Rinne, dann zu einem hinten blind endenden, vorn in die Nasenhöhle ausmündenden Schlauche entwickelt. Diese paarigen Schläuche schließen sich dem Septum nasi an, erhalten aber auch unabhängig von demselben eine Stütze in zwei kleinen gebogenen Knorpelspangen, welche ihnen medial anliegen. Beim menschlichen Embryo finden wir beide Schläuche in einer gewissen Höhe über dem Boden der Nasenhöhle am Septum nasi (Fig. 638); bei Wiederkäuern und Carnivoren liegen die Öffnungen tiefer, an der nasalen Mündung der Ductus nasopalatini (s. oben); erst nach dem Verschlusse dieser findet die Ausmündung direkt in die Nasenhöhle statt. Die mediale Wandung des Schlauches wird durch ein hohes Zylinderepithel hergestellt, während der übrige Teil der Wandung aus niedrigen kubischen Epithelzellen besteht.

So beträchtlich die Ausbildung des Organon nasovomerale bei vielen Reptilien ist, so finden wir es doch bei den meisten Säugetieren in starker Reduktion begriffen.

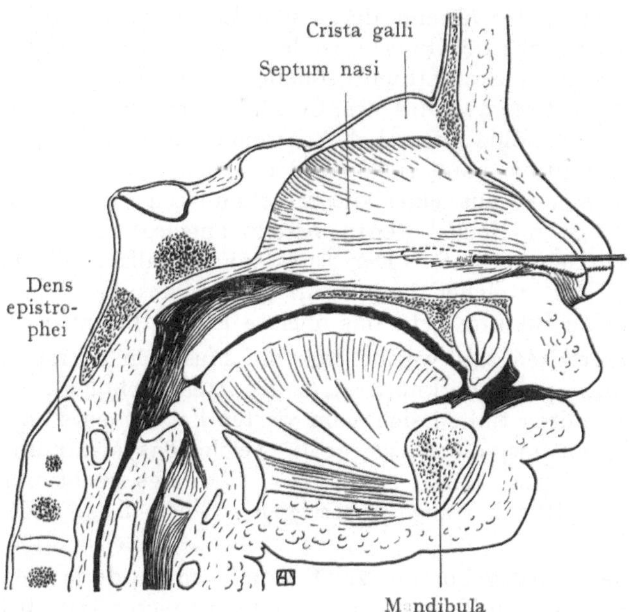

Fig. 643. Nasenscheidewand eines menschlichen Fetus von 19½ cm Länge. Ausmündung des Organon nasovomerale (Jacobsoni) durch eine Sonde markiert.

Diese beginnt beim menschlichen Fetus schon im vierten Monate (Fig. 643). Zu dieser Zeit sind die an ihren Enden etwas erweiterten schlauchförmigen Organe sowie das Sinnesepithel ihrer medialen Wandung gut ausgebildet. Dieses steht mit Olfactoriusfasern in Verbindung. Bei einigen Säugetieren bleiben die Schläuche mit dem Sinnesepithel erhalten, auch sind Fälle von guter Ausbildung der Organe noch beim erwachsenen Menschen beobachtet worden.

2. Bildung der äußeren Nase.

Die Bildung der äußeren Nase hängt innig mit der Bildung des Gesichtes zusammen. In frühen Stadien (Fig. 235) ist von einer äußeren Nase überhaupt nichts zu erkennen, denn die Öffnungen der Riechgrube werden medial von den medialen, lateral von den lateralen Nasenfortsätzen, lateral und unten von den Oberkieferfortsätzen begrenzt. Die Oberlippe ist überhaupt noch nicht angelegt, auch ist der Abstand der Riechgruben relativ beträchtlich, indem das aus dem mittleren Nasenfortsatze hervorgehende Septum nasi auch auf den Schnittbildern unverhältnismäßig breit erscheint (Fig. 241). Bei der weiteren Entwicklung (Fig. 239) heben sich die Nasenlöcher rüsselförmig vom Gesichte ab und werden, infolge des relativen Zurückbleibens des Septums im Breitenwachstum, einander genähert. Eine Zeitlang findet sich zwischen beiden Nares eine Furche, die später verschwindet, aber ausnahmsweise bestehen bleiben kann und dann an embryonale Zustände erinnert. Diese Vorgänge führen schließlich dazu, daß die beiden Erhebungen, auf denen sich ursprünglich die Nares befanden, zu einer einzigen Erhebung zusammenfließen, die sich breit über der Oberlippe vorwölbt (Nasenwall).

Eine genaue Darstellung dieser Vorgänge ist bei der Schilderung der Gesichtsbildung gegeben worden (S. 263). Die fetale Form ist diejenige einer Stumpfnase und eine solche sehen wir sogar auch zunächst bei derjenigen Affenform (Semnopithecus nasicus) auftreten, bei welcher sich später eine sog. Judennase ausbildet (Wiersheim). Die verschiedenen Nasenformen, die wir beim Erwachsenen antreffen, erklären sich leicht durch die Annahme von Wachstumsvorgängen, welche postnatal, zum Teil erst recht spät, an einzelnen Abschnitten der fetalen Stumpfnase auftreten. Formunterschiede der äußeren Nase sind übrigens schon sehr frühzeitig während der fetalen Entwicklung zu erkennen, ebenso Rassenunterschiede. Während der ganzen Fetalperiode läßt sich nach Schultz die Nase des Negerfetus von derjenigen des Weißen unterscheiden, besonders infolge ihrer größeren Breite im Vergleiche mit ihrer Höhe.

Hautsinnesorgane.

Von den Hautsinnesorganen ist es zweifelhaft, inwieweit sich aus dem Ectoderm ableitbare Sinneszellen an ihrem Aubfau beteiligen. Wir sehen dabei von den Geschmacksknospen ab, die sich unzweifelhaft aus Sinneszellen und Stützepithelien zusammensetzen. Bei den Vater-Pacinischen Körperchen und den Tastkörperchen (Meissnersche Körperchen) fehlen jedoch solche Zellen; diese Gebilde gehören in die von Studnička aufgestellte Kategorie von „Mesenchymsinnesorganen". Von wesentlicher Bedeutung ist wohl die Vergrößerung der Oberfläche eines Achsenzylinders durch netzförmige Aufsplitterung, Kolben- oder Plattenbildung, welche von einer den Reiz übertragenden, oft hoch organisierten Masse von Mesodermzellen umgeben werden. Solche recht komplizierte Apparate haben wir in den Corpuscula lamellosa (Vater-Pacinische Körperchen). Hier ist die Anlage der Hüllen neuerdings durch Tello in Form von Wucherungen umgebender Mesodermzellen nachgewiesen worden. In allen Fällen scheint die Vergrößerung der Oberfläche des Achsenzylinders in einer der angegebenen Richtungen die Grundlage für die Bildung darzustellen. Dieselbe Erwägung mag auch für die Bildung der motorischen Endplatten in den quergestreiften Muskelfasern zutreffen.

Literatur über die Entwicklung der Sinnesorgane.

Auge.

Allgemeines.
Bach, L. und *Seefelder, R.*, Atlas zur Entwicklungsgeschichte des menschlichen Auges. Leipzig 1912—1914. — *Franz, V.*, Sehorgan, in *Oppels* Lehrb. d. vergl. mikr. Anat. VII. Teil. 1913. — *Nußbaum, M.*, Entwicklungsgeschichte des menschlichen Auges in *Graeffe-Saemisch*, Handb. d. ges. Augenheilk. 2. Aufl. 2. 1. 1896. — *Vogt, A.*, Atlas der Spaltlampenmikroscopie des lebenden Auges. Berlin, Jul. Springer 1921.

Anlage des Augenbechers.
Spemann, H., Zur Entwicklungsgeschichte des Wirbeltierauges. Zool. Jahrb. Abt. f. allg. Zool. usw. 32. 1912. — *Derselbe*, Über die Entwicklung umgedrehter Hirnteile bei Amphibienembryonen Ibid. Suppl. 15. 3. Bd. Festschr. f. *Spengel.* 1912. — *Stockard, C. R.*, An experimental study of the position of the optic Anlage in Amblystoma punctatum with a discussion of certain eye defects. Amer. Journ. of Anat. 15. 1913.

Histogenese der Retina und des Stratum pigmenti.
Bach, L. und *Seefelder, R.*, Atlas zur Entwicklungsgeschichte des Auges. Leipzig 1912—1914. — *Bell, E. T.*, Experimental studies on the Development of the eye etc. in Frog embryos. Anat. Anz. 29. 1909. 185—203. — *Cajal, R. y*, Die Struktur des Chiasma opticum. Deutsch von *J. Breßler.* Leipzig 1899. — *Chievitz, J. H.*, Über die Entwicklung der Area und Fovea centralis retinae. Arch. f. Anat. u. Entw.-Gesch. 1890.

— *Fritsch, G.*, Über Bau und Bedeutung der Area centralis retinae. Berlin 1889. — *Froriep, A.*, Über die Einstülpung der Augenblase. Arch. f. mikr. Anat. 66. 1905. 1—11. — *Griffini, L.* und *Marchiò, G.*, Sur la régéneration totale de la rétine chez les tritons. Arch. ital. de biol. XII. 1889. 81—89. — *Hippel, E. v.*, Microphthalmus congenitus und Colobom. Beitr. z. path. Anat. 7. Suppl.-Bd. 257—282. — *His, W.*, Die Formentwicklung des menschlichen Vorderhirns. Abh. d. sächs. Akad. d. Wiss. Math.-phys. Kl. 15. 1889. — *Mall, F. P.*, Histogenesis of the retina. Journ. ot Morph. VIII. 8. 1893. — *Rabl, C.*, Über die bilaterale oder nasotemporale Symmetrie des Wirbeltierauges. Arch. f. mikr. Anat. 90. 1917. Abt. f. vergl. u. exp. Hist. u. Entw.-Gesch. 261—439. — *Seefelder, R.*, Über die Entstehungsweise der Fovea centralis retinae bei der Katze. Fortschr. d. Med. 27. 1909. — *Studnička, F. E.*, Das Schema des Wirbeltierauges. Zool. Jahrb. Abt. f. Anat. u. Ont. 40. 1917. 1—48.

Glaskörper und Zonula ciliaris.

Cirincione, G., Über die Genese des Glaskörpers bei Wirbeltieren. Verh. d. anat. Ges. Vers. in Heidelberg. 1903. Erg.-Heft z. Anat. Anz. 23. 1903. — *Kölliker, A. von*, Über die Entwicklung und die Bedeutung des Glaskörpers. Zeitschr. f. wiss. Zool. 76. 1904. 1—25. — *Lenhossék, M. v.*, Entwicklung und Bedeutung der Zonulafasern. Arch. f. mikr. Anat. 77. 1911. 281—311. — *Pée, van*, Recherches sur l'origine du corps vitré. Arch. de biol. 19. 1903. 317—385. — *Rabl, C.*, Zur Frage nach der Entwicklung des Glaskörpers. Anat. Anz. 22. 1903. — *Schön, W.*, Der Übergangssaum der Netzhaut oder die sog. Ora serrata. Arch. f. Anat. und Entw.-Gesch. 1895. 417—422. — *Schultze, O.*, Über die Entwicklung und Bedeutung der Ora serrata des menschlichen Auges. Verh. d. phys.-med. Ges. zu Würzburg. N. F. 34. 1902. 131—143.

Anlage und Ausbildung der Linse.

Fischel, Alfr., Über einen sehr jungen menschlichen Embryo. Zeitschr. f. Heilk. 24. 1903. — *Le Cron*, Experiments on the Origin and Differentiation of the Lens in Amblystoma. Amer. Journ. of Anat. 6. 1907. 245—258. — *Lewis, W. H.*, Experimental Studies on the Development of the eye in Amphibia. I. On the Origin of the Lens (Rana palustris). Amer. Journ. of Anat. 3. 1904. 505—536. — *Derselbe*, III. On the Origin and Differentiation of the lens. Amer. Journ. of Anat. 6. 1906/07. 474—507. — *Rabl, C.*, Über den Bau und die Entwicklung der Linse. Zeitschr. f. wiss. Zool. 63. 1897, 65. 1898, 67. 1899. — *Spemann, H.* s. Anlage des Augenbechers.

Bildung der fetalen Augenspalte und der Gefäße des Bulbus.

Dedekind, F., Beiträge zur Entwicklungsgeschichte der Augengefäße des Menschen. Anat. Hefte 38. 1908. 1—29. — *Fuchs, H.*, Zur Entwicklungsgeschichte des Wirbeltierauges. I. Über die Entwicklung der Augengefäße des Kaninchens. Anat. Hefte. 28. 1905. 1—251. — *Hippel, E.*, Die Mißbildungen und angeborenen Fehler des Auges in *Graeffe-Saemisch*, Handb. d. Augenheilk. 2. Aufl. Bd. II. Abt. 1. 1900. — *Derselbe*, Embryologische Untersuchungen über die Entstehungsweise der typischen angeborenen Spaltbildungen des Augapfels. Arch. f. Ophth. 55. 1903. 507—548. — *Schultze, O.*, Entwicklung des Gefäßsystems im Säugetierauge. Festschr. f. *Kölliker* 1892. — *Szent-Györgyi, Alb. v.*, Der Canalis hyaloideus im Auge des Schweines. *v. Graeffes* Arch. f. Ophth. 85. 1913. 137—145. — *Versari, R.*, Le morphogenesi dei vasi sanguini della retina humana. Ric. fatte nel. lab. di anat. norm. della R. univ. di Roma X. 1903.

Cornea, Sclera, Iris.

Fischel, Alfr., Über rückläufige Entwicklung. Arch. f. Entw.-Mech. 42. 1916. 1—71. — *Heerfordt*, Studien über den M. dilatator pupillae. Anat. Hefte 14. 1900. 487—558. — *Herzog, H.*, Über die Entwicklung der Binnenmuskulatur des Auges. Arch. f. mikr. Anat. 60. 1902. 517—586. — *Lewis, W. H.* Experimental Studies on the Development of the eye. II. On the Cornea. Journ. of exp. Zool. II. 1905. 431—446. — *Nußbaum, M.*, Die Entwicklung der Binnenmuskulatur des Auges der Wirbeltiere. Arch. f. mikr. Anat. 58. 1901. 199—230. — *Seefelder, R.*, Das Verhalten der Kammerbucht und ihres Gerüstwerkes bis zur Geburt. *Graefe-Saemisch*, Handb. d. Augenheilk. 2. Aufl. 1. Bd. 1. Abt. 1910. — *Szili, A.*, Beiträge zur Kenntnis der Anatomie und Physiologie der hinteren Irisschichten mit besonderer Berücksichtigung des M. sphincter pupillae des Menschen. *Graefes* Arch. f. Ophth. 53. 1902. 459—498.

Phylogenie des Auges.

Agduhr, E., Über ein zentrales Sinnesorgan (?) bei den Vertebraten. Zeitschr. f. Anat. und Entw.-Gesch. 66. 1922. — *Boeke, J.*, Das Infundibularorgan des Amphioxus. Anat. Anz. 32. 1908. 473—488. — *Derselbe*, Neue Beobachtungen über das Infundibularorgan im Gehirn von Amphioxus und das homologe Organ des Craniotengehirns. Anat. Anz. 44. 1913. 460—479. — *Dammermann, K. W.*, Der Saccus vasculosus der Fische ein Tiefenorgan. Zeitschr. f. wiss. Zool. 96. 1910. — *Studnička, F. K.*, Die primäre Augenblase und der Augenbecher bei der Entwicklung des Seitenauges der Wirbeltiere. Anat. Anz. 44. 1913. 273—301. — *Derselbe*, Das Schema der Wirbeltieraugen. Zool. 26. Abt. f. Anat. 40. 1917. 1—48.

Augenlider und Tränenapparat.

Ask, Fr., Über die Entwicklung der Lidränder, der Tränenkarunkel und der Nickhaut des Menschen, nebst Bemerkungen zur Entwicklung der Tränenableitungswege. Anat. Hefte 36. 1908. 191—279. — *Derselbe*, Studien über die Entwicklung des Drüsenapparates der Bindehaut des Menschen. Anat. Hefte 40. 1910. — *Lang, P.*, Zur Entwicklung des Tränenausführapparates beim Menschen. Anat. Anz. 38. 1911. 561—569. — *Matys, V.*, Die Entwicklung der Tränenableitungswege. Zeitschr. f. Augenheilk. 14. 1905, 16. 1906.

Regenerationsvorgänge am Auge.

Barfurth, D., und *Dragendorff, O.*, Versuche über Regeneration des Auges und der Linse beim Hühnerembryo. Verh. der anat. Ges. Vers. in Halle 1902. Erg.-Bd. Anat. Anz. 21. 1902. — *Colucci, V. S.*, Sulla regenerazione parziale dell' occhio dei Tritoni. Mem. r. accad. delle Sc. dell'istit. di Bologna Ser. V. t. 1. 1891. — *Fischel, Alfr.*, Über die Regeneration der Linse. Anat. Hefte 14. 1900. — *Griffini, L.*, und *Marchiò, G.*, Sur la régénération totale de la rétine chez les tritons. Arch. ital. de biol. 12. 1889. 81—89. — *Spemann, H.*, s. oben Augenbecher. — *Wolff, G.*, Entwicklungsphysiologische Studien. I. Die Regeneration der Urodelenlinse. Arch. f. Entw.-Mech. 1. 1895, ibid. 12. 1901. — *Derselbe*, Zur Analyse der Entwicklungspotenzen des Irisepithels bei Triton. Arch. f. mikr. Anat. 63. 1903.

Mißbildungen des Auges.

Fischel, Alfr., Über normale und abnorme Entwicklung des Auges. I. Über Ort und Art der ersten Augenanlage sowie über die formale und causale Genese der Cyclopie. II. Zur Entwicklungsmechanik der Linse. Arch. f. Entw.-Mech. 49. 1921. 383—462. — *Hippel, E. v.*, Die Mißbildungen und angeborenen Fehler des Auges in *Graefe-Saemisch*, Handb. d. Augenheilk. II. Aufl. II. Bd. 1. Abt. 1900. — *Lewis, W. H.*, The Development of artificially produced Cyclopia in the Fish embryo (Fundulus heteroclitus). Anat. Rec. 3. 1909. — *Spemann, H.*, Über experimentell erzeugte Doppelbildungen mit cyklopischem Defekt. Zool. Jahrb. Suppl.-Bd 7 (Festschr. f. *Weismann* 1904). — *Stockard, Ch. A.*, The Development of artificially produced Cyclopean Fish. The Magnesium Embryo. Journ. of exp. Zool. 6. 1909. 285—327.

Gehörorgan.

Erste Entwicklung des häutigen Labyrinthes.

Böttcher, A., Über Entwicklung und Bau des Gehörlabyrinths nach Untersuchungen an Säugetieren. Verh. d. kais. Leop. Carol. Akad. 35. 1869. — *Gaupp, E.*, Ontogenese und Phylogenese des schalleitenden Apparates bei den Wirbeltieren. *Bonnet* und *Merkels* Ergebn. 8. 1899. 990—1149. — *His, W. jun.*, Zur Entwicklungsgeschichte des Acusticofacialisgebietes beim Menschen. Arch. f. Anat. u. Entw.-Gesch. Suppl.-Bd. 1889. — *Krause, R.*, Entwicklungsgeschichte der häutigen Bogengänge. Arch. f. mikr. Anat. 35. 1890. 287—305. — *Derselbe*, Die Entwicklung des Aquaeductus vestibuli seu Ductus endolymphaticus. Anat. Anz. 19. 1901. — *Derselbe*, Entwicklungsgeschichte des Gehörorgans in *O. Hertwigs* Handb. d. Entw.-Lehre II. 1. 1906. — *Streeter, G. L.*, On the Development of the membranous Labyrinth and the acoustic and facial nerves in the human embryo. Amer. Journ. of Anat. 6. 1907. 139—165. — *Derselbe*, Some factors in the Development of the amphibian ear vesicle and further experiments on Equilibration. Journ. of exp. Zool. 4. 1907.

Differenzierung des Epithels des häutigen und knöchernen Labyrinthes.

Hardesty, I., On the proportions, development and attachment of the tectorial membrane. Amer. Journ. of Anat. 18. 1915. 1—75. — *Held, H.*, Der feinere Bau des Ohrlabyrinthes der Wirbeltiere. II. Abh. d. sächs. Akad. d. Wiss. Math.-phys. Kl. 31. 1909. 194—293. (Zur Entwicklungsgeschichte des Cortischen Organs und der Macula acust. bei Säugetieren und Vögeln.) — *Prentiß, C. W.*, On the Development of the Membrana tectoria with reference to its structure and attachment. Amer. Journ. of Anat. 14. 1913. 425—460. — *Rickenbacher, Otto*, Untersuchungen über die Membrana tectoria des Meerschweinchens. Anat. Hefte 16. 1901, auch Inaug.-Diss. Basel 1901, ausp. *Siebenmann*. — *Streeter, G. L.*, The histogenesis and growth of the otic capsule and its contained periotic tissue spaces in the human embryo Publications of the Carnegie. Instit. Nr. 220. 1920. — *Stricht, N. van der*, L'histogénèse des parties constituantes du neuroepithélium acoustique des tâches et de l'organe de Corti. Arch. de biol. 23. 1908. 541—693. — *Stricht, O. van der*, The Genesis and Structure of the Membrana tectoria and the Crista spiralis of the Cochlea. Contrib. to Embryolog. VII. 1918. 57—82. — *Derselbe*, Origine et structure de la cupule et de la membrane otolithique. Cpt. rend. Assoc. Anat. 16 réunion 1921. 1—3. — *Studnička, F. K.*, Die Otoconien, Otolithen und Cupula terminalis von Ammocoetes. Anat. Anz. 42. 1912. 429—462.

Entwicklung des Mittelohres und der Gehörknöchelchen.

Alexander, G., Ein Fall von Persistenz der A. stapedia beim Menschen. Monatsbl. f. Ohrenheilk. 1899. — *Eschweiler, R.*, Zur Entwicklung des schalleitenden Apparates mit besonderer Berücksichtigung des M. tensor tympani. Arch. f. mikr. Anat. 63. 1904. — *Derselbe*, Zur Entwicklung des M. stapedius und des Stapes. Arch. f. mikr. Anat. 77. 1911. — *Fuchs, Hugo*, Untersuchungen über die Entwicklung der Gehörknöchelchen, des Squamosum, des Kiefergelenkes der Säugetiere. Arch. f. Anat. u. Entw.-Gesch. 1906. — *Gaupp, E.*, Ontogenese und Phylogenese des schalleitenden Apparates bei den Wirbeltieren. *Bonnet* und *Merkel* Ergebn. 8. 1899. 990—1149. — *Derselbe*, Die *Reichert*sche Theorie (Hammer-, Amboß- und Kieferfrage).

Arch. f. Anat. u. Entw.-Gesch. 1913. Suppl.-Bd. — *Hammar, J. Aug.*, Studien über die Entwicklung des Vorderdarms und einiger angrenzender Organe. Arch. f. mikr. Anat. 59. 1902. 470—628. — *Kunkel, A.*, Die Lageveränderung der pharyngealen Tubenmündung während der Entwicklung. *Hasses* anat. Stud. 1. 1873. 172—188. — *Rabl, C.*, Über das Gebiet des N. facialis. Anat. Anz. 2. 1887. 219—227.

Äußeres Ohr.

Henneberg, B., Beiträge zur Entwicklung der Ohrmuschel. Anat. Hefte 36. 1908. 109—188. — *His, W.*, Anatomie menschlicher Embryonen. III. Leipzig 1885. — *Ruge, G.*, Das Knorpelskelet des äußeren Ohres der Monotremen, ein Derivat des Hyoidbogens. Morph. Jahrb. 25. 1898. 202—223. — *Schäffer, O.*, Über fetale Ohrentwicklung, die Häufigkeit fetaler Ohrformen bei Erwachsenen und die Erblichkeitsverhältnisse bei denselben. Arch. f. Anthr. 21. 1892. — *Schwalbe, G.*, Das äußere Ohr, in *Bardelebens* Handb. d. Anat. Bd. V. Abt. 3. Jena 1897. — *Streeter, G. L.*, Development of the auricle in the human embryo. Contrib. to Embryol. 14. 1922. 111—138.

Mißbildungen des Ohres.

Marx, H., Die Mißbildungen des Ohres in *E. Schwalbes* Morph. d. Mißbild. III. Teil. 5. Lief. Jena 1911.

Geruchsorgan.

His, W., Anatomie menschlicher Embryonen. Leipzig 1880—1885. — *Derselbe*, Beobachtungen zur Geschichte der Nasen- und Gaumenbildung beim menschlichen Embryo. Abh. d. k. sächs. Akad. d. Wiss. med.-phys. Abt. 27. 1901. — *Hochstetter, Ferd.*, Über die Bildung der inneren Nasengänge oder primitiver Choanen. Verh. d. anat. Ges. Vers. in München 1891. Erg.-Heft z. Anat. Anz. 6. 1891. — *Derselbe*, Über die Bildung der primitiven Choanen beim Menschen. Verh. d. anat. Ges. Vers. in Wien 1892. Erg.-Bd. z. Anat. Anz. 7. 1892. — *Killian, G.*, Zur Anatomie der Nase menschlicher Embryonen. Arch. f. Rhinol. u. Laryng. 2. 3. 4. 1895—1896. — *Kölliker, A.*, Über die *Jacobson*schen Organe des Menschen. Festschr. z. Jubiläum v. *F. v. Rinecker*. Leipzig 1877. — *Mangakis, M.*, Ein Fall von *Jacobson*schem Organ beim Erwachsenen. Anat. Anz. 21. 1902. 106—109. — *Merkel, Fr.*, *Jacobson*sches Organ und Papilla palatina beim Menschen. Anat. Hefte 1. 1892. — *Peter, K.*, Über die Bildung des primitiven Gaumens beim Menschen und bei Säugetieren. Anat. Anz. 20. 1902. — *Derselbe*, Anlage und Homologie der Muscheln des Menschen und der Säugetiere. Arch. f. mikr. Anat. 60. 1902. — *Derselbe*, Entwicklung des Geruchsorgans. Referat in *Bonnet* und *Merkels* Ergebn. 20. 1911. — *Derselbe*, Modelle zur Entwicklung des menschlichen Gesichtes. Anat. Anz. 39. 1911. 41—66. — *Derselbe*, Die Entwicklung der Nasenmuscheln bei Mensch und Säugetieren. I. Teil. Entwicklung der Siebbeinmuscheln bei Säugetieren. Arch. f. mikr. Anat. 79. 1912. 427—463. — *Pohlmann, E. H.*, Die embryonale Metamorphose der Physiognomie und der Mundhöhle des Katzenkopfes. Morph. Jahrb. 41. 1910. — *Schultz*, The Development of the external nose in whites and Negroes. Contrib. to Embryol. IX. 1920. 175—190.

Hautsinnesorgane.

Heringa, G. C., Le développement des corpuscules de Grandry et Herbst. Arch. néerl. des Sc. exactes Ser. III. B. t. 3. 1917. 235—316. — *Tello, J. F.*, Die Entstehung der motorischen und sensiblen Nervenendigungen. Anat. Hefte. 64. 1922. 348—440.

Integument.

Das Integumentum commune stellt den Abschluß des Körpers nach außen her mit Inbegriff der Haare, der Nagelbildungen und der Hautdrüsen. Derselbe wird durch eine Kombination von Zellen des Ectoderms und des Mesoderms gebildet, von denen das Ectoderm die Epidermis, die Hautdrüsen und die Haare, das Mesoderm dagegen die Grundlage für diese Gebilde, das Corium und die Tela subcutanea liefert. Die Epidermis, das Corium (Lederhaut) und die Tela subcutanea bilden die Haut (Cutis). Alle drei Schichten derselben gehören zusammen, denn die Epidermis, welche den eigentlichen, schon sehr früh auftretenden äußeren Abschluß des Körpers bildet, ist nicht imstande, den erhöhten mechanischen Anforderungen, welche bereits in früher Fetalzeit an sie herantreten, gerecht zu werden; sie bedarf einer strafferen Grundlage, welche ihr im Corium geboten wird. Dieses differenziert sich aus dem der Epidermis anliegenden Mesenchym als eine mit strafferen Bindegewebsbündeln durchsetzte Schicht, die, je nach den mechanischen Bedingungen, denen sie an den verschiedenen Körperstellen unterliegt, auch Verschiedenheiten in ihrem Aufbaue zeigt. Solche kommen in der Anordnung der Bindegewebsfasern, in der Ausbildung elastischer Elemente, auch in der Anordnung und Struktur des Corpus papillare usw. zum Ausdruck. Den höchsten Grad solcher Differenzierung sehen wir bei dem Hautskelete vieler Formen (z. B. den Panzerwelsen), welches in seiner primitivsten Entfaltung phylogenetisch den Ausgangspunkt für die Skeletentwicklung gebildet haben dürfte. Das Corium geht dadurch innige Beziehungen zur gefäßlosen Epidermis ein, daß es in der ganzen Ausdehnung der Epidermis gefäßhaltige Papillen liefert, welche gerade dort stark ausgebildet sind, wo die Epidermis zu besonderen Leistungen, wie der Nagel- und Haarbildung usw., herangezogen wird.

Die dritte Schicht der Cutis, in welche noch Derivate der Epidermis wie Haare und Schweißdrüsen hinunterreichen, ist die Tela subcutanea, welche aus lockerem, von Fettansammlungen stark durchsetztem Bindegewebe besteht und sowohl mit ihrer Unterlage (Muskelfascien usw.) als mit dem darüber ausgebreiteten Corium so verbunden ist, daß an vielen Stellen eine starke Verschiebung gegenüber diesen Schichten erfolgen kann. Die Epidermis zeigt ihrerseits mancherlei Differenzierungen, indem sich aus ihr Haare, Talg- und Schweißdrüsen bilden, welche in das Corium eindringen und auch Zellen desselben, sei es als Scheiden, sei es in der Form von gefäßhaltigen Papillen, zu ihrem Aufbaue heranziehen. Die Epidermis leitet sich vom Ectoderm ab und übernimmt schon sehr früh die Funktion, den Körper nicht bloß nach außen abzuschließen, sondern sozusagen auch den Verkehr desselben mit der Außenwelt zu vermitteln. Das Ectoderm liefert aber auch noch die Sinnesorgane, welche sich teils mit den verschiedensten Schutz- und Hilfsorganen umgeben, wie das Auge, das Gehör- und das Geruchsorgan, und deshalb die Bezeichnung der höheren Sinnesorgane erhalten, teils aber auch in der Epidermis oder doch wenigstens in den Coriumpapillen verbleiben und als Hautsinnesorgane zusammengefaßt werden. Die Rolle des Ectoderms erstreckt sich jedoch noch weiter; denn es liefert das gesamte Nervensystem, nicht bloß das zentrale, sondern auch das periphere mit allen weithin im

Körper zerstreuten Ganglienzellen, ja sogar auch die Schwannsche Scheide der peripheren Nervenfasern. Die Schilderung der Entwicklung der Sinnesorgane und des zentralen Nervensystems gehört in die beiden früheren Kapitel; hier haben wir uns bloß mit der Entstehung des Integumentum commune und der aus demselben direkt hervorgegangenen Gebilde (Nägel, Haare, Schweißdrüsen) zu beschäftigen.

Entwicklung der Epidermis.

Die aus dem Ectoderm entstandene Epidermis besteht ursprünglich aus einer einfachen Schicht kubischer Epithelzellen, doch sondert sich aus diesen schon sehr früh eine oberflächliche Schicht von abgeplatteten, polygonalen Zellen, das Periderm ab. Diese Zellen spielen keine Rolle bei der Entwicklung von Epidermisderivaten, sondern werden, unter Bildung von hornartiger Substanz, abgestoßen und durch neue, aus der tiefen Schicht nachrückende Zellen ersetzt. Das Periderm kann als eine Vorstufe der späteren Hornschicht aufgefaßt werden, und darauf deutet auch die Abblätterung hin, die besonders in den späteren Fetalmonaten in großem Umfange stattfindet. Auf eine massenhafte Bildung von Peridermzellen sind auch die verschiedentlich erwähnten Zotten und Zellmassen zurückzuführen, welche wir an der Mund- und Nasenöffnung (s. Fig. 248) sowie am Penis und an der Clitoris finden (Figg. 480 u. 475).

Die tiefe Schicht der Epidermis, das Stratum germinativum, ist der eigentlich lebensfähige und stets neue Zellen liefernde Teil. Aus ihr entstehen nicht bloß nach außen das Periderm und die oberflächlichen Epidermisschichten, sondern sie liefert auch die perzipierenden Zellen der Sinnesorgane, die Anlagen der Haare und der Schweißdrüsen. Sie besteht aus kubischen oder auch zylindrischen Zellen, die in steter Vermehrung begriffen sind. Die zweischichtige Epidermis verwandelt sich nunmehr in eine dreischichtige, indem sich zwischen dem Periderm und dem Stratum germinativum ein Stratum intermedium einschiebt. Die Dicke der Schichten, die Verhornung der oberflächlichen Zellen, welche wir nunmehr als Stratum corneum zusammenfassen, nimmt während der fetalen Entwicklung unter Abgabe immer neuer Zellen von seiten des Stratum germinativum zu und entspricht in der späteren Fetalzeit und während des ganzen Lebens einer Abschuppung der oberflächlichen Schichten. Eine weitgehende Verhornung dieser Schicht beginnt im zweiten Monate und läßt sich schon im dritten Monate in der ganzen Ausdehnung der Haut nachweisen. Der Prozeß beginnt bei Feten von 3,5 mm an Kopf und Rumpf; im dritten Fetalmonate ist fast die ganze oberflächliche Schicht in Verhornung begriffen (Cederkreutz).

Entwicklung des Coriums.

Das Corium stammt mit der Tela subcutanea teils aus der Cutislamelle des Myotoms, teils aus der parietalen Lamelle des unsegmentierten Mesoderms. Im dritten Monate sondert es sich von der Tela subcutanea. Sehr früh beginnt die Bildung von Fibrillen, welche, zu Bündeln angeordnet, das Corium durchziehen. Der Verlauf derselben entspricht offenbar den mechanischen Anforderungen, welche an die Haut gestellt werden. Zunächst entstehen sie (Burkard) in der unteren Bauchgegend, wo die rasch zu beträchtlichem Volumen angewachsene Leber eine größere Spannung erzeugt. Hier ordnen sich die Fasern in der Richtung des auf sie einwirkenden Zuges an und damit verknüpft sich auch eine in bestimmter Richtung verlaufende Spaltbarkeit der Haut, wie sie zuerst von Langer für den Erwachsenen nachgewiesen wurde. Vom dritten Fetalmonate an ist die Hautspaltbarkeit eine konstante Erscheinung, die zuerst in den unteren Rumpfabschnitten auftritt, indem sie hier einen horizontalen Verlauf nimmt, während sie an den Extremitäten der Längsachse derselben entspricht. In der ersten Hälfte des fünften Monats nimmt die Spaltrichtung am Rumpfe, abgesehen von der unteren Partie desselben, einen Längsverlauf, in der zweiten Hälfte des

Monats wieder einen Querverlauf, eine Änderung, welche nach Burkard wahrscheinlich auf das Längenwachstum der Wirbelsäule zurückzuführen ist. Der ursprüngliche Längsverlauf der Hautspaltbarkeit an den Extremitäten geht in die Querrichtung über, während die Spalten beim Erwachsenen in lang gezogenen Spiraltouren angeordnet sind.

Diese Änderungen finden auch ihren Ausdruck in der Anordnung der Fasern oder richtiger der Faserbündel des Coriums, auf welche die mechanische Inanspruchnahme wohl geradezu formbildend einwirkt. Die Haaranlagen dringen nun zwischen die Fasern des Coriums ein. Beim Corium des Neugeborenen sind zwischen benachbarten Haaren einzelne Faserbündel geschwunden, so daß zwei bis drei der ursprünglich durch dieselben begrenzten Räume zusammenfließen, in die dann ebenso viele Haare mit ihren Haarbalgdrüsen zu liegen kommen. Aus den regelmäßig gebildeten, ursprünglich spaltförmigen Räumen werden nach diesem Vorgange mehr polygonale, aber stark in die Länge gezogene Maschenräume. Die Bindegewebsstränge bestehen jetzt aus sehr derben Fibrillen und überkreuzen sich mannigfach (Burkard). Ein feines Netzwerk elastischer Fasern entsteht erst in den letzten Monaten der Fetalentwicklung und umspinnt die Faserbündel.

Verschiebungen der Haut. Aus der Innervation der Haut geht klar hervor, daß ontogenetisch beträchtliche Verschiebungen einzelner Bezirke stattfinden. So werden Abschnitte der Epidermis, an welche Halsnerven (Nn. occipitalis major und minor) gehen, auf den Kopf verlagert. Solche Hautverschiebungen können sehr beträchtlich sein, wie das Harrison experimentell nachgewiesen hat, indem er Köpfe von Rana virescens-Larven (dunkle Epidermis) mit Rümpfen von geköpften Rana palustris-Larven (helle Epidermis) zur Verwachsung brachte und die weitere Entwicklung der zusammengesetzten Larven beobachtete. Dabei rückte die Haut von dem Rumpfe nach dem Schwanze stetig vor, so daß schon eine Woche nach der Verwachsung die ursprüngliche Epidermis der Schwanzknospe bloß noch $^1/_3$ des inzwischen ausgewachsenen Schwanzes bedeckte. Ferner konnte Harrison nachweisen, daß der ganze, die Organe der Seitenlinie liefernde Streifen der Epidermis von der dunkel gefärbten Epidermis des Kopfes der zusammengesetzten Larve caudalwärts auswächst. Auf die Verschiebungen der von bestimmten Nerven versorgten Hautbezirke (Dermatome) beim Menschen wirken nach Grosser und Fröhlich mehrere Faktoren ein, wie z. B. das Wachstum des Skeletes und der Muskulatur, ganz abgesehen von anderen mechanischen Momenten.

Bildung der Hautleisten. Die Hautleisten, welche eine so wichtige Rolle im Aufbau des Coriums, besonders an der Vola manus und der Planta pedis spielen, treten relativ spät auf, zunächst auf den Tastballen in der elften Woche bei Feten von 9 cm Länge. Zuerst wachsen von der Epidermis aus Leisten in das Corium ein (Reteleisten), von denen später die Bildung der Schweißdrüsen ausgeht. Die äußere Oberfläche der Epidermis ist zunächst über diesen in das Corium eingewachsenen Leisten glatt; erst viel später, in der Mitte des fünften Fetalmonates, erheben sich über denselben die so charakteristisch angeordneten Epidermisleisten der Vola manus. Die Reteleisten stimmen im ganzen mit der Spannungsrichtung der Haut überein; ihre Einsenkung in das Corium bewirkt natürlich an dieser eine Bildung von Papillen, welche sowohl Gefäße als Hautsinnesorgane enthalten. Beide Vorgänge haben natürlich eine Größenzunahme der tiefsten, durch das Stratum germinativum dargestellten Epidermisschicht zur Folge sowie auch des stark gefäßhaltigen, unmittelbar daran anstoßenden Stratum papillare des Coriums.

Pigment tritt nach Br. Bloch beim menschlichen Embryo zu verschiedenen Zeiten auf, im Haar oft schon im vierten Monate, d. h. etwa ein Monat nach der Entstehung der ersten Haaranlagen. Das Pigment findet sich in den Basalzellen der Epidermis, also in Zellen ectodermaler Herkunft; so in den Zellen der Haarmatrix, seltener in denjenigen der Haarwurzelscheide. In Zellen mesodermaler Herkunft ist es beim menschlichen Embryo nicht nachgewiesen worden.

Entwicklung der Haare.

Die Bildung der ersten Haargeneration, der sog. Wollhaare (Lanugines), beginnt Ende des dritten oder anfangs des vierten Monats an der Stirn und den Augenbrauen und dehnt sich allmählich über den ganzen Körper aus. Zu dieser Zeit besteht die Epidermis schon aus drei Schichten, dem Stratum germinativum, dem Stratum intermedium und dem Stratum corneum, dieses ist an die Stelle des Periderms getreten. Die Bildung der Haare geht, wie überhaupt alle Proliferationsvorgänge der Epidermis, vom Stratum germinativum aus, und zwar in Form von zapfenförmigen, in die Tiefe wachsenden Zellwucherungen (Haarzapfen) (Fig. 644). Bei weiterem Vorwachsen dieser Anlage in das Mesenchym verdickt sich ihr freies Ende kolbenförmig, auch antworten die Mesenchymzellen auf das Vordringen des Haarzapfens mit einer Proliferation, die am kolbenförmigen Ende des Zapfens besonders lebhaft ist und hier die Anlage der späteren Haarpapille herstellt, während sie im übrigen Bereiche der Haaranlage den bindegewebigen Haarbalg liefert (Fig. 645).

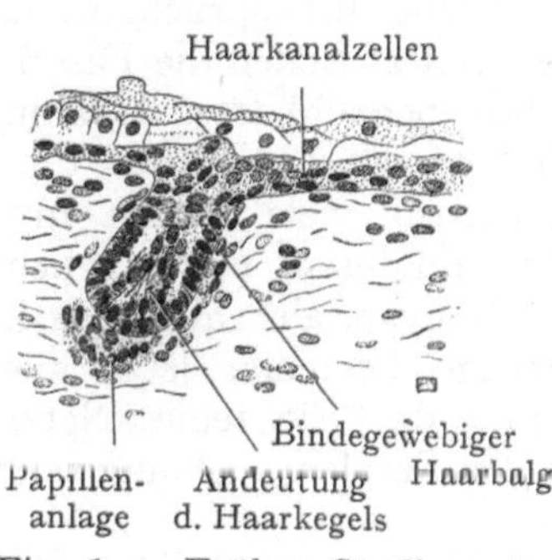

Fig. 644. Frühes Stadium der Entwicklung des Wollhaares. Nach Ph. Stöhr, Anat. Hefte 23. 1904.

Sehr früh tritt eine Differenzierung der Zellen des Haarzapfens auf; sie wachsen in die Länge und stellen einen mit der Basis gegen die Papille gerichteten Konus, den Haarkegel her (Fig. 646), welcher unter Verhornung den in der Achse des Haarzapfens verlaufenden Haarschaft bildet. Die Zellen an der Basis des Kegels, welche in ihrer Zylinderform, wie auch in ihrer weiteren Rolle, den Charakter des Stratum germinativum wahren,

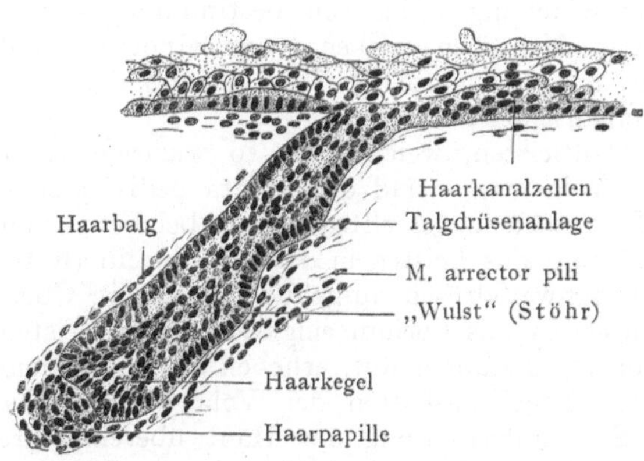

Fig. 645. Entwicklung des menschlichen Wollhaares, II. Stadium. Nach Stöhr.

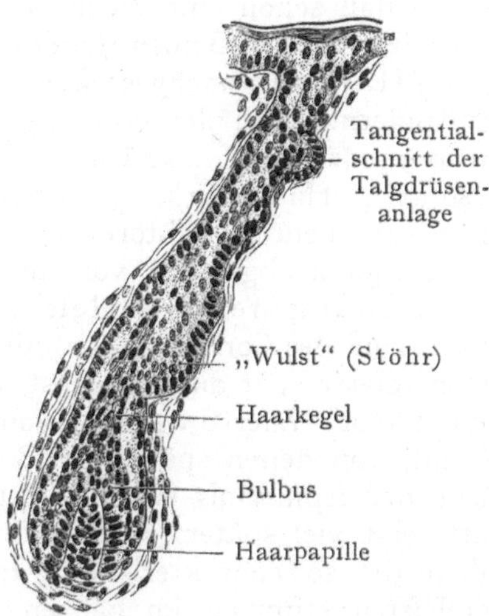

Fig. 646. Entwicklung des menschlichen Wollhaares, III. Stadium. Nach Stöhr.

umwachsen die Anlage der Papille und bilden mit ihr den Haarbulbus. Durch ihre Proliferation liefern sie auch immer neue, in den Haarkegel eintretende Zellen, so daß dieser von der Basis aus in die Länge wächst und sich mit seiner Spitze der Oberfläche der Epidermis nähert. Die inneren Zellen des Haarkegels werden zur inneren Wurzelscheide, die sich aus der Huxleyschen und der Henleschen Schicht zusammensetzt, ferner bilden sie die Scheiden- und Haarcuticula (Fig. 647); die übrigen Zellen des Haarkegels stellen die äußere Wurzelscheide dar. Dort, wo der Haarzapfen mit der

Epidermis in Zusammenhang steht, zerfallen die Zellen, so daß ein Spalt, der Haarkanal, entsteht. Dieser verläuft tangential zur Oberfläche (Fig. 647) und nimmt die verhornte, auswachsende Spitze des Haares auf, dessen innere Wurzelscheide hier gleichfalls zerfällt, um so den Haarkanal zu vergrößern. In diesem liegt der entblößte Haarschaft, nur durch eine dünne Schicht verhornter Zellen oberflächlich bedeckt, die später von dem Haarschafte durchbrochen wird. Aus der bindegewebigen Hülle des Haares bildet sich die äußere Glashaut sowie eine Rings- und Längsfaserschicht. Der Haarzapfen zeigt unweit seines Überganges in die Epidermis eine die Anlage der Talgdrüse darstellende Zellwucherung (s. Fig. 647) sowie weiter unten eine zweite Wucherung (Stöhrs Wulst), die nach der Ansicht vieler Autoren Beziehungen zum Haarwechsel aufweist.

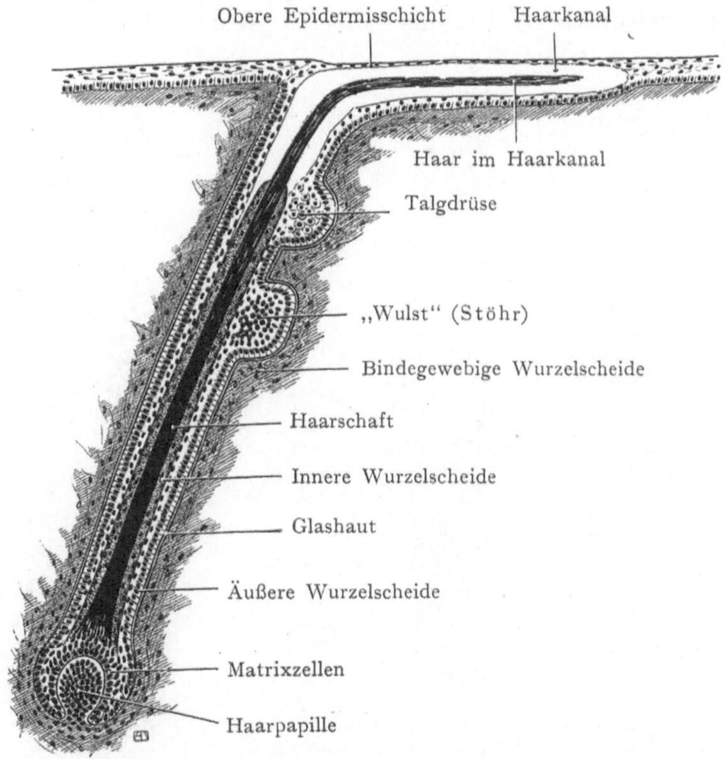

Fig. 647. Scheidenhaar vor dem Durchbruch (leicht schematisiert).
Nach Stöhrs Histologie.

Die Haarbildung verbreitet sich allmählich über den ganzen Körper, welcher bei der Geburt von einer Schicht feiner Härchen, der sog. Wollhaare, bedeckt ist. Nach der Geburt findet ein vollständiger Wechsel statt, so daß an die Stelle der Wollhaare die Ersatzhaare oder sekundären Haare treten. Die Bildung derselben beginnt schon vor der Geburt und ist durchaus nicht auf den einmaligen Wechsel beschränkt, indem auch später eine Neubildung von Haaren erfolgt, die mit einem Ausfall älterer Haare verknüpft ist. Dieser Haarwechsel ist in seiner höchsten Ausbildung bei Tieren zu verfolgen; hier nimmt er oft einen periodischen, den Jahreszeiten entsprechenden Charakter an, der vielleicht in seltenen Fällen auch beim Menschen angetroffen wird. Die Entstehung neuer Haare aus dem ursprünglichen Mutterboden der Epidermis kann nicht ganz ausgeschlossen werden, aber in der Regel geht wohl der Haarersatz von der Anlage des alten Haares aus. Allerdings ist es noch streitig, wie der Vorgang sich abspielt; auf der einen Seite (Kölliker, Langer, von Ebner, Stöhr) wird behauptet, daß die alte

Papille das Ersatzhaar liefere, andere dagegen (in erster Linie Stieda) sind der Ansicht, daß sich eine neue Papille bilde. In allen Fällen spielen die Zellen des Stratum germinativum die Hauptrolle bei der Neubildung.

Nachdem ein Haar das Maximum seiner Ausbildung erreicht hat, erlischt die Proliferation der Matrixzellen, welche dem Haare von seiner Basis aus immer neue Zellen liefern; alsdann stellt es ein solides, kolbenförmiges Gebilde dar, das Kolbenhaar, das gänzlich verhornt, sodann allmählich durch das Wachstum des Ersatzhaares emporgehoben und schließlich, gewissermaßen als Fremdkörper, ausgestoßen wird (Figg. 648—650). Während dieses Vorganges sondert sich das Kolbenhaar, je weiter es emporgehoben wird um so schärfer von der äußeren Wurzelscheide. Doch bleibt es nach Stöhr eine Zeitlang mit seinem unteren kolbenförmigen Ende an einem unterhalb der Mündung der Talgdrüsen gelegenen Wulste der äußeren Wurzelscheide, dem sog. Haarbeet,

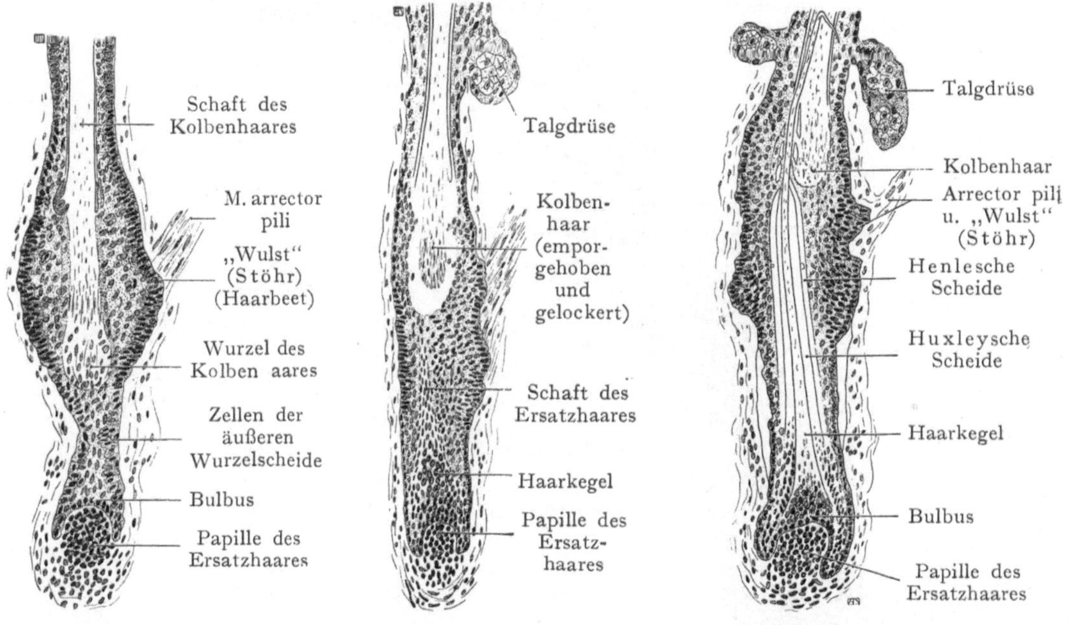

Fig. 648. Bildung des Ersatz-
haares, Stadium I.

Fig. 649. Bildung des
Ersatzhaares, Stadium II.

Fig. 650. Bildung des Ersatz-
haares, Stadium III.

Nach S. A. Garcia, Schwalbes morphol. Arb. I. 1891.

haften. Eine neue Papille bildet sich nun, wobei jedenfalls die Zellen der äußeren Wurzelscheide, welche dem Stratum germinativum der Haut entsprechen, eine wichtige Rolle spielen. Doch ist noch nicht einwandfrei festgestellt, ob das neue Haar an der Stelle der alten, atrophischen Papille entsteht oder neben derselben. Nach Stöhr sollen die Zellen des Haarbeetes bis zur alten Papille hinunterwachsen und die neuen Matrixzellen liefern. Nach Stieda dagegen entsteht eine neue Papille aus den Zellen der äusseren Wurzelscheide des Bulbus. Nach den in den Figg. 648—650 gegebenen Bildern schließen sich die Zellen der alten Papille nach der Bildung des Kolbenhaares zusammen und wachsen in die Tiefe, um eine neue Papille herzustellen, aus welcher die das Kolbenhaar allmählich verdrängende neue Haaranlage entsteht. Die weitere Entwicklung des Ersatzhaares geht genau in derselben Weise vor sich wie diejenige des Wollhaares, indem das neue Haar neben dem Kolbenhaar emporwächst und dasselbe zur Ausstoßung bringt.

Der Haarwechsel kurz nach der Geburt ist also mit einem Wechsel im Charakter der Haare verknüpft. Die Wollhaare unterscheiden sich kaum voneinander, während später sehr deutliche Unterschiede zwischen den Kopfhaaren und den übrigen Haaren nachzuweisen sind; nach der Pubertät treten beim Manne im Gesichte an Stelle der Wollhaare die Barthaare auf, während bei beiden Geschlechtern die Wollhaare der Achselhöhle und der äußeren Genitalien durch starke Haare ersetzt werden. Je älter das Individuum, desto mehr nimmt die Zahl der Wollhaare ab.

Die schon bei der ersten Bildung nachzuweisende Anordnung der Haaranlagen ist eine streng gesetzmäßige. Die eigentümlichen Haarwirbel, die sich an verschiedenen Stellen des Körpers finden, so am Kopfe, in der Achselhöhle, in der Leistengegend usw., sind schon früh beim Fetus vorhanden, auch nehmen schon die ersten Haaranlagen diejenige Stellung in solchen Wirbeln ein, die ihnen später zukommt. Eine befriedigende Erklärung der Entstehung dieser Bildungen ist noch nicht gegeben worden. Neben den Haarwirbeln kommen auch Haarströme vor, welche in Linien aufeinander stoßen, auch ineinander übergehen können. Die Haarwirbel und Ströme sind schon bei 6 bis 7 monatlichen Feten vorhanden und werden in derselben Anordnung auch beim Erwachsenen angetroffen (E. Ludwig).

Die Erklärungen der Bildung gekräuselter oder gewundener Haare gehen noch weit auseinander. Einige Autoren nehmen eine spiralige Drehung des Haarbalges an, und der in der Haut steckende Teil des Haarschaftes soll sich diesem Verhalten anpassen. Andere nehmen bei Negern eine säbelförmige Krümmung des Haarbalges an (Haecker). Wieder andere weisen darauf hin, daß das gerade, schlichte Haar einen kreisförmigen, das gekräuselte oder wollige Haar einen ovalen Querschnitt besitzt (Waldeyer u. a.).

Die Haarbildung kann auch gänzlich unterbleiben. Dies ist bei Menschen seltener, häufiger bei Hunden (Nackthunden), bei denen allerdings Haarkeime auftreten, die jedoch durch eine von der Oberfläche der Epidermis aus in die Haaranlage eindringende Verhornung an ihrer vollen Entfaltung verhindert werden. Bei jüngeren Tieren bilden sich Haarborsten; im Alter tritt jedoch bei Nackthunden eine vollständige Auflösung der Haaranlagen auf (Prinzhorn).

Entwicklung der Hautdrüsen.

Von der Epidermis aus entwickeln sich die Hautdrüsen, welche man in Talgdrüsen (Glandulae sebaceae), Schweißdrüsen (Glandulae sudoriparae) und Milchdrüsen (Glandulae lactiparae) einteilen kann. Alle diese Drüsen entstehen aus Wucherungen der Epidermis, welche sich in das Mesenchym einsenken und von diesem eine Drüsenkapsel erhalten.

Talgdrüsen. Sie bilden sich in der Regel im Anschlusse an die Haare (Fig. 647), und zwar am Ende des vierten und am Anfange des fünften Monats in der Form von Auswüchsen der äußeren Wurzelscheide, nahe am Abgange des Haarzapfens von der Epidermis. Die Zellen der Anlage sind zunächst gleichartig, dann erfolgt aber eine unter starker Verfettung einhergehende Vergrößerung der zentralen Zellen. Die Anlage stellt sich zunächst birnförmig dar, indem eine immer noch solide Hauptmasse durch einen Stiel mit der äußeren Wurzelscheide in Verbindung steht. Die Verfettung greift auch auf die Zellen des Stieles über, um schließlich bis an den Haarkanal heranzureichen. Die Hauptanlage treibt starke Nebensprossen, in denen der gleiche Vorgang der Vergrößerung und Verfettung der zentralen Zellen Platz greift, bis wir die fertige Talgdrüse mit ihrer Ausmündung neben der Austrittsstelle des Haares vor uns sehen.

Die Talgdrüsen bilden sich, auch ohne Anschluß an Haare (sog. freie Talgdrüsen), an verschiedenen Stellen des Körpers (Augenlider, Lippenrot, Wangenschleimhaut, Nares usw.), zum Teil erst sehr spät. Am Lippenrot und in der Wangenschleimhaut sind sie in 30—50% aller Fälle nachzuweisen; wahrscheinlich treten sie hier nach Liepmann und Krakow erst in der Pubertätszeit auf.

Schweißdrüsen. Sie entstehen im fünften Fetalmonate aus soliden Massen von Epidermiszellen, welche in das Corium einwachsen, und zwar entweder im Anschluß an Haarzapfen oder unabhängig von diesen (beim Menschen häufiger). Die Anlagen gleichen den Haarzapfen, denn sie bestehen wie diese aus soliden Wucherungen des Stratum germinativum mit kolbenförmigem Ende. Im Stratum reticulare des Coriums wickelt sich das Ende einer Schweißdrüsenanlage knäuelförmig auf und wird von einer besonderen Wucherung des Bindegewebes umgeben. Im siebenten Fetalmonate bildet sich in der bis dahin soliden Anlage ein Lumen. Die Schweißdrüsen, welche im Anschlusse an den Haarkeim entstehen, gehen nicht direkt von demselben aus wie die Talgdrüsen, sondern von der Epidermis neben dem Haarzapfen. Auf diese Weise entwickeln sich die Schweißdrüsen der Kopfhaut, die Analdrüsen, die Ohrschmalzdrüsen und die in besonders reichlicher Entfaltung nachweisbaren Achselhöhlendrüsen. Bei Tieren finden wir diesen zweiten Entwicklungsmodus in viel weiterer Verbreitung als beim Menschen.

1. Entwicklung der Milchdrüsen (Mammae).
(Glandulae lactiparae).

Die Milchdrüsen, welche ein Aggregat von umgewandelten Talgdrüsen bilden, entstehen beim Menschen in der Brustgegend aus zwei symmetrischen, zapfenförmigen Wucherungen des Stratum germinativum, welche sich in das anliegende Mesenchym einsenken. Die erste Andeutung dieser Anlage ist bei fünfwöchentlichen Embryonen beobachtet worden. Bei Tieren mit einer größeren Anzahl von Milchdrüsen entstehen dieselben von einer epithelialen Milchleiste, welche sich in gewissen Entwicklungsstadien von der Achselhöhle bis in die Inguinalgegend erstreckt (Fig. 651), und zwar stellen die einzelnen Milchdrüsenanlagen in die Tiefe vordringende Wucherungen der Epidermis dar, während sich die Zwischenstrecken der Milchleiste zurückbilden. Auch beim Menschen ist in einem gewissen Stadium (Embryonen von 26 mm Länge) eine schwache Milchleiste nachgewiesen worden, auf der sich jedoch bloß die beiden Anlagen in der Brustgegend ausbilden. Die Bildung der Milchleiste erklärt aber die Entstehung von überzähligen Milchdrüsen, welche nicht selten beim Menschen vorkommen.

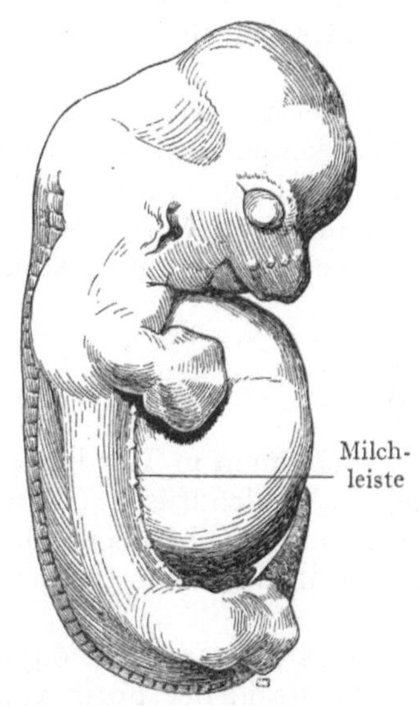

Fig. 651. Milchleiste bei einem Schweineembryo von 19 mm Länge. Anlage von 7 Zitzen auf beiden Seiten.

Die in der fünften Fetalwoche auftretende zapfenförmige Anlage stellt eine ziemlich breite Zellmasse dar (Fig. 652), deren zentrale Zellen sich heller färben als die peripheren, welche dem Stratum germinativum der Epidermis entsprechen. Von dieser Schicht geht (Fig. 653) die weitere Entwicklung aus, indem sekundäre Sprossen in das umgebende Bindegewebe eindringen, von diesem eine Drüsenkapsel erhalten und einzelne Drüsenläppchen herstellen. Eine leichte Einsenkung von der Oberfläche aus bildet das Drüsenfeld, das von einem Cutiswalle umgeben ist. Die ersten sekundären Sprossen stellen die späteren Milchsinus und Milchgänge dar (Sinus und Ductus lactiferi). In Fig. 654 sehen wir einen Schnitt durch die Brustdrüse eines neugeborenen Mädchens, in welchem die kolbenförmigen Drüsenenden zum Teil noch solid sind, während die größtenteils ausgehöhlten Drüsengänge ein deutliches Zylinderepithel zeigen.

Die Brustwarze entwickelt sich beim Menschen erst nach der Geburt, und zwar dadurch, daß die Vertiefung des Drüsenfeldes, in welchem die Drüsengänge ausmünden, sich erhebt. Der Grad, in welchem dieses stattfindet und auch der

Zeitpunkt der Bildung der Warze sind sehr variabel. Auch kann sich, als eine Hemmungsbildung, der ursprüngliche Zustand erhalten, so daß später die Drüsengänge an einer seichten Einsenkung der Oberfläche ausmünden und so die praktisch sehr wichtige eingezogene Warze herstellen, welche das Säugen des Kindes erschwert

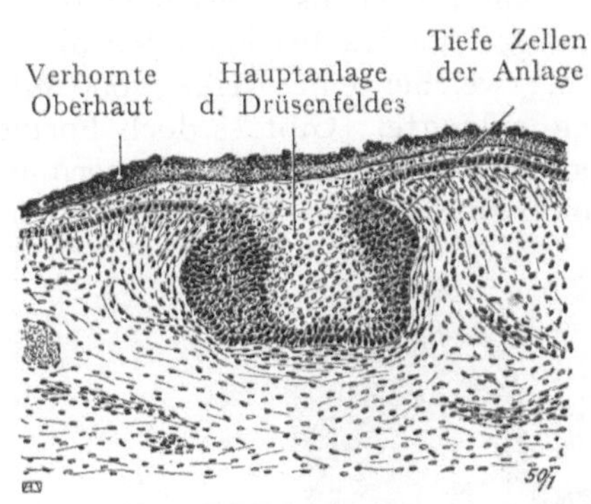

Fig. 652. Brustdrüse. Fetus hum. 10 cm.

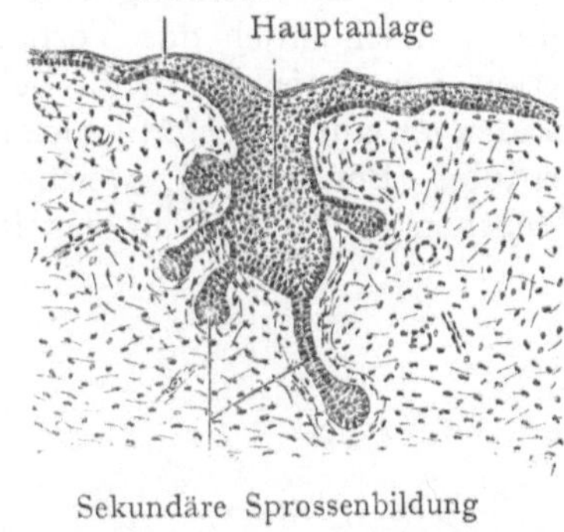

Fig. 653. Brustdrüse. Fetus hum. 20 cm.

oder sogar unmöglich macht. Übrigens erhebt sich die Brustwarze nicht selten relativ spät, manchmal sogar erst gegen die Zeit der Pubertät. Das Stroma der Drüse bildet sich aus dem umgebenden Bindegewebe und stellt mit dem Fettgewebe,

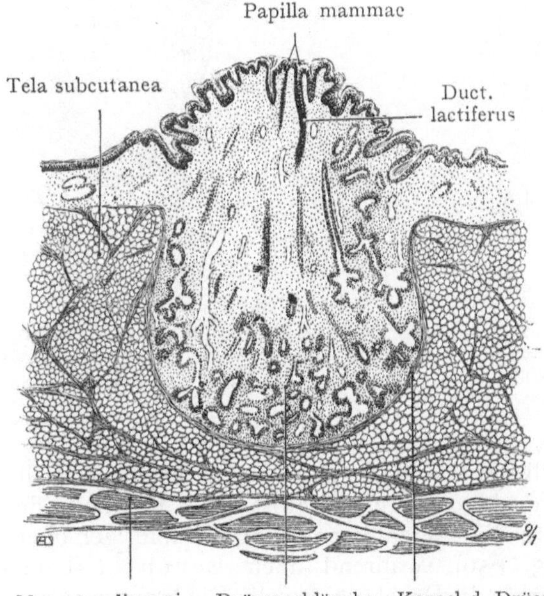

Fig. 654. Mamma eines neugeborenen Mädchens.

welches die Drüsengänge einhüllt, einen viel größeren Anteil des Drüsenkörpers dar, als das bei anderen Drüsen der Fall zu sein scheint.

Die Brustdrüsen liefern bald nach der Geburt ein Sekret, welches Hexenmilch genannt wird. Doch erlischt alsbald die Sekretion, indem die Drüse ihre Tätigkeit einstellt, und zwar beim männlichen Geschlechte dauernd, während sie dieselbe beim Weibe während der Gravidität wieder aufnimmt und während der Laktation zur höchsten Entfaltung bringt.

2. Anomalien in der Bildung der Mamma.

Accessorische Mammae (Hypermastie) sind bei beiden Geschlechtern nicht selten. Wir besitzen über ihre Häufigkeit sehr genaue Angaben, die sich auf ein großes Material stützen. Auch hat die Entdeckung der Milchleiste gezeigt, daß von vornherein die Möglichkeit für die Entwicklung einer größeren Anzahl von Milchdrüsen gegeben ist und wir sehr wahrscheinlich das Vorhandensein eines einzigen Paares bei Primaten als eine Reduktion von einer Form zu betrachten haben, bei welcher eine Reihe von Milchdrüsenanlagen auf jeder Milchleiste zur Ausbildung gelangte. Gibt es doch Formen, wie Centetes (Borstenigel), welche bis zu 22 Zitzen aufweisen. Bei der Hypermastie des Menschen findet sich in der Regel beidseitig bloß eine einzige überzählige Drüse;

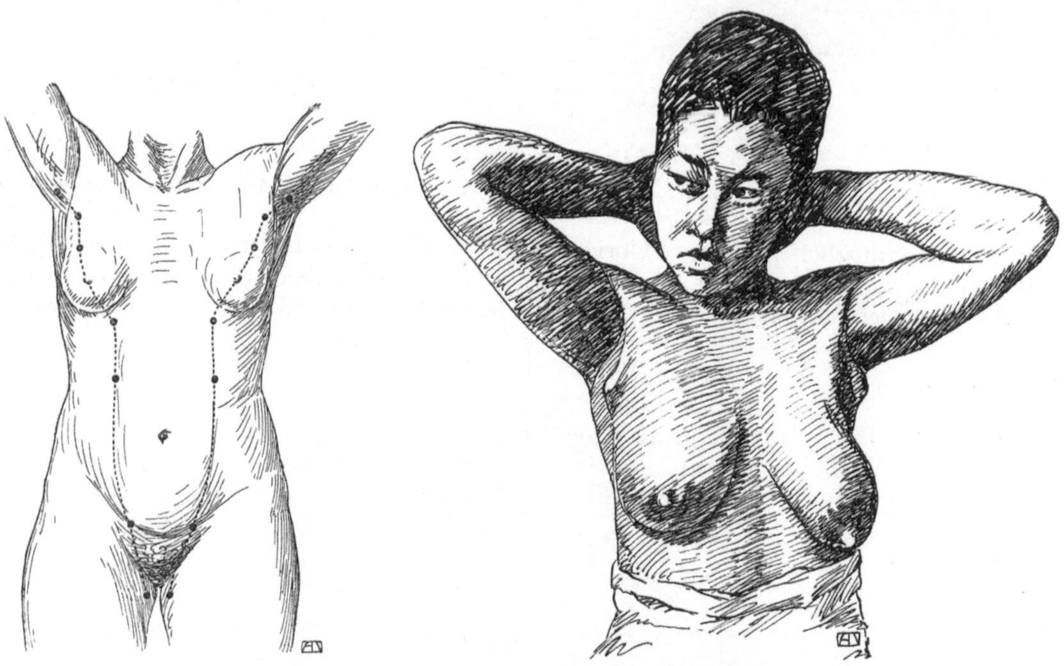

Fig. 655. Schematische Darstellung der Punkte, an denen überzählige Mammae auftreten können.
Nach Merkel, topogr. Anat.

Fig. 656. Beiderseitige Hypermastie bei einer Japanerin in der Fossa axillaris.
Nach T. Iwai, The Lancet. 173. 1907.

das andere Extrem stellt ein von Neugebauer beschriebener Fall dar, bei welchem zehn Brustwarzen vorkamen, davon 6 unterhalb und 2 oberhalb der normalen Mammae. Iwai fand bei Japanern die überzähligen Mammae häufiger oberhalb als unterhalb der normalen Gebilde (Fig. 656), während nach Leuchtensterns Beobachtungen bei Europäern das Umgekehrte die Regel bilden soll. Die Hypermastie ist bei Weibern häufiger als bei Männern, wenigstens gibt Iwai für Japaner an, daß sie bei $1,68\%$ der Männer und $5,19\%$ der Weiber vorkomme. Die Heredität spielt jedenfalls eine Rolle, und zwar scheint sie nach Iwai durch die weibliche Linie zu gehen; so ist der Stammbaum einer Familie veröffentlicht worden, in welcher sich die Hypermastie durch 4 Generationen in der weiblichen Linie, immer wieder auf Weiber, vererbte. Die Fig. 656 stellt eine beiderseitige Hypermastie dar, bei welcher die überzähligen Milchdrüsen etwas unterhalb der Fossa axillaris liegen. In Fig. 655 sind alle jene Stellen bezeichnet, an denen man überhaupt überzählige Drüsen beobachtet hat, und zwar sehen wir, daß dieselben in einer Linie vorkommen, welche sich von der Fossa axillaris bis zur medialen Fläche des Ober-

sch enkels erstreckt und wohl annähernd dem Verlaufe der Milchleiste beim Embryo
entspricht. Am Bauche sind überzählige Drüsen selten, dagegen wurden sie merkwürdigerweise mehrmals am Rücken beobachtet, eine Tatsache, die ihre Erklärung vielleicht
darin findet, daß überzählige Anlagen der Milchleiste bei dem ventralen Vorrücken
derselben am Rücken stehen bleiben und hier zur weiteren Ausbildung gelangen.

Entwicklung der Nägel.

Bei der Bildung der Nägel beteiligt sich sowohl die Epidermis als das Corium,
indem jene die Nagelplatte, dieses dagegen deren Unterlage, das Nagelbett, mit den
für das Wachstum und die Erneuerung der Nagelplatte so überaus wichtigen Gefäßen

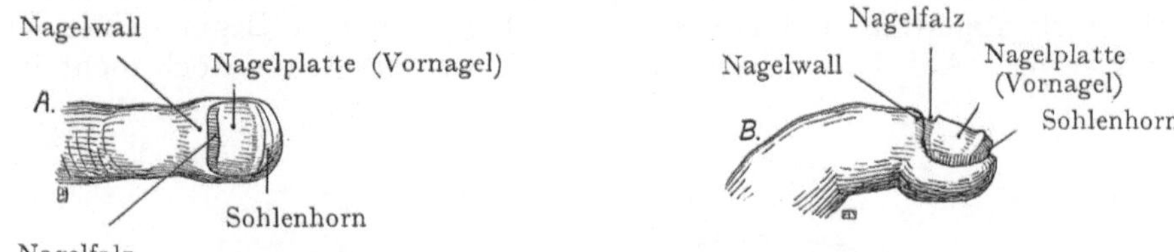

Fig. 657. Zeigefinger, menschlicher Fetus von 6 cm Länge.

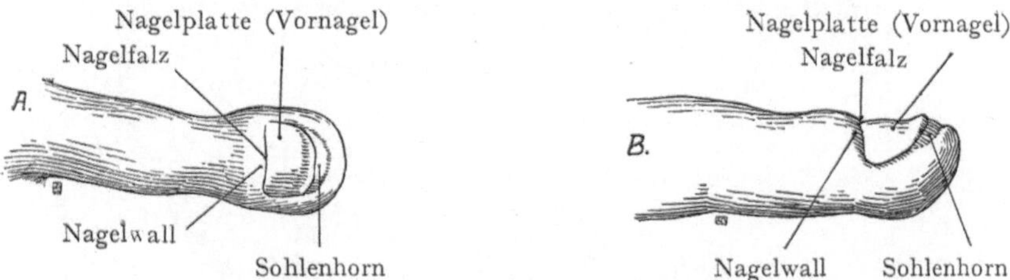

Fig. 658. Zeigefinger eines menschlichen Fetus von 8½ cm Länge.

liefert. Wir haben es also hier wieder mit dem Incinandergreifen der Entwicklungsvorgänge im Bereiche zweier Keimblätter zu tun, wie wir es schon bei der Entwicklung

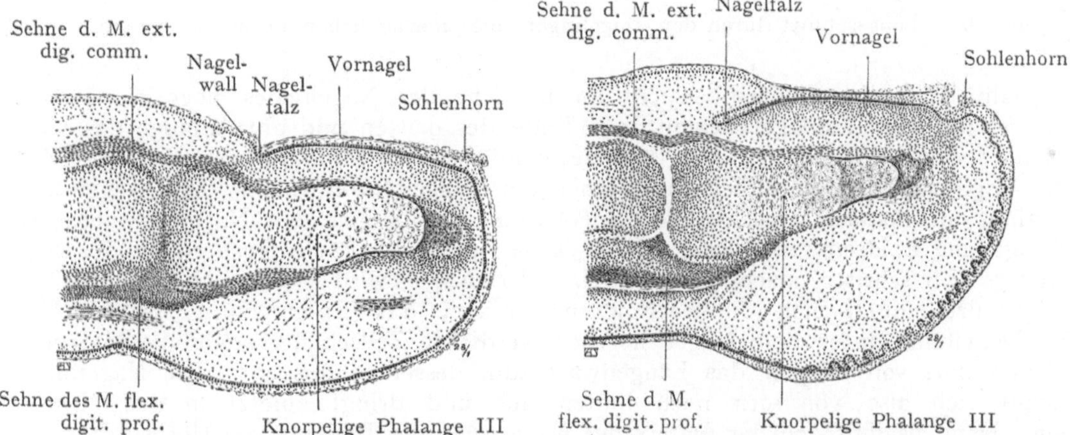

Fig. 659. Längsschnitt durch den Zeigefinger
eines menschlichen Fetus von 6 cm Länge.

Fig. 660. Längsschnitt durch das Endglied des
Zeigefingers eines 8½ cm langen Fetus.

der Haare sowie der Hautdrüsen kennen gelernt haben. Gegenüber diesen Verhältnissen
besteht aber für die Nagelentwicklung der Unterschied, daß sich die von der Epidermis

gelieferte Nagelplatte nicht in die Tiefe senkt, sondern als verhorntes Epidermisprodukt an der Oberfläche liegen bleibt.

Als erste Anlage des Nagels sehen wir in der zweiten Hälfte des dritten Monats (Fig. 657 A u. B) eine leichte Wölbung am dorsalen Umfange der Fingerenden, die Nagelplatte. Bald grenzt sich dieselbe durch einen Wulst, den Nagelwall, ab, welcher sich besonders an dem proximalen Ende der Nagelplatte stärker erhebt und durch einen Einschnitt, den Nagelfalz, von der Nagelplatte abgesetzt ist. Die Nagelplatte zerfällt, nachdem an ihrem distalen Ende eine Wucherung der Epidermis aufgetreten ist, durch eine Querfurche in zwei Abschnitte, den vorderen gewucherten, den wir als Sohlenhorn bezeichnen, und den hinteren, den Vornagel. Auf einem Längsschnitte (Fig. 659) sehen wir, daß auf der ganzen Platte die in lebhafter Proliferation begriffenen Zellen des Stratum germinativum nach der Oberfläche Zellen abgeben, die sich stark abplatten und etwas später (Fig. 660) den Beginn eines Verhornungsprozesses zeigen. Auf den vorliegenden Stadien ist aber davon noch nicht viel zu sehen,

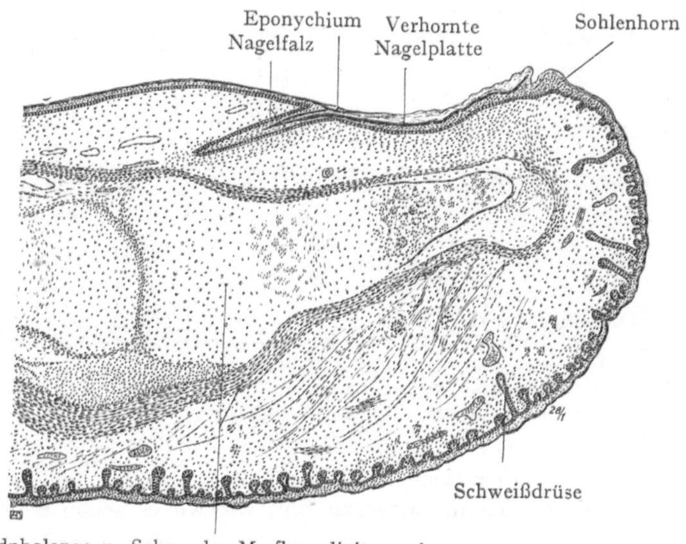

Fig. 661. Längsschnitt durch den Zeigefinger eines menschlichen Fetus von 12 cm Länge.

deshalb wird die Epidermisschicht im Bereiche des Nagelfeldes noch als Vornagel bezeichnet. Im Vornagel beginnt am Ende des dritten und am Anfange des vierten Monats der Verhornungsprozeß, welcher zunächst zur Bildung einer, in die Zellen der Epidermis eingeschlossenen, verhornten Nagelplatte führt. Die Nagelbildung beginnt am distalen Teile des Vornagels und rückt gegen den Nagelfalz vor. Hier dringt eine Epidermiswucherung in die Tiefe, in welcher die Verhornung des Nagels weitere Fortschritte macht (Fig. 661). Der Nagel wird aber auch außerhalb des Nagelfalzes durch eine dünne Epidermisschicht, das Eponychium, bedeckt. Die im Nagelfalze unter dem Nagel liegende verdickte Zellschicht stellt die Matrix des Nagels dar, von welcher das Längenwachstum desselben ausgeht. Die Nagelbildung dehnt sich also von vorn nach hinten aus und dringt zuletzt in den Nagelfalz ein. Dann beginnt von der Matrix des Nagels aus die Bildung von Hornsubstanz und das Längenwachstum der Nagelplatte nimmt nun seinen Anfang. Das Eponychium, welches ursprünglich die ganze Nagelplatte bedeckte (Fig. 661), zerreißt, der Nagel wird entblößt, und später weisen bloß noch Reste des Eponychiums, die man als Nagelsaum oder Perionychium bezeichnet, auf den ursprünglichen Zustand hin. Nach dem Beginne des von der Matrix ausgehenden Längenwachstums des Nagels und dem Einreißen des Eponychiums wird das Sohlenhorn, welches sich ursprünglich scharf von dem Vornagel absetzte (Fig. 658), von der Nagelplatte überwachsen; auch wird es durch das Abblättern seiner Zellen niedriger und kommt schließlich unter das distale Ende des Nagels zu liegen, wo wir es beim fertigen Nagel als Nagelsaum antreffen. In Fig. 661 ist das Sohlenhorn des menschlichen Nagels noch in seiner maximalen Entfaltung zu sehen. Die Dicke der Nagelplatte des Neugeborenen ist gering, auch zeigt das darunter liegende Corium (Nagelbett) noch nicht die typische Ausbildung der Leisten, die wir beim Erwachsenen antreffen. Dieselben beginnen sich zwar schon im vierten Monat zu bilden, doch nehmen sie später beträchtlich an Höhe zu.

Der Vergleich des Nagels mit den Verhornungen an den Endabschnitten der Extremitäten vieler Säugetiere läßt sich mit Hilfe der Entwicklungsgeschichte leicht durchführen (Fig. 662). Dabei spielt das Sohlenhorn eine sehr wichtige Rolle. Beim Menschen ist dasselbe, wie gesagt, auf den Nagelsaum reduziert, welcher den Übergang des Nagelbettes in die leistentragende Haut der Fingerbeere darstellt (Fig. 662 A). Bei der

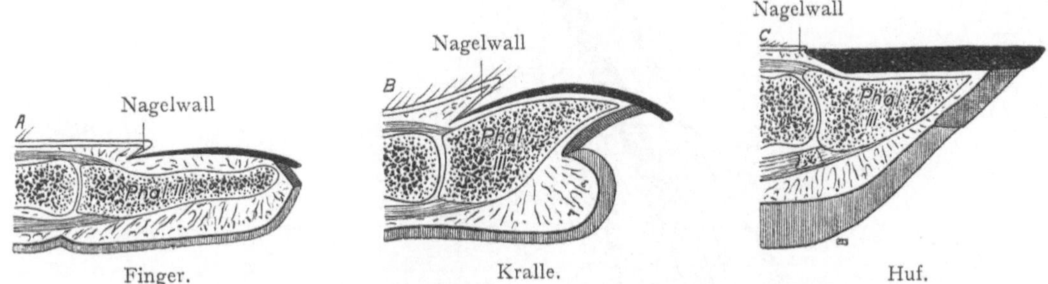

Fig. 662. Vergleich der terminalen Bildungen an den Fingern und Zehen der Säugetiere. Nach J. E. V. Boas, Morph. Jahrb. IX. 1884.

Ausbildung von Krallen (Fig. 662 B) stellt das Sohlenhorn die untere, häufig ausgehöhlte Fläche der Kralle dar, an welche sich noch weiter unten die stark reduzierte Fingerbeere anschließt. Der Nagel mit dem Sohlenhorn erscheint bei diesen Formen, in höherem Grade wie beim Menschen, als terminales Gebilde der Finger. In Fig. 662 C ist endlich als drittes Beispiel der Pferdehuf dargestellt, bei welchem sich der mächtige Hornschuh, der eigentliche Huf, welcher mit dem Nagel der Primaten zu vergleichen ist, in spitzem Winkel vom Sohlenhorn absetzt; dieses geht wieder, ohne scharfe Grenze, in eine mit der Fingerbeere vergleichbare Strecke über.

In allen Fällen ist der Nagel ein dorsales Gebilde der Endphalange, allerdings ist es auffallend, daß der letzte Fingerabschnitt mit dem Nagelbett von volaren Nerven versorgt wird, indem die dorsalen Nerven entweder das Nagelbett gar nicht oder doch nur mit unansehnlichen Ästen erreichen. Zander nimmt an, daß die von den Nn. digitales volares versorgten dorsalen Abschnitte der Finger von der volaren Seite aus dorsalwärts gerückt seien. Wir wissen noch zu wenig über die Entwicklung und die Verschiebungen der Haut, als daß wir dieser Vermutung ohne weiteres zustimmen könnten.

Wachstum und Regeneration des Nagels und des Haares.

Der Nagel unterliegt, ganz ähnlich wie die Haare, einer Abnutzung, welche durch eine Neubildung von Nagelsubstanz wieder gut gemacht wird. Diese geht von den Zellen der Matrix aus, welche der unteren Fläche und dem freien Rand der Nagelwurzel entspricht und sich in der Lunula scharf gegen den distalen Teil des Nagelbettes absetzt. Dieses ist nicht mehr als Matrix des Nagels anzusehen, wohl aber als ein

Bindemittel zwischen dem Nagel, der bei seinem Wachstum darüber hinweggeschoben wird und dem bindegewebigen Nagelbette.

Das Wachstum des Nagels wird durch Erkrankungen und Schädigungen der Matrix beeinflußt, die im Verlaufe akuter oder chronischer Krankheiten auftreten und

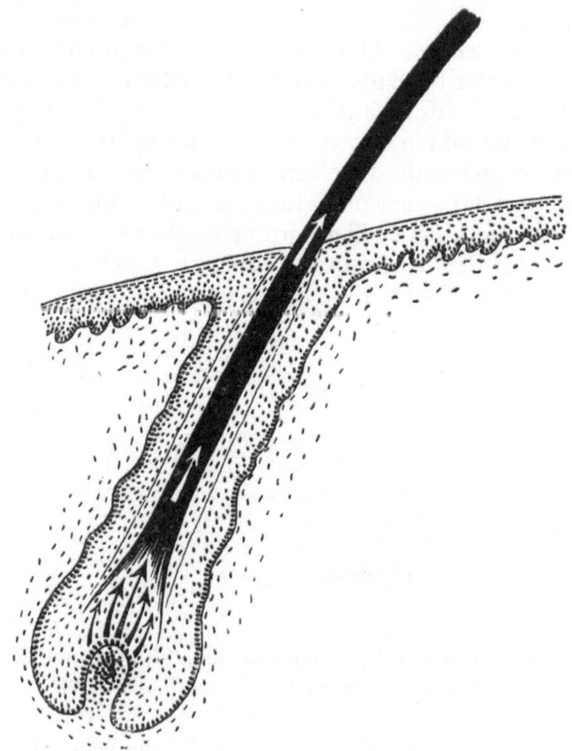

Fig. 663.   Wachstum des Haares.

Rinnenbildungen oder andere Unregelmäßigkeiten im Nagelwachstum verschulden. Direkte Verletzungen der Nagelmatrix können die Bildung des Nagels in hohem Grade stören. Sehr merkwürdig sind die Fälle von Regeneration eines Nagels nach Verlust

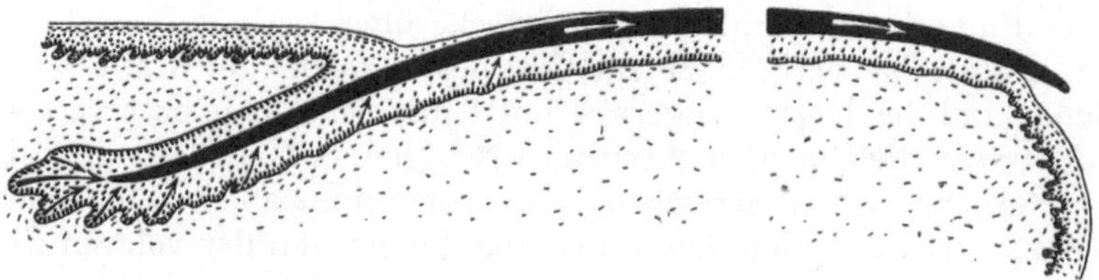

Fig. 664.   Wachstum des Nagels.

des dritten Fingergliedes durch Erfrieren, bei denen das zweite Fingerglied einen neuen Nagel bildet (Barfurth).

Das Wachstum des Haares und des Nagels wird durch die Figg. 663 und 664 veranschaulicht. Beim Haare geht das Wachstum von dem Bulbus, beim Nagel von der weiter ausgedehnten Matrix aus.

Literatur über die Entwicklung des Integumentum commune.

Cutis.

Adachi, B., Hautpigmentierung beim Menschen und beim Affen. Zeitschr. f. Morph. u. Anthr. 6. 1893, auch Anat. Anz. 21. 1902. — *Burkard, O.*, Über die Hautspaltbarkeit menschlicher Embryonen. Arch. f. Anat. u. Entw.-Gesch. 1903. — *Bowen, J. T.*, The epitrichial layer of the human epidermis. Anat. Anz. 4. 1889. 412—442. — *Cederkreutz, A.*, Über die Verhornung der Epidermis beim menschlichen Embryo. Arch. f. Dermat. u. Syphilis. 84. 1907. — *Großer, O.*, u. *Fröhlich, Alfr.*, Beiträge zur Kenntnis der Dermatome der menschlichen Rumpfhaut. Morph. Jahrb. 30. 1902. 508—537. — *Harrison, R. G.*, The growth and Regeneration of the tail of the Frog larva, studied with the aid of Borns method of grafting. Arch. f. Entw.-Mech. 7. 1898. — *Langer, C.*, Über die Spaltbarkeit der Cutis. Sitzungsber. d. k. k. Akad. d. Wiss. Wien. Math.-nat. Kl. 44. 1. Abt. 1862. 19—46. — *Philippson, L.*, Über die Formveränderungen des Papillarkörpers der Haut durch die Wirkung einfacher mechanischer Kräfte. *Virchows* Arch. 120. 1890.

Haare.

Aubertin, G., Das Vorkommen von Kolbenhaaren und die Veränderungen derselben beim Haarwiederersatz. Arch. f. mikr. Anat. 47. 1896. — *Bloch, Br.*, Über die Entwicklung des Haut- und Haarpigmentes beim menschlichen Embryo und über das Erlöschen der Pigmentbildung im ergrauenden Haare (Ursache der Canities). Arch. f. Dermat. u. Syph. 135. 1921. 77—108. — *Eschricht*, Über die Richtung der Haare am menschlichen Körper. *Müllers* Arch. 1837. 37—62. — *Friedenthal, H.*, Beiträge zur Naturgeschichte des Menschen. I. Lief. Das Wollhaarkleid des Menschen. II. Lief. Das Dauerhaarkleid. IV. Lief. Entwicklung, Bau und Entstehung der Haare. Jena 1908. — *Garcia, S. A.*, Beiträge zur Kenntnis des Haarwechsels bei menschlichen Embryonen und Neugeborenen. *Schwalbes* Morph. Arb. 1. 1892. 137—206. — *Keibel, Fr.*, Ontogenie und Phylogenie von Haar und Feder. Ref. in *Bonnet* und *Merkels* Ergebn. 3. 1895. — *Kidd, Walter*, Notes on the hairslope in Man. Journ. of Anat. and Phys. 35. 1901. 305—322. — *Derselbe*, The direction of hair in Animals and Man. London. A. C. Black. — *Ludwig, E.*, Morphologie und Morphogenese des Haarstrichs. Zeitschr. f. d. ges. Anat. Abt. I. Zeitschr. f. Anat. u. Entwicklungsgesch. 1921. — *Maurer, F.*, Die Epidermis und ihre Abkömmlinge. Leipzig 1895. — *Meijere, H. de*, Über die Haare der Säugetiere, besonders ihre Anordnung. Morph. Jahrb. 21. 1894. — *Miescher, G.*, Die Chromatophoren in der Haut des Menschen, ihr Wesen und die Herkunft ihres Pigmentes. Arch. f. Dermat. u. Syph. 139. 1922. 313—425. — *Prinzhorn, F.*, Die Haut und die Rückbildung der Haare beim Nackthunde. Jen. Zeitschr. 57. 1920. — *Schwalbe, G.*, Mitteilungen über Haare, besonders über ihre Richtung. Mitt. d. philomath. Ges. in Elsaß-Lothringen 4. 1911. — *Stieda, L.*, Untersuchungen über die Haare des Menschen. Anat. Hefte 40. 1910. 287—393. — *Stöhr, Ph.*, Entwicklungsgeschichte des menschlichen Wollhaares. Anat. Hefte 23. 1903. 1—66. — *Voigt, Chr. Aug.*, Abhandlung über die Richtung der Haare am menschlichen Körper. Denkschr. d. k. k. Akad. d. Wiss. Wien. 13. Bd. 1857.

Hautdrüsen.

Heuß, E., Über postembryonale Entwicklung von Talgdrüsen in der Schleimhaut der menschlichen Mundhöhle. Monatschr. f. prakt. Dermat. 31. 1900. — *Holl, M.*, Über ein merkwürdiges Verhalten der Brüste bei einer Buschmannsfrau. Mitt. d. anthrop. Ges. in Wien. 50. 1920. — *Iwai, Teizo*, A statistical study of the Polymastie of the Japanese. Lancet 173. 1907. 753—759. — *Leuchtenstern*, Über das Vorkommen und die Bedeutung der supernumerären (accessorischen) Brüste und Brustwarzen. *Virchows* Arch. 73. 1878. — *Lüneburg, E.*, Beitrag zur Entwicklung und Histologie der Knäueldrüsen in der Achselhöhle des Menschen. Inaug.-Diss. Rostock 1902. — *Neugebauer, F. L.*, Eine bisher einzig dastehende Beobachtung von Polymastie mit 10 Brustwarzen. Zentralbl. f. Gyn. 1886. — *Schmidt, Hugo*, Über normale Hyperthelie menschlicher Embryonen und über die erste Anlage der menschlichen Milchdrüse überhaupt. *Schwalbes* morph. Arb. 7. 1897. 157—199. — *Schmitt, Heinr.*, Über die Entwicklung der Milchdrüse und die Hyperthelie menschlicher Embryonen. *Schwalbes* morph. Arb. 8. 1898. 236—303. — *Schultze, O.*, Beiträge zur Entwicklungsgeschichte der Brustdrüsen. Verh. d. phys.-med. Ges. zu Würzburg. N. F. 26. 1891, auch Anat. Anz. 7. 1892. — *Stieda, L.*, Das Vorkommen freier Talgdrüsen am menschlichen Körper. Zeitschr. f. Morph. u. Anthr. 4. 1092. 443—462.

Nagelentwicklung.

Barfurth, D., Regeneration und Transplantation in der Medizin. Jena 1910. — *Boas, J. E. V.*, Ein Beitrag zur Morphologie der Nägel, Krallen, Hufe, Klauen der Säugetiere. Morph. Jahrb. 9. 1884. 389—399. — *Curtis, F.*, Sur le développement de l'ongle chez le fétus humain jusqu'à la naissance. Journ. de l'anat. et de la physol 25. 1889. 125—184. — *Gegenbaur, C.*, Zur Morphologie des Nagels. Morph. Jahrb. 10. 1883. 465—479. — *Kölliker, A. von*, Die Entwicklung des menschlichen Nagels. Zeitschr. f. wiss. Zool. 47. 1883. 129—154. — *Zander, R.*, Die frühesten Stadien der Nagelentwicklung und ihre Beziehungen zu den Digitalnerven. Arch f. Anat. u. Entw.-Gesch. 1884. 103—144.

Anhang.

I. Organbildende Substanzen und Lokalisation im Keime.

Allgemeines.

Die Kenntnis der Organentwicklung ist ein verhältnismäßig alter Erwerb der Entwicklungsgeschichte. Manche Vorstellungen gehen bis auf K. Fr. Wolff (Darm-kanal), auf K. E. v. Baer (Entwicklung des Darmes, der Leber, des Gehirns u. dgl.), auf Rathke und Joh. Müller zurück. Ein entschiedener Fortschritt war es, als Remak in seinem großen Werke über Entwicklungsgeschichte (1850—55) die Organe auf die Keimblätter zurückführte und eine Periode der embryologischen Forschung eröffnete, welche sich noch ausgedehnter und erfolgreicher gestaltete infolge des Interesses, welches der vergleichenden Anatomie und Embryologie nach der Aufstellung der Darwin-schen Descendenzlehre zugewandt wurde. Die Bildung der Keimblätter sowie die Ent-stehung der Organe aus einzelnen Abschnitten derselben wurden durchforscht. Man beschäftigte sich auch mit der Zusammensetzung der Keimblätter aus einzelnen Organ-anlagen. So wurde die erste Anlage der willkürlichen Muskeln in dem medialen Blatte des Myotoms festgestellt, die Anlage des gegliederten Skeletes als Sklerotomdivertikel an der Grenze zwischen Myotom und Zwischenstück des Ursegmentes erkannt, die Anlage des Urogenitalsystems aus dem Zwischenstück des Ursegmentes hergeleitet usw. Mit anderen Worten, es wurden die Anfänge einer Topik der Keimblätter geschaffen, d. h. die Lehre gefestigt, daß diese aus bestimmten Organanlagen bestehen, die durchaus nicht etwa vicariierend für einander eintreten können. Die Keimblätter setzen sich aus einem Mosaik derartiger Anlagen zusammen. In dem Hertwigschen Lehrbuche der Entwicklungsgeschichte, dessen erste Auflage im Jahre 1886 erschien, wurde die Herkunft der Organe aus den Keimblättern zum Einteilungsprinzip erhoben und die Organe des Ectoderms, des Mesoderms und des Entoderms unterschieden.

Seit dem Ende des letzten Jahrhunderts hat sich nun die Forschung nach einer neuen Richtung Bahn gebrochen und damit auf Anschauungen zurückgegriffen, die schon im 17. Jahrhundert, dann wieder von Haller im 18. Jahrhundert vertreten wurden und sich als Präformationstheorie zusammenfassen lassen. Nach dieser sollte das fertige Wesen schon in der Eizelle präformiert sein; seine einzelnen Teile entfalten sich bei der Entwicklung (Evolution), werden jedoch nicht, wie die entgegengesetzte Theorie der Epi-genesis es will, neu gebildet (s. unten). Die Worte von Haller (Elementa physiologiae VIII. 1766) bezeichnen auch den Weg, den die Forscher am Ende des 19. Jahrhunderts eingeschlagen haben. Er sagt (loc. cit. pag. 143): ,,Ducimur ad evolutionem potissimum, quando a perfecto animali retrorsum progredimus et incrementorum atque mutationum seriem religimus. Ita inveniemus, perfectum illud animal fuisse imperfectius; alterius figurae et fabricae et denique rude et informe; et tamen idem semper animal sub iis diversis phasibus fuisse, quae absque ullo saltu perpetuos parvosque per gradus cohaerent." Haller geht in seinem Bestreben, die Organanlagen festzustellen, bis auf die Eizelle zurück, und auch in der neueren Zeit ist derselbe Gesichtspunkt maßgebend geblieben. Man sucht die Struktur der Eizelle zu ergründen, Anlagen von Organen in Form von organbildenden Substanzen nachzuweisen und diese Anlagen durch das Stadium der Furchung bis in die Gastrula und von hier ab in den Keimblättern bis zur ersten Manifestwerdung zu verfolgen. Diese Richtung, welche in Amerika durch Wilson, Conklin, Castle u. a., in Deutschland durch Boveri angebahnt wurde, eröffnet uns die Aussicht auf früher ungeahnte Aufschlüsse sowohl über das normale wie über das pathologische Geschehen. Vor allem hat nicht bloß die direkte Beobachtung, besonders der Furchungsstadien (Cell lineage von Wilson, Castle; s. die Übersicht in C. Rabls Abhandlung über van Beneden), wertvolle Aufschlüsse gebracht, sondern das Material ist auch der experimentellen Behandlung zugänglich gemacht worden (Fischel, Goodale, Kopsch u. a.). Indem wir nach der Schilderung der einzelnen Entwicklungsvorgänge noch einen allgemeinen Überblick über die Ergebnisse dieser neueren Forschungsrichtung geben, hoffen wir daraus Erkenntnisse zu schöpfen, welche für die Beurteilung nicht bloß der frühen Entwicklungsstadien, sondern der Entwicklung überhaupt von Bedeutung sein dürften.

I. Polarität der Zelle und Struktur des Eies.

Als in der ersten Hälfte der 70er Jahre die Erforschung der Vorgänge der indirekten Zellteilung (Auerbach, Bütschli, O. Hertwig, Flemming) einsetzte, um im Jahre 1882 mit der zusammenfassenden Darstellung von Flemming einen vorläufigen Abschluß zu finden, konzentrierte sich das Interesse auf die Teilung der Chromatinschleifen des Kernes, die Verlagerung derselben in die beiden Tochterkerne und das Auseinanderrücken der letzteren (s. Fig. 19). Die Vorgänge innerhalb des Zellprotoplasmas fanden viel geringere Beachtung, und erst durch C. Rabls Arbeit über die Zellteilung aus dem Jahre 1885 wurde es vollends klar, daß neben und gleichzeitig mit der Teilung und Verlagerung der Chromosomen auch im Zellprotoplasma Vorgänge sich abspielen, welche Beachtung verdienen. Rabl hat das Polfeld sowie die Einstellung der Protoplasmastrahlung auf die Centrosomen u. a. beschrieben (s. S. 44), Vorgänge, die sofort den Eindruck erwecken, es müsse sich um dynamische Prozesse handeln, welche auf bestimmte Punkte des Zelleibes und des Kernes eingestellt seien, möglicherweise von denselben ausgehen. Daß Rabl auch in der ruhenden Zelle ein Polfeld auffand, war für das Verständnis des Prozesses von höchster Bedeutung und zeigte, daß zu einer Zeit, da die dynamischen Vorgänge in der Zelle ruhen, eine bestimmte Einstellung von Bestandteilen des Zellprotoplasmas in Form feiner Fäden anzunehmen sei.

Die Auffindung der Zentralkörperchen in den verschiedensten Zellen bot den Anlaß, auf die Struktur des Protoplasmas sowohl der ruhenden wie auch der sich teilenden Zelle genauer einzugehen. C. Rabl hat in einem Vortrage aus dem Jahre 1886 über die Prinzipien der Histologie, zunächst von der Epithelzelle ausgehend, die Unterschiede besprochen, welche die freie Fläche der Zelle von der basalen Fläche auszeichnen. Gewisse Eigentümlichkeiten „kommen bei der weiteren Differenzierung der Zellen nur am basalen, andere nur am freien Pole der Zellen vor. Am basalen Pole kommt es häufig zur Bildung von Fortsätzen, durch welche die Zelle mit benachbarten Geweben in Beziehung tritt; am freien Pole zur Entwicklung von Cuticularbildungen, Flimmer- und Sinneshaaren, Sinnesborsten u. dgl.". Die Epithelzelle ist also polar differenziert, indem die Achse von der freien zur basalen Fläche der Zelle verläuft und den Zellkern sowie das bei den Epithelzellen der freien Fläche näher gelegene Polfeld schneidet.

Auch an anderen Differenzierungen der Zelle läßt sich der Unterschied zwischen freier und basaler Fläche derselben erkennen. So hebt Rabl hervor, daß die Muskelfibrillen zunächst ausschließlich an der basalen Fläche auftreten, und erst allmählich auf das übrige periphere und zentrale Protoplasma übergreifen. An den Epithelzellen des Medullarrohres, die sich zu Ganglienzellen ausbilden, sehen wir den Nervenfortsatz immer von der basalen Seite der Zelle auswachsen; auch an den Zellen der Cutislamelle des Myotoms beginnt die Bildung von Fortsätzen an der basalen Seite. Dagegen spielen sich alle Sekretionsvorgänge an der freien Fläche der Zelle ab.

Ähnliche Anschauungen über die Struktur der Zellen waren schon früher von van Beneden und Hatschek geäußert worden; dieser hatte die Ansicht ausgesprochen, es sei die Epithelzelle ein Gebilde mit bilateraler Symmetrie, dessen Hauptachse von der freien zur basalen Fläche verlaufe. In welcher Weise diese Polarität bei der weiteren Differenzierung der Zelle und ihrem Ausscheiden aus dem epithelialen Verbande verändert wird, entzieht sich vorläufig unserer Beurteilung, doch dürfen wir wohl annehmen, daß sie, z. B. in Mesenchymzellen, latent bestehen kann und wieder zum Vorschein kommt, wenn solche Zellen abermals einen epithelialen Charakter annehmen.

Nach einer anderen Auffassung (C. Rabl in seiner Abhandlung über Éd. van Beneden) stellt die Zelle einen bilateral-symmetrischen Organismus dar, mit einer Hauptachse und zwei senkrecht daraufstehenden Nebenachsen, etwa zu vergleichen mit zwei ungleich hohen vierseitigen Pyramiden, deren Basen miteinander vereinigt sind. Eine solche Struktur soll schon dem Ei zukommen und bei der Furchung und der weiteren Differenzierung des Keimes auf die einzelnen Zellen weitergegeben werden.

Bei diesen Erwägungen über die Zellstruktur spielten vor allem die morphologischen Eigenschaften der Zellen die Hauptrolle. Erst in neuerer Zeit begann man sich mit den physikalischen und physikalisch-chemischen Prozessen zu beschäftigen, welche sich innerhalb der Zelle infolge ihrer Lage, ihren Beziehungen zu anderen Zellen, oder zum umgebenden Medium abspielen. Eine Fülle solcher Tatsachen sind in neuerer Zeit bekannt geworden. Auch gestatten Experimente in manchen Fällen Analogieschlüsse auf die Zustände innerhalb der Zelle. Wir können jetzt schon sagen, daß die Unterschiede, die an der basalen und freien Fläche der Zelle festgestellt wurden, in vielen Fällen auf physikalische Faktoren, nicht auf strukturelle Unterschiede zurückzuführen sind. In der Gestaltung und Dynamik der Epithelzellen spielt die Oberflächenspannung ihrer Wandungen eine bedeutende Rolle; die Membranbildung ist wohl auf ein Hinströmen gewisser Bestandteile des Zellprotoplasmas gegen die Zelloberfläche zurückzuführen (Zangger). Der Vorgang wird als Adsorption bezeichnet, und das Wesen der Erscheinung darin erblickt, daß Substanzen in colloidalem Zustande, wie wir sie in dem Zellprotoplasma vor uns sehen, in der Oberflächenschicht eine andere Konzentration besitzen als im Innern der Zelle. Schon hierdurch wird eine verschiedene Verteilung resp. Dichtigkeit der Bestandteile des Protoplasmas hervorgerufen, die sich morphologisch in verschiedener Weise äußern kann. Daß die physikalischen Bedingungen an den seitlichen Wandungen einer Epithelzelle andere sind als an der Basis und hier wieder andere als an der freien Fläche, ist wohl ohne weiteres klar. Man ist also auch von diesem Gesichtspunkte aus berechtigt, von einer Polarität der Zelle zu sprechen und die verschiedenartige Lagerung und Differenzierung von Substanzen innerhalb derselben zu beurteilen. Aber dabei tritt die Vorstellung in den Hintergrund, daß man es mit einer einmal gegebenen Struktur der Zelle zu tun hat, welche durch Änderungen in den Lebensbedingungen derselben sowie in der Zusammensetzung ihres Protoplasmas unbeeinflußt bleibt. Wohl aber gewinnt man den Eindruck, daß physiologische Zustände auch morphologische Strukturverhältnisse vortäuschen können und zu zahlreichen Feststellungen in der feineren Histologie der Zelle Veranlassung gegeben haben, die der Kritik nicht standhalten können. Hierher gehören solche Bildungen, wie die Stäbchenstruktur der Nierenepithelien, manche Granula,. Fäden u. dgl., die in der Zelle sichtbar werden, aber nicht als Strukturbestandteile derselben betrachtet werden dürfen. Das Protoplasma der Zelle ist als eine Mischung verschiedener Colloide aufzufassen, die sich jedoch innerhalb der Zelle lokalisieren können, so daß das Gemisch alsdann nicht mehr eine gleichförmige Beschaffenheit zeigt. Die Lokalisation wird wohl teils durch die Strukturverhältnisse der betreffenden Zelle bestimmt, teils durch die physikalischen Bedingungen, denen die Zelle in ihrem Gewebegefüge unterliegt. Bewegungen, Strömungen, Verlagerungen im Zellprotoplasma sind wohl eine regelmäßige Erscheinung bei vielen Zellen und deuten darauf hin, daß fortwährend Änderungen in der Oberflächenspannung eintreten können, wie wir sie oben im Begriffe der Adsorption zusammengefaßt haben.

II. Lokalisation organbildender Substanzen im Ei.

Wenn wir in den Zellen des Organismus eine Polarität annehmen, so muß eine solche auch denjenigen Zellen zukommen, welche als Keimzellen die Rolle übernehmen, durch ihre Vereinigung in dem Befruchtungsprozeß die Entwicklung eines neuen Organismus zu begründen. Da die Spermien bei ihrem geringen, nur im Mittelstück sich findenden Protoplasmagehalte der Untersuchung in dieser Hinsicht weit weniger zugänglich sind als die Eizellen, so hat sich das Interesse der Forscher fast ausschließlich diesen zugewandt. Zahlreiche Untersuchungen und Experimente haben sich während der letzten 20 Jahre mit dieser Frage beschäftigt. Sie ist innig verknüpft mit derjenigen nach den organbildenden Substanzen und deren Lagerung im befruchteten und unbefruchteten Ei sowie während der Furchung bis in das Gastrulationsstadium und während der Bildung der Keimblätter.

Als erster hat wohl His in seiner Abhandlung: „Über unsere Körperform und das physiologische Problem ihrer Entstehung" aus dem Jahre 1874 die Frage angeschnitten. Er sagt: „Das Material zur Anlage ist schon in der ebenen Keimscheibe vorhanden, aber morphologisch nicht abgegliedert und somit als solches nicht weiter erkennbar. Auf dem Wege rückläufiger Verfolgung werden wir dahin kommen, auch in der Periode unvollkommener oder mangelnder morphologischer Gliederung den Ort jeder Anlage räumlich zu bestimmen. (Ja, wenn wir konsequent sein wollen, so haben wir diese Bestimmung auf das eben befruchtete und selbst auf das unbefruchtete Ei auszudehnen.) Das Prinzip, wonach die Keimscheibe die Organanlagen in flacher Ausbreitung vorgebildet enthält und, umgekehrt, ein jeder Keimscheibenpunkt in einem späteren Organ sich wiederfindet, nenne ich das Prinzip der organbildenden Keimbezirke".

Diese bedeutsame Äußerung von His ist nicht auf fruchtbaren Boden gefallen, da descendenz-theoretische Interessen während der 70er und 80er Jahre die Forschung beherrschten und die Gedankengänge bestimmten. Im Jahre 1901, kurz vor seinem Tode, hat His in einer Abhandlung über „Das Prinzip der organbildenden Keimbezirke und die Verwandtschaft der Gewebe" an seine frühere Vermutung wieder angeknüpft und dieselbe im Lichte neuerer Forschung abermals dargestellt. Es war inzwischen auf diesem Gebiete viel gearbeitet und unabhängig von dem Hisschen Gedanken die Lehre von der Struktur des Eies mächtig gefördert worden.

Die für das Vorhandensein „organbildender Substanzen" im Ei sprechenden Beweise sind verschiedener Art. Sehr früh haben gewisse pathologische Vorkommnisse die Aufmerksamkeit der Embryologen auf die Tatsache gelenkt, daß Erschütterungen der Eier zu Mißbildungen Veranlassung geben können. Dareste hat in der zweiten Auflage seines Werkes „Recherches sur la production artificielle des monstrosités" im Jahre 1891 darauf aufmerksam gemacht, daß Hühnereier, die Erschütterungen ausgesetzt waren, einen sehr hohen Prozentsatz von Mißbildungen aufweisen, wenn sie sofort nach dem Eingriffe bebrütet werden, daß dagegen der Prozentsatz sich bedeutend

vermindert, wenn zwischen dem Zeitpunkt der Schädigung und dem Anfange der
Bebrütung die Eier ruhig liegen bleiben. Es ist evident, daß Veränderungen, welche
infolge der Erschütterung der Eier im Protoplasma auftreten, sich wieder ausgleichen
können. So liegt die Vorstellung nahe, daß regelmäßig, etwa in bezug auf einen
Eipol oder eine Symmetrieebene angeordnete Protoplasmamassen durcheinander-
gebracht oder wenigstens aus ihrer normalen Lage in eine solche übergeführt
werden, welche die Entstehung einer Mißbildung zur Folge haben müssen. Ähnliche Versuche sind später auch an Amphibieneiern mittels der Zentrifugalmaschine angestellt
worden, mit Resultaten, die mit dieser Annahme gut zusammenstimmen. Besonders
lassen sich mit solchen Methoden Doppelbildungen der verschiedensten Art erzeugen.
Welcher Art die Veränderungen sind, die hierbei auftreten, entzieht sich unserer Kenntnis,
aber jedenfalls beziehen sie sich auf die Lagerungsverhältnisse des Protoplasmas und
deuten darauf hin, daß eine gewisse Anordnung verschiedenartiger Bestandteile desselben
als eine Vorbedingung der normalen Entwicklung gelten muß.

Zielbewußte Experimente, welche feststellen sollten, ob bestimmte Teile eines
Eies zur Bildung gewisser Organe in Beziehung stehen, sind eigentlich erst von dem
Ende des 19. Jahrhunderts an ausgeführt worden. So hat Alfr. Fischel bei den Eiern
von Beroë, einer Rippenqualle, Teile des Dotters während der Bildung der ersten Furche
weggeschnitten und beobachtete Anomalien sowohl der Zahl als auch der Anordnung
der Rippen. Die Ausführungen und Beobachtungen Fischels enthalten so viel prinzipiell
Wichtiges, daß ihre ausführlichere Wiedergabe wohl am besten einen Einblick in diese
Verhältnisse gewährt.

Er sagt: ,,Bei den Ctenophoren sind zur Bildung der Primitivorgane vorbe-
stimmte ,organogene' Substanzen schon in der ungefurchten und unbefruchteten Eizelle
in bestimmter Lagerung vorhanden; sie werden durch den in regelmäßiger und
ganz bestimmter Weise erfolgenden Furchungsprozeß auf die einzelnen Blastomere
verteilt und veranlassen die letzteren, sich zu ganz bestimmten Organen umzubilden.
Die Menge des Ausgangsmaterials bestimmt wohl die Größe, nicht aber die Form
der Endprodukte der Differenzierung. Diese Form ist eben mit dem Material auch schon
fest gegeben; sie ist eine ihm inhärente Eigenschaft. Jeder einzelne Differenzierungsakt
erfolgt in Rücksicht auf die Schaffung dieser Form; die ganze Differenzierung ist also
zielstrebig. . . Die Beziehung zwischen der Materie und ihrer Form ist eine ganz allgemein bei allen Körpern bestehende.`` Fischel verweist in dieser Hinsicht auf die Kristall-
bildung anorganischer Körper, bemerkt jedoch, daß uns die Ursache für beide verhüllt
bleiben muß; wir können nur feststellen, zunächst für die lebende Materie, ,,daß die
Tätigkeit eine bestimmte lebendige Form zu bilden, eine inhärente Eigenschaft der
lebendigen Materie ist. Die Erlangung dieser Form ist das wichtigste Ziel jeder Entwicklung; es ist ein Ziel, das das betreffende System in sich selbst trägt.``

Fischel unterscheidet demnach verschiedene Stoffe in dem Ei der Ctenophoren,
welche in bestimmter, symmetrischer Weise zu einer den animalen mit dem vegetativen
Pole verbindenden Achse angeordnet sind und zur Bildung der Muskulatur, des Entoderms, der ,,Rippen`` usw. bestimmt sind. Es liegt hier etwas vor, das schon im Jahre
1879 C. Rabl geahnt hatte, als er in seiner Arbeit über die Entwicklung der Tellerschnecke
sagte: ,,Unwillkürlich drängt sich uns die Frage auf, ob wir nicht auch schon in der
ungefurchten Eizelle eine ganz bestimmte und gesetzmäßige Anordnung und Verteilung
der Protoplasmapartikelchen und Moleküle anzunehmen haben. Und in der Tat, eine
solche Annahme erscheint uns viel wahrscheinlicher, als etwa die jüngst von Goette
ausgesprochene Ansicht, daß das Ei eine tote, unorganisierte Masse sei.``

Auch an anderen Eiern von Wirbellosen ist eine Lokalisation organbildender
Substanzen nachgewiesen worden. So findet E. G. Conklin in dem Eierstocksei einer
Ascidie, Cynthia partita, drei verschiedene Arten von Ooplasma, nämlich eine ober-

flächliche gelbe Masse, eine zentrale graue Masse und ein großes, helles Keimbläschen. Der Aufbau einer solchen Eizelle ist ein konzentrischer. Während der Reifung und Befruchtung des Eies wandert das gelbe Plasma gegen den vegetativen Pol, wo es eine Kappe herstellt; die helle Substanz tritt aus dem Keimbläschen aus und lagert sich über der gelben Masse, und die graue Masse zieht sich von hier aus zum vegetativen Pole hin. Die Substanzen sind auf diesem Stadium um eine vom animalen zum vegetativen Pole sich erstreckende Achse gelagert.

Duesberg hat die Beschaffenheit dieser Substanzen sowie ihre weitere Umwandlung genauer untersucht (Fig. 665). Conklin hatte schon festgestellt, daß sich mit dem

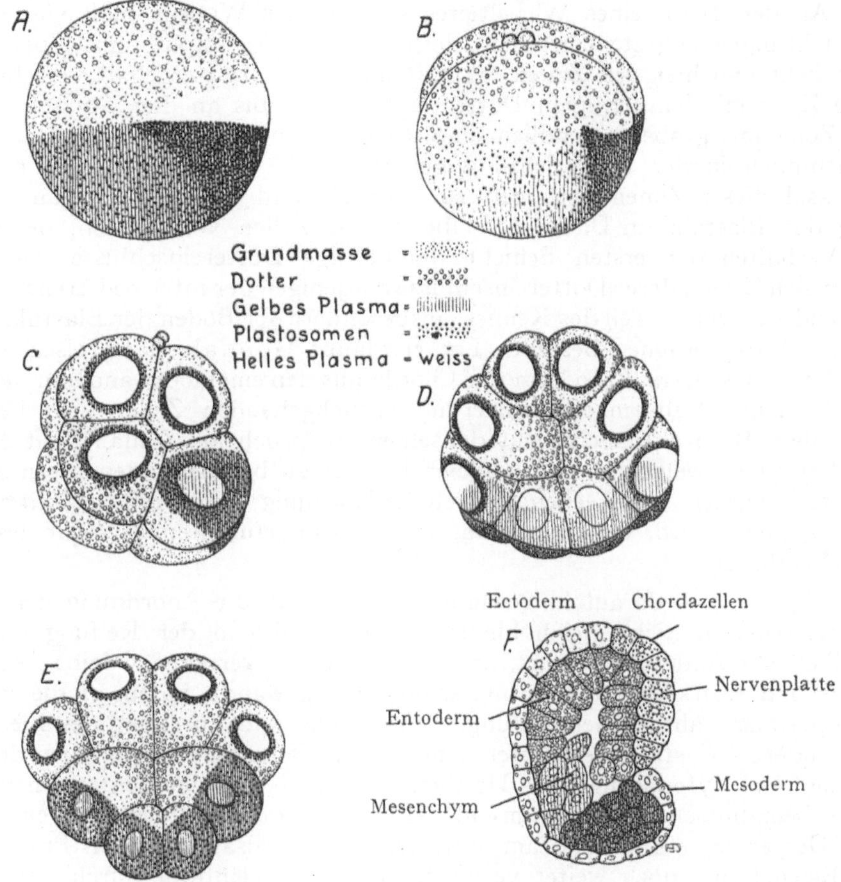

Fig. 665. Verteilung der organbildenden Substanzen bei Ascidien. Nach I. Duesberg. Anat. Anz. 44. 1913.

Eindringen des Spermiums in das Ei gewisse Änderungen in der Anordnung der Substanzen ergeben. Die gelbe, zunächst am vegetativen Pole des Eies befindliche Substanz sammelt sich, dem eindringenden Spermium folgend, als Halbmond am Äquator des Eies an und entspricht dem caudalen Ende des Embryos, so daß von nun an schon eine Orientierung im Ei gegeben ist und man dorsal, ventral, caudal und cranial unterscheiden kann. Über dem gelben Halbmonde findet sich eine hellere Schicht, gegen den animalen Pol des Eies hin, in welcher sich die Vorgänge der Kernteilung abspielen. Die übrigen Teile sind mit Dotterkörnchen beladen. Bei der Verfolgung der Furchung und weiterer Differenzierung des Eies läßt sich nun feststellen (Fig. 665), daß das helle Material zu Ectoderm und Nervensystem, das graue zu Entoderm und

Chorda, der gelbe Halbmond zu Muskulatur und Mesenchym wird. Die Entoderm-
und Chordazellen sind ganz besonders reich an Dotter. Man kann also feststellen,
daß wenigstens fünf Substanzen, die am Ende der ersten Furchungsteilung vorhanden
sind, nämlich Ectoplasma, Endoplasma, Myoplasma, Chymoplasma und Chorda-neuro-
plasma die Bezeichnung organbildende Substanzen verdienen. Niemals tritt eine
dieser Substanzen für eine andere ein; drei derselben finden sich schon im Eierstocksei
und wahrscheinlich haben sie hier bereits ihre spätere Bestimmung erhalten. Wie die
Änderung in der Lage der Substanzen während der Furchung zustande kommt, können
wir nicht feststellen; Conklin nimmt an, daß die Protoplasmastrahlung im Ei hierbei
eine Rolle spielt.

An den Eiern eines Wirbeltieres sind meines Wissens bloß von H. D. Goodale
Beobachtungen angestellt worden, der die Eier eines Amphibiums, Spelerpes bilineatus,
untersucht und hier drei Zonen erkannt hat, deren Dottergehalt verschieden ist. Eine
obere Zone mit feinkörnigem Dotter reicht nicht bis an den Äquator heran; es folgt
eine Zone mit gröberen, endlich eine Zone mit noch größeren Dotterkörnern, die oft
eigentümlich in der Längsrichtung gekerbt sind. Goodale glaubt nun, das weitere
Schicksal dieser Zonen verfolgen zu können, und zwar gibt er an, daß nach Bildung der Blastula im Dache derselben meist Zellen vorkommen, deren Protoplasma
das Verhalten der ersten Schicht (feinkörnige Dottereinschlüsse) aufweist. Seitlich
finden sich Zellen, deren Dottereinschlüsse denjenigen der intermediären Zone entsprechen,
während der übrige Teil des Keimes, insbesondere der Boden der Blastula, aus Zellen mit
groben Dotterkörnchen besteht. Ferner glaubt Goodale nachweisen zu können, daß
Ectoderm, Mesoderm, Entoderm und Chorda aus den einen oder anderen der geschilderten,
auf die frühe Substanzdifferenzierung zurückgehenden Zellen sich herleiten. Wenn
auch diese Beobachtungen nicht denselben Anspruch auf Genauigkeit erheben können
wie diejenigen, welche an den ungleich leichter zu bearbeitenden Eiern der Wirbellosen
angestellt wurden, so erwecken sie doch die Hoffnung, daß es mit der Zeit auch bei Wirbeltieren gelingen wird, die Organe auf Teile des ungefurchten, ja sogar des Eierstockseies
zurückzuführen.

Es ist schon darauf hingewiesen worden, daß die Anordnung der organbildenden
Substanzen sich nicht gleich bleibt, sondern während der Reifung und Befruchtung
des Eies eine Änderung erfährt, deren Ursache uns verborgen bleibt. Auch diesen Vorgängen hat Conklin seine Aufmerksamkeit zugewandt, indem er die Bewegungen des
Protoplasmas während der Reifung, Befruchtung und Furchung des Eies von Crepidula
und anderen Gastropoden untersuchte. Die Bewegungen sind geordnet, indem sie
die Lage des Cytoplasmas, des Dotters, der Kerne und der Centrosomen in bestimmter
Weise beeinflussen. Schon während der Reifung des Eies beginnt sich das Cytoplasma
vom Dotter zu trennen und am animalen Pole anzusammeln, ein Prozeß, der während
der Befruchtung noch weiter verläuft, vielleicht beeinflußt durch das Eindringen des
Spermiums in das Ei. Auch während der Furchung wies Conklin geordnete Bewegungen im Zellinnern nach, die wieder zur Herstellung einer bestimmten Polarität
in den einzelnen Furchungszellen führen. Noch im reifen Ei ist der Kern, obgleich
schon eine polare Differenzierung der Zelle vorliegt, vollständig von Dotter umgeben
und das Cytoplasma ist ziemlich gleichmäßig im Ei verteilt. Sobald mit dem Eindringen
des Spermiums die Grenzen des Zellkerns verschwinden, beginnen Bewegungen oder
Strömungen innerhalb des Eies, welche zur Anhäufung des Cytoplasmas am animalen
und des Dotters am vegetativen Pole führen. Wahrscheinlich entspricht nach Conklin
der animale Pol der ursprünglich freien Fläche derjenigen Keimepithelzelle, aus welcher
das Ei hervorgeht. Eine Beeinflussung dieser Strömungen durch die Schwerkraft ist
gänzlich ausgeschlossen. Der animale Pol wird schon vor der Scheidung des Zell-
inhalts in Cytoplasma und Dotter durch die exzentrische Lage des Kernes an-

gegeben und beruht wahrscheinlich auf einer schon von Anfang an vorhandenen polaren Differenzierung der Eizelle.

Jedes Blastomer zeigt denselben Typus der Polarität wie das unsegmentierte Ei, und regelmäßige Verlagerungen und Strömungen finden während der Teilung der einzelnen Blastomere statt. Nach Conklin wird bei jeder Furchungsteilung die Polarität der Zellen zunächst verändert, um sodann in der Telophase wieder hergestellt zu werden. Bei diesem Vorgange bewegt sich die von Cytoplasma umgebene mitotische Figur bei dotterhaltigen Zellen nach abwärts in den Dotter, während der Dotter sich an der Peripherie des Eies gegen den animalen Pol hin bewegt. In der Telophase und der Ruheperiode nehmen dagegen die Centrosomen, die Kerne und das Cytoplasma wieder eine oberflächlichere Lage am animalen Pole ein, während der Dotter sich gegen den vegetativen Pol verlagert. In dem Begriffe des Cytoplasmas schließen wir auch denjenigen der verschiedenen organbildenden Substanzen ein, die demgemäß auch die Verlagerung und Neueinstellung auf eine bestimmte, die beiden Pole verbindende Achse mitmachen. In den früheren Furchungsstadien zeigt die durch das Zentrum des Kernes und das Centrosoma gelegte Zellachse das Bestreben, sich parallel mit der ursprünglichen Zellachse einzustellen, obgleich diese Einstellung durch andere Zellen, welche sich näher am animalen Pole befinden, verhindert oder erschwert werden kann. Die Ursache dieser Bewegungen ist uns unbekannt. Nach Conklin hat man sich vorzustellen, daß das Aufeinanderzuwandern des Ei- und Spermakernes ursächlich mit solchen Protoplasmaströmungen zusammenhängt. In einigen Fällen ist auch eine Wirbelbewegung in Gastropodeneiern beobachtet worden (Limax nach Mark u. a.), welcher vielleicht eine besondere Bedeutung zukommt, indem sie bei linksgewundenen Schnecken in anderer Weise verläuft als bei rechtsgewundenen und auch im Furchungstypus (spiralige Furchung) in entsprechender Weise zur Geltung kommt. Crampton ist es gelungen, die Rechts- und Linksdrehung des Schneckengehäuses auf einen Furchungstypus zurückzuführen, welcher schräg gerichtet ist und den wir entweder als rechts- oder als linksgerichteten Typus der Furchung bezeichnen (Dexio- oder Laeotropie). Wir finden bei diesem Spiraltypus nicht senkrecht oder horizontal eingestellte Furchungsspindeln, sondern vom vierten Teilungsstadium an schräg gestellte Spindeln. Die Furchung ist dexiotropisch, wenn die Spindeln der oberen, am animalen Pole gelegenen Tochterzellen im Sinne des Uhrzeigers (nach rechts), dagegen laeotropisch, wenn sie nach links verschoben sind. (Lillie.) Der weitere Fortgang der Entwicklung während der Gastrulation läßt dann die Asymmetrie der Form in der einen oder anderen Richtung in weiterer Ausbildung erkennen.

Der Furchungstypus läßt sich nach Crampton auf Strukturverhältnisse im befruchteten Ei selbst, die möglicherweise molekularer Natur sind, zurückführen. Wir werden damit zur Frage der Inversionen überhaupt geführt, die sich auch bei den höheren Formen finden, wo in einzelnen Fällen (beim Menschen wiederholt beobachtet) die Lage der Eingeweide inkl. des Herzens, das Spiegelbild des normalen Befundes zeigt (Fig. 318). Diese Fälle treten bloß vereinzelt auf. Was die rechts- und linksgewundenen Schnecken anbelangt, so hat A. G. Mayer die interessante Beobachtung gemacht, daß bei gewissen Schnecken der Spezies Partula alle Embryonen, die sich gleichzeitig in ein und demselben Individuum entwickeln, entweder rechts- oder linksgewunden sind; offenbar ist der Typus aller Eier ein und desselben Individuums in bestimmter Richtung differenziert, vielleicht sogar in Übereinstimmung mit einer bestimmten Differenzierung aller Zellen des betreffenden Organismus.

Conklin hat die Umkehrung der Symmetrie bei verschiedenen Formen von einem anderen Gesichtspunkte aus betrachtet. Er neigt der Annahme zu, daß dieselbe sich auf die Umkehrung der Polarität des Eies zurückführen lasse, indem bei der durch Strömungen im Ei bewirkten Verlagerung des Kernes und des Cytoplasmas letztere durch das Ei hindurch an den entgegengesetzten Pol gelangen, wo dann die Richtungskörperchen abgegeben werden. Sollte diese Vermutung zutreffen, so würde sie einen weiteren Beweis darstellen für die Annahme einer bestimmten Lokalisation von Keimplasma oder organbildenden Substanzen im Ei, die zu einer die beiden Eipole verbindenden Achse orientiert sind.

Wie weit sich Asymmetrien einzelner Teile auf Keimesanlagen zurückführen lassen, entzieht sich vorderhand unserer Kenntnis. Gewiß treten manche derselben spät auf und finden ihren Grund etwa in Koordinationsstörungen während des Wachstums. Wenigstens gilt das für manche Asymmetrien des Schädelwachstums usw. Sobald es sich jedoch um Vererbung solcher Merkmale handelt, werden wir vor die Frage gestellt, ob die Anomalie nicht in einer Eigenschaft der (vielleicht molekularen) Protoplasmastruktur des Eies begründet ist. Ich darf in diesem Zusammenhang auf die (hereditäre) Asymmetrie des Schädels verschiedener Formen hinweisen (Walschädel u. a.). Bei Pleuronectes (Schollen) tritt die Asymmetrie des Schädels und die Durchwanderung des Auges nach der oberen Seite ziemlich spät auf, nachdem sich das Tier bis dahin symmetrisch entwickelt hat; die Ursache für die Bildung der Asymmetrie macht sich erst relativ spät geltend. Nach Haecker kommen übrigens auch Individuen mit ausgebliebener Augenwanderung vor.

Wenn wir aus den angeführten Tatsachen die Schlüsse ziehen, so lassen sie sich in folgendem zusammenfassen:

1. Die Eizelle hat einen polaren Aufbau, der schon im Eierstocksei nachzuweisen ist. In diesem entspricht möglicherweise der animale Pol der ursprünglich freien Fläche der Zelle.

2. Das Protoplasma der Eizelle ist nicht gleichartig (homogen), sondern es besteht aus verschiedenen Substanzen, die sich chemisch und zum Teil auch morphologisch voneinander unterscheiden.

3. Diese Substanzen bilden später das Protoplasma der Zellen verschiedener Organe oder Organsysteme. Man hat bei Wirbellosen die Substanzen nachgewiesen, welche die Muskulatur, das Mesenchym, das Entoderm, das Nervensystem und vielleicht das Gefäßsystem bilden.

4. Dieselben sind in bestimmter Weise zu der die beiden Pole verbindenden Achse der Eizelle angeordnet. Die Anordnung kann eine konzentrische, eine radiär-symmetrische und eine bilateral-symmetrische sein. Wahrscheinlich ist für die Wirbeltiere eine bilateral-symmetrische Struktur der Eizelle anzunehmen.

5. Der Aufbau der Eizelle ändert sich wahrscheinlich während des Reifungsprozesses und besonders infolge der Befruchtung, wodurch der definitive, auch in der Furchung zum Ausdruck kommende Bau des Keimes erreicht wird. In einzelnen Fällen ist gleich nach der Befruchtung schon die Orientierung des späteren Embryos im Ei zu erkennen (caudal, cranial, ventral, dorsal).

III. Lokalisation während des Furchungsprozesses.

Die Furchung, d. h. die Zerlegung des befruchteten Eies in einen Zellhaufen oder ein von Zellen begrenztes Bläschen, ist ein Prozeß, dessen Wesen sich ohne Zweifel aus der Beschaffenheit des Eies und vor allem aus der Anordnung der verschiedenen, das Protoplasma desselben zusammensetzenden organbildenden Substanzen ergibt. Schon im Jahre 1875 hat C. Rabl in seiner Abhandlung über die Entwicklung der Tellerschnecke darauf hingewiesen, daß die Masse des Dotters nicht bloß den Furchungsprozeß, sondern auch die Gastrulation ganz wesentlich beeinflußt. Wir können hinzufügen, daß die Wirkung sich weit über die Gastrulationsperiode hinaus auf die Embryonalbildung erstreckt. In derselben Weise haben wir uns auch etwa die Wirkung anderer, in besonderen Zonen des Eies angelegter Substanzen zu denken, wenn wir den Satz aufstellen, daß der Typus der Furchung schon durch die Struktur des Eies bedingt ja geradezu durch dieselbe bestimmt wird. Daß während des Prozesses bestimmte Änderungen in der Lage der Kerne der Furchungszellen, in der Verteilung ihres Protoplasmas, in der Einstellung ihrer Zellachsen vorkommen, ist oben erwähnt worden. Conklin meint sogar, daß bei allen Furchungszellen die Polarität dieselbe sei wie in der Eizelle, so daß sie von der letzteren gewissermaßen vorbestimmt würde. Daß mit Änderungen in der Oberflächenspannung der Furchungszellen auch eine bestimmte Formgestaltung des ganzen Komplexes einhergeht, ist sicher, doch sind die Daten noch nicht vorhanden, um hier Einzelheiten festzustellen (s. D'Arcy Thompson, On growth and Form 1916. pag. 358 sq.).

Wenn wir also von der Anordnung des Protoplasmas im Ei sagen können, sie sei determiniert, d. h. in ihrer Lage und Differenzierungsbahn bestimmt, so können wir dieses Verhalten ohne Zweifel auf innerhalb (und zum Teil außerhalb) des Eies bestehende physikalische resp. physikalisch-chemische Zustände zurückführen. Dieselben Momente liegen auch dem Ablaufe der Furchung in genau bestimmter Weise, der Gastrulation und wahrscheinlich der weiteren Entwicklung und Differenzierung des Embryos und seiner Organe bis ins feinste Detail zugrunde. Durch Eingriffe verschiedener Art lassen sich Störungen in der Entwicklung herbeiführen; so kann z. B. durch Zentrifugieren von Froscheiern die totale Furchung, welche dieselben sonst erfahren, zu einer partiellen werden, indem die Dottermasse sehr früh und in großer Konzentration gegen den vegetativen Pol des Eies verdrängt wird und der Durchfurchung ein unüberwindliches Hindernis entgegensetzt (O. Hertwig). Oder es wird durch Einlegen von Eiern in gewisse Flüssigkeiten (MgCl$_2$) eine Änderung in der Zusammensetzung, vielleicht auch in der Lagerung der organbildenden Substanzen, herbeigeführt, welche verschiedenartige Mißbildungen des Embryos veranlaßt. Derartige Versuche wurden in großer Zahl von Stockard an Teleosticreiern angestellt und ergaben (MgCl$_2$-Embryonen) sehr häufig, ja mit einer gewissen Regelmäßigkeit, Cyklopenbildungen verschiedenen Grades. Andere Versuche (Entziehung des Sauerstoffes) scheinen bei gewissen Fischen Flossenspaltungen zu veranlassen; Tornier hat durch Anstechen von Froscheiern und Zutritt von Wasser zum Protoplasma die verschiedensten Mißbildungen erhalten. Wenn wir nun auch imstande sind, die physikalische und physikalisch-chemische Beschaffenheit des Milieus zu verändern, so können wir doch nur Vermutungen anstellen über die Änderungen, die sich dabei in den einzelnen organbildenden Substanzen abspielen. Wenn wir jedoch über solche Kenntnisse verfügen würden, so könnten wir uns wohl vorstellen, daß es möglich wäre, den ganzen Entwicklungsgang eines Organismus schon aus der Beschaffenheit der Eizelle vorauszusagen.

Wir wissen über die Verschiebung und Verteilung der keimbildenden Substanzen in den Furchungszellen viel weniger als über die Protoplasmaströmungen u. dgl. im unbefruchteten und im befruchteten Ei. Doch steht jetzt unzweifelhaft fest, daß die Einschlüsse des Protoplasmas in den verschiedenen Zellen der Blastula und der Gastrula gleichfalls verschieden sind. Duesberg hat den Zustand des Protoplasmas in den verschiedenen Stadien der Furchung und der Gastrulation bei Ciona intestinalis (einer Ascidie) genauer untersucht und festzustellen geglaubt, daß eine bestimmte Verteilung der sog. Plastosomen den Erscheinungen zugrunde liegt. Besonders auffallend waren in den Muskelzellen die zahlreichen Plastosomen, was Duesberg mit seiner Annahme in Zusammenhang bringt, daß die Myofibrillen aus denselben entstehen.

IV. Mechanik und Bedeutung der Gastrulation.

Was die Zellunterschiede nach Ablauf der Furchung sowie die Lagerung derselben im Keime anbelangt, so haben wir es zunächst mit dem Prozesse der Gastrulation zu tun. Dieser Einstülpungsvorgang am Keime ist lange als etwas phylogenetisch

Gegebenes hingenommen worden, ohne daß man sich über seine Kausalität Gedanken machte. Erst in neuerer Zeit hat man sich mit der Bedeutung der Gastrulation für die Entwicklung des einzelnen Individuums beschäftigt.

Wenn wir von der Blastula des Amphioxus (Fig. 27), einem aus Epithelzellen gebildeten Bläschen ausgehen, in welchem die Zellen des vegetativen Poles infolge der beträchtlichen Dottereinschlüsse größer und schwerer sind, so wirft sich die Frage auf: Welche Kräfte bewirken eine Einstülpung der Zellen, mit anderen Worten: Welches ist der Mechanismus der Gastrulation? Wir dürfen zunächst ohne weiteres feststellen, daß dieser nicht etwa auf einer von außen auf die Blastula einwirkenden Kraft beruht, sondern daß die Ursache der Einstülpung innerhalb der Zellen der Blastula selbst zu suchen ist. Lokale Variationen in der Oberflächenspannung, wie sie durch verschiedenen Protoplasmagehalt der Zellen hervorgerufen werden, sollen nach D'Arcy Thompson dabei eine Rolle spielen. Einige Forscher, z. B. Rhumbler, haben den Versuch gemacht, die Vorgänge durch ein Modell nachzuahmen, andere, wie Hatschek, werfen die Frage auf, ob die Invagination nicht durch die Resorption der Flüssigkeit innerhalb des Blastocoels zustande kommt. Assheton hat mit Gummibällen experimentiert, die durch einen Gummifaden untereinander verbunden waren, und zwar so, daß der verbindende Faden bei einer Anzahl ($^1/_3$) Bälle nicht durch das Zentrum derselben hindurchgeht, sondern exzentrisch verläuft, der äußeren Oberfläche der Bälle mehr genähert als der inneren. In diesem Falle wird ein Drittel der Oberfläche ohne weiteren Anstoß von außen her sich einstülpen. Die Analogie mit den Verhältnissen beim Amphioxus springt in die Augen. Assheton geht dabei von der Annahme aus, daß die Zellen der Blastula eine Attraktion aufeinander ausüben, welche der durch den Gummifaden gegebenen Verbindung der Bälle entsprechen würde. Ferner soll das Attraktionszentrum der Zellen infolge der stärkeren Einlagerung von Dottermassen in der vegetativen Hälfte des Eies dadurch eine Verlagerung erfahren, welche genügen würde, diesen Zellen eine andere mechanische Rolle zuzuweisen, als sie den Zellen der animalen Hälfte des Eies zukommt. Assheton verweist in diesem Zusammenhange auf die Experimente von G. B. Wilson an Furchungsstadien des Amphioxus, bei welchen festgestellt wurde, daß isolierte Blastomere des Zwei- und Vierzellenstadiums noch Gastrulae bilden können, nicht dagegen Zellen des Achtzellenstadiums. Es ist dies zweifellos darauf zurückzuführen, daß im ersten Falle die Teilungsebenen vertikal, also parallel zur Achse der Eizelle stehen. Die so abgegrenzten Zellen zeigen in ihrer Materialzusammensetzung, besonders in dem Gegensatze zwischen Dotter und Cytoplasma, dieselben Verhältnisse wie das befruchtete Ei, dagegen trifft diese Voraussetzung für die Zellen, welche durch das Auftreten der ersten Äquatorialebene voneinander getrennt werden, nicht mehr zu. Folglich sind die Zellen der ersten Art imstande, Gastrulae und Ganzembryonen (allerdings von geringerer Größe) zu bilden, während die Zellen der zweiten Art dies nicht mehr vermögen.

Die Attraktionszentren würden den Kernen entsprechen und diese wären in ihrer Lage durch die Protoplasmastruktur oder Schichtung der Eizelle bestimmt. Es ist also nach Assheton die Form oder der Typus der Gastrulation schon implicite in dem befruchteten Ei gegeben und da die Struktur desselben auf diejenige des reifen und diese wieder höchstwahrscheinlich auf die Struktur des Eierstockseies zurückgeht, so wäre in diesem der Typus der Gastrulation schon festgelegt.

Assheton hat sich mit der Anordnung und dem weiteren Schicksal der organbildenden Substanzen nicht abgegeben. Dagegen hat C. Rabl in seiner Arbeit über van Beneden (1915) in sehr eingehender Weise die Möglichkeiten der Verlagerung verschiedener Substanzen bei der Gastrulation sowie auch die Bedeutung dieses Prozesses einer eingehenden Besprechung und Kritik unterzogen. Die Anschauungen Rabls sind von solcher Bedeutung für die Auffassung der frühen Entwicklungsvorgänge, daß es wohl gestattet ist, sie ausführlich wiederzugeben.

Rabl geht von der Tatsache aus, die er 1876 für Unio und 1879 für Planorbis festgestellt hatte, nämlich, daß bei diesen Formen „die Anlagen der Keimblätter, die man als Organanlagen im weitesten Sinne beschreiben kann, schon in der Blastula zur Differenzierung gelangen" und daß sie nicht erst im Anschlusse an die Gastrulation oder infolge derselben entstehen. „Die Keimblätter sind schon in der Gastrosphäre angelegt und die darauf folgenden Vorgänge dienen bloß dazu, die bereits gebildeten Keimblätter an ihren Bestimmungsort gelangen zu lassen."

Am einfachsten stellen sich die Verhältnisse bei Ascidien dar. Hier sind in der Blastula (Fig. 666 A) die Zellen in bestimmter Weise im Hinblick auf ihre spätere Verwertung angeordnet. Bei der beginnenden Gastrulation (Fig. 666 B) erfahren die Zellen des Entoderms eine Einstülpung; am caudalen Ende der Gastrula finden sich diejenigen Zellen, aus denen das Mesoderm hervorgeht; am cranialen Ende dagegen Zellen, welche die Chorda dorsalis bilden. In der äußeren Schicht der Gastrula liegen vor der Einstülpungsstelle die Zellen, aus denen sich das Nervensystem bildet, die übrigen Zellen der äußeren Schicht stellen das Ectoderm dar. Ähnliches sei für die Amphioxusgastrula anzunehmen (Fig. 666 C), sowie, unter Berücksichtigung der Tatsache, daß sich das Entoderm als starke Dottermasse darstellt, auch für die Amphibien (Fig. 666 D). Für diese konstruierte Rabl ein Oberflächenschema, welches in Fig. 667 A wiedergegeben ist. Einem Entodermfelde schließt sich

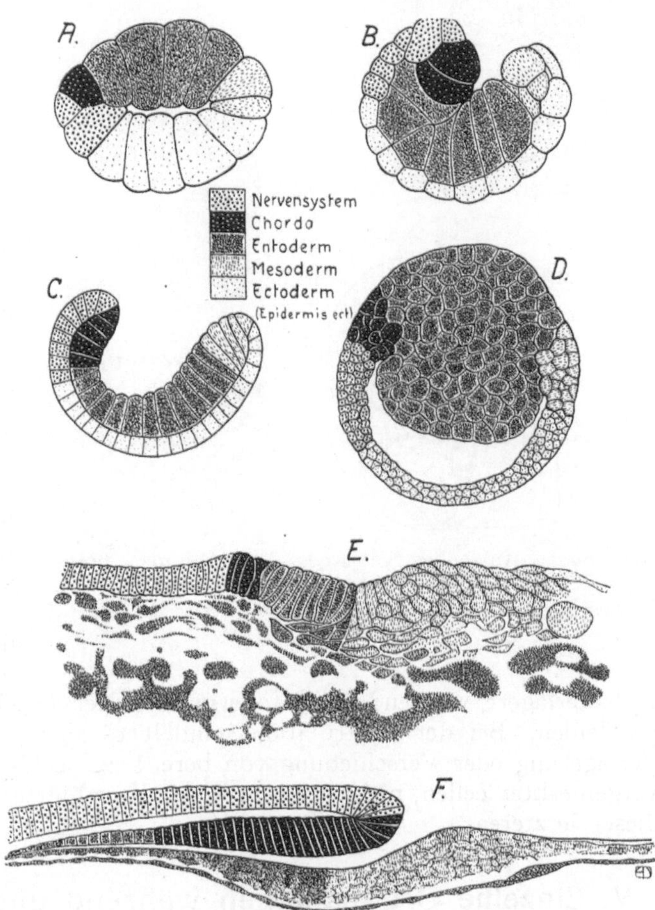

Fig. 666. Medianschnitte durch Keime im Blastula- und Gastrulastadium.

Nach C. Rabl, Éd. van Beneden, Arch. f. mikr. Anat. 88. 1915.
A. Blastula von Cynthia bipartita mit 64 Zellen.
B. Gastrula von Ciona intestinalis.
C. Gastrula des Amphioxus.
D. Blastula des Axolotls.
E. Gastrula eines Reptils (Chelonia caouana); frühes Stadium.
F. Gastrula eines Reptils (Gecko); späteres Stadium.

vorne ein quer zur Längsachse der Anlage gestelltes Feld an, aus welchem die Chorda entsteht, hinten und seitlich Zellen, welche zur Bildung des Mesoderms bestimmt sind. An die Chordazone schließt sich vorne die Zellenzone an, aus welcher das Nervensystem hervorgeht, und von da an umzieht die Ectodermzone das Mesodermfeld. Die Einstülpung erfolgt an der Grenze zwischen dem Chorda- und Entodermfelde. Auch die Reptilien lassen sich nach Rabl leicht in dieses Schema einordnen, in Fig. 667 B haben wir ein Oberflächenbild, in der Fig. 666 E und F Medianschnitte durch Reptilienkeime. Auch hier sind die Zellen der flach ausgebreiteten Keimscheibe, welche das Mesoderm, das Entoderm, die Chorda, das Nervensystem und das Ectoderm bilden, in besonderen Bezirken vorhanden, welche bei der Gastrulation eine Verlagerung erfahren. Dasselbe geschieht nach Rabl im Prinzip auch bei den Säuge-

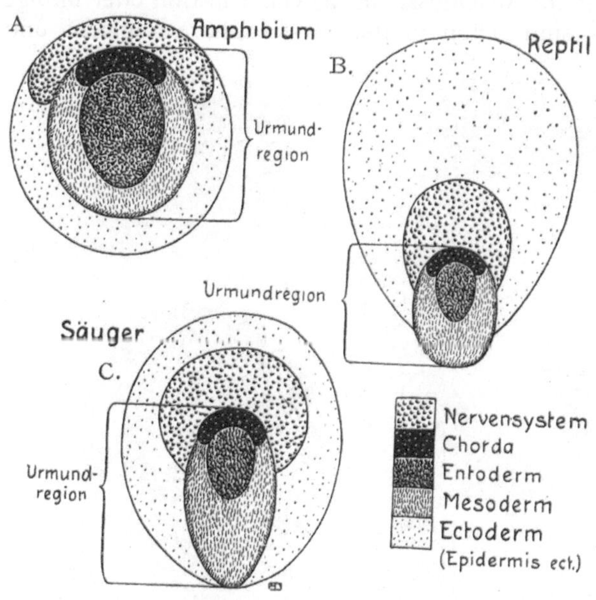

Fig. 667. Anlagebezirke eines Amphibiums, eines Reptils und eines Säugers. (Flächenbilder.) Nach C. Rabl, Édouard van Beneden, Arch. f. mikr. Anat. 88. 1915.

tieren (s. Fig. 667 C). Hier denkt sich Rabl die Zellen, welche die verschiedenen Organe resp. Organsysteme bilden, in dem Embryonalknoten in bestimmter Weise lokalisiert. Allerdings finde die äußere Schicht, der Trophoblast oder der fetale Ectoblast, beim Aufbau der Embryonalanlage keine Verwertung, sondern die Anlage des embryonalen Ectoderms sei an einer bestimmten Stelle des Embryonalknotens, entsprechend dem cranialen Ende desselben, anzunehmen, darauf folge die Anlage des Nervensystems, der Chorda dorsalis, des Entoderms und des Mesoderms. Das Oberflächenbild hat eine große Ähnlichkeit mit demjenigen der Reptilien. Auch bei den Säugetieren beginnt die Invagination an der Grenze zwischen den Chorda- und Nervenzellen und allmählich werden Chorda-, Mesoderm- und Entodermzellen in die

Tiefe verlagert, während die Ectoderm- und Nervenzellen an der Oberfläche des Keimes verbleiben. Bei der Gastrulation handelt es sich nach Rabls Anschauung um eine Verlagerung oder Verschiebung von bereits zur Bildung bestimmter Anlagen, sozusagen vorgemerkter Zellen, nicht um eine in der Keimblätterbildung gegebenen Differenzierung dieser letzteren.

V. Einzelne Organanlagen während und nach der Gastrulation.

Wenn wir nun, von der Gastrulation angefangen, die Entwicklung des Keimes bis zur Bildung der Organe weiter verfolgen, so betreten wir ein Gebiet, auf welchem uns nur einzelne gesicherte Tatsachen als Grundlage der Betrachtung dienen können. Wir wissen nicht viel über die Lokalisation von Anlagen während der Gastrulation, vielleicht noch weniger über die Ausbildung und die Verschiebung derselben während der weiteren Entwicklung. Aber alles deutet darauf hin, daß die Organanlagen während des Gastrulationsvorganges sozusagen in äußerster Kompression im Keime vorhanden sind und sich, wie übrigens der ganze Embryo, in cranio-caudaler Richtung weiterbilden, ich hätte fast gesagt, entfalten. Roux hat zuerst nachgewiesen, daß das Material für die Embryonalanlage beim Frosch in großer Ausdehnung auf beiden Seiten der Medianebene in der vorderen Blastoporuslippe angelegt ist. Lewis hat in einer Reihe von sehr sinnreichen Experimenten bei Rana palustris das späteste Schicksal verschiedener Abschnitte der Urmundlippen erforscht, indem er Stücke derselben herausschnitt und unter dem Ectoderm älterer Embryonen in der Gegend des Gehörbläschens zur Einheilung brachte. Aus einem solchen Stücke, das auf beiden Seiten der Medianlinie herausgeschnitten wurde, entwickelte sich eine große und vollständig normale Chorda dorsalis; dazu kam eine unregelmäßige Masse von Muskelgewebe,. sowie ein Stück des Medullarrohres. Ähnliches ergab sich aus den anderen Stücken. Es würde dieses Ergebnis recht gut zum Schema (Fig. 667) stimmen, wo vor dem Urmunde Chordagewebe, zum Teil auch Anlage des Nervensystems, seitlich auch Mesoderm liegt.

Wenn wir nun aber das weitere Schicksal der Anlagen von dem Beginne der Gastrulation an verfolgen wollen, so werfen sich zunächst eine Anzahl von Fragen auf, welche die zeitliche und lokale Abgrenzung der Gastrulationsvorgänge betreffen. Nehmen wir z. B. einen Vogel- oder Säugerembryo, an welchem wir den Primitivstreifen mit dem an seinem cranialen Ende befindlichen Hensenschen Knoten und der Gastrulaeinstülpung vorfinden (Fig. 41). Die Anlage der Medullarplatte und des von derselben auswachsenden peripheren Nervensystems ist um das craniale Ende des Primitivstreifens herumgelegt. Die Invagination rückt nun, dem Primitivstreifen entlang, caudalwärts, und gleichzeitig dehnt sich auch die Anlage der Medullarplatte in dieser Richtung aus, während sich aus der Wandung der Invagination einerseits die Chorda, andererseits die Mesodermflügel und das Entoderm bilden. Wie erfolgt z. B. hier die Ausdehnung der Medullarplatte? Verschiebt sich etwa das Material der ersten Anlage in caudaler Richtung? Oder wächst die Keimscheibe in der Richtung der Längsachse aus und werden dadurch die Zellen, welche das „Nervenbildungsmaterial" enthalten, verlagert? Zur Zeit ist es nicht möglich, sich darüber eine klare Vorstellung zu bilden. Jedenfalls geht die Verschiebung der Invaginationsstelle caudalwärts und die Verlängerung der Medullarplatte in derselben Richtung weiter, bis zu einem Stadium, in welchem der craniale Teil des Primitivstreifens von der Medullarplatte umgriffen und mit der Invaginationsöffnung in das Feld der Platte einbezogen wird (Fig. 44). Der Primitivstreifen wird dadurch in zwei Abschnitte geteilt, wovon der vordere noch weiterhin als Wucherungszone bei der Schwanzbildung Verwendung findet, während der caudale, ventralwärts verlagerte, nach der Abschnürung des Embryos vom Dotter weiterhin eine Rolle spielt bei der Umbildung jenes Körperabschnittes, der sich ventral, von dem Schwanze bis zum Nabel, hinzieht (s. S. 490). In dem Verbleiben der Invaginationsöffnung innerhalb der auswachsenden Schwanzknospe und der steten Abgabe von Mesoderm bei seiner Wanderung caudalwärts sehen wir eigentlich den Prozeß der Gastrulation in seiner Fortsetzung und seinem Abschluß, der erst erreicht wird (etwa bei Selachiern), wenn die dem Schwanze zukommende Zahl von Ursegmenten vorliegt. Die Bildung des Schwanzes ist also nicht etwas Sekundäres, sondern die Fortsetzung eines Prozesses, welcher mit dem Auftreten der Invagination seinen Anfang nimmt (s. Abschnürung des Embryos).

Wie haben wir uns nun die Anlagen innerhalb des Keimes zu denken und wie gestalten sich ihre Beziehungen zu den Wachstumsvorgängen, die wir am Embryo erkennen? Wir können zunächst bemerken, daß die Organanlagen in craniocaudaler Reihenfolge auftreten müssen, wie ja die ganze Differenzierung des Embryos in dieser Richtung erfolgt.

Es liegen Experimente vor, welche den Schluß gestatten, daß in zwei Organsystemen, nämlich dem Nervensystem und den Sinnesorganen, von früh an eine genaue Lokalisierung einzelner Teile vorhanden ist. Auch gilt das für die Differenzierung der einzelnen Anlagen, für sich betrachtet. So hat W. H. Lewis Stücke der Medullarplatte von Rana palustris vor dem Zusammenschlusse der Medullarwülste zum Medullarrohre auf ältere Embryonen transplantiert und beobachtet, daß sich diese Stücke in einer Form weiterentwickeln, welche derjenigen Stelle der Medullarplatte entspricht, der sie entnommen wurden. Am auffälligsten ist die Bildung einer Augenblase, die dicht neben der Medianebene, ziemlich weit vorne, aus der Medullarplatte herausgeschnitten wurde, dort wo man die Bildung der primären Augenblase annehmen würde. In einer anderen Versuchsreihe hat Lewis, vor der Bildung der Gehörgrube, kleine Stückchen Ecto-

derm mit der Gehörplatte herausgeschnitten und in älteren Larven zur Einheilung gebracht; die Platte bildet sich weiter zum Gehörbläschen und zum Labyrinthe, das sogar
eine Gehörkapsel aufweist. Streeter hat Verpflanzungen des Gehörbläschens vorgenommen und nachgewiesen, daß die einzelnen Strecken der Wandung schon spezialisiert,
d. h. in bezug auf ihre Weiterentwicklung sozusagen „prädestiniert" sind. Wird das
Gehörbläschen, mit dem ventralen Umfange nach oben gerichtet, zur Einheilung gebracht,
so bildet sich ein verkehrtes Labyrinth; wird ein Gehörbläschen von der rechten auf die.
linke Seite verpflanzt, so bildet sich ein rechtes Labyrinth usw., und diese Bestimmung
haftet nach Streeter schon den Zellen des offenen Gehörbläschens an. Ähnliches hat
Braus über Versuche von Ekman an Bombinator berichtet. Wenn das Ectoderm der
Gegend, wo sich später die Kiemenspalten bilden, abgelöst und um 180° gedreht wurde,
so entwickelten sich die Kiemen und das Operculum umgekehrt. Dieses geht dann von
hinten aus und wächst nach vorne. Das Ectoderm allein bestimmt die Stellung und
die Form des Operculums und der Kiemenfäden. Es wurde noch festgestellt, daß fremdes
Ectoderm, auf die Kiemenregion verpflanzt, sich verschieden verhält, je nach der Stelle
des Körpers, der es entnommen wurde. Das Ectoderm des Rumpfes und der dorsalen Teile
des Kopfes bildete keine Kiemen, dagegen wurden solche geliefert von dem Ectoderm
über dem embryonalen Herzen oder von der Gegend zwischen Kiemenectoderm und
Vorniere, wenn es auf die Kiemenregion verpflanzt wurde. Eine Lokalisation der kiemen-
bildenden Eigenschaften ist demnach vorhanden, und zwar in einem Bezirke, der beträchtlich größer ist als er der später ausgebildeten Kiemenregion entspricht.

Spemann hat gefunden, daß die Ausdifferenzierung der einzelnen Hirnteile
bei Amphibienembryonen schon in der offenen Medullarplatte erfolgt; er stimmt
also in dieser Grundanschauung mit Lewis überein. Spemann hat Stücke der Nervenplatte herausgeschnitten, umgedreht und in dieser Lage zur Einheilung gebracht. Dabei
hat er festgestellt, daß die Anlagen der primären Augenbecher schon in der offenen
Medullarplatte bestimmt sind; sie liegen sehr nahe am Rande derselben. Auch
glaubt Spemann festgestellt zu haben, daß schon in dem Stadium der offenen Medullarplatte die Lokalisation von Retinazellen und Zellen des Stratum pigmenti erfolgt
sei. Nach Leplat gehören zur Augenanlage nicht bloß die Anlage des primären Augenbechers, sondern auch diejenigen Teile, aus welchen die Sehnerven und das Chiasma
entstehen. Leplat glaubt durch seine Experimente festgestellt zu haben, daß beide
Augenanlagen in frühen Entwicklungsstadien median ineinander übergehen. Sodann
entwickelt sich median eine Zone, welche die beiden Anlagen voneinander trennt und
später den Canalis opticus und das Chiasma nervorum opticorum hervorgehen läßt.
Das Ganze stellt demnach eine quergestellte Zone in der Medullarplatte dar, welche
später, wenn die Medullarwülste sich erheben und zur Vereinigung kommen, dem Boden
des Vorderhirnbläschens entspricht.

Es geht aus dem Gesagten zur Genüge hervor, daß wir es in diesen Fällen, wie
auch in zahlreichen anderen, mit der Lokalisation von Anlagen an bestimmten
Stellen des Keimes während des Verlaufes der Gastrulation und auch später zu tun
haben. Bestimmte Zellen der Medullarplatte sind schon frühzeitig so differenziert, daß
sie sich einzeln bloß zu Zellen der Retina oder des Stratum pigmenti differenzieren können
und in ihrer Gesamtheit einen Augenbecher herstellen, der eine bestimmte Orientierung aufweist. Dasselbe gilt von der Gehörplatte, dem Gehörgrübchen oder dem Gehörbläschen; auch hier ist schon die Wand der Grube oder der Platte in ganz bestimmter
Weise differenziert; die Entwicklung der verschiedenen Zellen oder Zellenkomplexe
zu gewissen Teilen des Labyrinthes ist geradezu prädestiniert. Es fehlt uns zur
Zeit die Verknüpfung dieser in ihrem späteren Schicksale bestimmten Anlagen mit
den organbildenden Substanzen, die wir im unbefruchteten, dann im befruchteten Ei
vorfanden. Nur in vereinzelten Fällen ist es gelungen, hier eine Brücke zu schlagen,
die von den organbildenden Substanzen direkt zu den Endprodukten derselben, den

Organen, hinüberführt. Wir müssen uns aber doch die Frage vorlegen, in welchen Eigentümlichkeiten die so außerordentlich früh zu Tage tretende Differenzierung der Zellen besteht, und hierauf dürften Experimente ein Licht werfen, welche auf einer Veränderung des umgebenden Milieus beruhen. Stockard hat durch Behandlung von Fischeiern mit stark verdünnten Lösungen von Magnesiumchlorid einen sehr großen Prozentsatz von Cyklopenbildungen verschiedenen Grades erhalten. Offenbar wird dabei die mittlere Zone der ursprünglich einheitlichen Anlage des primären Augenbechers in ihrer Entfaltung gehemmt, und die Erscheinung ist eine so regelmäßige, daß man sich frägt, ob die Schädigung nicht direkt auf das Protoplasma dieser Zellen einwirkt, indem sie vielleicht die Oberflächenspannung derselben ändert. In diesem Zusammenhange ist erwähnenswert, daß A. Fischel durch Versuche an Echinodermeneiern mit verschieden stark verdünnten Lösungen der Chloride von Ka, Na, Ca, Mg die Wirkung des chemisch veränderten Milieus erst in einem späteren Entwicklungsstadium zur Geltung kommen ließ. Die früheren Entwicklungsvorgänge verliefen normal. Wenn dagegen spätere Entwicklungsstadien mit den betreffenden Lösungen behandelt wurden, so erfolgte sehr rasch eine Formanomalie des Keimes, woraus Fischel folgerte, daß „die chemischen Prozesse im Keime von dem ermittelten Entwicklungsstadium ab regere und kompliziertere sein müssen als in der vorhergehenden Entwicklungsperiode. Man kann sich nun aber ganz wohl vorstellen, daß die Behandlung der frühen Stadien mit Magnesiumchlorid usf. Änderungen in gewissen Substanzen des Keimes bewirkt, welche für den Ablauf der Furchung, der Gastrulation usw. nicht in Betracht kommen und daß die Schädlichkeit sozusagen erst manifest wird, wenn diese Substanzen zum Aufbau gewisser Organe in Anspruch genommen werden. Auf der anderen Seite würden dieselben Schädlichkeiten, auf spätere Stadien angewandt, sofort auf die Zellen einwirken, welche aus diesen Substanzen hervorgegangen sind, und die Störung würde dann auch sofort eine augenfällige. In beiden Fällen ist eine direkte chemische Veränderung entweder der organbildenden Substanzen (mit Auswahl), die in ihren Wirkungen gewissermaßen à longue échéance aufzufassen ist, im zweiten Falle eine unmittelbare Beeinflussung des Inhaltes der in ihrer organbildenden Tätigkeit begriffenen Zellen anzunehmen. So läßt sich, meines Erachtens, die Gewinnung der cyklopischen Fischembryonen durch Behandlung der Eier mit Magnesiumchlorid auf verschiedenen Stadien der Entwicklung erklären.“

VI. Spätere Lokalisation und Differenzierung von Organanlagen.

Über diese sind wir, was die formale Genese anbelangt, vielfach gut unterrichtet, aber es fehlt in den meisten Fällen die Verknüpfung mit den organbildenden Substanzen. Für einige Organe ist die Lokalisation der Anlagen an bestimmten Stellen in relativ frühen Stadien nachgewiesen, so hat neuerdings E. Ludwig (s. S. 328 und Figg. 313 u. 314) festgestellt, daß die Leberanlage als ein bestimmt umgrenztes Feld von Zellen an der vorderen Darmpforte auftritt, ja es liegt die Annahme nahe, daß diese Zellen schon in dem Stadium der flachen Keimscheibe, bevor der Embryo sich abzuschnüren begonnen hat, im Entoderm vorhanden sind. Auch hier werden wir wohl geneigt sein, denselben besondere chemische oder physikalische Eigenschaften zuzuschreiben, welche sie vor den anderen Zellen des Entoderms auszeichnen. Es ist auch wohl erlaubt, in diesem Zusammenhange die Frage aufzuwerfen, ob nicht die Weiterentwicklung und Differenzierung der Anlage mit der besonderen Struktur der Zellen in Zusammenhang stehe, so daß auch diese von vornherein nicht bloß in den Zellen der Anlage selbst, sondern in noch früheren Stadien des Keimes, ja sogar im unbefruchteten oder befruchteten Ei gegeben sei.

Eine andere Frage betrifft die Anlagen der Haare, der Schweiß- und Talgdrüsen, die sich in großer Zahl und auch mit einer bis zu gewissem Grade regelmäßigen Anordnung in der Haut zerstreut finden. Auch bei diesen ist man zunächst geneigt, die Anlagen auf differente Epithelzellen zurückzuführen, welche etwa mit einem besonderen, die Hornbildung stärker begünstigenden Faktor ausgerüstet sind. Daß solche Anlagen vorhanden sein müssen, die sich wohl von speziellen Teilen der Eizelle ableiten, geht unzweifelhaft aus Fällen hervor, bei denen sich eine Hypoplasie oder auch ein gänzliches Fehlen von Schweißdrüsen findet, wie beim Hunde, oder von Haaren, wie bei den künstlich gezüchteten Rassen der haarlosen Hunde (mexikanische Hunde). Bei diesen fehlen nicht bloß die Haare, sondern es sind auch die Zähne stark hypoplastisch und in geringer Zahl vorhanden. Man kann vielleicht hier annehmen, daß es sich überhaupt um eine Störung des für das Ectoderm bestimmten Bildungsgewebes handle, oder anders ausgedrückt, um eine Herabsetzung der Bildungspotenz des Ectoderms. Es ist allerdings nicht leicht, sich vorzustellen, wie die Verteilung der Keime für die Haare und die Schweißdrüsen innerhalb der Epidermis zustande kommt und worin die Anregung zur Differenzierung derselben gegeben ist.

VII. Bedeutung der Mißbildungen und Variationen für die Topik des Keimes.

Ein weiterer Hinweis auf die Notwendigkeit der Annahme organbildender Substanzen wird durch die Betrachtung verschiedener Mißbildungen und Variationen gegeben. Hier darf wohl auf die große Ähnlichkeit der sog. eineiigen Zwillinge hingewiesen werden, die sich bis in die feinsten Einzelheiten erstreckt (s. Doppelbildungen). Wenn wir davon bloß eine herausgreifen, nämlich die bis ins Genauste gehende Ähnlichkeit der Hautleisten an den Fingerbeeren, so läßt sich dieselbe doch wohl kaum anders erklären als durch die Annahme, daß bei beiden Embryonen eine identische organbildende Substanz das Ectoderm geliefert hat. Da diese Substanz infolge ihrer chemischen und physikalischen Eigenschaften in ihrer Entwicklungsbahn bestimmt oder, wie wir uns früher einmal ausdrückten, prädestiniert ist, so müssen die Endprodukte der Entwicklung, in diesem Falle die Hautleisten, eine identische Anordnung zeigen. Ein engeres verwandtschaftliches Verhältnis, als es zwischen eineiigen Zwillingen besteht, läßt sich überhaupt nicht denken, das Keimplasma ist in seinen verschiedenen Bestandteilen gewiß identisch und damit auch die Struktur und Form der Organe, welche aus den verschiedenen organbildenden Substanzen hervorgehen.

Noch eine weitere Reihe von Erscheinungen ist bloß durch die Annahme von organbildenden Substanzen einer rationellen Erklärung zuzuführen. Ich meine die recht häufigen Fälle von symmetrischen Variationen und Mißbildungen, die in besonders auffälliger Weise an den Extremitäten vorkommen. Hierher gehören Störungen in der Entwicklung, z. B. Polydactylie, die häufig beiderseits an einem Extremitätenpaare, nicht selten auch an allen vier Extremitäten in ähnlicher Ausbildung auftritt, ferner Syndactylie u. dgl. m. Daß Gefäß- und Muskelvarietäten häufig beiderseits vorkommen, ist gleichfalls keine Seltenheit, am auffälligsten ist das Fehlen desselben Muskels an beiden Extremitäten eines und desselben Paares, so wurde kürzlich vom Autor das Fehlen des M. flexor carpi ulnaris an beiden Armen eines Individuums beobachtet. Solche Fälle weisen doch wohl deutlich darauf hin, daß die Bildungssubstanz für die Muskeln ursprünglich eine einheitliche Masse darstellt, welche wohl bei der ersten Teilung auf beide Hälften des Körpers verteilt wird.

Zusammenfassung.

Wenn wir zum Schlusse aus den gegebenen Ausführungen das Wesentliche noch einmal zusammenfassen, so dürfen wir etwa folgendes als festgestellt bezeichnen:

1. Es ist anzunehmen, daß das Eierstocksei eine polare Differenzierung aufweist, die mit den Strukturverhältnissen desselben und der Verteilung des Protoplasmas in Zusammenhang steht.

2. Dieses letztere ist nicht gleichartig, sondern schon innerhalb des Eierstockseies differenziert. Die verschiedenen Plasmaarten, welche sich wohl durch ihr spezifisches Gewicht, ferner durch chemische und physikalische Eigenschaften voneinander unterscheiden, stehen zur Bildung der Organe oder Organsysteme in enger Beziehung; sie stellen die Grundlage dar, auf welcher diese durch Differenzierungsvorgänge, die gesetzmäßig verlaufen, entstehen. Die Organe sind also schon im unbefruchteten Keime gegeben, allerdings nicht schon geformt, wie das die alten Präformisten wollten, sondern in Gestalt von Stoffen, deren weiterer Entwicklungsvorgang streng vorgeschrieben und bestimmt ist.

3. Die Beziehungen der organbildenden Substanzen zu der die beiden Pole des Eies verbindenden Achse ist bei den Eiern verschiedener Tiere eine verschiedene, doch dürfen wir wohl annehmen, daß für jedes Ei eine charakteristische Anordnung vorhanden ist, die sich in bestimmten Symmetrieverhältnissen äußert. Für das Säugerei sind wir wohl berechtigt, eine bilaterale Symmetrie anzunehmen, jedenfalls trifft dies für das befruchtete Ei zu.

4. Im Eierstocksei, dann besonders auch während der Befruchtung und Reifung des Eies, finden Verlagerungen der verschiedenen keimbildenden Substanzen durch Strömungen statt. Beim Eintritt des Spermiums in das Ei erfolgt eine gewisse Fixation der Struktur, eine Festlegung auf die weiteren Entwicklungsvorgänge, so daß man schon jetzt bei einigen Eiern den Ort des cranialen und des caudalen Körperendes des späteren Embryos bestimmen kann.

5. Auch in den Furchungszellen finden höchst wahrscheinlich regelmäßige Umordnungen und Bewegungen der differenten Anteile des Protoplasmas statt.

6. Die Gastrulation ist nicht ein Vorgang der Differenzierung, sondern der Umlagerung von Material im Keime (C. Rabl). Es ist nicht unwahrscheinlich, daß die Invagination durch die chemisch-physikalischen Verschiedenheiten derjenigen Zellen bedingt wird, die mit ziemlicher Sicherheit in bestimmten Zonen oder Strecken des Keimes die Anlagen größerer Organkomplexe darstellen. Der Gastrulationsvorgang ist, ebensogut wie die Furchung, als ein aus der Struktur des Protoplasmas notwendig sich ergebender Vorgang anzusehen, als etwas von vornherein Gegebenes oder Determiniertes. Möglicherweise spielt auch der Rhythmus der Zellteilung dabei eine Rolle, indem dieselbe nach Ablauf der Furchung in einzelnen Bezirken der Keimscheibe, vielleicht infolge der Struktur der dieselben zusammensetzenden Zellen, rascher erfolgt als in anderen.

7. Was die Lokalisation der einzelnen Anlagen betrifft, so können wir erst für relativ späte Stadien Genaues erkennen, doch sind wir berechtigt anzunehmen, daß schon sehr frühzeitig eine solche vorhanden ist. Daß hier noch manches festzustellen wäre, besonders in der Verfolgung der Um- und Ausbildung der organbildenden Substanzen, ist sicher. Immerhin ist schon jetzt eine gewisse Übersicht über die Verhältnisse möglich, indem das Prinzip der Lokalisation von Anlagen in bestimmten Zellen oder Zellkomplexen während des ganzen Verlaufes der Entwicklung feststeht.

8. Für die Annahme solcher Lokalisationen sprechen noch eine Anzahl von Tatsachen aus der Teratologie. Es wäre anzuführen die Einwirkung von chemischen Agentien auf das Keimplasma in relativ frühen Stadien der Entwicklung und die Mißbil-

dungen einzelner Organe, welche auf diese offenbar in manchen Fällen spezifisch
wirkenden Schädigungen folgen. Ferner können wir auf die symmetrischen Mißbildungen hinweisen, die wohl auf eine Schädigung oder Veränderung der organbildenden
Substanzen zurückzuführen sind, zu einer Zeit, da die Substanz für die Anlage der Organe beider Körperseiten noch um die Eiachse gruppiert war, endlich auf symmetrische
Variationen u. dgl., die bloß unter Annahme einer strengen Organlokalisation erklär-
lich sind.

Literatur über organbildende Substanzen und Lokalisation im Keime.

Assheton, R., Growth in Length. London 1916. — *Bartelmez, G. W.*, The relations of the embryo to the
principal axis of symmetry in the birds egg. Biol. Bull. XXXV. 1918. 319—361. — *Braus*, Über die Entstehung
der Kiemen, ein Beitrag zur Homologiefrage. Zeitschr. f. Morph. u. Anthrop. XVIII. 1914. — *Conklin, E. G.*,
Caryokinesis and Cytokinesis in the maturation and cleavage of Crepidula and other Gasteropods. Journ. A. N. S.
Phila. Vol. XII. 1902. — *Derselbe*, The cause of inverse symmetry. Anat. Anz. 23. 1903. 577—588. —
Derselbe, Mosaic Development in Ascidian Eggs. Journ. of exp. zool. II. 1905. 145—223. — *Crampton*,
Reversal cleavage in a sinistral Gasteropod. Ann. N. Y. Acad. of Sc. 8. 1894. — *Derselbe*, Experimental
Studies on Gasteropod development. Arch. f. Entw.-Mech. 3. 1896. — *Dareste, C.*, Recherches sur la
production artificielle des Monstrosités 2 éd. 1891. — *Duesberg, J.*, Über die Verteilung der Plastosomen
und der „Organ forming substances" *Conklins* bei den Ascidien. Verhandl. d. anat. Gesellsch. in Greifswald.
3—13. Suppl. B. z. Anat. Anz. 44. 1913. — *Eckardt, P.*, Über Hemitheria ant., ein Beitrag zur Lehre von
den Mißbildungen. Inaug.-Diss. Breslau 1889, ausp. *Roux*. — *Fischel, Alf.*, Über den gegenwärtigen Stand
der experimentellen Teratologie. Verhandl. d. deutsch. pathol. Gesellsch. V. 1903. — *Derselbe*, Über chemische
Unterschiede zwischen frühen Entwicklungsstadien. Arch. f. Entw.-Mech. 41. 1915 — *Goodale, H. D.*, Development of Spelerpes bilineatus. Amer. Journ. of Anat. 12. 1911. 173—244. — *Haecker, V.*, Entwicklungsgeschichtliche Eigenschaftsanalyse. Jena 1918. — *Hertwig, O.*, Urmund und Spina bifida. Arch. f. mikr.
Anat. 39. 1892. — *Derselbe*, Über einige durch Zentrifugalkraft in der Entwicklung des Froscheies hervorgerufene Veränderungen. Arch. f. mikr. Anat. 53. 1898. 415—444. — *His, W.*, Über unsere Körperform
und das physiologische Problem ihrer Entstehung. Leipzig 1874. — *Derselbe*, Über das Prinzip der organbildenden Keimbezirke und die Verwandtschaft der Gewebe. Arch. f. Anat. u. Entw.-Gesch. 1901. 307—337.
— *Jenkinson, J. W.*, Three lectures on experimental Zoology. 1917. — *Kopsch, Fr.*, Bildung und Bedeutung des Canalis neurentericus. Sitzungsber. d. Gesellsch. Naturf.-Freunde zu Berlin 1896/97. — *Derselbe*,
Experimentelle Untersuchungen am Primitivstreifen des Hühnchens und an Scylliumembryonen. Verhandl.
d. anat. Gesellsch. Vers. zu Kiel 1898. Erg.-Heft z. Anat. Anz. 14. 1898. — *Derselbe*, Die Organisation
der Hemididymi und Anadidymi der Knochenfische und ihre Bedeutung für die Theorien über Bildung und
Wachstum der Knochenfische. Internat. Monatsschr. f. Anat. u. Entw.-Gesch. 16. 1899. — *Derselbe*, Gastru-
lation und Embryobildung bei den Chordaten. I. Die morphologische Bedeutung des Keimhautrandes und die
Embryobildung bei der Forelle. G. Thieme, Leipzig 1904. — *Leplat, G.*, Localisation des premières ébauches
oculaires chez les vertébrés. Pathogénie de la cyclopie. Anat. Anz. 46. 1914. 280—289. — *Lewis, W. H.*,
Implantation of the lips of the blastopore in Rana palustris. Amer. Journ. of Anat. VII. 1907. — *Derselbe*,
Experiments on Localisation in the medullary shield and germring of a Teleost fish (Fundulus heteroclitus).
Anat. Rec. 6. 1912. 326—334. — *Ludwig, E.*, Zur Entwicklungsgeschichte der Leber, des Pankreas und des
Vorderdarms bei der Ente und beim Maulwurf. Anat. Hefte 56. 1919. — *Mayer, A. G.*, Some species of
Partula etc. Mem. Mus. comp. zool. Cambridge, Mass. XXVI. 121/122. — *Morgan, T. H.*, Die Entwicklung
des Frosches, übersetzt von *Solger*. Leipzig 1904. — *Peebles, Florence*, The location of the chick embryo
upon the blastoderm. Journ. exp. zool. 1. 1904. 369—383. — *Rabl, C.*, Über die Entwicklung der Teller-
schnecke. Morph. Jb. V. 1879. 562—660. — *Derselbe*, Vorwort zur Theorie des Mesoderms. Leipzig 1896.
— *Derselbe*, Über organbildende Substanzen und ihre Bedeutung für die Vererbung. Leipzig 1906. —
Derselbe, Édouard van Beneden. Arch. f. mikr. Anat. 88. 1915. — *Rhumbler*, Zur Mechanik des
Gastrulationsvorganges, insbesondere der Invagination. Arch. f. Entw.-Mech. XIV. 1902. — *Spemann, H.*,
Über die Determination der ersten Organanlagen des Amphibienembryos. Arch. f. Entw.-Mech. 43. 1917.
448—555. — *Derselbe*, Über die Entwicklung umgedrehter Hirnteile bei Amphibienembryonen. Zool. Jahrb.
Suppl.-Band. XV. 3. 1912. (Festschrift für *J. W. Spengel*.) — *Derselbe*, Die Entwicklung des invertierten
Gehörbläschens zum Labyrinthe. Arch. f. Entw.-Mech. 30. 1911. 437—458. — *Derselbe*, Zur Entwicklung
des Wirbeltierauges. Zool. Zentralbl. Abt. f. allg. Zool. u. Physiol. 32. 1912. 1—94. — *Stockard, Ch. R.*, The
influence of external factors, chemical and physical on the development of Fundulus heteroclitus. Journ. of
exp. Zool. 4. 1907. 165—200. — *Derselbe*, The development of Fundulus heteroclitus in solutions of LiCl.
Ibid. 3. 1906. 99—120. — *Derselbe*, The artifical production of a single median cyclopean eye in the Fish

embryo by means of seawater solutions of Mg Cl₂. Arch. f. Entw.-Mech. 23. 249—258. — *Streeter, G. L.,* Some experiments on the developing ear vesicle of the tadpole. Journ. of exp. Zool. 3. 1906. — *Derselbe,* Experimental evidence concerning the determination of posture of the membranous labyrinth in the Amphibian embryo. Journ. of exp. Zool. 16. 1914. 149—176. — *D'Arcy Thompson,* Form and Growth. 1916. — *Zangger, H.,* Über Membranen und Membranformationen in *Asher-Spiros* Ergebnissen der Physiologie. VII. 1908. p. 99—160.

II. Abschnürung des Embryos von der Keimscheibe.

Im folgenden möchte ich einige allgemeine Betrachtungen zusammenfassen, welche sich auf die Abschnürung des Embryos vom Dotter, seine Formgestaltung und sein Längenwachstum beziehen.

Wir haben hierbei von der Tatsache auszugehen, daß der Embryo ursprünglich, nach Ablauf der Furchung, als eine Scheibe von Zellen am oberen, vegetativen Pole angelegt ist. Die Zellen der vegetativen Hälfte des Eies sind entweder durch ihren starken Dottergehalt schon von vornherein als Zellen des Entoderms (Frosch) gekennzeichnet, oder es tritt an ihre Stelle eine große, träge Dottermasse. Diese wird erst allmählich im Laufe der weiteren Entwicklung von den Zellen des animalen Poles umwachsen und bei einigen Formen (Selachier, Sauropsiden) durch die Ausbildung der Wandung des Dottersackes schließlich verarbeitet und dem Embryo zugeführt. Der Unterschied zwischen den beiden Formen ist ein gradueller, kein prinzipieller; in beiden Fällen werden die Zellen, resp. die Dottermasse der vegetativen Partie des Eies, von den Zellen des animalen Poles umwachsen, aber im ersten Falle bilden sie bloß eine Vorwölbung am ventralen Umfange des Embryos, im zweiten Falle einen Anhang, von dem sich der Embryo durch eine tiefgehende Abschnürung absetzt (s. die Beschreibung des Dottersacks S. 123 und die Fig. 82).

Die Medianebene der Embryonalanlage, läßt sich bei gewissen, der Beobachtung und dem Experimente besonders zugänglichen Formen sehr früh bestimmen, jedenfalls nach Beginn der Gastrulation, vielleicht auch schon nach der Befruchtung oder mit dem Durchschneiden der ersten Furchungsebene. Ganz anders steht es dagegen mit der Feststellung des cranialen und caudalen Endes der Embryonalanlage, wenn wir diese der außerembryonalen Anlage gegenüberstellen. Denn in der Keimscheibe eines Vogels haben wir nicht bloß jene Zellen vor uns, welche den Leib des Embryos bilden, sondern auch noch diejenigen, welche den Dotter umwachsen, die Wandung des Dottersacks herstellen und dadurch, daß sie über den Embryo sich emporschlagen, auch das Amnion liefern. Eine Trennung des embryonalen von dem außerembryonalen Bezirke können wir in frühen Stadien nicht durchführen.

In der Gastrulation sehen wir ei en Vorgang, welcher nach unserer Auffassung während einer langen Periode des embryonalen Wachstums zum Ablauf kommt und erst mit der Bildung der einer jeden Form zukommenden Zahl von Mesoderm- und Neuralsegmenten sein Ende nimmt. Gleichzeitig geht auch, in cranio-caudaler Richtung, die Bildung der Medullarplatte vor sich, die sich zum Medullarrohre schließt. Man ist bei der Betrachtung der weiteren Umbildung des Keimes, insbesondere der Bestimmung seines cranialen und caudalen Endes, fast ausschließlich von der Betrachtung der Medullarplatte ausgegangen und hat ohne weiteres die Frage, wo das craniale Ende des Embryos zu suchen sei, mit dem Hinweis auf die craniale Grenze der Medullarplatte beantwortet. Im erwachsenen Körper unterscheidet man von jeher dorsale und ventrale Gebilde (Muskulatur, Nerven usw.), d. h. solche, die dorsal und ventral von einer den Körper in craniocaudaler Richtung, etwa entsprechend der

Chorda dorsalis, durchziehenden Längsachse gelegen sind. In dem Bestreben, die Verhältnisse beim Erwachsenen auf diejenigen beim Embryo, ja auf den dem Dotter flach aufliegenden Keim zu beziehen, hat man nach den Punkten gefragt, die den Stellen entsprechen, an denen die dorsale in die ventrale Fläche übergeht und die Achse der Anlage cranial und caudal ein Ende nimmt. Zwar sind in dem Stadium der flachen Ausbreitung des Embryos auf dem Dotter die Begriffe dorsal und ventral überhaupt noch nicht anwendbar; erst mit der beginnenden Abschnürung des Embryos treten dieselben in ihre Rechte. Bei flacher Ausbreitung liegt der ganze Embryo dorsal, als ventral können wir in solchen Stadien bloß den Dotter bezeichnen; die Begriffe werden erst mit der zu einer Scheidung zwischen dem embryonalen und außerembryonalen Bezirke führenden Abschnürung des Embryos auf diesen anwendbar. Im übrigen stehen mit dieser Abschnürung Verlagerungen einzelner Gebilde in die ventrale Gegend des Embryos in Zusammenhang; so sehen wir die Anlagen der willkürlichen Muskulatur auswachsen und sich dann erst sekundär in die dorsale und ventrale Muskulatur scheiden. Das erste Auftreten einer Muskeldifferenzierung in der Form von Fibrillen findet in der Höhe der Chorda dorsalis statt und breitet sich von da dorsal- und ventralwärts aus.

Wie erfolgt nun diese Abschnürung? Man hat sich dieselbe lange Zeit so vorgestellt, wie sie His (Entwicklung des Hühnchens 1868) geschildert hatte, nämlich, daß beim Hühnchen an der Grenze zwischen dem embryonalen und außerembryonalen Abschnitte des Keimes zunächst eine Furche auftritt. Diese engt, allmählich sich vertiefend, die Verbindung zwischen den beiden Abschnitten des Keimes ein, bis sie schließlich auf den Dotternabel beschränkt wird, welcher den vom Darm zum Dottersack führenden Ductus vitellinus enthält. Das Wachstum der Embryonalanlage nach den verschiedenen Richtungen hin trägt noch dazu bei, die Abschnürung des Embryos von dem außerembryonalen Bezirke des Keimes vollständiger zu gestalten. Jenseits der „Grenzfurche“ von His erheben sich zuerst cranial, dann allmählich weiterschreitend auch seitlich, zuletzt caudal, die Amnionfalten, welche, über den Embryo vorwachsend, denselben in den Amnionsack einhüllen. (Figg. 81 u. 82.)

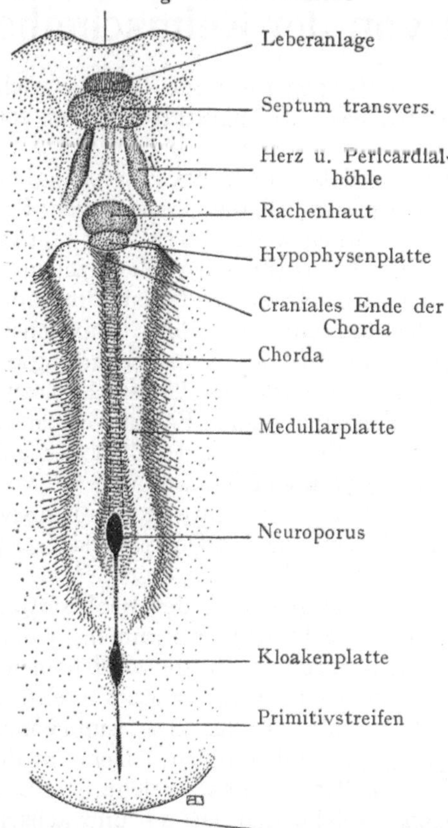

Fig. 668. Schema eines Säugerembryos mit Angabe der Lage der Hypophysen- und Mundplatte, des Septum transversum und des Herzens.

Es würden also nach His zwei Faktoren bei der Abschnürung des Embryos in Betracht kommen, erstens die Bildung einer Furche, also ein Prozeß, den wir direkt als Abschnürung bezeichnen können, und zweitens das Vorwachsen der Embryonalanlage nach verschiedenen Richtungen über den außerembryonalen Teil des Keimes. Je nachdem man das eine oder andere der beiden Momente betont, kommt man über das Wesen des Prozesses zu verschiedenen Anschauungen.

Th. Funccius hat neuerdings gegen die oben dargelegte Vorstellung Einspruch erhoben, indem er in bezug auf die Abschnürung des Embryos und die Bildung des ventralen Körperabschlusses der von Gegenbaur (Lehrbuch der Anatomie des Menschen. I., 71—73, 1903) geäußerten Ansicht beitritt. Dieser sagt (von der Umbildung der Darmrinne zum Darmrohre): „In Wirklichkeit wachsen keine Falten vor, sondern die Leibesanlage ist es, welche über der Keimblase nach vorn wie nach hinten bedeutender wächst und entsprechend auch an den beiden Seiten. Dadurch kommt es zu jenem Zustande, ohne daß die Verbindung mit der Keimblase eine absolute Verengerung erfährt."

Durch eigene Untersuchungen glaubt Funccius nachgewiesen zu haben, daß die „Kopfknospe" sich von dem Keime abgrenzt, nicht etwa durch Bildung einer Furche (der Hisschen Grenzfurche), sondern infolge starken Wachstums im Bereiche des cranialen Endes der Embryonalanlage selbst. Ferner soll sich die craniale Darmbucht ohne Hilfe seitlicher Falten bilden und die „craniale Darmpforte" sich nur ganz unwesentlich caudalwärts verschieben. Diese soll einen relativ fixen Punkt darstellen, indem der von der Rachenhaut bis zur cranialen Darmpforte reichende ventral verlagerte Abschnitt der Anlage (von Funccius als „Prothorax" bezeichnet) sich durch energisches Wachstum des Mesoderms vor der Darmpforte, nicht durch Wanderung der letzteren caudalwärts, verlängert (Fig. 231).

Die Angaben von Funccius haben durch L. Gräper eine Nachprüfung erfahren. Gräper bemerkt: „Daß die craniale Darmpforte ein unverschieblicher Meßpunkt sei, erschien allerdings schon nach ganz oberflächlichen Vergleichen für ausgeschlossen. Einen solchen Punkt zu gewinnen, erschien mir aber für die Beurteilung aller Bewegungsvorgänge unumgänglich notwendig." Gräper hat Reihenaufnahmen von vital gefärbten Embryonen während ihrer Entwicklung gemacht, um zu dem soeben angeführten Schlusse zu kommen. Dagegen bezeichnet er als fixen Punkt das vorderste Ursegment, welches auch als erstes auftritt. Schon C. Rabl hat in seiner Theorie des Mesoderms festgestellt, daß der zeitlich erste Somit auch örtlich der erste sei, mit anderen Worten, daß vor demselben keine Segmentation des Mesoderms im Sinne einer Ursegmentbildung im Bereiche des Kopfes stattfinde.

In einer sehr bemerkenswerten Abhandlung hat Hatschek die Frage nach dem cranialen Ende des Wirbeltierembryos, d. h. der Stelle, an der am Kopfe in der Medianebene die dorsalen in die ventralen Gebilde übergehen, behandelt. Er hebt hervor, daß schon K. E. v. Baer die richtige Vorstellung vertreten hat, nämlich „daß das primitive Vorderende des Embryos überragt wird durch sekundär vorgeschobene Gebilde. Zunächst sind es dorsale Bildungen, die nach vorne verlagert werden, und zwar Teile der Gehirnanlage (Augenanlage, Geruchsorgan usw.). Später kommt noch eine ventrale Anlage hinzu, nämlich der von hinten vorwachsende Oberkiefer-Gaumenfortsatz, also ein Teil des Visceralapparates; der Unterkiefer ist zuerst nach hinten gerichtet und knickt erst später gegen den Oberkiefer um. Das primäre Ende des Wirbeltierkopfes ist also nicht in der Schnauze zu suchen, sondern es liegt hinter dem Vorderkopfe an der Schädelbasis und ist durch die Hypophysis cerebri bezeichnet."

Auch war es K. E. v. Baer, welcher zuerst zeigte, daß das primitive Vorderende des Hirns in der Gegend des Infundibulums liegt und nur sekundär durch andere Teile des hakenförmig umgekrümmten Hirnrohres überragt wird. His und Mihalkovicz haben diese Anschauung festgehalten, dagegen wurde von v. Kupffer das craniale Ende des Hirnrohres in dem sog. Angulus terminalis gesucht, d. h. dort, wo das Medullarrohr am längsten mit dem Ectoderm in Verbindung bleibt (an der von einigen Autoren als Neuroporus ant. bezeichneten Stelle).

Da die Chorda dorsalis an ihrem cranialen Ende eine Verbindung mit dem Entoderm an der Hypophysentasche eingeht (Fig. 226), so wird sie sich eigentlich unter der ganzen Embryonalanlage bis an das craniale Ende derselben, am Übergang der dorsalen in die ventralen Gebilde, hinziehen. Damit fällt aber auch die gebräuchliche Unterscheidung eines chordalen und prächordalen Abschnittes der Embryonalanlage als prinzipielle Einteilung derselben dahin. Die Chorda dorsalis durchzieht die ganze Embryonalanlage bis an ihr craniales Ende, an dem die dorsale Fläche in die ventrale übergeht, d. h. bis zur Hypophysentasche. Wenn wir uns auf den Schädel beziehen, so können wir sagen, daß die Basis cranii bis zum Türkensattel von der Chorda durchzogen wird, daß der Gesichtsteil des Schädels, der sich nach vorne anschließt, jedoch mit der Chorda dorsalis nichts zu tun hat, sondern sich aus Teilen bildet, die später ventral angetroffen werden, so dem Unterkiefer, dann aus dem Oberkiefer, kurz aus Bildungen, die dem Schlunddarmskelet angehören, schließlich aus Teilen, die sich um die Augen als Orbitae oder um das Geruchsorgan als Nasenkapsel anlegen.

Wenn wir das craniale Ende der Körperachse in der Hypophysentasche annehmen, so ist es klar, daß bei der Abhebung und Abschnürung der cranialen Partie des Körpers von dem außerembryonalen Teile des Keimes diejenige Strecke, welche von der Hypophysentasche bis zur cranialen Darmpforte reicht, Gebilde liefern muß, welche später auf einem Medianschnitte von der Stelle der Rachenhaut bis zum Nabel reichen. Es handelt sich also um den Unterkiefer, den Hals, die Brust mit dem Herzen, endlich die Leberanlage, welche, wie früher geschildert, von dem Epithel der cranialen Darmpforte aus ihre Entstehung nimmt. Das ist der Abschnitt, den Funccius als Prothorax bezeichnet. Nun ist die Frage doch wohl berechtigt: Wo liegen die Anlagen dieser im Prothorax enthaltenen Organe zu der Zeit, da der Keim flach ausgebreitet, also die Erhebung oder Abhebung des cranialen Körperendes von dem außerembryonalen Bezirk des Keimes noch nicht begonnen hat? Wir müssen wohl annehmen, daß sie mehr oder weniger zusammengedrängt vor der Medullarplatte anzutreffen sind. Sie müssen hier liegen, wenn diese Fläche später ventral verlagert wird, und zwar sind sie bis zur Umschlagslinie des Amnions ausgedehnt. Die Verhältnisse hängen zweifellos innig mit der Bildung des Herzens, der Pericardialhöhle, der Leber und des Septum transversum zusammen und diese wieder mit der Bildung des Mesoderms.

Dieses wächst in Form von zwei median konkaven Fortsätzen in die Gegend der Keimscheibe vor der Medullarplatte (Fig. 498). Die Spitzen dieser Fortsätze oder Mesodermflügel zeigen das Bestreben, in einiger Entfernung von dieser Stelle, vor der Anlage zur Vereinigung zu kommen, folglich bleibt vor der Platte ein runder Bezirk der Keimscheibe übrig, in welchem das Mesoderm fehlt (sog. mesodermfreie Zone von Ravn) oder richtiger gesagt, in welchen es sich erst bei der Weiterentwicklung durch konzentrisches Vorwachsen hineindrängt. Hier entsteht bei einigen Formen das aus Ectoderm und Entoderm bestehende Proamnion, in welches Mesoderm erst sekundär vordringt, nachdem dasselbe sich bereits in beträchtlicher Ausdehnung in der cranialen Partie des Embryos ausgebreitet hat. Bloß ein kleines Feld, in welchem sich Ectoderm und Entoderm nicht bloß berühren, sondern auch zur Verschmelzung kommen, bleibt mesodermfrei, es ist dies die Rachenhaut, welche bei der Abschnürung des Embryos vom Dottersacke ventral zu liegen kommt. Man kann dieselbe als den letzten Rest der mesodermfreien Zone Ravns vor der Medullarplatte auffassen (Fig. 668). Die Verhältnisse erinnern in dieser Beziehung an die Ausbildung der Kloakenmembran am caudalen Körperende, wo gleichfalls Ectoderm mit Entoderm ohne Vermittlung des Mesoderms zur Verschmelzung kommen. Vor der Mundplatte können wir eine Zone abgrenzen, innerhalb welcher aus den hier zur Berührung kommenden Mesodermflügeln die paarigen Anlagen des Herzens entstehen, dann die Linie, in welcher sich das Amnion erhebt. Ob ein Proamnion sich bildet, hängt wohl davon ab, ob das Mesoderm schon in die vor der Area pericardiaca gelegene Gegend hineingewachsen ist, bevor die Faltenbildung begonnen hat; in diesem Falle bildet sich ein Amnion (mit Mesoderm), im anderen ein Proamnion (ohne Mesoderm). Das nachträgliche Eindringen von Mesoderm in das Proamnion ist bloß als das weitere Fortschreiten und gewissermaßen

als Abschluß des Auswachsungsprozesses aufzufassen, den wir an den Mesodermflügeln erkennen.

Auf beiden Seiten der Herzanlagen liegen größere Coelomhöhlen, welche nach
vorne hin in das außerembryonale Coelom übergehen. Die Verhältnisse des Coeloms
sind in sehr eingehender Weise von His geschildert worden und Funccius hat auch alle
einschlägigen Angaben aus den Lehr- und Handbüchern mit großer Sorgfalt zusammen-
getragen; sie gehen teils bis auf K. E. v. Baer und Meckel zurück. His sagt im wesentlichen folgendes: Die Parietalhöhle gehört ursprünglich der caudalen Strecke der Kopf-
anlage an; sie beherbergt das Herz. Ihre ersten Anlagen sind zwei im Seitengebiete
des Herzens liegende, getrennte Spalten. Nach erfolgtem Schluß von Vorderdarm
und Herz vereinigen diese sich zu einer weiten, vor dem Vorderdarm liegenden Quer-
höhle. Auch die Rumpf(coelom)höhle besteht anfangs aus zwei getrennten Spalten,
welche nach Schluß des Darmrohres sich vereinigen.

In unserem Schema (Fig. 668) sind die Verhältnisse in starker Schematisierung
angegeben, indem der Abstand zwischen dem cranialen Ende der Medullarplatte und
dem Abgange des Amnions unverhältnismäßig lang dargestellt ist und die für die Bildung
des Septum transversum und der Leber angenommenen Felder auseinandergezogen,
nicht übereinander gezeichnet, sind, wie das eigentlich in Wirklichkeit anzunehmen
wäre. Es ist zu betonen, daß hier tatsächlich ein Schema vorliegt, in welchem Hypothetisches, d. h. nicht direkt auf einem solchen Stadium zu Beobachtendes wiedergegeben ist.

Bei der Weiterentwicklung wird nun das Feld vor dem cranialen Ende der Medullarplatte bis zum Abgange des Amnions ventralwärts abgebogen und wächst stark in die
Länge, um in gewisser Ausdehnung den Prothorax zu bilden. Dabei wird die Lage der
Rachenhaut sowie der allmählich von beiden Seiten her durchwachsenen Area pericardiaca wesentlich verändert. Die ursprünglich ventrale, aus Entoderm bestehende
Fläche der Area pericardiaca sieht sodann dorsalwärts und bildet den ventralen Abschluß des Kopfdarms, aus welchem sich unter anderem später die Zunge und die Glandula
thyreoidea entwickeln. Daß diese Wand des Kopfdarms durch die Vereinigung von
zwei gegen die Medianebene vorwachsenden Falten entsteht, erscheint gänzlich ausgeschlossen.

Daß beim Vorwachsen des Kopfes auch noch Abschnitte, die mehr seitlich liegen,
in die Herstellung der ventralen Fläche des Kopfes mit einbezogen werden, ist selbstverständlich.

Was die Anlage und Verschiebung des Herzschlauches anbelangt, so sind in dem
Schema Verhältnisse dargestellt, die eigentlich einem viel späteren Entwicklungsstadium
angehören. In der dargestellten Reihenfolge sehen wir das Herz und die Leberanlage
bei Sauropsiden und Säugetieren nicht auftreten, wohl aber z. B. bei Stören und bei
Petromyzonten, wie das aus den schönen Darstellungen von Sagittalschnitten zu
sehen ist, die v. Kupffer in seiner Abhandlung über die Entwicklung dieser Tiere gibt.
Bei den höheren Formen ist insofern ein Unterschied vorhanden, als das Auswachsen
des Hirnrohres und die Bildung der ventralen Fläche der Anlage offenbar sehr früh
einsetzt, noch bevor das Mesoderm in die Gegend hineingewachsen ist. Es wäre daher
die ventrale Wandung auf frühen Stadien noch zur mesodermfreien Zone zu rechnen, in
welche erst nach der um die Hypophysentasche erfolgenden Abknickung das Mesoderm
mit der Herzanlage hineinwächst. Wir haben also hier Verhältnisse vor uns, welche
als abgeänderte zu bezeichnen wären; die Herzanlage befände sich nicht vor der Medullarplatte, sondern würde seitlich von der Medullarplatte auftreten und allmählich, medianwärts vorrückend, hinter der Rachenmembran in die ventrale Wand des Kopfdarmes
hineintreten.

Bei Säugetieren scheint es, daß das Mesoderm sich in dem pericardialen Felde
ausbreitet und in die Splanchnopleura und Somatopleura zerfällt, bevor die Kopffalte

sich bildet; es stellt so die Platte eine mediane Zone dar, welche caudal an die Rachenhaut, cranial an die Umschlagslinie des Amnions angrenzt. Seitlich geht das Mesoderm
der Area pericardiaca (Fig. 671 P) in das außerembryonale Mesoderm über. Mit der
Bildung der Kopffalte und der Abknickung des Embryos um das durch die „Hypophysen-
ecke" gehende craniale Ende der Körperachse kommt das ursprünglich caudale Ende
der Pericardialplatte nach vorne zu liegen.

    Bald nach der Umbiegung der ventralen Wandung des Körpers aus ihrer ursprüng-
lich dorsalen Lage beginnt das Mesoderm, das sich nunmehr caudalwärts an die Pericardialplatte anschließt, zu wuchern; das betreffende, erst später genau abzugrenzende
Feld ist in den Figg. 669—672 als Septum transversum angedeutet. Aus dieser

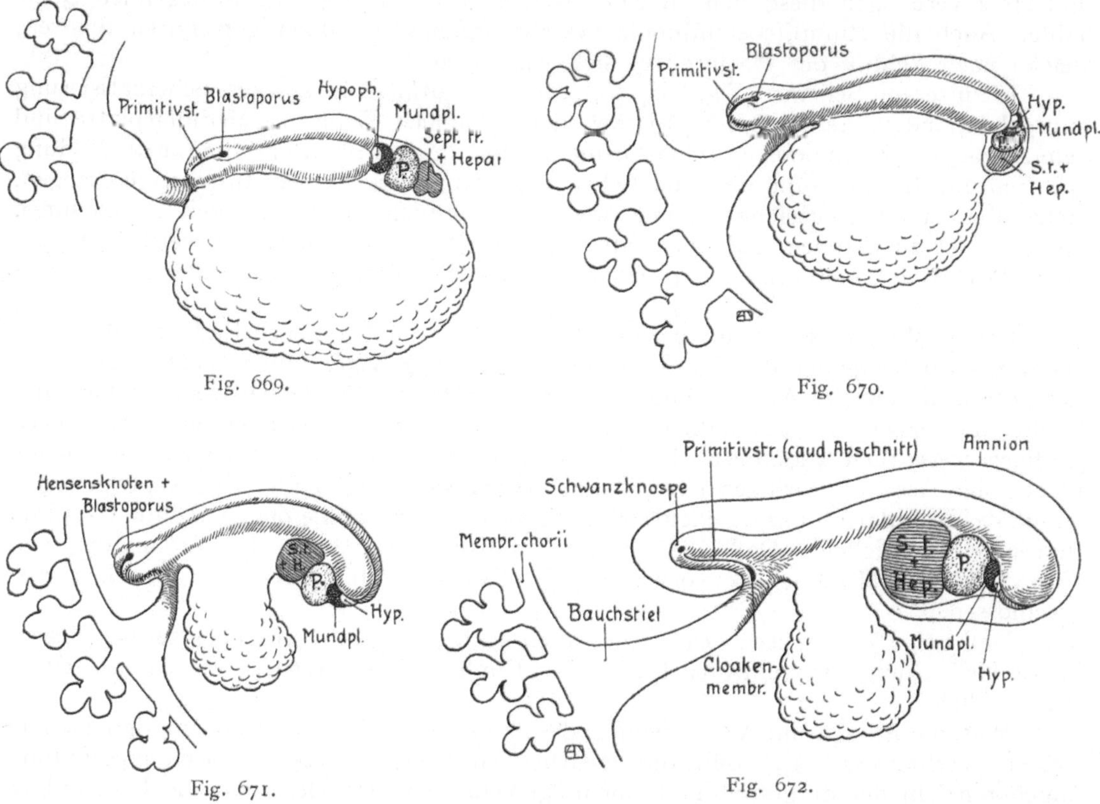

Fig. 669—672. Schematische Darstellung der Abschnürung des Embryos vom Dottersack.

Masse bildet sich später die Capsula fibrosa (Glissoni) der Leber, ferner die Grundlage des Zwerchfells, in welches die Anlagen der Zwerchfellsmuskulatur hineinwachsen
(s. Entwicklung des Zwerchfells). Im Anschluß an das Septum transversum, richtiger
gesagt, von demselben bedeckt, hätten wir in der Fig. 669 ein Feld von Entoderm anzunehmen, welches später an der cranialen Darmpforte angetroffen wird
und die Leberanlage liefert. An den Rändern des Septum transversum ziehen sich
zwei kanalartige Verbindungen des Pericardialcoeloms mit dem peripheren Coelom
hin; ihnen angeschlossen verlaufen die beiden Venen, welche wir in der Fig. 668
als nach vorne gerichtete Fortsätze des Herzschlauches gezeichnet haben, die jedoch
später zum Teil in das Septum transversum aufgenommen werden und, nach der Abhebung
des Kopfes vom außerembryonalen Teile des Keimes, vom Dottersack aus nach vorne
zum caudalen Ende des Herzschlauches verlaufen. Sie stellen sodann die Vv. omphalomesentericae dar.

Diese vom Pericardialcoelom nach hinten verlaufenden Verbindungskanäle (s. Fig. 410) dürfen wir im Hinblick auf ihre spätere Bestimmung als pleuroperitonaeale Kanäle bezeichnen.

Über diese Verhältnisse macht A. Brachet bestimmte Angaben. Er sagt: „Es entsteht zwischen dem caudalen Ende oder dem Boden der primitiven Pericardialhöhle und dem Darmnabel eine dichte Masse embryonalen Bindegewebes, die von einer beträchtlichen Verdickung der in früheren Stadien dünnen Mesoblastschicht herrührt. Sie nimmt den Raum zwischen dem Nabel und der Pericardialhöhle ein und setzt sich direkt cranial in die frontale Partie des Septum transversum fort. Die Leber entwickelt sich nun in dieser Schicht embryonalen Bindegewebes, ferner im eigentlichen Septum transversum, entlang den Vv. omphalomesentericae sowie einem Teil der Nabelvenen, endlich auch noch am caudalen Umfang des Sinus venosus. Nur das craniale Ende des Sinus venosus und die Cuvierschen Gänge liegen noch außerhalb

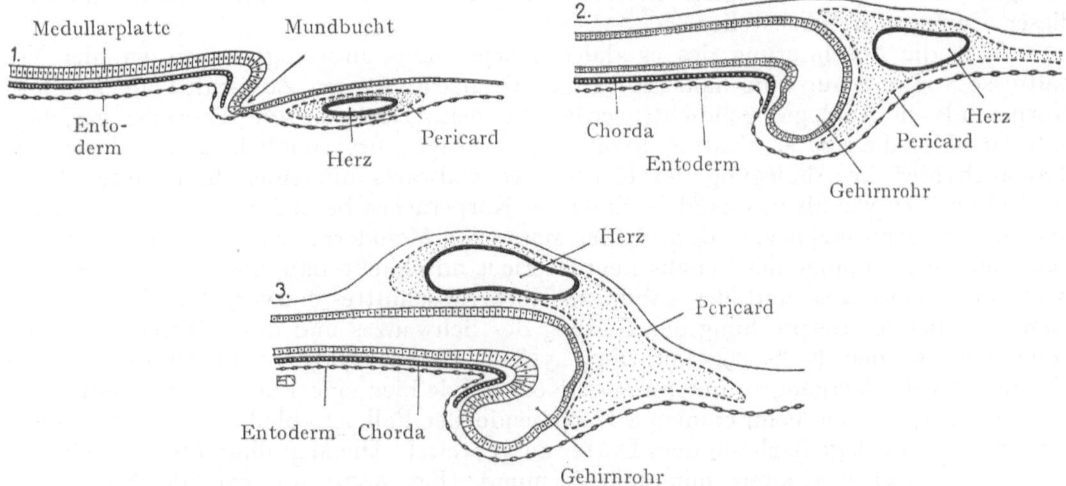

Fig. 673. Schematische Darstellung der Bildung der Omphalocephalie.
Nach E. Rabaud, Journ. de l'anat. et de la Physiol. 34. 1898.

des Bereiches der Leber. Der ganze caudale Teil des Septum transversum wird nun von der Leber beschlagnahmt; sodann steht die primitive Pericardialhöhle mit den späteren Pleurahöhlen im Niveau des freien cranialen Randes des Septum transversum in Verbindung; es ist auf einem solchen Stadium noch keine Andeutung einer Trennung zwischen den Pleurahöhlen und der Peritonaealhöhle zu erkennen."

Über alle diese Verhältnisse, besonders über die Abgrenzung und Verschiebung der Mundplatte und der Pericardialplatte sind die Abhandlungen von Arthur Robinson nachzusehen.

Eine Stütze für die oben vertretene Anschauung über die Bildung des cranialen Körperabschnittes dürfen wir wohl der Betrachtung derjenigen Mißbildungen entnehmen, die in der Bezeichnung Omphalocephalie (Fig. 673) zusammengefaßt werden (C. Dareste und E. Rabaud). In solchen Bildungen liegt das bald einfache, bald doppelte Herz auf dem dorsalen Umfange des Kopfes, ja sogar auf dem Nacken. Der Pharynx fehlt. Die Mißbildung muß durch die Annahme erklärt werden, daß aus unbekannter Ursache der Kopf nicht normalerweise nach vorn wächst um sich vom außerembryonalen Teile des Keimes abzuheben. Er wendet sich ventralwärts und dringt hinter der Mundplatte vor, indem er diese und die vor ihr liegende Pericardplatte (Figg 669—672) daran verhindert, sich ventralwärts umzuschlagen und an der Bildung der ventralen

Wandung des cranialen Körperabschnittes teilzunehmen. Die Herzanlagen schließen sich dorsal vom Gehirnrohre zusammen. Dadurch bleibt das Zentralnervensystem in seiner Entwicklung zurück, so daß sein vorderster Abschnitt den Raum einnimmt, den wir bei normaler Entwicklung als Kopfdarm bezeichnen. Weiterhin wächst der Kopf zwischen Entoderm und Dotter aus (Fig. 673) und wird von einer Entodermkappe umschlossen, welche normalerweise den Pharynx bilden sollte. Auch die Bildung der Kiemenspalten bleibt aus. Sehr beachtenswert ist, daß am sechsten Tage jede Spur der Bildung der Lungen, der Thyreoidea, des Thymus und des Pankreas fehlt. Dies läßt sich durch die Tatsache erklären, daß die Entodermstrecke, welche ursprünglich vor der Medullarplatte liegt und aus welcher nach unserer Auffassung die ventrale Wandung des Darmes bis zur cranialen Darmpforte entsteht, nicht ventralwärts umgeschlagen wird, infolgedessen die betreffenden Anlagen nicht liefern kann. Das Entoderm ist teils dorsalwärts hinaufgeschlagen, teils bedeckt es kappenförmig den ventralwärts vordringenden Kopf. Leider ist nicht festgestellt, ob es die Anlagen der fraglichen Organe liefert; Rabaud hat es versäumt, Rekonstruktionen dieser Embryonen herzustellen.

Was die Abschnürung des caudalen Körperendes anbelangt, so liegen hier Verhältnisse vor, die nur innerhalb sehr enger Grenzen mit den Zuständen am cranialen Körperende in Analogie gebracht werden können. Doch ist die Tatsache gesichert, daß Gebilde, die später ventral angetroffen werden, ursprünglich dorsal liegen und daß auch hier die Abbiegung des Körpers ventralwärts um einen bestimmten Punkt stattfindet, den wir als das caudale Ende der Körperachse bezeichnen können. Derselbe liegt in der Schwanzknospe, d. h. in der Masse von Mesoderm, welche sich unmittelbar dem caudalen Umfange des Canalis neurentericus anschließt und aus welcher das Mesoderm des Schwanzes und des caudalen Körperabschnittes hervorgeht. Die Verhältnisse sind bei der Besprechung der Bildung des Schwanzes und des Darmes ausführlich geschildert worden (s. S. 490 und Figg. 518—526); es genüge zum Zwecke des Vergleiches mit den Vorgängen am cranialen Körperende hier eine kurze Zusammenfassung.

Länger, als das beim cranialen Körperende der Fall ist, bleibt die caudale Partie der Embryonalanlage flach auf dem Dotter ausgebreitet. Die Medullarwülste umschließen den Hensenschen Knoten mit dem Urmund (Fig. 500); die caudale Strecke des Primitivstreifens bleibt bestehen, wird aber beim Vorwachsen der Schwanzknospe ventralwärts verlagert und reicht sodann bis zum Abgang des inzwischen in Erscheinung getretenen Bauch- oder Haftstieles. Wir sehen nun, daß die Schwanzknospe auswächst, also das caudale Körperende sich von dem Haftstiel abhebt, und zwar durch einen aktiven Wachstumsvorgang, der in der Schwanzknospe lokalisiert ist. Die ursprünglich von der Schwanzknospe bis zum Abgang des Haftstiels reichende Strecke des Primitivstreifens wird dementsprechend in die Länge gezogen, teilweise von Mesoderm durchwachsen und bleibt noch gegen den Abgang des Haftstiels hin als sog. Kloakenmembran erhalten. Daß wir unter dieser nicht bloß die Stelle zu verstehen haben, an welcher sich später der After und die Öffnung des Sinus urogenitalis bildet, ist klar, denn aus der Kloake geht auch die Harnblase hervor. Diese Streckung des Primitivstreifens, welche freilich nicht gleichzeitig auf der ganzen Ausdehnung von der Schwanzwurzel bis zum Abgang des Haftstieles vom embryonalen Körper (am späteren Nabel) vorhanden ist, erklärt, wie schon früher dargestellt wurde, die Möglichkeit der Spaltbildung in der Medianebene, von der Schwanzwurzel angefangen, über den Damm und die Symphyse auf die Linea alba zwischen den beiden Mm. recti abdominis. Hierher gehört die Erwähnung der Epi- und Hypospadie, die Spaltungen der Symphyse und der Harnblase.

Wir haben uns wohl, ganz in derselben Weise, wie das in den Figg. 669—672 für das craniale Körperende dargestellt ist, zu denken, daß am Primitivstreifen bestimmte Anlagen, etwa diejenigen der äußeren Genitalien, lokalisiert sind, allerdings in stark zusammengedrängter Form, und daß sich dieselben bei der Weiterentwicklung sozusagen entfalten. In welcher Weise dies vor sich geht, entzieht sich vorläufig unserer Kenntnis. Doch ist es wohl sicher (s. die Bildung der Kloake und des Darmes), daß aus der allmählichen Verlängerung der Strecke zwischen dem aus der Kloakenmembran hinten entstehenden Anus und dem durch den Zusammenschluß von Haftstiel und Ductus vitellinus entstehenden Nabelstrang die Bauchwand von der Symphyse bis zum Nabel sowie der Damm und die äußeren Geschlechtsteile hervorgehen. Durch den Umschlag wird der caudale Abschnitt des Darmes gebildet; zu einer gewissen Zeit der Entwicklung wird derselbe durch die Umbiegung dargestellt, an deren ventraler Fläche der Primitivstreifen sich hinzieht. Später bleibt eine Verlötung von Ectoderm und Entoderm bloß noch im Bereich des Anus und des durch die Bildung des Dammes von dem Anus getrennten Abschnittes bestehen, der zur Herstellung der Öffnung des Sinus urogenitalis durchbrochen wird. Die sog. Kloake ist also zu verschiedenen Zeiten der Entwicklung etwas ganz Verschiedenes, ebenso wie der durch die craniale Darmpforte caudal begrenzte Darmabschnitt sich während der Entwicklung nicht gleichbleibt und implicite schon alle Abschnitte des Darmes umfaßt, die zwischen der Durchbruchsstelle der Rachenhaut und dem Abgang des Ductus omphaloentericus liegen. Von dem durch die caudale Darmpforte abgegrenzten Abschnitt des Entoderms wird nicht bloß die Kloake, sondern auch der ganze Dickdarm und der Dünndarm vom Abgang des Ductus omphaloentericus (vitellinus) an geliefert (Meckelsches Divertikel).

Was endlich die seitlichen Faltenbildungen anbelangt, so hat man sich auch für diese keineswegs vorzustellen, daß sie median vorwachsend sich zusammenschließen, indem etwa eine Naht, wie bei der Abschnürung des Medullarrohres sich bildet, sondern die Öffnung, welche sie abgrenzen, wird nur allmählich durch langsames Vorwachsen der Ränder eingeengt. Über die näheren Verhältnisse dieser Vorgänge ist zur Zeit noch so gut wie nichts bekannt.

Literatur über die Abschnürung des Embryos von der Keimscheibe.

v. Baer, K. E., Entwicklungsgeschichte der Tiere. 1828—34. — *Brachet, A.,* Die Entwicklung der großen Körperhöhlen und ihre Trennung voneinander. Referat in *Bonnet* und *Merkels* Ergebnissen VII. 1897. 886—936. — *Dareste, C.,* Recherches sur la production artificielle des monstrosités 2. éd. Paris 1891. — *Funccius, Th.,* Der Prothorax der Vögel und Säugetiere. Morph. Jahrb. 39. 1909. 370—441. — *Gräper, L.,* Beobachtung von Wachstumsvorgängen an Reihenaufnahmen lebender Hühnerembryonen usw. Arch. f. Entw.-Mech. 33. 1911. 303—327. — *Hatschek, B.,* Studien über die Segmenttheorie des Wirbelkopfes. I. Das primitive Vorderende des Wirbeltierembryos. Morph. Jahrb. 39. 1909. 497—525. — *His, W.,* Entwicklung des Hühnchens 1868. — *Derselbe,* Mitteilungen zur Embryologie der Säugetiere und des Menschen. Arch. f. Anat. u. Phys. Anat. Abt. 1881. — *Rabaud, E.,* Embryologie des poulets omphalocéphales. Journ. de l'anat. et de la physiol. 34. 1898. 247—261, 496—582. — *Robinson, Arthur,* The early stages of the development of the Pericardium. Journ. of Anat. and Physiol. 37. 1902. 1—17. — *Robinson, Arthur,* und *A. H. Young,* Observations on the development and morphology of the tail. Brit. med. Journ. 1904. Vol. II. 1384—1391.

III. Teilungsvorgänge im Organismus. Doppel- und Mehrfachbildungen.

Allgemeines.

Die Teilungsfähigkeit ist eine Grundeigenschaft der lebenden Materie, und zwar auf jeder Stufe ihrer Organisation, sei es in Form der Zelle, sei es in Form von infrazellulären Gebilden der verschiedensten Art oder auch von Organanlagen.

Allerdings kann diese Teilungsfähigkeit auch in jedem Zustande der Organisation oder des Wachstums auf kürzere oder längere Zeit inhibiert sein; so sehen wir z. B. die indirekte Zellteilung durchaus nicht in allen Geweben mit derselben Häufigkeit auftreten, ja sie kann an einzelnen Geweben (Nervenzellen) nach einem gewissen Zeitpunkte der Entwicklung gänzlich fehlen. Ferner sind Organanlagen meist nur auf frühen Entwicklungsstadien teilbar.

Wenn wir als den zuerst genauer studierten Teilungsvorgang die indirekte Kernteilung ins Auge fassen, welche sich während des ganzen Lebens abspielt, so ist die Ursache derselben ebenso unbekannt wie diejenige der Teilungsvorgänge überhaupt. Doch kennen wir einzelne Bedingungen, unter denen die Teilung rascher abläuft oder sich auch verlangsamt. Dieselben sind sowohl außerhalb, als innerhalb der Zelle gelegen. Chemikalien können die Kernteilung teils anregen, teils hemmen (Endothelium camerae ant. nach Schottländer); ebenso vielleicht auch mechanische Einflüsse, jedoch sind diese in ihren Wirkungen schwer abzuwägen. Noch schwieriger zu beurteilen sind die innerhalb der Zelle sich geltend machenden Bedingungen. Der größte Fortschritt in der Biologie wäre die Erkenntnis der Momente, welche den stabilen Zustand einer Zelle (oder eines Zellenaggregates) in einen labilen verwandeln, d. h. den Anlaß zur Teilung bilden. Vielleicht handelt es sich hier um eine Störung der Symmetrie, welche nicht bloß in der Zelle selbst, sondern möglicherweise auch in den Zelleinschlüssen, dann in Embryonalanlagen, Organen usw. zur Geltung kommt.

Bei der Erklärung der Teilungsvorgänge im Organismus müssen wir uns davor hüten, mechanische Ursachen als grobe, gewaltsame Eingriffe an dem betreffenden, zur Teilung sich anschickenden Gebilde aufzufassen. Dies wurde von R. Virchow besonders scharf hervorgehoben; die mechanisch wirkende Ursache sei nicht in dem Sinne aufzufassen, als ob sie eine wirkliche Zerteilung der Substanz hervorrufe; der mechanische Eingriff, die Verwundung, der Bruch usw. setze oft nur einen Reiz, welcher die Produktion von Gewebe anrege. Welcher Art dieser Reiz ist und welchen Grad derselbe erreichen muß, um die vollständige Teilung der Zelle, des infrazellulären Gebildes oder der Organanlage hervorzurufen, das entzieht sich vorläufig unserer Kenntnis.

Wie wir uns solche Reize möglicherweise denken können, ergibt sich aus den Untersuchungen von Loeb und Bataillon über die künstliche Parthenogenese. Loeb wandte chemische Mittel an, um eine Entwicklung der Eier direkt, ohne Mitwirkung der Spermien, anzuregen. Bataillon hat dagegen eine parthenogenetische Entwicklung von Froscheiern durch Anwendung mechanischer Reize (Anstich der Eier) erzielt. Ist nicht in beiden Fällen die Wirkung als eine physikalische aufzufassen, indem das Gleichgewicht in der Struktur des Eies eine Störung erfuhr, etwa eine Veränderung der Oberflächenspannung? Oder dürfen wir uns die Vorstellung bilden, daß überhaupt infolge einer Störung in dem symmetrischen Aufbau eines Gebildes eine Teilung desselben angeregt werden kann? Das sind Fragen, die wir vorläufig nicht zu beantworten vermögen.

Beispiele der Teilung im Organismus.

A. Infrazelluläre Teilungsvorgänge.

Wir fassen hier eine ganze Anzahl von Vorgängen zusammen, welche an Zelleinschlüssen zum Ablauf kommen. Es sei hier an die Teilung von Muskelfibrillen, die von Heidenhain ausführlich behandelt wurde, erinnert; die Fibrillen vermehren sich nach ihm nicht durch freie Bildung innerhalb der Zelle, sondern sie entstehen nur aus schon gebildeten Fibrillen. Mit dieser Annahme verknüpft sich natürlich eine andere, welche darauf hinweist, daß hereditär überlieferte Bestandteile in der betreffenden Zelle vorkommen müssen, vielleicht in Form von Mitochondrien oder von anderen aneinander sich reihenden Gebilden, welche die ersten Muskelfibrillen herstellen. Jedenfalls scheint es, daß sich in späteren Stadien bloß aus bereits vorhandenen Muskelfibrillen neue Fibrillen bilden. — Ähnliches läßt sich von der Vermehrung der kollagenen Bindegewebsfasern aussagen; auch hier entstehen neue Fibrillen wohl vorwiegend durch die Teilung bereits vorhandener. Auch Zellgranula können sich durch Teilung vermehren. Vielleicht gehören hierher die Bestandteile der Chromosomen, welche als Chromiolen bezeichnet werden und sich bei gewissen Zuständen der Zelle auflösen (état poussiéroid der Eireifung), um sich dann wieder zu Chromosomen zu vereinigen. In diesem Zusammenhang sei an die Theorie Wiesners erinnert, der folgende Sätze aufstellt: „Das letzte Grundorgan der Pflanze ist das Plasom; es verhält sich zur Zelle wie diese zum Gewebe oder das Molekül zum Kristall. Die Zelle setzt sich in allen ihren Teilen aus Plasomen zusammen. Der Organismus ist in allen seinen Teilen aus Plasomen zusammengesetzt ... Dieser letzte Teilkörper wächst und assimiliert, so daß das Plasom die Grundeigentümlichkeiten der lebenden Substanz besitzt; es assimiliert, es wächst, es teilt sich.“

Was jenseits der Elementarteilchen liegt, entzieht sich vorläufig unserer Kenntnis; wir können den Molekülen und den Molekularverbindungen morphologisch nicht beikommen, uns auch keine Vorstellung eines Wachstums- und Teilungsvorganges derselben bilden. Das Gewicht und der Bau der Moleküle sind der Berechnung zugänglich, nicht aber die Vermehrung derselben oder ihrer Verbindungen durch Wachstum und Teilung; wir müssen eben in unseren morphologischen Betrachtungen bei den Plasomen Wiesners, den Granula Altmanns usw. stehen bleiben. Über das Verhältnis zwischen Plasom und Molekül sagt Wiesner: „Zwischen Atom und Molekül einerseits und Plasom andererseits bestehen zunächst diejenigen Unterschiede wie zwischen Anorganismen und Organismen. Der wichtigste Unterschied zwischen beiden liegt darin, daß die Atome und Moleküle unter konstanten äußeren Bedingungen unveränderlich und unter allen Umständen unentwicklungsfähig, die Plasomen selbst unter konstanten äußeren Verhältnissen veränderlich und entwicklungsfähig sind.“

Zu den infrazellulären Teilungsvorgängen gehören auch manche Vorgänge der Zell- resp. Kernteilung, so die Längsteilung der Chromosomen, die Teilung der Centriolen, vielleicht auch eine Vermehrung der Zahl der achromatischen Spindelfäden durch Teilung usw.

B. Zelluläre Teilungsvorgänge.

Die Vermehrung der Zellen durch Teilung galt schon lange als Axiom, bevor der Teilungsmodus bekannt war (Virchows Cellularpathologie). Mit dem Flemmingschen Werke (1882) wurden die Untersuchungen der älteren Zeit zusammengefaßt, ergänzt und, wenigstens für die indirekte Zellteilung, bis zu einem gewissen Grade abgeschlossen. Die neuere Zeit (von 1882 an) hat manche Ergänzung und Bereicherung gebracht (genauere Kenntnis der Teilung der Chromosomen, der Centriolen, der Bildung der Strahlenfigur u. dgl. m.), allein die Grundzüge des Vorganges entsprechen immer noch der Flemmingschen Darstellung. In den letzten 20 Jahren hat sich die Aufmerksamkeit fast mehr dem Zellprotoplasma als dem Chromatin zugewandt. In einer Beziehung sind allerdings keine Fortschritte gemacht worden, nämlich in der Ergründung der Ursachen, welche der Zellteilung zugrunde liegen. Hier sind wir, wie oben hervorgehoben wurde, noch vollständig im Dunkeln. Wir wissen so gut wie nichts über die Reize, welche die Teilung der Zellen verursachen, und sind ebensowenig über die Eigenschaften der Zellen orientiert, welche dieselben bald zur raschen, ja ungeheuren Proliferation anregen, wie bei manchen malignen Geschwulstbildungen, bald dazu verurteilen, bloß seltene Teilungen einzugehen, oder, wie bei den hoch spezialisierten Nervenzellen, überhaupt teilungsunfähig machen.

Die Reize, welche zur Zell- resp. Kernteilung führen, mögen sowohl innerhalb der Zelle entstehen (Möglichkeit einer Enzymwirkung) als auch von außen her an die Zelle herantreten. In beiden Fällen sind es zunächst Umordnungsvorgänge innerhalb der Zelle, welche die Teilungsvorgänge einleiten und auch weiterhin deren Inhalt bilden; mit anderen Worten es spielen hier infrazelluläre Prozesse eine Rolle. Wie kompliziert dieselben sind, lehrt sofort die Betrachtung des Schemas der indirekten Kernteilung (Fig. 19).

Während wir bei den infrazellulären Teilungsvorgängen stillschweigend annahmen, daß immer bloß eine Zweiteilung auftreten könne, was allerdings keineswegs bewiesen ist, so drängt sich uns bei der Zellteilung die Frage auf, ob nicht in manchen Fällen eine Drei-, Vier- oder Mehrteilung vorkommen könne. Die Frage wird von Krompecher in seinen Untersuchungen über mehrfache indirekte Kernteilungen bejaht; es sollen solche Teilungen, auch Unregelmäßigkeiten in der Verteilung der Chromosomen (Aberrieren einzelner Chromosomen u. dgl.), viel häufiger vorkommen als man bisher angenommen hat. Daß solche Bildungen hauptsächlich in pathologischen Prozessen auftreten (Krompecher untersuchte rasch wachsende Carcinome), wirft kein Licht auf die zugrunde liegenden Ursachen. Auch in der Zweiteilung kommen Abnormitäten, wie aberrierende Chromosomen u. dgl. häufig vor, vielleicht noch häufiger bei den mehrfachen Zellteilungen. Das Schicksal dieser Chromosomen dürfte doch besonders von dem Standpunkt der gleichen Verteilung des Chromatins auf die beiden Tochterzellen von ganz besonderer Bedeutung sein.

C. Suprazelluläre Teilungen; Teilungen von Organanlagen und Keimen.

In diese Kategorie fallen die Teilungen von mehr oder weniger organisierten Zellenkomplexen oder Organanlagen. Dieselben können sehr verschiedener Art sein. Ein einfacher Fall wird durch die Teilung des blind vorwachsenden Endes einer Drüsenanlage dargestellt, z. B. einer alveolären Drüse wie der Lunge, oder einer tubulösen Drüse wie der Niere. Die Teilung scheint hier in der Regel dichotomisch stattzufinden (s. Entwicklung der Nachniere), d. h. wir haben zwei auswachsende, durch besondere Wachstumsenergie sich auszeichnende Enden, die sich abermals dichotomisch teilen. Mehrfache Teilungen sind nicht ausgeschlossen, obgleich sie seltener vorkommen. Es handelt sich also bei solchen Vorgängen um das Auftreten von Differenzen in der Wachstumsgeschwindigkeit resp. in der Zellvermehrung innerhalb einer gebogenen Epithelialmembran, bei welcher die Oberflächenspannung der Membran sicher eine andere ist als in den darauffolgenden Strecken des Rohres. Ob hier bloß physikalische oder auch chemische Prozesse eine Rolle spielen, muß dahingestellt bleiben, ferner die Frage, ob nicht auch seitliche Sprossen an den Kanälchen entstehen können, die zur Bildung neuer Kanälchen führen.

Von einfachen Epithellamellen ist der Übergang leicht zu anderen Epithelformationen, wie zu den von Heidenhain untersuchten Darmzotten oder den Geschmacksbechern, für deren Anlage er gleichfalls eine Teilung nachgewiesen hat. Es wird sich bloß fragen, in welchem Stadium der Entwicklung die Teilung stattfindet; Heidenhain ist der Ansicht, daß auch noch nach der Geburt Teilungen vorkommen können; die Möglichkeit der Teilung ist also nicht auf die Anlage beschränkt, sondern auch für das fertige Organ anzunehmen.

Die Angaben von Heidenhain sind sehr beachtenswert. Er hält den Beweis für erbracht, daß die Geschmacksknospen resp. ihre Anlagen Teilkörperchennatur besitzen, also als Histomere aufzufassen sind. Der Pol der Knospe mit der Ampulle unterliegt zuerst der Teilung, während die Spaltung der Hauptmasse des Knospenkörpers durch Emporwachsen der Basalzellen in zweiter Linie nachfolgt. Heidenhain vergleicht den Prozeß mit der Stockbildung wirbelloser Tiere, mit den Teilungen der Darmzotten, mit Spaltungen der Gallenblase, mit Doppelbildungen der Zähne, der Trachealknorpel, der Harnleiter u. dgl.

Es gebührt ihm unstreitig das Verdienst, zuerst auf die Teilbarkeit der Systeme aufmerksam gemacht und sie in Parallele zu den Teilungsvorgängen von infrazellulären Gebilden gebracht zu haben. Heidenhain führt eine ganze Reihe von Gebilden an, die mehr oder weniger weitgehende Teilungen aufweisen; z. B. gespaltene Finger, Hände, Rippen, Zwillings- und Drillingsbildungen der Nierenpyramiden, Leberläppchen mit doppelter V. centralis. Bei der Niere werden anfangs nur vier bzw. zwei Nierenlappen angelegt, die durch effektive Teilung auf 8—12 vermehrt werden.

Andere Fälle von Verdopplung sind leicht in größerer Zahl anzuführen, so die Doppelbildungen von Spermien, Doppel- und Dreifachbildungen von Haaren innerhalb derselben Haarscheide (Giovannini), Doppel- und Dreifachbildungen von VaterPacinischen Körperchen (G. Herbst), Teilungen von Zahnanlagen (Peckert), Verdopplung der weiblichen Harnröhre (Grubenmann), Teilungen der Schuppen des Armadillo (Newman), doppelte Rippen (Schauinsland), doppelte Urethra beim Manne (R. Mayer), Verdopplung des Augenbechers (G. Ekman), Verdopplung von Fühlern bei Schnecken (Cerny), Doppelbildung und Dreiteilung der Gallenblase bei einer Katze (A. W. Meyer, R. Löwy), Verdopplung eines Darmabschnittes beim Rinde (K. Skoda), Verdopplung von Federn (W. J. Rutherford), Verdopplung eines Ductus deferens (J. Stinelli), Doppelbildungen an Nierenglomeruli (E. Beer), Teilungen der Hornplatten bei Chelonieren (R. E. Coker), Mehrfachbildungen an Darmzotten (Heidenhain).

Es geht aus dem Gesagten hervor, daß der Teilung von Systemen im Sinne Heidenhains eine allgemeinere Bedeutung zukommt, als man ihr bis zum Erscheinen seiner Arbeit über die Geschmacksknospen beigelegt hatte. Allerdings ist es schwer anzugeben, auf welchem Entwicklungsstadium die Teilung erfolgt, ob in der ersten Anlage, die bloß aus wenigen Zellen besteht, oder später, da die Anlage schon die Form des fertigen Gebildes erlangt hat. Gewisse Erwägungen, auf welche wir später zurückkommen, legen die Annahme nahe, daß die Periode, innerhalb welcher eine Teilung erfolgen kann, ziemlich ausgedehnt ist, daß also nicht bloß die erste Anlage von derselben betroffen wird, sondern auch noch relativ spätere Stadien des in Frage kommenden Gebildes.

Zu den Systemen oder Histomeren im Sinne Heidenhains gehört nun auch der in der Entwicklung begriffene Keim, etwa im Stadium der Keimscheibe oder der Blastula, vielleicht noch in demjenigen der Gastrula. Aus diesem relativ einfachen Gebilde, in welchem jedoch die Anlagen der später auftretenden Organe und Organsysteme schon eine genau bestimmte (determinierte) Lage besitzen, geht eine Larve hervor, in welcher wir die betreffenden Organe oder Organsysteme schon zu erkennen vermögen, z. B. die Medullarplatte als Anlage des Nervensystems, die einzelnen Schlundspalten, die bei Säugetieren schaufelförmigen Extremitäten u. dgl. Der Keim kann nun auf diesen Stadien eine Teilung mehr oder weniger vollständiger Art eingehen und wird so in Teile zerlegt, die, je nachdem, ihre Weiterentwicklung nehmen.

Wir haben es hier mit den Doppelbildungen ganzer Organismen im weiteren und im engeren Sinne zu tun; d. h. mit Bildungen, bei welchen aus ein und demselben

Ei zwei, drei, ja mehrere Organismen hervorgehen, die gänzlich voneinander getrennt oder bei unvollständiger Teilung der betreffenden Anlage mehr oder weniger untereinander verwachsen sind. Die Verwachsung ist allerdings, wie unten ausgeführt werden soll, nicht immer als eine primäre aufzufassen, in vielen Fällen als etwas Sekundäres, indem die voneinander getrennten Keime bei ihrem Wachstum aneinanderstoßen und so mit Teilen zur Verwachsung kommen, die ursprünglich getrennt waren.

a) Vollständig voneinander getrennte, aus einem Ei hervorgegangene Organismen (eineiige Zwillinge, Drillinge usw.).

Schon lange ist die Tatsache bekannt, daß menschliche Zwillinge zwei verschiedenen Kategorien angehören. Sie gehen entweder aus zwei getrennten Eiern hervor, oder aus ein und demselben Ei. Die Zugehörigkeit zur einen oder anderen Kategorie ist leicht aus dem Verhalten der Eihüllen festzustellen, denn im zweiten Falle ist ein gemeinsames Chorion bei häufig getrenntem Amnion vorhanden; im ersteren besitzt jeder Embryo sein eigenes Chorion. Ein zweiter Unterschied ist in der außerordentlichen Ähnlichkeit der eineiigen Zwillinge gegeben, die sich auf die feinsten Struktureinzelheiten erstreckt. So hat H. H. Wilder die Hautleisten der Finger bei eineiigen Zwillingen einer genauen Untersuchung unterworfen und festgestellt, daß die Übereinstimmungen ganz außerordentlich groß sind und viel weiter gehen, als das bei den Fingerabdrücken von Zwillingen aus zwei verschiedenen Eiern oder bei Geschwistern der Fall ist. Ja, die Übereinstimmung in der Struktur der eineiigen Zwillinge geht noch viel weiter, wohl bedingt durch die Identität des Keimplasmas; so hat B. C. A. Windle eine Anzahl Fälle angeführt, bei denen beide Zwillinge identische Mißbildungen aufwiesen, so Hypospadie, occipitale Meningocele, Spina bifida, Anencephalie, kongenitale Hydrocele der rechten Seite, Cyklopie, Polydaktylie usw. Diese Tatsachen besitzen für die Beurteilung der Entwicklungsvorgänge ein großes Interesse, denn sie beweisen, daß die der betreffenden Mißbildung zugrunde liegende Ursache schon auf den Keim eingewirkt hat, bevor die Teilung desselben erfolgt ist. Ob diese auf das Furchungsstadium zurückzuführen ist oder in eine spätere Zeit fällt, ist nicht klar. Das Material, welches der betreffenden Bildung zugrunde liegt, muß in dem befruchteten Ei eine bestimmte Lage haben und offenbar durch den Teilungsprozeß auf beide Teilprodukte gleichmäßig entfallen. In diesem noch einfachen Materialkomplexe muß auch die Tendenz zur Herstellung der Mißbildung (anormale Strukturverhältnisse usw.) liegen, welche zum Auftreten derselben bei beiden Zwillingen führt. In derselben Weise ist wohl auch die Übereinstimmung in der Ausbildung der Fingerleisten zu erklären; wir dürfen wohl annehmen, daß in früher Entwicklungszeit das Material für alle vier Extremitäten einen gewissen topischen Zusammenhang aufweist und eine Determination in bezug auf die Bildung der Hautleisten, welche auf beide Teilprodukte übertragen wird. Sehen wir doch nicht selten bei einem aus einer einfachen Anlage hervorgegangenen Fetus eine Polydaktylie annähernd desselben Charakters an allen vier Extremitäten auftreten.

Eineiige Zwillinge sind verhältnismäßig selten. Nach Schwalbe kommen auf 300 Geburten 37 Zwillingsgeburten und auf 506 Zwillingsgeburten 444 Zwillingspaare aus zwei Eiern und 62 Zwillingspaare aus einem Ei, d. h. auf 8,16 Zwillingsgeburten entfiel ein eineiiges Zwillingspaar. Straßmann macht folgende Angaben: „Die Aufzeichnung der Mehrgeburten begann in Berlin mit dem Jahre 1825. In dem nun 74jährigen Zeitraume (bis zum Jahre 1899) wurden bei überhaupt 1 971 759 Niederkünften 3mal Vierlinge, 223mal Drillinge, 21909mal Zwillinge geboren, also 0,0015 $^0/_{00}$ Vierlinge, 0,113 $^0/_{00}$ Drillinge, 11,111 $^0/_{00}$ Zwillinge". Monamniotische Zwillinge sind sehr selten, denn bis 1898 kamen nach Hübner bloß 22 vor, davon eine Anzahl mit Mißbildungen behaftete. Außer den eineiigen Zwillingen wurden von Hübner auch 28 Fälle von eineiigen Drillingen angeführt. Was die Mehrlinge betrifft, so setzen sich Drillinge am häufigsten aus einem eineiigen Fetus und eineiigen Zwillingen zusammen; entsprechendes gilt auch für die außerordentlich seltenen Vierlings-, Fünflings- und Sechslingsgeburten.

Das Vorkommen von Mehrlingsgeburten beim Menschen verleiht den Verhältnissen, wie sie in neuerer Zeit bei Gürteltieren von M. Fernandez aufgedeckt, dann von Newman und Patterson bestätigt wurden, ein ganz besonderes Interesse. Bei diesen Tieren bilden sich regelmäßig aus ein und demselben Ei Mehrlinge, die im Geschlecht und auch in vielen Einzelheiten der Entwicklung vollständig übereinstimmen. Bei Tatusia hybrida bilden sich (Fernandez) bis acht reife Feten, daneben noch 3—4 verkümmerte, so daß die Annahme gerechtfertigt erscheint, daß 12 Embryonen angelegt werden. Dieselben stammen alle, wie die Untersuchung der Eihüllen beweist, aus einem und demselben Ei. Beim Armadillo (Tatu novemcinctum) fanden Newman und Patterson typisch 4 Embryonen, die sich aus einem Ei bilden, in anderen Fällen 2—5 Embryonen. Die typische Zahl von 4 Embryonen kam bei 70 trächtigen Tieren 65mal vor, daneben fanden sich kleine amniotische Säcke, die jedenfalls degenerierten Embryonen angehörten. Bei Peludo (Dasypus villosus) hat allerdings Fernandez gefunden, daß es sich bei den normalerweise in der Zweizahl auftretenden Embryonen nicht um eineiige Zwillinge handle, obgleich die Keimblase einen genau so einheitlichen Eindruck macht, wie die entsprechend alten Keimblasen von Tatusia hybrida oder von Tatu novemcinctum. Vielmehr geht die scheinbar einheitliche Keimblase aus zwei getrennten Keimblasen hervor, die erst nachträglich miteinander verschmelzen. Dieser Befund läßt wohl das Bedenken aufkommen, ob auch alle menschlichen Embryonen mit getrenntem Amnion und gemeinsamem Chorion, auch wenn sie gleichgeschlechtlich sind, ohne weiteres als eineiige Zwillinge zu deuten seien. Wie die unzweifelhafte Polyembryonie anderer Gürteltiere (Tatusia hybrida und Tatu novemcinctum) entstanden ist, kann vorläufig nicht erklärt werden. Sie findet übrigens ein Analogon in der Entwicklung gewisser parasitärer Hymenopteren, die von P. Marchal ausführlich geschildert wurde. So gehen aus einem einzigen Ei von Encyrtus gegen 100 Männchen oder Weibchen hervor, aus einem Ei von Polygnotus 12 usw. Immer ist das Geschlecht der aus einem einzigen Ei entstehenden Embryonen dasselbe. Bei anderen Wirbellosen kommt ähnliches vor, so liefert jedes Ei bei Lumbricus trapezoides zwei Embryonen, und zwar durch eine Art Sprossung, die im Gastrulastadium stattfindet. Bei einigen Bryozoen (Lichenopora) gibt Harmer an, daß das Ei eine Morula bildet, die in eine größere Zahl von sekundären Embryonen zerfällt.

Die Erklärung dieser Tatsachen ist nicht leicht. Wenn wir zunächst die Ansichten berücksichtigen, welche sich sowohl Fernandez, als Patterson und Newman über die Polyembryonie der Gürteltiere gebildet haben, so haben diese Forscher sehr bald die zunächstliegende Annahme, es beruhe dieselbe auf einer im ersten Furchungsstadium stattfindenden Lösung der beiden Blastomere, aufgegeben. In seiner Arbeit über Tatu novemcinctum entscheidet sich Patterson für die Annahme aus, daß die Embryonen durch einen Knospungsprozeß der Blastula entstehen; die Entstehung aus einzelnen Blastomeren sei gänzlich ausgeschlossen. Ähnlich spricht sich M. Fernandez aus.

Bei Tatusia tritt eine Andeutung der Polyembryonie erst auf, nachdem mindestens die beiden primären Keimblätter differenziert sind, und eine relative Unabhängigkeit der Embryonen voneinander beginnt erst beim Abheben derselben von dem Dottersacke. Fernandez beurteilt zuletzt die Vorgänge bei Tatusia als eine sehr langsame isochrone Teilung einer noch jungen Larve in mehrere Individuen.

Diese so interessanten Verhältnisse werfen ein Licht auf die Zwillings- und Drillingsbildungen des Menschen, welche aus einem und demselben Ei ihre Entwicklung nehmen. Allerdings erscheint hier die Potenz zur Bildung mehrerer Embryonen aus demselben Ei bedeutend herabgesetzt, etwa im Vergleiche mit Tatusia hybrida, doch sahen wir

auch, daß bei Gürteltieren (Tatu novemcinctum) diese Herabsetzung schon stattgefunden hat. Dieselben Gründe, welche bei Tatusia dagegen sprechen, daß diese
Bildungen in allen Fällen auf eine Lösung in der Kontiguität der Blastomere zurückzuführen sind, gelten auch für den Menschen; die Ursache für die Erscheinung kann
schon im Keime vorhanden sein, allein ihre Wirkung tritt wahrscheinlich erst bedeutend später zutage, möglicherweise erst im Anfange des Gastrulastadiums. Wahrscheinlich ist, mit Schwalbe die sog. teratogenetische Terminationsperiode, d. h. die
Periode, während welcher die Ursache auf den Keim einwirken kann, für Doppelbildungen verhältnismäßig lang anzusetzen; sie ist wohl sicher mit der Gastrulationsperiode abgeschlossen.

Wir hätten noch eine Möglichkeit der Bildung von eineiigen Zwillingen, Drillingen
usw. ins Auge zu fassen, welche darin besteht, daß in einer Eizelle zwei oder drei Kerne
vorhanden sein könnten, von denen jeder durch Aufnahme eines Spermiums zur Entwicklung angeregt würde. Fälle von mehreren Kernen in einer Eizelle sind wiederholt
beobachtet worden, so von H. Rabl, welcher in einem menschlichen Eierstocke eine
große Anzahl solcher Eizellen auffand. Das Vorkommen von mehreren Keimscheiben
in partiell sich furchenden Eiern (Reptilien, s. Wetzel) weist mit großer Wahrscheinlichkeit auf eine derartige Ursache hin; denn die betreffenden Keimscheiben liegen
zu weit auseinander, als daß von der Teilung einer ursprünglich einheitlichen Keimscheibe
die Rede sein könnte. Es müssen hier mehrkernige Eizellen vorgelegen haben. Van
der Stricht hat sogar bei der Fledermaus (Vespertilio noctula) neben einem normalen
auch noch ein befruchtetes abnormes Doppelei in der Tube gefunden, zwei Hemisphären
mit je einem weiblichen und männlichen Vorkern. Die Hemisphären waren durch eine
weite Dotterbrücke miteinander verbunden. Die Möglichkeit einer solchen Erklärung
für einzelne Fälle der Doppelbildung, vielleicht auch der eineiigen Zwillinge, muß zugegeben werden, doch wird ihre Wahrscheinlichkeit bedeutend vermindert durch die
Tatsache, daß Cuénot den Eierstock bei Tatu novemcinctum, Fernandez bei
Tatusia hybrida untersucht hat, ohne mehrkernige Eizellen aufzufinden. Zweieiige
Follikel wurden bloß in zwei Fällen beobachtet. Wir dürfen deshalb für die weitaus
überwiegende Mehrzahl der Doppelbildungen Teilungsvorgänge an einem Keime annehmen, welcher aus einem einkernigen Ei hervorgegangen ist.

In welchem Stadium nun die Teilung erfolgt, ist nicht mit Sicherheit festzustellen.
Ich selbst bin der Ansicht, daß dieselbe erst relativ spät, etwa im Blastulastadium,
auftritt, doch ist, wie gesagt, die Annahme durchaus zulässig, daß der Beginn der Bildung
in einem bedeutend früheren Stadium zu suchen ist. Sobotta hat die Ansicht ausgesprochen, daß bei der Furchung im Vierzellenstadium eine der vier Zellen die Embryonalanlage, die drei anderen dagegen das außerembryonale Material der Eihäute
(Chorion) liefern dürften. Das „Embryonalblastomer" sowie die anderen Blastomere
sollen sich nun teilen und aus den Teilungsprodukten des „Embryonalblastomers" sollen
die 4 Embryonen von Tatu novemcinctum hervorgehen. Man müßte annehmen, daß
aus derselben Zelle bei weiterer Teilung die 12 Embryonen von Tatusia hybrida
entstehen. Eine eigentliche Isolierung der aus dem „Embryonalblastomer" hervorgegangenen Zellen ist nicht nachgewiesen, auch scheint Sobotta kein besonderes Gewicht
auf eine solche zu legen. Es will mir nicht scheinen, daß mit seiner Annahme, die den
Resultaten der Laboratoriumsexperimente Rechnung tragen will, sehr viel gewonnen sei;
auf keinen Fall läßt sich der Prozeß von dem Furchungsstadium an verfolgen, denn erst
im Blastulastadium wird er sichtbar (s. oben).

b) Doppelbildungen, die untereinander verbunden sind (Doppelmonstra).

Von den eineiigen Zwillingen (resp. Drillingen), bei denen jedes Teilprodukt seine
Selbständigkeit erlangt, sind leicht Übergänge zu denjenigen Bildungen zu finden, die

zwar gleichfalls ganz offenkundig aus ein und demselben Ei stammen, deren Zusammenhang sich jedoch nicht gelöst hat. Es sind dies die Doppel- (oder Dreifach-) Bildungen
im engeren Sinne, die als teratologisch aufgefaßt werden müssen.

Diese zeigen nun, je nach ihrer Lage zueinander, ein sehr verschiedenes Verhalten.
Wenn wir annehmen, daß die Äußerung des Teilungstriebes erst, wie das Fernandez
für Tatusia hybrida nachgewiesen hat, im Stadium der Blastula durch die Bildung
mehrerer Zentren (Embryonalknoten) sich äußert, so wird es sich fragen, wie diese auf
dem Bläschen angeordnet sind. Bei Tatusia scheint eine gewisse Regelmäßigkeit ob-
zuwalten, indem die Anlagen auf eine gürtelförmige Zone der Blastula beschränkt sind.
Wenn nun aus einer Teilung hervorgegangene Anlagen untereinander zusammenhängen, so wird die Frage, mit welchen Abschnitten sie ineinander übergehen, für ihre
weitere Entwicklung von der größten Bedeutung. Es scheint nun, daß hierin keine
Regelmäßigkeit besteht. Die Anlagen können nebeneinander liegen (parallel); sie
sind dann mit ihren einander zugewandten Seiten verwachsen (Fig. 675 B). Oder die
Anlagen divergieren; sie können mit den Schwanzenden (Pygopagi; Fig. 675 C) oder
mit den Kopfenden untereinander verbunden sein (Cephalopagi, Fig. 675 A). Oder die
Verbindung der beiden Anlagen erstreckt sich vom Schwanzende eine Strecke weit
cranialwärts oder vom Kopfende caudalwärts; in dem einen Falle haben wir eine
Duplicitas anterior (Fig. 674 A), in dem anderen eine Duplicitas posterior (Fig. 674 B).
Oder die Anlagen verbinden sich mit ihrem Scheitel (Fig. 674 D), oder sie treffen an
irgend einer anderen Stelle aufeinander, etwa in der Brust- oder Bauchgegend
(Fig. 674 C) usw., auch daraus ergibt sich die unendliche Mannigfaltigkeit solcher
Bildungen. Noch größer wird dieselbe, wenn wir annehmen, daß in vielen Fällen das
Wachstum der beiden Teilprodukte ein ungleichmäßiges wird, indem die eine Embryonalanlage sich nur unvollständig entwickelt oder an Größenwachstum zurückbleibt. Sodann
entstehen Bildungen, denen eine Symmetrie vollständig abgeht, indem wir ein größeres,
mehr oder weniger vollständig ausgebildetes Individuum (Autosit) und im Anschluß
daran oder, richtiger gesagt, damit vereinigt, eine rudimentäre Bildung haben, die
als Parasit bezeichnet wird (Fig. 676). Wir werden so zu Fällen hinübergeführt, bei
denen bloß Teile eines zweiten Embryos sich dem Wirte anfügen, etwa vordere oder
hintere Extremitäten, die sich in der Gegend der Brust oder des Bauches befestigen
(Fig. 694). In solchen Fällen sind wir vielleicht zur Annahme berechtigt, daß im Kampf
ums Dasein zwischen beiden Anlagen die stärker wachsende schon frühzeitig einen Druck
auf die andere Anlage ausübt, welche Teile derselben zur Rückbildung bringt, so
daß dem Parasiten bloß eine partielle Weiterentwicklung gestattet wird. Von diesen
Fällen gelangen wir weiter zu solchen, die man als Teratome zu den Geschwülsten
rechnet. Hier erinnert die äußere Formentfaltung des Parasiten überhaupt nicht
mehr an eine embryonale Bildung und die Annahme einer zweiten Anlage erscheint
bloß deshalb gerechtfertigt, weil wir in dem Parasiten Derivate aller drei Keimblätter
antreffen. Solche als teratogene Geschwülste bezeichnete Bildungen können sich an
verschiedenen Stellen des Körpers finden, bevorzugt sind jedoch die Mund- resp.
Rachenhöhle und das caudale Körperende.

Um in die große Mannigfaltigkeit der Erscheinungen eine gewisse Ordnung zu
bringen, wollen wir unterscheiden zwischen mehr oder weniger symmetrischen Doppelbildungen, d. h. solchen, bei denen die beiden Teilprodukte annähernd gleichen Umfang
haben, und solchen, bei denen dies nicht der Fall ist. Die letzteren sind wieder zwei
Klassen zuzuweisen. Die eine umfaßt Bildungen (Parasiten), deren äußere Form noch
eine Ähnlichkeit mit embryonalen Bildungen erkennen läßt; die andere solche, bei
denen diese Ähnlichkeit verschwunden ist. In beiden Fällen haben wir einen Wirt,
welchem der Parasit resp. die Geschwulstbildung ansitzt.

a) Gleichwertige, untereinander verbundene Teilprodukte.

Die Verbindung ist bei diesen Bildungen eine ganz außerordentlich mannigfaltige, doch unterscheiden wir zunächst zwischen einer Duplicitas anterior und einer Duplicitas posterior, je nachdem die Spaltung cranial beginnt und mehr oder weniger weit caudalwärts fortschreitet, oder caudal beginnt und sich cranialwärts erstreckt. Eine dritte Kategorie wird durch Bildungen dargestellt, welche sowohl cranial als auch caudal gespalten sind, also eigentlich zwei selbständige Individuen darstellen, die an einer Körperstelle eine Verbindung aufweisen, sonst jedoch voneinander getrennt sind. Unter diesen kann die Verbindung am Kopfe, an der Brust, am Bauche, am Steiße auftreten, und je nachdem und nach dem Grade der Rotation der beiden Feten gegeneinander finden wir weitere Anomalien, besonders an den Extremitäten (Verschmelzung derselben usw.). Es sind dies die Cephalopagi, Thoracopagi, Abdominopagi, Pygopagi (siehe die Figg. 681—690). Bei sonst vollständig normaler Ausbildung beider Feten können diese Fälle zu einem chirurgischen Eingriff Veranlassung geben, welcher die Trennung beider Feten zum Ziele hat; in einem Falle (Doyen) hatte tatsächlich der Eingriff einen Erfolg. Hautbrücken sind selbstverständlich leicht zu trennen, Schwierigkeiten ergeben sich erst dann, wenn z. B. die Pleura- oder Pericardialhöhle untereinander kommunizieren, oder eine breite Brücke von Lebersubstanz vorhanden ist, deren Durchtrennung zu einer tödlichen Blutung Veranlassung geben könnte. Im allgemeinen ist die Verdoppelung eine ausgedehntere, als man bei der Inspektion von vornherein annehmen möchte. Kaestner hat die Ansicht ausgesprochen, daß in Fällen von vorderen Spaltbildungen der Spalt durch die ganze Anlage hindurchgehe und mindestens in der Ausbildung einer doppelten Chorda dorsalis zum Ausdruck komme; doch ist dies schwer zu beweisen, indem sich auf Grund einer doppelten Chorda dorsalis auch eine einfache Wirbelsäule entwickeln könnte.

1. Duplicitas anterior.

Der Grad der Mißbildung ist ganz außerordentlich verschieden. Sie kann sich auf das Gesicht oder auf Teile des Gesichtes beschränken (Diprosopie), doch gilt hier die Regel, daß die Teilung weiter reicht als man beim ersten Anblick annehmen möchte. Den geringsten Grad erkennen einige Autoren in der Verdopplung der Hypophyse, doch ist diese, wenn sie überhaupt vorkommt, ganz außerordentlich selten. Ich möchte annehmen, daß die Spaltung mit der am weitesten vorne an den Schädel sich ansetzenden Nasenkapsel beginnt und sich zunächst in einer Spaltung der äußeren Nase und einer mehr oder weniger vollständigen Doppelbildung derselben, sowie auch der Nasenhöhle (s. unten Rhinodymie) kundgibt. Zwischen beiden Nasen kann ein rudimentäres Cyklopenauge zur Ausbildung kommen. Die einfachste Erklärung der Duplicitas anterior besteht in der Annahme von zwei Keimen, die mit ihren hinteren Enden in einem Winkel aufeinanderstoßen und in eine einheitliche Bildung übergehen. Richtiger ist wohl die Annahme, daß ein einheitlicher, in bezug auf die Längsachse der späteren Embryonalanlage schon orientierter Keim von seinem cranialen Ende an sich zu teilen beginnt, daß aber die Teilung das caudale Ende der Anlage nicht erreicht (Fig. 674 A). Eine solche Annahme wäre auch imstande, Doppelbildungen am Gesicht zu erklären, die zum Teil so geringgradig sind, daß es uns widerstrebt, für ihre Erklärung zwei ursprünglich getrennte, infolge ihrer Stellung zueinander im caudalen Abschnitte verschmelzende Bildungszentren anzunehmen. Daß bei der Größenzunahme der Embryonen eine mehr oder weniger vollständige Verwachsung einzelner Teile derselben erfolgen kann, kommt noch als sekundäres Moment hinzu.

Die einheitliche Beurteilung aller Fälle von Duplicitas anterior ist keineswegs leicht. Am einfachsten läßt sich eine Erklärung der formalen Genese da gewinnen, wo wir das Wachstum der Anlage in die Länge am besten übersehen können. Vordere

Doppelbildungen sind bei Forellen, die in Fischzuchtanstalten aufgezogen werden, recht häufig und fordern eine Erklärung. Sie läuft auf die Annahme hinaus, daß am Rande des Keimes zwei Bildungszentren entstehen, welche je nach der Länge der sie trennenden Strecke und je nach der Richtung der Längsachsen der betreffenden Anlagen bald eine Duplicitas anterior (häufiger), bald eine Duplicitas posterior liefern (s. über diese Verhältnisse zusammenfassend Alfr. Fischel). Die

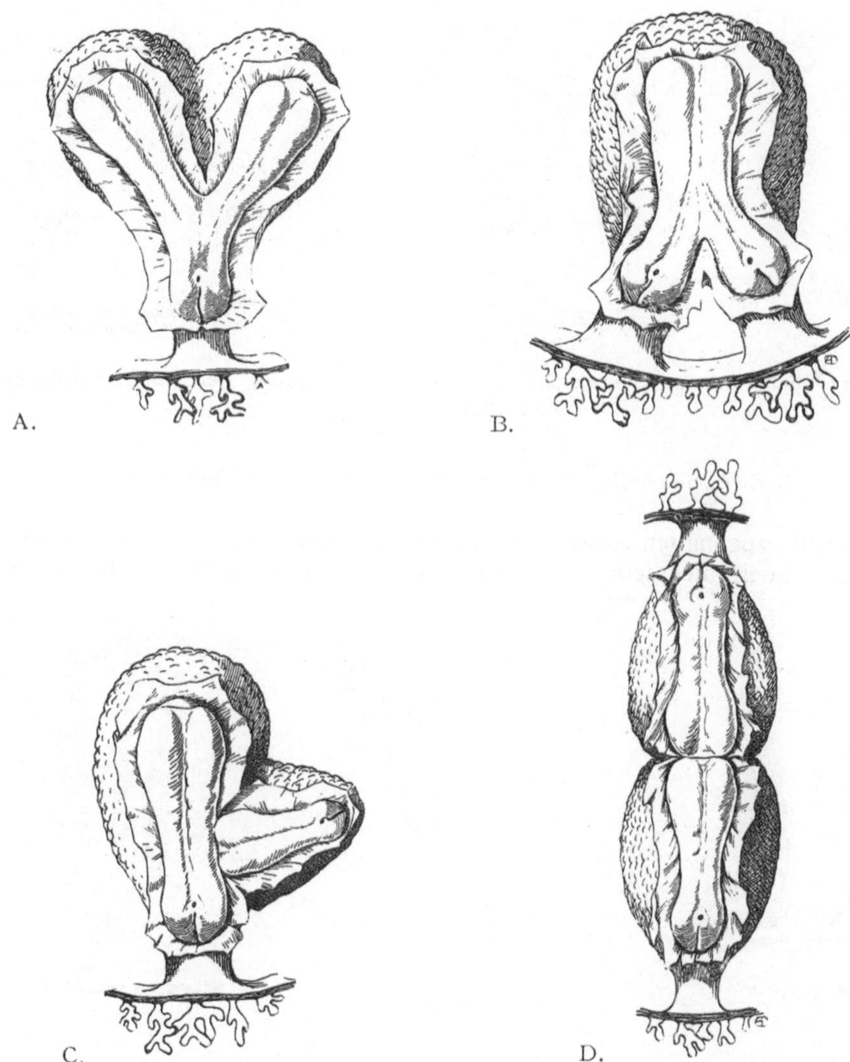

Fig. 674. Schemata für die Erklärung der Möglichkeit von Doppelbildungen.

Bildungen sind, je nach der Richtung der Längsachsen, mehr oder weniger symmetrisch; den höchsten Grad der Symmetrie erhalten wir in denjenigen Fällen, in denen die Achsen beider Embryonalanlagen radiär auf das Zentrum des Eies gerichtet sind. Bei dem Wachstum der Anlagen wird nun eine größere oder geringere Länge der Zwischenstrecke in die Embryonalanlagen aufgenommen, so daß letztere einander allmählich caudalwärts genähert erscheinen; ist die Zwischenstrecke ganz verschwunden, so folgt eine einheitliche Embryonalanlage in caudaler Richtung.

Asymmetrische Bildungen, auch solche parasitären Charakters, sind leicht durch die Annahme zu erklären, daß eine der beiden Anlagen an Wachstum zurückbleibt und in bezug auf ihre Ernährung in ein Abhängigkeitsverhältnis zur größeren Anlage gelangt.

Bei Amnioten ist die Deutung des Vorganges beträchtlich größeren Schwierigkeiten ausgesetzt, um so mehr als diese Formen zum größten Teile der experimentellen

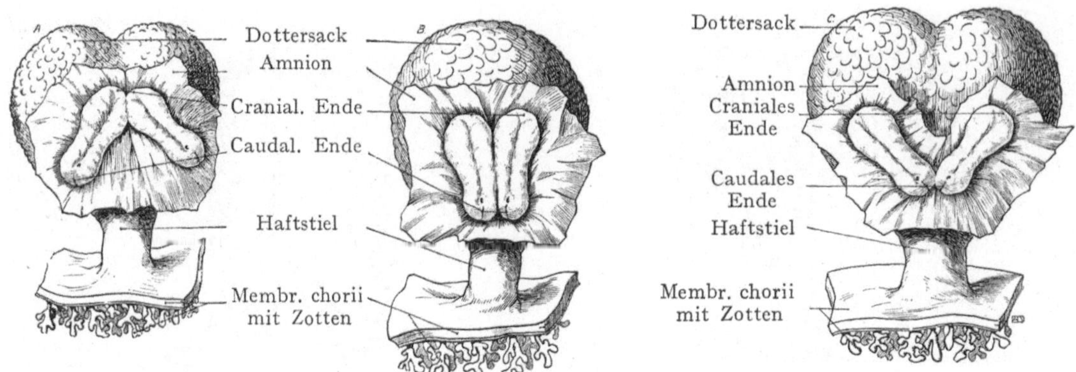

Fig. 675. Schemata zur Veranschaulichung der Entstehung der Doppelbildungen.
A. Cephalopagus.
B. Ileothoracopagus.
C. Pygopagus.
Nach E. Schwalbe, Morphologie der Mißbildungen. 2. Teil. 1907.

Forschung nicht zugänglich sind (mit Ausnahme der Vögel). Doch stimmen die Beobachtungen auch hier sehr häufig mit der Annahme, daß auf der Keimscheibe

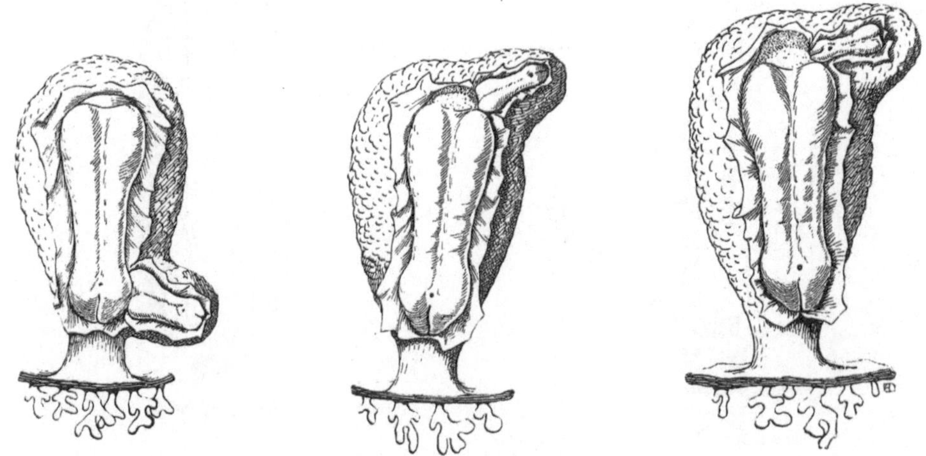

Fig. 676. Schemata zur Erklärung der Möglichkeiten für die Bildung von Parasiten.

(s. oben) zwei, ja sogar drei Bildungszentren auftreten und die Richtung ihrer Achsen bestimmend auf die Gestaltung der Mißbildung einwirkt.

Eine höchst eigenartige, auch theoretisch sehr interessante und seltene Mißbildung ist die Rhinodymie oder Nasenverdopplung. Es handelt sich in dem (Figg. 677—680) dargestellten Falle um einen ausgetragenen Schweinefetus, dessen Kopf nasalwärts eine beträchtliche Verbreiterung aufweist infolge der Ausbildung zweier äußerer Nasen mit 4 Nasenlöchern, die nach abwärts gerichtet sind.

Linkerseits ist die äußere Nase umfangreicher als rechterseits. Die Bildung der Augen und der Augenlider ist normal, dagegen sind über denselben zwei Vorwölbungen des Schädels bemerkbar, welche auf zwei unter die Haut tretende Hernien der Großhirnhemisphäre zurückzuführen sind. Bei der Ansicht von

Fig. 677. Rhinodymie beim neugeborenen Schwein.
Ansicht von oben.

Fig. 678. Rhinodymie beim neugeborenen Schwein.
Ansicht von unten.

unten (Fig. 678) tritt die Doppelbildung noch deutlicher hervor. Der Unterkiefer ist auf eine Tiefe von ca. 2 cm median gespalten, so daß sich die Spaltung auch auf die Zunge erstreckt, deren vordere Anlagen voneinander getrennt sind, während eine mittlere gestielte Partie sich dazwischen schiebt (s. Zungenentwicklung). Die beson-

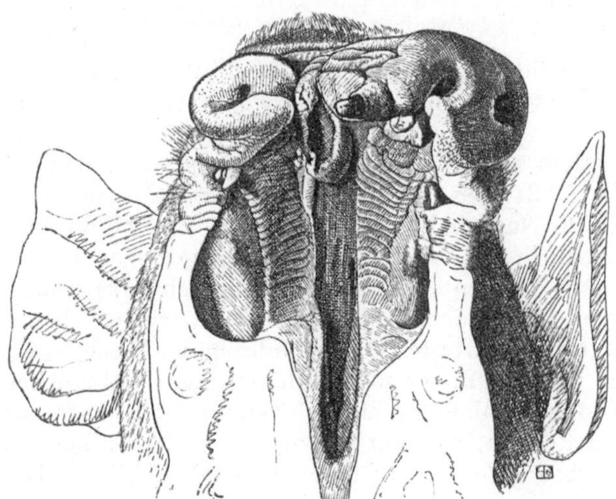

Fig. 679. Rhinodymie beim neugeborenen Schwein.
Gaumen von unten.

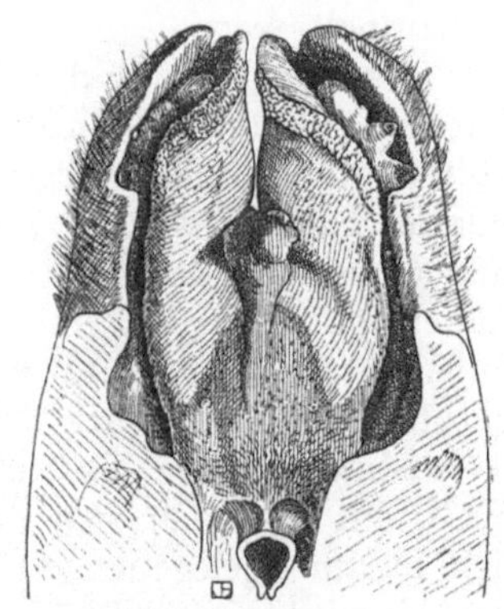

Fig. 680. Rhinodymie beim neugeborenen Schwein.
Spaltung der Zunge.

42*

deren Verhältnisse der Nasenrüssel werden durch die Figg. 678 und 679 veranschaulicht. Die lateralen Nares sind gut ausgebildet, linkerseits ist die mediale Nasenöffnung spaltförmig gegen den Gaumen hin verlängert, während ein medialer Abschluß
der entsprechenden Öffnung der rechten Nase überhaupt nicht vorhanden ist. Was
die Gaumen- und Zahnbildung anbelangt, so erhalten wir den Eindruck, daß linkerseits
ein Anfang zu einer einheitlichen symmetrischen Gaumenbildung vorliegt, während
rechterseits die Verdopplung bloß in der Bildung der äußeren Nase zutage tritt, die
auch hier weniger vollkommen ist, als linkerseits. Sowohl links als rechts ist bloß
eine Hälfte der Gaumenplatte zur Entfaltung gelangt, die durch einen breiten Streifen
von glatter Schleimhaut voneinander getrennt sind. Es sind zwei Choanen nachweisbar, in diese lassen sich von den lateralen Nares Sonden
einführen (s. Fig. 679). Aus Frontalschnitten läßt sich
entnehmen, daß sich die Doppelbildung, welche sich äußerlich in der Bildung der beiden Nasen kundgibt, nur in sehr
beschränktem Maße nach innen fortsetzt, indem die mediale
Hälfte der rechten Nasenhöhle gänzlich fehlt und linkerseits ein hinten blind endigender Spalt ausgebildet ist; bloß

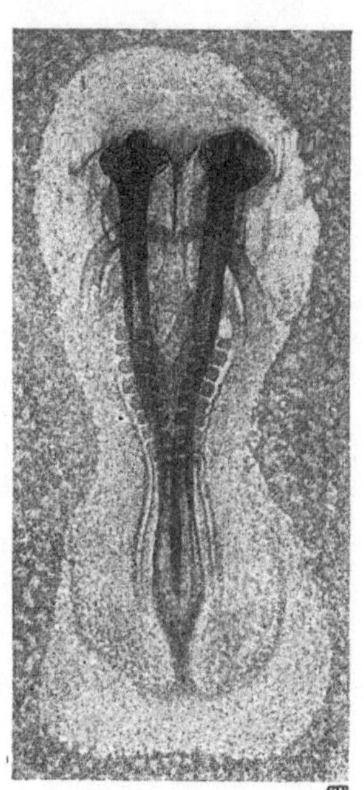

Fig. 681. Doppelbildung der
Ente bei durchfallendem
Lichte gesehen.

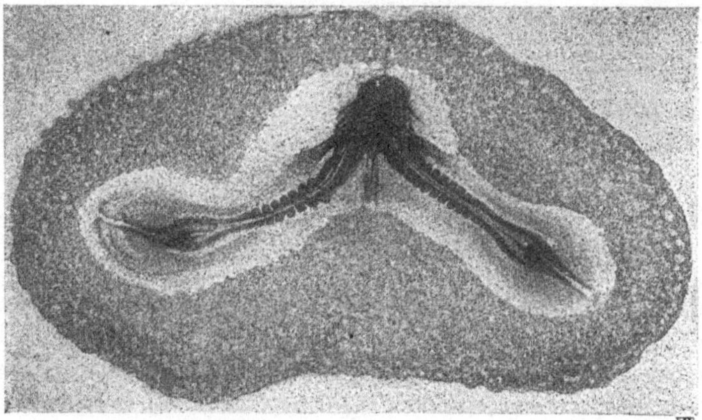

Fig. 682. Doppelbildung der Ente. Verwachsung beider Anlagen
im Bereiche des Vorderhirnbläschens. (Craniopagus.)
Figg. 681 und 682 nach Präparaten der Basler Sammlung.

die lateralen Nasenhöhlen öffnen sich in den Pharynx. Das Gehirn war so stark
maceriert, daß sich nicht feststellen ließ, ob dasselbe in seinem vorderen Abschnitt
verdoppelt war.

Solche Fälle sind ganz außerordentlich selten; am berühmtesten ist wohl der von
Bimar (Gazette médicale de Montpellier 1881) beschriebene Fall einer Frau mit einer
vollständigen linken Nase und einer rechten Nasenhälfte, einem sehr breiten Munde und
Kinne. Eine Erklärung der Bildung steht noch aus, auch ist es bei den geringen Kennt-
nissen, die wir von der Abschnürung und Weiterentwicklung des cranialen Körperendes
haben, schwer, sich eine Vorstellung von ihrer formalen Genese zu machen. Jedenfalls liegt eine Kausalität vor, die zur Spaltung des vorderen Kopfendes in der Riechgegend
geführt hat, sowie auch des Unterkiefers und der Zunge in der Medianebene. Möglicherweise hat sich die Spaltung auch auf das craniale Ende der Nervenplatte erstreckt.
Vielleicht hat man sich die Sache so zu denken, daß mit der Spaltung einer ursprünglich median gelegenen Anlage des Geruchsorgans der Spalt sich auch auf die Anlage
der Hypophysis und über die Mundplatte auf den Unterkiefer und den Mundboden
erstreckte. Im oberen Teile entwickelten sich die beiden Hälften vielleicht durch
regenerative Prozesse zu einer Doppelbildung, während im unteren Teile (Unter-

kiefer und Boden der Mundhöhle) die beiden Hälften für sich bestehen blieben und unbeeinflußt durch regenerative Prozesse ihre weitere Entwicklung nahmen. Man vergleiche das über die Abschnürung des Keimes im Anhang II S. 639 Gesagte.

Vordere Doppelbildungen sind allgemein im Tierreiche beobachtet worden. Abgesehen von solchen bei Protozoen und verschiedenen Würmern, wo die Möglichkeit einer atypischen Regeneration nicht auszuschließen ist, sehen wir bei Arthropoden (Spinnen, s. Aug. Brauer, und Limulus polyphemus, s. W. Patten) ganz typische Duplicitates anteriores zur Entwicklung gelangen. Bei Limulus polyphemus wurden auch Dreifachbildungen von Patten beobachtet und darauf zurückgeführt, daß zunächst eine Teilung der Anlage in zwei Hälften eintritt, darauf eine neue Teilung einer der beiden Hälften, so daß dann im ganzen drei unvollständig voneinander getrennte Embryonalanlagen, oft von verschiedener Größe, nachzuweisen sind. Wir haben genau dieselben Formen wie bei den Wirbeltieren, geringere Grade der vorderen Spaltung, allmählich überführend zu Y-förmigen Bildungen; endlich solche, die nur mit dem Schwanzende untereinander verbunden sind und bei denen zum Teil die

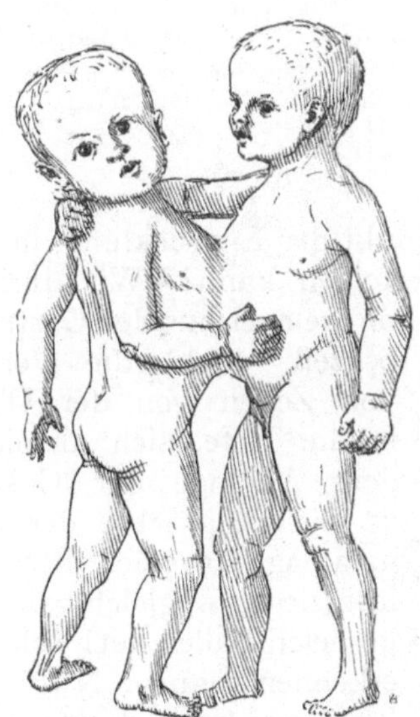

Fig. 683. Thoracopagus. (Typus der siamesischen Zwillinge.)

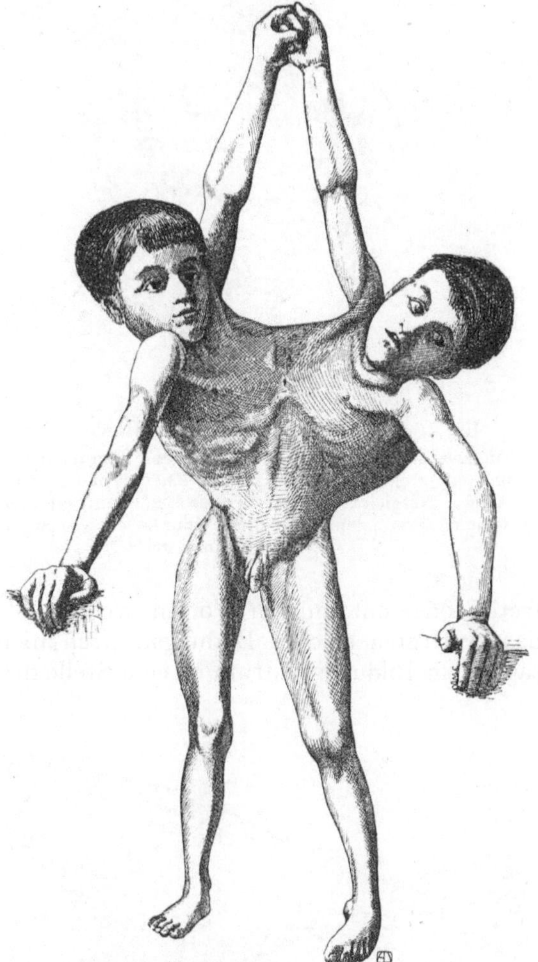

Fig. 684. Duplicitas ant. vom Menschen. 6—7jähriger Knabe.

eine Anlage mehr oder weniger im Wachstum zurückgeblieben ist und bloß noch einen Anhang der anderen darstellt. Die Bildungen sind durchaus nicht auf eine Lockerung im Zusammenhange der ersten Furchungszellen zurückzuführen, sondern wahrscheinlich auf das Auftreten von zwei (oder drei) Bildungszentren im Keime, durch Teilung eines einzigen Bildungszentrums. Je nachdem diese Bildungszentren beim Auswachsen der Embryonen untereinander verschmelzen (was von der Richtung ihrer Längsachsen abhängt), erfolgt die Gestaltung der Mißbildung und die mehr oder weniger weitgehende Trennung der beiden Anlagen voneinander.

An dieser Stelle wirft sich naturgemäß die Frage auf: Was ist in den frühen Stadien der Entwicklung als ein Bildungszentrum aufzufassen? Ferner, bis zu welchem Stadium können Bildungszentren, welche Doppel- oder Dreifachbildungen liefern, auf·

Fig. 685. Doppelbildung der Basler Sammlung.
Die zwei Rümpfe sind verwachsen; vier Hände, davon zwei an normal gebildeten Armen, zwei an einem scheinbar einheitlichen Arme. Desgleichen zwei normale Beine und ein Bein, das an seinem terminalen Abschnitte Spuren der Verwachsung aus zwei Beinen zeigt.

Fig. 686. Pygopagus. (Lebte 14 Tage.)
Nur ein Nabel und ein After vorhanden.

treten, oder mit anderen Worten, welches ist der Zeitpunkt der Entwicklung, in welchem das Auftreten solcher Bildungszentren nicht mehr erfolgen kann? Wir dürfen wohl sagen, ein Bildungszentrum ist eine Stelle des Keimes, von welcher aus der Gastrulations-

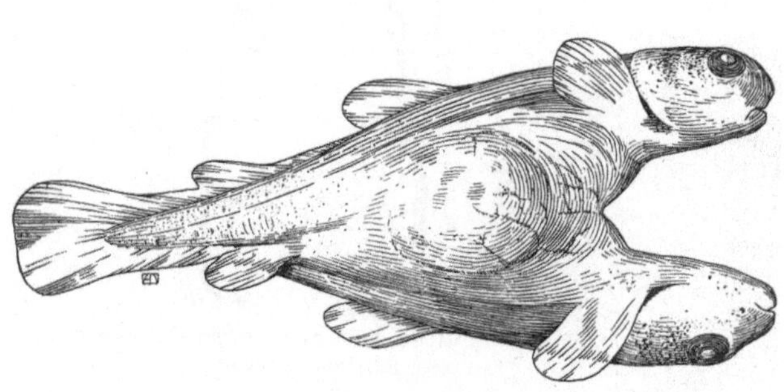

Fig. 687. Doppelbildung der Forelle.

prozeß, d. h. die Verlagerung von Zellen von der Oberfläche in die Tiefe, sich abspielt. Mit dem Anfange der Gastrulation ist die Längsachse der Embryonalanlage in allen Fällen sicher festgelegt, obgleich wir dieselbe in vielen Fällen auch schon früher erkennen können. Nach dem Ablauf der Gastrulation ist sicher weder eine gänzliche, noch eine partielle Teilung der Embryonalanlage möglich, während derselben aber eine partielle, die aber niemals zu einer Duplicitas anterior, sondern stets nur zu einer Duplicitas posterior führen kann. So kann man sich vorstellen, daß, auch nach dem Beginne der Gastrulation, an dem Dache der Gastrulahöhle eine doppelte Chorda dorsalis mit je zwei Mesodermflügeln entstehen kann, indem das Ectoderm darüber zu je zwei Medullarplatten sich differenziert. Solche Fälle würden dann eine Duplicitas posterior darstellen, doch sind durchaus nicht alle Duplicitates posteriores auf solche Bildungen zurückzuführen. Es kommen auch viele Fälle vor, bei denen die Gastrulation gleichzeitig oder aufeinander folgend (daher vielleicht die Größenunterschiede in vielen Embryonen) an zwei weit auseinanderliegenden Stellen der Keimscheibe einsetzt. Bis wir Genaueres über die Ursachen der Gastrulation wissen, können wir auch nichts über die Bedingungen aussagen, welche zur Entstehung von zwei oder mehreren Bildungszentren führen. Doch ist die Annahme wohl gestattet, daß die Umordnung der organbildenden Substanzen, welche diesem Prozesse zugrunde liegt, in einem weit vor der Gastrula gelegenen Entwicklungsstadium erfolgt und eben erst im Beginne des Gastrulationsprozesses evident wird. Eine solche Annahme schließt selbstverständlich die Möglichkeit nicht aus, daß durch ein Trauma die angenommene Umordnung der organbildenden Substanzen bewirkt werden kann, allein dies ist nicht, wie so manche Autoren wollen,

Fig. 688. Cephalopagus occipitalis.
Nach Barkow, Comment. anat.-physiol. de monstris duplicibus inter se conjunctis. Leipzig 1821.

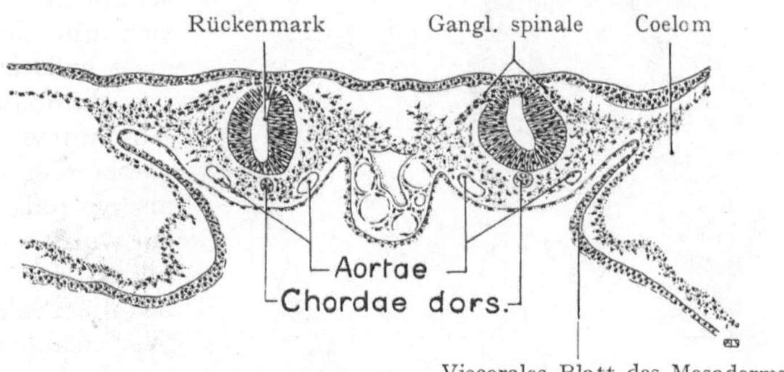

Fig. 689. Querschnitt durch eine Doppelbildung der Ente.

die einzige Möglichkeit, die wir ins Auge fassen müssen. In dieser Hinsicht sind die Erfahrungen von Dareste an Hühnereiern nicht uninteressant. Er fand, daß geschüttelte Hühnereier (mit der Eisenbahn transportierte) vielfach Mißbildungen ergeben, wenn sie sofort nach der Reise bebrütet werden, dagegen viel seltener, wenn sie 2—3 Tage vor der Bebrütung ruhig liegen bleiben. Offenbar hat in diesem Falle das Keimplasma die Möglichkeit, sich wieder normal einzustellen, und die organbildenden Substanzen gewinnen wieder diejenige Lage im Keime, die allein eine normale Entwicklung zur Folge haben kann.

2. Duplicitas posterior.

Die Duplicitas posterior ist erheblich seltener als die Duplicitas

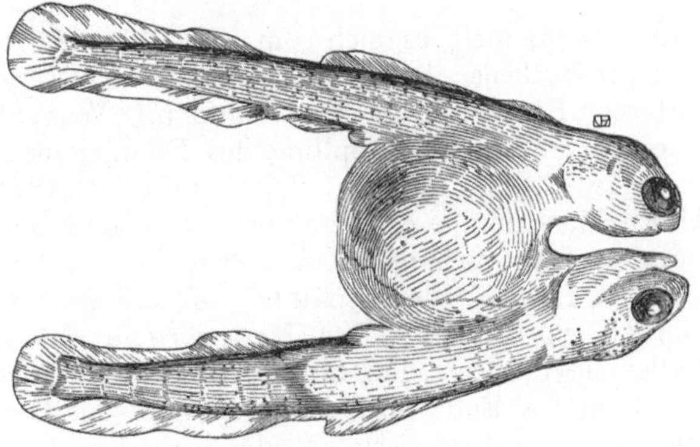

Fig. 690. Doppelbildung der Forelle.

anterior. Als typisches Beispiel wäre ein Fall anzusehen, bei welchem etwa ein einheitlicher Kopf, Hals und Thorax vorhanden wären, dagegen die Trennung im Bereiche des Bauches auftritt, so daß das hintere Körperende gespalten ist und je zwei Paare von Extremitäten entwickelt sind. Die Duplicitas posterior ist bei Haustieren mehr beobachtet worden als beim Menschen. Häufig finden sich symmetrische oder parasitäre Bildungen, besonders in der Gegend des Steißes, welche allmählich zu den Steißgeschwülsten mit dem Charakter von Teratomen überleiten.

Der Anfang der Spaltbildung kann sich an verschiedenen Stellen der Wirbelsäule finden, so beim Menschen in einem Falle von d'Alton im Bereiche des unteren Abschnittes der Halswirbelsäule, dagegen bei verschiedenen Tieren im Bereiche der Brust- oder Bauchwirbelsäule. Je nachdem scheint auch die Ausbildung der inneren Organe auszufallen.

Ein höchst merkwürdiger Fall hinterer Verdopplung beim Menschen wird durch die Figg. 691—693 veranschaulicht. Hier handelt es sich um eine allerdings nicht ganz vollständige Verdopplung des lumbalen und sakralen Abschnittes der Wirbelsäule, wobei rechterseits etwas mehr als ein halbes, linkerseits fast ein vollständiges Sacrum gebildet wird. Im Anschluß an die Sakralabschnitte der Wirbelsäulen findet sich nun ein stark vergrößertes Becken, bei welchem die beiden Hälften vollständig symmetrisch gebildet sind, dagegen in der Symphyse weit auseinanderklaffen, indem sie hier durch ein breites Band untereinander in Zusammenhang stehen.

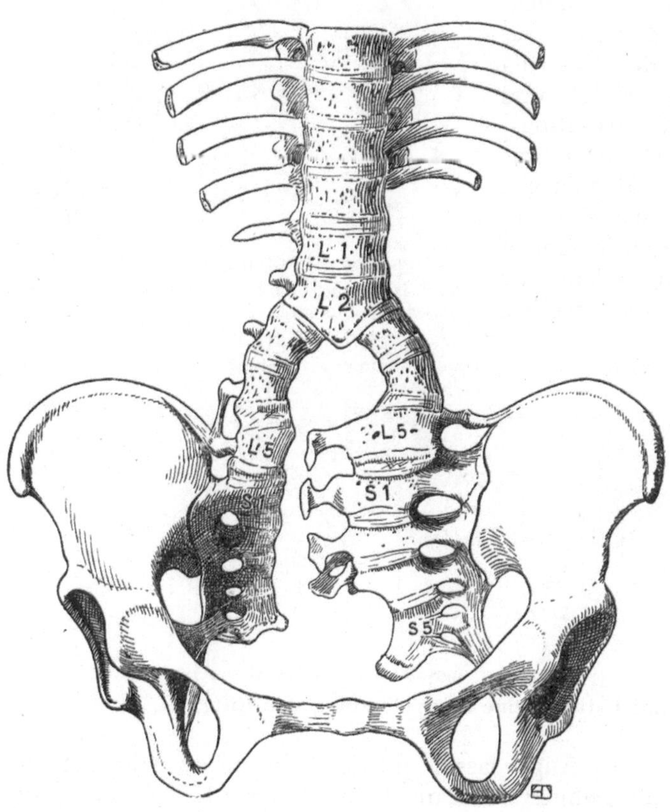

Fig. 691. Fall von Suppiger. Becken und Wirbelsäule.

Offenbar handelt es sich um die linke Hälfte des linken und die rechte Hälfte des rechten Beckens, die sich ventral zu einem scheinbar normalen Becken vereinigen. Die unteren Extremitäten sind einfach. Was die Eingeweide anbelangt, so ist vom Caecum an eine Verdopplung des Dickdarms vorhanden, dementsprechend finden sich auch zwei Analöffnungen. Die beiden Uteri stellen bloß die Hälften eines normalen Uterus dar, mit je einer Tube und einem Ovarium, doch sind zwei getrennte Vestibula vaginae vorhanden, in welche je eine Urethra mündet. Das Rückenmark ist im unteren Lumbalteile gespalten; es sind zwei Coni terminales mit davon ausgehenden Nerven vorhanden. Das Merkwürdige des schon von J. Suppiger beschriebenen Falles liegt darin, daß offenbar in einem gewissen Entwicklungsstadium eine Teilung am caudalen Ende stattgefunden hat. Im Bereiche des Beckens ist eine Annäherung der beiden Anlagen erfolgt oder eine derartige Verwachsung derselben, daß die rechte Hälfte der rechten und die linke Hälfte der linken Anlage nicht mehr in ihren Einzelheiten zur Entwicklung kamen. Die Wirbelsäule ist teilweise verdoppelt, der Dickdarm vom Caecum an bis zum Anus gleichfalls; die Genitalien und die Harnblase sind, obgleich sie getrennt ausmünden, nicht verdoppelt, sondern stellen nur Hälften des Apparates dar, indem die einander zugewandten Hälften zum Ausfall gekommen sind. Äußerlich tritt die Duplizität vor allem in der Verdoppelung des Anus und der Mündung des Vestibulum vaginae zu Tage. Der Fall ist auch deshalb interessant, weil er zeigt, wie Verdoppelungen des Skelets nicht immer auch Verdoppelungen der Weichteile nach sich ziehen müssen und wie weitgehend die Bedeutung der Verwachsung embryonaler Anlagen für die Gestaltung der Doppelbildung sein kann.

Wenn wir nun nicht nach der Ursache, sondern nach der formalen Genese dieser Bildungen fragen, so stehen wir hier etwas anderen Verhältnissen gegenüber, als denjenigen, welche für die Duplicitas anterior in Betracht kamen. Wir haben gesehen, daß der Gastrulationsprozeß unterhalb der ganzen Medullarplatte bis an das craniale Ende derselben eine Höhle schafft, aus deren Wandung sich einerseits die Chorda dorsalis entwickelt, andererseits die Mesodermflügel und im übrigen der Darm. Daß eine derartige Höhle sich in zwei Abschnitte teilt, welche die betreffenden Gebilde zweier Embryonen hervorgehen lassen, ist denkbar, doch wäre eine solche Annahme durch keine Beweise zu stützen. Vor allem ließe sich die Divergenz der beiden Anlagen, die doch in der überwiegenden Mehrzahl der Fälle vorkommt, überhaupt nicht er-

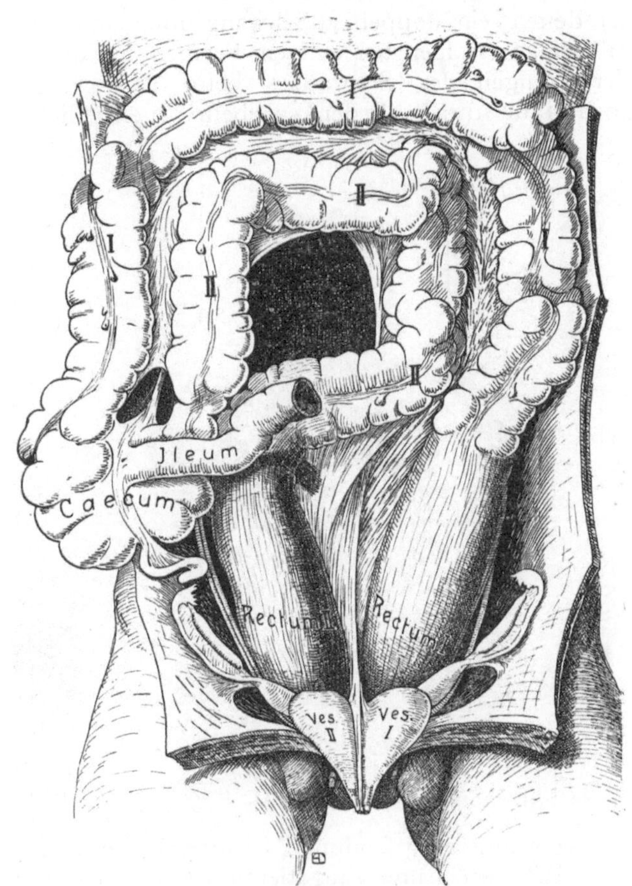

Duplicitas post.
Fig. 692. Fall von Suppiger. Dickdarm.

klären; es könnte durch eine solche Teilung bloß eine (überaus seltene) parallele Doppelbildung entstehen. Für alle anderen Doppelbildungen, so auch für diejenigen, bei denen der Kopfteil einer Anlage etwa in den Brust- oder Bauchabschnitt einer anderen implantiert wäre, müßte man die Theorie der Entstehung zweier Keimzentren zu Hilfe nehmen. Es haben deshalb die meisten Autoren, insbesondere auch E. Schwalbe, davon abgesehen, die Entstehung zweier Bildungen durch die Trennung der Gastrulahöhle zu erklären. Damit ist die Annahme verknüpft worden, daß der Beginn der Gastrulation die Terminationsperiode für die Entstehung der Duplicitas anterior darstelle. Daß gewisse Ausnahmen von dieser Regel in bezug auf einzelne Verdopplungen im Gesichte vorkommen, habe ich schon bemerkt (Rhinodymie). Mit der Duplicitas posterior steht die Sache jedoch anders. Wenn wir uns denken, daß beim Fortschreiten des Gastrulationsprozesses in caudaler Richtung eine Spaltung der Gastrulahöhle stattfindet, deren Ursachen wir vorläufig nicht kennen, und daß das Fortwandern der vorderen Lippen der beiden so gebildeten Blastopori in divergenter Richtung vor sich geht, so erhalten wir naturgemäß zwei Anlagen, die um so vollständiger werden, je größer die Divergenz zwischen den beiden sekundär gebildeten Gastrulahöhlen ist. Es ist infolgedessen wahrscheinlich, daß die Entstehung einer Duplicitas posterior in bedeutend späterer Zeit ihren Anfang nehmen kann, als die einer Duplicitas anterior, und zwar solange noch als der Gastrulationsprozeß als Wachstum· der Schwanzknospe mit dem Can. neurentericus fortschreitet. Solange können auch Bildungen entstehen, bei denen ein doppelter Schwanz mit einer doppleten Schwanzwirbelsäule vorliegt. Allerdings ist hier bei einigen Formen an die Regeneration zu erinnern, welche bei Verletzungen des Schwanzes beim Erwachsenen (Lacerta usw.) auftreten kann, ·doch fällt dieses Bedenken beim menschlichen Fetus weg.

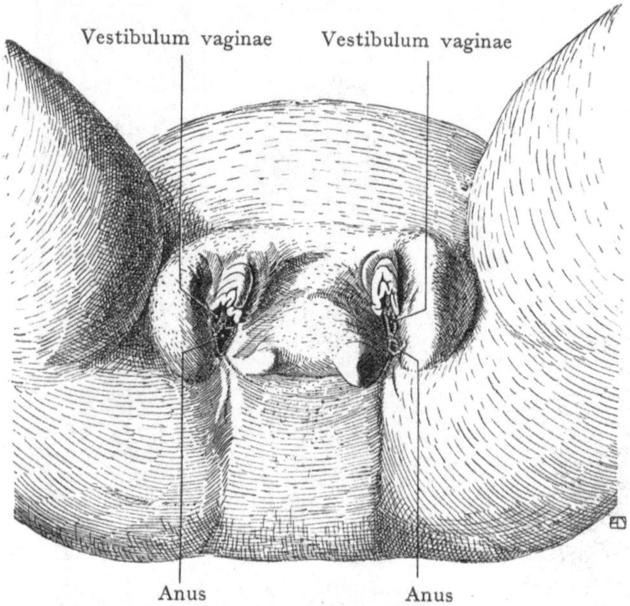

Vestibulum vaginae   Vestibulum vaginae

Anus   Anus

Duplicitas post.

Fig. 693. Fall von Suppiger. Äußere Genitalien.

Bei Vögeln kommt nicht selten eine Spaltung des caudalen Endes des Primitivstreifens vor, die sicher in den meisten Fällen keine Duplicitas posterior zur Folge haben wird. In anderen Fällen ist jedoch eine solche aufgetreten, so in der in Fig. 682 abgebildeten Keimscheibe.

Daß aber in den meisten Fällen die Entstehung einer Duplicitas posterior auf die Bildung von zwei Keimzentren, unter Verwachsung der cranialen Partien der von denselben gebildeten Anlagen, zurückzuführen ist, dürfte höchst wahrscheinlich sein. Nehmen wir z. B. zwei Keimzentren an, die (siehe Fig. 674 B) so zueinander stehen, daß sich ihre Längsachsen vorne schneiden. In diesem Falle werden die beiden Anlagen auch vorne zur Verschmelzung kommen, während die caudalen Enden voneinander divergieren.

Bei Vögeln und Säugetieren ist der Primitivstreifen wohl in erster Linie bei einer Duplicitas posterior höheren oder geringeren Grades beteiligt. Es wird uns das recht klar, wenn wir uns die Umbildung des Primitivstreifens und seine Beziehungen zum fertigen Organismus oder zur späten Anlage vergegenwärtigen. Am cranialen Ende des Primitivstreifens sehen wir den Hensenschen Knoten mit der Öffnung des Urdarms. Diese verschiebt sich in caudaler Richtung, indem sie die eigentliche Wachstumszone der caudalen Körperpartie darstellt; dementsprechend verlängert sich auch der Primitiv-·streifen in caudaler Richtung. Letzterer wird nun (s. die Gastrulation und die Bildung ·des Schwanzes) durch das Vorwachsen der den Canalis neurentericus enthaltenden Schwanzknospe ventralwärts verlagert und entspricht sodann in einem gewissen Stadium ·der Entwicklung der Strecke des fertigen Organismus, die sich zwischen der Schwanzwurzel und dem Nabel befindet. Sie stellt den ventralen Abschluß der Kloake dar, als eine Epithellamelle, welche das Ectoderm mit der epithelialen Wandung der Kloake in Verbindung ·setzt. Diese Verhältnisse erfahren nun dadurch eine Änderung, daß die Kloake durch ein mehr oder weniger frontal eingestelltes Septum in den ventral gelegenen Sinus urogenitalis mit Einschluß der Harnblase und das dorsal gelegene Rectum zerfällt. Die ventrale

Wand der Harnblase wird zuerst durch Bindegewebe, sodann durch das ventralwärts erfolgende Auswachsen der Bauchmuskulatur verstärkt; weiter caudal bildet sich das Tuberculum genitale und das Perineum. Tritt nun innerhalb dieser Strecke ein Zerfall des Primitivstreifens in zwei mehr oder weniger divergierende Abschnitte auf, so können sich dementsprechend auch die längs des Primitivstreifens angelegten Gebilde verdoppeln. So können wir eine Verdoppelung der Kloake finden, und wohl durch Weitergehen des Prozesses eine solche des Sinus urogenitalis, der Harnblase und des Rectums. Endlich sind auch Verdopplungen der äußeren Geschlechtsteile beobachtet worden, so eine Verdoppelung des Penis. Freilich muß man in bezug auf diese eine gewisse Vorsicht walten lassen, indem es nicht ausgeschlossen erscheint, daß die Anlage des Tuberculum genitale, auch ohne Teilung des Primitivstreifens, sich so gut wie viele andere Gebilde teilen kann. Ferner ist zu berücksichtigen, daß in vielen Fällen der Verdoppelung der äußeren Geschlechtsteile der Befund bloß einen Teil einer weitgehenden Verdoppelung des caudalen Rumpfendes, mit mehr oder weniger rudimentärer Entwicklung einer überzähligen hinteren Extremität, darstellt. Auf solche Bildungen ist immer zu fahnden, wenn ein derartiger Befund an den äußeren Genitalien vorliegt.

β) Ungleichwertige, untereinander verbundene Teilprodukte.

1. Parasitäre Doppelbildungen.

Bei diesen ist an den Körper eines mehr oder weniger normal ausgebildeten Wirtes (Autositen) ein rudimentäres Individuum als Parasit angeheftet. Die Mannigfaltigkeit der Bildungen erschwert die Übersicht, doch ist klar, daß die eine der beiden Anlagen im Wachstum zurückbleibt und eine teilweise Rückbildung erfährt. Die Fig. 694 zeigt einen solchen im Brustteil des Autositen angehefteten Parasiten, welcher aus einem rudimentären Becken und zwei Anhängen besteht, die unverkennbar rudimentäre Füße darstellen, mit bloß einem voll ausgebildeten Strahl, nämlich demjenigen der großen Zehe. Die Erklärung ist nicht leicht, vielleicht ist die Annahme gestattet, daß auf einem gewissen Stadium der Entwicklung des Autositen eine Spaltung des Primitivstreifens erfolgte, und daß an einem der sekundär gebildeten Primitivstreifen bloß eine kümmerliche Fortentwicklung stattfand, welche zur Herstellung des Parasiten führte. Oder wir müßen annehmen, es seien zwei Bildungszentren auf dem bläschenförmigen Keime aufgetreten, von denen das eine den Autositen lieferte, das andere, in einem Winkel auf das erstere stehend, unter Rückbildung seines Kopfabschnittes mit demselben zur Vereinigung kam. Die Variation, welche in diesen Bildungen vorkommt, ist ganz außerordentlich groß, je nach dem Größenverhältnis zwischen Autositen und Parasiten und dem Modus der Einpflanzung des letzteren in den ersteren.

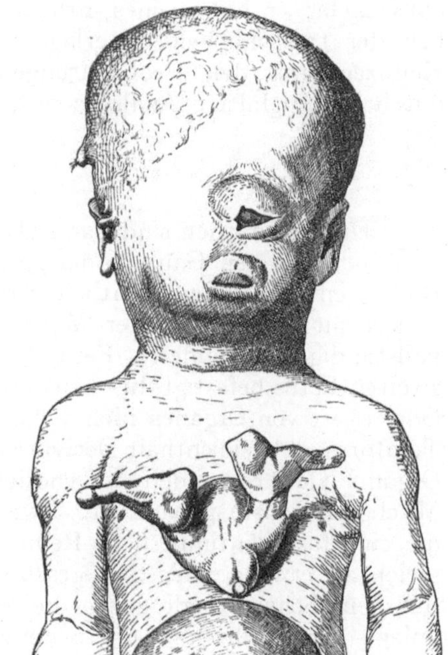

Fig. 694. Parasitenbildung bei einem ausgetragenen Kinde.
Präparat von Dr. Wormser in Basel.

Diese Bildungen leiten allmählich zu den geschwulstartigen Bildungen oder den Teratomen über, die bei amorpher Gestaltung doch noch Derivate von allen drei Keimblättern enthalten. Das Verständnis für die Entwicklung derselben ist nur möglich, wenn wir eine sehr frühzeitige und weitgehende Reduktion des Parasiten annehmen, aber gleichzeitig die außerordentliche Proliferationsfähigkeit embryonaler Zellen berücksichtigen.

Es darf wohl darauf hingewiesen werden, daß auch sonst bei Zweiteilungen der eine Teilkörper an Wachstum zurückbleiben kann, während sich der andere stärker ausbildet. So entsteht nach M. Heidenhain aus einer primitiven Dichotomie in der Verzweigung einer Drüse eine Monopodie.

2. Teratomartige Bildungen.

Von diesen sind es besonders zwei, welche sich durch eine gewisse Regelmäßigkeit in ihrer Anheftung an den Autositen auszeichnen. Es sind dies die sog. Epignathen, die ihre Befestigung innerhalb der Mundhöhle, häufig im Bereiche des Pharynxdaches, an der Schädelbasis haben und zweitens Parasiten, welche am caudalen Ende des Autositen als Sakralparasiten mit diesem in Verbindung treten. Häufig werden solche Teratome auch als Embryome bezeichnet und damit die Ansicht verknüpft, daß sie sich aus einer abortiven oder embryonalen Anlage entwickeln (s. eine Zusammenstellung der Ansichten in R. Bonnets Referat und Merkels Ergebn. der Anat. u. Entw.-Gesch. IX. 1899). Bonnet hält an der Möglichkeit fest, daß auch eine befruchtete Polzelle zwischen den Blastomeren des Keimes sich weiter entwickeln und damit zu einer Inklusion in inneren Organen, z. B. in den Keimdrüsen, Veranlassung geben könne. Alfr. Fischel dagegen verwirft die Annahme, daß solche Bildungen von Richtungskörperchen oder von abgesprengten Blastomeren aus sich entwickeln; er hat meines Erachtens hierin recht, denn die Annahme entbehrt gänzlich der tatsächlichen Unterlage, während diejenige des Auftretens eines zweiten Keimzentrums den Beobachtungen in vollem Maße Rechnung trägt und außerdem durch mannigfaltige Analogie mit den Doppelbildungen gestützt wird.

αα) Epignathen.

Die Epignathen sind dadurch charakterisiert, daß sich der Parasit an die Schädelbasis oder an den Gaumen des Autositen anheftet. Die Gestaltung und der Bau dieser Bildungen sind außerordentlich verschieden. Es kann sich um einen mittels einer Nabelschnur an dem Dache der Mundhöhle des Autositen befestigten, mehr oder weniger vollständig ausgebildeten Fetus handeln, oder es sind an derselben Stelle Teile eines zweiten Fetus befestigt, besonders solche, die der caudalen Partie des Körpers angehören. Oder es ist von Organen nichts wahrzunehmen; die unförmige Masse zeigt den Bau eines Teratoms, d. h. sie enthält Derivate aller drei Keimblätter, aber keine bestimmt geformten Organe. Oder es handelt sich endlich um einen Tumor, welcher nach dem Typus der sog. Mischgeschwülste gebaut ist. Zwischen den einzelnen Formen finden sich Übergänge, die eine fast kontinuierliche Reihe darstellen. Ich möchte die Bildung, ebenso wie die gleich zu erwähnenden Steißgeschwülste, auf das Auftreten einer mit dem Kopf- oder mit dem Schwanzende gegen die Mundplatte des Autositen hin gerichtete Embryonalanlage zurückführen (s. die Schemata, Fig. 676). Bei der Abschnürung des cranialen Körperendes und der Bildung der Mundhöhle würde dann diese Anlage unter starker Behinderung ihrer Weiterentwicklung in die Mundhöhle aufgenommen resp. könnte hier ihre Insertion finden. Man weiß noch zu wenig über den Bildungsmodus des Mundes und die Abschnürung des Embryos, als daß man sich ein genaues Bild über die Art und Weise dieser Aufnahme machen könnte. Jedenfalls ist für viele Formen der Epignathen eine starke Rückbildung resp. ein Zurückbleiben im Wachstum anzunehmen.

ββ) Sakralparasiten (Befestigung des Parasiten am caudalen Ende des Autositen).

Auch diese Bildungen sind auf das Auftreten zweier Anlagen zurückzuführen, von denen sich die eine als Autosit, die andere als Parasit darstellt. Beide gehen auf den Typus der Duplicitas posterior zurück. Auch hier haben wir alle möglichen Übergänge von den symmetrischen Doppelbildungen zu den asymmetrischen und von diesen zu den amorphen, bei denen der Parasit eine unförmige Masse darstellt, in welcher jedoch die Zusammensetzung aus Bestandteilen aller drei Keimblätter darauf hinweist, daß wir es mit einem Teratom zu tun haben.

Mit E. Schwalbe sind hier mehrere Gruppen zu unterscheiden. Nicht selten finden wir überzählige untere Extremitäten, manchmal mit Teilen des Beckens; in anderen Fällen stellt sich die Bildung als ein Tumor dar, welcher Organteile enthalten kann, oder auch als ein einfaches Teratom. Insbesondere müssen wir uns vergegenwärtigen, daß es sich um Bildungen handelt, die vielfach durch Teilung der den Canalis neurentericus einschließenden Wachstumszone entstanden sein können; eine Möglichkeit, die uns bei der Beurteilung der Epignathen nicht offensteht.

Literatur über Teilungsvorgänge im Organismus.

Arey, L. B., Direct proof of the monozygotic origin of human identical twins. Anat. Rec. 23. 1922. 245 bis 248. — *Derselbe*, Chorionic fusion and augmented twinning. Ibid. 253—262. — *Beer, E.*, Über das Vorkommen von zweigeteilten Malpighischen Körperchen in der menschlichen Niere. Zeitschr. f. Heilk. 24. 1903. Abt. f. path. Anat. — *Bonnet, R.*, Gibt es bei Wirbeltieren Parthenogenese? In *Bonnet-Merkels* Ergebn. d. Anat. u. Entw.-Gesch. IX. 1899. — *Braune, W.*, Die Doppelbildungen und angeborenen Geschwülste der Kreuzbeingegend. Leipzig 1862. — *Brauer, Aug.*, Über Doppelbildungen des Skorpions (Euscorpius carpathicus L.). Sitz.-Ber. d. k. preuß. Akad. d. Wiss. Math.-naturw. Kl. XII. 1917. 208—221. — *Černy*, Versuche über Regeneration bei Süßwasser- und Nacktschnecken. Arch. f. Entw.-Mech. 23. 1907. — *Coker, R. E.*, Diversity in the Scales of Chelonia. J. of Morph. 21. 1910. — *Ekman, Gunnar*, Zur Frage nach der frühzeitigen Spezifizierung der verschiedenen Teile der Augenanlage. Arch. f. Entw.-Mech. 40. 1914. 121—130. — *Fernandez, M.*, Beiträge zur Embryologie der Gürteltiere. Zur Keimblätterinversion und spezifischen Polyembryonie der Mulita. Morph. Jahrb. 39. 302—334. — *Derselbe*, Die Entwicklung der Mulita. Rev. del Museo de la Plata t. XXI. 1915. — *Derselbe*, Über einige Entwicklungsstadien des Peludo (Dasypus villosus). Anat. Anz. 48. 1915. — *Fischel, Alfr.*, Über den gegenwärtigen Stand der experimentellen Teratologie. Verh. d. deutschen pathol. Ges. V. 1903. — *Flemming, W.*, Zellsubstanz, Kern- und Zellteilung. 1882. — *Giovannini, S.*, Eine Reihe von Arbeiten über Zwillings- und Mehrfachbildungen an Haaren im Anat. Anz. 30. 1907. 144; 32. 1908. 206; 34. 1909. 203; 37. 1910. 39. — *Grubenmann, Ida*, Eine sagittale Verdoppelung der weiblichen Harnröhre. Inaug.-Diss. Zürich 1912. — *Heidenhain, M.*, Plasma und Zelle II. 1911. — *Derselbe*, Über Drillings- und Vierlingsbildungen der Dünndarmzotten. Anat. Anz. 40. 1912. 102—147. — *Derselbe*, Über die Körperteilnatur der Fibrillen in der Muskulatur des Forellenembryos. Anat. Anz. 44. 1913. — *Derselbe*, Sinnesfelder und Geschmacksknospen der Papilla foliata des Kaninchens. Arch. f. mikr. Anat. 84. 1914. 365—479. — *Derselbe*, Über die teilungsfähigen Drüseneinheiten. Arch. f. Entw.-Mech. 49. 1921. — *Herbst, Gust.*, Die Pacinischen Körperchen und ihre Bedeutung. 16 Tafeln. Göttingen 1848. — *Hübner, St.*, Die Doppelbildungen des Menschen und der Tiere. Ergebn. d. allg. Pathol. u. path. Anat. XV. I. 1911. — *Kaestner, S.*, Doppelbildungen an Vogelkeimscheiben. 5. Mitt. Arch. f. Anat. u. Entw.-Gesch. 1907. 129—208. — *Kopsch, Fr.*, Über eine Doppelgastrula bei Lacerta agilis. Sitz.-Ber. d. preuß. Akad. d. Wiss. Berlin 1897. — *Krompecher, Edm.*, Über mehrfache indirekte Kernteilung. Ungar. Arch. f. Med. III. 1895. 228—275. — *Löwy, R.*, Ein Fall von doppelter Gallenblase bei Felis domestica. Anat. Anz. 37. 1910. 8—9. — *Marchal, P.*, Recherches sur la biologie et le développement des hyménoptères parasites I. Arch. de zool. expér. 4 Série. t. II. 1904. — *Meyer, A. W.*, Spolia anatomica. Journ. of Anat. and Physiol. 48. 1914. — *Meyer, R.*, Embryonale Gewebsanomalien, besonders des männlichen Geschlechtsapparates (doppelte Urethra beim Manne). Ergebn. d. allg. Path. u. path. Anat. XV. I. 1911. 430—549. — *Newman, H. H.*, Heredity and organic symmetry in Armadillo. Biol. Bull. Woods Holl. 29. 1915. 1—31. — *Derselbe*, The Biology of Twins. Chicago 1917. — *Newman* und *Patterson*, Development of the 9 binded Armadillo. Journ. of Morph. 21. 1910. —

Patten, W., Variations in the Development of Limulus. Journ. of Morph. XII. 1898. 1—148. — *Patterson, J. F.*, A preliminary report on the Demonstration of Polyembryonic Development in the Armadillo. Anat. Anz. 41. 1912. (Tatu novemcinctum.) — *Retzius, G.*, Weitere Beiträge zur Kenntnis der Spermien der Menschen und einiger Säugetiere. Biol. Unters. N. F. X. 1902. 45—60.— *Rutherford, W. J.*, Notes on a case of feather bifurcation. Journ. of Anat. et Physiol. 37. 1902. 368—374. — *Schauinsland, H.*, Weitere Beiträge zur Entwicklungsgeschichte der Hatteria. Skeletsystem usw. Arch. f. mikr. Anat. 56. 1906. 747—867. — *Schwalbe, E.*, Die Morphologie der Mißbildungen und die Doppelbildungen. Jena 1907. — *Skoda, N.*, Eine seltene Anomalie. Verdopplung eines Darmabschnittes bei einem Rinde. Anat. Anz. 50. 1917. 146—154. — *Sobotta*, Eineiige Zwillinge und Doppelbildungen des Menschen, im Lichte neuerer Forschungsergebnisse der Säugetierembryologie. Studien zur Pathologie der Entwicklung I. 1914. — *Stinelli, F.*, Ricerche istologiche su un canale deferente umano a doppio lume. Anat. Anz. 34. 1909. — *Straßmann*, in *Winckels* Lehrb. d. Entwicklungsgeschichte I. 2. — *Streeter, G. L.*, A human embryo (Mateer) of the presomite period. Public. 272 of the Carnegie Instit. 1920. 389—424. — *Suppiger, J.*, Bildungsfehler der weiblichen Beckenorgane. Korrespondenzbl. f. Schweiz. Ärzte 1876. — *Virchow, R.*, Descendenz und Pathologie. III. *Virchows* Arch. 103. 1886. 412—436. — *Wiesner, Jul.*, Die Elementarstruktur und das Wachstum der lebenden Substanz. Wien 1892. — *Wilder, H. H.*, Duplicate Twins and double Monsters. Amer. Journ. of Anat. III. 1904. 387—472. — *Wilms, M.*, Die Mischgeschwülste. Leipzig 1899—1902. — *Windle, B. C. A.*, A note on identical malformations in twins. Journ. of Anat. and Physiol. 26. 1892. 295—299.

Autorenregister.

<h1 align="center">Sachregister.</h1>

43*